DICTIONARY OF COMPOSITES ENGINEERING

复合材料工程辞典

（第二版）

张明轩◎主编　张翱昱　张识宇◎副主编

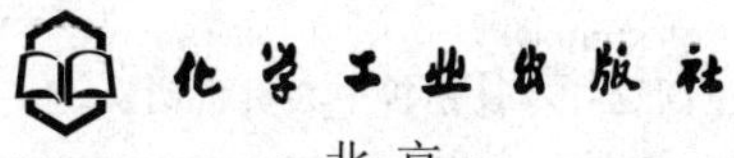

·北京·

图书在版编目（CIP）数据

复合材料工程辞典/张明轩主编；张翱旻，张识宇副主编．—2版．—北京：化学工业出版社，2023.3

ISBN 978-7-122-42690-1

Ⅰ.①复… Ⅱ.①张…②张…③张… Ⅲ.①复合材料-词典 Ⅳ.①TB33-61

中国版本图书馆CIP数据核字（2022）第258727号

责任编辑：高 宁　　文字编辑：张瑞霞　骆倩文

责任校对：王鹏飞　　装帧设计：王晓宇

出版发行：化学工业出版社（北京市东城区青年湖南街13号　邮政编码100011）

印　　装：三河市航远印刷有限公司

880mm×1230mm　1/32　印张23¼　字数1033千字

2024年2月北京第2版第1次印刷

购书咨询：010-64518888　　售后服务：010-64518899

网　　址：http：//www.cip.com.cn

凡购买本书，如有缺损质量问题，本社销售中心负责调换。

定　　价：**198.00元**

序

十年前，在一次学术会议上，我有幸遇见我国复合材料领域著名专家张明轩先生，并获赠一本他刚刚出版的《复合材料工程辞典》（第一版）。当时，对于我这样一个在国外学习多年回国不久的复合材料从业者来说，这本书起到了非常大的指导和辅助作用，让我受益匪浅。于是，它成了我日常教学科研工作中手边不可或缺的一本工具书。我和其他同行一样，认为这本书实为复合材料领域不可多得的高质量的专业书籍之一，时常拿出来翻阅学习。

复合材料因具有低密度、高的比强度和比模量、耐腐蚀、抗疲劳性强等优点，已在航空航天、轨道交通、汽车、船舶、风电、体育休闲等领域得到越来越广泛的应用，新材料、新工艺、新设计方法不断涌现，复合材料的性能也随之不断得到提升。近十年来，伴随着我国国产大飞机、航天器等国家重大工程的大力推进，复合材料原材料研制、结构设计、制备工艺、性能验证等各方面的能力均得到了大幅提升。与此同时，人们也更加清晰地意识到，复合材料科学与技术涉及化学、材料、力学、机械等多学科的交延集成，学科交叉融合已成为推动复合材料技术发展的重要手段之一。

如今，在2009年出版的《复合材料工程辞典》（第一版）的基础上，张明轩先生不断推陈出新，使得《复合材料工程辞典》（第二版）得以问世。该书继续秉持与时俱进、准确全面、新颖实用的风格，针对近十年来复合材料领域涌现出的新材料、新工艺、新理论、新实践等，充分体现学科交叉融合新内涵，采用中英双语，系对2009年版的《复合材料工程辞典》的全面修订和升级。《复合材料工程辞典》（第二版）增加了更多的新词汇以及工程技术应用、实操图示和词义辨析等内容，必将成为广大复合材料从业人员开展科研、生产和教学等工作不可或缺的参考书，也将是复合材料专业本科生和硕博士研究生学习的重要辅助材料。

张明轩先生十年磨一剑，成就了又一部力作。张先生嘱我为本书写序，本人诚惶诚恐，谨以这段文字，略表我的敬佩之情。

同济大学教授，航空航天与力学学院院长

2023年5月18日

前　言

《复合材料工程辞典》于2009年出版后，得到了广大读者的好评，并获得2010年中国石油和化学工业优秀出版物奖·图书奖。

十多年来，我国复合材料事业得到了跨越式的发展，尤其在材料、工艺、设计、产品应用等领域取得了长足进步。随着新材料、新工艺、新理论、新概念、新设备的不断出现，产生了大量新词汇、新略语。同时也给读者带来了很多困惑，需要一本收词更多、专业面更广、实用性更强、更具时代性的工具书。为此，笔者对2009年版《复合材料工程辞典》进行了修订，使其更加具有独创性、实用性和时代性，更好地为读者服务。

新版辞典具有如下特点：

第一，词条调整：删减了相关专业的一些二线词条；对基础理论、材料、设计、工艺方面的词条，做了选择性的充实；增加新词约1000条，略语约600条；辞典体量增加约45%。

第二，新增实操图示：对于一些复杂的工程原理、关键技术词条，释文后另加图示或表解。

第三，增加词义辨析：对于容易混淆的词条，在其释文末尾加注“参考”说明，以引出本辞典中与其相呼应的同义词、近义词、反义词等相关的词条，以资辨析。例如，“共固化 co-curing；co-cure”在其释文末尾增加参考二次胶接、共胶接、共制造、整体共固化等。

本辞典之所以今天能展现在大家面前，与老伴秦玉定几十年如一日的辛勤操劳和无私奉献是分不开的。尤其现已年及耄耋，仍然操劳不辍。她是结构设计高级工程师，辞典中的许多有关材料、结构的设计问题，需由她斟酌敲定；贾炘工程师为本辞典资料的收集和整理做了大量的工作。

本辞典由西北工业大学孙曼灵教授审阅基础理论、材料、工艺方面内容；中国飞机强度研究所沈真研究员审阅力学、性能、检测方面内容；江苏亨睿航空有限公司总经理朱月琴高级工程师审阅缩略语部分。他们还多次友情提供珍贵资料，在此一并致谢！

北京骏一孵化器有限公司董事长颜锋先生，不顾疫情风险，在百忙中做了许多开拓性工作。不胜感激，特表谢忱！

张明轩

2022年12月20日

第一版前言

复合材料技术是一跨数学、力学、化学、物理学等学科的系统工程。涉及的知识面广，专业词汇多。一般从业人员因受所从事的专业限制，难以全面掌握。因此，在工作或阅读文献时常常遇到诸多相关的专业词汇，难以理解，需要借助多种专业词典才能弄懂，极不方便！因此，一种涵盖多科专业、便于查阅的工具书就成了从业者的迫切需求。本辞典便是为此而作，希望它的问世能对广大读者有所裨益。

本辞典旨在向从事复合材料工作的工人、技术人员和管理人员普及复合材料知识，帮助他们的工作和学习。在编写过程中，本着应用第一、方便读者的原则，兼顾中、英文的需要，共收入树脂基、金属基、碳基、陶瓷基、水泥基以及功能、纳米等复合材料等方面的词目5200余条，常用缩略词1900余条。由于复合材料为各向异性材料，数力分析复杂，涉及参数众多，表征符号繁杂。为了使用方便，辞典收入了复合材料工程通用的材料特征、数理参数符号，供读者选用。

在本书编写过程中，薛静怡、王玉倩等人在计算机录入、词目编排、输出等工作中付出了辛勤劳动。

复合材料技术发展日新月异，新词汇不断出现，虽然在收词过程中力求做到与时俱进，但仍难免挂一漏万。不妥之处，诚望读者不吝指正。

编者

2007年8月18日

目　录

凡　例

一、辞典内容及释义

1. 本辞典收录词条约 6200 条，内容涉及树脂基、金属基、陶瓷基、碳基、水泥基以及纳米、功能等复合材料的设计、工艺、模具、性能、检测、修补、应用及胶接等方面。

2. 释义中多个英文名称间用“;”分开；一词多义时，其间也用“;”分开。

3. 中文释文一般不注明其所属专业。仅对无损检测、热分析两专业的词条，在中文释文的句末（句号后）加圆括号予以注明。

如：靶 target　X 射线管阳极表面上受电子束轰击而发射一次 X 射线束的区域。(无损检测)

热电学法 thermoelectrometry　在程序温度下，测量物质的电学特性与温度的关系的技术。(热分析)

二、辞典编排及检索

1. 本辞典正文词目按汉语拼音顺序排列。

(1) 同音字按四声（阴平ˉ、阳平ˊ、上声ˇ、去声ˋ）顺序排列。声调相同时，按笔画排列，笔画少者在前，笔画多者在后。笔画相同的，按笔形横（一）、竖（丨）、撇（丿）、点（丶）、折（含乛、亅、𠃍、乚、𡿨等）的顺序排列。一至五画的字，按起笔笔顺排列；六画以上的字，按第一、二笔笔形排列，笔形相同的字按字形结构排列，先左右结构，次上下结构，后包围结构、整体字。同为左右结构的字，则以左侧偏旁笔画顺序排列；同为上下结构的字，则以上部偏旁或结构的笔画顺序排列。

(2) 词目中第一字相同的，按第二字拼音字母排序，第二字相同的，按第三字排序，以下类推。

2. 词目中的非汉字部分，如各种符号、阿拉伯数字、罗马数字、外文字母等均不参加排序。参加排序的汉字完全相同时，按照符号、数字（阿拉伯数字、罗马数字）、外文字母（拉丁字母、希腊字母、其他语种字母）顺序排列。

3. 参见词条表示本词目为被参见词目的别名，释义相同；或表示本词目释义包含在被参见词目的释文中。

4. 为读者检索方便，本辞典书前编有“汉语拼音检字表”和“笔画检字表”，书后编有英文索引。

(1)“汉语拼音检字表”为所有词目的首字及其首次出现的正文页码。其排列原则与正文相同。

(2)“笔画检字表”为所有词目的首字、首字读音及首次出现的正文页码。其排列顺序按汉字笔画数从少到多排列，笔画相同的，按笔形的顺序排列。

(3) 英文索引中每一条由英文词及其所在正文页码组成。以拉丁字母顺序排列，表示位号和构型的符号、阿拉伯数字、罗马数字、斜体拉丁字母和希腊字母等不参加排序。在拉丁字母完全相同时，按照符号、数字(阿拉伯数字、罗马数字)、斜体拉丁字母、希腊字母顺序排列。

5. 为满足读者查阅较早技术文献的需求，在条目设置含主词目和参见词目）和释义中有针对性地收录了一些已废止或虽不规范但仍习用的用词、量和单位。

汉语拼音检字表

笔画检字表

七画

八画

九画

十画

十一画

十二画

十三画

十四画

十五画

十六画

十七画

十八画

十九画

二十画

二十一画

二十二画

二十三画

A

阿洛丁处理 Alodine treatment 在航空航天结构材料中，由于铝合金材料的电势比较低，易在溶液浸泡或潮湿环境中与其他金属材料［包括碳纤维增强复合材料（CFRP）等复合材料］发生电化学腐蚀。所以航空航天铝合金结构材料的表面需要进行阿洛丁处理。即在其表面施加阿洛丁溶液，使溶液与表面材料发生化学反应，在表面生成预期的化学转化层。其功能如下：①将铝合金材料与周围环境中的液体等腐蚀介质隔离开，起到防腐作用；②提高航空底漆与铝合金结构表面之间的结合力，从而提高底漆的黏着力；③保持航空铝合金结构的导电性，满足飞机零部件之间的导电要求。常用的阿洛丁溶液有：阿洛丁 600，处理后铝合金表面呈黄色；阿洛丁 1200、阿洛丁 1200S、阿洛丁 1201，处理后铝合金表面呈浅金色到棕黄色；阿洛丁 1000、阿洛丁 100L、阿洛丁 1001、阿洛丁 1500，处理后保持铝合金本色。阿洛丁是易燃物，高浓度的阿洛丁溶液或粉末接触有机溶剂容易起火，在使用时要特别注意，要避免高温或火源；接触过阿洛丁的纺织品、纸张等丢弃时应先用水浸泡。另外，阿洛丁有毒，操作过程中应避免与身体接触，避免直接吸入。

安全光 safelight 一种对某些颜色或波带的光线经过有选择地过滤的光源。在暗室操作和处理胶片所需要的强度水平上，它使特定类型的胶片所产生的雾翳无关紧要。（无损检测）

安全寿命 safe life 一种设计要求，按此要求在规定的结构服役寿命期间，或在两次检查的期间，结构在预期运行环境下不会因缺陷或/和损伤扩展而破坏；一种结构的抗疲劳能力，要求承力结构在整个寿命期的使用中，不进行检查及修复的条件下，因疲劳而毁坏的概率极小。

安全硬化剂 safety hardener 又称低毒固化剂。其与人体皮肤接触或人体与其在空气中的浓缩蒸气接触时，对人体仅产生微小毒性的一种固化剂。

安全裕度 margin of safety；safety margin；M. S. 为结构设计中校核结构强度是否满足要求的重要指标。在采用分析方法进行强度校核时，其定义为：
安全裕度＝破坏载荷/设计载荷－1，或
安全裕度＝破坏应力/设计应力－1，
设计载荷＝使用载荷×设计安全系数，
设计应力＝使用应力×设计安全系数。
安全裕度值必须大于或等于零，具体值由结构设计部门规定。例如，下表推荐了不同材料、不同计算方式下的安全裕度最小值。

计算方式	金属材料结构的安全裕度	复合材料结构的安全裕度
按材料屈服强度计算	0	
按材料极限强度计算	0.15	0.25(按首层破坏方式计算)
按结构件稳定性计算	0.25	0.3

注：以上是采用分析方法的强度校核方法。如果采用实验验证，则需要把设计载荷（设计载荷＝使用载荷×设计安全系数）替代为由式“试验载荷＝使用载荷×试验安全系数”所确定的试验载荷。

安全系数 safety factor；factor of safety 设计载荷（极限载荷）与使用载荷（限制载荷）之比值。考虑在实际使用中可能出现大于限制载荷的情况以及材料和设计中的不确定因素而规定的设计系数。其值≥1。在航空结构设计中称为不确定系数。鉴于安全系数与设计分析方法、结构构型与特性、材料性能、制造工艺、连接方式等因素有关，因此，安全系数由行业的权威部门规定。下表中列出了美国 NASA-STD-5001 标准中推荐的安全系数值。在实际结构设计中，既要确保结构安全工作，又要考虑结构的经济性、质量轻、成本低等因素，具体问题具体处理。在保证安全的前提下，应尽可能降低安全系数。通常，在选择安全系数时应考虑如下主要因素：①载荷的稳定性。动载荷相比静载荷应选用较大的安全系数。②材料性能的均匀性和分散性。材料组织越不均匀，其强度的分散性越大，安全系数就应该越大。③理论计算公式的近似性。计算公式的近似性程度越大，安全系数应选取越大。④构件的重要性与危险程度。对于损坏会引起严重事故的构件，其安全系数应该较大。⑤加工工艺的精确度。精确度低的构件应取较大的安全系数。⑥使用环境条件。条件差的应放大安全系数。通常玻璃纤维复合材料可保守取安全系数为 3，民用结构产品也有取至 1 的，而对质量有严格要求的构件，则可取为 2；对于硼/环氧、碳/环氧、Kevlar/环氧构件，安全系数可取 1.5，其主要构件也可取 2。由于复合材料构件在一般情况下开始产生损伤的载荷（即使用载荷）约为最终破坏的载荷（即设计载荷）的 70%，故安全系数取 1.5～2 是合适的。

验证方式	结构几何特性	用于设计的安全系数	用于试验的安全系数	
		按极限强度设计	鉴定试验	验收或鉴定
鉴定方式	不连续	2.0	1.4	1.05
	均匀	1.4	1.4	1.05
原型飞行次数	不连续	2.0	不要求	1.2
	均匀	1.5	不要求	1.2

注：以上推荐的安全系数适用于结构需要进行试验验证的情况，不需要的，应该采用比此表中推荐值较高的安全系数。

氨苯砜 见 4,4′-二氨基二苯基砜（91 页）。

γ-氨丙基三甲氧基硅烷 γ-aminopropyltrimethoxysilane 商品名 KH-551；A-1110（美国）。分子量 179.29。无色或微黄色透明液体，相对密度（d_4^{25}）1.010，沸点 80℃。溶于甲苯、醋酸乙酯。与水反应。可燃，无毒。用作偶联剂，适用于环氧树脂、酚醛树脂、聚氨酯、三聚氰胺甲醛树脂、聚碳酸酯、氯丁橡胶、丁腈橡胶、SBS 等胶黏剂和密封剂。能够提高粘接强度、耐热性、耐火性、耐老化性。如用于封端改性水性聚氨酯，当用量为 4～5 份时，改性水性聚氨酯胶黏剂具有良好的力学性能、耐水性和耐油性。

γ-氨丙基三乙氧基硅烷 γ-aminopropyltriethoxysilane 商品名 KH-550；A-1100（美国）。分子量 221.1。无色透明液体，相对密度（d_4^{20}）0.946，沸点 217℃。溶于甲苯、乙醇、醋酸乙酯、二氯乙烷等有机溶剂，也溶于水。在 pH＝3～6 时，KH-550 水溶液比较稳定。可燃，无毒。用作偶联剂，适用于环氧树脂、酚醛树脂、三聚氰胺树脂、丙烯酸酯、聚氯乙烯、蜜胺树脂、聚丙烯、聚碳酸酯、尼龙、聚甲基丙烯酸甲酯、氯丁橡胶、丁腈橡胶、聚砜等热塑性和热固性树脂及橡胶胶黏剂。能提高耐水性、耐热性、粘接强度。另外，将其与钛酸四丁酯按一定比例溶于乙醇中，加热、搅拌、回流制得新型偶联剂，用作双组分室温硫化硅橡胶的交联剂，在与金属铝的粘接过程中，钛原子和铝原子可形成配位键，羟基又能提供氢原子形成氢键，可使粘接强度大幅度提高。同时，这种新型偶联剂还能起到固化促进剂的作用。还可用于水性聚氨酯乳液胶黏剂改性，具有优良的粘接性、耐水性和力学性能。

4-氨基苯磺酰基二(十二烷基苯磺酰基)钛酸异丙酯 isopropyl 4-aminobenzensulfonyl di(dodecylbenzene sulfonyl) titanate 商品名为 TB_2NS-26S。一种单烷氧基钛酸酯偶联剂，具有良好的热稳定性。适用于软质聚氯乙烯、聚酰胺酰亚胺、聚碳酸酯、酚醛树脂、合成橡胶等聚合物填充体系。有交联效果，制品的抗冲击性、热稳定性优异、模量高。

氨基树脂 amino resins 又称氨基塑料。一类含氨基（$—NH_2$）的富氮聚合物的总称。由脲、硫脲、三聚氰胺等含氨基的原料与醛类（尤其是甲醛）反应生成活性单体，继而经缩聚生成的聚合物。加入适宜的固化剂，可在加热条件下发生固化反应。常用的氨基树脂有三聚氰胺（蜜胺）甲醛树脂、烃基三聚氰胺甲醛树脂、脲醛树脂等。

氨基树脂涂料 amino resin coatings 以氨基树脂作为主要成膜物质的涂料。常用的氨基树脂有三聚氰胺甲醛树脂、烃基三聚氰胺甲醛树脂、脲甲醛树脂等。常用的有氨基醇酸烘漆、酸固化型氨基树脂涂料、氨基树脂改性的硝化纤维素涂料、水溶性氨基树脂涂料等。氨基醇酸烘漆是其中使用最广的工业用漆，因为它干燥成膜温度低，时间短；漆膜的光泽性、丰满度和电气绝缘性较好，耐磨、不易燃烧以及具有较好的耐候性和耐化学品性等。

氨基塑料 amino plastics 见氨基树脂（3 页）。

***N*-*β*-(氨乙基)-*γ*-氨丙基甲基二甲氧基硅烷** *N*-*β*-(aminoethyl)-*γ*-aminopropyl methyldimethoxysilane 商品名 KBM602。本品为氨基硅烷偶联剂。溶于水。适用于环氧、酚醛、脲醛、蜜胺等热固性树脂。用其处理过的玻璃纤维不发硬。本品在水溶性酚醛树脂的溶液中有良好的稳定性。

***N*-*β*-(氨乙基)-*γ*-氨丙基三甲氧基甲硅烷** *N*-*β*-(aminoethyl)-*γ*-aminopropyl trimethoxysilane 商品名 A-1120。本品为含氨基的硅烷偶联剂。无色透明液体。溶于水，呈碱性。受潮发生水解。适用于酚醛树脂、蜜胺树脂、环氧树脂、聚丙烯等树脂。可改善树脂的润湿性，提高制品的透明性、湿状态的物理力学性能及电性能，降低层压制品的吸水性。

***N*-氨乙基哌嗪** *N*-aminoethyl piperazine; *N*-AEP 无色或淡黄色液体。活泼氢当量 43，活性高。相对密度 1.030，折射率 1.448。沸点 259℃，能与乙醇、乙醚、丙酮等混溶。可作为环氧树脂固化剂，可在室温快速固化，一般用量 20～22 份。固化温度：常温～200℃/(7d～30min)，适用期 20～30min，主要用作浇铸制品和层压材料，可制造比较大型的浇铸件，固化物具有优良的抗冲击性和介电性能，热变形温度约 114℃。

氨酯泡沫体 urethane foams 此

类泡沫体与泡沫塑料类的其他塑料的不同之处在于，在该泡沫体中由化学反应产生泡沫和生成聚合物的反应是同时进行的。

胺 amine 氨(NH_3)分子中部分或全部氢原子被烃基取代的衍生物。分子中只含一个氨基的胺称为一元胺，例如甲胺 CH_3NH_2；分子中含两个氨基的胺称为二元胺，例如乙二胺 $H_2NCH_2CH_2NH_2$；分子中含有三个或三个以上氨基的胺称为多元胺，例如六亚甲基四胺 $(CH_2)_6N_4$。胺也可以按氮上连接的烃基数目（1、2、3）依次分为伯、仲、叔胺；根据烃基的结构，胺还可以分为：①脂肪胺，氮上只连有脂烃基的胺，如三甲胺。②芳香胺，氮上连有一个或多个芳烃基的胺。例如苯胺 $C_6H_5NH_2$、二苯胺 $(C_6H_5)_2NH$、苯甲胺 $C_6H_5CH_2NH_2$、DDS（4,4′-二氨基二苯砜）、DDM（4,4′-二氨基二苯甲烷）等。③杂环胺，具有杂环结构的胺。种类很多，如吡啶、吲哚、喹啉等。

胺固化环氧树脂涂料 amine cured epoxy resin coating 以环氧树脂作为主要成膜物质的涂料。由环氧树脂、固化剂、挥发性溶剂、颜料、填料和其他改性用合成树脂组成。一般以双组分供应。按所用固化剂品种可分为脂环族多元胺固化环氧树脂涂料、芳香族胺固化环氧树脂涂料、胺加成物固化环氧树脂涂料、聚酰胺固化环氧树脂涂料、潜伏性固化剂固化环氧树脂涂料，以及环氧沥青防腐涂料等。其中环氧沥青玻璃鳞片防腐涂料，因其具有理想的防腐效果和突出的耐海洋、耐化工大气腐蚀性而应用最广。

暗斑 hull 外来物的暗色污点，显现于以织物为增强体的复合材料结构中。

暗泡 bubble 塑料制品的一种缺陷。塑料成型时，由于残留空气或其他气体而在制品内部形成的气泡。

凹槽 undercut 塑模中侧壁上的凸起或凹陷部分，用于防止压制件从双件模子中抽出。采用凸起还是采用凹陷，取决于模具的结构。

凹痕 sink 与制件整体厚度变化有关或由其所引起的表面凹陷和/或不平整部分。

凹坑 dents 复合材料构件表面出现的凹陷。通常由受外来物撞击造成。

凹模 impression 见阴模（498 页）。

螯合剂 chelating agent 其分子能将金属离子捕住并结合在螯似的夹持结构中的一种物质。“螯”一般是氮、氧或硫（配合基原子）的环形结构，它们的每一种配合基原子提供两个电子与离子形成配位键。

螯合物 chelate 由金属离子与螯合剂结合而成的一种化合物。

B

八-(2-羟丙基)蔗糖 octakis(2-hydroxypropyl)sucrose 一种黏稠的草黄色液体，用作聚氨酯泡沫塑料的交联剂和纤维素塑料的增塑剂。

八综缎纹织物 eight harness satin 一种织物。采用 7∶1 的过纱方式。即一根填充纱（纬纱）从 7 根经纱上面经过，再从下一根经纱下面经过。

巴基管 见碳纳米管（425 页）。

巴基球 见富勒烯（132 页）。

巴柯尔硬度 Barcol hardness 用巴柯尔硬度计测定的硬度。是在弹簧载荷作用下，测量锥形压头压入材料深度所得的硬度值。通常用来评价纤维增强塑料的固化程度和质量。

巴勒斯效应 Barus effect 又称出模膨胀、挤出物膨胀效应。是指挤出模塑中，挤出物膨胀使其尺寸大于相应的模口尺寸的现象。由黏弹态高聚物熔融体在露出塑模时应力变化所引起，是高分子熔体特有的现象。

拔模斜度 见脱模斜度（448 页）。

靶 target X 射线管阳极表面上受电子束轰击而发射一次 X 射线束的区域。(无损检测)

白胶 见白乳胶（5 页）。

白乳胶 white latex adhesive 又称白胶、乳白胶。以醋酸乙烯乳液为主要组分的水乳型胶黏剂。优点是价格低，无毒、不燃、不污染环境；操作、储存与运输方便、安全；常温固化，速度快，初粘力高，内聚强度好，粘接牢固，有韧性，既可湿粘，也能干粘。缺点是耐温性、耐水性、耐久性差，蠕变大；低温下易结冰，不利于施工，粘接受温度限制：5～80℃。主要用于木器、家具、碎木屑层合板、人造板等多孔材料以及纸张、玻璃、陶瓷、皮革、泡沫塑料的粘接和水泥混凝土的改性。

摆锤冲击韧度 pendulum impact strength 参见冲击韧度（54 页）、摆锤试验（5 页）。

摆锤试验 pendulum impact testing 用规定高度的摆锤对处于简支梁或悬臂梁状态的缺口或无缺口试样进行一次性冲击，测量试样折断时冲击吸收功的试验。冲击试样所消耗的能量越多表示材料的韧性越好。由于本试验测出的是断裂功，大于材料的断裂能，同时该方法计算公式中所用的断面面积小于实际的断面面积，所以其测定值不能准确地反映出材料的韧性。

斑点 mottle 又称斑纹。由于色料或着色材料的不规则分布或混合造成程度不等的明显麻点或斑纹。斑纹常常是有意造成的，也可能是因混合不当偶然产生的。

斑纹 见斑点（5 页）。

半导体复合材料 semi-conducting composites 具有半导体性质的超薄多层复合材料，具有范围较宽的禁带和迁移率。

半干法缠绕 semi-dry winding 连续纤维纱（或纱带、布带）浸渍树脂胶液，预烘后随即缠绕到芯模上成型增强塑料制品的方法。与湿法缠绕相比，增加了烘干工具。与干法相比，缩短了烘干时间，降低了胶纱的烘干程度，使缠绕过程可以在室温下进行。这样既消除了溶剂，又提高了胶纱缠绕速度。参考干法缠绕、湿法缠绕。

半结晶 semicrystalline 塑料中材料呈部分结晶状态。

半全压式模 semi-positive mould 全压式和溢料式模具的混合模具。该模具在合模时允许多余材料溢出（用在需要闭合容差的制品上）。

半溶阶段 参见 B-阶段树脂（214 页）。

半数致死（剂）量 lethal dose; LD_{50} 为衡量毒害品毒性大小的一个重要数据。将毒物给一些动物（如鼠、兔等）口服或注射，能使一半动物死亡的剂量，以 mg/kg 表示，分子为毒物剂量，分母为动物体重。其值愈小，表示毒性愈大，LD_{50} 在 5000～15000mg/kg 范围的视为相对无毒。

半透明性 translucence 物体只能透过一部分可见光，但不能通过它清晰地观察其他物体的性质。

半线织物 half thread woven fabric

经纬向中，一向用纱，另一向全部或部分用线织成的织物。

半溢料式模具 semi-flash mould 压缩模塑中只允许有限物料在合模时溢出的模具。

拌和型树脂 stir-in resin 一种乙烯基树脂，无须研磨或极高的剪切混合就能使其分散在增塑剂中形成塑料溶胶或有机溶胶。

瓣合式模具 split mould 其模腔有两个或更多个部分（分瓣）通过外模箍合为一体所构成的组合体。

包封胶黏剂 见胶囊型胶黏剂（211页）。

包覆编织 cover braiding 将纱线直接编织在芯模上的编织方法。

包胶 encapsulation 给产品外廓施加涂层的方法。涂层可为热塑性树脂或热固性树脂，可用刷涂、浸渍、喷涂或热成型等方法施工。此法广泛应用于电器零件的保护与绝缘。包胶和浸渍的主要区别在于，包胶只形成外保护涂层，材料没有浸透，仅有少量或没有树脂渗入材料内部。参考预浸渍。

包角 wrap angle 封头上的缠绕中心角，即缠绕容器时，芯模上缠绕纤维从某一点绕到另一点时，封头段转过的角度。

包模成型 drape forming 参见包模真空成型（6页）。

包模性 见铺敷性（335页）。

包模真空成型 drape vacuum forming 是一种热变形真空成型方法。将热塑性塑料、热固性预浸料或粘接的增强体薄板夹持于活动的框架上，加热使薄板包覆于阳模顶部，然后施加真空压力，使薄板包覆、定格于阳模上而成为所需要的形状。参考真空袋成型、压力袋成型。

FPF包线 first ply failure envelope 不同铺层比系列层合板在正应力合力空间中的失效包线叠加重合部分构成的内包线；或在正应变空间中各单层失效包线重合部分构成的内包线。

LPF包线 last ply failure envelope 不同铺层比系列层合板在正应力合力空间中的失效包线叠加后的外轮廓包线；或在正应变空间中各单层失效包线的外轮廓包线。

包芯纱 core-spun yarn; core-spun thread 以长丝或短纤维纱为纱芯，外包以其他纤维一起加捻纺成的纱。

饱和化合物 saturated compounds 分子中碳原子间只有单键的化合物。

饱和聚酯 saturated polyester; polyester saturated 其聚酯骨架均已饱和的一种聚酯，因而不与其他物料反应。包括用作增塑剂和聚氨酯原料的低分子量液体，以及线型高分子量的热塑性塑料。

饱和渗透率 saturated permeability 预先浸有树脂的纤维增强体的渗透率。参考渗透率、不饱和渗透率。

饱和吸湿量 moisture saturation content 在可能最高湿暴露水平下的平衡吸湿量，其中材料含有可能达到的最大吸湿量。参见平衡吸湿率（330页）。

饱和蒸气压 参见蒸气压（527页）。

保压时间 hold up time 注射成型时，指在塑料充满模腔后对模内塑料保持规定压力进行补料的一段时间；压缩模塑时，指在塑料充满模腔后压力升到预定值至开始解除压力的时间。

爆破强度 bursting strength 塑料容器、管材、薄膜等在爆破试验时所能承受液体或空气对其连续施加的最大压力。

爆炸极限　explosive limits　可燃气体、可燃液体的蒸气或可燃固体的粉尘在一定的温度、压力下与空气或氧混合达到一定浓度范围时，遇到火源就会发生爆炸，此一定的浓度范围称作爆炸极限。如果混合物的组成不在这一定的浓度范围内，则供给的能量再大，也不会着火。爆炸极限通常以蒸气占混合物体积的百分数表示，%；粉尘则以 mg/m^3 表示。

背面散射　back scatter　散射的 X 射线或 γ 射线中，发射方向与入射射线的方向所成的角度超过 90°的那一部分散射线。(无损检测)

背压　back pressure　施加在注射口的压力或充模过程完成后注射口形成并增大的压力。

钡酚醛树脂　见低压成型酚醛树脂(75 页)。

被动隐身　passive stealthening　通过接受和分析目标自身发出的各种信号，即可探测和识别目标，称为被动式探测。针对被动式探测所采用的隐身技术称为被动隐身。参考主动隐身。

被粘物　adherend　又称黏合体。被胶黏剂粘在一起的物件，即胶接接头中胶层两边的物件。

本体聚合（作用）　bulk polymerization; mass polymerization　除加催化剂或引发剂外，不加任何其他介质(如稀释剂或溶剂）而使单体（通常为液体）进行的聚合。

本体黏度　intrinsic viscosity　聚合物溶液在无限稀释的情况下测得的溶液浓度与物质的量浓度（mol/L）之比的极限值。

本体强度　green strength　与热固性树脂固化程度相关的性能。未完全固化材料（如聚氨酯弹性体）的固化程度达到其本体能经受脱模和再加工操作而不产生撕裂和永久性变形时所具有的强度。

苯　benzene　分子式 C_6H_6。一种溶剂，也是生产酚醛塑料、环氧树脂、苯乙烯和尼龙的中间体。苯经氢化生成环已烷，用作制备己二酸的溶剂和原料。作为一种溶剂，苯可溶解乙基纤维素、聚醋酸乙烯酯、聚甲基丙烯酸甲酯、聚苯乙烯、香豆酮-茚树脂和某些醇酸树脂。

苯胺甲基三甲氧基硅烷　anilino-methyl-trimethoxysilane　商品名为南大-73（ND-73)。淡黄色透明液体，相对密度（d_4^{20}）1.0615，沸点 135～147℃（0.53kPa)。溶于乙醇、丙酮、乙醚、醋酸乙酯等，不溶于水。遇水发生水解与缩合（水解速度比南大-42快)。适用于环氧树脂、聚氨酯、酚醛树脂等胶黏剂及室温硫化硅橡胶。能提高粘接性、耐热性、耐水性和耐候性。

苯胺甲基三乙氧基硅烷　anilino-methyl-triethoxysilane　商品名为南大-42（ND-42)。分子量 255.40，淡黄色液体，相对密度（d_4^{20}）1.0221，沸点 132℃（0.53kPa)，折射率 1.486。不溶于水，在空气中会逐渐水解缩合。见光颜色逐渐变深。溶于乙醇、丙酮、乙醚、醋酸乙酯、溶剂汽油等。可作为酚醛树脂、环氧树脂、聚氨酯、室温硫化硅橡胶的偶联剂和增黏剂。能提高耐水性和耐候性。

苯胺-甲醛树脂　aniline formaldehyde resin　苯胺与甲醛缩合反应得到的树脂。其是热塑性的，用以制造具有高介电强度和良好的耐化学品性的模制材料和层压绝缘材料。

苯并噁嗪　benzoxazine　又称氧氮杂

四氢化萘，是结构中含有N和六元噁嗪环的化合物的统称。由酚、伯胺、甲醛为原料合成的一种苯并六环化合物，经开环聚合生成含氮、类似酚醛树脂的网状结构，因此，又被称为开环聚合酚醛树脂。该树脂原料来源广泛，合成工艺简单，价格低廉。固化过程中没有低分子释放，热膨胀系数低，制品固化收缩率几乎为零，空隙率低，模量高，强度大，耐热性好，尺寸稳定，介电系数小。V-1级阻燃等性能见下表。苯并噁嗪在0～40℃温度范围内有非常好的储存稳定性，吸水率低、易于成型加工。除可以热自固化、光催化固化外，还可以热催化固化。通过添加阳离子催化剂，如路易斯酸、咪唑、碘鎓盐、硫鎓盐等，在加热环境下产生活性阳离子，催化苯并噁嗪开环固化。苯并噁嗪与环氧树脂相似，具有优异的成型加工性能，是一种优良的高性能复合材料的树脂基体，在航空航天领域具有广阔的应用前景。还可和环氧树脂、酚醛树脂、双马来酰亚胺、氰酸酯树脂共聚，组成混合体系，兼顾不同树脂的特点，开发出工艺性、实用性兼优的高性能树脂基体。现已拥有多种不同结构苯并噁嗪。参见双酚A型苯并噁嗪（402页）、双酚F型苯并噁嗪（403页）、苯酚型苯并噁嗪（8页）、MDA型苯并噁嗪（476页）、DCPD型苯并噁嗪（475页）各词条。

项目		单位	环氧树脂	双马来酰亚胺树脂	酚醛树脂	苯并噁嗪树脂
T_g		℃	120～220	180～280	170	160～268
拉伸强度		MPa	60～120	50～90	24～45	60～125
拉伸弹性模量		GPa	3.1～3.8	3.4～4.5	3.8	3.8～5.2
固化收缩率		%	1～3	约2	8～10	约0
吸湿率	24h	%	0.12	—	0.23	0.11
	129d	%	1.8	—	—	0.98
热膨胀系数		$\times10^{-6}$/℃	65	—	68	45～58
阻燃性		—	易燃	可燃	阻燃	阻燃

注：苯并噁嗪树脂在0～40℃范围内有非常好的储存稳定性。

苯二甲胺 见间苯二甲胺（202页）。

苯二甲酸酐 见邻苯二甲酸酐（289页）、苯酐（8页）。

苯酚甲醛环氧树脂 phenol-formaldehyde epoxy resin；EPN 简称酚醛环氧树脂。见酚醛环氧树脂（107页）。

苯酚-甲醛树脂 phenol formaldehyde resin 是由苯酚和甲醛缩聚制得的一种树脂。

苯酚型苯并噁嗪 phenol benzoxazine 由苯酚、多聚甲醛、苯胺脱水缩合制成，是结构最简单的单环苯并噁嗪之一。因为空间位阻和分子结构小，熔点40℃左右，熔融后黏度低，固化温度低，固化后的玻璃化转变温度$T_g \geqslant 130$℃。V-1阻燃级别。适用于无溶剂低黏度的树脂体系，如复合材料液体成型（LCM）。

苯酐 见邻苯二甲酸酐（289页）。

苯环 benzene ring 分子中六个碳原子形成的封闭环。

苯磺酰肼 benzene sulphonyl hydrazine 用于聚氯乙烯多孔树脂、环氧树脂、酚醛树脂和橡胶掺合物中的一种发泡剂。

苯基硅烷树脂 phenyl silane resins

为有机硅树脂与酚醛树脂的热固性共聚物。供应状态为液体。

2-苯基-4-甲基咪唑 2-phenyl-4-methylimidazole；2P4MZ 白色粉末，熔点178～179℃，呈碱性，用作环氧树脂的固化剂或固化促进剂。

2-苯基咪唑 2-phenylimidazole；2PMZ 淡粉红色粉末，熔点137～147℃，呈碱性。主要用作环氧树脂的固化促进剂，适用于粉末成型和粉末涂装。

苯甲醛 benzaldehyde 一种用于聚酯树脂及纤维素塑料的溶剂。

苯酮四羧酸二酐 benzophenonetetracarboxylic dianhydride；BTDA 又称3,3′,4,4′-二苯酮四羧酸二酐。分子量322.23。白色粉末，几乎无味。熔点226～229℃。溶于丙酮。无毒（LD_{50} 12800mg/kg）。用作环氧树脂的耐高温固化剂，参考用量60～70份，220℃/10h固化，固化物T_g为320℃。因其熔点高，在熔点温度下与环氧树脂混合会很快凝胶化，故常与聚酰胺或马来酸酐（MA）等一元酸酐混合使用，如按n(BTDA)∶n(MA)=3∶1比例组成混合酸酐。固化参数为200℃/24h，则固化的E51环氧树脂固化物的热变形温度为280～290℃，耐高温性能异常优异。当n(BTDA)∶n(MA)=2∶3时，与AFG-90环氧树脂按80∶100配合，可在125℃固化，如125℃/1h，则固化物的热变形温度为235℃。在260℃下热老化1000h，高温强度仍有85%的保持率；由于BTDA与环氧树脂的交联密度比均苯四甲酸二酐与环氧树脂交联的密度还高，因此固化物的耐溶剂性、高温稳定性优良。当BTDA用量为65份，与FB耐高温酚醛树脂配合，以PN-40（日本改性咪唑）为促进剂，180℃固化后，固化物耐高温达300℃。

苯氧基树脂 phenoxy resins 又名聚酚氧树脂、聚羟基醚。是用环氧氯丙烷与双酚A在碱性介质溶液中缩聚而成的平均分子量为10万～45万的超高分子量环氧树脂。其环氧值特别小，可认为几乎不存在环氧基。它是分子结构类似于双酚A环氧树脂，但几乎不含环氧基的线型热塑性多羟基聚醚树脂。具有较高的强度、粘接力、刚性和韧性，模塑品收缩率低、尺寸稳定性及抗蠕变性优越。熔点200℃，易溶于甲乙酮、环己酮，溶于氯代烃、芳烃及混合溶剂相的醇类，例如：甲苯∶丁醇=7∶3（体积比），甲苯∶丙酮=6∶4（体积比）。不溶于脂肪烃、油类。其固化无须加入固化剂，可用作热塑性树脂；也可用于其他树脂的改性剂。

苯乙烯 phenylethylene；styrene 无色透明油状液体。密度0.9074g/cm³，沸点146℃，能溶于醇及醚，难溶于水。遇明火极易燃烧。在受热、光或过氧化物存在下，容易聚合放出大量热发生爆炸。对人体皮肤、眼睛和呼吸系统有刺激性。是生产合成树脂和合成橡胶等合成高分子材料的重要有机化工原料，也是生产ABS和AAS工程材料的原料。是不饱和聚酯固化的交联剂。

苯乙烯类树脂 styrene resins 由苯乙烯或其衍生物聚合或以苯乙烯为主与其他不饱和化合物共聚所制得的聚合物。是通用热塑性树脂中的主要品种。具有耐化学腐蚀性、耐水性及优良的电绝缘性及透明性。主要用于制作无线电、电视、雷达等领域的绝缘材料，以及硬质泡沫塑料、薄膜等。按制备方法不同可分为本体聚苯乙烯和乳液聚苯乙烯；按树脂性能不同则可分为通用聚苯乙烯、可发性聚苯乙烯、高冲击聚苯乙烯等。

苯乙烯塑料　styrene plastics　参见聚苯乙烯（237页）。

苯乙烯-橡胶塑料　styrene-rubber plastics　又称高冲击韧度聚苯乙烯。聚苯乙烯与橡胶类改性剂混炼以改善其抗冲击性能的混炼物。

比表面积　specific surface　纤维或粒料等固体材料单位质量所具有的总表面积。与纤维或粒料等固体材料的粗细程度有关。

比冲　specific impulse　用于衡量火箭或飞机发动机效率的重要物理参数。定义为单位推进剂的量所产生的冲量。其大小与发动机的推进剂化学能、燃料效率和喷管效率有关。发动机比冲越高，相同条件下推进剂能够产生的速度增量也越大，发动机的效率也就越高。

比电阻　specific insulation resistance　见体积电阻率（440页）。

比刚度　见比模量（10页）。

比例极限　proportional limit　材料在不偏离应力与应变正比关系（虎克定律）的条件下所能承受的最大应力。在拉伸曲线中，比例极限为 a 点所对应的应力。通常用 σ_p 表示：$\sigma_p = P_p/F_0$，单位为 MPa。式中，P_p 为拉伸曲线图中 a 点对应的载荷，N；F_0 为试样的原横截面积，mm^2。

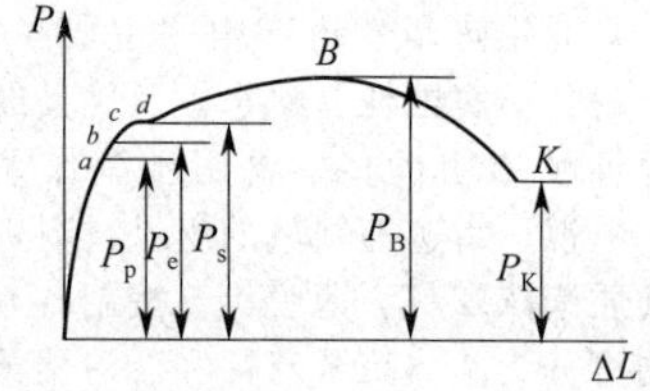

比密黏度　viscosity/density ratio　又称运动黏度。符号为 ν。其定义为 $\nu = \eta/\rho$。式中，η 为动力黏度；ρ 为其密度。即比密黏度等于动力黏度除以流体的密度。SI单位为 m^2/s。化工行业中常用 m^2/s。过去使用厘米克秒制的单位沲（斯）、厘斯（cSt），但非法定单位，$1cSt = 1mm^2/s$。参见动力黏度（81页）。

比模量　specific modulus　又称比刚度。在比例极限内，材料弹性模量（通常用拉伸弹性模量）与其密度之比。单位为 cm。表示单位质量材料抵抗变形的能力。其值越大，表示单位质量材料所构成结构的刚度越高。

比浓黏度　reduced viscosity　增比黏度对浓度的比值。比浓黏度是聚合物比容量对相对黏度增值的测量。

比强度　specific strength　材料在断裂点的强度（通常用拉伸强度）与其密度之比，单位为 cm。其值越大，表示单位质量材料所构成结构的强度越高。

比热　thermal heat　单位质量的热容量。参见比热容（10页）。

比热容　specific capacity　又称质量热容。旧称比热。在规定条件下，每千克物质温度升高 1K 所需吸收的热量。单位是 kJ/(kg·K)。在压强不变的情况下，温度升高 1K 所需吸收的热量称为比定压热容。

比容　specific volume　单位质量物质的体积；密度的倒数。单位为 cm^3/g 或 m^3/kg。又称比体积。

比色计　colorimeter　通过比较被测溶液和标准溶液的颜色进行定量分析的仪器。

比体积　见比容（10页）。

比性能　specific properties　材料的性能与其密度之比。如比强度、比模量等。

比应力(纤维)　specific stress(fiber)　载荷除以试验试样单位长度质量的

比值。

比重瓶 pycnometer 测定液体密度的瓶子。通常是带有一个或两个毛细管臂的玻璃瓶，这样可以很精确地充满到已知体积。

闭合高度 mold shut height 模具处于闭合状态下的总高度。

闭合模模塑 closed mold molding; CMM 用压力使可塑物料（经加热或冷的）通过限定的开口（锐孔）进入闭合模腔内的模塑法。然后模塑件经固化或冷却以保持模腔的形状。

闭孔泡沫塑料 closed-cell foamed plastics 所含泡孔绝大多数都互不连通的泡沫塑料。

闭模时间 closing time 模塑时从开始合模到模具完全闭合的时间。

壁板 panel 由蒙皮与加强筋或蒙皮与夹芯组成一体的板状构件。能承受弯矩、剪力、侧压、轴向力等各种载荷。

壁厚比 wall thickness ratio 压力容器或圆筒的外径与其内径之比。

边撑疵 temple mark 边撑或刺毛辊损伤织物边部，形成纱线起毛断裂或呈现小孔。

边挡 dam 又称挡胶框。用于容纳规定边界域内的零件料坯。防止在固化期间树脂过多从边缘流失和真空袋产生冠状变形，而在复合材料成型模具上设置的边缘支撑埂或密封条带。常用的材料有软木、硅橡胶、橡胶、钢和铝。边挡应紧贴零件边缘放置，避免留存间隙，形成树脂槽。通常采用双面胶带或特氟龙导销与模具固定。

边界条件 boundary condition 又称支持条件。对于结构或构件边界（或端部）运动自由度的约束情况。进行应力分析必须确定这些条件。

边界效应 edge effect 精确计算分析和试验表明，在接近多向层合板边缘（孔边）自由边大约一个层厚的范围内，按经典层合板理论计算出的面内应力 σ_Y、σ_X 下降，τ_{XY} 趋于零，而层间应力 τ_{XZ}、τ_{YZ} 由零增加到无穷大（在边缘处出现奇异性）并出现自身平衡应力 τ_Z，这种与用经典层合板理论计算结果的偏差被处理成边缘效应。

边距比 edge distance ratio 在主应力方向上承力孔中心到试样边缘的距离与孔径之比。

边缘分层拉伸试验 tensile testing for composites edge delaminating 采用特定铺层结构的层合板 $[\pm 30/\pm 30/\pm 90/\pm 90]_s$ 制备试样，用拉伸试验方法测量边缘分层和断裂韧性的试验方法。由边缘分层的初始应变求出的断裂韧度被用作树脂基体韧性的量度。目前工业上已经放弃这种测试方法。

编织 braiding 又称辫织。一种纺织的工艺方法。它将两个或多个纱束、有捻纱或纱带沿斜向缠绕，形成一个整体结构。

编织机 braider 编织圆管形或扁形带的设备。编织机构包括锭子、面板和跳板。编织流程包括传动、编织、卷取、芯线四工步。锭数为偶数的用来编织各种圆形或管形织物；锭数为奇数的用来编织带状织物。

编织角 braid angle 编织纱与编织轴之间的真实角度。

编织数 braid count 沿着编织物轴线计算，每英寸上编织纱的数量。

编织物 见编织织物（11 页）。

编织织物 braided fabric; braiding

fabric；braid 简称编织物。编织是由若干按同一方向排列的编织纱在编织锭子的带动下沿着预先确定的轨迹在编织平面上移动，使各纱线在编织平面上方某点处相互交叉或交织成“人”字形（或∞形）编成的空间网络状结构。二维编织是指所加工的编织物的厚度不大于编织纱直径3倍的编织方法，可用于加工异型薄壳预型件。三维编织是指所加工编织物的厚度至少超过编织纱直径的3倍，并在厚度方向有纱线相互交织的编织方法。常见的二维编织物有如下图所示的几种基本组织。参见三维编织织物（372页）。

(a)平纹(basket)组织

(b)方平(regular)组织

(c)hercules组织

编织轴 axis of braiding 编织的构型沿其伸展的方向。

扁椭球封头曲面 oblate ellipsoid head contour；oblate spheroid head contour 扁椭球面形式的容器封头曲面，其曲线方程为 $y=0.5(1-x^2)^{1/2}$。

苄基三甲基氯化铵 benzyltrimethyl ammonium chloride 一种季铵盐，其溶液用作纤维素类树脂的溶剂和酚醛树脂的催化剂。

变阶 staging 对预混的体系（如预浸料中的树脂体系）加热以增加其固化程度，但在达到凝胶点之前使其停止的固化进程控制。在制备预型体时常对树脂胶黏剂进行变阶。

变色 discoloration 因光、热、室外暴露、化学试剂等作用而引起的塑料制品颜色的变化。

变形 deformation；deform 由外部施加应力、温度变化和吸潮所引起的物体尺寸和形状的改变。尺寸变形用正应变分量量度；形状变形用剪切分量量度。

变形测定器 extensometer 用于测量由于机械应力引起的线性变形的机械或光学设备。

变异系数 参见离散系数（282页）。

辫织 见编织（11页）。

标记 indicia 塑料、增强塑料制品上的任何印记，如符号、印字、小图等等。

标距 gauge length；gage length 在所测定的应变或长度变化范围内标出的试样原始长度。

标距间伸长 elongation between gages 由于载荷作用，在试样上两标距点间所产生的长度变化。

标准偏差（*S*） standard deviation 表示一列数值离散程度的指标，为各数值 X_i 与其平均数 $\overline{X}$ 之差的平方和除以测量次数 n 减1，再开平方。如果测量次数比较多，标准偏差与均方根差（root mean square error）在数值上差异（$n-1$ 变为 n）不大，可不加区别。

$$S=\sqrt{\frac{\sum_{i=1}^{n}(X_i-\overline{X})^2}{n-1}}$$

标准模架 standard mould bases 由结构形式和尺寸都标准化、系列化并具有一定互换性的零件成套组合而成的模架。

标准实验室环境 standard laboratory atmosphere 相对湿度为50%±2%、温度为(23±1)℃的环境。另外，还分为平均室内条件：相对湿度40%，温度25℃；干燥室内条件：相对湿度15%，温度29.4℃；潮湿室内条件：相对湿度75%，温度25℃。

标准温湿度 standard temperature and humidity 在温带规定温度20℃、相对湿度65%为标准温湿度。

标准误差 standard error 参见标准偏差(S)(12页)。

镖冲试验 dart impact test 参见自由落镖试验(547页)。

表观密度 apparent density 单位体积的试验材料(包括空隙在内)的质量。在模塑粉料中常改用松密度这一术语。

表氯醇 见环氧氯丙烷(174页)。

表面变质 envenomation 材料表面由于接近或接触另一介质而变质的过程。可产生软化、变色、斑点、开裂或其他影响。有时也指振动、噪声及其他腐蚀性介质条件引起的表面变质过程。

表面波速度 surface wave velocity 表面波在给定的材料表面上的传播速度。

表面波纹 surface wave pattern; surface wave marks 纤维复合材料制件表面出现的目测可见的波浪状纤维纹理。主要是在用压力成型纤维复合材料时由于压力操作不当造成的缺陷。加压过早，树脂黏度较低，加压时树脂流动过快，会把纤维冲离原位产生波纹状纹理；加压过快，压力过高，在开始加压时控制不好，会产生过压，强烈冲击坯件，驱使纤维移位，前行波面形成纹理，如下图所示。解决方案：通过综合试验，筛选出加压时机参数(加压温度、加压时间、加压速度和大小)，适时加压。

表面处理 surface treatment 为使被粘物适于胶接或涂布而对其表面进行的化学或物理处理。参见表面准备(14页)。

表面处理剂 surface treating agent 为了提高粘接性能，用来处理塑料、填料、颜料或粘接载体等表面的物质。参见硅烷偶联剂(160页)。

表面电导 surface conductance 固体绝缘材料试样与两个电极相接触，当电流只通过试样表面上的潮湿膜时，两电极间所产生的直流电导。

表面电阻 surface resistance 为施加于电极的电压和流经表面层两电极间电流的比值。

表面电阻率 surface resistivity 平行于通过材料表面上电流方向的电位梯度与表面单位宽度上的电流之比。单位用欧姆表示。如果电流是稳定的，表面电阻率在数值上即等于正方形材料两边的两个电极间的表面电阻，且与该正方形大小无关。

表面发黏 surface tackiness 树脂基复合材料制件表面粘手的异常现象。

这是基体树脂固化不完全产生的一种缺陷。可能是基体配方有误、预浸料过期、吸湿等原因所致。这些原因引起的发黏经加温、加时固化也无法改变。若是由于固化温度低和/或固化时间不够所致，通过加温加时固化可以改善。预防措施：选用合格的材料，预浸料在使用过程中按要求条件保管，及时进行固化，在室温停留时间不得超过其机械寿命；严格工艺纪律，准确实施工艺规范规定的固化参数。

表面活化剂 见表面活性剂（14 页）。

表面活性剂 surfactant; surface active agent 又称表面活化剂。能显著地改变液体表面张力或两相界面张力的物质；或者说能强烈地吸附在其他物质的表面或聚集于溶液的表面，降低液体或固体表面张力的物质。如润湿剂、乳化剂、减水剂、去污剂等。表面活性剂的分子结构分为极性部分和非极性部分。极性部分如羧基（—COOH）、磺酸基（—SO_3H）、羟基（—OH）、氨基（—NH_2）等；非极性部分亲油基如各种链烃基、芳烃基等。

表面能 surface energy 增加系统表面所需的功。物体表面分子所处的力场不平衡，内部分子对它的引力大，外部（通常是空气）分子对它的引力小，因此，把一分子由内部迁移到表面，需要抵抗内部分子引力做功，所耗费的功就变成表面分子层的势能，叫作表面能。其值等于比表面能乘以表面的面积。

表面温度计 surface thermometer 测量固体表面温度的一种仪表。是温度计的一个分类，由表面温度传感器和显示仪表构成。传感器可以是热电偶，也可以是热电阻。常用的有热电偶式和半导体式两种。

表面毡 surface mat 由定长或连续纤维单丝黏结而成的致密薄片材料，常用作复合材料的表面层。

表面张力 surface tension 由液体内部分子的吸引力所产生，作用于液面上使液体收缩的力，从定量上来说，指作用在液面上单位长度线的力。单位是N/m。其大小与液体的性质、纯度、温度以及和液体相接触的另一相物质性质有关。表面张力越大，表面积越大，所具有的表面能也越大。

表面皱褶 surface wrinkle 在纤维复合材料表面上出现纤维的弯曲、扭曲或其他非均匀准直分布的现象。表面皱褶不仅引起局部富树脂或贫树脂，还会使复合材料承载能力降低。防止表面皱褶的措施有：对复合材料毛坯进行预压实与预吸胶，选择与复合材料膨胀系数相匹配的模具材料，模具表面尽可能光滑等。

表面准备 surface preparation 为了提高胶接强度，工件必须进行的表面处理过程。一般是除去表面污垢、糙化表面、形成稳定的氧化膜或活性膜等。不同材料处理的方法不同。(1) 金属表面处理方法主要有：①脱脂法，用溶剂或碱液等处理；②除锈法，又分为物理法（如打毛、喷砂、电晕、等离子、高能辐射等）和化学法（如清洗、酸洗等）；③电化学法，使表面形成氧化膜（硫酸阳极化、磷酸阳极化）。(2) 纤维复合材料工件的表面处理方法主要有：喷砂或砂纸打磨、拭去粉尘、溶剂（丙酮、三氯乙烯等）清洗；硫酸-重铬酸钾混合处理，再用清水充分洗涤。

裱糊工艺 见手糊工艺（391 页）。

瘪泡 collapse (in foamed plastics) 泡沫塑料在制造过程中，由于泡孔结构受到破坏所造成的局部密度增大的缺陷。

丙阶段树脂 C-stage resin 又称C阶段树脂。指热固性树脂固化反应的最终阶段。在此阶段的树脂已成为不溶不熔的固体。

丙阶酚醛树脂 resite 又称酚醛树脂C、不熔酚醛树脂。指完全固化的酚醛树脂。这种树脂不溶于乙醇、丙酮和其他溶剂，加热也不能熔融。

丙三醇 glycerol 又称甘油。是一种无色、黏稠的液体，是制造肥皂的副产品。可由丙烯合成或由糖制得。在塑料工业中用作醇酸树脂（甘油和邻苯二甲酸酐的酯）的生产、硝酸纤维素塑料（赛璐珞）的增塑和氨酯聚合物的生产。

丙酮 acetone；2-propanone 分子式为 CH_3COCH_3。酮类溶剂的一种，可以溶解所有纤维素塑料、聚氯乙烯、聚醋酸乙烯、聚甲基丙烯酸甲酯、环氧树脂以及一些热固性树脂。

丙酮萃取 acetone extraction 把环氧、酚醛等树脂的模塑制品或层压制品浸入沸腾的丙酮中以萃取可溶性物质的过程。

丙酮树脂 acetone resins 丙酮和酚或甲醛之类物质反应产生的一种合成树脂。

丙烯腈 acrylonitrile；propenenitrile 具有（CH_2 ═CHCN）结构的一种单体。是生产聚丙烯腈的单体。在共聚物中最为有用。

丙烯腈-丁二烯-苯乙烯共聚物 acrylonitrile-butadiene-styrene copolymer；ABS 系丁二烯橡胶和丙烯腈及苯乙烯接枝共聚所得到的一种热塑性高聚物。其中橡胶呈微粒状均匀分布于丙烯腈-苯乙烯共聚物的基体中。其各组分贡献为：丙烯腈提高耐化学品、耐热和耐老化性；丁二烯提高冲击韧度、抗撕裂强度和耐低温性；苯乙烯增加刚度、表面光泽、尺寸稳定性和易加工性。故而此共聚物综合性能好。缺点是耐老化性差。其密度 1.03～1.07g/cm^3，拉伸屈服强度 29.7～44.1MPa，弯曲模量 0.897～3.034GPa，玻璃化转变温度 110～125℃，长期使用温度－40～90℃。广泛用于各种家用电器的外壳和内衬；汽车仪表板、挡泥板；机械零部件（如叶轮、齿轮、轴承）以及建筑管道等。它还可以用于制造多种塑料合金，如ABS/PVC、ABS/PA、ABS/PC、ABS/PPS等。

丙烯腈-丁二烯-苯乙烯树脂 acrylonitrile-butadiene-styrene resin；ABS resin

丙烯腈-丁二烯和苯乙烯或其衍生物的三元共聚物或丙烯腈-丁二烯的共聚物与丁二烯-苯乙烯的共聚物的共混物。参见丙烯腈-丁二烯-苯乙烯共聚物（15页）。

丙烯腈-丁二烯-苯乙烯塑料 acrylonitrile-butadiene-styrene plastics；ABS plastics 参见ABS树脂（393页）。

丙烯酸类树脂 acrylic resin 以丙烯酸或丙烯酸的衍生物为单体聚合或以它们为主与其他不饱和化合物共聚合所制得的聚合物。

丙烯酸类塑料 acrylic plastics；acrylics 由丙烯酸、甲基丙烯酸的酯类、卤化物、腈类及酰胺类制成的聚合物的总称。参见丙烯酸类树脂。

丙烯酸树脂胶黏剂 acrylic resin adhesive 以丙烯酸及其衍生物的聚合物或共聚物为基料制成的胶黏剂的总称。可分为热塑性丙烯酸酯胶、第一代丙烯酸酯胶（FGA）、第二代丙烯酸酯胶（SGA）、氰基丙烯酸酯胶、丙烯酸双酯胶等。其中 SGA 是一种改性的、新型的、无溶剂反应型高性能工程胶黏剂，其综合性能好，应用广，见丙烯酸酯工程胶黏剂。

丙烯酸酯工程胶黏剂 acrylate engineering adhesive 指第二代丙烯酸酯胶黏剂（SGA）。该胶综合性能优异，具有使用时表面处理简单，固化快，强度高（剪切强度为 22～34MPa、冲击韧度为 28～32kJ/m^2、T 型剥离强度 88N/cm）、耐热、耐寒、耐水、耐油、耐老化等综合性能良好的特点。缺点是有特殊臭味，储存期短。主要用于胶接耐久基材如火车车厢、卡车 GFRP 窗板加强、飞机挡风玻璃、太阳能接收器、卫星接收天线以及计算机外壳等。

丙烯酸酯压敏胶黏剂 acrylate pressure adhesive 以聚丙烯酸酯为基料的胶黏剂。在丙烯酸酯压敏胶液相蒸发后或熔融体冷却后形成具有永久干黏性的膜。将胶黏剂膜压到被粘物上即可实现粘接。有溶剂型、乳液型和热熔型三类。

并捻 doubling 又称合股。将两股或两股以上捻度不平衡的单股纱合并，并加以反向捻度，以得到捻度平均纱线的工序。得到的纱叫并捻纱或合股纱。

并捻纱 见合股纱（166 页）。

并绕粗纱 collimated roving 用在特殊工艺中的现成的粗纱（通常为平行缠绕），这种粗纱中的纤维彼此要比普通的粗纱平行得多。

并纱孔 ply 用于长丝缠绕纱并股的通道（将两股并成一条等）。

波长 wave length 相位相差一个整周期的两个波前之间的垂直距离。（无损检测）

波反射 wave reflection 在同一介质中传播的超声波，由于碰到分界面而引起的方向变化。变化后的超声波或者保持原来的波型，或者转换为别的波型，或者部分保持原来的波型，部分转换为别的波型。（无损检测）

波干涉 wave interference 某些区域的振动加强，某些区域的振动减弱，并且振动加强区域和振动减弱区域相互隔开的现象。

波流痕 flow marks 由热塑性树脂制得的产品表面出现的波状流痕。是由于不适当的树脂液流入模具造成的。

波美度 Baume′（°Be′） 法国化学家 A·波美（Antoine Baume′）为比重计标度设计的一种相对密度单位制。是液体的一种校准标度，可按下列各式换算成相对密度：对于重于水的液体，相对密度＝145/(145－n)(60℉)；对比水轻的液体，相对密度＝145/(145＋n)(60℉)。n 为波美标度上的读数。

波前 wave front 在波的扰动中，通过具有相同相位的所有点所画的连续表面。（无损检测）

波纹 waviness 出现在塑料、复合材料制品表面上的波状凹凸不平缺陷。

波纹芯 fluted core 位于夹层结构两蒙皮间波纹状的芯子。

波形瓦连续成型机组 corrugated sheet continuous molding machine 连续成型波形瓦的设备。按产品的波纹方向分横向和纵向波形瓦连续成型机组。

波型转换 mode transformation 波在传播时，通过折射和反射使一种类型的波产生出其他类型的波的过程。

波耶-拜曼法则 Boyer-Beaman rule 表述聚合物玻璃化转变温度 T_g 和熔

融温度 T_m 之间的关系。T_g 和 T_m 之比（用开尔文温度 T_k 表示）通常在 0.5 至 0.7 之间。对称聚合物，如聚乙烯，其比接近 0.5。不对称聚合物，如聚苯乙烯及聚异戊二烯则大致为 0.7。

玻璃 glass 由熔融物质冷却硬化而得到的一种非晶态固体无机物。是典型的硬而脆的物质，具有典型的贝壳状断口。结构具有各向同性、亚稳性。广义的玻璃包括单质玻璃、有机玻璃和无机玻璃，狭义上仅指无机玻璃。工业上大规模生产的是以 SiO_2 为主要成分的硅酸盐玻璃。此外还有 B_2O_3、P_2O_5、Al_2O_3、TiO_2 为主要成分的氧化物玻璃，以及以硫化物（例如 As_2S_3）或卤化物（例如 BeF_2）为主的非氧化物玻璃等。

玻璃长丝 glass filament 由玻璃的熔体通过白金坩埚拉制而成的细长的丝状物。大多数玻璃长丝的直径小于 0.13mm，是复合材料中使用最广泛的增强材料。可以制成单向布、织物、毡及其片状模塑料一类的短纤维复合材料，参见玻璃纤维（19 页）。

玻璃单丝坩埚 glass filament bushing 在制造玻璃单丝时用来熔融玻璃并从其中拉出长丝的工具。

玻璃/酚醛防热复合材料 glass/phenolic ablative composites 以玻璃纤维为增强体、酚醛树脂为基体进行复合得到的具有烧蚀防热功能的复合材料。

玻璃化转变 glass transition 又称玻璃态转变。指在无定形聚合物或部分结晶聚合物无定形区域内，黏流态或橡胶态和玻璃态之间发生的可逆变化。其实质是在此温度范围内大分子链段开始运动，或链段被冻结，从而引起其状态和性能（如密度、热膨胀系数、强度、模量、电性能等）的急剧变化。高于此温度时，聚合物处于高弹态（又称橡胶态）；低于此温度时，则处于玻璃态。

玻璃化转变温度 glass transition temperature；T_g 发生玻璃化转变的较窄温度范围的近似中点称为玻璃化转变温度。通常以 T_g 表示，是高聚物的特征温度。复合材料体系的最高使用温度与其有关。玻璃化转变温度值与测试方法、测试条件有关。同一种材料，测试方法不同，所得的测量值也有不同。常用的测量玻璃化转变温度的方法有热机械分析（TMA）、差示扫描量热（DSC）和动态力学热分析（DMA），如下图所示。三者测试值的差异及其关系见下表。ASTM D 7208 推荐采用 DMA 法测量聚合物基复合材料的玻璃化转变温度，表示为 T_g（DMA）。

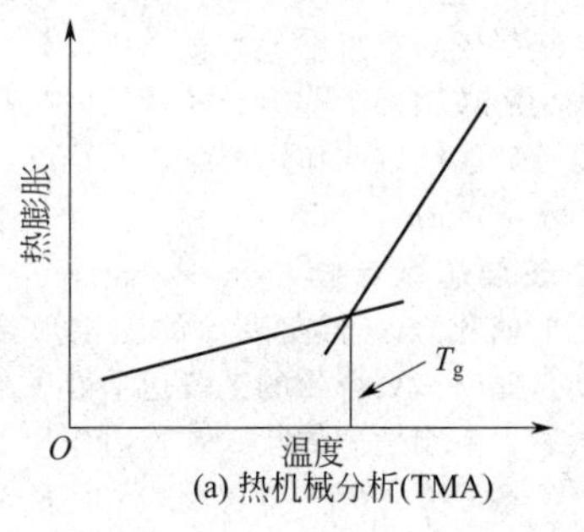

(a) 热机械分析(TMA)

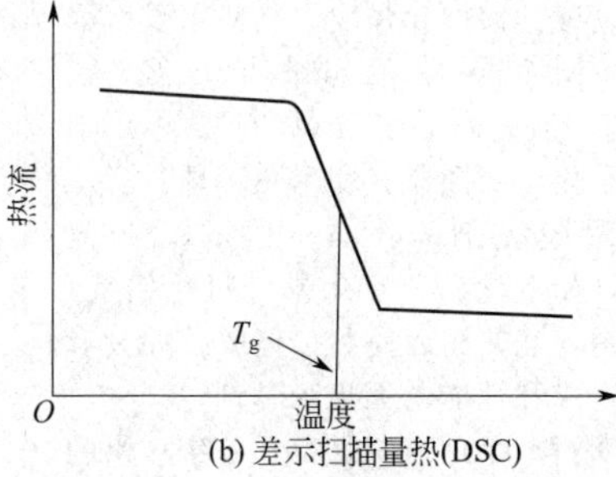

(b) 差示扫描量热(DSC)

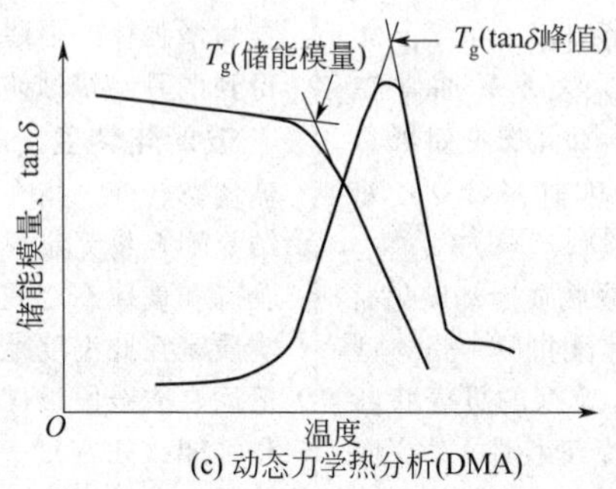

(c) 动态力学热分析(DMA)

三种方法测定热氧化处理对 KH308/CF 复合材料 T_g 的影响及其相互关系

单位：℃

T_g	方法						
	DMA			TMA		DSC	
热氧化温度	G'	tanδ	G'/tanδ	T_g	T_g/G'	T_g	T_g/G'
0	356	390	0.913	320	0.899	320	0.899
100	345	386	0.894	301	0.872	319	0.925
200	336	382	0.880	395	0.878	315	0.938
300	349	384	0.909	300	0.86	319	0.914
500	339	382	0.887	298	0.879	321	0.947
T_g 平均值			0.897		0.878		0.925

注：1. KH308-15/CF 为中国科学院化学所开发的一种新型 PMR 聚酰亚胺树脂基体。

2. DMA 法中，tanδ 曲线峰值所对应的温度常被记录为玻璃化转变温度 T_g，但偏高于实际值。更为实际的 T_g 确定方法则是取储能模量（G'）曲线的两条切线的交点所对应的温度 $T_g(G')$，因为该点代表复合材料开始出现显著的刚度损失。

玻璃基复合材料 glass matrix composites 以玻璃材料为基体，以陶瓷、碳、金属等纤维、晶须为增强体的复合材料。目的在于使原基体材料经复合后改善其韧性和强度。其使用温度因基体不同而异：如硼-硅玻璃 600℃；铝玻璃 700℃；高硅玻璃 1150℃。可用于各种耐化学腐蚀器具和耐热部件。

玻璃胶黏剂 glass adhesive 以氧化物（如氧化硅、氧化钠、氧化铅等）为基料，经热熔而使黏合体胶接并具有玻璃组成和性能的无机胶黏剂。

玻璃鳞片 glass flake 将熔化的E-玻璃吹成极薄的管，然后捣为小碎片制成的一种填料。碎片密实地填塞于热固性树脂体系中，可得到具有良好抗湿性的高强度产品。

玻璃丝 fiber glass 指由熔融玻璃拉制而成的单根细丝。其中比较长或无限长的玻璃纤维称为长丝；长度相对较短的玻璃纤维叫作短纤维，此长度一般小于 430mm。

玻璃态聚合物 glassy polymer 处于玻璃化转变温度以下的无定形聚合物。此时，聚合物的链段运动处于冻结状态，呈刚性固体状，在外力作用下只产生很小的形变。其力学行为表现为硬、脆及有限的塑性变形。

玻璃态转变 见玻璃化转变（17页）。

玻璃碳 glassy carbon 又称树脂碳。玻璃碳是在惰性气氛中，将糠酮树脂或酚醛树脂逐步加热到1200℃以上碳化形成的一种新型碳，因其外表像玻璃一样光亮，故称为玻璃碳。玻璃碳具有气密性和导电性好、热膨胀系数小、质地坚硬、化学惰性、易于抛光成镜面、氢超电位较高等特点，因此适用于做电化学和电分析用的工作电极材料。是在碳化过程中发生分解反应，挥发组分脱离后，残存在制件空隙中的碳。

玻璃陶瓷 glass-ceramics 又称微晶玻璃。由晶相和玻璃组成的质地致密、无孔隙、均匀的复合体。晶体大小从纳米级到微米级，晶体数量占50%～90%。通常是在某些玻璃组成中加入成核剂（有时也不加），熔炼成形后进行晶化处理，在玻璃相中均匀地析出大量的细小晶体，成为微晶玻璃。具有良好的机械强度、化学稳定性及热稳定性，热膨胀系数变化范围大。可按晶化原理、外观、特性进行分类。其中按特性可分为：耐高温、耐冲击、耐腐蚀、高强度、高硬度、高耐磨、可切削、低膨胀、低介电损耗、强介电性等玻璃陶瓷。广泛应用于国防、航空、航天、建筑、工矿等领域。

玻璃陶瓷基复合材料 glass-ceramic matrix composites 又称微晶玻璃基复合材料。以玻璃陶瓷为基体，以陶瓷、碳、金属等纤维、晶须、芯片为增强体的复合材料。该材料保持了玻璃陶瓷的原有特性，又改善了原基体的韧性和强度。其耐温性因基体不同而异，在1000～1700℃范围内。成型方法有泥浆体热压烧结法、基体扩散模压法和挤压法等。可用于制造小型雷达天线罩、复合装甲、耐腐蚀化学品容器和耐热部件等。

玻璃微球 glass microsphere 一种直径为5～700μm的玻璃质球状体。其表面光滑完整，加入树脂中对树脂的黏度和流动性影响极小，且不会造成过高的应力集中。可作为热塑性、热固性高聚物的增强体或填料。和玻璃纤维共同用作增强体，具有良好的协同增强效果，并可使熔融黏度降低，改善纤维分散性和模塑流动性。其表面呈惰性，具有吸水性。常用聚硅氧烷、硅烷或金属物质包裹，产生各种特殊性能，如用银包覆的微球可用来制造导电复合材料。制备方法有碎颗粒火琢法、熔融材料雾化法和碎颗粒煅烧法。

玻璃微球增强体 glass microsphere reinforcements 以钠钙玻璃为原料加工而成，粒度为10～250μm，直径小于1mm的球状增强材料。参见玻璃微球（19页）。

玻璃纤维 glass fibers 为已切成适当长度的玻璃丝或适合纺纱使用长度的短切纤维。是由主要成分为二氧化硅、三氧化硼及钠、钾、钙、铝的氧化物构成的玻璃熔融体在没有结晶状态下，经过特殊的导管拉制成长丝，并经加捻形成的纤维。单丝通过集合成束成为捻线或粗纱。单丝直径范围3～19μm。其主要特性为不燃、不腐、耐热，拉伸强度高，断裂伸长率较小，吸湿性弱，绝热性、尺寸及化学性稳定，电绝缘性良好等。按成分可分为无碱、中碱、高碱和特种玻璃纤维等。常用的有：E-玻璃（电绝缘性良好）、ERC-玻璃（改性E-玻璃）、C-玻璃（耐化学侵蚀）、A-玻璃（高金属氧化物含量）、D-玻璃（高介电性能）、S-玻璃（高机械强度）、M-玻璃（高弹性模量）、AR-玻璃（耐碱）。玻璃纤维可加工成纱、布、带、毡等形式作为复合材料增强体。可作为有机高聚物基或无机非金属(如水泥）基复合材料的增强材料。玻璃纤维通常要涂覆一层叫作偶联剂(coupling agent）的物质，以提高玻璃纤维与树脂类基体的粘接力。高强度玻璃纤维与其他高性能纤维的性能列于下表。

型号		拉伸强度/MPa	拉伸模量/GPa	断裂伸长率/%	密度/(g/cm^3)	热膨胀系数/$10^{-6}℃^{-1}$	纤维直径/μm
玻璃纤维	E-玻璃纤维	3447	75.8	4.7	2.58	4.9～6.0	5～20
	S-玻璃纤维	4481	86.9	5.6	2.48	2.9	5～10
	石英纤维	3378	68.9	5.0	2.15	0.5	9
有机纤维	Kevlar-49	3792	131.0	2.8	1.44	−2.0	12
	Kevlar-149	3447	185.1	2.0	1.47	−2.0	12
	Dyneema	3700	130	2.7	0.95	—	—
	Spectra1000	3102	172.0	0.7	0.97	—	27
PAN基碳纤维	标准模量	3447～7826	221～241	1.5～2.2	1.80	−0.4	6～8
	中模量	4136～6204	275～296	1.3～2.0	1.80	−0.6	5～6
	高模量	4136～5515	345～448	0.7～1.0	1.90	−0.75	5～8
沥青基碳纤维	低模量	1370～3102	172～241	0.9	1.9	—	11
	高模量	1895～2757	379～620	0.5	2.0	−0.9	11
	超高模量	2412	689～965	0.3	2.2	−1.6	10

A-玻璃纤维 A-glass fiber; alkali glass fiber 又称有碱玻璃纤维。一种高碱金属氧化物含量的玻璃纤维。这种纤维易水解，耐水性和机械强度不如无碱玻璃和中碱玻璃纤维。电绝缘性差，但耐酸性好，成本低。可用作性能要求较低的复合材料和耐酸玻璃钢的增强体。

AR-玻璃纤维 AR-glass fiber 为抗碱性优于普通玻璃纤维的耐碱玻璃纤维。用作水泥的增强体，其复合材料与未增强的水泥砂浆混凝土相比，拉伸强度可提高 2～3 倍，弯曲强度可提高 3～4 倍，韧性可提高 15～20 倍。主要用于大尺寸墙板、屋面板、波纹板及各种管材等。

C-玻璃纤维 C-glass fiber; chemical glass fiber 又称耐化学玻璃纤维。一种化学稳定性高、耐化学侵蚀的玻璃纤维。其化学稳定性比中碱玻璃纤维高，耐酸、耐水性比无碱玻璃纤维好。适用于有耐酸要求的复合材料，如电镀槽、蓄电池套管等。也可用作电性能和力学性能不高的复合材料。

D-玻璃纤维 D-glass fiber 又称低介电常数玻璃纤维。用高硼含量玻璃熔融拉制成的纤维。电绝缘性能和力学性能与传统的 E-玻璃纤维相似，突出的特点是具有优异的介电性能，透雷达波性能好。其介电常数和介电损耗因子都比较低，10GHz 条件下，介电常数 4.00 (10^6 Hz，3.85)，介电损耗因子 0.0026 (10^6 Hz，0.0005)。密度 $2.10g/cm^3$。主要用于制备介电强度好的低介电材料，适用于制备电子组件、高速信息处理及雷达罩等的低介电损耗、低密度的复合材料。也是高性能印刷电路板理想的增强材料。

E-玻璃纤维 E-glass fiber; electric glass fiber 又称无碱玻璃纤维、电气或电工玻璃纤维。指碱性氧化物含量在0.5%～1%铝硼硅酸盐玻璃的纤维。是一种常用的通用型增强纤维。此类纤维具有良好的绝缘性和耐水性能。耐老化性好，但耐酸、碱性较差。基本性能为：密度2.54g/cm^3，拉伸强度3140MPa、拉伸模量73.0GPa，介电常数（10GHz）6.13，介电损耗因子（10GHz）0.0055。其制品有无捻粗纱、织物和毡等。是现代工程材料中性能上好的绝缘材料，用它制成的电磁线、浸渍材料、云母制品、层压制品的绝缘性能达到B、F、H级，甚至C级，已在电机、电器、电工和电子工业中广泛应用。另外，由于具有较高的强度和模量及良好的耐水性，是聚合物、石膏等复合材料一种良好的增强体，是制作优良结构材料和功能材料的重要原材料。

E-玻璃纤维增强体 E-glass fiber reinforcements; electric glass 又称无碱玻璃纤维增强体。参见E-玻璃纤维（21页）。

ECR-玻璃纤维 ECR glass fiber 改良的E-玻璃纤维。其电性能和力学性能与E-玻璃纤维的相当，而软化点高于E-玻璃纤维，耐酸性优于E-玻璃纤维。可在任何用途方面代替E-玻璃纤维。见下表。

性能	E-玻璃纤维	ECR-玻璃纤维
拉伸强度(23℃)/GPa	3.10～3.80	3.30～3.80
弹性模量/GPa	76～78	80～81
断裂伸长率/%	4.4～4.5	4.5～4.9
10%软硫酸中24h失重/%	39.0	6.2
软化点/℃	830～880	880
折射率(25℃)	1.538	1.576
体积电阻率/Ω·cm	0.402×10^{15}	0.384×10^{15}
表面电阻率/Ω	0.420×10^{16}	1.160×10^{16}

M-玻璃纤维 M-glass fiber 又称高模量玻璃纤维。基本性能为：密度2.77g/cm^3，拉伸强度3.10～3.81GPa，拉伸模量93～95GPa，介电常数（10GHz）7.00，介电损耗因子（10GHz）0.0039。其制品有纤维纱、无捻粗纱、织物等。广泛用于航天结构件、体育用品（撑竿跳竿、跳水板）和超高电压操作杆等。

S-玻璃纤维 S-glass fiber 又称高强度玻璃纤维、结构玻璃纤维。它是以镁铝硅酸盐玻璃为原料拉制的一种玻璃纤维。其特点是力学性能突出，其生态强度一般比无碱玻璃纤维高25%以上。主要组成为：SiO_2 65%，Al_2O_3 25%，MgO 10%。基本性能为：密度2.49g/cm^3，拉伸强度4.3～4.9GPa，拉伸模量85.0GPa，介电常数（10GHz）5.21，介电损耗因子（10GHz）0.0068。其性能、成本在E-玻璃纤维和碳纤维之间。主要用于缠绕高压容器、固体火箭发动机壳体等强度要求高的树脂基复合材料结构。

S-玻璃纤维增强体 S-glass fibre reinforcements 参见S-玻璃纤维（21页）。

ZenTron玻璃纤维 Zen Tron glass fiber 一种SiO_2高含量的高强度玻璃纤维。其拉伸强度比E-玻璃纤维高50%，比S-玻璃纤维高15%，冲击韧度高5%～10%。适用于环氧、乙烯基酯和酚醛树脂体系。具有优异的粘接性能和层间剪切强度，加工过程中损伤较小。其复合材料的抗疲劳性能很高。

玻璃纤维表面处理 surface treatment of glass fiber 在玻璃纤维表面涂覆一层偶联剂。它既能与玻璃纤维表面的分子发生化学作用，使玻璃纤维表面与大气隔绝，避免金属化合物吸水，又能与高聚物（树脂）发生物理或化学作用，作为“联桥”使玻璃纤维与树脂基体更好地粘在一起，从而提高复合材料的力学性能和耐老化性等。常用的偶联剂有硅烷偶联剂、有机络合物偶联剂、酞酸酯偶联剂等。参见偶联剂（320 页）。

玻璃纤维布 glass fiber cloth; glass cloth; woven glass fabric 将两组相互垂直的或互成某特定角的玻璃纤维纱（单纱、合股纱或无捻粗纱）交叉织成的一种织物。织法有平纹织、斜纹织、缎纹织、单向织等。玻璃布作为增强体，广泛用于树脂（例如环氧树脂、酚醛树脂、不饱和树脂等）基复合材料。

玻璃纤维处理剂 参见偶联剂（320 页）。

玻璃纤维带 glass fiber tape; glass tape 由多股加捻或不加捻的玻璃纱线织成（纬纱密度很低）的带状织物。根据玻璃的成分不同可分为无碱和中碱两种玻璃纤维带。无碱玻璃纤维带用作电机、电器的绝缘材料；中碱玻璃纤维带可用来制作玻璃纤维增强塑料管件、接头、容器等构件。

玻璃纤维复合材料 参见玻璃纤维增强塑料（23 页）。

玻璃纤维纱 glass yarn 由多股玻璃纤维经加捻、合股制成的产品。有单股纱和合股纱两种。

玻璃纤维体积百分数 glass percent by volume 为层合板的密度（γ_1）与玻璃纤维的质量百分数（m_g）之积除以玻璃纤维的密度（γ_g），即 $\upsilon_g=\gamma_1 m_g/\gamma_g$。

玻璃纤维应力 glass stress 在纤维缠绕常规压力容器时，用增强体所承受的负荷及其横截面面积计算的应力。

玻璃纤维增强聚合物基复合材料 glass fiber reinforced polymer composites; GFRP 以玻璃纤维或其制品为增强材料增强聚合物所形成的复合材料。其中高硅氧玻璃纤维的复合材料具有耐烧蚀和高透波特性；常用的玻璃纤维复合材料俗称玻璃钢。详见玻璃纤维增强塑料（23 页）。

玻璃纤维增强铝层合板 glass fiber reinforced aluminum laminates; GRALL 一种纤维增强金属层合板，是由薄的经表面处理并涂底胶的铝合金板和玻璃纤维预浸料交替铺层（GF-EP/AL/GF-EP），经加温加压固化而成的一种混杂复合材料。该材料除具有纤维增强金属的一般特点外，其突出优点是极好的抗疲劳性能。

玻璃纤维增强热固性树脂基复合材料 glass fiber reinforced thermoset resin matrix composites 见玻璃纤维增强热固性塑料（22 页）。

玻璃纤维增强热固性塑料 glass fiber reinforced thermoset plastic; fiber glass reinforced thermoset 以热固性树脂为基体，玻璃纤维或其制品为增强体的树脂基复合材料。玻璃纤维包括连续长纤维、短切纤维、玻璃布和毡等。常用的树脂有不饱和聚酯树脂、环氧树脂、双马来酰亚胺、酚醛树脂等。成型方法有层压、压缩模塑、手工铺叠、纤维缠绕及低压成型等。

玻璃纤维增强热塑性塑料 glass fiber reinforced thermoplastics 以热塑性树脂（塑料）为基体、玻璃纤维为增强体的复合材料。玻璃纤维可使塑料的机械强度、耐热性、尺寸稳定性明显改善，耐蠕变性能大大提高，疲劳强度增大，耐低温冲击性改良。与玻璃纤维增强热固性塑料相比，价格低、加工方便（可注塑或挤塑成型）。所用基体为一般热塑性树脂，如聚丙烯、尼龙、聚酯、聚碳酸酯等。

玻璃纤维增强树脂基复合材料 glass fiber reinforced resin matrix composites 见玻璃纤维增强塑料（23页）。

玻璃纤维增强水泥复合材料 glass fiber reinforced cement composites；GRC 由玻璃纤维与水泥砂浆组成的复合材料。一般用耐碱玻璃纤维作增强体，低碱度水泥作基体，如硫铝酸盐或铝酸盐水泥、改性波特兰水泥等。形成的复合材料与水泥砂浆相比，拉伸强度提高2～3倍，抗弯强度提高3～4倍，韧性提高15～20倍。其主要用途是制作大尺寸墙板、屋面板、波纹瓦等。

玻璃纤维增强塑料 glass fiber reinforced plastics；fibrous glass reinforced plastics；GFRP 以玻璃纤维及其制品（玻璃布、带、毡等）为增强材料增强塑料等聚合物所形成的一种复合材料，俗称玻璃钢。是现代复合材料的先驱，视为传统意义上的复合材料。它显著地提高了纯树脂的力学性能、耐热性、耐蠕变性能等。除具有纤维复合材料的共同力学特性外，还有耐腐蚀、耐试剂（氢氟酸和浓碱除外）、透波率高、绝缘性好、超高温下可大量吸热、成本低等优点。缺点是弹性模量低，长期耐温性差。适于接触（裱糊）、层压（袋压、热压罐）、缠绕、注射和拉挤等成型工艺。根据其基体树脂的特性不同，分为热塑性玻璃纤维增强塑料和热固性玻璃纤维增强塑料两大类。其中玻璃纤维主要是无碱纤维和中碱纤维，此外还有高强度纤维、高模量纤维、高介电纤维等。玻璃钢广泛用于机械制造、石油化工、交通运输、航空航天、电子电气及建筑等领域。参考玻璃纤维、玻璃纤维增强热固性塑料、玻璃纤维增强热塑性塑料。

玻璃纤维增强体 fiber glass reinforcements；glass fiber reinforcements；fibrous glass reinforcements 由主要成分为二氧化硅、三氧化硼及钠、钾、钙、铝氧化物构成的一类以玻璃长丝为基础用于改善塑料等基体性能的材料。除了纤维直接用作增强体外，更多的是利用其采用不同织法制得的布或织物。参见玻璃纤维（19页）、玻璃长丝（17页）。

玻璃纤维毡 glass fiber mat 由直径不大于15μm的玻璃纤维或原丝随机均匀交叉分布，由胶黏剂粘在一起制成的厚度小于3mm的网状薄片材料。包括原丝薄毡和单丝薄毡两大类。前者主要用作玻璃纤维增强塑料制品，后者主要用于防水、防腐基材或隔热制品等。

剥离层 peel ply 又称可剥保护层，简称可剥层。是一种与复合材料制件既有一定的附着力，又可剥离的一层稀疏编织材料。通常为涂覆非迁移脱模剂（如聚四氟乙烯）的玻璃纤维织物或经电晕处理的热固性尼龙织物。在装袋工艺组合时，剥离层直接铺放到预浸料叠表面，其上放置有孔隔离膜、吸胶、透气等辅助材料。固化期间，预浸料叠中的挥发物和余胶先垂直通过它，继而经有孔隔离膜进入吸胶层。剥离层实质上还是一保护层，固化后不必随即去掉，借以保护制件表面免受污染。仅当在后续加工（如胶接或涂漆）时再将它从复合材料制件上剥掉，因而得到清洁、富树脂的新鲜表面，有利于提高后续加工的质量。该表面在胶接时，除了涂底胶（需要时）外，不需要作其他进一步处理。

剥离强度 peel strength 在规定的剥离条件下，胶接件分离时单位宽度上所能承受的最大载荷。单位为 kN/m。用剥离试验测定。是评价胶黏剂粘接性能的指标之一。

剥离试验 peel test 试验时按标准规定预先把试样一端剥离 25mm，分装在试验机上、下夹具后，按规定速度（一般为 100mm/min±5mm/min）进行拉伸，记录载荷和剥离长度，用剥离载荷除以试样宽度即可求出剥离强度。

薄层色谱法 thin-layer chromatography；TLC 一种微观色层分析。即将具有特殊吸收能力的薄层铺到玻璃板上，再把一滴被鉴定材料的液体涂到板的一个边缘上，然后把它浸入合适的溶液中。这样在被鉴定材料中就会出现选择性的分子分离。

薄段 见稀纬（462 页）。

薄壳工装 shell tooling 由骨架及其支撑的薄壳型面所组成的模具或胶接夹具。该类模具的特点是结构重量轻，热容小，升温速度快，模具表面温度场、制件受热均匀，有利于提升产品质量；搬运方便，制造、使用成本低。广泛用于航空、航天结构胶接和复合材料产品的制造。

薄膜 film 一般指厚度在 0.25mm 以下的平整而柔软的塑料制品。

补强板 gusset 一种用于增加一物体特定部位尺寸或强度的板片。另见补强层。

补强层 doublers 为使局部得到加强而增加的铺层或缠绕层。如在结构薄弱处所增加的铺层；在对接缝处增加的横跨两侧的铺层；在缠绕结构的环向薄弱区所增加的缠绕层；力学性能试件在两端夹持部分增加的加强片。

补强片 doily 在纤维缠绕中，施加于绕组间局部面积的平面增强物，为开孔处提供额外强度，例如孔位补强。参见补强层（24 页）。

不饱和化合物 unsaturated compounds 相邻两原子（通常是碳原子）之间有双键的化合物，并在双键处能加成其他原子，而使双键变为单键。

不饱和聚酯 unsaturated polyester 在主链中含有不饱和双键的、能与不饱和单体或预聚体发生交联的一类有机高分子化合物。

不饱和聚酯胶黏剂 unsaturated polyester adhesive 以不饱和聚酯为胶黏料，以丙烯酸酯等为交联剂，配以引发剂、促进剂构成的室温快速固化体系。对各种金属和非金属有黏附性。耐酸碱，价廉。但收缩率（10%～15%）大，性脆，胶接接头内应力大，胶接强度较低。主要用于制造玻璃钢及其与玻璃钢、金属、混凝土、陶瓷的胶接。

不饱和聚酯模塑料 unsaturated polyester molding compound 以不饱和聚酯树脂为基础树脂制得的模塑料。主要成分包括树脂、增稠剂、填充剂、内脱模剂、稳定剂等。先配成树脂糊，然后用以浸渍增强材料或与增强材料混合加工成预成型材料。可分为片状模塑料（SMC）、团状模塑料（DMC）、整体模塑料（BMC）、厚模塑料（TMC）、高强度模塑料（HMC）、注塑-压缩成型模塑料（ZMC）等。适用于压塑、注塑等闭模成型。

不饱和聚酯树脂 unsaturated polyester resin 由不饱和聚酯与共聚单体如苯乙烯、乙酸乙烯酯等交联剂，以及引发剂、促进剂等配制而成的一类热固性树脂。可在室温或较高温度下交联固化。可与玻璃纤维等增强材料制成复合材料。

不饱和聚酯树脂基复合材料 unsaturated polyester resin composites 以不饱和聚酯树脂为基体的复合材料。大多是以玻璃纤维或其织物为增强体。该树脂有通用、耐热、耐腐蚀、柔韧及阻燃等类型。此种复合材料综合性能优良、实用性广，有较高的强度和良好的耐化学腐蚀、介电及透波性能。工艺性好，价格低廉。可在常温常压下采用多种成型方法，如接触成型（裱糊）、缠绕成型、低压成型、层压成型、模压成型、喷射成型、拉挤成型以及反应注射、树脂传递模塑等。缺点是耐热性较低，制品收缩率大。作为绝缘、耐腐蚀的结构材料广泛用于机械制造、交通运输、石油化工、电子电器以及航空航天工业领域中。

不饱和渗透率 见非饱和渗透率（102 页）。

不变量 invariant 相对于坐标轴的所有取向为常数值。应力、应变、刚度和柔度的分量都具有线性的和二次的不变量。对于复合材料，它们定向地表示了独立的材料常数及多向层合板的刚度和强度的范围。

不干胶纸 见自粘纸（548 页）。

不均聚合 heteropolymerization 两种不同的不饱和有机单体加成共聚的一种特殊例子。

不均匀扯离强度 heterogeneous pull strength 粘接件受到不均匀扯离力时所能承受的最大载荷。单位为 kN/m。常用于评定胶黏剂的粘接性能。

不可逆 irreversible 只能向单一方向，而不能逆向进行的化学反应；不能再溶解或熔化的过程，如热固性树脂的固化反应。

不可修补损伤 non repairable damage 损伤已超过可修补损伤的极限，在此情况下，复合材料结构只能进行更换。

不连续长纤维增强体 long-discontinuous fiber reinforcements 短纤维增强材料的一种。这种增强纤维与纤维短切毡不同，其纤维的排布均沿同一方向成束状。当每根短纤维都保证大于其临界长度时，从整体上讲其增强效果与连续纤维相近。如连续 AS-4 碳纤维增强的 PEEK，在常温下的拉伸强度为 1677MPa，不连续长纤维增强的 PEEK，在常温下的拉伸强度为 1615MPa。这种增强体适用于制作形状较为复杂的复合材料构件。

不连续纤维 discontinuous fiber 试样或组件内的一种多晶体状的或无定形的纤维，或者指在所考虑应力场内有一个或两个端头的纤维。对不连续纤维的最小直径无限定，但其最大直径不得超过 0.25mm（0.010in）。

不连续纤维复合材料 discontinuous fiber composites 用不连续纤维增强基体所构成的任何复合材料。这些纤维可以是晶须或短切纤维。参见纤维复合材料（465 页）。

不清晰度 unsharpness 由于清晰度低而导致图像模糊不清的程度。（无损检测）

不确定系数 factor of uncertainty

可引起组件或结构破坏的载荷与服役中作用在结构上的载荷之比。设计中，将该值乘以使用载荷得到设计载荷。旧称安全系数。

不熔酚醛树脂 见丙阶酚醛树脂（15 页）。

不透声技术 opacity technique 一种用来检验薄板材料的剪切波技术，其所以能得到应用是基于下列事实，即如果板的厚度小于某一最小值，则某一固定角度和频率的超声波便不能通过（它是一种涉及使用兰姆波的特殊技术）。（无损检测）

不吸湿性 no-hygroscopic 没有明显吸收和保持空气中湿气（水蒸气）的能力。是反映树脂基复合材料品质的一项指标。易吸湿的复合材料通常情况下的吸湿含量（水蒸气）较高。水分的存在会使树脂基复合材料的基体溶胀、界面破坏，从而导致复合材料的力学性能和耐热性等性能下降。

不锈钢丝增强铝复合材料 stainless steel filament reinforced Al-matrix composites 以不锈钢丝为增强体，铝为基体的复合材料。制备方法通常采用热压法。可用在冲击力较强的场合，其层合板还可作为硼/铝复合物的次增强物，以改善冲击韧度和非轴向强度。

不锈钢丝增强体 stainless steel filament reinforcements 以不锈钢为原料制造的钢丝。直径一般平均为 10～100μm。不仅具有高强度和高韧性的特点，而且还具有优良的蠕变性能。可作导电、电镀屏蔽等功能复合材料，亦可作为金属基结构复合材料的增强体。

不溢式压缩模 positive mould 加料腔是腔型向上的延续部分。工作压力全部施加在塑料上，几乎无塑料溢出的压缩模。

不粘接 unbond 指模拟胶接缺陷试样上不需要粘接的特别区域，如制定胶接质量标准试验中所用试件上的人工缺陷。参见未粘住（454 页）、开胶（262 页）、脱粘（448 页）、分层（104 页）。

布 见织物（530 页）。

布氏硬度 Brinell hardness 在一定负荷作用下，将一定直径的淬火钢球压入试件内，保持一定时间，然后卸掉负荷，测定压痕直径，用试件压痕的表面积除负荷所得的商，即布氏硬度值。

部件 component 飞机骨架结构的一个主要部分，如机翼、机身、垂尾、平尾等。它可作为一个完整的单元进行试验来鉴定该种结构。参考细节件、组合件。

C

擦伤 scratch 由于碰撞、摩擦或刮划而引起的划伤、刻痕、刮痕等表面损伤。擦伤使构件表面粗糙、起毛，表面材料缺失。

材料的对称性 symmetry in material 可重复的材料特性。复合材料具有四种普通对称性：正交各向异性、横向各向同性、正方对称性和准各向同性。对于这些情况，应力和应变之间的基本关系是相同的，仅独立的材料积层的对称性常数分别由 9、5、3 减少到 2。

材料等同性 material equivalency 确定两种材料或工艺在它们的特性与性能方面是否足够相似，从而在使用时可以不必区分并无须进行附加的评估。参见材料互换性（27 页）。

材料非线性 material nonlinear 结构材料的应力应变关系不遵守虎克定律的特性，如弹塑性问题。

材料工作温度 material operational limit；MOL 又称材料最高工作温度。复合材料的工作温度一般受增强体和基体的支配，但主要是基体。因为聚合物基复合材料的性能受温度和湿度的影响很大，主要是由于基体性能受到温度和湿度影响降低而引起。对于主要受增强体（纤维）性能支配的性能（例如单向拉伸），这种降低的情况在一定的温度范围内可能是相反的或不出现或极小；对于受基体性能支配的力学性能(例如剪切和压缩)，其值随着吸湿量增大和室温以上的温度增加而降低。这种性能退化可能是严重的，且是非线性的。在给定的吸湿量下，随着温度的增加这种退化变得更严重，直到某个温度时出现性能的急剧下降，从而导致复合材料的整体性能下降。因此，最好把性能开始急剧下降时的温度规定为“特征温度”，或者定义为材料工作极限(MOL)或最高工作温度。一般来说，材料工作极限温度可以取为其使用可能达到的最高吸湿量时的玻璃化转变温度减去一安全裕度 K，对于环氧树脂基复合材料体系，K 值一般取 30℃。对于双马树脂基复合材料体系确定 MOL 的方法是，采用饱和吸湿准各向同性铺层（即 $\pi/4$ 铺层）板的开孔压缩强度等于 207MPa 时的试验温度。

材料工作温度极限 见材料工作温度（26 页）。

材料互换性 material interchangeability 确定替代材料或工艺是否被特定结构接受的过程。例如，通过验证两种材料的性能与许用值能满足所有的形式、配合与功能要求，就能确定两种非等同的材料或制造工艺均能被接受用于特定结构，则认为在特定结构中这两种材料或工艺是可互换的。参见材料等同性（26 页）。

材料鉴定 material qualification 用一系列规定的试验评估按基准制造工艺生产的材料，来建立其特征值的过程。与此同时，要将评估的结果与原有的材料规范要求进行比较，或建立新材料规范的要求。材料鉴定最初是对新材料进行的，当需要对制造工艺进行重新评估，或材料规范要求发生变化时，要部分或全部重复进行材料鉴定。当现有的结构需要增加对性能的要求，或将该材料用于新结构应用时，还可能需要扩大原有鉴定范围。对从未鉴定过的材料性能，通常需要包括含“目标”值以代替要求。在这种情况下，基于评估结果的要求，鉴定后需要更新的目标值。此外评估结果需说明，材料满足和/或超过了所有的规范要求（因此，该材料可以认为已由关注的机构按该规范通过了“鉴定”），或不满足规范要求。

材料结构 material form 未固化的复合材料的外形、布局和结构，尤指增强体的几何参数和性质。涉及零件材料结构的因素包括但不限于增强体直径、长度（对于非连续增强体）、丝束细度或支数、织物面密度、织物类型、增强体含量以及铺层厚度等。

材料力学 mechanics of materials 关于各种类型构件的强度、刚度及变形的计算、分析和实验的科学。确定外力与构件的几何尺寸、应力和变形之间的关系，根据这些关系和材料的力学性能，为构件选择适当的材料和几何尺寸。包括物体受力和变形及材料在不同受力情况和温度下力学性能的研究。

材料利用效率 material use efficiency 从强度观点定性地研究材料使用的有效性。

材料设计 materials design 在材

料的理论知识和已有实验的基础上，利用计算机技术，按预定性能要求，设计材料的组分和结构，并预测达到这一要求所应选择的工艺和参数，以减少耗时费资的实验工作。这里所说的材料是指基体材料和增强材料。因为不同的原材料构成的复合材料性能不同，而且纤维不同的织构与基体组成的复合材料的性能也不相同。在层合复合材料中，纤维和基体构成的复合材料基本单元是单层，而此单层构成的材料是复合材料层合板。因此，材料设计包括原材料选择、单层性能的确定及其复合材料层合板的设计。参见增强纤维选择、树脂选择、单层性能的确定。

材料探伤 material inspection 材料缺陷的无损检验方法。借助固体材料对声、光、磁、电等物理作用，在不损伤其几何形状、组织结构及性能的条件下，对材料质量与工艺质量进行检查、评价的方法。复合材料常用的检验方法有超声检验、射线照相检验、涡流检验、声发射检验及红外线检验等。

材料特征温度 参见材料工作温度（26 页）。

材料体系 material system 指一种特定的复合材料，它由按规定几何比例和排列方式的特定组分构成，并具有用数值定义的材料性能。

材料体系类别 material system class 指具有相同类型组分材料，但并不唯一定义其具体组分的一组材料体系。如石墨/环氧类材料。

材料性能可设计性 designability of material properties 通过选择不同的增强材料、基体材料及其含量比和各种铺层形式，使复合材料具有不同性能的特性。

材料选择原则 principle in selection materials 材料性能与复合材料的性能密切相关，正确选择合适的原材料是得到所需要复合材料的重要环节。选择原则包括：①比强度、比刚度原则。对于结构件，特别是航空航天结构，在满足强度、刚度和损伤容限等要求的前提下，应使结构质量最轻。通常所说的复合材料比强度、比刚度是指单向板纤维方向的强度、刚度与材料密度之比。而实际结构中复合材料多为多向层合板，其比强度、比刚度要比单向板纤维方向的比强度、比刚度值低 30%～50%。②材料与结构的使用环境相适应原则。通常要求材料的主要性能在结构整个使用环境条件下，其下降幅度值应不大于 10%。一般引起性能下降的主要环境条件是温度。而对于聚合物基复合材料，湿度对性能也有影响，且高温、高湿联合作用影响更大。其主要原因是基体受温、湿度影响大。因此，只有通过选用合适的基体才能达到与使用环境相适应的条件。通常是根据结构的使用温度范围和材料的工作温度范围对材料进行合理选择，一般选择结构的使用温度低于材料的最高使用温度。③满足结构特殊性要求的原则。除强度、刚度外，有些结构还要求透波性、吸波性、阻燃性等，这些除了采用具有相应功能的增强纤维外，应着重考虑选择合理的基体材料来解决。④满足工艺性要求的原则。对于聚合物基复合材料，主要指预浸料的工艺性和固化成型工艺性等。⑤低成本、高效益的原则。包括初期成本和维修成本，而初期成本包括材料成本和制造成本。效益成本指减重获得节省材料、提高性能、节约能源等方面的经济效益。参见材料工作温度极限（27 页）。

材料许用值 material allowables

在概率基础上（如99%概率、95%置信度的A基准值；90%概率、95%置信度的B基准值），由单层级的试验数据确定的材料值。导出这些值要求的资料量由所需的统计意义（或基准）决定。

材料验收 material acceptance 对特定批次的材料，通过试验和/或检测确定其是否满足适用采购规范要求的过程。通常选择一组材料验收试验，并命名为“验收试验”（或“质量符合性”试验）。这些试验理论上应代表关键的材料/工艺特征，使得试验结果出现的重大变化能指示材料的变化。材料规范给出了这些验收试验的抽样要求和限制值，用鉴定数据和随后的产品批次数据，通过统计方法来确定材料规范要求。验收试验的抽样要求通常随工艺的成熟度和信任度而变——当变化的可能性较大时，抽样就较多且更频繁；反之，当工艺更成熟且性能的稳定性已被证实，则抽样就可少一些且频率可低一些。现代的生产实践强调，用验收试验数据作为统计质量控制的工具来监控产品的趋势，并进行实时（或近实时）工艺修正。

材料最高工作温度 见材料工作温度极限（27页）。

材料主方向 material principal direction 沿着材料三个正交对称平面的交线方向。

蔡-希尔失效判据 Tsai-Hill failure criteria 由蔡为伦（Stephen W. Tsai）将单向板破坏强度与密塞斯（von Mises)-希尔（R. Hill）各向异性材料屈服准则的强度参数联系起来建立的单层失效准则。单向板偏轴拉伸实验结果表明，理论值与实验值较为接近。此理论适用于拉压强度相等的材料。

参比物 reference material；R 通常在实验的温度范围内为热惰性的物质。（热分析）

参变量 parameter 在所讨论的某个数学或物理问题中，于给定条件下，取固定值的变量。

参考试件 reference piece 与被试验物体的材料、物理性质和主要尺寸相同的试样，它可能有也可能没有自然或人工的缺陷。

参考试块 见参考试件（29页）。

残差（统计术语） residual error 又称偏差。在相同条件下，以同样的仔细程度对一未知量进行测量，各测量值 X_i（$i=1,2,3,\cdots,n$）与算术平均值 $\overline{X}$ 的差值，以 ν_i 表示：

$$\nu_i = X_i - \overline{X}$$

残留气体分析 residual gas analysis；RGA 用质谱测定法研究真空系统内的残留气体的方法。

残留应变 set 产生变形的作用力完全卸除后仍然保留的应变。

残炭率 carbon residue content 在一定的温度、气氛环境内灼烧一定时间后产物残余游离碳的相对百分含量。

残余变形 residual deformation; residual strain 承受载荷的构件，在载荷移去后不能恢复其原始状态，而在构件中余留下来的变形。参见残留应变（29页）。

残余应力 residual stress 复合材料制件内部由于固化后的降温和吸湿等引起的应力。

残余应力模型 residual stress model 树脂基复合材料固化模型的一种，是在对固化过程残余应力形成的机理进行物理解释的基础上，推导出来的能描述残余应力与固化温度、时间和压力之间关系的数学表达式。用它可以估算在各种固化温度、时间、压力条件下残余应力的形成、大小和分布特征，为实际选择固化温度、时间和压力提供参考数据。

槽法炭黑 channel black 炭黑的一种。用天然气火焰对金属板喷冲，然后定期从金属板上刮下沉积物而制得。

槽接接头 dado joint；joint dado 两胶接体通过其上可配合的凹凸部分由胶黏剂粘在一起所形成的接头。

侧凹模 re-entrant mold 带有能防止制件脱出陷槽的塑模。

侧导柱 side draw pins 用以在不同于闭模线方向穿孔的杆，它必须在制件自塑模中脱出之前取出。

侧浇口 edge gate 设置在模具的分型面处，从塑件的内或外侧进料，截面为矩形的浇口。

侧链液晶高分子材料 lateral chain liquid crystal polymer 液晶性基元位于分子侧链，直接或通过柔性间隔与主链连接的高聚物。侧链结晶基元进行液晶态结构有序的同时，高分子主链则趋于统计分布的无规构象，它们在光、电、磁及温度等外界条件下可以发生响应。这些响应与分子取向有关，而高聚物液晶态分子的排列能冻结到玻璃态。利用这些特性，可以进行光电储存、显示等功能的开发。因而此材料可用作信息显示、光存储和光致变色等功能材料。现今广泛应用的液晶显示就是其特性综合利用的一个范例。重要的侧链液晶高分子材料有聚(甲基)丙烯酸酯和聚硅氧烷等。

侧型芯 side core 成型塑件的侧孔、侧凹或侧台，可手动或随滑块在模内做抽拔、复位运动的型芯。

侧型芯滑块 side core-slide 由整体材料制成的侧型芯和滑块。

侧压模量 edgewise compressive modulus 沿平行夹层结构面板方向在弹性范围内测得的压缩应力与应变之比。单位为GPa。

侧压强度 edgewise compressive strength 沿平行夹层结构面板方向单位面积上所承受的最大压缩载荷。单位为MPa。

测地线 见短程线（83页）。

测量 measurement 借助专门工具，将被测量者与测量单位进行比较，以确定被测量者的大小。

测量范围 measuring range 由测量下限值和测量上限值所确定的范围。

测量方法误差 measuring method error 由于测量方法的不完善而引起的一部分测量误差。

测量精度 measuring precision 测量结果的可靠程度。通常用均值误差之一（均方根误差、概率误差、平均误差、相对误差或极限误差）来表示。精度越高，误差的绝对值越小。

测量误差 measurement error；error measurement 对某量进行测量时的值与该量的真值之差。即

$$\Delta L = L - L_0$$

式中 ΔL——测量误差；

L——测得的值；

L_0——真值。

测量准确度 measuring accuracy 测量数值（近似值）与被测量的真实数值（准确值）的接近程度。习惯上以相对误差来表示。

测温热电偶（T热电偶） T temperature thermocouple；thermocouple 测量温度用的热电偶系统。

层 lamina ply 见单层（61 页）。

层板 见层合板（31 页）。

层叠 ply-up 铺放在一起的若干层预浸料，即完成铺层的预浸料坯件。参见层合板（31 页）。

层合 laminating 在加热、加压条件下把相同或不同的两层或多层片状材料结合成整体的方法。加工过程中不一定要用黏合剂。但对于复合材料来说，通常要用黏合剂，即复合材料基体。

层合板 laminate 又称层压板、叠层板、层板。如图所示，由两层或两层以上同种或不同种材料组成的整体板材。其中的各铺层、铺层组的方向与主载荷方向一致，以增强该方向的强度和刚度。单向（0°）层合板在 0°方向的强度和刚度非常高，但在 90°方向则很弱，因为此方向的载荷须由强度很低（只有高强度纤维拉伸强度的 1%～2%，见下图）的基体来承担。层合板受纵向拉伸载荷时，基体在纤维间传递载荷，受压缩时则阻止纤维屈曲维持稳定。基体是层间载荷和横向（90°）拉伸载荷的主要承受者。下表列出了纤维和基体及其界面对层合板力学性能的影响。层合板还泛指通过胶接形成的层状产品；也指树脂与纤维分层不明显的组合制件，如纤维缠绕制件与喷涂制件。层合板包括单向层合板、双向层合板和斜交层合板等。当成型压力不低于 6.9MPa 时，所得的产品称为高压层合板；低于 6.9MPa 时，称为低压层合板；当成型压力很低或不用压力时，所得的制品称为接触压力层合板。参见 π/4 层合板（32 页）。

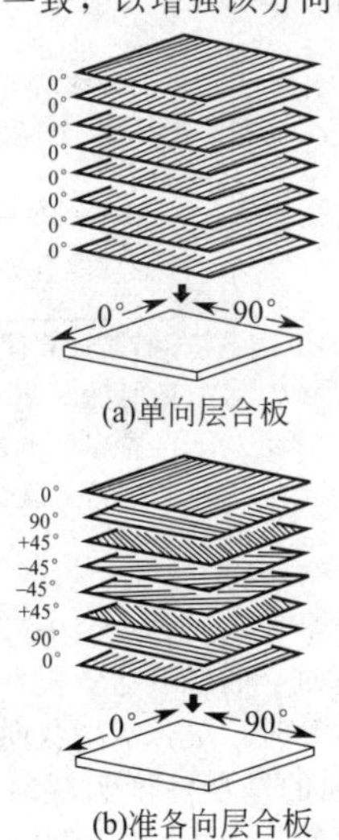

(a)单向层合板

(b)准各向层合板

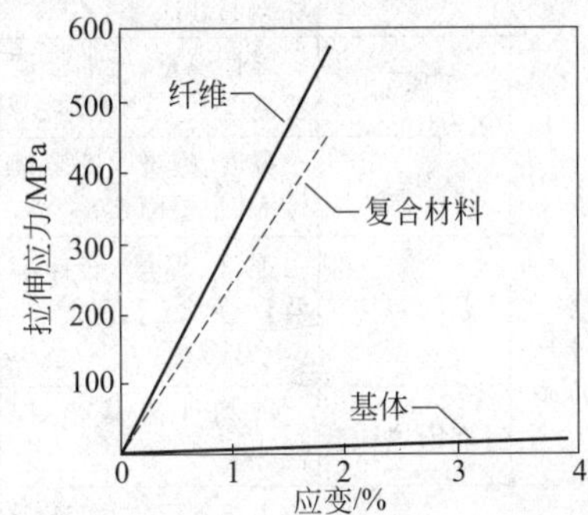

<table>
<tr><th colspan="2" rowspan="2">性能</th><th colspan="3">起主导作用的复合材料组分</th></tr>
<tr><th>（树脂）基体</th><th>纤维</th><th>纤维-基体界面</th></tr>
<tr><td>单向层板</td><td>0°拉伸</td><td>粘接性、韧性好，延伸率大，且断裂延伸率≥纤维延伸率；孔隙等缺陷少</td><td>强度和模量要高（主要因素），体积含量 V_f 高，但不应超过 70%</td><td>强度要高，但不应过高</td></tr>
</table>

续表

性能		起主导作用的复合材料组分		
		(树脂)基体	纤维	纤维-基体界面
单向层板	90°拉伸	强度、模量、延伸率及韧性高(主要因素);孔隙等缺陷少	排列的平直度及规整程度要好	界面强度要高
	0°压缩	弹性模量、压缩强度要高	弯曲少	界面强度高,但不应太高
	90°压缩	强度、模量及断裂韧性大(主要因素)		
	层间剪切	强度、模量、延伸率及韧性大,孔隙率小(主要因素)	铺层顺序及方向	界面强度高,与基体强度相当
	面内剪切	剪切性能要高,韧性好	单层厚度一致	界面强度高
	软化温度(T_s)①	主要支配作用,随吸湿量增加而降低。如某175℃固化基体干态的 T_s=195℃,而湿态的 T_s=120℃		界面性能有关
	CAI②	韧性、基体/纤维断裂伸长		界面性能有关

① 软化温度(T_s)是材料使用温度的最高上限。一般要求湿态 T_s 高于最高使用温度。

② 冲击后压缩强度。试验表明,热固性树脂基复合材料的CAI开始时随所施冲击载荷的加大随之增加,但当所施冲击载荷增加到6.67J/mm时,CAI值就不再提高。于是,把此拐点所加的载荷作为测量冲击后压缩强度试验载荷的标准。一般要求冲击后剩余压缩强度大于冲击前压缩强度的50%。

π/4层合板 π/4 laminate 指在铺层结构上由4个铺层角间隔为π/4的铺层组构成的层合板。其中各铺层组的厚度可以任意变化(包括零厚度)的称为一般π/4层合板。各铺层组的材料和厚度均相同的称为标准π/4层合板,是一种准各向同性层合板。在应用中通常采用π/4的特殊铺层角(如0°、90°和±45°),可以提高面内剪切刚度和强度、简化设计和便于工艺操作。其中0°方向铺层承受纵向载荷,90°方向铺层承受横向载荷,±45°方向铺层承受剪切载荷。还可通过改变各铺层组的体积含量比例来改变一般π/4层合板性能。例如,当四个铺层组的体积含量均不为零又不相等时,层合板呈各向异性;当±45°方向的铺层厚度为零时,为正交各向异性的层合板;当0°和90°方向的铺层的厚度都为零时,为±45°斜交层合板。

±45°层合板 ±45° laminate 仅有+45°和−45°铺层的一种均衡对称层合板。

层合板边缘效应 edge effect of laminate 多向层合板自由边出现局部层间应力集中的现象。

层合板蔡-吴失效判据 Tsai-Wu failure criteria of laminate 蔡为伦（Stephen W. Tsai）和吴（Edward M. Wu）认为所有现存的唯象理论破坏准则都可归为高阶张量多项式破坏准则的各种特殊情况，从而建立的一种张量形式的层合板单层失效准则。本判据适用于拉、压强度不等的材料。

±45°层合板拉伸剪切试验 ±45° laminate shear testing 利用±45°层合板拉伸测量纵横剪切性能（模量和强度）的方法。此方法拉伸应力与剪切应力同时存在，对试验结果的准确性有一定影响。参见纵横剪切强度（548页）。

层合板的标记 code of laminate 描述层合板内部铺层结构的表达方法。是将构成层合板的铺层按铺层角、铺层数及其排列顺序表达出来的程序。为层合板设计、分析和制造所需的重要参数。铺层标记有两种等效的表达方法——图示表达法和公式表达法。图示法是用一个矩形框格表示一层铺层，层合板构件有几层铺层就画几个矩形框，同时在代表铺层的框格中标注铺层角。这种方法的优点是直观，使层合板的各铺层顺序、铺层数和铺层角一目了然。缺点是，对于铺层多的层板来说，需要的框格数量多、篇幅很大，所以图示法仅适宜于只有少数铺层的层合板；而公式表示法表达简便，适宜于含有大量铺层的层合板。此方法是把全部铺层以其铺层角阿拉伯数字的形式写入一个中括号“[]”内，各铺层按由下向上或由贴模面向外的顺序自左至右排列，各铺层的铺层角数字用“/”分开，同时根据需要标以下脚标、顶标等，以表达各铺层数、总铺层数、铺层材料和铺层顺序等。此方法的缺点是不直观。二者的表示方法见下表。

<table>
<tr><th colspan="2">分类</th><th>图示表达法</th><th>公式表达法</th><th>说明</th></tr>
<tr><td colspan="2" rowspan="5">一般层压板</td><td>90</td><td rowspan="5">[0/45/0/−45/90]</td><td rowspan="5">①每一铺层的方向用铺层角表示。相邻两层用“/”分开，全部铺层用“[]”括上。
②铺层按由下向上或由贴模面向外的顺序写出</td></tr>
<tr><td>−45</td></tr>
<tr><td>0</td></tr>
<tr><td>45</td></tr>
<tr><td>0</td></tr>
<tr><td rowspan="9">对称层压板</td><td rowspan="4">偶数层</td><td>0</td><td rowspan="4">$[0/90]_s$</td><td rowspan="4">对称铺层的偶数层层板，对称铺层只写出一半，在括号外加下标“s”表示对称</td></tr>
<tr><td>90</td></tr>
<tr><td>90</td></tr>
<tr><td>0</td></tr>
<tr><td rowspan="5">奇数层</td><td>0</td><td rowspan="5">$[0/45/\overline{90}]_s$</td><td rowspan="5">对称铺层层数为奇数的层板，需在对称中面铺层上方加顶标“—”</td></tr>
<tr><td>45</td></tr>
<tr><td>90</td></tr>
<tr><td>45</td></tr>
<tr><td>0</td></tr>
<tr><td colspan="2" rowspan="5">连续重复铺层的层压板</td><td>90</td><td rowspan="5">$[0_2/45_2/90]$</td><td rowspan="5">连续铺层的层数用数字下标示出</td></tr>
<tr><td>45</td></tr>
<tr><td>45</td></tr>
<tr><td>0</td></tr>
<tr><td>0</td></tr>
</table>

续表

分类	图示表达法	公式表达法	说明
连续正负铺层的层压板	−45 +45 −45 +45 0	$[0/\pm45_2]$	连续正负铺层以“±”号示出，上面的符号表示第一个铺层是正或负
由多个子层合板构成的层压板	90 0 90 0 90 0	$[0/90]_3$	子层合板重复数用下标示出
混杂纤维构成的层压板	90_G 45_K 0_C	$[0_C/45_K/90_G]$	各种纤维种类用英文字母下标示出：C 表示碳纤维、G 表示玻璃纤维、K 表示芳纶等
由织物组成的层压板	0,90 ±45	[(±45)/(0,90)]	织物的经纬方向用“()”括起
夹芯板	0 90 C_4 90 0	$[0/90/C_4]_s$	用 C 表示夹芯，下标数字表示夹芯厚度的毫米数

层合板的各向异性 anisotropy of laminate 参见各向异性层合板（145 页）。

层合板等刚度设计 iso stiffness design of laminate 与金属材料等强度设计类似的、具有等刚度裕度的变厚度层合板设计方法。

层合板合应力-应变关系 resultant stress and resultant strain relation of laminate 由经典层合板理论建立的层合板中面变形方程与各单层偏轴应力-应变关系和静力平衡方程一起建立的层合板合力（N_x、N_y、N_{xy}）和合力矩（M_x、M_y、M_{xy}）与中面应变（ε_x°、ε_y°、γ_{xy}°）和中面曲率（K_x、K_y、K_{xy}）的关系式，即层合板物理方程，可用刚度、柔度或刚度/柔度混合三种表达式给出。

层合板开孔拉伸强度 tension strength of laminate containing open hole 用带通孔层合板试样测得的拉伸强度。复合材料结构件许用值的一部分。

层合板开孔压缩强度 compression strength of laminate containing open hole 用带通孔层合板试样测得的压缩强度，是复合材料结构件许用值的一部分。

层合板拉-剪耦合 tension-shear coupling of laminate 层合板中面单轴载荷引起中面剪应变的现象，或中面剪切载荷引起中面线应变的现象，是各向异性材料所特有的力学行为。参见层合板拉-弯耦合（35 页）、层合板弯-扭耦合（36 页）。

层合板拉伸刚度 tension stiffness of laminate 见层合板面内刚度（35 页）。

层合板拉-弯耦合 tension-bending coupling of laminate 层合板中面面内载荷引起弯曲、扭转面外变形，或面外载荷弯曲、扭转引起中面面内变形、剪变形的现象。用层合板耦合刚度矩阵［**B**］表示，是层合板非对称铺层时所特有的耦合效应，为层合结构设计提供了常规材料没有的设计自由度。参见层合板拉-剪耦合（34 页）、层合板弯-扭耦合（36 页）。

层合板理论 laminated plate theory 分析和设计复合材料层合板的理论。其中经典层合板理论假定应变沿厚度方向呈线性变化，并将每一铺层或铺层族当作匀质材料。

层合板面内刚度 in-plane stiffness of laminate 又称层合板拉伸刚度。层合板抵抗面内变形（应变）的能力。产生单位中面应变所施加的中面合力在数值上等于对应的面内刚度值。以［**A**］矩阵表示。参见层合板弯曲刚度（36 页）、层合板耦合刚度（35 页）。

层合板面内柔度 in-plane compliance of laminate 层合板单位中面合力引起的中面应变。

层合板耦合刚度 coupling stiffness of laminate 层合板抵抗中面面内与面外耦合变形（拉伸、压缩、纯剪切与弯曲、扭转耦合变形）的能力。以［**B**］矩阵表示。参见层合板面内刚度（35 页）、层合板弯曲刚度（36 页）。

层合板耦合柔度 coupling compliance of laminate 层合板单位中面合力引起的中面面外变形（弯曲变形和扭转变形）或单位中面合力矩（弯曲力矩和扭转力矩）引起的中面面内应变（变形）。参见层合板弯曲柔度（36 页）。

层合板排序设计法 ranking design for laminate 一种仅承受面内载荷的对称层合板的计算机优化设计方法。利用层合板强度、刚度或其他性能理论计算分析程序，计算出满足层合板某一设计指针的一系列层合板并按性能的优劣和层数顺序排列，选出最优的铺层方案。这种方法与网络设计法、毯式曲线设计法比较，后两者认为单独强度可叠加成复杂应力强度，因而在复杂应力状态下是不够合理的。而层合板排序法在复杂应力下是按复杂应力状态求其强度的。此方法理论正确，结果可靠。多用于子层合板的设计。

层合板平行移轴定理 parallel axis theorem of laminate 层合板坐标平面（中面）平行移动某一距离后，层合板的刚度计算公式与惯性矩的平行移动轴定理相似。用于组合截面刚度特性计算。

层合板铺层 laminate ply 指组成层合板的任一织物-树脂层或纤维-树脂层。

层合板取向 laminate orientation 复合材料交叉铺层层合板的结构形态，包括铺层交叉角、每一角度铺层数以及每一单层铺放顺序。

层合板设计 design for laminate 又称铺层设计。复合材料层合板设计，是根据单层的性能确定层合板中各铺层的取向、铺层顺序、各定向层相对于总铺层总数的百分比和总层数（或总厚度）。设计时一般遵循以下原则：(1) 铺层定向原则。由于铺层取向过多会造成设计工作复杂化，一般多选择 0°、－45°、

90°和+45°四种铺层方向。如果设计成准各向同性层合板，除了用［0/+45/90/−45］$_s$层合板外，为了减少定向数，还可以采用［+60/0/−60］$_s$铺层层合板。(2) 均衡铺设计原则。除特殊需要外，一般均衡设计成均衡对称层合板，以避免拉-剪、拉-弯耦合而引起固化后的翘曲变形。(3) 铺层取向按承载选取原则。如果承受拉（压）载荷，则使铺层的方向按载荷方向设计；如果承受剪切载荷，则铺层按45°方向成对铺设；如果承受双轴向载荷，则铺层按方向0°、90°正交铺设；如果承受多种载荷，则铺层按0°、90°、±45°多向铺设。(4) 铺层最小比例原则。为避免基体承载，减少湿热应力，使复合材料与其相连接金属的泊松比相协调，以减少连接诱导应力等。对于方向为0°、90°、±45°铺层，其任一方向的铺层最小比例应大于6%～10%。(5) 铺设顺序原则：①应使各定向层尽量沿层合板厚度均匀分布，即使层合板的单层组数尽量地大，或者说使每一单层组中的单层尽量地小，一般不超过4层，这样可以减少两种定向层的层间分层可能性；②如果层合板中含有±45°层、0°和90°层，应尽量使±45°层之间用0°层或90°层隔开，也尽量使0°层和90°层之间用+45°或−45°隔开，以降低层间应力。(6) 冲击载荷区设计原则。冲击载荷区层合板应有足够的0°层，用以承受局部冲击载荷，也要有一个不定量的45°层以使载荷扩散。除此之外，需要时还需局部加强以确保足够强度。(7) 防边缘分层破坏设计原则。除遵循铺设顺序设计原则外，还可以沿边缘区域包一层玻璃布，以防止边缘分层破坏。(8) 抗局部屈曲设计原则。对于可能形成局部屈曲的区域，将±45°层尽量铺设在层合板的表面，可提高局部屈曲强度。(9) 连接区设计原则。沿载荷方向的铺层比例应大于30%，以保证足够的挤压强度；与载荷方向成±45°的铺层比例应大于40%，以增加剪切强度，同时有利于扩散和减少应力集中。(10) 变厚度设计原则。变厚度零件的铺层阶差、各层台阶设计宽度应相等，其台阶宽度应等于或大于2.5mm。为防止台阶处剥离破坏，表面应用连续铺层覆盖。各方向层层数的确定，是根据对层合板设计的要求综合考虑的。一般情况下，根据具体要求，可采用等代设计法、准网络设计法、毯式设计法、主应力设计法、层合板系列设计法、层合板优化设计法等。参见等代设计（71页）、层合板排序设计法（35页）。

层合板弯-扭耦合 bending-twisting coupling of laminate 层合板弯曲载荷引起扭转曲率，或扭转载荷引起弯曲变形的现象，是层合板的特有性能。参见层合板拉-剪耦合（34页）、层合板拉-弯耦合（35页）。

层合板弯曲刚度 bending stiffness of laminate 层合板抵抗中面面外变形（弯曲变形和扭转变形）的能力。以［**D**］矩阵表示。参见层合板面内刚度（35页）、层合板耦合刚度（35页）。

层合板弯曲柔度 bending compliance of laminate 层合板中面合力矩（弯曲力矩和扭转力矩）引起的中面曲率（弯曲曲率和扭转曲率）。参见层合板弯曲刚度（36页）、层合板耦合柔度（35页）。

层合板细观-宏观一体化设计 mic-mac design of laminate 复合材料细观力学与宏观力学相结合、材料设计和层合板设计相结合同时进行的一体化设计方法。由蔡为伦（Stephen W. Tsai）提出，并创造性地给出了可编程序计算器和个人计算机使用的必要的软件包。

层合板Ⅰ-型层间断裂韧性 $G_{\mathrm{I C}}$ model Ⅰ interlaminar fracture toughness $G_{\mathrm{I C}}$ of laminate 用0°单向板测得的张开型层间裂纹沿纤维方向起始扩展的临界应变能释放率。

层合板Ⅱ-型层间断裂韧性 $G_{\mathrm{II C}}$ model Ⅱ interlaminar fracture toughness $G_{\mathrm{II C}}$ of laminate 用0°单向板测得的滑移型层间裂纹沿纤维方向起始扩展的临界应变能释放率。

层合板优化设计 optimized design of laminates 以铺层角、铺层比、总层数等为设计变量，通常以刚度要求、强度要求、稳定性要求等为约束函数，以最小质量为设计目标函数的序列无约束优化和导数均匀准则法等，不同设计要求将有不同的优化模型，目标函数和约束函数都有不同。

层合板中面 laminate mid-plane 与层合板两个表面等距离的平面。

层合板中面曲率 mid-curvature of laminate 层合板在中面外力或内部残余应力作用下产生的中面弯曲曲率和扭转曲率。参见层合板中面（37页）。

层合板中面应变 mid-plane strains of laminate 层合板中面在外力作用下产生的线应变和剪应变。参见层合板中面（37页）。

层合板主应力设计 main stress design of laminate 按主应力的方向和大小确定单层铺设方向和铺层数的层合板铺层初步设计方法。

层合板主轴 laminate principal axis 与最大面内杨氏模量方向相一致的层压板坐标轴。

层合板准网络设计 quasi-netting design of laminate 只考虑复合材料中纤维承载能力的层合板设计方法，用于初步设计估算，多用于缠绕零件的设计估算。

层合板族 laminate family 由同一材料铺层构成的、总层数相同，但各铺层角、铺层比不同的系列层合板。

层合板坐标 laminate coordinates 参见坐标系（一般用于描述层合板性能）。如果本征轴存在，通常选它为主轴方向。

层合板坐标轴 laminate coordinate axes 用于描述层压板方向性能和几何结构基准的一组坐标轴，通常取右手笛卡尔坐标系。一般 x 轴和 y 轴位于层压板的平面内，x 轴为度量铺层角度的基准轴。

层合材料 laminated material 参见层合板（31页）。

层合剂 laminating agent 见层合黏合剂（37页）。

层合壳 laminated shell 由两层以上预浸料铺层、固化而成的壳体。

层合模制品 laminated molding 把经树脂浸渍的纤维织物裁成一定形状，并叠加成所需厚度，放入模具中热压成的模塑制品。

层合黏合剂 laminating adhesive 在进行压制层合材料时所使用的树脂胶黏剂，即树脂基体。这种树脂胶黏剂在成型当中对增强纤维或其织物起粘接和固定作用，同时也成为层合材料的组分。

层合平板 laminated plate 由两层以上预浸料铺层、固化而成的平板。

层间剥离 interlaminar spalling 纤维增强塑料层压制品分离为两层或数层并且开裂的缺陷。产生的原因有：增强纤维附着水分、油污等，影响层间的紧密接触；厚层合板一次固化成型时放热剧烈；厚层合板分次成型时，前层处理不干净或吹砂打磨不充分；钻孔、切割进给过快导致钻孔及刀口周围剥离；脱模困难所致。预防措施：增强材料存放在干燥、清洁的环境中，避免吸进水分、油污污染；选用放热慢、放热量小的固化体系，避免固化期间出现爆聚；在进行厚板分层成型时，应对前层进行充分吹砂、打磨或用溶剂揩拭干净，以保证表面粗糙度、无灰尘油污等；切割、钻孔时要压紧、夹持牢固，选用合适的进给速度，避免分层；选好脱模剂，增大拔模斜度，以利脱模。

层间的 interlaminar 说明性术语，用以描述层合板单层之间的客体（如层间空腔）、事件（如层间裂纹）、势场（如层间应力）等。

层间化合物 见插层化合物（42 页）。

层间滑移 interply slip 各单层之间的相对滑动，尤其在织物或预浸料预型体制作过程中常发生。

层间混杂 hybrid between laminate 由两种或两种以上的不同纤维铺层相间铺叠在一起而成的层合结构。

层间混杂复合材料 interply hybrid composites 见层间混杂纤维复合材料（38 页）。

层间混杂纤维复合材料 interply hybrid fiber composites 由两种或两种以上单种纤维层相互间隔复合而成的混杂纤维复合材料。这种混杂结构形式又称为 B 型混杂。

层间间断粘接 intermittent interlaminar bond 研究热塑性树脂中间增韧层与基体树脂的界面粘接性能对复合材料断裂韧性的影响而提出的新概念。即把热塑性树脂中间层增韧薄膜的形式由完全连续的膜改为连续与不连续（膜上制孔）相间形式的膜。这样可在复合材料层间同时提供弱的和强的界面粘接。调节薄膜连续面积与不连续面积的相对比例，即可获得不同的界面粘接强度。参见树脂薄膜层间增韧（394 页）。

层间剪力 interlaminar shear 指层间应力分量中的两个应力分量，即 τ_{xz}、τ_{zy}。存在于层合板两铺层之间的、使铺层沿其界面相对位移的剪力。

层间剪切强度 interlaminar shear strength；ILSS 在复合材料中沿层间单位面积上所能承受的最大载荷，单位 MPa。测量方法有两种：短梁法和单向板两侧交错切口试样拉伸或压缩法。通常用它来评价纤维与基体粘接的牢固程度。层间剪切强度主要取决于基体和界面的性能。其破坏由基体剪切破坏和界面脱粘而引起。因此复合材料的 ILSS 不会超过基体的剪切强度，且随基体脆性和孔隙率的增加而降低。最理想的情况是基体的剪切强度与界面的强度（脱粘强度）相当，以产生混合破坏。ILSS 与孔隙率、纤维体积分数的关系如下图所示。由图中可知：①孔隙率在 1.0% 时，ILSS 最高，大于 1.0% 时 ILSS 直线下降。②热固性树脂基复合材料（CFRP）的 ILSS 高于热塑性树脂基复合材料（CFRTP）的 ILSS。由图中可以看出，纤维体积分数 $V_f=60\%$ 时，复合材料 ILSS 达到最高值，V_f 高于、低于 60%时，复合材料的 ILSS 都呈规律性下降。原因是：V_f 低于 60% 时，纤维含量不足，降低了增强效果；大于 60%时，纤维直接接触的概率增大，甚至造成微胶区，出现纤维之间缺胶或胶层超薄（厚度小于最佳值胶接强度也会降低），导致 ILSS 的下降。参见短梁层间剪切强度（83 页）。

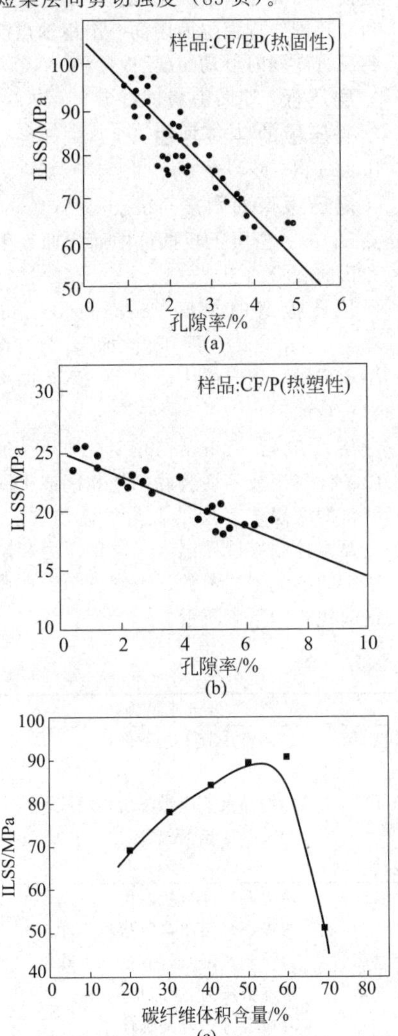

层间剪切试验 interlaminar shear testing 又称短梁剪切试验。一种测量复合材料层合板层间剪切性能的试验方法。大多采用短梁三点弯曲的试验方法。所用试样为一长方形的平面短梁，试验时选小跨距，保证在载荷作用下出现的层间剪切应力最先达到层间的剪切应变，使试件相邻层之间产生位移，最终出现分层而破坏（而不是弯曲破坏），如下图所示。跨距的长短与试件的厚度有关，如对于 CFRP 材料，推荐跨度/厚度=4～5。试验得到的是表观的层间剪切强度，只是层合板层间的结合强度的数值量度，不能作为设计使用，但它却是一种重要的质量控制参数，用来评价树脂基体本身及其与增强体界面的性质，是进行成型工艺参数筛选和检验成型工艺质量的主要指标参数。因此层间剪切试验是树脂基复合材料研究和生产经常使用的测试方法。由于这种试验方法可能有三种失效模式（层间剪切、压缩和非弹性失效），故目前称为短梁试验，其破坏强度称为短梁强度。同时需要说明的是，当用作参数筛选或检验时，必须注意，只有失效模式相同时，才能进行比较。

层间拉伸强度 interlaminar tensile strength 垂直于复合材料层合板板面单位面积上所能承受的最大拉伸载荷，单位为 MPa。

层间强度 interlaminar strength 层压材料相邻两层之间的粘接强度。参见层间剪切强度（38 页）。

层间应力 interlaminar stresses 指除层合板的三个面内应力分量外，与板厚度方向有关的另外三个应力分量，即 σ_z、τ_{xz}、τ_{zy}。一般来说，对复合材料层合板，只有当板厚大于板的长度或宽度的 10%时，层间应力才是重要的。在集中加载区以及在材料和几何参数突变情况下，这些应力也很重要。

层内-层间复合混杂 intralaminar-interlaminar hybrid composites 又称A-B型混杂。同时存在层内和层间两种混杂形式的纤维复合材料。

层内的 intralaminar 说明性术语，用以说明层合板单层内存在的或出现的客体（如空穴）、现象（如裂纹）或势场（如应力）。

层内混杂 hybrid in lamina 混杂复合材料中同一铺层内可以有两种或两种以上不同增强材料的混杂形式。如单层织物内交替排列不同的纤维纱。

层内混杂纤维复合材料 intraply hybrid fiber composites 同一铺层内具有两种或两种以上纤维的混杂复合材料。这种混杂结构形式又称为A型混杂。

层内应力 intralaminar stresses 在一单层平面内的应力。

层析X射线照相术 tomography 对材料的一预定剖面层进行射线照相的技术。其中一种方法是使X射线管和胶片围绕剖面层面中的一个枢轴点沿相反方向同时移动。(无损检测)

层压板 见层合板（31页）。

层压板的各向异性 见各向异性层压板（145页）。

层压板弯曲刚度 bending stiffness of laminate 层压板抵抗中面弯曲变形和扭曲变形的能力。

层压板弯曲柔度 bending compliance of laminate 层压板中面合力（弯矩和扭矩）引起的中面曲率（弯矩曲率和扭矩曲率）。

层压成型 laminating 在加热、加压条件下用或不用胶黏剂把相同或不同材料的两层或多层结合为整体的方法。主要要控制好层压温度、层压压力和层压时间三大工艺参数，否则就会出现质量问题。如下表所示。

出现的问题	出现问题的原因	解决措施
表面发花（麻点）	(1)胶布不溶性树脂含量偏高,树脂流动性差。 (2)预浸布受潮,局部浸渍不好。 (3)预热时间过长,加压太迟。 (4)压力过小,不能使树脂均匀流动	(1)调整浸胶工艺条件。 (2)增强材料应烘干后再浸胶。 (3)及时加压,提高压力
表面裂纹	(1)板中心温度过高,热应力致裂纹。 (2)树脂分布不均匀。 (3)面层胶布含胶量过大,流动性过高。 (4)压力过大,加压不及时。 (5)叠加体配置不当	(1)应调整加热板温度。 (2)提高预浸布含胶量均匀性。 (3)控制预浸布含胶量和流动性。 (4)降低压力,适时加压。 (5)应合理组合叠加体
表面积胶（在厚板中更易出现）	(1)板坯表里温差太大,树脂流动性不均匀。 (2)预浸布含胶量不均匀	(1)降低预热和层压温度及预热压力,延长预热和层压时间。 (2)控制预浸布含胶量均匀性
板材分层	(1)配方不合理,固化物强度和粘接性差。 (2)预浸布过老,热压时间过短且压力过低,加压过迟。 (3)胶布间夹有杂质	(1)改进胶液配方。 (2)采用储存期内的预浸布,适时加压,提高压力,延长时间

续表

出现的问题	出现问题的原因	解决措施
板料滑出	(1)胶布含胶量过多、不均匀，不溶性树脂含量过低。 (2)预热阶段升温过快，初压力过大、加压过早。 (3)上下压板不平行	(1)严格控制胶布质量。 (2)调整层压工艺条件。 (3)调整压板的平行度
板材翘曲	(1)热压时升温、冷却速度太快，形成内应力所致。 (2)脱模温度过高，板材里表温差大。 (3)铺层设计不合理，铺层不对称。 (4)浸胶时张力不均匀，胶布纤维方向发生改变	(1)适当降低升温及冷却速度。 (2)降低脱模温度，充分冷却。 (3)合理设计铺层。 (4)选用合格的预浸布
厚度偏差过大	(1)边厚中间薄。 (2)一边厚一边薄是由于预浸布含胶量不均匀，老嫩不均，热压板两边温度不同或热压板不平行所致。 (3)中间厚四边薄是由于胶布的可溶性树脂含量过高，流动性太大。压制时四边流胶过多	(1)去掉钢板边棱和/或修平钢板。 (2)控制预浸布质量，调整压机至正常工作状态。 (3)控制预浸布质量

层压复合材料 laminated composites 树脂基复合材料的一种。通常是指由树脂浸渍的预浸料片层合而成的复合材料。参见层合板（31 页）。

层压模制法 laminate molded method 将预浸料或其他片状材料裁成所需形状，逐层铺放在模具中，压制成复合材料制品的方法。

层状结构 lamellar structures 存在于某些结晶聚合物中的片状单晶。

差 differential 在差示量热法和差热分析中，在程序温度下，两个相同的物理量之差。如测量物质与参比物质的温度差。

差热电偶（ΔT 热电偶） differential thermocouple（ΔT thermocouple） 测量温度用的热电偶系统。

差热分析 differential thermal analysis; DTA 在物质与参比物经受同一过程控制温度控制条件下，测量物质和参比物的温度差与温度的关系的一种技术。可用于高聚物的相变、聚合、交联、氧化、降解等反应的动力学及热稳定性分析。

差热曲线 differential thermal curve; DTA curve 由差热分析得到的记录曲线称为差热曲线（DTA 曲线）。曲线上各特征点定义如下图所示，各定义解释分别参阅各条。

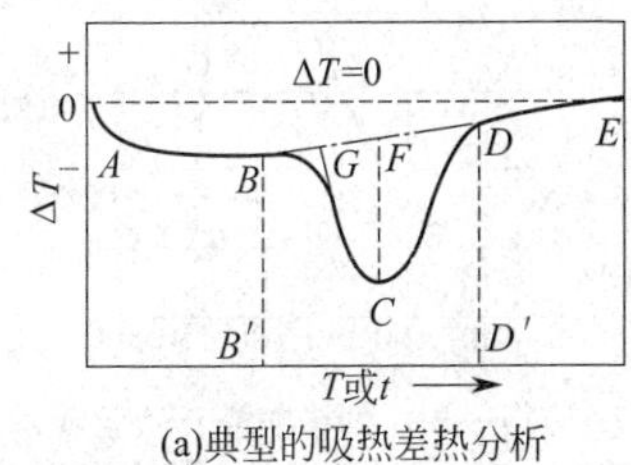

(a)典型的吸热差热分析

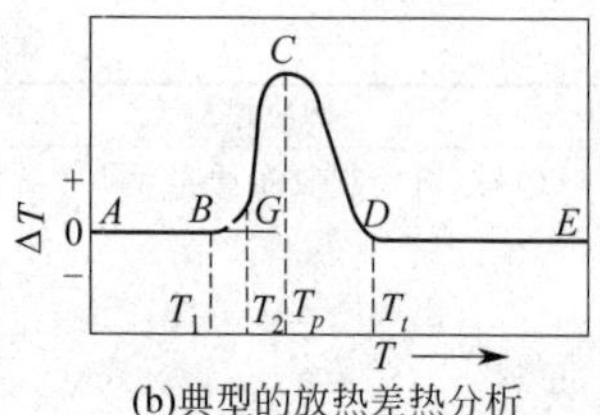

(b)典型的放热差热分析

曲线的纵坐标为试样与参比物的温度差（ΔT），向上表示放热效应，向下表示吸热效应。多峰系统可视为各单峰叠加的结果。

差示 参见差（41页）。

差示扫描量热法 differential scanning calorimetry；DSC 在程序温度下，测量输入到物质和参比物的功率差与温度的关系的技术。此法的功用与差热分析相同，但定量性较好，有逐渐取代差热分析的趋势。此方法有功率补偿差示扫描量热法和热通量差示扫描量热法两种。可测量−180～725℃温度范围的微量试样在温度变化中的发热和吸热量。可以用来测定材料结晶、熔化、树脂固化、玻璃化转变、溶剂挥发等与能量变化相关的过程及其特征参数。是用来检查预浸料自固化程度最常用的方法之一。参见动态力学热分析（81页）。

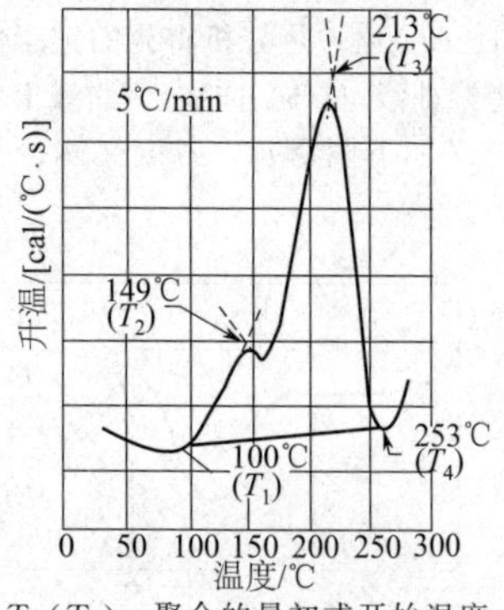

T_1（T_i）—聚合的最初或开始温度；
T_2（T_m）—BF_3 催化剂引起的次要放热峰；
T_3（T_{exo}）—主放热峰；T_4（T_f）—最终固化

差示扫描量热曲线 differential scanning calorimetric curve；DSC curve 由差示扫描量热法得到的记录曲线是差示扫描量热曲线或DSC曲线。左图曲线的纵坐标为试样与参比物的功率差。单位为毫焦/秒（mJ/s），亦可采用毫卡/秒。该曲线与DTA曲线相似，其区别是纵坐标的物理量不同。

插板销 pininsert 一种通过螺旋或摩擦使镶嵌零件（嵌件）保持在模具内的销钉。当物体从模里抽出时去掉。

插层 intercalation 在纳米复合材料研究中，是指利用化学或物理的方法将某些离子、分子、功能团或大分子插入另一些层状物质（如石墨）的层间空间。

插层复合法 intercalation compounding 为纳米复合材料制备的一种方法。将单体或聚合物以液体、熔体或溶液的方式插入经插层剂处理后的层状硅酸盐（如蒙脱土）片层之间，进而破坏硅酸盐的片层结构，使其剥离成厚度为1nm，长、宽各100nm的基本单元，并均匀分布在聚合物基体中，以实现高分子与层状硅酸盐在纳米尺度上的复合。按照复合的过程，插层复合法分为插层聚合和聚合物插层两大类。

插层化合物 intercalation compound 又称层间化合物。在具有层状晶体结构物质的结晶层中间插入作为客体的外来原子、分子、化合物而形成的化合物。具有代表性的有石墨插层化合物、层状黏土矿物（如蒙脱土石等硅酸盐），以及MX_2型过渡金属硫化物（如TaS_2）、过渡金属氧化物（如WO_3）等。插层化合物在完整地保持了主体晶体层状结构的同时，获得了许多主客体物质协同作用产生的物理化学性质或新功能，可视为分子级复合材料。如聚氟化碳 $(CF)_n$ 是一种石墨插层化合物，具有良好的导电性和电化学活性，已用作高能锂电池的正极材料。

插层聚合 intercalation polymerization 利用化学或物理的方法将某些含双键或反应性官能团的分子插入另外一些层状物质（如石墨、层状硅酸盐等）的层间空间并进行聚合反应。它是制备层状聚合物/层状无机纳米复合材料的一种重要方法。如制备 PLS (polymer/layered silicate) 纳米复合材料。先将聚合物单体分散、插层进入层状硅酸盐片层中，然后引发原位聚合。利用聚合时放出的大量热量，克服硅酸盐片层间库仑力，从而使纳米尺度的硅酸盐片层与聚合物基体以化学键方式相结合。

掺合树脂 blending resin 就乙烯基塑料溶胶及有机溶胶而言，掺和树脂是一种比常用的分散体树脂具有较大粒度和较低成本的树脂，它能部分代替主要树脂。掺合树脂有时用于改性，也用于降低成本。

掺混料 polyblends 两种或两种以上聚合物形成的均匀混合料。

缠绕成型 winding; winding process 在控制张力和预定线型的条件下，以浸有树脂胶液的连续纤维或织物缠到芯模或模具上，经固化成型复合材料制件的一种工艺方法，右图所示为基本缠绕线型。固化一般在烘箱中进行，可用真空袋压力也可不用，不用压力时，可在缠绕叠上加裹隔离膜-加缠环向热收缩带，在固化期间产生的收缩压力作为成型压力。纤维缠绕是先进复合材料获得低成本、高性能的重要手段，是制造复合材料构件的自动化连续成型技术。其制品具有以下特点：(1) 纤维含量可高达80%，比强度高。(2) 质量稳定，易于机械化、自动化，生产效率高，便于大规模生产。(3) 制品各向异性显著，纵向（纤维方向）强度高，横向及层间强度低。(4) 制品开孔处应力集中程度高，需做局部加强处理，连接配件复杂。缠绕制品的结构大体上分为三层：①内衬层。该层直接与工作介质相接触，起防腐、防渗、耐温的作用。要求其材料具有优良的气密性、耐腐蚀性和一定的耐热性。常用的内衬材料有玻璃钢、橡胶、塑料和金属等。②结构层。又称为增强层。该层的作用主要是保证制品在受力时有足够的强度、刚度和稳定性。其载荷主要由纤维承担，而且承载能力与纤维缠绕方向有关。对内压容器要求环向强度与轴向强度之比近似等于由载荷产生的环向应力与轴向应力之比。通常采用螺旋缠绕和环向缠绕相结合的纤维铺设方式。由螺旋缠绕纤维承受轴向应力，环向缠绕纤维主要承受环向应力；对外压容器则用加筋来提高结构层的承压能力，防止制品变形。③外保护层。对露天使用的制品尤为重要，

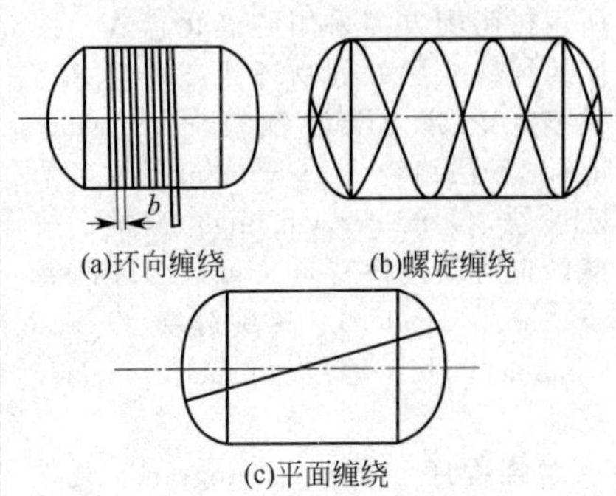

(a)环向缠绕 (b)螺旋缠绕

(c)平面缠绕

所用树脂配方需采用防老化措施。按照缠绕纱线所处的物理状态纤维缠绕成型工艺分为湿法缠绕（wet winding）、干法缠绕（dry winding）及半干法缠绕（semi-dry winding）三类；按照纱束运动规律特点又可以为环向缠绕（hoop winding）、螺旋缠绕（helical winding）、平面缠绕（planar winding）三种。

缠绕程序 winding program 规定了缠绕过程中每转（分钟）进给量、目标点位置、转速、转动方向等工艺参数以实现自动缠绕的程序。

缠绕工艺参数 winding process parameter 缠绕的主要工艺参数有胶液黏度、缠绕张力、缠绕速度及固化工艺等，通常缠绕工艺用胶液黏度控制在0.35～0.85Pa·s，缠绕速度不超过0.9m/s。缠绕张力高，有利于降低产品空隙率，但张力过高，会造成束纱损伤，进而降低材料的强度。而对于湿法缠绕会使胶液挤出，降低制品含胶量，甚或出现含胶量内低外高的现象。可采用分层固化及应力递减缓解。缠绕成型常见缺陷、原因及解决措施如下表所示。参见缠绕成型（43页）。

缺陷	产生原因	解决措施
气泡多	(1)缠绕时气泡没全部赶完。 (2)胶液黏度太大,卷入空气。 (3)增强材料选择不当。 (4)操作工艺不当	(1)应每层缠绕后用辊子反复辊压。辊子做成环向锯齿形或纵向槽形。 (2)降低胶液黏度。 (3)更换增强材料。 (4)更换树脂,调整浸胶液黏度、滚压角度等
分层	(1)纤维含水量大,含油量高。 (2)缠绕张力太小或气泡过多。 (3)含胶量低,或黏度太大,纤维未浸透。 (4)配方不合适,导致粘接性差,或固化度低	(1)预浸带除湿,纤维热处理去蜡后再浸胶。 (2)加大张力,缠绕过程中赶除气泡。 (3)提高含胶量、降低胶液黏度,浸透纤维。 (4)改进胶液配方,提高胶液粘接性和固化度
表面发黏	(1)固化不完全。 (2)配胶时称量错误	(1)应严格控制工艺参数。 (2)重新再配胶

缠绕规律 principle of winding 描述纤维束或纱带均匀排布在芯模表面以及芯模和导丝头之间的运动关系的规律。

缠绕机 winding machine; winder 把连续纤维或其织物浸渍树脂胶液或预浸纱（或带）缠绕到芯模上，制造纤维增强塑料制品的设备。按结构形式分，有卧式、立式和轨道式等，如下图所示；按控制方式分，有机械式和数控式等。

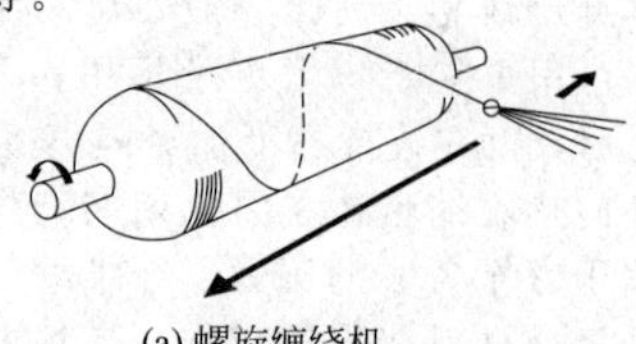

(a) 螺旋缠绕机

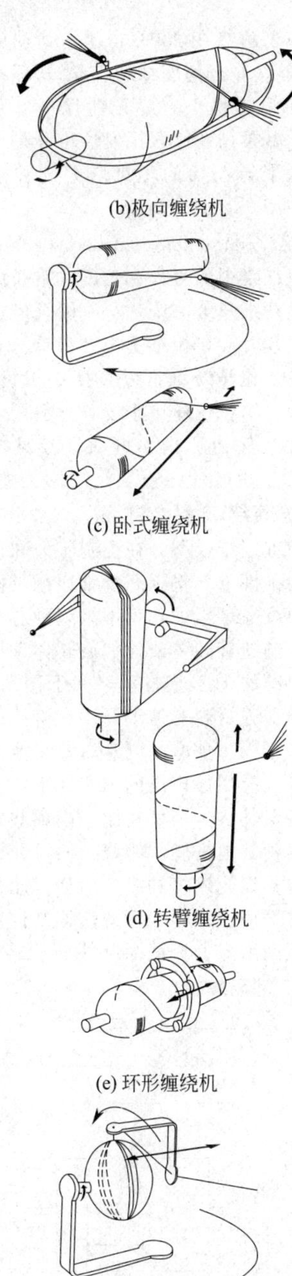
(b)极向缠绕机

(c)卧式缠绕机

(d)转臂缠绕机

(e)环形缠绕机

(f)球形缠绕机

缠绕角 winding angle 缠绕在芯模上的纤维束或带的长度方向与芯模子午线或母线间的夹角，或绕丝头旋转平面与芯模轴线间的夹角。

缠绕进给量 winding feeding volume 缠绕过程中芯模每转一周（分钟）缠绕带按程序沿目标点方向移动的距离。

缠绕模压法 winding-compression moulding 指浸渍的纤维束按设计线型在芯模上缠好后直接模压成型，或把缠好后的料层切开取下，再裁剪成预定形状，放入模具内压制成型的工艺方法。

缠绕速比 winding rate ratio 单位时间内芯模转数与导丝头往返次数之比。

缠绕速度 winding rate 缠绕过程中单位时间通过导丝头的纤维束或纱带的长度，以 m/s 表示。

缠绕无捻粗纱 roving (filament winding) 参见无捻粗纱(456 页)。

缠绕线型 winding pattern 缠绕成型时，纤维束或纱带按一定规律均匀排布在芯模表面而重复出现的图形。

缠绕芯模 winding mandrel 缠绕成型空心复合材料制品使用的模具。设计芯模需要考虑的因素：具有足够的强度、刚度和尺寸精度，制作简单、脱模方便、成本低廉。常用的材料有金属、石膏、塑料、橡胶、可溶性盐等。按结构特点芯模可分为可碎式（用石膏类材料制作，脱模时敲碎取出）、可拆卸式（由数块部件组合而成，脱模时逐块拆卸取出）、可溶式（如水溶性聚乙烯醇型砂成型后用水溶解放出）、易熔式（如用石蜡或低熔点合金，成型后从开口通入热水或高压蒸汽加热熔融流出）、气囊式（成型后放出橡胶囊中的气体取出气囊）。芯膜结构形式包括石膏隔板式、管道芯模和储罐芯模三种。由于缠绕制品的气密性差，因此，对于高压容器，必须采用致密材料作为内衬给予保证。对内衬材料的要求是：致密性高，不透水、不透气，密度尽量小；根据容器的使用条件，应具有防腐蚀或耐高低温性能等；与缠绕结构层具有相同的断裂延伸率和膨胀系数，可以共同承受载荷；能与缠绕结构层牢固地粘接在一起，耐疲劳，不分层，而且材料易得，价格便宜。目前可作内衬的材料有铝、不锈钢、橡胶、塑料等。

缠绕张力 winding tension 缠绕过程中施加给纤维纱束或带的张紧力。

缠绕中心角 winding central angle 缠制容器时，芯模上缠绕纤维从某一点绕到另一点时芯模转过的角度。筒体段上的缠绕中心角叫进角，封头段上的缠绕中心角叫包角。

产品质量检验单 inspection certificate for quality 产品生产厂或检验部门签发的产品质量检验结果报告单。

长度整齐度 length uniformity 纤维长度分布均匀或整齐的程度，用一定长度范围的纤维数量占总量的百分数或两种长度指标的比值表示。

长径比（螺杆） length/diameter rate; *L/D* rate 螺杆有效长度（*L*）和螺杆直径（*D*）之比。

长链脂肪族环氧树脂 long chain aliphatic epoxy resin 分子里含长脂肪链，带苯核和脂环结构，环氧基直接与脂肪链相连的环氧树脂。主要品种有环氧化聚丁二烯和环氧化大豆油。环氧化聚丁二烯与胺类固化剂配合需加热固化，与酸酐配合可在较低温度下固化。固化物热稳定性好，冲击韧度高，其玻璃钢马丁耐热在200℃以上，弯曲强度283MPa，冲击韧度221kJ/m^2。环氧化大豆油耐热性、耐旋光性优良，互渗性、低温柔韧性好，挥发性小，是广泛使用的聚氯乙烯的环氧增柔剂和热稳定剂。

长丝 filament; continuous filament 纺织纤维中的生丝和长度非常长的连续化学纤维丝缕的统称。一般长度达数千米至几万米，粗细适当。有单丝和复丝两种。化学纤维可以直接用于机织、针织和编织。长丝用于复合材料可保证在零件几何边界内不断头。参见单丝（65页）、单丝纱（65页）。

长丝缠绕成型 filament winding 又称纤维缠绕成型。在控制张力和预定线型的条件下，将干态纤维通过胶槽或预浸纤维在牵引力作用下缠绕到芯模或模具上制造旋转体或近似旋转体外形复合材料结构的工艺方法，如下图所示。所用的增强材料有玻璃纤维、芳纶、碳纤维、石棉、黄麻、剑麻以及其他合成纤维等。应用最广泛的树脂为不饱和聚酯树脂，其次为环氧树脂、丙烯酸树脂以及多种其他树脂。缠绕方向可分为环向缠绕、螺旋缠绕和纵向缠绕。此种工艺方法适用于成型大型旋转体制件以及异型截面型材、变截面制件等。参见缠绕成型（45页）。

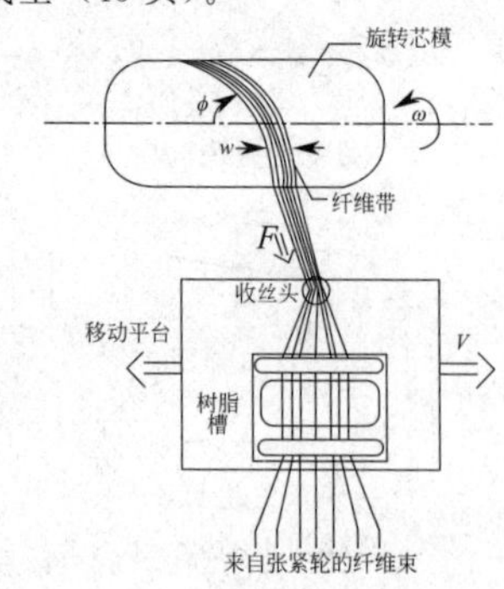

长丝缠绕的 filament wound 指与用长丝缠绕加工方法所制成产品有关的说明。

(长丝缠绕)拱头 dome (filament winding) 在圆筒容器中，形成完整容器端头的那部分。

长丝复合材料 filamentary composites 参见长纤维复合材料(47页)。

长丝纱 filament yarn 一根或多根连续单丝，加捻或不加捻形成的具有一定细度的纱。

长丝松垂度 filament catenary 由于不等张力的结果，规定长度丝束、纤维束或原丝中长丝长度的差异；在张紧的水平丝束、纤维束或原丝中某些长丝比其他丝下垂较少的倾向。

长丝支数 filament count 在纤维束横截面内的长丝数量。

长丝质量比 filament weight ratio 在复合材料中，长丝质量与复合材料质量之比。

长细比 slenderness ratio 均匀柱的有效自由长度与柱截面最小回旋外径之比。

长纤维 continuous fiber 指具有特殊高的比刚度和比强度的连续纤维。这种纤维主要用于制作高性能复合材料，广泛用于航空、航天结构。

长纤维缠绕成型 continuous fiber winding 指热塑性聚合物复合材料的长丝缠绕成型方法，只是其设备与热固性聚合物复合材料缠绕略有不同，需要加热设备，因为预浸料和芯模都需要加热。

长纤维复合材料 continuous fiber composites; filamentary composites 增强体为连续长纤维的复合材料。经常使用的长纤维有玻璃纤维、碳纤维、芳纶、金属纤维等。长纤维复合材料使用最多的基体树脂有热固性树脂(如环氧树脂、酚醛树脂、不饱和聚酯、双马来酰亚胺树脂等)和热塑性树脂(如PC、PAI、PEI、PPS、PES、PEK、PEEK等)两种。长纤维树脂基复合材料是已知复合材料中综合性能最好的工程材料。

长纤维粒料 continuous fiber pellets 连续的纤维束通过挤出机头时，被熔化的树脂液均匀包覆后，再经冷却，由切粒机切成一定长度的粒状料。

长纤维增强聚合物基复合材料 long fiber reinforced polymer composites 以长纤维为增强材料，以聚合物为基体的复合材料。参见长纤维复合材料(47页)。

长纤维增强体 fiber reinforcements 长度很长，连续的单根或束状多根的纤维状增强材料。

常温固化 见室温固化(390页)。

超导功能复合材料 superconductivity functional composites 使用金属间化合物超导体与铜等金属复合而成的具有超导功能的复合材料。由于金属间化合物超导体自身力学性能很差，不易加工成具有实用性的线材、带材，必须用铜等金属包套支撑，才能进行加工成型，并使之具有一定的力学性能。

超导性 superconductivity 某些金属、半导体、多元金属氧化物、合金在低温下出现的电阻为零的特性。具有超导性的物体称为超导体。超导体的两个基本特性是零电阻性和完全抗磁性[迈斯纳效应(Meissner effect)]。零电阻特性是指超导体的电阻率ρ在温度低于某一温度(称临界温度，以T_c表示)时迅速降至零，在T_c以下超导体不存在可观测的直流电阻。迈斯纳效应是指当超导体处于外加磁场中时，磁场分布发生改变，磁通量被完全排斥出超导体的现象。

超低温胶黏剂　ultra low temperature adhesive　又称耐超低温胶黏剂。在液氮或液态空气下仍具有使用强度的胶黏剂。如聚氨酯、聚苯并咪唑等类。其中端羟基聚四氢呋喃与TDI的预聚物，用MOCA扩链固化成的聚氨酯胶层，−196℃时剪切强度为39GPa，82℃时为12.7GPa。聚苯并咪唑−196℃时的剪切强度、疲劳性能也相当优异。主要用于航天工业和低温工程，如飞船、导弹等液氧燃料箱的密封等。

超高分子量聚乙烯　ultra-high molecular weight polyene; UHMWPE　分子量为100万～600万，是比一般聚乙烯分子量高出几倍至十几倍的聚乙烯，是一种热塑性工程塑料。由于分子量高，聚合物的力学性能大大提高。除具有一般高密度聚乙烯（HPDE）的性能外，还具有突出的抗冲击性、优良的耐应力开裂性、耐高温蠕变性、低摩擦系数和自润性、卓越的耐化学腐蚀性、抗疲劳、噪声阻尼性、耐核辐射性、耐磨性等。密度0.936～0.964g/cm^3。热变形温度85℃，熔点温度130～131℃，使用温度100～110℃。耐寒性好，−269℃下也可使用。其应用范围与聚酰胺、聚四氟乙烯相近。

超高分子量聚乙烯纤维　ultra-high molecular weight polyethylene fiber; UHMWPE fiber　简称UHMWPE纤维。商品名称Dyneema（迪尼玛）。美国公司开发的UHMWPE纤维商品名称为"Spectra"。UHMWPE纤维是以超高分子量（300万～500万）聚乙烯为原料，采用界面结晶生长法、粗单晶拉伸法、超高压挤出法或凝胶纺丝法制成的高强度、高模量纤维（如下图所示）。典型产品如UHMWPE纤维，强度3.5～4.0GPa、模量90～171GPa，断裂伸长率2.7%～3.8%，比强度为现有各种纤维最高。冲击吸收能比Kevlar高近一倍，耐磨，耐疲劳，具有优良的耐酸碱腐蚀性、低吸湿性、绝缘性和X射线透过性，耐辐射性好，紫外线照射1500h，强度保持率90%。缺点是耐热性较低，有一定的蠕变性，与聚合物的黏合性能差。可用作橡胶、热塑性和热固性树脂的增强体，制得的复合材料的冲击性能好，吸收能量高。可用于轻型装甲、坦克、防弹头盔、高级体育用品和人造腱等。

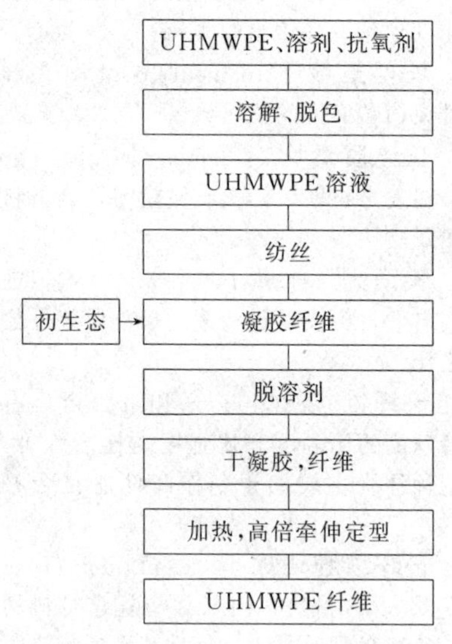

UHMWPE纤维纺丝工艺过程

超高分子量聚乙烯纤维增强聚合物基复合材料　ultra-high molecular weight polyethylene fiber reinforced polymer composites　以高分子量聚乙烯纤维或其制品为增强体的聚合物基复合材料。具有突出的抗冲击性能。

超高分子量聚乙烯纤维增强体 ultra-high molecular weight polyethylene fiber reinforcements 指作为增强体用的超高分子量聚乙烯纤维。参见超高分子量聚乙烯纤维（48 页）。

超高性能水泥基复合材料 ultra-high performance cementitious composites；UHPCCs 是一种超高强度（抗压强度 150MPa 以上）、高韧性、高耐久性的新水泥基复合材料。在原材料和制备工艺上同普通的混凝土相比，它有着诸多的改进。因此，它的各项力学性能有着显著提高，特别是在许多特殊领域有着广泛的应用前景。如用它建造的防护工程结构，因其具有优异的抗侵蚀、抗爆炸能力，可达到与高技术精确制导钻地武器相抗衡的目标。并大力促进了国防工程材料的生态化、绿色化与高科技化，同时提高工程材料在战场严酷环境和气候条件下的耐久性和长寿命。由于 $UHPCC_s$ 具有强度高、负荷能力大、节省资源和能源，耐久性优异的特点，能满足土木工程轻量化、高层化、大跨度化的要求，是混凝土科技发展的主要方向之一。尤其是优异的力学性能和耐久性，可广泛用于以下各方面：①工业和民用建筑的大跨度或薄壁结构；②国防和人防工程的防护材料等；③多功能高抗裂轻型复合墙体材料；④市政工程材料；⑤有害材料的固封材料。参见活性粉末混凝土（184 页）。

超混杂复合材料 superhybrid composites 由复合材料或混杂复合材料和其他材料所构成的复合材料。其中一大类是纤维增强树脂基复合材料薄层和金属薄板交替叠加形成的复合材料。例如，芳纶增强聚合物复合材料与铝板组合形成的层合板（ARALL 层合板）、玻璃纤维-铝合金层合板（GLARE 层合板）、石墨纤维增强钛层合板（TiGr）等。参见纤维增强金属层合板（467 页）。

超前相位角 leading phase angle 当参照波的参照点发生在所考虑的波之后时，两个波之间的角度叫作超前相位角，可以用度或弧度表示。参见滞后相位角（535 页）。

超声波 ultrasonic wave 借助材料的弹性性质以超声频率（20000Hz 以上，超过人听觉范围）的声波在材料中传播的扰动。其主要特征如下：①波长短，近视作直线传播；在固体和液体内衰减比电磁波小；其传播特性和介质性质密切相关。②能量集中，因而能形成高的强度，产生剧烈振动，引起激震波、液体中空化作用等，结果产生机械、热、光、电、化学及生物等各种效应。

超声波测漏仪 ultrasonic wave leak detector 通过拾取高频声信号（如真空袋上非常小的泄漏声音）来探测真空泄漏。使用超声波测漏仪必须使用耳机，以排除周围的噪声，基本操作如下：把耳机插入插座→戴上耳机并打开开关→把传感器置于真空袋密封胶带附近→调整音量和频率，使真空泄漏的声音能够听得见。

超声波焊接 ultrasonic welding 热塑性塑料在超声波振动作用下，由于表面分子间摩擦生热而使两块塑料熔接在一起的焊接方法。

超声波检测 ultrasonic testing；ultrasonic inspection 利用高频反射和衰减超声波技术来确定材料内部缺陷、结构不连续性的非破坏性检验。利用探头收到的信号，可以不破坏被检材料而检查出缺陷的部位及其大小，如裂纹、空隙、疏松、分层、脱粘、夹杂物等。还可以用于检测各种材料的工业非声量，如强度、弹性、硬度、温度及厚度等。超声检测的优点是穿透力强、检测灵敏度高、操作简单、不破坏被检材料、对人体无害等。缺点是信号不直观，受人为因素影响大。超声波检测在技术上比较成熟，已在复合材料无损检测中得到广泛应用。用于复合材料结构检测的主要方法有：超声脉冲回波法、超声透射法和超声共振法，其中超声脉冲回波法具有很强的检测能力，检测灵敏度高、检测方便（只需要一侧接近被测结构）等，应用最广。超声波检测用仪器的种类很多，其中应用最广的是A型显示脉冲式探伤仪，以及在此基础上发展的B型和C型显示等超声成像装置。

超声波型变换器 ultrasonic mode changer 使一个物体中的一定形式的振动（例如压缩）在另一个物体中产生另一种形式的振动（例如剪切）的装置。

超声频率 ultrasonic frequencies 超过人听觉范围，大约高于20000Hz的频率。

超声全息检验 ultrasonic holographic inspection 一种复合材料质量检验的无损检测技术，工作原理类似于激光全息检测技术。用压电组件发出的超声波传到试件表面，经反射后与参考的声波信号产生干涉作用。具有不同表面特征的声波干涉条纹特征将有所不同。其检验的结果与超声C-扫描的检验结果相类似。可用来检验分层、基体开纹、脱胶等缺陷。

超声C-扫描检验 ultrasonic C-scan detection 用超声C-型扫描仪对试件进行检测。这种仪器的特点是配备有彩色终端的计算机信号处理系统，可以将制件内部的缺陷的形状和大小直观地显示在终端的屏幕上，还可以用不同的颜色表示不同位置的铺层，进而找出缺陷沿厚度方向的位置。这种方法对了解缺陷的性质、损伤的程度及分析缺陷的成因很有帮助。可以发现复合材料及胶接接头内部的裂纹、疏松、空隙、分层、夹杂、纤维分布、脱粘及其他结构不连续缺陷。广泛用于复合材料构件、胶接结构的质量检验。缺点是这种方法需要用水浴或喷水才能将超声波引入试件，但水对复合材料多有负面影响。

超声探伤 ultrasonic detection 超声波（频率通常为0.5～15MHz）在被检材料（介质）中传播时，根据材料的缺陷所显示的声学性质对超声波传播的影响，来判断材料的缺陷和异常的方法。参见超声波检测（49页）。

超声透射法 through transmission ultrasonic inspection；TTU 依据脉冲波或连续波穿过构件之后的能量变化来判断损伤或缺陷的一种方法。透射法常采用两个探头，一个用作发射，另一个用作接受，分别放在被测构件的两侧进行检查，如下图所示。该方法也具有很强的检测能力和检测能力高的优点，但是，检测时需要在构件两侧接触，带来不便。

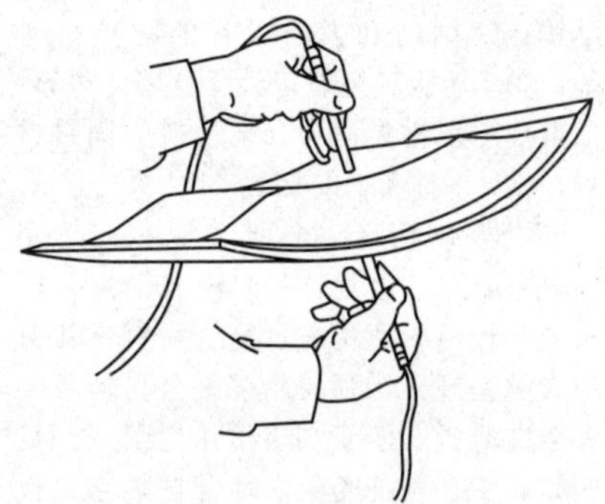

超塑成型 superplastic forming；SPF 利用金属的超塑性进行各种塑性

加工，使其达到所需要形状的过程。主要方法有：超塑胀形，即用气体吹胀成型；超塑挤拉、超塑挤压、超塑模锻和超塑成型/扩散焊接（SPA/DB）。

超塑性 superplasticity 某些材料在一定的温度和应变速率下进行拉伸时，呈现出很大伸长率的能力。所谓超塑性是指塑性变形时，材料的形状变化不是由每个晶粒发生相应的变形完成的，而是依靠晶粒的相对移动，而这些移动是通过晶界的游动与扩散实现的。一般工业材料的室温伸长率约为百分之几到百分之几十的范围，出现缩颈并断裂。但超塑性材料的伸长率可高达百分之几百，甚至百分之几千。材料是否有延展性，取决于它们对应变速率的敏感性。超塑性现象首先在Al-Zn合金中发现，至今已在许多传统材料和新材料中发现，并已得到工业应用。

超弹性 superelasticity 见伪弹性（453页）。

超细粉 ultrafine particle；ultrafine powder 又称超细粒子。指粒度小于500nm的粉末。但是，人们通常将1000nm（1μm）的粉末称为超细粉。

超细粒子 见超细粉（51页）。

超载系数 overload factor 施加到特定结构试验，用于说明在该试验中没有直接说清楚的参数（如环境、减量的金字塔状试验等），该系数通常由说明这种参数影响的较低级别金字塔状试验得到。

潮湿 wet 又称吸潮。材料吸收空气中的潮气。和含有空隙一样，假设是均匀分布的，但在实际上不大可能达到均匀分布。最大的吸潮多数局限在靠近暴露的表面处。在考虑吸潮的影响时，必须注意潮湿实际分布的高度不均匀性。

潮湿分布 moisture distribution 随时间变化很慢的瞬态潮湿分布图。对于湿度，在短时间内可达到稳定状态分布，而对于潮湿浓度，仅暴露表面的头几层随时间有明显的改变。对于内部铺层要使其发生变化，至少也要几个月的时间。在估算潮湿对复合材料性能的影响时必须考虑这种不均匀的分布。

扯离强度 pull strength 按垂直于表面的方向扯离时所测得的黏合连接的黏合强度。

扯裂面 pulled surface 在其上发生扯裂和明显分层的层压塑料的那个表面，这是一种缺陷，由于层合材料层间强度低所致。

沉淀碳酸镁 magnesium carbonate precipitate 参见碳酸镁（426页）。

沉积 deposition 用抽真空、电、化学、筛析或蒸汽的方法，将一种材料加到基体上的工艺。通常借助于温度和压力容器。参见化学气相沉积（170页）。

衬板 见匀压板（516页）。

衬垫纱 laid-in yarns 在三轴编织物中夹在斜纱之间的一个纵向纱体系。

衬套 bush；bushing 一种埋嵌在绝缘材料中的电热合金容器，用作熔化玻璃和拉出单根纤维或长丝形式的玻璃；用于成型挤压管或筒外表面任一类型的圆管模具的外环。

成孔销 core-pin 嵌在模腔中的硬钢销，其作用是在制品上形成孔或螺纹孔。

成膜剂 film-former 浸润剂中的一种主要组分。其作用是能在纤维表面上形成薄膜，防止磨损并有利于纤维的粘接和集束。

成品检验 finished product inspection 即对完工的制件进行的逐个检

查。即使原材料和工艺规程都经过严格控制，也需对制件进行逐个检查，以确保产品的质量。除检查外观、尺寸、重量外，还应用无损检验的方法检查制件有无内部缺陷。复合材料常用的是X射线法和超声法。X射线法可探出截面上密度有变化的缺陷，如内零件的错位、缺料或多料、气孔、夹杂物，夹层结构中蜂窝芯的损坏和扭曲等，以及胶层或表面的微裂纹。超声法用来探测制件的不连续面，例如分层、脱胶或疏松。一般可探出直径2mm的空穴和0.01μm以上的分层。用C扫描检查出用眼睛看不出的工具或飞石撞击的损伤，并用B扫描和三维扫描查出各层间的损伤情况。在产品研制过程中要制定出对应于一定尺寸和类型的缺陷的检验标准来。此外，每个制件还应用规定的试验应力经受强度试验。参见工艺质量控制（147页）、X射线透射检验（379页）、超声C-扫描检验（50页）。

成型 molding; forming 借助模具赋型生产制品的工艺方法。使用的模具有金属膜、木模、胶砂模、复合材料模等。包括压缩成型、注射成型、铸造成型、挤出成型、拉挤成型、树脂传递模塑、真空成型以及热压罐成型等。与机械加工相比，成型加工的优势是材料利用率高。

成型面 land 挤出模内平行于材料流动方向的表面。

成型坯 forming cake 在长丝缠绕的成型操作过程中卷集（卷装）于芯模上的纤维丝。

成型缺陷 molding defect 复合材料成型过程中由于工艺参数控制不当（如温度过高或过低、压力高低及加压时机不合适、固化时间不够等）而造成制品的某些缺陷。如制品表面凹陷，无光泽、起皱，厚度超差、空隙含量过高等不良现象。

成型时间 molding time; forming time 对于不同材料、不同成型方法，成型时间有不同的界定。对于热固性树脂是指树脂达到充分固化时所需要的时间加上一些必要的辅助时间，如热压罐成型，是从模具进罐后升温开始，经保温保压固化、保压降温至解除压力之各时间段的总和；对于热压机模塑，即从模具闭合瞬间至成型压力解除这段时间；对于热塑性树脂注射成型是指树脂熔料注入模具后保持注塑压力的这段时间。

成型收缩 forming shrinkage; molding shrinkage 产品的尺寸小于其母模尺寸的缺陷。其大小以成型收缩率表示。即在同一温度下，测量的模具尺寸与其成品尺寸之差与模具尺寸之比的百分数。引起成型收缩的主要原因是冷却。其他原因有弹性回复和塑性变形。不同材料引起收缩的原因不同：热塑性树脂的是结晶度；热固性树脂的是缩聚和挥发分凝缩。不同材料的成型收缩率不同，环氧树脂的收缩要比聚酯的小得多。为降低成型收缩率，不同的材料、不同的成型方法采取的措施不同，如热塑性树脂采用提高注射压力、注射速度，扩大浇口和流道等；热固性树脂采用缩合度高、吸水率低、挥发分小的树脂等。

成型温度 molding temperature; forming temperature 在成型时，热固性材料固化需要的或热塑性材料加热到具有可塑性必要的温度。

成型压力 molding pressure; forming pressure 物料充满模腔内时所受的压力。但是，不同的成型方法成型压力有不同的界定：模压成型的成型压力是模具受的总力乘以成型制品的投影面积；注射成型或传递模塑的成型压力是指注射压力或注入压力；热压罐成型的成型压力就是罐内气体的压力。

成型周期 molding cycle; forming cycle 完成一次成型所需操作花费时间的总和。通常包括加料、加热、固化、冷却、脱模等操作。

承压垫 见传压垫（57页）。

程控粉末预成型工艺 programmable powdered preform process; P4 process 是一种为汽车工业开发的通过计算机控制机器人进行定向喷射短切玻璃纤维的方法。该工艺克服了传统短切玻璃纤维喷射成型长度短、方向随机、产品结构不存在比强度优势的缺点，纤维方向布置可控，能发挥复合材料性能可设计性的优势，开发纤维增强潜能，提高产品结构效率，扩大在汽车等行业的应用。

程序加载 program loading 对试件按预定程序施加不同幅值载荷的加载方式。

持久极限 endurance limit 在理论上指无限寿命下的疲劳强度，或者指长寿命下的疲劳强度，并认为当寿命继续增加时，疲劳强度不再降低。

持久强度 persistent strength 在一定条件下，在规定的较长时间内，单位胶接面所能承受的最大负荷。单位为 MPa。

尺寸估算 sizing 在复合材料结构设计时，由设计来选定承受一组或多组外应力的层板的铺层数和角度。对于各向同性材料，因对每种载荷要求一种厚度，所以尺寸估算是容易的。但是复合材料层合板的尺寸估算因必须考虑铺层数和角度两个方面，所以从根本上是不同的。它是一个非线性的过程，即铺层增加10%并不意味着强度增加10%。

尺寸稳定性 dimensional stability 又称因次稳定性。复合材料制件在温度和湿度等环境条件变化的情况下仍保持其原形状和尺寸的特性。

赤道线 equator (filament winding) 压力容器的筒体和封头的交界线。也叫作切线或切点。

冲裁 dinking 参见模切（299页）。

冲床 clicker press 一种模冲冲床，使用冲模将塑料片材切割成坯料。

冲击 impact 一个运动的物体突然撞击或接触另一个运动的或静止的物体。例如一件工具掉落到传送带上等。

冲击陡震 impact shock 由于胶接件突然震动产生并传给粘接界面的应力。

冲击后剩余强度 impacted residual strength 复合材料在受到某种冲击后保持的静强度。单位为 MPa。

冲击后剩余强度试验 residual strength testing of impacted composites 测量复合材料层合板受冲击后剩余强度的试验方法。大多数为测量复合材料冲击后的压缩强度（CAI)。因为复合材料层合板受冲击后会不同程度地出现基体开裂、纤维断裂或分层等损伤，并丧失部分强度，而压缩强度对这些损伤极为敏感，所以将受冲击后的试样再进行压缩试验，测出压缩强度。

冲击后压缩强度 compression strength after impact ①广义：含冲击损伤层压板的剩余压缩强度；②CAI：表征复合材料层压板冲击损伤容限能力的材料性能。通常为复合材料标准试验板（准各向同性层压板）经规定能量冲击后进行压缩试验（如落锤方法）所测得的破坏强度值。其所含损伤大小根据工程要求确定。过去多用6.7J/mm冲击能量引入，目前多采用目视勉强可见冲击损伤（BVID），一般规定1mm深的凹坑。

冲击韧度 impact strength ①材料承受冲击负荷的最大能力；②在冲击负荷下，材料破坏时所消耗的冲断能与试样的横截面积之比，或与试样的宽度之比（IZOD冲击）。参见摆锤试验（5页）。

IZOD冲击韧度 IZOD impact strength 又称悬臂梁冲击韧度。材料抗冲击能力的一种量度，是用摆锤击断一个与悬臂梁垂直放置的试样，测量试样破坏时所吸收的能量，单位面积或单位厚度吸收的能量为悬臂梁冲击韧度。试样包括有凹口试样、无凹口试样和反置凹口试样三种。该性能体现了材料的冲击韧性，可用来控制产品质量和比较结构。参见摆锤试验（5页）。

冲击试棒 impact bar 一种用以测定塑料抗冲击破坏性能的特定尺寸的试样。

冲击试验 impact tests 用以测定一冲击载荷使一带缺口的或无缺口标准试样破坏时所需能量的试验方法。即一重摆从已知高度落下，在摆幅的最低点碰击试样并使之破坏。从已知重摆的质量与始末的高度差，可算出试样破坏所耗费的能量。如IZOD冲击试验、CHARPY冲击试验等。对先进复合材料主要采用落锤冲击试验，测试其冲击损伤阻抗和含冲击损伤后的剩余强度。

IZOD冲击试验 IZOD impact test 又称悬臂梁冲击试验。测定材料抵抗突然施加冲击力的能力的破坏性试验。参见IZOD冲击韧度（54页）。

冲击损伤 impact damage 由外来物撞击引起的结构上的异常，如分层、开胶、凹坑及穿孔等。复合材料结构中（多数是低速）冲击损伤可能在表面不严重，目测不到，但其内部可能会产生严重的分层及其他损伤，引起严重的压缩强度降低，成为复合材料结构安全的主要隐患，应特别注意。冲击损伤按冲击能量和结构上的缺陷情况可分为三类：①高能量冲击，在结构上造成贯穿性损伤，并伴有少量局部分层。②中等能量冲击，在冲击区造成外表凹陷，内表面纤维断裂和内部分层。③低能量冲击损伤，在结构内部造成分层，在表面只产生目视几乎不能发现的表面损伤。高能量冲击与中等能量冲击造成的损伤为可见损伤，而低能量冲击造成的损伤为难见损伤。损伤会影响材料性能，尤其会使压缩强度降低很多。因此，在复合材料结构设计时，受力构件应同时考虑低能量冲击载荷引起的损伤。常采用碳纤维与玻璃纤维或芳纶共同构成混杂纤维复合材料来改善碳纤维复合材料抗冲击性能。另外，一般来说织物构成的层合板结构比单向铺层构成的层合板结构的抗冲击性能好。

冲模 clicker die 将塑料片材冲切为坯料或零件的一种切割模具。

冲切 clicking 见模切（299页）。

冲头板 见模穴套板（302页）。

冲压 stamping 见模切（299页）。

冲制 punching 塑料成型加工方法的一种，系用冲头和精密模具将塑料板材冲制成制品的过程。

充填孔拉伸强度 tension strength of laminate containing full hole 用$[45/0/-45/90]_{2s}$层合板带穿孔试样充填栓钉后测得的拉伸强度。是设计许用值的一部分。

充填孔压缩强度 compression strength of laminate containing full hole 用 $[45/0/-45/90]_{2s}$ 层合板带穿孔试样充填栓钉后测得的压缩强度。是设计许用值的一部分。

重叠 lap 长丝缠绕时，为了减小间隙，使相邻两圈的绕丝重合在一起。

重复性误差 见示值稳定性（389 页）。

重复指数 repeating index 用于层合板的表示法中，表示可重复的子层合板数目。例如“$[0/90]_3$”中的下标“3”。

重现性 reappearance；repeatability 又称重演性。测试仪器在同一试验条件下对同一试样的几次试验结果的接近程度。愈接近，重现性愈好。

重演性 见重现性（55 页）。

抽检 examination at random 在一批产品中，按规定抽出一部分进行质量检验。

抽检率 rate of examination at random 在一批产品中抽检数对总数的百分率。

抽丝 参见纺丝（100 页）。

抽芯距 core-pulling distance 将侧型芯从成型位置抽至不妨碍塑件取出位置时，侧型芯或滑块所需移动的距离。

抽芯力 core-pulling force 从模具内的成型塑件中抽拔出侧型芯所需的力。

抽样 sampling 为进行试验或检验，按规定方法从待验产品或材料中抽取样品。

稠度 consistency 当对材料施加剪切应力时，材料对流动或永久性形变的阻力。其值用稠度计测量。

稠化 thickening 使模塑料中树脂体系的稠度增加到符合模塑成型要求的过程。分加速稠化和自然稠化。

出模膨胀 见巴拉斯效应（5 页）。

初黏度 initial viscosity 表示塑料溶胶混合后立即测定的黏度。塑料溶胶的黏度通常在混合后以递减速率增加。

初粘力 initial adhesion force 胶黏剂与被粘物粘接瞬间后（2～10s 或 5～10min）产生的粘接力。

初始裂纹寿命 life to initial crack 又称无裂纹寿命。试件或结构自开始加载至形成初始裂纹的寿命。在工程上指形成可检的宏观裂纹的寿命。

初始缺陷 initial flaw 施加工作载荷或暴露于环境前就存在于复合材料结构中的缺陷。

初始应变 initial strain；strain initial 蠕变发生前，在给定载荷下试样产生的应变。

初始应力 initial stress；stress initial 应力-应变曲线原点或其附近的应力；亦指在一次加工、二次加工、连接、装配等过程中产生的潜在应力的总称，即对材料施加使用载荷之前，其内部就存在的应力。

初始质量 initial quality 是对于基本材料或结构制造过程中产生的裂纹、缺陷或其他偏差而言的结构状态的质量。

处理剂 finish 用于处理增强材料或胶接面的一种混合材料。它包括：提高基体与增强体、胶黏剂与黏合体的粘接性能的偶联剂，防止磨损的润滑剂，以及促进原丝集束的黏料等。参见硅烷偶联剂（160 页）。

储存期 shelf life；storage life 液体树脂、罐装胶黏剂或预浸料在规定储存条件下，材料保持其适用性并符合相应规范规定的要求的可储存的时间。

储压器　accumulator　塑料成型设备的液压或气动系统中用来增速的储能装置。

触变剂　thixotropic agent　能使液体材料（树脂胶液）在静止状态或在低应力作用下具有较高的黏度，而在较高外力作用下又变成低黏度流体的一类物质。其作用机理是，在液态体系中，由于本身粒子间氢键相互作用而形成暂时的三维空间网状结构，因此在低剪切力作用下此结构能使体系保持一定形状，呈凝胶状态，而一经较高剪切力作用，结构破坏，体系又回到低黏度状态，具有流动性。常用的触变剂如气相二氧化硅、沉淀法氧化硅、山梨醇衍生物等。广泛用于不饱和聚酯树脂、胶黏剂和某些涂料配方，以及胶乳、化妆品和乳化油配方。

触变流体　thixotropic fluids　参见触变现象（56 页）。

触变现象　见触变性（56 页）。

触变性　thixotropy　又称触变现象。流体和塑性固体的流变特性——同时具有高静态黏度和低动态黏度的特性。即在低受力条件下具有高的滞黏性，当施加较大的作用力时，其黏性会降低，当力去除后又回复到原来的滞黏状态。如含有触变剂的液态树脂，在静止时不易流动，受到外力作用时就易流动；除去外力后又转变成不易流动。

穿孔损伤　hole damage　外来物穿透复合材料面板，形成通孔。通常是由尖锐物体冲击而形成的。

穿透技术　transmission technique　超声辐射透过材料之后，入射到接收探头上，用接收探头所接收的超声辐射强度来评定材料质量的技术；用被试样分开的一次线圈和二次线圈之间的耦合特性来测定试样的屏蔽效应的技术（线圈可能有许多不同的形式，但是该技术一般用于厚度测量）。（无损检测）

穿透破坏　puncture　蜂窝夹层结构面板的一种破坏形式。它有可能扩展到穿透内外蒙皮的程度。

穿透深度　depth of penetration　对于一个形状均匀的物体来说，穿透深度是物体表面下电流密度等于物体表面电流密度值的三分之一的深度。在涡流试验中，这个术语常常用来描述涡流强度足以检测缺陷的最大深度。（无损检测）

穿透系数　transmission factor　透过分界面的超声波强度与入射到该分界面上的总能量之比。（无损检测）

传播速度　velocity of propagation　超声波在非频散材料中传播的相速度和群速度的公共值。（无损检测）

传导率　见传导性能（56 页）。

传导性能　conductivity　又称传导率。为物质单位体积的导电或导热能力，其反面为阻抗性能。

传递模　transfer mold　又称压注模。通过柱塞，使在加料腔内受热塑化熔融的热固性塑料经浇注系统压入被加热的闭合型腔，固化成型所用的模具。

传递模塑　transfer molding　热固性塑料的一种成型方法，模塑时先将模塑料在加热室加热熔融，然后压入已被加热的模腔内固化的成型。

传递模塑压力　transfer molding pressure; molding pressure transfer　施加于模塑料钵或料筒横截面上的压力。

传热系数　heat transfer coefficient　当温差为1℃时单位表面积每小时从一种物质传给另一种物质的热量。传热

系数 K 为传递的热量 Q 与物体间的温差（T_1-T_2）之比：

$$K=\frac{Q}{T_1-T_2}$$

传压垫 pressure pad 又称承压垫。模具闭合时，为了降低模具合模面上的压力而设计的一种附件。传压垫通常由硬质钢块构成，以承受合模面的部分压力。

串接联用技术 coupled simultaneous techniques 在程序温度下，对一个试样同时采用两种或多种分析技术，而第二种分析仪器通过界面与第一种分析仪器相串接的技术。

吹泡成型 bubble forming 一种塑料吹塑成型方法，先将塑料片夹持在悬吊于塑模上方的框架上，经加热再供空气吹成气泡状，然后靠下行柱塞将气泡往下压入塑模而模塑成型。亦见热成型（348 页）。

吹砂 sand blasting 又称喷砂。用高速砂流清理金属制件表面的一种方法。主要用于清理锻、铸件毛坯或零件积炭的表面，以及电镀、喷镀、磷化、涂装、胶接、氮化处理前的表面清理和活化。

吹塑成型 blow molding 又称中空成型。在模具内，用空气等使型坯膨胀紧贴到模具上，经冷却得到中空产品的方法。

吹胀速度 blowing speed 用压缩空气使型坯吹胀时，中空制品内部压力达到规定值的时间。

垂直分型面（线） vertical parting line 与压机或注塑机工作台面垂直的模具的分型面。

纯树脂 neat resin 未加任何其他物质（添加剂、增强材料等）的树脂。

醇酸树脂 alkyd resin 多元酸和多元醇的缩聚物。使用最多的有以下三种：①邻苯二甲酸丙三醇酯：性脆、固化慢、高温高压下固化，易粘模。仅用于粘接云母。②改性邻苯二甲酸丙三醇酯：可用于制作结构材料和在 150℃下工作的电机绝缘体。③改性邻苯二甲酸季戊四醇酯：其性能优于改性邻苯二甲酸丙三醇酯，用途更广。以醇酸树脂为基体的玻璃钢在 150℃下仍有良好的耐热性、高的韧性和中等程度的拉伸强度及冲击韧度。醇酸树脂主要用作涂料，其次是清漆、塑料制品、胶黏剂及增韧剂等。

瓷漆 enamel 一种有机保护涂料。由清漆漆料制得或由变性醇酸树脂和尿素再加入颜料制得。溶剂蒸发后形成初始的软薄膜，然后在室温条件下或在烘焙过程中薄膜变硬或固化。

磁性复合材料 mignetic composites 一种功能性复合材料。能记录声、光、电信息，并能重新释放出储存信息的聚合物基复合材料。它是将磁粉（功能体）混入聚合物（基体）中而制得的磁性体。磁粉主要有铁氧体类和稀土类两种。常用的聚合物有热塑性树脂（如 PE、PP、EVA 、PPS、PVC、尼龙 6 等）和热固性树脂（如 EP、PHEN 等）。

次承力结构 secondary structure 又称次要结构。在飞行器或宇航应用中损坏也不会对飞行造成危险的结构。

次价力 见范德华力（98 页）。

次要结构 见次承力结构（57 页）。

粗纱布 roving cloth 一种由无捻粗纱编织的粗松织物。参见无捻粗纱织物（456 页）。

粗纱架 creel 一个用来支持无捻纱、粗纱或纱线的构架，以便能平稳而均匀地拉动多条丝束而不致乱束。例如，在长丝缠绕过程中，用作增强材料的连续绕带或单丝卷绕的线轴及其支承结构。

粗纱松垂度 roving catenary 由于不等张力的结果，规定长度粗纱中丝束、纤维束或原丝长度的差异；在张紧的水平粗纱中某些纤维束、丝束或原丝比其他下垂较少的倾向。

粗纱球 roving ball 用于描述提供给缠绕工厂供应包装的术语。含有若干缠于一节纸管上至一定外径的粗纱线或丝束。通常标有质量和以码表示的长度。

粗纱织物 woven roving 由玻璃纤维粗纱机织成的一种厚重织物。

促进剂 accelerator；promoter 又称加速剂。在化学反应中，能缩短固化时间和/或降低固化温度的物质。因为亲电性促进剂对亲核性固化剂有效，亲核性促进剂对亲电性固化剂有效，所以胺类固化环氧树脂时，凡是含有—OH、—COOH、$—SO_3H$、$—CONH_2$、$—SO_2NH_2$、$—SO_3NHR$的试剂都对反应起促进作用。例如酚类（苯酚、氯代酚、间苯二酚）、酸类（水杨酸、对羟基苯甲酸）、酰胺类都可以作促进剂使用，一般用量5～10份。如三氟化硼络合物等路易斯酸可作EP/DDS体系的促进剂、取代脲作EP/DICY体系的催化剂等，均可降低原体系固化温度40～50℃。凡是含有—OR（$R \neq H$）、—COOR、$—SO_3R$、$—CONR_2$、$—CO_2NR_2$、$—SO_2NR_2$、NO_2等的试剂对胺类固化环氧树脂都有抑制作用。与催化剂不同的是催化剂的组成和质量在反应前后保持不变，不进入最后反应产物结构之中，而促进剂则不尽然。参见交联剂（207页）、催化剂（58页）。

醋酸丁酯 butyl acetate 用于乙基纤维素、乙烯基塑料、聚甲基丙烯酸甲酯、聚苯乙烯、香豆酮-茚树脂及某些醇酯塑料和酚醛塑料的一种中等溶解力溶剂。

醋酸纤维素 cellulose acetate；CA 为纤维素中的羟基被醋酸酯化得到的一种纤维素酯高聚物。通常用于制造塑料的醋酸纤维素为含有52%～56%乙酰基的部分乙酰化的产物。

醋酸乙酯 ethyl acetate 又称乙酸乙酯。在硫酸存在下醋酸与乙醇共热及蒸馏而制得的一种无色液体。醋酸乙酯为乙基纤维素、聚醋酸乙烯、硝酸纤维素、醋酸丁酸纤维素、丙烯酸类、聚苯乙烯与香豆酮-茚树脂的高效溶剂。醋酸乙酯虽高度易燃，但在工业溶剂中毒性最低。

醋酸异丙酯 isopropyl acetate 一种无色的芬芳液体。用作硝酸纤维素、乙基纤维素、聚醋酸乙烯、聚甲基丙烯酸甲酯、聚苯乙烯及某些醇酸树脂和酚醛树脂的溶剂。

催化剂 catalyst；catalyzer 一种能改变化学反应速度，而本身不进入最终反应产物分子的物质。催化剂不能改变热力学平衡，只能影响反应过程达到平衡的速度。加速反应速度的叫正催化剂，降低反应速度的称负催化剂。通常所说的催化剂是指正催化剂。常用的催化剂有：金属催化剂、金属氧化物和硫化物催化剂、酸碱催化剂、络合催化剂、生物催化剂。参考促进剂、交联剂。

催化型固化剂 catalytic curing agent 仅使环氧基按离子反应机理开环加成，且其本身不参加到固化物结构中去的固化剂；或仅仅使环氧基开环进行均聚，生成醚键结构固化物的固化剂。

脆化温度　brittle temperature　聚合物低温力学行为的一种量度。以具有一定能量的冲锤冲击试样时，试样开裂概率达到 50％时的温度。如“高聚物的物理状态”词条示例图中的 T_b。

脆性　brittleness；embrittlement　受外力或冲击时，裂纹迅速扩展，伸长率很小时就断裂，很少有塑性变形的性质。表示材料宏观塑性变形能力受抑制的程度。通常断裂面较平滑，伸长率和收缩率均较小。脆性和塑性是两个相反的概念，韧性低就显示脆性，但两者没有明显的界限。脆性材料在受到外力或冲击时容易产生碎裂破坏。

脆性断裂　brittle fracture　断口处材料塑性成分很少的一种断裂。脆性断裂的特点是断口呈平直状，在最后断裂前很少有可察觉的变形，因此断裂总是突然发生的。与韧性断裂相比较，脆性断裂是一种更危险的形式。

淬火　quench；quenching　热塑性物料从熔融态骤然进行冷却的过程。材料在高温下的形态和在低温下的形态是完全不同的。从高温下骤冷时，由于过程中材料的形态变化很小，可以将高温下材料的形态冻结保持下来。高分子材料从熔融态冷却到玻璃化转变温度以下时，必须经过其可以产生结晶的区域。为了最大限度地阻止结晶过程的进行，可以用淬火的方式加以控制，从而得到结晶不完善的微结晶结构，甚至是完全不结晶的非结晶材料。

淬火槽挤塑　quench-tank extrusion　一种挤塑过程，在此过程中挤出物被引导经水浴以使之快速冷却。

淬火浴　quench bath　用来使熔融热塑性物料淬火到固态的冷却介质。

存活率　probability of survival　统计学术语。常用 P 表示。例如存活率为 $P\times100\%$的疲劳寿命表示产品中有 $P\times100\%$的寿命达到或超过该指标。

搓制成型　rolling process　通过两个平面的相对运动产生搓卷作用，使预浸料包缠到芯模上，经加热、加压制成管状型材的一种工艺方法。

错纹　broken pattern　织造时纬纱未按规定组织织入，使织物织纹图案与规定不符。

D

搭接　overlap；lap　一种简单的胶接接头，其中一黏合体的表面伸出另一黏合体的前缘；长丝缠绕中两连续缠线之间重叠的部分。

搭接接头　lap joint　两个被粘物部分叠加，胶接在一起所形成的接头。分为单搭接接头和双搭接接头两种。参见胶接接头（210 页）。

打浇口　degating　清除注入模腔的浇口旁遗留在塑料制件上的物料。该工序有时由一塑模零件自动完成。此外还难以用手工或用剪切工具清除，必要时可再砂磨或抛光。

打结强度　knot strength　在规定条件下，拉伸纤维、纱线试样在打结处断裂所需的力。单位为 cN/dtex。

打磨　abrading　用砂纸、钢丝刷、锉刀或其他工具对被粘物表面进行粗化处理。

打磨修整　abrasive finishing　用磨带或磨轮从塑料制品上磨去溢边、铸口线、粗糙边的一种方法。

大分子单体　macromer；macro monomer　分子量从几百到几万，在两端带有可供进一步加聚或缩聚的官能团的低聚物。其聚合的性能与相应的低分子量单体基本相同。常见的官能团有羧基、羟基、氨基、烯基、环氧基等。大分子单体与低分子单体如苯乙烯、烯烃、异氰酸酯、聚环氧乙烷等共聚时，大分子单体便可以接枝链或嵌段链的形式引入产物中。其主要用途是便于进行大分子设计，因为这些大分子单体多已具备预先设计好的分子结构，其接枝或嵌段产物可具有所希望的性能。因此，此类单体特别适用于合成各种结构的接枝共聚物及某些功能高分子材料，如在涂料、胶黏剂和表面改性剂生产中的应用。

大气环境 ambient; ambient conditions 主要指大气环境下的状态。例如环境温度、压力以及相对湿度等。

大气老化 weathering 材料在户外暴露中性能随时间降低的现象。

代表性样本 aliquot 较大样本中一个小的代表性样本。

带 band 若干条无捻粗纱、纱线或丝束缠绕到芯模或其他模具上所形成的具有一定厚度或宽度的纱条。是纤维缠绕工艺中常用的术语。

带包缠 tape wrapped 先把加热的织物带包缠到回转模芯上，接着冷却，直至成为牢固表面，然后再加下一层。

带厚度 band thickness 在长丝缠绕工艺中缠到芯模上增强材料的厚度。

带肩导柱 guide pillar shouldered; shoulder leader pin 带有轴向定位台阶，固定段公称尺寸大于导向段的导柱。

带宽度 band width 在长丝缠绕工艺中缠到芯模上增强材料的宽度。

带密度 band density 在长丝缠绕工艺中，每英寸带宽内玻璃纤维增强体的质量。用“原丝质量/英寸”或“长丝质量/英寸”表达。

带头导套 guide bush headed; shoulder bushing 带有轴向定位台阶的导套。

带头导柱 guide pillar straight 带有轴向定位台阶，固定段与导向段具有同一公称尺寸、不同公差带的导柱。

袋内加压固化 internally pressurized bag curing 基于真空袋-热压罐压力固化工艺会导致低黏度树脂过度流失，可使树脂液压（$p_{树}$）下降到0psi以下，致使空隙成核和生长几乎不受限制，采用袋内加压固化的方法，袋内压力可以保持$p_{树}$并减少树脂流动。此法采用两个分离的压力源：①真空袋外普通的热压罐压力，用于压实叠层；②低于热压罐压力的真空袋内压力，用于对液态树脂加压，使挥发分不能从液态树脂中逸出，从而避免空隙的成核和生长。袋内加压的热压罐固化成型原理如下图所示。此固化方法有两点限制：①所施加的热压罐压力必须大于袋内的压力，以避免真空袋在模具上张开；②袋内压力应足以使挥发分不能从液态树脂中挥发出来，从而避免空隙的成核和生长。此方法中所涉及的热压罐压力（$p_{罐}$）、真空袋内压力（$p_{袋}$）、压实叠层压力（$p_{叠}$）、树脂液压（$p_{树}$）之间

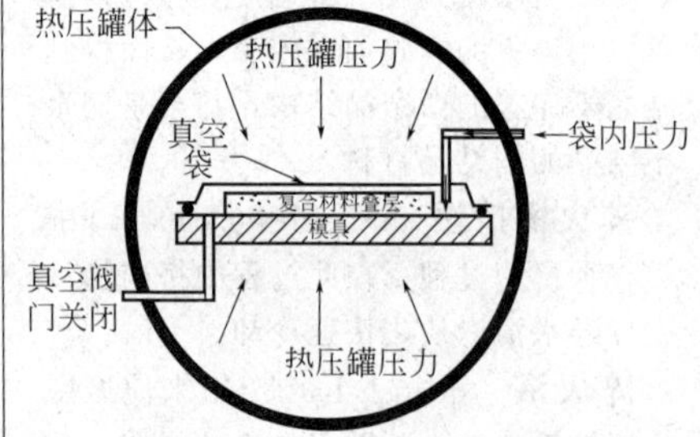

的关系为：$p_{叠}=p_{罐}-p_{袋}$（>0），并且 $p_{树}=p_{袋}$。

袋压成型 bag molding 一种树脂基复合材料的成型工艺。利用柔性袋传递压力，将铺放在刚性单面模上的复合材料坯件固化成型的工艺方法。根据加压方式不同可分成真空袋成型、压力袋成型和真空袋-热压罐成型三种成型方式。袋压成型法具有自身的特殊性和技术优势：①设备简单，只需要单面刚性模具，模具要求及制造成本低，便于开发大型模具；②柔性袋膜封装，制品尺寸和形状不受限制，仅用一个模具就可以制得形状复杂、尺寸较大、质量较好的制件；③为闭模成型工艺，具有易操作、溢出挥发物少和工作环境好等特点。在成型过程中，在高渗透介质（吸胶材料、透气材料）辅助渗流下，基体树脂对纤维的浸渍速度快，浸润充分完全，而且增强纤维在真空负压/蒸汽外压下致密均匀，制件内的小分子气泡易于排除，因此制品质量稳定、致密性好、空隙率低、纤维含量高。其主要缺点是装袋工艺组合复杂，需要脱模布、吸胶层、透气层、剥离层、真空袋等辅助材料，且消耗量大、产生的废弃物多。参见真空袋压成型（523页）、压力袋压成型（483页）、热压罐成型（360页）。

单壁碳纳米管 single-walled carbon nanotubes；SWCNTs 由单层石墨片卷制而成的纳米级管状结构。其直径约为 1nm，见下图。与多壁管相比，单壁管直径的分布范围小，缺陷少，具

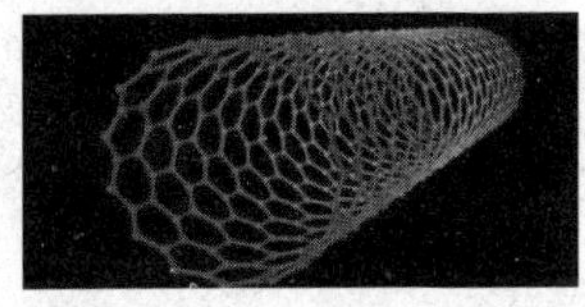

有更高的均匀一致性。单壁管典型直径在 0.6～2nm 的作为复合材料增强体，表现出极好的强度、弹性和抗疲劳性。参见碳纳米管（425 页）。

单胞 unit cell 重复纤维织构的单元，也可认为是材料的基本构成单元。纺织复合材料可以看成是单胞不加任何旋转或映射的平移的拷贝。

单侧容限系数 one-side tolerance limit factor 见容限系数（365 页）。（统计术语）

单层 lamina；ply；layer；monolayer 又称铺层、单层片。对于聚合物基复合材料，复合材料制件中的一平薄的单向带或织物。由它来构成不同的铺层结构（如正交±45°、±60°等）的层合板。是层合板的最基本单元，也是复合材料层合板宏观力学分析中最基本的微元；对于金属基复合材料，为一埋入基体的单向纤维或织物形成的扁平面或曲面层。

单层片 见单层（61 页）。

单层剪切耦合系数 shear coupling coefficient of lamina 又称相互影响系数。偏轴方向纯剪切应力引起的线变形（又称第一类相互影响系数 $X_{i,ij}$）或偏轴方向单轴正应力引起的剪切应变（又称第二类影响系数 $X_{ij,i}$）。

单层偏轴 off-axis of lamina 与单层弹性主方向有一个偏角的参见坐标系，常用 x-y 坐标系表示。参见材料主方向（29 页）。

单层偏轴刚度 off-axis stiffness of lamina 单层偏轴方向抵抗变形的能力，以产生单位偏轴应变所对应的偏轴应力表示。特点是有拉-剪耦合刚度。

单层偏轴弹性模量 off-axis elastic modulus of lamina 由单层偏轴方向（非材料主方向）单轴载荷作用定义的

偏轴方向的拉压弹性模量，主泊松比和剪切弹性模量，以及常规材料没有的反映法向与切向耦合关系的剪切耦合系数，它们与铺层角密切相关。

单层偏轴柔度 off-axis compliance of lamina 单位偏轴应力作用下产生偏轴应变（变形）大小的度量。特点是有拉-剪耦合柔度。

单层偏轴应力-应变关系 off-axis stress-strain relation of lamina 偏轴应力与偏轴应变物理关系表达式。

单层取向 ply orientation 在其基准方向与单层主轴之间的实际夹角(θ)，包括 90°。如果从基准方向沿逆时针方向计量，则单层的取向为正，如果沿顺时针方向计量则为负。

单层石墨烯 graphene 参见石墨烯分类（386 页）。

单层性能的确定 determine for lamina properties 复合材料的单层是由增强纤维和树脂基体组成的，但其性能往往不容易由所组成的材料来推定。因为混合法则（单层性能与体积含量呈线性关系法则）仅适用于复合材料密度和单向铺层方向上的弹性模量等一类特殊情况的性能。但事实上，单层性能的上、下限不是简单地由所组成的原材料的性能确定的（如热膨胀系数为正的基体材料所制成的复合材料，其某一方向上的热胀系数可能是零或负数）。所以，由已知原材料的性能来确定单层的性能就较为困难。然而，在设计的初级阶段，为了层合板设计、结构设计的需要，必须提供必要的单层性能参数，特别是刚度和强度参数。为此，通常利用由细观力学（各组元的结构和性能在复合材料性能中起什么作用）分析方法推得的预测公式来确定。

(1) 单层树脂含量的确定。一般是根据单层的承力性质或其使用功能选取的。具体的含量可按下表选取，相应的纤维体积含量由 V_f 与质量含量之间的关系式换算得到。另外，在最终设计阶段，为了单层性能参数的真实可靠，使设计更为合理，单层性能的确定可按照国家相应的标准。参考微观-宏观。

单层的功用	固化后树脂含量/%	单层的功用	固化后树脂含量/%
主要承受拉伸、压缩、弯曲载荷	27	主要用作外表层防机械损伤和大气老化	70
主要承受剪切载荷	30		
用作受力构件的修补	35	主要用作防腐蚀	70～90

纤维体积含量 V_f 与质量含量之间的关系式为：

$$V_f=M_f/[M_f+(\rho_f/\rho_m)M_m]$$

式中 M_f，M_m——纤维、基体的质量分数；

ρ_f，ρ_m——纤维、基体的密度。

另外，在最终设计阶段，一般为了单层性能数据的真实可靠，使设计更为合理，单层性能的确定需用试验方法直接测定。

(2) 刚度的预测公式。单向层、正交层的工程弹性常数预测公式见下表。

单向层工程弹性常数	预测公式	说明
纵向弹性模量	$E_1=E_fV_f+E_m(1-V_f)$	基本符合实验测定值
横向弹性模量	$E_T=E_fE_m/[E_mV_f+E_f(1-V_f)]$	按此式预测的值往往低于实验测定值，对此，可改用修正公式。 $1/E_{T1}=V_f'/E_f+V_m'/E_m$ 式中，$V_f'=V_f/(V_f+y_fV_m)$ $V_m'=y_TV_m/(V_f+y_TV_m)$ 系数 y_T 由试验确定，对于玻璃/环氧可取 0.5
纵向泊松比	$\gamma_L=\gamma_f V_f+\gamma_m(1-V_f)$	此式基本符合试验测定值
横向泊松比	$\gamma_T=\gamma_LE_T/E_L$	此式为工程弹性常数之间的关系式
面内剪切弹性模量	$G_{LT}=G_fG_m/[G_mV_f+G_f(1-V_f)]$	按此式预测的值往往低于试验测定值，对此，可改用修正公式。 $1/G_{LT}=V_f'/G_f+V_f''/G_f+V_m''/G_m$ 式中，$V_f''=V_f/(V_f+\eta_TV_m)$ $V_m''=\eta_TV_m/(V_f+\eta_TV_m)$ 而系数 η_T 根据试验确定，对于玻璃/环氧可取 0.5

注：E_f为纤维弹性模量；E_m 为基体弹性模量；γ_f 为纤维泊松比；γ_m 为基体泊松比：G_f为纤维剪切弹性模量；G_m 为基体剪切弹性模量；V_f 为纤维体积含量。

正交层工程弹性常数	预测公式	说 明
纵向弹性模量	$E_L=k[E_{L1}n_L/(n_L+n_T)+E_{T2}n_T/(n_L+n_T)]$	将正交层看作两层单向层的组合，即经线和纬线分别作为单向层的组合。由于织物不平直使计算值大于实测值，故而采用小于1的折减系数，称为波纹影响系数
横向弹性模量	$E_T=k[E_{L2}n_L/(n_L+n_T)+E_{T1}n_L/(n_L+n_T)]$	将正交层看作两层单向层的组合，即经线和纬线分别作为单向层的组合。由于织物不平直使计算值大于实测值，故而采用小于1的折减系数，称为波纹影响系数
纵向泊松比	$\gamma_L=\gamma_{L1}E_{T1}(n_L+n_T)/(n_LE_{T1}+n_TE_{L2})$	将正交层看作两层单向层的组合，即经线和纬线分别作为单向层的组合
横向泊松比	$\gamma_T=\gamma_LE_T/E_L$	采用正交各向异性材料的关系式
面内剪切弹性模量	$G_{LT}=kG_{L1T1}$	正交层的剪切模量 G_{LT} 与具有相同纤维含量的单向层的剪切模量 G_{L1T1} 是一样的。k 为考虑波纹影响的折减系数

注：n_L、n_T分别为单位宽度的正交层中经向和纬向的纤维量，实际上只需知道两者的相对比例即可；E_{L1}、E_{L2}分别为经线和纬线作为单向层时纤维方向的弹性模量；E_{T1}、E_{T2} 分别为经线和纬线作为单向层时垂直于纤维方向的弹性模量；γ_{L1} 为由经线作为单向层时的纵向泊松比；G_{L1T1}为由经线作为单向层时的面内剪切弹性模量；k 为波纹影响系数，取 0.9～0.95。

（3）强度的预测公式。复合材料纵向拉伸强度（X_t）按下式预测。

$$X_t=\begin{cases}\sigma_{fmax}V_f+(\sigma_m)_{\varepsilon_{fmax}}(1-V_f),V_f\geqslant V_{fmax}\\ \sigma_{mmax}(1-V_f),V_f\leqslant V_{fmax}\end{cases}$$

式中 $V_{fmax}=[\sigma_{fmax}-(\sigma_m)_{\varepsilon_{mmax}}]/[\sigma_{fmax}+\sigma_{mmax}-(\sigma_m)_{\varepsilon_{fmax}}]$

σ_{fmax}——纤维的最大拉应力；

σ_{mmax}——基体的最大拉应力；

$(\sigma_m)_{\varepsilon_{fmax}}$——纤维最大应变时基体的应力；

V_f——纤维体积含量；

V_{fmax}——纤维含量最高时的体积含量。

纵向压缩强度(X_c)按下式预测。

$$X_c=\begin{cases}2V_f\sqrt{V_fE_fE_m/[3(1-V_f)]}\\ G_m/(1-V_f)\end{cases}$$

式中 E_f——纤维弹性模量；

G_m——基体剪切弹性模量；

E_m——基体弹性模量；

V_f——纤维体积含量。

纵向压缩强度 X_c 值取用式中两公式计算值的小者。即使如此，所得的预测值还高于实测值。实验证明，应将上式的 E_m 或 G_m 乘以小于 1 的修正系数 k。

单层应变 ply strain 在铺层内的应变分量。按层合板理论，它们与层合板的应变分量相等。

单层应力 ply stress 在铺层内的应力分量。它们随铺层不同而异，取决于层合板内的材料与铺层角。

单层正轴 on-axis of lamina 与单层主方向一致的参见坐标系，常用 1-2 坐标系表示。参见正轴（528 页）。

单层正轴刚度 on-axis stiffness of lamina 单层正轴方向抵抗变形的能力，以产生单位正轴应变所对应的正轴应力表示。正轴刚度矩阵为对称矩阵，且拉-剪耦合刚度为零。

单层正轴工程常数 on-axis engineering constant of lamina 对单向及织物层合板进行单轴拉伸、压缩及剪切试验直接测得的常数。包括拉伸、压缩、剪切强度和弹性模量，以及主泊松比。

单层正轴柔度 on-axis compliance of lamina 单位正轴应力作用下产生正轴应变（变形）大小的度量。正轴柔度矩阵为对称矩阵，且拉-剪耦合柔度为零。

单层正轴应力-应变关系 on-axis stress-strain relation of lamina 正轴应力与正轴应变物理关系表达式。由单向板正轴单轴载荷试验确定，一般假设为线性关系。

单层主方向 principle direction of lamina 单层中沿纤维方向（纵向、0°方向）和垂直纤维方向（横向、90°方向）或双向织物单层中经向纤维的方向和纬向纤维的方向，常用 L 向和 T 向表示。

单层主轴 ply principal axis 与最大面内杨氏模量方向一致的单层坐标轴。对于均衡的制造织物，可选其经向或纬向。

单层坐标轴 ply coordinate axes 有两个坐标轴位于单层平面内的一组笛卡尔坐标，其中一个坐标轴平行于主纤维方向，另一个垂直于主纤维方向（第三个轴通过单层的厚度方向）。

单程缠绕 single circuit winding 绕丝在绕体上缠绕一整圈后，后续绕圈紧接前圈缠绕的一种绕法。

单搭接接头 single lap joint 一个黏合体的一个侧面与另一个黏合体的一个侧面相胶接所形成的接头（如 210 页图所示）。该接头有两个粘接体。

单股纱 single yarn 由下述之一纺

织材料所组成的最简单的连续原丝束：①若干不连续纤维捻合而成的纱（称为定长纤维纱）；②一根或多根连续纤维原丝加捻而成的纱（称为连续纤维纱）。

单级入轨火箭 single-stage-to-orbit rocket；SSTO-rocket 指从地面起飞并能加速到第一宇宙速度，直接把有效载荷送入轨道并返回地面可重复使用的单级运输火箭。长期以来发射航天器都采用一次性使用的运载火箭，其成本非常昂贵，入轨的每千克质量需 22000 美元。而降低发射成本的唯一希望是采用完全可重复使用的运载器，使成本降到每千克入轨质量只需 2000 美元。单级入轨火箭垂直起飞有三种：垂直起飞/垂直降落方案、垂直起飞/水平降落方案、水平起飞/水平降落方案。其中水平起飞方案在水平起飞时火箭的质量全部由机翼产生的推力支撑，所需要的机翼面积与质量太大，不利于实现单级入轨，因此现有的单级入轨火箭方案都不采用水平起飞方式。只有单级入轨垂直发射方案是唯一无奈的选择。但单级入轨垂直发射方案从理论上就决定了它是运载效率最低的运载器，它需要解决三大关键技术：①先进的材料和结构技术。需要通过大量采用高比强度、高比模量，具有耐高温、低温，隔热、防热等适应环境条件要求功能的先进复合材料（GFRP、AFRP等）把结构重量减下来，以提高运载效率，来实现使火箭的质量比达到单级火箭入轨运载器的净重不超过起飞重量的10%的要求，并做到能重复使用。②具有要求高的比冲、高的推进剂密度和高的推重比的高性能推进系统。③高效的地面操作技术，以简化地面操作，缩短发射准备时间，提高其使用性能。

单级树脂 single-step resin；single-stage resin 参见甲阶酚醛树脂（200 页）。

单面涂胶量 single-spread 指胶黏剂仅涂于胶接接头的一个被粘物上的量。见涂胶量（446 页）。

单丝 monofilament 长丝的一种。在拉丝和纺丝期间所形成的基本单元。也是纤维状材料的最小单元。如对于拉丝纤维而言，单丝就是在拉丝过程中由一个孔所形成的纤细单元。这些基本单元收集到一起即为复合材料中所使用的纤维原丝束。通常单丝长度很长，而直径非常小，一般小于 25μm。普通的单丝不能单独使用，只有一些纺织单丝具有足够的强度和柔韧性时，才可作为纱线使用。参见长丝（46 页）、单丝纱（65 页）、纱（375 页）、纤维（464 页）。

单丝拔出试验 filament pullout test 通过测量植入树脂基体中的单丝拔出的载荷，表征纤维与基体之间的粘接性能的一种方法。

单丝纱 monofilament yarn 由单丝（有捻或无捻）合并所形成的纱。参见单丝（65 页）、纱（375 页）、纤维（464 页）。

单探技术 single probe technique 用一个单芯片探头兼顾发射和接受超声波的技术。（无损检测）

单体 monomer 能自身聚合或与其他类似的化合物共聚而生成聚合物的简单化合物。是聚合物分子结构中最小的重复单元。

单位伸长 unit elongation 在拉伸试验中，试样的伸长与原长度之比值，即试样原长度的单位长度的变化。

单纤维强力 single fiber strength 由单根纤维试样测得的强力。以克力等为单位表示。

单向布 uniweave 由径向的承载碳纤维和少量（5%）的玻璃（或聚酯）

纤维组成的平纹机织物。参见无纬布（457 页）。

单向层合板 unidirectional laminate 所有纤维都排列在同一方向上的层合板。是最基本的层合板，为正交各向异性。在层合板平面内，存在两个互相垂直的对称面，垂直对称面的对称方向上的各坐标点的力学性能相同。用于测试层压复合材料体系设计和基体开发所需要的工程常数。

单向层合板的强度 strength of unidirectional laminates 评价复合材料单向层合板承受外部载荷能力的一组性能指标，在数值上等于引起破坏时的最大应力。单向层合板强度的一个重要特性是纵向强度远大于横向强度，拉伸强度与压缩强度也不相同，剪切强度与单轴强度又没有一定关系。要确定一种单向层合板的强度特性，必须有 5 个参数值：纵向拉伸强度（x_t）、纵向压缩强度（x_c）、横向拉伸强度（y_t）、横向压缩强度（y_c）和面内剪切强度（s）。获得这些强度值的最好方法是通过试验测定。参见复合材料许用值（126 页）。

单向带 tape 平行排列的连续纤维或以连续纤维为经向而在纬向加少量更细纤维的织物经浸胶后的中间产品。参见无纬布（457 页）。

单向环 见诺尔环（320 页）。

单向纤维复合材料 unidirectional fiber composites 所有增强纤维都沿一个方向排列的纤维复合材料。这种复合材料能最大限度地发挥纤维的增强作用，在纤维方向强度很高，具有典型的正交各向异性，但非纤维方向的强度却很低。它是复合材料的基础，因此往往用它的性能来表征复合材料的性能。通常在介绍复合材料的基体性能时，如不做特别说明，一般是指单向复合材料的性能。而非其他设计铺层的复合材料。目前用于航空航天结构的复合材料品种最多，其中应用最广的是碳/环氧复合材料。下表中列出了其单向复合材料的力学性能。表中的“纵向”表示沿纤维方向；“横向”表示垂直于纤维的方向；E_t/ρ 表示材料的比模量（材料的弹性模量与其密度之比）；σ_{1T}/ρ 表示材料的比强度（材料的强度与其密度之比）。参见单向层合板（66 页）。

项目	高强度碳纤维	高模量碳纤维	超高模量碳纤维
纵向弹性模量 E_1/GPa	120～180	200～290	290～370
横向弹性模量 E_2/GPa	7～9	6.0～7.5	6.0～6.8
弯曲弹性模量 E_b/GPa	125～140	180～220	255～280
剪切模量 E_{12}/GPa	4～6	5.0～5.5	4.5～5.0
泊松比 υ_{12}	0.23～0.35	0.30～0.35	0.30～0.40
纵向拉伸强度 x_t/MPa	1230～1520	900～1020	800～1200
横向拉伸强度 y_t/MPa	11～53	14～50	17～28
纵向压缩强度 x_c/MPa	610～1000	460～950	410～670
横向压缩强度 y_c/MPa	110～200	100～200	100～180
弯曲强度 x_b/MPa	1180～1780	750～1030	790～800
层内剪切强度 s/MPa	60～80	30～50	30～50
层间剪切强度 τ/MPa	55～100	55～65	52～63
延伸率 δ/%	0.78～0.88	0.30～0.42	0.20～0.40

续表

项目	高强度碳纤维	高模量碳纤维	超高模量碳纤维
密度 ρ/(g/cm^3)	1.54	1.61	1.63
E_t/ρ/($\times10^6$m^3·Pa/kg)	78～117	124～180	178～215
σ_{1T}/ρ/($\times10^3$m^3·Pa/kg)	798～987	559～633	499～613

单向预浸料 unidirectional prepreg 由单向织物浸渍树脂制备的预浸料。参见无纬布（457 页）。

单向载荷 single load 仅在一个方向上给物体施加的载荷。

单向织物 unidirectional fabric 一个方向（通常是经向）具有大量的纺织纱或无捻粗纱，而另一方向只有少量细纱的织物。是干纤维的一种形式，浸上胶后即成为单向预浸料。这种织物的强度几乎全部集中在一个方向上。纬线可以是其他纤维，如 Kevlar 或玻璃纤维。其幅宽不等，如 75mm、305mm、1250mm、1500mm。其力学特性与单向纱（无纬布）基本相同，但其铺覆性有所改善。参见无纬布（457 页）。

单元体 unit cell 又称最小结构单元、最小基础结构。是立体编织物内部结构完全相同的单元结构。是研究立体编织物结构的基础。其尺寸是反映立体编织物的重要参数，对该编织物的其他性能也有所影响。纺织复合材料可以看成是单胞不加任何旋转或映像的平移拷贝。

单原子层石墨 见石墨烯（386 页）。

单轴取向 uniaxial orientation 取向的一种方法，即取向力仅作用在一个方向上的方法。

单轴向载荷 uniaxial load 材料仅在一个方向上受力的一种载荷状态。

单组分胶黏剂 one-component adhesive; adhesive one-component 各种组分混合在一起储存、销售，在一定时期内不固化的胶黏剂。使用时不需进行混胶，可直接涂覆于被粘物表面，通过加热或除去其中溶剂或依靠水分的蒸发或吸收空气中的水分即可固化实现胶接。此类胶黏剂操作简便，如 α-氰基丙烯酸酯胶黏剂、光敏胶黏剂、厌氧胶黏剂、压敏胶黏剂、含潜伏性固化剂的单组分环氧胶黏剂以及溶剂挥发型胶黏剂等。

旦 旦尼尔的简称。

旦尼尔 denier 简称旦。纤维、纱线细度的非法定计量单位，以 9000m 长纤维、纱线的重量克数表示。

弹道导弹 ballistic missile 在火箭发动机推力作用下按预定程序飞行，关机后按自由抛物体轨迹飞行的导弹。

氮化硅晶须 silicon nitride whisker 由氮化硅（Si_3N_4）培植生成的纤细单晶体。Si_3N_4 晶须有两种形貌：螺旋弹簧形和直晶。前者是以 CVD 法在 1200℃温度下，将 Si_2Cl_6、NH_3 和 H_2 三种气体混合，经化学反应后，其气态在以铁为表面涂层剂的石墨基质上沉积生成；直晶须是用以上相同原料和温度，以镍为表面涂层剂的石英基质上按气液固（VLS）机理生长，平均直径 0.7～1.9μm。两种形貌的晶须均为白色、绒毛毡状，长度很难测出。晶须密度为 3.18g/cm^3，比强度为 4.3cm，熔点 1900℃ 。

氮化硅晶须增强玻璃陶瓷基复合材料 silicon nitride whisker reinforced glass-ceramiccomposites 以玻璃陶瓷

为基体，以氮化硅晶须为增强体的复合材料。与碳化硅晶须相比，氮化硅晶须具有较高的强度，在高温下具有较高的稳定性。因此其复合材料在较高的温度下仍具有良好的力学性能。

氮化硅晶须增强氮化硅陶瓷基复合材料 silicon nitride whisker reinforced silicon nitride-ceramic composites 以氮化硅陶瓷为基体，以氮化硅晶须为增强体的复合材料。它具有高强度、高硬度、耐高温、抗蠕变、抗氧化、抗化学腐蚀、抗热冲击、耐磨等优良性能，是一种重要的高温结构陶瓷。使用温度可达1300℃，可用在陶瓷刀具、拔丝模、轴承、涡轮转子、耐热坩埚等方面。

氮化硅晶须增强铝基复合材料 silicon nitride whisker reinforced Al-matrix composites 以氮化硅晶须为增强体的铝基复合材料。氮化硅晶须有α和β两种晶型，铝基复合材料多采用β型。制备方法有粉末冶金法和压力铸造法两种。其强度和模量略低于碳化硅晶须增强铝基复合材料，但加工性较碳化硅晶须增强铝基复合材料有所改善。

氮化硅晶须增强石英玻璃基复合材料 silicon nitride whisker reinforced quartz-glass composites 以石英玻璃为基体，以氮化硅晶须为增强体的复合材料。尚处于研究阶段。

氮化硅晶须增强碳化硅陶瓷基复合材料 silicon nitride whisker reinforced silicon carbide-ceramic composites 以碳化硅陶瓷为基体，以氮化硅晶须为增强体的复合材料。它具有优良的耐高温、抗蠕变、抗氧化、抗化学腐蚀、耐磨等性能，以及比碳化硅陶瓷更高的强度和韧性，最高使用温度可达1400℃。主要用于航空航天领域的高温部件。

氮化硅晶须增强体 silicon nitride whisker reinforcements 长径比很大而缺陷少的四氮化三硅单晶晶须。参见氮化硅晶须（67页）。

氮化硅晶须增强氧化铝陶瓷基复合材料 silicon nitride whisker reinforced alumina-ceramic composites 以氧化铝陶瓷为基体，以氮化硅晶须为增强体的复合材料。是一种性能优异的耐高温结构陶瓷。由于加入氮化硅晶须，使氧化铝陶瓷的强度、韧性、抗震性等得到明显改善。制备方法有晶须加入烧结法和原位生长氮化硅晶须法。适用于受机械力、耐磨、耐热、耐腐蚀等构件。

氮化硅纤维 silicon nitride fiber 是由硅纤维直接氮化或有机聚合物先驱体热解转化法制得的具有强共价键性的高性能纤维。其密度2.39g/cm^3，具有高硬度、耐高温、耐热冲击、耐高温氧化、高绝缘性，热膨胀系数、热导率小。拉伸强度2.5GPa，拉伸模量300GPa。主要用作金属、陶瓷基复合材料的增强体和防热功能复合材料。

氮化硅纤维增强体 silicon nitride fiber reinforcements 参见氮化硅纤维（68页）。

氮化铝晶须 aluminum nitride whisker 一种导热性良好的晶须。分子式为AlN。在800℃时的热导率为25.12W/(m·K)。可用作高热传导材料、复合材料增强体等。

氮化铝颗粒 aluminum nitride particle 分子式为AlN，具有六方晶系纤维锌矿结构的一种粒状陶瓷增强材料，密度为3.16g/cm^3。

氮化铝颗粒增强铝基复合材料 aluminium nitride particulate reinforced

al-matrix composites 以氮化铝颗粒增强铝或铝合金基体的复合材料，具有相对较好的机械加工性能。

氮化铝颗粒增强体 aluminum nitride particle reinforcements 以改善陶瓷的抗热震性能为目的而加入氧化铝陶瓷中的高导热氮化铝颗粒。参见氮化铝颗粒（68 页）。

氮化硼晶须 boron nitride whisker 一般由气相-液相-固相（VLS）机理的生长过程制得。用等离子法将硼烷（B_2H_6）和氩在高频氢等离子中进行气相反应，在石墨基体上形成的分子式为 BN 的一种晶须。

氮化硼晶须增强体 boron nitride whisker reinforcements 见氮化硼晶须（69 页）。

氮化硼颗粒 boron nitride particle 分子式为 BN，具有六方晶系纤维锌矿型结构或立方晶系闪锌矿型结构的颗粒。密度为 2.25g/cm^3。

氮化硼陶瓷 boron nitride ceramic 以氮化硼（BN）为主成分的陶瓷。BN 是共价化合物，具有两种晶型：六方晶系 BN 和立方晶系 BN。通常所说的 BN 陶瓷的主晶相为六方 BN，是软质材料，可以进行机械加工，其强度和弹性模量各向异性都比较小，耐热性非常好，可在 900℃以下的氧化气氛中和 2800℃以下的氮气和惰性气氛中使用。它可用作熔炼金属的坩埚、火箭喷口、超高压线绝缘材料、远红外线和微波的窗口等。

氮化硼纤维 boron nitride fiber 简称 BN 纤维。分子式为 BN 的一种无机耐热纤维，属多晶纤维类。有 BN 复合纤维和纯纤维。具有卓越的绝热和耐高温特性，熔点 300℃，密度为 1.8～1.9g/cm^3，直径 4～6μm，强度为 2.06GPa，模量 3.43GPa。质地柔软、易纺织，并具有防辐射、防化学腐蚀、防红外线作用。可用作陶瓷基复合材料的增强体，增强后的陶瓷可增加韧性，提高热冲击性，具有透波功能。可作导弹、飞行器的微波天线窗部件。

氮化硼纤维增强体 boron nitride fiber reinforcements 见氮化硼纤维（69 页）。

氮化钛（TiN）晶须 titanium nitride whisker 多孔状结构、束状和绒毛状形态的氮化钛单晶体材料。用于增强金属基和陶瓷基体形成复合材料。

氮化钛（TiN）晶须增强陶瓷基复合材料 titanium nitride whisker reinforced ceramic matrix composites 以陶瓷材料为基体，添加氮化钛（TiN）晶须作为增强体的复合材料。陶瓷材料可以是氧化物陶瓷也可以是非氧化物陶瓷。

氮化钛（TiN）晶须增强体 titanium nitride whisker reinforcements 见氮化钛晶须（69 页）。

挡坝 见边挡（11 页）。

挡胶框 见边挡（11 页）。

导磁胶黏剂 magnetic conductive adhesive 具有一定导磁性的胶黏剂。通常是在胶黏剂中加入导磁性材料而制得。导磁性材料为羰基铁粉等。可用于磁性器件如变压器铁芯的粘接等。

导电高分子 conducting polymer 又称导电高聚物。能成为电子导体的高分子。按其结构可以分为长共轭体系、电荷转移体系和导电高分子复合体系三种。即具有共轭 π 电子骨架的并有低的光转化能量；低电离势及高电子亲和力的高分子，在化学结构被改变（如引入共轭双键或形成电荷转移复合物）时使其价电子非定域化的高分子；在高分子加工过程中混入导电材料（如炭黑、金属粉末等）而成的具有高电导率的复合材料（其电导率 σ 可以升高几个至几十个数量级，一般为 10^2S/cm<σ<∞）。以此为原材料的导电塑料已广泛用于许多领域，如抗电磁辐射的计算机保护屏、能过滤太阳光的“智慧”玻璃窗等。此外，还在发光二极管、太阳能电池、移动电话和微型电视机显示设备等领域不断找到新的用武之地。更具科学价值的是它还将对高分子电子学的发展起到推动作用，人类将因此能制造出由单分子组成的晶体管及其他电子组件，大大提高计算机的指令周期，缩小计算机的体积。

导电高分子吸波材料 conductive polymer radar absorbing materials 通过改变导电高分子的主链结构、掺杂等方法以获得吸收电子波性能的一类材料。导电高分子本身是具有共轭主链的绝缘分子（如聚乙烯、聚苯胺、聚吡咯等）通过化学或电化学方法与电子受体（即掺剂）进行化学转移复合而获得电性能的。对这类材料进行分子设计就可以合成出综合性能优良的吸波材料。

导电高聚物 见导电高分子（69 页）。

导电功能复合材料 electrical conducting functional composites 以高分子材料为基体，金属、碳素、表面金属化的无机粒子或纤维为导电相的复合材料。按高分子材料用途的不同，可以分为导电橡胶、导电塑料、导电胶黏剂和导电涂料。主要用作按键接点材料、阻抗发热体、防静电材料、屏蔽材料、电极材料、厚膜电阻材料等。

导电胶黏剂 electric conductive adhesive 具有导电性能的胶黏剂。该胶黏剂一般由具有导电性的金属粉或碳粒等导电剂与胶黏剂掺混配制而成。所用的胶黏剂基料有环氧树脂、丙烯酸树脂、聚氨酯树脂、改性酚醛等，其中以环氧树脂占多数。导电剂有有机和无机两类。实际使用的几乎全是经过特殊处理的金属粉，主要是直径 10μm 以下的银、铜、铝粉、炭、石墨以及镀银微粒等。导电胶黏剂的种类有常温固化型、热固化型、高温固化型、高温烧结型以及耐高温导电胶黏剂、低膨胀低收缩胶黏剂等。导电胶黏剂在电子、电器、仪表工业上有着广泛应用，如集成电路、抛物面天线、半导体收音机的安装以及计算机插件中线路等的粘接和修补等。

导电率 见电导率（77 页）。

导杆 leader pin 见导销（70 页）。

导杆套 leader pin bushing 见导销套（70 页）。

导数热重法 见微商热重法（453 页）。

导热系数 coefficient of thermal conductivity; K-factor 见热导率（348 页）。

导纱眼 guide eye 在长丝缠绕中，绕丝从筒子架导向芯模时通过的一个金属或陶瓷环。

导丝头 guide head 又称绕丝头、丝嘴。长丝缠绕成型时，将纤维束引到芯模表面上的导纱装置。

导套 guide bush 与安装在另一半模上的导柱相配合，用以确定动、定模的相对位置，保证模具运动导向精度的圆套形零件。

导销 guide pin 导引模具两半扇闭合对正位置的销子。

导销套 guide pin bushing 在模具闭合中，导销在其中移动的衬套。

导柱 guide pillar 与安装在另一半

模上的导套（过孔）相配合，用以确定动、定模的相对位置，保证模具运动导向精度的圆柱形零件。

导柱孔 见定位销孔（80页）。

倒斜度 back draft 塑模中的反拉切口，借以防止模制件的移动。

等代设计 equivalent design for laminate；replacement design 在设计时用传统设计方法，考虑复合材料的特点而稍加修改的一种设计方法。如在载荷和使用环境不变的条件下，用相同形状的复合材料层合板来代替其他材料（主要是铝合金），并用原来的材料设计方法进行设计，以保证强度和刚度。由于复合材料的比强度、比刚度高，所以代替其他材料一般可减轻质量。这种方法对于不受力或受力很小的非受力构件是可行的；对于受力很大的主承力件却是不可行的；对于受力较大的次承力构件，不完全可行，因此需要进行强度和刚度的校核，以确保安全可靠。在等代设计中，复合材料层合板可以设计成准各向同性的，也可以设计成非准各向同性的。至于采用什么样的层合板结构形式，一般可按应力性质来选择。在等代设计中一般根据下表选择的层合板结构形式，构成均衡对称的层合板作为替代材料。不要误认为等代设计法必须采用准各向同性层合板。对于有刚度和强度要求的等代设计，其各种层合板结构形式构成的实际层合板的刚度或强度要求校核，可根据所选单层材料的力学性能参数，利用层合板理论进行计算。另外，需要说明的是，由于复合材料独特的材料性质和工艺方法，有些情况下，如果保持原有的构件形状显然是不合理的，或者不能满足刚度和强度要求，可适当地改变形状或尺寸，但仍按原来材料的设计方法进行设计，这样的设计方法仍属等代设计的范畴。

受力性质	层合板结构形式	用途
承受拉伸载荷、压缩载荷、有限的剪切载荷	[0/90/90/0]或[90/0/0/90]	用于主要应力状态为拉伸应力或压缩应力，或拉、压双向应力的构件设计
承受拉伸载荷、剪切载荷	[45/－45/－45/45]或[－45/45/45/－45]	用于主要应力为剪切应力的构件设计
承受拉伸载荷、压缩载荷、剪切载荷	[0/45/90/－45/－45/90/45/0]	用于面内一般应力作用的构件设计
承受压缩载荷、剪切载荷	[45/90/－45/－45/90/45]	用于压缩应力和剪切应力、面剪切应力为主要应力的构件设计
承受拉伸载荷、剪切载荷	[45/0/－45/－45/0/45]	用于拉伸应力和剪切应力、面剪切应力为主要应力的构件设计

等刚度设计 isostiffness design 具有等刚度余度的复合材料结构的一种设计方法。参见等代设计（71页）。

等规聚合物 isotactic polymer 有规聚合物的一种，主链链节上的不对称原子（通常指碳原子）有相同构型的聚合物。如果将主链拉伸，使主链的碳原子排列在主平面，则同种取代基排列在主平面的同一侧。

等精度测量 equal precision measurement 在人员、设备、测量方法和外部环境不变条件下进行的测量。全部测量结果是同样可靠的。

等静压加工 isostatic pressing 使工件在各个方向上受到均匀的压力，以成为致密物体的工艺方法。通常是将工件放在一个密闭的容器中，再打入高压液体对工件施加压力，工件在高压液体介质中受到三维方向上数值相等的静压力。等静压加工有冷等静压和热等静压两种。冷等静压加工用于粉末冶金，制造粉末成型坯料；热等静压加工可以降低工作压力，主要用于高性能粉末冶金制品的成型。如粉末高温合金、陶瓷材料、固体材料的粘接等。

等离子聚合 plasma polymerization 用气体等离子把一种低分子化合物经引发增长而合成聚合物的反应。该反应不是分子聚合，而是一种原子聚合。

等寿命曲线 constant life diagram 用于疲劳分析的一簇材料性能曲线图。其中的每一条曲线对应着与交变应力和平均应力有关的一个唯一的疲劳寿命。

等速加载 constant rate of load; CRL 进行拉伸强度试验时，试验机的一只夹头不动，而对另一只夹头及试样施加与时间成正比的作用力。

等速牵引 constant rate of traverse; CRT 进行拉伸强度试验时，试验机的一只夹头做等速运动。而驱动载荷的另一个夹头也有位移，使试样的伸长和加载都不是等速的。例如摆式强度机、水压式单纤维强度机属于这一类型。

等速伸长 constant rate of extension; CRE 进行拉伸强度试验时，试样的伸长（速度）与时间成正比。即试验机的一个夹头做等速移动，而另一个夹头基本不动，使试样等速伸长。

等温黏度-时间曲线 isothermal viscosity-time curve 在某一恒定的温度下测定的树脂基体的黏度随时间变化的曲线。

等压成型 isotactic molding 参见袋压成型（61 页）。

等压质量变化测定 isobaric mass-change determination 在程序温度下，当挥发产物的分压恒定，测量物质的平衡质量与温度的关系的技术。（热分析）

等压质量变化曲线 isobaric mass-change curve 由等压质量变化测定得到的记录曲线，曲线的纵坐标为质量（m）。（热分析）

等张力封头曲面 isotensile head contour 在内压作用下，缠绕在容器封头上各点处的纤维均承受相等拉应力的封头曲面。

低毒固化剂 见安全硬化剂（1 页）。

低介电常数玻璃纤维 见 D-玻璃纤维（20 页）。

低聚物 oligomer 又称预聚物。由少数链节组成的聚合物。如二聚体、三聚体、四聚体或这些低聚物的混合物。也可以指分子量在几千以下的聚合物。

低密度防热复合材料 参见低密度烧蚀材料（73 页）。

低密度聚乙烯 low density polyethylene 通常认为包括密度范围约在 $0.915g/cm^3$ 至 $0.925g/cm^3$ 之间的聚

乙烯。低密度聚乙烯中乙烯分子呈无规连接，主链上具有较多支链。这种支化现象阻止形成紧密结构，从而使材料较为柔软，易挠曲且又坚韧，并能耐受中等温度。

低密度烧蚀材料 low-density ablative composites 指密度低于 $1g/cm^3$ 的具有烧蚀防热功能的复合材料，通常用填料增强酚醛树脂、环氧树脂或有机硅弹性体而成。

低膨胀高温合金 low expansion superalloy 兼有低膨胀合金和高温合金特性的合金。典型的低膨胀合金为因瓦合金。其膨胀低，强度也低，高温强度更低。而低膨胀高温合金则在保持低膨胀同时具有高强度，尤其是高温强度。如 Incoloy 903 低膨胀高温合金，从室温到 650℃，平均热膨胀系数为 $10.3\times10^{-6}℃^{-1}$，弹性模量低且稳定，室温 σ_b 为 1310 MPa，650℃ σ_b 为 1000MPa，达到一般高温合金强度水平，但热膨胀系数低一半。是用于高性能航空发动机主动间隙控制技术的关键材料。

低膨胀合金 low expansion alloy 又称因瓦合金。在一定温度范围内尺寸几乎不随温度变化的合金。按应用和特性可分为不锈因瓦合金、高强度因瓦合金、易切削因瓦合金、高温因瓦合金、非铁磁性因瓦合金等。典型的因瓦合金有 36Ni-Fe、32Ni-4Co-Fe 等。在 20～100℃范围内，前者的热膨胀系数 α 达到 $1.4\times10^{-6}℃^{-1}$，后者 α 可达到 $10^{-7}\sim10^{-6}℃^{-1}$，称为超因瓦合金。影响因瓦合金特性的因素除化学成分外，还与冷加工和热处理状态有关。冷加工或快冷可以降低热膨胀系数，但由此产生的低热膨胀系数是不稳定的。因此为得到低热膨胀系数和高稳定性，冷加工后的组件需进行一定的热处理。因瓦合金除了用于制作标准尺、测微计、测距仪、钟表摆轮、光学仪器、波导管外，还是高性能航空发动机主动间隙控制技术的关键材料，高温成型大型复合材料制件用模具的理想材料。

低热膨胀铸铁 low thermal-expansion cast iron 几何形状和尺寸随温度变化很小的一种铸铁。可通过在铁中加入某些合金（如镍）调整热膨胀系数而制得。如含镍铸铁（镍铁合金）的镍含量为 30%～40%时热膨胀系数很低，随温度不同约为 $(5.5\sim9.0)\times10^{-6}K^{-1}$，用于制造精密设备或与某些低膨胀合金相匹配。在复合材料工艺方面，用于高温成型复合材料件的模具，以避免高温下由于模具膨胀引起的制造应力和尺寸精度。

低熔点合金 见易熔合金（497 页）。

低收缩树脂 low shrink resin 单一或多种组分配成的树脂，固化时具有低的、可控的收缩率。

低收缩添加剂 low shrink additive 为降低树脂固化时体积收缩而添加的物质。如添加于不饱和聚酯树脂的粉状热塑性树脂。

低速弹丸冲击试验 low-velocity ball impact test 用弹丸低速撞击层合板以研究在小能量冲击下复合材料损伤过程、规律和机理的一种试验方法。

低通滤波器 filter low-pass 具有一个信号传输频带的滤波器，它的频带从零延伸到截止频率。(无损检测)

低维复合材料 low dimensional composites 用零维（颗粒）、一维（纤维）形态的增强体组成的复合材料。

低温固化胶黏剂 low temperature cure adhesive 在－10℃至室温温度范围内可固化的胶黏剂。

低温固化树脂基体 low temperature curing resin 固化温度在100℃左右的树脂固化体系，用此固化体系成型复合材料制件，由于固化温度低，可以采用廉价辅助材料和非热压罐成型工艺，是实现低成本复合材料的措施之一。目前由这种树脂制造的复合材料的力学性能已能满足结构承载要求。

低温固化/真空袋预浸料成型工艺 low temperature curing/vacuum bag prepreg; LTVB 先使制件在较低温度（38～100℃）下固化到一定程度（40%～50%），再在自由状态下进行高温（177℃）处理以提高力学性能和耐热性能的复合材成型方法。下图示出其初始固化和后固化的工艺曲线。这种复合材料低温固化工艺可以大大降低主要由昂贵模具、高能耗设备和高性能工艺辅助材料带来的高额费用。而且制件尺寸精度高、固化残余应力小，可在中、高温使用。这种方法不仅可以用于制造航空航天结构，也可以用于复合材料工装以及复合材料构件修补等。尤其适合于制备大型和复杂的复合材料构件。该成型方法的特点在于成型压力和固化温度都低。但是，正因为成型压力（真空压力）和温度低（低达38℃），给复合材料制件带来了空隙率高，严重影响复合材料的力学、湿热性能等问题。因此，如何降低复合材料的空隙率就成了关键。而铺层过程中裹进叠层中的空气是复合材料中产生空隙的气核。因此，降低空隙率的工作得从铺层开始：①在铺层过程中应尽可能将空气驱赶出去。如铺贴、赶气应从中间开始，然后向外连续碾压赶气，直至边缘。②避免层间出现“架桥”或间隙，特别是加强筋的拐弯阴角部位尤需注意。③采用预压实排气。每铺4层抽15min真空。真空袋的工艺组合如下图所示。④确保真空袋在固化过程中不发生泄漏，且真空度不低于635mmHg。⑤铺完装袋后，制件应在真空下保持4～8h，以使空气充分排除。⑥此类树脂固化体系的反应活性极高，固化过程中，加热速率不宜过快，否则，有可能发生爆聚反应。另外，需要说明的是，这类材料也可以采用热压罐工艺，由于初始固化温度较低（38～71℃），许多低成本模具在此仍可采用。只要模具能够承受345～689kPa（50～100psi）的压力，热压罐就可以提供高于大气压的压力，用来制造真空袋法无法单独完成的复杂结构。

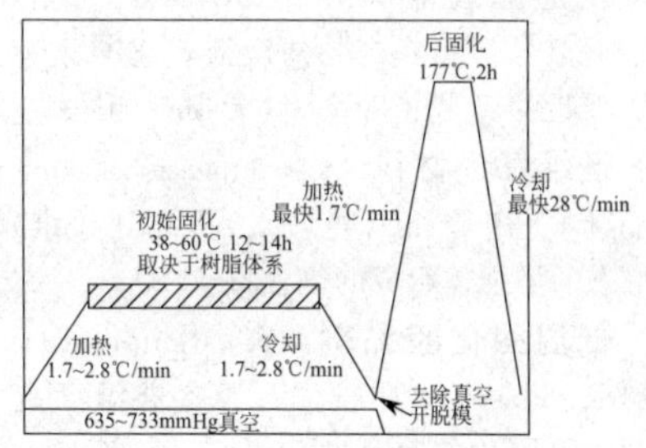

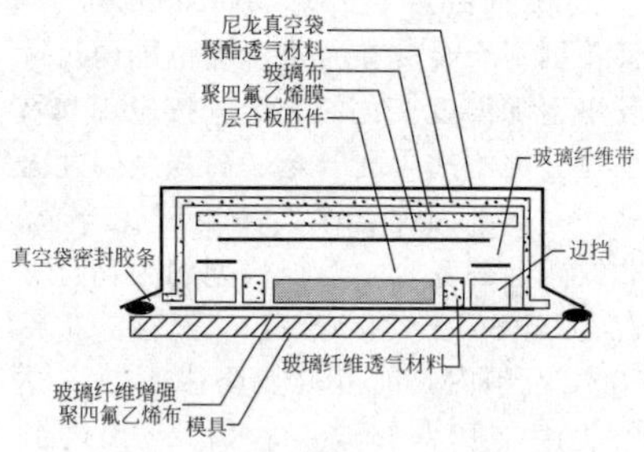

低温柔曲性 low temperature flexibility 热塑性塑料在低温下保持柔软的特性。随着温度降低，塑料的柔曲性亦逐渐降低，最后在某一温度变脆。该特性通常在较宽的温度范围内用扭力试验中计算出来的表观弹性模量表示。

低压层合板 low pressure laminate 压力在1.4MPa以下，包括接触压力范围内进行模塑与固化的层合板。

低压成型 low pressure molding; molding low-pressure 所施加压力小于等于1.4MPa的模压或层压成型。

低压成型酚醛树脂 low pressure molding phenolic resin 指钡酚醛树脂。其特性为黏度低，挥发物少，常温下稳定，高温能加速固化，成型压力低，且有良好的粘接力。特别适于缠绕、层压等成型工艺。

低压酚醛树脂基复合材料 low pressure phenolic resin matrix composites 以低压酚醛树脂为基体的复合材料。低压酚醛树脂是指可以在较低压力（0.3～3MPa）下成型的酚醛树脂（如聚乙烯醇缩丁醛等改性的低黏度热固性酚醛树脂）。低压酚醛树脂基复合材料具有高压酚醛树脂基复合材料的许多特性，如耐热性好，可在180～200℃下长期使用；介电性、耐磨性、抗蠕变性、尺寸稳定性好，价格低廉等优点。突出的优点是成型压力低，克服了高压成型带来的一系列缺点，适合真空、袋压、热压罐、接触、缠绕及层压等成型方法。广泛用于航空航天及化工领域，如制作大型雷达天线罩、火箭发动机壳体及化工设备等，在耐热结构复合材料中占有重要地位。

低压树脂 low pressure resins 见接触压树脂（215页）。

低压注塑 low pressure injection molding 指用润滑脂注射枪或类似的低压工具把如乙烯基塑料溶液之类的流体料注入闭合模的一个术语。

低周疲劳 low-cycle fatigue 一种具有高应力或高应变、低频率和低断裂循环数（一般在10^4～10^5）的结构或材料疲劳现象。

低维复合材料 low dimensional composites 用零维（颗粒）、一维（纤维）形态的增强材料组成的复合材料。

迪尼玛 Dyneema 为荷兰DSM公司和日本Toyobo公司于20世纪80年代联合开发的超高分子量聚乙烯（UHMWPE）纤维的商品名。其特点是密度低（0.97g/cm^3）、强度高（2.7GPa）、断裂吸收能高（断裂伸长率3.5%）、化学稳定性好、耐磨损。其透波性优于玻璃纤维，抗高速冲击性能远超过Kevlar，可作装饰材料和功能材料。

涤纶 见聚对苯二甲酸乙二酯树脂纤维（239页）。

底板 bottom plate 固定于模具底部的钢板，通常供把模具底面连接到压机台板上，即动模座板。见动模座板（81页）。

底胶 primer 为了改善胶接性能，涂胶前在被粘物表面涂布的一层胶料。

底漆剂 见硅烷偶联剂（160页）。

底质腻子 body putty 由树脂（常用的为聚酯）和填料（如滑石）组成的一种糊状混合物。用以修补如汽车车身的金属刨面。

地矿聚合物 geopolymer 以天然矿物质和/或工业固体废物及人工硅酸铝化合物为原料，在碱性激发剂的作用下合成的一类以硅铝酸盐为主的硅氧四面体和铝氧四面体三维网络聚合物胶体。它是一种新型的陶瓷材料，不仅具有传统陶瓷、水泥等陶瓷类材料的优异性能，其最大的优点是能在常温下固化成型。若升温到100℃以上，则能快速固化，不需要像传统陶瓷材料那样需要在1000℃以上温度烧结固化成型。因此，它的生产能耗低，污染少，生产效率高，废品少，成本低，是一种前景广阔的新型材料，近年来在国外发展很快，在我国也已开始有研究、生产和应用。地矿聚合物及其复合材料大体上可分为高、中、低三个档次。低档产品可大量采用各种工业废渣，如尾矿粉、粉煤灰、高炉矿渣等，不仅成本低，还是一种绿色环保产品，可以代替水泥用于土木工程、道路、有毒废渣固封、防火和热防护、人造石材料等领域。其性能不低于普通水泥。可采用水泥混凝土的施工工艺和设备成型固化。中档产品如电磁绝缘产品、日常生活用品（如碗、盘、壶）等，由于对使用性能有一定的严要求（如绝缘性、无毒性等），就不能采用工业废渣，应采用纯的天然矿物，用模塑料的生产工艺和设备快速成型固化。高档产品如地矿聚合物基纤维复合材料，可用热固性树脂基复合材料（层合复合材料）生产的压机模塑、手工铺层、压力袋压成型、丝束缠绕、注射成型、树脂传递模塑（RTM）、树脂膜熔渗（RFI）等工艺和设备固化成型。目前我国多家研制、生产和应用的基本上属于低档产品，中、高档产品还未见报道，在国外已有广泛的研究、生产、应用。例如，美国已用于快速修补飞机跑道，4～6h固化后即可允许飞机降落；已开发环保型耐火材料，用于飞机舱内复合材料面板、火箭喷管、炮筒等，并研制出可在太空极端环境条件下适用的粘接卫星零部件的专用胶黏剂。

第二类影响系数 $X_{ij,i}$ 偏轴方向单轴正应力引起的剪切应变。见单层剪切耦合系数（61页）。

第一类相互影响系数 $\mathbf{X}_{i,ij}$ 偏轴方向纯剪切应力引起的线变形。见单层剪切耦合系数（61页）。

典型结构 见细节件（462页）。

典型值 typical value 一个批次（至少5个）试样有效试验结果的算术平均值。此值与统计保证无关。参见A-基值（191页）、B-基值（192页）、S-基值（192页）和平均值（330页）。

点焊 spot welding 焊件装配成搭接接头，并压紧在两电极之间，利用电阻热熔化母材金属，形成焊点的方法。此工艺方法广泛用于汽车、飞机、电子等装配焊接生产线。

点焊胶 见点焊胶黏剂（76页）。

点焊胶黏剂 spot welding adhesive 俗称点焊胶。用于胶接点焊工艺的特种胶黏剂。一般以环氧树脂为基料，加入固化剂、各种改性剂（如液体聚硫橡胶、丁腈橡胶等）及辅助材料（如填料、触变剂）配制而成。此胶黏剂除性能外，对工艺特性有特殊要求，而且不同的胶接点焊工艺方法要求又不同。如先焊后胶工艺，要求胶黏剂流而不淌，即胶黏剂能从焊缝流过，而流过去后却不要再继续流动。先胶接后焊工艺要求则不同。

碘值 iodine value; iodine number 100g不饱和化合物在任意条件下给定时间内所吸收碘的克数。

电磁感应 electromagnetic induction 由于通过电路的磁通量变化而在电路中产生一个电动势，这样产生的电动势叫作感应电动势，由此而产生的电流叫感应电流。如果磁通量的变化是由于流过同一电路中的电流的变化引起

的，则这种现象叫作自感；如果磁通量的变化是由于流过另一个电路中的电流的变化引起的，则这种现象叫作互感。(无损检测)

电磁胶黏剂 electromagnetic adhesive 一种能吸收电磁能的材料和一种与待粘物同组分的热塑性材料的混合物。胶黏剂以液体、胶带、丝状物或模制垫圈的形态施加于待粘物的一表面。待粘物表面接合后，胶黏剂由一置于贴近接合处的高频感应线圈感生磁滞与涡电流而迅速加热。此热量使紧贴的表面熔焊在一起。

电磁屏蔽复合材料 electromagnetic shielding composites 由导电纤维与树脂基体复合，具有对电磁波产生屏蔽作用的复合材料。参见电磁胶黏剂（77 页）。

电导率 conductivity 又称导电率。反映导体中电场 E 和电流密度 J 关系的物理量，$J=\sigma E$。式中，σ 为该导体的电导率。单位为西门子每米，符号为 S/m。电导率的导数 $\rho=1/\sigma$，为电阻率，是决定导体电阻率的参数，其单位为 Ω·m。

电镀 electroplating 在作为电极的被镀金属基材表面电沉积上具有黏附力的金属层，并赋予其不同性能和尺寸的工艺。

电工玻璃纤维 electric glass fiber 见 E-玻璃纤维（21 页）。

电固化监控 cure monitoring electrical 用电气技术检测树脂固化期间分子的电性能变化和/或分子流动性来测量树脂的固化进程。参见固化工艺监控（153 页）。

电火花加工 electric discharge machining; EDM 利用受控火花对加工表面进行刻蚀的金属加工工艺，适用于模具加工。

电介质 dielectric 能承受一稳恒电场的固体、液体或气体物质，并因而是一绝缘体。用于电缆、端钮、电容器等。亦见介电材料（220 页）。

电介质损耗 loss dielectric 见介电损耗（220 页）。

电抗 reactance 与电流相位相差 90°的外加电压分量除以电流分量。

电流密度 current density 某一点上的电流密度，它等于在该点上与电流方向垂直的一个小面积上所通过的电流与该面积的比。

电路板 circuit-board 又称印刷电路。与金属箔层压到一起的绝缘材料片，其一面或两面刻蚀成电路图。

电气玻璃纤维 electric glass fiber 见 E-玻璃纤维（21 页）。

电桥失衡技术 bridge unbalance technique 以交流电桥的失衡信号指示出被检材料变化的技术。(无损检测)

电热毯 heat blanket 由特种硅橡胶和加热组件构成，可以制成不同形状和尺寸。有两种：一种是常规电热毯。这种电热毯不能折叠、弯曲，适用于平坦结构。另一种是柔性电热毯。该种电热毯可根据修补件的形状弯折，以便更好地贴盖在修理区。柔性电热毯制造成本较高。电热毯通常与热粘接控制仪配套使用。

电容 capacitance 两导体间加上电势差后储存电荷的能力。电容值为测得的电荷量与电势差之比。

电容率 permittivity 见介电常数（220 页）。

电性能 electrical properties 材料与电有关的性质。如体积电阻系数、介电常数、损耗角正切值、介电强度以及耐电弧性等。复合材料的电性能与基体、增强体的特性相关。如玻璃纤维增强塑料具有透电磁波性能，是因为玻璃纤维具有良好的绝缘性能；碳纤维增强塑料因碳纤维具有导电特性，则不能透过电磁波，是电磁波的屏蔽材料。而对于同种增强体的不同复合材料，则其电性能取决于基体的电特性。

电影射线照相术 cine-radiography 连续拍照的射线照片，这种照片可按顺序连续观察，从而产生连续的感觉。(无损检测)

电泳沉积工艺 electrophoretic deposition process 基体和增强体（晶须或短纤维）的悬浮液分散体系在直流电场作用下，荷电质点向电极迁移并在电极上沉积成一定形状的坯体，经干燥、烧结后获得复合材料的方法。

电泳沉积模具 electroformed molds 通过电泳沉积的方法将金属镍沉积在模胎上而制成的模具。

电子加热 electronic heating 参见介电加热（220 页）。

电子射线照相术 electron radiography 一种射线照相技术。在这种技术中，将一束电子通过材料记录在胶片上，或者将一束 X 射线入射到材料上，而把材料表面发射的电子记录在胶片上。(无损检测)

电子束固化 electro-beam curing 利用电子束能量引发树脂固化体系产生交联反应的过程。这种固化方法的特点是：固化温度低，可实现室温或低温固化，固化速度快，成型时间短；适于制造大型复合材料构件；固化体系一般无毒，室温储存，操作环境好，能耗低；便于实现连续化操作，可与 RTM、缠绕、拉挤等成型工艺联合，进一步降低成本；模具成本低；能耗降低，所需能量仅为热固化的 1/10。一般按照电子加速器的能量范围分为高能量电子加速器（5MeV 以上）、中能量电子加速器（300keV～5MeV）、低能量电子加速器（300keV 以下）三种。电子束固化树脂基体主要有两种：①自由基聚合树脂基体，如不饱和聚酯、丙烯酸类、甲基丙烯酸类和乙烯基酯类。这类树脂的特点是反应活性高、固化体刚性高、工艺可控性好和适用期长，但氧气对其聚合反应有严重的阻碍作用，因此，在固化时，需要在 EB 辐射区氮气吹扫保护。②阳离子环氧树脂基体，是在电子束固化复合材料树脂基体中成本低廉、使用最广泛、综合性能最好的树脂体系，具有优异的储存稳定性、固化速度快、污染小、固化收缩率低、固化物耐热性好、吸湿率小等优点。

电子显微镜试验 electronic microscope testing 用电子显微镜观察、研究和检验复合材料微观特征及断裂形态特征的试验。较常用的是扫描电子显微镜，用来观察复合材料在不同应力状态下的断裂形态特征、研究断裂机理、检验纤维和基体界面的情况及故障分析等。

电阻率 resistivity 又称电阻系数、体积电阻率。材料抵抗电流通过其整体或其表面的能力。是单位长度、单位面积的线材的电阻值。由材料的固有性质所决定，与温度无关。体积电阻率的单位为 Ω·m；表面电阻率的单位为 Ω。参见电导率（77 页）。

电阻系数 见电阻率（78 页）。

电铸模具 electroformed mold 利用金属的电解沉积原理，在与目标产品形状完全相同的玻璃、塑料、金属、石膏或蜡质母型上镀镍、铜、金、铂、银、铁、铅等，达到预期厚度之后，取下所得到的沉积层，就是所需要的模具的模面，然后安装上支撑机构即为完整的电铸模具。电铸与电镀的不同在于：电铸要求沉积层可以从母型剥离，而电镀则要求镀层与基体有强的结合力。

垫板 parallels 置于蒸汽加热板之间以防止塑模中间部分受压弯曲的板。

垫块 spacer；parallel 调节模具闭合高度，形成推出机构所需推出空间的块状零件。

垫片 parallels；filler sheets 一种可变形的或弹性的片状材料。将它放在待胶接的装配件与加压器之间，或者分布在装配件的叠之间时，有助于胶接面受压均匀。

叠层板 见层合板（31 页）。

叠缠层 参见补强层（24 页）。

叠合时间 closed assembly time 涂胶表面叠加后到施加压力前的时间。

叠绕 lap winding 为长丝缠绕加工和纤维卷缠的一种方法，即将树脂浸渍的增强纤维带重叠绕在预期构型的芯模上，制成圆锥形或半圆形制品。用于大型化学防腐或防热体。如用于弹道导弹返回大气层弹体的烧蚀防热罩。

叠套 nesting 树脂传递模塑预型体压缩过程中纤维束发生的移动和定位过程，即预型体层叠中相邻层中一层突出的纤维束进入另一层的沟槽中形成的相互嵌套。这一过程会减小预型体体积或降低所需要的压缩力。

丁苯橡胶 buna-S 由丁二烯和苯乙烯共聚而生成的一种合成弹性体。

丁醇 *n*-butyl alcohol $CH_3(CH_2)_2CH_2OH$ 用于纤维素类、酚醛类及脲醛树脂的一种溶剂。

丁基磷酸二丁酯 dibutyl butyl phosphonate 一种增塑剂及抗静电剂。

丁基橡胶 butyl rubber 异丁烯和少量（约 2%）异戊间二烯或丁二烯共聚而得的一种合成弹性体。它对热、氧和臭氧及气体的渗透都有良好抵抗力。因此它被广泛用作内管。

丁基橡胶胶黏剂 butyl rubber adhesive 以丁基橡胶为基料，配以硫化剂、增黏剂（如松香脂）、活化剂（如氧化锌）、软化剂（如硬脂酸）等而成的胶黏剂。具有高弹性和良好耐寒、耐老化、耐氧化剂、耐油和低透气性能，无臭味。可于室温（数天）或 130～160℃（60～40min）硫化。用于织物、丁基橡胶制品、丁基橡胶与金属、塑料与弹性体、聚烯烃等的胶接。

丁腈橡胶 acrylonitrile-butadiene rubber；NBR；buna-N 由丁二烯和丙烯腈乳液共聚而得的共聚物。平均分子量 70 万左右，灰白色或淡黄色固体，相对密度（d_4^{20}）0.91～0.986。溶解度参数 $\delta=8.9\sim9.9$，可溶于醋酸乙酯、醋酸丁酯、氯苯、甲乙酮等。可用硫黄硫化。具有优异的耐油性、耐热性、气密性。可在 120℃下长期工作。其加工性能和硫化胶的物理力学性能较好。其性能受丙烯腈含量的影响，随着丙烯腈含量的增加，拉伸强度、耐热性、耐油性、气密性、硬度提高，而弹性、耐寒性降低。主要用于制造各种耐油产品，也是酚醛树脂、环氧树脂和快速固化丙烯酸酯等胶黏剂的增韧剂。

丁醛 butyraldehyde $CH_3(CH_2)_2CHO$ 在生产树脂时有时用以代替甲醛。丁醛与聚乙烯醇反应形成聚乙烯醇缩丁醛。

丁酸苄酯 benzyl butyrate 一种具有浓厚水果味的液体，用作增塑剂。

丁酮 methyl ethyl ketone；MEK；ethyl methyl ketone 又称甲基乙基甲酮。一种带有类似丙酮气味的无色易燃液体。较丙酮毒性小，吸湿低。是醋酸丁酸纤维素、乙基纤维素、丙烯酸树脂与乙烯基共聚物等某些热塑性树脂最广泛使用的溶剂之一。是复合材料操作过程中常用的洁净剂。

丁烯 butylene 烃的一类，包括1-丁烯、顺-2-丁烯、反-2-丁烯及甲基丙烯。在塑料中有很多用途，包括用作与苯乙烯、丙烯酸、链烯烃和乙烯基化合物共聚的单体；用于多种塑料、增塑剂等。

顶出板 knockout bar 顶出杆架上的棒式板，用以支撑一排或数排顶出杆。

顶出杆 knockout pin 从塑模中顶出模制件的杆。通常在启模时自动动作。

顶脱部件 knockout 用以顶脱模塑制品之塑模的任何零件或机构。顶脱机构分液压顶出和机械顶出两种。

定长纤维纱 参见单股纱（64页）。

定长纤维复合材料 discontinuous fiber composites 用定长纤维增强基体所形成的复合材料。所用纤维可是晶须，也可是短纤维。

定距拉杆 length bolt；puller bolt 在开模分型时，用来限制某一模板仅在限定的距离内做拉开和停止动作的杆件。

定量差热分析 quantitative differential thermal analysis 利用DTA原理，使用设计的仪器能够得到热量和/或其他物理参数的定量结果的技术。

定量分析 quantitative analysis 测定试样中各组分含量的方法。按照取样的多少分为常量、微量、痕量分析；按照使用的方法不同分为化学分析和仪器分析。

定模 stationary mould；fixed half 安装在注塑机固定工作台面上的那一半模具。

定模板 见定压板（81页）。

定模座板 fixed clamp plate；top clamping plate；top plate 使定模固定在注塑机的固定工作台面上的板件。

定容加料 volumetric feed 在成型过程中按照定容积加料的方法。

定伸长弹性回复率 percentage of tensile elastic recovery 纺织材料、纺织品轴向经受负荷至规定伸长，释负后伸长回复的程度，以规定伸长与回复后伸长的差数对规定伸长的百分率表示。

定伸长载荷 load at specified elongation 在规定条件下，使材料达到一定伸长所需的载荷。

定位 tied down；fixing 在铺贴过程中把一层或多层表面层的边固定到模具上，以防止固化时预浸料或芯子移动；胶接时，被粘物在规定位置上的固定。

定位圈 locating ring 使注塑机喷嘴与模具浇口套对中，决定模具在注塑机上安装位置的定位零件。

定位销 anchor pin；dowel 参见合模销（166页）。

定位销孔 dowel hole 使模具相邻两部分准确定位而设计的插入定位销的孔。

定位销套 dowel bush 加强定位销孔的硬质钢嵌套。

定向材料 oriented material 为特殊的无定形聚合物。其分子和/或高分子组成是按一定的方式排列的。通常可分为两类：单向定向和双向定向。

定向凝固共结晶复合材料 directionally solidified eutectic composites 参见定向凝固共结晶增强金属基复合材料。

定向凝固共结晶增强金属基复合材料 directionally solidified eutectic reinforced metal matrix composites 通过共晶合金的单向凝固，在基体中形成定向排列纤维状或细片状增强体的原位生长复合材料。其特点是，材料中不存在界面污染、润湿和化学反应问题，性能优异，具有较强的各向异性。

定型 见后压制（169 页）。

定型装置 size system 挤出过程中，当挤出物尚未完全冷却时，用作进一步调整挤出制品形状和尺寸并使之冷却定型的一种装置。

定性分析 qualitative analysis 鉴定物质的组成和性质的分析方法。按照取样的多少分为常量、半微量和微量分析；按照采用的方法分为化学分析和仪器分析。

定压板 stationary platen 又称定模板。在压机、注塑机等的合模机构中不做开闭运动的载模板。在注塑机中安装定模的模板。

定重加料 weight feed 在成型过程中，按固定质量加料的方法。与定容加料相比，定重加料的计量精度高，但加料器构造较复杂。

动力黏度 kinetic viscosity 简称黏度。符号为 $\eta(\mu)$。定义为 $\eta=\tau/D$。式中，τ 为剪切应力；D 为垂直于流层的方向上的速度梯度，流体流动的剪切应力除以流层方向的速度梯度。其 SI 单位为 Pa・s（帕・秒），化工领域常用为毫帕・秒。过去用的厘米克秒制单位为泊、厘泊。1 厘泊＝1mPa・s（毫帕・秒）。参见运动黏度（517 页）。

动模 movable mold；moving half 安装在注塑机移动工作台面上那一半模具。可随注塑机做开闭运动。

动模板 见动压板（82 页）。

动模座板 moving clamping plate 使动模固定在注塑机的移动工作台面上的板件。

动摩擦系数 dynamic friction coefficient 正压力下，相互接触的物体做相对运动时的摩擦系数。

动态电流 见曳滞电流（493 页）。

动态力学分析 dynamic-mechanical analysis；DMA 测量材料在周期载荷或周期位移作用下的弹性模量和/或阻尼，以及它们随温度、频率或时间等单个因素变化的一种试验。参见动态力学热分析（81 页）。

动态力学热分析 dynamic-mechanical thermo-analysis；DMA 在温度程控载荷周期性变化的条件下，测量物质的动态模量和/或力学损耗与温度的关系的技术。聚合物材料具有弹性，受力变形时，其弹性使部分能量以位能形式储存，其黏性使部分能量以热的形式耗散。测量黏弹性随温度的变化得到动态力学温度谱。动态力学热分析可以检测聚合物的玻璃化转变和次级松弛过程，这些过程和分子链各种运动单元状态的改变相对应。此种方法可测定－150～500℃温度范围内试样模量和阻尼特征的变化，以确定玻璃化转变温度，所以特别适用于测定复合材料的玻璃化转变温度；由于预浸料的玻璃化转变温度随存放时间而提高，故此法可以用来测量预浸料的自固化程度；此外，树脂(环氧)基复合材料对空气中的水分十分敏感，吸入的水分引起基体膨胀，引起内应力的变化并使玻璃化转变温度下降，而且这些变化随水分数量和分布而异，故此法也可用来研究水分对复合材料的影响。参见动态力学分析（81页）、差示扫描量热法（42页）、玻璃化转变温度（17页）。

动态力学性能 dynamic-mechanical behavior 材料在周期性变化应力作用下的力学松弛行为。温度或频率变化时的动态力学性能反映了聚合物的玻璃化转变和次级松弛过程，与分子链各种运动单元状态的改变相关。聚合物的化学组成、分子量大小、分子间强度、支化和交联、结晶和取向、增塑和相分离、共聚、共混和复合等结构形态因素都会在动态力学温度谱或频率谱上得到反应，阻尼的反应最灵敏。

动态力学性能试验 dynamic-mechanical testing 测量复合材料动态力学性能（动态模量和损耗）的试验方法。分自由振动法和强迫振动法。工程上用得最多的是后者，有扭摆法、扭辫法、振簧法、拉伸法和扭转法等。

动态模量 dynamic modulus; modulus dynamic 复数模量的实数部分。通过剪切、压缩或拉伸中自由振动或受迫振动得到的数据计算得出的应力与应变之比值，分剪切模量、压缩模量和拉伸模量。

动态黏度 dynamic viscosity 参见绝对黏度（260页）。

动态热机械法 dynamic thermomechanometry 在程序温度下，测量物质在振动负荷下的动态模量和/或力学损耗与温度的关系的技术。另见动态力学热分析（81页）。

动态试验 dynamic test 施加负荷速率或变形速率随时间变化的破坏性试验，如疲劳试验、冲击试验、制品动态模拟试验等；用周期应力或变形研究材料性能的非破坏性试验。

动物胶 glue; animal glue 原指从动物皮革、腱、软骨、骨等料中所获得的硬胶；现为“adhesive”的同义词，但多用于表示木材用胶。

动压板 movable platen 又称动模板。在压机、注塑机的合模机构中做开闭运动的载模板。该板随液压活塞或连杆机构的移动而带动模具运动。

冻结应变 frozen strains 制件经定型及冷却至其最终形状后残留于制件中的应变，是由聚合物分子不均衡构型造成的。在模塑或定型操作的应力充分消除以前，制件冷却至某一温度以下即产生此种应变。

毒性 toxicity 某种物质由于发生与组织或代谢机能有关的化学反应而损及生命过程或其他有害影响的程度。材料的毒性以半致死量（LD_{50}）表示。参见半致死量（5页）。

镀金属纤维 metal coating fiber 表面有金属镀层的纤维。是以金属（锌、银、铝、镍等）为皮，非金属纤维为芯的一种复合纤维。这种纤维除保持芯纤维的特性外，视镀层金属不同，还具有不同的特性，如对电磁波及红外线的反射性能、导电性和延长使用寿命、改善复合界面性能等特点。可用作屏蔽和导电功能复合材料的增强体。

镀金属纤维增强体 metal coating fiber reinforcements 见镀金属纤维（82页）。

端接接头 joint edge 见对接接头（87页）。

端开孔 polar hole 见极孔（193 页）。

端羧基液体丁腈橡胶 carboxy-terminated liguid nitrile rubber；CTBN 琥珀色透明黏稠液体，密度 0.948～0.955g/cm^3（25℃）。根据丙烯腈含量分为中腈聚合物（CTBN-15）和高腈聚合物（CTBN-26）。CTBN-15 丙烯腈含量为 13%～17%，平均分子量 M_n 为 2500～4500。黏度≤30Pa·s（40℃）。羧基当量为（0.050～0.065）当量/100g 胶。高腈聚合物（CTBN-26）丙烯腈含量为 24%～28%，平均分子量 M_n 为 2700～4500。黏度≤50Pa·s（70℃），羧基当量为 0.040 当量/100g 胶。CTBN 具有良好的耐腐蚀、耐化学、耐热、耐低温性。用作环氧树脂胶黏剂增韧剂时，参考用量 15～35 份，应先与环氧树脂于 70℃下进行预酯化反应 3h，再配制胶黏剂。其固化物室温剪切强度、剥离强度显著提高，如下表所示。

温度/℃	60	70	80	90
室温剪切强度/MPa	49.2	56.0	47.7	41.4
室温剥离强度/(kN/m)	14.6	17.0	13.7	10.8

短舱 nacelle 飞机上除机身或机翼以外，专门用于装载发动机、起落架、武器或设备等的流线型部件。是飞机上普遍采用复合材料的一种部件。

短程缠绕 geodesic line winding 在芯模曲面上，纱带缠绕轨迹与短程线重合的缠绕。

短程等张力线 geodesic-isotension 任何给定长丝在其绕经的所有点上均具有等张应力。参见短程线（83 页）。

短程等张力轮廓线 geodesic-isotension contour 又称短程等张外形。长丝缠绕复合材料压力容器中的一种封头轮廓，在此轮廓内纤维按短程线铺设，这样在压力载荷作用下纤维沿全程受均匀拉伸。参见短程线（83 页）。

短程等张外形 见短程等张力轮廓线（83 页）。

短程椭圆体 geodesic ovaloid 一种封头的构型，纤维在绕转面上形成短程线。纤维所作用的力与任意点上的周应力及经线应力相对应。

短程线 geodesic；geodesic line 又称测地线。在曲面上两点间最短的线。是曲面上两点间张得最紧的线，所处的位置最稳定。因此，为了使绕线在缠绕张力作用下能稳定地排列在曲面上，应使绕线沿短程线排列。在圆筒曲面上的短程线为螺旋线。如下图所示。

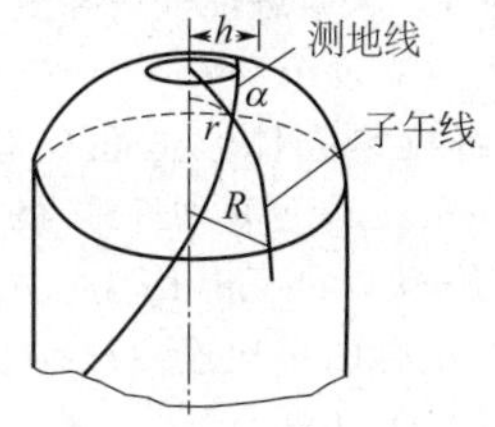

短梁层间剪切强度 short beam shear strength；SBS 小跨厚比（如 5∶1）单向板三点弯曲试样发生层间剪切破坏时对应的最大弯曲剪应力。因这种试验产生其他失效模式（压缩或非弹性），现称为短梁强度。参见层间剪切强度（38 页）、短梁剪切（83 页）。

短梁剪切 short beam shear 采用小跨厚比的试样的三点弯曲试验。因其破坏的主要形式是平行于复合材料中纤维方向的层间剪切破坏，故称为短梁剪切。参见短梁层间剪切强度（83 页）。

短梁剪切试验 见层间剪切试验（39 页）。

短切纤维 chopped fiber 连续纤维丝束经切断或拉断而成的短纤维，其长度一般在 50mm 以下。

短切纤维复合材料 chopped fiber composites 以短切纤维为增强体的复合材料。

短切纤维增强金属基复合材料 short cut fiber reinforced metal matrix composites 以金属或金属合金为基体，短切纤维为增强体的金属基复合材料。金属基体主要有铝、镁、锌、铅、铜等金属及其合金。短切纤维主要有碳、氧化铝、硅酸铝、碳化硅、氮化硼纤维等。制备方法主要有挤压铸造法、真空压力浸渍法和粉末冶金法等。

短切纤维增强树脂基复合材料 short cut fiber reinforced resin matrix composites 参见短纤维增强聚合物基复合材料（84 页）。

短切纤维增强体 chopped fiber reinforcements 参见短切纤维（84 页）。

短切原丝 chopped strands 未经任何形式结合的短切连续纤维原丝段。参见短切纤维（84 页）。

短切原丝毡 chopped strand mat 由胶黏剂将随机分布的切短原丝粘接而成的一种毡。

短纤维 staple fibers 又称短切纤维。直接纺出的一定长度的纤维或由长纤维切割成的纤维。长度一般在 35～150mm。规格分为棉型、毛型、中长型和地毯型等。是复合材料采用的一种重要形式的增强体。

短纤维粒料 chopped fiber pellets 树脂与一定长度的纤维经造粒而成的粒状模塑料。

短纤维增强体 short fiber reinforcement 参见短纤维（84 页）。

短纤维增强聚合物基复合材料 short fiber reinforced polymer composites 以短纤维、短切纤维或其制品为增强体，以聚合物为基体的复合材料。其抗疲劳性能不如长纤维增强聚合物基复合材料，但具有各向同性特点。应用最多的是短切玻璃纤维、标准模量碳纤维等。常用的树脂有热固性聚酯、乙烯基树脂和热塑性尼龙、聚碳酸酯、聚丙烯等两大类。成型方法以模压和注射为主，离心浇注和喷射也有使用。

断疵 lappers 断裂的经纱头卷曲织入织物。

断痕 teeth 复合材料中由于基体脱离可能导致增强纤维或丝断裂所形成的不规则表面或缺陷。

断经 broken warp 被割断或断开的单经纱。参见缺经（346 页）。

断口分析 fractography analysis 分析断口宏观与微观特征形貌的技术与方法。材料断裂时裂纹总是在受应力最大或材料最薄弱处萌生，沿消耗能量最小的路径扩展。因此，断口详细记录了断裂过程中内外因素的变化。分析断口有可能发现断裂原因、断裂机理，提出防止断裂的措施。分为宏观断口分析和微观断口分析两部分。前者是断口分析的基础，常用肉眼或放大镜等观察断口，初步判断断裂的性质；后者借助于显微镜、透射电子显微镜、扫描电子显微镜等手段，进一步观察断口的细节，揭示断裂原因，确定断裂模式和断裂机理。是复合材料（尤其是基体）研究的重要分析手段，常用它观察基体与增强体之间的粘接情况。常用的设备为扫描电子显微镜。

断口形貌 fracture profile 物体断裂后断裂截面的形状。断口形貌随断裂性质而不同：脆性断裂时呈平直状，韧性断裂时呈斜面状，下图所示为HD 58/HT 300韧性层间破坏断面形貌。在实际材料中，完全的平直断口比较少，而是中间平直，两侧倾斜的形状。平直部分面积与整个截面积之比表示物体脆性断裂的程度。

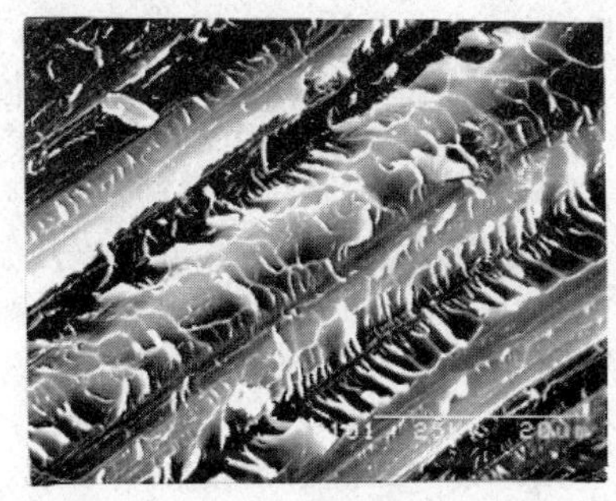

断裂 fracture 物体内相邻两部分沿某一曲面（或平面）彼此分离的现象。通常分为脆性断裂与韧性断裂。脆性断裂时，裂缝迅速扩展而很少伴随产生塑性变形；韧性断裂时，裂缝缓慢扩展，通常沿受最大剪应力的平面产生一锯齿形裂痕。

断裂功 work of break 又称峰值断裂功。材料受力拉伸至最大负荷时断裂，外力对试样所做的功。其值等于“终值断裂载荷”词条附图(b)中拉伸曲线 $a\ b\ c$ 所围的面积A。单位为L·m。参见终值断裂载荷（536页）。

断裂力学 fracture mechanics 研究含裂纹固体的力学。主要研究含裂纹固体的强度和裂纹在固体中传播的规律。其主要内容为：①建立含裂纹物体何时发生断裂的物理条件，即断裂准则；②含裂纹物体的应力分析，包括应力强度因子等的计算方法；③与断裂性能有关的材料性质（如断裂韧度）的测试方法。分为线弹性（脆性）断裂力学和弹塑性断裂力学。

断裂强度 fracture strength 使材料断裂所施加的应力值，用断裂瞬时的应力 σ_K 表示，单位为MPa。静拉伸时，实际断裂负荷 F_K 与实际断裂面积 S_K 之比称为实际断裂强度 σ_K（或 σ_f），$\sigma_k=F_K/S_K$。对于脆性材料，σ_K 反映正对抗力，数值上等于真实抗拉强度。

断裂强力 breaking strength 有关纺织材料的术语。在拉伸试验中，纺织材料、纺织品试样抵抗至断时最大的力。单位以力的单位克力、千克力、牛顿等表示。

断裂韧性 fracture toughness 含裂纹材料抵抗裂纹扩展（导致材料破坏）的能力。用裂纹失稳扩展导致构件脆断时的临界应力强度因子 K_{IC} 或临界裂纹扩展应变能释放率 G_{IC} 表示。平面应变状态下（厚试件）的断裂韧性 K_{IC}、G_{IC} 是材料的常数；在平面应力状态下(薄试件)，临界断裂韧性用 K_C 或 G_C 表示，它们不是材料常数，与物体形状、厚度、裂纹长度等因素有关。

断裂韧性试验 test of fracture toughness 测定带裂纹构件抵抗裂纹失稳扩展能力即断裂韧性的力学性能试验方法。表征材料断裂韧性的指标有 K_{IC}、J_{IC}、G_{IC}、δ_C 等。断裂韧性是评定材料性质和结构安全性的重要参数。工程上最重要的是测量复合材料层合板的层间断裂韧性，因为它代表了层合板抵抗分层的能力，表明了所用树脂基体的韧性，是复合材料设计选材的一个重要依据。

Ⅰ-断裂韧性试验 model-Ⅰ fracture toughness testing 又称张开断裂韧性试验。测量复合材料断裂韧性参数 G_{IC}（能量释放速率）的试验方法。常用双悬臂梁试样（DCB），试样材料采用单向层合板。

Ⅱ-断裂韧性试验 model-Ⅱ fracture toughness testing 又称位错断裂韧性试验。测量复合材料断裂韧性参数 G_{IIC}（能量释放速率）的试验方法。常用边缘缺口弯曲试样（ENF），试样材料采用单向层合板。

断裂伸长（峰值断裂伸长） elongation at break；elongation at the breaking load 试样拉伸至受最大负荷断裂时的伸长。见“终值断裂载荷”词条附图（a）中 *ac*（537 页）。

断裂伸长（终值断裂伸长） elongation at rupture 试样拉伸至试验终止完全断裂时的伸长。见“终值断裂载荷”词条附图（a）中 *ad*（537 页）。

断裂伸长 breaking extension 使试件断裂所必需的伸长。亦即试样在断裂瞬间的拉伸应变。

断裂伸长率 percentage of breaking elongation 又称伸长率、延伸率。试样拉断时，两标距间的伸长长度与原标距长度之比，以百分数表示。复合材料的断裂伸长率与所用树脂基体和纤维增强体的性能（伸长率）相关。采用韧性好的树脂基体和性能相匹配的纤维增强体可得到断裂伸长率较高的复合材料。单向板 0°和 90°方向的断裂伸长率与±45°层合板的拉剪断裂伸长率是复合材料设计的基本性能参数。

断裂伸长率测试 fracture elongation testing 测量复合材料在拉伸应力下试样相对伸长率的试验方法。进行试验时，用电阻应变片或引伸计测量拉伸变形量，直至试样破坏，从测得的应力-应变曲线中可算出断裂时伸长率。

断裂时间 time to break 对纺织材料、纺织品进行强力试验时，试样开始受力至断裂所需的时间（s）。

断裂因子 breaking factor 断裂时的载荷除以试样原来的宽度。

断裂应力 fracture stress；stress fracture 试样开始断裂时其最小横截面上的真实正应力。

断裂载荷 load at break 参见终值断裂载荷（536 页）。

断裂准则 fracture criterion 确定含裂纹物体在静载作用下发生裂纹扩展的判别标准。

断面收缩（率） reduction of area 拉伸试验件的初始面积与其最小断裂截面积之差，通常表示为初始面积的百分数。

断脱功（终值断裂功） work of rupture 材料受力拉伸，在试验终止，终值断裂负荷时，外力对试样做的功。单位为 L・m。见“终值断裂载荷”词条附图（a）中拉伸曲线 *abc* 下所包围的面积（A+B）（537 页）。

断纬 broken fill 被割断或断开的单纬纱。

缎纹面 satin 专用于塑料或复合材料的一类有缎纹或天鹅绒式外观的饰层。

缎纹组织 satin weave 在一个组织结构中，一个方向上的几根细纱连续地从另一个方向上的几根细纱（三、五、七等）上通过，而只压在另一个方向上的一根纱的机织物结构。经组织点较多的为经面缎纹，纬组织点较多的为纬面缎纹。此种织物的结构至少有经纬各五根。每一个经（纬）只有一个纬

(经)组织点的织物组织。飞数要大于1，且和组织循环纱线根数不能有公约数。特点是经纬交织点少，纤维平行而且无斜向纹路，外表精致美观，富有光泽，组织结构蓬松、柔软，渗透性好。

缎纹织物 satin weave fabric 缎纹组织中，相邻经纬纱交织点相距较远，其结果是在织物一个表面突出呈现了某个纱线系统（经纱或纬纱）的特征。这种织物表面精致、美观、富有光泽。同时由于织物中交织点、弯折少，织物结构比较疏松、柔软，渗透性好，与平纹织物相比，工艺铺覆性好，常用作过滤材料及增强材料。

对苯醌 *p*-benzoquinone 一种黄色结晶物，与其许多衍生物一道用作不饱和聚酯树脂储藏期内防止过早凝胶化的抑制剂。

对比度 contrast 在一张被照射的射线照片或荧光屏图像上，两个相邻区域之间的相对亮度。(无损检测)

对称层合板 symmetric laminate 几何形状和材料性能都相对于中面对称的层合板。即层合板内中面两侧对应位置的铺层材料相同、厚度和铺层角相等的层合板。其耦合刚度矩阵为零，利于工艺成型质量。对称层合板在铺层编码中用下角标 s 表示，如铺层为 $[0/45/90]_s$、$[0/45/\overline{90}]_s$ 的层合板。由于全部铺层及其各种特性和参数相对于板的几何中面是对称的，其固化应力也是对称的，因而它避免了因固化残余应力、温度改变或吸湿等引起的层合板的挠曲。参见准各向同性层合板（543 页）、非对称层合板（103 页）、反对称层合板（96 页）。

对称非均衡层合板 symmetric-unbalanced laminates 不满足均衡的对称层合板。是一种利用耦合效应，又有利于固化成型的铺层剪裁设计的特殊层合板。参见对称层合板（87 页）、均衡层合板（261 页）。

对称矩阵 symmetric matrix 某元素对称于主对角线的矩阵。即 $\alpha_{ij}=\alpha_{ji}$ $(i,j=1,2,\cdots,n)$。n 为方阵阶数。对于所有材料包括复合材料的刚度和柔度矩阵总是对称的，这种对称性也称为可逆关系。

对接接头 butt joint; edge joint 被粘接的两个端面或一个端面与被粘物主表面垂直的胶接接头。这种接头的拉伸、弯曲强度较低，适合于胶接面大的被粘接物的胶接。参见胶接接头（210 页）。

对模成型 matched die molding 参见金属对模成型（223 页）。

对模热成型 matched mold thermoforming 将热塑料片置于合模的上下模之间加以成型的片材热成型法。模具可由金属或便宜的材料如石膏、木材、环氧树脂等制成，并需设置排气孔以便在闭模时使空气逸出。亦见热成型（348 页）。

对羟基苯甲酸 *p*-hydroxybenzoic acid 分子式 $C_7H_6O_3$。分子量 138.12。白色至褐色结晶粉末。密度 $1.443g/cm^3$。熔点 212～214℃。溶于乙醇、乙醚、丙酮。微溶于水。不溶于二硫化碳。具有酚基和羰基反应。水溶液与三氯化铁生成无定形黄色沉淀。是尼铂金酯类防腐剂的主要原料。液晶高分子材料、染料及多种有机化合物的合成原料。也可以作为环氧树脂/芳胺/固化体系的促进剂。

对数黏数 logarithmic viscosity number 其表达式为：对数黏数 $=\ln(\eta/\eta_0)/c$。式中，η 为聚合物溶液黏度；η_0 为纯溶剂黏度；c 为聚合物溶液

浓度。

对数缩减量 logarithmic decrement 在衰减波列中，两个连续周期的振幅峰值之比的自然对数。(无损检测)

对头缠卷带 butt wrap 围绕一物体进行边对边缠卷的带子。

多壁碳纳米管 multi-walled carbon nanotubes；MWCNTs 由多层同心石墨层卷积而成的纳米级管状结构。其典型管径为 2～100nm（多壁管最内层可达 0.4nm，最粗可达百纳米)，直径约在 2～100nm 之间，如下图所示。与单壁管相比，多壁管在开始形成的时候层与层之间很容易成为陷阱中心而捕获各种缺陷，因而多壁管的管壁上通常布满小洞样的缺陷。

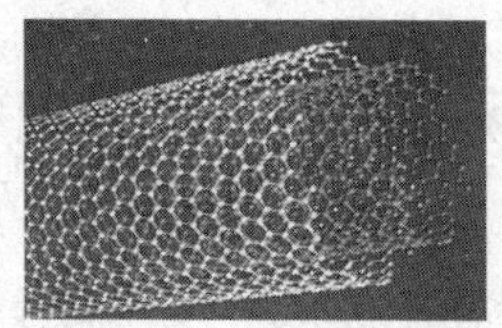

多层胶膜 adhesive multiple-layer 通常在每个面上粘有不同胶组分的胶膜，用来胶接不同材料，如蜂窝结构中芯层和面板的胶接。

多层结构 polylaminate structure 由两层或两层以上不同材料或材料相同而铺层方向不同的材料所组成的层状结构。多层结构充分发挥了不同组分或不同材料的特性，有效地提高了制品的性能。

多层石墨烯 multi-layer graphene 参见石墨烯分类（386 页)。

多层压机 multi-daylight press 动压板和定压板之间装有浮动压板的一种压机，即指带有三个或三个以上热压板的压机。

多层织物 multiple fabric 具有三层及以上相互重叠的表层和里层，由粘接方法组成一体的厚重织物。

多次回波 multiple echo 超声脉冲在物体中的两个（或多个）表面或缺陷之间的重复反射。(无损检测)

多功能复合材料 multifunctional composites 具有结构承载、电磁隐身、烧蚀绝热、抗激光加固等诸多功能的复合材料。通常由两个以上的原材料通过设计来实现所组成的复合材料具有两个或两个以上的功能。常见的功能复合材料本身既是结构材料同时又具有其他功能。如隐身飞机的机身采用碳纤维或碳化硅纤维增强的环氧树脂加入铁氧体填料构成的复合材料，其本身就是轻质高强的结构复合材料，同时又有吸收电磁波（雷达波）的功能。其他如飞机的雷达天线罩、导弹弹头抗核加固鼻锥体，既是结构件，又具有透电磁波、抗核辐射的功能。

多功能隐身材料 multifunctional stealth materials 同时具有多种隐身功能的材料。如可见光/红外/雷达、红外/雷达/激光雷达等多功能隐身材料。这种隐身材料在各种武器系统和军事设施上均有应用前景。为了实现多功能隐身，一般均采用多种材料复合的隐身材料。

多股筒纱 multiple wound yarn 两根或多根不加捻而络在一起，绕于筒子上的纱。

多官能度环氧树脂 polyfunctional epoxy resin；multifunctional epoxy resin 平均每个分子有三个以上反应性环氧基的一类环氧树脂。重要的品种有线型酚醛缩水甘油醚（EPN 类如 F44、F48；ECN 类如 JF43、JF45)、芳香族缩水甘油醚型（如 *tert*-PGEE、*tri*-

PGEM）和芳香族缩水甘油胺型环氧树脂（AG-80、AGF-90）。其特点是黏度低，活性大，交联密度高。与玻璃纤维、碳纤维、有机纤维具有良好的浸润性和黏附性。常用固化剂为胺类和酸酐类，尤以芳胺 DDS、DDM 居多。固化产物具有较高的耐热性（HDT 200～235℃），良好的耐候性和介电性能。缺点是质量较脆，常需加入增韧剂或与通用环氧树脂共混，以改善其韧性。已在航空、航天领域得到大量应用，是先进复合材料的重要基体材料。

多官能度环氧树脂（基）复合材料 multifunctional epoxy composites 以多官能度环氧树脂为基体的复合材料。这种复合材料具有较高的耐热性（125～150℃下性能良好）、良好的耐候性和介电性能，缺点是质地较脆。常用的成型方法有接触（手糊）成型、缠绕、低压（袋压、热压罐）、层压、模压成型等，可采用干、湿法预浸工艺。主要用于航空航天工业中主、次结构件及耐烧蚀材料。参见多官能度环氧树脂（88 页）。

多价螯合剂 sequestering agents 通过反应防止金属离子自溶液中沉淀出来的一种试剂，此类反应如不加多价螯合剂一般会产生沉淀。亦见螯合物（4 页）。

多浇口 multi-gating 在注射或传递模塑模具中，一个模腔带有多于一个的浇口。

多晶氧化锆纤维 见氧化锆纤维（488 页）。

多晶氧化铝纤维 见氧化铝纤维（488 页）。

多聚体 见预聚物（510 页）。

多孔塑料 见泡沫塑料（322 页）。

多孔陶瓷基复合材料 porous ceramiccomposites 含有大量闭口气孔或通孔（0.05～600μm）的陶瓷基复合材料。

多模腔模具 multi-cavity mould 具有两个或两个以上模腔的模具。这种模具在一个周期内可生产几个同样或不同样的模制品。

多频段吸波材料 multiple band absorption materials 在给定的频率范围内，有两个或两个以上的区域中吸收性能均优于某一阈值的吸波材料。获得此材料的原理有三种：①选择电磁参量合适的吸收剂；②采用多层结构；③利用高阻或带阻滤波器等空间滤波器放在涂层中间。这种材料主要用于隐身技术，广泛用于战略、战术武器，如飞机、导弹、舰艇等。

多腔塑模 composite mold 参见多模腔模具（89 页）。

多维编织碳/碳复合材料 poly dimension mat carbon/carbon composites 以碳、石墨纤维束沿三个以上正交方向（维）编织的编织物为增强材料，以树脂碳或气相沉积碳、石墨为基体的全碳素复合材料。编织物有五维、七维、十一维等。此类复合材料不仅具有三维编织碳/碳复合材料在超热环境中优于整体石墨的高强度、低膨胀和与之相当的烧蚀性能，而且因增强材料维数增多，性能的方向性降低，剪切强度提高，热膨胀率变小。是烧蚀冷却技术的优异材料，亦可制成生物植入体，如人工骨等。

多维编织物 multidimensional woven fabric 复合材料增强组元（增强体）的一种结构形式，由纤维束编织而成。纤维束的方向为 3 或 3 以上，如三维、四维、五维、七维、十一维等。多维编织物增强体的各纤维束之间不相互交织，纤维束保持准直，因而每维均能发挥纤维的最佳性能。

多维复合材料　multi-dimensional composites　用二维（片材）、三维（编织物）形态的增强体组成的复合材料。

多纬　taped filling　两根及以上的纬纱，未按组织起伏，一并织入织物，使织物表面呈现横条。

多线路缠绕　multi-circuit winding　在长丝缠绕中，同时有几条缠带按一定间隔毗邻关系缠绕。

多相聚合物　multiphase polymer　由两种或两种以上化学结构不同的聚合物分子通过物理或化学方法相互混合或键合在一起而形成的聚合物复合材料。包括接枝共聚物、嵌段共聚物、互穿网络聚合物和共混物。此类聚合物体系中，不同组分的大分子链自相聚集，又相互排斥，形成多种形状的两相或多相形态结构。其中各均聚物既保持原来的性能，又能互相补充改进均聚物性能方面的缺陷。

多相陶瓷　multiphase ceramic　又称多相复合陶瓷。在陶瓷中加入第二相陶瓷颗粒，使单相陶瓷获得增强的增韧材料。

γ-(多乙撑氨基)丙基三甲氧基硅烷　γ-(polyethyleneamino) propyltrimethoxysilane　商品名 SH-6050。含氨基的硅烷偶联剂。适用于玻璃纤维增强尼龙、聚碳酸酯、环氧等树脂基复合材料。

多乙撑多胺　见多乙烯多胺（90 页）。

多乙烯多胺　polyethylene polyamine　又称多乙撑多胺。分子量 > 232.38，橘红色至褐色黏稠液体，有氨味。溶于水和乙醇。可燃，有毒，有腐蚀性。用作环氧树脂固化剂，参考用量14～15 份。固化条件室温/2d 或 100℃/1h。

多元醇　polyol; polyalcohols　具有多个羟基的醇。在泡沫塑料工业中，此词包括含有醇式羟基的化合物，在聚氨酯泡沫体中用作反应物，如聚醚、乙二醇、聚酯以及蓖麻油等。

多向织物　见多轴向织物（90 页）。

多轴向织物　multiaxial fabric　简称多向织物。一种单层内纤维束平行排列、按 π/4（0°、90°、±45°）方向平行铺放、层间通过纱线缝合而成的多层结构和多轴向的增强材料。如下图所示。该织物在设计选定的 3 个方向或 4 个方向都有所需的强度，从而把单向带的力学性能优点、织物的易操作性和低成本优点结合于一体。另一个优点是 *x*、*y* 两向的丝束能保持很好的准直状态，不会在编织中产生波状弯曲，从而避免显著的性能损失。参见无皱褶织物（458 页）。

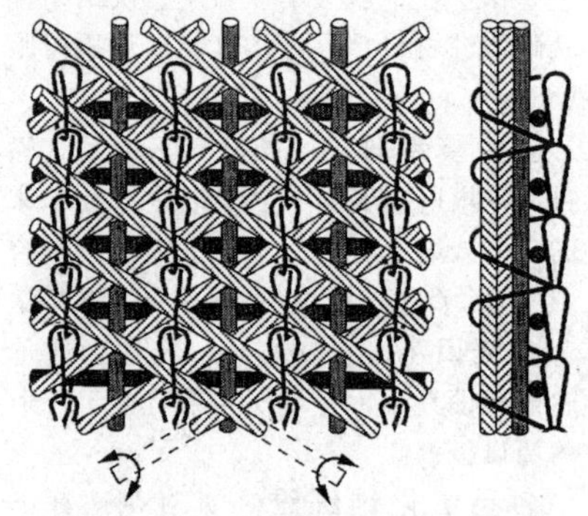

氵屯　stokes　运动黏度的厘米、克、秒制单位，又称斯托克斯（斯）。以流体的绝对黏度除以流体的密度得到。现法定单位用 m^2/s。1 氵屯 $=10^{-4}$ m^2/s。

惰性添加剂　inert additive　加入塑料中通过物理而非化学作用来改变塑

料最终产品性能的物质。

惰性填料 inert filler 属惰性添加剂。参见惰性添加剂（90 页）。

E

2,6-二氨基氮杂苯 2,6-diaminopyridine 环氧树脂固化剂，熔点121℃。用它所配制的胶液的储存寿命长，约为间苯二胺的 10 倍。

4,4′-二氨基二苯基砜 4,4′-diaminodiphenyl sulfone；DDS 又称氨苯砜。分子式：$C_{12}H_{12}N_2O_2S$，分子量 248.30。属有机芳胺。白色或浅黄色结晶粉末。活泼氢当量 62.1。相对密度（d_4^{20}）1.33。熔点 173.0～175.0℃（CP）。溶于甲醇、乙醇、丙酮、三氯甲烷。几乎不溶于水。低毒，医用级 DDS 是治疗麻风病的药物。因其分子结构中含有吸电子的砜基，致使其反应活性低于 DDM。使用寿命长（100℃/3h）。适用于浇铸品、层压品和胶黏剂等。一般用量为 30～35 份，固化条件：200℃/(2～4)h。固化产物具有优良的热稳定性、突出的化学稳定性。例如，用它固化的双酚 A 环氧树脂的玻璃化转变温度 T_g 为 218℃（DMA，G'）。为了加速固化，可加入 0.5～1.2 份酸性促进剂，如三氟化硼络合物催化，可降低固化温度，缩短固化时间。而适用期缩短为 100℃/h。此时 DDS 的用量应稍小于计算量。若不用促进剂，DDS 增加量应比计算量多 10 份。

4,4′-二氨基二苯基甲烷 4,4′-diaminodiphenyl methane；DDM；4,4′-methyl-enedianiline；MDA 白色结晶粉末。分子量 198.3。活泼氢当量 49.6。相对密度（d_4^{20}）1.15。熔点 90～92℃。有毒（LD_{50} 252～830mg/kg）。溶于丙酮、甲醇。环氧树脂高温固化剂。适用于浇铸品、层压品、胶黏剂和涂料。一般用量 27～30 份。适用期 8h（100g）。固化条件 80℃/2h＋165℃/2h 或 120℃/3h＋150℃/2h。固化产物在高温和高湿下的电性能、机械性能、耐化学品性能和耐溶剂性优良，热变形温度 150℃，吸水性 0.1%。DDM 与二甲硫基甲苯二胺（DADMT）共混可得到适用期长（室温/10h）、100℃固化的中温固化剂。

二丙基甲酮 dipropyl ketone 用作多种树脂的溶剂的一种稳定无色液体。

二次胶接 secondary bonding 将两个或两个以上已固化的零件通过胶接方法粘接到一起的工艺方法。在此工艺中仅胶黏剂自身发生化学反应，如 92 页附图所示。参见胶接（208 页）、共固化（150 页）、共胶接（151 页）。

二次转变温度 second order transition temperature 见玻璃化转变温度（17 页）。

二丁氨基丙胺 dibutylamino propylamine；DBAPA 可作为环氧树脂固化剂，使用寿命相当长（3～6h）。适用于浇铸制品、层压制品和胶黏剂。一般用量为 8～14 份，固化条件：60℃/4h＋120℃/1h。

二(二辛基焦磷酰氧基)氧代醋酸钛 titanium di(dioctylpyrophosphato) oxyacetate 商品名 KR-138S。本品为螯合型钛酸酯偶联剂，吸湿性强，对低密度聚乙烯/陶土、聚丙烯/果壳粉、聚苯乙烯/木粉等填充体系有良好的偶联效果，可提高填充量和抗冲击韧度，改善加工流变性。此外，本品还适用于环氧树脂、醇酸树脂、不饱和聚酯等热固性树脂的填充体系。

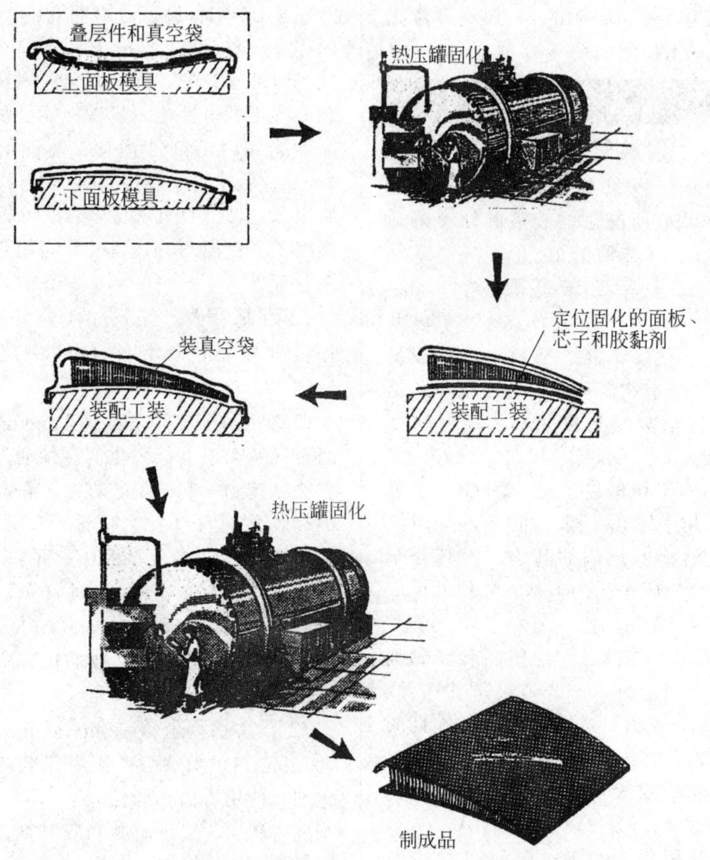

二(二辛基磷酰氧)基钛酸乙二酯 di(dioctylphosphato) ethylene titanate 商品名 KR-212。螯合型钛酸酯偶联剂，适用于高湿填充体系。其特点和用途与 KR-201 相似。本品对大白鼠的经口或口服 LD_{50} >5g/kg。

二甘醇双(碳酸烯丙酯) diethylene glycol bis (allyl carbonate) 属于烯丙基树脂类的一种热固性树脂。其主要用途为铸塑无色且具有光学透明的铸件，能够增进耐化学腐蚀性及耐磨性。

二过氧化邻苯二甲酸二叔丁酯 di-*tert*-butyl diperoxyphthalate 商品形式通常是含本品 50%的邻苯二甲酸二丁酯溶液。分子量 310，理论活性氧量 10.32%。本品可作为聚乙烯、不饱和聚酯的交联剂，也可作为聚合用引发剂。

二级注嘴 secondary nozzle 为热流道板（柱）型腔直接或间接提供进料通道的喷嘴。

二甲氨基丙胺 dimethylaminopropylamine；DMAPA 可作为环氧树脂固化剂。其分子中既含有伯氨基，又有叔氨基，兼具固化剂和促进剂两种功能。主要用于层压品、浇铸品和胶黏剂等。一般用量 2～6 份。固化条件：60℃/4h+120℃/1h。

2-二甲氨基甲基苯酚 2-dimethylaminomethy phenol 可用作环氧树脂固化剂。活泼氢当量 151。适用于浇铸制品和层压制品，固化条件：室温～80℃/(4d～1h)。

二甲基甲酮 dimethyl ketone 见丙酮 (15 页)。

二甲基甲酰胺 dimethylformamide；DMF 一种用于聚氯乙烯、锦纶、聚氨酯类、脲-甲醛及其他树脂的无色高沸点溶剂。其高度溶解能力使之作为一种有效的增溶剂用于涂层、彩印、胶黏剂的配料以及漆片中。但毒性较大。

2,5-二甲基-2,5-双(过氧化苯甲酰)己烷 2,5-dimethyl-2,5-bis(benzoyl peroxy)hexane 本品可作为不饱和聚酯、硅橡胶、二元乙丙橡胶等聚合物的交联剂。白色结晶粉末。微具芳香味。熔点 117～119℃，分子量 386，理论活性氧量 8.28%。

2,5-二甲基-2,5-双(过氧化叔丁基)3-己炔 2,5-dimethyl-2,5-bis(*tert*-butylperoxy) hexyne-3；YD 本品为高温交联剂，适用于高密度和低密度聚乙烯、乙烯-醋酸乙烯共聚物、不饱和聚酯等塑料。交联效率不受酸、碱和中性填料的影响，也可作为硅橡胶、氟橡胶、乙丙橡胶等的交联剂。本品小白鼠腹腔注射 LD_{50} 为 1850mg/kg。

二聚体 dimer 由两个相同的较简单分子结合而成的分子；由二聚物组成的物质，例如 C_4H_8（丁烯）为 C_2H_4（乙烯）的二聚体。

3,3′-二氯-4,4′-二氨基二苯基甲烷 3,3′-dichloro-4,4′-diamino-diphenylmethane；HDCA 白色或浅黄色粉状结晶，可作为聚氨酯橡胶交联剂，溶于酮及芳香烃，微具吸湿性，也可作为环氧树脂的固化剂。

二氯二氟甲烷（氟利昂 12） dichlorodifluoromethane；freon 12 除了习惯用作气溶胶促进剂及冷冻剂之外，氟利昂 12 也是用于泡沫塑料的发泡剂，例如用于聚苯乙烯。该发泡剂较烃类发泡剂具有安全的优点。

二氯甲烷 methylene chloride；dichloromethane 一种无色不易燃烧的重质液体，用作三醋酸纤维素与乙烯基树脂的溶剂，也用作聚碳酸酯树脂聚合的溶剂以及某类酚醛树脂的反应剂。二氯甲烷广泛用作涂料洗涤剂。

二羟甲基脲 dimethylol urea 在盐类或碱性催化剂存在下，由脲与甲醛化合而产生的无色晶体，即为第一阶段或“甲阶”脲-甲醛树脂。

二氰二胺 见氰基胍 (343 页)。

二维编织物 2-D braided fabric；braid two-dimensional 沿厚度方向没有编织纱，两组连续纱线以轴对称交织形成的编织物。两维交织角度范围为 10°～80°，最常见的是 45°，纤维体积含量 50%～20%。在二维织物上编入另一根纤维的叫三轴编织物。二维编织物构型为带状或管状，以管状居多。最适合用于长径比大的管件。这种织物的扭矩和刚度高、无缝、损伤容限高。可以在形状复杂的模具上编织复杂的预制件（凹形件除外）。参见编织织物（11 页）。

二维机织物 2-D woven fabric 用两束纱垂直交织制成的织物，如下图所示。0°方向的纱和 90°方向的纱分别称为经纱和纬纱。不同织物的纱束数量比例和交织方式不同。两轴机织的二维纤维织物的几何形状有平纹、斜纹和缎纹。就强度而言，在此三种织物中，纱束交织频率最高的平纹织物强度最大。除了正交编织外，还有三轴二维平面编织，三束纱交角成 60°，增强了织物尺寸稳定性、面内剪切强度及各向同性。二维机织物的纤维体积分数约 50％。这种织物不仅是湿法铺层工艺常用的增强材料，也是 RTM 工艺采用的重要原材料。参见编织织物（11 页）。

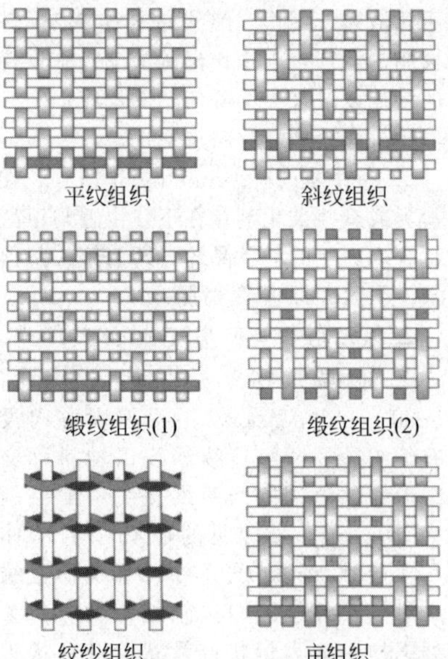

二维针织物 2-D knitted fabric 一根或多根纱线通过线圈纵穿横连形成的织物，如右图所示。按纱线的针织进线方式和线圈的成型方式，分为经向针织和纬向针织。纬向针织沿横列线圈方向，纱线与在其下形成的线圈交织；经向针织沿纵列线圈方向，纱线与邻近纵列线圈交织。织物纤维密度小，约 20％～30％。工艺附模性好，易于做成网状结构，但其纱线弯折严重，树脂浸渍易形成大量树脂穴，其复合材料制品只适合做非承力结构件。

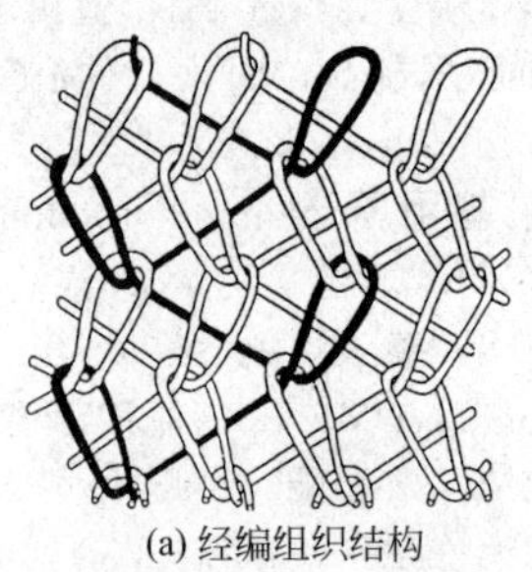
(a) 经编组织结构

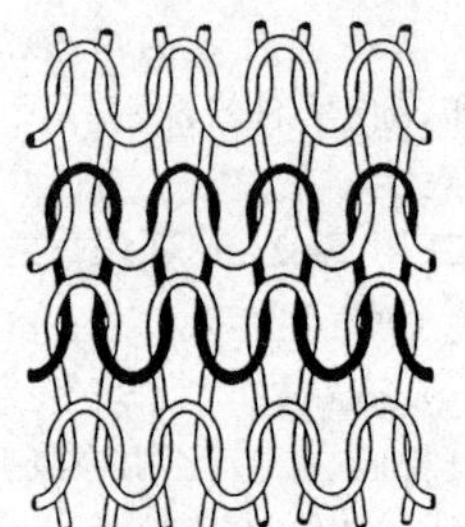
(b) 纬编组织结构

二维针织物

二项随机变量 binomial random variable 指一些独立试验中的成功次数，其中每次试验的成功概率是相同的。

二(亚磷酸二辛酯基)钛酸四异丙酯 tetraisopropyl di(dioctylphosphito) titanate 商品名为 KR-41B 本品为配位体型钛酸酯偶联剂，用于聚氯乙烯糊/碳酸钙体系，有降低黏度的效果。在胺类固化的液体环氧树脂填充体系、双组分聚氨酯填充体系中有降低黏度、提高填充的效果。

二亚硝基对酞酰胺 dinitroso-terephthalamide；DNTA 用于乙烯基树脂、液态聚酰胺树脂与硅氧橡胶的一种化学发泡剂。其显著的特性为低热解。

二亚乙基三胺 diethylenetriamine；DETA，DTA 无色或黄色油状物，有刺激性氨味，可燃，有毒。用作环氧树脂固化剂，参考用量8～11份。固化条件室温/24h或100℃/30min。固化产物热变形温度90～120℃。

二氧化硅气凝胶 silica aerogel 二氧化硅气凝胶是目前工程化应用最广泛的气凝胶材料，为多孔海绵状结构。其中99.8%是空气。密度仅为空气的2.75倍，玻璃的1‰，干燥松木的1/140。气凝胶是目前世界上最轻的固体。其绝缘性能比最好的D-玻璃纤维还要强39倍，被誉为超级绝热材料；具有极高的抗压性能，可以承受相当于其自身质量几千倍的压力；高温下不分解，无有害气体放出，适用温度范围（－200～1400℃）宽；拉伸强度≥0.4kgf/cm^2。其他特性是：绝热性能高；防火（A级阻燃）、防水、抗渗、抗裂、抗震、隔音、耐腐蚀。主要用于航空航天、交通建筑、石油化工等领域的保温、绝热、耐腐、隔声、减震等。参见气凝胶（336页）。

二氧化双环双(2,3-环氧环戊基)醚 见双(2,3-环氧环戊基)醚（404页）。

二氧化双环戊烯基醚 见双(2,3-环氧环戊基)醚（404页）。

3-二乙氨基丙胺 3-diethylamino propylamine；DEAPA 用作环氧树脂的一种固化剂。黏度小，赋予胶黏剂以良好的粘接性能。

二乙撑三胺 见二亚乙基三胺（95页）。

3,3-二乙基-4,4′二氨基二苯甲烷 3，3-diethyl-4，4′-diaminodiphenyl methane；DEDDM 商品名H-255。分子量254.37。淡黄色油状黏稠液体。黏度（25℃）2000～5000Pa·s。低毒，对人无害。因为液体形式，使用方便。用作环氧树脂耐热固化剂。与环氧树脂混合放热温度低，120℃与E-51环氧树脂反应时，922.0s凝胶。反应的最高峰值温度只有132.3℃。参考用量30～34份。固化条件100℃/2h＋150℃/4h。固化物具有优良的耐温性和耐化学性。收缩率3.3%，吸水率0.06%，均低于DDM。由于固化物分子中含有乙基，因此韧性也得到提高。

二(2-乙基己酸)二丁基锡 dibutyltin di-2-ethylhexoate 由二丁基锡氧化物和2-乙基己酸反应而生成的一种白色蜡状固体。用作聚硅氧烷熟化的催化剂及用于聚醚泡沫塑料作催化剂。

二乙烯三胺 见二亚乙基三胺（95页）。

二异氰酸酯 di-isocyanates 具有两个异氰酸基团（—NCO）的有机化合物，用于生产聚氨酯泡沫体。其他用途包括配入酚醛树脂中以增进耐水性及耐碱性，以及配入胶黏剂中供橡胶与人造丝或锦纶的粘接。

二异硬脂酰钛酸乙二酯 di-isostearoyl ethylene titanate 商品名KR-201。螯合型钛酸酯偶联剂，特别适合于湿含量高的填料如陶土、滑石粉、湿法二氧化硅、硅酸钠纤维、硅酸铝及炭黑等，在多种塑料中有良好的偶联效果。可提高制品的抗冲击韧度，增加填充量，改善加工流变性能。本品对大白鼠的经口或口服 LD_{50} 为 10g/kg。

二月桂酸二丁基锡 dibutyltin dilaurate 用作乙烯基树脂的一种稳定剂、聚氨酯泡沫体的催化剂，以及缩聚催化剂。该稳定剂用于需要具有良好透明度的乙烯基配料，并能赋予优良的光稳定性。但在高加工温度下其性能有所降低。

F

发白 blanching 复合材料在受力过程中，由于纤维与基体界面局部损伤引起材料表面变白的现象。

发汗 sweating 液体小滴的渗出。通常是增塑剂或软化剂从塑料表面上渗出。

发泡 foaming 通过机械、化学、物理等方法，使聚合物形成微孔结构的过程。

发泡反应 gas blowing reaction 在化学法发泡过程中，原料中的发泡组分相互作用析出气体使树脂发泡的反应。

发泡剂 foaming agent; blowing agent 能使塑料或橡胶中产生泡沫状结构的任何单一的物质或混合物。包括压力解除后膨胀的压缩气体、沥滤后留下微孔的可溶性固体、变为气体后产生微孔的液体，以及在加热影响下分解或反应而形成气体的化学药剂。液体发泡剂包括某些脂族烃，低沸点的醇、醚、酮、芳烃。化学发泡剂的范围，从简单的盐如碳酸氢铵或碳酸氢钠到复杂的氮释出剂，其中偶氮双对甲酰胺（ABFA）是一个重要的例子。

发泡胶 foam adhesive; foaming adhesive 在升温过程中能自动发泡，引起体积膨胀且充满所处部件不规则空间使其胶接在一起的胶黏剂。

发泡时间 foaming time 在生产泡沫塑料过程中，通过化学或物理等方法产生的气体，在一定黏度范围内的液态或塑性状态中，使聚合形成微孔结构的时间。

发泡塑料 expanded plastic 见微孔塑料（452 页）。

发泡起发时间 rise time 聚氨酯泡沫塑料成型中，注入聚氨酯混合物到完全发泡的这一段时间。参见发泡时间（96 页）。

发泡温度 foaming temperature 在生产泡沫塑料过程中，材料体系起泡时的温度。该温度随发泡的方法不同而异，用惰性气体发泡时是指降压、升温发泡的温度；化学发泡时则是指发泡剂分解或组分反应时的温度。

发射-接收器 transceiver 用一个探头来发生和接收超声能量的装置。（无损检测）

发响 sounding 复合材料在受力过程中，由于纤维与基体界面开裂或纤维断裂引起的响声。

阀式浇口 valve gate 设置在热流道二级喷嘴内，利用阀门控制熔融塑料返流或止流的浇口形式。

反常回波 echo ghost 由于脉冲重复频率和时基频率配合不当而引起的显示。（无损检测）

反对称层合板 anti-symmetric laminate 由相对于板的几何中面，铺层角大小相等而方向相反，且材料特性和参数相同的铺层构成的层合板。如铺层为［0/＋45/－45/0］的层合板。参见对称层合板（87 页）。

反螺旋缠绕法 reverse helical winding 当送丝杆横行一路线时，铺成一在两极逆向的连续性螺旋线。其与双轴向密集或顺序缠绕法的不同之处在于纤维在一定赤道处互相交叉，数目视螺旋线而定。交叉的最少区域为三处。

反射表面 reflected surface 超声波碰到的声阻抗特性改变的交界面。

反射角 angle of reflection 超声波离开反射面返回原来的介质中时，其波束轴线在入射点上与界面的切平面的垂线之间所成的角。（无损检测）

反射系数 reflected coefficient 反射表面上反射的总声能与入射声能的比。（无损检测）

反射因子 参见反射系数（97 页）。

反相信号 bucking signal 一个注入信号，其频率和振幅被调整到与试验所产生的信号相同，但相位相反。（无损检测）

反压 back pressure 挤出过程中，熔融塑料向前流动的阻力；模塑过程中物料继续流动的黏度阻力。反压可增高熔融物的温度，有助于色料更好地混合和物料的均匀。

反压泄料孔 back-pressure relief port 挤出塑模上供泄出余料的孔。

反应型胶黏剂 reaction adhesive; reaction sensitive adhesive 以含有活性基团的线型聚合物或低分子量化合物为黏料的胶黏剂。它在一定条件下可进行化学反应，进一步聚合或交联成线型或体型的固化物。此类胶黏剂品种很多，如以其所用黏料的类型来分，有热固性树脂型、合成橡胶型以及混合型。其中用得最多、最为重要的有环氧树脂胶黏剂、酚醛树脂胶黏剂、聚氨酯胶黏剂、聚丙烯酸酯胶黏剂、有机硅胶黏剂、脲醛树脂胶黏剂以及杂环树脂胶黏剂等；以胶黏剂的形态来分有乳胶、胶液、胶糊、胶粉、胶膜、胶棒；按配制方法及固化条件又可以分为单组分、双组分和多组分等的室温固化和加温固化型等多种形式。这种胶黏剂大部分具有较高的粘接强度和良好的耐水、耐溶剂、耐热等性能，主要用于结构和特种结构胶接。在航空、航天、微电子技术中应用十分广泛。

反应性聚合物 reactive polymer 具有化学反应性的高分子化合物。在高分子链上带有化学活性基团，能进行缩合、氧化-还原、酸碱反应和聚合等。

反应注射成型 reaction injection molding; RIM 把两种或两种以上能发生化学反应的液态物料（单体和预聚物）在高压下混合均匀，立即注射到模具中并同时快速反应而固化得到制品的一种成型方法。由于原料是液态，注射压力低，从而降低了机器合模力和模具造价。与传统的热塑性塑料注射成型的区别在于成型过程的同时发生化学反应；与热固性塑料注射的区别在于使用的是液态物料。优点是节省能源、节省模具，产品质量高。

反应注射拉挤成型 reaction injection pultrusion 又称注射拉挤成型也叫连续树脂传递模塑。

反应注塑互穿网络 reaction injection molding-IPN 反应注塑（RIM）技术与互穿网络（IPN）合成方法相结合制备的一种新型互穿网络（IPN）材料。例如高模量反应注射成型的互穿网络（RIM -IPN）主要是以聚氨酯与玻璃态聚合物如环氧树脂或不饱和聚酯结合的同步互穿网络。

反转冲击试验 reverse impact test 片材的一种试验法，试样的一面用落锤或落体撞击，而在反面检视其破损程度。

返工 rework 对不合格产品采取补救措施，使其能满足原来规定的要求。

返修 repair 对不合格项采取的措施，使其虽然不符合原来规定的要求，但能满足预期的使用要求。注意与返工的不同。

泛白 blush 参见起垩（335页）。

范德华力 van der Waals forces 也叫次价力或分子间力。共价分子内的全部主价键饱和后的物质分子间存在的力。

方差 variance 又称均方差。随机变数 X 与它的平均值 $\overline{X}$ 之差的平方的统计平均值，是随机变量的一个重要统计量。它表示随机变量对它的平均值的离散程度。常用数学符 σX^2 表示随机变量 X 的方差。$\sigma X^2=\overline{(X-\overline{X})^2}$。

方格布 见无捻粗纱织物（456页）。

L-方向 L-direction 又称纵向。对蜂窝芯而言，指蜂窝芯孔格壁材连续的方向。在此方向蜂窝芯不可拉伸或压缩。而横向则相反。另见纵向（548页）。

芳纶1414 见聚对苯二甲酰对苯二胺纤维。其物理力学性能如下表所示。

名称	产地	拉伸强度/MPa	拉伸模量/GPa	断裂伸长率/%	吸湿率(22℃,65RH)/%	密度/(g/cm²)
Kevlar-29	美国	3620	83	4.4	—	1.45
Kevlar-49	美国	3620	124	2.9	4.3	1.45
Kevlar-149	美国	3645	179	1.9	1.2	1.45
Twaron AS	荷兰	3150	80	3.3	7	1.44
Twaron HM	荷兰	3150	121	2	3.5	1.45
CBM	俄罗斯	4000	130	4	—	—
APMOC	俄罗斯	5000	145	3.5	—	—
新品	俄罗斯	7000	200	—	—	—

芳纶Ⅰ 见聚对苯甲酰胺纤维（240页）。

芳纶1313 见聚间苯二甲酰间苯二胺纤维（250页）。

芳纶 aramid fiber 分子链主要由芳香环和酰胺键构成的合成纤维。有芳纶Ⅰ（PRD-49-1）、芳纶1313（Nomex）、芳纶1414（Kevlar）等。参见芳香族聚酰胺纤维（99页）。

芳纶复合材料 aramid fiber composites 以芳纶或其制品为增强体的复合材料。参见芳纶增强树脂基复合材料（99页）。

芳纶增强铝层合板 aramid fiber reinforced aluminum laminates; ARALL 一种性能优良的超混杂复合材料。由芳纶/环氧-铝合金板-芳纶/环氧交替铺叠，经加温加压固化而成的混杂层合板。通常芳纶预浸料为0.2mm。铝合金板厚度0.3mm，经表面处理并涂底胶。这种混杂复合材料具有高的比强度、优异的抗疲劳性和阻尼性，在

1～1000Hz 范围内，声阻尼性能比整体铝板的高 2.3 倍。在纤维方向的极限强度远大于相应的铝合金，且止裂作用明显，损伤容限高。具有抗Ⅱ区雷击的能力。成型工艺和铝合金相似。缺点是剥离强度低，断裂伸长率比铝合金低。已成功用于航空、航天、高速列车等领域。

芳纶增强树脂复合材料 aramid fiber reinforced resin composites 见芳纶增强树脂基复合材料（99 页）。

芳纶增强树脂基复合材料 aramid fiber reinforced resin matrix composites 以芳纶或其织物为增强体，以树脂为基体的复合材料。是一种先进复合材料。织物有平纹、斜纹、缎纹布及其他织物。常用的树脂基体主要是环氧树脂、酚醛树脂，其次是热塑性聚酰亚胺、聚乙烯、聚碳酸酯、聚酯、聚苯硫醚等。这种复合材料具有比强度、比模量高，耐热、耐疲劳、抗蠕变、耐酸、耐碱、耐紫外线、负的膨胀系数及阻燃等特点。比强度、韧性均比碳纤维、玻璃纤维的同类复合材料的高。自振动的衰减性为钢筋的 8 倍，GFRP 的 4～5 倍。耐疲劳性比 GFRP 或金属铝还好。缺点是吸湿性高、横向模量低，压缩和剪切性能差，价格贵。制造可采用纤维增强树脂基复合材料的各种成型方法，如缠绕、低压（袋压、热压罐）、层压、模压成型等。主要用于航空、航天、防弹装甲等军工生产中，如飞机整流罩、舵面、机舱内装饰、火箭壳体、装甲防护等。在造船、体育器材、汽车、建筑等领域也有广泛应用。

芳纶增强塑料 aramid fiber reinforced plastics; AFRP 以芳纶为增强体，以聚合物为基体的复合材料。见芳纶增强树脂基复合材料（99 页）。

芳烃 aromatic hydrocarbon 具有一个或多个苯环结构的一种烃，其性质与苯相似。苯为最简单的芳烃。

芳酰胺纤维 aramid fiber 见芳香族聚酰胺纤维（99 页）。

芳酰胺纤维增强聚合物基复合材料 aramid fiber reinforced polymer composites; AFRP 以芳香族聚酰胺纤维或其制品为增强材料，以聚合物为基体的一种先进复合材料。作为结构材料，其抗压强度比较低。见芳纶增强树脂基复合材料（99 页）。

芳香族化合物 aromatic compounds; aromatic 碳环族化合物的一类。分子中含有一个或多个苯环（或苯核）的不饱和烃。许多具有芳香气味，如苯、萘、蒽及其衍生物。

芳香族聚酰胺 aramid（＝aromatic polyamide） 简称芳酰胺。由聚酰胺（尼龙）衍生，并且引入了芳环结构的一类高取向聚合物。多用来制作高性能纤维、绝缘材料等。详见芳香族聚酰胺纤维（99 页）。

芳香族聚酰胺纤维 aramid fiber; aromatic polyamide fiber 分子结构中芳酰胺链节（—CONH—）占 85% 以上的合成纤维，统称芳酰胺纤维，即芳纶。可分为分四大类：①全对位的聚芳酰胺纤维，代表商品有 Kevlar、芳纶 1414。②加入第三共聚组分的全对位芳酰胺共聚纤维，代表商品为特克努拉（Technora）。这两类纤维均属于高强度、高模量特种合成纤维。③全间位的芳酰胺纤维（聚间苯二甲酰间苯二胺纤维），代表商品为诺梅克斯（Nomex）、芳纶 1313。④含共聚组分，并含甲基取代基的间位芳酰胺纤维，代表商品为 KM-21。前两类属于高强度高模量耐热纤维，适用于常温和高温下需高强度高模量性能的领域；后两类属于耐高温难燃纤维，适用于需耐高温耐热老化和有一定阻燃性的地方。参见聚对苯甲酰胺纤维（240 页）、聚对苯二甲酰对苯二胺纤维（239 页）、聚间苯二甲酰间苯二胺纤维（250 页）。

防老剂 anti-aging agent；antiager 又称老化防止剂。能延缓、抑制高分子材料因热、氧、光、湿气等环境因素的作用而性能降低的物质。按作用可分为抗氧化剂、紫外线吸收剂、耐热和耐挠曲老化剂等，如胺类、酚类或酯类有机化合物。

防流挂剂 anti-sag agents 参见增稠剂（518 页）。

防黏保护层 slip sheet interlinear 施工时加在胶上面的纸或薄膜；胶膜上的保护膜等。

防黏剂 abhesive 参见阻黏剂（550 页）。

防凝剂 anti-gelling agent 防止由溶液形成凝胶的一种添加剂。

防热复合材料 heat-resistant composites 见烧蚀复合材料（377 页）。

防热隐身复合材料 heat-resistant stealthy composites 具有隐身与防热双重功能的复合材料。

防缩夹具 shrinkage jig 参见冷却定型模（281 页）。

防缩模 参见冷却定型模（281 页）。

仿纱罗织法 mock leno weave 一种类似纱罗织物的稀松织物的织造方法，其中经纱并不像真正纱罗织物那样相互交错，而是将经纱分组与纬纱交织，每组之间留出空间。在要求织物既有较高强度又有多孔性的情况下采用这种织法。

仿生复合材料 biomimetic composites 参照生物材料的规律设计并制造的复合材料。由于天然材料是经过亿万年的进化而来，所以其结构通常是优化的，因而按其仿制的复合材料往往会收到极佳的效果，例如仿竹复合材料的弯曲强度比具有同等质量的基体和增强体按均匀分布组成的复合材料提高 81%～103%。仿生复合材料不仅可以参照生物体的结构来设计优良的结构复合材料，同时也可仿效其功能发展功能复合材料。

仿型样板 former plate 附着在编织机上，用于帮助进行折缝定位的一种硬模。

纺纱 spinning 纤维加工成纱线的过程。纺纱过程主要分为两步：①将纤维块松开制成条状；②将纤维条中的纤维牵引并予以适当加捻制成细纱。纺纱的成品是纱或线。

纺丝 spinning 加压聚合物熔体或溶液，使之通过喷丝头形成纤维的工艺过程。纺丝方法包括熔体纺丝、湿法纺丝和干纺丝法。熔体纺丝又可按纺丝速度分为低速纺丝、中速纺丝、高速纺丝和超高速纺丝。

纺丝溶液 spinning solution 溶液纺丝中所用的成纤聚合物溶液。溶液中的溶剂为易挥发的用于干法纺丝，为不易挥发的用于湿法纺丝。溶液中除了高聚物和溶剂外，还掺有降黏剂、稳定剂、消光剂等助剂，以提高溶液的可纺性和成品的质量。

纺织缝合织物 woven stitch fabric 将各种（不同方向）二维织物铺在垂直于厚度方向缝合在一起形成的缝合织物。这种织物在厚度方向强度得到加强。

纺织结构复合材料 textile structure composites 用纺织工艺制得的纤维（纱线）预成型结构作为增强体的复合材料。此类复合材料具有较高的结构完整性、损伤容限和断裂功。其类型包括：二维机织（平纹、缎纹、三轴）织物层合板、二维纺织（偏轴、三轴）织物层合板、针织织物层合板、缝合层合板、三维连锁编织（角连锁、正交连锁）织物复合材料及三维编织（管状、矩形、异形）织物复合材料等。

纺织品 textiles 指由纺织纤维经过纺织及加工的各种制品的统称。按使用领域可分为家用纺织品和产业用纺织品；按生产方式可分为线类、带类、绳类、机织物、针织物和非织造布等；按原料不同主要分为棉型织物、毛型织物、丝型织物、麻型织物和纯化纤织物等。

纺织纤维 textile fibers 用来制造合股纱及通过各种纺织方法能织成机织物、针织物、编织物以及其他织物的纤维或长丝。分天然纤维（包括植物纤维、动物纤维和矿物纤维）和化学纤维（包括人造再生纤维和合成纤维）两大类。

纺织织物增强体 woven fabric reinforcements 用于增强聚合物、金属等材料，产生复合效应，形成复合材料的纺织品。其品种繁多，性能各异，如下图所示。

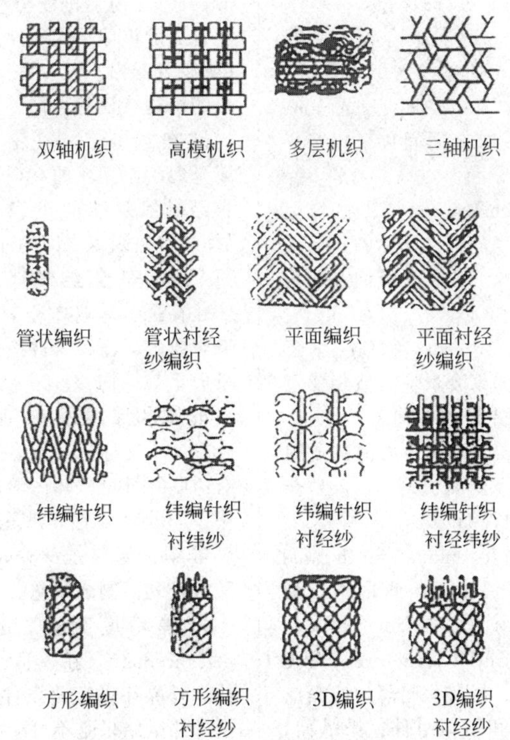

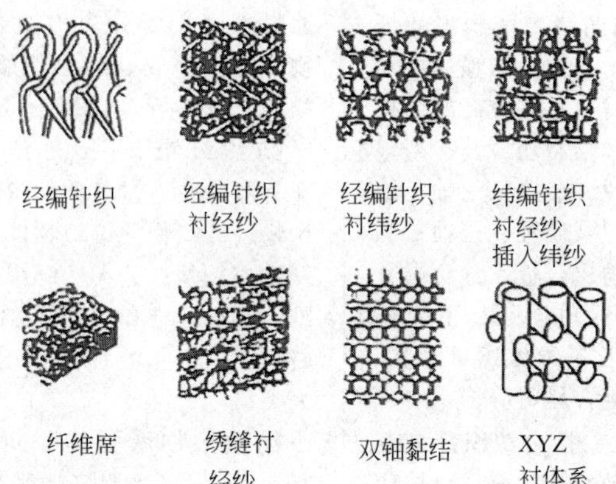

放气 breathing 在模塑初期阶段，借模具瞬间的启闭以便使受热模塑料中的水分、空气和/或固化时产生的水分、其他低分子挥发物放出的操作。

放热 exotherm 在聚合物产品固化期间热的散发或释放。

放热弥散法 exotherm dispersion; XD 参见原位生长金属间化合物基复合材料（514 页）。

放热峰 exothermic peak 试样温度高于参比物温度的峰，即在差热曲线上 ΔT 为正值的峰（如吸热峰词条的附图中 2 峰）。

放热曲线 exotherm 物质化学反应（如浇铸树脂的聚合反应）或相变过程中放热形成的温度-时间曲线。

放射率 emissivity 表面的总放射热功率与同温度下同面积黑体的放射热功率之比。(无损检测)

放射热分析 emanation thermal analysis 在程序温度下，测量物质释放出的放射性物质与温度关系的技术。

飞机结构 aircraft structure 指飞机的机身、机翼、尾翼、起落架、操纵系统的机械组件和结构组件、操纵面、雷达罩、发动机架、发电机短舱、外挂挂架、结构运动机构以及其他承力机构等。

飞机结构完整性 aircraft structure integrity 与飞机安全性、经济性和功能有关的机体结构强度、刚度、耐久性（或疲劳寿命）及损伤容限等飞机所要求的结构特性的总称。

飞数 step number 织物组织（主要是缎纹组织）的一个完全组织内，一根经（纬）纱的组织点与前一根经（纬）纱组织点之间的纬（经）纱根数。

飞行安全结构 safety of flight structure 其破坏会直接导致飞机失事，或破坏已久未被检查出而会造成飞机失事的结构。

非饱和渗透率 unsaturated permeability 又称不饱和渗透率。预先未浸有树脂纤维增强体的渗透率。参见渗透率（380 页）、饱和渗透率（6 页）。

非编织毡 non-woven mat 由纤维随机排列而制成的毡。

非等精度测量 unequal precision measurement 在人员、设备、测量方法和外界环境变化条件下进行的测量。全部测量结果是不可靠的，因此可以认为其中某些测量值比另一些测量值更可靠，在数据处理时，要给予这些测量值以不同的权，称为加权。

非对称层合板 unsymmetrical laminates 一种铺层既不满足对称又不满足反对称的特殊铺层层合板。此铺层在标注时，在铺层编码方括号中必须表明全部铺层或铺层组的铺设顺序，并用下角标 t 表示，例如，$[0/90/\pm45/90/0]_t$。此类层合板会由于固化应力、温度变化或吸湿后产生的应力不具有中面对称性而产生挠曲。绝大多数的复合材料层合板结构不采用非对称的铺层设计。但对于曲面结构，可以通过非对称的铺层设计来满足特定的挠曲度要求。参见对称层合板（87 页）、反对称层合板（96 页）。

非刚性塑料 no-rigid plastic 指在 23℃ 和 50% 相对湿度时依照 ASTM D747 测试，无论是弯曲或拉伸弹性模量均不高于 68.6MPa 的塑料。

非机械应力 non-mechanical stress 通常指由固化和湿热引起的应力。

非纺织缝合织物 nonwoven stitch fabric 将单向纤维纱按一定的方向铺放，再把它们缝合起来制成的多轴向经编织物。这种织构相对于二维的织物结构而言，不仅在厚度方向强度得到加强，而且由于纤维铺放时没有皱褶，纤维强度和模量损失较小，所以，以其作增强体的复合材料具有较高的层间强度和抗冲击能力，纤维方向的强度和模量也有所提高。

非机织织物 见非织造织物（104 页）。

非极性 no-polar 在分子内无电荷集中，因此没有明显的介电损耗，如聚苯乙烯和聚乙烯树脂。

非结构型胶黏剂 non-structural adhesive 粘接强度低，不适用于受力结构件胶接的胶黏剂。

非均相聚合 heterogeneous polymerization 凡是聚合体系在反应进程中单体经聚合后，产物不溶于自身单体或溶剂中的聚合过程。

非均匀性 heterogeneity 在微观程度上组分材料局部的变化；在宏观程度上材料或取向的逐层变化。

非均质的 heterogeneous 表示由可加识别的不同组分所构成的材料和由内部边界区分的不同性质的区域所构成的介质（非均匀材料未必是非均质的）。参见非均匀性（103 页）。

非连续纤维复合材料 见不连续纤维复合材料（25 页）。

非牛顿流体 non-Newtonian fluid 动态黏度随剪切速率变化的流体。

非热压罐成型工艺 autoclave-free molding process; non-autoclave molding; de-autoclave molding 见热压罐外固化成型（361 页）。

非弯折织物 见无皱褶织物（458 页）。

非吸湿性 non-hygroscopic 没有明显吸收和保持空气中湿气（水蒸气）的能力，是反映树脂基复合材料品质的一项指标。易吸湿的复合材料，通常情况下的湿含量（水蒸气）较高。水分的存在会使复合材料基体溶胀、界面破坏，从而导致力学和耐热等性能下降。

非线性缠绕 non-linear winding 导丝头沿芯模轴线方向的运动速度与芯模的旋转速度成非线性关系的螺旋缠绕。

非循环成本 no-recurring cost 在项目全生命周期内仅发生一次的成本，如项目取证成本、构件测试成本和材料鉴定成本等。

非增感胶片 non-screen film 使用或不使用金属屏的 X 射线胶片，不

能与盐类屏一起使用。(无损检测)

非织造织物 non-woven fabric 又称无纺织物、非机织织布、无纺布。松散的纤维、纱线、无捻粗纱不经过整经、捻线、纺纱、织布等工序，而是通过机械、化学、热力或溶解手段的任何组合，实现纤维的粘接和/或连锁制成的布。如连续原丝毡、短丝毡等，整体毡增强体、连续纤维毡增强体等（无纬布）。主要用作增强材料。

沸程 boiling range 标准状态下在产品标准规定温度范围内馏出的体积。

沸点 boiling point 液体受热发生沸腾而变成气体的温度。或者说是气体和它的蒸气处于平衡状态时的温度。一般来说沸点越低，挥发性越大。

沸水收缩率 shrinkage radio in boiling water 材料经沸水处理前后长度的差数对处理前长度的百分率。

费克方程 Fick's equation 有关湿度转移的扩散方程。与热传导的傅里叶方程类似。

分瓣模 split mould 参见分瓣圈式模具（104 页）。

分瓣腔板 split-cavity blocks 为若干嵌段块，当把它们组合起来时，可形成模制具有凹槽塑件用的模腔。

分瓣圈式模具 split ring mold 具有组装在套环内的分瓣模穴板，以使能在模件上形成陷槽的一种塑模。模瓣可从套中推出，然后再脱离塑件。

分别涂覆胶黏剂 separate-application adhesive 由两组分组成的胶黏剂。在使用时，把两组分分别涂在两个黏合体上，当两个黏合体叠放在一起时，就形成胶接接头。如丙烯酸胶黏剂就属此类。

分布 distribution 给出某个值落入指定范围内概率的公式。见正态分布（528 页）。

分步互穿网络 sequential IPN; SIPN 即先将单体Ⅰ聚合成具有一定交联度的聚合物Ⅰ，然后再将它置于单体Ⅱ中充分溶胀，并加入单体Ⅱ的交联剂、引发剂等，在适当的工艺条件下，单体Ⅱ聚合形成交联聚合物网络Ⅱ。

分层 delamination; let-go 层压制品中相邻层的分离或夹层结构中芯子与面板的分离。它可能在层压板固化时或随后使用中的任意时刻出现。可由多种不同原因引起。如受外来物冲击或受剥离载荷作用；制造过程中产生的缺陷（如铺贴夹杂、铺层污染、气泡、挥发物排除不尽；加压时机不当，过早、过晚形成的贫胶、疏松等）。分层可能是局部的，也可能覆盖层压板的大面积，可能发生在复合材料构件的内部、边缘以及孔的周边（见下图）。是层压制品的严重缺陷，直接影响复合材料的强度和刚度，缩短使用寿命。严重的会使产品报废。

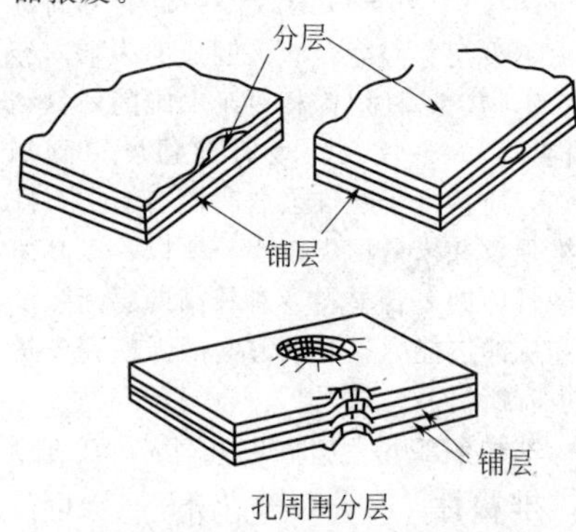

孔周围分层

分层固化 cure by the layer 对厚壁制品分次成型和预固化，最后一次进行完全固化的方法。

分层平均强度 参见节点平均强度（214 页）。

分层线强度 参见节点线强度（214 页）。

分段加热 staging for heat 分几个阶段把物料逐步加热到所需要的温度。分段加热常用于降低下一道压力模塑作业中的树脂流出量。

分级结构 hierarchical structure 指不同尺度或不同形态的多相物质相对有序排列所形成的结构。这种结构对复合材料性能的影响也至关重要。如分级结构陶瓷复合材料，其结构陶瓷涂层韧性可通过不同尺度显微组织的韧化得到提高，即细小颗粒中的剪切滑移和粗颗粒中的位错复合增韧，从而使陶瓷复合材料的韧性显著提高。

分界面 interface 在声接触中两种阻抗特性不同的材料之间的过渡区域。

分开涂胶法 separated application 双组分胶黏剂涂胶时，两组分分别涂于两个被粘物上，将两者叠加在一起即可形成胶接的方法。参见分别涂覆胶黏剂（104 页）。

分离表面 surface of separation 参见界面（221 页）。

分离层 separator 即可剥层。具有分离作用的渗透层，例如多孔聚四氟乙烯涂覆的玻璃布。使用时放在叠料坯与透气层或吸胶层之间，在制品固化完成后可使固化的吸胶层容易从制品上去除。

分流道 runner 注射或传递模塑的多模腔模具中连接主流道和浇口之间的一段流道。

分流道拉料杆 runner puller；runner lock pin 将埋入分流道的一端制成倒锥形或其他形状，用以保证开模时拉住分流道凝料的杆件。

分流梭 spreader；die cone 位于挤出机或注塑机的料筒或口模内的一个流线型金属块，其作用是迫使流过的熔融料分散成薄层而加强传热效果，借以提高塑化能力。此术语有时还指螺杆的平滑混炼头。

分流锥 spreader 设在主流道内，用以使塑料分流并平缓改变流向。一般是带有圆锥头的圆柱形零件。

分散剂 dispersing agent；dispersant 又称扩散剂。能促使某组分分散在介质（水、油、有机溶剂）中，并形成相对稳定悬浮液的一类物质。分散原理是：分散剂吸附在微滴或微粒表面上产生电荷排斥力或空间位阻，降低了微滴（粒）间的黏结力，从而防止附聚或絮凝，使分散体系处于稳定状态，保证聚合反应正常进行，保持分散状态持久不变，其乳液或悬浮液产品在储存期内不分层、不团聚、不沉淀。例如，水溶性无机分散剂一般是电介质，溶于水后吸附在微粒表面上，由于排斥和阻隔作用，使微粒均匀地分散于介质之中；而水溶性高分子吸附在微粒表面，形成一层保护膜，起着保护胶体的作用。同时也有空间位阻作用，阻碍微滴之间的相互结合，有效地避免附聚和絮凝，使乳液或悬浮液得以稳定。传统的分散剂在水介质中有很好的分散效果，但对固体微粒在非水体系中的分散性不佳。而非水体系用高分子量分散剂，因其独特的分散效果（因此被称为超分散剂），对溶剂型胶黏剂中填料的稳定存在很有价值。超分散剂平均分子量 1000～10000，分子结构中含有性质不同的两部分，其一为锚固基团；其二为溶剂化链。当微粒吸附有超分散剂而互相靠近时，就会由于溶剂化链空间障碍相互弹开，从而确保微粒在介质中的稳定性。超分散剂主要有聚酯主链结构的活性衍生物、聚氨酯、接枝丙烯酸共聚物等 3

类。超分散剂是现代分散剂的主流产品，其品种有：①含取代氨端基的聚酯分散剂；②聚(羟基酸)酯类分散剂；③低聚皂类分散剂；④水溶性高分子分散剂。主要品牌有：杜邦公司的 AB 型、ABA 型；丹麦 KVK 公司的 L4744；国内有 DA-50、NBZ-3、PD-5、WH-1 等。

分散聚合（作用） dispersion polymerization 在分散体系中进行的一种聚合。单体的分散是借较高浓度的分散剂和机械搅拌进行的。聚合完毕的分散体系有时直接用作胶黏剂、涂料等。

分散体 dispersion 一种或几种细微分散物质均匀分布在另一种物质中所形成的稳定多相物系。

分散体胶黏剂 dispersion adhesive; adhesive dispersion 一种黏料通过物理方法悬浮分散于水或有机溶剂中的两种物相分散体。参见乳液胶黏剂（369 页）。

分散相 disperse phase 在悬浮液中，分散相是指分散于液体介质中的固体材料粒子。液体介质被称为连续相。

分特 dtex 参见特克斯（439 页）。

分涂胶黏剂 separate application adhesive 又称双组分表面活化胶黏剂。使用时无须把两组分混合，而将其分别涂覆于两被粘物表面，贴合后即可固化的双组分胶黏剂。其操作简便、易控制、固化速度快（几秒到几分钟），为丙烯酸酯所独有。主要用于汽车、火车、电机、船舶及家具制造等领域。

分型面 parting line 模具用以取出塑件和/或浇注系统凝料的可分离接触表面。

分子 molecule 能独立存在并保持原物质一切特性的最小单位。

分子复合材料 molecular composites 以刚性棒状高分子为增强体在分子水平上与柔性聚合物复合而成的复合材料。如聚对亚苯基苯并二噻唑（PBZT）增强的高性能尼龙、聚醚醚酮及聚酰亚胺等。

分子间力 intermolecular force 又称物理力、次价键力。是分子间和分子内未键合的原子基团间相互作用的结果。包括范德华力和氢键。

分子量 见相对分子质量（471 页）。

分子量分布 见相对分子质量分布（471 页）。

分子取向 molecular orientation 见取向（346 页）。

分子筛 molecular sieves 能吸收其他材料分子的多孔性矿物颗粒，例如沸石。在塑料中分子筛用作发泡剂的载体，适当加热可使发泡剂按需要速率释出。

分子自增强聚合物 molecular self-reinforced polymer 在一定条件下能形成高强度、高模量的微纤以增强自身的聚合物。热致液晶聚合物（TLCP）属于此类。这类聚合物有足够的链刚性，可产生高的刚度和强度，同时又有足够的链柔性，可加热熔融。TLCP 结构上含有由相互平行排列的液晶分子构成的微区。这些微区在无外力作用时排列是无规则的，当受到外力场作用时，微区则沿外场取向，形成微纤化结构。TLCP 分子链的刚性可以使已生成的微纤保持一段时间的无明显松弛回缩和破裂，当熔体冷却成固体后仍保持微纤化结构，使材料具有明显的自增强效果。这种自增强特性多用于制造自增强聚合物共混物和复合材料。如将它与热塑性树脂一起熔融共混，可以降低热塑性树脂的熔体黏度，起加工助剂的作用，又可以在基体树脂中形成微纤，起增强体的作用。

酚 phenol 又称石炭酸。一个或多个羟基直接连接于苯环的一类芳族有机化合物。

酚醛 phenolic 见酚醛树脂（107 页）。

酚醛环氧树脂 phenolic epoxy resin 环氧化合物与线型酚醛树脂在氢氧化钠催化下缩聚而成的聚合物。属多酚型缩水甘油醚环氧树脂。在室温下通常是高黏度半固体，平均聚合度 $n=1\sim3$。可用胺、酸酐、路易斯酸及咪唑固化剂固化。兼有酚醛树脂和双酚 A 环氧树脂的优点。固化物的性能以官能度为 4.0 的最好，固化温度对其固化物的性能影响较大：在 150℃以下固化的热变形温度与双酚 A 环氧树脂的相近，但经过 177℃固化的酚醛环氧树脂耐热性可明显提高，热变形温度较双酚 A 环氧树脂的提高 30～80℃。它与双酚 A 环氧树脂不同的是，随着 n 的增加，分子量增大，软化点升高，环氧基也随之增多，交联密度增大，耐热性提高。国产牌号有 F44、F48、F51 等。参见环氧树脂（174 页）。

酚醛环氧树脂基复合材料 epoxy phenolic resin composites 以酚醛环氧树脂为基体的复合材料。这类复合材料的耐热性介于环氧树脂和酚醛树脂基复合材料之间，成型工艺性较酚醛树脂的好，产品收缩率亦较低。缺点是脆性较大。成型方法没有特殊限制，环氧树脂基复合材料的成型方法均适用。可作为耐热结构材料用于航空、航天及一些民用工业。参见酚醛环氧树脂（107 页）。

酚醛-聚乙烯醇缩醛胶黏剂 phenolic-polyvinyl acetal adhesive 以聚乙烯醇缩醛改性的酚醛胶黏剂。其特点是机械强度高、柔韧性好，耐寒、耐大气老化。是飞机通用结构胶黏剂之一，用以胶接蜂窝夹层结构材料。用于各种民机和运输机的制造；在汽车制造、印刷电路等领域也大量使用。

酚醛泡沫体 phenolic foams 有两种基本类型的酚醛泡沫体：结构型与反应型。结构型泡沫体系中空的酚醛树脂微球混以聚酯或环氧树脂，使呈稠厚的油灰状。此类泡沫体可用抹灰法抹加于表面或抹入或压入蜂窝状夹层结构中；反应型泡沫体通过加热含水的酚醛树脂液、发泡剂、酸性催化剂与表面活性剂而制成，酸与酚醛树脂反应放出的热使发泡剂和水蒸发，从而在树脂熟化过程中生成泡沫结构。

酚醛清漆树脂 phenolic novolaks 由酚与醛（通常为甲醛）按不到一摩尔酚配一摩尔醛的比例，在酸性催化剂作用下反应而生成的热塑性可溶性树脂。如加入亚甲基反应剂，亚甲基键与苯环产生交联，因而树脂能与二元胺或二元酸（例如六亚甲基四胺）反应而生成热固性不溶树脂。如不加入含亚甲基的物质，树脂保持永久的热塑性。

酚醛树脂 phenolic resin；phenolics；phenoplast 以酚类或其衍生物与醛类或酮类缩聚而成的一类树脂。其中以苯酚和甲醛制得的苯酚-甲醛树脂（PF）最重要。分热固性酚醛树脂（resol）和线型热塑性酚醛树脂（novolac）两大类。热固性的溶于丙酮和酒精，受热自固化，也可在树脂中加入无机酸（如盐酸）或有机酸（如对甲苯磺酸）进行固化；线型热塑性的溶于溶剂，加热能熔化，但不能固化，必须加入固化剂（如六亚甲基四胺）才能固化。特点是固化物刚性好、冷流性小、尺寸稳定，耐热、耐燃、耐烧蚀、耐溶剂，吸湿性低，电性能好，成本低。主要用于电器组件、机械零件及耐烧蚀材料等。

酚醛树脂 A 见甲阶酚醛树脂（200 页）。

酚醛树脂 B 见乙阶酚醛树脂（494 页）。

酚醛树脂 C 见丙阶酚醛树脂（15 页）。

酚醛树脂复合材料 phenolic resincomposites 见酚醛树脂基复合材料（108 页）。

酚醛树脂基复合材料 phenolic resin matrix composites 以酚醛树脂为基体的复合材料。主要以无机或有机粉状填料、短纤维、玻璃纤维及其制品为增强体，较少采用碳纤维、芳纶等为增强体。酚醛树脂基复合材料具有很高的耐热性，可在 200℃下使用；抗蠕变性、尺寸稳定性、阻燃性、耐磨性、耐腐蚀性、耐烧蚀性以及介电性能（GFRP）也很好。缺点是成型过程中有低分子挥发物产生，制品收缩率高，脆性大，通常需在高温（＞160℃）高压（2～20MPa）下成型。作为耐热、隔热结构材料、绝缘材料（GFRP）以及防腐材料广泛用于航空航天、机械制造、电子电器、建筑、化工等领域。参见酚醛树脂（107 页）。

酚醛树脂胶黏剂 phenolic resin adhesive 以酚醛树脂为基料的胶黏剂。可分为钡酚树脂胶、醇溶性酚醛树脂胶和水溶性酚醛树脂胶。其粘接力强，耐高温，在 300℃下仍有较高强度。但其脆性大，剥离强度低，限制了用途。用某些柔性高分子如橡胶、聚乙烯醇缩醛、聚酰胺等进行改性，可制得一系列柔韧且耐高温的胶黏剂。如酚醛-橡胶胶黏剂、酚醛-聚乙烯醇缩醛胶黏剂、酚醛-有机硅树脂胶黏剂。水溶性酚醛树脂胶黏剂用于木料、泡沫塑料等；改性酚醛树脂胶黏剂作为结构胶用于火箭、飞机、汽车、船舶及拖拉机等行业。

酚醛树脂结构胶黏剂 phenol-formaldehyde resin structural adhesive 以酚醛树脂为基料掺混高分子增韧剂（如热塑性树脂）的胶黏剂，如酚醛-丁腈胶黏剂、酚醛-聚乙烯醇胶黏剂等。此类胶黏剂胶接强度高、有一定柔韧性，耐溶剂、耐温性好。在金属结构胶接中占有重要地位。主要用于飞机、汽车和拖拉机等结构。

酚醛塑料 phenolic plastics 以酚醛树脂为基材的塑料。参见酚醛树脂（107 页）。

酚醛-橡胶胶黏剂 phenolic-rubber adhesive 以橡胶改性的酚醛树脂胶黏剂。该胶黏剂兼具酚醛树脂和橡胶两者的优点：韧性好、耐温等级高、黏合力强，剥离强度在结构胶中也比较高，对许多金属和非金属都有很好的粘接力。主要用于汽车绝缘材料与顶棚、刹车片摩擦材料的黏合，飞机结构材料胶接和整体油箱密封等。主要品种有酚醛-丁腈胶黏剂（200℃下剪切强度保持率 50%）、酚醛-氯丁胶黏剂以及酚醛-羧基丁腈胶胶黏剂（可在 250～300℃下使用）、酚醛-氟橡胶胶黏剂等。酚醛-氟橡胶胶黏剂还可用于通常难以粘接的材料的粘接，如氟塑料、聚乙烯以及金属和氟塑料的粘接等。

酚醛-有机硅树脂胶黏剂 phenolic-silicone adhesive 由有机硅树脂和酚醛树脂配合而成的一种改性酚醛胶黏剂。可在 230℃下长期工作，400℃左右短期工作，但强度不高。用于不锈钢、铝合金、层合塑料等的黏合和高温密封。

粉合料 powder blend 见干混料（136 页）。

粉末冶金法 powder metallurgy 用金属（或非金属）粉末及适量增强材

料均匀混合，经冷压成型和热压烧结，得到具有所需形状和性能的材料与制品的工艺的方法。

粉末预浸料 powder prepreg 使树脂粉末吸附到加热的纤维或织物上制备的预浸料。主要用于制备热塑性树脂和高熔点难溶解树脂的预浸料。制造的方法可分为粉末静电法和粉末悬浮法。粉末静电法是在连续运动着的纤维表面沉积已带电的树脂粉末，用辐射加热等方法使聚合物粉末永久性地黏附在纤维表面上。此法不会引起纤维/树脂界面应力，也不会因聚合物在高温下持久时间过长而导致性能退化。但需要事先将高聚物研磨成非常细微的颗粒，其典型的粒子大小是 240μm、110μm 和 80μm，以及超细颗粒粉末。粉末悬浮法通常又可分为水相悬浮和气相悬浮两种。前者是在水中悬浮的树脂颗粒黏附到连续运动着的纤维上。后者是细度为 10～20μm 的聚合物颗粒在流化床中悬浮，聚合物颗粒附着在连续纤维上，随即套上护管，使粉末不再脱离纤维表面。粉末悬浮法也适合于热固性树脂预浸料的制备。下图为粉末静电法制备预浸料的示意图。

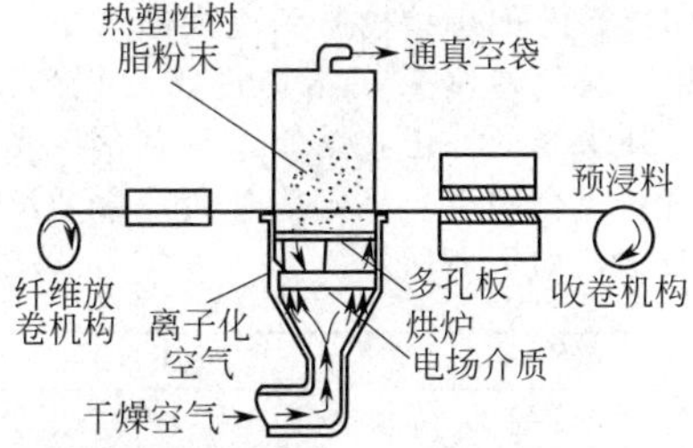

粉状胶黏剂 powder adhesive 由树脂制成的不含溶剂、在室温下是粉状的胶黏剂。主要是水溶性胶黏剂。用时用溶剂（主要是水）调成糊状或液体。常用的品种有醋酸乙烯酯、丙烯酸酯、淀粉、虫胶等。

风挡 windshield；windscreen 飞行员前方用于防止气流和鸟撞等直接伤害人体的整流保护结构。

风蚀 erosion 指飞行时飞机迎风面的结构受到气流中尘埃、雨点的吹蚀或磨蚀作用而产生的损伤。

封边件 edge close-outs 位于夹层板周缘端面的加强件。其作用是防止夹层板的损伤，或作为夹层板与其他支撑件、板件相连接的过渡件。

封存性固化剂 blocked curing agent 一种暂时失去活性的固化剂或硬化剂，可以按要求以物理或化学的方法使其重新活化。

封头 见拱头（长丝缠绕）(149 页)。

峰 peak DTA 曲线从基线先离开而后又回到基线的部分［见“差热曲线”词条图（a）中 *BCD*（41 页）］。

峰高 peak height 垂直于温度轴或时间轴自峰顶（*C*）至内插基线的距离［见“差热曲线”词条图（a）中的 *CF*（41 页）］。

峰宽 peak width 离开基线点至回到基线点间的温度或时间的间隔［见“差热曲线”词条附图（a）中 $B'D'$（41 页）］。

峰面积 peak area 差热分析曲线上峰和内插基线间所包围的面积［见“差热曲线”词条附图(a) 中的 *BCDB*（41 页）］。

峰值断裂功 见“终值断裂载荷”词条附图（a）中 *abc* 下所包围的面积（A＋B）(536 页)。

蜂窝 honeycomb 用树脂浸渍的片材（纸、玻璃纤维织物等）或金属薄片做成的具有貌似蜂巢的六角形格子制品，多用作夹层结构的芯子。

蜂窝板 cellular board 以蜂窝为芯材的夹层板。覆面材料可用旋切单板、刨制薄木、胶合板、纤维板、装饰板等。广泛用于家具工业、建筑工业、车辆制造、船舶制造等；航空航天结构覆面材质多为铝合金、不锈钢和复合材料等。

蜂窝材料 见蜂窝（109 页）。

蜂窝夹层结构 honeycomb core sandwich structure; honeycomb sandwich structure 由厚度薄、强度和模量高的面板（蒙皮）与轻质蜂窝芯材通过胶黏剂粘接而成的层状复合结构，如右图所示。蜂窝夹层结构具有夹层结构的一般特点，比常规金属结构具有更高的比强度、比刚度和弯曲刚度。能够承受双轴向压缩载荷，抗裂纹扩展和断裂韧性好。自身具有一定的刚性，一般不需要加强筋件加强。具有良好的隔热和隔音性能，较强的抗震、抗冲击、抗疲劳性能。与机械连接结构相比，没有铆钉、螺钉等金属连接件，产品表面光滑，节约工时，减轻重量（一般可获得15%～30%的减重效果）。通常按蜂窝材质的类别进行分类，如金属蜂窝夹层结构、玻璃布蜂窝夹层结构、纸蜂窝夹层结构等。其面板材料和蜂窝芯材料可以是相同的，也可以是不同的。航空、航天用蜂窝夹层结构常用的面板材料有铝合金板、不锈钢板、碳纤维复合材料、玻璃纤维复合材料、有机纤维复合材料等。常用的蜂窝芯材有玻璃布、铝箔、不锈钢、芳纶纸（如 Nomex）、牛皮纸等。蜂窝夹层结构成型方法有一步法共固化和二步法共固化。该结构是一种特轻材料，已在航空航天产品上得到大量应用，如飞机的翼面、舵面、舱门、地板、雷达罩，火箭的仪器舱、卫星天线反射器等；在舰船、火车、地铁、汽车、建筑、体育用品等领域也得到广泛应用。参见蜂窝芯（112 页）、共固化（150 页）。

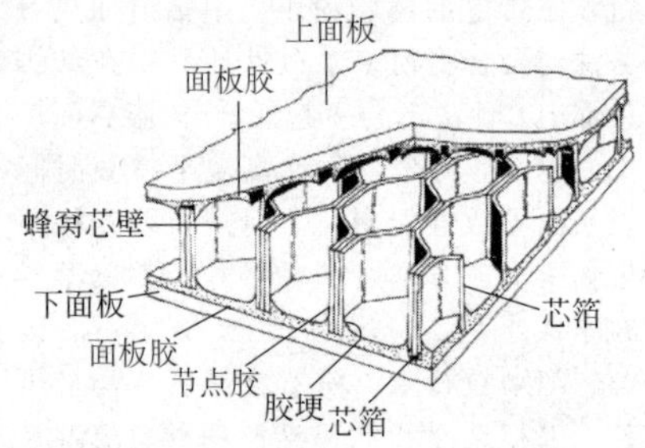

蜂窝夹层结构凹坑 dents on honeycomb sandwich 复合材料蜂窝夹层结构件由于受到不当外加载荷、外来物的撞击，在表面所出现的凹陷损伤。产生的主要原因有：①蜂窝芯的耐压强度不够，当受到过大的压缩载荷时，蒙皮和蜂窝芯同时下陷，形成凹坑。②如果结构受到过大的弯矩作用，会使蜂窝夹层结构件压缩损伤。③外来物的冲击，维修工具跌落、飞机在飞行中发生鸟击等都会产生凹坑损伤，如下表所示。

模式	原因	模式	原因
总体屈曲	壁板厚度不够或芯子剪切刚度不够	面板起皱 胶接破坏 芯子压缩破坏	面板如在“弹性基体上的平板”那样出现屈曲，屈曲可能向内，也可能向外，这取决于芯子压缩和胶层平直拉伸的相对强度
剪切折曲	有时发生在总体屈曲之后，并且是总体屈曲的结果。其原因是芯子的剪切模量低，或者胶黏剂的剪切强度低		

续表

模式	原因	模式	原因
芯格间的屈曲(凹陷) 蜂窝芯子 面板向芯格内凹陷	出现在面板很薄而芯格大的情况下。这一作用会扩展到相邻的芯格,并导致面板起皱,造成夹层结构的破坏	横向剪切破坏	芯子剪切强度不够,或者整个壁板的厚度不够
		芯子因面板弯曲而被压扁	芯子平直压缩强度不够,或者梁的翘度过大
面板破坏 面板拉伸破坏 压缩面分离	最初破坏可能出现在受压缩面板,也可能出现在拉伸面板。原因是壁板厚度不够,面板强度不够,厚者层间分离	芯子局部压塌	芯子的压缩强度低

蜂窝夹层复合材料 honeycomb core sandwich composites 由面板（蒙皮）与蜂窝芯材组成的层状结构复合材料。详见蜂窝夹层结构（110 页）。

蜂窝夹层结构胶黏剂 adhesive for honeycomb sandwich structure 制造蜂窝夹层结构所用的胶黏剂体系，包括面板与蜂窝芯胶接用胶、制造蜂窝芯用芯条胶和面板用的底胶。这种胶黏剂一般是以热固性树脂为基料，用热塑性树脂或弹性体增韧的热固性树脂。常用的有环氧-丁腈、酚醛-环氧、酚醛-缩醛及双马来酰亚胺、聚酰亚胺等。其形式多样，有膜状、粉状、糊状及溶剂胶等。根据固化温度分为室温固化、中温固化和高温固化胶黏剂。

蜂窝夹层结构设计 design for honeycomb sandwich structure 夹层结构设计通常根据以下基本原则：①面板的厚度以设计载荷的应力来确定；②芯子必须达到足够的厚度、足够的剪切刚度和强度，以保证在最大设计载荷下不致出现夹层结构整体屈曲、过度挠曲和剪切破坏；③芯子应有足够高的弹性模量，夹层结构应当具有足够高的平拉和压缩强度，以保证在最大设计载荷时，任一面板不出现起皱现象；④蜂窝芯格尺寸应该小到足以保证芯子格孔处面板不发生凹陷；⑤面板和芯子胶接的胶线应形成胶瘤，以扩大面板-芯子的胶接面积；⑥根据产品使用环境选择相应的蜂窝芯，如在大气层外工作的结构应该选用有孔蜂窝芯。

蜂窝节点 honeycomb node 蜂窝芯格子壁间的胶接面。如 112 页图所示。因为节点是由胶黏剂粘接而成，质量敏感因素多，容易出现问题，如操作时过度拉伸引起的开胶。节点并排

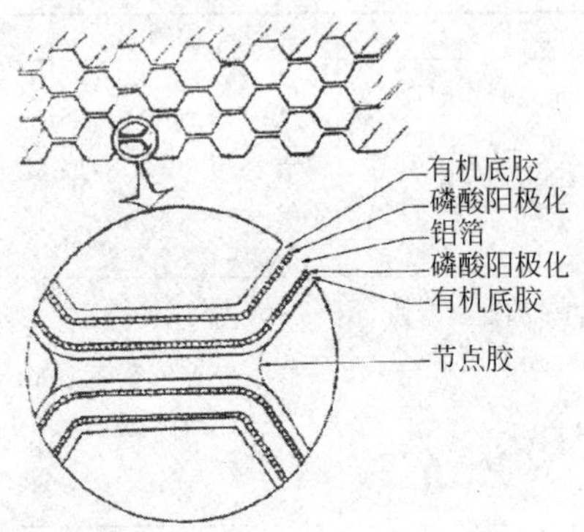

的方向的强度较其长度方向的弱，所以在设计、应用过程中应予以考虑，特别是型面精度要求高的产品，必须把面板和蜂窝芯的方向性同时考虑在内。

蜂窝芯　honeycomb core　用金属箔材（铝合金、不锈钢、钛合金）、玻璃布、芳纶纸等骨架材料和胶黏剂制成的蜂窝状轻质结构材料。如下图所示，广义的蜂窝芯格子有正六角形、扁六角形、菱形、矩形及正弦曲线形等。其中正六角形的蜂窝芯稳定性高，制造简便，应用最普遍。其结构参数有边长（a）或孔径（$D=1.73a$）、壁厚、高度和容重等如113页图所示，按其采用材料不同分为铝箔蜂窝芯、玻璃布蜂窝芯、芳纶纸蜂窝芯（Nomex）等，如113页表所示。其中的铝蜂窝芯力学性能高、耐久性好、导热，但工艺复杂；芳纶纸蜂窝芯的质量轻，有足够的压缩、剪切强度，良好的疲劳强度和良好的介电性能及透电磁波性能，且成本高；玻璃布蜂窝芯的介电性能和透电磁波性能优良，比芳纶纸蜂窝芯容重大，且成本低。铝蜂窝芯按用途可分为两种：格壁有孔蜂窝芯和格壁无孔蜂窝芯。有孔蜂窝芯的出现基于以下两个原因：①在蜂窝夹层结构发展的初期，蜂窝夹层结构在固化时胶黏剂中有低分子物挥发逸出，并随着温度升高，使蜂房

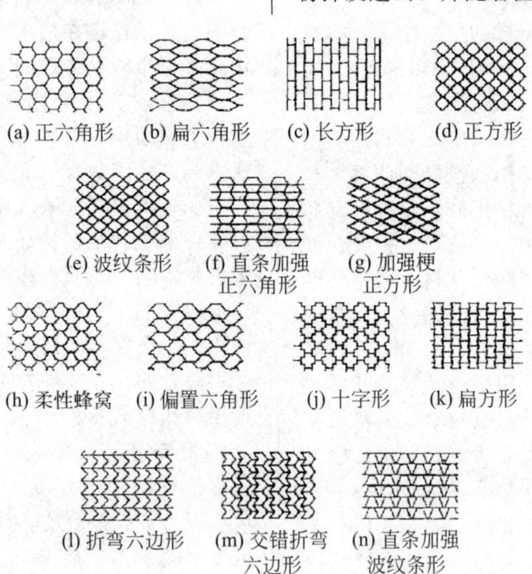
(a) 正六角形　(b) 扁六角形　(c) 长方形　(d) 正方形
(e) 波纹条形　(f) 直条加强正六角形　(g) 加强梗正方形
(h) 柔性蜂窝　(i) 偏置六角形　(j) 十字形　(k) 扁方形
(l) 折弯六边形　(m) 交错折弯六边形　(n) 直条加强波纹条形

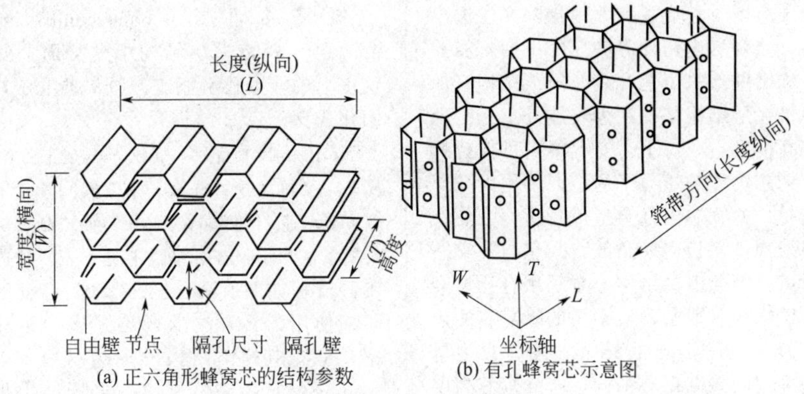

(a) 正六角形蜂窝芯的结构参数
(b) 有孔蜂窝芯示意图

六角形蜂窝态的几何参数

常用蜂窝芯材的特性

芯材和类型	强度/刚度	最高使用温度/℉	典型产品形式	密度/pcf③
5052-H39 及 5056-H39 滤芯材	高/高	350	六角形芯材 柔性芯材①	1～12 2～8
3003 铝民用型六角形芯材	高/高	350	六角形芯材	1.8～7
玻璃织物增强酚醛	高/高	350	六角形芯材 柔性芯材① 过拉伸芯材②	2～12 2.5～5.5 3～7
斜纹玻璃织物增强酚醛	高/很高	350	六角形芯材 过拉伸芯材②	2～8 4.3
斜纹玻璃织物增强聚酰亚胺	高/高	500	六角形芯材	3～8
芳纶纸 (Nomex)增强酚醛	高/中	350	六角形芯材 柔性芯材① 过拉伸芯材②	1.5～9 2.5～5.5 1.8～4
芳纶纸(Nomex)增强聚酰亚胺	高/中	500	六角形芯材 过拉伸芯材②	1.5～9 1.8～4
芳纶纸增强酚醛树脂(Corex)	高/高	350	六角形芯材 柔性芯材①	2～9 4.5
芳纶织物增强环氧树脂	高/中	350	六角形芯材	2.5
斜纹碳布增强酚醛	高/高	350	六角形芯材	4

①112 页图(h)；②112 页图(c)；③1pcf＝16kg/cm^3。

内压力增大。为了有效地排除挥发逸出物，使蜂房内与外界的压力平衡，需要在蜂窝壁上打工艺孔。②航天结构（如卫星夹层结构件）在大气层外工作时处于高度真空状态下，有孔蜂窝可保持蜂窝夹芯内外的压力平衡。而采用无孔蜂窝时，蜂窝芯内部会形成正压，会使夹层结构件面板向外凸鼓，甚至与蜂窝芯剥离。因此卫星结构上常采用有孔蜂窝夹层结构。通常，最常用的蜂窝芯的边长为 3mm、4mm、5mm 三种。在卫星上采用的蜂窝夹层结构，若蜂窝芯高度大于 10mm，一面壁上的工艺孔应超过两个，孔径一般为 0.3mm（不应超过 0.5mm)。蜂窝芯是夹层结构的理想芯材，广泛用于现代造船、航空、航天及建筑等领域。

蜂窝芯拼接　honeycomb core splicing　采用缝合或发泡等方法将小块蜂窝芯按照要求连接成大块蜂窝芯的一种工艺方法。

蜂窝芯印痕　honeycomb core markoff　蜂窝夹层结构中贴袋面一侧蒙皮上的蜂窝孔格痕迹。通常发生在共固化成型。

Nomex 蜂窝芯　Nomex honeycomb core　又称芳纶纸蜂窝。是以聚间苯二甲酰间苯二胺纤维纸（NOMEX 纸）制成的蜂窝芯。Nomex 412 纸性能见下表，制造工艺流程如图所示，能在 160℃温度下长期使用，具有高的撕裂强度和延伸率，是制造蜂窝结构的理想材料。以 Nomex 蜂窝为芯材制成的夹层结构具有比强度、比刚度高，抗冲击，良好的抗腐蚀性、自熄性、减震性、抗疲劳和热稳定性，以及优良的绝缘性和透电磁波等一系列特性。能与玻璃纤维、芳纶、碳纤维等复合材料面板、铝合金面板胶接成蜂窝夹层结构，在航空航天器上得到广泛应用。Nomex 蜂窝芯有正六角形、斜方形、正方形、菱形等。目前应用最多的是正六角形蜂窝芯。

材料	厚度/mm	拉伸强度/(N/mm)		断裂力/N		断裂延伸率/%	
		经向	纬向	经向	纬向	经向	纬向
Nomex 412	0.13	147	91	290	480	17	14

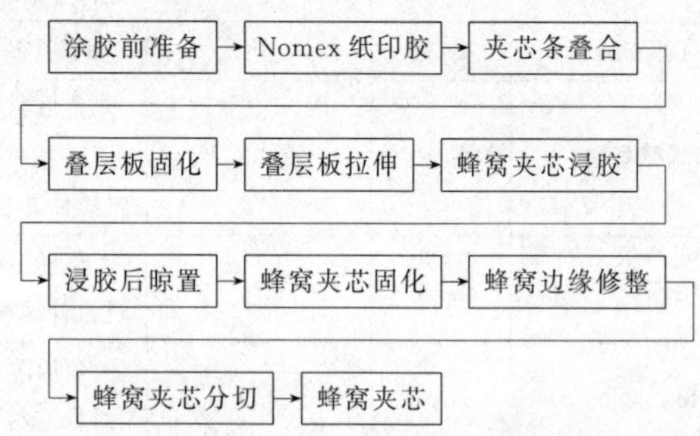

缝编毡　stitched mat　用线圈结构缝合而成的（玻璃）纤维毡片。

缝合　stitching　将不同干态织物层用细线缝起来制成一定形状的，或将缝合连接起来制成更复杂缝合体的技术。例如，制造大型加筋蒙皮壁板，先将蒙皮和加筋分别铺放并缝合，然后再将二者缝合到一起成为加筋蒙皮壁板预成型件，如下图所示。按缝合针脚的不同，缝合分为链式缝合工艺和锁式缝合工艺。这种技术可提高织物的可操作性及其复合材料的层间强度和损伤容限。采用缝合技术制造复杂大型零部件，可以避免大量连接和装配问题，从而降低制造的总成本，提高复合材料的层间剪切强度和冲击后压缩强度。缺点是缝合时纤维损失较大，使复合材料静态强度有一定损失。

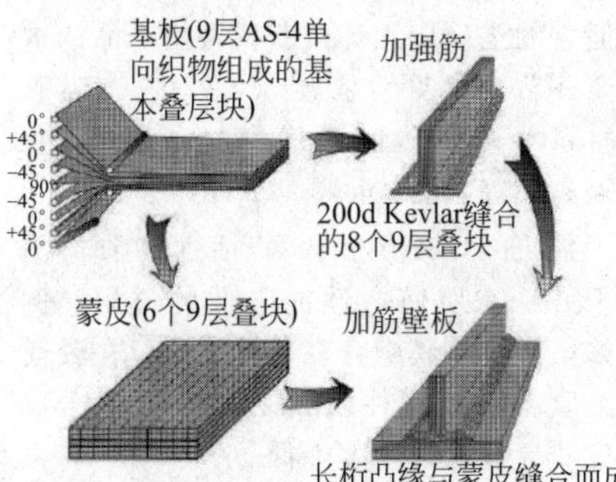

缝合线 stitching thread 用于缝合由单丝制成的，具有高强度、光滑的丝束。如涤纶、芳纶、玻璃纤维以及碳纤维等。

缝合织物 sewed fabric; stitched fabric 用纤维将多层二维平面织物沿厚度方向缝合而成的三维织物。包括纺织缝合织物和非纺织缝合织物两种，如下图所示。这种织物构型的增强体相对二维平面织物而言，明显加强了厚度方向的性能。改善了抗分层和裂缝扩展的能力，其复合材料具有较高的层间强度和抗冲击能力。参见缝合（114 页）。

(a) 三维纺织工艺

(b) 典型三维织物单元

缝合织物增强体 sewed fabric reinforcements 参见缝合织物（115 页）。

缝纫强力 seam strength 在规定条件下，使织物缝纫处断裂所需的力。

呋喃树脂 furan resins 主要由糠醇，有时配以甲醛或糠醛在强酸作用下经缩聚而制得的暗色热固性树脂。此术语亦包括苯酚与糠醇或糠醛缩聚而制得的树脂，以及糠酮聚合物。此树脂用作浸渍熟石膏构件，铸造砂型的胶黏剂，胶合烈性炸药，以及木材胶黏剂。固化后的树脂显示良好的耐化学品性及耐溶剂性。

呋喃树脂胶黏剂 furan resin adhesive 以呋喃树脂为基料的胶黏剂。具有优异的耐化学药品性（盐酸、硫酸、苛性钠、氨水等），较好的耐热性。但脆性大。可用于耐酸瓷砖、耐酸槽衬里、石墨成型材料及陶瓷等的粘接。

呋喃塑料 furan plastics 以呋喃树脂为基材的塑料。参见呋喃树脂（115 页）。

弗里德-克拉夫茨催化剂（烃化催化剂） friedel-crafts catalysts 一类强酸性金属卤化物，如氯化铝、溴化铝、三氟化硼、氯化铁与氯化锌等，用于不饱和烃类的聚合反应等。

氟化乙丙烯 fluorinated ethylene propylene; FEP 一种氟碳类共聚物。由四氟乙烯和六氟丙烯共聚而成。它具有聚四氟乙烯的绝大部分性能和足够的熔融黏度，可以用传统的热塑性塑料工艺加工。一般用作脱模布或薄膜。

氟树脂 见碳氟树脂（418 页）。

氟塑料 fluoroplastics 由带有氟原子的单体自聚合或与其他不含氟的不饱和单体共聚制得的聚合物为基材的塑料。该族树脂为全部氢或部分氢原子被氟原子取代的链烷烃聚合物，但其结构中也可含氯原子。该族树脂的共同特性是：化学惰性突出、耐 218～278℃ 的温度、摩擦系数低、电性能良好、渗透性低、吸湿性实际为零，以及耐候性和耐臭氧性优良。

浮长 float 织物一根纱在相邻两个经（纬）组织点之间的纱线长度。参见跳花（442 页）。

浮动压板 floating platen 又称中间压板。在层压机的动压板和定压板之间设置的一块从动板。

浮纱 float yarn 织物中经纱或纬纱伸展到某一处，应该交织而未交织的纱线。

辐架 die spider 又称多脚架。在挤出模塑中，指机头及塑模集组中支承芯棒的筋架。

辐射 irradiation 指采用各种“亚原子粒子”，一般为 α、β 或 γ 射线对塑料的照射轰击。用于引发塑料聚合或共聚，有时带来塑料物理性能的改变。

辐射工艺 radiation process 利用高频辐射或电子束辐射对热固性树脂体系进行加热固化或使热塑性树脂软化的一种工艺。

辐射固化 radiation curing 利用电子波辐射引发树脂固化体系产生交联反应的过程。参见辐射工艺（116 页）。

辐射聚合（作用） radiation polymerization 用辐射线（如 γ 射线、β 射线、α 射线等）引发单体进行的一种聚合。

辐射屏蔽功能复合材料 radiation shielding functional composites 由吸收放射性射线、粒子的材料与基体复合的或再用增强体与上述材料进行复合的复合材料。具有吸收辐射功能的材料有金属铁、钨、铅等。

X 辐射线 X-radiation 由带电粒子（例如电子）的能量的核外损耗所产生的电磁辐射，其波长比紫外辐射的波长短。（无损检测）

辅助材料 auxiliary material 在复合材料成型过程中，为保证制品质量与工艺正常进行所必需的、不进入制品的耗材。如真空袋薄膜、脱模剂、可剥层、隔离膜、吸胶材料、透气材料、密封胶带等。辅助材料尽管不进入产品，但它的正确应用却是获得合格产品的重要环节。参见可剥层（266 页）、吸胶材料（460 页）、透气材料（445 页）、隔离膜等（144 页）。

腐蚀 corrosion 一活性物质作用于另一物质使之性能降低的过程。例如，由于胶膜中存在活性物质，在胶或杂质与被胶接件表面之间发生化学反应，导致胶接强度降低。

腐蚀疲劳 corrosion fatigue 材料在交变应力或重复应力与腐蚀性环境同时作用下产生的开裂过程。

负催化剂 negative catalyst 降低反应速度的一种试剂。

负向偏斜 negative skewed 如果一个分布不对称，其最长的尾端位于左侧，则称该分布是负向偏斜的。（统计术语）

负载挠变温度 deflection temperature under load 简支梁在给定载荷下发生一定挠曲量时的温度。以前称为热扭变点。

复合材料 composite material; composites; CMs 由两种或两种以上独立的、性质不同的物理相组合而成的一种多相固体材料。其中的连续相称为基体，分散相称为增强体。两相之间存在界面相。复合材料中各个组分虽然保持其相对独立性，但其复合材料的性质却不是各个组分性能的简单加和，而是在保持各个组分材料特点的基础上，还具有组分协同作用所产生的新性能。复合材料与混合物、化合物、合金以及某些天然物质的区别在于：①复合材料是人工组合的（不同于天然物质）；②复合材料的材料和结构同时形成，化学过程、物理过程及物理化学过程同时进行；③其组分材料性质和含量具有可设计性；④其中的组分材料仍保持其固有的物理和化学特性（区别于合金和化合物）；⑤组分材料之间存在明显的界面，在宏观上是多相材料；⑥具有明显的复合效应，复合材料既保留原组分材料的主要特性，又具有原组分材料所没有的性能或功能（区别于混合物）。复合材料通常按基体材料不同分为三大类：①聚合物基复合材料；②金属基复合材料；③无机非金属基复合材料。三类复合材料中，以树脂基复合材料用量最大，占所有复合材料总量的90%以上。而树脂基复合材料中所用基体包括热固性树脂基体和热塑性树脂基体两大类，其中热固性基体是发展的主流。所用的热固性树脂主要有环氧树脂、聚酯树脂、酚醛树脂、双马来酰亚胺、热固性聚酰亚胺、氰酸酯、苯并噁嗪树脂等；热塑性树脂有聚酰亚胺（PI）、聚醚酰亚胺（PEI）、醚砜（PES）、聚醚酮（PEK）、聚酰胺-酰亚胺（PAI）等。所用的增强纤维主要有玻璃纤维、碳纤维、芳纶、超高强度聚乙烯纤维、PBO纤维等。已在航空航天、交通运输、电子信息、精密机械、深潜器和高档体育用品等方面得到了广泛应用，而且还将渗透到国民经济的各领域。参见复合材料分类（119页）、复合材料的特性（117页）、复合材料界面（121页）。

复合材料残炭率 carbon residue content of composites 复合材料在一定的温度、气氛环境内灼烧一定时间后产物残余游离碳与复合材料试样的相对百分含量。

复合材料的烧蚀 ablation of composites 复合材料在高速、高温气流作用下，表面产生熔化、热解、蒸发、升华、炭化等气动-化学-物理过程，消耗表层质量，带走周围热量，使结构内部得到绝热保护的现象。参见烧蚀复合材料（377页）。

复合材料的特性 properties of composites 复合材料由多种材料复合而成，不仅保留了原组分材料的特性，而且还有由于复合效应产生了原组分材料所没有的新性能。①优异的力学性能。具有超高的比强度、比模量，如118页图所示，为减轻结构质量、提高材料效率创造了有利条件，代替铝合金可以减重20%～50%。②各向异性和性能的可设计性。通过增强纤维选择、铺层、性能等元素的优化设计，扬长避短，可得到不同特性的层板材料。如在主承力方向增加纤维含量提高承载能力；通过性能设计得到零膨胀系数复合材料；利用弯扭耦合和拉剪耦合效应，引入控制结构发散的气动剪裁，从而提高机翼的综合性能，解决飞机前掠翼的气动发散问题等。③材料（基体和/或复合材料）和结构同时形成，这使得大型、复杂的部件可以整体成型，因而可以减少零部件数目和缩短加工时间，降低成本。④抗疲劳性能好。因为复合材料中基体界面可使扩展裂纹尖端变钝并改变方向，从而减缓裂纹的扩展速度，提高抗疲劳性能。⑤抗腐蚀性好。因为增强材料被基体（如聚合物）包覆，与环境隔绝，避开了酸、碱等有害物质的化学腐蚀。⑥阻尼减震性好。因为结构的自振频率除了与其本身形状有关外，还与其材料比模量的平方根成正比，由于复合材料的比模量高，所以复合材料有较高的自振频率，因而提高了其结构共振的门槛值。同时，增强体与基体之间的界面具有较大的吸收振动能量的能力，其材料的振动阻尼很高，即使振动起来也可在较短时间内停下来。⑦材料功能的可设计性。通过不同基体材料、增强材料及助剂的选择和设计，可制得具有特殊功能的复合材料，如绝缘、透波、导电、电磁、阻燃、耐烧蚀、吸波、隐身以及结构-功能一体化等复合材料。同样，基于基体的可设计性，可随时响应科技发展的需要，适时开发相应的基体，以满足新技术、新工艺发展的需求。⑧破损安全性好。复合材料中含有大量的独立纤维，形成了多路传载结构，从而延缓、降低了结构的破坏性。⑨性能分散性大，因为影响复合材料质量的因素多，质量分散性大。⑩某些复合材料的性能受环境影响。如聚合物基复合材料的耐温性由基体支配，而高聚物在湿热环境下吸收水分，引起玻璃化转变温度下降，导致复合材料的力学和耐热性能的降低。参考气动弹性剪裁（336 页）。

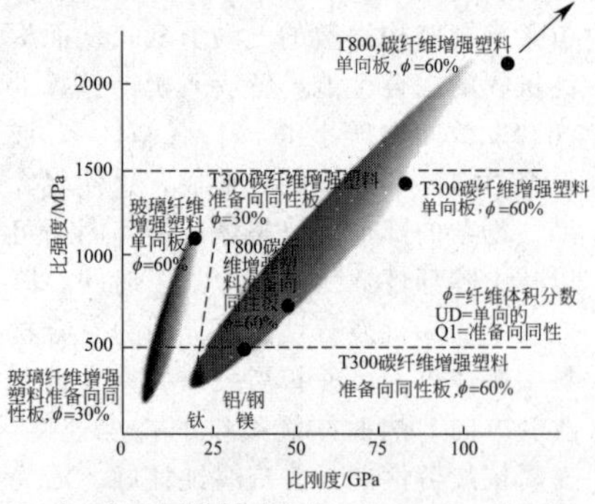

复合材料的组分　constituents in composites　构成复合材料的组元。复合材料中的独立物理相。对于结构复合材料而言，它们主要是指增强体材料和基体材料及其之间的界面层，如119 页图所示。其中：①基体，作用是通过界面层把分散相材料黏结成牢固的整体，赋予复合材料固定的形状，支撑和保护分散相，以及通过界面层传递和均衡载荷，克服在单独丝束中纤维断裂后就不能再承载的缺点，充分发挥纤维的整体作用，使复合材料具有较大的承受纵向载荷的能力。另外，基体还有保护纤维的作用，防止纤维因受环境侵蚀和磨损造成强度的下降。②分散相材料，包括纤维及其织物和微粒状（粉状）材料两类。增强纤维在复合材料中主要起承担载荷，赋予复合材料高强度、高模量、高耐磨性等作用。其增强效果一般随其长径比的增大而增大；微粒材料多用于特殊功能的复合，赋予相应的功能（如介电、阻燃、耐磨、微波等特性），E-玻璃纤维、D-玻璃纤维、石英纤维等既能提高复合材料的力学性能，又能赋予良好的电和透波性能。③界面层，具有消耗（吸收）能量和止裂增韧功能；能使光波、声波、热弹性波、冲击波等产生散射和吸收，使透光性、隔热性、隔音性、耐冲击性及耐热冲击性等发生变化；界面层物理性质的不连续性和界面摩擦现象会引起电阻率、介电特性、磁性、耐热性、尺寸稳定性等的改变。此外，复合材料的耐热性及耐老化性等主要取决于基体和界面的性能，因为纤维的上述性能都比基体及界面的相应性能高。复合材料的介电性能则取决于组成材料介电性能的复合效果。复合材料的耐腐蚀性也主要取决于基体和界面的性能，因为首先接触腐蚀性介质的是基体和界面。界面层产生的这些功能和效应是任何一种组分材料（原材料）所没有的特性。因此界面层的性能是复合材料具有复合效应的根本原因，界面层的结构和性能决定复合效应的大小，亦即复合材料性能的高低不仅取决于基体和分散相材料的性能，而且在很大程度上取决于界面层的性能。由此可见，纤维、基体和界面层的性能决定了复合材料的性能。而这些又取决于原材料选择、基体胶液配方设计、成型工艺设计和复合材料结构设计的合理性及性能的匹配性，以及成型固化过程的质量监控等。参考基体的作用（188 页）、复合材料界面（121 页）。

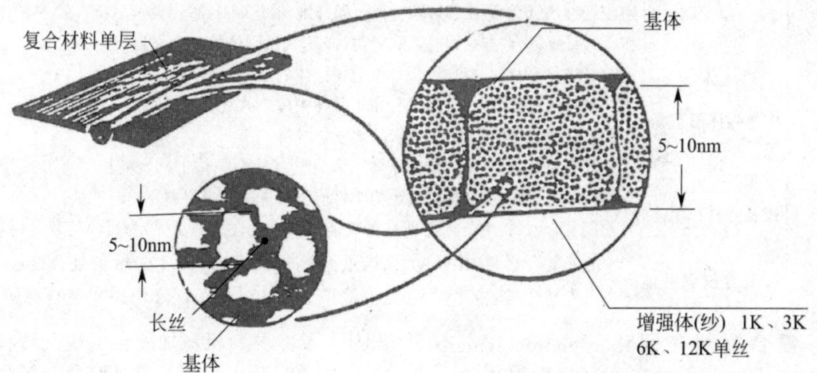

复合材料断裂 fracture of composites 在环境与外载荷的作用下，复合材料中的缺陷逐步扩展至发生断裂。在断裂特性上，增强纤维与脆性材料相似，基体与韧性材料相似，而且一般发生复合断裂。

复合材料分类 composites class 复合材料的分类方法很多，通常是按基体、增强材料种类、增强材料形态、复合材料用途等原则来分。①按增强材料的不同复合材料可分为高性能纤维复合材料、纳米粒子复合材料、纳米晶须复合材料。其中高性能纤维包括碳纤维、硼纤维、玄武岩纤维、碳化硅纤维与氧化铝纤维等无机纤维，以及芳纶、超高分子量聚乙烯（UHMWPE）纤维、聚苯并二噁唑（PBO）纤维等有机纤维。②按基体材料的不同先进复合材料分为聚合物基（工作温度＜425℃）复合材料、金属基（工作温度 425～900℃）复合材料、金属间化合物基（工作温度 650～1200℃）复合材料、陶瓷基（工作温度 1100～1650℃）以及碳基（工作温度＞1800℃）复合材料等。其中聚合物基复合材料又分为热固性树脂基复合材料和热塑性树脂基复合材料。典型的热固性树脂基体有环氧树脂（EP）、双马来酰亚胺树脂（BMI）、酚醛树脂（PF）、氰酸酯（CE）、苯并环丁烯（BCB）、PMR-聚酰亚胺。高性能热塑性树脂包括聚酰亚胺（PI）、聚醚酰亚胺（PEI）、聚酰胺（PA）、聚醚醚酮（PEEK）、聚醚砜（PES）、聚苯硫醚（PPS）、聚苯并咪唑（PBI）等。③按用途不同先进复合材料分为结构复合材料和功能复合材料，其中功能复合材料主要是机敏和智能复合材料、梯度复合材料、电磁复合材料、吸波隐身复合材料、仿生复合材料、阻尼复合材料、阻燃复合材料、耐烧蚀复合材料以及结构-功能一体化复合材料（如雷达罩等）等。如 120 页图所示。

- 复合材料
  - 按基体种类分
    - 聚合物基复合材料：以热固性、热塑性树脂及橡胶等为基体的复合材料
    - 金属基复合材料：以铝、铜、钛及其合金为基体的复合材料
    - 无机非金属基复合材料：以陶瓷、玻璃、水泥、石墨为基体的复合材料
  - 按增强体种类分
    - 玻璃纤维复合材料：以玻璃纤维为增强体的复合材料
    - 碳纤维复合材料：以碳（石墨）纤维为增强体的复合材料
    - 有机纤维（芳纶、UHMWPE纤维、PBO纤维等）复合材料
    - 金属纤维（钨丝、不锈钢丝等）复合材料
    - 陶瓷纤维（氧化铝纤维、碳化硅纤维、硼纤维、碳化硼纤维等）复合材料
    - 玄武岩纤维复合材料：以玄武岩纤维（CBF）为增强体的复合材料
  - 按增强体形态分
    - 连续纤维复合材料：以连续长纤维为增强体的复合材料
    - 短纤维复合材料：短纤维随机分布于基体中构成的复合材料
    - 颗粒复合材料：颗粒、纳米、纳米晶须复合材料
    - 编织复合材料：以平面二维或立体三维编织物为增强体的复合材料
  - 按复合材料用途分
    - 结构复合材料：主要以能满足力学性能为目标的复合材料
    - 功能复合材料：主要以实现某种功能（智能、光、磁、隐身等）为目标的复合材料
  - 按复合材料性能分
    - 先进复合材料：比强度、比模量大于 4×10^6 cm、4×10^8 cm 的复合材料
    - 传统复合材料：比强度、比模量小于 4×10^6 cm、4×10^8 cm 的复合材料

复合材料光固化 photopolymerization of composites 是辐射固化的一种，通过光照引发树脂体系产生化学交联形成复合材料的过程。

复合材料宏观力学 macromechanics of composites 一种研究复合材料力学性能特征的方法，是将层压复合材料的各层处理成宏观均质材料，取其平均表观性能，考虑铺层的几何（各铺层的厚度、铺层角和铺层的顺序）因素，用结构力学的一般理论和方法（如经典层合板理论）研究层压复合材料在载荷和环境（如温度、湿度和外来物冲击等）作用下的拉伸、弯曲、振动、屈曲及层间受力特性等问题，并通过单向层合板失效判据（强度准则）分析其强度，用以指导复合材料产品的结构设计。

复合材料机械加工 machining of composites 指对已固化好的复合材料制件进行第二次机械加工，以满足装配或连接的需要。通常的机械加工方法有车、钻、锯、抛光等。与常规材料加工相比，复合材料机械加工会出现刀具磨损快、树脂基体发热、刀具发黏、复合材料分层等问题，应采取相应预防措施，如选用硬质合金刀具，选择合理的加工余量，制订科学的加工规范，加工时采用一些相应的润滑和冷却措施等。

复合材料结构设计 construction design for composites 复合材料结构设计是材料选用、层合板设计、典型结构设计、连接设计等多个环节的反复迭代过程。在综合过程中还必须考虑一些主要因素：结构质量、研制成本、制造工艺、结构强度试验、质量控制、成型模具的通用性等。复合材料的特点是结构与材料同时形成，且材料还具有可设计性。因此，复合材料的结构设计是包括材料设计和结构设计在内的一种新的结构设计方法，它比常规金属结构设计复杂得多。在设计时可以从材料和结构两个方面着手，来满足各种设计的要求，尤其是发挥材料的可设计性，使复合材料结构达到优化设计的目的。复合材料结构设计的综合过程如121页上图所

示，大致分为三个步骤：①明确设计条件。如性能要求、载荷情况、环境条件、形状限制等。②材料设计。包括原材料（树脂体系、增强材料）选择、单（铺）层性能的确定、层合板的设计等。③结构设计。包括复合材料典型结构件（如杆、梁、板、壳等）设计和复合材料结构（如桁架、刚架、硬壳式结构等）的设计等。上述结构设计都要进行应变、应力与变形分析，以及失效分析，以确保结构的强度和刚度。详见结构设计（217 页），参见层合板设计（35 页）。

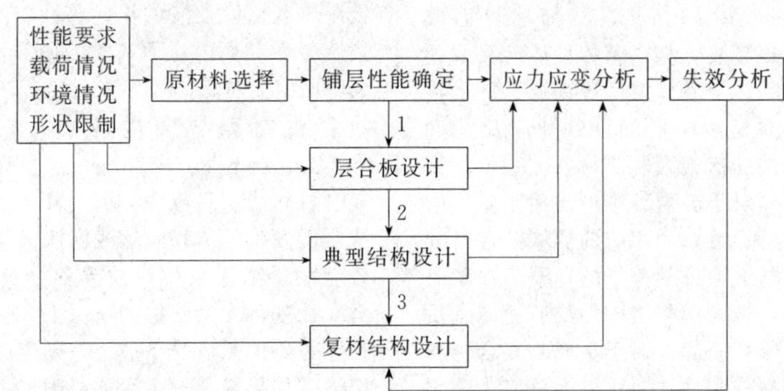

复合材料界面 interface of composites; composites interface 复合材料中分离连续相（基体）和非连续相（增强纤维）的面层。是一层具有一定厚度（几纳米到几微米）、结构随基体和增强体不同而异，化学、物理、力学性质与增强体、基体有明显差别的新相——界面相（界面层），是复合材料极为重要的微观结构。其结构和性能直接影响复合材料的性能，因此对于各种复合材料都要求有适度的界面粘接强度。因为界面性能弱的材料会过早产生剪切破坏、脱胶、纤维拔出、纤维应力松弛等现象；界面间粘接过强的材质呈现脆性并降低材料的综合性能。复合材料界面不是一个单纯的几何面，而是一个多层结构的过渡区域，是由增强材料与基体材料之间的界面以及增强体、基体的表面薄层构成的。显然，其组成、结构和性能是由增强材料与基体材料表面的组成及它们间的反应性能确定的。但其结构和性能都不同于增强材料表面和基体材料表面。从结构来分，这一界面区由五个亚层组成如下图所示。每一亚层的性能均与树脂基体和增强体的性质、偶联剂的品种和性质、复合材料的成型方法等因素密切相关。对于聚合物基复合材料，要求较高的界面粘接和对环境的破坏具有良好的抵抗力；对于金属基复合材料，通常要求适中的界面粘接而且不产生有害界面反应。参见复合材料界面特性（122 页）、复合材料界面力学（122 页）、复合材料界面优化设计（123 页）、树脂基复合材料界面层（397 页）。

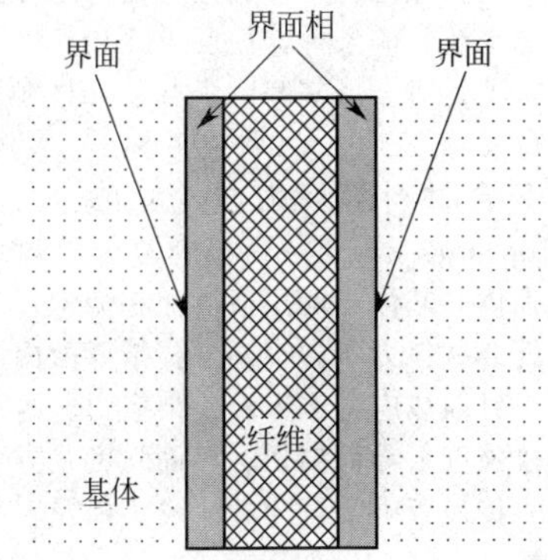

复合材料界面残余应力　residual stress in composites interface　复合材料中增强体和基体热物理性能的差异，在固化成型后两者界面层中产生的内应力和热应力之和。

复合材料界面改性　modification for composites interface　简称界面改性。为提高复合材料整体性能而采取的改善增强体与基体之间界面层性能的措施。主要是解决浸润性和化学反应问题。改性的措施因复合材料体系不同而异。例如对于玻璃纤维增强树脂基体的复合材料，可以用相应的偶联剂进行处理，偶联剂通过其分子的一端与玻璃表面结合，另一端与树脂的反应使二者更好地结合在一起；对于金属基复合材料则以提高浸润性，防止界面反应为改性措施，如碳纤维增强铝基复合材料，可在碳纤维表面涂钛-硼化合物等陶瓷涂料，既可改善浸润性，又有一定的阻挡界面反应的作用。参见复合材料界面力学（122 页）、复合材料界面内应力（122 页）、界面反应（221 页）、树脂薄膜层间增韧（394 页）。

复合材料界面兼容性　compatibility of composites interface　增强体和基体构成复合材料界面时，两界面之间产生的物理和化学的兼容性，如浸润性、反应性和互溶性。浸润性对任何复合材料都是首要的条件，而反应性和互溶性基本上是对金属基和陶瓷基复合材料具有重要意义。

复合材料界面力学　mechanics in composites interface　研究复合材料中增强体与基体界面层或界面相力学行为的复合材料力学内容。主要指界面内应力、界面热应力、界面残余应力、界面粘接强度、界面损伤、界面强度及界面应力传递等力学行为的研究，以及对复合材料的宏观力学性能的影响。是复合材料界面优化及控制工程的理论基础。通常用界面断裂韧性作为衡量复合材料抗界面裂纹扩展能力的指标。界面的性质直接影响着复合材料的各种力学性能，尤其是层间剪切、断裂、疲劳、抗冲击、抗湿热老化以及波的传递等性能。参见复合材料界面内应力（122 页）、复合材料界面粘接强度（123 页）。

复合材料界面内应力　internal stress in composites interface　单指在复合材料成型过程中，由于基体的固化或凝固发生的体积收缩或膨胀（通常为收缩）大于增强体，使界面产生的应力。在基体发生收缩的情况下，基体受拉应力，增强体受压应力，则界面受剪应力。如果界面发生滑移松弛现象，则界面内应力相应减小。界面总内应力 σ_{Ii} 可以表示为：

$$\sigma_{\mathrm{Ii}}=E_{\mathrm{m}}\varepsilon_{\mathrm{m}}V_{\mathrm{m}}/[3(1-\gamma_{\mathrm{m}})]$$

式中　E_{m}——基体的杨氏模量；
γ_{m}——基体的泊松比；
ε_{m}——基体发生的应变；
V_{m}——基体的体积分数。

复合材料界面热应力　thermal stress in composites interface　由于复合材料中增强体和基体热膨胀系数的差异，固化成型后在两者接触面产生的应力。参见复合材料热应力（124 页）。

复合材料界面特性　characteristic of composites interface　界面是复合材料具有、单一材料所没有的特征，归纳为如下几种效应：①传递效应。界面可以传力，即将外力传递给增强体，起到基体和增强体之间的桥梁作用。②阻断效应。结合适当的界面有阻止裂纹扩展、中断材料破坏、减缓应力集中的作用。③不连续效应。在界面上产生物理性能的不连续和界面摩擦的现象，因此伴生电抗性、电感应性、磁性、耐热性、尺寸稳定性等性能。④散热和吸收效应。光波、声波、热弹性波、冲击波等在界面产生散射和吸收，从而使透光性、隔热性、隔音性、耐机械冲击性及耐热冲击性等发生变化。⑤诱导效应。由于诱导作用，增强体的表面结构使与之接触的树脂基体的结构发生改变，由此产生诸如强的弹性、低的膨胀性、耐冲击性和耐热性等。界面形态及其与界面结合的状态、形态和物理-化学性质等有关，也与界面两侧组分材料的浸润性、相容性、扩散性等密切相连。因此，界面和界面改善（如表面处理）的研究对复合材料的发展具有重要意义。参考复合材料界面优化设计（123 页）。

复合材料界面优化设计 optimum design for composites interface 通过增强体表面处理与涂层、改变基体组成以及控制工艺条件等途径进行预先设计，使界面达到优化状态，从而提高复合材料的各种性能。以力学性能为例，复合材料在外力作用下，界面的作用之一是把基体受到的应力传到增强体上使之承载；其二是界面发生脱胶，使增强体拔出基体并与基体发生滑动摩擦。因此，为了使增强体充分承载，需要加强界面的粘接强度以提高其传载能力，但从另一角度来看，又希望界面能脱粘，由脱粘功、拔出功和摩擦功吸收外力的能量。这两个作用都有助于提高复合材料的力学性能，但二者对界面的要求是相反的。因此，界面优化设计就是要综合这两方面的要求，使界面有一个适当的粘接以平衡两方面的作用。参考复合材料界面粘接强度（123 页）。

复合材料界面粘接强度 bonding strength of composites interface 复合材料中增强体与基体之间界面层的物理作用力和化学作用力的综合度量。界面层的性能影响基体传递应力的效果及基体承载效率。这与基体-纤维界面粘接强度有关，界面粘接强度过高或过低都不利，而是有一个适宜值。在此值时，复合材料在载荷状态下裂纹会在横跨基体和纤维时在界面改变方向，而沿纤维方向扩展，随程吸收能量，延缓了裂纹扩展，材料因此展现韧性；若高于此值，则裂纹穿过纤维和基体扩展时不发生转向，使复合材料趋于脆性；若粘接强度过低，会过早脱胶，导致复合材料的性能降低。由于界面区相对于整体材料所占比重甚微，欲对其某一单独性能进行度量有很大困难，因此常以整体材料的力学性能来表征界面性能。实践证明，层间剪切强度可作为表征复合材料界面强度的简单、行之有效的指标，是研究界面粘接的敏感参数。如配以断口形貌分析等手段，还可对界面的其他性能作深入研究。参考断口形貌（85 页）。

复合材料力学 mechanics of composites 固体力学的一个分支。研究复合材料及其结构在载荷、环境、时间等因素作用下的变形、应力、振动、冲击和稳定性等力学的问题。通常分为复合材料细观力学和复合材料宏观力学。复合材料力学问题比一般均质材料复杂得多，由基体开裂、界面脱胶、纤维断裂和分层四种基本损伤形式构成的失效断裂、层间应力及耦合效应等复杂的力学问题，以及成型过程中的力学问题，都是常规工程材料中不存在的。迄今，复合材料的力学规律还难以从严格的理论推导得出，仍处于试验研究阶段。细观力学、微观力学、层板（壳）的断裂与翘曲、湿热效应、工艺力学、混杂效应和多向纺织结构（如编织、机织等）单元的复合材料力学问题，都是目前研究的重要问题。

复合材料耐介质性 composites resistance against fluids 聚合物基复合材料长期抵抗其在使用过程中所遇到的燃油、液压剂、清洁剂等物质的吸入或反应所引起性能下降的能力。

复合材料耐热性 thermal resistance of composites 指复合材料抵抗因温度改变而产生的物理、力学和化学性能变化的能力。可分为维持尺寸和形状稳定的物理耐热性，与分子链有关的化学热稳定性及温度改变后强度、刚度和电性能等使用性能保持率的热稳定性。对于结构复合材料，通常是考虑性能保持率的热稳定性。复合材料耐热性主要取决于基体，就树脂基复合材料而言，其耐热性与树脂基体的玻璃化转变温度（T_g）及增强体-基体界面情况有关。当温度超过玻璃化转变温度时，树脂基体的性能急剧变化，出现变形、软化、强度及刚度下降等，致使复合材料的性能随之降低，以至于丧失额定承载能力。测定复合材料的耐热性有多种方法，常用的有热失重（TG）、热机械分析（TMA）、动态力学热分析（DMA）以及差示扫描量热（DSC）等。参见玻璃化转变温度（17 页）。

复合材料黏弹性力学 viscoelastic mechanics of composites 考虑聚合物基体受剪时出现的模量与时间相关关系进行的复合材料力学行为分析。通常采用基体模量与时间呈线性关系而增强体模量与时间无关的假设计算复合材料有效模量。

复合材料疲劳 fatigue of composites 纤维复合材料在交变载荷作用下呈现出基体开裂、界面脱胶、分层和少量纤维断裂等多种损伤模式的规律扩展，并往往表现出刚度下降而失效。

复合材料破坏 见复合材料失效（124 页）。

复合材料热固化 thermal curing for composites 通过热能引发树脂体系产生化学交联形成复合材料的过程。参见热固化胶黏剂（349 页）。

复合材料热化学模型 thermochemical model (composites) 描述复合材料由热能引发固化反应的动力学反应方程式，给出的是固化反应进程与温度和时间的相互关系。参见固化模型（154 页）。

复合材料热应力 thermal stress in composites 复合材料受热变化时，由于其非均质性或受热不均匀而发生互相制约从而产生的内应力。此应力可通过后固化或热处理得到缓解。参见热应力（363 页）。

复合材料设计 design for composites 对于一个给定的承受一组或多组外应力的复合材料层压板，选择最佳铺层数和最佳铺层取向的过程。这是一种应力分析的对照。包括设计选材、单层性能确定、层合板设计、典型结构设计、复合材料结构设计等。参见设计选材（378 页）、复合材料结构设计（120 页）等。

复合材料设计许用值 design allowables of composites 为保证结构完整性，根据具体工程项目要求，在材料许用值和代表结构典型特征的试样、元件、典型结构件试验结果以及设计与使用经验基础上确定的复合材料结构强度、刚度设计限制值。参见设计许用值（377 页）。

复合材料失效 failure of composites 又称复合材料破坏。复合材料经过某些物理、化学过程后（如载荷作用、材料老化、温度和湿度变化等）发生了尺寸、形状、性能的变化而丧失了预定的功能。失效研究的对象主要是承力结构件的纤维层压复合材料。研究内容包括失效模式、失效机理和失效判据，其实质问题是研究复合材料的强度问题。复合材料是一种各向异性的多相复合体，失效过程要比通常的各向同性材料复杂得多，它涉及组分材料的性能、复合的方式、工艺条件、界面性能、载荷的性质与环境因素等，不可能用一种失效模式来描述复合材料的失效。大多数情况下是几种失效模式同时存在和发生。

复合材料湿膨胀系数 moisture expansion coefficient of composites 见湿膨胀系数（384页）。

复合材料湿热效应 hygrothermal effect of composites 因温度改变和吸入水分而引起的聚合物基复合材料性能（体积、强度、模量、玻璃化转变温度等）变化的现象。

复合材料损伤容限 damage tolerance of composites ①在规定的检查门槛值所要求的服役寿命期内，复合材料结构抵抗由于缺陷、裂纹或其他损伤引起的破坏的能力；②损伤尺寸和类型与性能参数（如强度或刚度）关系的度量。

复合材料损伤阻抗 damage resistance of composites ①在复合材料及其结构中抵抗外来物冲击不产生损伤的能力；②某一事件或一系列事件相关的力、冲击或其他参数与其所产生的损伤尺寸及类型之间关系的度量，如一定能量的冲击所产生的损伤面积或凹坑深度。

复合材料细观-宏观一体化设计 mic-mac design of composites 利用计算机模糊控制，将复合材料及其结构自身可设计变量（组分材料的性能、增强体的尺寸、体积分数和分布、界面形态、成型工艺、结构几何参数等）和使用工况（载荷和环境）不确定性综合权衡完成结构设计的复合材料结构软科学设计方法。

复合材料细观力学 micromechanics of composites materials 用能代表复合材料组织结构的材料单元，研究组成材料性能、几何形状、分布、含量与材料宏观力学行为关系的复合材料力学内容。参考微观-宏观。

复合材料线烧蚀速率（烧蚀后退率） linear ablating rate of composites 复合材料在烧蚀过程中单位时间内材料沿法线方向后退的距离。

复合材料性能可设计性 designability of composites properties 通过选择不同的增强材料、基体材料及其含量比和各种铺层形式，使复合材料具有不同性能的特性。

复合材料修补 repair for composites 将被损伤的或带缺陷的复合材料结构经过一系列工序使其恢复使用功能的过程。参见修补（477页）。

复合材料修补容限 repair tolerance of composites 复合材料制品的缺陷或损伤需不需要修理与能不能修理的定量限界。

复合材料修补用真空袋 vacuum bag for repair of composites 尼龙薄膜用密封胶带封制成的柔韧袋子。有三种：表面真空袋、自封真空袋和双自封真空袋，如126页图所示。①表面真空袋。复合材料在修理过程中，只需要从工件的一面制真空袋时采用。此时修补部位的另一面必须是不透气的，以免制成的袋子漏气。②自封真空袋。复合材料在修理过程中需要将整个部件密封起来使用。通常用于小部件的修补。使用

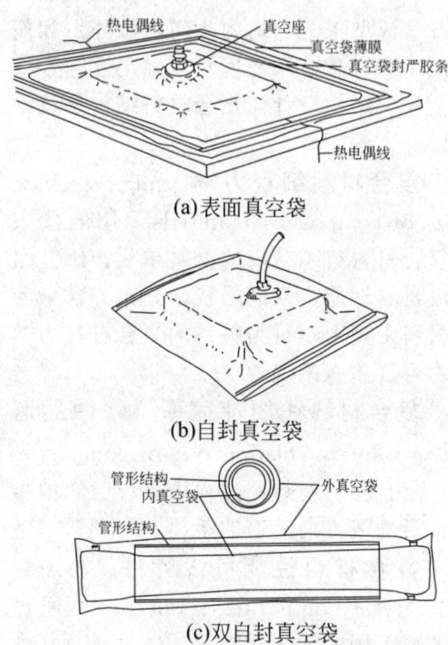

(a)表面真空袋

(b)自封真空袋

(c)双自封真空袋

时部件的所有表面上都受到真空压力。真空袋的开口端用真空密封胶带密封。③双自封真空袋。用于管型结构的修补，使用时管子内外两面同时加压，如果管子只有一面受压，结构就会破坏。双真空袋法预压实预浸料和湿铺层补片的工艺组合如右图所示。

复合材料许用值 allowables of composites 在一定的载荷类型与环境条件下，主要由试样试验资料按规定要求统计分析后确定的具有一定置信度和可靠度的复合材料力学性能表征值。如A-基值（A-basis）、B-基值（B- basis）。几种国产树脂基体复合材料的B-基值如下表所示。

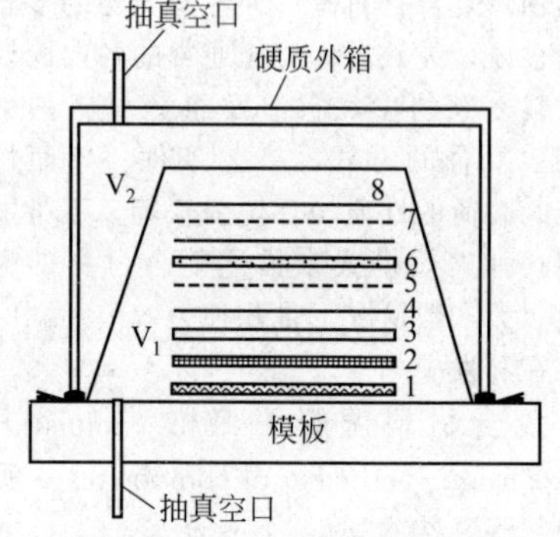

1—隔热层；2—电热毯；
3—盖板；4—无孔薄膜；
5—带孔薄膜；6—层合补片；
7—真空袋封装材料；8—内真空袋；
V_1—内真空；V_2—外真空

性能	材料				
	5222/HT3	HD03/HT3	HD58/HT3	3261/HT3[①]	NY9200Z/HT3
X_t/MPa	1230	1600	1579	1300	1342
E_{1t}/GPa	126	131	131	110	127
X_c/MPa	1051	1048	1090	800	1069
E_{1c}/GPa	121	123	131	100	127
Y_t/MPa	26.4	54	51	52	56
E_{2t}/GPa	7.3	8.5	8.7	8.0	8.5
Y_c/MPa	168	158	212	130	147
E_{2c}/GPa	9.4	7.8	8.7	8.0	8.5

续表

性能	材料				
	5222/HT3	HD03/HT3	HD58/HT3	3261/HT3①	NY9200Z/HT3
σ_b^f/MPa	1860	1727	1609	1370	1484
E^f/GPa	121	128	124	110	122
τ_b^f/MPa	100	92	78	73	85
玻璃化转变温度/测试方法	258℃/摆锤法	218℃/DMA	172℃/DMA	170℃/DMA	115℃/DSC
固化温度/℃	180	165	125	125	125
鉴定单位及时间	1983年航空部	1984年航空部	1994年中国航空集团有限公司	1994年中国航空集团有限公司	1996年中国航空集团有限公司

① 指标值。

复合材料液体成型 liquid composites molding；LCM 与预浸料铺层-热压罐成型工艺不同，它是一种在线的渗渍成型工艺。其基本原理是，在注射压力和/或真空压力的驱动下，液态树脂（或熔融胶膜）渗入已置于模腔内的干态预型体中，树脂在流动充模的同时完成对预型体的渗渍并固化成复合材料制件。代表工艺有树脂传递模塑成型(RTM)、真空辅助树脂传递模塑成型(VARTM)、树脂膜熔渗成型（RFI)、真空辅助树脂注入成型（VARI)、结构反应注射成型（SRIM）等。各种复合材料液体成型的特点如下表所示。与预浸料铺层工艺相比，其优点为：没有昂贵的预浸料制备、低温储存，铺层工时少（减 2/3），实现纤维（预型体）/树脂固化体系的现场一次固化成型，生产周期短，材料利用率高，制造成本低；可成型形状复杂的大型整体构件；环境条件得到改善，人工因素、环境因素影响小，产品空隙率低（<1%），质量稳定，能充分发挥复合材料可设计性、高性能的优势；适用于各种铺放形式与毛坯构型的复杂构件。缺点：预型体成本高，制备和装配困难；模具设计必须建立在良好的流动模拟分析基础上；需要专用低黏度树脂体系；树脂充模过程不可见，工艺控制困难。其工艺的特点如下表所示。

名称	特点
树脂传递模塑成型(RTM)	树脂在一定压力下注入闭合模具中 一般纤维含量较低(20%～45%,体积分数)
真空辅助树脂注入成型(VARI) 真空辅助树脂传递模塑成型(VARTM) 真空 RTM(VRTM) 真空渗渍工艺(VIP)	依赖真空使树脂注入预型体 同时可以利用压力驱动树脂 典型的真空度为 10～28 inch Hg(1inch Hg=3.386kPa) 缺陷率低,可成型高纤维体积含量构件 通过抽真空驱使树脂注入预型体,通常采用单面膜和真空袋,再配以多孔介质材料来帮助树脂浸住

续表

名称	特点
热膨胀树脂传递成型(TERTM)	对模配以预型体内部芯材 树脂注入的同时模具或结构被加热 加热导致芯材膨胀提供成型压力
橡胶辅助树脂传递成型(RARTM)	除以硅橡胶替代芯材外类似 TERTM 模具重,产品缺陷少 高纤维体积含量(60%~75%,体积分数)
连续树脂传递成型(CRTM)(Hexcel公司工艺)	预型体被拉入拉挤带和模具系统 树脂注入模具系统中 后面的部件替代已固化的部件
RLI 液体树脂注入成型	液体树脂注入或树脂置于模具内小空腔 预型体、尖的模具和凸模安装 加热或外模压力使树脂充满模腔
树脂膜熔渗成型(RFI)	高黏度树脂膜或片置于模腔中 预型体、成型模、凸模安装 连续采用真空袋和热压罐加压 树脂在加热过程中以低的黏度浸润纤维
西曼复合材料树脂渗渍模塑成型(SCRIMP)	专利工艺,采用真空袋树脂扩散,特别适合大部件 树脂先通过制件表面迅速扩散,然后通过预型体厚度方向渗透 制件性能高、重复性高、GFRP 纤维质量含量高达 75%~80%、无污染、成本低 要求真空袋单面柔性模
紫外线固化树脂传递成型(UVRTM)	类似 SCRIMP 工艺,树脂迅速渗透 紫外线透过真空袋固化树脂 紫外线,真空袋,单面柔性模

复合材料增强体质量分数 weight fraction of reinforcements in composites 复合材料中增强体占整体材料的质量百分数。

复合材料整体结构件 integral composites structure 把本身包含若干个结构元的结构作为一个单一的、复杂的、连续的整体进行铺贴、固化所得到的复合材料结构。其特点是结构元和整体结构件同时形成。例如翼盒的梁、肋和加强蒙皮可通过一次固化制成单一的整体部件。此术语更多地用于非机械紧固件装配的复合材料结构。装配件的全部或某些零件可能是共固化的。

复合材料制造工艺 composites fabrication processes 将增强材料与基体材料混合在一起，通过化学和/或物理作用形成复合材料及其构件的过程。复合材料制造与金属制造不同，它不是单一的赋型，材料的生成与制品的成型是同时进行的，而且是一化学过程、物理过程、物理化学过程交叉进行的综合过程。产品质量受控的因素很多，要求质量控制严格。基于原材料的性质、物态及产品结构、形状的不同，有它相应的工艺方法。如湿法铺层工艺、喷涂工艺、预浸料-热压罐工艺、长丝缠绕工艺、液体-模塑工艺、压缩模塑工艺、注射模塑工艺、拉挤成型工艺以及诸多的液体复合材料成型（LCM）工艺，如下表所示。

铺贴工艺	压实	固化加热
手工铺贴  自动铺带 	真空袋 ＋ 热压罐	热压罐
	真空袋 ＋ 热膨胀橡胶	热压罐
	压机	模具
长纤维缠绕 	内部气囊	加热炉
拉挤成形 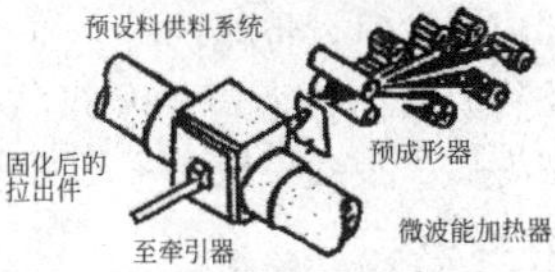 预设料供料系统 预成形器 固化后的拉出件 微波能加热器 至牵引器	模具	微波能
树脂转移模塑 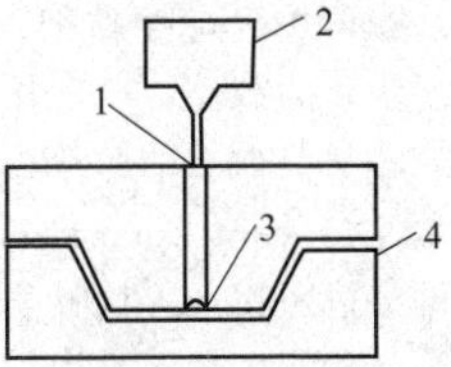 1—进料口；2—混料器； 3—阀门；4—排气口	对模/单面模/加热炉/热压罐/真空袋	模内热源/烘箱/热压机/加热灯/真空袋

复合材料质量控制 quality control for composites 在纤维复合材料中影响应力传递的因素有纤维强度、纤维长径比、纤维排列方向、基体本身性能（强度、模量）及其与纤维的粘接力。其中任一环节出问题，都会降低复合材料的性能，引起复合材料性能分散性的增大。而材料的许用应力不仅取决于材料的平均强度，还取决于强度的分散性。分散性越大，即标准偏差越大，材料的许用应力就越小。当分散性大到一定程度，例如材料强度的离散系数 $C_V \geqslant 0.15$ 时，则复合材料在强度上的优势就几乎不存在了，那么复合材料减轻结构质量的效果就不复存在。因此，在复合材料构件的研制阶段，应寻找结构质量波动的因素，研究控制这些因素的措施，尽可能减小性能的分散性，给设计部门提供许用应力尽可能高的材料强度参数，给生产部门提供可行的质量控制方法和工艺参数。复合材料构件生产可分为三个步骤来控制质量，即原材料的质量控制、工艺过程的控制和成品的检查。附录 11 说明在聚合物基复合材料结构生产过程之中有哪些可能影响最终产品质量的因素应加以控制，以及在每一过程中应检验哪些半成品和产品的质量。参见原材料质量控制（513 页）、工艺过程控制（146 页）、成品检验（51 页）。

复合材料质量烧蚀速率 mass ablating rate of composites 复合材料在烧蚀过程中单位时间内材料质量的损失。

复合材料准静态压痕力试验 concentrated quasi-static indentation force testing for composites; QSI 用准各向同性 π/4 均匀厚度层合板测定连续纤维复合材料对缓慢施加的集中压痕力按临界接触力定量的损伤阻抗的试验方法。

复合材料组分 见复合材料的组分（118 页）。

复合层合板 composite laminate 常用以指与非塑料材料如铜、硬化纸板、橡胶、石棉、铅、铝以及其他类似物黏合的一种层压材料。复合层合板的一个例子是作印刷线路用的镀铜层压塑料。

复合多晶纤维增强体 composite polycrystalline fiber reinforcements 以某些能导电的细丝为芯材，用气相沉积法将无机化合物沉积到细丝上的一种复合纤维。此类纤维的优点是比强度、比模量高，耐高温性好。可作为先进结构复合材料的增强体及制作耐烧蚀与防热功能复合材料等。

复合剪切模量 complex shear modulus 剪切模量与损耗模量的总和。

复合介电常数 complex dielectric constant 介电常数与损耗因子向量的总和。

复合模制 composites molding 指联合使用压缩模塑和传递模塑的模制，即在同一模穴中，以一次注射两种或两种以上物料模制成型的方法。例如，在生产环形齿轮时，将疏松的、加有填料的尼龙料装入齿区四周的开式塑模中，关闭塑模后借传递模塑法将尼龙模塑粉塑炼并注入。

复合膜胶黏剂 multiple layer adhesive 两面由不同胶黏剂组成的膜，通常以细纱布为载体。一般用于蜂窝夹层结构的芯材与面板的胶接。

复合捻丝 compound-twist filament 捻丝再经过一次或多次并合加捻而成的丝。

复合碳化物陶瓷 composite carbide ceramic 由两种以上碳化物所形

成的复相陶瓷。例如 SiC-TiC、TiC-WC-TaC 等系统陶瓷，一般都有很高的硬度。

复合效应 complex effect of composites 复合材料组元材料协同作用产生的新效应，包括线性效应（如加和效应）和非线性效应（如乘积效应）。具体来说，是复合过程中由于组元材料协同作用产生的新的或组元单独无法发挥的性能或功能。因此，复合材料的性能不是组分材料性能的简单叠加或平均，而是通过各种复合效应得到的一种不同于原组分的材料新体系。通常，复合效应体现在如下几个方面：(1) 力学性能的增强。基体与纤维复合，把纤维粘接在一起，并通过自身的剪切在纤维之间传递载荷，成为承载主体，使原本没有工程使用价值的组分材料变成高性能的结构材料。(2) 电学性能与力学性能的复合。如玻璃纤维树脂基复合材料具有良好的力学性能，同时又是一种优良的绝缘材料，既保持良好的高频介电性能，又具有电磁穿透性，可制造天线罩(透波功能)。(3) 热性能与力学性能的复合。分为：①耐热性能，复合材料除具有良好的力学性能外，还具有一定的耐热性能。尽管耐热性能取决于所用的基体，但在相同的温度下，基体却与其复合材料难以比肩。②热防护性能，增强纤维与某些树脂基体复合可形成耐热烧蚀材料，这种材料遇到高温时靠本身的烧蚀带走热量，降低表面温度，起到防护作用。如玻璃纤维、石英纤维、碳纤维和酚醛树脂复合形成的耐烧蚀材料。酚醛树脂遇到高温就立即碳化形成耐热的高碳原子骨架；玻璃纤维还可部分气化，在表面留下几乎是纯的、具有相当高粘接性的二氧化硅。基于这两方面的原因，酚醛玻璃钢具有极高的耐烧蚀性能。复合效应取决于组分材料的性能、含量及复合形式，而加工和成型工艺则是复合效应能否充分体现和发挥的关键。

复合型胶黏剂 见混合型胶黏剂(181 页)。

复合杨氏模量 complex Young's modulus 杨氏模量与损耗模量的总和。

复合应力 combined stresses 由两种或两种以上的基本应力状态组合而成的复杂应力状态。

复合毡 combination mat 若干形式玻璃纤维（短切原丝、连续原丝、无捻粗纱布等）增强材料以机械或化学方法粘接而成的平面结构材料。

复模量 complex modulus 周期形变中应力向量与应变向量之比，可以用复数表示。其实部为储能模量，指材料在一个形变周期内储存弹性能的量度；其虚部为损耗模量，指材料在一个形变周期内损耗能的量度。损耗模量与储能模量之比称为损耗正切，也称损耗因子。

复捻 retwist 两根及两根以上单捻合成复捻线，再次所加的捻度。

复丝 multifilament 两根及两根以上的单丝并合或由丝胶黏合在一起的丝束。如从非单孔喷丝头出来的长丝。

复丝纱 multifilament yarn 由多根（500～2000）有捻或无捻细长丝(通常含 5～100 根单丝）组成的纱。

复位杆 ejector plate return pin; push-back pin 借助模具的闭合动作，使推出机构复位的杆件。

复验 re-inspection 产品的交接单位不同意检验结果要求再次进行的检验。一般复验以一次为限。复验后不得再申请检验。

傅里叶方程 Fourier's equation

通常指与一个物体中的热传导相联系的扩散方程。费克（Fick）方程是一个特殊情况，用于湿度的转换和积聚。

富勒烯 fullerene 又称球烯、巴基球。由单一碳原子构成的球（椭圆或管）笼状分子组成的一类物质。其中碳原子都是偶数，都包括十二个五边形结构。已发现的多种笼状结构碳中，以 C_{60}、C_{70} 具有最好的稳定性，为完美的球状结构。富勒烯是单质碳被发现的第三种同素异构体。与石墨结构类似，结构中不仅含有石墨结构中的六元环，还存在五元环，如下图所示。富勒烯存在于大自然中，有多种制备和提纯的方法，较为成熟的方法主要有电弧法、热蒸发法、燃烧法和化学气相沉淀法。富勒烯因其结构与建筑师 Fuller 的代表作相似而得名。

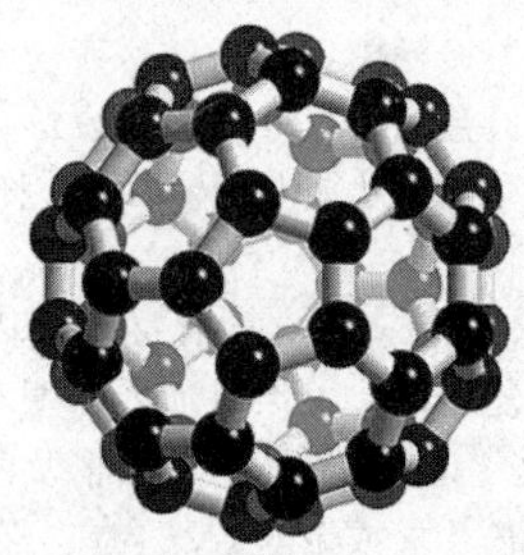

富树脂 resin richness 见富树脂区（132 页）。

富树脂层 resin rich layer 树脂基复合材料制品中，能起防腐蚀、防渗漏、防老化等作用的树脂含量较高的层。它不是缺陷。

富树脂区 resin-rich area 复合材料制品中局部树脂含量比规定的平均含量高的区域。是一种缺陷。因为某一处富树脂可能意味着在另一处缺树脂，所以它可能是有害的。常发生在零件的圆角、台阶和边缘处。富树脂区检测一般可选择超声法和X射线法。参见富树脂层（132 页）。

腹板 web 用于连接两缘条的板件。如肋腹板、工字梁腹板（中间的竖立部分）等。

腹鳍 ventral fin 伸出在机身尾部下表面，用作改善飞机航向稳定性的鳍形构件。常见形式有单腹鳍和双腹鳍两种。

覆面毡 glass veil 连续的（或短切的）玻璃纤维单丝黏合而成的平面结构材料。参见面纱毡（298 页）、贴面层（442 页）。

覆膜变形成型 见真空变形成型（522 页）。

G

改性酚醛树脂 modified phenolic resin 用不同的化合物或聚合物通过化学或物理方法（如接枝共聚或机械混合）改性制得的酚醛树脂。包括尼龙改性、硼酸改性、有机硅改性、氰基胍改性、环氧树脂改性、氨基树脂改性、丁腈橡胶改性、聚乙烯醇缩醛改性的酚醛树脂等。改性后的酚醛树脂的冲击韧性、粘接性、机械强度、耐热性、阻燃性、尺寸稳定性、固化速度和成型工艺性分别得到提高。

改性酚醛树脂基复合材料 modified phenolic resin matrix composites 以改性酚醛树脂为基体的复合材料。这种复合材料克服了酚醛树脂的缺点，带来了改性酚醛树脂的优点。常采用的成型方法有真空袋压、热压成型和缠绕成型，有时也采用层压、模压、拉挤、注射等。作为耐高温、耐烧蚀材料主要用于航空、航天等领域。如制作高压容器、火箭外壳及导弹、喷气发动机组件等。

改性剂 modifying agent; modifier 加入胶黏剂配方中用以改善其性能的

成分。如填料、增韧剂等物质。

改性六亚甲基二胺 modified hexamethylene diamine 可用作环氧树脂的固化剂。为浅色透明液体，活泼氢当量 11。黏度低，使用时不一定添加溶液。一般用量 58 份，固化物的可挠性和耐冲击性优良，基本上不发生泛白现象。毒性低，胺蒸气危害小。

改性氰酸酯树脂 modified cyanate esters resin 尽管氰酸酯树脂具有许多优良性能，但由于其固化温度高，单体聚合后的交联密度大，结晶度高，固化后脆性大，难以满足高性能复合材料基体的要求，需要进行增韧改性。增韧的方法主要有：①氰酸酯树脂/环氧树脂共聚改性。共聚反应生成氰脲环、异氰酸酯环、噁唑烷环及三嗪环等。三嗪环既能保存氰酸酯原有的性能优点，又能与环氧树脂共聚形成交联网络，提高材料的力学性能；共聚反应不产生活泼氢，吸湿率低；固化物中含有大量的醚键，因而具有较高的韧性。改性体相对氰酸酯硬度和模量虽然有所降低，但强度比纯氰酸酯树脂和环氧树脂都有很大提高，断裂伸长率提高更大，增韧效果更加明显，如下表所示。②氰酸酯/双马树脂共聚改性。本方法实际上是氰酸酯对双马树脂固化温度高、固化物脆性大的改进。直接的方法就是将双马树脂与氰酸酯树脂熔融混合得到共混体系，就可在较低的温度下发生共聚反应，氰酸酯官能团（—OCN）和双马来酰亚胺环不饱和双键上的活泼氢发生反应，得到比双马树脂固化温度低，冲击性能良好、耐高温（$T_g=250$℃）、低介电常数和低损耗的 BT（BMI/三嗪）树脂。③氰酸酯树脂/环氧树脂/双马树脂三元改性体系。上述两种改性方案的不足是氰酸酯/环氧树脂体系降低了氰酸酯原有的模量和耐热性；氰酸酯/双马树脂体系增韧效果不太明显，且工艺性差，成本高，因此出现了采用上述三种树脂的共混体系改性方案，使得工艺性和韧性比二元体系有了较大提高，如下表所示。④热塑性树脂改性。氰酸酯树脂可与许多非晶态的热塑性树脂共混，通过热熔或熔融制备共混树脂。改性体系在固化前为均相结构。随着固化反应的进行，逐渐分成分散相（热塑性树脂）和连续相（氰酸酯树脂/环氧树脂）的两相体系，最终氰酸酯树脂/环氧树脂与热塑性树脂形成半互穿网络结构，从而得到一种高力学性能、高使用温度的结构材料。热塑性树脂的加入使氰酸酯树脂的耐热性有所降低，共混树脂的黏度增大，工艺性能变差。所选用的热塑性树脂应 T_g 高，力学性能好，如聚碳酸酯（PC）、聚砜（PSU）、聚醚砜（PESU）、聚醚酰亚胺（PEI）等。用量范围为 25%～60%（质量分数）。⑤橡胶弹性体改性。常用的增韧剂是端羧基丁腈橡胶（CTBN）。使用时可在较低温度（80℃）下与氰酸酯树脂共混，要注意固化温度对改性体系性能的影响，体系的后处理温度不宜过高，因为高温会加速橡胶老化。参见氰酸酯树脂（343 页）、环氧树脂（174 页）、双马来酰亚胺树脂（405 页）。

性能	氰酸酯	氰酸酯/环氧二元体		氰酸酯/环氧/双马三元体	
	CE	A_1 (CE+EP)	B_1(CE+EP)+EP	A_2(CE+BMI)+EP	B_2(CE+EP)+BMI
巴氏硬度	48	38	40		

续表

性能	氰酸酯	氰酸酯/环氧二元体		氰酸酯/环氧/双马三元体	
	CE	A_1 (CE+EP)	B_1(CE+EP)+EP	A_2(CE+BMI)+EP	B_2(CE+EP)+BMI
拉伸强度/MPa	50	81.6	72.4	83	89.2
断裂伸长率/%	1.42	5.69	4.30	9.63	9.48
弯曲强度/MPa	80.9	147.7	149.5	136.2	155.0
弯曲模量/GPa	4.6	2.9	2.8	3.0	3.1
HDT/℃	254			192	183

改性树脂 modified resin 为了改变树脂的加工性或物理化学性能等而加有改性剂的合成树脂。

改性双马来酰亚胺树脂 modified bismaleimide resin 双马来酰亚胺树脂与橡胶或其他树脂等改性剂反应生成的树脂。双马来酰亚胺树脂（BMI）具有突出的耐热性和良好的耐湿性，但固化温度高，固化物脆性大，断裂延伸率低，因此作为高性能复合材料基体必须进行改性。改性的重点是提高韧性和改进工艺性。改性剂有烯丙基苯衍生物或丙烯基化合物、苯乙烯和二乙烯苯、丁腈橡胶、低分子量热塑性树脂等。BMI也可与环氧树脂、改性酰胺类树脂反应，形成的贯穿网络结构韧性较好，工艺性也有改善。改性后的双马来酰亚胺树脂保留了耐热性，同时获得了良好的韧性和与纤维匹配的断裂伸长，从而作为高性能复合材料基体已用于航空、航天结构。参见双马来酰亚胺树脂（405页）。

改性双马来酰亚胺树脂基复合材料 modified bismaleimide resin composites 以改性双马来酰亚胺树脂为基体的复合材料。这种复合材料具有改性双马来酰亚胺树脂带来的优点，有较高的耐热、耐湿性和良好的韧性，从而作为高性能复合材料已用于航空、航天结构。

概率论 probability theory 数学的一门分科，是以研究大量随机现象及其规律性为目的的一门科学。

干斑 dry spot 树脂基复合材料的一种缺陷，指增强材料局部未被树脂浸渍而产生表面层树脂膜不连续的痕迹。

干版射线照相术 xeroradiography 用一种光电导照相版代替X射线胶片或照相纸的射线照相术。（无损检测）

干层合板 dry laminate 所含树脂没有充分黏合增强材料的层压片。参见贫胶区（329页）。

干法缠绕 dry winding 采用预浸纱带（或织物带）缠绕制作树脂基复合材料构件的方法。相对湿法缠绕，其优点是张力大小、树脂含量易于控制，制品质量高、稳定。成型过程中设备和场地较清洁，易实现机械化、自动化。缺点是制品气密性差，缠绕设备较复杂，投资大。加热器是干法缠绕不可缺少的设备。干法缠绕加热是保证预浸纱软化以及和已缠绕部分良好粘接。干法缠绕的加热温度一般在50～100℃，可采用热空气加热；而热塑性树脂缠绕加热温度需在250℃以上，可采用燃气火焰加热、微波加热或激光加热。

干法成型 dry process 用预浸料或预混料制作树脂基复合材料产品的方法。其优点是改善了操作环境，树脂含量易于控制，产品空隙率低，性能全面提高。是先进复合材料普遍采用的成型方法。

干法铺层 dry lay-up 采用预浸料铺贴层板的铺层方法。与湿法相比优点是环境污染小，铺层质量高，是先进复合材料制造普遍采用的铺层方法。

干法预浸料 dry prepreg 干法以胶膜法为主，它是先将树脂制成薄膜，然后与平行排列纤维压合、热熔、挤压制成预浸料。因为干法不含溶剂，生产现场无污染，预浸料挥发分含量低，有利于制成低空隙率的复合材料；由于树脂薄膜厚度可控，因而预浸料中树脂含量可以精确控制。干法制备预浸料有熔融树脂法和胶膜法两种：① 熔融树脂法制备预浸料如下图（a）所示。经加热熔融的树脂体系从树脂漏斗流出刮涂到离型膜上，随后经过导辊、碾压辊，与经过整经、排列整齐的平行纤维碾压到一起，同时，纤维的另一面碾压到另一层离型膜上。然后，经热辊挤压，使树脂浸入纤维，最后压实收卷。②下图（b）为胶膜热熔法制备预浸料的示意图。与热熔法相似，一定数量的纱束经整齐排铺后，经夹辊夹于两层胶膜之间，加热后通过挤压辊，使纤维嵌于树脂膜中，冷却后加离型膜压实，分切收卷。

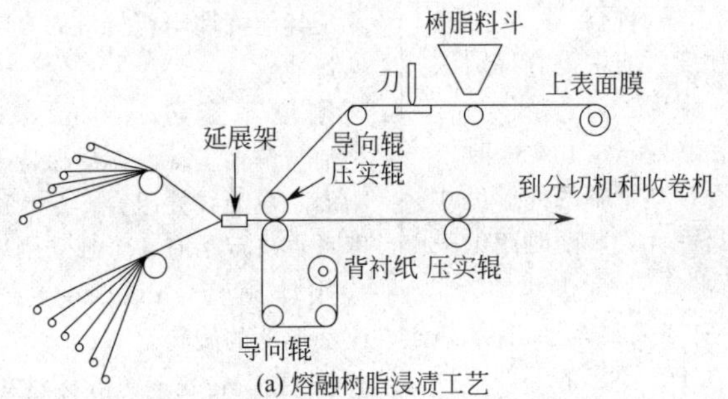

(a) 熔融树脂浸渍工艺

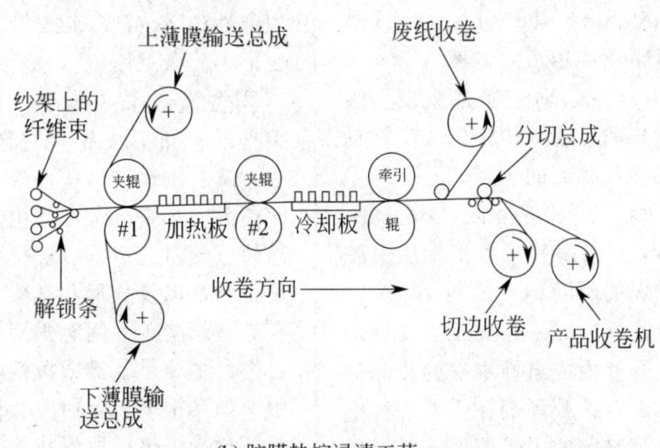

(b) 胶膜热熔浸渍工艺

干混 dry-blending 在低于树脂软化温度下，不加溶剂而只借助搅拌制造树脂与增塑剂等添加剂的松散干燥混合物的过程。

干混料 dry blends 不经熔化或不添加溶剂制得的一种松散混合物。

干黏性 tack dry; aggressive tack 某些胶的特性。胶黏剂通过挥发物挥发或被黏合体吸收失去一定的挥发分而处于所需要黏性条件的一种状态。特别是指未硫化的橡胶胶黏剂在某阶段挥发分挥发后，即使看上去是干的，可以触摸，但仍具有一定黏性。

干强度 dry strength 试件在标准环境条件（温度 20℃±5℃、相对湿度 65%±5%）下或干燥器内放置 24h 后，在室温下测得的强度。通常没有特别注明的强度值是指干强度。

干涉装配 interference fits 两个零件的连接或配合，其中轴的外形尺寸比配合孔的外形尺寸大，装配时产生一定的干涉。

干态 dry 按有关试验标准（如 ASTM D5229 方法 D）要求的条件，材料达到吸湿平衡的一种状态。

干纤维区 dry fiber area 指纤维未完全被树脂基体包覆的区域。

干燥 dry （动词）通过蒸发、吸收使溶剂或分散介质减少，以改变被粘物上胶黏剂物理状态的过程。

干燥时间 drying time; time drying 在规定的温度和压力下，从涂胶到胶黏剂干燥的时间。

干燥温度 drying temperature 黏合体上、组合件内或组件本身的胶黏剂干燥所需的温度。胶黏剂在干燥过程中胶的温度（胶黏剂的干燥温度）与组件周围的环境温度（组合件干燥温度）不同。

干燥箱 见烘箱（167 页）。

干重 dry weight 材料经一定方法除去水分后的质量。烘干温度一般选在 105℃。

甘油 见丙三醇（15 页）。

感官检验 subjective inspection; sense testing 用感觉器官对产品的质量进行检验。

刚度 stiffness 即刚性。材料或结构在受力时抵抗弹性变形的能力。定义为作用力与其引起的应变之间的比率。以 E 表示，即弹性模量。是材料受单轴应力时的刚度，剪切模量是材料受剪应力时的刚度数。对于复合材料，其刚度及其他特性均与材料的方向有关。另见弹性模量（417 页）。

刚度不变量 stiffness invariant 正轴与偏轴坐标变换中保持不变的正轴刚度系数的线性组合。4 个独立正轴刚度系数决定了有 4 个独立刚度不变量。

刚体旋转 rigid-body rotation 不改变形状的旋转。

刚性 rigidity 指材料在外力作用下抵抗弹性变形的能力。材料的刚性可用弹性模量（E）来衡量。刚性大，则变形小。参见刚度（136 页）。

刚性键 rigid chain 指不能在溶液中自由卷曲形成无规线团的刚直分子链。具有刚性键结构的聚合物基本上有两类。一类是主链不能内旋转的，如聚乙炔、聚对二甲苯、对位聚苯等耐高温聚合物，以及梯形和螺旋形聚合物；另一类是结构单元间有强烈相互作用的聚合物，主要是氢键或极性基团的相互作用。如纤维素、蛋白质、核酸等许多天然聚合物中氢键所形成的刚性链结构。

刚性颗粒弥散强化非氧化物陶瓷

rigid particle dispersion strengthened non-oxide ceramic 以非氧化物陶瓷为基体，高强度、高弹性模量刚性颗粒为弥散相的复合材料。由于高强度、高弹性模量的第二相刚性颗粒的引入，使基体的强度和断裂韧性等力学性能得到显著提高。可作为刀具材料使用。

刚性颗粒弥散强化氧化物陶瓷 rigid particle dispersion strengthened oxide ceramic 又称硬质颗粒弥散强化氧化物陶瓷。在氧化物陶瓷基体（氧化铝、氧化锆、莫来石、尖晶石等）中引入第二相刚性颗粒所构成的一种颗粒弥散强化陶瓷。第二相颗粒的弹性模量常高于基体的弹性模量，强度也比基体的高。强化陶瓷的性能比单相陶瓷都有不同程度的提高，可用于切削刀具、拔丝模具等耐磨部件。

刚性颗粒弥散强化陶瓷的增韧机理 toughening mechanism of rigid particle dispersion strengthened ceramic 增韧机理主要有裂纹分支、裂纹偏转和钉扎等。当加入刚性颗粒的热膨胀系数小于陶瓷基体时，由于材料在冷却时收缩不一致使基体受到拉应力作用，应力较大时会在基体中产生诸多的微裂纹。当主裂纹扩展到这些微裂纹区时，许多微裂纹同时扩展，这样通过裂纹分支分散了断裂能量，不使某一裂纹达到临界尺寸，从而增加材料的断裂韧性。

刚性颗粒增强体 rigid particle reinforcements 可用作复合材料增强体的刚性颗粒。一般具有如下特点：①高模量、高强度、高硬度、高热稳定性和化学稳定性；②与基体间有一定的黏合强度；③热膨胀比基体的大，能形成热膨胀失配；④在一定的范围内，其颗粒越大，复合材料的韧性越高，但强度降低；⑤其形貌不同对裂纹的偏折、桥联作用不同。

刚性模量 modulus of rigidity 又称刚性系数。参见剪切弹性模量（203 页）。

刚性系数 见刚性模量（137 页）。

高冲击韧度聚苯乙烯 见苯乙烯-橡胶塑料（10 页）。

高纯硅酸铝纤维 pure aluminum silicate fiber 属纯硅酸铝系纤维的一种。为非晶质纤维。以氧化铝、硅石砂或石英砂（含量大于 99%）为原料，以氧化硼或氧化锆为添加剂，经高温烧结、电弧炉熔融、气流喷吹或甩丝制成的纤维。这种纤维耐热和保温性能好，可于 1100℃下长期使用。可用作金属基复合材料增强体，也用于功能复合材料。

高导电功能复合材料 high electrical conducting functional composites 以橡胶、树脂等绝缘高分子材料为基体，银、铜、镍等金属粒子、高导电性炭黑、石墨粉以及金属纤维、金属化无机材料纤维和碳纤维等作导电相构成的复合材料。其电导率可达 $10 \sim 10^3$ $\Omega^{-1} \cdot cm^{-1}$（导电橡胶）和 $10^5 \Omega^{-1} \cdot cm^{-1}$（导电涂料）。可用于电磁波屏蔽、弹性电极、开关及键盘接点、厚膜混合集成电路、印刷线路板与基片之间的粘接。

高低温交变试验 high-low temperature cycles test 使试样承受规定的高、低温周期交变后，检测其性能变化的试验。

高低温性能试验 property testing under high and low temperature 在高温或低温下，测量复合材料力学性能的试验。原则上所有常温下的试验项目（拉、压、弯、剪、疲劳等）都可以进行高低温性能试验，以便为材料的使用和设计提供数据。

高分子 high molecule 又称大分子。由一种或几种链节重复构成且分子量很大的分子（一般从几千到几百万）。高分子有天然高分子和合成高分子两种。

高分子化学 high polymer chemistry；polymer chemistry 研究高分子合成和高分子反应的一门科学。内容包括：高分子的定义、高分子的命名、合成高分子的化学反应、高分子本身的化学反应等。

高分子物理 polymer physics 研究高分子结构与性能的关系并为聚合物的成型与加工奠定理论与基础的一门科学。其内容分为三大部分：①聚合物的结构；②聚合物的分子运动与热转变；③聚合物的各种性能，包括力学性能、电学性能、耐热性和热稳定性、流变性能、溶液性能等。

高分子液晶共混物 liquid crystal polyblend 两种不同结构的液晶聚合物或一种液晶聚合物和热塑性工程塑料用适当的共混方法制得的一类新型高分子材料。热致性液晶聚合物极易形成微纤维结构，当将其混入非结晶性热塑性塑料后，就会在基材内形成纤维状微区及集合体。类似加入纤维一样，起着增强基材的作用。此类共混物被称为“原位复合材料”或“分子复合材料”。

高硅氧玻璃纤维 high-silica glass fiber；vitreous silica fiber 见高硅氧纤维（138 页）。

高硅氧玻璃纤维增强体 refrasil fibre reinforcements 参见高硅氧纤维（138 页）。

高硅氧/酚醛防热复合材料 high-silicon glass/phenolic ablative composites 以高硅氧玻璃纤维为增强体、酚醛树脂为基体进行复合得到的具有烧蚀防热功能的复合材料。

高硅氧纤维 refrasil fiber 一种高硅氧玻璃纤维。将普通（钠硼硅酸盐）玻璃经过酸沥滤，滤出二氧化硅以外的成分，使二氧化硅富集量达 96%以上，再经热烧结定形制得的耐高温玻璃纤维。该纤维具有与石英纤维相似的耐高温性、低膨胀、高电阻和高耐久性，但强度较低。熔点 1648℃，可于 900℃下长期使用，1200℃下短期使用。抗热震性、电绝缘性、绝热隔热性优异。可用作耐烧蚀和防热复合材料的增强体。

高硅氧纤维增强体 refrasil fiber reinforcements 参见高硅氧纤维（138 页）。

高技术陶瓷 high-technology ceramic 见先进陶瓷（463 页）。

高介电常数玻璃纤维 high dielectric constant glass fiber 一种高介电常数、低介电损耗、优良化学稳定性的玻璃纤维。采用钛酸盐玻璃制造。应用于高性能印刷电路。其性能如下表所示。

名称		性能值
介电常数	1MHz	11～12
	1GHz	
介电损耗	1MHz	0.0005～0.0011
	1GHz	0.0020～0.0031
温度（黏度 $10^{1.5}$ Pa·s)/℃		1080～1155(纤维成型)
析晶温度/℃		1075～1140

高聚物 high polymer 指大分子的聚合物。通常称为塑料的所有物质均为高聚物，但并非所有的高聚物均为塑

料。参见聚合物（243 页）。

高聚物的物理状态 physical states of high polymer 在不同的温度区内，同一高聚物显示不同物理性能的状态。是高聚物分子运动不同状况的反应。线型无定形高聚物具有玻璃态、高弹态和黏流态三种物理状态，如下所示。在玻璃态时，链段的运动基本被“冻结”，在外力作用下的形变主要由键长和键角变化引起，除去外力后即回复原状，呈明显的普弹性；在高弹态时，整个分子链的运动虽还不可能，但很大的链段已能运动，此时形变主要由链段构象变化引起，形变量可以很大，呈高弹性；在黏流态时，分子链整体已能运动，在外力作用下呈现黏性运动。

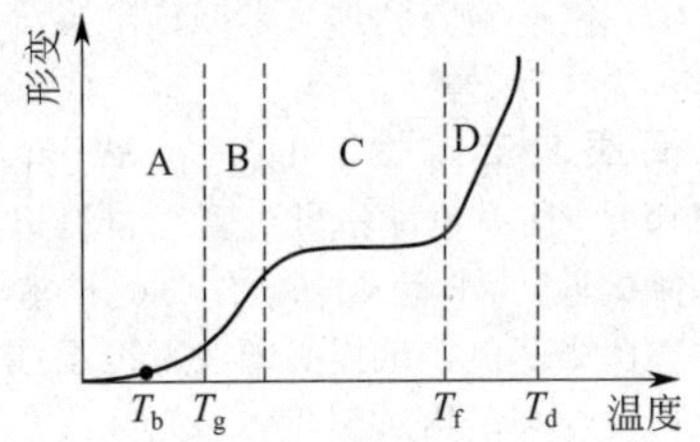

线型无定形高聚物
在恒定应力下的温度-形变
A—玻璃态；B—过渡区；
C—高弹态；D—黏流态；
T_b—脆化温度；T_g—玻璃化温度；
T_f—流动温度；T_d—分解温度

高聚物分子量 molecular weight of high polymer 高聚物的统计的平均分子量。包括合成的和天然的两种，其绝大部分都是分子量不同、结构也不完全相同的同系混合物，具有多分散性。因此其分子量都是平均分子量。由于统计方法的不同，一种高聚物可有多种不同的平均分子量。①数均分子量（M_N），分子量按照分子数分布函数的统计平均。可用渗透压法、沸点升高法、端基分析法等测得。②重均分子量（M_w），分子量按照分子重量分布函数的统计平均。可用光散射法测到。③Z 均分子量（M_z）。分子量按照分子重量分数函数的统计平均。可用超离心法测得。④黏均分子量（M_v），通常指用黏度法测得的平均分子量。四者的关系一般是：Z 均分子量＞重均分子量＞黏均分子量＞数均分子量。

高岭土 kaolin 黏土的一种，主要由高岭石、地开石与珍珠陶土等矿物组成。可用作填料。

高模高温聚丙烯腈纤维 high modulus high temperature polyacrylonitrile fiber 一种比一般聚丙烯腈纤维有着高得多的模量和强度而且耐高温的有机纤维。它不是碳纤维，与碳纤维不同的是它含有较多的有机碳元素结构，而没有如碳纤维中的石墨结构。一般拉伸强度 50～65cN/tex，初始模量 800～1200cN/tex，密度 1.8g/cm^3。导电性低且阻燃性高，具有优良的耐碱性环境和抗日晒性，用来代替石棉作为水泥增强材料。

高模量玻璃纤维 见 M-玻璃纤维（21 页）。

高模量高强度聚合物 high modulus high strength polymer 通过超拉伸凝胶纺丝、液晶纺丝等方法使高聚物分子高度取向成为高模量、高强度、质量轻的聚合物材料。目前国际上已经推出的有聚芳酰胺 Kevlar 和 Arenka、热致性共聚酯 Vectra 和 Xyder 以及高模量聚乙烯 Spectra 900 等。用作宇航材料、防弹复合材料、轮胎帘子线及体育器材等。

高模量碳晶须 见石墨晶须（385 页）。

高模量碳纤维 high modulus carbon fiber 见石墨纤维（388 页）。

高频焊接 high frequency welding 塑料制件在高频电磁场作用下引起介电损耗而加热，从而使接合面熔合粘接的一种焊接法。

高频加热 high frequency heating 在高频静电场中以介电损失的方法将物料加热。物料置于两电极之间，从电场吸收能量而很快被加热，且加热过程均匀。

高频胶接 high frequency bonding 将被粘物置于高频强力电场，由介电损耗产生热量进行加热胶接的一种方法。热量是胶料高分子运动与交变电场频率不相适应产生的惰性现象以及分子间摩擦和位移的结果。其特点是加热快、受热均匀、容易控制、操作简便、直接加热。与通用加热胶接方法相比，胶接时间可缩短到原来的 1/10～1/100。主要用于连续组装生产线，如汽车组合件装配等。适用于环氧树脂、聚氨酯等胶黏剂。

高强度玻璃纤维 见 S-玻璃纤维（21 页）。

高强度复合材料 high strength composites 具有高强度的树脂和高强度的增强材料组成的复合材料，如环氧树脂、双马树脂、聚酰亚胺树脂、氰酸酯树脂分别与 S-玻璃纤维、碳纤维、芳纶等高性能纤维复合形成的复合材料。

高强度高模量聚丙烯腈纤维 high strength high modulus polyacrylonitrile fiber 指强度大于 10cN/dtex、模量大于 100cN/dtex 的聚丙烯腈纤维。

高强度高模量聚乙烯醇纤维 high strength high modulus polyvinyl alcohol fiber 为改性聚乙烯醇纤维的一种，在聚乙烯醇纺丝液中添加适量硼酸后，用碱性凝固浴纺得的纤维。该纤维的干态强度可达 9.27cN/dtex，初始模量达 224cN/dtex。产品有短纤维和长纤维。短纤维可用于替代石棉做建筑用水泥制品的增强纤维及塑料的增强材料等；长丝可用于制作传动带、胶管等。

高强度高模量纤维 high strength high modulus fiber 指强度大于 4GPa、模量高于 400GPa 的纤维。从化学结构上来看，属均聚和共聚的芳杂环类及无机类纤维，包括对位芳酰胺及其共聚纤维、聚芳酯、聚醚酰亚胺、聚苯并双噁唑、碳纤维、碳化硅、碳化硼、硼纤维、氧化铝纤维、超高分子量聚乙烯纤维、聚乙烯醇纤维、聚丙烯纤维及聚酰亚胺纤维等。

高速冲击试验 high speed impact testing 用高速试验机对复合材料进行拉伸试验，测量试样断裂功的试验方法。在测试前，试样必须在标准温湿度（23℃±2℃，相对湿度 50%±5%）下处理 40h。试验时，以不同的试验速度与速度级数加载，常采用 2.5mm/min、25mm/min、250mm/min 三种速度进行试验。试验结果包括拉伸强度、断裂伸长，以及特性曲线下的整个面积。以由此求出的试样断裂功来评价材料对拉伸速度的敏感性。

高弹态 见橡胶态（472 页）。

高温超导功能复合材料 high temperature superconducting functional composites 以金属材料为基体，同 $Yba_2Cu_3O_7$ 等高温超导材料复合而制成的线材和带材。

高温等静压烧结 hot isostatic-pressing process sintering ；HIP；hipping 又称热等静压烧结。陶瓷粉末、素坯或烧结体在加热过程中经受各向均衡的气体压力在高温高压的共同作用下使其烧结的工艺方法。

高温固化树脂基复合材料 high temperature curing resin matrix composites 在高温（高于170℃）下固化成型的树脂基复合材料。其基体常用的树脂有酚醛树脂、环氧树脂、双马来酰亚胺树脂、氰酸酯树脂等。酚醛树脂包括热塑性和热固性两种；环氧树脂中双酚A环氧树脂应用最多，其次是多官能团环氧树脂（耐温性高于前者）；应用中的双马来酰亚胺树脂多经过韧性和工艺性的改进，耐温性为三者中最高。这类复合材料结构紧密，热稳定性好、强度高、耐化学腐蚀性和耐大气老化性能优良，并且预浸料具有较长的适用期；但工艺条件复杂，需高温加热设备，对成型大型制件困难。适用于有较高温度要求的结构件，广泛应用于航空航天、机械制造、能源、化工及其他工业领域。

高温计 pyrometer 一种测热仪器。在复合材料加工中最广泛采用的是由热电偶（不同金属的两根金属丝，当加热时，在金属丝接点处产生微弱的电流电动势）和测量电压的毫伏计组成的高温计，热电偶的电压与金属丝接点的温度成正比。

高温胶黏剂 参见胶黏剂（211页）、耐热胶黏剂（312页）、环氧-酚醛胶黏剂（173页）。

高温结构陶瓷 见结构陶瓷（218页）。

高温耐蚀树脂 high temperature acid-resistant resin 综合了不饱和聚酯、乙烯基酯树脂、双马来酰亚胺树脂等树脂的优点。是一种耐高温、耐腐蚀，高强度、低黏度，工艺性好，可常温固化，固化无毒、粘接强度高的高性能、多功能复合材料基体树脂。长期使用温度180℃，短期使用温度200℃。可用于制作多种复合材料制品，广泛用于石油化工、冶金电力、航空航天、国防设施、给水排水等领域。参见耐热胶黏剂（312页）。

高温疲劳 fatigue at elevated temperature 高温环境下，材料或结构受交变应力反复作用而破坏的疲劳。

高温谱图 pyrogram 又称裂解色谱图。由物质的高温裂解产物所得的色谱。

高温增塑剂 high temperature plasticizers 加入模塑料中赋予其耐更高温度的增塑剂。例如邻苯二甲酸双十三酯能使乙烯系化合物在高达136℃温度下使用。

高性能复合材料 high performance composites; HPC 见先进复合材料（462页）。

高性能陶瓷 high performance ceramic 见先进陶瓷（463页）。

高性能纤维 high performance fiber 指用于复合材料的强度大于17.8cN/dtex、模量在445cN/dtex以上的特种纤维。分为有机纤维和无机纤维。有机纤维主要有对位芳胺（聚对苯二甲酰对苯二胺；芳纶1414；Kevlar）、间位芳纶（聚间苯二甲酰间苯二胺；芳纶1313；Nomex）、超高分子量高强度高模量聚乙烯纤维（Dyneema）、聚苯并双噁唑（PBO）纤维、连续玄武岩纤维（CBF）、高强度高模量聚乙烯醇（PVA）纤维等；无机纤维主要是碳纤维、碳化硅纤维、氧化铝纤维。主要用作高性能结构复合材料的增强体，如高级运动器材、建筑结构、汽车、航空航天构件等。现选几种用作增强材料纤维列于下表。

纤维	密度/(g/cm³)	拉伸强度/MPa	拉伸模量/GPa	断裂伸长率/%	比拉伸强度/10^6cm	比拉伸模量/10^6cm	最高工作温度/℃
E-玻璃纤维	2.55	3500	70	3	13.4	2.8	350
S-玻璃纤维	2.48	4600	85	5	18.5	3.4	300
T300 碳纤维	1.76	3530	230	1.5	20	13	500
T1000 碳纤维	1.82	7060	294	2.4	38.8	16	500
M40 石墨纤维	1.81	2740	392	0.6	15	21.6	600
M60J 石墨纤维	1.94	3920	588	0.7	20.2	3.03	600
Kevlar-49	1.45	3620	125	2.9	25	8.6	250
Kevlar-149	1.45	3450	179	1.9	23.8	12.3	250
PBO-AS	1.54	5800	180	3.5	37.7	11.7	650
PBO-HM	1.56	5800	280	2.5	37.2	17.9	650
Dyneema SK77①	0.97	3900	115	3.75	40.2	11.8	120
Spectra 2000②	0.97	3000	116	2.9	30.9	11.9	120
CBF	2.7	4000	100	3.1	—	—	−260～500
硼纤维 CVD	2.57	3600	400	10.6	14	15.6	2000
硼纤维 SiC(碳芯)	3.4	3600	420	5	10.6	12.3	1300
硼纤维 Al_2O_3	3.2	1600	200	1.6	5	6.2	1250
钢	7.8	1247	196	1.4	1.6	2.6	—

① 为荷兰 OMS 公司和日本 Toyobo 公司共同开发的产品。

② 为美国 Allied-Signal 公司开发的产品。

高性能纤维增强体 high performance fiber reinforcements 见高性能纤维（141 页）。

高压斑 high pressure spot 树脂基复合材料中树脂过少的区域，由于增强材料相对过多所造成。

高压酚醛树脂基复合材料 high pressure phenolic resin matrix composites 以高压酚醛树脂为基体的复合材料。高压酚醛树脂一般是指 5～50MPa（国内规定）压力下固化成型的酚醛树脂。主要是采用六次甲基四胺（乌洛托品）作固化剂的热固性酚醛树脂，也可以是自身交联固化的热固性酚醛树脂。

增强材料一般为各类有机或无机填料。此类复合材料具有耐热性、尺寸稳定性好、吸水性小、介电性能优异、耐烧蚀、耐腐蚀等特点，基体树脂来源充足，价格便宜。主要用作各类耐热、耐磨、绝缘制品及各种层合板等。

高压模塑 high-pressure molding; molding high-pressure 采用压力大于6.9MPa的模压或层压方法。

高压水切割 abrasive water jet trimming 也称射水切割。高压水经小孔喷嘴射向材料，利用动能转变为压力，使材料应力断裂而被切割。该方法切口质量和结构完整性优于机械切割，无切屑飞扬。可用于切割碳/环氧、有机纤维/环氧、硼/环氧、玻璃纤维/环氧等纤维树脂基复合材料。典型的高压水切割头的剖面如下图所示。水以低流量（3.8～7.6L/min）速度进入切割头

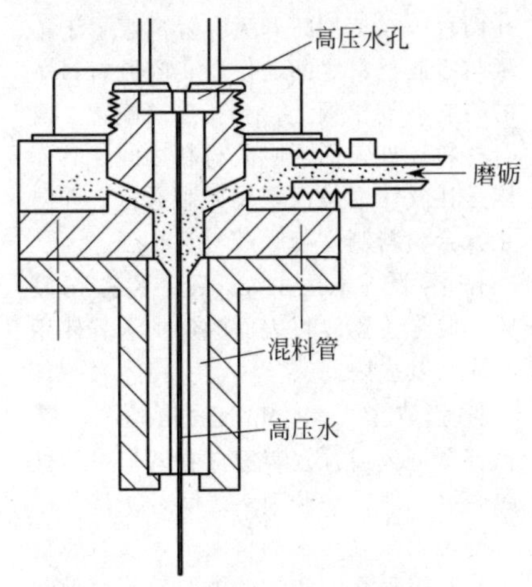

顶部，然后以40000～45000psi的压力穿过孔径为1.016mm的蓝宝石喷嘴同石榴石砂子混合形成磨料浆液，磨料浆液穿过复合材料层板后，有一个装有旋转钢球的收集器使其流动慢下来给以收集。一般情况下，砂砾目数越高（砂砾的直径越小），加工表面的光洁度越高。典型的砂砾目数为80目。高压水切割复合材料的优点在于：切口整齐、光滑、无毛边，不产生分层、粉尘、烟雾和热老化，切口质量及结构完整性优于机械切割，需要的设备、工装简单等。缺点为：设备昂贵，噪声大（>100dB），操作者需要护耳，操作现场需要单独隔声。高压水切割切割质量与射水压力、进给速度、工件厚度以及喷嘴与工件间的距离等因素有关：①高压水切割进给速度要相当低。过快，会在出水口出现“拖曳”或“枝杈弯”现象，如下图所示。例如，12.7mm以下

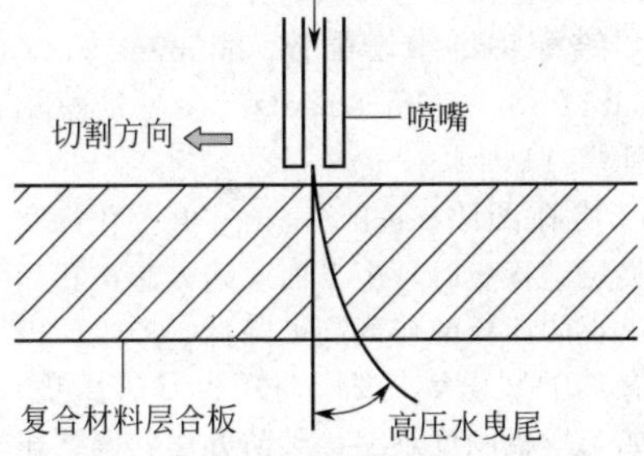

厚度的纤维/环氧树脂基复合材料板的典型切割速度为381mm/min。更厚的材料则需要更慢的速度。②喷嘴至工件之间的距离是需要考虑的另一个因素。因为当距离加大时，由于空气的进入和砂砾介质的散开，会引起高压水流分散，以致造成水流外径增长。因此，水压越高，距离越小，切割出口就越少出现拖曳现象。

高压液相色谱 high pressure liquid chromatography; HPLC 指包含高压技术设备的液相色谱，是一种高效液相色谱。流动相通过高压泵流过色谱柱中的固定相，当拟被分离的混合物溶液通

过柱子时，因流动相的速率不同，即被分离的化合物在固定相和流动相的分配量不同而起到分离的效果。HPLC 的优点是能够分析热稳定性和挥发性受到限制的化合物，其分辨率高，精密度高，分离时间短，样品制备简单，损失小。除了在食品工业、医药、农药方面得到广泛应用外，在复合材料质量控制方面也得到有效应用。

锆酸铝纤维 alumina zirconate fiber 组成为 Al_2O_3 15%～25%及 ZrO_2 的一种无机氧化物纤维，是氧化铝一类纤维的改良品种。该纤维导热系数小，比氧化铝有更好的耐热性，它对 Al、Cu、Ni 等金属不反应。适合作金属基、陶瓷基复合材料的增强体。

锆酸铝纤维增强体 alumina zirconate fibre reinforcements 参见锆酸铝纤维 (144 页)。

格孔凹陷 cell sink 在共固化蜂窝夹层结构板时，由于面层陷入芯格孔而出现的面板的局部高度降低。产生原因有：压力过大、没用匀压板（热压垫）或匀压板刚度不够。预防办法：调整压力、加热压垫或选用刚度合适的匀压板。

格栅 grid 是指由若干纵横等不同方向的复合材料筋条所构成的网格结构，如“井”字形网格、“米”字形网格等。

格栅结构 grid structure 具有格栅构型加强筋的壁板或构件。这种结构由于各筋条被连成一体，所以结构整体性好。而且与蒙皮往往是一次成型，制造工序简化。接头、连接件数量减少，产品结构质量减轻。参见格栅 (144 页)。

格纹图案 lattice pattern 一种具有固定开孔排列方式的纤维缠绕花纹。

格子尺寸 cell size 蜂窝芯子的大小规格，如正六边形蜂窝格子尺寸是指其内切圆直径 d，当正六边形边长为 C 时，则 $d=\sqrt{3}C$。参见蜂窝芯 (112 页)。

割线模量 secant modulus 一种理想化的弹性模量，由原点到非线性应力-应变曲线的任一点所引的割线得出。注意，切线模量是另一条理想化的弹性模量，它是由应力-应变曲线的切线得出的。

隔板 haffle 为改变蒸汽或冷却水的流向而在模具冷却道内设置的金属条或板。

隔框 bulkhead 用于维持机身外形、支持纵向构件及承受载荷的横向构件。分为普通框和加强框两类。

隔离膜 release film 复合材料固化成型中起分离作用的膜状材料。一般为含卤族元素的树脂薄膜。分有孔和无孔两种。在使用时，无孔隔离膜置于模板与吸胶材料之间，以防止吸胶材料中的树脂粘到模板上；有孔隔离膜置于复合材料坯件表面与吸胶材料之间，其作用是让气体通过而限制树脂通过，并防止复合材料制件与吸胶材料粘连。

隔离纸 release paper 覆盖于胶膜、胶带、预浸料表面的保护纸。使用时先将其去除。

隔膜成型 diaphragm forming 将粘接预型体或预浸料叠放在两层可塑性隔膜（一般为橡胶膜）之间，并将其密封固定到模具边缘的框架上，然后通过加热和施加真空压力的方法使其变形贴合在模芯或模腔表面，从而定格成型的加工方法。该方法的主要特点是把在复杂型面上的铺层改为自动化平面铺层，从而大幅度提高了铺层效率，降低了操作成本。另外，由于在成型过程中两隔膜处于拉伸状态，促使薄膜与坯件之间产生相互摩擦，有助于使平坯件在成型期间处于张力状态，从而防止纤维在成型过程中发生屈曲和褶皱，保证了产品的稳定性和产品质量。参见热隔膜成型（349 页）、平面积层-真空成型工艺（330 页）。

隔热板　thermal insulation board　防止热量传递的板。

隔热复合材料　thermal insulation-composites　具有阻止热量传递或隔热功能的复合材料。

隔芯板　barrier sheet　在层合板成型时，插入层压材料芯板与外层板之间的内层板。

嗝式排气　burping　参见压力排气（484 页）。

各向同性　isotropy　材料性能与方向无关的特性。复合材料在很多情况下其面内刚度可以近似地做成是各向同性的。例如具有铺层 n 大于 2 的任何 (π/n) 层合板，都可以在计算中近似地处理成各向同性层合板。

各向同性层合板　isotropic laminate　在各方向强度等性能均等的层合板。

各向异性　anisotropy　材料性能随参考坐标的取向或方向不同有不同的特性。

各向异性层合板　anisotropic laminate　强度与刚度特性在不同方向上各不相同的层合板。

根数平均长度　data average length　以纤维的根数加权得出的平均长度。例如用切断称重法和用排图法得出的平均长度。

工程常数　engineering constants　工程材料设计所需要的材料的典型性能。即对单向或多向层压复合材料进行单轴拉伸、压缩及剪切试验直接测得的常数。包括拉伸、压缩、剪切的强度、模量及泊松比。每一常数标有字母或数字下标，指明与性能有关的方向。

工程干态试样　engineering dry specimen　树脂基复合材料试样经 70℃ 烘干处理达到脱湿速率稳定在每天质量损失不大于 0.2%时的试样。

工程塑料　engineering plastics　可以作为结构材料，能在较宽的温度范围内承受机械应力，能在较为苛刻的化学物理环境中使用的高性能高分子材料。可作为工程材料的是主链含氧、氮、硫等杂原子的热塑性塑料。现分为通用工程塑料和特种工程塑料两类。通用工程塑料有聚酰胺（PA）、聚碳酸酯（PC）、聚甲醛（POM）、改性聚苯醚（MPPO）、聚酯（PET 和 PBT）等；特种工程塑料有聚酰亚胺（PI）、聚苯硫醚（PPS）、聚砜（PSF）、聚芳酯（PAR）、液晶聚合物（LCP）等。这种材料具有相对密度小、化学稳定性好、电绝缘性优异、加工成型容易、力学性能优良等特点。可代替金属作为结构材料，广泛用于化学、机械设备、电子电器、交通运输、建筑等部门。

工程陶瓷　见结构陶瓷（218 页）。

SHS 工艺　自蔓延高温燃烧合成工艺的缩写。

工艺窗　process window　指特种塑料加工条件的范围，例如原料（熔融）温度、压力、剪切速率等。在此范围内，采用特殊的加工方法（例如挤压成型、注射模塑、片料模塑等）可以制出特种品级的塑料制品，并且具有最佳的或令人满意的性能。特种塑料的工艺窗随零件和模具设计不同而差异很大，并随着使用的制造机械不同、最终应力的大小而异。参见加压时机（197 页）、工艺过程控制（146 页）。

工艺过程控制 processing control

在复合材料固化成型过程中，用电子技术对固化周期进行实时监控的过程。即指对固化周期内的时间、温度、压力、真空进行记录及随炉件性能检测的全过程。工艺过程的质量可从两个方面进行控制，一是控制各道工序操作和各个工艺参数，二是工序间的检查。工序间的检查主要是检查半成品（预浸料）和随炉试件。预浸料的制造工艺主要是控制树脂含量。复合材料沿纤维方向的强度和模量几乎与其中纤维的体积含量成正比，因此复合材料中的树脂含量不宜过高。但树脂含量过低，又会影响复合材料的层间剪切强度和沿纤维方向的压缩强度，因此要严格控制浸胶液的浓度、黏度和温度，纤维张力，浸胶时间，挤胶辊距间隙，环境温、湿度等因素，以获得适宜的树脂含量；成型工艺包括铺层和固化。铺层时应注意预浸料纤维方向、拼接方法、铺层的次序和层数。固化过程是整个生产工艺最关键的部分。因为树脂体系和纤维在这一过程中形成复合材料，树脂体系从低分子物成为高分子物，并与纤维黏合，既有化学反应，又有物理变化。同样的树脂固化体系在不同条件下固化可以固化成性能相差很大的不同结构。同样的预浸料在不同时间加温加压，可以制成空隙率和纤维体积含量相差悬殊的复合材料。所以固化过程的控制是工艺过程控制的关键。而控制固化过程的关键是严格掌握升温速度，停止抽真空和开始加压的时间以及加压的速度。加压通常应在挥发物几乎除尽、树脂开始凝胶前开始，并以较快的速度加至最大压力。加压过早，树脂中挥发物未及除尽会造成空隙，而且树脂流动性大，会使树脂流失并分布不均匀；加压时间过迟，树脂已开始固化，树脂黏度增高，气体难除，影响层间粘接力，引起制件分层；升温过快，导致加压时间难以控制。另外，预浸料随存放状态和存放时间不同，自固化程度不同，吸湿程度不同，从而影响固化特征和升温过程中的流变特征。因此应严格控制预浸料和未固化制件中的水分含量，以不超过 0.4%为宜。并要求铺层间空气的相对湿度小于 45%。严格地说，应针对不同存放状态的预浸料选择不同的升温加压过程，这样会使固化过程质量控制更加复杂。针对这种情况，可行的办法是在使用前对每批预浸料用热分析（如 DSC）法确定其固化特征，从而确定制件的固化工艺参数。更好的办法是用随过程监控或动态控制的办法来代替按预定工艺规程进行操作的静态控制法。如用动态介电分析法来控制热压罐中制件的固化过程、电阻法控制制件的固化过程等。成型工艺的质量最后要借随炉件的检查来验证。通常检查那些受树脂固化过程影响大的性能，如复合材料的空隙率、纤维体积含量、层间剪切强度、纵向压缩强度等。装配工艺包括加工和连接。加工时应防止复合材料产生分层。加工方法除用硬质刀具外，还有高压水切割、激光加工等。复合材料的连接多采用胶接-螺接复合连接，尽可能用纯胶接。纯胶接除应控制胶黏剂质量外，还要进行胶接体的表面处理，控制胶接工艺。装配工艺的质量也要借随炉件的检查来验证。最后，在复合材料制件转入批生产前，必须制定切实可行的工艺规程和检验制度。在生产过程中必须严格遵守工艺规程。每个制件应附有工艺控制卡，由各道工序操作人员和检验人员签名，落实责任制度；成品的检验是复合材料制件质量控制的最后一道关，即使原材料和工艺规程都经过严格控制，也需对制件逐个进行检查，以保证产品的质量。复合材料常用的检验方法是X射线法和超声法。参考空隙（269页）。

工艺检测 technological detection 产品制造过程中，进行质量控制和鉴定的一门技术。工艺检测是确保产品质量，保证结构安全的一项必不可少的手段。参见工艺过程控制（146页）。

工艺设计 process design 指制造复合材料制品的工艺过程设计，包括选择工艺方法与设备、确定固化工艺参数、下料与铺贴方法、辅助材料选用、制定固化工艺程序、产品加工与质量控制等。

工艺质量控制 processing guality control 参见工艺过程控制（146页）。

工艺组合 processing assembly 参见装封真空袋（541页）。

工装材料 tooling materials 复合材料件固化成型过程中所需要的工艺装备材料。包括固化成型过程中所需要的模具材料和保证固化成型过程顺利进行与制件质量的工艺辅助材料。模具材料包括木材、金属、塑料、复合材料、橡胶、石膏、石蜡、水泥、低熔点合金等。典型工装材料的性能如下表所示。

材料	性能			
	最高使用温度/°F	热膨胀系数/$\times10^{-6}$°F	密度/(1bs/in^3)	热导率/[btu/(h·ft·°F)]
铝	500	12.5～13.5	0.10	104～110
电沉积镍	550	7.4～7.5	0.32	42～45
因瓦合金	1000	0.8～2.9	0.29	6～9
碳/环氧,350°F	350	2.0～5.0	0.058	2～3.5
碳/环氧,室温/350°F	350	2.0～5.0	0.058	2～3.5
玻璃/环氧,350°F	350	8.0～11.0	0.067	1.8～2.5
玻璃/环氧,室温/350°F	350	8.0～11.0	0.067	1.8～2.5
整铸石墨	800	1.0～2.0	0.06	13～18
岩石铸造陶瓷	1650	0.40～0.45	0.093	0.5
硅橡胶	550	45～2000	0.046	0.1
异丁橡胶	350	≈90	0.040	0.1
氟橡胶	450	≈80～90	0.065	0.1

注:1. 温度:国际单位符号为℃或K。

1°F=(5/9)K。

2. 热膨胀系数:国际单位制单位为1/℃或1/K。

3. 密度:国际单位制单位为kg/m^3。1bs=0.454kg;1in(英寸)=2.54cm。

4. 热导率:国际单位制单位为W/(m·K)。

btu/h意思是1小时1英制热单位。与国际单位制单位W(瓦)的换算关系为:1btu/h=1055.056J/3600S=1.055056kJ=0.293071W;1W=1J/s;1ft(英尺)=0.3048m。

工装树脂 tooling resin 用于制作辅助工装（芯盒、样件、拉伸模、成型模、铸造模型）的树脂。常用的是环氧树脂和硅烷树脂。

公差 见容限（365 页）。

公称捻度 见捻度（317 页）。

公称细度 见细度（462 页）。

公制支数 metric count 用间接制（定重制）表示纤维、纱线细度的名称，简称公支。为 1g 重的纤维、纱线所具有的长度以米表示的数值。例如，1g 纱线的长度为 45m，则此纱的支数即为 45。支数越高表示纱线越细。

功率因数 power factor 电容器中电介质电功率损耗的量度，为有效功率与视在功率之比。用下面四种方式表示。①电容器中电介质消耗的功率（以瓦表示）与有效功率之比；②电流与电压向量间相角 φ 的余弦；③损耗角 δ（即相角的余角$=90-\delta$）的正弦；④当损耗角 δ 足够小时，$\tan\delta \approx \sin\delta$，此时可用损耗角 δ 的正切值表示。

功能材料 functional materials 以物理性能为主的工程材料的统称。即指在电、磁、声、光、热等方面具有特殊性质，或在其作用下表现出特殊功能的材料。如磁性材料、电子材料、信息材料、光学材料、敏感材料、能源材料、阻尼材料、形状记忆材料、生物技术材料等。

功能复合材料 functional composites 除力学性能以外，还具有其他特定物理、化学或生物等特性（功能）的复合材料，即具有各种电学（如导电、超导、压电、介电等）、磁学（永磁、软磁、磁致伸缩等）、光学（如透光、选择吸收、光致变色等）、热学（如绝热、导热、低热膨胀等）、声学（如吸声、消声呐等）以及阻尼、摩擦和化学分离等性能的复合材料。其中，对复合材料提供物理等特性的组分称为功能体；起到粘接、固形以及加强功能作用的组分称为基体。按其功能进行分类，有压电复合材料、导电复合材料、阻尼复合材料、摩擦功能复合材料，热、光功能复合材料、隐身复合材料、电磁复合材料、磁功能（透波、吸波）复合材料、声（吸声、消声呐）功能复合材料、透 X 射线复合材料、烧蚀复合材料、智能复合材料等。当前应用最广泛的是各种防热复合材料、透波-吸波复合材料、声功能（吸声、消声呐）复合材料。实际上，复合材料发展至今，功能复合材料和结构复合材料的界线已不明显。因为一种复合材料构件往往同时起着结构和功能两种作用。功能复合材料已经在航空航天、航海工业、机械电器工业和化学工业等方面获得应用。主要功能复合材料的类别及用途如下表所示。

功能特征	复合材料名称	用途
电学	导电	弱电开关、抗腐蚀电极等
	压电	声呐、水听器生物传感器
	半导体	防静电地板、涂料
	电磁屏蔽	电子设备屏蔽、涂料
	透波	飞机雷达罩及天线罩
	吸波隐身	飞机、导弹及舰艇蒙皮
	温控导电(PTG)	自控恒温发热体
	导电纳米	锂电池

续表

功能特征	复合材料名称	用途
磁学	永磁	磁感应、磁内存件
	软磁	磁控、磁阀
光学	透光	农用温室顶棚
	光传导	光线传感器
	发光	荧光显示屏
	光致变色	变色眼镜
	感光	光刻胶
	光电转换	光电导摄像管
	光记录	光学内存
	透X射线	医用X射线检查床板
热学	烧蚀防热	固体火箭发动机喷管
	热适应	半导体支撑板
	阻燃	车、船、飞行器等内饰
机械	摩阻	轴承刹车片
	阻尼	机械减震器
装甲	软质防弹	防弹衣
	复合材料层板	防弹头盔、军车防弹装甲
	陶瓷复合材料	航空复合装甲
声学	吸声(空气)	隔声板
	吸声(水汽)	消声板
	声功能	船舰声呐

功能高分子 functional polymer 带有特殊功能基团的聚合物。其中聚合物部分起着载体的作用，不参与化学反应。基团则承担着物理功能作用。按功能基团的作用，可分为化学功能高分子（如离子交换树脂、螯合树脂、光敏高分子）和物理功能高分子（如分子半导体、高分子电解质及荧光、发光高分子）等。

功能梯度材料 functional gradient materials 是由日本学者于1987年提出的一个复合材料设计新概念。其设计思想是在材料的制备过程中，选择两种或两种以上性质不同的材料，通过控制材料的微观要素使其组成、组织、结构呈连续变化，从而使材料内部不存在明显的界面，材料的物性参数也随之呈连续变化。该材料具有良好的防热、隔热和缓冲热应力的双重功能。已用于航天技术领域。随着新的功能梯度材料的开发及应用，它将在电子技术、光学材料、磁性材料、生物材料等领域发挥出其巨大潜能。参见梯度复合材料（439页）。

功能涂料 functional special coating 除防护、装饰、标志等一般功能以外具有特定作用的涂料。一般按涂料赋予被涂物表面的功能分成若干类，如电、磁功能类，热功能类，电磁波功能类，机械功能类，界面功能类，生物功能类等。该涂料施工简单，价格低廉，功能明显，广泛用于国防工业、人民生活等各个领域。

拱头（长丝缠绕） dome (filament winding) 又称封头。在长丝缠绕圆筒容器中形成完整容器端头的那部分。

拱凸 domed 塑料对像平面或曲面部分所显示的一种对称性扭变，以致平常看来呈现为凸面或较高凸面。亦见翘曲（341页）。

共轭的 conjugated 在化学中，指分子中原子之间单键与双键有规则地交替排列。例如苯分子的结构图，其中每一单键代表一对电子，每一双键代表两对电子。

共轭聚合物 conjugated polymer 主链上具有共轭大π键的聚合物。该聚合物可以单独或与某些物质掺杂后作为导电高分子使用。例如聚乙炔、聚苯乙炔、焦化聚丙腈等聚合物。聚乙炔类与I_2掺杂可提高导电性等。

共轭双键 conjugated double bonds

表示双键被一个单键隔开的化学名词，例如1,3-丁二烯（$CH_2=CH-CH=CH_2$）。

共沸 azeotrope 两种（或几种）液体形成的恒沸点混合物称为共沸混合物，是指处于平衡状态下，气相和液相组成完全相同的混合溶液。对应的温度称共沸温度或共沸点。

共固化 co-curing; cocure 指不同的复合材料制品坯件在一次固化过程中同时完成自身固化和相互胶接的固化工艺方法。对于夹层结构，指面板预浸料铺层在固化的同时与蜂窝芯或其他刚性件粘接在一起的固化方法。对于RTM工艺，是指B阶段的预浸料预型体和注射树脂的同时固化。其优点是：可减少零件、紧固件数量，减少了装配工作量，提高生产效率，降低了成本，改善和提高结构的整体性，充分体现复合材料特性和工艺可设计性。缺点是模具结构复杂，精度要求高，投入大。需要说明的是，并非任何结构都可以进行共固化。共固化的组合零件在未固化时应该是可分离，而且在生产过程中对各零件毛坯可以进行铺贴和预处理。共固化包括一步法共固化、二步法共固化（如下图所示），以及整体共固化。共固化工艺常用于成型尺寸较大而又零件较多的飞机结构件、卫星、火箭和汽车的部件制造。参见二次胶接（91页）、共胶接（151页）、共制造（152页）、整体共固化成型（527页）。

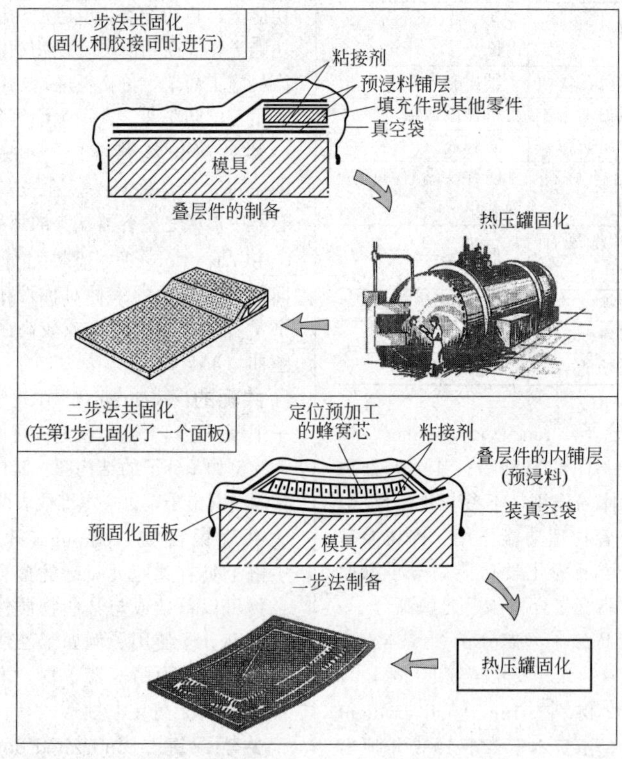

共混 blending 将两种或两种以上不同的聚合物以熔融方式混合在一起，以便通过改变组分和组分含量使产品达到一定性能要求、满足一定应用需要的加工过程。

共混聚合物 见共混料（151 页）。

共混料 blend 在塑料中一种聚合物同其他聚合物或共聚物或弹性体掺混而成的材料，例如聚苯乙烯-聚丙烯腈共混物，又称作聚合物共混。亦见塑料合金（411 页）。

共挤塑 co-extrusion 生产多层复合塑料制品的一种加工方法。用多种挤出机挤出不同品种塑料的熔体，汇集到一个公用机体中。各层熔体料流的界面互相连接在一起，形成紧密的多层复合物。

共价键 covalent bond 又称原子键。一般指两个通过共用电子对而产生的一种化学键。每一共用电子对产生一个共价键。

共胶接 co-bonding 把已固化成型的复合材料件和未固化的复合材料坯件通过（自身）胶黏剂/胶膜在同一个固化周期中完成自身固化的同时彼此胶接成一体的工艺方法见右图。对于 RTM 工艺，可使未固化的复合材料在其固化的同时与已固化的复合材料或金属嵌件胶接为一体。几种固化胶接成型工艺细节区别见右表。参见共固化（150 页）、二次胶接（91 页）、整体共固化（527 页）。

共聚苯并咪唑酰亚胺 copoly (benzimidazole-imide) 又称咪唑-酰亚胺共聚物。一种聚酰亚胺类耐热高聚物。结构中具有醚酐型聚酰亚胺和聚苯并咪唑的重复链节。模塑料可在 250～270℃使用，综合性能超过醚酐型聚酰亚胺，尤其高温力学性能比较稳定。相对密度（d_4^{20}）1.37，玻璃化转变温度 305℃，热分解温度 506℃，冲击韧度 60kJ/m^2，室温弯曲强度 212MPa，250℃仍有 55.1MPa。相对介电常数为 3.35（1MHz）。可制成模塑料、薄膜、胶黏剂、涂料和密封剂等。适宜于高温、低温下作密封圈、垫圈等零件。

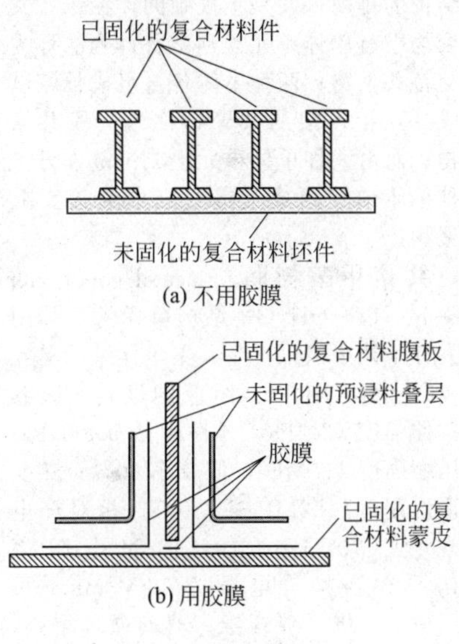

(a) 不用胶膜

(b) 用胶膜

各种胶接固化元素一览

组合件	工艺				
	二次胶接	共固化	共胶接	共制造	整体共固化
件 1	干	湿	干	干	湿
件 2	干	湿	湿	湿	湿
件 n	×	×/√	×/√	×/√	√
胶膜	√	×	×/√	√	×
固化反应	仅胶黏剂	所有组件	胶、部分组件	面板、嵌件胶	所有组件

注：干表示已固化；湿表示未固化；√表示有；×表示没有；×/√表示没有/有；共制造用于夹层结构。

共聚合 copolymerization 两种或

两种以上的单体或单体与聚合物间进行的聚合。得到的聚合物称为共聚物。两种单体的共聚合称为二元共聚合；三种单体的共聚合称为三元共聚合；三种以上单体的共聚合统称为多元共聚合。根据链增长的活性种类可分为自由基共聚合和离子型共聚合。共聚物中单体单元结构的排列一般是不规则的。在二元共聚物中有单体单元规则交替排列的称为交替共聚物；两种单体各自组成长序链段并互相连接的共聚物称为嵌段共聚物；而由一种单体单元组成主链，另一种单体单元组成支链时则称为接支共聚物。

共聚甲醛树脂 acetal copolymer resin 以—CH_2O—结构单元为主体的大分子链中嵌入少量共聚单体结构单元（如—CH_2CH_2—）组成的聚合物。其拉伸强度 62MPa，弹性模量 2.88GPa，压缩强度 110MPa，伸长率 60%；热变形温度（1.82MPa）110℃；相对介电常数（10^6Hz）3.9，体积电阻率 10^{14} Ω·cm，介电强度 20kV/mm。可用玻璃纤维、碳纤维、玻璃微球增强，热塑性弹性体增韧。主要用于代替有色金属如铜、锌、铝等制造各种零件，用量最大的是汽车、机械制造、精密仪器、电器通信、家庭用具等。

共聚体 见共聚物（152 页）。

共聚物 copolymer 由两种或两种以上不同单体经共聚反应而生成的产物。又称共聚体。如丁苯橡胶是丁二烯和苯乙烯的共聚物。按照参加聚合单体的种类可分为二元、三元、四元、多元共聚物；根据单体在共聚物分子链上的序列分布可分为无规共聚物、嵌段共聚物、交替共聚物、接枝共聚物等。

共熔点 eutectic 共熔物熔融时的温度。

共熔物 eutectic 由两种或两种以上晶体物质组成的特定混合体，该体系可在较低的温度下达到全部熔融。

共振技术 resonance technique 改变超声波的频率以便在物体或物体的一部分中激励一个最大振动振幅的技术。一般用来从物体一侧测量厚度。（无损检测）

共制造 co-fabrication；co-fab 又称共装配工艺。制造夹层结构的一种工艺方法。即在面板与芯子相胶接的同时，把封口件、镶嵌件及其他典型结构件胶进夹层板内的制造工艺。该工艺的特点是，各胶接体都是刚性体，在胶接过程中其本身都不发生固化反应。而共固化、共胶接则不同。其中至少有一个胶接体在制造过程中发生固化反应。参见共固化（150 页）、共胶接（151 页）、后装配工艺（169 页）。

共注射树脂传递模塑成型 coinjection resin transfer molding；CIRTM 为美国特拉华大学等申请的关于多功能混杂复合材料成型方法的发明专利。该方法的树脂注射方式有两种：一种是先用真空辅助成型法制造出一种基体的复合材料。然后，以其为模具，在其上放置预型体，封装真空袋，再注射另一种树脂基体，固化制成复合材料零件；另一种方法是在增强材料上下两侧同时注射不同的树脂。该工艺方法减少了混杂复合材料的制造成本，提高了两种基体层合界面的强度和生产率。

钩接强力 loop strength 在规定条件下，拉伸纤维、纱线试样在钩接处断裂所需的力。以 N 等为单位表示。

构架式机身 见桁架式机身（166 页）。

构型 configuration ①分子中由化学键所固定的几何排列。这种排列是稳定的，要改变构型必须经过化学键的断裂和重组。高分子链上有许多单体单元，因而各种高分子化合物有各种不同的构型；②构件的结构和造型。

股 end 由一定根数的长丝形成的一束粗纱。加捻之前称为束或原丝(end 或 strand)，加捻后称为有捻纱(yarn)、原丝、纱线、纤维或粗纱。

股数 end count 又称丝束数。一个粗纱团的精确股数或丝束数。

固定式压缩模 fixed compression mould 固定在压机工作台面上，全部成型作业均在机床上进行的压模。

固定式压注模 fixed transfer mould 固定在压机台面上，全部成型作业均在机床上进行的压注模。

固定误差 fixed error 又称恒差。系统误差的一种。在整个测量过程中误差的数值和符号都保持不变。

固定效应 fixed effect 由于处理条件有一特定的改变，使测定量出现的某个系统位移。

固化 cure；curing；setting 又称熟化、交联、变定。通过化学添加剂（固化剂、催化剂）或热、光、辐射等的作用，使热固性树脂进行不可逆反应，交联形成不溶不熔固体物质的过程。其实质是树脂由具有流动型的线型分子结构转变成不溶不熔的网状立体结构。根据聚合物的化学结构特征和所选固化剂的类型，聚合物复合材料固化可分为常温（室温）、低温（31～99℃）、中温（100～149℃）、高温（150℃以上）不同温度的固化等级。

固化不完全 见欠固化（339 页）。

固化残余应力 curing residual stress 复合材料制品固化期间内部产生的成型后未释放的应力。与铺层、基体收缩率、升降温速度、出炉温度等参数有关。通常可通过适当后处理消除。

固化度 curing degree 又称交联度、熟化度。表征热固性树脂交联反应的程度。用已固化树脂的质量与原树脂质量的百分比表示。固化度与产品的物性，如收缩率、机械强度、热性能和化学稳定性等密切相关。一般说来，欠固化和超固化都不能得到理想的综合性能。适宜的固化度是由合理的固化条件得来的。测量固化度的方法有溶剂提取法、红外光谱分析法、DSC 法等。

固化封装 curing packaging 复合材料毛坯在固化前，将其与吸胶材料、透气材料、隔离材料、脱模材料、真空袋及模具组合在一起的过程。参见装封真空袋（541 页）。

固化工艺 cure process 通过对温度、时间、压力等因素的控制完成固化的过程。通常把温度、压力、时间作为实施固化的三个重要参数，也叫固化工艺参数。参见固化周期（155 页）。

固化工艺参数 参见固化工艺（153 页）。

固化工艺监控 cure process monitoring 通过监测固化过程中树脂体系某些特征参量的变化，控制成型工艺参数的过程。

固化规程 见固化周期（155 页）。

固化剂 curing agent 能使热固性树脂发生化学交联反应形成不溶不熔网状结构的一类物质。胶黏剂只有在固化之后才会显现出良好的物理力学性能，才有工程使用价值。而固化剂的品种对固化物的力学性能、耐热性、韧性、耐水性都有很大的影响。不同类型的树脂需要配伍的固化剂不同，如橡胶常用的联苯胺，酚醛树脂常用的六亚甲基四胺等。环氧树脂用的固化剂较多，按照其化学结构可分为碱性和酸性两类：碱性固化剂包括脂肪族二胺和多胺（如乙二胺、三乙烯四胺等）、芳香族多胺(DDS、MDA等)，以及其他含氮化合物（如氰基胍、咪唑类化合物）和改性脂肪胺（如低分子聚酰胺等）；酸性固化剂有有机酸、酸酐（如邻苯二酸酐）和三氟化硼络合物等。上述固化剂中脂肪族二胺和多胺、低分子聚酰胺的固化温度较低（室温），一般用作非结构胶黏剂的固化剂；用氰基胍和咪唑固化的改性环氧树脂体系可作为结构胶黏剂使用；芳香胺的固化产物性能、耐热性好，但固化速度慢，固化温度高，一般需要用催化剂催化，以提高固化速度或降低固化温度。如6828-DDS体系经路易斯酸催化后，固化体系DSC的放热峰温度降低了90℃，固化时间缩短了4～5h，而且固化产物的力学性能、耐热性能、韧性均优。选用环氧树脂固化剂的原则为：固化剂化学组成与性能（固化物的力学性能、耐热性、电性能、耐化学品性、耐候性、耐辐射性、阻燃性等）、取得难易、工艺性、与环氧树脂的兼容性、固化条件、固化反应性、实用性、pH值及腐蚀性、毒性、使用寿命等。环氧树脂固化剂用量的计算方法：①胺类固化剂用量的计算。用量(phr)＝胺当量×环氧值。式中，phr为每百份树脂用胺固化剂质量份数。其中胺当量＝胺的分子量÷胺中活泼氢的数目。②酸酐固化剂用量的计算：酸酐用量（phr）＝C×(酸酐当量÷环氧当量)×100＝C×酸酐当量×环氧值。式中，phr为每百份树脂用酸酐固化剂质量份数。酸酐当量＝酸酐的分子量÷酸酐基的个数；C为修正系数，其值随配方组分不同而异：使用一般的酸酐C＝0.85；使用含氯酸酐或使用辛酸锡等有机金属盐C＝0.6；使用叔胺作促进剂C＝1.0；使用叔胺和$M(BF_4)_n$盐C＝0.8。参见交联剂（207页）。

固化夹具 curing fixture 胶接装配件在固化时所用的定位加压装置。是保证胶接质量和胶接件尺寸及形状精度的重要设施。

固化监测 cure monitoring 一种在线检测技术，通常采用介电性能测量技术连续检测固化过程的进展和性能变化及即时工艺条件，以保证制件质量的一种方法。

固化炉 curing oven 能按制品（胶接件、复合材料件等）的固化制度进行固化的设备。通常由加热系统、空气搅拌系统、真空系统和控制等系统组成。

固化模型 curing model 基于热固化过程中的热化学参数、流动参数、空隙参数、残余应力参数之间的关系建立起来的数学模型。即先对固化反应机理做出物理上的解释（物理模型），在物理模型的基础上再导出表达物理模型的数学表达式（数学模型）。然后给出固化特性（如固化度）与固化工艺参数（如温度、时间）的相互关系。再将数学模型转化成能用计算机演算的计算机模型，则可将复合材料实际固化过程演变成计算机的数字分析过程。实际上就是把工艺条件摸索试验变成一系列的数字运算。固化模型对选择合理的固化工艺参数很有帮助，并可省去大量的试验工作。通常一个固化模型包含固化度、树脂流出量、空隙率和残余应力等固化反应特征。

固化时间 curing time; time curing; time setting 在固化温度下使树脂组分完成固化所需要的总时间。即从加热或辐照等开始直至达到规定固化程度的一段时间。

固化时期 cure period 制件在固化温度和压力下所停留的时间。参见固化时间（154页）。

固化收缩 curing shrinkage 固化成型中或固化成型后制件尺寸缩小的现象。它不仅影响到制件的尺寸，还可能产生固化残余应力，带来其他副作用。固化收缩与所用树脂体系的结构有关。

固化速度 cure rate 指热固性树脂从液态转变为固态的反应速度。以单位时间内固化物硬度变化来表示。固化速度与温度、压力、固化剂相关，对固化物的性能影响很大。一般可通过控制反应条件来控制固化速度，以提高产品性能。

固化特性 curing behaviour 热固性树脂在固化历程中出现的放热峰、经历的时间，产生的热膨胀、固化收缩和净收缩等参数。

固化体系 cure system 树脂和固化剂（含催化剂）组成的复合体系。树脂可能是一种树脂，也可能是多种树脂组成的混合树脂，固化剂可能是一种，也可能是多种组成的混合固化剂。

固化条件 cure condition 指树脂基复合材料固化成型所需要的固化温度、时间、压力、辐射量等物理参数。

固化温度 curing temperature; temperature setting 在固化时间内能使基体或树脂组分进行固化反应需要的温度。固化温度是决定固化反应速率的重要参数。对于任一固化体系，所选的最低固化温度必须能够保证至少使99%的组分反应。应注意，固化温度是指固化体本身的温度，而非固化体周围环境（烘箱、热压罐）内的温度。参见固化现场监控（155页）。

固化现场监控 in-situ curing monitoring 通过对复合材料固化过程中固化反应过程的现场跟踪来获得最佳的加压条件，以保证工艺质量的方法和技术。工作原理是利用放置在铺层中特制的传感器，测出固化过程中的基体性能（如温度、黏度、模量、官能团密度及电气性能）的变化，并把它转变成数字信号，输入计算机，与固化模型不断地比较对照，两者之差作为输入信号，输入到执行单元，以此来控制和调节工艺参数（温度和压力）。这样形成的智慧回路可实现对成型过程的连续自动监控，以保证制件的质量。

固化型光敏高分子材料 photo-curing polymer materials 又称光交联高分子材料。光照后可形成网状立体结构产物的聚合物。

固化压力 curing pressure 指在固化成型过程中施加到制件上的静压力。其作用是排除料坯内的空气和挥发物及多余的树脂，减少空气含量，使制件压制密实，同时紧贴模具以保证外形尺寸。固化压力是关系到制件质量的一个重要工艺参数，加压过晚或压力太小，排不尽空气和挥发物，形成空隙，使制件疏松；加压过早或压力太大，则会压出过量树脂，导致制品树脂含量减少，形成贫胶，同样产生质量问题。合理的加压条件要通过工艺试验来确定。

固化应力 cure stress 在复合材料结构件固化期间产生的残余内应力。通常这些应力是由于铺层的不同组分（增强体、基体等）有不同的热膨胀系数引起的。

固化周期 cure cycle 又称固化规程。完成一次复合材料制品固化成型的全部过程所需要的全部操作。包括：①温度。升降温速率，阶梯温度及其起止时间，固化温度及保温时间。②压力。加压时机、压力大小及保压时间，升压降压速率。③真空。真空度及其起止时间。④制件出炉（模）温度等。右图为环氧树脂基复合材料制件加工的典型固化曲线。描述固化工艺参数与固化物物理化学变化的关系。由图可知，固化周期包括三个阶段。第一段升温保温区（如125℃），此阶段的特点是：随着温度的升高，半固态树脂熔融黏度急剧下降。树脂发生流动（易于被吸走），使溶解于树脂中的挥发性物质容易挥发逸出。此阶段的压力只有真空压力。第二段升温保温区（如175℃），是固化过程中树脂的聚合反应期。树脂开始反应而黏度急剧上升，达到树脂凝胶化成为固体并继续交联。此时加热压罐压力使叠件密实并抑制空隙形成。需要说明的是，热压罐压力施加在第一保温段结束时进行，并同时关闭真空（通大气）。之所以如此，是要避免出现树脂凝胶点与真空压力并存的工艺氛围，因为真空会帮助挥发分从熔融的树脂中逸出，而较高的热压罐压力则有可能将逸出的气体滞留于叠层之中，所以在第一阶段结束时施加热压罐全压（700kPa），同时关闭真空，可确保叠层在树脂黏度达到凝胶点之前就得到充分压实，而避免真空存在引起的空隙增加。否则叠层板的密实度会很低，且其中会含有大量空隙。第三阶段为保压降温阶段。保压即保持固化压力。该阶段是保证产品质量的最后一个环节，也至关重要。降压速率过快、出罐温度过高都会导致内应力加大，产生翘曲。降温速率、出罐温度因具体产品结构和技术要求不同而异。一般情况下，选用降温速率低于3℃/min，卸压出罐温度低于60℃。参考工艺过程控制。

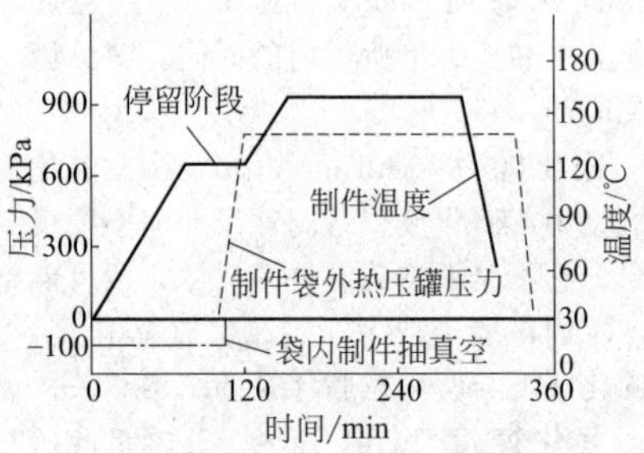

固体含量　solid content　在规定的测试条件下，测得的胶黏剂中非挥发性物质的质量百分数。

固体浇铸　solid casting　固体制作成型的方法，即将液体树脂倒入开启的塑模内，借固化或加热与冷却使物料硬化，然后取出成型的制件。

固体力学　solid mechanics　力学中形成较早、理论性较强、应用较广的一个分支。主要研究可变形固体在外界因素（如载荷、温度、湿度等）作用下，其内部各质点产生位移、运动、应力、应变以及破坏等的规律。固体力学研究的内容既有弹性问题，又有塑性问题，既有线性问题，又有非线性问题。在早期的研究中，一般假设物体是均匀连续介质，但在近期发展起来的固体力学分支，如复合材料力学和断裂力学扩大了研究范围，研究非均匀连续体和含有裂纹的连续体。固体力学可分为材料力学、弹性力学、塑性力学、稳定性理论、结构力学、振动理论、断裂力学、复合材料力学等次级分支。

固相反应烧结　solid reaction sintering　通过固相化学反应，使反应物素坯致密化而得到复合材料烧结体的一种烧结方法。

固形剂 tackifier 将纤维预型体粘接在一起的树脂体系，通常这种材料和基体树脂体系相容，在低用量（3%～7%）时不会降低复合材料的性能。

固有变形 intrinsic flaw 复合材料中固有或生产过程中产生的缺陷。

固有振动特性 natural vibration characteristics 弹性物体进行无阻尼自由振动的频率称为该物体的固有频率或自然频率。只与弹性物体本身所固有的物理属性有关的振动特性，如固有频率、固有振型等。

刮刀 doctor 一种类似刀片的装置，以小角度安装于向下方运转的辊子或滚筒上，以除去不需要的物质。

刮刀涂层 knife coating 参见喷气刮刀涂层（323 页）。

刮痕 scratch 由于搬运、储存不当而造成的浅显的痕线槽、皱纹和沟槽。

刮胶棒 doctor bar 参见刮胶刀（157 页）。

刮胶刀 doctor knife 一种能调节胶黏剂的厚度并使之均匀地涂布在胶辊或待涂表面的器械。又称刮胶片。

刮胶片 doctor blade 见刮胶刀（157 页）。

刮涂 spread coating 以液体分散体供织物、金属板及类似材料进行涂层的一种方法。底材放在载体上，涂层用的流动性材料刚好放在刮刀或调节刀前面施于底材上，以刮刀或调节刀调节涂料的厚度。然后把沉积的涂料加热使涂层熔化在底材上，随后往往进行压纹以赋予一定的纹理。

观测显著性水平 observed significance level；OSL 当零假设成立时，观测到一个较极端的试验统计量的概率。

观测误差 参见测量误差（30 页）。

官能度 functional degree 在有机化合物的分子结构中能反映其特殊性质的，且有反应活性的原子团数目；或单体能进行聚合反应的官能团数目。包括单官能度有机化合物、双官能度有机化合物（如 DDM、DDS）、三官能度有机化合物（如 TDE-85 环氧树脂）和多官能度有机化合物（如 AG-80 环氧树脂）等。官能度的大小决定化合物反应后生成的聚合物的结构：线状结构、网状结构或立体状结构。通常，随着聚合物官能度的增加，交联密度增大，耐热性提高，黏结力增强，力学性能、耐腐蚀性变好，但脆性增加。

官能基 见官能团（157 页）。

官能团 functional group 又称官能基。有机化合物中，能显出同族特征，能与其他化合物反应生成化学键的活性基团。例如羟基、羧基、羰基、氨基、环氧基等；在加聚、缩聚反应中起主要作用的活性基团也是官能团。常用的官能团如下表所示。参考官能度（157 页）。

类名	通式	官能团
烯	$R_2O{=}CR_2$	$>C{=}C<$
炔	$R-C\equiv C-R$	$-C\equiv C-$
卤代烃	$R-X$	$-X$
醇	$R-OH$	$-OH$
酚	$Ar-OH$	$-OH$
醛	$R-C(=O)-H$	$-C(=O)-H$
酮	$R-C(=O)-R$	$-C(=O)-$
羰酸	$R-C(=O)-OH$	$-C(=O)-OH$
酰卤	$R-C(=O)-X$	$-C(=O)-X$

续表

类名	通式	官能团
酸酐	$R-\overset{O}{\overset{\Vert}{C}}-O-\overset{O}{\overset{\Vert}{C}}-R$	$-\overset{O}{\overset{\Vert}{C}}-O-\overset{O}{\overset{\Vert}{C}}-$
酯	$R-\overset{O}{\overset{\Vert}{C}}-O-R'$	$-\overset{O}{\overset{\Vert}{C}}-O-R'$
酰胺	$R-\overset{O}{\overset{\Vert}{C}}-NH_2$	$-\overset{O}{\overset{\Vert}{C}}-NH_2$
胺	$R-NH_2$①	$-NH_2$①
硝基化合物	$R-NO_2$	$-NO_2$

①氮上的 H 均可被 R 替代。

关键结构 critical structure；key structure 其完整性对保持飞机总体飞行安全是必需的承载结构/组件。如果该构件遭受严重损伤而失效，则会导致飞机出现危险，甚至造成飞机失事。

管电流 tube current X 射线管工作期间阳极和阴极之间所通过的电流。(无损检测)

管纱（线） cop 经细纱机或捻线机加工，卷绕在细纱或捻线筒管上的纱线。

管式加热器 cartridge heater 设置在热流道板或鱼雷体内的管形加热元件。

管状织物 hollow fabric；sleeving 经纬纱交织成圆筒状的织物。

灌封浆料 potting syrups 参见浇铸树脂（207 页）。

ABL 罐 ABL bottle 一种内压式试验罐。直径约 45.7cm，长度约 61cm，用以测定罐中长丝缠绕材料的质量和性能。

光导纤维 optical wave-guide fiber 简称光纤。使光以波导方式传输的纤维介质。由线芯和包层两部分组成。其特点是低损耗、信息传输量大、抗干扰、保密性强以及质量轻、耐腐蚀、耐高温、电绝缘性好等。

光导纤维现场固化监控 optical fiber in-situ curing monitoring 一种复合材料固化现场监控的方法和技术。工作原理是利用光导纤维作传感器，把制件在固化过程中所出现的变化输入红外光谱仪中，测量出固化过程中基体树脂的官能团变化，并以此作为控制加压条件的依据，实现固化过程的回路自动控制。本方法的优点是结果准确可靠，可实现较精确的质量控制。参见介电法固化监控（220 页）、热电偶法固化监测（349 页）。

光固化胶黏剂 见光敏胶黏剂（158 页）。

光降解作用 photo-degradation 塑料由于光作用而产生的降解。大部分塑料易于吸收光谱中紫外线的高能辐射线，高能辐射线激发其电子至较高能级而引起氧化、解离及其他降解反应。

光聚合作用 photo-polymerization 单体或单体混合物，在有或无催化剂作用下，暴露于天然或人工光下而产生的聚合反应。苯乙烯、氯乙烯与甲基丙烯酸甲酯均为光致聚合单体的例子。

光敏交联 photo-crosslinking 通过光化学反应使高聚物分子的链与链之间彼此连接起来形成一种不溶、不熔的网状结构的过程。

光敏交联聚合物 photo-crosslinking polymer 通过光敏交联反应所得的产物。

光敏胶黏剂 photosensitive adhesive 又称光固化胶黏剂、感光胶黏剂、光敏抗蚀胶。一种依靠光能引发固化的胶黏剂。适用于透光材料或金属、塑料陶瓷、光学透镜等的胶接，尤其适用于自动化流水线的装配工艺。

光敏聚合物 photosensitive polymer 又称光敏树脂。通常是指在光照下能发生快速交联反应生成不溶、不熔的网状结构的聚合物体系。广义地讲，光敏聚合物还包括光可溶聚合物、光发色聚合物、光致变色聚合物、光导电性聚合物等。

光敏抗蚀胶 见光敏胶黏剂（158页）。

光敏树脂 photosensitive resin 见光敏聚合物（159页）。

光敏引发剂 photosensitive initiator 在紫外线作用下，能迅速产生大量游离基，使某些树脂产生交联转变成不溶不熔状态的物质。

光弹性 photo-elasticity 各向同性的透明的电介质承受应力时光学性能的改变现象。

光弹性分析 photo-elastic analysis 借助于光弹性试验方法确定、分析透明材料在弹性范围内的应力变化规律。用于研究某些透明材料（如赛璐珞、酚醛塑料、环氧光弹材料等塑料）在外力作用下产生应力时其光学性质发生变化，即从单折射变为具有沿两主应力方向折射的暂时双折的性能。利用光弹性分析不但能解决二维问题，而且能探讨三维问题。与其他应力分析方法相比是一个较为迅速、精确、经济并能得出完善信息的方法。

光弹性聚合物 photo-elastic polymer 某些透明固体聚合物受到应力作用时产生光学各向异性，此种现象叫作光弹性。具有光弹性的聚合物称为光弹性聚合物。光弹效应是可逆的。光弹性聚合物已广泛应用于应力分析。

光弹性力学 photo-elasticity mechanics 利用具有人工双折射性的各向同性透明材料（光弹材料）以光干涉法来研究构件应力状态的实验科学。

光纤 光导纤维的简称。

光学畸变 optical distortion 当透过材料或由材料表面反射观察物体时，所见物体几何形状的改变。

光增白剂 见增亮剂（519页）。

光致变色复合材料 photochromic composites 以光致变色物质为光敏组分，在光激发下能改变颜色的复合材料，其主要特点是光敏组分的光致变色性质。

光致发光材料 photo-luminescent materials 受可见光、紫外线及红外线激发时能发光的材料。分为荧光灯用发光材料、长余辉发光材料和上转换发光材料等。参见光致发光功能复合材料。

光致发光功能复合材料 photo-luminescent functional composites 以能产生荧光的物质与透明的高聚物、纸张等基体组合成的一类功能复合材料。效率在95%以上的荧光材料有罗达明、9-氨基吖啶等，它们可以与有机玻璃/纸张复合成荧光复合材料，在自然光或灯光的照射下发出不同色泽的荧光，可以作为标志显示和装饰品用。

广义虎克定律 Hooke's law generalized 对于各向异性材料的线弹性应力-应变关系，可由此绘出具有各种对称性的材料性质。

归一化（正则化） normalization 将纤维控制性能的原始测试值按某个单一（规定的）纤维体积含量进行修正的一种数学方法。

归一化（正则化）应力 normalized stress 相对于规定的纤维体积含量进行修正后的应力值。具体办法是，把测量的应力值乘以试件纤维体积与规定纤维体积之比。可以用实验的方法直接测量纤维体积而得出这个比值；或者用试件厚度与纤维面密度直接计算这个比值。

规定匹长 specified piece length 对各类织物规定的一匹长度。

规则编织物 braid regular 编织图案为2上2下（2×2）的编织物。

规则层合板 periodic laminates 每一铺层组中具有相同铺层数作间隔铺设而成的层合板。如 $[0_8/90_8]$、$[0_4/90_4]_2$ 等为规则层合板。

规则格栅夹芯 regular grid core 以具有预先定位的组件的格栅形式出现的夹层板芯子。

硅树脂 见有机硅树脂（504页）。

硅酸铝棉 见普通硅酸铝纤维（365页）。

硅酸铝纤维 aluminum silicate fiber 陶瓷纤维的一类。主要成分为氧化铝和二氧化硅及少量氧化硼或二氧化锆等添加剂的一种金属氧化物纤维。纤维性能与其组成、结构及杂质含量有关。氧化铝含量越高纤维性能越好。

硅酸铝纤维增强铝基复合材料 alumina silicate fiber reinforced Al-matrix composites 以铝合金为基体，以硅酸铝纤维为增强体的复合材料。采用挤压铸造或压力浸渍工艺制造。与基体铝合金相比，硅酸铝纤维增强铝合金复合材料的高温拉伸强度提高30%，耐磨性提高3～5倍。可用于高性能发动机的一些耐磨耐热部位的零件上。

硅烷处理剂 见硅烷偶联剂（160页）。

硅烷偶联剂 silane coupling agent 又称硅烷处理剂、表面处理剂、底漆剂。有助于提高无机化合物（如玻璃、陶瓷、金属等）与有机化合物（如树脂）粘接能力的有机硅烷。其化学结构通式为 $YRSiX_{4(n+1)}$（$n=0,1$，通常为0）。式中，Y为活性基团，如氨基、氨乙基、环氧基、乙烯基、甲基丙烯酰氧基、氯、巯基、异氰酸酯基、叠氮（N_3）等，能与聚合物反应形成牢固的化学键；R为亚烷基（$—CH_2)_m$（$m=1$，≥3，很少为2等）或亚苯基（$—C_6H_4$）；X为易水解的官能团，如甲氧基、乙氧基、乙氧甲氧基、乙酰氧基或氯，X先水解生成硅醇，再与无机物（填料）表面的羟基或氧化物发生缩合反应，从而使两种不同性质的材料“偶联”起来。硅烷偶联剂广泛用于热固性、热塑性树脂及其复合材料。它的使用方法有三种：①表面处理法。将偶联剂配成0.5%～2%的水（醇、酮、酯等）溶液，处理被粘物体或填充无机物的表面，干燥后表面留下均匀的偶联剂薄层。②直接加入法。将1%～5%的偶联剂加入胶黏剂或密封胶中，效果稍低于表面处理法。③兼用法。就是在表面处理法得到的偶联剂薄层上涂含适量偶联剂的胶黏剂或密封胶，这种方法效果优于表面处理法。使用的注意事项：①烷氧基的水解是偶联剂起作用的基础，溶液的pH值对稳定性有很大影响。酸性和碱性都能促进水解，但在碱性条件下水解硅烷有时形成硅醇的碱金属，因此，一般是在酸性溶液中水解硅烷。常用的酸有醋酸、月桂酸、盐酸等，但酸性条件也促进了水解硅醇的缩合，易从水中析出。gui 所以硅烷偶联剂溶液最好是现用现配，不宜久存。②有机基团对聚合物的反应有选择性，选择偶联剂品种时必须考虑匹配的问题。例如氨基可与环氧树脂、酚醛树脂、尼龙、氯丁橡胶、丁腈橡胶、聚氨酯等聚合物反应；甲基丙烯酰氧基团可与不饱和聚酯树脂、顺丁橡胶、氰基丙烯酸酯、丙烯酸酯等反应。③一般硅烷偶联剂的有机基团与聚乙烯、聚丙烯、聚苯乙烯、ABS 等热塑性聚合物的反应性很小，几乎没有偶联效果，而叠氮硅烷（如磺酰叠氮硅烷）化合物可用作热塑性聚合物的偶联剂。④硅烷偶联剂对含硅酸盐成分为主的石英粉、白炭黑、玻璃纤维等效果最好，氧化锆次之，干燥的碳酸钙效果最差。⑤几种硅烷偶联剂并用，能提供适合不同黏合体系所需要的多种官能团，且能调节硅烷水解的速度和反应活性，所以偶联效果提高。常用的硅烷偶联剂如下表所示。近几年开发的新型偶联剂有：①异氰酸酯型硅烷偶联剂。含有强极性的异氰酸酯基团，可提高粘接性能。国外牌号有 KBE9007、KBE9207、KBM9007、KBM9207、A-B10 等。②环氧基型硅烷偶联剂。其间隔基链更长，不含醚氧结合键。具有良好的耐热性和耐水性。国外牌号有 X-12-692、X-12-699。③高分子型硅烷偶联剂。日本的牌号为 MMCA 的高分子型硅烷偶联剂除有作界面胶黏助剂功能外，还可赋予耐热性、耐水性、耐磨性、耐冲击性、耐化学药品性等功能。国内浙江正大化工集团的 SEA-171 大分子型硅烷偶联剂处理的纳米 SiO_2 对氰酸酯树脂（CE）的增强、增韧效果更显著。④有直接效果的偶联剂。使用时不需要活化或水解，可在无水条件下直接使用。适用于聚氨酯、环氧树脂、聚酯、PVB 等体系。如德国瓦克公司的 Addid 906。参考钛酸酯偶联剂。

牌号	化学名称与结构	分子量	适用范围		
			热固性	热塑性	橡胶
A-151	乙烯基三乙氧基硅烷 $CH_2=CHSi(OC_2H_5)_3$	190.3	不饱和聚酯、环氧树脂	聚乙烯、聚丙烯、聚四氟乙烯	丁苯橡胶
A-172	乙烯基-三(β-甲氧乙氧基硅烷) $CH_2=CHSi(OC_2H_4OCH_3)_3$	280.4	不饱和聚酯、环氧树脂	聚丙烯	乙丙橡胶
KH550 A-1100	γ-氨基丙基三乙氧基硅烷 $H_2N(CH_2)_3Si(OC_2H_5)_3$	221.4	环氧酚醛、蜜胺、腈/酚醛	聚碳酸酯、聚乙烯、尼龙、聚氯乙烯、聚丙烯、聚甲基丙烯酸甲酯	聚硫橡胶、聚氨酯橡胶
KH570 A-174	γ-甲基丙烯酸丙酯基三甲氧基硅烷 $CH_2=C(CH_3)COOC_3H_6Si(OCH_3)_3$	248.4	不饱和聚酯、环氧树脂	聚乙烯、聚丙烯、聚苯乙烯、聚甲基丙烯酸甲酯	乙丙橡胶
KH560 A-187 Z-6040	γ-缩水甘油醚基丙基三甲氧基硅烷	236.3	环氧树脂、酚醛树脂、三聚氰胺	聚丙烯、尼龙、聚苯乙烯	聚氨酯橡胶
KH590 A-189 Z6062	γ-巯基丙基三甲氧基硅烷 $HSC_3H_6Si(OCH_3)_3$	196.4	环氧树脂、酚醛树脂、不饱和聚酯	聚苯乙烯	天然橡胶、丁苯橡胶

续表

牌号	化学名称与结构	分子量	适用范围		
			热固性	热塑性	橡胶
A-143	γ-氯丙基苯甲氧基硅烷 $ClC_3H_6S(OCH_3)_3$	198.7	环氧树脂	聚苯乙烯、尼龙	
南大-42	苯氨甲基三乙氧基硅烷 $C_6H_5NHCH_2Si(OC_2H_5)_3$	221.4	环氧树脂、酚醛树脂、不饱和聚酯	聚乙烯、尼龙、聚氯乙烯	
A186 Y-4086	β-(3,4-环氧环己基)乙基三甲氧基硅烷	246.4	不饱和聚酯	聚乙烯、聚苯乙烯、ABS	聚硫橡胶
A-1120	γ-(乙二胺基)丙基三甲氧基硅烷 $H_2NCH_2CH_2NHC_3H_5Si(OCH_3)_3$	222.4	环氧树脂、三聚氰胺	聚碳酸酯、聚乙烯、聚氯乙烯	

WD-20 硅烷偶联剂 见乙烯基三(β-甲氧乙氧基)硅烷(494 页)。

RTV 硅橡胶 RTV silicone rubber 见室温硫化硅橡胶(390 页)。

硅橡胶类互穿网络 silicone rubber based IPN 由聚硅氧烷与热塑性树脂组成的 IPN 材料。通常将硅氧烷预聚成线型聚合物，然后与第二组分热塑性树脂、交联剂、催化剂混合均匀，同时固化两个组分，即得到互穿网络结构的硅橡胶。这类材料既有有机硅润滑、绝缘、化学惰性及高温稳定性的特点，又具有热塑性树脂机械强度高的特点。如芳香族聚醚聚氨酯/有机硅 IPN 材料的拉伸强度达 41.4MPa，碳纤维增强后达 127.7MPa，具有压铸合金般的强度。

硅橡胶腻子胶黏剂 silicone rubber mastic adhesive 以硅橡胶为基料的腻子胶黏剂。分单组分和双组分两类。具有很好的耐热性和绝缘性，能室温硫化，收缩率低。用于宇航、电子、深冷等工业，也可作压敏胶带的涂层材料。

硅氧烷 siloxanes 分子具有—$OSiH_2$—(其中 H 可为烃基取代)链节的开链、单环或多环化合物的通称。

硅氧烷脱模剂 见有机硅脱模剂(505 页)。

硅油 silicone oil; polysiloxane fluid 无色、透明、无臭、油状聚有机硅氧烷液体。具有卓越的耐热性、电绝缘性、耐候性、生理兼容性，表面张力较小、黏温系数低、较高的抗压缩性。作为防水、抗黏、脱膜、消泡、匀泡、乳化、润滑、介电、液压传递等材料，用途广泛。

硅油型脱模剂 silicone oil release agent 为无色或淡黄色油状液体。多为甲基乙氧基硅油。由甲基氯硅烷经水解、醇解而制得。直接以硅油的形式用于脱模，具有很好的脱模效果。

硅藻土 diatomite 主要由硅藻的外壳组成，呈白色或淡黄色。质轻多孔，吸水及吸附能力很强。熔点高，除氢氟酸以外不溶于其他酸。主要用作塑料填充剂、隔声和隔热材料。

辊磨机 roll mill 掺合塑料材料与配料组分的一种设备，由两个互相贴近装置的辊筒构成。辊筒以不同的速度转动以对被配合物产生剪切作用。有时装有混合齿及切割刀以调和原料通过辊筒，促使添加剂的均匀分散。

辊隙存料 bank 开炼、压延等过程中两辊间堆积着的物料。

滚焊 stitching 热塑性材料的先进焊接法，即借连接于射频发生器输出接头的两个机械操作的小电极连续进行焊接，所用机构原理与通常的缝纫机相似。

滚筒剥离强度 climbing drum peel strength 夹层结构用滚筒剥离试验测得的面板与芯子分离时单位宽度上的抗剥离力矩。单位为 N·mm/mm。主要用于测试胶黏剂的粘接性能。

果壳粉 shell flour 研磨核桃壳、椰子壳、大胡桃壳或花生壳而制得的填料，主要用于热固性模塑料中，并用作胶黏剂的补充剂。

过苯酸叔丁基酯 *tert*-butyl perbenzoate 用于丙烯酸和苯乙烯单体聚合及聚酯固化的一种催化剂。也用于聚硅氧烷和聚乙烯的配料。

过固化 over-cure 热固性树脂在固化时由于温度过高和/或时间过长等原因使产物性能变差的现象。如力学性能、电性能变差，表面失去光泽等。

过拉伸蜂窝 over-expanded honeycomb 本来为六角形的蜂窝经过拉伸后变成长方形的蜂窝。这种蜂窝的特点是 W（横）向的蜂窝格尺寸为 L（纵）向蜂窝格尺寸的两倍，相对六角形蜂窝，提高了 W（横）向的剪切性能，而 L（纵）向的剪切性能则有所降低。但 L（纵）向的可成形性得到改善。

过氯乙烯树脂 见氯化聚氯乙烯（293 页）。

过氯乙烯树脂胶黏剂 见氯化聚氯乙烯树脂胶黏剂（293 页）。

过滤网 screen pack 挤出机料筒前由筛板支撑的不同网目的金属丝网组。其作用是过滤熔融料流和增加料流阻力，借以滤去机械杂质和提高混炼或塑化的效果。

过失误差 gross error 由于读数错误、记录错误、不正确地操作仪器、测量过程的失误、计算错误等由测量人员本身的过失所引起的误差。凡含有过失误差的数据都要舍去。

过氧化(2-乙基己酸)叔丁酯 *tert*-butyl peroxy(2-ethylhexanoate) 本品可作为不饱和聚酯的交联剂和聚合用引发剂。纯度 97%时为液体，分子量 216，理论活性氧量 7.4%。

过氧化苯甲酸叔丁酯 *tert*-butyl peroxy benzoate；TPB 淡黄色透明液体，不挥发，具有芳香味。本品可作为不饱和聚酯和硅橡胶的交联剂，也可作为聚合用引发剂。

过氧化苯甲酰 benzoyl peroxide 用于苯乙烯树脂、乙烯基树脂的一种聚合催化剂；还用于聚酯树脂及聚硅氧烷树脂的固化。它能分散于稀释剂或增塑剂中，使干燥产品常有的危险性减小到最低程度。

过氧化丁二酸 succinic acid peroxide 白色结晶，分子量 234，理论活性氧量 6.83%，可作为不饱和聚酯的交联剂和聚合用引发剂。

过氧化二苯甲酰 dibenzoyl peroxide 见过氧化苯甲酰（163 页）。

过氧化甲乙酮 methyl ethyl ketone peroxide；MEKP 无色液体。理

论活性氧量18.2%，用于聚酯树脂的一种交联剂。

过氧化叔丁基碳酸异丙酯　*tert*-butyl peroxy isopropyl carbonate；TBIC　淡黄色液体。分子量176。理论活性氧量9.08%。本品可作为乙烯基树脂、不饱和聚酯、硅橡胶、乙丙橡胶、聚氨酯橡胶等聚合物的交联剂。

过氧化异丙苯　dicumyl peroxide；DCP　商品形式有两种：纯度97%左右的为白色结晶；纯度40%左右的为白色粉末或糊状物。本品可作为聚乙烯、不饱和聚酯、硅橡胶、聚氨酯橡胶等聚合材料的交联剂。交联效率高，挥发性低，制品的透明性和耐热性好，压缩永久变形小，但使用本品交联的制品残存臭味。

过氧化月桂酸叔丁酯　*tert*-butyl peroxy laurate　无色液体（纯度90%），分子量272，理论活性氧量5.87%，可作为不饱和聚酯的交联剂和聚合用引发剂。

过氧化月桂酰　lauroyl peroxide　熔点53～55℃，不溶于水，易溶于丙酮、氯仿等有机溶剂。无毒。本品可作为不饱和聚酯用交联剂、聚合用引发剂等。

H

海绵橡胶　sponge rubber　又称泡沫橡胶。为具有孔眼结构的高弹性材料的总称。根据孔眼结构的不同，可分为闭孔、开孔和混合孔三种；按制造原料可分为干海绵和乳胶海绵两种。天然橡胶、大多数合成橡胶都可用来制造海绵橡胶。聚氨酯泡沫是弹性多孔材料中发展最快的品种之一，分为软质、半硬质和硬质泡沫三种。

含环氧基的硅烷偶联　见γ-缩水甘油醚氧丙基三甲氧基硅烷（413页）。

含胶量　resin content　见树脂含量（397页）。

含湿量　moisture content　见湿含量（384页）。

含水量　water content　物质中的水含量，但不包括结晶水和缔合水。通常以试样吸收水的质量与试样原重或试样失水后质量的百分率表示。

含填料丙烯酸酯胶黏剂　acrylate adhesive with filler　以丙烯酸酯为基料，含有填料的胶黏剂。是胶接各种纤维素制品、皮革、纺织、陶瓷、金属箔、塑料及各种泡沫材料的优异胶种。主要成分是聚丙烯酸酯、填料（碳酸钙或黏土）表面活性剂和增稠剂。具有低臭、湿胶接强度高、工艺性好、易均匀涂抹、晾置时间适中等特点。可配制成用于地板、瓷砖、地毯等的接触型胶黏剂。

焓　enthalpy　热力学中表示物质系统能量状态的一个状态参数。常用H或I表示。数值上等于系统的内能U加上压强p与体积V的积。即$H=U+pV$。物质系统在等压过程中所吸收的热量，就等于焓的增量。

焊接　welding　采用加热和加压或其他方法，使热塑性塑料制品的两个或多个表面熔合成为一个整体的方法。

航天透波材料　aerospace radar transparent material　对不同角度入射的电磁波具有良好透过性能的材料。在低频电场的直接作用下，金属为导体，而非金属为绝缘体。当材料处于高频电场时，绝缘体变为高频电场（电磁波）的透过材料，而金属成为电磁波的屏蔽材料。根据电磁波传播过程的性质，电磁波在射向物体时会产生反射、折射和透过现象，产生极化和消耗。而材料在电磁波的作用下会产生极化和损耗电磁波能量的现象，其中以电磁波的反射和能量损耗对雷达工作性能的影响最大。透波材料可用于制造飞机、导弹的雷达罩和天线窗板。对它的基本要求是：具有较大的透波率（功率透过系数），低的反射率和损耗，对雷达的天线方向性影响要很小，满足雷达搜寻及瞄准目标的精度等要求。天线罩（板）的最大功率反射系数与其材料的介电系数 ε 和介电损耗角 $\tan\delta$ 有关。由于电磁波传输过程存在叠加现象，因此各种结构的天线罩（板）都存在某一理想的厚度，即最佳厚度。在此厚度下两个表面反射的电磁波叠加后最小，以降低反射对雷达性能的影响。天线罩（板）对电磁波的吸收将损耗电磁波的能量，导致雷达的有效作用距离减小。材料介质损耗愈小，罩壁愈薄，被吸收的能量愈少，因而功率透过系数愈大。飞机雷达罩大多采用玻璃钢及其复合夹层结构制造，防空、海防及其他战术导弹的天线罩（板）多采用聚四氟乙烯或玻璃纤维增强聚四氟乙烯制造，而战略导弹的天线窗材料则经历了石英玻璃、穿刺高硅氧布增强二氧化硅和三向石英增强二氧化硅的发展过程。

毫特 mtex 参见特克斯（439页）。

合成胶乳 synthetic latex 由乳液聚合法生产的聚合物粒子的水分散体。合成胶乳是复杂的多组分体系，分散相主要由高聚物液态粒子和分散介质（主要是水）组成，其中含有制备胶乳和使胶乳稳定的乳化剂，另外还有引发剂、调节剂和终止剂等。

合成泡沫塑料 synthetic foams 为在树脂基体中加入预型空心小球（空心球或微球）混合而成的一种多孔塑料。它与泡沫塑料不同，泡沫塑料的泡孔是由于化学或机械作用于液体塑料中产生的气泡溢出而形成。

合成树脂 synthetic resin; resin synthetic 由比较简单的化合物的化学反应制得一种复杂的，实质上为无定形的固体、半固体材料（通常为混合物）。其光泽、破碎、脆性、水溶性和塑性大致与天然树脂相似，在某种程度上有类似于橡胶的伸长特性，但一般情况下在化学结构及同反应物的反应特性上与天然树脂的差别很大。

合成树脂胶泥 synthetic resin cement 以合成树脂为基料，加入固化剂、填充剂的胶黏剂。常用的树脂有聚酯树脂、氨基树脂、酚醛树脂、环氧树脂和呋喃树脂等。常用的填充剂有石棉、石墨、石英、磁粉和炭黑等。主要用作化工设备的衬里或耐腐蚀材料。

合成树脂胶黏剂 synthetic resin adhesive 以合成树脂为基料的胶黏剂。胶黏剂中除主要组分合成树脂外，还需适当加入增韧剂、增塑剂、稀释剂和防老剂，以及降低成本或改善导电、导热性能的填料，降低浓度的配合剂等；特别是热固性树脂胶黏剂和反应型热塑性树脂胶黏剂，还必须配有固化剂等。一般分为热固性树脂胶黏剂、热塑性树脂胶黏剂和混合型胶黏剂等。合成树脂胶黏剂品种繁多，应用广泛，可作为金属和非金属的结构、非结构以及特种胶黏剂。用于航空、航天、汽车、船舶、电子、机械、建筑、轻纺、医疗、塑料加工等工业部门以及人民生活的各个领域。参见胶黏剂（211页）。

合成纤维 synthetic fibre; fibrid 合成适宜的线型聚合物，接着将其熔融料经过喷丝板挤出而制造的纤维；合成聚合物纤维的类名。

合成橡胶 rubber synthetic 性能与天然橡胶相像的一大类合成高弹性材料。在合成橡胶中包括与天然橡胶很近似的顺式-1,4-聚异戊二烯、丁苯橡胶、丙烯腈橡胶、丁基橡胶、氯丁橡胶、聚硫橡胶、顺丁橡胶。

合成橡胶胶黏剂 synthetic rubber adhesive 以合成橡胶为基料的胶黏剂。分为溶液型、胶乳型和低聚合度液体橡胶型三种类型，其中以溶液型最为重要。还可分为硫化型和非硫化型，硫化型的性能比非硫化型的好，应用广泛。硫化型又有室温硫化和加温硫化两种。室温硫化型合成橡胶胶黏剂制造工艺简单，不需要加热设备，节约能源，发展更快。合成橡胶胶黏剂的主要特点是弹性好，使用方便，初黏力强。但机械强度较低，耐热性不高。主要品种有氯丁、丁腈、丁苯、聚硫、聚丁二烯、硅橡胶等合成橡胶胶黏剂以及热塑性丁苯嵌段橡胶为基料的热熔胶黏剂等。

合股 见并捻（16 页）。

合股纱 plied yarn；folded；ply 两根及以上的单支纱经一次合并加捻成的细长条。按合股数可分为双股纱、三股纱、四股纱等。

合金 alloy 在金属中，一种具有金属特性的物质同两种以上其他化学元素（至少一种是金属）组成的物质。

合金陶瓷 见金属陶瓷（227 页）。

合流纹 flow line 在模压成型中，两相向流动的树脂相遇在制件上留下的痕迹，即熔合纹。

合模缝 cut-off 两半压缩模具合在一起的线。

合模力 (mold) clamping force；(mold) locking force 又称锁模力。在模压成型过程中，为保证动、定模相互紧密闭合而需施加在模具上的力。液压时合模力与锁模力相同，加轴杆时两者不同，轴杆顶模的力叫锁模力，液压力是合模力。该词在塑料机械上有区分，工艺上则不分。

合模面 land area；land 阴、阳模在闭合时的接合面。

合模线 parting line 模具合模面在零件上形成的接缝飞边或印迹。

合模销 dowel pin 为了确保模具的阳模和阴模合拢时相对位置不变而用的销子。

合模销孔 dowel hole 为了确保模具的相对位置而设置的用于安装组合衬套的孔。

合模压力 clamping pressure 在注射模塑和压铸成型中，施加于模具上使之闭合的压力。与压缩的模塑料的流体压力相反。

荷叶边 edge slack 又称松紧边。经纱张力时松时紧或拉幅不当形成的织物边缘起伏的波浪状。

赫格利斯编织物 braid Hercules 织物图案为（3×3）的编织物。

恒电位电路 constant-potential circuit 一种能够供给并且保持射线管两端电压基本上恒定的电路。（无损检测）

恒速缠绕 constant linear speed winding 在缠绕过程中，缠绕线速度保持恒定的缠绕。

桁架式机身 truss fuselage 又称构架式机身。主要受力结构件为空间桁架，蒙皮仅用于维持机身外形。

桁条 stringer 机身纵向或翼面展向承受轴向力的构件。除能加强蒙皮，提高其刚度和稳定性外，还与蒙皮组成壁板承受载荷。

横波 见切变波（341 页）。

横波探头 见切变波探头（341 页）。

横梁 transverse beam 沿机身横向布置的局部承力构件。

横向 crosswise direction 往往指与试样主轴线方向或载荷作用方向垂直的方向。对于棒材和管材，横向系指与长度垂直的方向；对于两个方向上强度不一样的其他材料，横向是指强度弱的方向；对于在两个方向上强度相等的材料，则横向系指任意指定的与长度方向成直角的方向。

横向各向同性 transversely isotropic 描述材料的特殊正交情况。即材料的性能在两个正交的方向上相同，而不是在第三个方向上。在两个横向方向上有相等的性能，而不是在长度方向上。如单向复合材料具有此特性。

横向剪切 见层间剪力（38 页）。

横向开裂 transverse crack 又称横向裂纹。在层合板的单向层中，因纤维受到过大的横向拉伸应力而引起的基体和界面区的破坏。

横向裂纹 见横向开裂（167 页）。

横向强度 transverse strength 垂直于单向纤维复合材料纤维方向的强度。包括横向拉伸、压缩强度及模量。影响横向拉伸强度的因素为纤维与基体的性能、界面结合强度、界面空隙含量及其分布，以及纤维与空隙作用引起的内应力与内应变。当纤维与基体结合强时，横向拉伸强度依赖于基体强度与界面结合强度；当纤维与基体结合弱时，空隙导致应力集中。因此提高复合材料横向拉伸强度的主要措施是提高基体性能（强度、模量、延伸率及韧性），适当的界面强度，纤维排列的平直度及规整程度好，空隙及缺陷少。由于基体性能远低于增强体的性能，因此横向性能（强度和模量）是复合材料性能中的弱项。

横向弹性模量 transverse modulus of elasticity 垂直于单向纤维复合材料纤维方向的弹性模量。即单向纤维复合材料沿正轴横向单轴拉伸或压缩载荷作用下，在线性范围内，产生单位线应变所对应的应力值。

横向应变 transverse strain；strain transverse 垂直于试样加载轴的面内线应变。

横向载荷 transverse loads 垂直于单向纤维复合材料纤维方向或夹层结构面板的载荷。

横噪声 cross noise 在双探头系统中，由发射探头发生的表面波在接收探头中产生的声干扰。(无损检测)

烘干 oven dry 材料在规定的温度和湿度条件下加热，直到其质量无变化的过程。

烘箱 baking oven；oven 又称干燥箱。用来加热物质，使之干燥的装置。箱内装有温度计、温度自动调节器、空气搅拌机，顶部有排气孔以排除蒸发的气体。一般用电或煤气在底部直接加热。

烘干重量 oven-dry weight 在(105±3)℃下干燥后的恒定重量。

红外热成像检验 infra-red thermovision inspection；infra-red thermography inspection 在复合材料制件表面施加一定的热载荷，利用红外线感应技术，通过制件表面热图像连续与否来检测制件内部缺陷的一种无损检测方法。该方法是一种非接触式接触方法，具有灵敏度高、检测效率高和直观显示等优点。可检测复合材料构件的开胶、撞伤以及蜂窝夹层结构中的积水。

红外线 infra-red 为可见光和雷达波之间的光谱部分。此不可见射线比可见光具有更大的穿透能力。利用其辐射热做的红外加热器常用于塑料、预型体制备和复合材料的热成型和固化；红外分析技术常用来鉴别聚合物的结构。

红外线加热 infra-red heating 采用红外线灯泡或加热组件发射红外线（波长 0.75～40μm）的辐射热为热源对工件加热的方法。

红外线检测 infra-red detection 利用波长大于可见光的红外线辐射特性来检测零件的缺陷。在无损检验领域中，红外技术可用于蜂窝结构、层状结构、镀层及材料中的缺陷等的检测。参见红外热成像检验（167 页）。（无损检测）

红外线聚合指数 infra-red polymerization index；IRPI 表示酚醛树脂固化程度的数值，规定为 12.2μm 和 9.8μm 之吸收峰的吸收比。该两处分别从每一波长吸收峰值减去基线值，再以 12.2μm 处的差（值）除以 9.8μm 处的差（值）即得到指数。

红外隐身薄膜 infra-red stealth film 用于红外隐身的低比辐射率薄膜材料。一般用真空镀膜方法制备，薄膜厚度小于 1μm。按其材料和结构有金属膜、半导体膜、电介质/金属多层复合膜、金刚石复合膜四种。与红外隐身涂料相比，显著优点是比辐射率低、厚度小、质量轻。缺点是用在复杂形状的目标上，施工复杂。

红外隐身材料 infra-red stealth materials 又称热伪装材料。用于减弱武器系统红外信号，达到隐身技术要求的特殊功能材料。分为控制比辐射率和控制温度两类。按照产品形式控制比辐射率的红外隐身材料分为涂料和薄膜两大类。涂料由颜料和黏合剂配制而成，颜料有金属、半导体和着色颜料三种。控制温度原理的红外隐身材料包括隔热材料、吸热材料和高比辐射率聚合物。

红外隐身功能复合材料 infra-red stealthy functional materials 对红外线有吸收和漫反射功能的复合材料。由吸收和漫反射功能的填料和树脂基体组成。具有吸收功能的材料可以是在红外线作用下发生相变化的材料（如矾的氧化物），也可以是受红外线激发产生可逆化学反应的材料，还有在吸收红外线能量后转变为波长更长（超出探测器的工作范围）的射线辐射出来。这些功能组分的形态、尺寸、含量和分散情况以及复合涂层的厚度均影响隐身的效果。漫反射功能的材料为片状铝粉与树脂组成的复合材料。参见红外隐身材料（168 页）。

宏观 macro 相对于微观、细观而言，认为复合材料的性能仅与复合材料有关，不考虑组分的单个性能或组分的本身性能，而将复合材料当成一个结构单元来考虑其总体性能。

宏观力学 macro-mechanics 一种力学理论。在研究复合材料力学机理时，假定材料是均匀的，不考虑组分材料界面的作用，将其作为一个整体进行力学分析的方法。参见微观力学（452 页）。

后成型 post forming 是一种二次成型方法。将完全固化的热固性树脂层合板加热到热变型温度以上，使其变软，然后置于赋型模上，并加压使之变冷，待冷却后即得到赋型模所赋予的轮廓和形状。如酚醛树脂层合板、三聚氰胺装饰板的二次加工。

后固化 post cure 在热固性树脂基

复合材料固化成型时，为使材料达到完全固化、消除固化应力和/或提高制件最终性能所增加的升高温度常压加热处理。

后烘 after bake 一种增加模压机产量的技术。即在模塑件充分固化之前脱出，然后加以烘烤。以提高制件的固化度，改进电性能、耐热性和力学性能等。

后压制 coining 又称定形。成型尺寸精度要求高的聚四氟乙烯等制品的一种方法。其过程是将刚烧结好的模塑件放在定形模中，于保压情况下冷至常温。

后装配工艺 post-fabrication；post-fab 即面板先与芯子胶接到一起制成夹层结构板，然后再将封边件、镶嵌件固定或埋置于夹层板的夹层结构制造后续工艺。参见共制造（152 页）。

厚薄段 参见稀密档（461 页）。

厚段 见密路（297 页）。

糊精 dextrin 由淀粉经酸化或热处理或经 α-淀粉酶作用而成的不完全水解物。为黄色或白色的无定形粉。稍溶于水，较易溶于热水，不溶于乙醇和乙醚。是良好的胶黏剂，用途很广，如纸张、纺织品的上浆，油墨的配制等。

糊状胶黏剂 paste adhesive 具有触变性的呈糊状的胶黏剂。

虎克定律 Hooke's law 任何物体在其弹性限度内，应力和应变之比为常数。这一定律可用如下方程序表示：

$$T=E\frac{L-L_0}{L_0}$$

式中 T——施加的拉力；

E——比例常数（杨氏模量或弹性模量）；

L_0——试样的原长度；

L——试样的最终长度。

虎克弹性 Hookean elasticity 材料的形变或应变遵循虎克定律，与施加的应力成正比的弹性。参见虎克定律（169 页）。

互穿网络聚合物 interpenetrating polymer network；IPN 两种或两种以上交联聚合物互相贯穿、缠结形成的聚合物共混体系。其中至少有一种聚合物是在紧邻另一种聚合物的存在下进行聚合交联的，它是高分子合金一个新的品种。网络互穿可抑制体系进一步相分离，其性质与网络的性质、兼容性、合成方法、交联反应等有关。其种类有：完全 IPN、半 IPN、乳液 IPN、梯度（渐变）IPN、热塑 IPN、逆 IPN。制备方法主要有三种：分步法、同步法和乳液法。参见分步互穿网络（104 页）、同步互穿网络（443 页）、乳胶互穿聚合物网络（368 页）。

互穿网络聚合物复合材料 interpenetrating network polymer composites 以具有互穿网络结构的聚合物为基体的复合材料。见互穿网络树脂基复合材料（169 页）。

互穿网络树脂基复合材料 interpenetrating resin network matrix composites 简称 IPN 树脂基复合材料。以互穿网络（IPN）树脂为基体，以填料填充或以纤维（或其织物）为增强体的复合材料。互穿网络树脂本身大多是非均匀的多相体系，在复合材料体系中，除了基体-增强体界面之外，又增加了高聚物-高聚物界面，后者对控制材料性能有重要作用。用互穿网络树脂作基体，目的是克服单一热固性树脂的缺点。如环氧树脂基复合材料比较脆，而聚氨酯-环氧互穿网络树脂基复合材料的韧性就相对较高。参见互穿网络聚合物（169 页）。

互聚物 interpolymer 共聚物的特

殊类型。两种单体的结构单元密接地分布在聚合物分子中形成的在化学方面实质上是均一的物质。

护耳浇口 tab gate 为避免在浇口附近的应力集中而影响塑件质量，在浇口和型腔之间增设护耳式的小凹槽，使凹槽进入型腔处的槽口截面，充分大于浇口截面从而改变流向、均匀进料的浇口。

滑动角 slip angle 在这个角度，拉伸的纤维会从长丝缠绕罩上滑掉。如果缠绕角与测地角之差小于滑动角，纤维不会从罩上滑下，不同纤维-树脂体系的滑动角各不相同，必须用实验测定。

滑块 cam slide; slide 沿导向结构滑动，带动侧型芯完成抽芯和复位动作的零件。

滑块导板 slide guide strip 与滑块的导滑面配合起导滑作用的板件。

滑脱剂 slip agent 在加工过程中或加工后立即渗至塑料表面而起内润滑剂作用的一种调节剂。换言之，即塑料表面产生一层看不见的涂层，因而具有必要的润滑性以降低摩擦系数并由此而增进滑移特性。

滑线 slip 纤维缠绕过程中，缠绕到芯模上的纤维从落纱点位置滑向稳定位置或滑脱的一种现象。

滑移 slip; slippage ①在长丝缠绕过程中，缠绕到芯模上的纤维从落纱点的位置滑向稳定位置或脱落的现象；②就胶黏剂而言，滑移性为在胶黏剂涂敷于表面之后可使被粘物移动或校正位置的能力。

化学处理 chemical treatment 将被粘物放在酸或碱等溶液中进行处理，使表面活化或钝化。

化学动力学 chemical kinetics 研究化学反应速率及影响反应速率的学科。化学动力学的研究考虑反应过程中的中间步骤，有时可以揭示反应机制。与化学热力学不同的是，化学热力学仅能指出反应方向，不能讨论反应速率。

化学发泡塑料 chemically foamed plastics 由特加的化学发泡剂的热分解或化学反应产生的气体使塑料熔体充满泡孔所形成的泡沫塑料。

化学腐蚀 chemical corrosion 塑料、复合材料接触酸、碱、盐、溶剂及其他化学物质发生化学反应受损的过程。试验方法是将试样在一定条件（强度）下浸入化学药品中，经过一段时间后，取出测量尺寸、重量及力学性能的变化。

化学功能聚合物 polymer with chemical function 一类具有化学活性的功能高分子材料。这种材料涉及的面很广，占功能高分子材料中的大部分。按其化学功能的类别分主要包括：具有化学活性的高分子试剂，如氧化还原树脂、高分子氧化剂等；具有催化活性的高分子催化剂、高分子载体固定化酶等；具有光化学活性的光活性高分子材料，如旋光性高分子、光致变色高分子、光电导高分子、光聚合、光交联高分子等；具有化学能转换功能的高分子材料，如聚合物电极材料、离子交换树脂等。

化学键力 chemical bond force 又称化学力、主价键力。是通过化学反应形成的共价键、配价键、离子键力的总称。

化学力 见化学键力（170 页）。

化学气相沉积 chemical vapor deposition; CVD 一种或几种气体化合物在空间发生气相化学反应，并在衬底表面沉积固态薄膜的工艺技术。所用的化学反应类型有热分解、氧化还原、金属还原、基片材料还原、氧化、加水分解、与氨反应、等离子体激发反应、光激发反应等。原物质可以是气态、液态或固态。广泛用于提纯物质，制备单晶、多晶或玻璃态无机薄膜或涂层。例如用于有机金属化合物的热解制备高黏结性的金属薄膜等。缺点是有时所需温度较高。

化学气相沉积碳化硅复合纤维 silicon carbide fiber by chemical vapor deposition method 碳化硅纤维的一种。利用化学气相沉积法使 SiC 沉积在移动的钨丝或碳丝上，制成的 SiC (W) 或 SiC (C) 复合材料。

化学气相渗入 chemical vapor infiltration; CVI 在高温下，一种或几种气体化合物渗透到预制增强体的空隙中，经分解、化合之后沉积在增强体上来制备复合材料的技术。该技术主要用于制备各种高温陶瓷基复合材料，尤其是以碳化物、氮化物为基的材料。这种方法有如下优点：①在比较低的温度下(通常 1000℃左右）能沉积出耐高达 3000℃以上的物质，并可避免在复合过程中由于热力学状态不稳定纤维与基体间发生化学反应。可以制备出用普通热压烧结难以实现的复合材料。②沉积过程中对纤维增强骨架没有任何损害作用，从而保证了材料结构的完整性和高的强度。③化学气相渗入方法灵活。通过采用不同的工艺方法改变各个工艺参数可制备出各种复杂结构与特殊功能的复合材料，有利于实现材料的设计。缺点是：沉积周期长，成本高，除了沉积炭以外，沉积其他物质都有腐蚀现象。

化学稳定性 chemical stability 材料对化学药品的抵抗性，以材料在一定条件下经化学药品处理后的理化性能保持情况的数据表示。

化学雾翳 chemical fog 胶化处理过程中，由不希望有的化学反应所引起的遮蔽薄雾状物。

化学吸附 chemical adsorption; chemisorption 吸附物质的分子和吸附介质表面之间由于产生化学键力而产生的吸附。化学吸附只能形成单分子吸附层。吸附时所产生的吸附热（42～420kJ/mol）往往很大。在防毒、脱色、脱臭、染色和催化等方面都起着重大作用。

化学纤维 chemical fiber 由天然或合成的高分子化合物经化学方法加工制成的纤维的总称。根据原材料的来源不同，可分为人造纤维和合成纤维两大类。一般可将高分子化合物制成溶液或熔体，从喷丝头细孔中压出，再经凝固而成纤维。产品可以是连绵不断的长丝或截成一定长度的短纤维以及未经切断的丝束等。化学纤维具有耐光、耐磨、易洗、易干、不霉不蛀等优点。广泛用于衣着织物、滤布、传输带、绳索、渔网、电绝缘线、医疗缝线、轮胎帘子布和降落伞等。化学纤维的商品命名，我国暂行规定合成纤维短纤维一律称为“纶”（例如锦纶、涤纶）；纤维素短纤维一律称为“纤”（例如黏纤、铜铵纤）；长丝则在末尾加一“丝”字，或将“纶”字、“纤”字改为“丝”字。

化学性质 chemical property 涉及物质分子（或晶体）、化学组成改变的性质，在化学反应中才能表现出来。如酸性、碱性、氧化性、还原性等。

还原 reduction ①增加化合物中氢的比例或成碱元素和基团的任何过程；②原子、离子或元素获得电子，因此降低了得电子体的正价数。

环己酮 cyclohexanone; ketohexamethylene; pimelic ketone 无色透明或微黄色透明油状液体，具有丙酮与薄荷气味。相对密度 0.9478（20℃/4℃），沸点 155.65℃，闪点 63.9℃。微溶于水，能溶于乙醇、乙醚、丙酮、苯和氯仿。有微毒，对皮肤、黏膜有刺激性，无腐蚀性。用于生产聚氨酯涂料、环氧树脂涂料和各种乙烯树脂涂料等。

环结 loops 单丝纤维在丝条上形成环圈。

环境 environment 在使用中可能遇到，会影响结构性能，单独或联合出现的，除机械载荷以外的外部非偶然因素（如温度、湿度、紫外线辐射和燃油等）。

环境补偿系数 environmental compensation factor 又称环境因子。由于湿热环境引起复合材料结构力学性能和承载能力的降低，对室温大气环境全尺寸结构静力试验极限载荷的放大系数，其值大于 1。

环境开裂 environmental cracking 见环境应力开裂（172 页）。

环境试验 environmental testing 测量复合材料在温湿条件下性能随时间变化的试验。本方法是将同一种材料按要求试验的项目加工成数批试样，置于具有一定温湿条件的环境中，用质量称量法定期测量试样的吸湿量，直至达到平衡吸湿量时为止。与此同时测试每批吸湿试样的力学性能，从而求出性能变化与吸湿量的关系。本实验的目的是搞清材料性能在温湿条件下的变化情况，确定材料的使用价值和使用条件，为用户提供技术支持。

环境条件 environment conditions 在使用过程中能遇到的，且会对产品造成影响的外部条件。这些条件可能单独出现，也可能同时存在。主要包括温度、湿度、紫外线照射、大气压力及各种污染等。对于树脂基复合材料来讲，温度和湿度是影响复合材料性能的主要因素，而两者的联合作用影响更为严重。

环境温度 ambient temperature 一个物体周围介质的温度。常常指室温。

环境因子 environment factor 由于大气环境中的温度、湿度、紫外线等的作用引起复合材料或构件性能降低的系数。

环境应力开裂 environmental stress cracking; ESC 又称环境开裂。高分子材料在受应力作用或存在较大应力时，因环境条件的影响加速开裂的现象。开裂与材料本身性质及环境介质性质有关。不同高分子材料耐环境应力开裂的能力不同，即使同一种材料在同种环境介质条件下，由于分子量、结晶度、内应力的不同，其耐环境应力开裂的能力差别也很大。环境介质的影响在于介质的活性降低了材料开裂时的能量，影响的程度取决于二者间相对表面的性质。此外，材料内部的杂质、表面划痕、加工不良等均能加速环境应力开裂。参见应力开裂（501 页）、龟裂（262 页）。

环式试样 ring specimen 又称环形试样。用浸渍树脂的连续纤维环向缠绕成规定尺寸的试样。又称诺尔环（320 页）。

环烷酸钴 cobaltous naphthenate 棕褐色无定形粉末或紫色固体。易燃，不溶于水，溶于乙醇、乙醚、乙苯、松节油和松香水等物质。本产品主要用作油漆、油墨的催干剂，不饱和聚酯树脂的固化促进剂和氧化反应的催化剂等。

环向缠绕　hoop winding　绕丝与芯模轴线以接近 90°角的方向连续缠绕到芯模上的方法。缠绕时，芯模匀速旋转，而绕丝头以较慢的速度沿芯模轴向做往复运动，使纤维连续地垂直于芯模轴向绕在芯模上。芯模旋转一周，绕丝头向前移动一个（或不到一个）纱带宽度（b）。如下图所示。这种缠绕方法适合于干法缠绕短而粗、两端极孔大小不等的纤维复合材料容器。参见缠绕成型（43 页）。

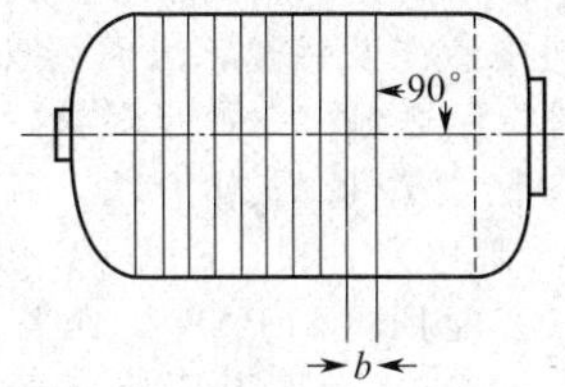

环形浇口　ring gate　沿塑件（或塑件孔）的整个外圆周而扩展进料的浇口。

γ-(2,3-环氧丙氧基)丙基三甲氧基硅烷　见 γ-缩水甘油醚氧丙基三甲氧基硅烷（413 页）。

环氧丙烯酸酯树脂　epoxy-acrylate resin　环氧树脂与 α、β-丙烯酸反应而成的树脂。

环氧当量　epoxide equivalent; epoxy equivalent　含 1mol 环氧基的环氧树脂的克质量数。对于双酚 A 环氧树脂而言，当其 $n=0$ 时，环氧当量为 170g/mol。环氧当量与环氧值、环氧指数都是表示环氧树脂含环氧基多少的重要指标。据此还可以算出环氧树脂固化所需要固化剂的用量。

环氧-酚醛胶黏剂　epoxy novolac adhesive　由环氧树脂与酚醛树脂混合（非单组分环氧酚醛树脂）制得的复合型耐高温胶黏剂。酚醛树脂中的酚基和羟基在加热条件下可以固化环氧树脂，形成高度交联的三维结构。该体系既保持了环氧树脂良好的黏附性，又由酚醛树脂提供了耐高温性。可在 200～260℃长期使用，280℃短期使用。缺点是脆性大，剥离和冲击韧度低。主要用于金属、耐热合金（不锈钢、钛、铍）为面板的夹层材料及玻璃纤维、塑料的粘接。

环氧酚醛树脂　epoxy novolac resin　见酚醛环氧树脂（107 页）。

环氧含量　epoxy content　见环氧值（179 页）。

环氧化　epoxidation　一个氧原子连接于不饱和烯烃分子形成三元醚环的化学反应。环氧化作用的生成物即所谓环氧乙烷化合物或环氧衍生物。

环氧化物　见环氧衍生物（179 页）。

环氧化线型酚醛树脂　见线型酚醛环氧树脂。

环氧基　epoxy group; oxirane group　具有 $-\overset{\diagup \text{O} \diagdown}{\text{CH}-\text{CH}}-$ 结构的官能基，反应性强。开环聚合或化合物加成反应后分子量增长。含两个以上的环氧基与多功能官能团反应之后生成具有交联结构的固化树脂，即环氧树脂。

β-(3,4-环氧己基)乙基三甲氧基硅烷　β-(3,4-epoxycyclohexy) ethyltrimethoxysilane　商品名 A-186。一含环氧基的硅烷偶联剂。溶于多种溶剂，适用于环氧树脂、酚醛树脂、蜜胺树脂等热固性树脂。也适用于聚氯乙烯、聚苯乙烯、聚乙烯、聚丙烯、ABS 树脂、聚酰胺、苯乙烯-丙烯腈共聚物等热塑性树脂。

环氧聚合物　epoxide polymer　含

有环氧官能团的聚合物。聚合物中环氧基可以在大分子链的两端，如双酚 A 环氧树脂；也可以在链的中部，如环氧聚丁二烯、大豆环氧树脂等。这类聚合物在有活泼氢存在条件下，可以进一步反应或交联。广泛用于胶黏剂、涂料、活性稀释剂、功能高分子等。

环氧氯丙烷 epichlorohydrin 又称表氯醇。生产环氧树脂所采用的最基本的含有环氧基的单体（C_3H_5OCl），它含有一个同多元酚（如双酚 A）反应活性很高的环氧基。也用作纤维素及其他树脂的溶剂。

环氧树脂 epoxy resin；epoxide resin；EP 分子结构中含两个或多个反应性环氧基团（$-\overbrace{CH-CH}^{O}-$）的化合物的总称。溶于丙酮、环己酮、乙二醇等多种溶剂。大多无味、无臭。其特性用环氧值、黏度（液态树脂）、羟值、平均分子量和分子量分布、软化点或熔点（固态树脂）等指标表征。与多元胺、酸酐、有机酸等固化剂反应生成坚硬的体型高分子化合物。固化物收缩率（<2%）低，电绝缘性能和力学性能优良。物理力学性能如下表所示。按其化学结构可大致分为六类：①缩水甘油醚类（双酚 A 环氧树脂；DGEBA）；②缩水甘油酯类；③缩水甘油胺类；④脂环族环氧树脂；⑤环氧化烯烃类环氧树脂；⑥新型环氧树脂：酰亚胺环氧树脂、海因环氧树脂，以及含无机元素（有机硅、有机铁）环氧树脂等。其中应用最多的是双酚 A 型环氧树脂，因为其原材料来源方便、成本低。性能（强度、柔韧性、粘接性、耐热性）全面，而且具有多种不同分子量的品级，具有各自不同的性能及用途，因而，双酚 A 环氧树脂用途最广，产量最大，约占环氧树脂总产量的 85% 以上。国产 DGEBA 牌号为 E-51、E-54、E-44、E-42。三官能团（tri-PAP）、四官能团（如 tert-GDDM）及脂环族环氧（如 6300+6400/W95）等新型树脂大多具有独特的性能，如黏度低，固化产物热稳定性、力学性能好，良好的耐候性和电性能等，环氧树脂大量用作涂料、胶黏剂、复合材料基体，广泛用于机械、化工、电子、建筑、航空、航天等领域。参考脂环族环氧树脂。

性能	单位	中温固化			高温固化		
		913	M10	HD58	977-2	5208	HD03
密度	g/cm^3	1.23	1.2	1.22	1.31	—	1.22
拉伸强度	MPa	65.5	85	70	81	58.3	65
拉伸模量	GPa	3.4	3.2		3.5	3.7	2.9
断裂伸长率	%	—	3.7	2.9		1.8	2.93
泊松比		—	—			—	0.37
弯曲强度	MPa	—	136		197	82.9	115

续表

性能	单位	中温固化			高温固化		
		913	M10	HD58	977-2	5208	HD03
弯曲模量	GPa	—	3.2		3.4	3.43	—
玻璃化转变温度 T_g	℃	131	110～135	172	212	180①	218
固化	℃/h	125/2	120/2	125/3	180/3	177/3	165/2.5
应用		航空	通用	航天 航空	航空 航天	航空	航空 航天

① 测试方法为TMA,其他为DMA。

环氧树脂低毒固化剂 low toxicity curing agent for epoxy resin 毒性在轻微毒性和相对无毒（500mg/kg＜LD_{50}＜15000mg/kg）范围的固化剂。如β-羟乙基二胺、间苯二胺与环氧丙烷苯基醚的缩合产物，二乙烯三胺与环氧丙烷丁基醚的反应产物，以及毒性较小的低分子聚酰胺和咪唑类固化剂等。

环氧树脂互穿网络 epoxy-based IPN 以环氧树脂为基础原料制备的互穿网络（IPN）材料。环氧树脂具有较好的粘接强度，但韧性尚差，通过形成IPN后可得到显著改善。如环氧树脂/聚硫橡胶IPN材料在－32℃下伸长率达400％。改性弹性体还可以是丁腈橡胶（NBR）、丁苯橡胶（SBR）和硅橡胶等。环氧树脂/聚氨酯IPN已成功地用于阻尼材料。与SBR、腈基丁二烯橡胶及硅橡胶结合的IPN已用于复合材料树脂基体。

环氧树脂基复合材料 epoxy resin matrix composites 以环氧树脂为基体的复合材料。具有较高的强度、高的模量和良好的尺寸稳定性、耐化学腐蚀性和耐霉菌性，是当前应用最多的一种树脂基复合材料。基体所用环氧树脂主要是缩水甘油醚型，固化剂主要有多元脂肪胺和芳香酸酐、芳香族多胺、叔胺、咪唑、氰基胍、三氟化硼络合物等。其特点是工艺性好，固化时不释放低分子挥发物，收缩率小，空隙率低。根据不同树脂固化体系可实现室温、中温、高温固化。常采用低压、层压、模压、接触压、缠绕、注射、挤压、RTM等成型方法。作为一种高性能复合材料已广泛用于航空、航天、机械、交通、电器、化工等工业领域，如制造飞机机身、机翼、副翼、尾翼、弹翼、箭体、喷嘴、发电机叶片等。

环氧树脂基体 epoxy resin matrix 以环氧树脂为黏料配制成的、满足复合材料性能和成型工艺要求的固化体系。其特点是黏附力强、力学性能良好，固化方便，工艺性好，收缩率低，化学性能稳定，电性能优良，用途广泛。所用的环氧树脂主要有缩水甘油醚型、缩水甘油酯型、缩水甘油胺型、线型脂肪族型等。其中的脂环族环氧树脂体系结构紧密，耐热性好。W95（300#＋400#）树脂的性能最为突出，被誉为三高（高强度、高断裂伸长率、耐高温）树脂。复合材料中使用量最多的是双酚A环氧树脂。国内已有多种高性能环氧树脂基体相继用于航空航天结构。如HD01、HD03、

LWR-1、HD58、NY9200Z等。

环氧树脂胶黏剂 epoxy resin adhesive 俗称万能胶。由环氧树脂与固化剂、促进剂、改性剂等辅料配制而成的胶黏剂。具有粘接强度高，性能全面，固化收缩率低，耐油、水、酸、碱和许多有机溶剂，电绝缘性优异，工艺简便等特点。缺点是胶接接头脆性大，耐湿热性不够理想。根据不同需要，可加入不同辅料。例如加入增韧剂或增塑剂以改进韧性和剥离强度；加入填料以提高硬度、强度、耐磨性和收缩率；加入促进剂以降低固化温度，加速固化，缩短时间；加入抗氧化剂或耐紫外线老化剂以提高使用寿命等。所用的固化剂有各种胺类、酸酐类、咪唑类和线型合成树脂低聚物等。其中室温固化胶常用低分子聚酰胺、脂肪族多胺作固化剂，其耐热性差；耐高温胶多采用氰基胍、芳香族多胺、酸酐等作固化剂，但须加热固化。改性环氧树脂胶黏剂有：酚醛-环氧胶，具有很好的耐热性；环氧-丁腈胶，强度高，韧性好，是一种重要的结构胶黏剂。此外还有环氧-尼龙胶、环氧-聚硫胶、环氧-有机硅胶等。环氧树脂胶黏剂可用于粘接金属、非金属材料，广泛用于航空、航天、造船、机械、电子等工业。其常用的固化剂如下表所示。今后发展趋向是开发低温快速固化、高韧性/高温使用、室温固化/高温使用、单组分包装等。参见固化剂(153页)。

固化剂	物态	添加量/%	适用期	固化条件	HDT/℃	适用范围
二亚乙基三胺	液	8～11	20min	RT/(1～4d)	95～125	ALCP
三亚乙基四胺	液	6～12	20～30min	RT/(1～4d)	98～128	ALCP
间二甲苯二胺	液	16～20	50min	RT/1d+70℃/1h	130～135	ALCP
Epomate B-002	液	50	500g,50min	RT/(1～5d)	76	ALCP
聚酰胺(胺值=220±15)	液	50～60	2～4h	RT/(1～7d)	50～70	ALCP
DMP-30	液	4～10	25g,40min	80℃/1h	90	LP
K-61B	液	10～14	50℃/(3～4h)	60℃/(4～6h)	75	LP
哌啶	液	5～7	25g,48℃/9h	100℃/1h	80	ALP
2-乙基-4-甲基咪唑	液	2～7	500g,8～10h	60℃/4h+150℃/2h	85～150	LP
异佛尔酮二胺	液	24	500g,1h	80℃/1h+150℃/4h	149～158	ALP
盂烷二胺	液	20～22	8～16h	80℃/2h+130℃/0.5h	148～158	P
间苯二胺	固	14～16	1～3h	130℃/3h+150℃/2h	150～155	ALP
二氨基二苯甲烷	固	27～30	100g,8h	80℃/2h+160℃/2h	150	ALP
Epikure Z	液	20	500g,7～8h	100℃/1h+150℃/4h	142	ALCP

续表

固化剂	物态	添加量/%	适用期	固化条件	HDT/℃	适用范围
二氨基二苯砜	固	25～35	20℃/1a	125℃/2h+200℃/2h	175～181	ALP
氰基胍	固	5～6	6～12mon	170℃/1h	125	L
三氟化硼单乙胺	固	2～5	100g,3～4mon	120℃/2h+150℃/3h	125;230	ALP
癸二酸二酰肼	固	7～8	>3mon	150℃/(20～30min)	160	AL
Anchor1171	液	5	3～30h	50℃/2h+100℃/2h	105(128)	ALP
Anchor1040	液	10	4mon	130℃/4h;150℃/30min	130	LC
Anchor1115	液	7.5	4mon	140℃/4h	130	LP
邻苯二甲酸酐	固	30～50	RT/6h	140℃/8h	110～152	LCP
六氢苯酐	固	75～85	500g,4～5d	80℃/2h+150℃/4h	128	LP
甲基纳迪克酸酐	液	80～85	90℃/2.5h	100℃/2h+150℃/30min	160～175	LP
偏苯三酸酐	固	30～33	短	160℃/6h	200～205	LP
均苯四甲酸二酐	固	56	80℃/20min	135℃/2h或160℃/1h	200～250	LP
GTMA	固	60～70	20d	150℃/1h+200℃/1h	185	LP
苯酮四甲酸二酐	固	60～70	<5min	220℃/10h	T_g,320	ALP
PTDA+ MA	固			200℃/24h	280～290	ALP
PTDA+PA	固	80		125℃/1h	235	ALP

注：min—分，h—小时，mon—月，a—年；RT—常温；A—胶黏剂；L—层压材料；C—涂料；P—灌封材料。

环氧树脂结构胶 epoxy resin structural adhesive 以环氧树脂为基料的结构胶黏剂。具有较高的强度、韧性及相应的耐热性能。通常为用其他树脂或橡胶掺混、接枝共聚而制得的改性环氧树脂胶黏剂。如环氧-丁腈胶：工作温度125℃，剪切强度35MPa，T型剥离4.5kg/cm；环氧-尼龙胶：工作温度100～125℃，剪切强度42MPa，T型剥离13.5～18kg/cm。常用的环氧树脂胶黏剂种类有：双酚A型环氧树脂、多酚型环氧树脂、含溴环氧树脂、多官能团环氧及脂环族环氧树脂等。固化剂有酚醛树脂、氰基胍、酸酐、芳胺、咪唑等；促进剂有叔胺、咪唑、有机酸、三氟化硼乙胺络合物等；改性剂有丁腈橡胶、聚硫橡胶、正钛酸丁酯、正硅酸乙酯等。不同体系的特点如下：双酚A型环氧树脂-酚醛树脂体系拉伸强度及冲击韧度高，耐热等级为B级；含溴环氧树脂-卤化酸、酸酐体系阻燃性好，有一定耐电弧性；双酚A型环氧树脂或酚醛环氧树脂-芳胺体系工艺性、耐腐蚀性好，强度高；酚醛环氧树脂-酸酐体系强度高但性脆，耐热等级为F级；有机硅改性环氧树脂体系耐热等级为H级，但剪切强度较低；脂环族环氧树脂-芳胺体系为具有高强度（拉伸强度110MPa）、高耐热性（热变形温度＞200℃）及高断裂伸长率（6%～7%）的“三高”树脂。主要用于飞机、航天器、机械、车辆、造船等结构件的胶接。

环氧树脂泡沫塑料 epoxy foams 以环氧树脂为基材，经化学或物理方法发泡得到的内部布满微孔的塑料。具有良好的力学性能、电性能，优异的耐热性、耐溶剂性、尺寸稳定性。储存稳定，毒性小，渗透性低，难燃，质硬、质量轻。多用于航空、航天、国防及电子工业，如制造飞机雷达罩、电子元器件、水陆两用坦克的浮筒、弹药箱及水下装置的漂浮件等。有低密度、中密度和高密度之分。

环氧树脂-弹性体共混物 epoxy resin-elastomer 为提高环氧树脂的韧性或改进耐低温性，在环氧树脂中掺合橡胶类弹性体而形成的共混物体。聚硫橡胶、丁腈橡胶均可作为环氧树脂的增韧剂。例如，硫醇端基亚乙基缩甲醛二硫聚合物，与环氧树脂共混，可改善环氧树脂的韧性，增加抗冲击韧度，提高耐水性，降低水蒸气透过率，明显改善环氧树脂的低温性能，提高固化物的尺寸稳定性。

环氧树脂涂料 epoxy resin coating 以环氧树脂为主要成膜物质的涂料。常用的是双酚A环氧树脂，平均分子量在300～7000。加入胺类、酸酐、聚酰胺等固化剂或其他合成树脂，能固化交联成膜。其他成分包括：有机溶剂、催化剂、流平剂、催干剂和必要的颜料、填料等。可以配制成清漆、色漆、腻子和底漆。

环氧树脂增韧 toughening for epoxy 环氧树脂具有优良的综合性能，是一种比较理想的复合材料基体。但是，由于其固化分子交联密度大，固化物性质脆性大，不能满足航空结构对材料的要求，需要对其进行增韧。通常采用如下方法：(1) 引入橡胶弹性体。可有效改善固化体系的韧性，但会降低体系的耐热性和弹性模量。(2) 热敏液晶(TLCP) 聚合物增韧。TLCP加入环氧树脂体系有利于在应力作用下产生剪切滑移带和微裂纹，使裂纹端应力集中得到松弛，阻碍裂缝扩展，从而改善体系的韧性。同时还可以改善体系的强度和耐热性。(3) 热塑性树脂增韧。用热塑性塑料连续贯穿于环氧树脂网络中形成半互穿网络型结构，产生桥联约束效应和裂纹钉锚效应，对裂纹前沿的整体推进起约束作用，分布的桥联力还对桥联点处的裂纹起钉锚作用，使裂纹前沿呈波浪形拱出。从而改善环氧树脂固化物的韧性。此方法的增韧效果不如橡胶，但在增韧的同时，还可提高环氧树脂的拉伸强度和断裂伸长率，而对模量和玻璃化转变温度影响小。其缺点是，由于热塑性树脂增加了体系黏度，对工艺产生不利影响。(4) 加入刚性纳米粒子、碳纳米管，可得到明显效果。因为：①纳米粒子、碳纳米管是纳米材料家族中的小尺度（0D、1D）材料，碳纳米管的直径仅为碳纤维直径的数千分之一，加入聚合物中，必然会产生更加显著的纳米效应（小尺寸效应、量子效应和表面效应），提高聚合物力学性能和改善复合材料界面结合力，以及同时出现新的物理、化学和生物特性。②本身具有突出的性能优势。碳纳米管的强度值达到 30～50GPa，高出碳纤维一个数量级。断裂伸长率 18%，是碳纤维（1.2%）的 15 倍。层间剪切强度 500MPa，也高于碳纤维-环氧复合材料的一个数量级。因此，纳米粒子、碳纳米管加入聚合物中，不但可以改善聚合物的力学性能、韧性，甚至还可赋予其新的性能。(5) 可控层间相增韧。实验表明：①增韧效果与层间相膜的厚度有关。仅当在其特定的厚度变化范围内，复合材料的 G_{IC} 值随薄膜厚度的增加而提高。②增韧效果与层间相膜面积也有关。仅当在其特定的面积变化范围内，G_{IC} 值随层间相膜面积的增大而增大。③层间相可以是热塑性树脂膜、热固性树脂膜、橡胶膜以及不同官能团聚合物的混合膜等。④热塑性树脂膜对复合材料层板 G_{IC} 的改善远高于热固性树脂膜。参见增韧剂（520 页）。

环氧塑料 epoxy plastics 以环氧树脂为基料或基体的热固性塑料。通常指黏料为纯环氧树脂制品或纤维增强的环氧树脂。由环氧树脂、固化剂、填料或纤维增强材料（金属、玻璃、石墨、聚芳酰胺等有机或无机纤维）及其他辅助材料构成。

环氧衍生物 epoxides 具有环氧乙烷结构的化合物，即含有两个碳原子和一个氧原子的三元环（$\overset{\quad O}{—\diagup\!CH—CH\diagdown\!—}$）结构。其中最重要的是环氧乙烷和环氧丙烷。

环氧乙烷 oxirane 氧化乙烯（H_2COCH_2）的同义语。

环氧硬脂酸丁酯 butyl epoxy stearate 用于聚氯乙烯的增塑剂，使之具有低温柔韧性。

环氧增塑剂 epoxy plasticizers 由植物油或脂肪酸经环氧化而制得的一类增塑剂。主要有环氧化不饱和甘油三酸酯和不饱和脂肪酸的环氧化酯两类。大部分环氧增塑剂具有热稳定效果，经常与其他稳定剂合用以起稳定作用。

环氧值 epoxy value; oxirane value 100g 环氧树脂中所含环氧基的物质的量。对于双酚 A 环氧树脂而言，环氧值＝100/环氧当量＝100×环氧基数目/环氧树脂平均分子量。当 $n=0$ 时，环氧值为 0.588mol/100g。环氧值愈大，分子量愈小，黏度愈低。参见环氧当量（173 页）。

环氧指数 epoxide index 每 1kg 环氧树脂中含有环氧基的物质的量。

缓慢扩展方法 slow growth approach 一种要求验证带有明确定义缺陷的结构能承受适当重复载荷的方法，同时在结构寿命期间，或超出与适当损伤检测能力相关的适当检测周期内，只有缓慢、稳定和可预计的缺陷扩展。参见无扩展方法（456 页）、阻止扩展方法（551 页）。

缓慢裂纹扩展结构 slow crack growth structure 缓慢裂纹扩展结构包含下列设计概念，即不允许缺陷达到失稳快速增长到所规定的临界尺寸，并在可检查度确定的使用期内，用裂纹缓慢扩展保证安全。在不修理使用期内，带有亚临界损伤的结构强度和安全性不应下降到规定水平以下。虽然复合材料结构中一般不出现裂纹，但作为一种结构分类它仍使用于复合材料结构。由于复合材料结构有着优异的疲劳性能、冲击损伤的扩展特点以及设计水平所限，往往采用损伤无扩展概念，并把复合材料结构也归入缓慢裂纹扩展结构。

换热器 heat sink 用于吸热或传

热的装置。

黄麻 jute 一种纤维。在复合材料中，以纤维、线及织物的形式用于增强酚醛树脂和聚酯树脂等。在真空模塑成型中亦用作吸储多余树脂的吸胶毡和排气通道的透气材料。

黄麻纤维增强体 jute fibre reinforcements 取自田麻科黄麻麻茎次生韧皮部的纤维素纤维增强材料。

黄色指数 yellowness index 在标准光源下以氧化镁标准白板作基准，从试样对红、绿、蓝三色光的反射率（或透射率）计算所得的表示黄色深浅的一种量度。(无损检测)

磺基二苯胺 sulfonyldianiline 环氧树脂用的一种固化剂。

灰分 ash content 材料经灼烧后剩余的无机残渣，用百分含量表示。

灰分率 percentage of ashes 化纤原料或纺织材料经灼烧成灰后的质量对灼烧前干重的百分率。

挥发 volatile 在室温或稍微升温条件下能像蒸汽那样散逸的现象。

挥发速度 见蒸发速度（527 页）。

挥发损失 volatile loss; air loss 一种物质因其中组分汽化而损失的质量。

挥发物 volatiles 在浸润剂或树脂配方中，在室温或稍高温度下能以一种气体散逸的物质，例如水、乙醇等。

挥发物含量 volatile content 预浸料或预混料在规定条件下能放出的低分子挥发物的数量。用试样中挥发物的质量与试样原始质量的百分比表示。挥发物含量是预浸料等半成品的重要指标，必须严加控制。否则，挥发分过高，容易使制品产生气泡、疏松、分层、鼓泡等缺陷，降低复合材料制件的质量。

回潮率 moisture regain 规定条件下测得的材料的吸湿量。以试样的湿重（W）与干重（W_0）的差数对干重的百分率表示。即：

$$回潮率=(W-W_0)/W_0\times100\%$$

式中 W——试样的湿重；

W_0——试样的干重。

回程杆 return pin 合模时强制脱模部件做返回动作的杆。

回程活塞 pull-back ram 使液压机的主活塞返回到初始位置或使脱模装置复位的一种辅助液压装置。

回归分析 regression analysis 利用统计数据分析研究变量相互关系又互相制约的随机规律的数学方法。

回弹 springback 曲面预型体在制备期间由于纤维弯曲所储存的能量在成型后释放所引起的厚度增厚、角度增大的形态变化现象。

回弹模量 modulus of resilience 单位体积所能吸收而不产生永久形变的能量。回弹模量可由应力-应变曲线自零点至弹性极限进行积分并除以试样原体积来加以计算。

回弹性 resilience 一物体在形变应力撤除后迅速恢复其原状的程度。可用恢复能，即形变回缩功，与产生形变所需要的功之比表示。

混纺比 blending ratio 混纺产品中设计的各种纤维材料所占的重量比例。

混纺纱 blended yarn 用两种及两种以上不同种类的纤维混合纺成的纱。

混纺织物 blended fabric; blended yarn fabric 用混纺纱线织成的织物。

混合定律 mixture rule; rule of mixtures 表达复合材料性能与对应的组分材料性能之间同体积含量呈线性关

系的法则。即把复合材料看作一种多组分混合物，其物理性能等于各组分相应的性能分量的总和。例如复合材料的纵向拉伸性能的混合定律表示为：

$$E_{11}=E_fV_f+E_m(1-V_f)$$
$$F_{11}=F_fV_f+F_m(1-V_f)$$
$$\nu_{12}=\nu_fV_f+\nu_m(1-V_f)$$

式中 E_{11}——复合材料平行于纤维方向的弹性模量；
F_{11}——复合材料平行于纤维方向的强度；
E_f——纤维的弹性模量；
E_m——基体的弹性模量；
F_f——纤维的强度；
F_m——基体的强度；
V_f——复合材料中纤维的体积分数；
ν_{12}——复合材料的泊松比；
ν_f——纤维的泊松比；
ν_m——基体的泊松比。

混合机 blender 使树脂和其他添加剂均匀混合的机械。

混合连接 combined joint 指机械连接和胶接同时使用的一种连接形式。

混合料 compound 一种或多种聚合物与其他组分如填料、增塑剂、催化剂和着色剂等的混合物。

混合破坏 mixed failure 指内聚破坏、界面破坏兼有的破坏。这种破坏在胶黏剂的内聚强度与界面强度相当的情况下发生，所以，混合破坏是一种理想的破坏形式。

混合物 mixture 两种或两种以上物质以不恒定组分百分比混合后的物质，混合物中每一组分保持其原来的基本特性。

混合效应 mixture effect 指复合材料在复合后产生的效应，分线性效应和非线性效应两种形式。线性效应有平均效应、平行效应、相补效应和相抵效应。例如常用的估算增强体与基体在不同体积分数情况下的混合率就是基于平均效应。非线性效应包括乘积效应、系统效应、诱导效应和共振效应。乘积效应已用于设计功能复合材料。

混合型胶黏剂 mixture adhesive 又称复合型胶黏剂。指为了改进性能，在热固性树脂中加入诸如热塑性塑料或合成橡胶作为基料配制成的一类胶黏剂。这种胶黏剂不但具有热固性树脂胶黏剂的机械强度高、耐热、耐老化、耐化学介质的优点，而且还具有热塑性树脂（或橡胶型）胶黏剂的高剥离、高冲击性能。主要品种有酚醛-缩醛、酚醛-丁腈、酚醛-环氧、环氧-聚硫、环氧-尼龙、环氧-丁腈等。可用于金属或非金属的同种材料和异种材料结构件的胶接。在航空、航天、汽车、船舶、电子、机械、建筑等领域得到了广泛应用。

混合盐反应法 London scandinavian metallurgical；LSM 该方法是英国一家公司的专利技术，其基本原理是将含有增强相组元的盐混合、预热再加入金属基体的熔体中，在高温下盐中增强相的组元被金属还原并在金属基体熔体中结合生成增强相，去掉熔渣即可浇铸成型。例如，利用 K_2TiF_6 盐和 C 粉混合预热后置入 Al 熔体中，经反应、充分搅拌后可得到 TiC 颗粒增强的铝基复合材料。该方法的优点是工艺简单，无须保护气氛，也无须球磨混合以及冷挤压成坯等工序，反应后可直接浇铸成型，成本低等。缺点是：增强体与基体结合面有盐膜阻隔，降低了界面结合强度；反应过程有大量气体溢出，污染环境；熔渣去除困难；增强相体积分数不高等。

混炼 milling 将塑炼胶或具有一定可塑性的生胶与各种配合剂经机械作用使之均匀混合的工艺过程。混合后得到的混炼胶的质量对配制胶黏剂的性能有很大影响。

混杂 hybrid 对于复合材料来说，是指含有至少两种不同类型的基体或增强体的复合材料。每种基体或增强体的类型不同是指：①物理性能或化学性能的不同，或两性能都不同；②材料的形式不同；③化学成分不同。

混杂比 hybrid ratio 见混杂纤维混杂比（183 页）。

混杂叠复合材料 hybrid laminated composites；HLC 不同类型的增强组分以叠结构形式组成的复合材料。其增强组分可以为纤维（芳纶、碳纤维、玻璃纤维）、片材或蜂窝芯材，基体可为树脂或金属。

混杂短切纤维复合材料 hybrid chopped fiber composites 由两种或两种以上短切纤维随机分布在基体中所构成的复合材料。

混杂多维织物复合材料 见混杂多向织物复合材料（182 页）。

混杂多向织物复合材料 hybrid multidirectional fabric composites 又称混杂多维织物复合材料。由两种或两种以上纤维在空间不同方向上编织成的体型织物所构成的复合材料。

混杂复合材料 hybrid composites；hybrid 由两种或两种以上的基体或增强体混杂在一起所构成的复合材料。通常所指的是用两种或两种以上的增强体所组合的复合材料。增强体的混杂有多种形式，如两种连续纤维单向排列、两种连续纤维混杂编织、两种连续纤维混杂铺设、纤维与颗粒混杂和颗粒与颗粒的混杂等。混杂复合材料可以根据结构件的要求，通过不同类型纤维、不同纤维含量的混杂排布方式进行设计。混杂复合材料中由于各种不同性质的相互补充，特别是由于产生混杂效应将明显提高或改善原单一增强体复合材料的某些性能，同时也大大降低复合材料的原料成本。例如，以碳纤维、玻璃纤维各半混杂的复合材料，其抗弯性能与全碳纤维复合材料相当，而价格明显下降；碳纤维与芳纶混杂，提高了芳纶复合材料的刚度，加工难度得到改善；芳纶与碳纤维混杂，可提高碳纤维复合材料的耐冲击能力。

混杂结构形式 hybrid structure 混杂纤维复合材料中不同种类纤维空间相对位置的排列方式。其形式主要有：①层内混杂；②层间混杂；③层内-层间混杂；④夹芯混杂；⑤短切纤维混杂；⑥织物混杂；⑦多向织物混杂。如下图所示。

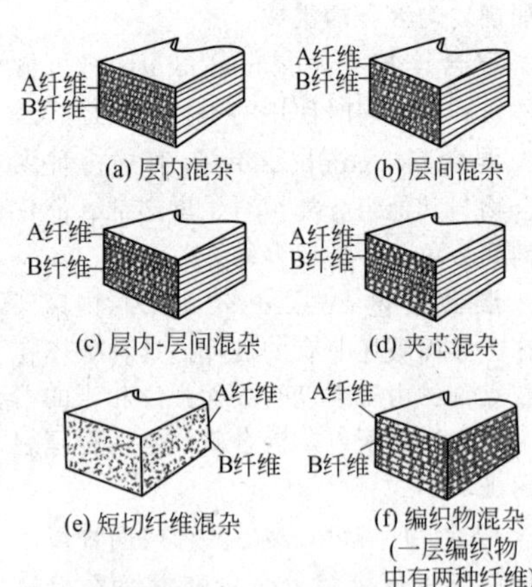

混杂界面 hybrid interface 在混杂复合材料中同时受两种纤维影响的界面区。

混杂界面数 hybrid interface number 见混杂纤维混杂界面数（183页）。

混杂体积比 hybrid volume ratio 混杂复合材料中各种不同纤维体积含量的百分比。

混杂纤维编织预型体 hybrid wovenfabric preform 由两种或两种以上纤维按一定要求掺混后编织成型的三维复合材料增强相。所用的纤维可以是几种纤维合成一股，各种纤维比较均匀地分散在预型体内，也可以是各种纤维独自成束编织在预型体内。同样，预型体中的各种纤维在复合材料内也起着相互取长补短的作用，协同提高复合材料的性能。

混杂纤维分散度 dispersion degree in hybrid fiber 在混杂复合材料中各种纤维相对分散的程度。

混杂纤维复合材料 hybrid fiber composites 由两种或两种以上纤维增强同一种基体的复合材料，通常简称为混杂复合材料。

混杂纤维混杂比 hybrid ratio 简称混杂比。组成混杂纤维复合材料的各种纤维含量之比，通常是指体积含量之比。混杂比是描述混杂复合材料的一个主要参数。混杂复合材料的性能几乎都与混杂比有关。根据混杂比，利用混合定律可以大致估算出混杂复合材料的某些性能。

混杂纤维混杂界面数 hybrid fiber interface number 又称混杂界面数。不同种类纤维铺层相接触面的数目。它反映混杂复合材料中异类纤维间的相对分散程度，是描述混杂复合材料的重要参数之一。混杂复合材料的许多性能与界面数有关。一般而言，拉伸强度随混杂界面数的增多而提高，而拉伸模量则与混杂界面数的关系不大。

混杂纤维增强聚合物基复合材料 hybrid fiber reinforced polymercomposites 由两种或两种以上纤维增强同一种聚合物基体的复合材料。参见混杂纤维增强树脂基复合材料（183页）。

混杂纤维增强铝层板 hybrid reinforced aluminum laminates；HRAL 由薄的经表面处理并涂底胶的铝合金和两种或两种以上纤维的预浸料交替铺层，经加温加压固化而成的一种层合板。由于该板中含有两种以上纤维，其性能比单一纤维增强时要优异得多。参见纤维增强金属基复合材料（467页）。

混杂纤维增强树脂基复合材料 hybrid fiber reinforced resin matrix composites 以两种或两种以上不同纤维为增强体的树脂基复合材料。常用的增强纤维有碳纤维、玻璃纤维、芳纶或硼纤维等。树脂基体主要有环氧、酚醛、不饱和聚酯及某些热塑性聚酯。混杂方式有层内纤维混杂、交替纤维层间混杂、不同纤维的夹芯混杂，层内、层间与夹芯综合混杂及纤维组合混杂等。通过混杂，可突出结构设计和材料设计的统一性，满足综合性能要求，提高和改善单一复合材料的某些性能要求，并可降低成本。如芳纶与碳纤维的混杂则将前者良好的韧性和后者较高的压缩性能结合起来，达到互补效果。这种复合材料适用于纤维增强树脂基复合材料的一般成型方法。

混杂纤维增强塑料 hybrid fiber reinforced plastics 两种或两种以上不同纤维或其制品作增强材料的增强塑料。见混杂纤维增强树脂基复合材料、混杂复合材料。

混杂效应 hybrid effect 混杂复合

材料的某一性能值偏离用混合定律计算的值的现象。

混杂效应系数　coefficient of hybrid effect　混杂复合材料的某一性能值相对于用混合定律计算值的变化率。

混杂增强金属基复合材料　hybrid reinforced metal matrix composites　以金属为基体，以连续纤维、短纤维与颗粒或晶须混杂增强金属基体的复合材料。混杂的目的是使增强体分布更均匀，达到更好的增强效果。混合方式主要有连续纤维与颗粒、短纤维与颗粒、连续纤维与晶须等混杂增强。基体主要有铝和镁。制造方法是，先将混杂增强体做成预制件，然后用挤压铸造、真空低压铸造、真空压力预浸渍等方法将金属注入预制件中即制得混杂增强金属基复合材料。

混杂织物　hybrid fabric　一种纤维和其他纤维机织在一起所构成的织物。如碳纤维与芳纶或玻璃纤维混织在一起的织物。混杂织物的特点是，可综合发挥组分材料的特性，扬长避短，相辅相成，综合性能好。例如，碳纤维与芳纶的混杂织物复合材料具有高的模量，发挥了碳纤维高模量的优势，弥补了芳纶模量不高的不足；而碳纤维的脆性却能克服由于芳纶过柔带来的难加工的缺点。另外，由于芳纶的高断裂伸长率特性，弥补了碳纤维的脆性，从而可提高混杂织物复合材料的抗冲击性。如果再引进玻璃纤维混杂组分，就可显著降低材料的成本。

混杂织物复合材料　hybrid fabric-composites　由两种或两种以上纤维编织而成的平面织物增强的复合材料。

活动模板　见调节环（442页）。

活动镶件　movable insert　根据工艺和结构要求，须随塑件一起出模，方能从塑件中分离取出的镶件。

活动镶块　loose detail　参见活动镶件（184页）。

活化　activation　用化学处理、电晕放电或火焰处理使一种热塑性塑料表面更易接受印墨、涂料或胶黏剂的表面处理方法。

活化剂　activator　加入树脂的加速剂中，以增强加速剂在固化过程中的作用的一种试剂。

活塞　piston　参见模塞（299页）。

活塞力　ram force　活塞能施加的总载荷。在数值上等于管道压力与活塞截面积的乘积，通常用吨表示。

活塞行程　ram travel　在压铸或注塑成型中，作用冲杆在物料填满模腔时所移动的距离。

活性粉末混凝土　reactive powder concrete; RPC　制备超高性能水泥基复合材料的一种原材料。由细砂、水泥、石英粉、硅灰、高效减水剂、微钢纤维组成，经过预压和热养护硬化，提高密实性、改善微结构及提高强度，形成超高性能水泥基复合材料。其优势在于：能大幅度减轻混凝土结构的自重；具有高的断裂性能；在石油、核电、市政、海洋等工程及军事设施中都有广阔的应用前景。专家评估为是完全可以与金属材料、高分子材料比肩的跨世纪新材料。参见超高性能水泥基复合材料（49页）。

活性基团　active group　化合物分子中含有的反应性基团。如羟基、羧基、氨基、环氧基等。具有活性基团的化合物在常温、常压下，或在加热、加压下，或在光、热、射线或催化剂、固化剂的引发作用下能进行化学反应生成新的化合物。

活性稀释剂 reactive diluent 分子中含有活性基团，能参与固化反应的稀释剂。与惰性稀释剂相比，其优点是使胶黏剂的性能损失小。

火焰处理 flame treatment 用强氧化焰使塑料表面氧化的过程。主要用于提高聚烯烃塑料的印刷特性和粘接性等。

火焰蔓延速率 flame propagation rate 耐燃性试验中，试样在单位时间内被火焰烧及的距离。

火焰喷涂 flame spray coating; flame spray 将流态化树脂粉末通过喷枪口的锥形火焰使之熔化进行喷涂的一种方法。

J

击穿电压 dielectric breakdown voltage; breakdown voltage 在一定条件下，引起绝缘材料绝缘破坏所需的电压。

击穿强度 见介电强度（220页）。

机敏材料 smart materials 具有自诊断功能、自适应功能、自修复或自愈合功能的材料。它是智能材料的一种系统，或者说是智能材料的低级形式。但是，机敏材料不是一种单纯的材料，而是两种或两种以上功能材料的组合，这种材料往往以复合材料或复合结构的形式存在。机敏复合材料是机敏材料的主要成员。

机敏复合材料 smart composites 能检知环境变化，并做出自诊断、自我调整、自修补等回应的复合材料。一般机敏复合材料被视为智能复合材料的低级形式。通常分为主动式和被动式两大类：被动式机敏复合材料对外界的刺激直接做出反应，不依赖辅助系统判断；主动式机敏复合材料能由传感组件的信号判断出结构的工作状态、环境作用情况或所受刺激的历史，然后根据判断结果采取相应的措施。它是一个系统，其功能类似于人体对外界做出的主动反应，具备传感器、中央处理机、执行器及通信网络等四个要素。所以，它比被动式机敏复合材料功能更好。机敏复合材料已用于主动控制振动与噪声；主动探测复合材料构件的损伤；主动控制树脂基复合材料的固化工艺过程等。预计在国防尖端技术、建筑、交通运输、水利、医疗卫生、海洋渔业等方面还会有更加广阔的应用前景。

机身桁梁 longeron 主要承受机身弯矩引起的轴向力的纵向构件。有时还指用来承受局部集中载荷的纵向件。

机头 (extrusion) head 指挤出机的成型部分。主要包括机胎头、筛板、过滤网、分流梭、口模等。

机头罩 nose cone; nose dome 机身头部的流线罩形结构。由于其内部常常安装雷达，故也称为雷达罩。因此，常用具有透波功能的复合材料制成。如玻璃纤维树脂基复合材料、芳纶树脂基复合材料等。

机尾罩 tail fairing 飞机尾部锥形整流的结构。

机械发泡塑料 mechanically foamed plastics 借机械搅拌方法使气体混入混合材料形成泡孔的泡沫塑料。

机械连接（复合材料） mechanical joint (composites); fastened joint 不同构件之间采用机械紧固件（如螺接、铆接和销钉等）连接到一起的一种连接形式。复合材料机械连接接头的强度取决于复合材料的挤压强度和金属紧固件的剪切强度，理想的情况是紧固件的剪切破坏与复合材料的挤压破坏同时发生。机械连接的优点是连接强度高、传递载荷可靠、抗剥离性能好、易于分解和重新组合。主要缺点是钻孔破坏了部分纤维的连续性，容易引起分层，降低强度。此种连接适用于受力较大的部件连接。

机械黏附 mechanical adhesion 两个表面通过胶黏剂的咬合作用而产生的结合。

机械寿命 见力学寿命（283 页）。

机械性能 见力学性能（283 页）。

机械-液压机 hydromechanical press 兼有机械压力系统和液体压力系统的压机。成型压力一部分由机械压力系统提供，另一部分由液体压力系统提供。

机械载荷 mechanical load 机械外加载荷，不同于固化或环境引起的载荷。

机械阻尼 damping (mechanical) 材料变形时以分子摩擦生热的形式耗散能量的一种阻尼形式。全弹性材料无机械阻尼。

机翼 wing 飞机上能产生气动升力，抵抗重力作用，支撑飞机飞行的重要部件。一般由纵向构件（翼梁、纵墙及桁条）和横向构件（加强肋、普通肋、撑杆等）组成骨架，以蒙皮构成光滑流线外形。由于机翼是飞机的重要承力结构，通常把机翼上采用复合材料视为复合材料高应力水平应用的标志。

机织物 woven fabric 又称梭织物。用织机将相互垂直排列的经纱和纬纱（单纱、股纱、缆纱、无捻粗纱等）按一定的组织规律织成的纤维织物。构成的组织结构有原组织、变化组织、联合组织、复杂组织、提花组织等五大类。原组织包括平纹、斜纹和缎纹三种组织，也称三原组织，可参见“三维机织物”词条附图。三原组织是最基本的织物组织，其他许多织物组织可从原组织变化而来。三原组织之间的根本区别在于经纬纱间的交织频率以及纱线轴线保持直线的长度的不同。平纹组织是最简单的织物组织，它由两根经纱和两根纬纱组成一个组织循环，经纱和纬纱每隔一根纱线即交错一次。斜纹组织中经纬纱各需要至少三根才能构成一个组织循环。其特征是在织物的表面呈现出由交织点处的经纱或纬纱组成的斜线图案。缎纹组织中，相邻经纬纱交织点相距较远，其结果是在织物一个表面突出呈现了某个纱线系统（经纱或纬纱）的特征，缎纹组织表面突出的是纬纱系统。另见平纹织物（331 页）、斜纹织物（474 页）、缎纹织物（87 页）。

机织物复合材料 woven fabric composites 以机织织物为增强体的复合材料，为先进复合材料的一个重要品种，一般是由若干单层组成的层合板，每一单层由埋置于基体中的一层织物构成。单层具有方向性，由它组合成特定的多向层合板。

机织织物预型体 woven fabric perform 又称纤维编织预型体。用纤维在三维空间内机织成一定形状的增强体。其取向有三向、四向、七向和十一向等。构型有立方体、圆柱体、圆桶壳、圆锥壳、方管、I 或 T 字形等截面的异型构件。用三维编织的增强体制成的复合材料，不仅保持了一维、二维复合材料的特性，而且大幅度增加了层间承载能力，拓宽了复合材料的应用范围，是比较理想的复合材料增强相。按编织工艺不同可分为编织、机织、缝合和针织等。

积木式方法 building block approach; BBA 基于复合材料显示的力

学性能变异性、复合材料结构对面外载荷固有的敏感性、破坏模式的多样性和湿热环境对破坏模式与许用值的重要影响等诸多原因，在复合材料结构验证过程中所采用的试验研究方法。即采用试样、组件（包括典型结构件）、组合件进行的设计研制/验证试验和全尺寸结构验证试验相结合，交叉互补，完成复合材料结构验证程序所规定试验的方法。具体来说就是采用逐步增加试件尺寸、复杂水平和规模，在前一级结果的基础上进行后一级验证试验，以保证结构验证的完整性和降低全尺寸验证试验的风险。

积热　heat build-up　工件由于应变能散逸成热或施加于模具的固化热而引起的温度上升。

基　radical　存在于分子中的原子团，或在化合物分子中去掉某些原子或原子团后剩下的原子团。它在很多化学反应中都保持不变。典型的有机基是乙基“$—C_2H_5$”。

基本层　basic ply　用于制作层压件的尚未固化的料层。

基本单元　base unit　聚合物的分子链可能有的最小重复单元。聚合物的基本单元与链节有相同的也有不相同的，如聚乙烯的基本单元为$—CH_2—$，而链节则为$—CH_2—CH_2—$。

基本组织　basic weave　作为各种组织基础的织物组织。各种组织都由基本组织变化而来。基本组织指平纹、斜纹、缎纹三种组织或称三原组织。

基材　substrate; base　①在层合板成型中被树脂浸渍的增强材料（纤维或织物、纸、石棉等）；②一种印刷电路的绝缘支持物。

NA基封端聚酰亚胺　NA-terminated polyimide　又称纳特酰亚胺端基热固性树脂。由5-降冰片烯-2,3-二羧酸酐（NA）或5-降冰片烯-2,3-二羧酸单甲酯（NE）进行端基封闭的聚酰亚胺类热固性树脂。该树脂加工时不产生挥发物，预浸渍工艺简单，预浸渍物稳定。模制品空隙率（$<2\%$）低，热稳定性好，长期使用温度为260～300℃，且力学性能良好，可采用一般层压工艺成型。缺点是树脂溶液有毒，造成制品也有毒，吸水性强，成本高。主要用于制造复合材料，如层合板、结构件及耐高温绝缘制品等；在飞机及电器方面，用于制作飞机喷气发动机零件、电路板、定子和转子绝缘侧板等，也可用作胶黏剂。

基料　binder　参见基体（187页）。

基体　matrix　复合材料中起粘接作用的连续相。基体树脂和增强纤维是复合材料的两大组分材料。树脂的特性及其对增强纤维的粘接性能直接影响复合材料制品的性能。而树脂特性与其结构有关。①树脂结构与内聚强度的关系：随着树脂固化反应的进行，分子量不断加大，内聚强度逐渐提高，直至树脂分子量迅速增加，变成胶凝，机械强度随之提高，交联密度不断增加，基体强度逐渐增加到相当稳定值，当交联密度再增加到很大时，树脂形变能力降低，呈现脆性。②树脂结构与断裂延伸率的关系：高分子化合物的变形包括普弹变形、高弹变形和黏流变形。因为黏流变形在已固化树脂中已不存在，普弹变形引起的树脂变形（约1%）很小，而由高弹变形引起的树脂变形却相当大，所以，树脂结构与断裂延伸率的关系，实质上是树脂结构与高弹变形的关系。通常，高弹变形在玻璃化转变温度以上才会出现。能否出现及数值大小主要取决于两个因素：一是大分子链的柔韧性。具有柔性链结构（如C—C键组成的脂肪链）的树脂的断裂伸长率比较大。二是大分子链间的交联密度，具有芳香链结构（如C—C键组成的芳香链）树脂的断裂伸长率就比较小，呈现脆性，具有相当大的刚性。另外，从分子链间的交联密度来看，交联度愈大，则树脂断裂伸长率愈小，呈现脆性。③树脂结构与其体积收缩率的关系。影响体积收缩率的因素有三个：固化前树脂固化体系（包括树脂、固化剂等）的密度；固化后树脂网络结构的紧密程度；固化过程中有无小分子放出。④树脂结构与其热变形温度的关系：影响热固性树脂玻璃化转变温度的因素有两个。一是大分子链的韧性；二是大分子链之间的交联密度。一般来讲，大分子链柔性好，交联密度小，则玻璃化转变温度低，相应的热变形温度也低；反之，若固化树脂的大分子链刚性好，交联密度高，则玻璃化转变温度高，相应的热变形温度也高。基体按其材料性质分为聚合物基体、金属基体、无机非金属基体等。其中聚合物基体又分为热固性树脂基体：如环氧树脂、不饱和聚酯、酚醛、双马来酰亚胺、异氰酸酯、热固性聚酰亚胺（TSPI）等；热塑性树脂基体：如通用型塑料、聚醚酮（PEK）、聚醚醚酮（PEEK）、聚苯硫醚（PPS）、聚醚酰亚胺（PEI）、热塑性聚酰亚胺（TPI）等；金属基体分为轻金属基体（Al、Mg、Ti等）和耐热合金基体（钛合金及钛铝金属间化合物）；无机非金属基体（玻璃与陶瓷、碳/石墨）、水泥等。其中树脂基体在复合材料中应用广泛，使用历史长，工艺成熟，但一般只能在300℃以下使用；金属基体的使用温度范围为400～1100℃；玻璃与陶瓷基体的使用温度范围为600～1400℃；碳/石墨基体的使用温度在抗氧化措施条件下可超过2000℃。水泥基体主要用于建筑结构。参考基体的作用（188页）。

基体的作用　function of polymer matrix in composites　复合材料中的基体通过界面层把分散相（材料）固结成一个整体，并赋予固定形状，支撑、保护分散相材料，并通过界面层传递、均衡载荷。事实上，一束纤维受拉时，其中拉断了的纤维就不能再承担载荷。而在复合材料中，一根纤维被拉断后，基体就通过界面层剪应力把载荷逐渐再传回到断了的纤维上去，并在离开断头一定长度（距离）后恢复全部承载能力，同时还把纤维断头处的集中载荷均衡地分布到相邻的未断纤维上去，使复合材料的强度不会因个别纤维的断裂而出现明显的变化，因而具有较高的整体破坏强度：①复合材料的主要力学性能由基体的性能决定。基体的模量愈高，基体愈不易变形，且愈能有效地支撑纤维，传递载荷的效率也愈高。与纤维良好的界面结合使复合材料的弯曲、剪切、压缩强度均有所提高，对拉伸性能影响尤其明显。②基体对纵向压缩性能的影响。通常纤维的直径很细（约6～13μm），无法承受纵向压力，甚至在自身重量下就会屈曲、失稳。而在复合材料中，由于基体的支撑作用防止了纤维的屈曲，使得复合材料具有能承受较大的纵向压缩载荷的能力。③基体断裂伸长率对复合材料力学性能的影响。基体的断裂伸长率低，受外力作用时，基体首先开裂破坏，从而导致增强纤维整体强度降低。④基体的强度及其与增强体界面的粘接性能决定复合材料的层间剪切强度。⑤复合材料的耐热性、耐候性取决于基体的耐热性、耐候性。⑥基体对复合材料韧性的影响。当基体的剪切强度、弹性模量及其与纤维-界面强度等性能适宜时，横跨基体或纤维的裂纹在界面会发生转向，消耗大量能量，阻碍裂纹扩展，从而提高复合材料的韧性。⑦在纤维的垂直方向，复合材料的性能受基体控制，由于基体强度远低于纤维的强度，因而（单向）复合材料横向拉伸强度很低，使复合材料具有典型的正交各向异性，并由此派生出许多独特性能。⑧复合材料的阻燃性、韧性以及介电等物理化学性能都与基体的有关性能相关。参见复合材料的组分（118 页）。

HD03 基体 HD03 matrix 一种165℃固化的高性能环氧树脂固化体系。其特点是耐温性好，力学性能突出、全面，是国内首个达到国外同类材料水平的基体。预浸料使用期长（40d/标准温度），已在 H7 机阻力板、导弹弹翼、K8 机全复合材料垂尾、察打无人机机翼大梁和尾撑杆、Y7 机调整片、腹鳍等航空航天产品上批量应用，经过了 13 年多的服役考验。1984 年通过航空工业部鉴定，并获得航空部科技成果奖。该基体被航空部选为碳纤维复合材料大气老化试验的唯一环氧树脂基体，在海南、北京两地曝晒三年。其复合材料（HD03/HT3）的浇注体的玻璃化转变温度见下图，耐热性能如下表所示。

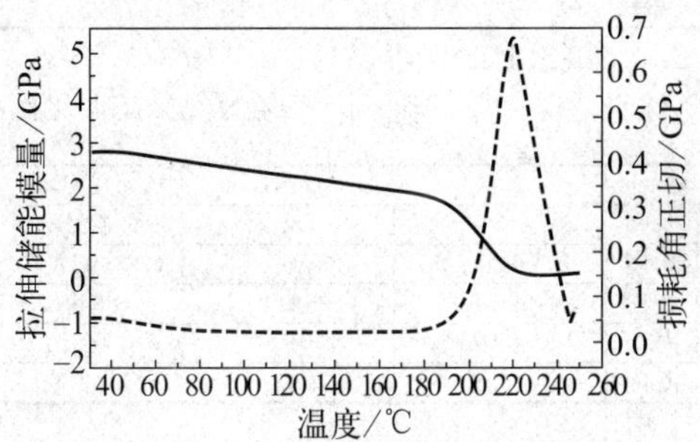

图 J1 DMA 法测定 HD03 基体的玻璃化转变温度 T_g

性能	试测温度/℃	平均值				典型值
		HD03/HT3	5208[①]/T300	4211/ HT3	914C[②]/T300	5222/HT3
X_t/MPa	25	1855	1470	1396	1784(23℃)	1490
E_{1t}/GPa	25	141	129	126	143(23℃)	135
Y_t/MPa	25	65	38.5	33.9	65(23℃)	40.7
E_{2t}/GPa	25	9.6	9.3	7.9	10.2(23℃)	9.4
X_C/MPa	25	1258	1420	1030	1086(23℃)	1210
E_{1C}/GPa	25	144	130	116	114(23℃)	134
Y_c/MPa	25	200.3	—	167	215(23℃)	197
S/MPa	25	82.7	76	65.5	92.4(23℃)	92
G_{12}/GPa	25	5.1	—	3.7	6.2(23℃)	5.0
τ_b^f/MPa	25	97	110	83	98(23℃)	100
	100	68	—		74(80℃)	
	130	62	85.7		65(120℃)	

续表

性能	试测温度/℃	平均值				典型值
		HD03/HT3	5208[①]/T300	4211/ HT3	914C[②]/T300	5222/HT3
T_g/℃ (DMA)	—	215	—	154～170	205,(TMA)	258℃ (摆锤法)
备注	—	1984 年鉴定	1976 年首飞	1984 年鉴定		1983 年鉴定

① 5208 基体是在 1976～1985 年间美国波音等公司大量采用的高性能复合材料基体。用于 DC-10、L1011、B727、B737 等机型。

② 914C 是一种改性环氧树脂。914C/ T300 是欧洲空中客车飞机和海豚直升机等广泛使用的高性能环氧复合材料；T300/914C 预浸料由 Ciba 公司生产。其性能与 T-300/5208 相当。

HD03/HT3 复合材料吸湿饱和（约 1%）弯曲试件的高低温性能见下表。

测试温度/℃	弯曲强度/MPa	弯曲强度保持率[①]/%	弯曲模量/GPa	弯曲模量保持率/%
25	1960.54	100	152.32	100
55	1665.43	84.96	147.12	96.59
71	1421.29	77.60	143.36	94.12
100	1397.15	71.29	145.95	95.82
125	1170.83	59.72	138.58	90.98
−54	2166.93	110.53	147.28	96.69

① 试件经水煮 72h，含湿量约定。

HD03/HT3 复合材料［0/90/±45］三年大气暴露老化性能见下表。

性能		0 年	1 年	2 年	3 年
层剪切强度/MPa	海南	69.5	75.0	72.5	75.3
弯曲强度/MPa	海南	720	894	967	879
弯曲模量/GPa	海南	45.1	66.2	64.0	57.3
压缩强度/MPa	海南	402	494	460	460
压缩模量/GPa	海南	43.8	43.7	42.9	43.8

由下表可以看出，除压缩模量变化不大外，环氧树脂基浇铸体其他各项性能都是上升的趋势。

性能	HD03	5208(my720/HT720)	5208(my720/Lsu931)
拉伸强度/MPa	65	58.3	63.1
拉伸模量/GPa	2.9	3.7	3.5
弯曲强度/MPa	115	89.2	130.3
压缩强度/MPa	202	233.2	
压缩模量/MPa	2.9	1.94	1.88
断裂伸长率/%	2,9	1.8	2
T_g/℃	192(DMA)	180(TMA)	

HD58 基体 HD58 matrix 是一种中温（125℃）固化的环氧树脂固化体系。其特点是：中温固化，玻璃化转变温度高（高于固化温度），韧性、力学性能兼优。真空压力固化的 CFRP 板的性能达到高压成型的 90%以上。可作为真空成型复合材料的理想基体。1994 年 1 月通过中航工业总公司鉴定，“性

能国内领先，与国外同类产品相当，满足空中客车公司、波音公司相关材料规范的指标要求"，并获航空总公司科技成果奖。已在船舰球头罩、北斗天线面板、运载火箭仪器舱、FY3 卫星天线反射面、热反射镜上得到应用。

性能	测试条件/℃	平均值		
		HD58/HT3	NY9200Z/HT3	913C①/T300
X_t/MPa	RT	1800	1747	1499±161
E_{1t}/GPa	RT	140	137	127±16
X_c/MPa	RT	1349	1357	1354±178
E_{1c}/GPa	RT	140	136	109±16
Y_t/MPa	RT	71	67	—
Y_c/MPa	RT	243	170	211±22
E_{2c}/GPa	RT	9.7	9.4	8.5±1.4
σ_b^f/MPa	RT	1876	1615	1530
	130	1107	1047(100℃)	740(120℃)
τ_b^f/MPa	RT	94	93	95±6
	100	58	56	62±5(70℃)
CAI/MPa	RT	192	174	175
T_g/℃	DMA	172	115(DSC)	131

① 为同时期 CIBA-GEIGY 公司产品，20 世纪 80 年代中期始用于 A-320 客机。

注：括弧()内数字为测试温度。

HD58/HT3 复合材料 $[45/0/90]_{2s}$ 层板拉伸性能见下表。

试件结构	拉伸强度，σ_t/MPa		拉伸模量，E_T/GPa	
	典型值	C_V/%	平均值	C_V/%
无孔板	609.38	8.83	51.71	4.61
含 φ6.35 孔	379.66	3.48	52.43	5.85

HD58/HT3 复合材料真空压力成型的单向板的性能见下表。

工艺方法	层间剪切强度/MPa	弯曲强度/MPa	弯曲模量/GPa
热压罐压力成型	94.4	1875.9	140.6
真空压力成型	87.5	1861.3	120.7
性能保留率/%	92.7	99.2	85.8

基体减缩系数 matrix degradation factor; mdf 基体材料刚度降低的系数，包括铺层横向裂纹的影响。

基体含量 matrix content 复合材料内含有的基体总量，用质量百分比或体积百分比表示。对于聚合物基复合材料，这就是树脂含量。

基体开裂 matrix cracking 为纤维层压复合材料的一种失效模式。是指作为胶黏剂的基体材料在外力作用下发生的内聚性破坏所致。

基线 base line 在热分析中，DAT 曲线上相应 ΔT 近似于零的部分。

A-基准值 A-basis value 一种力学性能的限定值。该值的选取条件为：在 95%置信度下，至少有 99%数值群的性能值高于此值。参见 B-基准值（192 页）、S-基准值（192 页）、典型值（76 页）、平均值（330 页）。

B-基准值　B-basis value　一种力学性能的限定值。该值的选取条件为：在95%置信度下，至少有90%的数值群的性能值高于此值。国内的几种环氧基碳纤维复合材料的B-基准值见下表。参见 A-基准值（191 页）、S-基准值（192 页）、典型值（76 页）、平均值（330 页）。

性能	HD03C/HT3	5222/HT3	NY9200G/ HT3	NY9200Z/ HT3
纵向拉伸强度 X_t/MPa	1599	1230	1432	1342
纵向压缩强度 X_c/MPa	1048	1051	1174	1069
横向拉伸强度 Y_c/MPa	54	26.4	63	56
面内剪切强度 S/MPa	69	87	77	117
玻璃化转变温度/℃(测试法)	218(DMA)	258(摆锤)	150(DSC)	115(DSC)
固化温度/℃	165	180	180	125

注：模量"B"值无准确含义，未列出。

S-基准值　S-basis value　为由美国联邦政府、陆军、汽车工程师协会、美国材料与试验协会规定的性能的最小允许值；或其他批准承认的材料规范中所规定的最小允许值。

畸变　distortion　纤维方向的突然变化。

激光全息检测　laser holography inspection　是利用激光全息照相来检测物体表面和内部缺陷的一种非接触检测方法。工作原理是激光器产生的互相干涉的光束照射到制件表面上，经反射后，利用光干涉波阵面再现成像原理，在感光材料上成像，得到制件表面的全息图，然后进行观测分析，从而判断物体内部是否存在缺陷。激光全息检测检测灵敏度高，可以检测大尺寸物体，可确定缺陷尺寸的大小、部位和深度，结果直观并便于保存。该方法可以发现复合材料结构近表面的纤维断裂、基体裂纹和分层。对碳纤维树脂基复合材料面板的蜂窝夹层结构，能检测出大于 10mm 的缺陷。但此方法不易检测出复合材料的空隙率。（无损检测）

激光全息照相术　laser holography　以激光为光源，记录物体反射波的振幅、波长和相位等全部信息的照相术。（无损检测）

激光投影铺贴导引系统　laser projector guided lay system　利用计算机控制下的激光投影，在模具上显示出铺层位值、铺层方向的装置。

激光隐身材料　laser stealth materials　具有对激光雷达隐身效果的材料。这种材料能通过对 10.5μm 或 1.05μm 波长红外（激光束）辐射的选择吸收来减弱特征信号强度。半导体和电解质材料均可通过掺杂改变能带结构，造成新的电子跃迁，在特定波长上形成新的吸收峰来达到这些要求，是很有希望的激光隐身材料。

极孔 polar hole 缠绕容器封头顶端沿平行圆留出的孔。又称端开孔。

极限纺织 polar weaving 织造筒状结构时，在筒的环向、径向和轴向均布置纱线的织造方法。

极限拉伸强度 ultimate tensile strength 在拉伸试验中试件所承受的极限应力或最终应力，亦即试样断裂时的瞬间应力。

极限强度 ultimate strength 用来描述在压缩、拉伸或剪切试验中，施加负荷时，材料所能承受的单位面积的最大应力。

极限伸长 ultimate elongation 在抗拉强度试验中试样断裂时的伸长。

极限误差 limiting error 又称容许误差。为判断测量结果能否满足规定要求的误差界限。通常以均方根误差的二倍或三倍作为极限误差。在正态分布情况下，大于三倍均方根（3σ）的偶然误差出现的概率只有0.3%，也就是说偶然误差落在$\pm 3\sigma$范围内的概率为99.7%，因此以三倍均方根误差作为极限误差是相当可靠的。在实际应用中也有采用二倍均方根误差（2σ）作为极限误差的，即偶然误差落在$\pm 2\sigma$范围内的概率为95%，而大于二倍均方根误差的偶然误差，出现的概率只有5%。

极限载荷 见设计载荷（378页）。

极向缠绕 polar winding 绕丝的绕向与容器一端极的开孔相切和与另一端极孔反向相切的纤维复合材料缠绕法。这个系统固有的缠绕线型是单圈式（单切点）。参见纵向缠绕（548页）。

极性 polarity 分子或侧链上有电荷的标志。

急弹性变形 immediate-elastic deformation 纺织材料、纺织品在外力去除后瞬间回复的变形。

急流道 race tracking 在模具间隙或预型体疏松区，流动速度快于其他区域的树脂流动。例如，在预型体的边缘和模具壁之间的树脂流动。

集肤效应 skin effect 当一个导体通有交流电时，在导体中发生的电磁效应，即导体表面上的电流密度大于导体中心的电流密度。在频率非常高的情况下，电流实际上被限于导体表面上（在涡流试验中，涡流被认为趋向于集中在试验材料的离一次线圈最近的表面上）。

集合管 shoe 在玻璃纤维成型中，用以集合大量细丝成为线股的装置。

几何不清晰度 geometric unsharpness 由半影引起的不清晰度。（无损检测）

几何异构体 geometrical isomer 又称顺反异构体。立体异构的一种。由于分子中的键（如—C ═C—、—C ═N—、—N ═N—等）不能自由旋转，造成两个相邻原子或原子基团的相对距离差异的两种空间排列构型。由于原子基团的空间排列不同，高聚物的性质也不同，如顺-1,4-聚丁二烯在室温下为高弹态，而反-1,4-聚丁二烯在室温下则为结晶态。

己二酸 adipic acid 生产聚酰胺、醇酸树脂和聚氨酯泡沫塑料用的一种二元酸。

己二酸苄基辛基酯 benzyl octyl adipate 供聚苯乙烯树脂及纤维素类树脂用的增塑剂。

己二酸二丁氧乙基酯 dibutoxyethyl adipate 聚氯乙烯及其他多种树脂的一种主要增塑剂，能赋予树脂低温柔韧性及抗紫外线性，并广泛用于安全玻璃里层的聚乙烯醇缩丁醛中作增塑剂。

己二酸二癸酯 didecyl adipate 用于聚氯乙烯及纤维素类树脂的一种增塑剂。其最显著的性能为低温柔韧性、低挥发性及良好的电性能。

己二酸二酰肼 adipic dihydrazide 简称 ADH。结构式为 $H_2NNH—CO—(CH_2)_4—CO—HNNH_2$，分子量 174.2。白色结晶粉末。酰胺基含量 67.8%。熔点 176～180℃。溶于水、乙酸，微溶于丙酮，不溶于乙醇、乙醚和苯。用作环氧树脂的潜伏性固化剂，参考用量 9～10 份。适用期 4～5 月，固化条件 130℃/(20～30min)。固化物热变形温度 160～167℃。还用作固化促进剂。

己二酸二辛酯 dicapryl adipate 用于纤维素类及乙烯基类树脂的一种增塑剂，能产生良好的低温柔韧性，亦能和聚甲基丙烯酸甲酯及聚苯乙烯配伍。

挤出成型 extrusion 用挤出机将模塑料连续挤出而成制品的工艺方法。其原理是，连续旋转的螺杆将模塑料连续推向前进，由于热的作用，模塑料逐渐变软。在前进过程中，由于螺杆的螺距或螺杆深度逐渐变小，而使模塑料逐步被压实，并在很高压力下通过孔型，经冷却而成制品。主要用来制作管、棒、板型等具有横截面的玻璃钢制品。

挤出混料机 mixer extruder 由捏合叶片、剪切锥、混合螺杆等装置组成的连续供应混合料的设备。

挤出机 extruder 挤出成型用的机械。由挤出装置、传动机构和加热冷却系统等主要部分组成。

挤出机塑模型槽 die land 挤出塑模上使挤出物最终定形的最后一段。

挤出量 extrusion output 单位时间内由挤出机挤出的最大物料量，常用 kg/h 表示。

挤出速度 extrusion rate 单位时间内由挤出机口模挤出的挤出物质量 (kg/h) 或长度 (m/min)。

挤出涂层 extrusion coating 一种对底材施加涂层的方法，即挤出一层熔融树脂于底材上，加以足够压力使二者不需用胶黏剂就能粘在一起。

挤出温度 extrusion temperature 挤出机的料筒各段和挤出口模的温度。

挤出物膨胀效应 见巴拉斯效应 (5 页)。

挤出压力 extrusion pressure 熔融材料从挤出机挤出时，在螺杆前段所产生的压力。

挤卡状态 jammed state 编织物在受拉伸或压缩时的状态。此时，织物的变形情况取决于纱的变形性能。

挤压辊 squeeze roll 在纤维浸渍液体树脂时，为促进纤维浸渍树脂和调节树脂含量而使用的旋转方向相反的两个相接的同径辊。

挤压面积 bearing area 挤压柱销的直径与材料厚度的乘积；挤压载荷施体在试样上的有效面积。

挤压强度 bearing strength 机械连接中复合材料可以承受的最大挤压应力。亦即，在应力应变曲线上，正切等于挤压应力除以挤压孔直径的那一点处的挤压应力。

挤压屈服强度 bearing yield strength 当材料对挤压应力与挤压应变的比例关系出现偏离并到某一限定值

时，其所对应的挤压应力值。

挤压试验 bearing strength testing 测量复合材料通孔承载能力的试验方法。将带有通孔的复合材料层合板用销钉连接到一个金属板上，置于材料试验机上并加紧，施加拉伸载荷，直至层合板通孔边被挤压破坏，此时的载荷即为挤压强度。挤压强度除与基体有关外，还取决于纤维的取向，即铺层结构。

挤压应变 bearing strain 挤压孔在作用力方向上的变形对销柱直径的比率；试样在挤压载荷作用下的伸展或变形性应变。

挤压应力 bearing stress 施加载荷除以挤压面积之商。最大挤压应力为试样试验时所承受的最大应力除以原来挤压面积之商。

挤压载荷 bearing load 作用于接触面上的压缩载荷。

挤压铸造法 squeeze casting 将增强材料堆积体或以其制成的预制体放入模具中并预热，浇入液态金属，通过压机对金属液面施加机械压力，使金属液渗透增强材料堆积体或预制体，并在压力下凝固成金属基复合材料制品的一种工艺方法。

剂量率 dose rate 射线的放射速率。

计示硬度 durometer hardness 见压印硬度（485 页）。

计算机辅助合成加工 computer-aided materials synthesis and processing 即利用计算机分析和编制制造工艺，使用传感器确定工艺的执行情况，从而控制加工过程，使生产出来的制品在具有预期的微观结构、性能的同时，也具有接近于成品的几何尺寸。它集设计、分析、材料工艺试验、绘图和技术档案准备等工作于一体，由计算机来完成，减少了试验次数，可极大地节约产品开发时间，降低成本。

计算机辅助选材 computer-aided materials selection 利用计算机化的材料性能数据库指导设计人员按性能要求选择材料。材料的性能数据和结构分析相结合是现代化设计工作的基础。参考计算机化的材料数据库。

计算机化的材料数据库 computerized materials database 存储和管理材料数据的计算机信息系统。通常是指存储材料性能等数据的数值型数据库，也有的将数值、事实、图形和文献结合在一起而形成综合型的数据库。

计算捻度 calculated twist 根据加工机械传动系统参数计算的纱线捻度。

计算硬度 见压印硬度（485 页）。

记忆 memory 塑料制品回复至以前制造过程中某一阶段所具有的尺寸的习性。例如在一定温度下经热拉伸而定向的薄膜，再受热时，由于记忆作用回复至其定向前的尺寸。

技术规范 specification 为一产品特性的说明和用于确定该产品是否符合该说明的标准的详细说明。

技术要求 technical requirement 根据使用需要，对原料、产品必须具备的技术性能、指标、允许公差等所定的质量要求。

加成共聚合 additive copolymerization 由两种或两种以上不同单体所进行的加聚反应。在生成的聚合物中同时含有两种或两种以上的单体链节。加成共聚反应无水或其他低分子产物释出。该反应可以是自由基型的，也可以是阴离子型或阳离子型的。

加成聚合 addition polymerization

简称加聚。由单体生成聚合物的一种化学反应。反应中没有水或其他低分子副产物的释出，而且所生成的聚合物的元素成分与原用单体的成分相同。

加成缩聚作用 additive polycondenzation 经反复加成和缩合而形成聚合物的过程。如甲醛和羟基、氨基等取代的芳香烃及含氨基的化合物，可通过加成缩聚生成低分子量的热固性树脂，如酚醛树脂、脲醛树脂、蜜胺树脂等。

加工硬化 见应变硬化（500 页）。

加筋板 stiffened panel 具有各种形式筋条（型材）增强的平板或曲面。

加聚 见加成聚合（195 页）。

加聚反应 addition polymerization 生成聚合物而不放出低分子副产物的聚合过程。按照单体品种，可分为均聚反应和共聚反应；按照反应历程，可分为逐步聚合反应和连锁聚合反应。其特点是，绝大多数是不可逆反应和连锁反应，反应过程中迅速生成高分子化合物，分子量迅速增加，达到定值后一般变化不大；反应时间延长，转化率增大，产物的分子量不再变化。

加聚物 addition polymer 由加成聚合制得的聚合物。参见加成聚合（195 页）。

加聚型三嗪树脂 addition polymerized triazine resin 高分子主链中含有均三嗪重复单元的热固性树脂。溶于甲醇、乙醇、丙酮和甲乙酮。不燃。后固化温度 232℃，长期使用温度 180℃。可用作碳纤维、玻璃纤维和芳纶复合材料的基体，用于航空结构制品及胶黏剂。

加料 feed 指把物料加入成型设备的适当部位（料斗、加料室或模腔）的操作。

加料量 charge 用于制造一个制件所需要物料的重量。

加料盘 loading tray 以多模腔模具压制时所用的一种多槽定容加料装置。该装置由一个带活底的多格盘构成。抽动活底时，模塑料可同时分别落入各模腔。

加料腔 loading chamber; transfer pot (in a transfer mould) 在压缩模中，指（凹模）型腔开口端的延续部分，用作附加装料的空间；在传递模塑中，指塑料在进入（模具）型腔前，盛放并使之加热的腔体零件。

加料室 loading well 又称料钵（287 页）。

加料室套板 pot retainer 具有加热用导槽用以固定传递塑模料钵的套板。

加料室柱塞 pot plunger 用以将软化的模塑料压入传递塑模封闭腔的模腔内的柱塞。

加料系统 feed system (in mould) 又称进料系统。由注塑机喷嘴或传递模塑模具加料室到模具浇口之间的通路。

加捻粗纱 spun roving 由多根连续单丝彼此捻合构成的低成本玻璃或芳胺原丝。

加强片 tab 在复合材料或其他材料拉伸、压缩等试样端头部位另加的片状增强材料。其作用是在载入时，导引破坏不发生在试样的夹持部位。

加权误差 weighted error 对非等精度测量所得结果做加权处理后的误差。

加热板 heating plate 为保证模具内塑件成型的温度要求而设置有热水、蒸汽或电等加热结构的板件。

加速稠化 accelerative thickening 将制成的片状模塑料加热，使之在较短的时间变软增稠到可模压制品的程度的方法。

加速臭氧老化 accelerated ozone aging 高分子材料（主要指橡胶及其制品）在模拟、强化大气臭氧的条件作用下产生的各种变化。臭氧是化学活性极高的物质，不饱和高分子材料遇臭氧易被氧化产生裂纹，如臭氧龟裂就是不饱和橡胶及其制品在室外产生的最常见、最严重的老化现象，即使微量臭氧存在也足以引起橡胶破坏，而日光则可加剧此臭氧的氧化作用。

加速浸饱（作用） introfaction 由加入加速浸饱剂引起一种浸渍材料流动性和浸润性的变化。

加速浸饱剂 introfier 一种能改变溶液的浸润性和流动性，从而使胶体溶液转变为分子溶液的化学药剂。

加速老化试验 accelerated aging test 将试样置于比天然条件更为苛刻的模拟条件下，进行短时间试验后检测其性能变化的试验。如加速湿热环境试验等，参见加速湿热环境试验（197页）、加速臭氧老化（197页）。

加速湿热环境试验 accelerated environmental testing 在较高温度和较高相对湿度条件下，对复合材料进行强化的湿气扩散处理，使其在较短时间内达到规定的吸湿量的试验方法。湿气在试样中扩散的速度除与材料本身的性能有关外，在很大程度上取决于外界温湿条件，通常的环氧树脂基复合材料在自然环境条件下达到饱和吸湿状态需经几十年的时间，在试验室，通常需要几个月，而用加速的温湿试验，可在更短的时间达到。

加速试验 accelerated test 在强化条件下以较短时间获得正常使用条件下较长时间所产生的相似变质效果的一种试验方法。如加速老化试验。

加套压 lagging 指将预浸带缠绕在一个圆筒形芯上，再借助于收缩带施加压力的一种过程。最常用的收缩带是聚氟乙烯薄膜（Tedlar），它在加热条件下产生收缩压力。

加压成型 pressure forming 一种热压成型方法，即用正压力迫使材料压紧并贴在塑模表面完成成型。与采用真空压力（负压）使板材吸贴在塑模表面成型方法的施压原理相反。

加压窗 pressure window 参见加压时机（197页）。

加压点 press point 参见加压时机（197页）。

加压时机 pressure applying opportunity; pressure opportunity 指在树脂基复合材料固化成型过程中，在一定的温度下，对预浸料坯件施加静压力的最适宜时刻。适宜与否，主要根据是其树脂含量和/或空隙含量是否满足指标要求，同时辅以性能的考核。树脂基体在固化过程中的黏度会随温度和时间而产生变化，过早或过迟加压都对制件质量不利。过早会压出过多树脂，造成制件缺胶；过迟则会因树脂黏度太大，气体难以排出，不利于坯件压实。通常，在树脂即将凝胶前夕加压是适宜的时机。加压时机是热压成型工艺的一个重要工艺参数。要确定加压时机，首先要作出对树脂基体的黏-温特性曲线，然后根据产品特点选择不同参数，最终通过参数的对比试验，筛选出确定加压时机的三个参数——温度、时间和压力。参见树脂黏度-温度曲线（400页）。

加压时机和放气 pressure opportunity and let out gas 加压时机的选择相当重要，通常选在即将凝胶前加压。

对于熔融黏度高、交联速率快的物料可一次加全压。对于熔融黏度低、流动性好的物料可分两次加压，即先加半压，在即将凝胶前再加全压。加全压后立即迅速排气，时间不宜过长。若气体过多，可连续多次迅速排气。

加载路径　loading path　按一定规律加载引起的载荷-位移变化曲线。

加载速率　loading rate　力学试验中单位时间所施加的载荷。

夹层壁板　sandwich panel　由轻型芯子和胶接在芯子两面的金属或非金属蒙皮（面层）构成的组合结构。参见夹层结构（198 页）。

夹层结构　sandwich construction　由厚度薄、强度高、刚度大的面板与具有一定承载能力的轻质芯层粘接在一起所组成的一种层状复合结构。这种结构具有很高的比强度、比刚度和弯曲刚度，同时又具有良好的耐疲劳性能，绝热、隔声、抗震动性能等。夹层结构的基本原理是，面板承受弯曲载荷（拉伸和压缩），芯子承受剪载荷，与“工”字梁原理非常近似，如下图所示。夹层

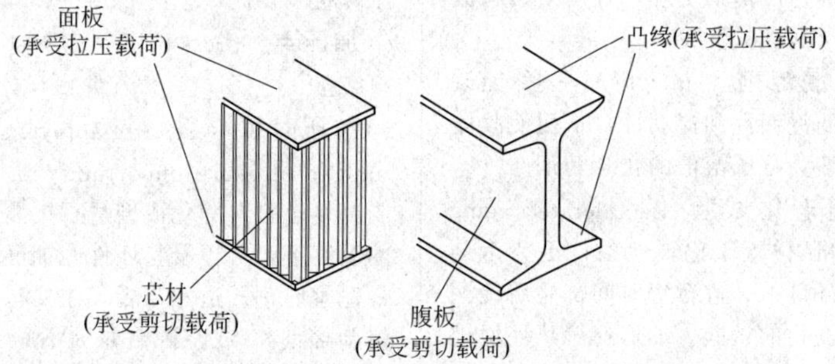

结构，特别是蜂窝夹层结构具有极高的结构效率，如下图所示，夹层结构芯材

	实心材料	芯材厚度t	芯材厚度$3t$
	t	$2t$	$4t$
弯曲刚度	1.0	7.0	37.0
弯曲强度	1.0	3.5	9.2
重量	1.0	1.06	1.09

厚度增加一倍，其弯曲刚度可达原来的7倍，而重量仅增加3%。夹层结构按材料或其芯材形式的不同，可分为蜂窝夹层结构、波纹板夹层结构、泡沫夹层结构等。夹层结构的面板是主要承力构件，要有足够的强度和刚度，需要选用强度大、模量高的材料。如铝合金板、不锈钢板、各种复合材料层板、胶合板、薄钢板、石膏板和纸等。夹芯材料应具有低的密度、一定的强度和刚度，并与面板有良好的粘接性能。常用的有蜂窝芯、波纹板芯、泡沫塑料芯等。夹层结构作为一种特轻的结构，已广泛用于航空航天、交通建筑、体育用品等军、民用各领域。

夹层结构胶黏剂　adhesive for sandwich structure　夹层结构制造中使用的胶黏剂。见蜂窝夹层结构胶黏剂（111页）。

夹层结构蒙皮　sandwich skin　又称夹层结构面板。是夹层结构的一部分。通常是置于夹层结构表面的薄的强度较高的层状材料，如薄的碳纤维、玻璃纤维、芳纶复合材料层合板及铝合金板等。面板是夹层结构的主要承载者，主要承受侧向载荷和平面弯矩。

夹层结构面板　见夹层结构蒙皮（199页）。

夹层结构弯曲刚度　bending stiffness of sandwich　夹层结构抵抗弯曲变形的能力。表示为$D=EI$，即等于面板模量乘以板的惯性矩。

夹层结构损伤　sandwich structure damage　复合材料夹层结构件在使用过程中，由于交变载荷、外来物冲击、雷击以及环境因素的作用或影响，导致夹层结构产生凹坑、开胶、分层、裂纹、穿孔、浸蚀、烧蚀等局部损坏。

夹具　jig　在制造过程中用以固定装配零、组、部件，或固定其他工具的装置。在胶接工艺中用以固定黏合装配件，使其在胶黏剂固化前牢靠固定的夹持装置。参见装配夹具（543页）、胶接（208页）、固化夹具（154页）。

夹芯混杂复合材料　sandwich hybrid fiber composites　以一种纤维铺层或铺层组为面板，另一种纤维铺层或铺层组为芯层的混杂复合材料。又称为C型混杂。它是层间混杂复合材料的一种特例，混杂截面数恒定为2。通常以高模量纤维为面层，低模量纤维为芯层，这样可使弯曲模量增大。夹芯混杂复合材料具有混杂纤维复合材料的一般特点。

夹芯损伤　sandwich core damage　夹芯结构受到外来物撞击所引起的夹芯压瘪或夹芯中进水引起开胶、腐蚀等损伤；或使夹层结构进水，导致罩子透波率下降。参考蜂窝夹层结构凹坑（110页）。

夹杂　inclusions　材料（如预浸料）或零件中夹带的形状大小不等的零碎外来物，如颗粒、碎片、薄膜片等。

4,4′-甲撑二苯胺　4,4′-methylenedianiline；MDA　又称4,4-亚甲基二苯胺。见4,4′-二氨基二苯基甲烷（91页）。

甲醇　methyl alcohol；methanol　CH_3OH最简单的一元醇。无色易挥发和易燃的液体。有毒！饮后会致盲。密度0.7915g/cm^3。熔点−97.8℃。沸点64.65℃。能与水和多数有机溶剂混溶，蒸气与空气形成爆炸性混合物，爆炸极限6.0%～36.5%（体积分数）。用作乙基纤维素、聚醋酸乙烯、聚乙烯醇缩丁醛以及硝酸纤维素的溶剂。也用作生产甲醛与甲基丙烯酸甲酯的中间体。

甲酚树脂　cresol resin　由甲酚与甲醛缩聚而制得的一种热固性树脂。比酚醛树脂的电气性能好，可挠性良好。用于制作电器制品、层合板、磨料黏合剂和耐挠性衬里等。

γ-(甲基丙烯酰氧基)丙基三甲氧基硅烷 γ-methacryloxypropyl trimethoxy silane 商品名为 KH570、A-174。无色透明液体。分子量 248，相对密度（d_4^{20}）1.04，沸点 255℃，溶于大多数有机溶剂，在 pH 值为 3.0～4.5 的水中完全溶解。适用于不饱和聚酯、环氧树脂、聚氰基丙烯酸酯、聚甲基丙烯酸酯、聚丙烯酸酯、聚乙烯、聚丙烯、聚苯乙烯、ABS 树脂、聚氯乙烯、聚甲基丙烯酸甲酯、苯乙烯-丙烯腈共聚物等的偶联剂，可显著改善湿状态的物理力学性能和电性能。用于 SIS 热熔胶性能优于其他品种偶联剂。

甲基-己基甲酮 methyl hexyl ketone 带有香味的无色液体，用作环氧树脂涂层的溶剂。

***N*-甲基吗啉** *N*-methyl morpholine 一种无色液体，用作生产聚氨酯泡沫体的催化剂。

2-甲基咪唑 2-methylimididazole；2-mz 白色或淡黄色结晶，分子量 82.09。有吸湿性，溶于水、乙醇。熔点 145～149℃，呈碱性。LD_{50} 1400mg/kg。为环氧树脂的中温固化剂，可以单独使用，主要用作粉末成型和粉末涂装的固化促进剂。

甲基内亚甲基四氢邻苯二甲酸酐 methyl nadic anhydride；MNA 又称甲基降冰片烯二酸酐。分子量 178.18。MNA 的实际产品为其内式（*endo*）和外式（*exo*）两种空间异构体的平衡混合物。浅黄色透明液体。相对密度（d_4^{20}）1.20～1.25。凝固点＜－15℃，沸点＞250℃。黏度（25℃）130～250mPa·s。酐基含量≥40%。溶于丙酮、乙醇、甲苯、氯仿等。用于环氧树脂胶黏剂的耐热固化剂，参考用量 80～85 份，加入 0.5 份叔胺（BDMA）后，室温下仍有 2 个月的适用期。固化条件 90℃/2h＋120℃/2h＋160℃/1h。固化物耐化学品性较好，耐高温。但耐碱性、耐强溶剂性差。热变形温度 150～175℃。

甲基葡萄苷 methyl glycoside 用于醇酸、氨基与酚醛树脂的一种增塑剂。亦用作聚氨酯泡沫塑料使用的聚醚树脂中间体。

甲基-乙基甲酮 见丁酮（80 页）。

甲基异丁基酮过氧化物 methyl isobutyl ketone peroxide 无色液体（纯度约 80%），理论活性氧量 13.79%，可作为不饱和聚酯的交联剂。

甲阶酚醛树脂 resol 又称酚醛树脂 A。可溶酚醛树脂。由苯酚和甲醛制备酚醛树脂时，在甲醛比苯酚略高的条件下，控制其反应，得到的耐碱性水溶液。主要成分为邻位与对位酚、醛、醇的混合物。可进一步反应，经乙阶段最终交联成为网状结构的丙阶段酚醛树脂。

甲醛 formaldehyde 又称蚁醛。分子式 HCHO。为刺激性臭味气体。沸点 21℃。溶于水、乙醇和氯仿。与乙醚、丙酮、苯等溶剂可以混溶。商品常以 35%～70%的水溶液出售，是具有刺激气味的无色液体，加入 8%～12%的甲醛作阻聚剂，相对密度 0.82，沸点 101℃，闪点 122℃，是较强的还原剂。是生产酚醛树脂、甲酚甲醛树脂和氨基树脂的原料。

假稠性 false body 涂料等假塑性流体在静止状态下呈稠厚态，经搅拌黏度明显降低，当重新静止时，立即或随后恢复到原来黏稠状态的现象。几乎所有聚合物都具有这种特性。参见触变现象（56页）。

假塑性流体 pseudoplastic fluid 是一种其表观黏度或稠度随剪切速度增加而迅速下降的流体，即该流体对搅拌的初始阻力较大，当搅拌速度增加时，黏度急剧下降。当搅拌停止时，黏度又增加，以至于恢复到原始的状态。

假真空 false vacuum 复合材料制件成型过程中由于管路堵塞或真空袋内导气不良而使真空袋内没有形成真空状态，或与真空表指示所示值有差别的一种异常现象。

价 valence 一种元素的原子的性质，它可用氢原子数目（或其当量）量度，若该元素的原子电价为负的，则一个原子能与一定数目的氢原子化合；若该元素的原子电价为正的，则一个原子在化学反应中可置换一定数目的氢原子。

架桥 bridging 一层或多层铺层在跨越拐角、台阶或芯子的倒角处未完全接触的状态（见下图）。是复合材料构

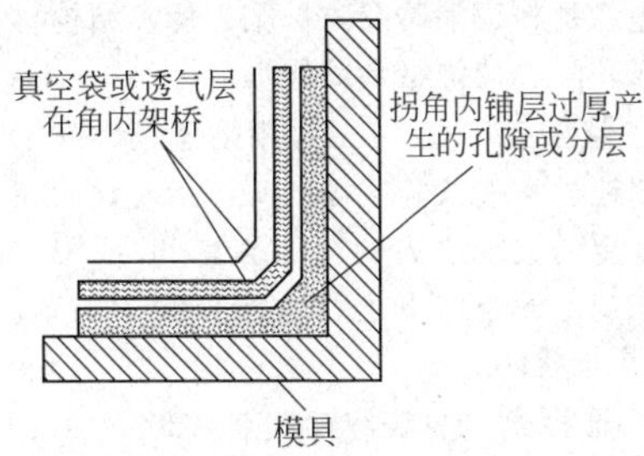

件铺层过程中常出现的一种缺陷。产生的原因有：①内角清根或圆角半径 R 小；②在铺贴时操作不仔细，未能层层压实或裹进空气；③工艺组合时，真空袋拉得过紧或未贴实到坯件上。预防办法：①适当放大模具转角处的 R 尺寸；②铺贴时要做到层层贴实并做好预压实以排除裹藏的空气或挥发物；③工艺组合时，在 R 处加压力垫或膨胀硅橡胶填角；④制真空袋时，真空袋在角内作“狗耳褶”（见下图），避免真空袋架桥，保证在固化期间压力作用到位。

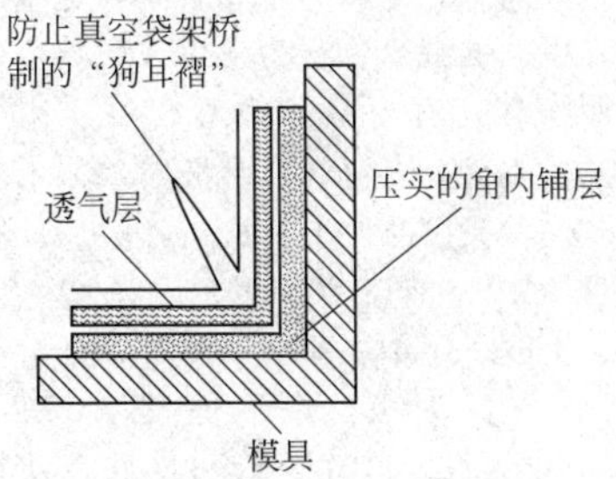

架式机身 见桁架式机身（166页）。

间苯二胺 *m*-phenylene diamine; *m*-PDA 为浅灰色或琥珀色结晶，活泼氢当量34。可用作环氧树脂固化剂。适用于层压、浇铸、黏合、涂料等制品，一般用量14～16份，固化条件：150℃/(4～5h)。室温下的使用寿命约6h。由本品固化的制品具有优良的耐热性、耐化学品性和电性能。热变形温度150℃。但本品固化时放热较大，与二亚乙基三胺相当。另一个缺点是固化物的着色显著等。

间苯二酚树脂胶黏剂 resorcinol resin adhesive 一种高活性热固性树脂胶黏剂。由间苯二酚与甲醛[摩尔比：1.0∶(0.6～0.7)]在酸或碱催化剂存在下反应制得。作胶黏剂用时添加三聚甲醛等配合剂，常温即可固化。该胶黏剂具有优良的耐候、耐热、耐水和水蒸气性以及良好的介电性能。用于粘接各种木材制品。如耐水胶合板、层压材料、脚手架栈桥、小艇和木船等效果最

好。也可用于胶接金属、塑料、织物、皮革、橡胶及其他材料。是尼龙帘子布与橡胶黏合不可缺少的黏合材料。室温储藏期为半年。

间苯二甲胺 *m*-metaxylenedimide; *m*-XDA; MXDA 又称苯二甲胺、间二甲苯甲胺。环氧树脂固化剂。实用商品是以间苯二甲胺为主，含有一定量对苯二甲胺的混合物。为无色或微黄色的透明液体，有氨味。相对密度（d_4^{20}）1.052，凝固点 14.1℃，折射率（n_D^{20}）1.5700，黏度（20℃）6.8mPa·s，胺当量 34.1。溶于水、甲醇、乙醇、丙酮、丁酮、甲苯、醋酸乙酯等，难溶于石油醚、环已烷。低毒（LD_{50} 1750mg/kg）。刺激眼睛和皮肤。结构上接近芳香胺类，兼具芳酰胺和脂肪胺二者的优点。参考用量 15～18 份。适用期 50min。固化条件 RT/7d 或 RT/24h +70℃/1h。在低温 5℃/6d 也能固化，即使在有水和潮湿状态下也可以。间苯二胺固化的固化物耐热性高于脂肪族多胺固化的固化物，热变形温度 130～135℃，耐水性、耐腐蚀性良好。必须注意的是 *m*-XDA 易吸收空气中的二氧化碳，引起固化物产生气泡、白化现象。固化时放热量大，夏季易爆炸。

间苯二甲酸型不饱和聚酯树脂 *m*-phthalic acid type unsaturated polyester resin 间苯二甲酸（酐）与乙二醇（或丙二醇、新戊二醇）、顺（反）丁烯二酸（酐）的缩聚物。耐有机溶剂和多种盐类，耐酸（尤其是氧化性酸）、低浓度碱。力学性能好，热变形温度可达 70～120℃。吸水性低，对纤维浸润性好。可制造耐化学腐蚀设备、钢设备的保护涂层、衬里与胶衣，玻璃钢的表面胶凝层、缠绕制件及化工设备等。

间，对-苯二甲胺 *m*, *p*-phenylene dimethene diamine; *m*, *p*-PDD 可用作环氧树脂的固化剂。为无色透明固体。

间二甲苯甲胺 见间苯二甲胺（202 页）。

间接制 indirect system 用规定质量的纤维、纱线所具有的长度数值表示细度的方法。支数制属于此制。

间同立构聚合物 syndiotactic polymer 有规聚合物的一种。其主链链节上不对称原子（通常指碳原子）的两种构型是按交替方式排列的。如果将主链拉伸，使主链的碳原子排列在主平面内，则同种取代基交替排列在主平面的两侧。

间位芳胺共聚纤维 meta-aromatic copolyamide fiber 商品名 KM41。指在全间位的芳酰胺结构中混有部分共聚组分的纤维。属耐高温特种纤维。耐高温性能比全间位芳酰胺纤维好，如在 460℃下的干收缩率为 20%，为全间位芳酰胺纤维的一半，接触火焰时也会烧断。强度 4.84cN/dtex，断裂伸长率 15%。用途主要是高温液固体滤料、电绝缘材料、消防及防护服、蜂窝结构材料和阻燃装饰材料等。

监控器 monitor 用来连续地或定期地检查被试验试样的某一指定性质在规定的极限之内变化的装置和/或用来在规定的条件下进行缺陷检测的装置。（无损检测）

兼容剂 见兼容性试剂（203 页）。

兼容性 compatibility 两种或多种物质混合时相互亲和的能力。高分子的兼容性与低分子的互溶性有相似之处，又不完全相同。低分子的互溶是分子级水平的混合，没有相分离现象。但绝大多数高分子-高分子的混合物不能达到分子级混合，实际上是宏观均相，亚微观分散相的"多相体系"。通常，两种高分子的溶度参数愈接近，兼容性愈好。兼容的共混高聚物具有与一般高聚物不同的聚集态结构特征，共混后，性能上相互补充带来了一系列独特的性质，是开发新材料的重要领域和方向。对于 LCM 工艺技术而言，特指一种树脂（预型体中的定型剂）和另一种树脂（注入预型体的树脂基体）的结合，但在界面上不发生明显性能损失的能力。

兼容性试剂 compatibility agent 简称兼容剂，又称增容剂、界面剂。能改善聚合物共混时不同聚合物间兼容性的接枝或嵌段共聚物，其分子中的一部分链段与共混物中的一个高分子组分有相同的结构或有好的兼容性，分子的另一部分链段与共混物中的另一个高分子组分有相同的结构或有好的兼容性。加入兼容剂使共混物中的两相界面能降低、粘接性增加，并使分散性变好。如由 A、B 两种结构单元组成的嵌段共聚物就是聚合物 A 与聚合物 B 的兼容性试剂。

检验 inspection 确定被检查产品的实际质量是否在其技术规范要求范围之内的过程。

减弱器 mute 一种用来阻止一个信号被监控或被记录的装置。(无损检测)

剪力场 shear field 加筋薄板受剪失稳前，认为腹板不受正应力且剪应力沿厚度均匀分布，这种受力状态称为剪力场。

剪切 shear 由施力引起或倾向于引起物体的两贴邻部分沿平行于其接触面的方向互相做相对滑动所进行的操作。

剪切波 shear wave 一种波动形式，在这种波动中，材料中每一点上的质点位移垂直于波动的传播方向。（无损检测）

剪切波速度 shear wave velocity 剪切波在一种给定的材料中的传播速度。(无损检测)

剪切波探头 shear wave probe 发生和/或接收剪切波的探头。(无损检测)

剪切断裂 shear fracture （对结晶类材料）沿滑移面平移所导致的断裂模式，滑移面的取向主要沿剪切应力的方向。

剪切刚度 shear rigidity; shear stiffness 夹层结构抵抗剪切变形的性能。表示为 $U=hG$，剪切刚度（U）约等于芯子的高度（h）乘以芯子的剪切模量（G）。

剪切角 shear angle 织物受到剪切后经纱和纬纱交角的变化。可表示为 $\alpha-90°$，其中 α 为经纱和纬纱相交形成的钝角。也可用 90° 减去经纱和纬纱相交的锐角来计算。

剪切力 shear force 由施加力引起或倾向于引起物体的两贴邻部分沿平行于其接触面的方向互相做相对滑动所产生的作用力或应力。

剪切模量 shear modulus; modulus in shear 见剪切弹性模量（203 页）。

剪切模量比 shear modulus ratio 夹层梁芯子材料的剪切模量与面板材料的剪切模量之比。

剪切耦合 shear coupling 由正应力引起剪应变的耦合。是各向异性材料的一种特性。

剪切弹性模量 modulus of elasticity in shear; elasticity modulus in shear 又称剪切模量、刚性系数、扭切模

量，是易变形材料抗拒剪切应力的一个量。等于在材料弹性变形范围内剪应力-剪应变线性段剪切应力 τ 与剪切变形 γ 之比值：$G=\frac{\tau}{\gamma}=\frac{\sigma_s}{\varepsilon_s}$，单位 GPa 。

剪切强度 shear strength; strength shear 均匀剪切破坏或剪切应变 5%时材料的剪应力，通常用符号 τ_b 表示，单位为 MPa。

$$\tau_b=\frac{P}{F_0}$$

式中 P——剪断时的剪力，N；

F_0——剪切试件的原始面积，mm^2。

剪切速率 shear rate 流道截面上熔融聚合物层相互滑移或沿流道壁呈层流的总速度。

剪切应力 shear stress; stress shear 简称剪应力。①作用于给定平面切向的应力或应力的分力。是导致扭曲变形的分量。它区别于产生拉伸或压缩的法向分量。对于多向层合板，在每一层都存在面内剪切。当铺层的取向变化时，这种剪切分量是不连续的，但这种不连续并不重要，仅当层合板厚度大于长度或宽度的 10%时，才是重要的。②熔融流层在截面内相互滑移或沿流道壁滑移（呈层流状态）时在聚合物熔料内所产生的应力。

剪切增稠液 shear thickening fluid; STF 分散体系的黏度随着应变或应力升高出现连续或非连续升高的一种流体。STF 对应变率高度敏感，在高速冲击下，其表观黏度发生巨大变化，甚至由液相转变为固相。在冲击撤销后，又能从固相转变为液相，并且过程可逆。剪切增稠的微观机理主要有两种。一种是 ODT 机理（有序到无序），即剪切变稀是由于体系中粒子有序程度的提高引起的，剪切增稠是由于体系中粒子的有序结构受到破坏引起的；另一种是“粒子族”生成机理，即剪切增稠是由于体系中流体作用力成为主要作用力，导致粒子族的生成，使体系的黏度增加。

剪切增稠液复合材料 shear thickening fluid composites; STFCs 由固体分散相和液体分散介质复合而成的材料。如在 21 世纪初，美国科学家就用 STF 浸渗 Kevlar 来制备 STF/Kevlar 复合材料，作为防护装甲，来增加防护装甲的柔软性和减轻装甲的重量。参见剪切增稠液（204 页）。

剪切皱 shear crimping 受压面板由于芯子剪切模量低引起的面层屈曲。通常会使芯子在卷曲处发生剪切破坏。

剪应变 shear strain; strain shear 由通过物体某一点的两垂线之间的力所引起的角度变的正切。

剪应力 见剪切应力（204 页）。

简化表示法 contracted notation 对应力、应变、弹性模量和强度参数之类的材料常数的速记表示法。

简支结构 simply supported structure 一种边界上给出零位移和零力矩支持的结构。

简支梁冲击试验 simple beam impact test 测量复合材料、塑料冲击韧度的一种试验方法。用以评价材料承受冲击的最大能力。试验时将试样（无缺口或有缺口）放在两个支点上，用已知大小的冲击载荷冲击，并逐级增加，直至试样破坏。试验结果用试样破坏时所消耗的功与试样的横截面积之比（冲击韧度）来表示。单位 kJ/m^2。

碱式硫酸镁晶须增强体 basic magnesium sulfate whisker reinforcements 其组成为 $x\mathrm{Mg(OH)_2} \cdot y\mathrm{MgSO_4} \cdot z\mathrm{H_2O}$，有 $x=5$，$y=1$，$z=3$；$x=1$，$y=2$，$z=3$ 两种形式。一般是以氧化镁和硫酸镁为原料，采用水热合成法制备的晶须状增强材料。

碱性玻璃纤维 alkali glass fiber 又称耐碱玻璃纤维或 AR 玻璃纤维。一种耐碱性好，特别是耐游离氢氧化钙饱和溶液侵蚀的纤维。较典型的此类纤维的组成是属于氧化锆的锆硅玻璃体系。这种纤维用于代替石棉、钢筋制作薄板、波形板等增强水泥基复合材料，具有重量轻、强度高和良好的抗冲击性能。

间隙 gap 长丝缠绕中相邻的两个绕圈之间或预浸料铺贴时邻接铺层之间，或纤维之间不应有的间隔。

间隙扫描 gap scanning 一种扫描方式。在这种扫描中，探头支架按照被检材料的轮廓移动，但探头不与材料表面直接接触，通过保持在探头和材料表面之间的一层液体或喷射液体进行耦合。(无损检测)

建筑密封胶 building sealant 填充于建筑结构间的结合部位，起水密和气密作用的黏性材料。它不仅有密封填隙的作用，而且有承受热胀冷缩的作用。如骨架构件与镶板之间的密封。常用的是低模量的有机硅（聚硅氧烷）或聚硫橡胶。有机硅密封胶具有优良的耐疲劳、耐老化、耐臭氧、耐候性能。永久变形率比聚硫橡胶及其他橡胶胶黏剂都要小。

建筑用有机硅密封胶 silicone sealant for building 又称有机硅建筑密封胶。用于建筑物等伸缩缝、某些结合部位密封、粘接，且可在室温下硫化的硅橡胶混合物。多为脱醋酸型单组分室温硫化硅橡胶。按性能分为高、中、低模量三种。建筑用有机硅密封胶具有强度较高、弹性好、防水、防潮、耐气候老化、抗紫外线、抗冲击等综合性能。能在阳光、臭氧、雨、雾等的恶劣气候环境中 30 年不龟裂，不变脆。如由羟基封端的聚二甲基硅氧烷与白炭黑在加热和真空状态下混合制得的管装密封胶就是建筑常用的有机硅密封胶。

剑杆织机 rapier loom; rapier weaving machine 无梭织机的一种。以“剑头”握持纬纱，积极地将纬纱引过梭口的织机。即用两根剑杆将纬纱逐根地喂入织口中与经纱交织成一定组织、一定幅宽织物的设备。由开口、引纬、打纬、卷取、送经机构组成。常用的为双剑杆织机。一根为送纬剑，将纬纱送到织机中部，另一根为接纬剑，在织机中部接过纬纱，并引出梭口。其中，以扰性“剑带”驱动剑头的称为扰性剑杆织机，以刚性直杆驱动的称为刚性剑杆织机。后者由于无导剑片，经纱所受摩擦减小，有利于玻璃纤维长丝类经纱的制造。剑头控制纬纱的方式分为插入式和夹持式。其中夹持式每次引入单纬，虽剑头形状复杂，加工难度大，但工作合理，故应用十分广泛。剑杆织机是无梭织机中选纬功能最强、使用最广的一种，适宜于中、小批量品种频繁翻改的花式织物加工。

剑麻 sisal 又称西沙尔麻。自龙舌兰属植物叶子制取的纤维。为保留木质化纤维成分的叶纤维。抗拉强度高，耐海水浸泡、耐盐碱、耐低温、耐腐蚀。可用于制造绳缆、绳网、传送带、麻袋等，有时以短切纤维用作热固性模塑料的增强材料，赋予制品以中等冲击韧度。

剑麻纤维增强体 sisal fibre reinforcements 参见剑麻（205 页）。

鉴定 qualification 见材料鉴定（27 页）。

鉴定合格 qualified 当某实体被证实能够满足规定要求后，对它赋予的资格。

键能 bond energy 表征物质分子中化学键牢固程度的物理量。等于把一个分子拆散成单个原子（每个键断开）所需要的平均离解能。键能越大，化学键越牢固，含有该键的分子越稳定。

降解 degradation 由气候、热、光、氧、射线等外界因素作用引起的大分子链断裂或化学结构发生有害变化的反应。根据引起的主要因素，可分为热降解、机械降解、超声波降解、水解、化学降解、生化降解、氧化降解、光致降解等。

降黏剂 viscosity depressant 向液体中加入较少量可使液体的黏度降低的一种物质。

降速闭模 inching 在模具即将闭合时降低合模速度的操作。

降温速率 cooling rate 在热固化成型复合材料及其制件过程中，当在固化温度下的保温结束后，制件温度下降的速率。（注：因为降温速率影响产品的质量，所以这里不应该泛指模具或罐体的温度降，而是指制件的温度降。）

浆料法预浸料 slurry prepreg 将树脂粉末悬浮于具有要求特征的液体介质中制成聚合物泥浆，用其浸渍纤维或织物制备的预浸料。

浆粕增强体 pulp reinforcements 一种经化学和机械方法处理而得到的多枝状、短而原纤化的、毛羽结构丰富且比表面很大，在复合材料中起增强作用的纤维状聚集体。

交变量 alternating quantity 周期地改变方向，平均值为零的量。

交变应力 alternative stress 在大小相等、符号相反两值之间随时间决定的有规律变动的应力。

交变应力幅 alternating stress amplitude 疲劳试验的试验参数。其值等于一个循环内最大应力（$\sigma_{\max}$）和最小应力（$\sigma_{\min}$）差的一半，即$\frac{1}{2}(\sigma_{\max}-\sigma_{\min})$。

交叉效应 crossing effect 正应力会引起剪应变，剪应力会引起线应变的现象。是各向异性材料特有的耦合效应中的一种。参见耦合（321 页）。

交互作用 interaction 又称耦合。例如由于横向应力的存在影响了纵向拉伸强度，在纵向屈曲应力和横向或剪切应力之间存在类似的交互作用。一般地说，复合材料的交互作用的效应大于常规各向同性材料。因此，在分析应力时必须同时考虑预期会出现的所有应力。

交联 crosslinking 聚合物分子链间形成复杂的共价键或离子键，由线型结构转变为体型结构的过程。

交联点 crosslinked point 在形成交联网络的体型大分子中，分子链以化学的或物理的方式形成稳定的相互交错的连接点。在理想的交联结构中，每一个交联点由四条链组成，交联点的分布是无规的。

交联度 degree of crosslinking 又称交联点密度、交联指数。表示聚合物在交联进行过程中交联程度的一个物理量。以交联点间的平均分子量表征。聚合物链的交联度与聚合物的性能有关。如热塑性树脂交联度低时既可熔，又可软化；热固性树脂交联前是可溶可熔的聚合物。交联度低时，如B-阶段树脂，可溶胀但不能溶解，但全部交联后则成为不溶（胀）不熔（融）的聚合物。

交联剂 crosslinking agent 能使聚合物在分子间生成化学键，形成网状结构的物质。用于热固性材料固化时，一般称为固化剂。如可使环氧树脂交联固化的多胺、酸酐、酚醛树脂、路易斯酸、路易斯碱等都称为环氧树脂的固化剂。

交联结构 crosslinked structure 即线型高分子链之间通过支链或化学键相连接而成的一个三维网状结构。热固化树脂（环氧树脂、酚醛树脂、氰酸酯树脂等）、硫化橡胶等都是可形成交联结构的聚合物。线型高分子高度交联后具有不溶不熔的性质，形状不能改变，所以加工成型只能在交联结构形成之前进行。交联结构给高聚物带来了耐热、耐溶剂、尺寸稳定、硫化橡胶的高弹性等特性。聚合物的交联程度以交联密度来表征。参见交联度（206页）。

交联聚合物 crosslinking polymer 由交联反应生成的聚合物。参见交联结构（207页）。

交联型聚酰亚胺 见聚合型聚酰亚胺（248页）。

交联指数 crosslinking index 见交联度（206页）。

交替共聚物 alternating copolymer 在二元共聚物中两种单体单元交替排列的称为交替共聚物。如：…AB-ABABAB…。

交织织物 mixed fabric 用两种及以上不同原料的纱线或长丝分别作经纬织成的织物。

浇口 gate 在注射与传递模塑模具中，熔融物料由分流道注入模腔时所经过的狭窄通道。

浇口套 sprue bush；sprue bushing 直接与注塑机喷嘴或压注模加料腔接触，带有主流道通道的衬套零件。

浇口镶块 gating insert 为提高浇口的使用寿命而对浇口采用可更换的耐磨的金属镶块。

浇涂 flow-coating 即在一密封或半密封室中借淋浇或喷雾使待涂制件被涂料淋湿的一种涂层方法。制件在淋湿过程中或淋湿后有时加以旋转以避免涂料流挂或滴流。此法用于涂金属制件及其他用常规喷涂法难以涂层的不规则形状树脂制件。

浇注 见浇铸（207页）。

浇注树脂 见浇铸树脂（207页）。

浇铸 casting 又称浇注。在不加压或稍加压的情况下，将液态单体、树脂或其混合物注入模内并使其成为制品的方法。

浇铸树脂 casting resins 又称浇注树脂、灌封浆料、铸塑浆。树脂能在无压或稍加压力的情况下倾注于模具中并能硬化为一定形状制品的液态树脂。

胶棒 adhesion bar 由树脂等制成不含溶剂的在常温下呈棒状的胶黏剂。

胶层 adhesive layer 胶接接头中两被黏体表面间的胶黏剂。一般胶接强度随胶层厚度减小而增加，但胶层过薄会由于缺胶而降低胶接强度。对于大多数胶黏剂，胶层厚度以0.05～0.25mm为宜。

胶带 adhesive tape 在纸、布、薄膜等基材的一面或两面涂胶黏剂的带状制品。

胶带试验 scotch tape test 评定油漆或涂料与塑料底材黏合的一种方法。用压敏胶带贴于涂有油漆或涂料的塑料制件表面上，粘连之处有时刻有“井”字形划痕。当将胶带撕下而无涂料随之撕下来，此黏合算作合格。

胶缝 glue line 两个黏合体之间的黏合层。

胶埂 fillet 填充在两被粘物交角处的那部分胶黏剂。如蜂窝夹芯与面板胶接时，蜂窝芯端部与面板交接处形成的夹角所填充的胶黏剂。过去形象化地称为称胶瘤，然而“瘤”为病灶，有误导去除之嫌，而这里的胶瘤恰恰是有益的，是不能去掉的。所以建议最好不要用“胶瘤”。

胶合 cementing 用溶剂、涂料或化学胶泥将塑料本身或是不同类的材料接合在一起的方法。

胶合板 wood veneer 由多层薄(0.25～6.35mm) 木板黏合、压制成的板材。

胶合层积木 glue laminated wood 由多层成材按纹理方向平行层叠胶合制成的木材。

胶接 adhesive bonding; bonding 用胶黏剂使相同或不同的固体表面结合为牢固整体的工艺。胶接与机械连接方式相比，有紧固件少、重量轻（主结构用减重5%～10%；次结构用减重25%)、接头应力分布均匀（见右图)、强度高、耐疲劳、耐化学腐蚀，密封、减振、绝缘、破损安全性好，气动外形光滑，无电化学腐蚀，工艺简单，成本低等优点。缺点是：质量控制比较困难、质量稳定性差，胶接性能受温湿度影响，胶层剥离强度低；胶接强度分散性比较大，抗冲击性、抗剪能力差，有老化问题，接头不可拆卸。适宜连接异形、异质、薄壁、复杂的零件。胶接结构的质量取决于合理的设计、好的胶黏剂、严格的工艺。对于易发生晶间腐蚀（使晶粒间结合力减弱、力学性能降低甚至结构发生破坏）的材料的胶接，其固化温度应低于该材料产生晶间腐蚀的温度。

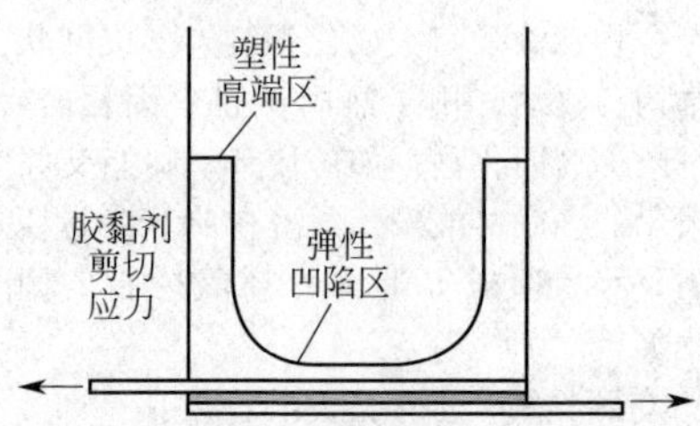

下表所示为胶接接头设计需要考虑的问题，209页图所示为胶接结构中需规避的载荷路径。

序号	胶接接头设计需要考虑的问题
1	胶黏剂变形与黏合体具有兼容性，在使用应力和环境要素作用下具有所需要的强度
2	保证破坏发生在胶层内，而不是黏合体
3	必须考虑热膨胀问题。因为碳纤维和金属(铝)的热膨胀系数相差很大，由这两种材料组成的接头会在固化期间在由高温固化转向冷却的过程中由于膨胀系数差异产生的固化应力而导致失效。CFRP胶接件不能与铝件直接接触，因为二者之间有电位差，接触会产生电位腐蚀
4	胶接接头的正确结构：胶接接头在任何情况下都要回避承受拉伸、剥离或劈裂载荷。如果剥离力无法回避，则应换用具有高剥离强度的较低模量(不脆)胶黏剂
5	应采用由接头应力区端面向外逐渐变薄的斜搭接接头，在接头无保护边的胶埂(填角胶缝)不必除掉
6	结构胶黏剂选择试验包括耐热、湿(和/或流体)试验及其应力测量

209页图所示为典型的胶接工艺流程。209页表所示为胶接需要考虑的一

般问题。

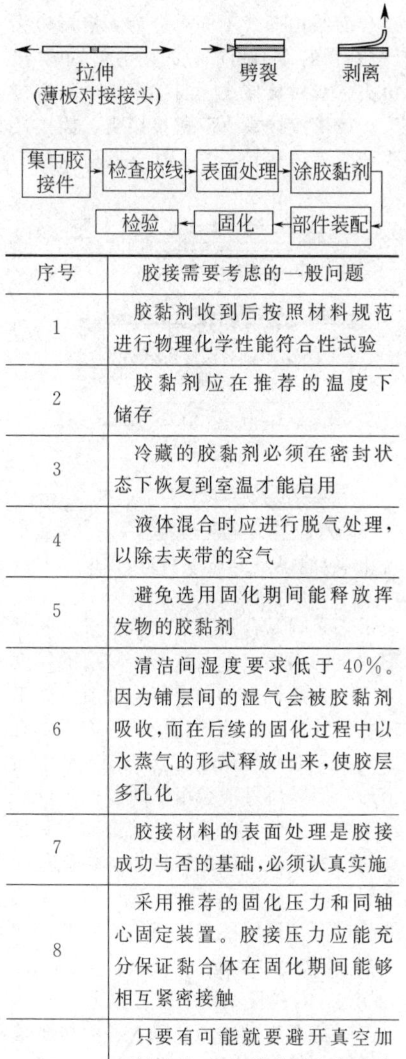

序号	胶接需要考虑的一般问题
1	胶黏剂收到后按照材料规范进行物理化学性能符合性试验
2	胶黏剂应在推荐的温度下储存
3	冷藏的胶黏剂必须在密封状态下恢复到室温才能启用
4	液体混合时应进行脱气处理，以除去夹带的空气
5	避免选用固化期间能释放挥发物的胶黏剂
6	清洁间湿度要求低于40%。因为铺层间的湿气会被胶黏剂吸收，而在后续的固化过程中以水蒸气的形式释放出来，使胶层多孔化
7	胶接材料的表面处理是胶接成功与否的基础，必须认真实施
8	采用推荐的固化压力和同轴心固定装置。胶接压力应能充分保证黏合体在固化期间能够相互紧密接触
9	只要有可能就要避开真空加压的方法，因为胶黏剂上活动的真空会使胶层在固化期间产生空隙或疏松
10	热固化是优选方案，因为该方案较冷固化总会得到好的粘接强度和好的耐热及耐湿性能

续表

序号	胶接需要考虑的一般问题
11	如果需要二次固化（如修补固化），其固化温度要比早先的固化温度至少低10℃。如果不可能，想要得到合格、精准的胶接结构，就必须使所有的零件在进行二次固化期间借助压力保持同轴度
12	随炉试样是为试验制作的，试样采用的材料及结构与待胶接的黏合体的相同。其表面处理按照胶接基板的处理方法与基板同时进行。胶接时用与基本接头使用的同一批胶黏剂将试件粘到一起，采用同时进行的胶接本体的固化工艺。理想的随炉试件是从零件本体提供的伸出部分切割下来的
13	胶接要保证在接头的胶线处形成完整的胶埂

胶接点焊 spot-weld bonding; weld-bonding 在点焊前在两焊体连接面之间涂覆未固化的胶黏剂或在点焊后使胶液流入焊缝形成点焊-胶接接头的工艺。此种接头可以保证密封、防止腐蚀、减少应力集中、增加承载能力，从而提高结构强度和耐久性，广泛用于航空、汽车、无线电、机械等工业部门。胶接点焊工艺分为先胶后焊和先焊后胶两种工艺。国内多采用后一种。该工艺对胶液的要求特殊——“流而不淌”。即注胶后顺利流过焊缝，至流出焊缝即停止，形成胶埂。这是先焊后胶工艺的关键。

胶接夹具 bonding fixture 在胶接过程中，用于保持各个胶接件的相对位置，并使胶接件各处都能受到基本一样压力的器具。参见固化夹具（154页）、装配夹具（543页）。

胶接件装配时间 assembly time for adherends 从胶黏剂施涂于被粘物到装配件进行加热或加压或二者兼施的时间。装配时间等于晾置时间与叠加时间之和。

胶接接头 adhesive-bonding joint; adhesive joint; bonded joint 黏合体被胶层互相连接在一起的部位。按黏合体结合面结构形式不同可分为：搭接接头（被粘物的端部相重叠的接头）、单对接接头、双对接接头、斜接接头、斜搭接头、单搭接接头、双搭接接头、插接接头和阶梯搭接接头等，如下图所示。

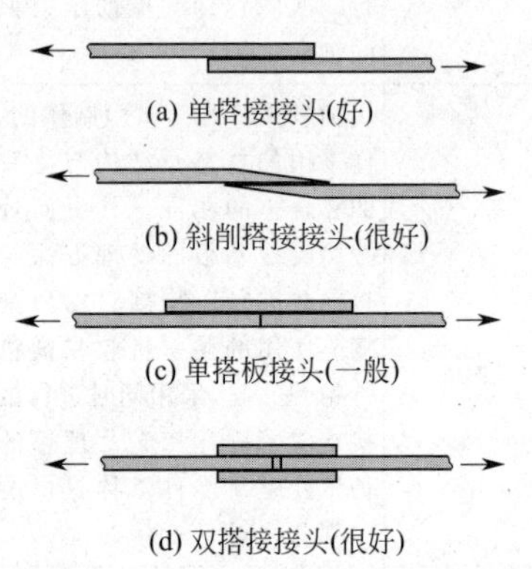

(a) 单搭接接头(好)

(b) 斜削搭接接头(很好)

(c) 单搭板接头(一般)

(d) 双搭接接头(很好)

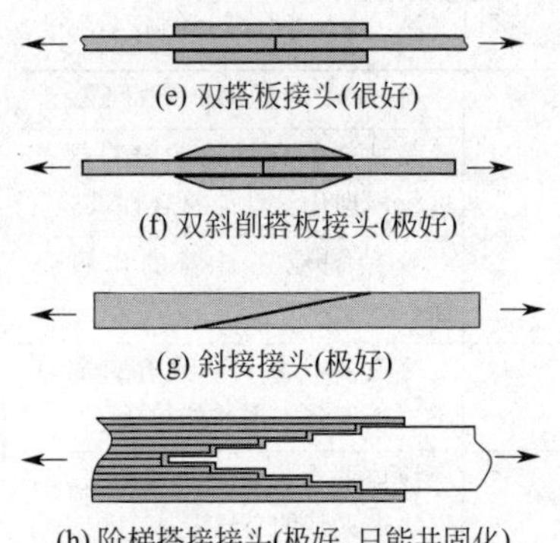

(e) 双搭板接头(很好)

(f) 双斜削搭板接头(极好)

(g) 斜接接头(极好)

(h) 阶梯搭接接头(极好，只能共固化)

胶接连接 adhesive bond connection 通过胶黏剂将两个或多个零件连接起来的一种非机械连接方法。是复合材料构件制造或修补过程中经常遇到的技术问题。尤其是大型复杂产品，如飞机、火箭、风机叶片等，往往采用小部件分别、分次成型，然后胶接连接的技术方案。为了减轻重量，通常将产品设计成加筋薄壁结构或夹层结构，这些产品在制造或使用中的损伤修补等都涉及胶接连接问题。与机械连接相比，胶接连接在结构和工艺方面都具有许多优点，参见胶接（208页）。

胶接前处理 prebond treatment 参见表面准备（14页）。

胶接强度 adhesive strength; bond strength; adhesion strength 又称粘接强度。黏合的两个表面间的粘接力。可用剪切强度、均匀扯离强度和剥离强度表示。影响黏合强度的因素很多，胶黏剂本身的强度、界面状态、胶层的厚度与密度、黏合剂与黏合体的性质、施工环境、胶接工艺及固化条件等因素都有影响。一般胶接强度随胶层厚度减小而增加，但胶层过薄会由于缺胶而降低胶接强度。因此，胶接要求胶接面须有足够的平整度，以保证能形成均匀规范的胶层厚度，获得理想的胶接性能。平整的胶接面是采用胶接连接的必要条件。

胶接质量检验 testing of bonded quality 对胶接结构中胶黏剂与黏附体界面间的黏附质量和胶层本身内聚质量的检验。常用的无损检验方法中，除目视法和敲击法外，较成熟的是声学检验法，如超声穿透传输法、超声脉冲回波法、声谐振法、声阻抗法、涡流声、声发射检测等。此外，利用射线检验技术的有X射线检验、γ射线检验；利用热学方法的有液晶检验、热敏涂层检验、红外线检验技术；利用全息照相技术的有激光全息照相干涉测量法、声全息技术、微波全息技术等。上述各种方法各有其特点和局限性，往往需要互相补充，配合使用。

胶接装配件 assembly (for adhesives) 涂胶后叠在一起的或已完成胶接的组合件。

胶接组件 bonded assembly 已完成胶接的组合件。

胶瘤 见胶梗（208页）。

胶膜 adhesive film; film adhesive; film glue 一种干膜状的胶黏剂。又称膜状胶黏剂。在加热、加压下使被粘物黏合在一起。通常为热固性的。包括有载体胶膜和无载体胶膜两种。

胶膜夹层增韧 interleaf toughening 一种通过在复合材料层合板的层间增加韧性胶膜，来改善复合材料层合板损伤阻抗的技术措施。参见树脂薄膜层间增韧（394页）。

胶囊型胶黏剂 encapsulated adhesive; adhesive encapsulated 又称包封胶黏剂、微胶囊胶黏剂。把反应性组分（颗粒或液滴）包在保护膜（微胶囊）中，再用适当的方法（如加热、溶解等）破坏保护膜之后才能固化的胶黏剂。可配成单组分，使用简单，储存期长。但制作麻烦，成本较高。

胶黏剂 adhesive; bonded adhesive; adhesive bonded; bonding agent 又称黏合剂、粘接剂，俗称胶。通过界面表面层间相互作用能使两个固体材料表面结合在一起的材料。通常由基（黏）料、固化剂、增韧剂、填料、稀释剂及其他辅料配合而成。其品种很多，分类方法也很多：①根据基料类别，可分为无机胶黏剂和有机胶黏剂两大类。有机胶黏剂根据材料来源又分为天然胶黏剂和合成胶黏剂。合成胶黏剂又可细分为热塑性和热固性两类。②根据固化条件可分为冷固化型和热固化型两种，其中冷固化型胶黏剂包括低温固化型和室温固化型，热固化型胶黏剂包括中温固化型、高温固化型。③按固化方式分为溶剂挥发型、热熔型、化学反应型、压敏型。④按物理形态分为胶液（溶剂型、无溶剂型等）、胶棒、胶膜等。⑤按胶接强度分为结构胶黏剂和非结构胶黏剂。⑥按用途分通用胶黏剂和特种胶黏剂等。还可以按固化剂类型、包装形式等进行分类。胶黏剂中以合成胶黏剂应用最广、用量最大。已在工业、交通、建筑以及日常生活各个领域得到广泛应用。

胶黏剂固化 adhesive setting 胶黏剂从封装时的状态（通常为液态或粉末）到转变成其他有用形式（固态）变硬的过程。可划分为：化学固化，需要添加促进剂或催化剂的固化；冷固化，固化温度在20℃以下的固化；室温固化，固化温度在20～31℃范围的固化；中温固化，固化温度在31～99℃范围的固化；热固化，固化温度在100℃以上的固化。国内划分固化温度等级详见国标GB/T 13553—1996。

胶黏剂批次 adhesive lot 同一次收到的，来自同一批生产的全部胶黏剂。

胶凝剂 gelling agents 参见增稠剂（518页）。

胶凝时间 见凝胶时间（319页）。

胶凝态 gelation 树脂固化中黏度增加达到的一点，此时当用尖锐工具探测时，树脂只能勉强地移动（不能拉丝）。

胶凝作用 见凝胶化作用（318页）。

胶片不清晰度 film unsharpness 由电子或者光线在乳胶晶粒中的散射所引起的图像扩展。（无损检测）

胶乳 latex；latices 聚合物分散于本质上为水介质中的一种稳定分散体。

胶水 mucilage 由水溶性聚合物和水配制的一种胶黏剂，是一种粘接强度低的液体胶黏剂，常用作办公用品。如聚乙烯醇的水溶液。

胶态的 colloidal 极小的颗粒悬浮和分散体，但不是溶解在液体介质中的悬浮状态。

胶体 colloid 能与液体形成悬浮液或乳浊液，但不会明显沉降也不易渗过植物膜和动物膜的一种物质。胶体粒子分子量通常较高，其直径范围约为 10^{-7}～5×10^{-5}cm。

胶体磨 colloid mill 一种制备乳浊液并使粒度变小的装置，包括一高速转子和紧贴转子的一固定件或逆转件。流体连续从给料斗加到相切部件之间的空隙中，然后泻入接收器。

胶液 liquid adhesive 又称液态胶黏剂。固化前室温下呈液体状态的胶黏剂。大部分胶黏剂属于这一类。分为水溶型、乳液型、溶剂型和无溶剂型的液体反应型等剂型，以及单包装、双包装或多包装等形式。

胶衣 gel coat 涂覆在树脂基复合材料制品表面，用以改善其表面性能的薄树脂层。即在铺层开始前，首先在模具成型面（已涂覆脱模剂）涂覆胶衣树脂，待其胶凝后进行铺层，在固化成型过程中，在产品形成的同时，凝胶树脂转移到制品表面成为胶衣。胶衣可以提高产品的表面光滑度，及抗冲击能力、耐老化、耐腐蚀、耐紫外线等性能。胶衣层的厚度通常为0.25～0.45mm。凝胶层过厚，制件在使用中可能会产生裂纹，通常在凝胶层固化至一定黏度后再进行铺层。凝胶涂层可通过配方调整来改善其柔性、耐候性和韧性，以及避免气泡和瑕疵。还可以极细纤维毡或织物-凝胶作为表面层，以提高表面韧性和光洁度。常用的制作方法有两种。(1) 涂刷法。这种方法因涂刷不均匀，效率低，已很少用。对结构复杂、不易涂刷的产品才采用。所用的胶液配方如下：①透明胶液树脂100份，萘酸钴1～4份；②颜料糊8～10份，过氧化甲乙酮2份。涂胶衣应注意如下事项：①采用专用毛刷，普通毛刷易掉毛；②涂刷均匀，毛刷不宜来回反复刷涂，不能漏涂，不能产生流痕、积聚等；③用胶量以500g/m^{2}为宜，即胶衣厚度0.4～0.5mm；④控制胶衣固化时间在1h左右，室温固化达到触干。(2) 喷涂法。此法制得的胶衣厚度均匀，遮盖率高，色泽均匀，产品质量高。常用喷涂设备如下：①胶衣机。胶衣机将胶衣树脂和固化剂通过泵打入枪头混合器后均匀地喷涂在模具表面。生产效率高，适于大批量生产。②胶衣喷壶。工作原理是通过空气压缩机将喷枪料桶里的胶衣胶液喷到模具表面。特点是雾化污染轻。造价低，使用方便，间歇操作，适于小批量生产。喷涂用胶衣胶要求黏度小，常用的喷涂胶衣胶的配方为：喷涂用透明胶衣树脂（100份）/过氧化甲乙酮（2份）/颜料糊（4～6份）/稀释剂（2～8份）/促进剂（1～4份）。稀释剂用量5%左右为好。促进剂主要用来控制胶衣的固化速度，其用量能达到30min凝胶、60～120min固化为宜。喷涂时应注意如下事项：①操作人员必须通过培训才能上岗；②采用 2.5mm 口径的喷枪；③喷枪与模具面距离为 30～40cm；④喷涂时枪口垂直模具表面平滑移动，两行喷线之间有 1/3 重叠；⑤喷涂厚度为 0.3mm，每平方米用量 300mg（排除损失量 30%）；⑥喷涂胶衣可分 2 次或 3 次进行，每次喷涂时间间隔 20～30min，目的在于喷涂下一层时前一次喷涂的胶衣已凝胶，胶衣喷毕后于室温固化 1～2h，即可进行糊制。

胶衣剥离　gel coat peel；gel coat spalling　胶衣层与制件本体脱开的现象。是胶衣在应用中常见的问题。产生原因有：配方不准确；胶衣厚度不均匀；胶衣太厚；脱模剂选择不当；脱模剂未干前喷涂胶衣等。解决方案：使用正确配方胶液；胶衣厚度要适中［(0.5±0.05) mm］；摊薄喷涂胶衣，喷 3～4 遍达到预期厚度；选用与胶衣树脂相适宜的脱模剂，涂过脱模剂的模具要始终保持清洁，待干燥后再喷涂胶衣树脂。

胶衣开裂　gel coat cracking　胶衣层出现的丝状不连续缺陷。产生的原因有：胶衣太厚、与强度层粘接力差、树脂性脆、受过冲击、增强纤维含量低等。解决方案有：胶衣厚度保持在 (0.5±0.05) mm；胶衣凝胶后及时(≤1h) 铺覆增强层；用韧性好的树脂；避免冲击；提高强度层纤维含量(≥30%)。

胶衣裂痕　gel coat crack　胶衣层面呈现的丝状凹陷。产生的原因：胶衣太薄；厚度不均；固化不充分；胶液经溶剂稀释；工作环境湿度大、温度低等。解决方案：胶层厚度保持在 (0.5±0.05) mm；喷涂时，层间不留间隙，且做到下层覆盖前层一半，以保证胶层的均匀连续；确保配方无误，保证胶层适时固化；不随意添加溶剂，按厂家说明书调制胶液黏度；保证施工环境条件：湿度 (50%±5%) RH、温度≥20℃。

胶衣树脂　gel coat resin　施加于树脂基复合材料制品表面使之性能提高的树脂。通常由树脂、阻变剂及有关功能材料组成。具有良好的耐腐蚀、耐热、耐辐射和韧性，与后续所用树脂有良好的粘接性能。

焦点尺寸　focus size　沿 X 射线束的轴线观察时所看到的射线管靶上发射 X 射线的那一部分的视在尺寸。(无损检测)

焦距　focus-to-film distance；F. F. D　从 X 射线管的焦点到一张放置好准备进行曝光的胶片的距离。(无损检测)

焦烧　scorching　在硫化前的各种加工操作及中间储藏过程中，由于机械的生热和高温环境的作用，胶料产生早期硫化的现象。

角机头　angle head　和挤出螺杆的轴成一角度的挤出机头。

角接接头　angle joint；joint angle　两被粘物的主表面端部形成一定角度的胶接接头。参见胶接接头（210 页）。

角铺层层合板　angle ply laminate　又称斜交层合板、角铺设层合板。各单层板的材料主方向与参见坐标轴呈某种对称角（θ）铺设的层合板。通常是正负角度配置铺层数相等的层合板，具有正交异性的特点，是一种简单的双向层合板。这里 θ 为相对于参见方向的锐角。参见正交层合板（528 页）。

角效应　corner effect　当超声波连续地碰到两个或三个正交的表面时，超声能量反射到原点或非常接近原点的地方。(无损检测)

角应变 参见剪应变（204页）。

铰接网络模型 pinch-jointed net model 模仿织物变形的一种数学模型，这种模型将织物近似视为以铰链连接正交各向异性纱线网络。

搅拌-铸造复合工艺 stir-casting method 通过机械搅拌装置使增强体（颗粒）与液态合金相互混合，然后通过常压铸造或真空差压铸造或压力铸造制成金属基复合材料的一种工艺方法。

校验 verification 由计量业务机构根据一定程序和技术法规，用计量基准器对测量器具进行比较或直接测量。通过检定可确定测量器具的个别特性或性能、误差及可靠程度，并决定是否可用。

校正 calibrate 用卡规、记录器、尺子和天平等测量器具来校核和进行精度测量。校核是周期性、间隔进行的。在校过的仪器上标注到期日，超过此日期仪器未经重新校正不得使用。

校直 collimated ①校正使之平行，如在单向带中的纤维；②把射线束限制成接近平行的线束。（无损检测）

校准试块 calibration block 一块具有规定的化学成分、热处理状态、几何形状、空隙含量和表面光洁度的材料。用这种试块，可在成分基本相同的材料的试验中评定和校准超声探伤设备。（无损检测）

A-阶段树脂 A-stage resin 又称甲阶段树脂。某些热固性树脂制备的早期阶段。该阶段中，分子结构处于线型，树脂既能熔融，又可溶于某些溶剂（如乙醇、丙酮等）中。参见B-阶段树脂（214页）、C-阶段树脂（214页）。

B-阶段树脂 B-stage resin 某些热固性树脂反应的中间阶段。该阶段中，树脂与某些溶剂（如乙醇、丙酮等）接触时能溶胀但不能完全溶解，加热时可以软化但不能完全熔化。有时称为半溶阶段。制作方法，通常是把胶液或浸过胶液的预渍材料放在略高于室温但低于凝胶温度的环境中，至黏度增加到预期值即可。商用预浸料、预混料以及预型体中的树脂基体就处于这一阶段。

C-阶段树脂 C-stage resin 某些热固性树脂在固化反应中的最后阶段。该阶段中，交联密度已相当高，树脂既不溶解也不熔融。充分固化的热固性树脂就是处于这一阶段。参见A-阶段树脂（214页）、B-阶段树脂（214页）。

阶梯接头 stepped joint 被粘物通过阶梯面相配合形成的接头。参见胶接接头（210页）。

接触不良 contact failure; failure contact 胶接接头的失效，原因是在装配时被粘物与胶黏剂或胶层之间未完全接触。

接触层压 contact laminating 参见接触模压成型（215页）。

接触反应成型 contact reaction; CR 含增强相的组分元素或化合物均匀混合后挤压成坯，直接或预热后置入高温基体合金液中，使之接触发生化学反应，反应热一方面使压坯碎裂，增加反应接触面积，促使反应进一步进行；另一方面可使反应产物向基体中扩散，在机械搅拌或超声波的作用下使增强相在基体中弥散分布，然后静置浇铸成型。

接触胶黏剂 contact adhesive; adhesive contact 一种具有较大初粘力溶剂型胶黏剂。涂于两个被粘物表面，经晾干叠加在一起，无须施加压力即可粘牢形成胶接的胶黏剂。此种胶黏剂要求待粘接表面间的间距不超过0.1mm。

接触角 contact angle 液体在固体表面上达到平衡状态时，固、液、气三相接触点处液面的切线与固体表面之间的夹角（θ），如下图所示。其大小表示液体对固体的浸润程度。当浸润液体的接触角$\theta>90°$时，液体不能浸润固体。特别是$\theta=180°$时，表示完全不浸润，液滴呈球形；当$0°<\theta<90°$时，液体能浸润固体；当$\theta=0°$时，液体能完全浸润固体。由接触角可以计算浸润张力、附着能和表面自由能等。接触角的测定对解释塑料的表面状态、添加剂影响、耐溶剂性、脱模性、疏水性、表面处理情况等提供有力的资料。

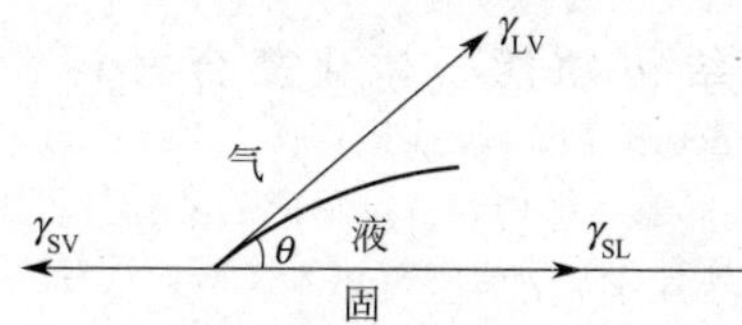

接触模压成型 contact pressure molding 在不加压或稍加压（通常小于69kPa）的情况下制造塑料制品的方法。

接触破坏 contact failure 由于黏合体与胶黏剂之间或胶黏剂表面在装配时不完全接触而导致的破坏。这种破坏属于不正常破坏，是由于胶接工艺不当所致。

接触扫描 contact scanning 超声波探头与被检零件以接触方式进行扫描。（无损检测）

接触压树脂 contact resins 加热时变稠或树脂化，用于胶合材料时只需加微压或不需加压的液体树脂。

接合面 faying surfaces; faying face 非金属或金属的表面上经过专门处理或加工以适配某一邻接零件的部分。如已固化复合材料零件与下一步组装结构要配合或贴合的表面。

接头 joint 连接结构中连接体接触的区域。

接头老化时间 参见接头调理时间（215页）。

接头调理时间 joint conditioning time 接头完成胶接从加热或加压或热压条件下移出，到获得接近最大强度的时间间隔。有时叫接头陈化时间。

接枝高分子 参见接枝共聚物（215页）。

接枝共聚 graft copolymerization 在大分子主链上接上和主干化学结构不同的支链的高分子反应过程。反应生成物称为接枝聚合物、接枝高分子。参见接枝共聚物（215页）。

接枝共聚物 graft copolymer 又称接枝聚合物、接枝高分子。聚合物主链的某些原子上接有与主链化学结构不同的侧链聚合物链段的一种共聚物，如下图所示。

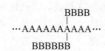

```
          BBBB
          |
···AAAAAAAAAA···
          |
      BBBBBB
```

接枝聚合物 graft polymer 参见接枝共聚物（215页）。

节点 node 见蜂窝节点（111页）。

节点平均强度 delamination average strength of node 蜂窝型芯子胶接面方向拉伸的单位胶条面积上所承受的最大载荷，单位为MPa。反映蜂窝芯壁之间的胶接牢固程度。另见蜂窝节点（111页）。

节点线强度 delamination linear strength 垂直蜂窝型芯子胶接面方向

拉伸的每个胶条单位长度所承受的最大载荷。单位 N/cm 或 kN/m。反映蜂窝芯壁之间的胶接强度。参见蜂窝节点（111 页）。

揭层技术 deply technique 一种破坏性检测方法。在马弗炉中将复合材料层合板试样中的树脂部分热解，同时保持每一单层完整，从而可以观察内部纤维铺设质量的方法。如果事先采用氯化金乙醚溶液或其他着色剂在损伤位置进行渗透着色，还可以观察内部的损伤形态。

结拱 bridging 加料时由于料的壅塞、缠结或熔黏等而构成妨碍顺利下料的拱形格孔物的现象。

结构玻璃纤维 structural glass 见 S-玻璃纤维（21 页）。

结构材料 structural materials 以力学性能（强度、刚度、塑性、韧性等）为主要性能指针的工程材料的统称。在许多使用条件下，还必须考虑环境的特殊要求，如高温、低温、腐蚀介质、放射性辐照等。结构件均有一定的形状配合和精度要求，因此结构材料还需有良好的可加工性能，如铸造性、成型性、可焊性、切削加工性等。不同的使用条件要求材料有不同的性能。不同的材料性能依赖于材料的不同成分、制造工艺及显微组织来达到，由此发展出各种类型的结构材料。

结构反应注射成型 structural reaction injection molding; SRIM 是 RTM 派生的一种成型工艺。在此成型工艺中，先将预制的增强纤维坯料置于型腔中，然后将两种树脂组分，通过计量泵混合并注射入密闭的模腔，在树脂进入模腔后的瞬时，树脂 A、B 组分发生反应，同时浸渍增强纤维坯料，并固化成型为复合材料整体件。

结构复合材料 structural composites 以承受载荷为主要目的的复合材料。所用的增强材料包括天然纤维、玻璃、陶瓷、碳、高聚物、金属纤维及其织物、晶须、片材和颗粒等。基体包括高聚物（树脂）、金属、陶瓷、玻璃、碳和水泥等。由于复合材料具有可设计性的特点，可根据材料在使用中的受力情况进行选材设计和材料的结构设计（增强体的排布、取向和体积分数），以满足结构需要而且同时获得节约材料的效果。还可以利用复合材料成型工艺的特点，实现大构件整体成型，以简化连接工艺，节约成本，提高结构整体性，获得高的结构效益。

结构-功能一体化复合材料 structure-functional integrated composites 兼具结构和特定功能的复合材料。如具有透波功能的雷达天线罩，具有反射、吸收电磁波功能的隐身飞机的蒙皮等。

结构夹层结构 structural sandwich construction 由组合物，或交错的不同单一结构，或组合复合材料彼此直接固定在一起所组成的层状结构。该结构利用了每一组元的特性，从而获得整体组件的特殊结构效益。

结构胶接 structural bonding 由一个或多个预先固化好的复合材料或金属零件（称为被胶接件）通过胶接工艺形成结构的连接。

结构可靠性 structural reliability 结构在技术要求所规定的使用条件或工作环境下以及在规定的使用寿命内，能承受载荷、环境并正常工作的能力。这种能力可以用一种概率来量度，称为可靠度。

结构力学 structural mechanics 运用力学和数学原理，研究如何计算结构在载荷、环境条件下的内力、变形、稳定性等问题的一门科学。

结构胶黏剂 structural adhesive; adhesive structural 用于受力结构件的胶接，粘接强度与结构材料的强度相当，能承受较大动、静负荷并能长期使用，耐受环境因素的胶黏剂。此类胶黏剂大多以具有三维结构的热固性树脂为主体，配以热塑性树脂和橡胶等增韧剂组成。主要用于机械制造和高速运载工具（飞机、火箭等）制造等现代工业部门。主要品种有环氧-尼龙、环氧-聚砜、环氧/芳胺、酚醛-环氧、酚醛-缩醛、酚醛-丁腈、聚酰亚胺、双马来酰亚胺等。

结构泡沫塑料 structural foam 一种质量轻、强度高，可用作结构件的泡沫塑料。是具有均匀泡孔的泡沫芯体和硬质实体表层的热塑性泡沫体。

结构泡沫塑料成型 structural foam molding 以一步操作模塑成具有泡沫芯体与实体表层的热塑性制件的一种方法。将含有发泡剂的树脂粒料喂入装有蓄压器的挤出机，经计量的熔融泡沫树脂挤出料自挤出机极为迅速地挤入塑模。挤出料仅达塑模容量的一半，但膨胀气体迅速使挤出料膨胀充满模腔。当泡沫熔料流经塑模时，微泡接触模壁面萎塌成实体的表层。以此法生产的制件比相同质量的注射模塑制件硬3～4倍。

结构热稳定性 thermal stability of structure 结构在热或热与载荷联合作用下维持其静（动）平衡状态的能力。

结构设计 structure design 这里是指复合材料的典型结构设计。复合材料结构设计除了包含材料设计内容的特点外，无论在设计原则、工艺要求、许用值与安全系数确定、设计方法和考虑的各种因素方面都有其自己的特点。包括设计一般原则、工艺性要求、许用值与安全系数的确定，及应考虑的其他因素。(1) 结构设计的一般原则。除连接设计原则和层合板设计原则外，还需要遵循满足强度和刚度的原则，但与金属有很大差别：①复合材料结构一般采用按使用载荷设计，按设计载荷校核的方法。②按使用载荷设计时，采用使用载荷所对应的许用值。按设计载荷校核时，采用设计载荷所对应的许用值。③复合材料失效准则只适用于复合材料的单层。在未规定使用某一失效准则时，一般采用蔡-吴失效准则，且正则化，相互作用系数未规定时采用－0.5。④没有刚度要求的一般部位，材料弹性常数的数据可采用试验数据和平均值。而有刚度要求的重要部位需要选取B基准值。(2) 结构设计应考虑工艺性要求。主要考虑的工艺性要求如下：①构件的拐角应有较大的圆角半径，避免在拐角处出现纤维断裂、富树脂区、架桥等缺陷。②对于外形复杂的复合材料构件设计，应考虑制造工艺的难易程度，可采用合理的工艺分离面分成两个或两个以上的构件；对于曲率大的曲面应采用织物铺层；对于外形突变处应采用光滑过渡；对于壁厚变化应避免突变，可采用阶梯过渡。③结构件的两面角应设计成直角或钝角，以避免出现富树脂、架桥等缺陷。④构件的表面质量要求较高时，应使该表面为贴膜面，或在该表面上加盖匀压板，或分解结构件使该表面成为贴膜面。⑤复合材料的壁厚一般应控制在7.5mm以下。对于厚壁大于7.5mm的构件，除必须采用相应的工艺措施以保证质量外，设计时应适当降低力学性能参数。⑥机械连接区的连接板应尽量在表面贴一层织物铺层。⑦为减少装配工作量，在工艺上可能的条件下应尽量设计成共固化整体件。(3) 许用值安全系数的确定。包括许用值确定和安全系数确定：①许用值的确定。包括使用许用值和设计许用值的确定。使用许用值的确定方法：a. 拉伸时使用许用值的确定方法。取下述三种试验得到的较小值。第一，开孔试样环境条件下单轴拉伸试验；第二，非缺口试样环境条件下单轴压缩试验；第三，开孔试样环境条件下两倍疲劳寿命试验（见相关标准）。b. 压缩时使用许用值的确定方法。取下述三种试验得到的较小值。第一，低速冲击后环境条件下单轴压缩试验；第二，带销开孔试样在环境条件下的单轴压缩试验；第三，试样低速冲击后环境条件下两倍疲劳寿命试验（见相关标准）。c. 剪切时使用许用值的确定方法。取下述两种试验得到的较小值。第一，±45°层合板试样在环境条件下反复加载卸载的拉伸或压缩疲劳试验、数次加载卸除试验，测定无残余应变下的最大剪应变值，经统计分析得出使用许用值；第二，±45°层合板试样在环境条件下经小载荷加载卸载数次后，将其单调地拉伸至破坏，测其各级小载荷下的应力-应变曲线，并确定线性段的最大剪应变，经统计分析得出使用许用值。设计许用值的确定见设计许用值。②安全系数的确定。见安全系数。(4) 结构设计与应该考虑的其他因素。除了考虑强度和刚度、稳定性、连接接头设计等，还需要考虑热应力、防腐蚀、防雷击、抗冲击等。参见设计选材（378 页）、单层性能的确定（62 页）、层合板设计（35 页）。

结构剩余强度 residual strength of structures 含缺陷/损伤结构的静破坏强度。和缺陷/损伤尺寸有关。结构剩余强度可以通过分析或静强度试验得到。

结构陶瓷 structural ceramics 又称高温结构陶瓷、工程陶瓷。先进陶瓷中具有优异力学性能、耐热性能及化学稳定性的一大类陶瓷材料。结构陶瓷具有金属材料和高分子材料所不具备的优点：耐高温、耐冲刷、耐腐蚀，高耐磨、高硬度、高强度、低膨胀系数、低蠕变速率、质量轻等特性，可以承受金属材料和高分子材料难以胜任的苛刻工作环境。其主要化学成分为 Si、C、O、N、Al。原本陶瓷的致命缺点是质地脆，均匀性差，应用因此受到局限。但经过增韧、强化等一系列改性研究，使结构陶瓷的强度和韧性均有了大幅度提高，使得其用途广为扩展，在能源工程、航空航天、冶金化工、机械电子等各方面得到了实际应用。按用途可分为两大类：一类是可在大热流和高温下短时间（1500℃下几秒至 10 分钟）使用，如洲际导弹鼻锥、火箭尾喷管喉衬、航天飞机外蒙皮等；另一类是在中等热流和高温下长时间（1200℃数百小时至数千小时）使用或常温下长期使用，如燃气轮机、绝热柴油机的耐热、耐磨部件等。同时也广泛用于汽车、机械、石油化工等工业领域的耐磨、耐腐蚀部件。重点发展的结构陶瓷有氮化硅陶瓷、碳化硅陶瓷、增韧氧化物陶瓷、莫来石陶瓷以及多相复合陶瓷等。结构陶瓷的致命弱点是脆性、均匀性差，可靠性差。多年来围绕这些关键问题进行基础问题研究，取得了突破性进展。在系统研究的基础上，开发了相变增韧、弥散强化、纤维补强增韧、复相增韧等等有效强化、增韧的方法和技术，使得结构陶瓷的强度和韧性均有了大幅度提高，脆性获得明显改善。结构陶瓷研究的发展方向是：①多相复合陶瓷；②从微米量级向纳米量级的陶瓷发展；③材料的剪裁与设计，逐步步入按使用要求、性能要求对材料进行剪裁和设计。

结构完整性 structural integrity 影响飞机安全使用和成本费用的机体结构强度、刚度、损伤容限、耐久性和功能的总称。

结构吸波材料 structural absorption materials 具有隐身和承载双功能的材料，实际上是一种复合材料。通过结构设计、铺层设计、阻抗匹配设计，及适当成型工艺，可制成各种形状复杂的结构隐身部件。该材料由基体组元增强剂及电磁波吸收剂组成。增强剂有玻璃纤维、碳纤维及混杂纤维等。基体有树脂、玻璃和陶瓷等。树脂分为热固性树脂（如环氧树脂）和热塑性树脂（如聚酰胺）两大类。电磁波吸收剂分为电损耗型、磁损耗型及电磁损耗型三种，如碳化硅、有机高分子导电膜、铁氧体粉等。结构吸波材料有层板型和夹层型两种结构形式。前者由数层不同电磁特性的材料组成，后者由面板和夹芯组成。结构吸波材料不仅能吸收雷达波，减少回波能量，并且能承受压缩、弯曲及剪切载荷的作用，同时也不存在表面剥蚀、表面粗糙和额外增重的问题，也不受厚度的限制，有利于拓宽吸收频带。这种材料已用于制作飞机、导弹、舰艇的部件，如飞机的蒙皮、翼面、舵面、舱门、口盖、进气道和腹鳍等。

结构细节 detail 具有典型结构细节特征的较复杂结构件，如特殊设计的复杂连接件、典型连接接头和较大的检查口盖等。

结构稳定性 stability of structure 结构在一定环境（载荷和温度变化）条件下维持其静（动）平衡状态的能力。

结构隐身复合材料 structural stealthy composites 具有隐身与承载双重功能的复合材料。

结构优化设计 optimum structural design；structural synthesis 研究在已知外载和环境等条件下进行结构合理设计（选择结构布局、材料和结构尺寸等）的原理和方法。设计中力争改善一个或几个量（如飞机设计中一般是结构重量）作为优化的目标（称作目标函数），把结构必须满足的强度、刚度条件以及其他设计限制作为设计的约束条件，利用数学规划法、最优准则法等优化设计方法，不断修改设计变量，最后得出既满足已定设计条件，又使目标函数取“最优”值的结构设计。

结构元件 structural element 复杂结构的典型承力单元，如蒙皮、桁条、夹层板、剪切板或接头等。

结构阻尼复合材料 structural dampingcomposites 具有阻尼与承载双重功能的复合材料。

结节 grasshopper 纤维毡中一种硬的平行纱结节。是由于短切纤维分散不均引起的。

结皮 skinning 由于胶液中溶剂的迅速挥发，在胶液表面层形成的一种“皮”样的组织（面层）。

结头不良 knot ending mark 纱线断裂后打结不良，织物上结头密集一处或结头的大小、长短不合规定。

截断误差 truncation error 在一般计算中，为了便于计算，对于比较复杂的准确表达式，往往用一近似表达式来代替，准确表达式与近似表达式计算结果之差为截断误差。

解聚 depolymerization 聚合物转变为单体或较低分子量的过程。某些塑料暴露于高温中会产生此类转变。

解吸 desorption 从其他材料上释放被吸收的物质的过程。解吸与吸收、吸附二者的过程相反。

介电材料 dielectric materials 又称电介质。是电的绝缘材料。在实际应用中，根据应用场合和性能要求的不同，将单起绝缘作用的材料称为绝缘材料，而将在电容器中起绝缘作用的同时具有介电效应的材料叫作介电材料。其主要性能指标有电阻率、介电常数、击穿电压、介电损耗。

介电常数 dielectric constants (ε); permitivity 又称电容率或介电系数。表征介质材料的介电性质或极化性质的宏观物理量。同一电容器中用某一物质作为电介质时的电容（C_p）和其中为真空时的电容 C_o 的比值称为该电介质的相对介电常数 ε_r，$\varepsilon_r = C_p/C_o$，无量纲。ε_r 与真空介电常数的乘积称为该电介质的介电常数 ε，或电容率。量纲为 K/m。通常将相对介电常数称为介电常数。

介电固化 dielectric curing 由高频发生器发生的电荷通过树脂使之固化的方法。

介电法固化监控 dielectric cure monitoring 利用热固性树脂在固化过程中介电常数随固化反应进行而变化的特性，对整个固化过程实行全程监测，并确定适宜的加压窗口和固化程度的技术。参见热电偶法固化监测（349 页）、光导纤维现场固化监控（158 页）。

介电加热 dielectric heating 采用高频电压（20～80MHz）使待加工塑料成为电容器的电介质，基于材料的介电损耗产生的热量使塑料加热。

介电监控 dielectric monitoring 参见介电法固化监控（220 页）。

介电强度 dielectric strength 又称击穿强度、抗电强度、绝缘强度。为材料抵抗电击穿能力的量度。以试样击穿电压值与试样厚度之比表示，单位为 kV/mm。介质材料的击穿主要有热击穿和电击穿。发生热击穿时，介质的介电强度除了取决于材料的本质外，还与材料的几何形状、环境温度以及时间的积累有关。

介电损耗 dielectric loss 又称介质损耗。置于交变电场中的介质以内部发热（温度升高）形式表现出来的能量损耗。与材料组成、工作频率、环境温度、湿度、载荷大小和作用时间有关。常用介损耗角正切 tanδ 来衡量其大小。介质材料在高频电场中由于介质损耗产生引起绝缘破坏、变形、变质等损坏。同时消耗电磁波的能量，影响电磁波的传输。对于一般电介质（绝缘材料、透波材料）要求介电损耗越小越好，但对于衰减陶瓷、高频加热、吸波和隐身材料等则要求有较大的介电损耗。tanδ 为无量纲物理量，可用电桥、Q 表、介电损耗仪进行测量。

介电损耗角 dielectric loss angle (δ) 又称介电相位差。介电体在交流电压下，理想情况是电流的位相超前于位相 90°，而实际上，电压仅滞后于电流 δ。即由于极化弛豫电介质的电位移而落后于电场的相位角 δ。δ 即介电损耗角。其值越大，介电损耗就越大。损耗的大小与介电体的介电损耗角（δ）的正切 tanδ 成正比。

介电损耗角正切 dielectric loss (angle) tangent 又称介质损耗因数。对电介质施以正弦波电压时，外施电压与相同频率的电流之间的相角的余角（δ）的正切值（$\tan\delta$）。参见介电损耗（220 页）、介电损耗因子（D）（221 页）。

介电损耗因子（*D*） dissipation factor-electronic（D）；electrical dissipation factor 又称介电因子。衡量材料介电损耗的物理量。电介质材料损耗的能量与通过电介质传递的总电能的比值。等于损耗角的正切值：

$$D=\frac{\varepsilon''}{\varepsilon'}=\tan\delta=\frac{1}{2\pi fC_pR_p}$$

式中，f 为所加电压的频率；C_p 为等效并联电容；R_p 为等效并联电阻。

介电吸收 dielectric absorption 非理想介电材料被置于电场内时电荷在该材料内部的聚积。

介电系数 见介电常数（220 页）。

介电现象 dielectric phenomenon 绝缘体在电压作用下，其内部相应产生正、负电荷的现象。

介电相位差 见介电损耗角（220 页）。

介电相位角 dielectric phase angle 施加于电介质的正弦电压与所产生电流的相位差角。

介电仪 dielectrometer 利用电气技术测量层合板中树脂在固化期间的介电损耗因子和电容的变化（损耗）的仪器。

介质损耗 见介电损耗（220 页）。

界面 interface 复合材料中两种不同相的接触面。例如玻璃纤维与浸润剂或表面处理剂之间的分界线或接触面。在复合材料中指增强体与基体之间的接触面。参见复合材料界面（121 页）、界面反应（221 页）。

界面残余应力 residual stress of composites interface 复合材料成型后，由于基体的固化和凝固发生体积收缩或膨胀（通常是收缩），而增强体则体积相对稳定，因而使界面产生内应力，同时由于增强体与基体之间存在热膨胀系数的差异，在不同环境温度下界面产生热应力。两种应力的加和总称为复合材料界面残余应力。上述两种情况的结果都使基体受拉应力，增强体受压应力，从而使界面受剪应力。但随着使用温度的升高，热应力向反方向变化。界面残余应力可以通过对复合材料的热处理，使界面松弛而降低。界面残余应力对复合材料性能有诸多影响，其一就是会使复合材料的拉伸与压缩性能差异增大。参见复合材料界面内应力。

界面反应 interfacial reaction；reaction of composites interface 指基体和增强体在界面发生的化学反应。适当的化学反应可以增加界面粘接力，有利于提高复合材料的力学性能。但过度反应会使复合材料丧失由于界面脱黏、增强体拔出和与基体摩擦吸收的能量，从而发生脆性破坏，导致力学性能下降。不同的增强体、不同的基体对界面反应要求不同，对于高聚物复合材料，如用玻璃纤维、碳纤维、芳纶等增强体时，基本上不发生界面反应，则需要对其进行表面处理，使之与基体发生一定的化学反应，以增加界面粘接性。但对于某些金属和陶瓷基复合材料，则容易发生界面化学反应，生成脆性物质，不利于粘接和传载，为此要在增强体表面涂以反应阻挡层，来防止反应发生，以改善复合材料的性能。

界面改性 modification of composites interface 见复合材料界面改性（122 页）。

界面剂 interfacial agent 见兼容性试剂（203 页）。

界面兼容性 compatibility of composites interface 泛指增强体和基体构成复合材料界面时，两界面之间产生的物理和化学的兼容性，如浸润性、反应性和互溶性等。浸润性对任何复合材料都是首要的条件，而反应性和互溶性对金属基和陶瓷基复合材料具有重要意义。

界面结合力试验 interfacial bonding strength testing 测量纤维增强体与基体界面结合强度的试验方法。最早使用的是单丝拔出强度试验。用单丝拔出时的载荷除以界面结合的面积（单丝截面积乘以埋入深度），即为单丝与基体界面结合的强度。该试验方法的缺点是碳纤维单丝太细，试样制备困难，试验结果分散性大，使实际应用受到限制。目前多采用三点弯曲试验方法测定单向纤维复合材料的层间剪切强度来表征界面层的强度。这种方法的试件制作简单，试验操作易于掌握，人为影响因素少。参见层间剪切试验（39 页）。

界面聚合（作用） interfacial polymerization 单体在两相界面处发生的聚合。

界面内应力 internal stress of composites interface 单指在复合材料成型过程中，基于基体的固化或凝固发生体积收缩或膨胀（通常为收缩），而增强体的体积相当稳定，使界面产生的应力。在基体发生收缩的情况下，基体受拉应力，增强体受压应力，则界面受剪应力。如果界面发生滑移松弛现象，则界面内应力相应减小。参见界面残余应力（221 页）。

界面偶联剂 coupling agent (interface) 一种能提高基体与增强体界面结合强度的化合物，一般含有两种官能团，可分别与基体和增强体产生结合作用。参见偶联剂（320 页）。

界面数 interface number 混杂纤维复合材料中，不同纤维铺层相接触面的数。

界面脱胶 interfacial debonding 为纤维复合材料的一种失效模式。指组分材料在压力作用下出现界面上的破坏，最后导致复合材料失效。产生脱胶的原因主要是纤维与基体间的结合强度低，在外力作用下，界面先于纤维和基体发生破坏，载荷随后传递到单根纤维上，引起纤维断裂（纤维从基体拔出），导致复合材料解体。

界面强度 interface strength 衡量复合材料中增强体与基体间界面结合的状态的量。界面结合的状态和强度对复合材料的整体力学性能影响很大，增强材料和基体材料表面的组成及它们的反应性能是决定界面性能的基本因素。而实际上有许多因素影响着界面的结合强度。如表面的几何形状、纹理、吸附、吸水，界面的浸透、扩散和化学反应等。因此，对于由不同增强材料和基体组成的不同复合材料都应该有其适宜的界面强度。界面结合强度一般以分子间力、溶解度参数、表面张力（表面自由能）等来表示。但由于界面区相对于整体复合材料所占比例甚微，欲单独对某一性能进行度量有很大困难，因此常用整体复合材料的力学性能来表征界面性能，通常采用层间剪切强度表征界面粘接强弱就是行之有效的方法。同时结合断口形貌分析就可对界面的其他性能作更深入的研究。如界面性能较差的材料大多呈剪切破坏，且出现脱胶、纤维拔出、应力松弛等现象。但界面间粘接过强的材料呈现质脆，同样也会降低复合材料性能。

界面相 interphase 复合材料中基体和增强体之间所形成的过渡区域，其结构、性质与基体、增强体存在区别。参见复合材料界面。

界面自由能 interface free energy 描写界面特性的一个热力学量，一般指亥姆霍兹自由能，以 F 表示。$F=E-TS$（E 为内能，S 为熵，T 为热力学温度）。

金属长丝 metallic filament 参见金属丝增强体（227 页）。

金属对模成型 matched metal molding 增强塑料的一种制造工艺。与低压层合和喷涂成型相反，在该工艺中，采用匹配的阴阳金属模（与压缩模塑相似）成型零件。

金属蜂窝芯子 metal honeycomb core 由金属箔材制成的蜂窝芯子。例如用铝箔制成的铝蜂窝芯子，用不锈钢箔制成的不锈钢蜂窝芯子。该材料已得到广泛应用，在航空航天领域应用最多的是铝蜂窝芯子。参见蜂窝芯（112 页）。

金属基复合材料 metal matrix composites 以金属或合金为基体，以纤维、晶须、颗粒等材料为增强体的复合材料。其使用温度依金属基体不同而异，使用范围为 350～1200℃。其特点是横向强度、剪切强度较高，韧性及疲劳等综合力学性能较好。同时还具有导热、导电、热膨胀小、阻尼性好、不吸湿、不老化和无污染等优点。金属基复合材料可按增强体的类别来分类，如纤维（包括连续和短切）增强金属基复合材料、晶须增强金属基复合材料等。亦可按金属和合金基体的不同来分类，如铝基、镁基、铜基、钛基、高温合金基、金属间化合物基以及难熔金属基等基体的金属基复合材料。复合工艺主要有固态法和液相法。因其加工温度高、工艺复杂、成本高，应用的成熟程度远不如树脂基复合材料，所以其应用范围小，主要应用于航空航天领域。

金属基复合材料爆炸成型 explosive forming for metal matrix composites 利用炸药产生的可控的脉冲高压（激波）对材料进行加工的方法。常见的形式有：爆炸成型、爆炸焊接、爆炸复合、爆炸粉末压实及爆炸烧结等。常用的是爆炸粉末压实及爆炸烧结。

金属基复合材料超塑成型 superplastic forming for metal matrix composites 以颗粒、晶须为增强体的金属基（主要是铝基和锌基）复合材料，在增强体含量（20％～30％）较小时，在一定的温度和应变速率下，材料的伸长率仍可以达到 300％～500％或更高，能进行超塑性成型，制造出形状复杂、尺寸精确的零件。常用的超塑成型方法有超塑性挤压、模锻等温气压成型。

金属基复合材料的轧制 rolling for metal matrix composites 使用通用的轧机，用热轧方法可以轧制颗粒、晶须为增强体的金属（主要是铝、锌和钢）基复合材料。轧制坯料一般是挤压出的坯料或经过挤压和锻造的坯料。

金属基复合材料的真空吸铸 vacuum suction for metal matrix composites 在铸型内形成一定负压条件下，使液体金属或颗粒增强金属基复合材料自下而上吸入型腔，凝固后形成铸件的工艺方法。此工艺可提高复合材料的可熔性，满足航空航天产品复杂薄壁零件成型要求，并减少气孔、夹杂等缺陷。可用于可重熔颗粒增强铝金属基复合材料的铸造。

金属基复合材料的真空压力渗渍

vacuum pressure infiltration for metal matrix composites 在真空下加热由增强材料组成的预制件和熔化金属基体合金达到预计的温度，通入高压惰性气体 Ar 或 N_2 将熔融的金属液体压渗入增强体预型件中，制成金属基复合材料坯件或零件。这是一种制造金属基复合材料零件的有效方法，所用设备简单，工艺参数易于控制，制造成本低，操作方便，可以制造形状复杂、尺寸精确的金属基复合材料零件。

金属基复合材料粉末冶金工艺 powder metallurgy method for metal matrix composites 将金属粉末与增强材料均匀混合制得复合坯料，在常温下压缩制成锭块后烧结，或热压扩散使其复合制成复合材料的方法。此工艺方法是制备非连续增强体金属基复合材料的主要工艺方法之一，广泛用于制造各种颗粒、片晶、晶须及短纤维增强铝、铜、银、钛、高温合金等金属及各种金属间化合物的复合材料。

金属基复合材料挤压工艺 extrusion for metal matrix composites 利用普通金属挤压机，使短纤维、晶须及颗粒增强金属的复合材料坯锭发生塑性变形制取棒材、型材和管材的工艺方法。一般在热状态进行。

金属基复合材料挤压铸造制备工艺 squeeze casting for metal matrix composites 在模具中通过压力传动杆将压力（100～300MPa）施加到熔融的基体金属或合金上，并使之被挤压、渗透到增强材料预型体的孔隙中形成金属基复合材料的制备方法。

金属基复合材料近终型制备工艺 near net shaped fabrication for metal matrix composites 可在制备金属基复合材料的同时获得与最终产品结构尺寸相近制件的工艺方法。

金属基复合材料离心铸造 centrifugal casting for metal matrix composites 利用铸型旋转产生的离心力使熔液中密度不同的增强体和基体合金分离至内层或外层形成复合材料铸件的工艺方法。主要用于颗粒复合材料，通过改变转速、颗粒大小和密度，使增强介质呈梯度分布，并控制外层颗粒百分数，达到有选择的强化。

金属基复合材料模锻 die casting for metal matrix composites 使用压力机或锻锤，在锻模上，使金属坯锭产生塑性变形的工艺方法。一般在加热状态下进行。模锻工艺生产效率高、劳动强度低、工件尺寸精确、加工余量小，可以生产形状复杂的零件，适于批量生产。

金属基复合材料热等静压工艺 hot isostatic-pressing process for metal matrix composites; HIP process of metal matrix composites 是金属基复合材料常用的一种固相复合工艺，在复合材料坯件外面，用与基体金属不同的金属制成密封的包套，通过抽气管，对包套组件抽真空。在真空度达到 1×10^{-3} Pa 时，即可将抽气管局部加热封断，而后将此内部呈真空状态的包套组件置于热压罐中升温加压。利用流体（通常是气体）全方位等压传力的特点，使包套在内外压力差下变形，并将外力通过变形的包套施加到复合材料制件上，达到热压扩散的目的。热等静压后，可用机械加工及化学腐蚀的方法去除包套，即可得到成型的复合材料。该工艺方法的最大特点在于施加压力空间各点的等值性，可用于制造形状复杂的零件，如工字梁、T 形材和无缝钢管等。缺点是工艺较复杂、工序繁琐，成本高。

金属基复合材料热压扩散结合制备工艺 hot-pressing spread for metal matrix composites 连续纤维和基体合金在一定的加热温度和压力下，通过扩散结合制备金属基复合材料的固相复合工艺。温度、压力、时间和气氛是热压扩散工艺的重要物理参数。

金属基复合材料熔模精铸 investment casting for metal matrix composites 应用传统的熔模精密铸造技术制取高尺寸精度和表面质量的金属基复合材料铸件的工艺方法。应用此项技术制成零件的结构形状不受限制，可制成无余量或少余量铸件毛坯，达到减少机械加工的目的。还可以制造局部增强的复合材料铸件。

金属基复合材料无压渗渍制备工艺 pressureless infiltration fabrication for metal matrix composites 金属液在无外加压力的情况下，自流渗入多孔的陶瓷堆积体或预制体中获得复合材料的工艺方法。

金属基复合材料旋压成型 spinning for metal matrix composites 将金属坯料（平板毛坯或预成型件）固定到旋轮的芯模上，用旋轮对毛坯施加压力，得到各种薄壁空心回转体零件的工艺方法。非连续增强体的金属基复合材料可用此工艺方法制造空心截锥形零件及筒件。

金属基复合材料压铸 die forging for metal matrix composites 在高压下将液态金属或金属基复合材料组分材料注射进入铸型凝固后成型的铸造工艺方法。利用传统的压铸工艺可以制造尺寸精度高、表面质量高的复合材料铸件。

金属基复合材料预制带制备方法 preparation method for metal matrix composites green tape 指连续纤维与金属（粉末或箔）、易气化溶胶复合成待用条带的制造方法。利用这些条带，经剪裁、堆栈、组合、热压扩散结合等工序才能制成实用零件，故称这种条带为预制带。主要有等离子喷涂条带、树脂纤维带、预固结单条带等。通常，按预先设计的密度，将纤维均匀缠绕在特制滚筒上，然后等离子喷涂基体金属粉末，使纤维固定。将喷涂件从滚筒上展开，即得到等离子喷涂条带；若缠绕时在纤维表面粘上一层气化后不留残渣的溶胶，即得到树脂纤维带；若用单层等离子喷涂条带，或将单层树脂纤维带两边覆以金属基体轧制箔或粉末布，加热除胶后，再热压扩散结合，可得到预固结单条带。

金属基复合材料预制丝制备方法 preparation method for metal matrix composites precursor 一种连续纤维丝束（如碳、石墨、碳化硅纤维丝束）经熔融金属液浸渍成复合丝的方法。制成的复合丝按设计要求铺排、再热压或真空压力制造成实用零件，故称这种丝为预制丝。制备预制丝比较有效的方法有CVD液态金属浸渍法和超声浸渍法。由于预制丝具有一定的刚性，难弯曲成特殊形状，故只能用于制造形状比较简单的零件，如板材、型材、管材等。

金属基复合材料原位反应制造工艺 in-situ reaction fabrication for metal matrix composites 制备过程中由元素间的各种反应而形成增强体的金属基复合材料制备工艺。

金属基复合材料增强体表面浸涂处理 preparation method for metal

matrix composites reinforcements 制造金属基复合材料前对增强体表面的改性处理的工艺。增强体与金属基体复合有两方面的问题：一是容易与金属基体发生化学反应，于界面形成有害相；二是不易被液态金属浸润。为了控制界面反应，改善与液态金属的浸润性，提高复合材料性能，对增强体表面涂覆涂层或浸渍溶液处理是有效的方法。涂层有金属、非金属及复合涂层等。常用的涂层制备方法有电镀、化学镀、CVD、物理气相沉积、离子镀膜、溶液-凝胶法及喷涂法等。

金属基复合材料真空吸铸 vacuum-casting for metal-matrix composites 在铸型内具有一定负压条件下，使液体金属或颗粒增强金属基复合材料自下而上吸入型腔内凝固后形成铸件的工艺方法。采用真空吸铸可提高复合材料的可铸性，减少金属流动充型过程形成的气孔夹杂缺陷，满足航空航天产品复杂薄壁零件成型的要求。可用于可重熔颗粒增强铝的铸造。

金属基体 metal matrix 金属基复合材料中的主要组分，起着固结增强体、传递和承受各种载荷（力、热、电）的作用。金属基复合材料与聚合物基复合材料相比，具有更高的强度、刚度和韧性，耐受更高的温度，良好的导热和导电性，不燃、不吸潮，可采用常规金属的连接技术等优点。金属基体分为轻金属基体和耐热合金基体。轻金属（Al、Mg 等）基体复合材料的使用温度一般在 450℃左右。耐热合金基体，钛合金具有密度小、耐腐蚀、耐化学、强度高等优点，可在 450～650℃温度下使用，宜用于航空发动机零件；高性能碳化硅纤维、碳化钛纤维、硼化钛颗粒增强钛合金可以获得更高的高温性能；钛合金及钛铝金属间化合物基体复合材料，具有良好的高温（工作温度650℃）强度、室温断裂性、抗氧化、抗蠕变、耐疲劳性能，适合做航空、航天发动机的热结构材料；镍、钴基复合材料可在 1200℃使用。在金属基复合材料中，基体占有较大的体积分数。连续纤维增强金属基复合材料约占50%～70%；多数颗粒增强金属基复合材料在 80%～90%范围；而晶须、短纤维增强金属基复合材料一般在80%～90%。金属基体的性能对金属基复合材料的性能有决定性作用。其密度、强度、可塑性、导热、导电、耐热、抗腐蚀性能等将影响复合材料的比强度、比刚度、耐高温、导热、导电等性能。因此在设计和制备金属基复合材料时，应充分考虑金属基体的化学、物理性能及其与增强体的兼容性。参见基体（187 页）。

金属间化合物 intermetallic compounds 金属与金属或金属与类金属之间形成的化合物相。化学成分一般符合 A_mB_n 形式。决定其相结构的主要因素有电负性、尺寸因素和电子浓度。金属间化合物可分为两类，一类是结构用金属间化合物，作为承力结构材料，一般具有较好的室温和高温力学性能，如 Ni_3Al、NiAl、Fe_3Al、FeAl、Ti_3Al、TiAl 等；一类是功能用金属间化合物，具有某种特殊的物理或化学性能，如磁性材料 YCo_5 等、超导材料 Nb_3Sn 等、形状记忆合金 NiTi 等。金属间化合物是普遍受到重视、尚需继续开发的新型材料。

金属晶须 metallic whisker；metal whisker 由金属制成的晶须，如金、银、铁、镍、铜等。可以金属的固体、熔体或气体为原料，采用熔融盐电解法或气相沉积法制得。其主要用途是作为复合材料的增强体，在火箭、导弹、喷气发动机等方面有着广阔的应用前景。参见晶须（231页）。

金属晶须增强体 metallic whisker reinforcements 参见晶须（231页）。

金属喷涂模具 spray-metal moulds 用喷枪把熔融的金属喷涂到一母模上，直至满意的厚度（垂直于外壳），取下生成的外壳，再用熟石膏、胶泥、浇铸树脂或其他合适的材料固定所制成的模具。主要作为制造薄片成型工艺模具用。

金属屏 metal screen 一种金属箔增感屏，通常是铅箔，它在X射线或电离辐射的作用下会发射二次辐射。(无损检测)

金属丝增强高温合金基复合材料 metal filament reinforced superalloy matrix composites 以镍基、钴基、铁基高温合金为基体，以钨合金丝增强高温合金基体的复合材料。钨合金具有良好的高温性能，镍基、钴基高温合金具有良好的抗氧化及高温性能，它们组成的复合材料有突出的高温性能，如镍基、钛基耐热合金复合材料可在1200℃使用。

金属丝增强金属间化合物基复合材料 metal filament reinforced intermetallic compound matrix composites 以金属间化合物为基体，以相应的金属丝为增强体的复合材料。对于金属间化合物基复合材料，引入增强体是为了提高低温韧性和高温增强，金属纤维一般与金属间化合物有较好的物理兼容性和较好的界面结合，因此复合材料的低温韧性和高温强度都得到显著改善。

金属丝增强难熔金属基复合材料 metal filament reinforced refractory metal matrix composites 以难熔金属为基体、以钨或钨合金为增强体的复合材料。预期能制成工作温度在1350℃下的难熔金属基复合材料。

金属丝增强水泥基复合材料 metal filament reinforced cement matrix composites 由金属丝与水泥基体组成的复合材料。金属丝主要有低碳钢纤维、不锈钢纤维与金属玻璃纤维等。金属丝增强水泥基复合材料的性能较未增强的混凝土的性能有很大提高，如不锈钢增强混凝土的抗张强度提高50%～100%，韧性提高10～15倍。可用于浇注桥面、公路路面与机场跑道等。

金属丝增强体 metal filament reinforcements 由金属制成的无机纤维。广义的金属丝包括外涂塑料的金属纤维、外涂金属的塑料纤维以及外包金属的芯线纤维。广泛用于屏蔽和导电性能复合材料。

金属陶瓷 metallic cermet; cermet 又称合金陶瓷。是由金属或合金与一种或几种陶瓷颗粒所组成的非匀质材料（其中陶瓷颗粒尺度一般为1～100μm，体积含量50%～85%）。其性能与其微结构有关，若其中金属为不连续相，则性能与陶瓷类似，表现为脆性；若金属为连续相，即金属是晶界，则脆性得到改善，但不具有金属的高强度、高韧性和陶瓷的耐高温性能。通常介于金属和陶瓷之间，多数硬度在HRC60以上，耐1000℃高温。抗磨性、抗蚀性良好，具有导电性，可焊接，韧性远高于氧化物陶瓷而低于金属材料。在制造机械密封环、轴承等耐磨、耐蚀零件方面得到广泛应用。

金属纤维 metal fiber 由金属、塑料涂覆金属或金属涂覆塑料制成的纤维的统称。直径一般为0.1～0.5mm。

金属纤维增强生物活性玻璃复合材料 metal fiber reinforced bioactive glass ceramic composites 金属纤维与生物活性玻璃复合而成的一种生物医学复合材料。是将不锈钢丝或钛合金丝彼此交联构成纤维网，再用生物活性玻璃浸渍，然后冷却，退火而制成。可用作承力的骨替代材料。

金属皂 metallic soaps 脂肪酸与金属反应而生成的产品，广泛用作塑料的稳定剂。通常所用的脂肪酸为月桂酸、硬脂酸、蓖麻醇酸、环烷辛酸或2-乙基己酸、松香与妥尔油。所用的典型金属为铝、钡、钙、镉、铜、铁、铅、镁、锡与锌。

紧经 tight end 织物经纱捻度或张力过大而收缩、抽紧。

进料系统 feed system (in mould) 又称加料系统。

近场 near field 由于绕射效应而使超声波束中强度发生变化的区域。近场从辐射源一直延伸到刚刚比远场短的点上。(无损检测)

浸胶 impregnation 把待浸胶材料(纤维或其织物)浸入胶液里使胶液黏附于纤维上的过程。纤维缠绕工艺中常见的浸胶形式有三种：浸胶法、擦胶法和计量浸胶法，如下图所示。通常浸胶槽由浸胶辊、胶槽和压胶辊组成。多根纤维纱通过浸胶辊浸上树脂，然后通过第二浸胶辊和压胶辊及分纱孔，最后缠绕到芯模上。如果需要精确控制树脂含量，可使纤维束的浸润通过一个转动的辊筒，使纤维束铺开以改善其浸润性，并在此基础上加装限胶孔，以进一步控制缠绕制件的树脂含量。擦胶法适合于玻璃纤维和芳纶，因为二者的损伤容限较大，纤维在缠绕过程中引起的损伤小。但是，一旦纤维有损伤，就会粘在辊筒表面，并且越积越多，从而影响树脂含量并增加纤维的损伤，需要随时注意，及时清洗。计量浸胶法，即限胶法浸渍。将纤维和树脂引入一端大开口的通道，通道另一端是一特定尺寸的机加孔（限胶孔），在通道内树脂充分浸渍纤维，经过机加孔（限胶孔）时多余的树脂被挤出。其优点是树脂含量可严格控制，缺点是纤维的接头不能通过，对于不同的树脂体系和含胶量必须更换限胶孔。

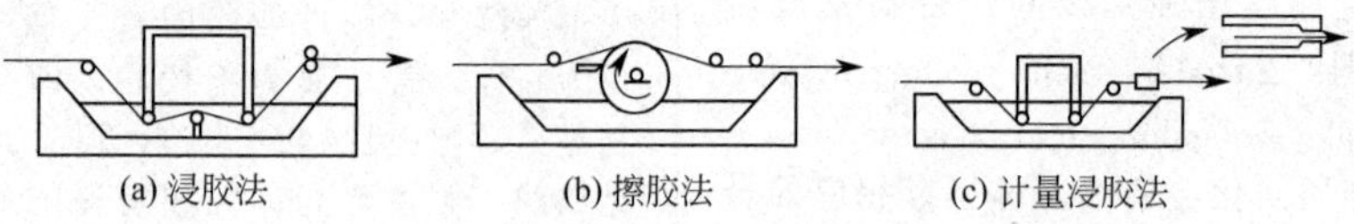

(a) 浸胶法 (b) 擦胶法 (c) 计量浸胶法

浸胶机 impregnating machine; pick-up roll 将纤维或织物浸渍树脂胶液以制备预浸料的设备。一般由转辊、浸胶槽、压辊、刮刀和干燥装置、牵引装置等部件组成。浸胶设备如229页图所示。参见浸胶（228页）。

浸胶时间 impregnating time 浸胶时纤维或其织物从进入树脂胶液到引出树脂胶液所经历的时间。

浸胶纸浆模塑 pulp molding 使用真空使树脂把纸浸渍并预成型，再进炉固化或模压的工艺。

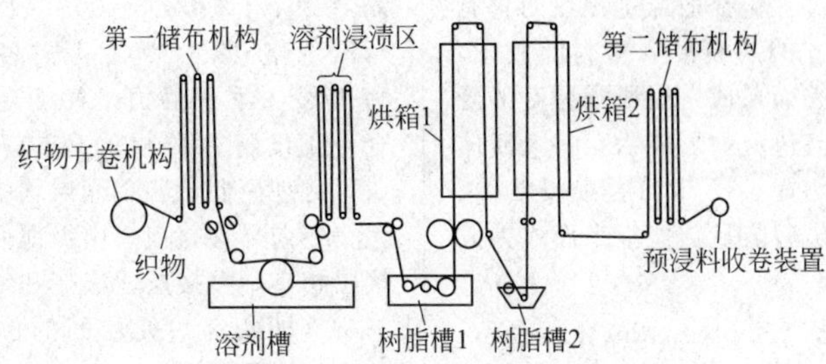

浸润 wetting 又称润湿。液体对固体的亲和性，当液体和固体接触时，液体自然地粘到或扩散到固体表面的过程。接触角为0°表示表面被液体完全浸润；接触角大于90°则表面被认为是不可浸润；接触角在90°与0°之间，则表面为不完全浸润。参见接触角（215页）。

浸润不足 lack of fill-out 由于树脂浸渍液与被浸材料的表面张力不协调，树脂对被浸物浸润不好而造成的局部贫胶。在纤维复合材料中即为增强材料未被树脂浸透。其实质是制品中部分纤维浸渍树脂不足，使纤维仍处于分散状态或本色裸露。产生的原因：①树脂量不足；②树脂黏度过低，触变性不足；③树脂黏度太高；④浸渍时间不够。解决方案：①加大使用树脂量使树脂量与增强材料的量达到平衡（如树脂∶玻璃布＝1.0～1.2）；②调整树脂到适宜的黏度，使之具有适宜的触变性，不至于触变性太小，挂不住树脂，或太大，浸润性差，树脂不易浸入纤维；③保证足够的浸润时间，使得浸润树脂具有一定的时间积累，增加树脂浸渍量。参见接触角（215页）。

浸润剂 参见上浆剂（376页）。

浸润速率 wet-out rate 以树脂基体浸满增强材料的空隙和浸湿纤维表面所需要的时间。一般采用光学的或光透射仪器来测定。

浸润性 wettability 液体对其他物体的润湿能力或固体能被液体浸湿的性质。如纤维增强材料的表面和空隙可被树脂胶液浸润和充满就表明该纤维具有浸润性。更广义地讲，指任何两种物相之间的相互浸湿能力。

浸渗黏合 infiltration bite 胶黏剂渗入黏合体表面而产生咬合力使黏合体粘接到一起的过程。

浸透反应法 参见无压反应法（457页）。

浸透 wet-out；fill out 纤维束中各纤维之间的空隙均被树脂胶液充满的浸渍状态。

浸涂 dip coating 一种涂层方法，该法为受涂件根据涂层材料性质加以预热或冷却，然后将受涂件浸入流体树脂、树脂溶液或分散液槽中，取出后进一步加热或干燥以使涂体固化。

浸渍 impregnate 待浸材料（纤维、纤维织物以及多孔材料）放进液体中，液体渗入并附着于待浸材料的过程。在复合材料生产中用的预浸料就是用这种方法制备的。参见渗渍（380页）。

浸渍成型 dip forming 一种与浸涂类似的成型方法，但浸渍成型要把熔融的、固化的或干燥后的浸渍体从浸渍芯模上脱出。常用于制造乙烯基塑料溶胶制件，其过程包括把经过预热的具有成品内部尺寸的芯模浸入塑料溶胶中，溶胶在芯模表面形成一层所需厚度的凝胶层，取出已包覆的形成物，将浸渍体加热至表面熔融，冷却和脱出浸渍体。有些制品脱出后能翻转使里表面成为成品的表面。

浸渍工艺 impregnating process ①热固性树脂基复合材料，是将纤维增强材料浸渍树脂后经加热炉烘干制成预浸料的工艺过程；②热塑性树脂基复合材料，是将热塑性聚合物加热熔融或用溶剂配成聚合物溶液，对纤维进行浸渍制作预浸料的工艺过程。

浸渍时间 impregnating time 浸胶时，纤维纱或布（带）从引入树脂胶液到引出树脂胶液所经历的时间。

浸渍试验 immersion test ①将试样置于一定温度的水、溶剂等介质中，浸渍一段时间，然后测定试样性能变化的试验；②把物体和探头都浸在液体中进行的试验。(无损检测)

浸渍树脂 resin for impregnate 在制备预浸料时，用来浸渍增强材料(玻璃纤维、碳纤维、Kevlar 或其织物)的聚合物。常用的有环氧树脂、B-阶段酚醛树脂、双马来酰亚胺树脂等。

浸渍筒 impregnation case 用于在浸渍炉内浸渍预制件坯体的可盛装浸渍液和预制件坯体的工装筒。

浸渍压缩 compregnate 在生产渗胶压缩木材时，与树脂浸渍同时或随后进行压缩的过程。

浸渍织物 impregnated fabric 浸渍有合成树脂的织物。参见预浸料（510 页)。

经典层合板理论 classical theory of laminates; classical laminated plate theory 基于克希荷夫-勒夫假设（即 $\gamma_{xz}=\gamma_{yz}=0$ 和 $\varepsilon_z=0$）以及 z 向应力可以忽略（$\sigma_z=0$），考虑各层偏轴应力-应变关系和静力平衡而建立的薄层合板刚度特性分析的理论。已得到公认。此理论假设各单元层均为宏观均匀正交各向异性材料，由极薄而坚实的粘接层相连，粘接层剪应变和线应变均可忽略（即相邻单元层间的位移是连续的，且层间无滑移)。

经浮点 见经组织点（230 页)。

经济寿命 economic life 见耐久性使用寿命。

经密 warp density 又称经纱密度。织物沿纬向单位长度内的经纱根数，一般以根/10cm 或根/英寸表示。

经密度 见经纬密度（230 页)。

经纱 warp yarn 织物中长而平行、与织边平行的纱或机织物上沿长度方向排列、平行的纱。参见纬纱（454 页)。

经纱面 warp surface 经纱面积大于纬纱面积的表面层。对于两个表面的经纱与纬纱均等的织物，不存在经纱面。

经纱轴 warp beam 在织物制造过程中，为织物提供经纱、上面缠有所需长度和根数经纱的圆柱形纱轴。

经缩 shrunk end 经纱受意外张力后松弛，以致织物表面呈现块状、直条状或横条状的起伏不平。

经纬密度 thread count 又称经密度。编织物长向（经）或横向（纬）每厘米中的纱条（线）数。

经向 warp-wise 织物的长度方向，即经纱方向。

经组织点 warp interlacing point 又称经浮点。机织物中，经纱浮于纬纱之上的交叉。

晶板增强金属基复合材料 platelet crystalline reinforced metal matrix composites 以晶板增强金属或合金的复合材料。所用基体主要是铝镁等金属和合金，增强体主要是单晶体的 α-SiC 芯片。其结构完整性好，强度及模量较高，具有好的耐热和耐腐蚀性，加入金属及合金基中，可得到模量、耐蚀性比基体提高很多的金属基复合材料。

晶板增强体 platelet crystalline reinforcements 指结构完整、晶粒宽厚比大于 5 的片状单晶体。可用于陶瓷、金属和聚合物基复合材料，起到增强增韧作用，提高力学性能和耐磨性。它除了具有高强度、高模量、好的化学稳定性能及热稳定性等优点外，还有易分散、价格便宜、对人体无害等优点。品种有碳化硅晶板、碳化硼晶板、硼化锆晶板等。

晶体纤维 见陶瓷晶须（438 页）。

晶须 whisker; crystal whisker 原子排列高度有序、结构近乎完整的一种高纯度、短纤维状单晶无机材料。其直径范围是 1～25μm，长径比在 100～15000 之间。由于其晶体结构近乎完整，不含有晶粒界、亚晶界、位错、空洞等晶体结构缺陷，所以具有高强度、高弹性、高耐温性和触变性。它不仅具有异乎寻常的力学性能，而且在电学、光学、磁学、铁磁性、介电性、传导性，甚至超导性等方面都发生显著变化。多种材料，包括一些金属、氧化物、氮化物、碳化物、卤化物、石墨及有机化合物都已能制成晶须。主要种类有非氧化物（如碳化硅、氮化硅、碳化钛）晶须和氧化物（如氧化铝、莫来石）晶须。制备方法主要有化学气相沉积（CVD）法、碳热还原法和热解法等。晶须的主要品种有晶须绒、蓬松纤维、晶须毛毡纸和蛛网晶须。是陶瓷基、金属基和树脂等基体优异的增强体。其本身无化学毒性，但由于其细微，吸入人体后无法排出，因此对人体健康具有严重的危害性。

SiC 晶须 见碳化硅晶须（419 页）。

Si_3N_4 晶须 见氮化硅晶须（67 页）。

晶须分散技术 whisker dispersion technique 利用球磨分散、超声分散、溶胶-凝胶法等手段来消除晶须的团聚或集聚的方法。

晶须-颗粒混杂增强陶瓷基复合材料 fiber (whisker) -particles hybrid reinforced ceramic matrix composites 以陶瓷（ZrO_2、$3Al_2O_3 \cdot 2SiO_2$、Al_2O_3）为基体，引入晶须、颗粒作为增强体的复合材料。增强体可以是不同形态的同一物种的组合，也可以是不同形态的不同物种的组合。这种复合材料兼有晶须补强和颗粒弥散化的机制，其性能比基体成倍增加。复合材料制备的关键在于晶须、颗粒的预处理，以便达到它们在基体中的均匀分布，从而获得优良的性能。

晶须增强金属基复合材料 whisker reinforced metal matrix composites 以金属或合金为基体，以各种晶须为增强体的复合材料。基体有铝、镁、铜、钛、镍、高温合金、金属间化合物及难熔金属等。晶须有 SiC、Si_3N_4、TiB_2、TiC、ZnO 等。不同种类的基体可采用不同类型的晶须，以保证良好的浸润性和相对的界面稳定，不产生界面反应损伤晶须。如铝基多用 SiC、Si_3N_4 晶须增强，钛合金基用 TiB_2、TiC 增强最佳。这种复合材料具有高强度、高模量、高横向力学性能、良好的高温性能，以及导热、导电、耐磨损、热膨胀小、尺寸稳定性好、阻尼性好等。分为外加晶须增强和内生长晶须增强两种。主要应用对象是航空航天结构。

晶须增强陶瓷基复合材料　whisker reinforced ceramic matrix composites　以陶瓷为基体，以晶须为增强体，通过复合工艺制得的新型陶瓷材料。它既保留了陶瓷基体的主要特性，又通过晶须的增强、增韧改善了陶瓷材料的性能。晶须包括碳、Al_2O_3、BeO、B_4C、SiC、Si_3N_4、莫来石、SiO_2、TiN等，基体有Si_3N_4、SiC、Al_2O_3、ZrO_2、B_4C等陶瓷材料。按复合工艺分类，可分为外加晶须增强陶瓷基复合材料和原位生长晶须增强陶瓷基复合材料。前者是通过晶须分散、基体与晶须混合、成型、烧结而成。后者是将晶须生长剂与基体原料直接混合，经成型、晶须生长、烧结而成。但成本相对较高。主要用于国防工业、航空、航天以及精密机械等领域。

晶须增强体　whisker reinforcements　晶格缺陷很少的细长单晶体。直径一般为零点几到几微米，长度几十到几百微米，长径比一般大于10的针状单晶体材料。用于增强陶瓷、金属和树脂等基体，可以提高基体的强度、韧性、耐热性、耐腐蚀性和触变性，以及赋予导电、抗静电、减振、阻尼、隔声、吸波、防滑、阻燃等功能。参见晶须（231页）。

精度　precision　所得的一组观测值或试验结果相一致的程度。包括重复性和再现性。

精细陶瓷　fine ceramic　见先进陶瓷（463页）。

颈缩　necking　在拉伸应力下，材料可能发生的局部截面缩减的现象。

净尺寸零件　net-shape part　模塑后不需要另加工即可满足尺寸要求的零件。

净尺寸预型体　net-shape preform　达到最终零件结构要求，用来制造净尺寸零件的预型体。

净化间　clean room　预浸料裁剪、铺贴和胶接组装所要求的温度、湿度和洁净度均受到控制的环境。各公司规定如下表所示。参见铺层间（333页）。

环境	美波音公司	英宇航公司	法宇航公司
相对湿度/%	≤70	≤70	45～65
温度/℃	18～32	18～30	19～25
10μm尘粒/(个/L)	≤4	≤4	≤4

净模制　molded net　制造的模压件不需附加工序就能满足尺寸要求的模制。

净树脂预浸料　net resin prepreg　指其中树脂含量与终极复合材料产品含胶量（V_f=57%～60%，达到材料力学性能和产品质量平衡的零件纤维体积含量）相匹配、流动度可控、在热压罐加工期间极少流胶或不流胶的预浸料。其中，单向预浸料树脂质量含量为31%、预浸布为36%。采用这种净树脂-流动度可控的预浸料，避免了排出树脂引起树脂压力的下降，可以提高制件尺寸的可控性，减少预压实工作量，节约消耗材料（吸胶材料）、降低成本，以及降低树脂流入蜂窝芯、工装零件、真空袋区域的可能性。参见预浸料（507页）、预浸带（507页）。

静电喷涂　electrostatic spray coating　应用电荷作用直接使导电雾化微粒喷至工件表面的一种喷涂方法。

静力疲劳 static fatigue 在连续载荷作用下制件的破坏。与金属试验中的蠕变-破裂破坏相似，但常常是由于应力加速的老化而引起的。

静模量 static modulus 在静力状态下应力对应变之比率。由剪切、压缩、拉伸试验中的应力-应变曲线计算。以单位面积的力表示。

静摩擦系数 static friction coefficient 正压力下，相互接触的物体开始做相对运动时的摩擦系数。

静态试验 static test 载荷或变形速率随时间变化缓慢的试验，如拉伸试验、压缩试验等。

静应力 static stress 一种应力。为固定的或随时间缓慢变化的力。例如无振动的失效试验。

镜面反射 specular reflection 超声波束发生像镜面一样的反射，其反射角等于入射角。(无损检测)

镜像对称 mirror symmetry 指物体或图形相对于一个假想的平面，在大小、形状和排列上都具有一一对应的关系。就像镜前的物体与其镜像的对称关系一样。均衡复合材料都是镜像对称的。

酒精 grain alcohol 见乙醇 (494 页)。

居里温度 Curie temperature 当温度升高时，铁磁性和亚铁磁性物质转变为顺磁性物质时的临界温度 T_c。在居里温度以上，铁磁（亚铁磁）体中的磁畴消失，原子磁矩由有序排列转变为无序排列。磁的有序无序转变是一种二级转变，这一温度附近，物质的电阻率、比热容、膨胀系数、弹性模量都有明显的变化。从使用的角度来说，一般要求材料具有高的居里温度（如因瓦合金“4J36”的 $T_c=230$℃)。这样材料在使用过程中能保持高的磁感应强度和好的稳定性。换言之，材料只有在其居里温度以下使用时，才能保持其稳定性。在选用模具材料时，必须考虑其居里温度高于使用（固化）温度，否则，就会产生由于在使用过程中模具膨胀的量增大而导致产品精度降低的后果。

局部胶接 spot bonding 对仅需胶接的部位进行加热胶接的方法。

橘皮纹 orange peel 塑料制品表面出现如橘皮般凹凸不平的外观缺陷。

矩阵（试验安排） matrix 按试验内容和试验数量给出的方阵。

矩阵（数学） matrix 将 $m\times n$ 个元素排成 m 行（横行)、n 列（纵列）的矩形数组，称为 m 行 n 列矩阵。当 $m=n$ 时，称为方阵。在二维情况下，应力和应变是 1 乘 3 阶矩阵，而刚度和柔度是 3×3 阶矩阵。

矩阵求逆 matrix inversion 线性代数中的一种由矩阵求出其逆矩阵的运算方法，如有限元方法中由刚度矩阵得到柔度矩阵的代数运算，或柔度矩阵求刚度矩阵的代数运算。

锯齿边 toothed edge 纬纱张力忽大忽小，织物边部间隔内卷，呈锯齿状。

聚氨基甲酸酯 polyurethane; PU 简称聚氨酯。主链链节含有氨基甲酸酯链节的聚合物。由异氰酸酯和多元醇反应生成。具有玻璃化转变温度低（−40～60℃)、弹性模量低（0.03Pa)、粘接力强、耐磨、耐冲击、适用范围宽和性能调节灵活等特点，以及耐油、耐臭氧、耐辐射、电绝缘性优异等优点。可以制成柔软弹性体或刚性塑料。广泛用于泡沫塑料、涂料、胶黏剂、弹性体，以及 RIM 型聚氨酯材料与 IPN 材料等，在国民经济各行业中具有非常重要的作用。聚氨酯一般分为聚酯型和聚醚型两大类。

聚氨酯 见聚氨基甲酸酯（233 页）。

聚氨酯复合材料 polyurethane composites 见聚氨酯树脂基复合材料（234 页）。

聚氨酯胶黏剂 polyurethane adhesive 商品名乌利当胶。以聚氨基甲酸酯为基料制成的粘接材料。其反应活性大、初始粘接力高，对金属和非金属均有良好的黏附性。胶层柔软，剥离强度、弯曲强度、抗扭曲和抗冲击性能良好；耐低温性能优异。主要有四种类型：多异氰酸酯胶黏剂、溶剂型聚氨酯胶黏剂（双组分）、单组分聚氨酯胶黏剂（借空气中水蒸气引发聚合固化）和水乳型聚氨酯胶黏剂（使用时需加热至150℃以上）。此类胶黏剂通常用作非结构型胶黏剂，广泛用于金属与橡胶、织物、塑料、木材、皮革等的粘接。

聚氨酯树脂 polyurethane resin; PUR 是由二异氰酸酯与含有两个或多个活泼氢原子的有机化合物反应而生成的具有自由异氰酸基的聚合物。这些基团在热或一定催化剂的影响下相互起反应，或与水、乙二醇等起反应而生成热固性材料。参见聚氨基甲酸酯（233 页）。

聚氨酯树脂基复合材料 polyurethane resin matrix composites 以热固性聚氨酯树脂为基体，以填料填充或以纤维为增强体的复合材料。热固性聚氨酯是多壬二酚异氰酸酯与高分子多元醇的缩聚产物。常用的填料是硅酸钙、云母等，常用的增强纤维是短切或研磨的玻璃纤维，填充量一般为5%～30%。由于未固化的热固性聚氨酯体系在室温下流动性好，又可迅速固化，故需采用增强反应注射（RRIM）工艺制造复合材料制件。这种复合材料性能好、生产效率高、成本低，在汽车行业有重要用途，如制造车盖、发电机罩栅板、保险杠等。

聚氨酯弹性体 polyurethane elastomer 含氨基甲酸酯基（—NHCOO—）链结构的弹性体的总称。是聚酯或聚醚与二异氰酸酯的反应产物。分浇铸型、热塑型和混炼型三类。三者性能不同，用途各异。浇铸型有较高的机械强度、较好的耐热性和耐溶剂性，但弹性较小，可用于各种机械零件和结构材料；热塑型有较高的机械强度、较好的低温性能和耐臭氧性，但耐热和耐溶剂性较差，用于制造汽车零件、轴承、密封件等；混炼型具有较高的弹性和压缩永久性变形，机械强度较低，用途较少，大多用作橡胶制品。

聚氨酯弹性涂料 polyurethane elastic coating 涂膜的伸长率可达300%～600%的聚氨酯涂料。结构为线型长链大分子，涂膜的玻璃化转变温度低，常温下处于高弹态。在较小的外力作用下即能变形，撤去外力又能恢复原状。有固化型和挥发型两类。

聚苯 polyphenylene 又称聚对亚甲基苯。以苯为链节的聚合物。其热稳定性高，分解温度530℃，较聚酰亚胺、聚四氟乙烯性能更优。可在300℃下长期使用。耐辐射。除浓硝酸和吡啶外，不溶于任何溶剂。可作为高温离子交换树脂，耐高温、耐辐射涂料及胶黏剂等。也是聚四氟乙烯和橡胶的良好改性剂。

聚苯并噁唑 polybenzoxazole; PBO 为聚对苯撑苯并双噁唑、聚对亚苯基苯并二噁唑的简称。在高分子主链中含有苯并噁唑重复单元的耐高温、高模量芳杂环聚合物。有顺-PBO和2,5-PBO两种结构。为深黄到褐色固体。玻璃化转变温度 T_g＞400℃。不溶于普通有机溶剂，只溶于多磷酸、甲磺酸、氯磺酸和浓硫酸。不熔，不燃。耐电子束、耐激光、耐紫外线辐射，耐分子氧。具有高模量、高强度：纤维拉伸强度3.6GPa，拉伸模量467GPa，断裂伸长率3.6%。一般用于制薄膜和纤维等。织物用于防弹衣；碳纤维层合板可用于多层电路、火箭发动机外壳、太阳能阵列以及航天结构等；在刚性棒状分子复合材料中，用作分子水平增强剂；高模量片材是高级复合材料的新型增强剂。

聚苯并噁唑纤维 polybenzoxazole fiber PBO纤维，为芳杂环类耐高温阻燃的高强度高模量纤维，是一种有望与高性能碳纤维竞争的有机纤维品种，被誉为21世纪纤维。其最突出的特点是高强度和高模量。密度1.56g/cm^3，拉伸强度3.4～5.8GPa（是PPTA的2倍），模量180～406GPa。伸长率可达3.5%，比强度、比模量与T1000碳纤维的相当。分解温度650℃，最高使用温度350℃（均较PPTA高100℃），极限氧指数（LOI）68%～75%（为PPTA的2.6～2.9倍）。吸湿性仅0.6%。耐热性、耐磨性、高温尺寸稳定性和耐候性好，蠕变小，抗燃性好。制法是将对苯二甲酸和二氨基间苯二酚进行低温溶液缩聚，再溶于多磷酸或浓硫酸中配成液晶溶液，进行干喷-湿纺而得到初纺丝，再在张力下进行高温处理而得热处理纤维。适用作橡胶、树脂和混凝土的增强体。主要用于新一代轮胎、耐高温抗燃防护服、高性能缆绳和树脂基复合材料，如火箭固体发动机壳体、高级体育用品等。其聚合物纺丝工艺如下图所示。参见聚苯并噁唑（234页）。

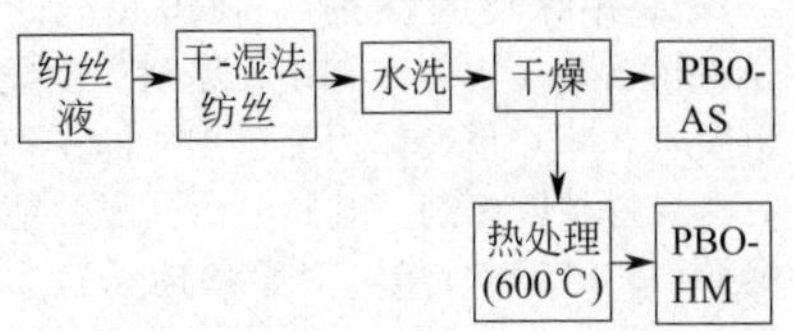

聚苯并咪唑 polybenzimidazole; PBI 高分子主链中含有苯并咪唑共轭芳环结构重复单元的芳杂环聚合物。纯树脂为黄到棕色的无定形粉末，不溶于普通溶剂，稍溶于浓硝酸、冰醋酸和甲磺酸。溶于含LiCl的二甲基亚砜、二甲基乙酰胺和二甲基甲酰胺。密度1.3～1.4g/cm^3。耐高温，玻璃化转变温度480℃，能在270℃长期使用，400℃短期使用。低温性能也很好，即使在−196℃也不发脆；磺化膜室温拉伸强度110MPa，拉伸模量2.65GPa，断裂伸长率11%；不燃，耐烧蚀性优良；耐水解，耐酸、碱，吸湿性与棉花相似。主要用途纺丝、防护涂料、胶黏剂及复合材料等。目前主要用在航天领域，如导弹、雷达天线与超音速喷气机的防护涂层，以及耐烧蚀材料和热屏蔽结构材料等。

聚苯并咪唑基复合材料 polybenzimidazole matrix composites 又称PBI基复合材料。以聚苯并咪唑为基体，以纤维（或织物）为增强体的复合材料。其主要形式是玻璃纤维、碳纤维或微球为增强体的层合板或低密度泡沫塑料。制造方法是用浓度为15%的PBI的二甲基乙酰胺溶液浸渍纤维（或织物），干燥、叠层后在高温（317℃）、高压（1.4 MPa）下压制成型，最后进行后固化处理。主要用于航空航天领域，如导弹、运载火箭鼻锥，雷达天线以及其他严酷环境的耐烧蚀和热屏蔽结构。参见聚苯并咪唑（235 页）。

聚苯并咪唑胶黏剂 polybenzimidazole adhesive 又称 PBI 胶黏剂。以线型聚苯并咪唑预聚体为黏料制成的一种耐高温特种胶黏剂。其瞬时耐高温性能优异，538℃不分解，对金属的粘接力强。不足之处是抗氧化性差，在 300℃下易氧化；固化时所需压力和温度（200℃以上）高且易出现空隙。主要用于航天器在瞬时耐高温下工作的结构的胶接，也在机械工业中用作铝合金、不锈钢、蜂窝结构、聚酰亚胺薄膜等结构的胶黏剂。参见聚苯并咪唑（235 页）。

聚苯并咪唑泡沫塑料 polybenzimidazole foam 又称 PBI 泡沫塑料。以聚苯并咪唑树脂为基材，内部布满微孔的塑料。密度为 192～281kg/m^3。力学性能良好，耐高温性能突出。23℃下压缩强度 20.68MPa，拉伸强度 8.96MPa，315℃下压缩强度 19.99MPa，拉伸强度 8.81MPa，535℃下相应性能为 5.35MPa、1.96MPa；耐热老化性能好，510℃开始失重；电性能优异，室温下介电常数为 1.8，100℃下为 2.2，在此温度范围内的介电损耗角正切为 0.004～0.04。用作耐热耐磨防护板，200℃以上的绝缘体和雷达罩等制件。参见聚苯并咪唑（235 页）。

聚苯并咪唑纤维 polybenzimidazole fiber 又称 PBI 纤维。一种以聚苯并咪唑为原料制成的合成纤维。热稳定性好，在火焰中不燃也不熔。除用于防护服、减速伞、登月服外，还用作聚合物复合材料的增强体，制作耐热阻燃复合材料，用于宇宙飞船构件。参见聚苯并咪唑（235 页）。

聚苯并咪唑纤维增强体 polybenzimidazole fiber reinforcements 参见聚苯并咪唑纤维（236 页）。

聚苯并噻唑 polybenzothiazole; PBT 在高分子主链中含有苯并噻唑重复单元的耐高温、高模量芳杂环聚合物，有顺-PBT 和 2,6-PBT 两种结构。为深黄到棕色固体，密度 1.42～1.6g/cm^3。不燃，玻璃化转变温度 400℃以上。不溶于普通有机溶剂，只溶于多磷酸、甲磺酸、氮磺酸和浓硫酸。空气中 593℃不失重。耐电子束、耐激光、耐紫外线辐射，耐分子氧。织物用于防弹衣；碳纤维层合板可用于多层电路、火箭发动机外壳、太阳能数组以及航天结构架等；在刚性棒状分子复合材料中，用作分子水平增强剂；高模量片材是高级复合材料的新型增强剂。

聚苯并噻唑纤维 polybenzothiazole fibre 由芳族四酸二酐和芳族四胺在极性溶剂中缩聚，并经纺丝而制得的芳杂环有机耐热纤维，简称 PBT。参见聚苯并噻唑（236 页）。

聚苯砜 poly (phenylene sulfone); PPSU 分子链的重复结构单元是苯基砜的聚合物。是一种耐高温工程塑料。为无定形的聚合物，玻璃化转变温度为 200℃，被广泛用作耐热高分子材料。

聚苯硫醚 polyphenylene sulfide; PPS 又称聚亚苯基硫醚。以亚苯基硫醚为主链的半晶态聚合物。有无定形和部分结晶两种。具有极高的热稳定性，在 400℃空气中稳定，熔点 288℃，可在 250℃下长期使用。相对密度（d_4^{20}）1.34。拉伸强度 74.41MPa，伸长率 3%，弯曲强度 137MPa，弯曲模量 4.1GPa。具有很好的粘接性能，能粘接玻璃、陶瓷、钢材、铝、银、镀铬和镀镍制品等。具有优良的介电性能、耐燃性、耐化学品性（耐硫酸、盐酸、磷酸、氢氟酸、氢氧化钠、氢氧化钾、过氧化氢等浸蚀），但不耐硝酸，冲击性较差。广泛用于耐高温胶黏剂、涂料、合成纤维及复合材料的基体等。在电子电器、航空航天、交通运输等领域获得成功应用。

聚苯硫醚砜 polyphenylene sulfide sulfone；PPSF；PPSS 以二苯基砜与硫醚为结构单元的聚合物，是聚芳基硫醚新型的非晶性耐热聚合物。玻璃化转变温度215℃，在210℃下热老化16周后拉伸强度保持率为90%。耐酸、碱和溶剂，具有阻燃性。室温拉伸强度92.4MPa，弯曲强度147.5MPa，弯曲模量3.21GPa。熔融温度320～350℃，与PPSK、PPS等树脂兼容性好，能形成树脂合金。可以纯树脂使用，也可用作复合材料基体，制作汽车、电子、飞机等产品的构件。

聚苯硫醚基复合材料 polyphenylene sulfide matrix composites 以聚苯硫醚（PPS）为基体，以纤维（或其织物）为增强体的复合材料。该材料在保持PPS优良的耐热性、耐化学品性等特性的同时，冲击韧度大大提高，耐热性和其他力学性能也有了全面改善。常用的增强体有玻璃纤维、碳纤维和芳纶。成型方法有模压、拉挤、缠绕、热压罐成型等。产品广泛用于汽车、电子电器及航空航天工业等。其中CFRP可作电磁屏蔽与防静电制品，单向织物复合材料用于制作导弹尾翼、检修舱门和机翼等结构件。参见聚苯硫醚。

聚苯硫醚纤维 见聚对苯硫醚纤维（236页）。

聚苯醚 polyphenylene ether；PPE 分子链的重复单元是苯基醚的聚合物。此类树脂的聚集态是非结晶性，能够被多种溶剂溶胀或溶解。同时又具有较高的尺寸稳定性、耐热性和机械强度及优良的电气性能。它密度小，无毒、吸水性极小且具有自熄性。广泛用作结构材料，是通用工程塑料的重要品种。

聚苯醚砜 见聚醚砜（251页）。

聚苯醚腈 poly（oxyphenyl cyanide） 又称聚醚腈。是含极性很强的氰基侧链的新型全芳香族的聚醚，属结晶性的特种工程塑料。玻璃化转变温度245℃，熔点340℃，可在230℃下长期使用。纯树脂室温下的拉伸强度135MPa，弯曲强度190MPa，压缩强度210MPa。用玻璃纤维、碳纤维增强后，耐热性、机械性能可提高一倍以上。它有很好的电性能、耐热水性及耐油性。阻燃性也很好，极限氧指数（LOI）42%。易成型加工，可用传统的热塑性成型方法成型。在电子、电气领域多用于高频加热器零件、绝缘薄膜以及磁性复合材料。还可用作先进复合材料基体，制造航空、航天器的天线罩、仪表盘等。

聚苯乙烯 polystyrene；PS 由苯乙烯（乙烯基苯）聚合得到的无定形聚合物。有均聚物和共聚物两类。均聚物为水白色，强度高，具有优越的电性能、良好的热和尺寸稳定性及抗污染性，但是有些发脆。苯乙烯与其他物料（如丁二烯）共聚可生成高冲击韧性的共聚物产品；加入一些α-甲基苯乙烯共聚可增进耐热性；与甲基丙烯酸甲酯共聚可增进光稳定性；与丙烯腈共聚可增进耐化学品性。

聚苯乙烯泡沫塑料 polystyrene foams 以聚苯乙烯为基材的泡沫塑料。应用广泛的轻质泡沫塑料，由两种方法制成。挤出泡沫体是将一种挥发性液体（如氯甲烷）发泡剂注入挤出机中的熔融苯乙烯中，当其从挤出机的模口挤出时，熔体膨胀成一种低密度泡沫“柱”，可切成片状或机械加工成多种成品。另一种基本方法为当苯乙烯聚合成珠时加入发泡剂。这些苯乙烯珠可在封闭模中膨胀至原体积的45～60倍而直接成型，也可对其加热进行预膨胀，然后模塑或加入晶核剂后挤塑成厚板。

聚丙烯 polypropylene；PP 在合适的催化剂作用下，由丙烯聚合而成的热塑性树脂。聚丙烯在所有塑料中具有最低的密度（大约为$0.9g/cm^3$）。与聚乙烯相似，聚合物的性能可随分子量和制备方法的不同而有很大的变化。用作模制塑料级的，其分子量为40000或更高，通常具有高结晶度，良好的耐热及耐化学性和电性能。当配加如石棉或玻璃纤维之类的填充剂，掺合如聚异丁烯合成弹性体以及与少量其他单体共聚后，聚丙烯可加以改性而获得增进的性能。

聚丙烯腈 polyacrylonitrile；PAN 丙烯腈单体在溶剂中由引发剂催化，通过悬浮聚合方法制成的聚合物。是重要的合成纤维原料。PAN含量为85%的共聚物称为腈纶，用于制造人造羊毛。PAN纤维是制造PAN基碳纤维的先驱体。广泛用于航空、航天等领域。

聚丙烯腈基碳纤维 polyacrylonitrile base carbon fiber 由聚丙烯腈(PAN)纤维经预氧化、碳化制得的纤维。碳化一般是在高纯度惰性气体保护下，将预氧化的PAN纤维加热至1000～1800℃，除去非碳原子（H、O、N等），生成含碳量95%左右的碳纤维。这种纤维具有良好的综合性能，与树脂基体粘接力强，其复合材料性能高。在商业化应用的增强体纤维中其具有最高的比模量和比强度。如果将预氧化的PAN在惰性气氛中于张力下加热到2500～3000℃，则可得到石墨结构的碳纤维（石墨纤维）。这类纤维的特点是模量高，强度、断裂伸长率则较碳纤维低，如M65J纤维，拉伸强度3630MPa，弹性模量640GPa，断裂伸长率0.67%。聚丙烯腈基碳纤维在各类商业化碳纤维中占主导地位，广泛用于先进复合材料。已成为航空航天领域不可缺少的高性能材料。也是制作高档体育运动器材的重要材料。

聚丙烯腈基碳纤维增强体 polyacrylonitrile base carbon fiber reinforcements 见聚丙烯腈基碳纤维（238页）。

聚丙烯腈碳纤维 PAN-base carbon fiber 见聚丙烯腈基碳纤维（238页）。

聚丙烯腈预氧化纤维 polyacrylonitrile preoxidized fiber 又称PAN预氧丝。指聚丙烯腈纤维在一定温度(200～300℃)下经空气氧化而形成部分环化结构的黑色纤维。是碳纤维的中间产品，具有抗燃性。其用途广泛，除用作各种防护、绝热、装饰材料外，进一步加工成碳纤维与活性碳纤维是其重要用途。

聚丙烯纤维增强体 polypropylene fibre reinforcements 由全同立构聚丙烯经熔融纺丝和拉伸而制得的纤维增强材料，包括长丝、短丝、短切纤维或膜裂法纤维等形式。

聚丙烯酰胺 polyacrylamide 一种水溶性白色固体，用作增稠剂、悬浮剂以及胶黏剂的一种组分。

聚丁二烯 polybutadiene 由丁二烯制成的一种合成橡胶。顺式-1,4-型具有较高的耐磨性与弹性。反式-1,4-型与天然橡胶类似。

聚丁烯类 polybutenes 以丁烯-1、丁烯-2，或异丁烯为单体或其混合物为单体聚合或共聚合得的聚合物。

聚丁二烯型树脂 polybutadienetype resins 一种不饱和的热固性烃类树脂，借过氧化物催化的乙烯基型聚合反应或金属钠催化的丁二烯或丁二烯与苯乙烯的混合物聚合反应而固化制成。液体体系可借单体作用固化，用于铸塑电器组件的罐封与包胶，以及制造层压材料。模塑料通常包含有填料并用其他树脂或橡胶改性，可用于压缩模制或传递模塑。

聚丁烯塑料 polybutylene plastics 以聚丁烯为基材的塑料。此类塑料具有良好的力学性能，突出的耐环境应力开裂性、耐低温流动性和耐蠕变性、抗磨性、可挠曲性及高填料填充性。可制成管道、薄膜、各种容器和抽成单丝。

聚对氨基苯甲酰纤维 见聚对苯甲酰胺纤维（240 页）。

聚对氨基苯甲酰胺纤维 见聚对苯甲酰胺纤维（240 页）。

聚对苯撑苯并双噁唑纤维 poly(*p*-phenylenebenzobisoxazole) fiber PBO纤维，见聚苯并噁唑纤维（235 页）。

聚对苯二甲酸乙二酯树脂 polyethylene terephthalate resin；PET 为对苯二甲酸与乙二醇的缩聚物。属线型热塑性树脂。乳白色，相对密度 1.38，熔点 258℃。纯 PET 的性能较差，特别是冲击性能和耐热性能。但经玻璃纤维增强后，性能得到明显改善。其拉伸强度可达到 160MPa，弯曲强度 150～200MPa，弯曲模量高达 9.1GPa。耐热性提高到 200℃以上。除广泛用于合成纤维及双向拉伸膜外，还用于拉伸吹塑瓶；其碳纤维、玻璃纤维复合材料、树脂合金在机械、电子电气精密构件方面有大量应用。

聚对苯二甲酸乙二酯纤维 polyethylene terephthalate fiber；PETF 又称聚酯纤维、特丽纶。国内商品名涤纶。由对苯二甲酸乙二酯熔融纺丝制得。相对密度 1.38，熔点 258℃。其具有高的压缩弹性、抗皱性、耐热性、耐光性、化学稳定性、回弹性、绝缘性和极小的吸湿性（0.4%）。缺点是染色性差。长丝的强度为 4.5～5.5 克力/旦，断裂伸长率为 15%～25%；短纤维的强度为 3.5～4.0 克力/旦，断裂伸长率为 30%～40%。用于纯纺或混纺，以制快干免烫织物（如的确良等）、轮胎帘子布、绝缘材料、传送带、绳索、人造血管等。

聚对苯二甲酰对苯二胺树脂 poly(*p*-phenylene terephthalamide) resin; *p*-PTPA 含有对苯二甲酰对苯二胺交替相连结构的芳香聚酰胺树脂。为淡黄色粉状物。聚合物相对特性黏度 4.5～7.0，相对密度（d_4^{20}）1.43～1.45，无熔融温度，在 500～550℃分解。丝有很高的拉伸强度（为钢的 5 倍）和较大的伸长率。对氧稳定，能自熄，耐酸、碱、盐、液体燃料、润滑油和液压油。溶于 98%的浓硫酸，可用硫酸为溶剂进行抽丝，制得高强度、高模量、耐高温、耐低温、耐疲劳及化学腐蚀的有机纤维（芳纶 1414）。用于航空航天、交通运输、电子通信等部门，如飞机尾翼、方向舵、降落伞绳索等。参见聚对苯二甲酰对苯二胺纤维（239 页）。

聚对苯二甲酰对苯二胺纤维 poly(*p*-phenylene terephthalamide) fiber 商品名有 Kevlar、芳纶 1414、Twaron（特瓦纶）、Terlon（德尔纶）等。是由对苯二甲酸或对苯二酰氯与对苯二胺缩聚并纺丝所得的一种对位聚芳酰胺纤维，属于高强度、高模量特种合成纤维。其最大的特点是低密度、超高强度、超高模量、耐高温。具有比碳纤维长的断裂延伸率，冲击强度为石墨纤维的 6 倍。具有良好的热稳定性、自熄性、耐火性、耐疲劳性、耐油性、耐碱性。体积膨胀系数小，尺寸稳定性极好，但耐紫外线性较差。使用温度 −190～260℃。特点是质量轻、强度高、断裂伸长率高。如其中的 Kevlar149，强度 2.3GPa，模量 143GPa，伸长率 1.5%，极限氧指数（LOI）26%。密度为 1.47g/cm^3，比玻璃纤维、碳纤维都小，弹性模量较玻璃纤维高而较碳纤维低，断裂伸长率则比玻璃纤维、碳纤维高，而且其功能多，透波。是先进复合材料的一种重要的增强材料，对脆性基体有明显的增韧作用。缺点是其复合材料吸湿性大，抗压强度低。在体育用品、航空航天、电子电气、土木建筑、高压容器、防弹衣、防弹装置等方面具有广阔用途。参见聚对苯二甲酰对苯二胺树脂（239 页）。

聚对苯甲酰胺纤维 poly（*p*-benzamide）fiber 又称聚对氨基苯甲酰纤维。商品名有 PRD-49-1、芳纶 14（芳纶Ⅰ）。指对氨基苯甲酸单体缩聚纺出的纤维，属高强度高模量特种纤维。相对密度（d_4^{20}）1.45，强度为 13.1～17.6cN/dtex，模量为 880～915cN/dtex，断裂伸长率为 1.0%～2.0%，熔融温度约 500℃，高温下力学性能较好，但冲击性能较差。主要用于光缆补强材料、高性能塑料增强材料及与高温芳酰胺纤维混织的防护服。

聚对苯硫醚纤维 poly-*p*-phenylene sulfide fiber PPS 纤维，指用聚对苯硫醚（PPS）制造的纤维。商品名有莱顿（Ryton）、佛托纶（KPS）和普罗康（Procon）。例如 KPS 长丝密度为 1.37 g/cm^3，拉伸强度 588～616MPa，断裂伸长率 20%～25%，拉伸模量 5.88～6.16GPa，吸湿性 0.05%，制品连续使用温度为 190℃。耐火性、耐水解和耐溶剂性优良。主要用作高温除尘长丝滤袋、耐热衣料、电绝缘材料、摩擦片及复合材料等。

聚对亚苯基苯并双噻唑纤维 poly（*p*-phenylenebenzobisthiazole）fiber 商品名 AFTech Ⅱ 或 PBZT。属芳杂环类高强度高模量纤维。热处理丝的相对密度（d_4^{20}）为 1.54～1.6，强度为 3.39～4.0GPa，模量为 297～325GPa，断裂伸长率为 1.3%～1.4%。耐热性、抗燃性极好。在 300℃空气中暴露 65h，强度保持率 99%，模量反而上升。用途主要是高性能的轮胎和其他橡胶基复合材料、耐高温和阻燃防护服、先进复合材料（火箭发动机壳体和高档体育用品）及新型建筑材料。

聚 2,6-二苯基对苯醚纤维 poly 2,6-diphenyl-*p*-phenylene oxide fiber 又称 P_3O 纤维。是聚苯醚纤维的一种。玻璃化转变温度 227℃，分解温度 450℃，在空气中可耐 200℃。具有自熄性，电绝缘性良好，耐化学腐蚀，耐辐射性优良。纤维的拉伸强度为 0.34N/tex，初始模量为 5.38N/tex，断裂伸长率为 12%～21%。为既增强又柔软的耐热纤维。主要用作聚合物的增强体、绝缘材料及过滤材料等。纤维耐紫外旋光性能较差。

聚芳砜 polyarylsulfone；PAS 在分子主链上不含脂肪族键的全芳香族聚苯醚砜，是耐热性的热塑性工程塑料。琥珀色透明颗粒。相对密度（d_4^{20}）1.371，玻璃化转变温度 288℃，连续使用温度 260℃，310℃下短期使用。电性能优异，有很高的硬度、良好的阻燃性、较好的柔曲性和耐老化性，耐酸、碱、乙醇、丙酮、醋酸乙酯、烃类、润滑油、燃油等。溶于二甲基甲酰胺、二甲基乙酰胺、二甲基亚砜等。吸水性大（2.1%）。熔融黏度高。广泛用于电子电器工业，可以用作薄膜、胶黏剂、涂料以及树脂基体的增韧剂等。

聚芳基乙炔 polyarylacetylene; PAA 在分子主链中含有芳基和乙炔基的聚合物。是一种新型的烧蚀防热材料。

聚芳醚酮 polyaryletherketone; PAEK 芳基由一个或一个以上醚键或一个以上酮键连接的聚合物。是一类线型芳香族热塑性工程塑料。根据化学结构中醚和酮的顺序和比例，可分为聚醚酮（PEK）、聚醚醚酮（PEEK）。其中以聚醚醚酮用得最多。

聚芳烷基酚醚树脂 见聚酚醚树脂（241 页）。

聚芳酰胺 aramid（aromatic polyamide） 由聚酰胺（尼龙）衍生，并且引入了芳环结构的一类高取向有机材料。多用来制作高性能纤维、绝缘材料等。参考聚芳酰胺纤维。

聚芳酰胺浆粕增强体 polyaromatic amide（aramid）pulp reinforcements 由特殊加工工艺制得，短而原纤化多枝状、毛羽结构丰富且比表面积很大的聚芳酰胺短纤维增强材料。

聚芳酰胺纤维 polyaromatic amide fiber 分子结构中芳酰胺链节占 85% 以上的合成纤维，统称芳酰胺纤维。国内商品名为芳纶。这类纤维由于分子主链上含有苯环及苯环与酰胺键形成的共轭结构，因而具有很高的强度和优良的耐热、耐蚀、耐疲劳性。主要有：①全对位芳胺纤维，如聚对苯二甲酰对苯二胺纤维，商品有凯芙拉（Kevlar）、特瓦伦（Twaron）、德尔纶（Terlon）、芳纶 1414 等；②全间位芳胺纤维，如聚间苯二甲酰间苯二胺纤维，商品名有诺梅克斯（Nomex）、芳纶 1313 等；③聚对苯甲酰胺纤维或聚对氨基苯甲酸纤维，商品名有芳纶Ⅰ。参见芳香族聚酰胺纤维（99 页）。

聚芳杂环纤维增强体 polyaromatic heterocyclic fiber reinforcements 高分子主链上含有氮、氧、硫等杂原子的杂环与苯环组成的高聚物纤维增强材料。

聚芳酯纤维 polyaromatic ester fiber 聚合物大分子主链由芳香环及酯键（—COO—）构成的高强度、高模量聚酯纤维。商品名由维克兰（Vectran）、爱可诺尔（Econol），均为全芳族共聚物。主要用作树脂基、橡胶基复合材料的增强体。分为高强度型和高模量型。

聚酚醚树脂 polyaralkyl phenolic resin 又称聚芳烷基酚醚树脂。高分子主链中含有芳烷基苯酚重复单元的热固性树脂。为红褐色黏稠液体，能在六亚甲基四胺或环氧化物存在下加热固化。密度 1.80g/cm^3。在空气中 360℃ 开始分解，可在 200～250℃ 长期使用。耐辐照、耐烧蚀。预聚物可与玻璃纤维、石棉、碳纤维制成复合材料。是 H 级绝缘材料，可用于涂层电子组件的浸涂。

聚酚醛纤维 polyphenol-aldehyde fiber 由三维交联酚醛树脂制得的抗燃性聚合物制作的纤维，交联度大于 85%。纤维密度 1.25～1.27g/cm^3，强度 14.1～15.9cN/tex，最高可达 53cN/tex，断裂伸长率 10%～50%，模量 362cN/tex，标准吸湿率 4%～6%。在火焰中不燃烧，仅发红、炭化。极限氧指数（LOI）29%～36%。不溶于有机溶剂。耐酸、碱，耐低温性能优良。电绝缘性好。软化点 260℃，长期使用温度 150～180℃。用作普通抗热工作服、防辐射工作服、绝缘和绝缘材料、纤维复合材料等。

聚酚氧树脂 见苯氧基树脂（9 页）。

聚砜 polysulfone；PSF 在主链中含有砜基（—SO_2—）和亚芳基的线型高分子化合物。一种优良的热塑性树脂，耐热性好，玻璃化转变温度 190℃，可在 150℃下长期使用。具有优良的电气特性、力学性能，高度的化学稳定性和自熄性以及良好的耐油污和耐多种溶剂与化学品性；制品尺寸稳定，吸水性小。有双酚 A 聚砜、聚芳砜与聚醚砜三种。通常把双酚 A 聚砜称为聚砜。属无定形聚合物。树脂呈透明琥珀色或不透明象牙白固体。拉伸强度 72MPa，拉伸模量 2.5GPa，断裂伸长率 50%～100%，压缩强度 100MPa。能够用挤塑、注射模塑和吹塑法进行加工。广泛用于医疗仪器、食品加工设备、电子电器、航空部件以及化工加工设备等；聚砜是一种有效的环氧树脂增韧剂，可起到既增韧又增强的双重功效，用它改性后的环氧树脂胶黏剂具有良好的综合性能，粘接钢的剪切强度高达 60～65MPa，在室温至 180℃内剥离强度一直保持在 3.2kN/m，缺点是耐水性和耐湿热老化性能较差。

聚砜基复合材料 polysulfone matrix composites 以聚砜树脂为基体，以纤维（或其织物）为增强体的复合材料。主要是短切纤维为增强体的模塑料，常用玻璃纤维和碳纤维，含量 20%～30%。可采用注塑、挤塑与模压工艺成型。复合材料与未增强的聚砜相比，碳纤维增强聚砜复合材料的刚度提高 8～9 倍，强度提高约 1 倍。其制品已广泛用于无线电工业、仪表工业、纺织工业、汽车工业、化工与国防工业，代替金属件。参见聚砜（242 页）。

聚氟乙烯 polyvinyl fluoride；PVF 氟乙烯的聚合物。氟乙烯与乙烯的单体结构相似，这是因为在乙烯分子中用一个氟原子取代了一个氢原子。氟原子在碳氢链中坚牢的键是形成诸如高熔点、化学惰性及防紫外线等特性的原因。在室温下聚氟乙烯不溶于一般溶剂，但可将聚氟乙烯溶解于如二甲基乙酰胺之类的热“潜溶剂”及低沸点邻苯二甲酸酯、乙醇酸酯和异丁酸酯中能制备涂层溶液。聚氟乙烯薄膜可用于包装、上釉和电器。

聚硅氧烷 polysiloxanes 参见硅油（162 页）。

聚癸二酸多酐 polysebacic polyanhydride；PSPA 为褐色蜡状物，熔点 72～82℃。可作为环氧树脂的固化剂。适用于浇铸、压铸等。一般用量 60～70 份，反应活性高，不使用叔胺等其他促进剂也可固化，在高温下仍有较长的使用寿命。固化条件：80℃/2h＋120℃/2h＋160℃/2h。固化物韧性较好。

聚合 polymerize 使同种分子化合，生成具有相同比例元素，组成较高分子量和不同物理性能的化合物的反应。具体形式有自由基聚合、自由基开环聚合、正负离子聚合、正负离子开环聚合等。根据聚合过程中是否使用溶剂和所用介质，可分为本体聚合、溶液聚合、悬浮聚合、乳液聚合四种。

聚合（反应） polymerization 又称加聚（反应）。由简单物质（单体）的分子连接在一起而生成大的分子，其分子量为单体分子量的数倍的化学反应。加成聚合反应和缩合聚合反应为两种最基本的聚合反应。加成聚合反应为单体结合时不生成其他产物，缩合聚合反应为单体缩聚时失去诸如水之类的简单分子。缩合聚合物的例子如尼龙、酚-甲醛树脂等。大部分热塑性塑料及一些热固性塑料是用加成聚合法制成的。如果几个相同的分子能相互作用而形成一个较大的分子，也称为聚合。例如三聚甲醛是甲醛的三聚物。

聚合的聚异氰酸酯 polymeric polyisocyanate 从苯胺-甲醛缩聚产物制取的一族异氰酸酯的属名，用作生产聚氨酯泡沫体的反应物。

聚合度 degree of polymerization；DP 组成聚合物大分子链中所含重复单元的平均数，是衡量高分子大小的一个指标。一般用平均聚合度表示。

聚合物 polymer 天然的和合成的高分子化合物的总称。是由一种或几种结构单元用共价键连接在一起的、比较规则的连续序列所构成的化合物。重复结构单元（mer）仅为一种的称为均聚物（如聚乙烯）；分子内含有两种及两种以上结构单元的称为共聚物（如丁腈橡胶为丁二烯与丙烯腈的共聚物）。当分子量不太大时称为低聚物；分子量接近 10^4 时称为准聚物；分子量大于 10^4 时称为高聚物或聚合物。另外，根据聚合物生成反应或聚合物结构还可以分为线型聚合物、接枝聚合物、嵌段聚合物、网状聚合物。

聚合物/层状硅酸盐纳米复合材料 polymer/layered silicate nano composites；PLS 是指将聚合物分子插入层状硅酸盐（黏土）层间的纳米空间中，利用热合或剪切力将层状硅酸盐剥离成纳米基本单元或微区而均匀地分散到聚合物基体中所形成的复合材料。

聚合物插层 polymer intercalation 为 PLS（polymer/layered silicate）纳米复合材料制备的一种方法。将聚合物熔体或溶液与层状硅酸盐混合，利用化学或热力学作用使层状硅酸盐剥离成纳米尺度的片层并均匀分散在聚合物基体中。

聚合物的热性能 thermal property of polymer 主要指聚合物的热导率、比热容、热胀系数、热畸变温度、玻璃化转变温度、熔融温度、热分解温度以及可燃度等。其数值因聚合物的种类及结构不同而异。

聚合物反应加工 reaction processing for polymer；RPP 在加工过程中，使不相容的共混物组分之间产生化学反应，从而实现共混改性的方法，即共混物在成型加工过程中化学改性，如反应挤出（RES）、反应注射（RIM）、动态硫化等已得到广泛应用。

聚合物非晶态结构 polymer noncrystalling structure 聚合物的非晶态包括完全不能结晶的聚合物本体、部分结晶聚合物的非晶区和结晶聚合物熔体经骤冷而冻结的非晶态固体。

聚合物复合材料 polymer composites 见聚合物基复合材料（244 页）。

聚合物复合材料预成型 polymer composites preforming 将增强材料、预浸料或模塑料预先加工成一定形状的坯料或将短切纤维用中间胶黏剂制成形状近似于最终产品的毡状物的工艺过程。

聚合物共混物 polymer blend；polylend 两种或两种以上聚合物的物理混合物。对于大多数高分子与高分子的混合，由于高分子的分子量很大，混合时熵的变化很小，混合过程一般又是吸热过程，所以，混合自由熵是正值，不能达到分子水平的混合，形成非均相化合物，即多相体系。只有少数例外。在多相体系中，其性能还常依赖于分散相的含量、尺寸、形状和界面黏合力等。（注：更多学者主张，无论聚合物组分之间有无化学键，只要有两种以上不同的高分子链存在，这种多组分聚合物体系都称为聚合物共混物或聚合物合金。把聚合物共混物和聚合物合金两者作为同义词）。参见聚合物合金（244 页）。

聚合物官能度 functionality of polymer 聚合物链上所具有的活性官能团的平均数称为聚合物的官能度或平均官能度。常见的活性基团有羟基（—OH）、羧基（—COOH）、氨基（$—NH_2$）、环氧基（—CH—CH— 中间以 O 桥连）等。亦见官能度（157 页）。

聚合物合金 polymer alloy 两种或两种以上的在热力学上不相容但在动力学上相对稳定的聚合物的共混物。常用的共混方法有：机械共混、溶液共混和乳液共混。聚合物共混的目的是对已有树脂改性提高原有性能。如以化学键相连的嵌段共聚物（热塑性弹性体）、接枝共聚物（ABS），以及互穿网络聚合物（IPN）等。其技术特点有：①开发费用低，制备周期短，易于实现工业化生产。②易于制得综合性能优良的聚合物材料。提高塑料的冲击韧度和加工性能是共混改性最常见、最重要的目的。成功的聚合物合金如丁二烯橡胶-PS、HIPS-PPO 等。③有利于产品的多种和系列化。如 ABS 有超抗冲击、高抗冲击、抗冲击、阻燃级、透明级、耐热级等 10 余个牌号。ABS 还可以与各种聚合物共混组成多种共混物合金，如 ABS-PVC、ABS-聚碳酸酯、ABS-聚砜、ABS-尼龙、ABS-聚氨酯等。其制备方法有：熔融共混、溶液共混、乳液共混。其分类为：①按热力学兼容性分为均相聚合物合金（如 PS-PPO、PVC-PCL）和非均相聚合物合金。②按聚合物合金的组成分为橡胶增韧塑料、塑料增强橡胶、橡胶或塑料共混。③按组分间有无化学键分为机械共混聚合物（组分间无化学键）、互穿网络聚合物、接枝共聚物、嵌段共聚物。参见聚合物共混物（243 页）、互穿网络聚合物（169 页）。

聚合物合金胶黏剂 polymer alloy adhesive 由合成树脂与橡胶等聚合物并用或掺混制成的混合型胶黏剂。这种胶黏剂发挥了各个组分优势，扬长补短，综合性能好。如用聚硫、丁腈橡胶增韧环氧树脂所得到的环氧-聚硫、环氧-丁腈环氧改性胶黏剂，它既保持了环氧树脂粘接力、耐热方面的优势，又发挥了聚硫、丁腈的柔韧特性，所以其强度高，耐热性、韧性好。

聚合物基复合材料 polymer matrix composites 又称树脂基复合材料。以聚合物（俗称树脂）为基体的复合材料。一般是指树脂与纤维、织物等增强体组成的复合物。广义地讲，它是树脂与粒状、片状、纤维状填充材料组成的复合物。由于其组成和性能的不同，有的作为结构材料，有的作为功能材料。按树脂的类型不同，树脂基复合材料可分为热固性树脂基复合材料和热塑性树脂基复合材料。用于前者的树脂有环氧树脂、酚醛树脂、不饱和聚酯树脂、双马来酰亚胺、热固化性聚酰亚胺和氰酸酯树脂等。它们在固化剂的作用下交联成不溶不熔的体型高分子，其固化成型温度较低，而使用温度较高，耐化学品性较好，但加工周期长，性脆。用于后者的树脂有聚酰胺、聚苯硫醚、聚醚酮、聚醚醚酮、聚醚酰亚胺和热塑性聚酰亚胺等线型、支链型的聚合物。其特点是加工周期短，韧性好，可回收再生，但加工温度较高，耐化学性能较差。参见聚合物基体（246 页）。

聚合物基复合材料成型 forming for polymer matrix composites 增强材料与树脂体系掺合后，在模具内，在温度和压力作用下，历经化学、物理以及物理化学作用，形成构件的过程。具体生产流程如下图所示。成型方法根据材料性质不同、结构不同而决定。大致分如下三大类：脱机液体树脂浸渍成型、在线液体树脂浸渍成型、在线液体树脂渗渍成型。聚合物基复合材料成型方法的特点与适用范围如下表所示。

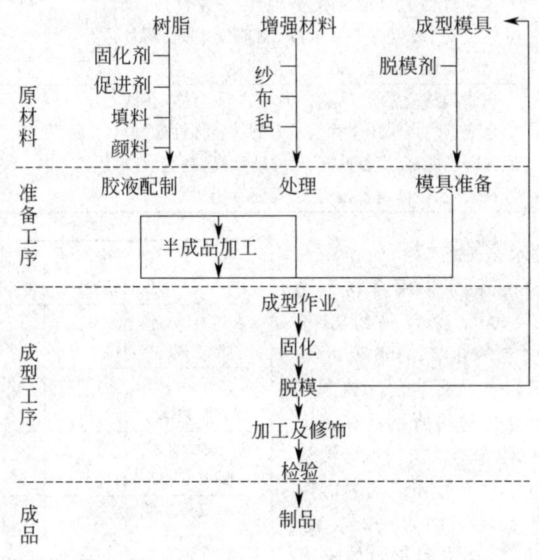

成型方法	特点	适用范围
热压罐成型	热压罐提供高温、高压且温度、压力均匀，制品形状精确，质地密实，质量高；适用范围广；设备昂贵、耗能大；预浸料费用高	大尺寸复杂型面蒙皮、壁板、高性能构件
真空袋压成型	真空压力(＜0.1MPa)低，温度场均匀；设备简单、投资少，易操作	1.5mm 层板、蜂窝夹层件
压力袋压成型	压力袋压力为 0.2～0.3MPa；其余同真空袋压成型	低压成型板、蜂窝夹层件
软膜成型	借助橡胶膨胀或橡胶袋充气加压，要求模具刚度足够大，并能加热	共固化整体结构件
模压成型	压机加压、模具加热、尺寸有限；制件强度高、尺寸精确	叶片等小板壳体

续表

成型方法	特点	适用范围
缠绕成型	纤维在线浸渍并连续缠绕到模具上，再经固化	回转体、板材
纤维自动铺放	多轴丝束或窄带在线浸渍后自动铺到模具上并切断、压实，再经固化成型	凹凸型面零件批生产
拉挤成型	纤维在线浸渍后直接通过模具快速固化成型。连续、快速、高效生产	型材、规则板条
RTM 系列	树脂在面内压力驱动下注入预型体后固化成型。要求模具强度、刚度足够，合理安排树脂流向和注入口；制件整体性好、重复性好、尺寸精度高、厚度方向性能高，制造成本低；制备预型体设备投资大，需要专用树脂	复杂高性能构件；批量生产
RFI 系列	树脂膜熔化后沿厚度方向渗入预型体，在线固化成型。可采用单面模具。制件整体性好、厚度方向性能高、重复性好、尺寸精度高，制造成本低；制备预型体设备投资大，需要专用树脂	复杂高性能构件；批量生产

聚合物基纳米复合材料 polymer matrix nanocomposites 以聚合物为连续相，分散相尺度至少有一维小于100nm的复合材料。由于纳米尺寸效应，大比表面积和强界面结合，纳米复合材料具有一般复合材料所不具有的优异性能。它是一种全新的高性能新材料，具有良好的开发价值和广阔的应用前景。制造方法有层间插入法、凝胶-溶胶法、(Å级) 复合法和超微粒子直接分散法等。

聚合物基体 polymer matrix 又称树脂基体。以高分子化合物为基本组分，配以添加剂，经加工而成的有机合成材料。该材料具有密度小、比强度高、耐腐蚀、电绝缘和可塑性好等优良性能。树脂基体的力学性能包括拉伸强度和模量、断裂伸长率、弯曲强度和模量等，以右表为侧。聚合物基体品种很多，分类方法也很多。①按固化特性分为热固性树脂（不饱和聚酯树脂、酚醛树脂、环氧树脂、热固性酰亚胺、双马来酰亚胺树脂等）基体和热塑性树脂（热塑性聚酰亚胺、聚醚醚酮、聚苯硫醚、聚醚酰亚胺、聚醚砜树脂等）基体；②按固化温度可分为低温（<80℃）固化树脂基体、中温（125℃）固化树脂基体和高温（177℃）固化树脂基体；③按用途可分为结构用树脂基体、内饰用树脂基体、天线罩用树脂基

基体	拉伸强度/MPa	弯曲强度/MPa	弯曲模量/GPa
环氧树脂(EP)	85	50	3.3
双马来酰亚胺(BMI)	84	45	3.3
聚醚醚酮(PEEK)	99	145	3.8
聚醚酰亚胺(PEI)	107	148	3.4
聚酰亚胺(PI)	75	40	3.5
氰酸酯(CE)	88	163	3.95（拉伸模量）

体和耐烧蚀（或阻燃）树脂等；④按加工工艺可分为热压罐成型用树脂、树脂传递成型专用树脂、树脂膜熔渗成型专用树脂、长丝缠绕专用树脂、低温低压固化成型专用树脂等。几种常用树脂基体的使用温度如下表所示。参见基体的作用（188页）。

温度	热固性树脂					
	环氧树脂		双马来酰亚胺	PMR聚酰亚胺	酚醛	氰酸酯（改）
固化温度/℃	125	177	200～230	275	177	177
使用温度/℃	－55～82	－60～150	－60～200	约371	－55～177	最高230
使用温度/℃	热塑性树脂					
	聚醚醚酮		聚苯硫醚	聚醚酰亚胺	聚醚砜	聚砜
	220		250	170	－100～180	150

聚合物结构 polymer structure 有关聚合物分子中原子的相对位置、空间排列和运动自由度的一般名词。这些结构的具体情况对聚合物的性能，如二级转化温度、挠曲性及拉伸强度等有重要影响。

聚合物晶态结构 polymer crystalline structure 高分子链整齐地排列成为具有周期性结构的有序状态。无论是溶液中析出来的各种形状的柔性链高分子晶体和结晶聚集体，还是由于熔体冷凝而形成的高分子晶区，都是以分子链的一小段有序排列而形成晶区的。高分子链中折叠部分不规则排列的链段及连接相邻片晶之间的过渡区域中的链段则组成链段晶态中的非晶区。

聚合物链结构 chain structure of polymer 指结构单元的化学结构、键接方式、几何异构、立体异构、链的构象、链的支化和交联结构、端基结构、分子量和分子量分布以及共聚物的组成和序列分布等。

聚合物/黏土纳米复合材料 polymer/clay nanocomposites 参见聚合物/层状硅酸盐纳米复合材料（243页）。

聚合物凝胶 polymer gel 聚合物在聚合过程中因支链增加而产生交联，形成网状结构，成为不溶性聚合物的过程。

聚合物屏蔽材料 polymer shielding materials 可以吸收或反射光波、电磁波等的能量而使其衰减、传导受阻，使被屏蔽的对象不被光的能量损害或不被电磁波干扰的高分子材料。包括屏蔽光波的高分子材料和屏蔽电磁波的高分子材料。

聚合物烧蚀材料 polymeric ablative materials 参见烧蚀塑料（377页）。

聚合物/碳纳米管复合材料 polymeric/carbon nanotubes composites 将碳纳米管添加到聚合物中所制得的复合材料。由于添加了导电性能优异的碳纳米管，使绝缘的聚合物获得优良的导电性能。聚合物在获得良好的导电性能时不会降低其力学及其他性能，同时在工艺性方面适合于薄壁塑料件的注塑成型。聚合物/碳纳米管复合材料已在防静电器件的内包装、汽车导电塑料件的制造等领域应用，并取得了良好效果。它还可以用作电磁屏蔽材料和微波吸收材料。参见碳纳米管（425页）、环氧树脂增韧（178页）。

聚合物液晶 polymer liquid crystal

能形成液晶相的高分子物质。主要分为溶致液晶（lyotropic-liquid crystal）和热致液晶（thermotropic-liquid crystal）两大类。高分子溶致液晶最典型的代表有聚苯二甲酰对苯二胺、聚氨基苯甲酰胺等芳香族酰胺。它们可以制备力学性能优异的高强度、高模量特种纤维。高分子液晶具有多种特异的物理性能，在高科技领域有着广阔的应用前景。

聚合物隐身材料 polymer stealthy materials 能够减少军事目标的雷达特征、红外特征、光电特征及目视特征的有机高分子及其复合材料的总称。其中主要的是雷达隐身材料，它是指能够减少雷达散射有效面积的吸收涂料或复合吸波材料。吸波材料由吸收剂和胶黏剂构成。吸收剂的功能是使电子波的反射降低，胶黏剂是复合材料的基体。

聚合物增韧 toughening for polymer 是指在室温或低温下呈脆性的聚合物，不能满足作为结构材料的使用要求，采用熔体共混、复合、共聚等物理、化学方法，在聚合物体系中引入适当的分散相，形成多相体系，以提高其韧性。此种多相体系称为聚合物共混体系或聚合物合金。聚合物增韧理论一般认为，由分散相通过界面相在基体中引起应力集中，诱导成核，形成各种耗能的细观损伤机制，从而取得增韧效果。

聚合型聚酰亚胺 polymerization polyimide 又称交联型聚酰亚胺。由活性聚酰亚胺预聚体经再聚合交联而制成的聚酰亚胺。密度 1.33g/cm^3，拉伸强度（23℃）49MPa、（260℃）39MPa。吸水率 0.4%。相对介电常数（23℃，100kHz）4.33，介电损耗角正切（23℃，1MHz）9×10^{-3}。该材料耐热性良好，可在 250～300℃使用；耐烧蚀性与酚醛树脂类似；耐溶剂性良好，不受有机和无机酸、碱、盐的腐蚀；耐辐射，力学性能优良。可用玻璃纤维、碳纤维、硼纤维和其他填充剂增强制成模塑料和层合板。可用于模塑料、层合板、胶黏剂、无溶剂浸渍等。在电气工业中用作 F、H 级电绝缘材料。各种层压材料用于航天器的隔热层、导弹鼻锥、飞机雷达罩和承力结构、耐热电子组件、汽车刹车片、减震器、机械磨损材料和轴承等。

聚合增塑剂 polymeric plasticizers 指比单体增塑剂分子链要长得多的增塑剂。两种主要的聚合增塑剂为高分子量的环氧油类和聚酯增塑剂。

聚合作用 polymerization 由简单物质（单体）的分子连接在一起而生成大的分子，其分子量为单体分子量的倍数的化学反应。加成聚合反应和缩合聚合反应为两种最基本的聚合反应。加成聚合反应为单体结合时不生成其他产物，缩合聚合反应为单体缩聚时失去诸如水之类的简单分子。大部分热塑性塑料及一些热固性塑料是用加成聚合法制成的。

聚环氧氯丙烷甘油醚树脂 polyglycidyl polyepichlorohydrin resins 以环氧氯丙烷为单体，在含羟基化合物（如水、双酚 A、甘油）的引发下缩聚得到的产物。是一种黏度低、含氯量高的脂肪族环氧树脂。具有挠曲性和阻燃性。它可自身固化，或与一般的环氧树脂混合而将其特性赋予其共混物。

聚集态结构 aggregated state structure 又称凝聚态结构。指无数长链高分子聚集、堆砌、排列的结构状态。例如晶态、非晶态、取向、液晶、织态结构等均属于分子的聚集态。它对聚合物材料的性能有重要影响。

聚甲基丙烯酸甲酯 polymethyl methacrylate；PMMA 俗称有机玻璃。由甲基丙烯酸合成的热塑性聚合物。为透明的固体，有优异的光学性能。可以板材、颗粒、溶液和乳液的形式供应。相对密度 1.18。不易碎裂。耐光，能透过 91%～92%的光线。可溶于丙酮、乙酸乙酯、芳族烃和氯化烃类。耐稀酸、稀碱、石油和乙醇。介电性能好，遇电弧从表面经过时不会碳化。多用以制造光学和照明用品，如航空玻璃窗、仪表盘以及广告牌、纽扣、牙刷柄等日用品。在一些复合材料产品中用作表面材料，以及浇注整体加热的树脂传递模塑工艺的模具。

聚甲基丙烯酸甲酯塑料 polymethyl methacrylate plastics 以聚甲基丙烯酸甲酯为基材的塑料。

聚甲醛 polyformaldehyde；polyoxymethylene；POM 主链链节是氧亚甲基（—CH_2O—）的聚合物。为半透明至不透明的白色粉末。相对密度（d_4^{20}）1.42。典型均聚聚甲醛的性能：拉伸强度 68.65MPa，弯曲强度 96.11MPa，缺口冲击韧度 7.4kJ/m^2，热变形温度 170℃。具有良好的着色性，耐疲劳性高、耐化学品性好、电绝缘性优良、尺寸稳定、吸水率低，制件具有良好的光泽。用玻璃纤维增强后，弹性模量、强度、耐热性均有明显提高。广泛用于汽车、机械、农机、化工等部门。通常所说的聚甲醛有均聚物和共聚物两种。

聚甲醛树脂基复合材料 polyformaldehyde matrix composites 以甲醛树脂为基体，以填料填充或以纤维（或其织物）作增强体的复合材料。主要有两种形式：①短切玻璃纤维增强模塑料，目的是提高制品强度；②石墨、二硫化钼、聚四氟乙烯填充模塑料，目的是提高制品的润滑性与摩擦性能。该材料在保持聚甲醛树脂力学性能优良、自润滑性、耐磨性和耐化学品性等特性的基础上性能有所提高。常用来代替有色金属制造汽车、机械、精密仪器、通信设备中的零件。特别是用来制造耐磨损并承受高负荷的零件，如齿轮、轴承等。

聚甲醛塑料 polyformaldehyde plastics；polyoxymethylene plastics 以聚甲醛为基材的塑料。参见聚甲醛（249 页）。

聚间苯二甲酸二烯丙酯 polydiallyl isophthalate；DAIP 为间苯二甲酸二烯丙酯的聚合物。单体先制成预聚物，使用时加入固化剂，或在光、热作用下交联固化成不溶不熔的固体树脂。性能与 DAP（聚邻苯二甲酸二烯丙酯）十分接近，而且更易成型，有更高的热稳定性和机械强度。短纤维填充的增强塑料的拉伸强度 60MPa，弯曲强度 105MPa，热变形温度 232℃，介电损耗角正切（1MHz）1.0×10^{-2}。参见聚邻苯二甲酸二烯丙酯（250 页）。

聚间苯二甲酰间苯二胺树脂 poly *m*-phenylene-isophthalamide resin 俗称芳纶 1313 树脂。为间苯二甲酰氯与间苯二胺的缩聚物。密度 1.36g/cm^3，熔融温度 410℃，分解温度 450℃，脆化温度－70℃，长期使用温度 200℃ 以上。拉伸强度 1.176GPa，断裂伸长率 5%，压缩强度 3.136GPa，压缩模量 4.312GPa，体积电阻率 $2\times10^4\Omega\cdot cm$；耐辐射性好、耐化学品性优良，不溶于醇、酮、脂肪烃、芳烃、汽油等，可溶于浓硫酸、氨基磺酸、二甲基乙酰胺等强极性溶剂。用于制取薄膜、纤维、耐高温绝缘纸和耐 γ、X 射线的屏蔽物。

聚间苯二甲酰间苯二胺纤维 poly *m*-phenylene-isophthalamide fiber 商品名有诺梅克斯（Nomex，美国）、芳纶1313（中国）、康涅克斯（Conex，苏联）、菲尼纶（Fenelon，日本）等。指间苯二甲酸或间苯二甲酰氯与间苯二胺缩聚纺丝制得的芳酰胺纤维。属耐高温特种纤维。俗称防火纤维。是集耐高温、阻燃、增强、绝缘等于一体的特种合成纤维。大量应用的是短纤维，密度1.33～1.36g/cm^3，断裂强度0.4～0.53N/tex，断裂伸长率17%～45%，极限氧指数（LOI）29%～32%；熔融温度400℃，玻璃化转变温度260～270℃，热老化性好，为合成纤维之冠，燃烧前不熔融，燃点620℃，使用温度为－60～250℃；耐有机酸、碱、醇、酯、燃油等。主要用作防火服、高温工作服、消防服、军服等化工和高温滤材以及电绝缘纸、蜂窝芯。

聚喹噁啉 polyquinoxaline；PQ；PPQ 一类高分子主链中含有喹噁啉重复单元的芳杂环聚合物。为黄到棕色或黑色的固体。玻璃化转变温度随化学结构、分子量不同而异，约216～393℃。耐强酸、强碱，热稳定性出色，在空气中的热失重温度高达400℃。对金属有很强的黏接力，可配制耐高温胶黏剂；可与玻璃纤维、碳纤维、硼纤维等复合成耐高温复合材料；还可制成薄膜、模压制品、纤维和绝缘漆用于航空、航天技术。

聚喹噁啉基复合材料 polyquinoxaline matrix composites 以聚喹噁啉树脂为基体、以纤维（或其织物）为增强体的复合材料。主要是以玻璃纤维、碳纤维、硼纤维为增强体的层压结构。一般采用反应性单体聚合的方法进行复合，即用反应性单体的溶液浸渍纤维，在高温下加热，再在高压下热固化制成复合材料。这种复合材料高温性能优异，可用作宇宙飞船、新型飞机及其他高速飞行器的耐高温构件。参见聚喹噁啉（250页）。

聚邻苯二甲酸二烯丙酯 polydiallyl orthophthalate；DAP 为邻苯二甲酸二烯丙酯的聚合物。单体先制成预聚物，使用时加入固化剂，或在光、热作用下交联固化成不溶不熔的固体树脂。短纤维填充的增强塑料的拉伸强度为53MPa，弯曲强度为72MPa，热变形温度为177℃，介电损耗角正切（1MHz）为1.0×10^{-2}。具有优良的电性能、尺寸稳定性及较高的热稳定性。可用模压、传递模塑、注塑、层压等方法成型。电绝缘性优于酚醛、环氧、氨基等热固性树脂。耐化学品性优良。广泛用于飞机、汽车、船舶、电子电气制品和电子器件；其GFRP用于雷达天线罩、绝缘板等。

聚硫化物 polysulfides 一类弹性体，是用硫化钠与二氯乙烷制成的。有些类型则由多硫化钠和二氯化物缩聚而成。可得液体或固体，而固化的成品具有优良的耐油、耐溶剂、耐氧、耐臭氧、耐光和耐候性能。此类弹性体对气体、蒸气具有不渗透性。

聚硫橡胶胶黏剂 polysulfide rubber adhesive 以聚硫橡胶为基料的胶黏剂。具有良好的耐油、耐化学介质、耐臭氧、耐老化、耐冲击性能，以及气密性高和良好的低温挠曲性等。主要缺点是耐热性、电性能、粘接性能较差。可用于织物与金属、橡胶、皮革等材料间的胶接。主要用作密封胶。

聚氯乙烯 polyvinyl chloride；PVC 乙烯基塑料族中最重要的一种，聚氯乙烯是氯乙烯经加成聚合而成的高分子化合物。纯聚合物坚硬、发脆而难以加工，但加增塑剂后就变得柔韧。它可与多种单体共聚，以及与其他聚合物掺合而得到范围广泛的不同性能。聚氯乙烯模塑料可通过挤塑、注塑、压延和吹塑而制成不同的制品，根据加增塑剂的份量和类型决定其柔韧或刚硬程度。

聚氯乙烯基复合材料 polyvinyl chloride composites 以硬质聚氯乙烯树脂为基体的复合材料。

聚氯乙烯胶黏剂 polyvinyl chloride adhesive 以聚氯乙烯和氯乙烯共聚物为基料的胶黏剂。通常是将聚氯乙烯溶于四氢呋喃、环己酮和二氯甲烷等溶剂中制成的胶黏剂。主要用于聚氯乙烯板和薄膜的粘接。

聚氯乙烯塑料 polyvinyl chloride plastics 以聚氯乙烯为基材的塑料。参见聚氯乙烯（250 页）。

聚醚 polyether 主链上具有重复交替的醚链（—CH_2—O—CH_2—）结构的高分子化合物的总称。用于制造工程塑料、聚氨酯泡沫塑料等。用途之一是制造硬质聚氨酯泡沫体。聚甲醛是最简单的聚醚。

聚醚砜 polyether sulphone; PES 为主链含醚键的聚芳砜。由 4,4′-双磺酰氯二苯醚在无水氯化铁催化下与二苯醚缩合制得。是一种透明的高性能热塑性工程塑料。有较高的耐热性，T_g > 225℃，长期工作温度 180～200℃，耐老化性能优异，可在 180℃使用 20 年，在高温下保持较好的电性能；室温下强度（拉伸强度 84MPa）、刚性（弯曲模量 88MPa）、韧性（缺口冲击韧度 85.3J/m）兼优，有良好的尺寸稳定性；低可燃性（耐燃等级 V-0）；具有杀毒功能；室温及高温下耐大部分无机化学药品、油脂、芳烃及汽油等；与铜、银、铝粘接良好，可化学镀镍或镀铜；工艺性好，可进行注塑、挤塑、吹塑、压塑及真空或压力成型。用于高温电器部件、泵壳、轴承罩等机电产品、医疗器械以及复合材料。与环氧树脂室温下相溶，用作环氧树脂的增韧剂效果良好，如在 EP（AG-80/E-51）/DDS 体系中加入 12.5 份聚醚砜，冲击韧度提高 3.34 倍，热变形温度不降低反而升高 7.6℃。两端带有活性基团的 PES 对环氧树脂的增韧改性效果更显著，如苯酚、羟基封端的 PES 能使韧性提高 100%。缺点是耐紫外线性能比较差。其复合材料在电子产品、天线罩等方面得到了大量应用。

聚醚砜基复合材料 polyether sulphone matrix composites 以聚醚砜树脂为基体，以纤维（或其织物）为增强体的复合材料。主要是用短切玻璃纤维为增强体的模塑料，纤维含量 20%～30%。其制品主要用于电器部件，如印刷电路板、接线柱、密封头等。在汽车工业中制造传动装置等。参见聚醚砜（251 页）。

聚醚腈 见聚苯醚腈（237 页）。

聚醚醚酮 polyether ether ketone; PEEK 醚键与羰基以醚醚酮的顺序依次与亚苯基环相连而成的聚芳醚酮类半结晶性热塑性聚合物。由二苯醚与间苯二甲酰氯在 $AlCl_3$ 催化下制得。具有卓越的力学、电气特性，化学稳定性、阻燃性和耐高温性能，在所有工程塑料中有最好的耐热水性和耐蒸汽性，可在 220～240℃ 蒸汽中长期使用，或在 300℃高压蒸汽中短期使用。结晶态的相对密度（d_4^{20}）为 1.3。结晶度一般在 20%～40%。熔点温度 334℃。加入增强纤维后能在 310℃连续使用。在室温下，聚醚醚酮的拉伸模量（3.8GPa）

与环氧树脂相当，拉伸强度（103MPa）优于环氧树脂。断裂韧性极高，比环氧树脂高一个数量级以上。阻燃性达到UL 94V-0级，有自熄性，极限氧指数35%。耐化学品性能优良，只溶于浓硫酸。耐磨、耐疲劳、耐湿热循环、耐腐蚀、耐蠕变、耐剥离，电性能优良。吸湿量比环氧树脂低得多。热塑加工温度370～380℃，可用一般热塑性树脂所有的成型方法加工。聚醚醚酮在机械、电气方面具有极广阔的用途，其复合材料已在飞机结构中大量使用。是耐高温环氧树脂胶黏剂的增韧剂。PEEK改性增韧环氧体系是均相的体系，加入量适当还可以提高耐热性。

聚醚醚酮树脂基复合材料 polyether ether ketone resin matrix composites 以聚醚醚酮树脂为基体、以纤维（或其织物）为增强体的复合材料。具有良好的韧性、高温耐磨性、阻燃性，尤其是耐水与蒸汽。具有多种形式，如预浸料、预浸带与丝束、硬化片材等。可用热压罐、模压工艺制造层压件；用缠绕法制作回转体结构。与碳纤维增强环氧树脂基复合材料相比，它的层间断裂韧性高一个数量级，强度高25%。对冲击性能不敏感，结构维修费用降低。已广泛用于航空航天工业中。参见聚醚醚酮（251页）。

聚醚醚酮酮 polyether ether ketone ketone；PEEKK 氧桥（醚）和羰基（酮）以醚醚酮酮顺序依次与亚苯基环相连而成的聚芳醚酮类半结晶性热塑性聚合物。具有卓越的力学、电气特性、化学稳定性、阻燃性和耐高温性能。相对密度（d_4^{20}）1.3，玻璃化转变温度167℃，30%玻璃纤维增强的PEEKK热变形温度大于320℃。典型的树脂性能如下：拉伸强度90MPa，拉伸模量4.0GPa，断裂伸长率28%，缺口冲击韧度80J/m，相对介电常数3.6，介电损耗角正切10^{-3}。使用温度250℃。耐溶剂性优于聚砜、聚醚砜等非结晶性聚合物。吸水率低。热塑加工温度390～400℃，可用一般热塑性树脂所有的成型方法加工。用于制造耐高冲击性齿轮、电熨斗零件等以及用作高性能复合材料的基体等。

聚醚醚酮纤维 polyether ether ketone fiber 指原料分子主链中含有聚醚醚酮链节的纤维。拉伸强度400～700MPa，拉伸模量3～6GPa，断裂伸长率20%～40%。长期使用温度240～250℃。极限氧指数（LOI）35%。熔点334～343℃。在100℃蒸汽中保持强度不变，在过氧化剂中可保留91%的强度。可与涤纶、玻璃纤维、碳纤维混织，作为复合材料增强体。

聚醚泡沫体 polyether foams 一种聚氨酯泡沫体，是用异氰酸酯与聚醚反应生成的泡沫体。对硬质泡沫体来说，聚醚通常用氧化丙烯的加成物物料做辅料，如山梨糖醇、季戊四醇等。

聚醚酮 polyether ketone；PEK 醚键和羰基交替与亚苯基环连接的聚芳醚酮类半结晶性热塑性聚合物。其综合性能优良，具有优良的电性能、耐燃性、耐辐射性、耐溶剂性。耐硝酸、高温蒸汽，吸水后尺寸稳定性好。比PEEK有更高的耐热性、强度和模量，能在260℃下使用，热膨胀系数低；10^6 Hz下相对介电常数为3.4，介电损耗角正切为0.005。加工温度385～426℃。广泛用于电子、电气、机械、化工各种部件以及电缆电线、雷达等；亦用于制作宇宙飞船和飞机上的复合材料（如CFRP）结构件。

聚醚酮基复合材料 polyether ketone matrix composites 以聚醚酮(PEK)树脂为基体、以纤维(或其织物)为增强体的复合材料。常用的增强纤维是玻璃纤维和碳纤维。按使用的半成品材料的形式，聚醚酮复合材料产品的主要形式有：①用短纤维增强模塑料的模塑制品。②用连续纤维（或织物）预浸料的层合结构。预浸料包括完全浸润预浸料（即增强纤维经液体树脂完全浸润）和物理混合预浸料（树脂仅以粉末等固态形式与增强纤维接触，增强纤维只有在成型热熔时才被浸润）。③用非连续纤维增强片材模塑料的模塑制品等。PEK基复合材料的力学性能和热性能均高于PEEK基复合材料，更优于纯PEK树脂。在机械、航空和航天工业中用以代替铝合金制造结构件。参见聚醚酮（252页）。

聚醚酮酮 polyether ketone ketone；PEKK 醚键和羰基以醚酮酮顺序交替与亚苯基环连接而成的聚芳醚酮类半结晶性热塑性聚合物。相对密度（d_4^{20}）1.33，拉伸强度102MPa，拉伸模量4.5GPa，断裂伸长率4%。玻璃化转变温度156℃，可在240℃长期使用。极限氧指数（LOI）40%。具有优良的电气特性、阻燃性、耐辐射性、耐溶剂性和耐高温性。加工温度360～380℃。主要用作绝缘包覆材料；耐热、耐酸、耐辐射电缆；耐燃、耐油的各种机械连接器件；高温使用的高强度发动机辅助部件以及飞机飞船用的复合材料的基体等。

聚醚酮酮基复合材料 polyether ketone ketone matrix composites 以聚醚酮酮（PEKK）树脂为基体、以纤维（或其织物）为增强体的复合材料。常用的增强纤维是玻璃纤维和碳纤维。复合材料的主要形式是用非连续纤维增强片材模塑料制成的模塑产品和用连续纤维（或织物）预浸料制成的复合材料结构。用于飞机的机舱、操纵杆、直升机尾翼等。

聚醚酰亚胺 polyetherimide；PEI 又名聚醚亚胺、聚双酚A四酰亚胺。为可溶性无定形的热塑性聚酰亚胺，能溶于多种有机溶剂。由双酚A二酐与各种芳香族二胺（间苯二胺等）缩聚而成的一类聚合物。因结构中既含有耐热的酰亚胺环，又含有柔韧的醚键，所以综合性能优异。具有优良的力学性能（拉伸强度100～200MPa，拉伸模量2.5～3.2GPa，断裂伸长率10%～110%，弯曲强度148～235MPa）、出色的电绝缘性（体积电阻率：150℃下$1.0\times10^{16}\Omega\cdot cm$）和介电性能（介质损耗因子：1000Hz、150℃下0.0012；相对介电常数：23～80℃、60～10Hz范围内3.15），耐化学品（酸、碱、甲苯等）、耐水、耐紫外线，透微波与红外线。阻燃性UL 94V-0级。玻璃化转变温度250℃左右，能在200℃下长期使用。成型温度380℃，成型压力3.0MPa。可用注塑、挤塑、吹塑等加工方法成型。主要用来制造耐热、高强度机械零部件及耐燃、电绝缘制品和用作先进复合材料基体等。聚醚酰亚胺对环氧树脂尤其是多官能度环氧树脂改性增韧效果显著。如AG-80/PEI/*N*-甲基-2-吡咯烷酮/DDS＝100/20/适量/30配方的增韧改性胶黏剂，剪切强度比未改性前提高1倍左右，在200℃下降10%；不均匀扯离强度提高1.5倍；玻璃化转变温度256℃。但需要说明的是，PEI增韧环氧树脂体系有时会产生相分离，影响固化物性能，应当提高PEI与环氧树脂的相容性。PEI还是共聚双马来酰亚胺的有效增韧剂，当PEI用量为12.5phr时，其体系固化物的断裂能（G_{IC}）明显提高，达 805J/m^2，是原体系的5倍。

聚醚酰亚胺树脂基复合材料 polyetherimide matrix composites 以聚醚酰亚胺树脂为基体的复合材料。是热塑性树脂基复合材料中耐温性较高的一种，具有突出的电性能。常用玻璃纤维和碳纤维增强。通常先制成无溶剂或有溶剂的预浸料，用热压罐工艺或模压工艺成型制品。与碳纤维增强环氧树脂基复合材料相比，碳纤维增强聚醚酰亚胺树脂基复合材料的韧性高，其冲击后的压缩强度（CAI）比前者的高一倍，断裂韧性 G_{IC} 高1个数量级。可作为绝热材料、航空航天器的主结构构件。参见聚醚酰亚胺（253 页）。

聚醚型热塑性聚氨酯树脂 thermoplastic polyether polyurethane resin 由带端羟基的线型聚醚和二异氰酸酯、低分子量二元醇相互反应生成的具有热塑性的聚合物。它具有与硫化橡胶相似的性能，同时又可以用传统热塑性塑料的加工技术制成注塑、挤塑、压延制品；可以进行二次加工；拉伸强度 20～30MPa，断裂伸长率 350%～600%；低温脆化点低于－70℃；在潮湿环境中水解稳定性大大超过聚酯型热塑性聚氨酯树脂；回弹性高；耐臭氧性与耐磨性和聚酯型热塑性聚氨酯树脂一样极为优良。主要用作汽车零件、工业导管、电线电缆护套、齿轮、密封材料、防滑链、鞋底及后跟等。

聚醚亚胺 见聚醚酰亚胺（253 页）。

聚羟基醚树脂 polyhydroxyether resins 见苯氧基树脂（9 页）。

聚全芳酯 wholly aromatic polyester 是一类分子主链全由苯核与酯基组成的聚合物。典型的代表是聚苯酯-聚羟基苯甲酰（又称羟基苯甲酰聚酯）。该树脂高度结晶，在400℃下不流动，热稳定性极好，可在316℃下长期使用。最大的特点是它具有类似于金属的性能，热导率居于所有工程塑料之首，在高温下呈现金属的非黏流态等。由于流动性差，常用烧结、模压及等离子喷涂等技术成型。主要用于制造耐高温、电绝缘制品及用作复合材料基体。

聚全芳酯树脂基复合材料 wholly aromatic polyester matrix composites 以聚全芳酯树脂为基体、以填料填充或以纤维（或其织物）为增强体的复合材料。常用的填料与增强纤维有石墨、碳化硅、铝粉和玻璃纤维等，填充量约10%～60%复合材料制品采用注射、增强注射及模压等工艺成型。参见聚全芳酯（254 页）。

聚壬二酐 polyazelaic polyanhydride; PAPA 分子量接近2300、端基为羧基的聚合物，用作环氧树脂的固化剂。

聚双马来酰亚胺 见马来酰亚胺端基热固性树脂（295 页）。

聚四氟乙烯 polytetrafluoroethylene; PTFE 商品名 Teflon（特氟龙）。由四氟乙烯（C_2F_4）聚合而成，可以制成粉料或水分散体。聚四氟乙烯的特点为对化学品极端惰性，具有极高的热稳定性（使用温度－250～260℃）、良好的电气性能（10^6 Hz：介电系数2.1、介电损耗角正切 2.5×10^{-4}）、低的摩擦系数（自摩擦系数0.1）和良好的耐腐蚀性，以及抵抗几乎所有物料黏附的能力。常用作模具表面涂层（脱模剂），在国民经济各个领域用途很广。

聚四氟乙烯基复合材料 polytetrafluoroethylene matrix composites 以聚

四氟乙烯为基体、以填料填充或纤维（或其织物）为增强体的复合材料。具有特殊的热稳定性、耐腐蚀性和耐摩擦性。有三种形式：①玻璃布层合板；②玻璃布或石棉布浸渍制品；③填充聚四氟乙烯，填充剂包括金属（如铜粉、铝粉）、无机（石墨、炭黑、玻璃粉、石棉粉等）和有机（聚芳砜、聚苯硫醚、氟化锂等）填充剂。聚四氟乙烯经增强或填充后，强度、刚度、抗蠕变性等均有明显提高。主要用作覆铜板基材、电气接插头、自润滑轴承及热释光材料等。

聚四氟乙烯塑料 polytetrafluoroethylene plastics 以聚四氟乙烯为基材的塑料。参见聚四氟乙烯（254 页）。

聚四氟乙烯纤维增强体 polytetrafluoroethylene fibre reinforcements 以聚四氟乙烯原料，经纺丝或制成薄膜后切割或原纤化而制得的纤维增强材料。

聚碳酸酯基复合材料 polycarbonate matrix composites 以聚碳酸酯树脂为基体、以填料填充或纤维（或其织物）为增强体的复合材料。具有使用价值的是芳香聚碳酸酯。主要使用玻璃纤维作增强体，纤维含量为 10%～40%。制品主要用注射挤出和挤出吹塑工艺制成。与未增强的聚碳酸酯相比，玻璃纤维增强的聚碳酸酯的强度比未增强的提高 1～1.5 倍，线膨胀系数降至 1/4～1/2。耐应力开裂提高 5～7 倍。已被用来代替金属用于汽车工业与仪表工业等。参见聚碳酸酯树脂（255 页）。

聚碳酸酯树脂 polycarbonate resins; PC 在分子中含有碳酸酯的聚合物。是五大通用工程塑料之一。分为脂肪族聚碳酸酯、脂肪-芳香族聚碳酸酯及芳香族聚碳酸酯等。聚碳酸酯具有高的冲击韧度，良好的耐热性、好的尺寸稳定性，低的吸水性与良好的电性能；透明度高、无毒、不易着火；韧性居一般热塑性塑料之首。可以注射模塑、挤出模塑、热成型及吹塑模制。作为耐热性受力结构材料，广泛用于电子电气、机械零件、汽车制造、安全玻璃、照明器材以及激光唱片、光盘基材等高科技领域。

聚碳酸酯塑料 polycarbonate plastics 以聚碳酸酯为基材的塑料。

聚烯烃 polyolefin 以一种或几种烯烃聚合或共聚制得的聚合物。

聚烯烃纤维增强体 polyolefine fibre reinforcements 用于增强基体的烯烃类聚合物或共聚物纤维。如聚丙烯、聚乙烯、聚苯乙烯、聚丁二烯纤维和乙烯丙烯共聚纤维等增强材料。

聚酰胺 polyamide; PA 商品名尼龙。主链链节含有酰氨基（—CONH—）的聚合物。由二元酸与二元胺缩聚，内酰开环聚合或氨基酸缩聚等方法制得。

聚酰胺塑料 polyamide plastics 以聚酰胺为基材的塑料。

聚酰胺-酰亚胺 polyamide-imide; PAI 主链中含有仲氨基链节的改性聚酰亚胺。具有独特的高温强度和刚度，可在 180～200℃ 长期使用。其 GFRP 模塑料在 250℃ 下拉伸强度高达 160MPa，弯曲强度 248MPa，弯曲模量 18GPa。有优异的电性能和润滑性，耐辐射、耐化学品、耐磨耗。用普通热固性塑料加工工艺成型。可用于 F、H 级电绝缘漆，耐热绝缘膜、耐热端子，各种齿轮、轴承、垫圈、汽车零件、雷达设备，也可用作胶黏剂及纤维等。

聚酰胺-酰亚胺树脂基复合材料 polyamide-imide resincomposites 以聚酰胺-酰亚胺树脂为基体的复合材料。性能全面，具有独特的高温力学性能，优异的电性能和润滑性，耐辐射、耐化学品、耐磨耗。参见聚酰胺-酰亚胺（255 页）。

聚酰胺纤维 polyamide fibre 又称耐纶、尼纶、尼龙。由酰氨基（—CONH—）与烃基链接为结构单元的线型聚酰胺制成的合成纤维。分脂肪族、半芳香族、全芳香族、含杂环芳香族及脂环族聚酰胺纤维。这类纤维具有良好的结晶性、力学性能、耐磨性，弹性回复率高，密度（1.04～1.14g/cm^3）小。但不耐酸和部分极性溶剂。以脂肪族聚酰胺纤维（尼龙 6、尼龙 66）为主，主要用于制作轮胎帘子线、传送带、袜子、运动服、渔网、降落伞、绳索和棕刷等。

聚酰亚胺 polyimide；PI 分子主链上含有酰亚胺基团的一类聚合物。一般由四元羧酸二酐与二元伯胺缩聚而成。由于四个碳原子构成的环紧密结合在一起，所以该树脂具有很高的耐热性。主要分为热固性聚酰亚胺和热塑性聚酰亚胺两种。具有良好的耐高低温性能、力学性能、电性能，耐辐射、耐化学品性能、耐溶剂性好，电绝缘性优异，尺寸稳定性好，不开裂、不冷流，有良好的自润滑性等。参见热固性聚酰亚胺树脂（350 页）、热塑性聚酰亚胺树脂（358 页）。

M-聚酰亚胺 M-polyimide 见马来酰亚胺端基热固性树脂（295 页）。

PMR 聚酰亚胺 PMR polyimide 指单体反应物现场聚合的聚酰亚胺树脂。该树脂黏度低，固体含量高，溶于甲醇，可用湿法制成预浸料，预浸料的溶剂容易挥发，室温储存期 2～15 天。固化温度在 205℃时形成热稳定的聚酰亚胺，固化温度达到 275℃时聚合分子末端基团相互交联形成网状结构。制成的复合材料空隙率很低，层间剪切强度可达 91MPa。316℃下有良好的力学性能（弯曲强度保持率达 92.1%）和热氧化稳定性。是目前应用最广泛的热固性聚酰亚胺复合材料的树脂基体。“PMR”为 in situ polymerization monomer reactants 的缩写，意指“现场聚合单体反应物”。基于使用温度不同发展了以 PMR-11、PMR-15 为代表的两代聚酰亚胺树脂。其中 PMR-15 已用于航空发动机的外围部件。用 PMR 聚酰亚胺制备复合材料具有如下利于产品质量控制的技术特点：①使用低分子量、低黏度单体，浸润性好；②使用低沸点溶剂，容易挥发逸散；③由于胺化反应在固化交联之前完成，最后固化阶段没有或很少有挥发分产生。

聚酰亚胺基复合材料 polyimide resin composites 以聚酰亚胺树脂为基体的复合材料，是目前耐温性能最高的一类先进树脂基复合材料。参见聚酰亚胺（256 页）。

聚酰亚胺胶黏剂 polyimide adhesive 以聚酰亚胺树脂为基料的胶黏剂。优点是具有优异的耐高温性能，可在 280℃长期使用，间断使用温度 420℃；耐高剂量辐射性好；耐低温性能和电绝缘性优良；对金属粘接力强等。缺点是在碱性条件下易水解；缩聚固化时，因排除挥发分（水）导致胶层多孔使力学性能降低。主要用于铝合金、钛合金陶瓷及复合材料等结构的胶接。如火箭、飞船、飞机等耐热结构件和耐高能射线器件的粘接。也可作为金刚砂砂轮的胶黏剂及耐低温胶黏剂。

聚酰亚胺泡沫塑料 polyimide foam 以聚酰亚胺树脂为基材，内部布满无数微孔的塑料。其力学性能良好，水蒸气渗透性低，透电磁波，耐辐射，热稳定性和耐燃烧性优良。用作保温防火材料、飞机防辐射材料、耐磨遮蔽材料、高温能量吸收材料、电气绝缘材料、透波材料（如用于制造雷达罩）等。

聚酰亚胺纤维 polyimide fiber 又称芳酰亚胺纤维（arimid fiber）。商品名阿里米特（arimid）和P84。指聚合物分子中含芳酰亚胺的特种合成纤维，阿里米特为醚类均聚物纤维，P48为酮类共聚纤维。阿里米特是耐高温阻燃纤维。断裂强度4～5cN/dtex，断裂伸长率5%～7%，模量10～12GPa。300℃×100h后强度保持率为50%。阻燃，极限氧指数（LOI）为44%。耐高温，长期使用温度－200～300℃，550℃短期使用。在高温空气中不熔融，是优良的电介质，耐化学品和耐射线性好。缺点是吸水性和表面活性有待改进；P84为酮类共聚物纤维，近似中空的异形截面。断裂强度3.8cN/dtex，断裂伸长32%，模量35cN/dtex，相对密度（d_4^{20}）1.41g/cm^3，沸水收缩率<0.5%。主要用途是高温粉尘滤材、高温工作服、阻燃饰品、电绝缘材料、特种降落伞、抗辐射材料、（纸品）蜂窝结构材料以及树脂基复合材料的增强体等。

聚酰亚胺纤维增强体 polyimide fiber reinforcement 用于复合材料的聚酰亚胺纤维或织物。参见聚酰亚胺纤维（257页）。

聚亚苯基硫醚 参见聚苯硫醚（236页）。

聚亚烷基酰胺 polyalkylene amides 参见氨基树脂（3页）。

聚氧化亚丙基二醇 polyoxypropylene glycols 由环氧丙烷衍生的聚醚，用于生产聚氨酯泡沫体。

聚乙炔类 polyacetylenes 乙炔的黑色聚合物。是用乙烯经齐格勒-纳塔催化剂催化聚合而成。研究表明，经卤素掺杂后，其电导率可升高几个至几十个数量级，进入导电高分子范围，是极具重要科学价值和广阔应用前景的分子电子学材料。聚乙炔曾被建议用作半导体和固体推进剂的高性能胶黏剂与增塑剂。

聚乙烯 polyethylene；polyethylenes；PE 由乙烯气聚合而成的乳白色、半透明的热塑性塑料。按密度区分有低密度聚乙烯、超低密度聚乙烯、中密度聚乙烯、高密度聚乙烯和超高分子量聚乙烯等。聚乙烯无味、无毒。耐化学品，常温下不溶于溶剂。耐低温，最低使用温度－100～－70℃。电绝缘性好，吸水率低。物理力学性能因密度而异。

聚乙烯醇 polyvinyl alcohols；PVA 由醋酸乙烯部分或全部水解而制备的水溶性热塑性树脂。为白色片状、絮状固体。无味，无毒，对人体无刺激性。其物理性质受化学结构、醇解度、聚合度的影响。相对密度（d_4^{20}）（25℃/4℃）1.27～1.31。熔点230℃，玻璃化转变温度75～85℃。在空气中加热至100℃以上慢慢变色、脆化。加热至160～170℃脱水醚化，失去溶解性，200℃开始分解。使用温度120～140℃。不溶于汽油、煤油、植物油、苯、甲苯、二氯乙烷、四氯乙烷、丙酮、乙酸乙酯、甲醇、乙二醇等。溶于水。PVA17-88的水溶液在室温下随时间增加黏度增大，但浓度为8%的黏度却绝对稳定，与时间无关。聚乙烯醇成膜性好，制成的薄膜对油类、脂肪和蜡具有不渗透性；对氧、氮和氦的透过率为零。因此聚乙烯醇薄膜经常作为其他热塑性薄膜的屏蔽涂层。同时也是复合材料行业的重要脱模剂。可在模具上成膜，脱模效果好，价格便宜，容易配制，可长期保持，涂刷方便。可用水清洗，产品表面光洁。其配方如下：5份PVA（低分子粉状）/50份乙醇/45份水/1份气溶胶（消泡剂）。配制时，将水加热到65～75℃，边搅拌边加入PVA粉料，并保温搅拌至完全溶解；冷却到室温，再进行搅拌并滴加乙醇（要慢速滴加！），防止结块；完成后过滤，除去颗粒和杂质，装桶。涂刷方法：用毛刷或聚氨酯软泡沫块浸渍PVA（注意不能吸进空气，会产生气泡），然后在模具表面均匀涂刷。用手的力度控制涂刷厚度。不能漏涂，也不能产生流痕和在沟槽中积聚。涂刷时防止外来物落于表面。刷完后晾干约30min，待完全干燥成膜后方可使用。如果室温过低，可用吹风机风干。如果PVA停放时间过长，黏度增大，可用水和乙醇稀释后再用。

聚乙烯醇缩丁醛　polyvinyl butyral；PVB　为聚乙烯醇缩醛类树脂的一种，由聚乙烯醇与丁醛反应而制成，聚合物中保持少量未反应的聚乙烯醇基团。它是一种坚韧的无色挠性固体，主要用作夹层安全玻璃的中间层材料。

聚乙烯醇缩甲醛　polyvinyl formal　聚乙烯醇缩醛类的一种，在聚乙烯醇存在的条件下由甲醛缩聚而成或由聚醋酸乙烯同时水解和乙酰化而成。它主要与甲苯基酚醛树脂相配合用作电线的涂层及浸渍料，但也可模塑、挤塑和铸塑。此树脂具有耐油脂污渍性。

聚乙烯醇缩醛类　polyvinyl acetal　用缩聚反应使聚乙烯醇的羟基部分或全部由乙醛取代从而生成的树脂的通称。该类的其他品种有聚乙烯醇缩丁醛和聚乙烯醇缩甲醛。聚乙烯醇缩醛类树脂为热塑性塑料，可用浇铸、挤塑、模塑和涂层等方法进行加工。其主要用途是作为胶黏剂、漆、涂料和薄膜。

聚乙烯基甲基醚　polyvinyl methyl ether；PVM　一种琥珀色香脂状黏性液体，溶于冷水而不溶于热水。此树脂用作纸、聚乙烯和橡胶的压敏和热熔胶黏剂的一种组分。

聚乙烯基异丁基醚　polyvinyl isobutyl ether；PVI　乙烯基异丁基醚的聚合物，根据分子量的不同可得到白色不透明的弹性体或黏性液体。此树脂用作胶黏剂、增塑剂、表面涂层、层合剂和电缆的填充配合物。

聚乙烯泡沫体　polyethylene foams　低密度的聚乙烯泡沫体的密度约32kg/m^3，是在压力下将热的熔融的聚乙烯与发泡剂混合，然后除去压力并加以冷却制成。高密度泡沫体的密度为320～480kg/m^{3}或更重，为具有无数充满惰性气体的单独细小微胞的普通聚乙烯。用发泡剂浸渍的粒料可以挤出和模塑加工。交联聚乙烯泡沫体是熔融的配料中掺合过氧化物交联剂，然后在压机上硬化成型。

聚乙烯纤维　polyethylene fiber　由聚乙烯纺丝制成的聚烯烃纤维。有普通和高强度两种。普通型纤维主要用于制造绳索、渔网和包装袋等；高强度型纤维以超高分子量聚乙烯纤维为代表，由于它具有优异的性能，得到了广泛应用。参见超高分子量聚乙烯纤维（48页）。

聚异丁烯　polyisobutylene；PIB　见聚丁烯类（238页）。

聚酯　polyester　主链链节含有羧酸酯基的聚合物。可分为饱和聚酯和不饱和聚酯两大类。通常是由一种或多种多元酸（酸酐）与一种或多种多元醇缩合制得的聚合物。其中用量最大的是PET，因此有时将PET称作聚酯。

聚酯 (PET) 纤维 polyester fibre 由二元醇与二元酸缩聚成含有酯键的线型聚合物，经熔融纺丝和拉伸而成的纤维。

聚酯型聚氨酯树脂 polyester polyurethane resin 分子主链为酯链 $\leftarrow$OROCOR′COORO$\rightarrow_n$，端基或侧基含羟基（—OH）的聚酯多元醇与异氰酸酯的缩聚物。根据聚酯、异氰酸酯、扩链剂的种类、配方及生产工艺不同，可以是热塑性的也可以是热固性的，并可分为弹性体和泡沫塑料两大类。多在要求制品具有较高机械强度、耐油等场合下使用。

聚酯型热塑性聚氨酯树脂 thermoplastic polyester polyurethane resin 由带单羟基的线型聚酯和二异氰酸酯、低分子量二元醇相互反应生成的热塑性聚合物。它具有与硫化橡胶相似的性能，同时又可以用传统的热塑性塑料加工技术制成注塑、挤塑、压延制品。将它加热到成型温度时可以再软化。这种树脂耐油性、耐磨性、抗臭氧性能优良，主要用于制造汽车零件、电线、电缆护套、齿轮、缓冲器等。

卷管机 rolling machine 将浸渍一定胶液的增强织物以一定压力（或张力）按规定厚度卷到芯模上成型管材的设备。主要由压辊、支撑辊、导向辊和张力辊等组成。

卷料 web 与切成片材的同样材料不同，该材料为可卷成筒状的连续长度的织物、纸、金属薄板片状材料。

卷曲长度 crimped length 规定轻载荷下，未伸直纤维两端间的距离。

卷曲幅度 crimp amplitude 卷曲纤维相邻卷曲峰谷之间的垂直距离，即卷曲波形深浅程度。如右图所示。

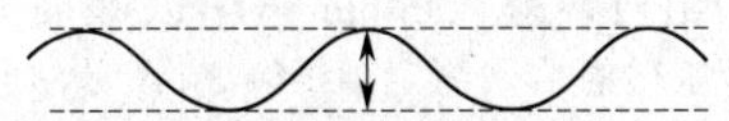

卷曲回复率 crimp recovery 卷曲纤维的伸直长度与伸直后回复长度的差数对伸直长度的百分率。

卷曲角 crimp angle 从丝束的平均轴量起，单个编织纱的曲线最大锐角。

卷曲率（卷曲度） crimpness 表示纤维卷曲程度的指标。为具有卷曲的纤维的伸直长度与卷曲长度的差数对伸直长度的百分率。

卷曲数 number of crimp 纤维单位长度内的卷曲个数。

卷曲弹性回复率 percentage of crimp elasticity 卷曲纤维伸直长度 L 与伸直后回复长度 L_1 的差数（$L-L_1$），对伸直长度 L 与卷曲长度 L_0 的差数（$L-L_0$）的百分率。即，卷曲弹性回复率$=\dfrac{L-L_1}{L-L_0}\times 100\%$。

卷制层压管 rolled laminated tube 浸有树脂的增强材料在拉力作用下绕在两个热压辊间的芯模上，经固化抽出芯模后所制得的管状制品。

绝对比重 absolute specific gravity 给定体积的物质和等体积的水在同一温度下的重量比。

绝对磁导率 permeability (absolute) 一种材料或介质的绝对磁导率。它等于磁通密度与产生该磁通密度的磁场强度之比。(无损检测)

绝对黏度 absolute viscosity 参见黏度（315 页）。

绝对温标 Kelvin scale 开尔文温标，基于理想气体每一摩尔的平均动能确定的温标，其零度为－273.16℃（绝对零度）。因此，某一温度 t（℃）下的绝对温度 T（K）＝273.16＋t（℃）。

绝对误差 absolute error 测量某量所得的值（测定值 M）与该量的真值（真实值 T）的差值。以符号 Δ 表示，$\Delta = M - T$。实际计算绝对误差时，常用被测量的实际值（算术平均值等）代替该量的真值。

绝热挤出 adiabatic extrusion 与外界没有热交换的一种挤出方法。

绝热流道模 insulated runner mould 连续成型作业中，利用塑料与流道壁接触的固体层所起的绝热作用，使流道中心部位的热塑性塑料始终保持熔融流动态的注射模。

绝缘电阻 insulation resistance 指绝缘材料的电阻。将被测材料置于标准电极中，在给定时间后，电极两端所加电压值与两电极间总电流之比为绝缘电阻。

绝缘功能复合材料 insulating functional composites 以绝缘填料与高聚物复合而成具有电绝缘功能的复合材料。分为电工绝缘用和电子装置用两类。电工绝缘用类要求除了电绝缘性能外，还有耐温、防潮、尺寸稳定、有一定力学性能以及阻燃性等。主要系云母、合成纤维、棉布、石棉、玻璃纤维与酚醛、环氧、聚酰亚胺等树脂复合而成。电子装置用类绝缘材料包括覆铜电路的基板和含有填料的电子封装材料。其中电路基板绝缘材料除了与电工用相同的要求外，还有介电性能好和热膨胀系数小的要求。系玻璃纤维、聚芳酰胺纤维等增强酚醛、环氧、聚酰亚胺、聚四氟乙烯等树脂构成。电子封装材料还要求在树脂基中掺入二氧化硅填料以调节固化收缩率、热膨胀率、热导率等。

绝缘胶黏剂 dielectric adhesive 指具有电气绝缘性能的胶黏剂。合成胶黏剂的电气绝缘性能主要取决于所用聚合物材料本身的特性，同时还与胶黏剂的组成、胶接接头表面性质、湿气吸收、氧化过程及环境温度等条件有关。一般体积电阻在 $10^{12}\Omega \cdot cm$ 以上时，才能称为好的绝缘材料。合成树脂几乎都能满足上述条件。常用的有环氧、有机硅、酚醛、聚酯丙烯酸酯胶黏剂。这些胶黏剂即使在湿环境下仍具有可靠的绝缘性能。

绝缘强度 见介电强度（220 页）。

绝缘树脂 insulated resin 在一定条件下能固化成具有绝缘特性的材料（如绝缘膜或绝缘体）的树脂。广泛使用的有酚醛树脂、聚酯树脂、有机硅树脂以及聚酰亚胺树脂等。

绝缘体 insulator 一种低导电性材料，通过其中的电流可以忽略不计。类似于低热导体材料。

均苯四酸二酐 pyromellitic acid dianhydride；PMA 白色结晶粉末，密度 $1.86g/cm^3$，熔点 286℃。溶于丙酮、乙酸乙酯、四氢呋喃、二甲基甲酰胺等。可用作环氧树脂固化剂、放射线防护剂等。固化物具有优良的耐热性和力学性能，热变形温度可达 200～250℃。一般用量 56 份。

均缠 level winding 参见圆周缠绕（516 页）。

均方差（σ） 均方根差的简称。

均方根差 root mean square error 简称均方差（σ）。表示一列数值（n）离散程度的指标，为各数值（X_i）与其平均值（$\overline{X}$）之差的平方和之平均值的平方根，即方差的正平方根。参见标准偏差（S）（12 页）。

$$\text{均方根差}\ \sigma = S = \sqrt{\frac{\sum_{i=1}^{n}(X_i - \overline{X})^2}{n-1}}$$

均衡层合板 balanced laminate 由各种特性和参数相同、除 0°和 90°方向的铺层外，其余铺层均按大小相等符号相反的铺层角（±θ）成对铺设的复合材料层合板。如（$+45_2/-45_2$）铺层的层合板。其特点为：①+θ 与 −θ 的铺层数相等；②面内拉剪耦合刚度系数为零（$Q_{16}=Q_{26}=0$）；③平面应力状态下呈正交各向异性。与只有一对铺层角的斜交层合板不同，均衡层合板则可以有多对铺层角，并含有 0°和 90°的铺层，如（$0/\pm30/\pm45/\pm60/90)_t$；均衡层合板的面内特性为正交各向异性，而弯曲特性则是各向异性。参见单向层合板（66 页）、正交层合板（528 页）、角铺层层合板（213 页）、对称层合板（87 页）、均衡对称层合板（261 页）。

均衡对称层合板 balanced-symmetric laminate 一种既均衡又对称的层合板。这种层合板同时具有均衡层合板和对称层合板的所有性能特性。一般情况下多用此种层合板。如 $[0/90/+45/-45]_s$ 铺层的层合板。参见均衡层合板（261 页）、对称层合板（87 页）。

均衡非对称层合板 balanced-unsymmetrical laminate 在铺层结构上均衡，但非对称的层合板。是一种利用面内载荷与面外载荷耦合效应的特殊层合板。参见均衡层合板（261 页）、非对称层合板（103 页）。

均衡复合材料 balanced composites 见均衡层合板（261 页）。

均衡结构 balanced construction 经纬要素相等的织物；具有如下特性的结构（如均衡层合板）：当其受拉伸和压缩载荷时，只产生拉伸和压缩变形；受弯曲载荷时仅在轴向和横向产生大小相等的纯弯曲变形。

均衡捻 balanced twist 纱、线或绳索的一种捻的排列方式，当该纱线或绳索绕成开口圈时，其本身不会产生扭结。

均衡设计 balanced design 在纤维复合材料缠绕工艺中，使所有绕丝应力均等的一种绕型设计。

均聚物 homopolymer 仅由一种链节重复构成的聚合物。如聚乙烯、聚丙烯、聚氯乙烯、聚四氟乙烯等。

均温块体 block 在热分析中，样品或样品支持器同质量较大的材料紧密接触的一种样品支持器组合。

均相聚合 homogeneous polymerization 凡是聚合体系在反应进程中单体经聚合后，产物能溶于自身单体或溶剂中，反应始终为一相的聚合。此过程的产物为均聚物。

均相缩聚 homogeneous polycondensation 缩聚反应在一个相中进行的称为均相缩聚。包括溶液缩聚、熔融缩聚和固相缩聚。

均压版 见匀压板（516 页）。

均压压制 isostatic pressing 在气体或液体作用下压缩粉料，以致压力在各个方向均匀传递的压制。

均匀性 homogeneity 在物体内所有各部分材料都完全一致的特性。在复合材料力学中，常常将实际存在的非均匀性近似地处理成宏观上的均匀性。

均匀张力 even tension 表示一种过程，其中纱束的每一根丝与组成该纱束的其他丝保持相同的张紧程度。参见松垂度（410 页）。

均质 homogeneous 描述完全均匀组织材料的术语。没有内部物理边界，每一点性能都是完全相同的一类材料。即相对于空间坐标是常数（但不必与定向坐标有关）。

均质性 homogeneity 物质内材料

的均匀性。在复合材料力学中，微观与宏观的均匀性是以将其真实的不均匀性通过平均处理达到的。

龟裂 crazing 又称开裂。一种在复合材料的基体内或组分材料的界面处出现的细裂纹。由固化应力、残余应力引起。参见裂纹（287 页）、裂纹扩展（288 页）、固化残余应力（153 页）、环境应力开裂（172 页）、应力裂纹（501 页）等。

龟裂破坏 crack failure 高分子材料由于本身性质及在加工制造过程中的应力作用而产生的连续、交叉细微裂纹，导致制品在光、热、机械力、介质作用下产生脆性破坏的现象。

K

卡贝冲击韧度 Charpy impact strength 又称简支梁冲击韧度、摆锤冲击韧度。水平地放置在两支撑上的高分子材料试样，由具有一定位能的摆锤一次摆动使试件破坏，用破断时单位面积上所消耗的功（kJ/m^2）表示。另见简支梁冲击试验（204 页）。

卡比特曲线 另见毯式曲线（418 页）。

卡尔·费歇尔试剂 Karl Fischer reagent 碘、二氧化硫与吡啶溶于甲醇或甲基溶纤剂的溶液。用以测定塑料树脂等的水含量。

开尔文温标 见绝对温标（259 页）。

开放时间 见库外时间（272 页）。

开环聚合酚醛树脂 见苯并噁嗪树脂（7 页）。

开胶 disbond 两粘接体间的胶接面出现粘接破坏或分离的区域。这种破坏可能在结构寿命期内的任一时刻，由于各种不同原因而发生，如胶接件、蜂窝夹层结构长期处于声振、高温潮湿环境，或受交变载荷过大等。另外，口语上，该术语也指成品层压板内两层分离的区域（这时，习惯上用“分层”这个词）。参见分层（104 页）、脱粘（448 页）、未粘住（454 页）。

开孔拉伸强度 open hole tension strength；OHT 用带穿孔的 $[45/0/-45/90]_{2s}$ 层合板试样测得的拉伸强度。它反映先进复合材料对结构特性敏感性的性能，是复合材料特有的设计值的一部分。

开孔拉伸试验 open hole tension testing 测试反映先进复合材料对结构特性敏感性的性能试验。在试样中心部位开一个圆孔或其他形状的穿孔。孔的大小视不同要求而定。然后施加拉伸载荷，直至试样破坏。并由此计算出开孔后的拉伸强度。

开孔泡沫塑料 open-cell foamed plastics；open cell foamed 所含泡孔绝大多数都是互相连通、与外界相通的泡沫塑料。具有一般泡沫塑料的特性，热导率与吸水性较闭孔泡沫塑料的大。可用作隔声、吸震、衬垫、过滤、装饰等材料。

开孔压缩强度 open hole compression strength；OHC 用带穿孔的 $[45/0/-45/90]_{2s}$ 层合板试样测得的压缩强度。它反映先进复合材料对结构特性的敏感性，是复合材料特有的设计值的一部分。

开孔压缩试验 open hole compression testing 测试反映先进复合材料对结构特性敏感性的性能试验。在试样中心部位开一个圆孔或其他形状的穿孔。孔的大小视曲线不同要求而定。然后施加压缩载荷，直至试样破坏，并由此计算出开孔后的压缩强度。

开口强度 notched strength 在有孔、开口、裂纹等产生热应力集中情况下板的有效强度。参见开孔拉伸试验（262 页）、开孔压缩试验（262 页）。

开裂 见龟裂（262页）。

开模力 mold opening force 为了脱出制品，成型机在开启模具时所需的力。

凯芙拉 Kevlar 美国杜邦公司生产的聚对苯二甲酰对苯二胺纤维的商品名称。属高强度、高模量、低密度芳酰胺纤维。市售品牌有 Kevlar-49、Kevlar-149、Kevlar-29 等。前两种纤维常用作航空航天复合材料结构。Kevlar-49 的拉伸强度为 3620MPa，拉伸模量为 124～131GPa，密度为 1.44g/cm^3，断裂伸长率为 2.9%。Kevlar-149 的拉伸强度为 3447MPa，略低于 Kevlar-49，但模量高出 38%，密度为 1.47cm^3，断裂伸长率为 1.9%。但其缺点是吸湿量大，复合材料的耐压强度低。Kevlar-29 的弹性模量为 Kevlar-49 的一半，断裂伸长率为它的 2 倍，其主要用作绳索和织物。（注：凯芙拉就是指纤维，在其后加“纤维”显得重复了。）

凯芙拉复合材料 Kevlar composites 以 Kevlar 为增强体的复合材料。其拉伸强度和拉伸模量都比玻璃纤维增强塑料高，比强度较碳纤维复合材料高，但压缩强度较碳纤维复合材料低，吸湿率也高。

糠醇糠醛树脂 furfural furfuryl alcohol resin 糠醇与糠醛的缩聚物。由糠醇、糠醛在顺丁二烯存在下脱水缩聚制得。树脂呈液态，与植物油、硅油等混溶性好。其薄膜有很好的力学性能、耐热性、耐油性。含 10%桐油的树脂可用作木料、纤维材料、金属粉的胶黏剂和绝缘涂料；含 10%硅漆的可作玻璃和塑料与金属的胶黏剂；树脂可用于制作耐酸耐热灰泥。

糠醇树脂 furan resin; furfuran resin 糠醇在酸性催化剂作用下缩聚而成的一种呋喃树脂。深褐色至黑色黏稠不易流动的液体，能溶于丙酮、醇、醚等，不溶于苯。以无机酸或有机酸作固化剂。强酸可使室温固化，弱酸则需在 95～200℃下固化数小时。固化产物耐酸（硝酸、铬酸除外）、碱、水、有机溶剂；耐热性较好（其 GFRP 可在 120℃使用）；硬度较高，与碳、石墨、石棉、玻璃纤维等有良好的粘接性；价格便宜。缺点是脆性大，附着力差，固化收缩率较大。可用来制作耐腐蚀 GFRP 管道、阀门、泵体以及耐酸、耐腐蚀的涂料胶泥、胶黏剂等。

糠醛 furfural 又称呋喃甲醛。玉蜀黍芯、燕麦壳、稻壳或棉籽壳经酸解后再经蒸馏而制得的一种液体。有特殊香味。初蒸出时为无色，但暴露于空气中后即发暗，并发生树脂化。溶于水，与乙醇和乙醚混溶。蒸气与空气形成爆炸性混合物。爆炸极限 2.1%（体积分数）。用于合成树脂、电绝缘材料、清漆等，以及作防腐剂和香料。是一种优良的溶剂，用于生产呋喃及四氢呋喃塑料。

糠醛丙酮树脂 furfuryl acetone resin; FA 又称糠酮树脂。糠醛、丙酮经由糠酮单体然后进一步缩聚的产物。树脂通常是黑褐色黏稠液体。固化剂为无机酸或有机酸。固化产物有很好的耐酸、碱性。不耐氧化性介质，有良好的绝缘性。缺点是脆性大，黏附性差。可用于 GFRP、耐酸胶泥及耐腐蚀胶黏剂和涂料。掺入混凝土中可提高强度和耐酸、耐碱性；可粘接花岗岩、瓷砖、石墨砖等。

糠醛树脂 furfural resin 以糠醛为主与其他化合物制得的一种呋喃树脂。

糠酮环氧树脂 epoxy furfural acetone resin 由液态低分子量环氧树脂与糠酮单体进行反应制得的改性树脂，或环氧树脂与糠酮树脂的直接混合物。改性后糠酮树脂的脆性和粘接性有较大的改进。以它为基体的复合材料有较高的机械强度，优良的耐水性、耐化学品性和电气性能。适用于无线电器材，绝缘材料，耐水、耐化学品的GFRP，胶黏剂，耐酸胶泥，涂料等。

糠酮树脂 见糠醛丙酮树脂（263页）。

抗冲击改性剂 impact modifier 与塑料配料相混合以改进成品抗冲击性能的任何添加剂的通称。这种添加剂通常是不同类型的弹性体或塑料。见增韧剂（520页）。

抗冲击性 impact resistance 材料在外来物冲击作用下产生损伤的相对敏感性。广泛应用的冲击试验系采用悬臂梁式摆锤从固定的高度撞击一个装成悬臂梁式的凹口样条。简支梁式试验机用两端都固定的梁式试样。冲击韧度还用自由落镖试验和张力冲击试验。对先进复合材料主要考虑低速冲击的影响，采用落锤冲击试验。参见自由落镖试验（547页）、拉伸冲击试验（278页）。

抗电强度 见介电强度（220页）。

抗动能功能复合材料 anti-kinetic energy functional composites 具有抗核加固、抗激光加固、抗离子云加固等功能的复合材料。主要用于战略导弹突防和航天器提高生存能力等方面作为武器防御措施。石墨纤维和碳化硅纤维增强陶瓷基复合材料就具有较好的抗激光和激光加固的效果。氧化铝纤维增强陶瓷基复合材料也具有抗激光破坏的能力，同时也适合作为天线罩材料，因此在有防激光破坏要求的情况下是一首选对象。

抗腐蚀功能复合材料 anticorrosive functional composites 又称抗腐蚀复合材料。具有耐应力、耐生物和耐化学腐蚀性能的一类复合材料。通常由抗腐蚀基体、填料和增强材料复合而成，并可用偶联剂对填料和增强材料进行表面处理，提高其性能。抗腐蚀功能主要由基体提供。这类复合材料按基体类型分为金属基复合材料、陶瓷基复合材料、树脂基复合材料等。应用最广、用量最大的是树脂基复合材料。

抗腐蚀复合材料 anticorrosive composites 见抗腐蚀功能复合材料。

抗静电剂 antistatic agent 又称防静电剂。为防止塑料表面产生静电（吸附尘埃）而加入成型材料中或涂于塑料表面的一类表面张力较小的物质。

抗拉强度 见拉伸强度（278页）。

抗拉热扭变温度 tensile heat distortion temperature 见热扭变点（352页）。

抗霉性 fungus resistance; funginertness 塑料、复合材料对霉菌的抵抗能力。

抗扭刚性 torsional rigidity (fiber) 纤维材料抵抗扭转变形的刚柔程度。

抗疲劳特性 见疲劳特性（327页）。

抗烧蚀性 ablative resistance 又称耐烧蚀性。表征导弹、卫星和飞船等空间飞行器使用材料抗烧蚀性能的参数。用质量烧蚀率、线型（性）烧蚀率和烧蚀热效率表示。抗烧蚀性受烧蚀材料的组分、密度、成型工艺等因素的影响。质量烧蚀率（g/s）为单位时间内材料质量的损失；线型烧蚀率（mm/s）表示单位时间内材料沿法线方向后退的距离；烧蚀热效率 E_{eff}（J/kg）表示材料背面温度上升至一定温度时，原材料单位面积的质量所能阻隔或吸收的总热量，它反映了材料耗散热量的能力和材料的隔热性能。对于飞船型的飞行器，防热材料常以 E_{eff} 这个综合指标来评定材料烧蚀性能的好坏。

抗声呐功能复合材料 anti-sonar functional composites 又称声隐身材料、无声反射材料、消声瓦。一种特殊用途的水声吸声材料。以橡胶、聚氨酯等黏弹性材料或塑料等为基材，加多孔性材料，并以纤维等材料增强制成复合材料，再制成特殊形状的声呐吸声结构。该材料的有效吸声频带宽，吸声效果好（消声可达 20～40dB），且在高静压下仍有良好的吸声性。可在海洋环境条件下长期使用，并具有优良的耐大气老化性能。

抗弯强度 见弯曲强度（449 页）。

抗微生物剂 biocides 一类药剂，配入或施用于塑料的表面以杀除细菌、真菌、海洋有机体及类似的生物。

抗压强度 见压缩强度（485 页）。

抗氧化碳-碳复合材料 oidization-resistant carbon-carboncomposites 采用向碳-碳基体中添加氧化抑制剂（抗氧化剂）或在碳-碳表面形成抗氧化涂层等途径而获得的一种抗高温氧化碳-碳复合材料。

抗氧剂 antioxidant 能防止聚合物材料因氧化而引起变质的物质。

颗粒 particle 形状近似球形或接近等轴的多面体，具有从纳米到微米尺度的用于改善基体性能的增强体。

颗粒模塑料 granular molding compound 颗粒较小而又均匀的模塑料。

颗粒增强金属基复合材料 particle reinforced metal matrix composites 以碳化物、氮化物、石墨的颗粒增强金属或合金基体的复合材料的统称。这类复合材料容易批量制造、加工、成型。成本较低，研究发展也比较成熟。常用的颗粒有碳化硅、碳化钛、碳化钨、氧化铝、氮化硅、硼化钛、氮化硼和石墨等。颗粒尺寸一般在 3.5～10μm。金属基体有铝、镁、钛、铜、铁、钴及其合金。制造方法有粉末冶金法、铸造法、真空压力浸渍法和共喷射沉积法等。这种材料在航空航天、汽车、电子等领域有很好的应用前景。

颗粒增强金属基复合材料共喷射沉积 co-spray deposition for particle reinforced metal matrix composites 将金属熔化后用惰性气体雾化，同时向雾化的液流中喷入陶瓷增强体颗粒，共同沉积到收集器上制取金属基复合材料的工艺方法。其优点是：基体金属具有较高的冷却速度，组织细化，无偏析，性能可以改善；金属雾化及颗粒喷入量可以得到均匀的颗粒分布；颗粒和液态金属接触的时间很短（几秒），可以消除界面反应。与粉末冶金法相比，可以大大简化工序，安全性好，并从根本上消除氧的污染问题。此方法灵活，制造成本低，生产率高，有广阔的应用前景。主要用来制造各种铝合金、铜合金、锌合金及铜为基体的复合材料。

颗粒增强金属基复合材料搅拌复合工艺 compocasting for particle reinforced metal matrix composites 利用机械搅拌使增强颗粒加入熔融金属，并使颗粒均匀地分布在基体中的一种制造颗粒增强金属基复合材料的工艺方法。主要用于铝基、镁基、锌基等复合材料。

颗粒增强金属基复合材料喷射共

沉积制备工艺 spray co-deposition fabrication for particulate reinforced metal matrix composites 见颗粒增强金属基复合材料共喷射沉积（265 页）。

颗粒增强聚合物基复合材料 particulate filled polymercomposites 以颗粒状物料填充增强的聚合物基复合材料，其性能一般是各向同性。参见颗粒增强树脂基复合材料（266 页）。

颗粒增强树脂基复合材料 particle reinforced resin matrix composites 以颗粒状物料为填料填充的树脂基复合材料。常用的颗粒（粉）状填料有无机类的石英粉、滑石粉、石棉粉、云母粉、石墨粉以及某些金属氧化物和有机类的木粉、碎棉绒等。常用的基体树脂有酚醛、氨基树脂和环氧树脂及某些热塑性树脂。与纯树脂相比，可提高介电性、耐热性、导热性、硬度及降低成本等。成型方法主要有模压、浇注和注塑等。制品的比强度、比模量较高，可代替有色金属和黑色金属制造各种零部件、电气绝缘制品。广泛用于机械、电子、建筑、化工及航空航天工业中。

颗粒增强体 particle reinforcements 用以改善基体性能的颗粒状材料。可分为延性颗粒增强体和刚性颗粒增强体。基体中引入颗粒后，力学性能得到改善，断裂功提高。因为当材料受到破坏应力时，裂纹尖端与颗粒作用而引发两种可能的补强增韧机制：①相变增韧和裂纹增韧，即裂纹尖端附近区域发生显著的物理变化，如晶型转变、体积效应、应力状态改变、微裂纹产生与增殖等。这些都消耗能量，从而提高材料的韧性。②第二相颗粒使裂纹扩展路径发生改变，如裂纹偏转、弯曲等，从而获得增韧效果。③两种机制同时发生作用，产生协同增韧效果。增韧效果与颗粒增强体的形貌、尺寸、结构完整性及加入量等诸因素有关。

颗粒增强铁基复合材料 particle reinforced Fe-matrix composites 以铁或铁合金为基体，以 TiC 和 WC 等碳化物、TiN 等氮化物，以及 TiB_2 等硼化物颗粒为增强体的复合材料。其耐磨性、抗蚀性和抗热性能良好，硬度高。广泛用于磨削工具材料和磨削结构部件。

颗粒增强锌基复合材料 particle reinforced Zn-matrix composites 以锌或锌合金为基体，以碳化硅（SiC）、氧化铝（Al_2O_3）等颗粒为增强体的锌基复合材料。基体的主要合金元素有铝、铜、镁等。与相应的锌合金相比，锌基复合材料具有较高的比强度、比模量、硬度和耐磨性，较低的密度和热膨胀系数。但塑性和韧性较差。主要用半固态搅拌、压力浸渗和压铸法制造。可用于翻造各种耐磨零件、转动齿轮、转轮、导轨和塑料注塑模具等。

壳 shell 两曲面所限定的厚度小于其他尺寸的物体。按其力学特性，可分为薄壳（其厚度与最小曲率半径之比小于或等 1/20）和厚壳。

可剥保护层 见剥离层（23 页）。

可剥层 见剥离层（23 页）。

可剥涂层 strippable coating 施加于成品以防止其在装运与储存期间受到磨损或腐蚀的临时性涂层，该涂层可根据需要加以剥除而无损于基体。乙烯基塑料溶胶经常用于这一目的，可借浸渍、喷涂或辊筒涂层实施之。参见剥离层（23 页）。

可分散性纳米二氧化硅 dispersivity nanometer silicon dioxide 其粉体称为白炭黑，是采用液相原位表面修饰

技术开发出的 SiO_2 纳米微粒系列产品。在甲苯、二氯乙烷、胶黏剂、涂料、润滑油、增塑剂等许多有机介质中具有良好的分散性及分散稳定性，外观呈类真溶液状态。可分为两个系列：DNS系列和RNS系列。前者为饱和有机硅碳链或聚合物修饰的纳米二氧化硅，具有高分散性、强疏水特性。后者为表面含有机硅链或反应性官能团（双键、氨基、环氧基、巯基等）的纳米 SiO_2 微粒，可参与各种有机反应或高分子聚合反应，从而使纳米微粒与基材表面结合。该纳米二氧化硅微粒外观为高度分散的白色粉末。堆积密度0.15～0.20g/cm^3，平均粒径15～25nm。比表面积60～225m^2/g。pH值6.0～7.5。用作胶黏剂的增强剂，并有增韧效果。具有很好的分散性及分散稳定性。

可换模腔模具 interchangeable cavity mould 通过更换模具内部使成型部件能产生不同形状制品的模具。

可靠性 reliability 结构或产品按预定要求正常工作的概率值。

可靠性理论 reliability theory 对系统、产品的可靠性进行分析度量、预测和控制的一门应用科学。

可控层间相增韧 toughening by controlled interlaminar phase 又称胶膜夹层增韧。树脂基结构复合材料都是层合复合材料，其最大的弱点是层间的力学性能较弱，层间强度低，沿厚度方向的强度弱。又因为铺层间泊松比的不匹配及线膨胀系数的各向异性，在结构件的自由边、厚度凸变处和孔边等几何不连续处，以及机械连接处会产生高的层间应力集中，从而导致层合复合材料构件在受到外来物体冲击时容易在层间出现损伤。通常，中等能量或高能量的冲击会造成构件的穿透等严重损伤，易于发现，可及时进行修补。而低能量冲击则不然，往往是在层板内部产生层间基体裂纹和分层损伤。这类损伤往往表面破坏很小，难以用肉眼发现。但在后续的服役过程中，这些裂纹和分层会继续扩展，以致最终发生失稳扩展突然破坏（低应力脆断）。正是由于这些难以及时发现的冲击损伤，降低了复合材料结构的破损安全性，增加了事故的隐患。因此，提高复合材料层间抗冲击损伤能力，也就成为迫切需要解决的问题。但以往采用的诸多方法中，除基体树脂增韧外，其他方法会导致复合材料成本增加较大，制造工艺复杂，面内力学性能降低，结构重量增加。而采用韧性树脂增韧基体的方法，虽然可减少上述出现的问题，但研究发现，基体树脂浇注体断裂韧性的提高并不能使其纤维复合材料得到相当的增韧效果。一是由于各铺层之间、纤维与纤维间由界面层和树脂基体组成的中间层厚度很薄，以使纤维对裂纹尖端基体变形的约束作用较大，致使韧性基体降低应力集中的效果得不到充分发挥；二是纤维与基体间的界面层较弱，使得基体的增韧优势不能充分发挥作用；三是层合材料自身的结构决定了其层间的力学性能比子层（铺层）的力学性能低得多。于是“可控层间相增韧”的概念因势而生，为改善树脂中间层的韧性，进一步提高层合复合材料的损伤容限开辟了新的思路。该方法是将层合材料的层间区域视作独立的可控制对象，仅对该层间区域进行增韧，而非整个基体。适当增加其厚度，以降低纤维对裂纹尖端基体变形的约束作用。但也不宜过厚。因为层间相太厚反而会降低复合材料的强度和抵抗冲击损伤的能力。这种方法的运用称为复合材料的层间增韧。即通过程序化的手段将韧性聚合物的细颗粒或纤维或薄膜置于复合材料预浸料铺层之间，经热压固化成型，以达到选择性增韧的目的。这种增韧方法的首选材料为热塑性树脂，因为它既可增韧，又不会降低复合材料的玻璃化转变温度。在层间增韧结构中，热塑性聚合物与热固性基体树脂之间可以形成良好的键合作用，这样既保持了热固性树脂的优异性能，又能通过各种增韧机制增加复合材料的冲击损伤阻抗和损伤容限，实现复合材料力学性能之间的平衡。具体实施方法按增韧材料的形态大体分为三类：微粒增韧、纤维增韧和薄膜增韧。参考热塑性聚合物无规纳米纤维层间增韧、热塑性聚合物纤维混纺纱层间增韧、热塑性聚合物纤维混编织物层间增韧、树脂薄膜层间增韧。

可燃性 flammability 又称易燃性。材料维持燃烧程度的量度。通常以试样长度烧去 152.4mm 所需的秒数表示。

可溶酚醛树脂 见甲阶酚醛树脂（200 页）。

可溶性树脂含量 dissoluble resin content 预浸料或预混料中树脂可溶部分的含量。用试样中可溶树脂的质量百分比表示。

可视缺陷 photographing 参见透射缺陷（445 页）。

可修补损伤 repairable damage 指损伤的严重程度超过了许用损伤的范围，能使结构的强度、刚度等性能下降而需要加强修补的损伤。

克分子数 见摩尔（305 页）。

克分子体积 见摩尔体积（305 页）。

克纶 参见聚酚醛纤维（241 页）。

克希荷夫假设 Kirchhoff-law assumption 假设垂直于板中面的法线变形后仍垂直于中面且长度方向无变化。

克原子数 见摩尔（305 页）。

刻划硬度 scratch hardness 材料接受另一材料刻划的耐受力。

空气热老化 air heat aging 高分子材料在规定温度的空气作用下产生的不可逆变化。老化作用的因子主要是热和分子氧。热能使高聚物降解，使材料变软，表面发黏，力学性能下降；分子氧使高聚物产生过氧化物，过氧化物在适当条件下分解为自由基，引发分子连锁反应，导致降解和交联。研究材料的空气热老化，可以估算材料的适用寿命。

空心玻璃纤维 hollow glass fibre 纤维直径为 10～70μm 的管状结构玻璃纤维。其空心率为 90%～100%，空心度为 10%～65%。纱线强力接近无碱玻璃纤维。具有质量轻、刚度高、介电性能好的特点。主要用作增强塑料，用于航空航天电子特设结构和深水容器。

空心微球 hollow microsphere 直径小于 20μm 的空心球状物。具有密度小、流动性和分散性好等特点。

空心微球增强体 hollowed microballoon reinforcements 用来增强基体材料的一种球状、空心、低密度、粒度可控制的填料。分为无机空心球和有机空心球增强体两种。

孔道模具 cored mold 模体内可混合通过电加热组件、蒸汽或水管的模具。即可进行模内冷却或加热的模具。

孔眼型嵌件 eyelet-type 嵌件有一部分从材料中伸出，供装配时旋转之用。

空白试验 blank test 在化学试验中，用测定试样的同样试剂和方法，但不加试样所进行的试验。空白试验与有试样试验所测数据结合得出整个试验结果。

空隙　voids　复合材料内部空着的地方。如下图所示。它可能是二维（如

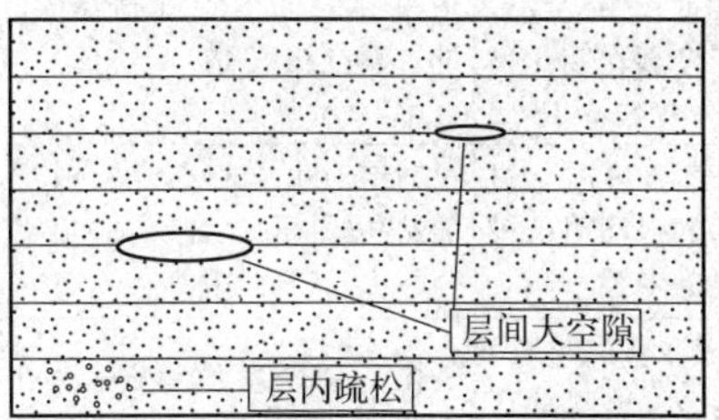

脱胶、分层）的，或三维（如空腔、气泡）的。它既不能承担载荷，也不能传递载荷，更不能辐射能量，还减小承载面积，又引起应力集中，导致复合材料性能降低。受其影响的复合材料性能有层间剪切强度、纵向弯曲强度和模量、纵向和横向的拉伸和压缩强度及模量、耐疲劳强度和耐高温性等。吸水性、冲击性可能会提高。空隙是复合材料在成型过程中，由于材料、工艺等因素造成的树脂液体压力（$p_{树液}$）低于系统中任何气体的蒸气压力（$p_{蒸气}$）时，溶解于树脂中的气体逸出所形成的缺陷。所以，确保树脂液压高于潜在空隙的内压是抑制空隙形成的基本原理。然而，保持$p_{树液}>p_{蒸气}$并非易事。虽然在固化过程的初始阶段，树脂液压等于所施加的热压罐压力，但其值随着树脂流出、真空袋组合、模具结构形式及支撑材料（如蜂窝芯）的影响而下降，轻则降到低于热压罐压力，甚者掉到0psi以下；另外，颗粒聚集、纤维毛团、丝束弯曲、纤维断裂、织物表面织纹、树脂、铺层裹入空气、预浸料吸湿和黏性变化、浸渍状态以及铺层递减区及拐角、加压及真空停止时机等都是空隙成核的因素。所以抑制空隙形成，需从材料开始，加强工艺过程的控制，切断滋生源头，防患于未然。空隙产生的原因因树脂固化机理不同（加成反应/缩聚反应）而异。所以抑制空隙形成的措施也不相同。如下表所示。参见疏松（393页）、空隙含量（271页）、预压实（512页）、袋内加压固化（60页）。

树脂类型	工序	原因	原理分析	抑制措施
加成反应固化类	预浸料	黏度过高	流动性小，空气易被裹入树脂，成为空隙的成核点	根据黏-温曲线选用固化温度下具有适宜黏度的树脂
		黏度过低	流动性升高，树脂过度流失将导致$p_{树液}$大幅度下降，由于袋内抽真空，$p_{树液}\downarrow$可达到0psi以下，以至于空隙的生长几乎不受到抑制	换低黏度树脂； 采用袋内加压固化抑制。因外加压力可使$p_{树液}$上升

续表

树脂类型	工序	原因	原理分析	抑制措施
加成反应固化类	预浸料	吸湿；残留溶剂等挥发物	预浸料吸湿，在升温固化过程中汽化使 $p_{\text{蒸气}}$ 升高，增加了空隙形成的可能性；水分汽化能提高预浸料的黏性，增加铺层过程中空气裹入的机会；溶剂等挥发物在固化过程中排不出去就成为空隙	选用合格的预浸料，存放、剪裁、铺层在清洁间内进行；采用少铺层多频度预压实；进行真空排气等
		层内、层间裹入空气	层叠中裹入的空气随热固化过程的进展，树脂黏度的提高而被锁定在树脂基体中，成为空隙	铺层时由中心向外辐射边铺贴-边碾压-边赶气，避免空气裹入；预压实排气
		纤维毛团、颗粒聚集、纤维弯曲、断裂	导致纤维网垫疏密、高低不一，致 $p_{\text{树液}}$ 波动，在 $p_{\text{树液}} < p_{\text{蒸气}}$ 处产生气泡	控制预浸料质量；剔除可视瑕疵；增加真空排气
	铺层	薄层叠；厚层叠	树脂易被过度吸出导致空隙；厚层叠，采用单面吸胶，可能因吸胶不足而导致层叠中与吸胶层相邻面的铺层由于树脂过度流失而产生空隙；铺层过程更易裹入空气而很难在预压实和固化等工序中排除；大厚度层叠中心部位的挥发分和空气无法水平移动至叠层边缘而排出	薄层叠：减少吸胶布；厚层叠：在铺层过程中每铺 3～5 层进行 1 次预压实处理。且在开始固化至凝胶前时间段进行。 参数如下：100psi/66℃/2h（真空袋内不用吸胶材料）
	预压实	叠厚、压力、温度参数不合适	厚度增加，阻力增大，降低压力作用效果；温度低，黏度大，不利于挥发物排出。增加气泡成核的概率	采用：①加热真空预压实；②加热加压抽真空预压实；③少铺层多频度预压实或减薄叠厚
	工艺组合	吸胶过多	使叠层件树脂过度流失，导致 $p_{\text{树液}}\downarrow$，以致 $p_{\text{树液}}\downarrow < p_{\text{蒸气}}$	减少吸胶层
		透气层进胶	无孔隔离膜撕裂，树脂流入透气层，堵塞真空通道，以至于使真空排气失效	换无损伤无孔隔离膜，并做好装袋工艺组合
		组合失当	匀压板锐边割破内袋或边档密封不好，导致树脂流失，使 $p_{\text{树液}}\downarrow < p_{\text{蒸气}}$，从而形成空隙或孔隙。 匀压板发生位移，在边档顶部架桥，导致制件周边出现局部低压区。 层叠与边档间距大，形成低压区。 拐角处真空袋架桥，压力作用不到，导致 $p_{\text{树液}}\downarrow < p_{\text{蒸气}}$	打钝匀压板上的毛刺、飞楞。 固紧匀压板，保证在固化期间不发生位移。 层叠边缘与边档接触。 角内加压力垫；放宽袋膜尺寸；打猪耳褶

续表

树脂类型	工序	原因		原理分析	抑制措施
加成反应固化类	工艺组合	意外故障		在固化过程中外真空袋发生架桥并撕裂，导致层叠所受压力部分或完全消失，若当时树脂未达到凝胶点就会因此形成大量空隙	架桥处制猪耳褶来增加真空袋的裕量或采用伸长率(如500%)更高的薄膜
	工艺参数	温度	过高	凝胶前：树脂黏度变小，流速快。$p_{树液}$随之而降低；而$p_{蒸气}$随温度升高而增高。加速$p_{树液}<p_{蒸气}$出现，增加空隙成核概率	科学制订固化工艺，选好、控制好固化温度，防止出现跑温
			过低	树脂黏度变大，浸润性不好缺胶处就成为空隙	准确控制固化温度
		压力	加压早	树脂流失过多，$p_{树液}$下降，空隙成核概率提高	到树脂凝胶前夕再开始加压并停真空
			加压晚	树脂黏度过高或已凝胶，气体被锁于树脂中，成为气泡	在树脂凝胶前加完压，同时停止真空
			真空停止滞后	真空帮助空气从熔融的树脂中逸出而排出。但在临近凝胶点前，如不及时停止抽真空，已经黏稠并受热压罐高压的树脂就会把逸出的挥发分锁定于其中形成空隙	第一个升温保温阶段仅施加真空压力。在凝胶(点)前加热压罐压力时，同时停止抽真空并通大气
缩合反应固化类	如聚酯和酚醛交联反应产生水和醇，制预浸料需高沸点溶剂。最终排除这些在固化过程中产生的挥发物是一个重要的挥发分管理问题。如不解决，固化产品就可能出现很高的空隙或疏松			①每铺几层即在真空袋压力下做一次高于挥发分沸点温度的加热预压实处理。②固化过程缓慢升温并抽真空，同时设置中间保温段，在树脂凝胶化前进一步驱除挥发分；在铺层过程中多次进行真空压力下的加热预压实。③通过压机加压，使树脂液压高于挥发分的蒸气压，以使挥发分在树脂凝胶前不能逸出	

注：1. $p_{树液}$指树脂液压，$p_{蒸气}$指气体蒸气压。$p_{树液}$↓表示树脂液压降低。

2. $p_{蒸气}>p_{树液}$时，空隙成核生长。

空隙含量 void content 又称空隙率。复合材料中空隙体积所占总体积的百分数。通常良好固化的复合材料空隙含量的体积分数小于1%。其值由实验确定，亦即通过测得固化层合板的密度和原材料的“理论”密度来计算。空隙的存在对复合材料性能影响很大。通常，用于主结构件的复合材料，要求其空隙含量小于1%；用作次结构件的复合材料的空隙含量要求不大于2%。检测空隙的方法主要有软X射线法和超声C扫描法。参见空隙（269页）。

空隙度 见空隙率（271页）。

空隙率 porosity 指实心材料中夹杂空气、气体或空腔的一种状态。常用材料中总空洞体积占总体积（实心加空洞）的百分比来表示。

空隙模型 void model 树脂基复合材料固化模型的一种，是在对固化过程中空隙形成的机理进行物理解释的基础上，推导出来的描述空隙含量与固化温度和压力之间的关系的数学表达式，用它可以估算各种固化温度、固化压力条件下空隙形成的情况，为实际选择固化温度和压力提供参考数据。

口模 见模槽（298 页）。

口模内压力 internal die pressure 挤压过程中，熔融物料在口模内表面产生的压力。

筘路 reed mark 筘齿变形或排列不匀，使织物经向呈现稀密不匀的纹路。

库外时间 out time 又称开放时间。树脂或预浸料暴露于环境温度下存放的时间。通常指预浸料在冷藏库以外的总时间。

跨过扫描 straddle scan 在焊缝每一侧各放置一个探头来探测焊缝横向缺陷的双探头技术。（无损检测）

跨距 skip distance 对于一束进入物体的剪切波来说，跨距等于物体表面上探头入射点和声束轴线经两次横越声程之后在表面上碰击点之间的距离。

快干漆 lacquer 天然或合成树脂溶于挥发性溶剂中的溶液，可带有或不带有色料。将其涂加于物体表面即形成一层黏着的薄膜，借溶剂的完全蒸发而硬化。干燥的薄膜与制漆用的树脂具有相同的性质。纤维素、醇酸与乙烯基树脂在漆中是最常使用的树脂。

快黏性 tack 胶黏剂的一种特性，即胶黏剂在低压下与黏合体接触后立即产生可计量强度的黏合力的性能。可以用胶黏剂的黏性或塑性流动使黏合体脱离所需的力来测量。

快速长程促流通道 FAST remotely actuated channeling；FASTRAC 用于真空辅助树脂传递模塑（VARTM）工艺的一种快速浸注树脂而无须多孔介质的新方法，工艺原理见下图。FASTRAC 过程中，在内外真空袋之间抽真空。外真空袋上带有一系列脊条，内真空袋在真空的作用下被吸附于脊条之上，从而形成多个通道供树脂注入。浸注完后，外真空袋去除，并在内真空袋中抽真空以提供固化过程中所需要的压力。由于 FASTRAC 的外真空袋不接触树脂，所以可多次使用。

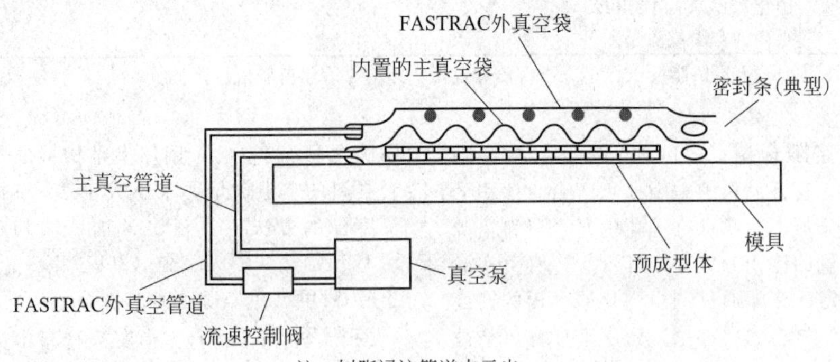

注：树脂浸注管道未示出

宽幅纺织品 broadgoods 也称宽幅预浸料。泛指由供货商成卷供应的幅宽大于 12in 的未浸胶的织物或浸过胶的预浸料。通常，此术语用于指经校准的单向预浸料和织物预浸料两种。

宽幅预浸料 见宽幅纺织品 (273 页)。

矿物纤维 mineral fiber 从纤维状结构的矿物岩石（主要是硅酸盐）获得的纤维。如石棉纤维等。

癸二酸二丁酯 dibutyl sebacate; DBS 癸二酸酯类中最有效的一种增塑剂。具有良好的低温性、挥发性，且能和氯乙烯聚合物及共聚物、聚乙烯醇缩丁醛及乙基纤维素配伍。无毒，适宜于供包装食品之用。

癸二酸二酰肼 sebacic dihydrazide; SDH 结构式为 $H_2NNH—CO—(CH_2)_8—CO—HNNH_2$，分子量 230.20。白色结晶粉末。酰肼基含量 51.4%。熔点 186～190℃。不溶于水，微溶于丙酮。用作环氧树脂的潜伏型固化剂。参考用量 7～8phr，适用期＞3 个月。固化条件 150℃/20～30min。固化物耐水性好，粘接强度高，150℃/30min 固化物的剪切强度 24.5MPa（铁-铁），热变形温度 160～165℃。参考己二酸二酰肼(194 页)。

扩链剂 expanded-chain agent 用于扩展预聚体链长的一种物质。

扩散 diffusion 一物质与另一物质各自通过分子空间的分子运动而形成自动混合。扩散能产生于气体、液体与固体之中以及相互之间。

扩散偶合 diffusion couple 两种材料结合得非常紧密，以致彼此相互扩散。

扩展的时基扫描 expanded time-base sweep 使来自物体厚度（或长度）之内一个选定的区域中的回波能够比较详细地显示在阴极射线管的荧光屏上的扫描。(无损检测)

L

拉挤-缠绕成型 pultrusion-filament winding 将拉挤成型和缠绕成型结合在一起制备复合材料制件的方法。与拉挤成型产品相比，拉挤-缠绕成型产品提高了横向强度。

拉挤成型 pultrusion 也称为连续拉挤成型工艺。在牵引设备的拉引下，浸渍树脂胶液的连续纤维或其制品通过成型模具的挤压、加热使树脂固化，连续成型复合材料型材的成型工艺。该方法的主要优点是：①制品的纵向比强度、比刚度突出；②自动化程度高，产品质量稳定；③生产过程中边角废料少，原材料利用率高；④连续化生产，效率高，适合批量生产；⑤需要的生产设备简单。缺点是：工艺仅局限于成型横截面长条形制件；工艺准备和启动过程的劳动量大；大部分纤维的取向为制件的轴向，纤维的取向选择受到一定限制。所用树脂必须黏度低且适用期长。拉挤成型工艺形式很多，分类方法也很多。如间歇式和连续式、立式和卧式、湿法和干法、履带式牵引和夹持式牵引、模内固化和模内凝胶模外固化等。就浸渍操作方法不同可分为：①将纤维直接牵引入开敞的胶槽，纤维上下前行经过槽内多个浸胶辊和杆件，通过毛细管作用实现浸渍，如 274 页图所示。这种方法，浸渍质量高，简单可行，但挥发物味道大。②采用封闭的浸胶

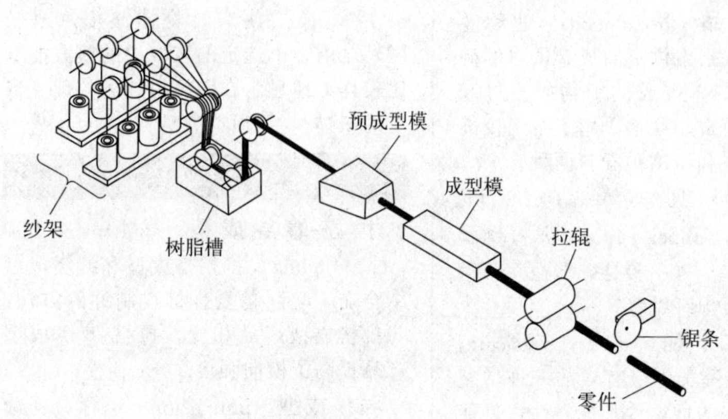

槽。增强纤维通过槽端的切缝水平移动进出胶槽。优点是增强纤维不会发生弯曲，挥发物逸散得到一定控制，如下图所示。③注射拉挤或反应注射拉挤，该方法在纤维进入预成型模具后将树脂胶液加压注入，使增强纤维充分浸透并排

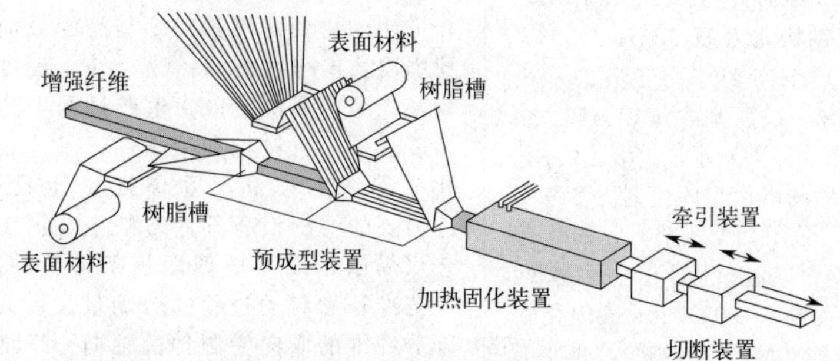

除气泡，在牵引下进入成型模固化成型。这种方法从根本上消除了胶液（如苯乙烯）的挥发问题，但注射点的模具温度需要严格控制，提高了模具的复杂程度，增加了模具的设计、制造成本。④采用预浸渍增强纤维（即干法，见下图）。这种方法的成本高于在线浸渍方法，但有利于树脂含量和纤维单位面积重量的控制。⑤在线编织拉挤成型法，这是为提高拉挤

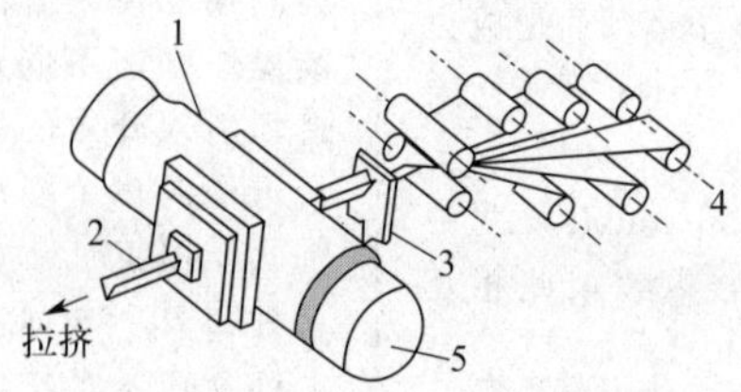

1—成型模；2—已固化产物；3—预成型；4—预浸料；5—微波热源

制品横向强度出现的将编织和拉挤相结合的编织拉挤工艺。该工艺可根据产品需要，选择合理的纤维角度，调节产品径向强度与轴向强度的比例，以实现产品的特殊性能要求，如下图所示。该方

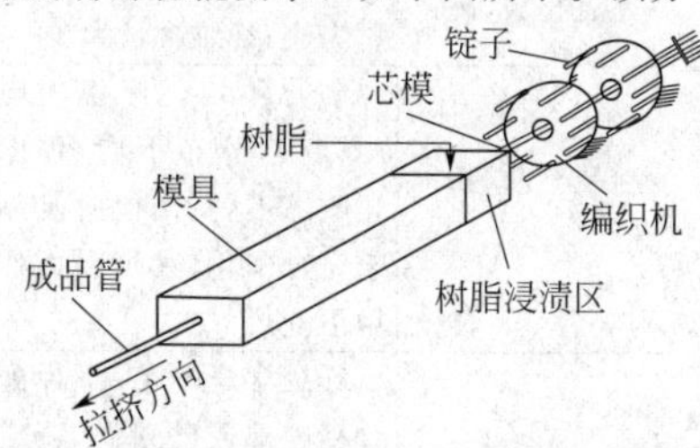

法与其他拉挤方法不同，芯模自缝编机尾端直入模具，故无传统的浸胶槽。树脂通过泵在压力下注入模具前端的空腔内。影响拉挤产品质量的关键因素包括模具设计、树脂胶液配方、对浸渍前后材料的牵引及模具温度的控制。就材料而言，所用的树脂要粘接性好、固化快、有一定的柔韧性，并且要黏度低（一般在 2.000Pa·s 以下）、适用期长（一般在 8h 以上），这样才能使树脂充分浸渍纤维且不会在胶槽中发生凝胶。所用的纤维材料必须是连续纤维，其形式可是纱束、织物卷、连续纤维毡或覆面毡。拉挤成型工艺主要用于生产等截面的杆、管和结构的复合材料型材，以及高压输电电缆纤维复合材料芯棒等。广泛用于电工电器、化工防腐、建筑结构、日常用品、交通运输、能源发电以及航空航天等领域。参见注射拉挤成型（539 页）、曲面拉挤成型（345 页）。

拉挤成型技术 pultrusion technology 关键的工艺因素包括模具设计、树脂胶液配方、对浸渍前后材料的牵引及模具温度的控制。拉挤成型工艺形式很多，但其基本原理却大同小异。就环氧树脂连续湿法卧式拉挤工艺而言，其工艺组成包括导纱、浸胶、预成型、固化成型，牵引和切割等工序。其技术要点如下：(1) 浸胶工序，主要掌握胶液相对密度（黏度）和浸渍时间。其要求和影响因素与预浸料相同。(2) 预成型模具，其作用是使浸渍纤维能准确地按设计要求的位置进入成型模具，并挤掉多余胶液。预成型模具截面尺寸应比成型模具大 5%～10%，以确保含胶量比制品高一些。(3) 固化成型工序：①成型模具的作用是实现坯料的压实、成型和固化。模具的长度与固化速度、模具温度、制品尺寸、拉挤速度、增强材料性质等有关，一般为 600～1200mm。模腔的光洁度要高，易于脱模。通常用电加热，对高性能复合材料采用微波加热。模具入口处须有冷却装置，以防胶液过早固化。②固化成型工序主要掌握成型温度、模具温度分布、物料通过模具的时间（拉挤速度）等。按照预浸料通过模具时的状态，大体上可把模具分成三个区域（预热区、凝胶区和固化区），如 276 页图所示。预浸料在前进过程中，树脂受热发生交联反应，黏度降低，黏滞阻力增加，并开始凝胶，进入凝胶区，逐渐变硬，收缩并与模具脱离。树脂与纤维一起以相同的速度均匀向前移动。在固化区受热继续固化，并保证出模时达到规定的固化度。固化温度通常取大于胶液放热峰的峰值。预热区温度应较低，温度分布的控制应使固化放热峰出现在模具中部靠后些，脱离点控制在模具中部。三段的温差控制在 20%～30%，温度梯度不宜过大。(4) 牵引力是保证制品顺利出模的关键。剪应力随牵引速度的增加而降低，并在模具的入口处、中部和出口处出现三个峰值。入口处的峰值是由该处树脂的黏滞阻力产生的。其大小取决于树脂

黏性流体的性质、入口处温度及填料含量。在模具内树脂黏度随温度升高而降低，剪应力下降。随着固化反应的进行，黏度及剪应力增加。第二个峰值与脱离点相对应，并随牵引速度的增加大幅度降低。第三个峰值在出口处，是制品固化后与模具内壁摩擦而产生的，其值较小。牵引力在工艺控制中很重要。要使制品表面光洁，则要求脱离点处的剪应力（第二个峰值）小，并且尽早脱离模具。牵引力的变化反映制品在模具中的反应状态，并与纤维含量、制品形状和尺寸、脱模剂、温度、牵引速度等有关。拉挤成型中常出现的缺陷及原因分析见下表。参见拉挤成型（273 页）。

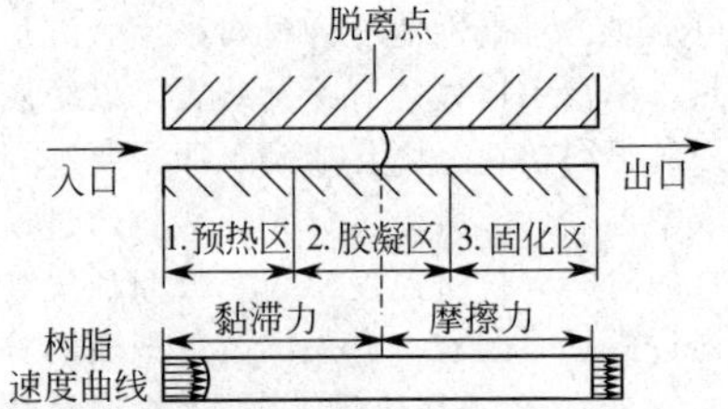

缺陷	原因分析
粘模，甚至拉断制品	内脱模剂效果不好或太少；固化度太低
起鳞，表面光洁度差	脱离点剪应力太大，产生爬行蠕动；脱离点太超前于固化点
固化不均匀，不稳定或不完全	牵引速度太快；温度波动或太低；制品太厚；固化时间太短
制品表面不平整，有沟痕	纤维含量低，局部含纱量太少；粘模、模具划伤
白斑，或表面出现局部发白或露出白纱	有杂质混入，在毡层间形成气泡；表面树脂层太薄
裂纹	表面树脂层过厚，易产生表层裂纹；固化不均易产生较深的裂纹
表面起毛	纤维过多；树脂与纤维粘接不良，偶联剂效果差
表面起皱，破碎	表面树脂层过厚；成型压力小；纤维含量太少
制品弯曲、扭曲变形	固化不均匀产生内应力；材料分布不均，致固化收缩不匀；出模时制品未完全固化，在牵引力作用下变形
缺边角	纤维含量不足；下模配合精度差或已划伤，造成合模面上固化物黏结、积聚，导致制品缺角缺边

拉挤成型用材料 material for pultrusion 拉挤成型用的主体材料主要是基体树脂和增强材料。拉挤成型工艺对树脂的要求是：黏度低（通常小于 2Pa·s），易于浸透增强材料；凝胶时间较长（通常要求使用期大于 8h），而固化快，粘接性好，固化收缩率小，柔韧性好。拉挤制品用量最多的基体树脂是不饱和聚酯树脂，其次是环氧树脂，主要用于力学性能和耐热性要求高的制品。此外还有乙烯基酯树脂、酚醛树脂、热塑性树脂等。常用的环氧树脂是双酚 A 型环氧树脂，如 E-55、E-51、E-44 等，常用的固化剂是溶解度高和熔点高的二元酸酐和芳香胺，如间苯二胺、邻苯二甲酸酐、四氢苯酐、甲基内次甲基四氢苯酐（MNA）以及咪唑类固化剂等。随着对拉挤制品的力学性能、耐热性、疲劳寿命和电性能等的要求越来越高，相应的拉挤工艺专用环氧树脂体系的研究进展也很快。如美国 Shell 公司开发的两种环氧体系已成功地用作复合材料汽车板簧和抽杆等。其配方、工艺性能和拉挤制品性能列于 277 页表。拉挤成型应用

最多的增强材料是连续玻璃纤维无捻粗纱及其连续状态的织物（毡、布、布带等），以及聚酯纤维表面毡、碳纤维、芳纶纤维及它们的混合纤维。

环氧树脂体系		EPON9102/AC9150	EPON9302/AC9350
树脂体系配方/质量份	环氧树脂牌号/用量	EPON9102/100	EPON9302/100
	固化剂牌号/用量	AC9150/41.5	AC9350/3～8
	填料，ASP 400 黏土	14	10
	Vybor 825	4.2	3
工艺性能及浇注体性能	凝胶时间(149℃)/s	65	40～25
	黏度(25℃)/Pa·s	0.74	0.85～0.90
	适用期(25℃)/h	6.5	8.0～5.0
	热变形温度/℃	171	126～104
	断裂伸长率(25℃)/%	3.0	2.8～6.0
拉挤制品性能①	短梁剪切强度(25℃)/MPa	74	67
	短梁剪切强度(121℃)/MPa	42	28
	弯曲强度/模量(25℃)/GPa	1.068/38.39	1.040/42.18
	弯曲强度/模量(149℃)/GPa	0.358/24.96	0.281/27.28

①拉挤制品为25.4mm直径的圆棒。PPG712玻璃纤维含量75%，树脂21%，黏土3%，内脱模剂1%。

注：脱模剂多采用硬脂酸盐，用量1%～2%。哈玻所在研制专用脱模剂方面有很大进展。

拉挤成型机 pultrusion machine 连续纤维或其织物在浸渍树脂胶液后(或预浸树脂的)，在牵引机构的拉引下，经过成型模的挤压和加热固化，连续生产树脂基复合材料型材的设备。主要由纱架、浸胶槽、预成型工装、固化成型模、加热冷却系统、控制系统、牵引机构与切断锯等装置组成。如下图所示。

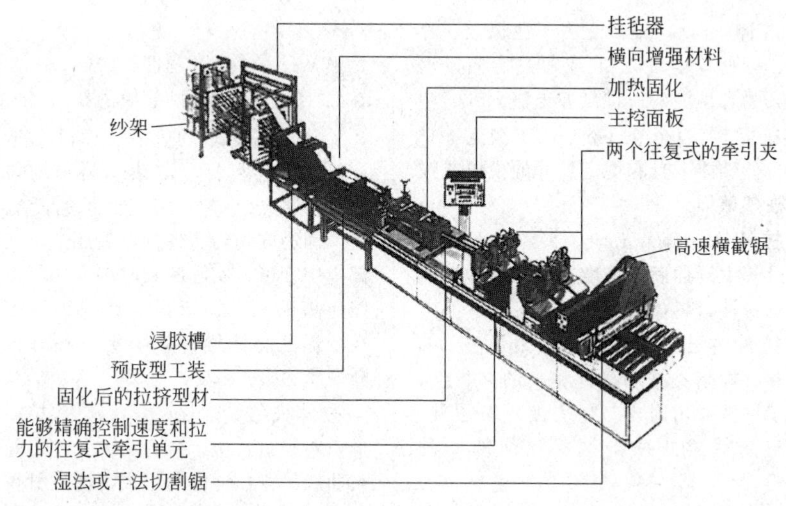

拉-剪耦合 tensile-shear coupling 层合板受轴向力时引起中面剪应变，受剪切力时引起中面线性应变的力学行为。是纤维复合材料层压结构所特有的一种性能特征。

拉-拉疲劳试验 tensile- tensile fatigue testing 在周期性交变的拉伸载荷下，测量复合材料性能随时间（疲劳次数）变化的试验方法。复合材料破坏的判据为基体开裂、分层、纤维断裂等的不同组合，也可以材料的弹性模量下降到某一程度作为失效的判据，视不同要求而定。参见疲劳（327 页）、疲劳极限（327 页）、疲劳应力（328 页）。

拉力积 tensile product 拉伸强度和断裂伸长率的乘积，通常除以 10.000；或是拉伸强度与（计规长度+断裂形变）的乘积。后面的定义是真正破坏应力的近似值（设无体积变化）。

拉料杆 sprue puller 为了拉出浇口套内的浇注凝料，在主流道的正对面，设置头部带有凹槽或其他形状的杆件。

拉伸 drawing 使热塑性长丝、片材、棒材减小截面和/或通过定向以增进其物理性能的一种延伸方法。

拉伸棒 tensile bar 用于测定一材料拉伸性能，具有规定尺寸的模压或注射模塑试样。

拉伸比 draw ratio 纤维或长丝定向过程中延伸度的量度，以未拉伸材料与已拉伸材料截面之比表示。

拉伸冲击试验 tensile impact test 除试样是夹在和摆锤相连的夹具上，并于摆锤冲击时由拉应力使之断裂外，为与悬臂梁式冲击试验相似的一种试验。

拉伸搭接-剪切强度 tensile lap-shear strength 拉伸经搭接的材料，使材料的固定部分与移动部分完全脱离所需要的最大载荷。是检验高强度胶黏剂的一种方法。结果以有效试样的断裂力（N）或断裂应力（MPa）表示。测定时可用不同形式的断裂试样，例如单面搭接、双面搭接、单面盖板搭接、双面盖板搭接等。但最通用的是单面搭接试样。不同搭接形式试样的试验结果不具有可比性。参见胶接接头（210 页）。

拉伸极限强度 tensile strength ultimate 另见极限拉伸强度（193 页）。

拉伸剪切 shear tensile 作用在搭接接头胶层上的表观应力。

拉伸模量 tensile modulus 另见弹性模量（417 页）。

拉伸强度 tensile strength; strength tensile 工程设计中材料的一个重要力学性能指标。表示材料在单向均匀拉伸载荷作用下断裂时的最大正应力，由标准试件的拉伸试验确定，通常用 σ_b 表示：

$$\sigma_b = \frac{P_b}{F_0}$$

式中 σ_b——拉伸强度，MPa；

P_b——试件断裂时的拉力，N；

F_0——试件的原横截面积，mm^2。

对于塑性材料，σ_b 表示材料均匀塑性变形的能力，不代表材料的断裂强度，因为在均匀塑性变形后还会出现局部集中变形，实际断裂时的真实应力会明显高于 σ_b，对于没有或很小均匀塑性变形的脆性材料，σ_b 则反映材料的断裂抗力。

拉伸曲线 tensile curve 在拉伸变形至断裂过程中，拉力与伸长变形的关系曲线。由拉伸曲线可求得测试材料的断裂强度、断裂伸长、断裂功等性能。

拉伸试验 tensile test 测定材料在单轴拉伸载荷作用下强度与塑性指标的力学性能试验。其主要对象是各种铺层结构的纤维层合板，以一定的速度对试样实际施加拉伸载荷，用电阻应变片或引伸计测量拉伸变形量，直至试样破坏。试验结果由应力-应变曲线求出。此类拉伸试验包括正轴拉伸试验和偏轴拉伸试验两种。单向板的正轴拉伸试验是指加载方向与试样的纤维方向一致，分别求出 0°和 90°两个方向的拉伸强度、弹性模量和泊松比；偏轴拉试验是指载入方向与试样的纤维方向形成一个角度。可用来测量层合板的面内剪切性能（采用±45°铺层对称层合板），或用来测量偏轴拉伸模量，以验证柔量转换方程的有效性。为得到准确可靠的结果，必须保证试验过程中试样横截面上有均匀的应力分布。为此要求试样要平直，横截面要均匀一致，内部无空隙、杂质和纤维排列不齐等缺陷。另外，试样两端夹持部应贴加强片，以保证载荷的均匀传递。

拉伸弹性回复率 percentage of tensile recovery at specified elongation 纺织材料、纺织品轴向经受一定负荷，长度发生变形，释负后回复值与变形值之比。

拉丝 legging; webbing 液态或糊状的胶黏剂涂于黏合体表面时，当刮涂器与黏合体分开时产生细丝的现象。参见拉丝性（279 页）。

拉丝性 stringiness 胶黏剂的特性。例如胶黏剂面被分离时显现的“藕断丝连”状；当胶膜分配到传料辊、刮板等上面时，胶膜不会完全断开；胶黏剂不能均匀地涂到黏合体的表面等现象。

拉缩 drawdown 在挤出模塑中，以较熔融料自塑模挤出更高的线速把挤出物牵引出塑模的操作，从而降低挤出物的截面尺寸。

拉缩比 draw down ratio 在挤出模塑或纤维纺丝中，模口厚度与产品的最终厚度之比。

拉-弯耦合 extension-bending coupling; tensile-bending coupling 层合板在受拉伸载荷时，出现弯曲变形的一种特性。参见耦合效应（321 页）。

拉细 attenuation 使物体变细、变薄的方法。如使熔融的玻璃拉成长丝。

拉-压疲劳试验 tensile-compression fatigue testing 在周期性交变的拉伸-压缩载荷下，测量复合材料性能随时间（疲劳次数）变化的试验方法。施加到试样上的最大应力为拉伸应力，最小应力为压缩应力，其应力比 r 小于零或等于−1。反复载入，直至试样破坏。由此得出在该应力比条件下试样破坏时所经历的疲劳次数。影响复合材料疲劳试验结果的因素很多，除与材料本身的特性和试样制备的质量有关外，还与试验条件如应力水平、频率大小和环境因素有关。破坏一般以试样断裂作判据。

拉引共振 draw resonance 挤出模塑过程中所产生的一种现象，即挤出物以某一临界速度引入凝固浴时挤出物截面产生环形脉动。此脉动随拉伸速度增加而增加，直到抵达冷却介质与空气的界面时终止。该现象可见于聚丙烯、聚乙烯与聚苯乙烯的挤出模塑中。

拉应力 tensile stress; stress tensile 作用于平面而指向又离开平面的力所引起的正应力。

兰金温度 Rankine temperature 兰金温标是绝对的华氏温标，即华氏温标上的绝对零度（−459.69）和华氏温度之和。

兰克赛德材料　Lanxide ceramic　一种金属原位氧化陶瓷。即在金属中掺杂少量添加剂，然后在空气或其他氧化气氛中加热金属至熔融状态，熔融金属与气相氧化剂反应，于金属熔体的上方形成一层以该金属氧化物为基体并含有一定金属的反应物。生成的这种金属氧化物/金属复合材料称之为 Lanxide 材料。此种材料质量轻、比强度高、韧性好、耐高温，因此在航空航天及兵器工业等领域的火箭、喷气发动机、装甲板上得到应用。

老化　aging；ageing　材料暴露于自然或人工环境条件下物理化学性能随时间降低的现象。如使高分子材料交联变脆、裂解发黏、变色龟裂、粗糙粉化、分层剥落、性能逐渐下降，以至丧失性能和用途。环境条件包括热、水、力、辐射、氧、化学介质等。

老化防止剂　见防老剂（100 页）。

老化降解　degradation with aging　聚合物在加工、储存和使用过程中，由于内外因素的综合作用，发生分解、断链使原有性能逐渐下降，以致最后丧失使用价值的现象。加入防老剂可抑制或防止老化，但不同聚合物各有其不同的特殊性，需采用不同的防老剂。

老化时间　aging time　塑料在户外大气暴露试验、室内人工耐候试验、热老化等试验中，预期性能降低到规定程度所需要的时间。通常以经过的年、月、日或小时表示。

老化试验　aging test　实施材料耐老化性的试验。包括户外大气暴露试验、室内人工耐候试验、耐介质（酸、碱、盐、溶剂等）试验、热老化试验等。

老化试验仪　weatherometer　对试验物能提供加速气候条件，例如有强紫外光源和水喷淋的一种仪器。

老化系数　aging coefficient　两种不同老化试验方法所得结果之间的关系系数。通常是指在自然气候老化试验和人工耐候加速老化试验中所得结果的关系系数。

雷达吸波涂层　radar absorbing coating　见吸波涂层（459 页）。

雷达吸收材料　radar absorbing materials　见雷达隐身材料（280 页）。

雷达隐身材料　radar stealth materials　又称雷达吸收材料。能够有效地吸收入射雷达波并使之衰减的一类功能材料。其基本原理是通过某种物理作用机制将雷达波能量转化为其他形式运动的能量，并通过该运动的耗散作用而转化为热能。常见的作用机制有电感应、磁感应、电磁感应、电磁散射等。实际应用的材料中常常有多种机制起作用。常用的形式有结构吸波材料和吸波涂层两大类。雷达隐身材料要得到成功地应用，首先应具有高于要求阈值的微波吸收率和宽的吸收频带，小的厚度和面密度、良好的机械性能和抗环境性以及能为用户接受的价格。

雷达隐身复合材料　radar stealth functional composites　由功能体和基体复合在一起所形成的具有吸收雷达波使飞行器达到隐身目的的材料。分涂层型和结构型两类。涂层型复合材料以铁氧体粉作为吸收电磁波的功能体与树脂基体复合成涂料，涂在基板上；结构型是由吸波材料与树脂基复合材料经结构设计而成的，它是既能吸波又能作为承载结构使用的多功能复合材料。由于碳纤维和碳化硅纤维具有吸波作用，用这些纤维来增强高性能树脂基体的复合材料本身就具有吸波效果，如在基体中加入铁氧体粉则可增强吸波效果。如果采用夹层结构形式，则可大大提高吸波效率。参见雷达隐身材料（280 页）。

雷达罩 另见机头罩（185 页）。

雷达罩湿度仪 radome moisture meter 其检测湿度的基本原理是：用探头检测在调频下材料的介电功率损失，当有水进入雷达罩的夹层结构时，在进水位置的介电损失会增加，仪器上的读数升高；水分的含量不同，检测仪表上的读数也将不同。检测仪表盘上的刻度划分有不同颜色区域，不同颜色区域表示雷达罩的不同进水状态，如下表所示。

颜色	读数	进水状态
绿色	0～5	好
黄色	5～10	一般
棕色	10～20	差
红色	20～50	不可接受

雷击损伤 lightning stroke damage；thunderstroke damage 复合材料结构遭受雷击产生的烧伤、烧蚀破损。飞机机头罩、垂尾翼尖等突出部位是容易受到雷击的地方。

肋 rib 为构件提供侧向、横向或者环向支持的增强件。如机翼结构中增强蒙皮的支持构件。

冷镦 cold heading 把塑料棒制成铆钉的一种加工方法，在夹住并包住棒身的情况下对棒端或对突出头均匀施压。所有热塑性塑料均可冷镦，对缩醛类与锦纶特别适用。

冷固化 cold setting 在低于 20℃温度下固化热固性树脂。

冷固化胶黏剂 cold-setting adhesive；adhesive cold-setting 在低于 20℃温度下可以固化的胶黏剂。

冷辊式挤出 chill-roll extrusion 将挤出薄膜引至冷却辊而使其冷却和改善光泽的制膜方法。

冷拉 cold drawing 用以增进热塑性长丝和薄膜抗张性质的一种拉伸方法。

冷料穴 cold-slug well 注射模中，直接对着主流道的孔或槽，用以储存冷料。

冷流 cold flow 在作业范围内温度下材料受持续载荷时所发生的变形。

冷流道模具 cold-runner mould 另见无流道模具（456 页）。

冷却定型模 cooling jig 为了控制特殊制件的尺寸和形状，在冷却时用的一种夹具。

冷却夹具 cooling fixture 在模制品或注塑品从模具内取出后到使材料冷却到足以保持其形状为止的时间内，用于保证制品形状和尺寸精度的一种工具。

冷却通道 cooling channel；cooling line 模具内通过冷却循环水或其他介质的通道，用以控制所要求的模具温度。

冷热骤变试验 thermal shock test 考察由急热冷引起材料性能变化的试验。

冷态试真空 vacuum testing at room temperature 升温前启动真空，待炉内真空度达到一定值后停止抽真空，检查炉内真空度在规定时间内下降是否满足工艺要求的工艺检验方法。

冷弯试验 cold bend test 低温时测定塑料柔韧性的一种试验。一试样保持在规定的温度下弯曲至预定的半径。

冷压 cold pressing 对装配件不加热只加压的一种胶接方法。

冷压模塑 cold molding 压缩模塑的一种。和普通压缩模塑不同的是在常温下使物料加压模塑，脱模后的模塑品可再行加热或借助化学作用使其固化。

厘沲 centistoke（cSt） 等于 10^{-2} 沲（St）。为运动黏度单位。现改用法定单位 m^2/s。$1cSt=10^{-6}\ m^2/s$。

厘泊 centipoise；cP 黏度单位。等于 10^{-2} 泊。为［动力］黏度。现改为法定单位 Pa·s，1cP=1mPa·s。

离聚物 ionomer 又称离子交联聚合物。一种新型的热塑性树脂，是一类分子链上带有少量可离子化基团，并被金属离子部分或全部中和的高分子材料。其薄膜是一种行之有效的中间相增韧材料。研究表明，用乙烯基离聚物作为中间增韧层，与子层预浸料间存在界面层。相比于未增韧试样，增韧效果显著，且与中间增韧层（离聚物区域的膜）厚度有关，如下图所示，而且有其适宜厚度，不是越厚越好。如采用薄的离聚物膜中间增韧层，可大幅度提高复合材料的层间断裂韧性 G_{IC}，下图（a）中示出裂纹扩展曲折大，路径长，说明增韧效果好；若加大中间增韧层厚度，如左图（b）所示，则复合材料的 G_{IC} 增加很小，左图（b）中表现出裂纹扩展曲折小，路径短，说明增韧效果不如前者。

碳纤维
碳纤维/环氧层
中间相层
离聚物层
裂纹

(a) 离聚物厚度：12μm、25μm

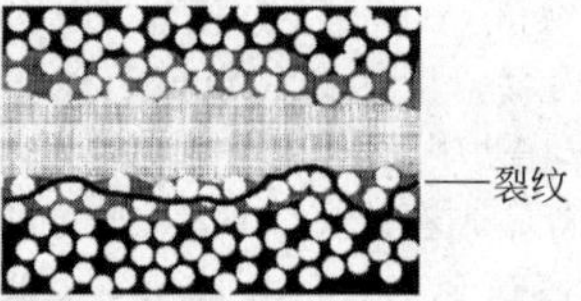

(b) 离聚物厚度：100μm、200μm

离模膨胀 die swelling 又称巴拉斯（Barus）效应。在挤出过程中，挤出物离开模后，其横截面尺寸因弹性回复而大于口模尺寸的现象。

离散系数 coefficient of variation（C_v） 表示一列数值分散程度的相对指标。为标准偏差 S 对平均数 $\overline{X}$ 的百分率。参考标准差。

$$C_v=\frac{S}{\overline{X}}\times 100\%$$

离心浇铸 centrifugal casting 通过喂料机把纤维、树脂、石英砂物料浇注到旋转的模具内，或把短切毡铺在空芯模内再加入树脂，同时旋转空心模并加热，快速固化成型的工艺。该法不同于旋转铸塑，旋转铸塑是借助于物料重力而分布在模壁上的。

离心模制 centrifugal molding 类似离心铸塑的加工法。不同的是其所用物料为聚乙烯这样的干性可熔结粉末。这类粉末由于对迅速转动的塑模加热而熔化。

离子化发泡 ionization foaming 将聚乙烯暴露在离子放射下从聚合物放出氢气引起聚乙烯发泡。

离子交联聚合物 另见离聚物（282 页）。

离子型聚合 ionic polymerization 一般在离子引发剂作用下，按离子型反应历程进行的聚合。根据离子电荷的不同分为阳离子聚合和阴离子聚合两种。

离子引发剂 ionic initiator 能引

发单体分子生成正离子基团或负离子基团进行聚合反应的物质。

力矩 moment 引起板或构件弯曲或扭转的力偶。

力学弛豫 mechanical relaxation behavior 聚合物材料的力学响应滞后于外界载荷作用的现象。是聚合物黏弹性的一种表现形式。按应力或应变的函数形式不同，把力学弛豫分为两类：应力或应变为阶梯函数的，称为静态力学弛豫，包括蠕变和应力弛豫；应力或应变随时间而交替变化的，称为动态力学弛豫。温度升高使力学弛豫过程明显加快，缩短弛豫时间。原因是大分子链段运动。据此，可用力学弛豫现象研究聚合物凝聚态的分子运动、结构与力学性能的关系，为合理使用聚合物材料提供科学基础。

力学寿命 mechanical life 又称机械寿命。易变质材料在固化开始前于冷藏箱以外保持其力学性能不变可停放的总时间。储存寿命、使用寿命、力学寿命之间的关系如下图所示。

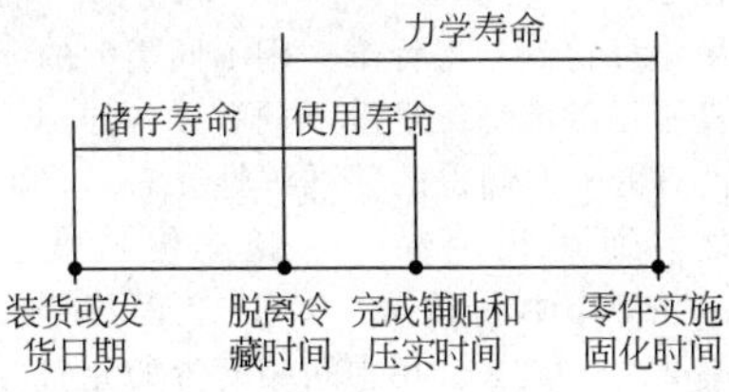

力学性能 mechanical properties 针对金属材料时又称机械性能。材料在受力作用时与其弹性和非弹性反应相关的材料性能，或者涉及应力与应变之间关系的性能。是材料的基本性能之一，包括拉伸、压缩、剪切、弯曲强度及模量、拉伸断裂强度、冲击韧度、硬度、摩擦及磨耗性、蠕变、疲劳、黏弹性等。

立德粉 见锌钡白（475 页）。

立构重复链节 stereo-repeating unit 在聚合物分子主链中所有立体异构的位置上都具有固定构型的构型重复链节。

立构嵌段聚合物 stereo-block polymer 分子立体结构相同的嵌段或长段与另一种结构的嵌段镶嵌在一起的一种聚合物。亦见立体定向聚合物（284 页）。

立构无规聚合物 stereo-random polymer 不含有连续的相同构型立构中心的共聚物，它们的共聚单体在空间的排列是无规的。

立式缠绕机 vertical winding machine; planetary type winding machine 又称行星式缠绕机。通常由芯模、传动机构、摇臂和环向缠绕机构组成，可进行纵向和环向缠绕。纵向缠绕时，竖直放置的芯模自转，摇臂端部的绕丝头在芯模两极间回转，绕在芯模上的纤维与芯模极孔相切，摇臂每越过上下极孔一次，芯模即以间歇式或连续式缓慢转动一个（或小于一个）纱片宽度所需要的角度。

立体编织物 stereo-braid fabric 又称 xyz 织物。具有经纱、纬纱和垂直于经纬方向的纱交织而成的立体结构织物。立体编织物与传统编织物的不同点如下。①交织纱线的方向数不同。传统编织物的交织方向数为 2，而立体编织物的交织方向数为 3。②织物的厚度不同。传统织物较薄，是单层或多层织物，而立体编织物则较厚，可达几十层。③织物内纱线曲折情况不同。传统织物内部的纱线呈波浪形交织，而立体编织物内纱线大多数是平直的。④织物形状的复杂程度不同。传统织物是平面织物，形状简单。而立体编织物的断面复杂，多呈筒形、方形、矩形、T形、工字形等。而且这种材料常是不加工的机件。⑤纤维的状态不同。传统织物的纤维大多是短纤维加捻的纱。而立体编织物多数采用不加捻的高性能长丝，如碳纤维、芳纶、玻璃纤维等。

立体定向聚合　stereo-specific polymerization　生成有规聚合物的聚合。某些能发生定向聚合的单体，在定向聚合催化剂（如齐格勒-纳塔催化剂）存在下，进行聚合生成有规聚合物。参见有规聚合物（503页）。

立体定向聚合物　stereo-specific polymers　又称有规立构聚合物。分子在空间排列上有特定顺序的聚合物。例如在全同立构聚丙烯中，分子堆积紧密，因而聚合物的结晶度高。包括顺式有规、反式有规、全式立构、间规立构、等规立构等聚合物。

立体规整聚合物　stereo-regular polymer　含有小的、规整的定向结构单元的分子链构型的聚合物。

立体接枝聚合物　stereo-graft polymer　无规聚合物链接枝到等规聚合物链上的一种聚合物。例如：在适当的条件下，无规聚苯乙烯可以接枝到等规聚苯乙烯上。

立体膨胀系数　coefficient of cubical expansion　参见热膨胀系数（353页）。

立体网状聚合物　space network polymer　具有三维网状结构的聚合物。其特性是不能结晶，永远处于玻璃态，质地硬脆，不溶不熔。

立体异构　stereoisomer　指聚合物中结构单元或重复单元的取代基排列方式不同的形式。取代基连接在相同的原子上，可以构成两种有规聚合物：取代基在链的同侧的，称为全同立体异构高聚物；取代基在链的两侧交替出现的，称为间同立体异构高聚物。

立体织物　stereo fabric　参见三维机织织物（373页）。

立体织物密度　three-dimensional fabric density　立体织物单位体积的质量。

沥青　pitch　一种有机胶凝材料。为煤或石油产品高温分解蒸馏后的残渣。有石油沥青和煤沥青两种。用途很多，主要用作建筑防水涂料、防水卷材、密封膏剂和沥青混凝土；还是制造较高模量碳纤维先驱体的原料和碳-碳复合材料的基体母料。

沥青基碳纤维　carbon fiber from pitch; pitch base-carbon fiber　以石油沥青、煤沥青等为原料，经过熔融纺丝、不熔化处理、碳化、石墨化等一系列加工工艺制得的碳纤维增强材料。在惰性气体保护下1000℃以上温度中进行碳化处理制得的纤维为碳纤维，进而在2000～3000℃中氩气保护下进行石墨化可得到石墨纤维。用不同类型的沥青制得的碳纤维性能不同，以各向同性沥青的原料制得的碳纤维性能较差，称之为通用级制品。一般拉伸强度在950MPa，模量在40～45GPa，断裂伸长率2%～2.2%。用中间相沥青的原料可制得高强度、高模量碳纤维。例如，以中间相含量在92%的沥青为原料可制得强度为6.05GPa、模量为260GPa、断裂伸长率为2%～2.3%的碳纤维。沥青基碳纤维的优势在于其经济性与性能。它有极优良的传热、导热和负的热膨胀系数。最高模量可达966GPa。但其加工性及压缩强度不如聚丙烯腈碳纤维。参见碳纤维（427 页）。

沥青基碳纤维增强体 pitch based carbon fibre reinforcements 参见沥青基碳纤维（284 页）。

粒料 granulates; pellet 一种预制的、密实的球形、圆柱形或其他形状的颗粒状模塑料。

粒子复合材料 particulatecomposites 由一种或多种组分的细粒悬浮在基体中所形成的材料。粒子可以是金属的，也可以是非金属的。

连杆式合模装置 toggle type mould clamping system 又称肘节式合模装置。成型机中用来完成开、闭模动作的和对模具施加压力的一种机械装置。该装置由肘式接合连杆构成，一般均由油压驱动。

连接强度 joint strength 结构各组件、构件及部件之间接合处的强度。

连接推杆 ejector tie rod 连接推件板与推杆固定板，传递推力的杆件。

连皮泡沫塑料 integral skin foam 具有相对无孔的表皮的聚氨酯泡沫塑料。

连续波 continuous wave 在稳态条件下，一种相同的、连续振动的波。（无损检测）

连续长纱线 continuous filament yarn 又称连续纤维有捻纱。由两根或两根以上连续单丝捻合而成的单股连续原丝所形成的丝束。

连续长丝 continuous filaments 一种无限长或相当长的柔软的小直径单根丝。

连续成型 continuous technique 在同一机组上，将浸胶、固化、成型等工序连续起来制造复合材料的方法。

连续聚合 continuous polymerization 单体连续加入反应釜，聚合物连续移出的一种聚合。

连续拉挤成型工艺 见拉挤成型（273 页）。

连续树脂传递模塑 continuous resin transfer molding; CRTM 又称反应注射拉挤或注射拉挤。该技术是在 RTM 与拉挤成型的基础上发展起来的一种液体树脂在线浸渍成型工艺。反应注射拉挤示意图如下图所示。其工艺过程是从纱架上出来的纤维或织物进入可控多口树脂注射模腔与树脂充分浸渍，在拉挤过程中固化成型。CRTM 模腔是封闭式的，较开式浸胶槽提高了纤维的浸透程度。由于 CRTM 浸渍增强材料时形状变化不大，保证了铺层设计更接近于实际设计，从而生产速度和产品质量都得到提高。参见拉挤成型（273 页）、树脂传递模塑成型（394 页）。

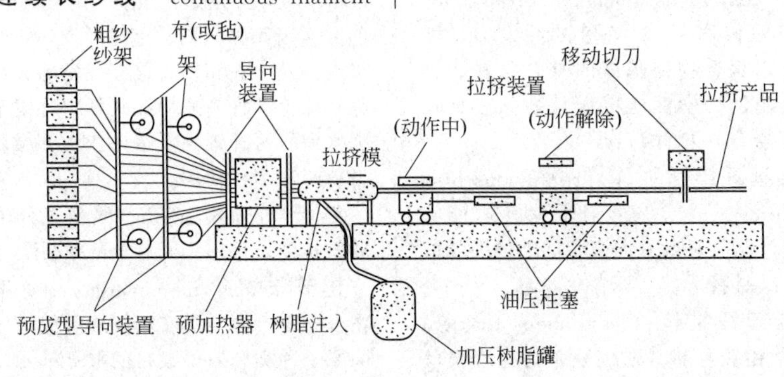

连续纤维 continuous filament; multifilament 由许多根单丝集合成的一类纺织材料。另见单股纱（64页）。

连续纤维有捻纱 continuous-filament yarn 另见连续长纱线（285页）。

连续纤维复合材料 continuous fiber-composites 以连续纤维作增强体所形成的复合材料。这种复合材料具有明显的各向异性。参见纤维复合材料（465页）。

连续纤维增强金属基复合材料 continuous fiber reinforced metal matrix composites 以金属或其合金为基体、以连续长纤维为增强体的复合材料。具有很高的比强度、比模量，低的热膨胀系数和高的尺寸稳定性。所采用的基体有铝合金、镁合金、钛合金、铜合金及高温合金。用的主要增强体有硼纤维、碳纤维、碳化硅纤维、氧化铝纤维及不锈钢丝、高强度钢丝和钨丝等。制造方法主要有热压扩散结合法和液态金属渗透法。该复合材料是航空航天等高技术领域的一种重要结构材料，主要用于飞机、飞船、发动机及先进武器的受力与耐热构件。在减轻重量、提高性能等方面的效益潜力很大，但因其工艺复杂、成本很高，应用还不普遍。

连续纤维增强聚合物基复合材料 continuous fiber reinforced polymercomposites 以连续的纤维为增强体，以聚合物为基体的复合材料。具有突出的力学性能可设计性。参见长纤维复合材料（47页）。

连续纤维增强体 continuous fibre reinforcements 长径比足够大、能够实现沿制品长度方向起不间断增强效应的纤维材料。

连续纤维毡 continuous filament mat 由胶黏剂将随机分布的连续长丝粘接而成的毡。

连续相 continuous phase 在悬浮液中固体粒子分散于其中的液体介质。固体粒子称为分散相。如复合材料中的基体是复合材料中的连续相。

连续原丝毡 continuous strand mat 用胶黏剂将未切断的连续纤维原丝粘接在一起而制成的平面结构材料。

连续毡增强体 continuous felt reinforcements 复合材料增强体的一种，由连续纤维呈螺旋形分布，相互绞合，有的还辅以胶黏剂黏合，经干燥后集合而成的毡状物。其特点是组织疏松，富有弹性，易被基体浸渗。其产品具有较好的外观和较高的表面强度。

连枝注塑毛坯 spray 注射成型时，从多个模腔取出的带有附属主流道、分流道和浇口等的一组制品。

帘子布 tire cord fabric 用帘子线织成，供各种轮胎及橡胶制品内衬用的织物。

帘子线 tied cord; tire cord 连续纤维纱经多次并捻而成的多股捻线。一般用于增强橡胶制品。

联合共固化 unitized cocure 见整体共固化成型（527页）。

廉价碳纤维增强体 low cost carbon fiber reinforcements 用熔喷法纺制的通用级碳丝束、短切纤维和研磨纤维，以及中间相沥青基碳长丝的无纺织物。廉价沥青基通用级碳纤维可用于增强水泥。短纤维预浸带可作为夹层复合材料蜂窝芯材使用。

链长 chain length 线型大分子伸展的长度，常用相同链节的数目表示。

链节 mer; monomeric unit 聚合物分子链上含与真实单体或假想单体相同原子种类和原子数目的重复单元。

链增长聚合反应 chain-growth polymerization 两种主要聚合反应机理之一。在这种链增长聚合反应中，这些反应基在增长过程中不断再生。一旦反应开始，通过某些特殊反应引发剂（可以是游离基、阳离子或阴离子）开始的反应链使聚合物的分子迅速增长。

梁 spar；beam 长度远大于横截面尺寸，承受垂直于轴线的横向载荷和/或弯矩的构件。

梁-柱 beam-column 长度远大于横截面尺寸，承受轴向载荷（或断端部弯矩）的直构件。

两步混料法 two steps mixing 混料时，先把各组分按需要分为几组，分别混合好，再将它们混合在一起的方法。

亮点 window 有色或不透明的热塑性塑料片材、薄膜或模制品上所含没有完全塑化的粒点，在对光观察时呈现为无色的透明斑点。

晾置时间 open assembly time 表面涂胶后至叠加前暴露于空气中的时间。

料钵 pot 传递塑模用，模具上部为盛装加热模塑料所设置的筒形容器。其大小取决于成型物料的体积系数，体积系数大的物料比体积系数小的物料要求较深的加料室（指模塑成型）。也叫加料室。

料斗 hopper 安装在成型机上供料用的漏斗容器。

料浆浸渍热压工艺 slurry maceration hot-press process 用粉末状树脂制成的高黏度浆状（水剂）悬浮体涂覆在增强材料上，经加热加压完成浸渍过程的一种工艺方法。

料浆预成型 slurry preforming 预成型的一种。用类似纸浆造纸工业所用的湿加工技术来制备增强塑料锭料的方法。例如，悬浮于水中的玻璃纤维通过一滤网去除水分而使纤维呈席毡状被截留于其上。

料卷 roll 由连续长丝或织物制成的、缠绕在芯轴上具有较长尺寸的预浸料。

料片 web 机械加工中的一种薄片材。

料团 见预混料（506 页）。

裂解色谱图 见高温谱图（141 页）。

裂纹 crack；craze；crazing 复合材料构件在使用过程中，由于交变载荷、温度冷热交替或内应力等因素的作用，其基体本身或相面间（界面）出现的一种线状的真实分离。复合材料在制造中引起裂纹的原因有：树脂集中，使应力分布不均匀；树脂体系反应活性太高、升降温速度太快产生热应力；成型压力过高产生内应力等。解决办法：采用树脂含量均匀的材料；采用具有适当活性的树脂体系；降低成型压力及加压速度；进行适当加温后处理，消除内应力等。复合材料产生裂纹的易难程度，与其基体的韧性有关。基体韧性好，抗冲击载荷能力强，可提高产生裂纹的门槛值。

裂纹成核 crack nucleation 在应力或/和环境因素作用下无裂纹试样（或构件）产生裂纹的过程。分微观裂纹成核和宏观裂纹成核。裂纹分为：惰性介质中加载过程产生的裂纹、交变载荷作用下的疲劳裂纹、应力和温度联合作用下的蠕变裂纹、应力和化学介质联合作用下的应力腐蚀裂纹、氢进入后引起的氢致裂纹。这些裂纹的成核规律及机理各不相同，需要分别加以研究。

裂纹尖端塑性区　plastic zone around crack tip　含裂纹的物体，在受力时，其裂纹尖端上材料的变形（由于强烈的应力集中）跃出弹性范围而出现尺度较小区域的塑性区，称为裂纹尖端塑性区。

裂纹扩展　crack propagation　材料中微观或宏观裂纹在外力或/和环境因素作用下不断长大的过程。微观裂纹的扩展将会导致宏观裂纹的成核，宏观裂纹扩展的前期是裂纹不断长大，当裂纹长大到临界尺寸后，继续扩展就会导致试样或结构的断裂。裂纹分为：惰性介质中加载过程产生的裂纹、疲劳裂纹、蠕变裂纹、应力腐蚀裂纹、氢致裂纹。参见裂纹（287页）、裂纹扩展力（288页）。

裂纹扩展力　crack extension force　含裂纹物体，裂纹扩展单位面积（或长度）所需要的能量，以 G 表示。因裂纹是张开的，故用 G_{I} 表示。当裂纹失稳扩展时，扩展单位面积（或长度）所需要的能量用 G_{IC} 表示。它是材料断裂韧度指标之一，只和材料有关，和裂纹大小、形状以及外力无关。在平面应变情况下：

$$G_{\mathrm{IC}}=\frac{1-\upsilon^{2}}{E}K_{\mathrm{IC}}^{2}$$

式中，E 为弹性模量；υ 为泊松比；K_{IC}^{2} 为平面断裂韧度。

裂纹扩展率　另见裂纹扩展能量释放率（288页）。

裂纹扩展能量释放率　energy release rate of crack propagation　又称裂纹扩展率。裂纹扩展单位面积时，裂纹体系所释放的能量。用 G 表示，量纲是 F/L，所以也称为裂纹扩展力。另见裂纹扩展力（288页）。

裂纹扩展寿命　crack propagation life; post-crack life　试件或结构在疲劳裂纹形成后直到断裂的寿命。在工程上指可检的宏观裂纹形成后的寿命。

裂纹扩展阻抗　crack-growth resistance　在静载荷作用下，使裂纹扩展单位面积所需的能量。其数值的大小表示物体抵抗裂纹扩展的能力的强弱，故称为裂纹扩展阻抗。

裂纹密度　crack density　单位长度上裂纹的数目。

裂纹失稳扩展　unstable crack growth　带裂纹构件载入时，随着外载增加，裂纹向前的扩展。当裂纹由起始长度扩展至临界长度时，即使外载不再增加，裂纹也快速向前扩展。裂纹的这种毁坏性急剧扩展称为裂纹失稳扩展。

裂纹增长　crack growth　裂纹在材料中的扩展。

裂纹张开位移　crack opening displacement; COD　含裂纹物体受力时裂纹尖端上下表面将产生彼此分离的相对位移。

邻苯二甲酸丁基环己基酯　butyl cyclohexyl phthalate　用于聚氯乙烯、其他乙烯基塑料、纤维素塑料及聚乙烯的一种增塑剂。

邻苯二甲酸丁基乙基己基酯　butyl ethylhexyl phthalate　丁醇和2-乙基己醇的混合酯，广泛作为聚氯乙烯配料和塑料溶胶的一种主增塑剂，在塑料溶胶中其主要作用与酞酸二辛酯相像。它也能与氯乙烯-醋酸乙烯共聚物、硝酸纤维素、乙基纤维素、聚苯乙烯、氯化橡胶混溶，并能与聚甲基丙酸甲酯作较低浓度混溶。

邻苯二甲酸二环己酯　dicyclohexyl phthalate; DCHP　用于聚氯乙烯及其他多种树脂的一种增塑剂。赋予树脂以良好的电性能、低挥发性、低吸水性、吸油性以及对己烷和汽油有抗萃取性。

邻苯二甲酸二烯丙酯 diallyl phthalate；DAP　邻苯二甲酸二烯丙酯单体广泛用于不饱和聚酯作交联单体，以及用于多种树脂中做主要增塑剂。亦以部分预聚模塑粉在受热及受压下交联生成热固性树脂。名称“DAP”适用于单体型的及聚合物型的酯。

邻苯二甲酸二异丁酯 di-isobutyl phthalate　用于乙烯基树脂、聚苯乙烯与纤维素塑料的一种增塑剂。

邻苯二甲酸酐 phthalic anhydride；PA　又称苯酐、苯二甲酸酐。由萘或邻二甲苯氧化而衍生的白色结晶物质。片状晶体或粉末。熔点 131.8℃。相对密度（d_0^4）1.527。闪点（开环）151.7℃。常温下几乎不溶于水，但易溶于热水。溶于乙醇、氯仿、甲苯、吡啶等。可燃，低毒，对皮肤和黏膜有刺激性，空气中最高允许浓度 2×10^{-6}。是使用广泛的酸酐类环氧树脂固化剂。其价格低廉，固化时发热量小，特别适用于大型浇铸制品及层压件。参考用量 30～50 份，适用期 100g：RT/6h、120℃/1.5h。固化条件：100℃/2h＋150℃/5h 或 140/8h 。固化物具有良好的电性能和机械强度。耐化学品性亦佳(但耐碱性较差)。热变形温度 110～152℃。吸水率（24h）0.05％ 。也可以用于改进 α-氰基丙烯酸酯瞬干胶的耐水性、三聚氰胺甲醛树脂合成的催化剂。

邻苯二甲酸癸基丁基酯 decyl butyl phthalate　参见邻苯二甲酸丁基乙基己基酯（288 页）。

邻苯二甲酸酯类 phthalate esters　一类重要的增塑剂。由醇直接作用于邻苯二甲酸酐而成。邻苯二甲酸酯类为所有增塑剂中应用最广泛的一种，因为它具有中等价格和良好通用性能的特点。

邻甲酚甲醛环氧树脂 phenol(ortho-cresol)-formaldehyde epoxy resin；ECN　含邻甲酚和甲醛树脂结构的多官能性缩水甘油醚型环氧树脂。由邻甲酚和甲醛在酸性介质中缩聚成邻甲酚甲醛树脂，再与环氧氯丙烷在碱作用下缩聚而成。固化树脂耐化学品性优良，耐热性高，热变形温度 180℃。国产牌号有 JF43、JF45 等。邻甲酚甲醛环氧树脂与苯酚甲醛环氧树脂（EPN，国产牌号有 F-44、F-51、F-46 等）的性能大体相似，但由于酚醛的邻位被甲基取代，空间位阻效应使其环氧基的反应活性低于 EPN，然而它与苯酚甲醛环氧树脂相比能提高线型树脂的聚合度，因此其软化点比 EPN 的高，固化物的性能（如韧性、拉伸强度、粘接强度等）也显著提高。ECN 的这一特性，使它大量用作集成电路(IC) 和各种电子电路、电子组件的封装材料。在复合材料应用方面，研究证明，ECN 不仅可以提高双酚 A 环氧体系的力学性能（拉伸强度和弹性模量)，同时改善了工艺等性能，所研制的 ECN-DGEBA/DDS/BF_3-MEA 的高性能复合材料基体（HD03、HD58）性能优异，已在航空、航天领域得到批量应用。

临界表面张力 critical surface tension　液体的一个表面张力值。如低于此值液体将流散于固体表面。

临界长度 critical length　使基体产生剪切极限强度所需要的最小纤维长度。

临界角 critical angle　当超声波入射到两种不同材料之间的界面上时，允许存在给定波型和限定振幅的折射波的

最大入射角。(无损检测)

临界屈曲载荷 critical buckling loads 结构出现屈曲时的最低载荷。

临界缺陷 critical flaw 具有某一尺寸大小与形状的缺陷，它在特定工作载荷与环境条件下会导致不稳定扩散。

临界应变 critical strain 材料失效或结构失效的应变。

临界形变 critical strain 屈服点处的应变。参见临界应变(290页)。

临界值 critical values 当检验单侧统计假设时，其临界值是指：如果该检验的统计大于(小于)此临界值，这个假设将被拒绝；当检验双侧统计时，要决定两个临界值，如果该检验的统计小于较小的临界值，或大于较大的临界值，这个假设将被拒绝。在以上两种情况下，所选取的临界值取决于所希望的风险，即当此假设为真实但却被拒绝的风险(通常取0.05)。

磷酸脲 carbamide phosphoric acid 只用于树脂固化的一种催化剂。

磷酸三苯酯 triphenyl phosphate; TPP 一种结晶粉末，被用来作为纤维素类、乙烯基类、丙烯酸类和聚苯乙烯塑料的阻燃增塑剂。属添加型阻燃剂。

磷酸三(2,3-二氯丙基)酯 tris(2,3-dichloropropyl) phosphate 用于多种塑料，包括乙烯基类、纤维素类、丙烯酸类、聚烯烃、酚醛塑料、聚酯及聚氨酯泡沫体的一种增塑性阻燃剂。属添加型阻燃剂。

磷酸三(2,3-二溴丙基)酯 tris (2,3-dibromopropyl) phosphate 用于多种塑料的一种阻燃剂。属添加型阻燃剂。

磷酸三(氯乙基)酯 tris (chloroethyl) phosphate 用于聚苯乙烯、纤维素或乙烯基塑料的一种增塑剂。它也是有效的阻燃剂。属添加型阻燃剂。

灵敏度 sensitiveness threshold 在正常条件下测量仪指示装置可察觉到的被测量发生变动的最小值。测量仪的灵敏限量说明它对最小被测量的敏感程度。因此在测量微小变化量时，应选择灵敏度较小的测量仪。

菱形编织物 braid diamond 织物图案为一上一下(1×1)的编织物。

零度缠绕 0°-winding 见纵向缠绕(548页)。

零件边线 end of part 为零件修整线的术语。即零件的轮廓尺寸线。

零膨胀设计 design for "0" thermal expansion 通过铺层设计，合理利用增强体(纤维)和基体的热膨胀性能，以设计出温度变化时尺寸变化为零或几乎为零的复合材料制件。是复合材料特有的材料性能可设计性。

零吸胶工艺 zero bleed process 复合材料的一种制造工艺。在此方法中，因为所用预浸料的树脂含量与成品所需要的含量相当[含胶量32%~35%(质量分数)]，且树脂的流动性可控，在固化期间只有很少或没有树脂流失。因此，与吸胶工艺相比，零吸胶工艺具有如下优点：①简化了真空袋装封系统，减少了吸胶布等辅助材料的消耗，见291页图；②固化期间不排胶，减少了排胶导致树脂压力降的因素，降低了气泡生成率；③提高制件尺寸精度和树脂含量的稳定性；④减少了铺层过程预压实的工作量；⑤固化过程中的铺层(蜂窝夹层结构面板)滑移减小；⑥固化期间树脂流入蜂窝芯、模具组件缝隙以及真空袋内其他部位的可能性也可得到控制。另外，为了防止固化过程中流胶，必须进一步加强袋内真空系统的密封工作。因为零件的边缘是一个特殊的临界区，如预浸料坯与其周围边挡之间出现间隙或裂缝，引起树脂额外流失，导致低压区，因而产生空隙，甚至出现疏松。

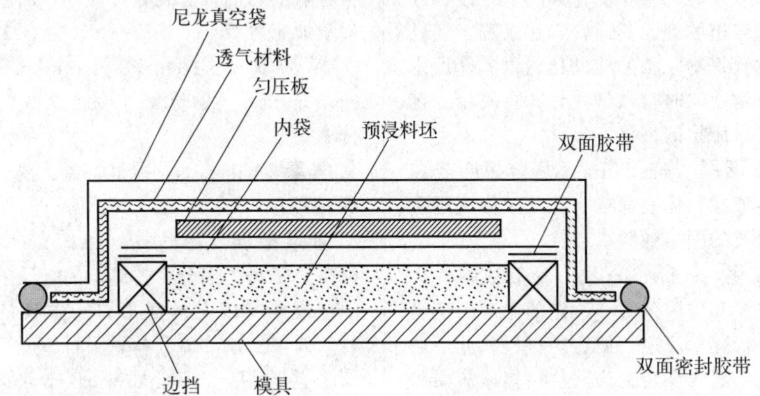

零周向应力封头曲面 zero-hoop stress head contour 是等张力型封头或平面封头在极孔半径为零时的封头曲面。此曲面在内压作用下，其环向应力为零。这是一种理想状态，只能近似地适用于极孔半径较小的容器。

流变学 rheology 研究流体材料，特别是固体的塑料流动和非牛顿流体的流动，处理物质变形和流动的科学。

流变仪 rheometer 用以测定通常为高黏度的或在熔融条件下的热塑性材料流动性质的仪器，最通用的类型为挤出流变仪。用以测量流体流动性质的仪器常常称作黏度计。

流程图 flow chart 可示出计算程序或工艺的明显步骤的图表。

流道板 runner plate 为开设分流道而专门设置的板件。

流动 flow 指树脂在压力下移动，并充满模具的过程。流动或蠕变是材料（通常在高温下）在持续载荷作用下产生的逐渐而持续的变形。

流动模型 flow model 树脂在模具或真空袋内的预型体中流动情况的模拟，通常将零件进行网格划分，用有限元法模拟。

流动温度 flow temperature 高聚物由高弹态转变为黏流态时的温度。如“高聚物的物理状态”词条附图中的 T_f。

流动性 flowability 模塑料因受压、受热软化而移动的性能。

流度 fluidity 流体的流动速率。为黏度的倒数。

流挂 sagging 由于涂于被胶接面上的胶液过量或黏性太低导致胶液的流淌。俗称流胶。

流化床涂法 fluidized bed coating 将塑料涂层施加于通常为金属类材料制件上的涂层方法。此法是将粉化树脂置于具有多孔底的容器中，气流由多孔底向上喷入使树脂粉粒保持浮腾状态。待涂制件经预热后放入流化床中至其表面形成所需厚度的树脂沉积层为止，然后取出。通常须进行后加热以使树脂粉粒熔成平整均匀的涂层。

流胶 bleeding ①在袋压成型过程中，多余的树脂在固化期间从预浸料坯件中流出的现象。通常，在预浸料坯件上放置织物之类的辅助材料以吸储流出的树脂，同时排除气体。②在胶接工艺中，为流挂的俗称。

流延膜 cast film 热熔树脂或树脂溶液在物体表面或支撑纸表面流延沉积形成的网格薄膜。

硫化 vulcanization 橡胶或弹性体与硫黄和促进剂等在一定的温度、压力下进行化学反应，使这些材料大分子通过交联从线型转变为网状结构，从而改善橡胶的力学性能和化学性能的工艺过程。性能变化包括塑性流动性降低，表面黏性减小，弹性增加，拉伸强度大幅度提高，以及溶解性大为降低等。

硫化后胶接 post-vulcanization bonding 预先硫化的弹性黏合体的胶接。

硫脲-甲醛树脂 thiourea-formaldehyde resin 由硫脲同甲醛缩合所制得的一类氨基树脂。

六氢邻苯二甲酸酐 hexahydrophthalic anhydride；HHPA 白色玻璃质状固体。熔点 34～36℃，可与树脂低温混合，混合物黏度低，使用寿命长(6d)，固化时发热小。主要用于浇铸制品。可作为环氧树脂的固化剂，一般用量 75～85 份(质量份)，固化条件：100～200℃/(3～1)h，固化物的电性能和耐化学品性优良，热变形温度 110～130℃，亦可作为氯桥酸酐和四氢邻苯二甲酸酐的共熔固化剂。

六亚甲基四胺 hexamethylenetetramine；hexa 又称乌洛托品。氨和甲醛的反应产物，为酚醛树脂和脲醛树脂的一种主要催化剂和加速剂。

漏验 omission of examination 对检验后的产品抽验复查，发现产品质量低于原定等级。

漏验率 percentage of omission of examination 漏验数占检验总数的百分率。

卤素 halogens 指氟、氯、溴、碘等元素。

卤碳塑料 halocarbon plastics 又称卤烃塑料。聚合物碳链上的氢原子被一种或两种以上的卤素原子置换的塑料。如聚三氟乙烯等氟碳塑料。

卤烃塑料 halohydrocarbon plastics 见卤碳塑料 (292 页)。

露丝 fiber show 纤维树脂基复合材料制品表面存在未被基体覆盖的纤维。补救办法是改进浸润措施、采用黏度合适的树脂、降低放热速率等。

铝带缺陷 aluminium stripe defect 铝基复合材料中肉眼可分辨的、无增强体的条带状基体合金区域性缺陷。

缕 lea 按规定圈长、圈数卷绕纱线的一种计量名称。也可用作纱线计长的单位。

缕纱 skein 缠绕到某一适当长度，通常用来测定各种物理性能的单丝、原丝、纱、线或粗纱。

缕纱强力 lea strength 由缕纱线或绞纱线测得的强力。

γ-氯代丙基三甲氧基硅烷 γ-chloropropyltrimethoxysilane 商品名为 A-143。含氯的硅烷偶联剂，溶于多种有机溶剂，在 pH 为 4.0～4.5 的水溶液中经搅拌可完全水解。用于处理玻璃纤维可改善其浸润性及与聚合物的黏合性，特别适用于环氧树脂/玻璃纤维、聚苯乙烯/玻璃纤维层压品，改善制品的弯曲强度和干湿状态的拉伸强度。此外，也可用于聚氨酯胶黏剂。

氯代环氧丙烷 chloropropylene oxide 见环氧氯丙烷（174 页）。

氯丁橡胶 polychloroprene rubber；CR；neoprene rubber 氯丁二烯聚合物的俗名。为白色或米黄色的韧性片状或块状固体。具有较高的拉伸强度和断裂伸长率。有可逆的结晶性，粘接性好。可硫化成坚韧的产品，具有优良的耐油性、耐溶剂性、耐热性和耐候性。用作环氧树脂胶黏剂的增韧剂。短期可耐 120～150℃，可在 80～100℃长期使用。

氯化聚丙烯 chlorinated polypropylene 聚丙烯分子链上引入氯原子的白色粉末或粒状的极性聚烯烃树脂。对无机酸、有机酸、强氧化性酸及强碱有良好的抗腐蚀性。耐油、耐热、耐光。不溶于醇、脂肪烃。溶于芳烃、酯类、酮类。熔点＜150℃。与大多数树脂的兼容性好。作为胶黏剂可粘接 PE、PP、PVC 等塑料及铝箔、钢、金、银等金属。亦作涂料载色剂、纸张涂层、防水剂、阻燃剂等。

氯化聚氯乙烯 chlorinated polyvinyl chloride；CPVC 又称过氯乙烯树脂。聚氯乙烯经氯化制得的高分子化合物。控制聚合度可制成高黏度、中黏度及粉末状树脂。易溶于酯类、酮类、芳香烃等多种有机溶剂。具有良好的粘接性、耐燃性、耐化学腐蚀性、耐老化性、电绝缘性。制品在沸水中不变形，最高使用温度 100～105℃。溶液法制得的 CPVC 多数用作胶黏剂、涂料及纤维等。

氯化聚氯乙烯树脂胶黏剂 chlorinated polyvinyl chloride resin adhesive 又称过氯乙烯树脂胶黏剂。通常用氯化聚氯乙烯树脂溶于二氯甲烷或丙酮溶剂中制得。一般配制成 10%浓度的胶液。具有较高的粘接强度，且耐水、耐介质。用于软、硬质聚氯乙烯材料的粘接。它的乳液用于纸张的防潮加工、防潮黏合以及作为混凝土的保养剂等。

氯化联苯 chlorinated diphenyls 与聚偏二氯乙烯及聚苯乙烯配合使用的从液体到固体的一系列增塑剂。也可与邻苯二甲酸二辛酯结合使用，作为聚氯乙烯的共增塑剂；也与聚乙烯醇、乙基纤维素及其他热塑性塑料结合使用，作为胶黏剂。

氯化石蜡 chlorinated paraffin wax 从黄色到浅琥珀色的一类液体，由石蜡油氯化而制成，用于乙烯基树脂、聚苯乙烯树脂、聚甲基丙烯酸甲酯及香豆酮-茚树脂作助增塑剂。氯化石蜡也使聚烯烃、聚苯乙烯、聚氯乙烯、天然橡胶及不饱和聚酯具有耐燃性。

氯菌酸 chlorendic acid 一种白色结晶粉末，用于阻燃聚酯树脂、增塑剂、杀霉剂及杀虫剂。

氯菌酸酐 chlorendic anhydride 一种白色结晶粉末，用作环氧树脂的固化剂，或作为火焰阻滞剂用于聚酯树脂。

氯萘油 chloronaphthalene oil 由萘经氯化而制得的近乎无色的油。用作增塑剂及阻燃剂。

氯乙烯类树脂 vinyl chloride resin 以氯乙烯聚合或氯乙烯为主与一种或多种其他不饱和化合物共聚制得的聚合物。

氯乙烯塑料 vinyl chloride plastics 见聚氯乙烯（250 页）。

乱层　turbostratic　底平面与相邻面可相对滑动的一类晶体结构，两层之间产生的空间远大于想象中的空间。

轮辐浇口　spoke gate; spider gate　沿塑件的内圆周而扩展进料的浇口。

螺槽容积比　channel volume ratio　在挤出机螺杆上，给料斗末端的第一螺线的容积与计量段最末螺线容积之比。工业中常用压缩比这一术语来代替螺槽容积比。

螺顶挤压面　land　螺杆上螺纹顶端的承接面。

螺杆　screw　指装在挤出机或注塑机机筒内可以转动且带有螺槽的金属杆。它与机筒共同组成挤压部件。其主要功能是完成对物料的压缩、输送、混炼及塑化等。

螺杆挤出　screw extrusion　借助于螺杆旋转对物料产生的压力将其挤出口模的挤出方法。

螺杆挤出机　screw extruder　见挤出机（194 页）。

螺纹型芯　threaded core; thread plug　直接成型塑件内螺纹的零件。

螺旋缠绕　helical winding　将预浸纱以大约与芯模轴线成 12°～70°的方向连续绕到芯模上形成螺旋线形的方法，如右图所示。缠绕时，芯模做匀速运动，绕丝头沿芯模的轴线方向做往复运动，绕丝头轴往复运动一次，芯模至少转动一周或数周。螺旋缠绕层能同时承受环向力和轴向力，具有不同缠绕角的螺旋缠绕层可承受不同比例的环向力和轴向力。在缠绕中，丝束不仅可在圆周段进行缠绕，而且在封头上也可进行缠绕。

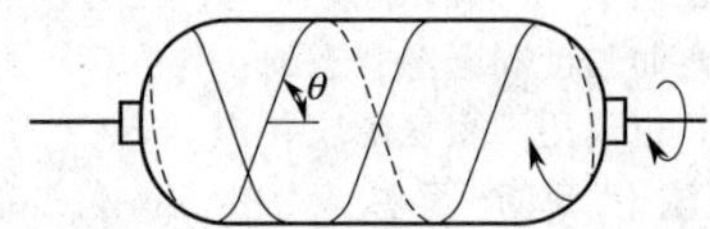

裸玻璃　bare glass　去掉上浆或处理剂的玻璃纤维、粗纱和布；或上浆前、加表面处理剂前的玻璃纤维、粗纱和布。

洛氏硬度　Rockwell hardness　作用于压印器上的负荷由一固定的较小负荷增至最大负荷，然后回复至较小负荷，用此凹印深度的净增加数表示材料硬度。净增加值愈大，则硬度愈低。

络合剂　complexing agents　见螯合剂（4 页）。

落锤试验　drop-weight test; falling dart test　为模拟制造和使用过程中，由于外来物低速冲击引起复合材料结构产生损伤而使用的一种试验方法。

落球冲击试验　falling ball impact test　检验材料实际抗冲击性的试验。把试样水平放置，使一定质量的钢球从规定高度向试样中心自由落下，观察材料有无损坏或测量损坏时的高度，分析材料耐受冲击载荷的能力。

落球黏度计　ball viscometer　一种黏度测量仪器，采用具有特定重量和直径的实心球作为剪切机构。

M

麻点　pockmarks; pit　树脂基复合材料制品表面上出现的无规分布的凹陷斑点。产生的原因：对于凸模成型的制品，表现为胶衣上出现的小凹陷，目视可见。产生的原因是胶衣树脂对模具浸润不够或选用的脱模剂不合适所致的胶衣不连续。预防措施：选用合适的脱模剂，以增加树脂对模具的浸润。对于阴模成型来说，是由于脱模剂施工不当，膜面上出现豆状颗粒所致。克服方法：如果脱模剂过稠，涂刷时不能使脱模剂均匀分散成膜，应先将其稀释到合适黏度再用。在涂刷时应尽量少回刷子，以免将当前膜层拉起结块。在刷下一遍前要有足够的停放时间，以便脱模剂中的挥发物充分挥发，使膜层充分干燥。

马丁耐热试验 Marten’s test 评价材料高温变形趋势的一种试验方法。在加热炉内，使试样承受一定的弯曲应力并按一定速率升温。把试样受热自由端产生规定偏斜量的温度称为马丁温度。

马丁热稳定性 见马丁温度（295 页）。

马丁温度 Marten’s temperature 又称马丁热稳定性。表示塑料、树脂基复合材料耐热性能的一种指标。表示材料制品使用可能达到的最高温度，在此温度以下材料的力学性能不会发生任何实质上的变化，但不是该材料的长期工作温度。

马弗炉 muffle furnace 一种高温炉，用以烧掉已固化的树脂，以测定含有玻璃纤维一类增强体的层合材料中树脂的含量。

马夸尔特指数 Marquardt index 在研究酚醛树脂固化的红外吸收曲线上，马夸尔特指数为 12.2μm 与 13.3μm 吸收峰之间以透射百分率表示的数值差。当树脂固化加深时 13.3μm 吸收峰的吸收强度较 12.2μm 吸收峰变化更为迅速，因此当固化加深时马夸尔特指数降低。亦见红外线聚合指数（168 页）。

马来酐 maleic anhydride 苯与空气的混合物通过加热的氧化钒催化剂而获得的无色针状物。在塑料工业中有很多用途，包括生产醇酸树脂、聚酯和乙烯基共聚物树脂，以及用作酚醛树脂与脲醛树脂等热固性树脂的固化剂。

马来酰亚胺端基热固性树脂 maleimide-terminated thermosetting resin 又称 M-聚酰亚胺、聚双马来酰亚胺。主链中含有仲氨基重复链节的改性聚酰亚胺耐热材料。由活性聚酰亚胺预聚体与二元胺加成聚合而成的聚酰亚胺树脂。棕黑色，相对密度（d_4^{20}）1.3，纯树脂摩擦系数（0.5）很高，吸水率 2.5%。具有良好的耐热性，长期使用温度 180～230℃。电性能优良，有极好的耐辐射性，化学性能稳定。耐芳族、卤代和非卤代的溶剂和煤油等，但不耐酸。成型工艺简单，可在 250℃下压制成型。主要用作模塑料、浸渍涂料、胶黏剂和玻璃布层合板。在电气工业中用作 F 和 H 级绝缘材料、机械磨损材料。各种层合板用于航天器的隔热层、导弹耐烧蚀壳体、飞机雷天线达罩、各种耐热电子组件以及汽车刹车片、减震器和轴承、垫圈等。

埋封 embedding 把制品包埋于树脂体中的方法，其过程为将制品置于塑模，向塑模中浇入液体树脂使制品完全浸没，待树脂固化将包埋件自塑模中取出。

脉冲焊接 impulse sealing 把要焊接的塑料板或薄膜压在两个加热组件间，通入强电流，使发热体在极短时间内产生强热能的脉冲，随之再给以冷却，此时焊接面即在加热加压下熔合。

漫反射 diffuse reflection 超声波在粗糙面上发生的反射，在理论（镜面）反射角任何一侧的角度范围内都能检测到反射能量。这种反射即非镜面反射。（无损检测）

盲区 dead zone 材料中邻近入射

表面的区域，在该区域中，由于超声仪器与被验材料的综合特性而不能直接探测到缺陷的回波。(无损检验)

毛边 flash 复合材料在分模面或自由边形成的由树脂或树脂和纤维组成的飞边或不规整的边缘；模塑过程中溢入模具合模面缝隙间并留存在模塑件上的多余料。

毛团 fuzz ball 断丝、毛丝聚集在纤维、织物或预浸料表面而形成的球状纤维团。

毛吸 wicking 在毛细压力的作用下液面在毛细管内上升的现象。

毛细管压力 capillary pressure 毛细管中不混溶的两种流体界面上存在的压差。

冒口 vent 树脂传递模塑工艺中多余树脂、气体和挥发物的排出口。

帽形波纹芯 hat type corrugated core 具有可重复的帽形截面的波纹板。

媒液 vehicle 用于胶黏剂材料的载体介质（液体）。它可以改善胶黏剂对黏合体的涂覆性；胶黏剂中的溶剂组分。

蒙皮 skin；covering 构成飞机机体气动外形的板件。

盖烷二胺 menthane diamine；MDA；MNDA 4-氨基-α，α-4-三甲基-环己烷甲胺，为脂环胺。分子量172.3，活泼氢当量42.5，为透明液体，黏度（25℃）19mPa·s。容易与树脂混合，可降低树脂黏度。用作环氧树脂固化剂，参考用量20～23份（质量份），使用寿命6h。固化条件：80℃/2h+130℃/0.5h。固化物热变形温度148～158℃。适用于浇铸、层压和黏合等方面。

咪唑-酰亚胺共聚物 copoly(benzimidazole-imide) 另见共聚苯并咪唑酰亚胺（151页）。

弥散强化 dispersion strengthening 在金属基体（连续相）中弥散分布的化学惰性粒子（弥散相）对位错运动起阻碍作用，导致变形抗力增大，使得金属基体强度提高的现象。弥散强化效果与弥散相本身的尺寸、含量、分布以及弥散相与基体之间的界面状态密切相关。对于达到最大强化的弥散强化材料，存在一个最佳弥散相尺寸。一般说来，弥散粒子的尺寸越小，间距越小，数量越多，分布越均匀，强化效果越好。特别是弥散相与连续相之间形成共格关系时，其强化效果最为显著。但强化的同时，往往会导致基体合金的塑性和韧性下降，因此，对综合性能要求较高的合金，需要合理地控制弥散相的粒度、数量和分布。主要采用直接强化或间接强化。

弥散强化材料 dispersion-strengthened material 用粉末冶金方法制备的，惰性粒子弥散分布于基体中的材料。惰性粒子称为弥散相。一般是高熔点氧化物，常用的有三氧化二铝、二氧化钍和三氧化二钇。弥散相是合金强化的载体，在弥散强化材料中，弥散相是位错线运动的障碍物，因此位错线就需要较大的应力才能克服它向前运动，所以弥散强化材料的强度就因此得以提高。弥散强化材料具有优良的高温性能，甚至在接近基体金属熔点时，仍有足够的强度。其组织稳定，再结晶温度高，并有良好的导热和导电性。常用的弥散强化材料有弥散强化镍（TD-Ni）和弥散强化高温合金（MAODS）。

弥散强化复合材料 dispersion-strengthened composites 由细小颗粒均匀弥散在基体中所构成的材料。颗粒的直径为 0.01～0.1μm，颗粒的体积浓度为 1%～15%。参见弥散强化材料（296 页）。

弥散相 disperse phase 散布于基体（连续相）中，能使基体性能得到强化的惰性细小颗粒构成的非连续相。其在基体中的分布间距不大于 0.3μm。通常，对弥散相的要求是：熔点高；硬度比基体金属要硬得多；尺度一般在 1μm 以下；在基体中不溶解；相界面能低；结合牢固；生成自由能高，不容易分解。一般是高熔点氧化物，常用的有三氧化二铝（Al_2O_3）、二氧化钍（ThO_2）和三氧化二钇（Y_2O_3）。弥散相是合金强化的载体。

弥拉 Mylar 一种聚酯薄膜的商品名称。见聚酯（258 页）。

醚类 ethers 分子结构中有一个氧原子连接在两个碳原子或有机基团之间的有机化合物。醚类通常由醇类得到，即由两个醇分子脱去一个水分子而成。

γ-脒基硫代丙基三羟基硅烷 γ-amidinothiopropyltrihydroxysilane 一种硅烷偶联剂。可用它处理过的玻璃纤维干混到树脂中，以提高注射成型品的弯曲强度和抗张强度。本品在环氧树脂/玻璃纤维、酚醛树脂/玻璃纤维层压塑料、酚醛树脂/玻璃微球复合材料中都有良好的偶联效果。

密度 density 在标准温度（23℃）下，物体的质量与其体积之比。单位为 g/cm^3 或 kg/m^3。

密耳 mil 英制长度单位。1mil＝0.025mm。常用于金属丝和纤维直径的表征。

密封材料 sealant 填充缝隙的材料。用以防止胶液的流失或被吸收，或气体物质的渗漏。

密封袋 blanket 周边密封到模具周边的薄膜与模具间所形成的袋子。

密封功能复合材料 sealed functional composites 用于起静态和动态密封作用的复合材料。由于静态密封要求不高，一般不用复合材料，用橡胶、塑料等聚合物即可。但作为动态密封则要求材料具有较高的耐磨性、耐热性、导热性，低膨胀系数等，需要复合材料。共有两种基本形式：一种为纤维增强聚合物，如碳纤维增强的聚四乙烯已大量用于化工的耐腐蚀泵；另一种为青铜-塑料-钢三层复合密封材料。

密封胶黏剂 sealing adhesive 起密封作用的胶黏剂。

密炼机 banbury mixer; internal mixer; intermixer 一种原先用于橡胶的混炼装置，现在也用于纤维素、聚乙烯及焦木素等塑料的混炼。它由封装在圆筒外壳内的两个反向旋转螺形叶片构成，两个叶片间相交处留有脊背。叶片可做成空心的，供加热或冷却介质循环。

密路 heavy filling bar; thick bar 又称厚段。局部纬密较规定的多，织物表面呈现厚密横档。

蜜胺 melamine 即三聚氰胺。

蜜胺/酚醛树脂 melamine/phenolic resins 蜜胺与酚醛树脂的混合物，其特点是兼有酚醛树脂的尺寸稳定性和易于模塑性及蜜胺树脂的易于着色性。

蜜胺-甲醛树脂 即三聚氰胺-甲醛树脂。

蜜胺塑料 见三聚氰胺塑料（372 页）。

面板 facing; face; face-sheet 夹层结构主要承受侧向载荷和平面弯曲的、强度较高的表面薄层材料。

面板剥离 facing delamination 夹层结构由于脱胶，面板与芯子脱开的现象。

面板陷窝 face dimpling 在制造夹层结构过程中，由于压力过大面层被压进蜂窝芯格孔或预浸料面层在共固化期间沉入蜂窝芯格孔而出现的凹陷。

面板皱褶 face wrinkling 蜂窝夹层结构面板由于被压进或离开芯子而呈现的波纹状。这种现象发展到一定程度就会引起夹层板破坏。

面层毡 surfacing mat; surface mat 由极细的玻璃纤维制成的 178～508μm 厚的平面材料。主要用于形成增强塑料的光滑表面。

面接接头 surface joint 两个被粘物主表面胶接在一起所形成的接头。

面密度 area weight 织物或纤维单位面积（长×宽）的质量。

面内剪切强度 in-plane shear strength 参见纵横剪切强度（548页）、面内剪切试验（298页）。

面内剪切试验 in-plane shear testing 测量纤维复合材料层合板平面内剪切性能的试验，可用来评价层合板的面内刚度。在标准的温湿度条件下，按测试标准规定的加载速率给试样施加载荷，直至试样破坏。由测得的剪切应力-应变曲线求出剪切强度、剪切模量。最常采用的面内剪切试验方法有：±45°对称层合板的拉伸试验、轨道剪切试验、IOSIPESCU 剪切试验等。

面内性能 in-plane properties 施加平行于纤维方向载荷所得到的性能。包括剪切强度、剪切模量、压缩强度、压缩模量、拉伸强度、拉伸模量和泊松比等。

面内载荷 in-plane loads 平行于面板平面的载荷。

面纱毡 veil 一种高渗透性、自润湿的轻薄纤维毡。参见覆面毡（132页）、贴面层（442页）。

面外性能 out of-plane properties 施加垂直于纤维方向（穿过厚度）载荷所得到的性能。包括剪切强度、剪切模量、压缩强度、压缩模量、拉伸强度、拉伸模量和泊松比。

名义标距长度 nominal gauge length 纺织材料拉伸试验开始时，两夹钳钳口之间的试样（已加规定预张力）长度。

名义捻度 nominal twist 又称公称捻度。对纱线预定的捻度，或名义上的捻度。

名义试件厚度 nominal specimen thickness 铺层的名义厚度乘以铺层数所得的厚度。

名义细度 nominal fineness 又称公称细度。对纤维纱、线预定的细度。包括名义支数（公称支数）、名义旦数（公称旦数）、名义特数（公称特数）。

名义应力 nominal stress; stress nominal 不考虑几何不连续性（如空洞、缝隙、填料）等对应力的影响，在净截面上某点用简单弹性理论计算的应力。

名义值 nominal value 为方便设计、制造而假定的值。它仅在名义上存在，常常是带有公差的平均值，以便同相邻部件装配在一起。

模板 mold plate; die plates 组成模具的板类零件的统称。在注射塑模中，分别装于注塑机定模部分与动模部分的模板。

模板痕 plate mark 压制的塑料片材或板材表面所带与原用平板模表面伤痕相应的痕迹。参见模具痕（299页）。

模槽 die 一个具有挤出塑料流孔

的钢模，将挤出物成型为所规定横截面或所需的外形的部件；塑料注入或压入其中的凹模，使材料成为所需的形状。

模冲 blanking 又称冲裁。将平板片材料切成规定形状的粗坯的操作。材料支承于底模上，用冲模加以猛烈冲击。此项操作常用冲床进行。

模缝 mold seam 模塑件或层压制品上的线纹。其色泽及表面与整体有所不同，系由模具上的合模缝造成的。

模箍 见模套（302页）。

模架（注射模） mold bases（injection mold） 由模板、导柱和导管等零件组成，但型腔未加工的组合体。

模具 mould；die 在成型中赋予制品形状和尺寸所用部件的组合体（腔体等）。按其结构和功能可分为溢料式模具、全压式模具、对开式模具等；按成型方法不同可以分为注射成型模、模塑成型模或传递成型模等。这类模具基本上由阴模和阳模组成。真空成型、接触成型一般不需要阴、阳两模，而是单面式模具；另外，按照材质不同又可分为硬模、软模。

模具痕 mold mark 由于模腔表面的伤痕，致使制品表面有与其相应的痕迹。

模具设计因素 mold design factor 保证能制造出满足产品设计要求所用模具的材料性能、结构和工艺参数等。具体如下：①满足产品设计精度要求，要求模具结构合理、变形小、精度高，可保证产品尺寸准确。②满足产品制造工艺条件要求，如耐温、耐压、加工稳定等。③容易脱模。脱模难易是评价模具好坏的指标。一般密封大型容器多采用拼装模；小型容器采用不拆除的衬里或可溶性材料模具；为了脱模方便，在模具结构拐角处避免出现锐角。④成本要低，即采用便宜易得的材料，模具的寿命要长。⑤热膨胀系数小或与模具材料相当。⑥满足特定工艺的具体需要，真空、热压罐成型模具应预留制袋区，且在此区内避免出现通孔等。⑦结构传热均匀、速率适中等。

模口膨胀 die swell 在挤出模塑中，挤出物挤出时直径超出模口直径的现象。参见离模膨胀（282页）。

模量 modulus 一般指像杨氏模量、剪切模量或刚性模量之类的弹性常数。是表征材料刚性的物理量。见弹性模量（417页）。

模内压力 internal mould pressure 见模腔压力（299页）。

模腔边 cavity side 注射模具紧靠喷嘴的一边。

模腔压力 cavity pressure 在注射压力下熔融塑料对型腔表面的压力。

模腔套板 cavity retainer plate 见模套（302页）。

模切 die cutting 将一层或数层塑料板用一定形状刀口的钢质充模冲切成型材的工艺。所用模具通常被称为钢带冲切工具，由液压机或机械压力机施加压力。

模塞 force plug；plunger 模腔内对模塑料施压的部分，根据在塑模组装中所处的位置称为上凸模或下凹模。

模塑 molding 在预定时间内，通过加热、加压将聚合物或其预浸料成型为预定形状和尺寸的固体产品的加工方法。

模塑边缘 moulded edge 模塑件上在模塑过程中直接形成的边缘，而非在零件形成后通过物理或其他加工方法所形成的边缘。

模塑粉 molding powder 通常指呈颗粒状的模塑料，由树脂与所有必需的配料组分混合而成。混合物加热成均匀体，并加以冷却、研磨或造粒以制成供挤出、模塑、压延或其他成型方法用的原料。

模塑件 molding(product) 用模具成型的塑料制件。又称模制品。模制品常见的缺陷、产生的原因及处理方法如下表所示。

缺陷	产生原因	处理方法
表面起泡及内部隆起	模塑料中水分及易挥发物含量太高； 模具温度太高或太低； 成型压力太低； 模具排气不良； 空气含量太高； 保温时间控制不够； 固化时间太短	进行预干燥及预热处理； 适当调整模具温度； 调高压力，按厚度每增加 1mm 模压压力相应增加 2MPa 的规律调整加压力； 改善排气条件，预压料坯； 延长保温时间
制件表面橘皮皱	合模不当； 模具温度太高； 模塑料预热处理不当	在低压条件下缓慢合模，装料完成后即合模，凸模触及模塑粉前快速闭合，触及模塑粉后应慢速闭合； 降低模具温度； 进行高频预热
制件表面裂纹	塑件内嵌件过多、过大或分布不当； 模温控制不当； 模压压力不足； 模塑料中水分及易挥发物含量太高	改进设计，嵌件重新设置或换用收缩率低的树脂； 严格控制模温，适时加压，适度排气； 适当加大模压压力； 进行预干燥处理，模塑料中易挥发物含量控制在 3%左右，适当延长压制时的保温时间
制件疏松或缺料	模塑料的流动性能差，装料不足； 加压时熔料从模具内逸出； 模具温度高，熔料早凝； 模塑压力不足； 模塑料中水分及易挥发物含量太高	换用适宜的模塑料，对于流动性能好的模塑料应缓慢加压，反之则反； 应先易后难均匀地分次补料，并使纤维沿料流方向分布； 应缓慢加压或烘烤熔料； 应适当加快闭模速度，降低模具温度； 应适当提高模塑压力； 应进行预热及预压料坯，多次排气
制件翘曲变形	固化时间太短，塑件固化程度不足； 压制温度不均匀； 模塑料中水分及易挥发物含量太高； 模具温度太高，熔料过早凝胶	增加固化时间或冷压数分钟后脱模； 适当调整模具温度，使之分布均匀； 进行预热干燥处理； 降低出模温度，适当加快闭模速度，选用收缩率较小的树脂体系，模塑料进行预热处理后装模，或调整塑件结构

续表

缺陷	产生原因	处理方法
尺寸不符合要求	装料不当； 压力、温度、时间控制不当； 模具磨损变形； 成型收缩率太大或太小； 上、下模温差太大或不均； 制件脱模整型冷却不当； 嵌件设置不当，出现变形、脱落及位移	应准确装料； 严格控制工艺参数； 修复型腔到规定的几何精度； 选用收缩率适宜的树脂； 调整上、下模具温度； 合理设计冷压定型模及选择合理的冷却条件，或降低塑件冷却温度或进行退火处理； 应重新设置嵌件安装及固定形式； 加厚包裹层，对嵌件进行预热处理
树脂与纤维填料分头聚积及局部纤维裸露	加压时机控制不当； 原料互溶性太差； 装料不均匀； 模塑料的流动性能不符合成型要求	选择在树脂能与增强纤维一起流动时加压最为适宜； 选用互溶性较好的原料； 严格按照装料工艺规程操作； 选用流动性适宜的树脂
电性能不符合要求	模塑料中水分、易挥发物含量过高； 混有金属尘埃等异物杂质； 制件欠固化或过固化； 固化不均	应进行预热干燥处理； 彻底清除异物杂质； 调整固化参数

模塑料 molding compounds; molding material 能够通过模塑过程而成型的预混料、片状模塑料、团状模塑料与干混料。通常在聚合物或树脂的颗粒中混入增塑剂、稳定剂、填料与色料之类的添加剂，供挤出、模塑、压延或其他成型法加工成成品或半成品之用。模塑料包括干混料与模塑粉。环氧模塑料配方（质量份）如：①E-42 环氧树脂/616 酚醛树脂/MoS_2/丙酮/E 玻璃纤维＝60/40/4/100/150；②邻甲酚甲醛环氧树脂/线型酚醛树脂/溴化环氧树脂/结晶型 SiO_2/脱模剂/硅烷偶联剂/促进剂/其他＝19/8/1/70/0.5/0.4/0.5/0.6。参见模塑粉（300 页）。

模塑料流动性 molding compounds flowability 表征模塑料在压力、温度作用下软化、流动充满模具的性能。

模塑时间 molding time 热固性塑料成型时，指从模具完全闭合的瞬间到解除压力的瞬间所经历的时间。有时也指热固性塑料固化或热塑性塑料塑化所需时间；在注射成型中指将熔融物料注入模具后到保压完成的时间。见模压成型时间（302 页）。

模塑收缩率 molding shrinkage ratio 见模压收缩率（304 页）。

模塑温度 molding temperature 见模压成型温度（303 页）。

模塑压力 molding pressure 见模压成型压力（303 页）。

模塑周期 molding cycle 完成一次模塑过程全部操作（包括加料、加热、硬化或固化、脱模等）所需要的时间。

模套 chase; bolster; frame 又称模箍。用于箍紧阴模或阳模的模具结构部件。在设计模套、阴模或阳模时，应考虑能适用于各种阴模和阳模的标准模套。

模型底座 mold base 磨光了的平钢板和其他构件。其他构件通常是指（除无型腔与芯轴外）具有注射成型或压缩塑模之合缝销、销套等。

模穴套板 nest plate 又称冲头板。注射模塑中用以固定模穴板的带巢窝的模型套板。

模压边 molded edge 最终成型模压后，实际上不变化的边沿，尤其是沿纤维长度方向没有纤维头的那个边。

模压成型 compression molding 又称压缩模塑。在封闭的模腔内，在一定温度、压力下成型复合材料、塑料制品的一种方法。塑料在模具中受热塑化流动，在压力下充满模腔，同时发生化学反应而固化成型，如下图所示。所用

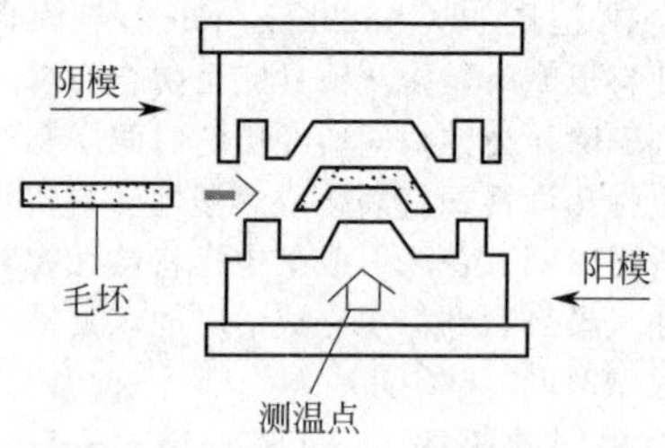

的主要设备是压机和模具，选用压机（压机吨位和台面大小）时要考虑所用树脂、塑料种类和制件的投影面积，因为塑料种类不同、制件大小不同，所需成型压力、台面尺寸和开距不同。本方法用于酚醛、脲醛、三聚氰胺甲醛、环氧等热固性树脂模塑料（BMC、SMC）的成型。模压成型的主要工艺参数包括：模压成型温度、模压成型压力、加压时机和放气、模压成型时间。

模压成型时间 compression molding time ①在热固性复合材料成型中，从模具完全闭合的瞬间到解除压力的瞬间所经过的时间。有时也指热固性树脂固化或热塑性树脂塑化所需的时间。②在注射成型中，熔融物料注入模具后到保压完成的时间。模压时间在成型过程中的作用，主要是使获得模腔形状的成型物有足够的时间完成固化。从化学反应的本质来看，固化过程就是交联反应进行的过程。但工艺上的“固化完全”并不意味着交联反应已进行到底，即所有可参加交联的活性基团已全部参加反应。这一术语在工艺上是指交联反应已进行到合适的程度，制品的综合物理力学性能或其他特别指定的性能已达到预期的指标。显然，制品的交联度不可能达到100%，而固化程度却可以超过100%。通常将交联超过完全固化所要求程度的现象称为“过熟”，反之称为“欠熟”。模压时间的确定，与环氧模塑料的固化速率，制品的形状和壁厚，模具的结构，模压温度和模压压力的高低，以及预压、预热和成型时是否排气等多方面的因素有关。在所有这些因素中，以模压温度、制品壁厚和预热条件对模压时间的影响最为显著。合适的预热条件，由于可加快物料在模腔内的升温过程和填满模腔的过程，因而有利于缩短模压时间。物料在模腔内所需的最短固化时间与成型温度、壁厚的关系如303页图所示。由图可知，提高模压温度时模压时间随之缩短，而增大制品壁的厚度，则要相应延长模压时间。在模压温度和模压压力一定时，模压时间就成为决定制品性能的关键因素。模

压时间过短，树脂无法固化完全，制品欠熟，因而力学性能差，外观缺乏光泽，脱模后易出现翘曲和变形等。适当延长模压时间，不仅可克服以上缺点，还可使制品的成型收缩率减小，并使其耐热性、强度性能和电绝缘性能等均有所提高。但过分地延长模压时间，又会使制品过熟，不仅生产效率降低，能耗增大，而且会因过度交联使收缩率增加，导致树脂与填料间产生较大的内应力；也常常使制品表面发暗起泡，严重时会出现制品破裂。

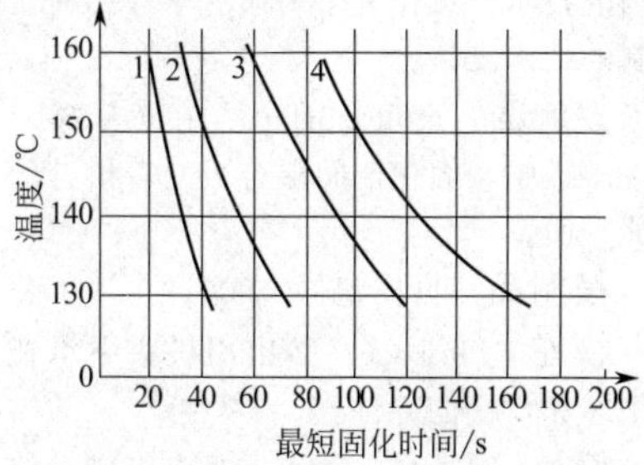

1—壁厚为3.4mm；2—壁厚为6.4mm；3—壁厚为9.5mm；4—壁厚为12.7mm

模压成型温度 compression molding temperature 成型时使热固性树脂固化或热塑性树脂塑化所规定的温度。这一工艺参数确定了模具向模腔内物料的传热条件，对物料的熔融、流动和固化进程有决定性的影响。由于塑料是热的不良导体，物料中心和边缘在成型的开始阶段温差较大，这将导致固化交联反应在物料的内外层不是同时开始。表层料由于受热早先固化而形成硬的壳层，而内层料在稍后的固化收缩过程中受到外部硬壳层的限制，致使模压制品的表层内常存有残余压应力，而内层则带有残余拉应力。残余应力的存在会导致制品翘曲、开裂和强度下降。因此，采取措施尽量减小模腔内物料的内外温差，消除不均匀固化，是获得高质量制品的重要条件之一。环氧模塑料的模压温度取决于固化体系的放热峰温度和固化速率。通常取比固化峰温度稍低一点的温度范围为其固化温度范围，如为150～180℃，并通过试验来确定。固化速率快的体系取偏低点的温度，固化速率慢的体系取偏高些的温度。成型薄壁制品时取温度范围的上限，成型厚壁制品可取温度范围的下限；过高的模压温度会因交联反应过早开始和反应速率过高，而使熔料的流动性急剧下降，从而不能完全填满模腔，还可能引起有机着色剂变质和有机填料的分解，使制品表面失去光泽。高的模具温度下，模腔内物料的外层固化比内层快得多，以致内层的挥发物难以通过外层排出，这不仅会降低制品的强度性能，而且启模后制品会出现肿胀、开裂、变形和翘曲等；模压温度过低时，不仅熔融后的物料黏度高、流动性差，而且由于交联反应难以充分进行，从而使制品强度不高，外观无光泽，脱模时出现粘模和顶出变形。

模压成型压力 compression molding pressure；molding pressure 又称模压压力。能使模塑料完全充满模腔、制件达到预期密实度所施加的必要压力。用模塑件在垂直于压力方向的单位截面（压制）上所受的力（MPa）表示。即液压机施加在模具上的总力与模具型腔在施压方向上的投影面积之比。模压压力在模压成型过程中的作用是使模具紧密闭合并使物料增密，以及促进熔料流动和平衡模腔内低分子物挥发所产生的压力。它取决于模塑料的状态、流动性以及制品结构的复杂程度。如压缩率大的模塑料，由于使其增密时要消耗较多的能量，因而成型时需用较高的模压压强。故模压散状料比模压料坯的压力高，而模压纤维料又比模压粉状料的压力高；模压熔融黏度高、交联速率快的物料，以及加工形状复杂、壁薄、深度或面积大的制品时，由于需要克服较大的流动阻力才能使模腔填满，因而需要采用更高的模压压力。高的模压温度会使交联反应加速，从而导致熔料黏度迅速增高，故需用高的模压压力与之配合；高的模压压力虽有使制品密度增大，成型收缩率降低，促使快速流动充模，克服肿胀和防止气孔出现等一系列优点，但模压压力过大会缩短模具使用寿命，增加液压机功率消耗，增大制品内残余应力。因此，加工热固性塑料模压制品时，多采用预压、预热、适当提高模压温度等措施，以避免采用高的模压压力。但应注意，若不适当地提高预热温度或延长预热时间则致使物料在预热过程中已部分固化，流动性降低，不仅不能降低模压压力，反而要用更高的模压压力来保证物料充满模腔。环氧模塑粉的模压压力为 0.7～7MPa。环氧纤维模塑料的模压压力为 0.7～14MPa。成型所需表压 $p_{表}$ 由下式计算：

$$p_{表}=\frac{10pfp_{max}}{T}$$

式中，$p_{表}$ 为成型所需表压，MPa；p 为成型压力，MPa；p_{max} 为压机最大允许表压，MPa；f 为制品水平投影面积，cm^2；T 为压机吨位，N。$p_{表}$ 值应在 p_{max} 的 15%～85%之间。

模压机 compression molding press; molding press 模压成型所使用的设备。通常为液压机。根据加压方式、结构形式和生产效率不同分为：上压式、下压式、侧压式；两柱式、四柱式；单层式、多层式等。

模压收缩率 molding shrinkage 模塑制品与所用模具相应尺寸的差同模具相应尺寸之比，以百分数表示。通常模塑件、模具的尺寸均为在室温下的测量值。

模压周期 molding cycle 见模塑周期（301 页）。

模样 prototype 在产品研制过程（模样、初样、正样）的初始阶段，所设定的用于全面评价、验证设计方案、材料选择和成型方法的目标试样。以得到的技术信息作为下一研究阶段初样研制的技术支持。

模制面 mold surface 在热压罐或液压罐中，固化期间层合板对着模具的那一面。

模制品 见模塑件（300 页）。

模座 die base 挤出用机头中承托型芯和口模的部件。

膜片 diaphragm 与探头组成一体的薄层保护材料，它把芯片与耦合剂分隔开。（无损检测）

摩擦功能复合材料 friction functional composites 具有高摩擦系数、低摩擦速率的复合材料。其主体是高聚物复合材料，通常以酚醛树脂等高聚物为基体，以石棉纤维、玻璃纤维、碳纤维、有机纤维、钢纤维为增强体，以天然矿石粉、合成氧化物粉、石墨粉、橡胶粉、金属粉为摩擦性能调节剂复合而成。一般可用于 500℃以下的环境，以铁、铜等金属为基体的金属陶瓷复合材料可用于更高的温度。

摩擦焊接 friction welding 把要对接的两件热塑性塑料制品的待接表面相互接触旋转，使其摩擦生热，接合面受热熔化，以致在压力下融合为整体的一种焊接法。

摩擦力　friction　互相接触的两部分物体表面做相对运动时（滑动或滚动）所产生的阻碍相对运动的力。其方向与运动趋向相反。

摩擦系数　friction coefficient　摩擦力与摩擦面上的正压力（法向压力）的比例系数，分为静摩擦系数与动摩擦系数。

摩尔　mole　国际单位制基本单位中物质的量（B）的单位。符号 mol。使用时应该说明基本单元 B。如 1mol Fe、1mol CO_2 等。取代克分子数、克原子数。

摩尔体积　molecular volume　旧称克分子体积。表示物质的量 n（B）（应该说明基本单元 B）的体积。单位 L/mol。数值上等于分子量除以密度（g/cm^3）乘以 10^3。

磨耗　abrasion　两个彼此接触的固体因摩擦作用而使材料表面造成的损耗。

磨料胶黏剂　abrasive adhesive　用于粘接磨料以制造磨削或研磨用模具的专用胶黏剂。该胶黏剂的性能是制造各种模具的关键，主要是有机类磨料胶黏剂，如酚醛树脂胶黏剂、硅树脂改性酚醛树脂胶黏剂、环氧树脂胶黏剂、聚氨酯型胶黏剂、硬质橡胶和聚乙烯醇等。

末端效应　end effect　在试验扫描的过程中，由于被试验材料尺寸的急骤变化，如平表面的边缘或者棒和管子的端头等引起的涡流分布的变化，而产生的磁场的畸变会妨碍试件尺寸变化处及其附近的缺陷的检测。（无损检测）

莫尔圆　Mohr's circle　由旋转参数坐标系得到的物体任一点平面应力和应变分量变化的图解法表示，也可进行材料性能的类似表示。例如复合材料层合板的刚度和柔度。

莫来石　mullite　一种链状硅酸盐矿物。斜晶体系，针状，无色，玻璃光泽。莫氏硬度 6～7。密度 3.155～3.158g/cm^3。与硅线石相似，但其折射率低于硅线石。自然界少见。是一种优质耐火材料。除用作耐火材料外，还作为增强体广泛用于陶瓷基复合材料。

莫来石晶须　mullite whisker　分子式为 $3Al_2O_3 \cdot 2SiO_2$ 的针状莫来石（晶须）。通常以 SiO_2 为基本原料，与氟化物（AlF_2）按 13∶12 质量摩尔比混合，在无水 SiF_4 气氛及 1100℃以上的高温环境中密闭加热，经过两步反应生成。它与陶瓷有良好的化学兼容性，可作为增强体构成陶瓷基复合材料。

莫来石晶须增强 TZP 陶瓷基复合材料　mullite whisker reinforced TZP ceramic matrix composites　以四方氧化锆多晶体为基体，以莫来石晶须为增强体的复合材料。参见莫来石晶须增强氧化锆陶瓷基复合材料（305 页）。

莫来石晶须增强 ZTA 陶瓷基复合材料　mullite whisker reinforced ZTA ceramic matrix composites　以氧化锆增韧氧化铝（ZTA）陶瓷为基体，以莫来石晶须为增强体的复合材料。其室温力学性能和高温力学性能均比氧化铝材料的好。一般用热压的方法制备。可用于抗压、耐磨等部件。

莫来石晶须增强体　mullite whisker reinforcements　参见莫来石晶须（305 页）。

莫来石晶须增强氧化锆陶瓷基复合材料　mullite whisker reinforced zirconia ceramic matrix composites　以氧化锆陶瓷为基体，以莫来石晶须为增强体的复合材料。根据基体的结构类型不同，可分为莫来石晶须增强 TZP（四方氧化锆多晶体）陶瓷基复合材料、莫来石晶须增强 TSZ（部分稳定氧化锆）陶瓷基复合材料两类。莫来石晶须的加入使得氧化锆陶瓷的高温强度得到大幅度提高，而对室温强度则影响不大。主要采取热压的方法制备。可以用于绝热、耐热等部件。

莫来石晶须增强氧化铝陶瓷基复合材料 mullite whisker reinforced alumina ceramic（matrix）composites 以氧化铝陶瓷为基体，以莫来石晶须为增强体的复合材料。其常温下的断裂韧性以及高温下的抗弯强度、断裂韧性、抗蠕变性能都比较好。制备工艺比较复杂，主要采用热压和热等静压的方法制备，烧结温度一般在 1600℃以上，仅用于制作形状简单的制品。

莫来石芯片增强陶瓷基复合材料 mullite platelet reinforced ceramic (matrix) composites 以陶瓷为基体，引入莫来石芯片为增强体的复合材料。按复合方式分为外加和原位生长两类。即将经过处理的莫来石芯片引入陶瓷中，或通过自生长途径在莫来石陶瓷中生长出一定体积含量的莫来石芯片，构成复合材料。外加莫来石芯片类复合材料的强度比陶瓷基体有所降低，但断裂韧性显著提高；自生长莫来石芯片类复合材料的强度则有明显提高。

莫氏硬度 Mohs hardness 材料抗压痕能力的量度。该数值越高，材料的耐压性能越高。

母料(基料) matrix 指制品中的基础材料。如相对于固化剂而言，聚合物胶黏剂配方中的主要成分树脂；相对于添加剂而言，组成塑料主体成分的树脂；相对于泡沫体而言，构成泡沫塑料的树脂等。

母模 master mold 用于制造模具所用的原形模。

母体 population 又称全体域。数理统计术语。指要对其进行推论的一组测量值；或者指在规定的条件下有可能得到的测量值的全体。例如，在相对湿度 95%和室温条件下，碳/环氧树脂体系所有可能的极限拉伸强度测量值。为了对母体进行推论，通常有必要对其分布形式作假设。所假设的形式也可称为母体。

母体偏差 population variance 数理统计术语。母体离差的一种量度。

母体平均值 population mean 数理统计术语。在按母体内出现的相对频率对观测值进行加权后，给定母体内所有可能测量值的平均值。

母体中位数 population median 数理统计术语。指母体中测量值大于或小于它的概率均为 0.5 的值。

木质素树脂 lignin resin 以木质素或由木质素为主与其他化合物或树脂反应制得的树脂。

目视检测 visual inspection 是无损检测最简单、最基本的方法。这种方法可发现复合材料构件上的擦伤、划伤、穿孔、裂纹、撞击损伤压痕、雷击损伤、烧伤和紧固件孔损伤等表面损伤，构件边缘的分层和脱胶损伤以及擦伤、划伤等表面损伤的面积和深度。目视检测还可作为无损检测的预先检查的方法。无损检测之前，凡是能够目视检测到的部位，都必须进行目视检查。但目视检测有其局限性，对于复合材料构件的内部分层、脱胶、蜂窝夹芯的损伤及其积水等无外表征候的缺陷损伤，无法检查出，也无法确定其程度与范围，这种情况就需要采用其他无损检测方法。

目视勉强可检冲击损伤 barely visible impact damage; BVID 用肉眼勉强可以辨认出的外来物碰撞引起的层合板表面最小异常。

N

纳迪克酸酐 Nadic anhydride 化学名称为顺式-3,6-内亚甲基-1,2,3,6-四氢邻苯二甲酸酐，又称降冰片烯二酸酐，简称NA。分子量164.16。白色或微黄色晶体或粉末。相对密度1.417。熔点162～163℃（CP，即经甲苯重结晶后的熔点）。溶于丙酮、乙醇、甲苯、乙酸乙酯等。受热升华。有潮解性。用作环氧树脂的耐高温固化剂，参考用量90份。固化条件120℃/2h+150℃/5h。固化物具有良好的耐热性、耐候性和电性能。耐热200℃以上，经180℃/1000h老化后，热失重仅1%。

纳米 nanometer 介于原子、分子和宏观物体之间的中间领域的物理长度单位。1纳米等于一百万分之一毫米，即10^{-9}m，以nm表示。

纳米薄膜材料 nanostructured thin materials 也称纳米晶粒薄膜或纳米多层薄膜。尺寸在纳米量级的晶粒或颗粒构成的薄膜，或每层厚度在纳米量级的多层膜。按用途要求，纳米薄膜材料可分为两大类：纳米功能薄膜和纳米结构薄膜。由于纳米薄膜是种复合材料，所以其功能薄膜具有基体所没有的功能；结构薄膜的力学性能较其基体有明显提高。由于纳米粒子的组成、性能及其复合工艺条件等参数的变化都对复合薄膜的特性有显著影响，因此可以多方面入手控制纳米复合薄膜的特性，获得预期需要的材料。

纳米材料 nanomaterials 由直径1～50nm量级的极小微粒所构成的固体材料。纳米材料具有高强度、高韧性、高比热、高热膨胀率、高导电率等特性和极强的电磁波吸收能力。可用来制造高性能陶瓷和特种合金、红外吸收材料等。纳米材料的分类方法很多，通常按维度分为三类：①零维（0D）纳米材料，指材料的空间三维尺度均处于纳米量级。如纳米微粒、纳米晶、量子点和原子团簇（富勒烯、金刚石簇）等；②一维（1D）纳米材料，指材料的空间三维尺度有二维处于纳米量级，如纳米线、纳米棒、纳米管等；③二维（2D）纳米材料，指在三维空间中有一维在纳米尺度，如超薄膜、多层薄膜、纳米块（石墨片）等。纳米材料包括纳米功能材料和纳米结构材料两大类。利用纳米材料基本单元按人们的意愿设计、组装，可以创作出具有所希望的特性的新体系。

纳米尺度材料 nanometer-sized materials 参见纳米固体材料（308页）。

纳米带 nanometer tape 以带状形式存在的纳米材料。是一种用金属氧化物制造的5～10nm厚、30～300nm宽，而长度可达几毫米的新材料。这种纳米材料的电阻几乎为零，而且硬度超过钢，所以用它可以制造出价格便宜的超微传感器和组件。

纳米二氧化钛 nanometer titanium dioxide 分子式TiO_2，分子量79.9。微细白粉末，无味，相对密度3.84。粒径>100nm。熔点1560～1580℃。具有透明性和很强的吸收和屏蔽紫外线的能力。分亲水性和疏水性两种。用作增强剂，可提高胶黏剂的粘接强度、冲击强度和耐候性。用量为3～5份时性能最佳。

纳米复合材料 nanometer composites 分散相尺度至少有一维小于100nm的复合材料。由于纳米粒子具有大的比表面积，表面原子数、表面能和表面张力随粒径下降急剧上升，使其与基体有强烈的界面相互作用，产生性能显著优于相同组分常规复合材料的力学性能，还可赋予复合材料热、磁、光特性和尺寸稳定性，产生原组分所不具备的特性和功能。如基于尺寸效应，可获得高韧性、高耐热性的复合材料。其分类方法有多种。若按照连续相（基体）的类别可分为非聚合物基纳米复合材料和聚合物基纳米复合材料两大类，如右图所示。其中聚合物基无机纳米复合材料不仅具有纳米复合材料的表面效应、量子效应等，而且还将无机物的刚性、尺寸稳定性和聚合物的韧性、加工性及介电性糅合在一起，从而产生很多特异的性能。在电子学、光学、机械学、生物学等领域展现出广阔的应用前景。纳米复合材料的构成主要有以下几种形式：①0-0复合，也称聚集型。即不同成分、不同相或不同种类的纳米微粒复合而成的纳米固体或液体，通常采用原位压块、原位聚合、相转变、组合等方法实现。具有纳米构造非均匀性。在一维方向排列的称纳米丝，在二维方向排列成纳米薄膜，在三维方向排列成纳米块体材料。②0-1复合，即把纳米微粒分散到一维的纳米线或纳米棒中所形成的纳米复合材料。③0-2复合，即把纳米微粒分散到二维的纳米薄膜中得到纳米复合薄膜。可分为均匀弥散和非均匀弥散两类。④0-3复合，即纳米微粒分散在常规固体粉中所得到的纳米复合材料。这是聚合物基无机纳米复合材料合成的主要方法之一。⑤1-3复合，主要是纳米碳管、纳米晶须与常规聚合物粉体的复合，对聚合物有特别的增强作用。⑥2-3复合，是无机纳米片材与聚合物粉体或聚合物先驱体复合的一种潜在重要形式。参见复合材料（116页）、纳米材料（307页）、碳纳米管（425页）。

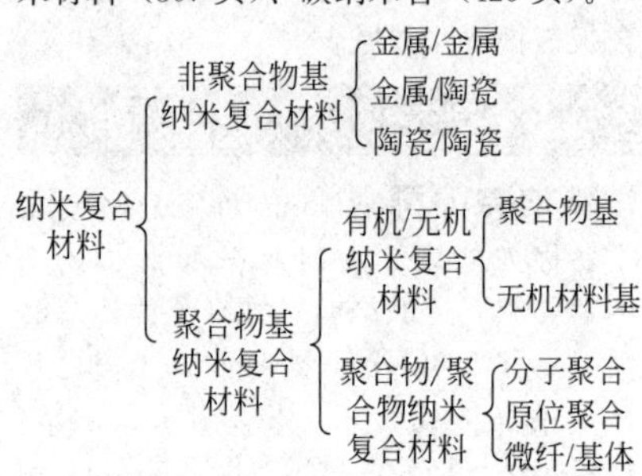

纳米固体材料 nanostructured materials；nanophase solid materials 由尺度为纳米量级的超细组织构成的固体材料。按超细组织的结构属性（晶态、准晶态、非晶态）可分为纳米晶材料、纳米准晶材料和纳米玻璃三大类；按照超细组织的材料属性可分为纳米金属材料、纳米陶瓷材料、纳米复合材料和纳米半导体材料等。纳米固体材料区别于普通多晶或非晶材料的主要结构特征是截面体积分数很高，当组织尺度为几纳米时可达50%以上。其性能，如力学、热学、磁学等性能，与同成分的晶态和非晶态材料有较大的差异，如纳米陶瓷有超塑性；Fe-1.8C纳米合金的断裂强度比普通Fe-1.8C合金高一个量级。

纳米技术 nanotechnology 在纳米尺度（0.1～100nm）上研究电子、原子和分子运动规律与特征，直接操纵电子、原子或分子进行加工制作的技术。纳米技术涵盖纳米材料、纳米电子和纳米机械等技术。

纳米结构 nanostructure 以纳米

尺度的物质单元为基础，按一定规律构筑的一种新体系。其维度可表示为：零维结构（富勒烯、金刚石簇）、一维结构（碳纳米管）、二维结构（石墨片）、三维结构（无定形碳离子、金刚石粒子）体系。这些物质单元包括纳米颗粒、稳定的团簇或人造超原子、纳米管、纳米棒、纳米丝以及纳米尺度的孔洞。它既具有纳米微粒的特性（如量子尺寸效应、小尺寸效应、表面效应等），又存在纳米结构组合引起的新效应（如量子耦合效应和协同效应等）。

纳米晶 nanocrystalline 见微晶硅（452 页）。

纳米晶粒薄膜 见纳米薄膜材料（307 页）。

纳米晶软磁合金 nanocrystalline soft magnetic alloy 在晶态合金基础上形成的超微晶（30nm）结构的软磁合金。可用来制作饱和电抗器、扼流圈、高频电压器等电子器件的铁心。

纳米晶体 nanometer crystal 呈带状存在的由尺寸为 1～10nm 的晶粒组成的单相或复相的多晶体。其结构特征是它的晶界上的原子占晶体总原子数的 50%。

纳米科学 nanoscience 在纳米尺度（0.1～100nm）上研究物质的特征和相互作用，以及任何用这些特征的科学。包括纳米生物学、纳米机械学、纳米材料学、原子/分子操纵和表征学、纳米制造学等。

纳米塑料 nanoplastic 是指金属、非金属或有机填充物以纳米尺寸分散于树脂基体中形成的树脂基纳米复合材料。在树脂基纳米复合材料中，分散相的尺寸至少在一维方向上小于 100nm。由于分散相的纳米尺寸效应、大的比表面积和强界面结合，使纳米塑料具有一般工程塑料所不具备的优异性能。

纳米碳管 见碳纳米管（425 页）。

纳米碳酸钙 nano calcium carbonate 为一种超细粉体 $CaCO_3$，分子量 100.09。相对密度 2.6～2.7。由于其巨大的比表面积所产生的表面效应，能使得经纳米碳酸钙改性的胶黏剂、密封剂提高粘接强度、韧性、阻燃性、耐热性和触变性。通过控制不同反应条件可以制得不同晶形和粒径大小的产品，如立方形、纺锤形、球形、链锁形、无定形等纳米碳酸钙。用作环氧树脂胶黏剂的增强剂、增韧剂可显著提高固化物的强度和韧性。如链锁形 $CaCO_3$ 填充量为 1 份时，拉伸强度和冲击强度达到最大值，与未填充相比分别提高 80.6% 和 129.5%。另外由于纳米碳酸钙成本低廉，提高了产品的性价比。

纳米碳纤维 carbon nanofiber 通过气相裂解碳氢化合物制备的具有石墨结构的非连续纤维。直径为 50～200nm，介于碳纳米管和气相生长碳纤维之间。典型的纳米碳纤维性能已达到拉伸强度 7.0GPa、拉伸模量 600GPa，断裂伸长率 0.5%，密度 2.1g/cm^3，热导率 1950W/(m·K)。广泛用于高强度高模量构件，如坦克履带系统，舰船、飞机、卫星结构，光学构件以及静电消散、静电喷染、防电磁干扰、防雷击、燃料电池等方面。

纳米陶瓷 nanoceramic 具有纳米显微结构的陶瓷材料。其晶粒尺寸、晶界宽度、第二相分布、气孔尺寸、缺陷尺寸等都属纳米量级。因而可获得无缺陷或无有害缺陷的材料，使材料原有性能得到很大改善，甚至发生突变出现新的性能或功能。纳米陶瓷是陶瓷研究的三大趋势之一。

纳米陶瓷基复合材料 nanometer

ceramic matrix composites　陶瓷基复合材料中含有纳米粒子第二相的复合材料。一般分为三类：①晶粒内弥散纳米粒子第二相；②晶粒间弥散纳米粒子第二相；③纳米晶基体和纳米粒子第二相复合组成。陶瓷晶粒内和晶粒间弥散纳米粒子第二相的复合材料，不仅能改善一般陶瓷基复合材料的室温力学性能及耐用性，而且还能改善高温力学性能。纳米晶陶瓷基体和纳米粒子第二相组成的复合材料产生某些新功能，如可加工性和超塑性等。

纳米涂料　nano coatings　含有一定量纳米颗粒的一种新型建筑涂料。由于纳米颗粒产生了量子尺寸效应，使涂料具备了一些特殊功能，如耐候性、耐污染性等。纳米涂料是涂料产品的一个发展方向。

纳米微粒　nanometer particles　指颗粒尺度在 1～100nm 之间的超维粒子。其尺度大于原子簇，小于通常的微粉。当小粒子进入纳米量级时，其本身具有量子尺寸效应、小尺寸效应、表面效应和宏观量子隧道效应，因而展现出许多特有的性质。在催化、滤光、光吸收、医药、磁介质等新材料方面有广阔的应用前景。纳米微粒的制备方法很多，物理方法有蒸发冷凝法、离子溅射法、机械研磨法、低温等离子法、电火花爆炸法等；化学法有水热法、水解法、熔融法等；综合方法有激光诱导化学沉积（LICVD）和等离子化学沉积（PECVD）等。制备工艺的关键是控制粒径和分布，获得具有清洁表面、量大、成本低的纳米微粒。

纳米效应　nanometer effect　当材料维度进入纳米量级时，便表现出一般材料所不具备的独特效应：①尺寸效应。当材料处于 0.1～100nm 尺寸范围内时，会呈现出异常的物理、化学和生物特性，包括声、光、电、磁、热力学等呈现出新的小尺寸效应，如出现光吸收显著增加；磁性发生很大变化，如直径小于 20nm 的铁，其矫顽力增加 1000 倍。若将纳米粒子加到聚合物中，不但可以改善其力学性能，甚至还可以赋予它新性能。②量子效应。纳米粒子的磁化强度等具有隧道效应（微观粒子贯穿势垒的能力）。量子效应对基础研究及实际应用（如导电高聚物、导磁高聚物、微波吸收高聚物等）都具有重要意义。③表面效应。纳米材料由于表面原子数增多，致使晶面的原子占有相当高的比例，表面原子配位数不足和高的表面自由能，因而容易与其他原子相结合而稳定下来，从而具有很高的化学活性。这对促进复合材料的界面结合非常有用。

纳特酰亚胺端基热固性树脂　见 NA 基封端聚酰亚胺（187 页）。

耐擦伤性　mar resistance　塑料有光泽表面耐磨损动作的能力。耐擦伤性的测定是将试样加以一系列不同程度的锉损，然后用光泽计测量上述锉损处的光泽，和试样未经锉损面对比。

耐超低温胶黏剂　见超低温胶黏剂（48 页）。

耐电弧性　arc resistance　材料抵抗由高压电弧作用引起变质的能力，通常用电弧焰在材料表面引起炭化至表面导电所需的时间表示。

耐腐蚀性　corrosion resistance　指材料耐受多种外界条件的能力，例如耐酸性、耐碱性、耐化学品性、耐溶剂性、耐硫化物污染、抗污染性等。

耐高温不饱和聚酯树脂　high temperature-resistant unsaturated polyester resin 在高温下仍保持良好物理力学性能和耐蚀性的不饱和聚酯。如酚醛环氧型乙烯不饱和聚酯和酸酐型耐高温不饱和聚酯等。主要用于耐热玻璃钢和耐高温浇铸料、泡沫塑料及胶黏剂等。适于制造耐高温与高频电绝缘玻璃钢，尤其适于制造高速喷气飞机的雷达罩。

耐高温纤维 high temperature-resistant fiber 指长期使用温度在 200℃以上、熔点和软化点高、高温下不易降解、尺寸稳定，并具有一定耐水解和化学品性的纤维。这种纤维多为芳杂环类纤维，如间位芳酰胺、聚芳砜酰胺、咪唑、聚芳砜和聚芳酰亚胺等。这些纤维兼有良好的阻燃性和自熄性，间位芳酰胺、亚胺和咪唑类具有抗辐射性，而聚苯醚类可耐超高电压等。主要用于各种防护服、耐 180℃以上的电绝缘材料、蜂窝结构材料等。

耐光性 light resistance 高分子材料暴露于日光或紫外线中抵抗褪色、变黄、变黑、老化、降解和龟裂的能力。高分子材料易于吸收光谱中紫外线高能辐射射线，激发其电子至高能级而引起氧化、褪色、降解等一系列反应。几乎所有高分子材料暴露于日光或紫外线下都会变色。

耐候性 weather resistance；weatherability 塑料、复合材料制品、胶接件抵抗日光、冷热、风雨等气候条件的能力。

耐候性试验 weathering test 将试样暴露在自然条件或类似条件下，检测其性能变化的试验。

耐化学不饱和聚酯树脂 chemical-resistant unsaturated polyester resin 耐各种化学介质的不饱和聚酯树脂。包括间苯二甲酸型、双酚 A 型、乙烯酯型（分双酚 A 二缩水甘油醚型和酚醛环氧型）、双酚 A 与对苯二甲酸混合改进型、甲基丙烯酸缩水甘油酯型等形式。用来制作耐酸、耐碱等化学腐蚀的化工设备，如化工贮槽、管道、洗涤塔等。

耐化学品性 chemical resistance 材料对酸、碱、盐、溶剂和其他化学物质作用的抵抗能力。对于复合材料而言，是指其受浸蚀后，抵抗质量、尺寸或其他性能变化的能力。

耐碱性 alkali resistance 材料抵抗碱腐蚀的能力。

耐久性 permanence；durability 材料在长期负荷或环境条件下保持其性能的能力。对复合材料结构而言，是指结构在规定期限内，抵抗开裂、应力、化学腐蚀、热降解、分层、磨损和外来物损伤等能力。

耐久性使用寿命 durability service life 又称经济寿命。是根据耐久性试验结果和使用技术经济效益的评估所得到的寿命。一般说来，当出现大范围损伤时，修理时已不经济，而不修理又会引起功能下降影响使用时，则可以认为试验件的寿命已经达到。此时的特点一般为随着循环试验时间的增加，损伤部位的数量和修理费用迅速增加。

耐霉菌性 fungistasis 塑料、复合材料在真菌和细菌的作用下，抵抗质量或物理性能变化的能力。

耐磨材料 anti-friction material 在一定摩擦条件下具有良好耐磨性的材料。材料的耐磨性不是材料的固有特性，而是某一磨损系统中的一个参量。由于磨损的复杂性和多变性，所谓的耐磨材料只是针对某一特定的磨损系统而言，并没有适用于各种工作条件的、万能的耐磨材料。所以耐磨材料的品种很多，如耐磨钢、耐磨铸铁、耐磨有色金属、硬质合金、陶瓷材料、复合材料、耐磨塑料（如聚甲醛、尼龙、UHMWPE）等。在塑料中加入聚四氟乙烯、二硫化钼、石墨等可以改善其耐磨性。

耐磨性 wear resistance 某种材料在一定的条件下抵抗磨损的能力，通常用磨损量或磨损率的倒数表示。实际应用中，广泛采用的是相对耐磨性来表示材料的耐磨性，相对耐磨性是两种材料在相同耐磨条件下测定的磨损量的比值（无量纲参数）。采用相对磨损量来评定材料的耐磨性，在一定程度上避免了磨损过程中因条件变化及测量误差造成系统误差。材料的磨损量越小表明耐磨性越好。

耐燃树脂 flame-resistance resin 又称难燃树脂。遇火不燃烧或燃烧速度很慢，且离开火焰即熄灭的树脂。耐燃树脂分两类：一类是高分子本身含有难燃性结构，具有难燃性；另一类是需在树脂中加入阻燃剂来获得耐燃性。但无论哪一类，其难燃性都来自氯、磷及其他无机元素（铬、锑盐等）。例如聚氯乙烯、聚偏二氯乙烯、氟树脂具有阻燃结构，而聚烯烃类、聚苯乙烯、聚氨酯、环氧等工业树脂则需加入溴化物阻燃剂。另外，酚醛、脲醛、三聚氰胺等热固性树脂也具有相当的难燃性。

耐燃性 burning resistance; flame resistance 材料接触火焰时抵制燃烧或离开火焰时阻碍继续燃烧的能力。

耐热功能复合材料 heat resistant functional composites 可在高温下长期使用的复合材料。复合材料的耐热性主要取决于基体的耐热性能，在不同温区下工作的复合材料须选用不同的基体：①200℃以下，最常用的是热固性树脂基体，如环氧树脂、不饱和树脂、酚醛树脂等；②在200～300℃温区，可采用热塑性树脂（如聚酰亚胺、聚醚酮、聚醚醚酮、聚苯硫醚、聚醚砜等）、高性能环氧树脂、双马来酰胺、聚酰亚胺等热固性树脂等，增强体和助剂应考虑抗氧化性；③在300～700℃温区，一般采用金属基体，如铝、镁、钛等。增强体也应考虑耐高温及其与基体的兼容性；④在700℃以上，宜采用陶瓷基体和碳素基体，如碳/碳化硅、碳化硅/氮化硅、抗氧化碳/碳复合材料等。

耐热胶黏剂 heat resistant adhesive 又称高温胶黏剂。适合于高温条件下使用的胶黏剂。实际应用中是以胶接强度-温度-时间综合参数来评判和界定，尚无严格的定义，常用的有机耐热胶黏剂主要有环氧类、酚醛类、有机硅类和杂环类等胶黏剂。环氧类和酚醛类，如氨苯砜固化环氧树脂、芳香族二酐固化脂环族环氧树脂、环氧-酚醛类、酚醛-丁腈类等。此类胶黏剂可在－60～232℃长期（数年，下同）使用，260～316℃短期使用；有机硅及其改性胶黏剂，因其含有硅氧键、硅氧硼键等，耐热性很好，可在－60～300℃长期使用，350～500℃短期使用，瞬间使用温区高达800～1000℃。杂环高聚物胶黏剂的耐热性也很好，如聚酰亚胺（PI）、聚苯并咪唑（PBI）、聚苯基喹噁啉（PPQ）、聚苯硫醚（PPS）等胶黏剂，可在255～300℃长期使用，400～500℃短期使用，瞬间使用温区高达800～1000℃。耐热性最高的是无机胶黏剂，可在700～2800℃使用，为有机胶黏剂所无法比拟。

耐热性 heat resistance; hot resistance; thermal resistance 材料抵抗因温度变化引起的物理、力学和化学性能

变化的能力或性质。分为表示维持形状和尺寸稳定性的物理耐热性和与分子键有关的化学热稳定性，以及温度改变后材料强度、刚度保持率的力学稳定性。材料耐热性主要取决于材料的本身性质。评价材料耐热性的方法有多种，常用的有热失重（TGA）、热机械分析法（TMA）和动态力学热分析（DMA）。物理耐热性以玻璃化转变温度（T_g）、热变形温度（HDT）等表示；化学热稳定性用起始热分解温度或最大热分解速度温度表示；力学稳定性用温度变化前后材料的力学性能变化表示。

耐日旋光性　sunlight resistance　参见耐光性（311 页）。

耐溶剂性　solvent resistance　指高分子材料抵抗溶剂引起的溶胀、溶解、龟裂或形变的能力。极性高分子材料可溶于强极性溶剂，不溶于或难溶于非极性溶剂，非极性材料易溶于非极性溶剂；溶剂和高分子材料的电负性相反，两者亲和力强，易引起材料溶解。若高分子材料和溶剂的溶解度参数差值大，则材料不易被浸润，耐溶剂性就好。

耐烧蚀功能复合材料　antiablative functional composites　在热流作用下能发生分解、熔化、蒸发、升华、侵蚀等化学物理变化，材料借助其表面质量的迁移消耗热量，以达到热防护作用的复合材料。按烧蚀机理可分为升华型、熔化型和碳化型；按密度可分为高密度型和低密度型。一般高密度的用于中、远程和洲际导弹的鼻锥和壳体部件，航天飞机的鼻锥、机翼前缘部件等；低密度的用于载人飞船返回舱的热防护层。

耐烧蚀性　见抗烧蚀性（264 页）。

耐湿热性　damp heat resistance　指高分子材料抵抗其在高温高湿条件下性能降低，即出现老化的能力。性能降低的主要原因是：①水分子浸入材料内部形成水泡，同时使材料体系内的可溶性物质溶解、渗出和迁移，导致材料的疏松，性能下降；②热一方面使高分子链的运动加剧，削弱分子间的作用力，加速形成分子间的空隙，另一方面增强水分子的扩散能力，助长水的破坏力。因此湿热综合作用较之二者单独作用的破坏力要大得多。

耐湿性　water-vapor resistance　指材料抵抗空气中的水分、水蒸气引起的质量下降的性质。

耐试剂性　reagent resistance　塑料暴露在酸、碱、溶剂和其他化学品中的耐受能力。

耐水胶黏剂　waterproof adhesive　胶接件长期在高湿或水的环境下胶接性能无明显下降的胶黏剂。环氧树脂、酚醛树脂、有机硅树脂、丙烯酸树脂等为基料的热固性胶黏剂，以及某些热塑性树脂为基料的胶黏剂属此类。胶黏剂的耐水性不仅取决于基料树脂的性质，而且固化剂、固化参数等的作用也很明显。不同配方（树脂、固化剂不同或配比不一样）的胶黏剂，耐水性不同；而同一配方，固化参数不同，耐水性也会差异很大。

耐水性　waterproof　材料经水或湿气作用后仍能保持其固有性能的能力。参见耐湿热性（313 页）。

耐酸性　acid resistance　复合材料或塑料承受酸蚀的性质。

耐油性　oil resistance　复合材料、塑料抵抗油类引起溶解、溶胀、开裂、变形或物理性能降低的能力。

南大-42　南京大学首先合成的一种偶联剂，即苯胺甲基三乙氧基硅烷。

难燃树脂 见耐燃树脂（312 页）。

挠度 deflection 结构在载荷或自重作用下产生的横向位移。构件（如梁、柱、板）在载荷或自重作用时发生弯曲变形的程度。以构件弯曲后各截面的中心至原轴线的距离来度量。

内部线圈 internal coil 被试验材料所包围的线圈。(无损检测)

内侧缠绕 internal winding 在高速旋转的圆筒形模内，利用离心力将纤维绕到模具内侧制作管形复合材料制品的方法。树脂胶液的浸渍可用预浸法、缠绕中树脂流入法和喷射法。

内衬层 liner 为满足使用所要求的性能，在制品内壁衬加的具有相应性能的内表面层。其作用是保护制品免遭侵蚀，或防止渗漏。

内袋 inner bag 真空袋内铺在坯件上方的一层有孔隔离膜。其作用是，允许气体排出的同时将所吸树脂留存于吸胶层中。内袋制作方法为：吸胶材料放置于坯件叠上方后，在上面铺盖内袋，并用双面胶带将其密封到四周的边挡上。然后，在内袋上刺一些小孔，以便气体通过进入透气材料。其具体的铺放位置视工艺材料组合情况而定。内袋材料可以为 Mylar（聚酯）、Tedlar（聚氟乙烯）或 Teflon（聚四氟乙烯）薄膜。

内回弹 见内弹（314 页）。

内聚 cohesion 单一物质内部各粒子靠主价力、次价力结合在一起的状态。

内聚力 cohesion force 参见内聚（314 页）。

内聚破坏 cohesion failure; failure cohesive 由于胶黏剂本身的破坏所导致的胶接破坏。为胶黏剂内聚强度低于界面强度所致。

内聚强度 cohesive strength 胶黏剂本身固有的强度。是反映胶黏剂质量的重要指标之一。内聚强度是粘接性能的基础，其值大小决定粘接强度的高低。

内弹 spring-in 又称内回弹。由残余应力引起的模塑复合材料零件上凸缘角度的减小。

内稳定剂 internal stabilizer 在聚合过程中合并在树脂中的能提高树脂稳定性的一种助剂。对应词是在配料过程中加到树脂中的外稳定剂。

内应变 built-in strain 由材料内部应力引起的变形。内应变会使复合材料、塑料制品变形，如翘曲、扭曲、弯曲等。

内应力 internal stress 材料内部由于加工成型不当、温度变化、溶剂作用等原因所产生的应力。参见内应变（314 页）。

内增塑 internal plasticization 某些高聚物可采用共聚、接枝、嵌段等方法减弱大分子链间的作用力，提高树脂的柔韧性。改善加工方法，取得类似于外增塑剂的增塑效果。此作用称为内增塑。这种增塑可克服外增塑常发生的外增塑剂迁移的弊病，有利于制品的性质和尺寸稳定。

内增塑剂 internal plasticizer 在聚合过程中合并在树脂中的能增加树脂塑性的单体，如醋酸乙烯、丙烯酸长链醇酯等。

尼龙 nylon 聚酰胺(polyamide)的商品名。以重复的酰氨基（—CONH—）为聚合物主链主体的所有长链聚酰胺的俗名。各种类型尼龙的分类以其后的数字为区别，其数字与反应物的碳原子数有关，例如，尼龙 66 和尼龙 6 等。尼龙

66是由己二酸和己二胺通过缩聚反应制得的。

腻子 putty 又称填泥。由颜料、体质颜料和漆料（树脂和干性油）调和研磨后而成的稠厚浆状物质。有填坑（缝）腻子和普通腻子。适用于微缝和浅的凹陷的填平。

腻子胶黏剂 mastic adhesive 在室温可以塑造的具有粘接功能的膏状物。由基料和填料组成。它不含或只含少量易挥发的有机溶剂。按其固化后的形态可分为干性和非干性两类，而干性又有硬质和挠性之分。所用基料有橡胶基和树脂基两类。适用于较宽胶接缝隙的填封。

年积湿 year accumulate moisture 一年中相对湿度（RH）为60%和60%以上持续期间日平均湿度的总和。

年积温 year accumulate temperature 一年中气温在10℃和10℃以上持续期间日平均气温总和。

黏磁体 bonded magnet 兼有永久磁性和粘接特性的复合磁体。通常以采用的磁性粉末或胶黏剂的种类来命名。按前者命名的如粘接铁氧体、粘接铝镍钴、粘接稀土钴等；按后者命名的如橡胶磁体、塑料磁体、树脂磁体等。主要用于微电机、步进电机、磁密封圈、各种玩具等。

黏度 viscosity 动力黏度的简称。见动力黏度（81页）。

黏度比 viscosity ratio 相同温度下，规定浓度的聚合物溶液黏度与纯溶剂黏度之比：黏度比$=\eta/\eta_0$，式中，η为聚合物溶液的黏度；η_0为纯溶剂的黏度。

黏度计 viscometer 用于测量流体黏度和流动性质的一种仪器。常用的为布洛克菲得型（Brookfield）黏度计，测定浸在试样液体中的一个圆盘或空杯在预定转速下转动时所需之力。还有许多其他形式的黏度计，如气泡上升、落球或滚球以及流体以重力流过带有锐孔的杯子等。

黏度相对增量 viscosity relative increment 黏度相对增量等于黏度比减1，即η/η_0-1。参见黏度比（315页）。

黏附(动) adhere 黏性的东西附着在其他物体上，通过黏合力使两物体的表面结合在一起的过程。

黏附（名） adherence 两表面靠界面力结合在一起的状态。

黏附破坏 adherence failure 又称黏合破坏。胶层发生在胶黏剂与黏合体界面的破坏。破坏的原因是：①由于两表面之间的结合力低于胶黏剂内聚强度或达不到规定要求而出现的分离。②由于使用或环境因素而产生的黏合体在界面的分离。黏附破坏的断口形貌特征是，胶层完整地粘在一个黏合体的黏合面，而另一粘合体的黏合面无胶黏剂，为光面。

黏合 adhesion 黏性的东西使两个或几个物体粘在一起。黏合在一起也叫粘接。

黏合的 adherent 描述某接头的性质的说明性词语，如某接头是机械（连接）的还是黏合（连接）的。

黏合剂 见胶黏剂（211页）

黏合强度 见胶接强度（210页）。

黏合树脂 bonding resin 一切用作胶黏剂的树脂。作为胶黏剂的基料或黏料。是树脂胶黏剂重要组分，其结构影响胶黏剂的性能。主要分为热固性和热塑性两大类。用热固性树脂配制的胶黏剂是热固性的；用热塑性树脂配制的胶黏剂是热塑性的。

黏合体 见被粘物（7 页）。

黏合体破坏 adherend failure 发生在胶接件黏合体的破坏（断裂）。此种破坏说明粘接件的粘接强度或者胶黏剂的内聚强度、黏附强度都大于黏合体本身的强度。如果此时的强度还没有达到要求，说明黏合体设计得太弱。

黏合体系 adhesive system 包括黏合体、黏合体的表面制备、底胶和胶黏剂等。

黏合性 adhesiveness 由黏合应力 $A=F/S$ 所定义的性能。其中 F 为垂直于胶缝的力（N），S 为胶缝表面面积（mm^2），单位 MPa。

黏合织物 bonded fabric 用黏合介质结合的纤维层，而黏合介质不形成连续的薄膜。

黏合装配 adhesion assembly 把涂好胶黏剂的被粘物组合在一起进行粘接的操作过程。

黏胶基碳纤维 rayon base carbon fiber 用黏胶纤维原丝在氮气的保护下，经 1200～3000℃ 温度炭化或石墨化处理得到的黑色纤维。其密度小，拉伸强度和模量高，分别达到 2.8GPa 和 350GPa，但断裂伸长率（0.5%）低、灰分低，导热性差。

黏胶胶黏剂 viscose adhesive 以黏胶（如纤维素黄原酸钠）为基料制成的胶黏剂。

黏胶纤维 viscose fiber；viscose rayon 以精致的纤维为原料，经与 NaOH 和 CS_2 反应生成纤维素黄原酸钠制得的纤维。按其使用要求和性能不同分为普通黏胶纤维、强力黏胶纤维、高湿模量黏胶纤维。该类纤维除用于混合纺织、帘子线外，还可作为制作碳纤维的原料（先驱体）。

黏结力 adhesion force 胶黏剂与被粘接面上所产生的化学键力、分子间力、机械力、嵌合力的统称。

黏力计 adherometer 测量胶黏剂粘接强度的一种仪器。

黏料 binder 又称基料。胶黏剂配方中赋予黏性的组分，如其中的树脂、橡胶、塑料、金属氧化物、硅酸盐等。

黏流态 viscose flow state 非交联型聚合物在较高温度下受到很小的力就会流动，其形变随时间不可逆地增长，但仍保持部分弹性的一种特性。聚合物在足够大的外力作用下也可处于这种状态。

黏数 viscosity number 黏度相对增量（增比黏度）对聚合物溶液浓度 C 之比，表示为：黏数$=(\eta-\eta_0)/(\eta_0 C)$，单位 mL/g。

黏丝 cottoning 在涂胶器和基面之间胶黏剂形成的带状丝。

黏弹模量 viscoelastic modulus 使材料发生变形所需能量的量度，为储能模量和损耗模量的向量和。

黏弹行为 viscoelastic behavior 复合材料本身具有的弹性和黏性的双重力学行为。理想的弹性体其应力和应变成正比，而与应变速率无关；而理想的黏性流体，则其应力和应变速率成正比，而不依赖于应变。树脂基复合材料兼有弹性体和黏性流体的双重特性，称为黏弹性。复合材料的黏弹行为主要表现在对时间和速率的依赖上。参见黏弹性（316 页）。

黏弹性 viscoelasticity 塑料对应力的感应兼有弹性固体和黏性流体的双重特性。黏弹性使塑料同时具有：类似固体的特性，如弹性、强度、因次稳定性；

类似液体的特性，如随时间、温度、负荷大小和速率而变化的流动特性。

黏土 clays 富有水合硅酸铝的自然存在的沉积物，主要为胶体或似胶体状的颗粒。用于聚酯树脂、环氧树脂、聚氯乙烯物料及聚氨酯泡沫塑料作填料。瓷土和高岭土属于此类。

黏性 tack 指长纤维预浸料的黏着性。该性能是预浸材料的主要工艺性能。在储存过程中预浸料性能变差的第一个征兆往往是黏性降低。通常黏性不合格就认为预浸料超过了适用期，所以黏性是预浸料质量控制的关键指针。从操作性能来说，理想的状态是既能使两层黏在一起，又不至于分不开。

黏性阶段 tack stage 为一时间间隔，在此时间段内，涂覆于黏合体的胶黏剂在规定的温湿条件下仍保持其干黏状态。

黏性期 tack range 在特定的温度和湿度条件下，把胶黏剂施加于一黏附体后，胶黏剂由发黏变至干燥状态所经历的时间段。

黏滞流动 viscous flow 流体运动的一种类型，即流体的所有质点都做平行于管或槽的轴线的直线流动，很少或没有混流或紊流发生。

S-捻 S-twist 纱线的捻向从右下角倾向左上角，倾斜方向与“S”的中部相一致。

捻不匀 见捻度不匀率（317 页）。

捻度 twist 纱线沿轴向一定长度内的扭转的圈数。一般以捻/10cm、捻/米（tpm）或捻/英寸（tpi）表示。加捻方向常以字母 S 和字母 Z 表示，S 代表顺时针方向，Z 代表逆时针方向。

捻度不匀率 twist irregularity 又称捻不匀。纱线捻度不均匀程度的指标。

捻回 turn 纱线加捻每扭转一圈，即纱线截面沿轴向回转 360°，称为一个捻回。

捻密度 turns per inch 纱、丝束或无捻粗纱在加工过程中所产生的捻数的量度。亦即在规定的带宽内一个环层绕的圈数，参见捻度（317 页）。

捻丝(动) throwing 纺织术语，指赋予纱捻度，特别是将多支纱并股和加捻在一起的操作。

捻丝(名) twisted filament 加有捻回的长丝。

捻系数 twist multiplier; twist factor 结合细度表示纱线加捻程度的相对数值。英制捻系数为纱线英制捻度对英制支数平方根的比值。特克斯制捻系数为纱线公制捻度与支数的平方根的乘积。

捻向 direction of twist 加捻后，单纱中纤维或股线中单纱呈现的倾斜方向。

尿素 urea 俗称脲。由氨基甲酸铵分解得到的一种白色结晶粉末。它用于制备脲醛树脂。亦见氨基树脂（3 页）。

尿素塑料 urea plastics 由尿素与醛类缩聚制得的树脂为基材的塑料。

脲 carbamide 又称尿素。

脲基甲醇 见羟甲基脲（341 页）。

脲(甲)醛树脂 urea-formaldehyde resin; urea-formaldehyde; urea resin 由脲（尿素）与甲醛缩聚制得的一种氨基树脂。热固性。原料成本低，制品外观色泽鲜艳，表面硬度高，耐电弧和矿物油，对霉菌作用稳定，但耐水性差。模塑粉主要用作电气插头、开关、机器手柄、仪表外壳、旋钮、纽扣和装饰品等。通常与三聚氰胺共缩聚以改善其耐水性。

脲醛树脂基复合材料 urea-aldehyde resin matrix composites 以脲醛树脂为基体，以填料填充或以纤维（或其织物）为增强体的复合材料。其制品耐热（马丁耐热温度 90～100℃）、耐弱酸与碱、耐油与脂肪，刚度与强度较好，耐电弧性优良，但易吸水、吸湿。压塑粉主要用于耐水性和介电性能要求不高的产品，如电插头；层合板主要用于内装饰面板和收音机外壳等。

脲醛树脂胶黏剂 urea resin adhesive 以脲醛树脂为黏料，以氯化铵为固化剂，配以氨水或六亚甲基四胺缓冲剂及木粉、谷粉或豆粉等填料所组成的胶黏剂。室温固化或 100℃以上快速固化。固化产品无色。成本低，耐光照性好；但耐水性和胶接强度不如酚醛树脂。因其成本低廉，广泛用于制造胶合板、层合板、装饰板、碎木板及家具等。但制品中会放出甲醛对环境造成污染。

脲醛塑料 urea-formaldehyde plastics 以脲醛为基料的塑料。另见氨基树脂（3 页）。

捏合机 kneader 借助由一对互相配合和旋转的叶片（通常呈 Z 形）所产生的强烈剪切作用，使半干状态或橡胶状黏稠塑料得到均匀混合的设备。

啮合 intermesh 排布相邻蜂窝块的位置时，使得一个蜂窝块的最外边连在邻接蜂窝块的最外边上。

凝固 set 通过如冷凝、聚合、氧化、硫化、胶凝、水合或挥发性组分的挥发之类的化学或物理作用使流动状态转化为固态或半固态的现象。包括固化（cure，化学作用）和硬化（harden，物理作用）两个概念。

凝硅石纤维 见石英纤维（388 页）。

凝胶 gelation 在特定条件下胶液失去流动性的过程。产生凝胶的原因有温度降低、长时间放置、溶剂蒸发、树脂交联等。例如：乳胶由液态变成胶冻状的过程，树脂胶液在保存中变成不溶性胶冻状的过程，热固性树脂在某些条件下由于交联而失去流动性的过程。树脂基复合材料专业中主要是指在温度作用下，由于交联作用树脂从线型转化成立体结构失去流动性的过程。参见凝胶体（319 页）、凝胶点（318 页）。

凝胶层 gel line 参见胶衣（212 页）。

凝胶点 gel point 树脂在固化过程中胶液开始出现胶状固体相（伪弹性体）的阶段，很容易从黏度-时间（温度）曲线的拐点观测到。凝胶点实际上反映的是温度和反应程度的关系，温度高，反应速度大，达到临界反应程度所需的时间就短，凝胶点出现得就早。参见伪弹性（453 页）、凝胶（318 页）、凝胶体（319 页）、凝胶时间（319 页）。

凝胶化作用 gelation 又称胶凝作用。当含有多官能团组分参与的聚合反应进行到一定程度时，反应体系的黏度突然增加，出现弹性体的现象。此时体系中存在凝胶和溶胶两个相。凝胶呈巨型网状结构，不溶于溶剂，而可以溶解的溶胶分子量较小，被包裹在凝胶的网状结构中，此时产物的数均分子量很低，但重均分子量很高。

凝胶渗透色谱法 gel permeation chromatography；GPC 液体色谱的一种形式。其原理是根据聚合物分子能否透过分离柱里的材料（多数为凝胶）而使不同分子量的高聚物分离。本方法具有快速分析分子量分布、制样简单的优点；缺点是填料表面的活性基团可能进行吸附。除低沸点物质外，液相色谱适用于各种无机和有机物质，包括对热稳定性差的化合物分析。

凝胶时间 gelation time；gel time 又称胶凝时间。在热固性聚合物中，指从预定的起始点到凝胶开始的时间段，由具体的试验方法确定。凝胶时间是确定树脂基复合材料固化成型工艺加压时机的重要依据，这需要材料具有适宜的凝胶时间，以便找到合适的黏度，捕捉合适的加压时机，有效排除制件内气体并使料叠密实。参见凝胶（318 页）、凝胶点（318 页）、凝胶体（319 页）。

凝胶体 gel 树脂在固化过程中形成的初始胶状固体相，是由网状固体聚集物和混在其中的液体树脂组成的半固态体系。参见凝胶（318 页）、凝胶点（318 页）。

凝结剂 coagulant 一种能促成微粒悬浮体形成较大粒子，帮助凝胶的形成，从而加速粒子的沉降或在基体上沉积的物质。

凝结(作用) 见凝聚（作用）（319 页）。

凝聚态结构 见聚集态结构（248 页）。

凝聚(作用) coagulation 又称凝结（作用）。通过加电解质或加热、冷却等方法，使胶体溶液形成凝胶或使胶体粒子集聚沉淀的现象。

牛顿流动 Newtonian flow 由黏度显示的一种流动特性，黏度与剪切速率无关，而剪切速率与切应力成正比。例如水和稀的矿物油就是具有牛顿流动的流体。

牛顿流体 Newtonian fluid 具有牛顿流动特性的液体。这种流体的动态黏度不随剪切速率变化，它没有初始剪切。

扭摆试验 test with torsion pendulum 测定高分子材料动态力学性能的一种方法，一般是扭摆频率在 0.1～10Hz 范围内，惯性体扭转角在每个方向都不超过 3°的情况下，以动态力学性能作为温度函数测定各种聚合物的剪切模量和力学阻尼。该方法适于各种高聚物（橡胶、塑料、合成纤维等）的模量范围，而且测定低损耗高聚物的阻尼系数也很精确，很容易实现试样的温度控制，特别适于在一个宽阔的温度范围（－120～300℃）内研究聚合物的多重转变。用该法测定的转变温度，如玻璃化转变温度非常接近一般膨胀法所测数据。此方法也适用于共聚物和共混聚合物的化学组分的分析。

扭辫分析 torsional braid analysis；TBA 在一定温度程序下，测定聚合物动态力学性能的一种自由振动的方法。分析原理与扭摆原理相同，不同的是试样的制备。扭辫分析时，先将试料熔化或配成 5%～100%溶液，然后将其浸渍于由多根单丝编成的惰性辫子上，将溶剂除去，即得到试料和惰性载物组成的辫状复合试样品。该方法特别适于液态样品，线型聚合物玻璃化转变温度以上的动态力学、热固性树脂的固化交联反应动力学，以及聚合物的老化、降解、结晶、熔融等过程的研究。该方法需要的样品量（100mg）少，试样制作方便，但只能给出剪切模量的相对值。参见扭摆试验（319 页）。

扭剪强度 torsional shear strength 胶接件破坏时，单位胶接面所能承受的扭剪力，用 MPa 表示。

扭结 kink 纱束内自身打折形成一个圈的纱线。

扭力 torsion 材料扭转所产生的应力。

扭力试验 torsional tests 根据把试样扭转至预定弧度所需要的转矩来测

定塑料强度的试验。

扭曲温度 见热扭变点（352 页）。

扭应力 torsional stress; stress torsional 由扭转引起的横截面上的剪切应力。

扭转模量 torsional modulus 在材料弹性范围内扭转应力对材料的扭转应变之比。其定义及测量方法与剪切模量相同。

扭转破断模量 modulus of rupture in torsion 在扭转中，载荷加到扭转破坏时圆形截面上结构元内极端纤维的最大剪应力。该剪应力由下式计算：

$$F^{s}=\frac{Tr}{J}$$

式中 T——最大扭矩；

r——初始外径；

J——初始截面的极惯性矩。

扭转强度 torsional strength 指材料抵抗扭矩而不失效的能力，是承受扭矩作用的材料的一个重要力学参数，其值 τ_k 等于扭转试验中试样破坏时所承受的最大扭矩 M_k 与试样横截面系数 W 之比（即扭裂时外表面的最大切应力），即 $\tau_k=M_k/W$。对于圆柱试样 $W=\pi d_0^2$，d_0 为试样直径。

诺尔环 Nol ring 又称单向环、强力环、应力环。因为首先是由美国海军实验室（Navol Ordnance Laboratory）提出而得名。按照国家标准的规定：环的内径为 150mm，宽为 6mm 和 3mm 两种。用浸渍树脂胶液的连续纤维环向缠绕而制成。用于测定单向纤维增强塑料的拉伸、压缩强度和模量；用从环上切割下来的弧形试件测定弯曲强度和层间强度，用于材料筛选。

诺梅克斯 Nomex 杜邦公司的一种经酚醛树脂处理的芳胺纤维纸。①中温型：芳胺纤维纸增强酚醛树脂，高强度、中模量，最高使用温度 177℃。②高温型：芳胺纤维纸增强聚酰亚胺，高强度、中模量，最高使用温度 260℃。此外，诺梅克斯还具有耐酸碱、自熄特性，在高温和吸湿后介电性能下降少等优点。因此广泛用作绝缘材料工业的 H 级绝缘材料和制作蜂窝夹层结构的芯材。参见聚间苯二甲酰间苯二胺纤维（250 页）。

诺梅克斯芯 Nomex core 用芳胺纤维纸浸渍树脂制作的蜂窝芯子，是夹层结构中广泛采用的一种芯子材料。参见诺梅克斯（320 页）。

O

偶氮双甲酰胺 azobisformamide $H_2N—CO—N:N—CO—NH_2$。脂族偶氮化合物，用作化学发泡剂。无毒、无味、不着色。为自熄性，不助燃。

偶联剂 coupling agent 一类分子两端含有能分别与无机物和有机物表面反应的性质不同的官能团的低（高）分子化合物。能改善高分子材料与增强材料（或填料）之间的界面特性，提高界面结合力的物质。其分子结构中含有两种官能团，一端能与无机填料形成化学键，另一端能与高分子发生化学反应，由此可以改善聚合物和填料之间的浸润性能及其界面黏合性，消除内应力，从而提高界面结合力和使用耐久性。偶联剂按其化学结构可分为有机硅烷类和非硅烷类。后者包括钛酸酯、铝酸酯、锆酸酯、铝锆酸酯、稀土类、铝钛复合、有机铬络合物等。其中尤以硅烷类、钛酸酯类和复合类最为重要。偶联剂可施于增强材料上或加入树脂中，或两者结合使用。

偶然误差 accidental error 测量误差的一种。在测量时，由于偶然因素的影响而产生的测量误差。这种误差的数值和性质都不固定，没有一定规律。尽管偶然误差忽大忽小，方向不定，随无数随机因素影响在变化，但是仍可用有关概率和统计的方法来处理，找到它们的规律。当测量次数足够多时，偶然误差就服从正态分布的规律。偶然误差越小，测量结果的精度越高。

耦合 coupling 一种外力引起的与其不对应的基本变形的效应。泊松耦合将横向收缩与轴向伸长联系起来。对于复合材料，各向异性层合板剪切与法向分量耦合，非对称层合板弯曲与拉伸耦合等。复合材料的这些耦合特性为其拥有特殊的功能提供了条件。参见泊松耦合（332 页）、拉-剪耦合（278 页）、拉-弯耦合（279 页）、弯-扭耦合（449 页）等。

耦合刚度 coupling stiffness 层合板抵抗中面拉伸-弯曲耦合变形的能力。

耦合剂 coupling agent 在无损检测试验中夹在两种固体之间的一种液体或柔软的固体物质，用来帮助超声波在固体之间通过。（无损检测）

耦合柔度 coupling compliance 层合板单位中面合力引起的中面弯曲变形（弯曲变形和扭曲变形）或单位弯曲力矩（弯曲力矩和扭曲力矩）引起的中面应变。

耦合效应 coupling effect 材料受到某种应力时，除了产生对应的变形外，还会产生其他形式的变形的现象。这是由于复合材料的非匀质、各向异性等特性的缘故。参见耦合（321 页）、层合板拉-剪耦合（34 页）、层合板拉-弯耦合（35 页）、层合板弯-扭耦合（36 页）等。

P

排气 deaeration; 排出物料中的水分、空气及其他低分子挥发物的过程。如：①生产乙烯基塑料溶胶时，将该溶胶置于高真空中除去空气，以免制品生成气泡；②用手糊或喷射成型增强塑料制品时，通过适当方法排除层间的空气；③在挤出成型中，用真空除去物料中的空气、水分等挥发性物质。

排气布 vent cloth 为铺放在被固化预浸料坯上的一层或数层稀疏编织物，其作用之一是提供真空通道，利于导引挥发物和空气；另一个作用是引起压差，使压力作用到被固化的制件上。

排气槽(孔) air vent; vent 为使型腔内的气体排出模具外而在模具上开设的气流通槽或孔。

排气式挤出机 vent-type extruder 筒中部设有排气口，以便被加工塑料中的空气和挥发物得以排出的挤出机。

排序法 ranking 层合板按强度、刚度或其他特性分类排列铺层次序的一种设计方法。

盘式加料器 disc feeders 装于连续挤出机加料斗底部的水平平面盘或槽纹盘，借变换盘的转速或转数或借改变从旋盘刮取物料的刮板与盘的间隙以调节加料速率。

盘式浇口 disc gate 见盘形浇口（321 页）。

盘形浇口 diaphragm gate 在注射模塑或传递模塑中，用于生产环形或管形制件的一种浇口。

盘锥式搅拌器 disc and cone agitators 以 1.200～3.600r/min 或更高转

速旋转的盘或锥所构成的搅拌装置，借离心力使与其表面接触的流体移换。此类搅拌器用于制备树脂糊与分散体。

抛光　planishing　见压力抛光（484页）。

抛光桶　barrel　借旋转和振动搅拌的一种容器，用以抛光模制品，消除溢边和锐边。

刨痕　sheeter mark　见刨纹（322页）。

刨纹　sheeter lines　又称刨痕。切削操作过程中，在塑料片材上所产生的大面积平行刮痕或沟纹状的缺陷。

泡孔条纹　cellular striation　又称泡沫塑料条纹。泡沫塑料的一种缺陷，指在泡沫塑料中与其固有泡孔结构区别很大的泡孔层。

泡沫硅橡胶　silicone rubber foam　以硅橡胶为基料，硫化后的弹性体具有微孔的硅橡胶混合物。分高温硫化泡沫硅橡胶和室温硫化泡沫硅橡胶。泡沫硅橡胶有良好的热稳定性、良好的绝缘性、绝热性、防潮性、抗震性。是一种理想的轻质防震、绝缘、绝热材料。

泡沫夹层结构　foam core sandwich structure　参见泡沫塑料（322页）、泡沫塑料夹层结构（322页）。

泡沫模芯　foam tooling　预先模塑成型的泡沫芯材。用于下一步制备预型体和树脂传递模塑成型的型芯。

泡沫塑料　foamed plastics; plastic foam　又称微孔塑料、多孔塑料。整体内含有无数微孔的塑料。是以树脂构成连续相，气体为分散相的两相体。按其密度可分为低密度、中密度、高密度三种；按其结构内气孔互相连通与否可分为开孔泡沫塑料和闭孔泡沫塑料；按其硬度可分为软质、半硬质和硬质泡沫塑料；按其性质有热固性和热塑性之分；按其构成基材可分为聚氨酯、聚苯乙烯、聚乙烯、聚氯乙烯、酚醛、环氧等泡沫塑料。发泡方法有机械发泡、物理发泡和化学发泡；成型方法有挤塑法、模塑法、注塑法和浇注法等。其特点是容重小、热导率低、耐油、防震和隔声，与多种材料粘接性好，且可以现场发泡，便于充满形成复杂的构件。可用作绝热隔声材料以及轻质高强的夹层材料。

泡沫塑料裁切　foam fabrication　把多层大张片材或“卷筒”泡沫塑料裁切成所需尺寸薄片的加工方法。

泡沫塑料夹层结构　foamed plastics sandwich construction　由面板（蒙皮）与泡沫芯子组成的层状结构。面板多为铝板，以及CFRP、GFRP、AFRP等复合材料板。此结构的特点是弯曲刚度大，质量轻，材料强度可充分利用。可用于飞机的舵面、舱门，直升机的旋翼等。在民用方面广泛用于隔热、隔声、减震构件等。参见泡沫塑料（322页）。

泡沫塑料空隙　voidsin foamed plastics　在泡沫塑料中形成的比固有泡孔大得多的空洞缺陷。

泡沫体　foam　参见泡沫塑料（322页）。

泡沫填充　foam filling　复合材料胶接件（包括共固化件）、夹层结构件的边缘或缝隙处的补偿措施，或蜂窝夹层结构件连接部位的加强措施。在上述部位灌注含空心填充体（如空心玻璃球）的浇注料或加入泡沫胶条或颗粒，随固化发泡，以达到填充和加强的目的。

泡沫芯　foam core　用作夹层结构芯材的泡沫塑料。

泡沫贮树脂成型　foam reserve resin molding　复合材料泡沫夹层结构的一种成型方法。通过刮涂使树脂浸渍软质通孔泡沫塑料，两面铺贴织物铺层，在模具内用模压或其他方法加压，使储存于泡沫塑料中的树脂浸渍织物铺层，之后加热固化制成层压结构件。

泡沫铸塑 foam casting 一种在发泡过程中实现浇铸模塑的泡沫塑料加工方法。通常为在模塑前或模塑过程中使树脂液或预聚物、催化剂体系借机械起泡沫而发泡，借溶解于混合物中的气体或自低沸点液体中释放出的气体而发泡。

配合剂 参见助剂（539 页）。

配料 compounding 按比例把树脂、固化剂或交联剂与助剂（填料、增塑剂、稳定剂等）混合成满足使用要求用料的过程。

喷气刮刀涂层 air-knife coating 一种刮刀涂层技术，特别适于涂覆像胶黏剂之类的涂层。即使一道高压喷气通过刮刀上的小孔以计量和控制涂层的厚度。

喷砂 grit blasting 见吹砂（57 页）。

喷砂处理 blasting treatment 对胶接面的一种前处理方法。利用喷砂机喷射出的高速砂流直接喷黏合体的表面，以增加黏合面的清洁度和粗糙度，有利于提高粘接强度。

喷砂修整 见丸冲修整（450 页）。

喷射成型 spray-up process 见喷涂成型（323 页）。

喷射共沉积法 reaction spray co-deposition 在金属液流被雾化、喷射的过程中，同时引入固相增强体使其沉积成复合材料的一种工艺方法。

喷射模塑 jet molding 热固性树脂通过喷嘴注入模具的成型方法。与热塑性树脂的注塑成型相似，只是在注塑机机筒前安装一个具有高效加热组件和快速冷却装置的加长喷嘴。模塑时，物料在通过机筒的加热段后被加热到临界塑性阶段，经柱塞加压，并在受压过程中获得部分热量，使料温继续上升，通过喷嘴的高温加热后，随即喷入塑模而成为塑制品。此方法中，每一模塑周期喷嘴必须能做急速加热和冷却，以防止树脂自动流出喷嘴。同时必须注意控制机筒温度以免树脂过早硬化。

喷丝头 spinneret 一种挤压模头。亦即其上有许多细孔的金属板。熔融的塑料通过它被拉成极细的长丝，然后在空气、水等介质中或借化学作用硬化。

喷涂 spread coating 用喷胶枪把胶液喷涂到被粘物上。

喷涂成型 spray molding; spray-up 又称喷射成型。①在泡沫材料成型加工中，是指将能够快速反应的树脂如环氧树脂、聚氨酯类树脂连同催化体系喷到模具表面上，发泡固化制造泡沫制品的方法。②在短切纤维成型中，是将预聚物、催化剂及短切纤维（或晶须、颗粒）同时喷到模具或芯模上成型增强塑料制品的方法。该方法是一种低-中批量产品制造并采用单面模具的成型方法。通常是把连续的玻璃纱股以进给方式装入具有切断和喷射综合功能的喷枪中同时将短切玻璃纱（25.4～76.2mm 长）和经催化过的树脂喷涂到模具表面，然后采用压辊将叠压实，驱除裹入的空气，使树脂充分浸渍增强纤维。如此反复，将短切纤维-树脂一层层叠合起来，直至厚度满足要求。固化一般在室温下进行，也可通过中温加速固化。另外，在正式喷涂前，也可在模具表面喷涂一层凝胶，以得到更好的表面光洁度。喷射成型的优点在于：模具成本低廉，工艺操作简单，设备便于携带，允许现场操作。对制件尺寸、结构形式无本质限制。适宜于自动化，减少人工成本。缺点是对环境污染较大。喷射成型工艺流程见下图。

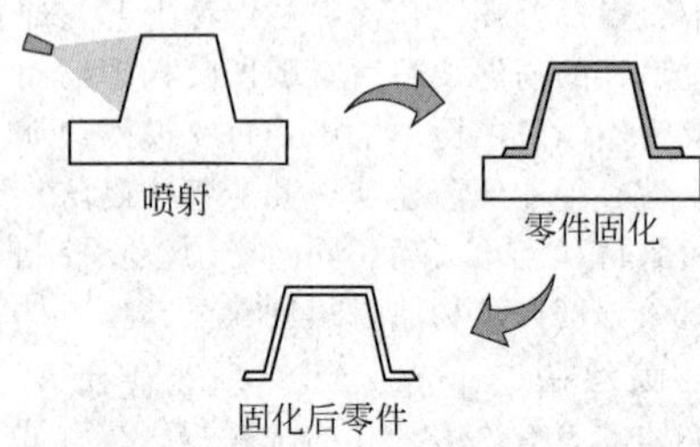

喷嘴 nozzle 安装在注塑机加热机筒前端的成型材料的注射口。它可以根据成型材料的性质、塑模的结构等因素采用不同的结构。

硼化钛晶须增强钛基复合材料 titanium boronide whisker reinforced Ti-matrix composites 以硼化钛晶须增强钛或钛合金基体的复合材料。该复合材料具有良好的高温性能，与连续纤维增强钛基复合材料相比具有更好的各向同性。

硼化钛颗粒增强铝基复合材料 titanium boronide particle reinforced Al-matrix composites 以铝或铝合金为基体，以硼化钛（TiB_2）颗粒为增强体的复合材料。TiB_2 颗粒具有很高的熔点、硬度和耐蚀性，对铝或铝合金有很好的增强效果。制造方法有粉末冶金法、铸造法、自蔓延法等。在国防工业、航空、航天工业有较好的应用前途。

硼化钛颗粒增强钛基复合材料 titanium boronide particle reinforced Ti-matrix composites 以钛或钛合金为基体，以硼化钛颗粒为增强体的复合材料。可用真空烧结、真空热压或反应合成法制备。与纯钛相比，力学性能有明显提高，如用真空法制备的二硼化钛的弯曲强度为 540MPa，较纯钛的提高 40.3%。

硼化钛颗粒增强体 titanium boronide particle reinforcements 用以改善基体材料性能的颗粒状硼化钛（TiB_2）。硼化钛具有熔点高、耐磨性好、热导率和电导率高的特点。常用来补强碳化硅、碳化钛、碳化硼陶瓷，使之耐热性、耐磨性、韧性等性能得到改善。例如，TiB_2 可抑制 SiC 晶粒长大，从而使材料的强度提高。TiC-TiB_2 复相陶瓷具有卓越的耐磨性和高韧性。

硼化钛纤维 titanium boronide fiber 以硼化钛（TiB_2）为皮，钨或其他丝为芯的皮-芯型无机复合纤维。纤维的直径为 76.2～101.6μm（是碳纤维直径的 10～14 倍），初始模量 51GPa，比硼纤维和碳化硅纤维模量都高，但由于其密度也高，故其比模量低于后两者。常用于耐烧蚀功能复合材料。

硼化物陶瓷 boride ceramic 是一类高温结构陶瓷。常见的硼化物陶瓷有 ZrB_2、TiB_2、HfB_2、LaB_2。具有高熔点、高硬度和难挥发等特点，其熔点在 2000～3500℃之间。抗氧化能力较碳化物好。

硼酸铝晶须 aluminum boride whisker 化学组成为 $9Al_2O_3 \cdot 2B_2O_3$ 的白色针状材料。斜方晶系，直径一般为 0.6～2μm，长度为 10～50μm。具有优良的力学性能，拉伸强度 8GPa，拉伸模量 400GPa，密度 2.95kg/m^3，熔点＞1950℃，化学稳定性和吸收中子能力强，为热和电的非导体。硬度与石英相当，莫氏硬度 9 级。是一种性能优异、成本低的晶须增强材料，可作为树脂、玻璃、金属和水泥的增强体。用它制备的铝基复合材料，在强度和模量方面可与 SiC 晶须增强铝相当，而膨胀系数更小，耐磨性更好，特别是价格低廉，仅为 SiC 晶须的 1/20～1/10。另外，因其弹性系数大，耐磨性好，与陶瓷复合后可提高韧性和耐磨性。缺点是容易发生界面反应，尤其是遇到含镁的合金基体。

硼酸铝晶须增强体 aluminum boride whisker reinforcements 组成为 $x\mathrm{Al_2O_3} \cdot y\mathrm{B_2O_3}$ 的无机晶须增强材料。常见的 3 种形式是 $x=9$，$y=2$；$x=2$，$y=1$；$x=1$，$y=1$。可作为热塑性树脂、热固性树脂、陶瓷、金属和水泥的增强材料。参见硼酸铝晶须（324 页）。

硼酸铝晶须增强铝基复合材料 aluminium borate whisker reinforced al-matrix composites 以成本相对较低的硼酸铝晶须为增强体、铝或铝合金为基体的复合材料。

硼酸铝晶须增强氧化物陶瓷基复合材料 aluminum boride whisker reinforced oxide ceramic-matrix composites 以硼酸铝晶须为增强体、氧化物陶瓷为基体构成的材料。氧化物陶瓷可以是氧化铝、二氧化锆和莫来石等。硼酸铝晶须因其弹性系数大，耐磨性好，复合后可提高氧化物陶瓷材料的韧性和耐磨性。此外，这种复合材料的电阻率比较大（约 $10^3\Omega \cdot \mathrm{cm}$），在功能材料领域具有潜在应用前景。

硼酸镁晶须增强体 magnesium borate whisker reinforcements 以氯化镁、硼酸、氢氧化钠为原料，氯化钾、氯化钠或氯化钙为助溶剂，经常温混合及高温烧结而制得的晶须状增强材料。

硼酸酯 boric acid esters 作为塑料及增塑剂的阻燃剂，例如硼酸三甲酯、硼酸三正丁酸、硼酸三环己酯和硼酸三对甲苯酯。

硼纤维 boron fiber 无机高强度、高模量纤维的一种。将硼元素通过高温化学气相沉积在钨丝（直径 10～13μm）或碳芯（直径 30μm）表面上从而制得的高性能纤维材料。硼纤维很脆，密度 2.30～2.65g/cm^3，强度 3.2～5.2GPa，模量 350～400GPa。比强度、比模量分别为常用金属的材料的 5.5～9 倍；弹性模量为玻璃纤维的 5～7 倍。抗压缩性能好。硼纤维在高温下易与金属反应，因此，用作增强体时需要在其表面涂 SiC 层（称 Bsic 纤维）。主要用作高聚物基和金属基等复合材料的增强体。硼纤维制备工艺装备如下图所示。

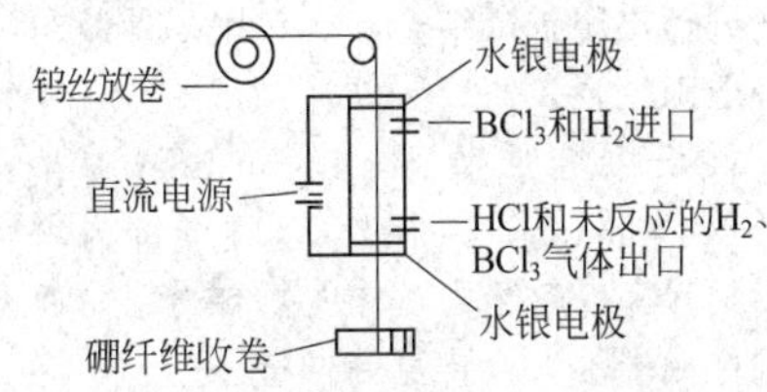

硼纤维复合材料 boron fiber composites 以硼纤维为增强体的复合材料。

硼纤维增强聚合物基复合材料 boron fiber reinforced plastics；BFRP 以硼纤维为增强材料，以聚合物为基体的复合材料。

硼纤维增强铝基复合材料 boron fiber reinforced al-matrix composites 以铝或铝合金为基体，硼纤维为增强体的复合材料。是一种发展最早，比较成熟的连续纤维金属基复合材料。其突出的优点是密度（2.6g/cm^3）低，力学性能高，单向层合板的纵向拉伸强度达 1250～1550MPa，模量 200～239GPa。比强度为钛合金、硬铝、合金钢的 3～5 倍，比模量为 3 倍；疲劳性能也优于铝合金，而且耐热性好，在 200～

400℃下仍保持较高的强度。通常用热压扩散结合工艺制造，所用硼纤维一般带有碳化硼或碳化硅涂层，以避免与铝基体产生有害反应。已在航空发动机、飞机与卫星构件，以及航天飞机方面得到应用。

硼纤维增强镁基复合材料　boron fiber reinforced mg-matrix composites　以镁或镁合金为基体，硼纤维为增强体的复合材料。力学性能与硼/铝复合材料接近。单向层板的纵向拉伸强度达950～1400MPa，模量200～230GPa。制造工艺亦与硼/铝复合材料相似。主要采用等离子喷涂条带或连续铸造预制丝进行热压扩散结合，或者用各种液态渗透工艺直接铸成零件。

硼纤维增强塑料　boron fiber reinforced plastics；BFRP　以硼纤维为增强材料，以树脂为基体的复合材料。通常称硼纤维聚合物复合材料。

硼纤维增强钛基复合材料　boron fiber reinforced ti-matrix composites　以钛或钛合金为基体，硼纤维为增强体的复合材料。硼纤维带有SiC或B_4C涂层。基体多用Ti-6Al-4V钛合金或塑性更好的β合金。其单向层板的纵向拉伸强度为1300～1500MPa，模量230GPa，密度约3.7g/cm^3。其特点是适合于较高温度（550～650℃）下使用。制造工艺主要采用预制条带的热压扩散结合。主要用途为制造航空发动机压气机叶片和其他耐热零件。

硼纤维增强体　boron fiber reinforcements　参见硼纤维（325页）。

膨胀　intumescence；swelling　塑料受表面高温或火焰作用时的起泡和膨胀。该特性与用于火箭锥体的烧蚀的氨基甲酸乙酯和膨胀涂层有特殊关系；物体由于升温或吸潮引起的体积上的增加。

膨胀比　die swell ratio　在挤出模塑中，特别是吹塑，型坯外径（或型坯厚度）与挤出模口（或模隙）外径之比。比值受聚合物类型、机头结构、口型平槽板长度、挤出速率以及温度的影响。

膨胀波　directional wave；dilatational wave　参见压缩波（484页）。

膨胀剂　expanding agents　参见发泡剂（96页）。

膨胀涂层　intumescent coatings　一种受到火焰或者剧热作用会分解和起泡成为泡沫体以保护底层并防止火焰蔓延的涂层。这种涂层通常用在复合材料构件的面板上。

膨胀系数　expansion coefficient；coefficient of expansion　复合材料、塑料制品由于温度改变和吸湿引起的增长或膨胀的量度。

膨胀性　expansivity　参见热膨胀系数（353页）。

膨胀珍珠岩　expanded perlite　一种保温材料。是以珍珠岩、黑曜岩或松脂岩为原料，经破碎、预热、烧结和膨胀制成的一种具有多孔结构的白色颗粒材料。其特点是密度低，热导率小，耐浸蚀、耐高温、不燃，绝热和吸声性能强。用途广泛，可以直接用作高效保温、保冷填充料。使用温度范围－200～800℃。

批料　lot；batch　按照稳定工艺条件一次生产的材料量，并作为一销售单位量的特定材料。例如纤维、树脂、预浸料等。

坯料　greige；gray goods　在纺织行业，指表面处理前的任何织物、任何漂白或染色前的纱或纤维，或表面没有处理剂或浸润剂的纱或纤维。

劈裂强度　strength cleavage　使试样产生单位长度劈裂分离所需要的力，以每单位胶接宽度上的拉伸载荷（力）来表示。

皮层（泡沫塑料中）　skin（in foamed plastics）　为增加泡沫塑料表面强度而在其表面上特意形成的密度较大的致密层。

疲劳　fatigue　材料在交变应力（应变）作用下力学性能的蜕变和失效的过程。此过程一般可归纳成疲劳裂纹的形成、扩展和断裂三个阶段。参见疲劳极限（327页）、疲劳应力（328页）、S-S疲劳曲线（327页）。

疲劳比　fatigue ratio　疲劳强度与拉伸强度之比。必须标明平均应力和交变应力。

疲劳极限　fatigue limit　又称疲劳强度。在疲劳试验中，材料能承受应力交变循环无限次而仍不破损时的最大应力。事实上，很多工程材料并不存在疲劳极限，为此特用在循环次数达 10^7～10^8 次而试样尚有50%不破损情况下的应力表示疲劳极限。碳纤维复合材料、胶接接头对应的循环次数通常为 10^6 次。

疲劳裂纹扩展率　fatigue crack growth rate　裂纹长度在一个疲劳载荷循环下的损伤扩展量。

疲劳损伤　fatigue damage　复合材料在交变载荷作用下，随着交变载荷循环次数的增加而产生的基体树脂裂纹、分层、脱胶、纤维断裂等损伤。

疲劳强度　fatigue strength　见疲劳极限（327页）。

疲劳强度比　fatigue strength ratio　疲劳强度与静态强度之比。参见疲劳比（327页）。

疲劳强度降低因子　fatigue strength reduction factor　在同一试验条件下（平均应力和寿命都相同），平滑试件疲劳强度和缺口试件疲劳强度之比。为大于1的数。

S-S疲劳曲线　S-S curve　材料或试件疲劳特性的基本数据之一。给定疲劳寿命、循环应力中两个应力水平间的关系。最常用的是应力幅值和平均应力间的关系。

疲劳缺口敏感性（*q*）　fatigue notch sensitivity　缺口对疲劳强度或材料寿命影响的评价。可表示为：

$$q=\frac{K_f-1}{K_t-1}$$

式中，K_f 为疲劳缺口系数；K_t 为静态理论上的应力集中系数。

疲劳缺口系数　fatigue notch factor　没有缺口试样的疲劳强度与有开口试样的疲劳强度之比。参考应力集中系数。

疲劳试验　fatigue test　在规定的频率条件下，试样承受交变载荷作用后引起力学性能下降或接头破坏的试验。

疲劳寿命　fatigue life　在给定循环应力和试验条件下，试件由开始加载直到出现疲劳裂纹或完全破坏所经受的应力循环数。

疲劳特性　fatigue properties　又称抗疲劳特性。包括疲劳强度和疲劳寿命。复合材料的疲劳特性与金属材料明显不同。在疲劳过程的早期（约10%寿命）就会出现横向裂纹损伤，随着循环数的增加，裂纹的长度和数量也相应增加，伴有分层、开胶、纤维断裂或屈曲等损伤形式出现，但这种扩展很慢，占疲劳寿命的大部分，并不影响材料或结构的安全使用，通常到疲劳寿命的90%才会迅速断裂。它不像金属材料那样，一出现裂纹就很快断裂。由于复合材料从横向裂纹出现到迅速断裂历时悠长，所以其最终破坏可事先判明，破损安全性极好。影响复合材料疲劳特性的因素有基体类型、增强体类型、纤维方向和铺层次序、增强体含量（V_f）、界面性质等。

疲劳应力 fatigue stresses 引起材料或结构疲劳随时间周期性变化的应力。

疲劳应力比 fatigue stress ratio 最小疲劳应力与最大疲劳应力之比。通常用 R 表示。

匹长 piece-length 一匹织物两端最外边完整的纬纱之间的距离或一匹织物的长度。

偏苯三酸酐 trimellitic anhydride; TMA 白色粉末或片状物。熔点168℃，可作为环氧树脂的固化剂，反应性极高。适用于浇铸和层压制品。一般用量 33 份。固化条件：150℃/1h+180℃/4h。固化物热变形温度高，电性能和耐化学品性亦佳。

偏差 discrepancy 允许的、用计划的检测程序可检出的制造异常。此种偏差可能在加工、制造或装配的过程中产生。见残差（29 页）。

偏斜(统计术语) skewness 参见正向偏斜（529 页）、负向偏斜（116 页）。

偏移剪切强度 offset shear strength 基于剪切特性试验材料性能的实际偏离，弦线剪切弹性模量的并行线与剪切应力-应变曲线交点处对应的剪切应力值。在该点，这个并行线已经从原点沿剪切应变轴偏移了一个规定的应变偏置值。

偏移屈服强度 offset yield strength 又称条件屈服强度。相对于应变超过按应力-应变曲线上初始线性关系伸长部分特定量（偏移）处的应力。以单位面积上受的力表示。

偏轴 off-axis 与材料主方向不重合，有一个偏转角 θ 的参见坐标轴。参见材料主方向（29 页）、正轴（529 页）。

偏轴层压板 off-axis laminate 一种主轴的取向角 θ 既不是 0°也不是 90°的层压板。参见偏轴（328 页）。

偏轴刚度 off-axis stiffness 单向层板在偏轴方向抵抗变形的能力，为施加的偏轴应力与产生的偏轴应变之比。与铺层角密切相关，有明显的方向性。其值由正轴刚度经数学运算汇出。其特点是有拉剪交叉刚度。偏轴刚度矩阵为对称矩阵，与偏轴柔度矩阵互为逆矩阵。

偏轴工程常数 off-axis engineering constant 非材料主方向（偏轴方向）单轴载荷作用的非材料主方向（偏轴方向）的杨氏弹性模量 E_x、E_y，主泊松比 ν_{yx} 和剪切弹性模量 G_{xy}，常规材料没有反映法向和切向耦合关系的相互影响系数 $\gamma_{i,ij}$ 与 $\gamma_{ij,i}$。具有明显的方向相关性。参见正轴工程常数（529 页）。

偏轴柔度 off-axis compliancy 单位偏轴应力作用下产生偏轴应变（变形）大小的度量。与铺层角度密切相关，有明显的方向相关性。由正轴柔度经严格数学运算得出，特点是拉-剪交叉柔度不为零。偏轴柔度矩阵为对称矩阵，且与偏轴刚度互为逆矩阵。参见正轴柔度（529 页）。

偏轴应力-应变关系 off-axis stress-strain relation 由偏轴应变计算偏轴应

力或由偏轴应力计算偏轴应变的关系式。通过正轴应力-应变关系，进行应力-应变坐标转换得出。参见正轴应力-应变关系（529 页）。

片材 sheet；sheeting 一般指厚度在 0.25～2mm 之间的软质平面材料和厚度小于 0.5mm 的硬质平面材料。

片基 film base 感光胶片的支承物。是一种具有透明或半透明、柔软特性和一定强度的塑料薄膜。（无损检测）

片状模塑料 sheet molding compound；SMC 由树脂、短切或未经短切的增强纤维、填料及各种添加剂，经充分混合制成的厚度一般为 1～25mm、上下面覆盖承载薄膜的片状复合物，能在热压条件下模压成型。为复合材料模制产品的中间材料。其特点是生产效率高，制品性能稳定。根据性能要求不同分为低收缩、不收缩、电绝缘等多种类型。其生产工艺流程如下图所示。参见团状模塑料（446 页）。

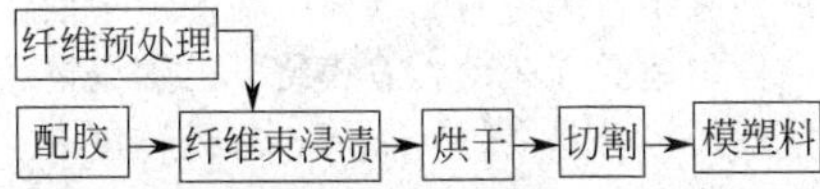

片状模塑料机组 SMC machine 连续实现从树脂糊配制、输送到纤维切割、成毡、浸渍、压实、收卷、切断等一系列工序生产片状预混合料的机组。生产片状模塑料的设备由薄膜放卷、纱架、纤维切割-沉降、浸渍压实、收卷切断等装置组成。其生产过程可实现机械化、连续化、自动化。

片状增强体 flake reinforcements 复合材料的增强体组元或功能组元的一种几何类别，通常为长与宽尺度相近的薄片。有天然的（如云母片）、人造的（如玻璃鳞片、铝、铍、银等）和在复合工艺中自生长的（$CuAl_2$ 片状晶）三种。它可以在片的方向提供各向均衡的性能。由于片状增强体的性质及与基体的组合不同，可以赋予复合材料不同的性能。例如，金属片复合材料可以提供防腐蚀和防渗漏性能，当金属片紧密堆砌时，可以在片平面提供导电和导热性能，同时在垂直于片的方向具有电磁波屏蔽性能。

拼接 splice ①用空气干燥胶黏剂，使玻璃纤维或丝束的两头连接在一起；②用胶黏剂把两段蜂窝芯子在端头接在一起；③在铺贴同一层预浸料时，相邻预浸料片在模具表面或前一层上面边对边地对接在一起。

拼块 splits(of a mould) 按设计工艺要求，用以拼合成凹模或型芯的若干分离制造的零件。

拼块模 assembled die 为了适应结构复杂制品脱模方便把模具分成若干块组合起来的模具。各模块通常用石膏来连接。如大型缠绕容器的模具就是采用这种形式。缠绕前将模块组合成完整模具，缠绕、固化后再从开口处拆除模块。

贫胶接头 starved joint；joint starved 由于胶量不足产生的不符合要求的胶接接头。出现这种情况，是由于涂胶太薄，不足以填满被粘物之间的间隙或胶黏剂过量地渗入被粘物，以及装配时间过短或胶接压力过大等原因造成的。

贫胶区 starved area 见贫树脂区（329 页）。

贫料 starving 在挤出时，因加料斗内物料堵塞等使物料不能充分供应而引起的缺料现象。

贫树脂区 resin-starved area 在树

脂基复合材料制品中，树脂含量比制品设计的含量低得较多的区域。通常表现为光泽暗、有干斑、孔穴过多、纤维松散或裸露等。这种情况是由增强材料润湿或浸渍不当、预浸料树脂含量过低、成型压力过大或加压过早所致。

频率 frequency 单位时间内完成振动（或振荡）的次数或周数。

频数介质 dispersive medium 一种介质，在这种介质中，超声波的相速度随频率变化。（无损检测）

平板 plate 由两平行面所限定的厚度小于平面尺寸的物体。按其力学特性，可分成薄板（其厚度与平面最小尺寸之比不超过 1/5）和厚板。

平层 flat lay 一种具有良好不卷缩不膨胀特性的胶黏剂材料。

平衡面轮廓 balanced-in-plane contour 长丝缠绕制件的一种端部轮廓。该轮廓上纤维排列在同一平面内，并且调整曲率半径使沿受压纤维方向上的应力平衡。

平衡吸湿率 moisture equilibrium content 在给定的环境条件下，材料吸湿增重在一定时间内不再发生明显变化时的水分增加的质量与试样干态质量的百分数。

平衡型等张力封头面 balanced-type isotension head contour 在内压作用下，缠绕在容器封头上各点处的纤维均承受相等拉应力的封头曲面。

平均差 mean deviation; mean difference 表示一列数值离散程度的指标，为各数值与其平均数之差的绝对值的平均数。

平均相对分子质量 average molecular weight 在特定温度下以聚合物溶液的黏度测得的聚合物分子量。其值与特定的链长无关，在重均分子量和数均分子量之间。

平均应变 mean strain 在一个疲劳循环内最大和最小应变的平均值。

平均应力 mean stress 在一个疲劳载入循环内最大和最小应力的平均值。

平均值 average value 多批次试样有效试件试验结果的算术平均值，试样样本大小视具体性能要求而定。参见典型值（76 页）、A-基准值（191 页）、B-基准值（192 页）、S-基准值（192 页）。

平拉强度 flat tension strength 沿垂直于夹层结构材料表皮平面的方向作用的单位面积上所能承受的最大拉伸载荷。单位为 MPa。

X-Y 平面 X-Y plane 在复合材料平板中与层合板平面平行的基准面。

平面波 plane wave 相位相同的各点位于平行的平面上的波。

平面缠绕法 planar winding 又称纵向缠绕。缠绕时，导丝头在固定平面内做匀速圆周运动，芯模绕自己轴线慢速旋转。导丝头每转一周，芯模转过一个微小角度，反应到芯模表面上是一个纱片宽度。纱片与芯模纵轴成 0°～25°的交角，并与两端极孔相切，依次连续缠绕到芯模上。纱片排布彼此不发生纤维交叉，纤维缠绕轨迹是一条单圆平面封闭曲线。见纵向缠绕（548 页）。

平面的 planar 本质上只保持在一个平面内的状态。

平面积层-真空成型工艺 plat ply collation and vacuum forming 一种先把预浸料铺叠成平面，然后借真空袋将其移转到模具上成型的复合材料加工方法。该工艺比人工直接在成型模型面上逐层铺贴的工艺成本低。分两步：①用手工或机械铺层方法把预浸料铺成平面层叠；②将平面层叠封装到成型模的真空袋（如硅橡胶）内，然后通过抽真空使之敷贴到模具上，经固化（或固结）定型为所需要结构的型面。需要注意的问题有：①在成型过程中，必须使纤维处于拉伸状态，以防止纤维受压产生皱褶和屈曲；②对于薄的铺层，可采用双膜成型技术，使纤维在成型过程中保持均匀受拉状态；③对于厚的铺层组合，必须将其分组分步依次进行校形；④如果型面要求严格，可加热（软化点）使树脂软化帮助成型。参见隔膜成型（144 页）、热隔膜成型（349 页）。

平面剪切强度 plane shear strength 当剪应力沿着复合材料边缘作用时测得的面内剪切强度。对夹层结构而言，是剪力沿着夹层结构面板作用下测得的剪切强度。因为主要由芯子承受，又称芯子剪切强度。单位为 MPa。

平面螺旋形缠绕法 planar helix winding 绕丝在每一端头的绕程横过封头排成平面，而筒体部分以螺旋形绕程与端头的绕程相连的长丝缠绕法。

平面应变 plane strain 应力分析的二维简化，可用于长圆柱的横截面。参见平面应变状态（331 页）。

平面应变状态 plane strain state 对棱柱体、平板一类的物体，当在受力时可认为不产生轴线（对棱柱体）或厚度（对平板）方向的位移，截面或板平面内的应力也不随长度或厚度而变时，称为平面应变状态。

平面应力 plane stress 应力分析的二维简化。参见平面应力状态（331 页）。

平面应力状态 plane stress state 对薄板等平面物体，当在受力时可认为不产生厚度方向的应力，板平面内的应力也不随厚度变化时，称为平面应力状态。

平铺性 flat lay 层压的不卷曲特性。

平台 plateau TG 曲线上质量基本不变的部分，如下图所示 TG 曲线中的 *AB* 和 *CD* 段。（热分析）

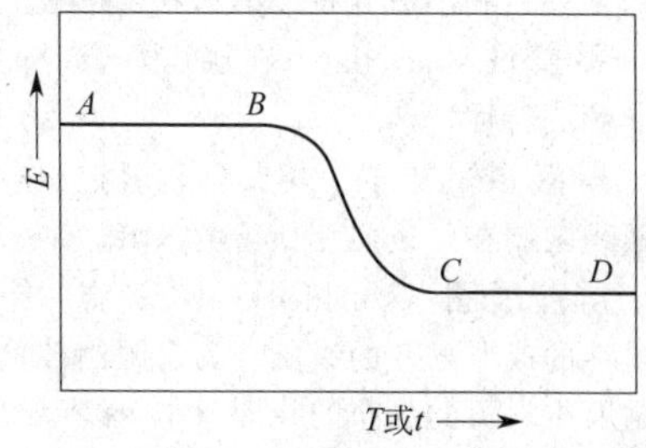

平纹织物 plain weave fabric 经纬纱一上一下相互浮沉交错的织物。该织物两面的纹路相同，交织点、纤维弯折多，布质较硬而坚固，其层合板的力学性能相对弯折较少织物的层合板性能要低。

平纹组织 plain weave 经纬纱各以一根相互上下交错的机织物结构。一个完全结构组织内，经纬各有两根。

平行层合板 parallel laminate 层合板中所有纤维相互平行地排布在拉伸载荷方向上的层合板。

平行层压 parallel-laminated 层压的结果使层合板中所有层片均按纹理或最大张力方向作近似平行的取向的层压。

平行缠绕 parallel winding 布带宽度方向平行于芯模母线的布带缠绕成型方式。

平行试验 parallel test 在理化试验中，以同样的测试条件及方法，对同批试样进行的两个试验。以了解试样或仪器之间的差异性和重现性、代表性等情况。

平压强度 flat compression strength 沿垂直于夹层结构材料面板平面的方向单位面积上所能承受的最大压缩载荷。单位为MPa。

平整材料 lay-flat 一种具有良好的不卷曲和不散开特性的材料。

平整性 lay-flat 在层压黏合时的非翘曲特性。

屏蔽 masking 用某种材料把照射面积限制在射线照相检验的区域。

屏蔽线圈 shielded coil 具有一个磁性的或非磁性的线圈，为了限制被检材料中涡流的分布的线圈（整个线圈组件可用磁的和静电的方法屏蔽）。

泊 poise 绝对黏度（动力黏度）的计量单位，液体黏度为1泊时，意指要用1达因的力作用于1cm^{2}面积上时，速度梯度为1cm/s的动力黏度（即1泊=1达因·秒/cm^2）。厘泊为百分之一帕。现法定单位用Pa·s（帕·秒）。1泊=0.1Pa·s，1厘泊=1毫帕·秒(mPa·s)。

泊松比 Poisson's ratio 材料的一种物理特性，通常为常数，即在材料的比例极限内，由均匀分布的纵向应力所引起的横向应变与相应的纵向应变之比的绝对值。超过比例极限时，泊松比随应力变化而变化，实际上已不是通常所说的材料泊松比。此时若记录泊松比，应指出所测应力值。对于各向异性材料，泊松比随施加应力的方向变化。

泊松耦合 Poisson's coupling 又称泊松效应。层合板纵向的载荷引起中平面的横向应变、横向的载荷引起中平面的纵向应变及纵向弯曲引起横向的曲率、横向弯曲引起纵向曲率的力学行为。分别用面内刚度和弯曲刚度表示。

泊松效应 见泊松耦合（332页）。

破边 ripped selvedge; selvedge tear 织物边缘经纱线单断或经纬纱线共断三根及以上的缺陷。

破洞 hole 织物的一种缺陷。即经纬纱线单断或共断三根及三根以上断开，使织物表面呈现的孔洞。

破断 breakout 复合材料加工过程中，在钻孔和切割边缘处产生的表面层纤维的分离和破断。

破断功 rupture 原点与破坏点之间的应力-应变曲线的积分。参见终值断裂载荷（536页）。

破坏模式 见失效模式（382页）。

破坏判据 failure criterion 见失效准则（382页）。

破坏试验 destructive test 通过破坏试样以检测其强度的试验。

破损安全 fail-safe 飞行器结构疲劳设计的一种原则。按此原则，要求把结构设计成具有足够的剩余强度或抗损伤能力，以使结构在含损伤的情况下能承受限定的载荷，保证飞行安全。

铺层 ply 按设计和工艺要求剪裁的供铺贴使用的增强材料或预浸料片，是复合材料制品结构设计和制造成型的最基本的单元。参见层（31页）、层合板（31页）。

铺层比 ply ratio 层合板中不同角度铺层的层数之比。

铺层编码 ply stacking code 将层合板按铺层角和相应的铺层数及排列顺序表示出来的编写规则。其实际含义是层合板的铺层顺序，是层合板设计、分析和制造所需要的参数。采用从上表面层到下表面层的编码法则。例如 $[0/90_2/45/-45_3/-45_3/45/90_2/0]_t$，下角标数字表示层数，t 表示整个层合板。该层合板也可以表示为 $[0/90_2/45/-45_3]_s$，s 表示对称层合板。参见层合板的标记。

铺层次序 见铺层顺序（334 页）。

铺层代码 lay code 复合材料层压板铺层顺序的缩写命名体系。见铺层编码、层合板的标记。

铺层递减 ply drop 随载荷的变小在相应部位减去某些铺层，使厚度减薄。

铺层对接 butt lay 在铺层时，相邻铺层之间呈边对边连接的接拼形式。

铺层角 ply angle 又称纤维取向。铺层中纵向或经向纤维方向与参考坐标系 x 轴之间的夹角称为铺层角，由 x 轴量起，以逆时针方向为正。对于单向预浸料，增强纤维方向就是其纤维方向；对于织物预浸料铺层，增强纤维方向是指织物的经线的方向。常用的铺层角度有 0°、+45°、−45°、90°。当铺层纤维方向与 x 坐标轴平行一致时，就为 0°铺层角；当铺层纤维方向与 x 坐标轴垂直角时，就为 90°铺层角；当铺层纤维方向与 x 坐标轴成逆时针方向 45°时，就为 +45°铺层角；当铺层纤维方向与 x 坐标轴成顺时针方向 45°时，就为 −45°铺层角，如右图所示。铺层角是影响层合板性能的一个重要参数，可以通过改变铺层角和相应的铺层数来设计层合板的性能。例如，需要提高纵向拉伸性能，可通过增加 0°铺层数目实现；要提高层合板的面内剪切性能，则可通过增加 ±45°铺层数来实现。

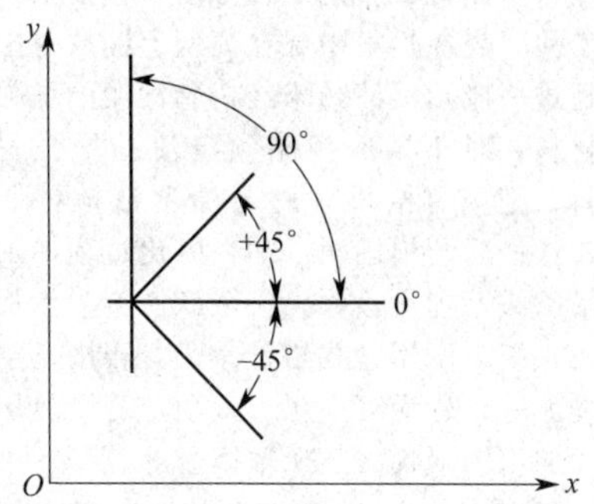

铺层架桥 ply bridging 铺层在零件圆角内架空的现象。这种缺陷通常是由料层、真空袋、透气层等在拐弯处未压实，导致固化期间缺压所致。预防办法：①放大模具阴角 R 尺寸；②铺贴时要做到层层贴实并要再铺 3～5 层压实一次，甚或在装袋后再进行一次长期（4～10h）真空压实处理；③工艺组合时，在 R 处加压力垫或膨胀硅橡胶填角；④制真空袋时，真空袋在阴角内做“狗耳褶”，防止固化期间真空袋架空，阻挡压力作用到位。参见架桥（201 页）。

铺层间 lay room 用于预浸料、胶膜下料、铺贴，温度、湿度、尘埃等环境条件受控的场地（房间）。因为吸收的水分（湿气）在层板加热固化时会汽化，逸散形成空隙和微孔，造成严重的产质量问题，所以预浸料、胶膜敷贴等作业应该在环境条件受控的铺层间内进行。另外，为了防止在开门时室外灰尘等污物进入，铺层间内同时保持微量正压。见净化间（232 页）。

铺层结构对称 symmetry in ply stacking 指层叠的单层或层合板的铺层相对于其中面的对称，其结果形成一种对称的层合板。

铺层模塑 lay molding 树脂基复

合材料制件成型的一种方法，包括下列步骤：先在塑模中或在模型上铺放一层经过树脂预浸渍或未经树脂浸渍的增强材料，对于未经树脂预浸渍的增强材料，则接着给增强材料涂覆液体树脂胶，最后装模固化。如在固化过程中加微压或不加压，称为接触压模塑。如加压，则以所用方式给予命名，若用真空袋加压，称为真空压力模塑；若用热压罐加压，则称为热压罐模塑等。

铺层区 lay area 预浸料切割、铺贴、组合或封装的操作场所。通常设在温度、湿度及清洁度可控制的环境中（如超净间）。参见铺层间（333页）。

铺层取向 ply orientation 铺层中增强纤维方向相对于层板结构件纵向（基准坐标 x 轴）之间的夹角叫作铺层取向。通常以铺层角来表达。

铺层设计 layer design；lay design 对层状复合材料的铺层材料、铺层角度、铺层数、铺层顺序、铺层递减等细节进行合理布置，以满足特定结构性能要求的设计过程。参见复合材料设计（124页）。

铺层顺序 ply stacking sequence；stacking sequence 在制作复合材料层板构件时，各取向铺层铺叠排列的次序。铺层顺序不仅影响对称层合板的面内性能，其数量及其角度对面内性能的影响也不可忽视；铺层顺序对任何层合板（无论对称与否）的弯曲特性及层间应力都是极其重要的。因此，在具体操作中需要进行严格的质量控制，以防错乱。通常以紧贴模具型面的铺层作为第一层，由贴模面向外递增计数，每一铺层有一个编号，每一个编号由 n、p、m 三个元素组成。其中 n 代表零件图号，p 代表铺层代号，m 代表铺层序号，见右图。如铺层编号 3p1，代表 3 号零件的第一铺层（即紧贴模具型面的那一层）。

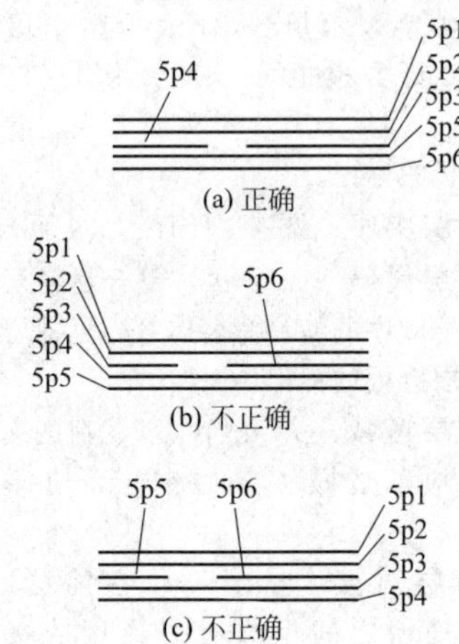

铺层应变 ply strain 铺层内的应变分量，根据层合板理论该分量与层合板中的应变分量相同。

铺层应力 ply stress 铺层内的应力分量，该分量随层合板中的材料和角度的不同逐层变化。

铺层应力应变坐标转换 stress and strain coordinate transformation of lamina 应力应变随坐标系的偏转而变化。应力坐标转换满足平衡条件；应变坐标转换满足应变协调条件。在复合材料研究中，由于单向层正轴坐标系与偏轴坐标系之间存在有铺层角的偏转角，利用这些转换关系可以正确地描述单向层刚度特性与铺层角的关系，即单层刚度性能的方向相关性。

铺层皱褶 ply wrinkle 是一种铺层缺陷。在一层或多层铺层上形成的永久性隆起、凹陷或折痕。产生原因：铺贴时预浸料未拉展就把两头放下并开始碾压，造成松弛部分堆积，形成褶子；在铺放辅助材料时，脱模布的皱褶留在制件上的痕迹。解决办法：在铺贴预浸料时，不要在未拉展时就把两头放下，应先放一头，然后边放边压，直至另一头；铺放脱膜布时也应采取边放边压的方法，切忌把周围贴上后再去赶中间的皱褶。

铺层组 ply group；group-ply 层合板中连续铺设的具有相同特性、相同铺层角铺层的单元。

铺敷变形 lay deformation 纤维制品或预浸料在模具上铺贴时所产生的变形。

铺敷性 drape 又称包模性。宽幅织物或预浸料与曲面模具相贴合的能力。

铺贴 lay-up 又称铺层。用手工或机器逐层铺放铺层的操作过程。通常要在清洁间内进行。铺贴是制作层压复合材料质量控制的关键环节，任何过失将会造成重大质量问题。如预浸料顺序或角度叠放错误，会使产品变形；预浸料受到污染，使复合材料层间粘接强度下降；铺放过程夹带外来物，使材料内部产生粘接不连续区，其结果导致复合材料的静态、动态力学性能下降。铺贴方法分湿法铺贴、干法铺贴、人工铺贴和自动化铺贴等。参见手工铺层（391 页）、干法铺层（135 页）、湿法铺层（383 页）。

铺贴变形 lay-up deformation 纤维制品在模具上铺贴时所产生的变形。

普通硅酸铝纤维 common aluminum silicate fiber 又称硅酸铝棉。一种硅酸铝纤维，属非晶质纤维。以高岭土或耐火黏土为原料，经烧结、熔融、纤维化而制得。其主要组分是氧化铝和二氧化硅。纤维直径 2.8μm，长度 12～250mm。绝热保温性能好，可在 1000℃下长期使用。适合作金属基复合材料的增强体。

普通硅酸铝纤维增强体 common aluminum silicate fiber reinforcements 参见普通硅酸铝纤维（335 页）。

Q

齐聚物 见预聚物（510 页）。

启模器 mold wiper 在注射模塑的注塑周期中，伸入开启的半模间夹持塑件将其自塑模中提出或推出的装置。启模动作须与闭模机构联锁以免在起模器退出之前闭模。

启用期 time suitable for molding 热固性模塑料按工艺要求放置一定时间后才使用的最适宜时间。

起垩 chalking 塑料制品表面出现类似于白垩的外观或白色粉末状物质的缺陷。

起泡 frothing 用于聚氨酯泡沫塑料的一种加工技术，即把发泡剂或小气泡在加压下压入泡沫塑料拼料的混合液中，然后改变环境条件使其发泡。

起球 ball-up 胶黏剂工业中使用的术语，用于描述胶黏剂自黏的倾向。

起圈织物 looped fabric 纱线成圈形露覆在表面的织物。

起始模量 initial modulus；modulus initial 应力-应变曲线上的初始直线部分的斜率。

起始温度 initial temperature；T_i 质量变化累积到热天平可以检测时的温度。（热分析）

起霜 bloom；blooming；frosting 添加剂从内部向外迁移，塑料制品表面出现许多类似微细晶点，使投射的光线发生散射以致制品表面失去光泽的缺陷。

起垭 chalking 塑料制品表面出现类似于白垭的外观或白色粉末状物质的

缺陷。

起皱 reticulation 由于处理槽液或冲洗水之间的温度差引起明胶片胶变形而在乳胶中出现的网状结构。（无损检测）

气动热弹性力学 aerothermoelasticity 研究气动加热、空气动力、结构弹性相互影响的一门学科。是高速飞行器设计过程中必须考虑的问题。

气动弹性剪裁 aeroelastic tailor 指对气动表面的强度、刚度进行方向性设计，使其与各种可能受到的气动载荷相匹配的气动力表面设计技术。对于复合材料来说，就是利用层合板的刚度可设计性和耦合效应控制翼面结构气动弹性变形，如下图所示，以提高翼面静、

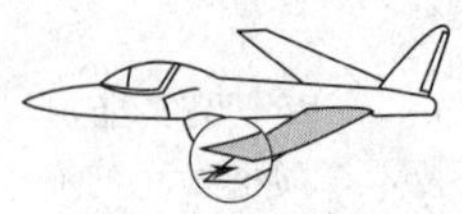

常规金属机翼：在载荷作用下产生扭转

(a)

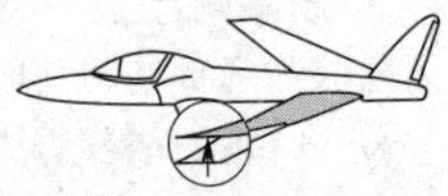

复合材料机翼：结构发生弯曲变形，但不产生扭转

(b)

机翼前缘和后缘的弯度变化可进行机械或自动调节

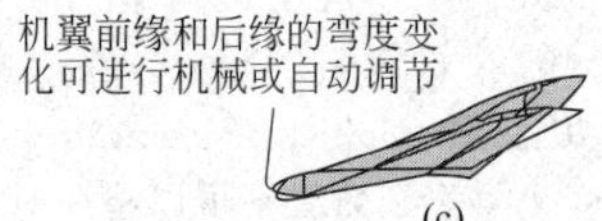

(c)

气动弹性剪裁的两个实例。(b)中复合材料机翼结构用于满足前掠机翼的各种特殊要求。(c)中机翼的可变前缘弯度和可变后缘弯度用于克服机翼的扭转及机翼在机动飞行过程中产生的各种变形

动气动弹性特性的一种最小重量优化设计方法。即根据气动载荷的要求和结构变形的规律，合理地设计复合材料结构铺层的方向、层数和顺序等，以充分发挥复合材料的特性，改善气动弹性稳定性（提高发散速度和颤振速度）、改善操纵安定质量、提高升阻比、减缓机动载荷，从而解决飞机金属前掠翼无法解决的气动发散问题。这给前掠翼飞机的研究应用带来契机。而且不仅重量轻，成本低，在任何时候只弯不扭，不存在扭断和扭曲变形的问题，使得自第二次世界大战以来探索了半个多世纪的前掠翼飞机得以成为现实。如下图所示俄罗斯的 S-37。

气动弹性剪裁优化设计 aeroelastic tailoring optimum design 另见气动弹性剪裁（336 页）。

气动弹性力学 aeroelasticity 研究气动载荷和结构变形之间的相互作用关系的力学分支。主要研究各种与飞行质量有关的气动弹性现象。如操稳性能、颤振、副翼颤振及由机动动作或大气湍流引起的结构载荷剧增现象等。

气动脱模 pressure air ejection 又称气助脱模。把压缩空气直接导入模具上的微孔或制品-模具间的微隙，使制品和模具脱离的方法。此方法作用力大，着力均匀，不在制品上留痕迹，适用于双曲面、薄壁或环状产品的快速脱模。此法可以单独使用，也可以和其他脱模方法并用。

气黑 gas black 见炭黑（418 页）。

气凝胶 aerogels 由胶体粒子或高

聚物分子相互聚集成网状结构的纳米多孔材料。是通过某种干燥方法，使湿凝胶中的液体被气体取代，同时保留凝胶的网状结构基本不变所得到的材料。其结构特征是具有通透性的圆柱形、多分枝纳米多孔三维网状结构，拥有极高的孔洞率、极低的密度、高比表面积。其中 80% 是空气。密度在 0.003～0.005g/cm^3 范围内。具有良好的热稳定性、透光性能、低热导率，是目前已知的热导率最低的固体材料。与传统绝热保温材料性能的对比如下表所示。主要用于航空航天、船舶、管道、建筑及户外装备等领域。参见二氧化硅气凝胶（95 页）。

性能		气凝胶	无机保温板
容重/(kg/m^3)		30～240	300～500
热导率/[W/(m·K)]	室温	0.015～0.025	0.040～0.070
	500℃	0.030～0.045	0.120～0.160

气泡 air-bubble 复合材料中未被材料（基体、增强体）充满的球形不连续空腔。通常位于纤维丝束或铺层之间。一般由裹在铺层之间的气体或丝束中的毛细流动所致。

气窝 air-locks 由于空气或挥发物被截留于模具表面与复合材料之间而造成的模制件表面的陷窝。产生的原因是：残留在脱模剂中的溶剂、铺层中的挥发物在固化期间气化、逸散形成气泡遗留下的痕迹。解决方法：除去脱模剂中的溶剂和铺层中的挥发物，如加长每层脱模剂涂刷后的晾置时间或升温加速烘干；对铺层叠坯进行充分预压实，除去所含低分子物。

气陷 air-entrapment 复合材料结构的一种内部缺陷。它是位于结构贴模面下可以看得到的小暗泡或浅色斑点。参见气窝。

气相法二氧化硅 fumed silica; pyrogenic silica; aerosil 俗称白炭黑。又称活性二氧化硅。为球形微粒松散凝聚的二氧化硅溶液。是采用精制的四氯化硅在氢氧焰中分解而制成的高纯度无定形二氧化硅。离子很细，比表面积（50～380m^2/g）非常大，是纤维增强塑料工业中使用最普遍的触变剂。

气相色谱法 gas chromatography 一种分析方法。即试样气化后被引入载气（通常为氦）流，在通过一色谱柱时被分离出各构成组分。这些成分以其特性速率通过该柱，并在其顺序出现时用类似热导池这样的装置检定。检定池的特性曲线记录在线条图上，从特性图中组分可以定性地和定量地加以检测。

气相生长碳纤维 vapor disposition carbon fiber; VDCF 为采用完全不同于一般碳纤维制造方法制得的一种非连续碳纤维。从生长机理及结构上看，可称为碳晶须或石墨晶须，但从结晶学定义看并不是单晶体。VDCF 的制法是，用碳氢化合物的蒸气与催化剂源（如金属铁、镍等）和氢气接触，在 1100℃左右高温下通过烃类热解产生碳，生成的碳溶解在催化剂微粒中，并引发原始纤维的生长，这些原始纤维接着通过另外碳沉积增厚，直到直径为微米级即制得气相生长碳纤维。经石墨化处理后增加晶体结构，性能提高，其拉伸强度达到理论值的 1/4，弹性模量高达 1000GPa。电阻率 0.8～1.5×10^{-4}Ω·cm。抗氧化性、耐腐蚀性等方面均与石墨纤维十分接近。其优势是经济、优良的热传导性和良好的性能成本比。可望在汽车、飞机用碳纤维增强树脂基复合材料、金属基复合材料及电子、电工等工程材料方面得到广泛应用。

气相生长碳纤维增强体　vapor disposition carbon fiber reinforcements　由氢气和烃类碳源在高温反应器内的基板上生成的各种形式的碳纤维增强材料。另见气相生长碳纤维（337页）。

气压热成型　pressure thermoforming　一种二次成型方法，是利用压缩空气或蒸汽压力迫使加热的片材紧贴模具表面而完成的成型。

气压烧结　gas-pressure sintering　在加压氮气或惰性气氛下，经高温烧结获取致密烧结体的一种方法。

气液反应法　vapor liquid synthesis；VLS　亦称气液合成法。一种金属基复合材料的制备方法。含有增强相某一组分元素的气体A以惰性气体为载体通入液态合金B中，气体直接与合金液发生反应，或气体在合金液中分解，分解出增强相的某一组分元素，再与基体合金中的某一元素结合生成增强相，并在基体中扩散分布。该方法适合于增强相尺寸（0.1～0.3μm）小和体积分数（＜15%）低的复合材料的制备。

气助脱模　见气动脱模（336页）。

气助真空成型　air-assist vacuum forming　热成型法的一种改进方法。此法是在真空抽吸之前借气流或气压的作用使片状材料部分预成型。

汽车胶黏剂　automobile adhesive；adhesive for automobile　包括汽车组装和修理用胶黏剂和密封胶。它不仅要满足结构本身的要求，而且要能经受各种工作条件和制造过程中各种工艺条件的考验，因此不仅要具有优良的胶接强度和防锈、防震、密封、隔声、绝热等作用，还要具有优良的力学性能，耐热、耐寒、耐震、耐挠曲、耐介质、耐蠕变、耐老化及有较长的寿命等。可用的胶黏剂种类很多，按化学结构分为环氧、聚氯乙烯、聚氨酯、橡胶、丙烯酸酯、室温硫化硅橡胶等；按用途分为结构胶、次结构胶和非结构胶以及密封胶等。

汽-液-固三相加工工艺　vapor-liquid-solid（VLS）process　利用蒸汽作气料，液体催化，产生固体晶须增长的方法。常用于生产碳化硅晶须。

千特　ktex　参见特克斯（439页）。

迁移　migration　塑料的某些组分转移到与其接触的材料上的现象。

牵引纤维　drawn fiber　在纤维形成时，通过牵引的方法使其具有一定取向的纤维。

牵引装置　take-off　从挤出机、压延机或涂布机等引出制品（挤出物、压延材料、涂布物等）的装置。

潜道脱层　tunneling　未充分黏合的层压材料所发生的一种状况，其特征为呈现基材纵向部分脱层，这些纵向脱层部分形成潜道式的变形。

潜伏浇口　submarine gate；tunnel gate　分流道一部分位于分型面上，另一部分呈倾斜状在分型面下方（或上方）塑件的侧面或里面，设置脱模时便于自动切断的针点状浇口。

潜伏性固化剂　latent curing agent　加入树脂中，在常温下体系活性很低，能保持较长的适用期，一旦受热、光、湿气或压力的作用即可引发固化反应的一类固化剂。例如环氧树脂常用的潜伏性固化剂有氰基胍、三氟化硼单乙胺、MS-1、偏硼酸己丁酯与少量仲胺的加成物，在室温下体系有几个月的储存期，但经加热到一定温度后，几个小时就可以固化；酚醛树脂常用的潜伏性固化剂为六次甲基四胺等。利用固化剂潜伏性的这一特性，可将环氧树脂组成物配成单组分，以避免单组分和固化剂（双组分）配料时带来的缺点。潜伏性固化剂的体系如下图所示。

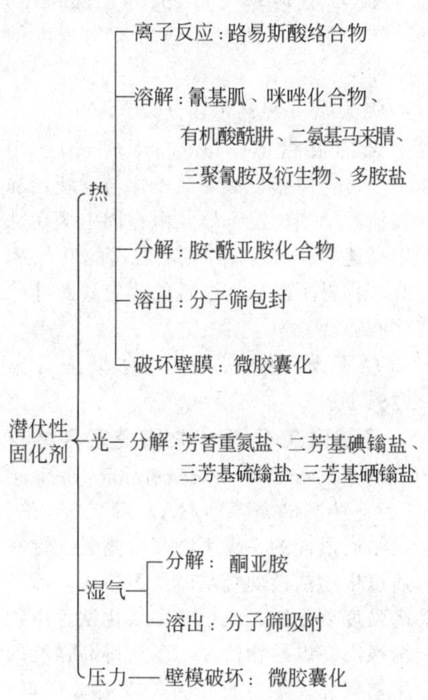

潜溶剂 latent solvent 在室温条件下对个别树脂只有轻度或毫无溶解作用，但在温度升高至一定程度就变成活泼溶剂的一种有机液体。

潜像 latent image 在射线照射下，记录介质中产生的不可见图像，经过显影可转变为可见图像。（无损检测）

欠固化 undercure 又称固化不完全。热固性树脂在固化过程中，由于固化时间和/或温度不足，或材料变质等原因使其未能达到要求的固化度，引起制品性能不良的现象。解决办法：首先，检查固化记录，如果固化温度和/或时间不够，先进行模拟实际固化参数试验，提高温度和/或加时固化处理，并对随行件性能分析，若达不到指标要求，则以报废处理。预防措施：采用保质期内的材料；铺贴环境温湿度条件满足要求（如温度 20℃±2℃；湿度≤65%），以免材料吸湿变质；铺贴作业必须在材料的操作寿命内完成；严格执行固化工艺参数。

嵌定 anchoring 胶黏剂通过扩散渗入被粘物表面空隙内，固化后像锚似的将被粘物连接在一起。

嵌段共聚物 block copolymer 又称镶嵌共聚物。由化学结构不同的、较短的聚合物链段以交替形式结成的线型共聚物。交替结合的链段有有规交替和无规交替两种：

有规交替… AAAA—BBB—AAAA—AAAA—BBB…

无规交替… AAAA—BBB—AAA—BBBB—AAAA…

嵌件 insert(for molding) 在模压成型过程中，埋入或随后压入复合材料或塑件中的金属或其他材料零件。

(嵌件)固定销 retaining pin 又称定位销。模塑之前将嵌件设置并定位的一种销杆。

嵌件销 insert pin 成型时使嵌件定位用的销。

嵌接修补 scarf insert repair 将受损结构的损伤部位切除后，将补片切割成相应的形状并嵌入损伤切割处，按嵌接连接形式进行修补的一种修补方法。

嵌置 nesting 在增强塑料中织物层的一种排列方式，即每一层的纱线都放置在相邻一层纱线的凹陷中。

嵌铸 potting 将被嵌物件置于模具中，注入单体、预聚物或聚合物等液体，然后使其聚合或固化（硬化）并脱模。这是将对象包封在聚合物中的一种方法。

强度 strength 材料或结构能承受的最大应力。代表材料或结构在载荷、振动、温度等工作环境下抵抗破坏和保持安全工作的能力。和复合材料的刚度相似，强度也非常依赖于所加载荷的方向。材料的强度一般用它的力学性能表示，如拉伸强度、压缩强度、剪切强度及屈服应力、持久极限、断裂韧度等。

强度包线 strength envelope 多向层合板由失效准则定义和由失效准则与刚度降低准则确定的最后一层破坏（LPF）包线的简单轮廓。

强度比方程 strength ratio equation 复合材料强度极限与其承受的对应应力之比，即用强度比表示的一种复合材料失效判据。是一种与安全余度有关的有用度量。当强度比为 1 时，破坏发生；若强度比为 2，表示安全系数为 2，安全余度为 1，意指再增加一倍载荷即发生破坏，则安全性有两倍保证。

强度比或强度/应力比 strength ratio or strength/stress ratio 与安全系数有关的有用的量值。当该值为 1 时，破坏发生。如其值是 2，意指以 2 的系数保证安全。

强度参数 strength parameter 应力或应变空间二次破坏准则的强度系数，分别为张量 F 和 G。

强度降低因子 参见疲劳强度降低因子（327 页）。

强度调制 intensity modulation 在 B 型扫描显示阴极射线管上的显示中，用产生的反射脉冲来调制阴极射线管的射束电流以便产生比较亮的或比较暗的显示。（无损检测）

强度修正系数 correction coefficient of strength 将不在标准温湿度条件下测得的强度数值修正计算为相当于标准温湿度条件下的强度所用的系数。

强力不匀率 strength irregularity 纺织材料、纺织品强力不匀程度的指标。

强力环 见诺尔环（320 页）。

强力混合器 intensive mixers 用于干掺合树脂，如聚氯乙烯与增塑剂和其他添加剂的混合器，由在固定罐底部以高速转动的一个螺旋桨式的叶轮构成，物料不断地在贴近的固定罐及叶轮之间循环。

羟基苯甲酰聚酯 见聚全芳酯（254 页）。

羟基磷灰石-氧化物陶瓷复合材料 hydroxyapatite-oxide ceramic composites 羟基磷灰石（HA）颗粒充填氧化物而形成的一类生物复合陶瓷。旨在通过生物活性的羟基磷灰石掺入，赋予高强度氧化铝、氧化锆和氧化钛等生物惰性陶瓷以生物活性，以获得高强度的生物陶瓷。该材料与骨的兼容性较好，实验表明，植入动物 12 周后与骨结合的剪切强度从纯陶瓷的 2MPa 提高到 6MPa。通常采用热等静压烧结法制备，烧结温度 1250℃，压力 200MPa。

羟基磷灰石增强聚乙烯复合材料 hydroxyapatite reinforced polyethylene composites 由羟基磷灰石颗粒增强聚乙烯构成的一种骨替换材料。其特点是通过改变羟基磷灰石含量（0～50%）可使其力学性能调整至自然骨水平，从而具有良好的力学兼容性，同时羟基磷灰石也赋予其表面生物活性。

羟甲基脲 methylol urea 又称脲基甲醇。由尿素与甲醛化合而取得的无色晶体，为尿素-甲醛树脂生产过程中的一阶产物。

2-羟乙基二亚乙基三胺 2-hydroxyethl diethylene triamine 本品系二亚乙基三胺的加成改性产物。为透明液体，可作为环氧树脂的固化剂，并使加工性得到改善，其毒性比二亚乙基三胺低得多。主要用于小型或大型的填充浇铸制品和层压制品，一般用量为 20 份，固化条件为 RT/2d。

羟值 hydroxyl value; hydroxyl number 由 1g 含羟基的有机物进行乙酰化，所得产物加水分解后游离出乙酰，再用已知浓度的 KOH 中和时需要的毫克数。羟值是有机物中羟基(—OH)的量度单位。

敲击检测 tap test inspection 是一种采用专用金属棒、敲击锤、硬币或者仪器等检测工具轻轻敲击被检测复合材料结构表面，通过辨听敲击声音的变化来确定损伤的检测方法。这种检测方法简便易行，常常作为其他无损检测方法的前期检测或补充检测手段，具有较高的实用价值。可用于检测分层、开胶、基体固化不完全和某些裂纹等损伤。该检测方法特别适用于检测层数≤3 的层合板的分层损伤。

桥接 见交联(206 页)。

翘曲 warpage; warp 经过模压或其他方法成型的层压制品脱模后由于产生的应力不均匀而产生的凹/凸状变形。变形呈盘子状的称上翘曲；盘底朝上的变形称下翘曲；侧边相平行的变形称旋转翘曲；在对角线方向变形的称扭曲。产生内应力的主要原因有：基体组分不均匀，树脂含量不均，升温、固化速度过快，加压时机不合适，固化温度过高、不均匀、不充分，脱模太早，卸压出模时温度过高，冷却不均匀，以及铺层不对称等。

切变波 shear wave 一种波动形式，在这种波动中，材料中每一点上的质点位移垂直于波动的传播方向。

切变波探头 shear wave probe 发生和(或)接受切变波的探头。

切变力 shear 另见剪切力(203 页)。

切变速率 shear rate 流到截面上熔融聚合物层相互滑移或沿流道壁呈层流的总速度。

切点 见赤道线(53 页)。

切断纤维 见短纤维(84 页)。

切缝 kerf 用锯条、焊枪、射水、激光束切割等加工成的切痕。

切粒机 granulator; pelleter 一般指将条状或片状物料切成颗粒的机器。

切条机 slitter 将连续的、较宽的薄膜或片材，在纵向切成数条宽度较窄的条(或带)的装置。

切线模量 tangent modulus 由原点或非线性应力-应变曲线上某点处的切线绘出的理想化弹性模量。割线模量是由原点到应力-应变曲线上同一点之间的联机(割线)绘出的另一种理想化弹性模量。

亲和势 affinity 对胶黏剂而言，是胶黏剂和黏合体之间的一种引力或极性相似性。

亲水的 hydrophilic 对水有亲和力，易与水结合或混合的特性。

亲水聚合物 hydrophilic polymer 在主链或侧链上带有亲水性支链或官能团(如－OH、－COOH、－NH)等的高分子。此类高聚物对水的接触角小，易发生亲和、溶胀以致溶解，并发生氢键。例如，聚乙二醇、聚乙烯醇、聚丙烯酰胺及羟甲基纤维素等。

亲油亲水基平衡值　hydrophile-lipophile-balance value　简称 HLB 值。用以衡量表面活性剂分子中极性基、非极性基两部分的相对强度。极性基团强，其 HLB 值就大；非极性基团长，其 HLB 值就小，亲水性就差。

青石棉　blue asbestos　一种富铁型石棉。石棉纤维用于增强塑料使之具有预期的良好耐化学性。

轻型树脂传递模塑成型工艺　RTM-light　轻型 RTM 工艺是在传统 RTM、VARTM 工艺的基础上发展起来的一种高性能、低成本复合材料液体成型（LCM）技术，其成型压力低于 0.1MPa。树脂和固化剂通过注塑机计量泵按配比输出带压液体并在静态混合器中混合均匀，然后在真空辅助下注入已铺放好纤维增强体的闭合模具中，模具利用真空对周边进行密封和合模，然后进行固化，如下图所示。其特点是一个半柔性上模，一个刚（或半刚）性下膜，成型压力（真空负压和较低的注射压力）低，加压过程中半柔性模能较好地敷贴到制件下模上，且压力均匀，并可多次使用。不需要厚重的金属模，成本低，适合批量生产。轻型 RTM 工艺保留了 RTM 工艺的对模工艺，但上半模上有一个约 100mm 宽的真空环闭合工装，由双密封带构成的一个独立密封区，只要一抽真空模具就闭合。非常方便快捷。成型需要的真空度为 10～15inHg（254～381mmHg），与 VARTM 相比，其真空度小，产品厚度均匀，两面光滑。

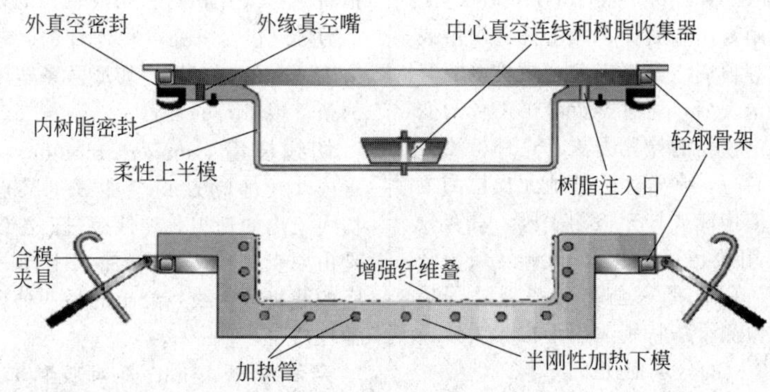

氢键　hydrogen bond　化合物分子中凡是与电负性较大的原子 X（如 F、O、N、Cl、S 等）相结合的氢原子，与另一电负性较大的原子 Y 上的孤对电子结合成的一种键（X—H…Y）即为氢键。氢键分为分子间氢键和分子内氢键。氢键的本质是静电不吸引力，具有饱和性和方向性。氢键与普通化学键不同，其键长较长而键能较小，容易破坏。氢键的存在一般对化合物的性能有明显的影响。如提高熔点、沸点和溶解度等。对于聚合物共混体，若两相间能形成氢键，则可获得较好的兼容性。尽管氢键键能较小，但其作用能量比范德华力大。

倾斜缠绕　slope winding　缠绕带

方向与芯模轴线方向成一定角度，从锥芯大端向小端一次连续缠绕，且一次完成的缠绕方法。

倾斜功能材料 见梯度功能材料(439页)。

清机 purging 在挤出或注射成型过程中遇有需要更换用料时，将随后要用的材料或另一种可以混溶的清机物料纳入机中，以清除机筒内残留旧料的操作。

清洁间 clean room 参见铺层间(333页)。

清晰度 definition 在射线照片、照片或荧光屏图像中，图像轮廓清晰的鲜明程度。一般用于定性的评定。(无损检测)

氰基丙烯酸酯胶黏剂 cyanoacrylate adhesive 又称瞬干胶。以α-氰基丙烯酸酯为主要成分的胶黏剂。其特点是：单组分、无溶剂、无色透明、黏度低；铺展性好，单位面积用胶量少；不需要加热和固化剂就能在室温下快速(5～60s)固化(因为一接触空气或粘接面即使是极微量的水也立即发生剧烈聚合反应)；被粘接表面不需要特殊处理，使用方便；几乎对各种材料都有良好的粘接强度，如钢-钢粘接的剪切强度为17～34MPa；粘接塑料和橡胶，粘接强度大于塑料、橡胶本身的强度；特别适用于小零件的快速粘接、修补和固定；对皮肤等生物体也有强的黏合作用，而且基本无毒。缺点是胶层脆，耐水及耐碱性差。

氰基胍 cyanoguanidine 分子式：

$$NH_2—\overset{\overset{\large NH}{\|}}{C}—NH—CN$$

)。又称双氰胺。分子量84.08。白色结晶粉末。熔点207～209℃。溶于水、乙醇、丙酮水合物、二甲基甲酰胺。干燥时很稳定，不燃烧，低毒。用作环氧树脂潜伏性固化剂，参考用量4～12份，100g环氧树脂配合物使用期为6～12月。固化条件160℃/60min+180℃/20min。采用*N*-对氯代苯基-*N*′,*N*′-二甲基脲、*N*-(3,4-二氯苯基)-*N*′,*N*′-二甲基脲、*N*-(3苯基)-*N*′,*N*′-二甲基脲、*N*-(4-苯基)-*N*′,*N*′-二甲基脲、2,4-咪唑脲等取代脲为促进剂，可降低固化温度40～50℃，配制的中温胶黏剂室温下有1～3个月的储存期。氰基胍是一种潜伏性固化剂，为了与环氧树脂充分分散混合，需先配成溶液，其溶解度随温度升高而增加。典型的氰基胍溶液配比如下表所示。

单位：质量份

组分	氰基胍	PGME（单丙基酸丙二醇酯）	DMF（二甲基甲酰胺）
配方1	3.25		15
配方2	3.25	15	15

氰酸酯树脂 cyanate esters；cyanate resin；triazine a resin；CE 又称三嗪A树脂。含有两个或两个以上氰酸酯官能团(—O—C≡N)的酚衍生物，在热的作用下能发生三环化反应而生成三嗪环结构的一类热固性树脂。氰酸酯树脂具有优异的粘接性、耐热性、力学性能、介电性能及工艺性能。耐湿热性、阻燃性都很好，抗冲击性优异，拉伸强度88.2MPa，拉伸模量3.17GPa，断裂伸长率3.2%。固化物玻璃化转变温度(240～260℃)高，吸湿率(<1.5%)低，湿态和干态热变形温度差异小。收缩率低，具有突出的电性能，低且稳定的介电常数(10GHz，ε=2.6～3.2)、极低的介电损耗因子(10GHz，tanδ=0.002～0.008)。对温度和电磁波频率的变化都不敏感，显示特

有的稳定性。缺点是价格高，预浸料对湿气敏感，固化期间产生二氧化碳，粘接性能低于环氧树脂。具有与环氧树脂类似的加工工艺性，可制成预浸料，可用于湿法缠绕，可用于复合材料液体成型，改性后可在 177℃ 固化。氰酸酯树脂主要用于高性能宽频高透波结构材料、高温胶黏剂、航空航天高性能结构（雷达罩、卫星天线、透波隐身结构）复合材料及绝缘漆，以及高速数字及高频印刷电路板等。可与氨基树脂、环氧树脂、乙烯基树脂以及双马来酰亚胺树脂等进行共聚反应，因而具有更广泛的应用范围。氰酸酯树脂和环氧树脂性能的比较如下表所示。

性能	单位	氰酸酯树脂	典型环氧树脂	HD03（环氧）
密度	g/cm^3	1.24	1.21	1.22
拉伸强度	MPa	80.3	72.6	65
拉伸弹性模量	GPa	3.49	3.2	2.9
断裂伸长率	%	2.6	2.9	2.9
弯曲强度	MPa	163	120	115
弯曲弹性模量	GPa	3.95	3.39	—
压缩强度	MPa	158	118	202
压缩弹性模量	GPa	3.74	3.39	2.9
T_g(DMA)	℃	158	121	182

氰酸酯树脂基复合材料 cyanate resin composites 以氰酸酯树脂为基体的复合材料，具有优异的介电性能，多用作宽带高透波结构材料。参见氰酸酯树脂（343 页）。

氰酸酯树脂胶黏剂 cyanate resin adhesive 以氰酸酯树脂为基料配制成的胶黏剂。可在 177℃ 固化。特点如下：耐热性好，玻璃化转变温度高，最高使用温度可达 230℃；粘接强度大，对温度和湿度敏感性小；固化收缩率低，固化时无低分子产物放出；吸水率（<1.5%）低，小于 EP 树脂和 BMI 树脂；介电常数低、介电损耗因子小，且受湿度、频率影响小；耐湿热性优异，在湿态环境中使用温度可达 180℃；耐化学品性好，阻燃，耐烧蚀。是一种可用于耐热性要求高的结构的胶黏剂。参见氰酸酯树脂（343 页）。

球烯 见富勒烯（132 页）。

球环试验 ball and ring test 一种测定热塑性塑料软化点的方法。

球回跳试验 ball rebound test 用落球测量聚合物能量感应的一种方法。即由固定高度将直径 3.175mm（1/8in）的钢球掉落在试样上以测定其回跳的高度。两种高度的回跳差异表明被吸收的能量。在一定温度范围内进行若干次试验即可得到有关一级和二级转化点、分子量分布以及添加剂和增塑剂的影响等有用数据。

球面波 spherical wave 相位相同的点位于同心球体表面上的波。（无损检测）

球磨合成法 milling synthesis; MS 是多种粉末直接形成合金的一种工艺。首先将各种需要的粉末置于球磨罐里球磨，使粉末变形、粉碎，局部高温反应生成弥散分布的增强体，再将球磨后的粉末脱气、热压或冷处理固结成型。该方法适合于制备陶瓷或金属间化合物作为弥散相的合金。如在球磨 Al 粉和 Ti 粉的过程中通入可控气氛 N_2，从而直接制成 TiN、(Ti、Al)N 复相陶瓷增强的铝基复合材料。其优点是：增强相是在常温或较低温度下在真空罐中通过化学反应生成的，尺寸细小，分散比较均匀；粉末系统的储能高，有利于降低其致密化的温度；制成的材料不受相率的支配，可比较自由地选择金属和构成相。缺点是：粉末要求严格，制造成本高；表面易氧化、污染；球磨易使粉末非晶化或产生过渡相。

球磨机 ball mill 绕水平轴旋转的一种圆形或圆锥形壳体内部装以天然碎卵石、小瓷球或金属球作为研磨介质。待磨物料添加到刚好填满小球间的空隙或再略多一点为止。壳体旋转速率使小球体做阶式落体，从而借冲击力将物料粒度磨小。

γ-巯基丙基三甲氧基硅烷 γ-mercaptopropyltrimethoxysilane 商品名为 KH-580；A-189（美国）。本品为巯基硅烷偶联剂。分子量 196.34，无色透明液体，有特殊气味，相对密度（d_4^{20}）1.057，沸点 212℃。闪点 75℃。溶于甲醇、乙醇、异丙醇、丙酮、甲苯、醋酸乙酯、溶剂汽油。不能直接溶于水。在酸性（pH＝4.5～5）水中搅拌（约 15min）可溶于水。适用于环氧树脂胶黏剂和聚硫密封胶。是中空玻璃用聚硫密封胶效果最好的偶联剂，参考用量 0.5～1.0 份。若在酚醛-丁腈胶黏剂中加入 1 份的 KH-580，粘接铝的剪切强度可达 21.5MPa；加入 1 份的 KH-550 偶联剂的同样胶黏剂粘接铝的剪切强度为 16.2MPa，而不加偶联剂的却仅有 10MPa。分别提高了 32.7％和 125％。

γ-巯基丙基三乙氧基硅烷 γ-mercaptopropyltriethoxysilane 商品名为 KH-590；A-1891（美国）。分子量 238.42。无色透明液体，有特殊气味，相对密度（d_4^{20}）0.993，沸点 210℃。溶于乙醇，微溶于水。在 pH 为 5 的水溶液中经搅拌（约 15min）可溶解。适用于环氧树脂、聚氨酯、氯丁橡胶等胶黏剂和聚硫密封剂。在二元乙丙橡胶、三元乙丙橡胶、丁苯橡胶等硫黄硫化橡胶的填充体系中具有良好的偶联效果，可显著提高制品的物理力学性能。是中空玻璃用聚硫密封胶效果最佳的偶联剂，参考用量 0.5～1.0 份。

曲率 curvature 构件弯曲和扭转的几何量度。一条曲线在一点的曲率是曲线在该点密切圆半径的倒数。

曲面拉挤成型 curved pultrusion molding 浸渍了树脂的增强材料被牵引进入由固定阳模与旋转阴模构成的闭合模腔中，然后按模具的形状弯曲定型、固化。制品被切割前始终置于模具中。待切割后的制品从模腔中脱出后，旋转模即进入下一轮生产位置。曲面拉挤成型的设备由纤维导向分配器、浸胶槽、射频电能预热器、导向装置、旋转阴模、固定阳模模座、模具加热器、高速切割器等装置组成。所用原材料为不饱和聚酯、乙烯基树脂或环氧树脂和玻璃纤维、碳纤维、混杂纤维等。

DSC 曲线 见差示扫描量热曲线（42 页）。

DTA 曲线 见差热曲线（41 页）。

S-N 曲线 S-N curve 疲劳应力、疲劳应变或疲劳应力比相对于疲劳循环数的关系曲线。

屈服点 yield point 在应力-应变曲线上应力不随应变增加而增加的第一个点。在屈服点处，受力的试样开始产生永久形变。试样所受应力可为拉伸、压缩或剪切应力中的任何一种。

屈服极限 yield limit 试样受力过程中，产生塑性变形时的应力。它表示材料抵抗塑性变形的能力。其值为“比例极限”词条附图拉伸曲线中 c 点所对应的应力，通常用 σ_s 表示：$\sigma_s=P_s/F_0$。式中，P_s 为图示拉伸曲线图中 d 点对应的载荷，N；F_0 为试样的原横截面积，mm^2。

屈服模量　yield modulus；modulus offset　屈服应力与在屈服点的伸长量的比率。

屈服强度　yield strength；strength yield　是对无明显屈服现象的塑性材料而言，通常指在试样上产生的残余变形等于某一规定值（如在偏量法中为0.2%，在受载总伸长法中为0.5%）时的应力值。

屈服应力　yield stress　在应力-应变曲线上屈服点处的应力。参见屈服强度。

屈服值　yield value　当不再施加载荷时仍有明显变形发生时的正应力或剪应力。

屈强比　yield ratio　屈服强度与拉伸强度之比。材料的屈强比愈高，其承载能力愈大。

屈曲　buckling　①复合材料中纤维的卷曲，由固化时树脂的收缩而引起；②结构件的失稳侧向位移，如由过度压缩和剪切引起的板的失稳侧向位移；③轴压下复合材料中的纤维可能产生的微屈曲。

屈曲线　buckle line　蜂窝芯子塌陷的格子线，二到三个格子宽，两边的格子无畸变。屈曲线出现在已成型芯子的内圆处，方向与芯子的纵向平行。

取向　orientation　拉伸热塑料制件使其分子构型重排以增进其机械性能的方法。取向可由在生产中的冷牵引或冷拉伸来实现。如所施拉伸力为单方向的，该法称为单轴取向；若拉伸力为双方向的，则采用双轴取向一词。重新加热时，取向薄膜会沿取向方向收缩。此特性对如收缩包装之类应用有用，并能增进如管道与纤维之类模制品与挤制品的强度。

全波整流　full-wave rectification　使电流在交流电的每个半周都流过X射线管的整流。（无损检测）

全尺寸疲劳试验　full-scale fatigue test　试件和真实结构尺寸为一比一的疲劳试验。常用于结构设计验证试验。

全反射　total reflection　当入射角大于临界角时所发生的反射。

全氟乙烯　perfluoroethylene；PFA　参见聚四氟乙烯（254页）。

全景曝光　panoramic exposure　由一单个的射线源同时曝光的一种安排。（无损检验）

全体域（数理统计术语）　见母体（306页）。

全液压合模装置　straight hydraulic mould clamping system　又称直压式合模装置。成型机中不借助于其机械结构而全部由液压操纵开模、闭模和锁模的装置。因合模油缸与动模板直接相联以及油缸压力直接作用在模具上而得名。

缺经　missing end　又称断经。织物表面经纱断缺。

缺口断裂强度　notch rupture strength　外加载荷与应力-断裂试验所用缺口试样的最小横截面面积之比。

缺口敏感系数　notch sensitivity factor　材料塑性（对复合材料而言，缺口伤附近损伤区）对缺口试样强度影响的系数，以 Q 表示。$Q=(K_f-1)/(K_t-1)$。式中，K_f 为强度降低因子；K_t 为理论应力集中系数。即用线性弹性理论计算的缺口处最大应力和不考虑缺口时名义应力之比。

缺口敏感性　notch sensitivity　由于表面不均匀性如缺口、截面突变、裂纹和刷痕的存在而增加材料对破坏的敏感程度。一般说来，韧性材料的缺口敏感性低，脆性材料的缺口敏感性高。

缺口强度 notched strength 在有孔、开口、裂纹等产生应力集中的情况下板的有效强度。

缺口试样 notched specimen 为了诱导并确定破坏点，在其上切割或开槽的试样。

缺口系数 notch factor 又称缺口因子。

缺口效应 notch effect 对带有孔眼、缺口等制品施加外力而使其容易产生应力集中和破坏的现象。

缺口因子 notch factor 在一无缺口试样上测得的强度与在一有缺口试样上测得的强度之比。

缺料 short shot 在模塑成型中，模塑料不能完全充满模腔的现象，以及由此所造成的制品缺陷。

缺纬 broken weft；missing pick 一个完全组织内有一根或几根纬纱未织入。在斜纹或缎纹织物上呈现的缺纬俗称“百脚”。

缺陷 defect；flaw(composites) 复合材料制件在制造、加工或装配过程中产生的不连续相或制造异常，这种异常在规定的标准内是允许的，但超出标准规定范围的“超差”不允许。常见缺陷类型有空隙率偏高、预浸料间隙大、外来夹杂、纤维屈曲、方向偏差大、铺层顺序错、基体开裂、含胶量变化大、层间分层、芯子损伤、蒙皮脱胶、充填物处置不当等。

缺陷定位标尺 flaw location scale 一种具有特殊刻度的尺子，把它附加在剪切波探头上，与阴极射线管荧光屏上的缺陷回波位置一起显示，可直接读出物体内部缺陷的位置。(无损检测)

缺陷回波 flaw echo 由任何材料或物体中的缺陷所反射的超声能量的脉冲。(无损检测)

缺陷灵敏度 flaw sensitivity 在特定的条件下可以发现的缺陷的最小尺寸。

确认 validation 为专门指定的使用场合，通过客观证据的提供和检查，来证明已符合特定要求。

裙座 skirt 火箭推进器外壳圆筒部由切面延伸的部分，供节与节的连接用。

群速度 group velocity 在传播方向上，一群具有某种特性的波的包络速度。(无损检测)

R

燃点 ignition point 表示可燃性液体性质的指标之一。是可燃性液体加热到其表面上的蒸气与空气混合物同火焰接触立即着火仍能继续燃烧（闪点温度下的闪燃只是一闪，不能继续燃烧）的最低温度。易燃气体的燃点高于其闪点1～5℃。闪点愈低，燃点与闪点之间的差别愈小。

燃烧鉴别试验 burning identification test 利用材料在燃烧时的性状简易鉴别材料属类的一种试验方法。

燃烧试验 combustion test 简单鉴别塑料的试验方法，是将塑料靠近火焰从其有无软化、火焰的性状、火焰的颜色、燃烧难易、有无自熄性、臭味、石蕊试纸反应等来判别其属类。

燃烧速率 burning rate 见可燃性(268 页)。

燃烧损耗 ignition loss；loss in ignition 燃烧前后的质量差。如玻璃纤维烧掉胶黏剂和上浆剂等。

绕程 circuit 长丝缠绕中，缠绕机纤维供料机构的一圈完整绕程；或绕带自一任意点沿绕径止于平面上经起点和垂直于绕轴的另一点的一整圈绕程。

绕数 lay 在玻璃纤维卷装中，以每英寸的绕数表示的无捻粗纱绕带在卷筒上的间距。

绕丝头 见导丝头（70 页）。

绕向 lay 在长丝缠绕中，通常参照旋转轴而定的缠绕方向。

热包模成型 hot drape forming 通过加热和抽真空使预浸料贴到模胎上固化成型的工艺方法。

热变形温度 heat deflection temperature; HDT 塑料、复合材料耐热性的一种量度，是将试样置于一种等速升温的适宜传热介质中，在简支梁式的静弯曲负荷作用下，测出试样弯曲变形达到规定值时的温度。参见玻璃化转变温度（17 页）。

热补仪 hot bonder 一种用于复合材料修补的、可进行加热并施加真空压力使补片固化并与受损件胶接的设备。参见热粘接控制仪（363 页）。

热成型 thermoforming; heat forming 通常指以热塑性塑料片材为原料制造塑料及其复合材料制品的一种加工方法。首先将裁成一定尺寸形状的片材夹在模具的框架上，让其加热软化，而后凭借施加的压力，使其紧贴模具的型面，取得与型面相仿的形状，经冷却定形和修整后即得产品。热成型方法有很多种。复合材料中常用的有：真空成型、气助真空成型、平面积层真空成型、包模真空成型等。

热成型制件 thermoform 由热成型方法所制得的产品。参见热成型（348 页）。

热冲击 thermal shock 急剧加热或冷却时，在结构内产生热冲击应力的现象。

热处理 heat treating 对材料进行退火、淬火和回火等处理的总称。

热传声法 thermoacoustimetry 在程序温度下，测量通过物质后的声波特性与温度的关系的技术。

热磁学法 thermomagnetometry 在程序温度下，测量物质的磁化率与温度的关系的技术。(热分析)

热脆的 hot-short 加热时没有弹性，不会伸长，并在拉力下易碎裂。

热导率 thermal conductivity 又称导热系数、导热率。表示物质热传导性能的物理量其值等于单位长度上温度相差 1℃时，单位时间内通过单位横截面的热量。单位为 W/(m·K)。

热等静压工艺 hot isostatic pressing 制造某些金属基复合材料的一种工艺。在高温高压容器中，通过流体介质(通常为惰性气体)将高温、高压同时均匀地施加于材料全部表面，并使之固结成为预型件。该工艺有包封和无包封两种。

热等静压烧结 见高温等静压烧结(140 页)。

热电能 thermal electric power 固体中由于温度不同（温差存在）产生的电场或磁场。

热电偶 thermocouple 一对两种不同的金属丝，一端焊接在一起，当对焊接点加热时产生可以察觉的电流，并通过金属丝的另一端形成回路。电流的强度随温度而改变，而且可用已校正为温度度数的毫伏计测量。完整的系统包括热电偶和称为高温计的检测装置。在热成型工艺中，广泛地采用这种高温计来指示和控制挤出机、模塑机和热压罐的温度。

热电偶法固化监测 thermal couple cure monitoring 用热电偶跟踪固化过程中制件内部温度的变化，对整个固化过程实行全程监测，以控制和调节固化温度的技术。参见光导纤维现场固化监控（158页）、介电法固化监控（220页）。

热电学法 thermoelectrometry 在程序温度下，测量物质的电学特性与温度的关系的技术。（热分析）

热发光法 thermoluminescence 测量发光强度的热分析技术。（热分析）

热发声法 thermosonimetry 在程序温度下，测量物质发出的声音与温度的关系的技术。（热分析）

热法泡沫塑料 thermally foamed plastics 通过加热促使组分产生气体状分解或挥发而形成泡孔的一种泡沫塑料。

热分析 thermal analysis 在程序温度下，测量物质的物理性质与温度的关系的一类技术。参见差热分析（41页）、热机械分析（351页）、差示扫描量热法（42页）等。

热分析曲线 thermal analysis curve 在程序温度下，使用热分析仪器扫描出的物理量与温度或时间关系的曲线。纵坐标为测量的物理量，从下向上表示增加；横坐标为温度 T 或时间 t，从左至右表示增加。各种热分析技术的分析曲线的横坐标的物理量均相同，而纵坐标的物理量不同。

热钢丝切割机 hot wire cutter 用于将一定类型泡沫塑料块分割成小块的一种装置。塑料块借重力或输送器供入钢丝切割机后，电热钢丝慢慢地将其熔融切割。

热隔膜成型 hot-diaphragm forming 一种平面铺层真空成型的低成本复合材料加工技术。即将已铺贴好的平板预浸料坯夹持于两薄膜之间，借助于温度和压力制造异型截面复合材料制件的方法，如下图所示。本方法的优点是在成型过程中，薄膜始终处于拉伸状态，薄膜与平板预浸料坯之间存在相互摩擦作用，使得平板坯件保持张力状态，以防止纤维在成型过程中产生皱褶和移动，有益于制件型面精度的控制。该成型方法生产自动化程度高，节省劳动成本。空客A400M机翼大梁和A350机翼翼梁的原型件均采用这种工艺制造。参见平面积层-真空成型工艺（330页）、隔膜成型（144页）、热塑性复合材料隔膜成型（356页）。

热固化胶黏剂 hot-setting adhesive; adhesive, hot-setting 加热到室温以上温度才能固化的胶黏剂。

热固树脂 resinoid 为热固性树脂的总称。指起始时为短暂熔融态最后固化成不溶不熔态的树脂。

热固性 thermoset 材料在加热、催化、紫外线等作用下发生化学反应，并生成相对不溶、不熔状态的特性。

热固性酚醛树脂 thermoset phenolic resin 以碱（NaOH、NH_4OH 等）作催化剂，在甲醛比苯酚略高少许摩尔比的条件下，酚与醛的缩合产物。主要成分为可溶于碱性水溶液和丙酮的邻位与对位酚醇混合物（甲阶树脂或A-阶树脂）。当加热或加入酸性催化剂（如盐酸、对甲苯磺酸）时，酚醇发生缩合反应，分子量变大，形成不溶于碱性水溶液，而可部分溶于丙酮、乙醇的乙阶（或B阶）树脂。继续加热和反应，即得到不溶不熔的体型结构的丙阶（或C阶）树脂。

热固性基体 thermosetting matrix 固化后在热或溶剂作用下不熔不溶的树脂基体。参见热固性聚合物（350页）。

热固性胶黏剂 thermosetting adhesive 见热固性树脂胶黏剂（351页）。

热固性聚合物 thermosetting polymer 原态为液体或软化点较低的固体，具有可溶可熔的性质，能在分子间通过化学交联成为体型结构的聚合物。交联反应不可逆，所以其加工特点只能是一次成型，而不能以同一方式再次加工。热固性聚合物由于化学交联稳定，故不溶、不熔。它的制备可用单体直接合成或用预聚物继续反应。预聚物分为两类，第一类是由双官能团与三官能团单体共聚；第二类是双官能团单体之间缩聚的产物，此类预聚物必须在催化剂或交联剂的作用下才能进一步交联，例如环氧树脂、不饱和聚酯、线型酚醛树脂等。热固性聚合物硬度大，耐热性高，尺寸稳定性好，可用作结构材料、民用品、日用品及某些工程材料。

热固性聚酰亚胺树脂 thermosetting polyimide resin 聚酰亚胺是一类分子链上含有酰亚胺基的聚合物。其中在加热或加入交联剂的条件下能形成网状立体结构的称为热固性聚酰亚胺。分为高温型和非高温型两种：高温型的主要有PMR聚酰亚胺（主要指纳迪克酸酐封端的一类聚酰亚胺）、乙炔基封端聚酰亚胺、双马来酰亚胺（BMI）以及聚苯并咪唑型聚酰亚胺等。可在250℃左右长期使用，短期使用温度可达300～400℃；非高温型的有聚酰胺-酰亚胺、聚胺-酰亚胺等，长期使用温度低于250℃。所有的热固性聚酰亚胺树脂都具有优异的力学性能和介电性能、优良的耐辐射性、耐热性、耐磨性、耐溶剂性。是高性能复合材料的重要树脂基体。

热固性聚酰亚胺树脂基复合材料 thermosetting polyimide resin matrix composites 以热固性聚酰亚胺树脂为基体，以填料填充剂或以纤维（或其织物）为增强体的复合材料。基体包括耐高温和耐较低温度两种。该类树脂基体以其本身的优异性能，赋予复合材料良好的物理和机械性能。主要形式有两种：①玻璃纤维、碳纤维（或织物）为增强体的层压结构。此类通常用较低分子量的树脂做成预浸料，然后通过真空热压罐法压制成产品。这种复合材料主要用于制造航天、航空结构部件，发电机零件等。②石墨、二硫化钼填充的模塑料，主要用于制作自润滑耐磨零件。

热固性树脂 thermosetting resin 因受热或化学作用而能固化成不溶、不熔性物质的树脂。参见热固性聚合物（350页）。

热固性树脂基复合材料 thermosetting resin matrix composites 以热固性树脂为基体的复合材料。是目前复合材料用量最多的品种。这种复合材料在形成过程中发生固化反应。固化物具有不溶、不熔的特点。所用的主要树脂品种有酚醛树脂、不饱和聚酯树脂、环氧树脂、双马来酰亚胺、热固性聚酰亚胺树脂、氰酸酯树脂以及苯并噁嗪树脂等。所用的增强体有玻璃纤维、碳纤维、芳纶及其织物、粒料和片材。这种复合材料一般具有很高的强度与模量及优良的耐热、耐疲劳、抗蠕变、耐腐蚀、耐湿、绝热等性能。基体对纤维具有良好的浸润性和黏附性，工艺性能良好，适于各种成型方法，如接触成型、缠绕成型、低压成型、模压成型、喷射成型、挤出、拉挤成型以及各种 RTM 等。广泛用于航空航天、机械制造、交通运输、化工、电子电气、建筑、能源以及其他工业等领域。参见热固性树脂（350 页）。

热固性树脂胶黏剂 thermosetting resin adhesive；thermosetting adhesive 以含反应性基团的热固性树脂为黏料配制成的胶黏剂。经固化反应，交联成体形结构，形成不溶、不熔的固体胶层。可室温固化，也可加温固化。前者称室温固化型胶黏剂，后者称热固化型胶黏剂。主要有酚醛、脲醛、三聚氰胺、环氧、聚氨酯、不饱和聚酯、杂环聚合物等品种。此类胶黏剂的主要特点是具有较高的粘接强度、耐热、耐老化，耐化学介质优良。主要用于金属和非金属结构的胶接，是目前产量最大、应用最广的一类胶黏剂。参见热固性树脂（350 页）。

热固性塑料 thermosetting plastics；thermosets 因受热或其他条件能固化成为不溶、不熔性的塑料。参见热固性聚合物（350 页）。

热固性塑料成型模 mold for thermosets 热固性塑料成型用的模具。因为固化时需要加热，所以在模具选材时应该考虑材料的耐热性及其热膨胀系数问题。

热固性塑料注塑模 injection mold for thermosets 成型热固性塑件用的注塑模。

热固性预浸料 thermosetting prepreg 采用热固性树脂制备的预浸料。主要形式为单向预浸料和织物预浸料。其制备方法主要有两种：一种是湿法，先将树脂用溶剂配成溶液，而后纤维通过其中，最后收卷于滚筒；另一种是干法，先将树脂制成糊状、膜状或粉状，然后与纤维浸渍成为一体。热固性预浸料通常需在低温（−17℃）下储存，以延长适用期。

热管 heat pipe 缩小热流道和浇口之间温差的高效导热组件。也可用于模具的冷却系统。

热光学法 thermo photometry 在程序温度下，测量物质的光学特性与温度的关系的技术。(热分析)

热焊 thermal sealing 仅借助热和压力把两层或多层塑料黏合在一起的方法，即将热塑性塑料放在加热的塑模或工具之间施压，塑模和工具保持相对恒定的温度，待焊体熔融到一起后，降温卸压。参见热合（351 页）。

热合 heat seal；heat sealing 利用热活性将一薄层热塑性材料放在黏合体表面胶合位置，通过加压、加热使黏合体表面温度达到胶黏剂的熔点，使胶黏剂熔化为液体，浸润黏合体，随着温度降低，黏合体就被粘接在一起。参见热焊（351 页）。

热活性 heat reactivation 加热使胶产生活性。如热熔性胶黏剂的 B-阶段树脂固化过程的完成。

热活性胶黏剂 heat-activated adhesive 又称热敏胶黏剂。通过加热或热压的方法使其具有黏性，能够完成粘接的干胶膜或固体胶黏剂。

热机械分析 thermomechanical analysis；TMA 在程序温度下，测量

物质在非动负荷下的形变与温度的关系的技术。加载方式有压缩、拉伸、弯曲、扭曲、针入等。可测量－160～1200℃温度范围试样尺寸的变化，借以测定热膨胀系数和玻璃化转变温度。从温度-形变曲线可以定出试样的玻璃化转变温度，用于评价材料的使用温度范围、选择加工条件。也可以得到温度-热膨胀系数曲线，或经标定还可以测量模量随温度变化的关系，用于聚合物材料的结构和性能关系的研究。聚合物的化学结构、分子结晶度、交联程度、增塑和老化等在温度-变形曲线上都会有相应的反映。参见动态力学热分析（81页）。

热加工 hot working 在高于再结晶温度、低于熔点温度之间进行的所有金属或合金的加工工艺。

热解 pyrolysis；thermal decomposition 复杂的有机物经加热分解为比较简单的结构。在过高温度下某些聚合物将解聚成低分子量的聚合物，或在某些情况下，解聚成该聚合物的单体。

热净化 heat cleaning 见热洗（359页）。

热聚合 thermal polymerization 不加催化剂，只用加热来完成的一种聚合方法。能够进行热聚合的单体实例如苯乙烯和甲基丙烯酸甲酯等。

热空气老化 hot air aging 高分子材料在受控热空气中经受热和氧作用产生的不可逆变化。聚合物热氧化过程最终导致聚合物结构和性能发生根本变化。热空气老化与环境温度和空气流速相关。

热空气收缩率 shrinkage in hot air 试样经干热空气处理前后长度的差数对处理前长度的百分率。

热扩散系数 thermal diffusivity 物料的热导率对其密度与定压比热的积之比。可表示为：

$$\text{热扩散系数}=\frac{K}{dc_p}$$

式中 K——热导率；

d——密度；

c_p——定压比热。

热流道板 warm runner plate 在热流道模中，开设有分流道的板均称为热流道板。

热流道模 warm runner mould；hot runner mould 连续成型作业中，采用适当的温度控制，使流道内的热固性塑料始终保持熔融流动状态的注射模。

热敏胶黏剂 见热活性胶黏剂（351页）。

热耐久性 thermal endurance；heat endurance 在选定温度下，在预先规定的测试条件下，材料或材料体系在电、机械或化学作用下变质的时间。

热扭变点 heat distortion point 又称扭曲温度。一标准试棒在固定负荷下偏转某一规定值时的温度。又称负载挠变温度。

热膨胀 thermal expansion 物体受热时，线性尺寸或体积增大的现象。

热膨胀法 thermodilatometry 一种热分析方法。在程序温度下，测量物质在可忽略负荷时的尺寸与温度的关系的技术。（热分析）

热膨胀模成型 thermal expansion molding 采用热膨胀系数较大的材料（金属或非金属）制作阳模或膨胀芯模，加热固化时，在刚性外模的配合下，热膨胀产生压力，对制件进行加压的成型方法。下图所示为热膨胀硬模成型的工艺流程图。参见热膨胀软模材料（353

页）、软模成型（369 页）。

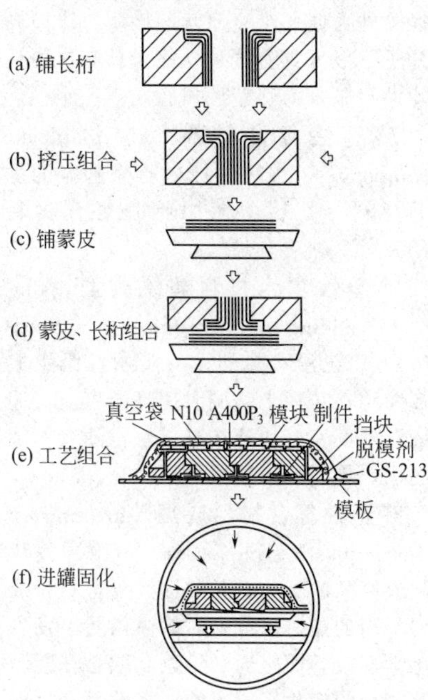

热膨胀曲线 thermodilatometric curve 由热膨胀法得到的记录曲线。

热膨胀软模材料 thermal expanding molding materials 由于加热膨胀能提供压力的一种模具材料。组成热膨胀成型方法的模具主要由刚性外模具和弹性芯模构成。成型原理是当受热时，弹性芯模产生膨胀，由于受到刚性外模的限制而产生对制件毛坯的压力。膨胀软模材料应具有浇注性，热稳定性好，可重复使用，尺寸稳定，不与制件所用的树脂发生反应。热膨胀系数范围较宽，体积模量和热导率高。硅橡胶是一种上好的热膨胀软模材料。

热膨胀树脂传递模塑 thermal expansion resin transfer molding；TERTM 以聚氨酯、PVC、聚氨酯泡沫塑料等作为预型体的芯材，注射过程中树脂同时渗入芯材和预型体，芯材在加热条件下膨胀，进而与增强材料黏合，形成复合材料制品。此项技术已在飞机上得到应用。

热膨胀系数 coefficient of thermal expansion；thermal expansion coefficient 在恒定压力下，温度升高 1℃ 所引起材料的每单位体积的体积变化。复合材料的热膨胀性能主要取决于树脂基体，同时也与增强纤维的取向有关。

热疲劳 thermal fatigue 材料或结构在交替加热和冷却过程中，因自由膨胀和收缩受到部分和完全约束，引起热应力，在热应力反复作用下，逐渐发生局部损伤产生裂纹，最后因裂纹扩展而导致破坏的过程。

热疲劳试验 thermal fatigue testing 测量复合材料在周期性交变温度条件下的物理性能和力学性能变化情况的试验。对于树脂基复合材料，试验温区一般在 −55～150℃ 范围内。复合材料在高低温交变作用下反复膨胀收缩，处在周期性变化的热应力状态下而发生性能上的变化（如出现裂纹、界面脱胶等使力学性能下降）。经热疲劳试验的复合材料再进行力学性能测量，测得的剩余强度或刚度与其原始值之比为性能保持率。

热气焊接 hot gas welding 利用焊炬把热空气喷到热塑性塑料不同制品的接合面和焊条上而使其熔合成为一体的一种焊接方法。

热容量 heat capacity 在指定条件下，通常是在定压或定容条件下使物体温度升高 1℃ 所需要的热量。单位质量的热容量叫作这个物体的比热。所以，热容量＝比热×物体质量。

热熔浸渍工艺 hot-melt resin impregnationing 见热熔法预浸料、干法制备预浸料。

热熔(融)法预浸料 hot-melt impregnated prepreg 将树脂固化体系加热熔融成流体状态，使纤维得到浸润而制得的预浸料。这种预浸料无溶剂，无污染，有利于生产低空隙率的复合材料。但需要专门的设备，并需要高温。参见干法预浸料（135页）。

热熔融体 hot melts 在室温时一般为固体，但加热至可浇注或敷涂程度时成为充分流体的热塑性配料。热熔融体用作胶黏剂及涂料。

热收缩薄膜 heat shrinkable film 经过一种特殊拉伸和冷却处理的薄膜，一经加热便会收缩。一般具有50%左右的收缩率。其原因是，薄膜在拉伸或吹塑时，分子产生定向排列，当薄膜急剧冷却时，分子被“冻结”；当重新加热时，已定向的分子发生解取向，导致薄膜产生收缩。主要品种有聚氯乙烯、聚乙烯、聚丙烯、聚酯等等。聚乙烯收缩率为30%～50%。聚氯乙烯收缩薄膜具有高强度、高透明性、防水、防污染能力强等特点，广泛用于产品包装。

热收缩硅橡胶 heat shrinkable silicone rubber 通过加热可收缩到扩张前尺寸和形状的硅橡胶。主要由甲基乙基硅橡胶、补强填料白炭黑、结构控制剂、过氧化物硫化剂以及热塑性树脂组成。可用的热塑性树脂有聚乙烯、聚苯乙烯、聚甲基丙烯酸甲酯模塑粉、甲基苯基硅树脂和苯撑硅树脂等。这种硅橡胶除具有硅橡胶的一般性能外，还具有加热可收缩、可就地应用等独特优点。主要用于大、中型电机引出线接头绝缘保护、飞机螺盘电缆外套以及高压输电线路上的绝缘子的绝缘保护。

热塑性 thermoplastic 加热软化，在外力作用下发生变形，而温度降低或撤除外力便又恢复原状的性质。线型高分子一般都具有这种性能。具有这种性能的树脂称为热塑性树脂。

热塑性复合材料 thermoplastic composites 以热塑性树脂为基体的复合材料。见热塑性树脂基复合材料（358页）。

热塑性复合材料缠绕成型 filament winding for thermoplastic composites 将已浸有热塑性树脂的纤维束或带缠绕在芯模上，同时用高能束流对缠绕点现场实施快速加热熔融，随着缠绕进程，预浸丝束边熔融边硬化。

热塑性复合材料成型 forming for thermoplastic composites 指由预浸料制成产品的过程。与热固性复合材料成型不同的是，在成型时基体树脂不发生化学反应，而是通过熔融、融合和凝固等物态的变化来完成的。塑性复合材料典型的加工周期如下图所示。参见热塑性树脂基复合材料固结（358页）。

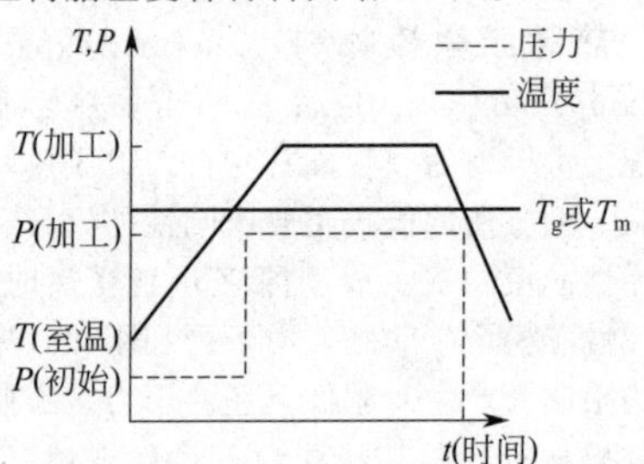

热塑性复合材料的滚压成型 roll forming for thermoplastic composites 即将预先加热到软化温度的层合板连续通过滚压模具而成型。其过程类似于金属的滚压成型。

热塑性复合材料的焊接 weeding for thermoplastic composites; fusion bonding for thermoplastic composites

热塑性复合材料特有的连接方法，它不借助于胶黏剂，仅靠复合材料表面的树脂熔融和融合而连接在一起。该焊接接头的耐热性和耐化学品性能与复合材料制件相同，载荷分布均匀。分为电阻加热焊接、涡流加热焊接、电磁波加热焊接、超声波焊接、摩擦焊接及机械连续与焊接相结合的紧固件加热焊接等。

热塑性复合材料的胶接 adhesive bonding for thermoplastic composites 用胶黏剂把两个热塑性件粘接在一起的方法。传统的、用于热固性复合材料的环氧胶黏剂大多不适用于热塑性复合材料。而用热塑性树脂（特别是与黏合体基体相同的）薄膜热熔体作胶黏剂效果比较理想，而且接头与制件本身有相同的耐热性和耐化学品性，工艺时间短，储存期长。如用 PEI 薄膜作为 PEEK 复合材料的胶黏剂等。胶接工艺分四步：胶接表面准备、涂覆胶黏剂、加热或加压和胶黏剂硬化。

热塑性复合材料的拉挤成型 pultrusion for thermoplastic composites 热塑性复合材料拉挤成型是在热固性复合材料拉挤成型的基础上衍化而来的适用于热塑性基体纤维复合材料拉挤成型的工艺方法。所使用的设备与热固性复合材料拉挤成型的略有不同。其中增强材料的供给、预热、牵引和切割装置都与前者的相似或完全相同。不同的是增加了预热模和冷模。原料不在加热模里，而在冷模内固结，如下图所示。但是熔融热塑性基体的温度比通常预热热固性基体拉挤成型过程的温度要高得多。加热段做成不同的锥度，而冷却段（模）却是一等截面型腔。通常所使用的模具比热固性的要短得多。在典型的工艺中，预热原料在进入加热段之前升高到接近或超过热塑性基体的软化点 T_s，在加热段进一步升温。复合材料在进入冷却段凝固之前逐渐成型。参见拉挤成型（273 页）、注射拉挤成型（539 页）。

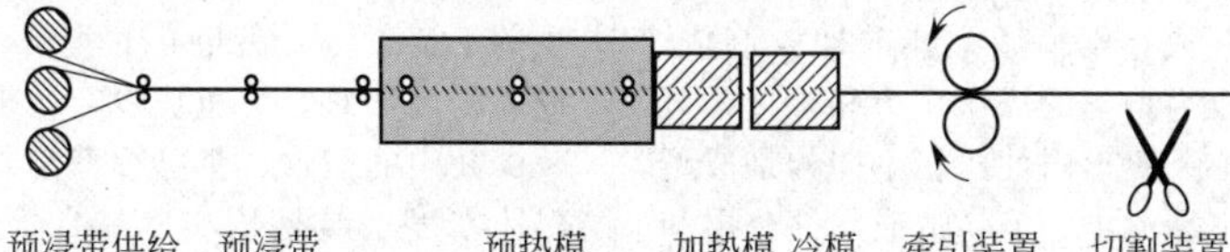

热塑性复合材料的热成型 thermo forming for thermoplastic composites 指热塑性复合材料在加热条件下的二次成型。这是基于大多数热塑性基体是结晶或半结晶型的，在结晶体熔点温度下，结晶体熔融成流体，可进行二次加工，冷却后重结晶成固体。一般是先制成板材，然后在高温条件下把板材成型为符合要求的不同形状的制件。成型方法有模压、轧制、拉挤等。

热塑性复合材料的热压罐成型 autoclave forming for thermoplastic composites 将热塑性复合材料层叠坯件两面贴上柔软的薄膜，置于模腔上方，加热到层合板软化以后，腔内抽真空，外部加高压，使层合板贴合到模具上而成型，如 356 页图所示。因为热塑性复合材料成型需要 343～399℃ 的高温和 689～1379kPa 的高压加工环境，因而对加工设备、工装模具、辅助材料提出了苛刻的要求，如需要能提供高温高压的热压罐设备、能耐高温热膨胀又低的模具、耐高温高压的辅助材料等。这不仅会增加困难，而且还会加大成本投资。所以，只有对于复杂形状制件，热压罐成型才是一种适宜的方法选项。参见热塑性复合材料成型、热塑性树脂基复合材料固结。

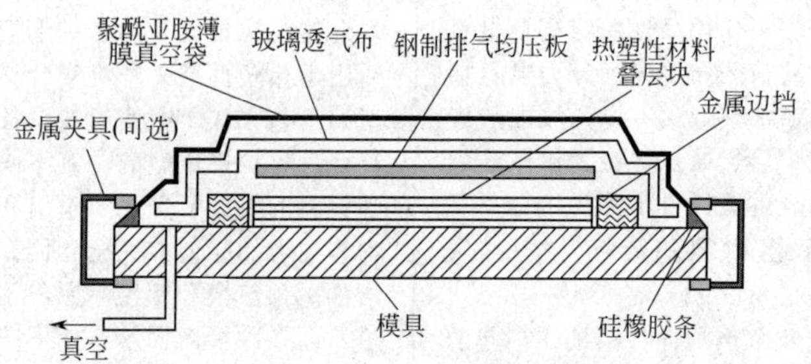

热塑性复合材料的液压成型 hydroforming for thermoplastic composites

通过液压流体对已加热软化的热塑性复合材料层合板施压，使层合板紧贴模具而成型。

热塑性复合材料对模热压成型 matched die press forming for thermoplastic composites 用阴模和阳模在热压机上使已加热软化的热塑性复合材料坯件成型为制件的方法。通常阴模用金属材料制成，阳模用耐热硅橡胶制成，以获得较为均匀的成型压力和降低模具成本。与一般热固性树脂不同的是成型时树脂不易流出，但易造成制件分层和纤维排列畸变等缺点。

热塑性复合材料隔膜成型 diaphragm forming for thermoplastic composites 热塑性复合材料的热塑成型方法的一种。将热塑性复合材料板材夹在两层易脱模的可塑性变形的隔膜之间加热软化，再通过气压使之紧贴模具而成型。由于隔膜是牢固地夹持在模具的边缘上，可产生双轴压力，以支撑层合板，防止制件起皱、局部变薄等缺陷。所用的隔膜能在成型温度范围内被拉伸，常用的隔膜有高塑性拉伸铝箔、聚酰亚胺薄膜等。这种成型方法已成功地用于 PEEK 层合板成型。参见隔膜成型、热隔膜成型、平面积层-真空成型工艺。

热塑性复合材料共缠绕工艺 co-winding process for thermoplastic composites 是将增强纤维束与热塑性树脂纤维束进行同步缠绕。制成预浸料或制品坯料的方法。

热塑性复合材料压实 consolidation 金属基或热塑性树脂基复合材成型的一道工序。在此工序里，通过一种或多种方法对纤维和基体施加压力，以减少其中的空隙，获得所需要的复合材料体密度。参见压实（484 页）、预压实（512 页）。

热塑性互穿聚合物网络 thermoplastic interpenetrating polymer network；TIPN 又称物理交联 IPN、共混 IPN。是将两种物理交联（含有玻璃化微区、结晶微区或离子微区之一种）的聚合物结合到一起而形成的聚合物材料。其特点是存在物理交联键，能在常温下存在，也能在高温下离解，成为黏流体，有利于注塑、挤塑和模塑成型。含有玻璃化微区的聚合物有聚苯乙烯嵌段类共聚物（如 SBS、SIS 等）；含有结晶微区的聚合物有聚酯、聚己内酯、高密度聚乙烯、聚丙烯（PP）、聚酰胺（PA）等；含离子微区的聚合物有磺化三元乙丙橡胶（EPDM）离聚体，以及它与PE、PP、PVC等分别共聚制得的热塑性弹性体（TPE）离聚体。

热塑性基体 thermoplastic matrix 硬化后，在热或溶剂作用下可转变成熔融或溶液状态的树脂基体。参见热塑性聚合物（357页）。

热塑性胶黏剂 thermoplastic adhesive 以线型高分子树脂为黏料的胶黏剂。通常是将树脂配成溶液或加热至熔融状态，通过溶剂挥发、熔体冷却或聚合反应，使之变成热塑性固体而达到粘接的目的。主要品种有α-氰基丙烯酸酯、聚醋酸乙烯酯、EVA、聚乙烯醇缩醛、聚乙烯醇、聚丙烯酸酯、聚氯乙烯、聚酰胺等。主要特点是柔性好、耐冲击、起始黏性好，但耐热性和耐化学品性较差，机械强度低。主要用于非金属材料非受力部件的胶接，如PVC、PA、PC、ABS等热塑性塑料。往往是用其本体材料制成溶液或熔体进行粘接。

热塑性聚氨酯树脂 thermoplastic polyurethane resin 二异氰酸酯和带端羟基的线型聚醚或聚酯多元醇以及低分子量二元醇相互反应生成的具有热塑性的聚合物。根据所用原料不同，热塑性聚氨酯树脂分聚醚型和聚酯型两类。见聚酯型热塑性聚氨酯树脂（259页）和聚醚型热塑性聚氨酯树脂（254页）。

热塑性聚合物 thermoplastic polymer 线型或少量支化的聚合物。包括热塑性树脂和热塑性弹性体。对热塑性树脂而言，当它为结晶聚合物时，其特征温度是熔点，当它为非结晶聚合物时，其特征温度是玻璃化转变温度。热塑性弹性体的特征温度是黏流态转变温度。热塑性聚合物的特点是：①无化学交联；②在特征温度以下具有良好的力学性能及尺寸稳定性，可做材料使用，在特征温度以上具有很好的流动性，易于加工；③可溶、可熔；④可重复加工。用作为复合材料的热塑性聚合物为其非结晶聚合物，包括各种通用塑料（PS、PVC、PE、PP)、工程塑料（尼龙、聚碳酸酯)、特种高温聚合物（PEEK、PPS、PEI、PES）等。参见热塑性树脂（358页）。

热塑性聚合物无规纳米纤维层间增韧 interlaminar toughening by thermoplastics random nanofiber 是将热塑性聚合物纳米短纤维或长纤维制成薄薄的一层均匀的无规纳米纤维无纺布置于预浸料铺层之间，或把热塑性聚合物热熔喷丝，直接黏附到预浸料表面，然后将其叠热压固化制成复合材料，从而提高复合材料韧性的增韧方法。该方法可显著提高复合材料的力学性能或提高复合材料的冲击后压缩强度（CAI）而保持其他力学性能不降低。且增强效果与基体树脂及其与无纺布间的兼容性和无纺布层间增韧层的厚度有关。中间增韧层的厚度适中（不能偏厚)，则增韧效果好。其缺点是工序增加，提高了技术难度和生成成本，降低了生产效率。参见热塑性聚合物纤维混编织物层间增韧（357页）、热塑性聚合物纤维混纺纱层间增韧（358页）。

热塑性聚合物纤维混编织物层间增韧 interlaminar toughening by thermoplastics blended fabric 将热塑性树脂纤维与碳纤维编织成预型体（混编织物)，在把预型体铺层后，注入液态热固性树脂胶液。在热压成型过程中，热塑性树脂纤维熔化于热固性树脂中，从而达到增韧的目的。该方法的缺点是，混编织物内部纤维的均匀度以及批次的稳定性等工艺因素很复杂，额外引入的热塑性聚合物纤维会降低结构纤维的体积分数，对复合材料的力学性能有一定的负面影响。

热塑性聚合物纤维混纺纱层间增韧 interlaminar toughening by thermoplastics fiber blended yarn 将热塑性聚合物纤维与结构纤维（如碳纤维、玻璃纤维）混纺成混纺纱，然后将混纺纱浸胶制成单向预浸料，再经铺层热压成型。也可以将混纺纱织成单向布、无纬布等单向织物用于手糊或制成预浸料热压成型。Hogg 的实验证明 PP/Nylon 热塑性纤维与玻璃纤维制成的混纺纱，手糊成型制成的层压板与纯玻璃纤维增强层压板相比较，其Ⅰ型和Ⅱ型层间断裂韧性都得到显著提高。参见热塑性聚合物纤维混编织物层间增韧（357 页）。

热塑性聚酰亚胺树脂 thermoplastic polyimide resin 分子为线型结构的聚酰亚胺。有韧性。玻璃化转变温度在 220～370℃之间。具有优良的力学性能与介电性能、耐辐照性、耐燃性、耐蚀性和耐有机溶剂性；耐稀酸，不耐碱或热酸。包括单酸酐型聚酰亚胺、聚醚酰亚胺、氟酐型聚酰亚胺、顺酐型聚酰亚胺等。其中氟酐型聚酰亚胺能在 250℃以上使用，可用于制造宇航结构、飞机和发动机零件及雷达罩等，其他品种的耐热温度均在 250℃以下。多数热塑性聚酰亚胺树脂在注塑加工温度下发生分解，常被称为假热塑性树脂。

热塑性聚酰亚胺树脂基复合材料 thermoplastic polyimide resin matrix composites 以热塑性聚酰亚胺树脂为基体，以纤维（或其织物）为增强体的复合材料。主要形式是纤维增强模塑料与层压结构。可用真空袋热压法、真空袋烘炉法、模压法，以及注射挤出等工艺。也可采用预浸料-层压成型法。参见热塑性聚酰亚胺树脂（358 页）。

热塑性树脂 thermoplastic resin 指能反复加热变软、具有可塑性，但冷却后又能变硬，具有力学性能的一类聚合物。亦见热塑性聚合物（357 页）。

热塑性树脂基复合材料 thermoplastic resin matrix composites 以热塑性树脂为基体，以填料填充或以纤维（或其织物）为增强体的复合材料。原则上所有的热塑性树脂都可以作为复合材料的基体。常用的有 PP（等规）、PA、PI（热塑性）、PC、PAI、PEI、PPS、PES、PEK、PEEK、PBO、PBI、PBT、PSF、PTFE、PVC、PS、饱和聚酯等。常用的增强纤维有玻璃纤维、碳纤维、芳纶等；常用的填料有碳酸钙、云母、石墨、金属等。短纤维为增强体的用模压注射工艺成型制品；长纤维及织物为增强体的，需先制成预浸料，然后用热压法、真空袋或热压罐法、冲压法、拉挤法和缠绕法成型制品。与热固性树脂基复合材料相比，它具有韧性高、吸湿性小、容易修补、可二次成型、预浸料在室温下可无限期储存等优点。主要缺点是成型需要的温度和压力高，耐介质性差。

热塑性树脂基复合材料固结 consolidation for thermoplastic composites 将具有一定形状的热塑性复合材料坯件在高温、高压条件下，经过固体-熔合-凝固物态变化，变为致密、坚硬、体积稳定，具有特定密度和性能的结合体的过程。固结的主要工艺参数为时间（t）、温度（T）和压力（p）。温度升至固结温度所需要的时间与加热方法和/或模具的质量有关。固结温度取决于热塑性树脂的种类：对于无定形树脂应比其玻璃化转变温度 T_g 高 204℃；对于半结晶树脂则应比其熔点温度 T_m 高 93℃或稍低。固结温度的保持时间主要与材料的形式有关：制备良好的热熔预浸带可以在几秒或几分钟完成固结，而粉末覆盖法制备的织物或混合纤维预浸料则需要较长的时间，以保证树脂的流动和对纤维的浸渍；热塑性树脂薄膜/干织物布交替铺叠块固结则需要的时间更长，其典型工艺参数为 1.043kPa 下保持 1h。冷却速率与加热过程类似，也与所使用的工艺方法和模具的质量有关，但半结晶热塑性料的冷却速率不能太快，否则，会影响树脂耐高温性和抗溶剂半晶体结构的形成。需要注意的是，冷却过程中，压力要保持温度下降至显著低于 T_g 之前，有助于限制空隙成核和纤维层的回弹，以达到预期制件的尺寸精度。固结成型期间施加压力的主要作用是帮助胶液进一步浸渍纤维，促使层间紧密接触，实现更好的粘接，提高性能。参考固化、热塑性复合材料成型、热塑性复合材料的热压罐成型。

热塑性树脂纤维预浸料 thermoplastic fiber type prepreg 用于制造复合材料、含热塑性树脂基体的增强纤维束或其织物。分两种形式：①包覆式，即由热塑性树脂基体将连续长纤维束包覆起来再经缠绕或排置所形成的预浸料，用于缠绕成型或模压成型；②纤维混杂式，将热塑性树脂基体先制成基体纤维，而后将基体纤维与增强纤维一起编织或同时在排布机上排置得到的基体纤维与增强纤维混杂的预浸料。该预浸料适宜于制作各种层压复合材料构件。

热塑性塑料 thermoplastics 在特定温度范围内能反复加热软化和冷却硬化的塑料。与热固性塑料相比，具有大应变的特性。参见热塑性聚合物（357 页）。

热塑性塑料模 mold for thermoplastics 热塑性塑料成型用的模具。

热塑性塑料注塑模 injection mold for thermoplastics 成型热塑性塑件用的注塑模。

热塑性预浸料 thermoplastic prepreg 用于制造复合材料、已浸涂热塑性树脂的纤维或其织物。其形式主要有单向预浸料、织物预浸料及纤维型预浸料。制备方法有热熔法、溶剂浸渍法、悬浮法、薄膜叠和粉末静电吸附法等。其特性技术指标主要有：树脂含量、挥发物含量及单位面积质量等。其中以热熔法预浸料所制层压板的性能最好。参考热塑性树脂纤维预浸料。

热弹性 thermo elasticity 硬质塑料由于温度增高而表现出的一种类似橡胶的弹性。

热炭黑 thermal black 见炭黑（418 页）。

热天平 thermo balance 在程序温度下，连续称量试样质量的仪器。

热微粒分析 thermoparticulate analysis 在程序温度下测量物质释放出的微粒物质与温度的关系的技术。

热伪装材料 见红外隐身材料（168 页）。

热稳定性 heat stability; thermal stability 塑料、复合材料或其制件在加工或使用中，对由于受热而造成颜色或其他性质变化的抵抗力。

热洗 heat cleaned 指将玻璃纤维或其他纤维暴露在高温中，以除去表面上与所使用的树脂基体不兼容的浸润剂或胶黏剂。

热显微镜法 thermomicroscopy 在程序温度下，用显微镜进行测量的热

分析技术。(热分析)

热压 hot pressing 对装配件加热加压的一种胶接方法。

热压成型 hot press processing 复合材料坯件在一定压力作用下通过加热使之密实、固化、定型成为复合材料制件的工艺方法。参见热压罐成型（360页)、压机模压成型（482 页)。

热压罐 autoclave 一种可为树脂基复合材料制品和胶接结构件制造提供加热、加压条件的密闭圆筒形压力容器。由罐体、加热系统、真空系统、压力系统、控制系统、鼓风系统、冷却系统及车架等组成，如下图（a)、(b）所示。罐内的温度由罐内的电加热装置提供，压力由压气机通过贮气罐进行充压。一般情况下使用空气，只有在较高温度下才使用氮气、二氧化碳气体等。热压罐的工作温度可达 500℃，压力通常为 2.0MPa。是树脂基复合材料和胶接装配件固化成型广泛使用的重要专用设备。

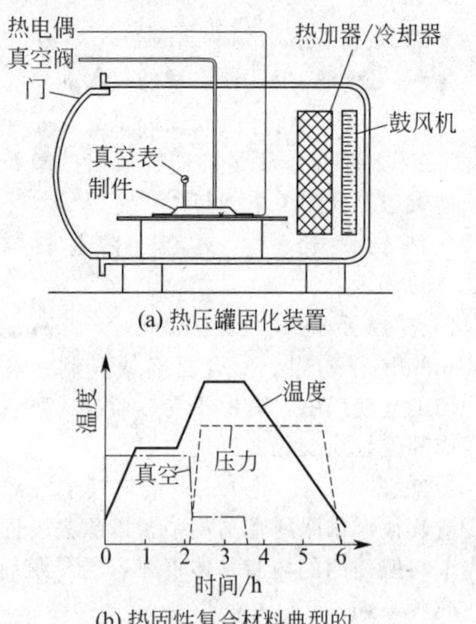

(a) 热压罐固化装置

(b) 热固性复合材料典型的热压罐固化循环

热压罐成型 autoclave molding 是在热压罐中利用电、蒸汽或其他介质加热、加压来固化成型复合材料、夹层结构、胶接制件的一种袋压成型方法。如下两图所示。其压力一般为 0.5～2.5 MPa。热固性树脂基复合材料在固化过程中，增强材料（纤维等）不起化学反应，树脂却要经历复杂的化学过程，从黏流态、高弹态到玻璃态等阶段。这些反应都需要在一定的温度和压力下进行，因此温度和压力是热固性复合材料热压罐成型的主要工艺参数。复合材料结构的制造工艺过程包括下料、铺叠、预压实、工艺组合、罐内固化等工序。其中的重要工序之一是合理运用辅助材料，把预浸料坯件与辅助材料进行合理组合，装入真空袋，形成隔离、透胶、吸胶和透气系统（如下图所示)。

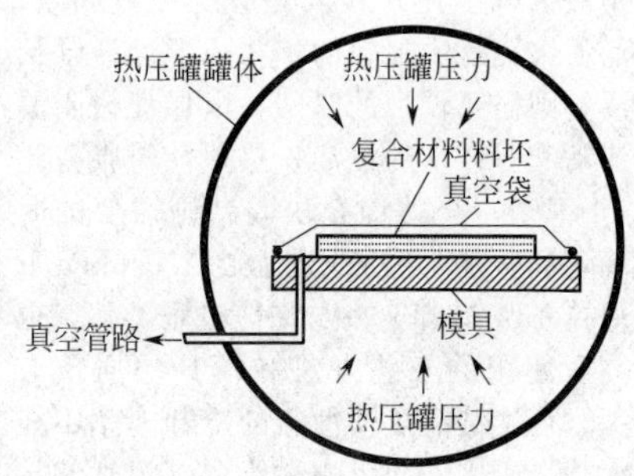

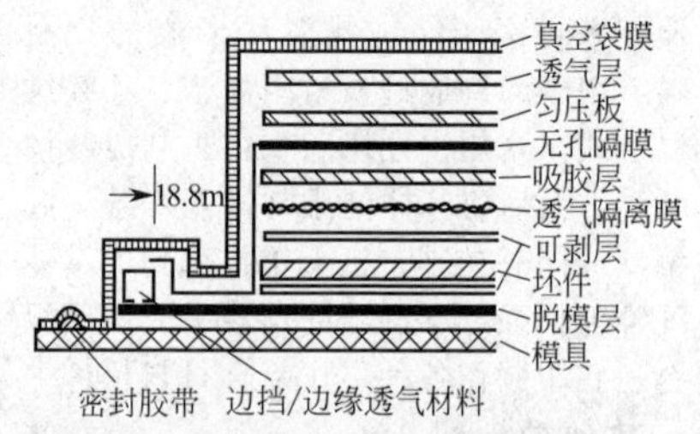

这种系统有利于排除预浸料中多余的树脂、挥发物和夹杂的气体，是保证复合材料产质量的关键措施。决定热压罐成

型复合材料产品质量的另一个重要因素是实施合理的固化参数：如保证固化速度合理的温度、固化完全所需的时间，合理施压（压力大小和加压时机）等能最大限度排除气体和挥发物，保证制件压实又不至于冲乱纤维或挤出过多的树脂等。而这些参数之所以能够得以正常实施，则是建立在合理的工艺组合的基础之上的。热压罐成型工艺的优点是温度、压力均匀，模具相对简单，复合材料的树脂、纤维分布均匀、制件质地密实、尺寸精确、纤维含量高、空隙（<2 %）含量低、材料力学性能高，适合于复合材料层压板和夹层结构的制备。但是，热压罐成型设备价格昂贵，模具材料和加工费高、成型工艺能耗大、工艺费用贵，固化温度一般不超过200℃。因此除了在航空航天主承力结构复合材料领域应用外，在其他领域应用受到了限制。参考手糊工艺。

热压罐外固化 out-of-autoclave; OOA 又称非热压罐固化（no-autoclave molding）。热压罐外固化成型是一种预浸料固化，不需要热压罐，只需要真空压力，在烘箱内实现热固化的低成本成型工艺。与热压罐固化成型相比，其优缺点如下：①大幅度降低成型设备成本。由于OOA预浸料复合材料成型使用烘箱，不需要昂贵的热压罐成型设备，降低了热压罐制造、运输、安装、调试等费用。同样尺寸热压罐的单套费用为同样尺寸烘箱造价的十倍。②降低了复合材料成型模具成本。因为OOA预浸料在较低温度和真空压力下成型，模具不需要承受高温高压，对模具材料和加工要求相对降低，减少了模具制造成本。③成型能耗低。因为热压罐成型在高温、高压下进行，罐体厚重，升温升压速度慢，耗时长、耗能高。④成型设备利用率高。烘箱不像热压罐是大型结构件的“专用”设备，主要用于航空航天主承力和次承力结构件，而其他工业复合材料行业难以承受高昂的工艺成本，用途范围有限。而OOA预浸料适合工业化批量生产，用途广，因此设备利用率高。OOA的劣势在于：①OOA预浸料成型复合材料时，为了得到低空隙率，固化时间可能会更长。②制造夹层结构时复合材料面板质量往往比热压罐法的质量差，OOA预浸料和胶膜的匹配易出现问题。③OOA预浸料在延期使用方面没有优势。预浸料在外置期内，OOA固化预浸料和热压罐固化预浸料制备的复合材料的物理力学性能虽然相当，但超过外置期的OOA固化预浸料复合材料的力学性能有明显下降。④为了降低乃至消除复合材料结构中的空隙，需要采取较热压罐固化更严格的工艺措施。⑤复合材料的体积含量低。因为OOA预浸料树脂含量一般较常规热压罐预浸料树脂含量（约为42%）高，加之树脂流出可能导致空隙和干纤维，OOA预浸料多为零吸胶，因此，固化复合材料的最大纤维体积含量只有50%～55%。⑥对预浸料树脂有特殊的严格要求。参见热压罐外固化预浸料（361页）。

热压罐外固化预浸料 out-of-autoclave (OOA) prepreg 传统的热压罐固化成型，其之所以采用热压罐，主要原因是它能向预浸料提供足够的压力，使之在固化过程中承受的压力大于系统任何气体的蒸气压，从而抑制复合材料产生空隙。然而，OOA工艺没有热压罐压力，只有真空压力，因而降低了排放预浸料中挥发物和空气的能力。若采用传统热压罐固化预浸料，复合材料的空隙率超过 2%，导致复合材料力学性能明显下降。所以降低复合材料空隙率就成了 OOA 技术的首要问题。试验表明，复合材料的空隙率与预浸料的浸渍程度有关。当预浸料中存在未完全浸渍的干纤维时，干纤维就起到气体排出通道的作用，使得预浸料中夹杂的挥发物、空气、水分在树脂完全浸渍纤维之前从预浸料中排出，从而有效降低复合材料的空隙。所以半浸渍预浸料因此打开了 OOA 技术关键的大门。迄今已相继出现多种适用于手工铺层的 OOA 预浸料：①典型的半浸渍预浸料，如下图所示，是目前使用最多的 OOA 预浸料。

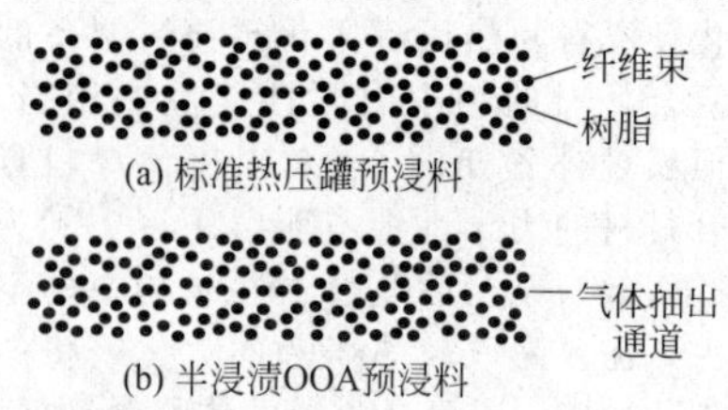

上、下两层树脂膜之间夹一层增强纤维，纤维的两面均被树脂部分浸渍。中间未被浸渍的干纤维部分为气体和挥发物的排放提供了工程真空通道(EVAC)。该预浸料的含胶量较热压罐预浸料高，约为 42%，且多为零吸胶。因此其复合材料的纤维体积含量较低，在 50%～55%之间。②ZPREG 预浸料。一种半浸渍的预浸料，其构成如右上图所示。是一系列互相平行的树脂条带浸

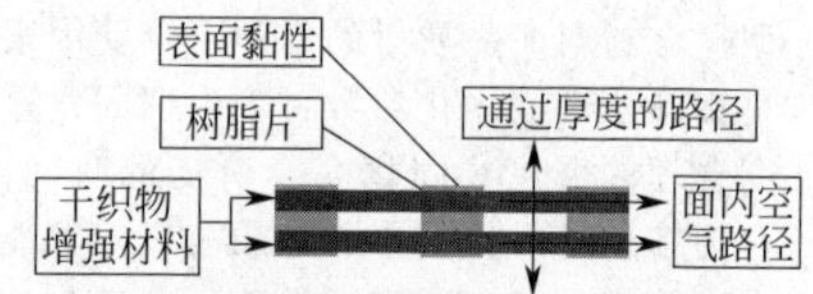

渍织物或轴向预型体。树脂条之间是未浸渍的干纤维织物，树脂条带及其之间的未浸渍干织物的宽度均为 8mm。所用的增强材料可以是 GF、CF、AF 织物和缝合的预型体，其近 50%的面积是未浸渍的干纤维织物，制品表面品质高，空隙率低，生产效率高，一次铺层最大可以铺放重达 1800g/m^2 的预浸料铺层。③Sprint 预浸料。如下图所示，

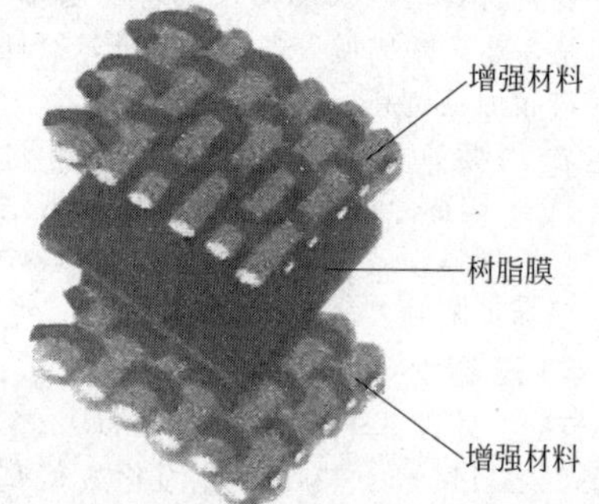

Sprint 技术综合了预浸料工艺和灌注工艺的优势，适用于制造厚度大、质量高的部件。在成型工艺方面，除了在装封真空袋时需在制件边缘设置透气装置外，其他与常规预浸料的真空袋工艺组合没有太大的区别，如下图所示，固化后层压板的空隙率（0～0.5%）极低。

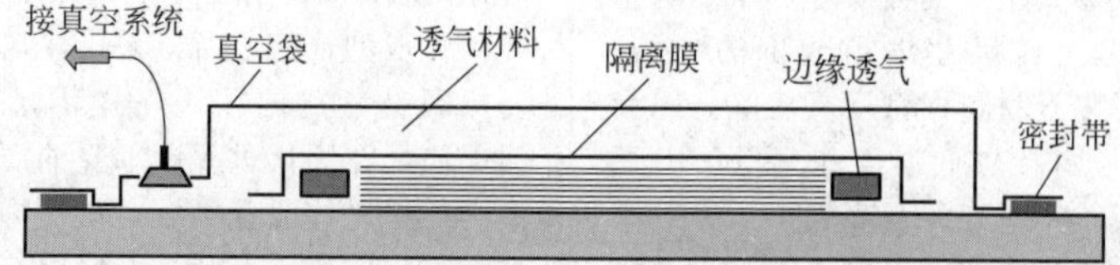

通常，真空固化的树脂基复合材料空隙率小于 1%，其力学性能和热压罐工艺预浸料的相当，这对树脂基体提出了特别要求：①具有挥发性、吸湿性，固化过程释放低沸点挥发物的树脂基体不可使用。②树脂基体黏度适中。如果黏度

太低，固化过程中树脂大量流失，过早地将干纤维带入的气体排出，使通道塌陷和堵塞，气体无法全部排出，导致复合材料空隙含量高。对于半浸渍预浸料，环氧树脂基体的室温黏度略大于50000Pa·s时，真空预压实一般不会堵塞排气通道。但黏度也不能太高，否则虽然纤维提供的排气通道畅通，但由于树脂流动性不好而不能充满干纤维之间的空隙，不能完全浸湿干纤维，同样导致复合材料空隙率高。合适的OOA预浸料树脂基体的黏度应该是在铺层预压实和树脂固化的早期阶段，在一定温度下有足够的黏度，直到树脂凝胶前，保持排气通道畅通。随着固化及排气过程的进行，干纤维逐渐被树脂浸湿。在固化温度下树脂黏度下降，一般不低于2Pa·s，有足够的流动性，充分浸润纤维，使树脂基体均匀分布，避免局部贫胶或富胶。③能给预浸料提供适宜的黏性、铺覆性和外置时间。

热压罐外固化预浸料的特点 characteristics of out-of-autoclave prepreg 参见热压罐外固化（361页）、热压罐外固化预浸料（361页）。

热压扩散结合工艺 diffusion bonding 在低于基体合金熔点的适当温度下施加高压，通过基体发生变形、蠕变及扩散过程使基体与基体以及基体与增强体紧密结合起来，从而得到完全压实的金属基复合材料的方法。

热压黏合 thermo compression bonding 不用中间材料，通过施压和加热（非电热）使两种材料连接在一起。

热压实 debulking 一种针对厚预浸料层叠增加的压实工艺。即对厚预浸料叠施加中等温度（小于基体凝胶点）、压力和/或真空，以排出截留在铺层里的气体，使铺层叠增密压实并紧贴到模具上。

热压烧结工艺 hot-press sintering 同时加热加压使松散的或成型的陶瓷基或金属基复合材料混合物致密化的方法。

热应变 thermal strain 受热作用的结构内所产生的与热应力相对应的应变。

热应力 thermal stress 物体温度变化或分布不均匀时，在物体内产生的应力。对于复合材料而言，热应力为经受温度变化时，由于复合材料的非均质性或受热不均匀所发生的相互制约而产生的内应力。

热应力开裂 thermal stress cracking；TSC 某些热塑性树脂过度暴露于较高温度下发生的开裂或破裂。

热载荷 thermal load 湿热载荷的一个分量。对于对称层合板由固化温度和使用温度之差引起面内热载荷，对于非对称层合板引起面内和弯曲热载荷。在固化后弯曲载荷的存在引起非对称层合板的扭曲。

热粘 heat tack 用电熨斗把黏性物质热粘到铺层上的过程，有时使用热树脂也能达到此目的。

热粘接控制仪 hot bond console 又称热补仪。包括主机和电源线、热电偶线、真空座等附件。热补仪是电热毯和抽真空设备的控制仪器，它可设定并控制电热毯的升温速率、降温速率、加热温度和保温时间以及抽真空等。热补仪的重量轻，便于携带，并能打印出固化过程。热粘接控制仪必须具备如下基本特征：能控制电源输入电热毯；能对铺层区域进行排气；能控制真空度；能自动控制的热电偶至少1根，人工控制的热电偶至少3根；可设置固化温度；在固化结束时能自动断电。参见热补仪（348 页）。

热胀成型 billow forming 热塑性塑料成型法的一种。在此法中，热塑片材夹持在框架上，当阳模或塑模下行入框架时片材向上膨胀贴附在阳模或塑模上而成型。此法适于制作具有高延伸率的薄壁容器。

热折射法 thermorefractometry 测量折射率的热分析技术。

热重法 thermogravimetry；TG 在程序温度下，测量物质的质量与温度的关系的技术。见热重分析法（364 页）。

热重分析法 thermogravimetric analysis；TGA 当试样连续加热时记录试样质量变化的一种试验方法。典型的仪器是载有盛装试样的铂金坩埚的分析天平，坩埚放在一个电炉中，由此可以做出质量随温度变化的函数曲线。这样所得到的热重曲线（自记温度图）对聚合反应、稳定剂和活化剂的效率、最终材料的热稳定性和直接分析提供有用的数据。（热分析）

热重曲线 thermogravimetric curve；TG curve 由热重法得到的记录曲线。曲线的纵坐标为质量（m）。所有定义均指单步（或单台阶）过程而言。多步（或多台阶）过程可视为一系列单步过程叠加的结果。（热分析）

热皱损 thermal wrinkling 构件在热或与载荷联合作用下所引起的一种局部失稳现象，其失稳后形状呈皱褶波纹状。

热转换树脂 heat convertible resin 通过加热能转变成不熔不溶物质的热固性树脂。

人工老化 weathering artificial 见人工气候老化（364 页）。

人工老化试验 artificial ageing testing 在试验室模拟自然环境状态（如紫外线、温度、湿度、冷热变换等），对材料进行强化的条件处理，测量其性能随时间变化的试验。试验的目的在于用人工老化试验的结果，通过反应动力学数据处理，求出材料的强化环境条件下老化反应动力学参数，再用外推法算出某项性能自然老化寿命值。这样的寿命只是半经验的计算结果，与实际老化寿命值有一定差距，应进行修正后才能使用，最好用实测的老化值进行验证。

人工气候老化 artificial weathering 材料暴露于人工模拟气候条件下性能随时间的变化。一般由实验设备提供的暴露条件比实际户外条件苛刻得多，以便获得加速老化的效果。此术语不包括暴露于诸如臭氧、盐雾喷淋、工业气体等特殊条件。

人工铺层 manual lay 通过人工把裁好的预浸料片逐层铺放到模具上的铺层方法。这是复合材料工业领域应用最多的铺贴方法。其优点是技术门槛低，劳力资源来源广，设备投资少，灵活机动，适应性强，更适合于复杂结构的施工。缺点是：体力劳动密集，工作环境差，产品质量受人为因素影响大，铺层成本高。参见铺层（332 页）。

人为缺陷 artifact 在胶片的制造、搬运、曝光和处理过程中由于不当心而在射线照片上产生的虚假显示。（无损检测）

人造丝 rayon 由再生纤维素构成的人造纤维，以及由取代基取代烃基上的氢不超过 15%的再生纤维素构成的人造纤维的统称。有时也用来指由醋酸纤维素或三醋酸纤维素酯构成的纤维。

人造纤维 man made fiber 以天然的或合成的高聚物为原料，主要经过化学方法加工制成的纤维。可分为再生纤维、合成纤维、醋酸纤维、无机纤维等。

韧性 toughness 材料受外力而不易折断的性质，反映材料抵抗裂纹失稳扩展的能力。不同材料表示韧性的方法不同，如复合材料基体的韧性采用破断功（在拉伸应力-应变坐标系里，原点与破坏点之间应力-应变曲线下的积分面积）的概念，而复合材料则采用冲击后的压缩强度（CAI）来表征。影响复合材料韧性的主要因素包括增强体、基体及其界面状况等。通常，通过改善基体的韧性、控制增强体体积含量，以及进行表面处理获得适宜的界面粘接强度等措施来提高复合材料的韧性。

韧性-脆性转变温度 ductile-brittle transition temperature 材料由高温韧性转变成低温脆性的临界温度。

韧性断裂 ductile fracture 断口处材料有显著塑性成分的一种断裂，通常在下述情况下发生：中低强度材料、常温或高温、静载及平面应力状态。

日历寿命 calendar life 复合材料结构停放或存放的日历年限。以设计许用应力为判据，达到日历寿命时，材料的力学性能降低到低于设计许用值。

绒毛 fuzz 疏松的淡色材料。通常在有机纤维复合材料机械加工的边缘形成。

绒面缎 satin 专用于塑料或复合材料的一类有缎纹或似天鹅绒外观的装饰层。

容量分析 volumetric analysis 定量分析方法的一种。将已知准确浓度的试剂溶液（标准溶液）用滴定管逐滴加到被测物质的溶液中，直到两者物质的量相等，以标准溶液的浓度和用量计算被测物质的含量。

容器性能系数 performance factor 表示压力容器效率的性能系数，此系数等于容积的体积 V 乘以爆破压力 p，再除以结构重 W，其量纲为 km。

$$K=V\times p/W$$

容器性能效率 vessel performance efficiency 破坏压力和内部体积的乘积与容器质量之比，量纲为长度。

容限 tolerance 又称公差。对原材料、产品性能指标的数值所规定的允许差异范围。

容限系数 tolerance limit factor 在计算容限时，与变异性估计量相乘的系数值。(统计术语)

容许误差 见极限误差（193 页）。

容许限 tolerance limit 对某一分布所规定的百分位的下（上）置信限。例如，B 基值是对分布的百分数取 95％的下置信度。(统计术语)

溶剂 solvents 具有溶解其他物质的能力的物质。溶剂在塑料工业中应用于三个方面：①作为中间体，溶剂用于多种单体与树脂的生产中；②在塑料加工方面，溶剂用于蚀刻、溶焊、抛光以及制作层压材料；③作为溶剂型胶黏剂、印墨、涂料组分以及洁净剂等。适用于这些用途的溶剂的主要类型为醇类、酯类、乙二醇醚类、酮类、脂族烃类、氯化烃类以及硝基烷烃等。

溶剂焊接 solvent welding 参见溶剂粘接（366 页）。

溶剂化 solvation 用溶剂或增塑剂使树脂溶胀、胶化或溶解的过程。

溶剂活化 solvent reactivation 对于胶层利用溶剂使其恢复湿态特性。

溶剂活化胶黏剂 solvent-activated adhesive 使用前用溶剂对干胶膜活化，使之具有黏性而完成胶接的胶黏剂。

溶剂接头　solvent joint　利用溶剂使粘接体粘接面溶胀、胶化、溶化所形成的粘接接头。

溶剂抛光　solvent polishing　热塑性塑料制品通过合适溶剂的沉浸或喷射以溶去其表面上的毛刺而达到改进表面粗糙度的方法。

溶剂型胶黏剂　solvent adhesive; adhesive, solvent　含有挥发性有机液体的胶黏剂，通过溶剂的挥发而发生粘接作用。但不包括以水为溶剂的胶黏剂。

溶剂粘接　solvent bonding; solvent cementing　用溶剂使被粘的塑料制件表面溶化并通过加压而使其连接在一起的方法。ABS 塑料、丙烯酸系塑料、纤维素塑料、聚碳酸酯、聚苯乙烯以及乙烯树脂都可以利用此方法胶接。参见溶剂化（365 页）。

溶解度　solubility　在一定温度和压力下，物质在给定的一定量溶剂中溶解的最大量。固体或液体物质的溶解度一般用 100g 溶剂中能够溶解物质的克数表示；气体溶质的溶解度常用每升溶剂中所溶解气体的毫升数表示。

溶解度参数　solubility parameter　是分子间作用力的一种量度。使分子聚集在一起的作用能称为内聚能。单位体积的内聚能叫作内聚能密度（CED），内聚能密度的平方根定义为溶解度参数，代号为 δ 或 SP。

溶液　solution　两种或两种以上的不同物质以分子、原子或离子组成的均匀、稳定的混合物。有固态的，如合金；有液态的，如糖水；有气态的，如空气。通常指液态的。也叫溶体。

溶液法预浸料　solution prepreg　又称湿法预浸料。用基体（包括热固性和热塑性两种）的溶液浸渍纤维束或织物制得的浸渍材料。即先将树脂基体配成合适浓度的溶液，再浸渍增强纤维或织物所得到的浸渍材料。该预浸料的特点是含有微量溶剂，不利于产品质量，须在成型过程排除。参见干法预浸料（135 页）。

溶液聚合　solution polymerization　使单体溶于溶剂中进行的一种聚合。

溶胀　swelling　固体在液体或蒸汽环境条件中体积增加的现象。

溶质　solute　即溶解于溶剂中构成溶液的成分。溶剂存在量通常较溶质多。

熔点　melting point　固体开始液化时的温度，高聚物从高弹态到黏流态的转变温度。

熔点范围　melting range　系指用毛细管法所测定的从该物质开始熔化至全部熔化的温度范围。

熔合纹　weld line　又称熔接痕。模塑件的一种线状痕迹。系由注射或挤出中两股料流相遇时在其界面处未完全熔合而造成的。

熔接痕　见熔合纹（366 页）。

熔结模塑　sinter molding　又称烧结模塑。压缩热塑性颗粒在其熔点下加压直至颗粒熔结在一起，且通常继之以进一步加热和/或后成型的一种模塑法。例如能吸收润滑剂的多孔锦纶轴承即用此法制造，某些碳氟树脂制件用熔结模塑法制造更为经济。

熔融指数　见熔体流动速率（366 页）。

熔体　melt　熔融的金属装模料；处于可流动状态的热塑性料。

熔体流动速率　melt flow rate; MFR　又称熔融指数、熔体指数。热塑性树脂在一定温度和负荷下，其熔体在 10min 通过标准毛细管的质量值，以 g/10min 表示。

熔体黏度 melt viscosity 塑料或树脂熔体的黏度。

熔体破裂 melt fracture 挤出物表面出现凹凸不平或外形发生畸变以致支离或断裂的总称。其起因在于挤出时所用的剪应力过高，以致熔体各点所表现的弹性应变不一致，从而使挤出物在弹性恢复过程中出现畸变，导致断裂的现象。

熔体指数 melt index 见熔体流动速率（366 页）。

融片 fusion web 在挤出涂饰中，从机头流出来的熔融状态的片材叫作融片，待涂的材料叫作基片。

柔度 compliance 与材料刚度相反的柔性的量。它是杨氏模量的倒数或刚度矩阵的求逆。

柔度不变量 compliance invariant 坐标变换中保持不变的正轴柔度系数的线性组合。

柔性模 flexible molds 由橡胶、弹性体或挠性热塑性塑料制成的塑模，用于铸塑热固性塑料或如混凝土与石膏之类的非塑性材料。它可以拉长以便脱出有凹槽固化制件。

柔性芯 flex core 一种柔软的蜂窝芯材，具有较好的铺覆性，可用于异型结构。

蠕变 creep; flow 在恒定应力下，材料变形随时间而缓慢增加的现象。材料从低温到熔点温度 T_m 都会产生蠕变，但在工程上有意义的蠕变发生在 $(0.4\sim0.7)T_m$ 之间。蠕变分为滞弹性蠕变、对数（或低温）蠕变、扩散及回复（或高温）蠕变。蠕变过程可用蠕变曲线来描述。按照蠕变速率的变化，蠕变过程可分为减速、恒速、加速三个阶段。聚合物复合材料属于回复蠕变。其蠕变特性主要取决于基体的松弛特性，基体的交联密度越大，主链的柔韧性越低，蠕变特性就越不明显。复合材料蠕变的特点如下：CFRP 的蠕变比 GFRP 小；沿纤维方向拉伸作用下的蠕变最不明显；沿与纤维成任意 α 角方向拉伸时，产生的蠕变现象逐渐明显，直至 45°方向拉伸时最为明显；弯曲载荷下的蠕变比拉伸载荷下的蠕变明显；随温度变化，温度升高，蠕变现象增强。

蠕变变形 creep deformation 材料在所受应力水平远远低于材料屈服极限的情况下，随着时间的延长缓慢产生的塑性、不可恢复变形。而弹性变形则相反，在材料所受的应力水平低于材料屈服极限时，所发生的变形在应力去掉后即可消失。金属材料产生的蠕变变形是不可回复的，而聚合物复合材料产生的蠕变变形通常是可以回复的，属于弹性变形。其原因在于基体聚合物具有黏弹性。

蠕变脆化 creep embrittlement 由于蠕变而导致材料塑性降低以及在蠕变过程中发生的低应力蠕变断裂的现象。

蠕变断裂 creep fracture 当载荷作用足够长时间之后，材料或结构的蠕变由第二阶段进入第三阶段最终发生的断裂破坏。

蠕变断裂时间 见蠕变断裂寿命（367 页）。

蠕变断裂寿命 creep rupture life 又称蠕变断裂时间。蠕变开始到试样断裂的总时间。蠕变一般分为三个阶段，第一阶段为蠕变减速阶段，起始蠕变速率很大，但不断下降；第二阶段为蠕变恒速阶段，蠕变速率为常数；第三阶段为蠕变加速阶段，蠕变速率急剧加大，直至试样断裂。这三个阶段时间的加和就是蠕变断裂寿命。

蠕变复原　creep recovery　试样除去载荷后，其变形随时间而减少的部分。

蠕变启动能　creep activation energy　控制稳态蠕变速率的热启动能。随温度升高，蠕变速率增大。

蠕变强度　creep strength　又称蠕变极限。指试样在给定温度和保持时间内，使材料产生规定的蠕变应变量或蠕变速度所需要的应力。它是材料在高温长时间作用下对变形的抗力指针，是材料组织敏感的力学性能，是高温长期使用构件设计的重要依据之一。

蠕变曲线　creep curve　表示材料在一定的温度和应力作用下，断裂伸长率随时间变化的曲线。曲线的斜率称为蠕变速率。

蠕变屈曲　creep buckling　结构在蠕变条件下的失稳现象。

蠕变试验　creep test　一种测定材料蠕变极限与温度关系曲线的高温力学试验方法。测定某一温度下材料的蠕变极限用四个以上不同应力水平的数据点，在直角坐标上用作图法或最小二乘法作出应力-断裂伸长率或应力-稳态蠕变速度的关系曲线，由此确定蠕变极限。再用不少于三个温度下求得的蠕变极限，作出蠕变极限与温度关系图。

蠕变寿命　creep life　结构在蠕变条件下能安全工作的累计时间。

蠕变瞬间复原　instantaneous recovery in creep　在蠕变试验中，试样刚一除去负荷至蠕变回复开始之前产生的变形减少。因为在除去负荷瞬间读出变形值几乎是不可能的，所以记录的变形值都是在除去负荷后规定时间间隔内的再现值。

蠕变瞬间应变　instantaneous strain in creep　蠕变试验中，试样刚一承受载荷，在发生蠕变前一瞬间所产生的应变。

蠕变松弛　creep relaxation　材料或结构在承载过程中总变形保持不变，由于蠕变变形使得应力随时间缓慢降低的现象。

蠕变速率　creep rate；creep rate of　蠕变变形随时间的变化率，即蠕变曲线的斜率。蠕变速率对材料微观结构特性、温度应力等因素非常敏感。

乳白胶　见白乳胶（5页）。

乳化剂　emulsifying agent　用以促使两种或多种不溶混液体形成乳浊液和/或增进乳浊液稳定性的一种物质。乳化剂是表面活性剂的一种，其降低两相间界面张力的作用与表面活性剂相同。乳化剂亦起保护胶体的作用，能增进稳定性。

乳化胶黏剂　adhesive，emulsion　见分散体胶黏剂（106页）。

乳胶互穿聚合物网络　latex IPN；LIPN　两个或两个以上聚合物网络在一个乳胶离子上形成的互穿聚网络合物。其制备方法是：先将聚合物Ⅰ形成“种子”胶粒，然后将单体Ⅱ及其引发剂、交联剂等加入其中，而无须加入乳化剂，使单体Ⅱ在聚合物Ⅰ所构成的种子胶粒的表面进行聚合交联。其网络交联仅限于胶粒范围，受热后仍具有较好的流动性。其乳胶膜具有较好的强度和柔韧性。

乳酸　lactic acid；milk acid　在塑料中具有多种用途的无色或黄色液体。乳酸与甘油反应生成醇酸树脂。乳酸是乙烯基聚合的催化剂和酚醛铸塑树脂的添加剂。

乳液胶黏剂 emulsion adhesive 一种非水溶性聚合物的水乳液胶黏剂。包括合成树脂型乳液和橡胶型乳液两种。通常以非水溶性聚合物为黏料，加入增稠剂、增塑剂、填料和消泡剂等助剂配合而成。此种胶黏剂粘接性能不高，耐热、耐水、耐化学品性较差，但其无中毒危险，使用简单，操作方便，因此应用广泛，除用于粘接木材、泡沫塑料、织物、纸张、地板、壁纸等日常用品外，还用于制作压敏胶、热敏胶和再湿胶等。

乳液型氯丁橡胶胶黏剂 neoprene emulsion adhesive 以氯丁橡胶胶乳为基料，水为分散介质的胶黏剂。用于制鞋、家具、汽车等行业。

乳浊液 emulsion 两种互不相溶的液体混在一起的两相混合物，其中一种液体是以微珠形式分散在另一种液体中的。但在塑料和其他工业中，规定并不如此严格，分散相也可以是固体，不过必须是胶态分散。

入射点 transmission point 时基上相应于超声能量进入被检材料的时刻的点。(无损检测)

入射角 angle of incidence 超声波向表面传播时，其波束轴线在入射点上与该表面的切平面的垂线之间所成的角。(无损检测)

软磁材料 soft magnetic materials 矫顽力（<0.8kA/m）很低的铁磁性材料，亦即当材料在磁场中被磁化，移出磁场后，获得的磁性便会全部或大部分丧失。

软磁铁氧体 soft magnetic ferrite 一种容易磁化和退磁的铁氧体。其特点是起始的磁导率高，矫顽力小，损耗小，使用频率可达高频、超高频范围。这类材料大多是两种或两种以上铁氧体的固溶体。软磁铁氧体广泛用于录音、录像记录头、变压器磁芯等通信、广播、电视和其他无线电电子学技术领域。

软磁性功能复合材料 soft magnetic functionals 由软磁铁氧体和聚合物基体复合而成的具有软磁性功能的复合材料。软磁性功能复合材料发挥了软磁性材料的特点，即低的矫顽力和高的磁导率，频率升高不导致磁导率迅速下降。重要的是由于聚合物把磁性材料分割包围，大大降低了点涡流损耗，不会使磁性材料发热。如作为低频使用的磁性铁芯损耗仅为 10^2 W/kg。这类材料主要用于低频中小型变压器的铁芯，具有高效低耗的特点。

软化点 softening point 在塑料试样上，以一定形式施以一定负荷并按规定升温速率加热至试样变形达到规定值的温度。为聚合物从高弹态向黏流态开始转变起始点的温度。是聚合物作为结构材料使用上限温度的一种表征参数。见“高聚物的物理状态”词条附图 C 点所示温度。

软化范围 softening range 塑料从刚性变为软化状态的温度范围。实际值取决于测试方法。有时会错误地认为是软化点。见“高聚物的物理状态”词条附图中 C 点所在区域。

软化剂 softener 用以降低脆性的塑化添加剂；用以增加柔性的弹性膜组分。

软化温度 softening temperature 参见软化点（369 页）。

软模成型 flexible die forming 在刚性模具与制件之间用具有一定柔性的模来产生和传递压力，使制件上的压力与所压制件各个表面都近似垂直且基本相等的工艺方法，如下图所示。这种成型方法多用于共固化和整体共固化成型。

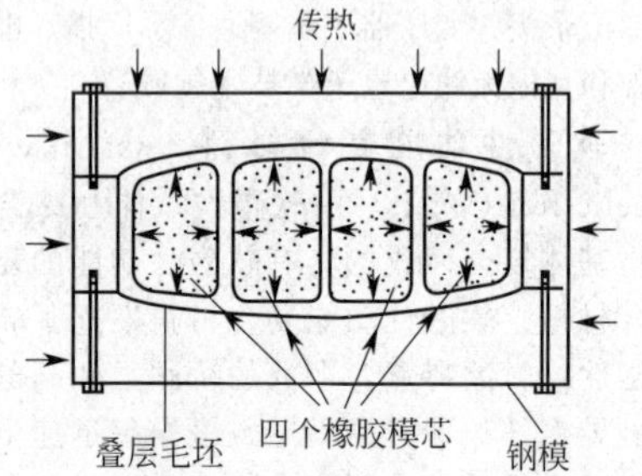

软 X 射线　soft X-rays　用来定性地描述穿透力较弱的 X 射线的术语。(无损检测)

软质聚醚型聚氨酯泡沫塑料　flexible polyurethane foam (polyether type)　浅黄色、无臭、开孔结构热固性软泡沫塑料。其交联点间链段分子量约为 2000，性能随使用原料和配方的不同有较大差异。其特点为容重低、弹性大、耐油、耐寒、吸声、隔热和永久变形小等。其工作温度为−40～100℃。原料为聚醚多元醇、甲苯二异氰酸酯、催化剂、泡沫稳定剂及其他助剂。

软质聚酯型聚氨酯泡沫塑料　flexible polyurethane foam (polyester type)　性质基本上与软质聚醚型聚氨酯泡沫塑料相同。但机械强度比聚醚型的稍高，耐老化性和高温水解性则比聚醚型差。所用原料与软质聚醚型聚氨酯泡沫塑料类同，只是以聚酯多元醇代替聚醚多元醇、所得产品为开孔软质泡沫塑料。参见软质聚醚型聚氨酯泡沫塑料(370 页)。

软质泡沫塑料　flexible foamed plastics　富有柔韧性，压缩硬度很小，应力解除后能基本恢复原状，残余变形较小的泡沫塑料。

润滑剂　lubricant　能减少物体表面间摩擦和磨损的物质。在塑料成型中，指能增加物料流动性或提高模塑件脱模作用的材料。与树脂兼容性差，在加工机械表面和树脂间起润滑层作用的，称外润滑剂；与树脂兼容性好，能降低树脂的熔点，提高流动性的称内润滑剂。

润湿　见浸润 (229 页)。

润湿剂　humectants; wetting agents　① 具有使湿气附着于物质有明显效应的物质；②添加到偶合液中用来减小液体表面张力的物质。(无损检测)

弱胶接　weak bond　力学性能低于预期值，但不可能通过正常的 NDI 方法检出的胶层，这样的情况主要是由低化学键接所致。

S

2,4,6-三氨基均三嗪　2,4,6-triamino-s-triazine　见蜜胺 (297 页)。

三(二辛基焦磷酰氧基)钛酸异丙酯　isopropyl tri(dioctylpyrophosphato)titanate　商品名 TTOPP-38S。本品为单烷氧基焦磷酸酯基型钛酸酯偶联剂，有吸收游离水的作用，对含湿量较高的填料偶联效果好。适用于聚丙烯、聚苯乙烯、尼龙、热塑性聚酯、醇酸树脂、蜜胺树脂、环氧树脂等。可增加填充量，改善加工性，提高制品的抗冲击性。

三(二辛基磷酰氧基)钛酸异丙酯　isopropyl tri(dioctylphosphato)titanate　商品名 TTOP-12 。一单烷氧基磷酸酯型钛酸酯偶联剂。热稳定性和水解稳定性良好，有一定的阻燃效果。适用于聚甲醛、低密度聚乙烯、环氧树脂、不饱和聚酯、聚苯乙烯等树脂。可提高制品的抗冲击性能，增加填充量。

三氟化硼单乙胺　boron trifluoride

monoethylamine；boron fluoride monoethylamine；BF_3-monoethylamine；BF_3-MEA　商品名 BF_3-400。为白色结晶。结构式 $BF_3NH_2CH_2CH_3$。分子量 112.8，相对密度（d_4^{20}）（20℃/4℃）1.08，熔点 86～89℃，与其离解温度（90℃）接近。三氟化硼含量 59.5%。暴露于潮湿环境，会因吸湿而水解失效。可用作环氧树脂的催化型固化剂，亦可作为芳胺的催化剂。在使用时，须将其溶解，但不宜用丙酮作溶剂，因丙酮吸湿。宜采用甲乙酮作溶剂。属路易斯酸类。因为其只是在加热时才分解成 BF_3 和乙胺，乙胺与环氧树脂起固化反应，因此在常温下具有潜伏性。作环氧树脂催化型固化剂或催化剂时，100g 环氧固化体系有 3～4 个月的适用期。BF_3 具有促进环氧树脂固化的作用，但对金属有腐蚀作用。

三氟化硼单乙胺络合物　boron trifluoride monoethylamine complex　见三氟化硼单乙胺（370 页）。

三氟化硼-哌啶络合物　BF_3-piperidine complex　白色或淡褐色结晶，熔点 70～75℃。可作为环氧树脂固化剂，用途与三氟化硼单乙胺络合物类似，特别适用于夏季等高温条件下使用。固化条件：130℃/2h+200℃/2h。

三氟化硼-三乙醇胺络合物　BF_3-triethanolamine complex　无色明亮或黄色的黏稠液体。有发烟性，可作为环氧树脂固化剂，性能和用途与三氟化硼单乙胺络合物类似。见三氟化硼单乙胺（370 页）。

三氟化硼-乙胺络合物　见三氟化硼单乙胺（370 页）。

三甲基六甲撑胺　trimethylhexamethylene diamine；TMHD　又称三甲基六亚甲基胺。无色液体。活泼氢当量 39.6，作为分子量较高的脂肪族二胺，可作为环氧树脂的固化剂。使用寿命长，固化速度也较快，适用于电气零件的浇铸和涂料等。用量一般为 19～21 份。固化物的热变形温度 105℃，制品透明性和耐旋光性好，而且富有弹性和耐化学品性。

三聚氰胺　melamine；cyanuramide；cyanurotramide　又称蜜胺。自氰尿酸制取的晶态物质，系氰脲的三酰胺。白色晶体。相对密度（d_4^{20}）1.573。熔点 354℃。难溶于水、乙二醇、甘油和吡啶，略溶于乙醇，不溶于乙醚、苯和四氯化碳。主要用于生产蜜胺-甲醛树脂。

三聚氰胺-甲醛树脂　melamine-formaldehyde resin；melamine formaldehyde；MF　又称蜜胺-甲醛树脂、蜜胺塑料。由三聚氰胺与甲醛缩聚制得的一种氨基树脂。属热固性树脂。无臭、无味、色泽鲜艳，加工性良好，制品光泽好，耐酸、碱和多种溶剂。有良好的耐热和耐水性、力学性能和电绝缘性及耐电弧性。低分子量未固化的蜜胺树脂为水溶性浆液，用于浸渍纸张、层压材料等；高分子量树脂为粉料，广泛用于制作高级电工绝缘制品、日用品、餐具等。

三聚氰胺-甲醛树脂基复合材料　melamine-formaldehyde resins matrix composites　以热固性三聚氰胺甲醛树脂为基体，以填料填充或以纤维（或其织物）增强的复合材料。主要有短切玻璃纤维模塑料、玻璃布层合板和填料增强压塑粉三种形式。这种复合材料广泛用于高级电工绝缘制品，如防爆电器件、电动工具绝缘部件、耐电弧的工业配件等。压塑粉还常用于制造日用品、餐具等。

三聚氰胺树脂　melaminc resins　又称蜜胺树脂。见蜜胺-甲醛树脂（297 页）。

三聚氰胺塑料　melamine plastic　又称蜜胺塑料。以三聚氰胺与酚醛类缩聚制得的树脂为基材的塑料。

三氯氟甲烷　trichlorofluoromethane　商品名氟利昂11。用作泡沫塑料如聚苯乙烯的一种发泡剂。也用作气溶胶的制冷剂和推进剂。

三嗪A树脂　triazine A resin　见氰酸酯树脂（343页）。

三(十二烷基苯磺酰基)钛酸异丙酯　isopropyl tri(dodecylbenzenesulfonyl)titanate　商品名9s。一单烷氧基型钛酸酯偶联剂。适用于环氧树脂、聚酯、聚苯乙烯等树脂的填充体系，亦可作为环氧树脂和聚酯的触变剂。特点是水解稳定性高、热稳定性也较好，但易发生酯交换反应。

三维编织碳/碳复合材料　3-D (three-dimensions) mat carbon/carbon composites　以碳、石墨纤维沿经（x）、纬（y）、纵（z）或轴（A）、经（R）、环（C）三方向的编织物为增强材料，以树脂碳或气相沉积碳为基体的全碳素复合材料。编织物分为在三个方向体积率相同的均衡织物和不相同的非均衡织物。有块状或圆柱形，也有圆锥、截锥及其他旋转体形状。三维编织需经反复浸渍树脂（酚醛或石油沥青）、固化成型、惰性气氛中炭化（或石墨化）等形成树脂碳基体；也可在烃类气中经多次化学气相沉积，形成热解碳基体。因其具有在超热环境中优于整体石墨的高强度、低膨胀系数和与石墨相当的烧蚀性能，可取代整体石墨用于火箭喷嘴的头部进气道喉区、重返大气层飞行器隔热罩和头锥顶等。

三维编织织物　three dimensional braided fabric; braid, three-dimensional　又称立体编织织物。沿厚度方向有一根或两根编织纱的编织物。为了改善编织物纵横向的力学性能，可以采用类似于针织物垫纱的方法，如在二维编织结构中引入不与其他纱线交织的轴线纱，制得二维三轴向编织物，如下图所示。典型的三维编织有四步法和二步法两种，表示三维编织物的几何结构参数有：编织节长、编织角、纤维纱直径、纤维体积分数、编织物的外形尺寸等。

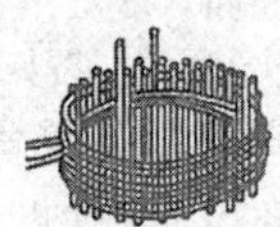
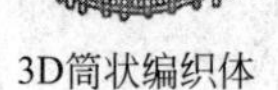
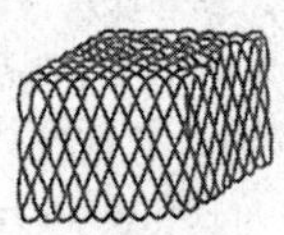
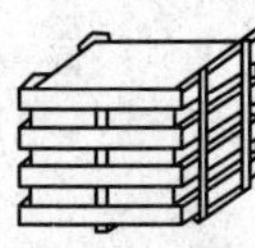
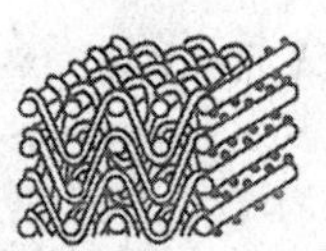

(a) 编织成型体的立体透视图

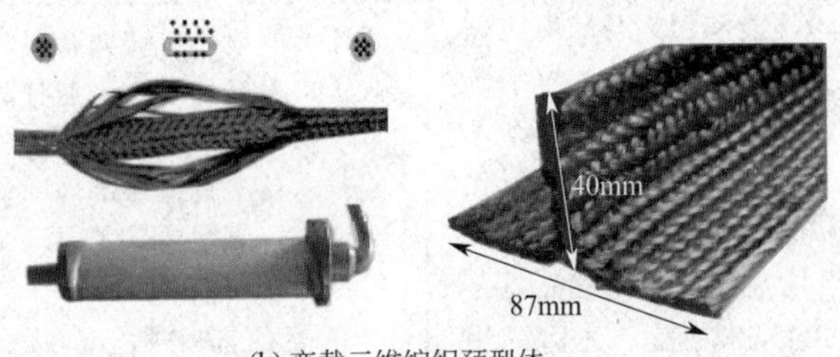

(b) 变截三维编织预型体

三维打印 3D printing；3DP 又名增材制造。它是以数字模型文件为基础，运用粉末状金属或塑料等可黏性材料，通过逐层打印的方式来构造物体的技术。它与普通粉末打印的原理基本相同。即，内装液体或粉末等“打印材料”的打印机，与电脑连接后，通过电脑控制把“打印材料”一层层叠加起来，以致最终把计算机中的蓝图变成实物。它可以打印出机器人、机械零件、玩具车、各种模型等，已用于工业设计模型、模具制造、建筑工程、航空航天、机械玩具、眼科医疗等领域。常用的材料有尼龙-玻璃纤维、石膏、铝材、钛合金、不锈钢、镀银、橡胶、塑料等。现在的三维打印技术，对任何静态的形状几乎都可以打印出来，但对运动的物体及其清晰度还难以实现。

三维夹芯层织物 3D facesheet-linked spacer fabric 整体编织而成的，层与层之间有纱线相连，呈中空结构的一种三向织物。

三维机织织物 three dimensional weave fabric；3-D woven fabric 简称三维机织物。三维机织结构是靠接结纱线（接结经或接结纬，此处以接结经为例）在织物的厚度方向上将若干层重叠排置的二维机织结构接合起来，使之成为整体性能良好的三维结构。通过接结组织的变化，可获得多种的三维机织结构。典型的三维机织结构如下图所示。用这种织物制作的复合材料产品的突出优点是整体性好，改变了二向织物复合材料层间强度低的缺点。通常采用先进的纺织技术和缝合技术制造。参见三维编织织物（372 页）、三维夹芯层织物（373 页）。

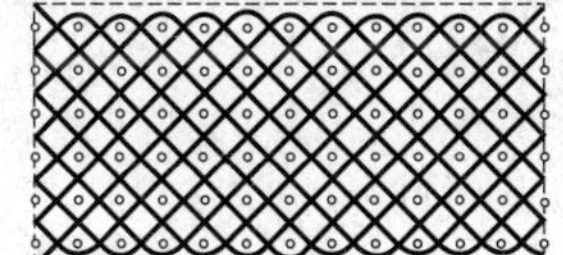

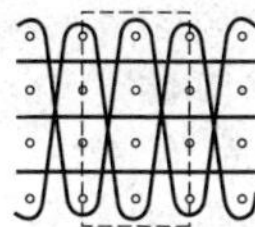

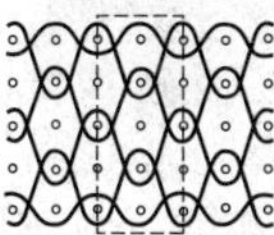

三维立体纤维结构 three-dimensional fiber architecture x、y、z 三个方向都有纤维的预型体或纺织品。通常用先进的纺织技术和缝合技术制造。

三维针织织物 3-D knitting fabric 三维针织结构有三种不同的形式：①具有三维形状的二维针织结构，如全成形纬编织物；②利用针织线圈将多层平行铺设的纤维束捆绑而形成的三维实心针织结构，如多轴向经编织物，如“无皱褶织物”词条附图所示；③利用线圈（间隔纱）将两块作为面板的二维针织物以一定的间距固定而成的三维空心针织结构，如间隔织物。其中在复合材料领域最具应用潜力的是以多轴向经编织物为代表的第二种形式的针织结构，又称为无皱褶织物。

三维织物 three dimensional weave 由经纱、纬纱和与其所在平面相垂直方向上的纱编织而成的立体机构织物。

三亚乙基四胺 triethylene tetramine；TETA；TTA 淡黄色黏稠液体，活泼氢当量 24.4。溶于水，是环氧树脂最常用的固化剂之一。黏度低，活性高，反应速度快，适用于常温固化和快速固化，无发烟性。主要用于层压、浇铸、黏合和涂料等方面，特别是在小型浇铸制品和胶黏剂中应用最广。一般用量 6～14 份。固化条件：室温/4d～100℃/30min。使用寿命 20～

30min。热变形温度 115～120℃。有一定毒性。

三氧化二锑　antimony trioxide　塑料中所使用的一种阻燃剂。

三异硬脂酰基钛酸异丙酯　isopropyl triisostearoyl titanate　商品名 OL-T999、NDZ-101、TC-TTS。一单烷氧基型钛酸酯偶联剂。红棕色油状液体。相对密度（d_4^{20}）0.9897。凝固点 －20.6℃。黏度 164.5mPa·s。分解温度 260℃。闪点（开环）179℃。pH 值 3～4。溶于异丙醇、石油醚、甲苯、DOP。不溶于水，遇水分解。无毒。适用于环氧树脂、聚氨酯、聚乙（丙）烯、PVC 等树脂的填充体系。对不含游离水的干燥填充剂如碳酸钙、二氧化钛、水合氧化铝、磁粉等干燥填料特别有效。在合成橡胶填充体系中也有良好的偶联效果。参考用量为填料总量的 0.5%～1.0%。

三油酰基钛酸异丙酯　isopropyl trioleoyl titanate　商品名 OL-T 951。一单烷氧基钛酸酯类偶联剂。红色液体，适用于聚丙烯等聚烯烃塑料的填充体系，亦用于碳酸钙等填料，可提高制品的抗冲击韧度、断裂伸长率、尺寸稳定性和热变形性，改善制品的表面光泽。

三元共聚物　terpolymer　由三种不同单体共聚合制得的一种共聚物。三元共聚物可由三种单体同时聚合，也可由两种单体先聚合成共聚物，然后再与第三种单体接枝共聚。

三正丁基磷酸酯　tri-*n*-butyl phosphate　用于环氧树脂的一种固化剂和用于烯类与异氰酸酯聚合的一种催化剂。

三轴织物　braid triaxial-dimensional　为了改善编织物纵横向的力学性能，可以采用类似于针织物垫纱的方法，如在二维编织结构中引入不与其他纱线交织的轴线纱，制得二维三轴向编织物，如下图所示。典型的三维编织有四步法和二步法两种，表示三维编织物的几何结构参数有：编织节长、编织角、纤维纱直径、纤维体积分数、编织物的外形尺寸等。

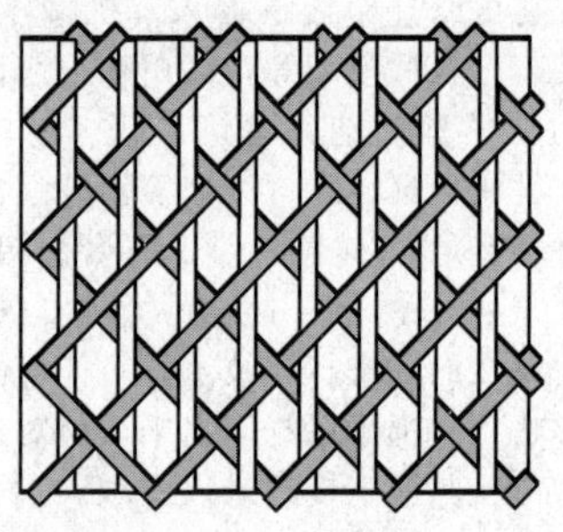

散射线　scattered radiation　与一次射线方向不同的射线。

扫描　scanning　超声波束和被检材料之间的有规则的相对位移。

C-扫描　C-scan　又称 C-型显示。指以平面图形的形式提供扫描信息（缺陷）的超声波扫描显示。此检测方法可有效地检测复合材料中的贫胶、疏松、空隙、分层等缺陷以及纤维分布情况等。亦见 C-型扫描显示（476 页）、超声 C-扫描检验（50 页）。

扫描电子显微技术　scanning electron microscopy; SEM　以能量为 0.05～30keV 的电子束作为微束激发源，以光栅状扫描方式照射到被分析试样的表面上，分析入射电子和试样表面物质的相互作用所产生的各种信息，从而研究试样表面微区形貌、成分和结晶学性质的技术。其特点是可以直接观察任何原始试样的表面。但对于非导电试样要在其表面上涂一层导电层或采用低的加速电压，也可以采用低真空观察条件，以克服试样表面充电效应；分析的区域较大，可达到 150mm×150mm；图像分辨率最高可达 6nm。主要设备为扫描电镜。该项技术广泛用于复合材料研究的微观分析，通常通过复合材料破坏断面形貌的分析来观察复合材料的破坏形式，判断复合材料基体与增强体粘接状况以及基体本身的性质，从而获得基体研究的重要信息。

扫描电子显微镜 scanning electron microscope；SEM 一种电子光学仪器。由灯丝栅极和阳极构成电子枪，从电子枪发射出的电子流经三个电磁透镜聚焦后变成一股细束，置于末级透镜上部的线圈能使电子束在试样表面作光栅状扫描。试样在电子束作用下激发出各种信号。由探测器和高灵敏毫安计把激发出的电子信号接收下来，经信号放大处理系统，输送到显像管栅极以调制显像管亮度。由试样表面任意一点所收集到的信号强度与显像管屏上相应点亮度之间是一一相对应的，因而试样的状态不同，相对应的亮度也不同，经照相底片感光后可得表征聚合物形态的电镜照片。

扫描隧道显微技术 scanning tunneling microscopy 一种利用量子隧道效应来研究导体材料最表面层结构的技术。参见扫描隧道显微镜（375 页）。

扫描隧道显微镜 scanning tunneling microscope；STM 一种用来研究导体材料最表面层结构的显微分析仪器。工作原理基于量子隧道效应。由压电陶瓷扫描仪、样品固定及逼近装置、电子回馈控制系统、计算机控制数据采集和图像分析系统等组成。STM 直接表征样品表面电子态密度的分布或原子排列的图像，得到样品表面电子结构信息。可在纳米级尺度上实时观测表面三维结构图像，获得表面最表层的局部结构信息，是自下而上构筑纳米结构的工具之一。可在真空、大气、溶液、常温、低温甚至电解液等环境下工作。

扫描探针显微镜 scanning probe microscope；SPM 一种分辨率在纳米量级的测量固体样品表面实空间形貌的显微仪器。其工作原理是，利用一个尖锐的实物探头，将它置于样品表面 0.1～10nm 处或直接与表面轻微接触，测量针尖与样品表面的某种相互作用的强弱，通过扫描方式逐点记录表面各点相互作用的强度，就可生成一幅样品表面相互作用强度的分布图，从而获得样品表面的形貌特征。根据测量的相互作用类型，可分为扫描隧道显微镜、原子力显微镜、磁力显微镜等。

色层(分离)法 chromatography 又称色谱（分离）法。参见薄层色谱法（24 页）。

色层(分离)谱 chromatogram 简称色谱。将化合物溶液体系中的洗出溶液（洗出液）经色谱仪分离后，色谱仪得到的相应各个组分的峰值图。

色牢度 colorfastness 着色塑料在与酸、碱、热、光、大气等接触时抵抗褪色的能力。大多数情况下都指耐光的能力。

色谱 见色层（分离）谱（375 页）。

纱 yarn 由短纤维沿轴向排列并经加捻，或长丝（可加捻或不加捻）组成的连续细长条。用于制线、制绳、织布、针织等。无捻结构包括复丝、原丝、毛条、粗纱、无捻粗纱和定长毛纱；有捻结构包括单股纱、合股纱、多股络纱和花式纱。参见单丝（65 页）、单丝纱（65 页）、纤维（464 页）。

纱环强度 loop strength 按照规定的力学试验方法将一个增强纤维纱环拉断所需的强度。

纱罗织法 leno weave 一种锁紧稀松织物的制造方法。其中两根或两根以上的经纱相互交错并和一根或多根纬纱交织而形成织物。这种织法主要用于防止稀松织物中纤维的移动和错位。

纱锁定点 yarn locking 织物在无皱褶和严重变形的情况下，无法再剪切形状的极限点。

纱条 sliver 又称梳条。许多定长短纤维或未加捻连续原丝并排的连续长纤维束。参见原丝（514 页）。

(纱线)质量指针 count strength product 表示纱线强度和细度的综合指标。

纱织物 yarn woven fabric 经、纬全部用纱织成的织物。

砂磨 sanding 采用磨带或磨盘进行修整的一种方法，有时用以除去热固性树脂制件的大块溢料或毛刺，或用以产生不能用模塑法塑成的曲率或斜面。

筛板 breaker plate 安装在机头后端的多孔板。其主要作用是使物料由旋转运动变为直线运动，增加反压、支撑过滤网等。不加过滤网时，它也有过滤较大粒状杂质的作用。

闪点 flashing point 可燃性液体加热到其液体表面的蒸气和空气的混合物与火焰接触发生闪燃时的最低温度。闪燃通常为淡蓝色火花，一闪即灭，不继续燃烧。闪燃往往是发生火灾的先兆。

扇形浇口 fan gate 从分流道到型腔方向的宽度逐渐增加呈扇形的侧浇口。

熵 entropy 热力学中表示物质系统状态的物理量。其定义为：物质在可逆变化中熵的增量为 $dS = dQ/T$。式中，dQ 为物质所吸收的热量；T 为物质的热力学温度。熵的大小是状态自发实现可能性的量度。熵越大的状态，实现的可能性越大。

上半模 upper half 见上模（377 页）。

上浆 sizing 又称上胶。将一材料涂于另一材料表面以填满其孔穴，因而减少对后续加工的胶黏剂或涂层的吸收，或使表面得到改善，提高黏着力的方法。对于碳纤维来说，其目的是保护碳纤维表面处理后产生的表面活性，有利于改善与树脂基体的黏合力及后加工性能。如碳纤维上浆后，复合材料强度可提高 15%～20%。这是由于碳纤维经高温碳化后，表面没有活性官能团，呈现憎液性。经表面处理后，活性官能团大幅度增加，表面转呈为亲液性。而上浆后，一则，浆剂可把碳纤维表面活性官能团保护起来，免受环境污染；二则，浆剂中的主剂（环氧树脂）不仅可与碳纤维表面活性基团发生化学键合，形成牢固结合的表面层，而且还与基体的活性基团发生化学反应，从而把增强纤维与基体树脂紧密结合在一起，形成牢固结合的界面层，成为增强体与基体两相界面层的主要组成部分。

上浆剂 size; sizing agent 在制造纤维过程中，主要为改善工艺性能而施加于单丝的一种由淀粉、胶、油、蜡或其他适当成分组成的一种化学制剂。该浸润剂含有可提供表面润滑性及粘接作用的组分。对上浆剂的要求为：①乳化后的微乳粒要小，最好在 0.3μm 以下，不超过 0.5μm。②乳化后的时效稳定性好，放置两个月后基本不破乳，不絮凝，不团聚，不下沉。③上浆均匀，能在每根单丝表面形成一层很薄的皮膜，在深加工中不起毛，且集束性、耐磨性要好。④开纤和扩幅性好。易制得均匀的单向预浸带（UD-PP）。⑤对基体树脂的润湿性好，相亲相容，界面牢固。⑥上浆后具有一定的悬垂性，赋形及其稳定性好。⑦吸水率小于0.1%。⑧上浆附着量一般在0.4%～1.0%（质量分数）范围内，不超过1.2%（质量分数），否则会引起丝束僵硬，不利于开纤、扩幅和深加工。碳纤维上浆的主剂是双酚A环氧树脂及其改性聚合物，辅剂包括抗氧化剂、润滑剂、表面活性剂等。参见上浆（376页）。

上胶 见上浆（376页）。

上金 metallizing 用电镀、真空沉积、喷涂等方法在塑料表面上覆盖薄层金属的操作。

上模 upper mould 在压缩模和压铸模中，安装在压机上工作台面上的那一半模具。

上模座板 upper clamping plate 使上模固定在压机工作台面上的板件。

上压式压机 upstroke press 主活塞位于可动板的下面，靠主活塞由下向上运动施加压力的压机。

上置信度 upper confidence limit 见置信区间。

烧结 sintering 将粉状塑料冷压成的半成品，用加热方法使之熔结成整体的操作。但就其整体而言并未熔融。

烧结模塑 见熔结模塑（366页）。

烧伤 buming 复合材料遭遇明火或雷击而引起材料的碳化、熔化等损伤。

烧蚀 ablation 一种有序的热质传递过程。由于高温高速气流的作用，引起材料热解、熔化、气化、升华和辐射等复杂的物理-化学变化，导致相变和质量消耗的现象。

烧蚀复合材料 ablative composites 利用材料在高温下裂解气化、熔化蒸发、升华、侵蚀、碳化等物理化学作用，借助材料表面的质量迁移把大量热能带走，不继续向结构内部传导，从而起到保护内部结构作用的复合材料。按烧蚀机理分：升华型（C/C复合材料）、熔化型（石英和玻璃基复合材料）、碳化型（酚醛基复合材料）。参见烧蚀塑料（377页）。

烧蚀率 ablating rate 单位时间内材料因烧蚀而减少的厚度，或失去的重量。用mm/s或g/s表示。参见复合材料线烧蚀速率（125页）。

烧蚀热效率 ablating hot rate 在烧蚀过程中，材料背面温度上升一定值时，材料单位面积的质量所能阻隔或吸收的总热量。

烧蚀塑料 ablation plastics 一种通过燃烧自身，消耗环境传给的热能，产生隔热作用的塑料。这种材料受热时，其因分解而部分被消耗，同时耗费环境传给的热能，并形成大量炭化隔热层，因而控制了物质的表面温度，阻止了高温高热进一步传入内部。作为隔热层广泛用于导弹、宇宙飞船等空间飞行器。

少层石墨烯 few-layer graphene 参见石墨烯分类（387页）。

邵氏硬度 Shore hardness 通过用弹簧在压头上加载的方法测得的硬度。测得的值越大，材料的硬度越大。一般用于橡胶材料硬度的测定。

设计许用值 design allowables 在概率基础上（如99%概率、95%置信度的A-基准值；90%概率、95%置信度的B-基准值），由含结构典型特征

(包括铺层比例、开孔、充填孔、机械连接等）层压板的试验数据确定的材料值，适用于由同一材料体系和同一工艺规范制造的不同结构。导出这些值要求的资料量由所需的统计意义（或基准）决定。参见材料许用值（28 页）。

设计选材 materials selection for design 复合材料设计选材的一般原则与金属相同，鉴于复合材料的材料和结构是同时形成的，树脂基复合材料的性能又对环境因素（温度和湿度）敏感等，故其设计选材需考虑如下特点：①材料应满足结构使用环境要求（主要是温度）；②在铺设、固化成型、机械加工、装配和修补等方面具有良好的工艺性；③考虑其他的特殊要求，如透波性、阻燃性、燃烧时的毒性等指标；④已有的设计和使用经验。选材的基础在于了解掌握组分材料（增强纤维、基体）的状态、性能、成型方法乃至于性价比等一系列基本素材。如下表所示。

设计决定	综合考虑因素	最低成本型	最高性能型①
纤维型号	成本、强度、刚度、密度（质量）、冲击韧度、电导率、环境稳定性、腐蚀、热膨胀	E-玻璃纤维	碳纤维
丝束大小（如选用碳纤维）	成本、纤维体积含量、纤维浸润、结构效率（铺层最小厚度）、表面光洁度	12K 丝束	3K 丝束
纤维形式（连续及非连续）	成本、强度、刚度、质量、纤维体积含量、设计复杂性	随机/非连续纤维	定向和连续纤维
基体	成本、使用温度、压缩强度、层间剪切强度、环境性能（耐流体性、紫外线稳定性、吸湿性）、损伤容限、储存寿命、工艺性、热膨胀	乙烯基酯和聚酯	高温聚酰亚胺树脂、双马来酰亚胺树脂、低-中温固化环氧树脂、韧性-增韧环氧、氰酸酯树脂
复合材料形式	成本（材料和劳动力）、工艺兼容性、纤维体积含量控制、材料搬运、纤维浸润、材料报废	基本泡沫塑料	预浸料

①定义为高温、韧性和较高力学性能。

设计载荷 ultimate load 又称极限载荷。设计中用来进行强度计算的载荷。通常等于限制载荷（使用载荷）与不确定系数（通常为 1.5）的乘积，是结构能承受的最大载荷。预计在大于（或等于）此载荷作用下，飞机结构将破坏或丧失承载能力。用于设计飞机结构、强度校核计算和进行极限载荷（或破坏）试验。

设计值 design values 为保证整个结构的完整性具有高置信度，由试验数据确定并被选用的材料、结构组件和结构细节的性能。这些值通常基于为考虑实际结构状态而经过修正的许用值，并用于分析计算安全裕度。

设计制造一体化 design for manufacture; DFM 将复合材料结构设计与制造工艺融为一体的自动化设计和制

造技术。

射频焊接 radio frequency welding 也叫高频焊接。用射频电场产生所需要的热来焊接热塑性塑料的一种方法。

射频加热 radio frequency heating 参见介电加热（220页）。

射频预热 radio frequency preheating 用于模塑物料，使之利于模塑操作或缩短模塑周期的一种预热法，最常用的频率为10～100MHz。

射水 water jet 在高压（70～410MPa或更高）下喷出的水，常用来切割有机复合材料。参见射水切割（379页）。

射水切割 water jet cutting; fluid jet cutting 见高压水切割（143页）。

γ射线 γ-rays 放射性原子核发射的电磁辐射。（无损检测）

射线管移动射线照相术 tube-shift radiography 为了确定缺陷深度，在略微不同的角度上用相同的焦距进行两次曝光的技术。（无损检测）

X射线胶片 X-ray film 一种（通常在两面）涂有用于X射线和γ射线的乳胶的片基。（无损检测）

射线探伤 rays detection 利用射线束（X射线和γ射线等）对被检测体进行透射来探测其内部缺陷的方法。（无损检测）

X射线透射检验 X-ray inspection 一种复合材料质量检验的无损检测方法。工作原理是利用X射线（波长0.001～10nm）透过试件，因不同介质对X射线吸收和散射能力不同，最后使感光底片的感光程度也不一样，从而把缺陷鉴别出来。X射线检验法可检测出复合材料结构的夹杂、分层、裂纹、疏松、空隙含量，以及有效地发现夹层板中蜂窝芯和胶黏剂填充物中的损伤和缺陷。树脂基复合材料密度较低，一般采用软X射线。（无损检测）

X射线显微术 X-ray microscopy 用显微镜检定X射线的技术。通过点投射X射线显微术，可把X射线由针孔光源发射而得到一个放大的影像。这种技术用来研究如泡沫塑料、层合板、纤维和单丝等材料的结构是有效的。（无损检测）

γ射线源 γ-ray source 放射适合于射线照相的γ射线的物质。（无损检测）

射线照片 radiograph 一束穿透性电离辐射通过材料后所产生的照相图像。（无损检测）

射线照相检验 radiographic inspection 利用射线对物体的穿透能力及物体对透过射线的衰减进行物体内部质量无损检验的方法。该方法可以检测物体内部的空隙、疏松、夹杂等缺陷。目前，普遍应用的是X射线照相法和γ射线照相法。（无损检测）

射线照相曝光量 radiographic exposure 为了产生潜像而使一种记录介质受到的辐射作用。单位通常用毫安秒或毫居里小时来表示。（无损检测）

射线照相投影技术 radiographic projection technique 一种通过投影使图像放大的技术。照相时，把材料与记录介质分离开。（无损检测）

伸长率 见断裂伸长率（86页）。

深变形模具 deep-draw mould 阳模高度远大于制件壁厚的模具。

渗出 exudation; bleedout 由若干组分中的一种或多种组分迁移或渗至制品表面所造成的制品外观缺陷。例如，长丝缠绕中，多余树脂迁移或流至绕体的表面。

渗透 penetration 液体物质从物体

的细小孔隙中透过。

渗透率 permeability 在无物理和化学反应影响下，气体、液体或固体通过一个多孔物质的难易程度。在树脂传递模塑成型工艺中，渗透率为描述织物或预型体结构对树脂流动阻挡的能力，是一个张量。可以用Darcy定律来描述（如下式所示）。对各向异性的材料它有不同方向的分量，对于各向同性的材料，它的各方向分量相等，是一个常数。预型体的渗透率常用试验来测定，并用来建立树脂在预型体中流动的模型。渗透率一般分为饱和渗透率和非饱和渗透率。

$$v=K\eta-\Delta p$$

式中 v——液体树脂在介质中的流动速度张量❶；

K——介质(预型体）的渗透张量；

η——液体（树脂）的黏度；

Δp——压力张量❶。

渗透探伤 penetrant detection 通过施加渗透剂，用洗净剂除去多余部分，如有必要，施加显像剂以得到制件上开口于表面的某些缺陷的指示方法。

渗透性 permeability 气体、液体或固体透过或扩散通过间隔物而对间隔物不产生物理或化学作用。

渗渍 infusion 液体慢慢渗入物质空隙中并积存在那里的过程。与浸渍不同，浸渍是要把物质泡在液体里以致液体进入其中空隙并积存在那里的过程。参见浸渍（229页）。

升华 sublimation 固态（结晶）物质不经过液态而直接转变为气态的现象。如冰、碘、硫、萘、樟脑、氯化汞等都可在不同的温度下升华。

升温曲线 heating curve 由升温曲线测定得到的记录曲线。曲线的纵坐标为试样温度（T_ξ），自下向上表示增加；横坐标为程序温度（T）或时间（t），自左至右表示增加。参见“差热曲线”词条中附图（41页）。(热分析）

升温曲线测定 heating curve determination 在程序升温下，测量物质的温度与程序温度关系的技术。当程序降温时，则为降温曲线测定。(热分析）

升温速率 heating rate(dT/dt 或β) 程序温度对时间的变化率。其值不一定为常数，且可正可负。单位为K/min或℃/min。当温度-时间曲线为线性时，则升温速率为常数。(热分析）

升温速率倒数曲线 inverse heating-rate curve 记录升温曲线对时间的微商的倒数（dt/dT）与温度（T）或时间（t）的关系的曲线。纵坐标为dt/dT。当程序降温时，则为降温速率倒数曲线。(热分析）

升温速率曲线 heating-rate curve 记录升温曲线对时间的微商（dT/dt）与温度（T）或时间（t）的关系的曲线。纵坐标为dT/dt。当程序降温时，则为降温速率曲线。(热分析）

生物功能性 biofunctionability 生物医学材料在植入位置行使功能的能力。或为执行功能，其自身和植入位置应当满足的适当的物理化学要求。换言之，指材料能在植入位置有效地执行功能（材料的有效性）。

生物陶瓷-氨基酸硬组织修复复合材料 bioceramic-amino acid composites for repairing hard tissue 由陶瓷颗粒与氨基酸构成的一类主要用于硬组织修复的复合材料。

生物陶瓷复合材料 bioceramic

❶ 在一个坐标系里由若干数（分量）表示的一个量。

composites　具有生物功能性，可以用于制作人工器官的陶瓷复合材料。是指由生物陶瓷与生物陶瓷，或生物陶瓷其他无机材料、有机材料复合而成的复合型生物材料。根据材料复合的不同方式，可分为表面涂层复合材料、颗粒弥散增强及纤维补强复合材料。可用来制作人工腱、韧带以及心脏瓣膜等。

生物医学复合材料　biomedical composites　由两种或两种以上不同材料复合而成的生物医学材料。主要用于修复或替换人体组织、器官或增进其功能以及人工器官的制造。不同于一般复合材料的是，生物医学复合材料除应具有预期的物理化学性质之外，还必须满足生物兼容性的要求。为此，不仅要求组分材料本身必须满足生物兼容性要求，而且复合之后不允许出现有损材料生物学性能的性质。

生物医学高分子材料　biomedical polymer materials　作为生物医学材料的高分子及其复合材料，又称医用高分子材料。可来自人工合成，也可来自天然产物。除应满足一般物理、化学性能要求外，还必须满足生物兼容性要求。分为非降解型和生物降解型。非降解型的有 PP、PE、聚丙烯酸酯、芳香聚酯、聚硅氧烷、聚甲醛等；生物降解型高分子包括原胶、甲壳素、聚氨基酸、聚乙烯醇、聚己内酯等。

生物医用复合材料　biological and medical composites　与人体有一定的生物兼容性，可能部分或全部取代人体有关器官的复合材料。作为医用材料首先必须是化学惰性、不与组织液反应，具有生物兼容性，不致出现排异现象、炎症、癌变、过敏反应等；而且其质量在植入人体后在足够长的时间内不丧失。已用于临床的人工骨（20%磷酸钙增强聚砜、发泡氧化铝陶瓷增强环氧树脂）、人工关节（碳纤维增强聚醚醚酮树脂）、假牙（石英砂、玻璃纤维增强环氧树脂）、假肢（碳纤维增强环氧树脂）等，都取得了良好效果。

生橡胶　caoutchouc　参见天然橡胶（440 页）。

声发射　acoustic emission　伴随固体材料在断裂时释放储存能量产生弹性波的现象。利用声发射信号研究材料、动态评价结构的完整性，称为声发射检测技术。（无损检测）

声发射检测　acoustic emission inspection　利用对被检物体施加应力，引起内部变化所诱发的应力波来检测材料或制件的物理量（如复合材料的力学性能）或缺陷（如疲劳损伤、分层、脱胶、裂纹等）。其优点是可以动态检测缺陷的发生和发展。适用于各类材料并对其实施在役监控。缺点是需要与工件耦合，需采用多探头和配备计算机进行信号处理。（无损检测）

声检验技术　acoustic inspection technique　通过接受和分析材料的声发射信号来评定材料性能或结构完整性的无损检验方法。如超声波检验、声振动检验、声发射技术和声全息技术等。可用于强度、厚度等多种物理量的检测，材料和制件的各种缺陷（如裂纹、气孔、砂眼、夹杂）的测定，以及焊接质量和胶接质量的无损检测等。

声全息　acoustical holography　其原理是以声波辐射被观察的物体，利用波的干涉现象记录全部信息（振幅和相位），然后依据光的衍射原理，使被观察的物体再现。它主要用于无损检验，可检测金属、塑料、复合材料、石墨陶瓷等材料和胶接件、焊接件的

质量（如复合材料的分层、脱胶等）。（无损检测）

声束标线 beam index 声束轴线在物体表面上的入射点。参见探头标线（418 页）。（无损检测）

声束扩散 beam spread 超声束主波瓣在远场中的发散。（无损检测）

声束轴线 beam axis 在远场中，超声波束中最大强度点的轨迹，其几何延长进入近场。（无损检测）

声吸收 acoustical absorption 超声能量转变为热能而引起的超声波衰减的分量。（无损检测）

声吸收系数 acoustical absorption coefficient 一个用来确定材料把超声能量转变为热能能力的系数。（无损检测）

声隐身材料 见抗声呐功能复合材料（265 页）。

声影 acoustical shadow 由于物体几何形状或物体内部缺陷的影响，使物体中沿一定方向传播的超声能量受阻而不能到达物体内部的一定区域。（无损检测）

声阻法 acoustical impedance method 利用被测物体的振动特性，即被测物对换能器所呈现的变化进行无损检测的方法。多用于检测物体表面的成层情况和胶接质量。如声阻仪检测小面积脱黏缺陷，福克仪检测胶层的内聚强度等。

声阻抗匹配 acoustical impedance matching 两种介质之间可提供最佳声能传递的耦合。（无损检测）

剩料 cull 模具装满后遗留在压铸料腔的材料。

剩余疲劳强度 residual fatigue strength 在承受一个一定的疲劳载荷历程后保留的静强度。

剩余强度 residual strength 受损物体的承载能力。参见结构剩余强度（218 页）。

剩余强度系数 coefficient of residual strength 结构和构件的破坏应力与按设计载荷计算的应力之比值。一般大于或等于 1，过大则意味着结构设计太强，而小于 1 说明结构强度不够。

失效包络线 failure envelope 在应力或应变空间里，由失效准则描述的层合板复杂应力或应变下的失效界域，二维空间为一条包线、三维空间为一个包面。在应力空间与铺层角和铺层比有关，在应变空间仅与铺层角有关。

失效模式 failure modes of composites 又称破坏模式。用以研究复合材料破坏的性质和引起破坏的物理、化学过程。失效过程包含组分材料性能改变、界面破坏、载荷性质等诸多因素。失效机理相当复杂，没有固定的失效模式，也不能用一种失效模式来描述复合材料的失效。通常是几种性质的失效同时存在和发生，并互相起作用。从细观力学和宏观力学的分析基础出发，对于纤维层压复合材料有四种基本的失效模式：基体开裂、纤维断裂、界面脱胶和分层。

失效准则 failure criterion 又称破坏判据。确定材料失效的判据方程。它是复合材料在复杂应力或应变状态下的破坏的数学描述。在单向纤维复合材料的单轴破坏实验基础上，给出了纤维复合材料受载破坏时的应力分量或应变分量应满足的条件。它是单向复合材料强度估算的依据，层合板强度计算的基础。

湿暴露水平 moisture exposure

level 浸润环境严重程度的度量或描述，用存在的液体或蒸汽的量值来表征。

湿法缠绕 wet winding 纱束在线浸渍（纱束在现场浸胶后直接缠绕）的缠绕称为湿法缠绕。其特点是设备简单，对原材料的要求没有干法那么严。但因纤维浸胶后马上缠绕，所以对预浸带的质量不易控制和检验，溶剂含量较多，固化时易生成气泡。张力控制精度较低，制件质量相对较差，操作环境不好。由于投资少，成本低（约为干法的 60%），多用于民用产品。缠绕应力的控制精度和稳定的含胶量是保证缠绕质量的重要因素。缠绕应力的控制精度靠缠绕机张力测控系统保证；浸胶含量与胶槽结构和胶液参数有关。浸胶槽主要有两种形式，如下图所示。擦胶式浸胶槽适于中黏

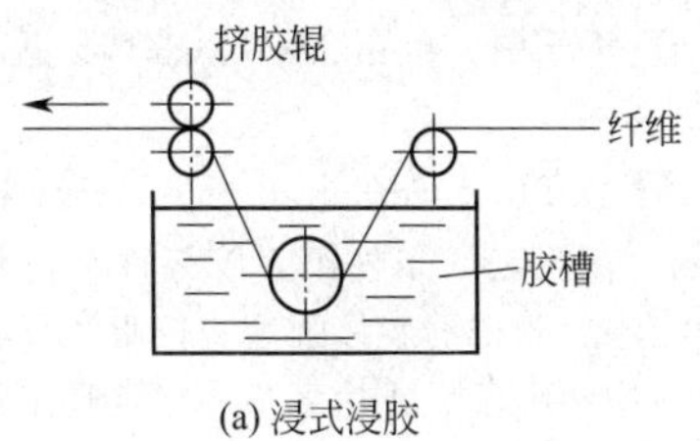

(a) 浸式浸胶

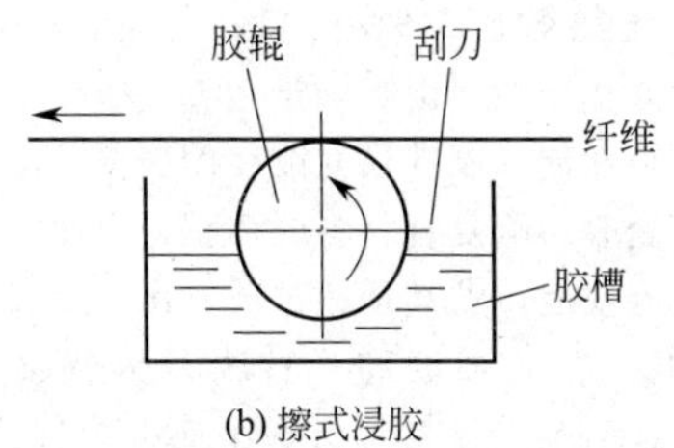

(b) 擦式浸胶

度浸胶，含胶量控制主要靠调节刮刀与胶辊间隙，控制精度较高；沉浸式浸胶槽适用于低黏度胶液，含胶量均匀，含胶量主要由胶液黏度和浓度控制；稳定胶液黏度和浓度对浸胶质量十分重要。胶液黏度可通过采用水浴加温保持胶槽温度稳定；胶液浓度可通过胶槽加盖、更换胶液等措施维持恒定。

湿法成型 见湿法工艺（383 页）。

湿法纺丝 wet spinning 参见纺丝（100 页）、纺丝溶液（100 页）。

湿法工艺 wet process 又称湿法成型。纤维或其制品浸渍树脂胶液后直接成型复合材料制品的方法。参见干法铺层（135 页）。

湿法铺层 wet lay 另见手糊工艺（391 页）。

湿法制备预浸料 wet prepreg 又称溶液法预浸料。即先将树脂用溶剂配制成一定浓度的溶液，使增强材料从溶液槽中通过浸渍树脂，而后烘干收卷。该方法可以制备织物预浸料，也可以制备单向预浸料。用于制备织物预浸料，可以解决超薄（单位面积质量 $30g/m^2$）和超厚（单位面积质量 $600g/m^2$）织物的浸胶问题。织物的浸透性好，树脂含量均匀。织物预浸料制备设备有卧式和立式浸胶机。纤维织物以一定的速度移动，首先通过热处理炉除去水分或蜡浸润剂，然后经过浸胶槽浸渍一定量树脂溶液，再经过烘干除去水、大部分溶剂和挥发分，并使树脂预固化到一定程度，最后收卷储存。预浸料布用于层压和卷制成型，剪裁成窄带的用于缠绕成型。单向预浸料的制备方法，根据设备的不同，分辊筒缠绕法和阵列式连续排铺法两种，如图 384 页图所示。辊筒缠绕法如 384 页图（a）所示。连续纤维束从纱筒引出，

进入胶槽浸渍树脂，经挤压辊除去多余树脂，再经过喂纱导辊，依次环向缠绕在贴有离型纸的辊筒上。最后沿辊筒母线切断展开成为单向预浸料。因其纬向没有纤维，经纱是靠树脂粘在一起，所以又称为无纬布。该方法设备简单，操作方便，但制备的无纬布长度受到辊筒直径的限制，生产效率低，一般适用于实验室或小批量生产。阵列式连续排铺法如下图（b）所示。多股平行纱束从纱架引出，经整经，平行进入装有树脂溶液的浸胶槽，经挤胶、烘干、垫铺离型纸和压实、收卷，即得到成卷的连续预浸料。

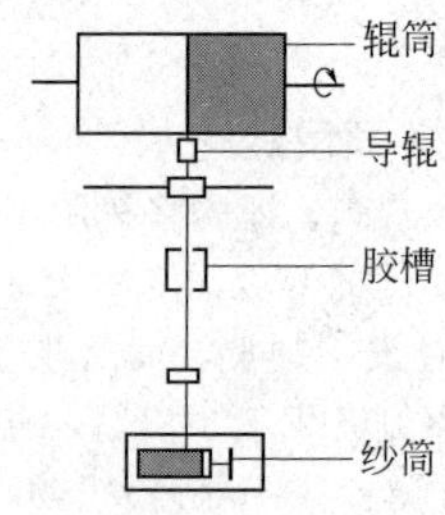

(a) 辊筒缠绕法制备无纬布示意图

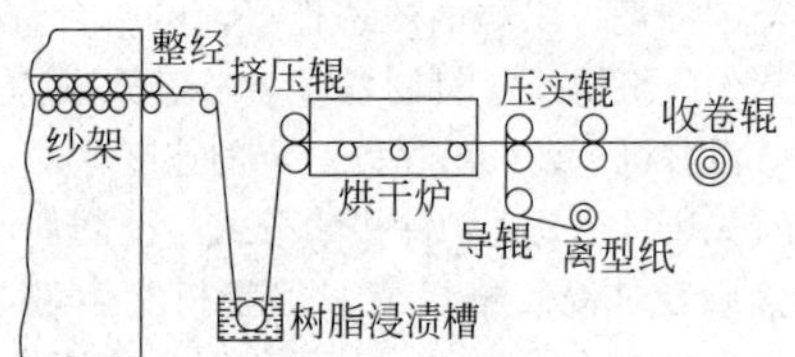

(b) 阵列式连续排铺法湿法制造连续无纬布的示意图

湿法制毡 wet-laid mat 以短切玻璃纤维为原料，添加某些化学助剂在水中分散成浆体，经抄取、脱水、施胶、干燥等过程，制成的平面结构材料。

湿含量 moisture content 又称含湿量。物质吸湿性能的量度。其值等于吸湿物体除水前后的重量差与除水前重量的百分比。

湿扩散系数 moisture diffusivity 沿层合板厚度方向单位时间内湿气的扩散量，以 D 表示，单位 mm^2/s，是树脂基体耐湿能力的一种量度，也表示湿气向层合板扩散的速率。湿气向复合材料内扩散的过程是一个动态过程，D 值随时间增加而变小，变化规律符合质量扩散定律。

湿膨胀系数 moisture expansion coefficient 评价树脂基复合材料吸湿后尺寸变化的性能参数，定义为复合材料吸入水分增加1%质量所引起的尺寸相对改变量。同热膨胀系数一样，湿膨胀系数也与纤维的取向有关。0°和90°方向的湿膨胀系数相差最大，这两个参数是设计复合材料必需的参数。

湿气泛白 humidity blush 参见起垩（335页）。

湿强度 wet strength; strength, wet 在规定的条件下，胶接件在液体中浸泡后测得的胶接强度；树脂基复合材料饱和吸湿后或达到某一规定吸湿量（低于饱和吸湿量）时的强度。

湿热效应 hydrothermal effect 又称湿热影响。由吸湿量和温度变化引起材料性能和制件尺寸改变的现象。温度改变会影响复合材料的体积、强度、模量等性能，尤其是超过玻璃化转变温度（T_g）后，强度和弹性模量大幅度下降，甚至导致复合材料不能继续使用。聚合物基复合材料都会不同程度地吸进湿气，湿气同温度一样对复合材料的体积、强度和弹性模量等性能产生同样的影响。复合材料的湿热效应也呈非各向同性，且受铺层结构的影响。湿热效应是复合材料设计中必须考虑的一个重要因素。一般是将温度和湿气对组分材料（基体、纤维）性能的影响与外部载荷条件的作用处理成互不影响的独立因素，分析计算时将两种因素的作用同时考虑。

湿热影响 见湿热效应（384 页）。

湿弯曲强度 wet flexural strength 试样在吸湿后测量的弯曲强度。

湿胀系数 coefficient of wet expansion 材料因吸取水分而产生的体积膨胀量与原体积的比值。水泥在水中养生时会引起宏观体积膨胀。普通水泥混凝土湿胀率小，一般不超过 1.5×10^{-6}。湿胀系数对大坝和海港等的混凝土是个重要的性能指针。

湿装配 wet installation 一种密封连接工艺。密封剂在装配前涂到紧固件的头和杆上，使得在装配后紧固件和被连组件得到密封。

十二烯基丁二酸酐 dodecenyl succinic anhydride；DDSA，DSA 可作为环氧树脂固化剂的褐色透明液体，与树脂容易混合，混合物的黏度低，使用寿命（3～4d）长，主要用于浇铸和层压制品，一般用量 120～150 份。固化条件：100℃/2h+150℃/5h。制品具有良好的冲击韧性和电性能，但耐热性略差。

十分之一缩比容器 tenth-scale vessel 尺寸为原型件尺寸的十分之一的长丝缠绕材料试验容器。

石棉 asbestos 纤维状镁、钙、钠、铁的硅酸盐矿物的总称。

石棉纤维增强体 asbestos fibre reinforcements 一种天然无机矿物纤维增强材料。根据其矿物成分和化学组成不同，可分为蛇纹石石棉、角闪石石棉和铁石棉三类。

石墨 graphite 碳的结晶同素异形体或同素异构体，六方层状结构。多晶石墨有明显的各向异性。呈铁黑至深钢灰色。相对密度（d_4^{20}）2.25。硬度为1。具有良好的润滑、导电、导热、抗腐蚀、耐辐射、耐高低温等特性。质地脆，强度较低。天然石墨为鳞片状或颗粒状的粉体。用作摩擦材料和润滑剂，高纯度石墨可用作原子反应堆的减速剂。

石墨化 graphitization 在温度超过 1800℃，通常为 2700℃的惰性气氛中的热解过程，在该过程中碳转化为其晶体的同分异构体。石墨化温度由产物先驱体和产品性能要求而定。

石墨化程度 graphitization degree 在含有石墨晶体及各种过渡态碳的材料中，石墨晶体所占的百分比。（不同过渡态碳的结构接近理想石墨晶体的程度）

石墨晶须 graphite whisker 又称高模量碳晶须。一种结构近乎完整、原子排列高度有序、含碳量高达 99.8%以上的针状单晶体。以碳源材料为原料，通过气相反应法、气固生长（VS）法或熔体生长法而制得。其直径 0.2～2.0μm，长度 50μm。密度 2.25kg/cm³。强度和模量分别达到 2.1GPa 和 1000GPa。VS 法制得的石墨晶须适合制作插层化合物或供作插层化合物研究，也用于石墨毡等多孔碳素材料的覆盖物；气相反应法制得的石墨晶须质轻，力学性能优异，主要用作先进复合材料的增强体。其复合材料可在航空、航天飞机、汽车及电子、电工等工程材料方面得到广泛应用。

石墨晶须增强体 graphite whisker reinforcements 又称为碳晶须增强材料。用化学法、气相生长法或熔体生长法制备的含碳量大于99.8%的针状单晶体。参见石墨晶须（385页）。

石墨颗粒增强铝基复合材料 graphite particle reinforced al-matrix composites 以铝合金为基体与石墨颗粒复合而成的金属基复合材料。这种复合材料具有密度低、导热导电、耐磨性好、尺寸稳定等特点（但力学性能并不高）。主要用作轴承、缸套、滑块等摩擦零件。

石墨颗粒增强体 graphite particle reinforcements 用于改善基体性能的颗粒状石墨材料。主要用于增强金属基复合材料，也可用于增强树脂基和陶瓷基复合材料。石墨颗粒增强铝合金，可使耐磨性得到改善，且能克服零件运转过程中的卡塞现象，因而可用于轴承、套筒、活塞等耐磨性产品；用于增强树脂基体，可提高材料的模量和导电性，例如用20%石墨颗粒增强的聚酰亚胺硅氧烷，材料的模量从2.1GPa提高到5.1GPa，电阻率从$1.19\times10^{8}\Omega\cdot cm$降到$5.57\times10^{-1}\Omega\cdot cm$，不但可用来导电，还可用于建造屏蔽电磁干扰的防护装置。

石墨烯 graphene 一种由碳原子以sp^2杂化轨道形成的六角形蜂窝状晶格平面薄膜。是一种只有一个原子层厚度的准二维材料，所以又叫作单原子层石墨。是除金刚石以外所有碳晶体（零维富勒烯，一维碳纳米管，三维体石墨）的基本结构单元。它几乎完全透明，只吸收2.3%的光，热导率高达5300 W/(m·k)，（高于碳纳米管和金刚石），常温下其电子迁移率超过$15000cm^2/(V\cdot s)$（比纳米碳管或硅晶体高），而电阻率只有$10^{-6}\Omega\cdot cm$（比铜、银还低），理论比表面积（$2630m^2/g$）高，是目前已知的最薄、最轻、强度最大、导电、导热性能最强的一种新型纳米材料，被誉为“黑金”“新材料之王”。石墨烯可以广泛用于物理学、材料学、电子信息、计算机、航空航天等领域。如石墨晶体管、柔性显示屏、新能源电池，其中石墨烯复合材料是石墨烯应用的重要领域。

石墨烯的特性 properties of graphene materials 其物理化学性能如下。（1）物理特性：①强度与柔韧性。拉伸强度达到125GPa（CFT1000：6.37GPa）；弹性模量达到1.1TPa（CFM55J：0.54TPa），$1m^2$的石墨烯薄层可承受4kg的重量，其强度为普通钢的100倍，是目前已知的强度最高的材料。②导电导热性。石墨烯最重要的特性之一是其独特的载流子性质和无质量的狄拉克费米子属性。其电子迁移率可达到$2\times10^{5}cm^2/(V\cdot s)$，约为硅中电子迁移率的140倍，砷化镓的20倍；温度稳定性高，电导率可达$10^{8}\Omega/m$，面电阻约为$3100\Omega/m^2$，比铜或银更低，是室温下导电最好的材料；比表面积（$2630m^2/g$）大，热导率是硅的36倍，砷化镓的20倍，室温下是铜的10多倍，极高的强度和韧性、室温下最好的导电导热性使得石墨烯成为氧化铟锡的理想材料，并在柔性导电薄膜材料方面得到重要应用。③光学性质。单层石墨烯对可见光以及近红外波段光垂直的吸收率仅为2.3%，对所有波段的光无选择性吸收。线性光学性质：单层石墨烯的吸光率很高，对从可见光到太赫兹宽波段每层吸收2.3%的光。非线性光学性质：当入射光的强度超过某一临界值时，石墨烯对其的吸收会达到饱和。这些特性使得石墨烯能够用来做被动锁模激光器。(2) 化学性质：①氧化性。可与活泼金属反应，或在空气中被氧化。②还原性。可被硝酸氧化：$4HNO_3+C═══4NO_2+CO_2+2H_2O$，通过该方法可以将石墨烯裁成碎片。③稳定性。石墨烯的结构非常稳定，碳-碳键长仅为1.41Å。石墨烯内部的碳原子之间的连接很柔韧，当其受到外力时，碳原子面会弯曲变形，使得碳原子不必重新排列来适应外力，从而保持了结构的稳定。这种稳定的晶格结构使石墨烯具有突出的导热性。④具有芳香性。⑤在非极性溶剂中具有良好的溶解性。⑥可以吸附和脱附各种原子和分子，具有超疏水性和超亲油性。

石墨烯的制备方法 production for graphene materials 石墨烯分为石墨烯粉体和石墨烯薄膜两大类。常见石墨烯粉体的制备方法有机械剥离法、氧化还原法、SiC外延生长法；石墨烯薄膜制备方法为化学气相沉积（CVD）法。①机械剥离法是利用物体与石墨烯之间的摩擦和相对运动得到石墨烯薄层的方法。这种方法操作简单，得到的石墨烯通常保持着完整的晶体结构，用透明胶带对石墨进行层层剥离取得石墨烯的方法也归为机械剥离法。这种方法一度被认为生产效率低，无法工业化量产，现在我国已经攻克了低成本大规模制备石墨烯的生产瓶颈，工业化量产出成本低、质量高的石墨烯。②氧化还原法：通过使用硫酸、硝酸等化学试剂及高锰酸钾、双氧水等氧化剂将天然石墨氧化，增大石墨层之间的距离，在石墨层之间插入氧化物，制得氧化石墨。然后将这种石墨烯进行水洗、干燥得到氧化石墨粉体。通过物理剥离、高温膨胀等方法对氧化石墨粉体进行剥离，制得氧化石墨烯，最后通过化学法将氧化石墨烯还原，得到石墨烯（RGO）。这种方法操作简单，产量高，但是产品质量较低。使用的硫酸、硝酸等强酸危险较大，又需要大量水清洗，带来较大的环境污染。③SiC（碳化硅）外延生长法：在超高真空的高温环境下使硅原子升华脱离材料，剩下的C原子通过自组形式重构，从而得到基于SiC衬底的石墨烯。这种方法可以获得高质量的石墨烯，但是这种方法对设备要求较高。④化学气相沉积法：以含碳有机气体为原料进行气相沉积制得石墨烯薄膜的方法。这是目前生产石墨烯薄膜最有效的方法。这种方法制得的石墨烯薄膜面积大、质量高，但现阶段成本较高，工艺参数尚需进一步完善。由于石墨烯薄膜太薄，大面积的石墨烯薄膜不能单独使用，必须附着于宏观器件上。

石墨烯分类 classification of graphene materials 按苯环结构（即六角形蜂窝结构）层数不同、堆垛方式不同大致分为：①单层石墨烯（graphene）。指由一层苯环结构（即六角形蜂窝结构）周期性紧密堆积的碳原子以不同堆垛方式堆垛构成的一种二维碳材料。②双层石墨烯（bilayer or double graphene）。指由两层苯环结构（即六角形蜂窝结构）周期性紧密堆积的碳原子以不同堆垛方式（包括 AB 堆垛、AA 堆垛等）堆垛构成的一种二维碳材料。③少层石墨烯（few-layer grapheme）。指由 3～10 层苯环结构（即六角形蜂窝结构）周期性紧密堆积的碳原子以不同堆垛方式（包括 ABC、ABA 堆垛等）堆垛构成的一种二维碳材料。④多层或厚层石墨烯（multi-layer graphene）。指厚度在 10 层以上 10nm 以下苯环结构（即六角形蜂窝结构）周期性紧密堆积的碳原子以不同堆垛方式（包括 ABC、ABA 堆垛等）堆垛构成的一种二维碳材料。

石墨烯复合材料 graphene composite materials; graphene composites 以石墨烯为增强体或基体的复合材料都称为石墨烯复合材料。由于石墨烯的高导电性、高强度、超轻薄等特性，它在航空航天军工领域的应用优势极为突出。在能量储存、液晶器件、电子器件、生物材料、传感材料和催化载体等领域也具有广阔的应用前景。目前石墨烯复合材料的研究主要集中在石墨烯聚合物和石墨烯基无机纳米复合材料，以及石墨烯增强金属复合材料等。

石墨纤维 graphite fiber 又称高模量碳纤维。由含量在 90％以上的碳纤维在高温（2500～3000℃）、惰性气体保护和张力状态下进行石墨化，得到的含碳量在 99％以上、具有层状六方晶格的石墨结构纤维。石墨纤维耐热性好，热膨胀小，耐热冲击性、抗燃性、导电性、耐化学品性、耐水性及尺寸稳定性好。其性能特点是模量特别高，如 P120 型石墨纤维的拉伸模量高达 830GPa。通常其拉伸强度、断裂伸长率比碳纤维低，与树脂基体的粘接性不如碳纤维。除用于高温绝热材料、高温滤材外，主要用作航空航天结构复合材料的增强体。

石墨纤维增强体 graphite fibre reinforcements 参见石墨纤维（388 页）。

石墨纤维增强铝基复合材料 graphite fiber reinforced al-matrix composites 参见碳纤维增强铝基复合材料（431 页）。

石墨纤维增强镁基复合材料 graphite fiber reinforced mg-matrix composites 参见碳纤维增强镁基复合材料（431 页）。

石墨纤维增强铅基复合材料 graphite fiber reinforced pb-matrix composites 参见碳纤维增强铅基复合材料（432 页）。

石墨纤维增强体 graphite fiber reinforcements 用于增强基体构成复合材料的石墨纤维。参见石墨纤维（388 页）。

石墨纤维增强铜基复合材料 graphite fiber reinforced cu-matrix composites 参见碳纤维增强铜基复合材料（434 页）。

石墨纤维增强锌基复合材料 graphite fiber reinforced zn-matrix composites 参见碳纤维增强锌基复合材料（434 页）。

石炭酸 见酚（107 页）。

石英玻璃纤维 见石英纤维（388 页）。

石英纤维 quartz fiber 又称凝硅石纤维。SiO_2 含量在 99.9％以上。以纯石英（水晶）为原料经过熔融拉丝或棒法拉丝等方法制成。是一种耐热高温玻璃纤维。直径 4～10μm，密度 2.20g/cm^3。软化温度 1667℃，拉伸强度3.38GPa，拉伸模量68.9GPa，介电常数3.78。高温下尺寸稳定，强度损失小，抗热震性、化学稳定性好，在100～200℃内耐浓酸侵蚀。透光性和电绝缘性好。缺点是耐碱性差，成本高。可作为防热、绝缘和耐烧蚀材料。其复合材料已制成耐烧蚀部件、雷达罩、结构件等在火箭、飞船、卫星及飞机上得到应用。

石英纤维二氧化硅透波复合材料 quartz/silica wave-transparent composites 石英纤维与二氧化硅复合而成的具有透电磁波功能的复合材料。

石英纤维增强聚合物基复合材料 quartz fiber reinforced polymer composites 以石英纤维或其制品为增强材料，以聚合物为基体的一种先进复合材料。

石英纤维增强体 quartz fiber reinforcements 参见石英纤维（388页）。

时基 time base 阴极射线管荧光屏上的一条扫描线，沿时基线的距离与时间成正比。(无损检测)

时基范围 time base range 在一个给定的时基上可显示的最大的超声波声程。(无损检测)

实测捻度 actual twist 根据加工机械传动系统参数计算的纱线捻度。

实际值 practical value; conventional true value 与一个量的真实值（真值）很接近，可以用来代替真值的量值。根据误差理论，对同量进行多次测量，测量次数越多，测量结果的算术平均值越接近真值，因此可用算术平均值作为实际值。

实心层合板 solid laminate 见层合板（31页）。

使用保障 service supportability 一个结构系统在结构寿命期规定环境条件下不受限制使用所需要的综合量度。其主要内容涉及可靠性、可检性和可维护性。

使用寿命 service life 具有高可靠度飞机以飞行小时数、飞行次数、日历年限表示的可使用的寿命。使用寿命分为设计使用寿命和服役使用寿命。设计使用寿命是用户预期的飞机使用寿命，用于整个飞机设计预研阶段。服役使用寿命是根据飞行实测载荷/环境谱修正耐久性分析和试样结果评估的飞机的实际可使用寿命。使用寿命的评估应考虑试验结果的分散性和分析计算的不确定性；就某一结构而言是指从结构制成开始，直到其规定的任务完成为止的一段时间。

使用温度 service temperature 复合材料制品满足使用要求所能承受的温度或温度范围。参见材料工作温度（26页）。

使用载荷 见限制载荷（470页）。

示值稳定性 indication stability 又称重复性误差。测量工具在同一条件下，对同一量（在同一测量点）多次重复测量时，示值的最大变化范围。

示踪断开纱 broken tracer yarn 一种为了示出经纱、纬纱方向织入碳（石墨）纤维织物的断开聚芳胺纤维。

示踪线 tracer 加入织物中的，与织物纱颜色不同和/或组成不同的纤维、丝束或纱线。用于检验纤维准直度，或区别织物的经纬。

试件 coupon; specimen 用以评定基本单层级或层压板级性能，或通用结构特征（如结构胶接接头或机械紧固件连接接头）性能的小试验件（通常是平层压板）。

试验 test 在真实情况或模拟条件下，对被研究对象的特性、极限、能力、效果、可靠性、适用性、反应或技能进行研究的过程。

试验方法 testing method 对材料、产品进行物理、化学性能试验时所用的方法。包括试样的采取或制备，试剂或标样，试验所用仪器和设备，试验条件，试验步骤，试验结果的计算、分析、评定，试验记录和试验报告等内容。

试验误差 test error 由于仪器精密度所限或仪器之间差异、温湿度条件、测试条件等因素产生的试验结果的误差。

试样支持器 sample holder 放试样的容器及支架。(热分析)

适航性鉴定 airworthiness certification 按适航条例的各项要求对已研制成的飞机或其部件进行鉴定，以便颁发型号合格证、生产许可证或适航证等。

适航性要求 airworthiness requirements 为保证飞机及其乘员在飞行中的安全而提出的要求。一般以适航条例的形式给出，如美国的联邦航空条例FAR、中国的航空条例CCAR等。

适用期 pot life; working life; operate life 已配制好的树脂固化体系或预浸料，在正常工作条件下能满足工艺要求的最长操作时间。一种材料的适用期与其使用的环境条件（温度、湿度）有关。

室温固化 room temperature curing; RTC 又称常温固化。在室温下使树脂固化体系完成交联反应的过程。室温通常指20～30℃的温度。

室温固化胶黏剂 room temperature curing adhesives 在20～30℃的温度范围内固化一小时达到操作强度，而后不须加热固化就能达到其最高强度的胶黏剂。室温固化胶常用低分子聚酰胺、脂肪族多胺作固化剂。

室温固化树脂基复合材料 room temperature curing resin matrix composites 在室温下固化成型的树脂基复合材料。常用的树脂体系有不饱和聚酯固化体系和环氧树脂固化体系。这类复合材料工艺简单，无须加热设备。一般固化完全需要较长时间（≥5d），有时还需要在较高温度（60～80℃）下进行后处理。制品一般只能在室温或稍高温度下使用。常用成型方法有接触（手糊）成型和喷射成型等。适合制造大型结构件（如车身、船体等）及耐湿性无太高要求的零部件。（注：与室温胶黏剂定义不尽相同。）

室温环境 room temperature ambience; RTA 指温度为(23±3)℃、相对湿度不大于60%的环境。

室温胶黏剂 room temperature adhesive 参见室温固化胶黏剂(390页)。

室温硫化 room temperature vulcanization; RTV 在20～30℃温度范围内能完成化学反应的硫化。通常用于硅橡胶或其他橡胶的硫化。

室温硫化硅橡胶 room temperature vulcanization silicone rubber 又称RTV硅橡胶。借助大气中的水分或组分间的缩合反应或加成反应在室温下能硫化的硅橡胶。为有机硅弹性体的可流动或黏稠状的膏状物。按商品包装形式，有单组分和双组分RTV硅橡胶；根据侧基的不同，有RTV甲基硅橡胶、RTV氰硅橡胶、RTV甲基苯基硅橡胶等。广泛用作建筑密封和电子包封材料。

收卷　pick-up　将预浸料重叠缠绕到芯轴上形成卷料的过程。

收缩　shrinkage　在成型期间或成型后，制件尺寸缩小的现象。参见成型收缩（52 页）、脱模（后）收缩（447 页）。

收缩（泡沫塑料中）　shrinkage (in foamed plastics)　在泡孔结构无破坏的情况下，泡沫塑料出现尺寸减小的现象。

收缩留量　shrinkage allowance　塑模所必须有的尺寸留量，以补偿模塑料冷却时的收缩。

收缩率　shrinkage ratio　收缩量与收缩前尺寸之比的百分数。对于模塑成型来说，为在室温下，模具型腔与对应塑件二者的线性尺寸之差和对应塑件或模具线性尺寸之比。

收缩裕量　contraction allowance　在模具设计时，为了补偿制品冷却时的收缩所特加的尺寸余量。

手动塑模　hand mold　每次注料后从压力机卸下取出模制件的一种塑模。一般只用于短期工作的和试验性的模制。

手感　handing; hand　凭人手的触觉对薄膜、织物或涂层织物的质地和柔韧性的综合性质所作出的评价。

手工铺层　hand lay　由人工在模具上铺放增强材料或预浸料的过程。包括湿法铺层和干法铺层两种。详见手糊工艺。参见湿法铺层（383 页）、干法铺层（135 页）。

手工装配　hand fit-up　指在蜂窝夹层结构的面板铺层时，采用手压来改变尺寸不符合要求（过大或过小）芯件横向尺寸的操作。

手糊工艺　hand lay-up process　又称湿法铺层、裱糊工艺。在涂好脱模剂的模具上，通过手工一边铺放干增强材料，一边在铺开的干增强材料上涂刷胶液，反复操作，直至所需厚度，然后进行固化成型的工艺，如下图所示。

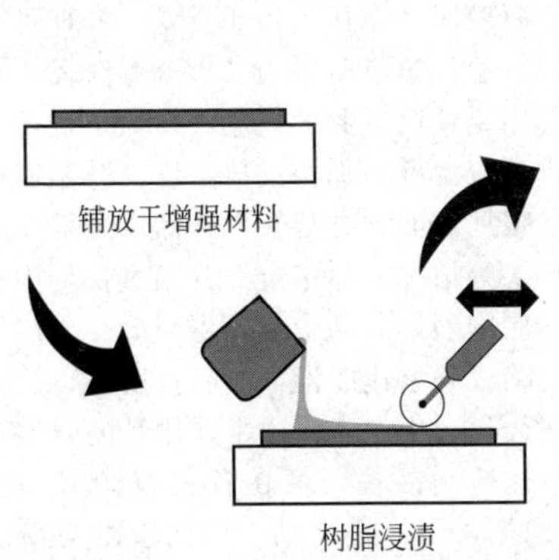

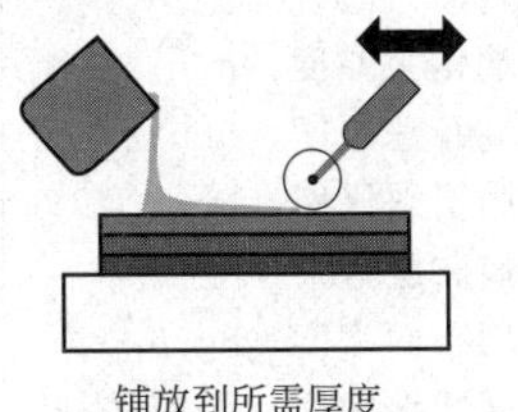

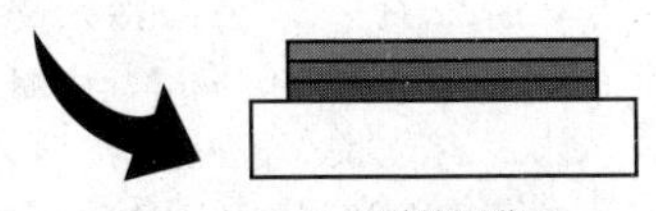

操作要点是：调好树脂胶液黏度（0.3～0.4Pa・s），做到充分压实，浸透纤维，排除气泡。该工艺优点如下：①不需要复杂设备，只需简单模具、工具，投资少，见效快；②生产技术容易掌握，操作人员只需短期培训即可上岗

生产；③制作产品不受尺寸、形状的限制；④对于不宜运输的大型制品（如大罐、大屋面）可现场操作；⑤制品树脂含量高，耐腐蚀性好。缺点是：①生产效率低，速度慢，周期长，不适宜于大批量生产；②产质量受操作人员、环境因素影响大，质量稳定性差；③操作环境差；④树脂分布均匀性较差；⑤纤维含量低，力学与热性能受限制。尽管手糊工艺有不可忽视的缺点，但由于其具有独特的不可替代的特点，因此，至今仍然作为一种主要的成型方法用于各种FRP制品的加工。广泛用于建筑、造船、汽车、防腐、机械电气设备以及体育、游乐设备等。手糊工艺的一次配胶量通常按一定层数玻璃布的质量与设定的玻璃钢含胶量来确定，并应符合凝胶时间的要求。手糊玻璃钢的含胶量一般为40%～50%。一次胶量与相应的玻璃布应同时用完，以保证制品的质量。其铺层计算、板厚计算按下式：

$$t_c = t_f + t_m = nm_f/\rho_f + cnm_f/\rho_m = nm_f(1/\rho_f + c/\rho_m)$$

$$n = t_c/[m_f(1/\rho_f + c/\rho_m)]$$

式中 t_c——玻璃钢板厚度，mm；

t_f——玻璃布总厚度，mm；

t_m——树脂层总厚度，mm；

n——玻璃布层数；

m_f——玻璃布面密度，kg/m^2；

ρ_f——玻璃纤维密度（无碱玻纤2.54～2.58g/cm^3，高强玻纤2.49g/cm^3，中碱玻纤2.58，g/cm^3）；

ρ_m——环氧树脂基体密度，1.1～1.3g/cm^3；

c——环氧树脂基体与玻璃布的质量比（可由含胶量求得）。

其固化工艺参数包括固化温度、压力和保温保压时间。①固化温度和保温时间。通常采用五阶段升温和保温制度如下图所示。

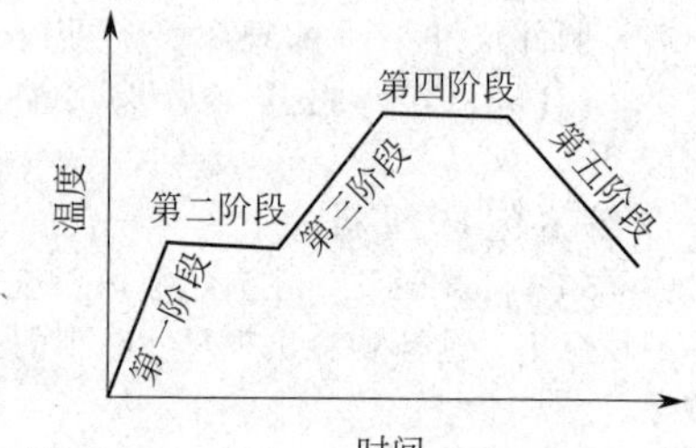

具体参数根据基体胶液热分析曲线的放热峰温度酌情确定。第一阶段为预热阶段。从室温升到有明显反应的温度（放热曲线出峰温度）称为预热阶段。其作用是使制品内外均匀升温；溶剂挥发、胶液黏度降低，以便充分浸渍纤维。在此阶段没有激烈的聚合反应，所以升温速度可快一些。此时加压约为全压的1/3～1/2。第二阶段为中间保温阶段，其作用是使胶液在较低的反应速度下凝胶。温度选在出峰温度或稍高一点。保温时间取决于胶液的凝胶时间。在即将凝胶时加全压、停止真空，并即可继续升温。第三阶段为二次升温阶段。其作用是使已凝胶的树脂在压力下逐步提高反应温度，加快反应速度。升温速度应根据胶液配方特性、产品厚度及质量要求等情况具体选定。升温过快，固化反应剧烈，制品中易产生裂缝、分层等缺陷。升温速度慢，制品强度高。但过慢会降低生产率。通常厚制品的升温速度比薄制品慢，可在较大范围（0.17～1℃/min）内变动。第四阶段为最后保温阶段。其作用是使树脂充分固化，达到应有的性能。最后保温温度即固化温度，应选在DSC曲线峰顶温度附近。保温时间取决于胶液的固化特性、制品厚度和性能要求及固化温度等因素。第五阶段为保压冷却阶段。应均匀缓慢降温，以防止产品翘曲变形、开裂。通常是随炉自然冷却至 50℃以下才能卸压、出炉、脱模。在实际生产中应根据胶液、制品、模具等特点灵活掌握。②压力的控制。加压的作用是使制品密实，防止产生气泡与分层，控制含胶量以及制品冷却时不变形等。压力的控制包括压力大小，加压次数和加压时机及卸压时间等。环氧树脂可低压成型。干法成型的压力应大于湿法成型的压力。不溶性树脂含量高时，压力应大一些。若成型压力小，胶液黏度大，可一次加全压。若成型压力大，胶液黏度小，易于流胶，则应分两次加压。加全压的时机非常重要，应选在树脂即将凝胶之前加压。参见树脂黏度-温度曲线（400 页）。

寿命放大系数 life enhancement Factor 用于考虑材料分散性，相对于原计划的设计载荷和寿命值，施加到结构重复载荷试验中的附加载荷系数和/或试验持续时间。用以得到所需的数据置信水平。

受控流动 controlled flow 指加工时令树脂体系按要求（如从边界）溢出。

受迫振动 forced vibration 弹性物体在外部激励作用下产生的振动。当激励的频率等于或接近该弹性物体的固有频率时，会引起物体很强烈的振动，称为共振，它是受迫振动的一种重要形式。

叔丁基过氧化氢 *tert*-butyl hydroperoxide 分子量 90，理论活性氧量 17.78%，淡黄色液体（纯度 70%～90%）。可作为不饱和聚酯的中温和高温用交联剂，也可作为聚合用引发剂。

疏松 porosity 缩松、弥散性气孔的统称。在复合材料层内出现的细小、排列不规则的孔眼聚集区。疏松会降低材料的致密度和气密性。降低制件的有效承载断面并产生应力集中效应，从而影响制件的强度。通常用单位材料质量中非固体体积占总体积（固体加非固体）的百分比来表示。实际上“孔隙”和“空隙”之间并无明确界限，常常互换使用。不过通常“空隙”用来指大气孔，“孔隙”用来指小气孔。参见空隙（269 页）。

熟化 参见固化（153 页）。

熟化度 参见固化度（153 页）。

熟化温度 参见固化温度（155 页）。

束 end 参见单股纱（64 页）。

树脂 resin 一种具有不定的较高分子量的固态、半固态、假固态、有时也可以是液态的无定形有机物质。无固定熔点，通常有一个软化或熔融范围。当受力作用时有流动倾向，断裂时呈贝壳状。根据来源分为天然树脂与合成树脂两大类；根据受热后的性能变化分为热塑性树脂和热固性树脂。广义地讲，此术语惯指作为复合材料基体使用的任何聚合物。根据溶解特性分为水溶性树脂、醇溶性树脂和油溶性树脂。是塑料、橡胶、胶黏剂和合成纤维的基本组分。

300#-400# 树脂 300#-400# resin 美国产双(2,3-环氧环戊基)醚环氧树脂两种型号（ERR-0300、ERLA-0400）混合液的俗称。参见脂环族环氧树脂（531 页）、双(2,3-环氧戊基)醚(404 页)。

ABS 树脂 ABS resin 见丙烯腈-丁二烯-苯乙烯树脂（15 页）。

W-95 树脂 国产双(2,3-环氧环戊基)醚的牌号。参见脂环族环氧树脂（531 页）。

IPN 树脂基复合材料 见互穿网络树脂基复合材料（169 页）。

树脂薄膜层间增韧 interlaminar toughening by thin resin film 树脂薄膜层间增韧的方法有两种：一种是在铺层时将树脂薄膜夹铺于预浸料铺层之间；另一种是在预浸料表面加工出一层高韧性树脂薄膜（例如用热喷涂），然后铺层热压固化成型。薄膜材料可以是热塑性树脂膜、热固性树脂膜、橡胶膜以及不同官能团的聚合物混合膜等。参见离聚物（282 页）、层间间断粘接（38 页）。

树脂传递模塑成型 resin transfer molding；RTM 一种热固性树脂的低成本成型方法。增强纤维或其预型体先装于模具内，再注入液态树脂固化体系，经固化成型复合材料制品的工艺方法，如下图所示。

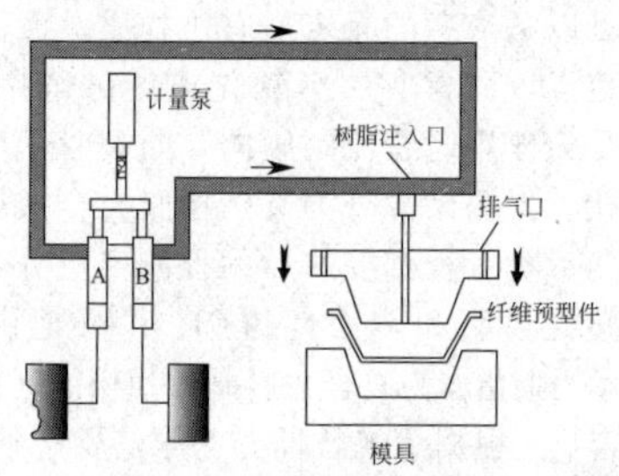

RTM 工艺是低压成型工艺，不仅要求树脂具有较高的力学性能和较低的固化收缩率，还要求树脂具有较低的黏度，以满足树脂对纤维的充分浸润及流动充模。对树脂体系的要求如下：①在室温或较低温度下具有低黏度（一般小于 1.0Pa·s，以 0.2～0.3 Pa·s 工艺性能最佳），且具有一定的工艺适用期；②对增强材料具有良好的浸润性、黏附性和匹配性；③树脂体系具有良好的固化反应性，固化温度不需过高，且有适宜的固化速度；④在固化过程中不产生挥发物，不发生不良副反应。所用预型体可以是三维编织物、平面编织物、毡子堆积体或组合缝纫件。所用设备包括液压泵、树脂罐、真空系统、空压系统和控制系统等。树脂的引入可以通过树脂注射法、树脂反应性注射法、弥散树脂粉末法等。主要工序包括：①预型体制造。将增强纤维按要求制成一定形状（预型体），然后放入模具中。其尺寸不应超过模具密封区域，以免影响模具闭合和密封。增强纤维在模腔内的密度须均匀一致，一般是整体织物结构或三维的编织结构，以及平面毡叠加缝纫的组合体等。②充模。在模具闭合锁紧后，在一定条件下将树脂注入模具，树脂在浸渍增强纤维的同时将空气赶出。当多余的树脂从模具溢胶口开始流出时，停止树脂注入。注胶过程可向树脂罐施加压缩空气，并对模具抽真空以最大限度地排除制件内的气泡。同时对模具进行适当加热，以使树脂保持一定的黏度。③ 固化。在模具充满后，通过加热促使树脂发生固化反应。但要掌控好温度，使固化开始发生在一个合适的时间内。因为如果树脂固化开始过早，将会阻碍树脂对纤维的完全浸润，给制件中空隙的成核创造条件。理想的固化反应开始时间是在模具刚刚充满的时候。固化在一定的压力下进行，可一次在模腔内固化，也可分两个阶段固化。④开模。当固化反应进行完全后，开启模具，取出制件。为使制件固化完全可进行后处理。工艺流程如下图所示。

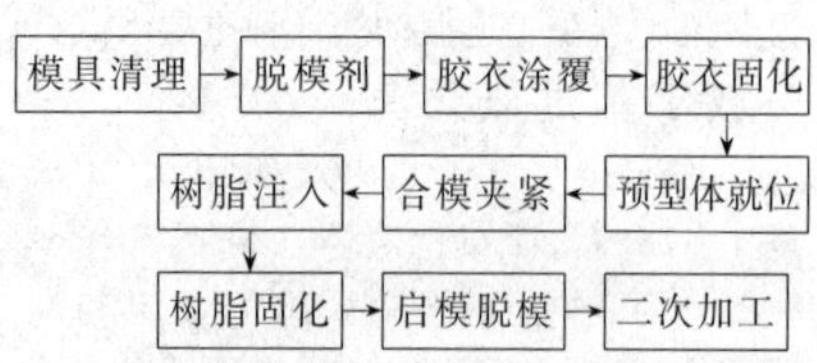

主要工艺参数为：①注射压力。成型压力的高低首先取决于加工材料及其制件结构的需求，以及相应模具材料及

其结构的耐受性。RTM工艺宜在较低压力下完成树脂压注。降低压力可采取如下措施：降低树脂黏度；适当的模具注胶口和排气口设计；合理的纤维排布设计；降低注胶速度。②注胶速度。速度的快或慢都会带来正、负两面的影响，关键是要在诸多因素中找出平衡点来。注胶速度取决于树脂对纤维的润湿性和树脂的表面张力及黏度，受树脂的活性期、压注设备的能力、模具刚度、制件的尺寸和纤维含量等因素的影响。高的注胶速度可以提高生产效率，也有利于气泡的排出。而速度的提高伴随的压力变化是不利的。由于树脂对纤维的完全浸渍需要一定的时间和压力，较慢的充模压力和一定的充模反压有助于改善RTM的微观流动状况。但注胶速度变慢，充模时间增加，会降低RTM的效率。③注胶温度。注胶温度取决于树脂体系的活性期和最小黏度的温度。在不显著降低树脂凝胶时间的前提下，为了使树脂在最小的压力下对纤维有充足的浸润，注胶温度应尽量接近最小树脂黏度的温度。过高的温度会缩短树脂的适用期。过低的温度会使树脂黏度增大，树脂的液体压力升高，因而阻碍树脂正常渗入纤维的能力，助长气泡滋生。较高的温度会使树脂表面张力降低，使纤维床中的空气受热上升，因而有利于气泡的排出。RTM工艺与预浸料热压罐成型相比，设备投资小、材料消耗少（材料使用费降低30%～50%）、节省劳动力、环境污染小，制造成本低，产品表面光洁度、尺寸精度高，质量重复性好，适合制造复杂的大型构件。但是，所用模具过于复杂，产品空隙率较大、纤维含量较低、树脂在纤维中分布不易均匀、浸渍难以充分等，因此在RTM基础上衍化出一系列特殊RTM技术，主要有真空辅助树脂传递模塑（VARTM）、Seeman′s复合材料树脂渗渍模塑成型（SCRIMP）、树脂膜熔渗成型（RFI）。

下表所示为RTM工艺因素及其影响。

工艺参数	对工艺或结构的潜在影响
①树脂黏度	典型流动工艺范围内：100～1000mPa·s； 除典型工艺，在高温下：10～100mPa·s； 黏度较高，预型体未浸透就失效； 黏度较低，快速浸渍可能导致干区和空隙
②树脂适用期	太短，预型体未充满树脂就失效； 太长，不必要地延长工艺周期
③树脂注射压力	帮助驱动树脂注入模具及充填预型体； 太快或太高，可能导致预型体在模具内移位； 太高，可能损伤模具或工装； 太高，可能冲坏密封导致泄漏； 太低，导致工艺周期过长； 太低，树脂可能在注胶期间凝胶
④树脂注射真空度	典型的控制范围10～28inch Hg； 帮助树脂注入模具和预型体； 帮助降低空隙含量； 辅助半模固定到一起； 帮助除去湿气和挥发物
⑤多注射嘴	通常用于保证完全浸透； 有时用于连续注满很长的零件
⑥内置橡胶和/或弹性体工装	橡胶模芯用于提供很高的压缩力； 有时用于获得高纤维体积含量(>65%)

续表

工艺参数	对工艺或结构的潜在影响
⑦闭模增压	在树脂浸透后使压力增加到100～200psi； 使气泡腔塌陷以减少微型空隙
⑧纤维上浆剂或偶联剂	上浆剂的化学特性必须与所选的树脂兼容； 上浆剂降低树脂流动性(渗透率随之降低)
⑨纤维体积含量	树脂流动渗透率与纤维体积含量成反比； 要得到高纤维体积含量需要对渗透率做很多工作； 商业市场通常要求纤维体积含量在25%～55%； 航空航天领域通常要求纤维体积含量在50%～70%
⑩内置镶嵌件和配件	很可能采用RTM工艺； 树脂流经配件周围可能留下干区和空隙

下表所示为RTM工艺特点。

优点	缺点
最好的容差控制-工装控制尺寸； 可达到A级表面光洁度； 表面可以通过涂凝胶层得到更高的表面光洁度； 制造周期非常短； 模具内可预设镶嵌件、接头配件、肋条、基座以及增强体等,进行共制造； 低压操作,通常低于100psi(g)； 标准模具成本相对比较低； 通过闭模工艺控制挥发物(如苯乙烯)逸散； 较低的流动密集传递和技艺水平； 相当大的设计灵活性:增强材料、铺层次序、芯子材料及混合材料任选； 机械性能与热压罐性能相当(空隙含量<1%)； RTM擅长于保证零件尺寸精度和复杂性； 零件有两个光滑表面； 产品接近净尺寸	模具和工装是零件质量的关键； 对于大型产品,所用模具的成本高于其运行费； 模具填充物的渗透率建立在有限渗透率数据基础上； 模具填充物软件仍处在发展阶段； 预型体和增强材料在模具内的准直度至关重要； 需要不漏气的匹配模具

树脂传递模塑成型专用树脂 special resin for RTM　RTM工艺是低压成型工艺，不仅要求树脂具有较高的力学性能和较低的固化收缩率，还要求树脂胶液具有较低的黏度，以满足树脂胶液对纤维的充分浸润及流动充模要求。对树脂体系的要求如下：①在室温或较低温度下具有低黏度（一般小于1.0Pa·s，以0.2～0.3Pa·s工艺性能最佳），且具有一定的工艺适用期；②对增强材料具有良好的浸润性、黏附性和匹配性；③具有良好的固化反应性，固化温度不需过高，不超过180℃且有适宜的固化速度，凝胶时间长（注射温度下≥2h），固化时间短（一般≤1h）；④在固化过程中不产生挥发物，不发生不良副反应。参见树脂传递模塑成型（394页）。

树脂传递模塑预型体 special preform for RTM　适合于RTM工艺，预先制造的与产品结构一样的增强材料构型体。一般要求其浸润性、渗透性好，具有一定的抗冲刷性，质地均匀、可操作性好，保证在充模过程中预型体内树脂流道均匀，易被充分浸渗，形成密度均匀、内在质量好、构型精确的预制件。一般是整体织物结构和三维编织结构，以及平面毡叠加缝纫组合等。

树脂袋 见树脂淤积（401页）。

树脂反应注射成型 reaction injection molding；RIM　将纤维或其制品预先放入模具中，将两种高反应活性的液态物料在较高压力下混合均匀并立即注射，经快速固化成型复合材料制品的方法。

树脂分配系统 见（树脂）流道网（396页）。

(树脂)流道网 runner system (resin)

又称树脂分配系统。指树脂从注射系统流入模腔的全部注射口和流道。

树脂敷加器 resin applicator 在长丝缠绕时把液体树脂涂覆于增强材料绕带上的装置。

树脂含量 resin content 树脂基复合材料或预浸料中树脂体积或质量所占总体积或总质量的百分比。用试样中树脂的质量（或体积）与试样原始质量（或体积）的百分数表示。

树脂合金 resin alloys 参见聚合物合金（244 页）。

树脂糊 resin paste 在树脂中加入增稠剂、填料等组分的黏稠状混合物。

树脂基布层合板 resin matrix cloth laminates 由树脂浸渍的布经叠加、压制而成的层合板。常用的树脂有酚醛树脂、不饱和聚酯、环氧树脂和氨基树脂等；布有多种，如棉布、麻布、合成纤维布、碳纤维布、玻璃纤维布和石棉布等。布的品种和性能很大程度上决定层合板性能。其中以玻璃纤维布层合板为物美价廉，应用广泛。树脂含量一般为 35%～50%。这种层合板介电性能好，具有较高的静态和动态力学性能以及低的缺口效应、摩擦系数和磨损率。可做绝缘件、齿轮、轴承、轮子和叶片等，广泛用于电子电器、机械制造、航空航天及建筑工业等领域。

树脂基复合材料 resin matrix composites 见聚合物基复合材料（244 页）。

树脂基复合材料层合板 resin matrix composites laminates 以树脂为基体的复合材料层合板。常用的树脂有热固性的不饱和聚酯、酚醛树脂、环氧树脂、氨基树脂、双马来酰亚胺树脂和聚酰亚胺树脂以及某些热塑性树脂等；增强材料多为纤维或织物，如玻璃纤维、碳纤维和芳纶等。纸张、木材等片状材料也有使用。这类层合板与金属和陶瓷基复合材料层合板相比，成型工艺简单，比强度高，断裂韧性好，化学稳定性和介电、隔热性优良，同时具有优良的性能可设计性，应用最广泛。其制造通常要经过浸胶、裁剪、叠加及压制等工序。作为结构、透波、耐腐蚀、烧蚀材料和功能性材料，广泛用于机械、电器、建筑、化工、交通运输和航空航天工业等领域。

树脂基复合材料界面层 interface in resin matrix composites 复合材料中分离连续相（基体）和非连续相（增强纤维）的面层。是一层具有一定厚度（几纳米到几微米）、结构随基体和增强体不同而异，化学、物理、力学性质与增强体、基体有明显差别的新相——界面相（界面层）。是树脂胶液与增强材料复合的过程中在它们之间形成的。由于分散相材料表面结构和性能的特点各异，诱导与之接触的胶液的结构发生改变（如选择性吸附等），并通过固化而固定下来。结构的改变使得界面层的性能随之变化，如模量增高、膨胀性降低、耐冲击性和耐热性提高等。显然界面层的结构及性能与树脂基体及增强分散相材料都不相同。高质量的界面层性能保证基体和纤维潜在能力的高度发挥和复合效应的充分实现。界面层能把基体和分散相材料牢固地黏结成一个整体，从而能充分发挥材料的复合效应。例如通过传递和均衡载荷的功能，可将外力从基体中均衡地传递给增强材料，使复合材料受力均匀；当裂纹扩展到界面层时，由于应力集中，界面层会引发大量银纹和剪切带，并会产生裂纹支化、界面脱粘等现象，从而吸收大量能量并导致应力集中降低，裂纹扩展终止，提高复合材料的强度和韧性。所以界面层具有消耗（吸收）能量和止裂增韧功能，并且还能使光波、声波、热弹性波、冲击波等产生散射和吸收，使透光性、隔热性、隔声性、耐冲击性及耐热冲击性等发生变化；界面层的物理性质不连续性和界面摩擦现象会引起电阻率、介电特性、磁性、耐热性、尺寸稳定性等的改变。此外，复合材料的耐热性、耐老化性及耐腐蚀性等主要取决于基体和界面的性能。界面层产生的这些功能和效应是复合材料的任何一种组分材料（原材料）所没有的特性。因此界面层的性能是复合材料具有复合效应的根本原因。界面层的结构和性能决定了复合效应的大小，也就是说复合材料性能不仅取决于基体和分散相材料的性能，而且在很大程度上取决于界面层的性能。它对复合材料的力学及物理等性能有着举足轻重的作用。由此可见，纤维、基体和界面层的性能决定了复合材料的性能。而这些又取决于原材料的选择、基体胶液配方设计、成型工艺设计和复合材料结构设计的合理性及性能的匹配，以及成型固化过程的质量监控等。参见界面（221 页）、复合材料界面（121 页）、复合材料界面优化设计（123 页）。

树脂基木质层合板 resin matrix wood laminates 由树脂浸润的木片叠加压制而成的层合板。常用的树脂有酚醛、环氧和氨基树脂等。可代替金属材料或布层合板制造轴承、齿轮、滑轮、螺旋桨叶及大型结构部件。广泛用于机械、电器、建筑、船舶、汽车及航空航天工业。

树脂基体 见聚合物基体（246 页）。

树脂基体固化度 curing degree of resin 复合材料中树脂交联反应的程度，即树脂基体中已产生交联反应的官能团数目占官能团总数的百分比。参见固化度（153 页）。

树脂基体浇铸体 resin matrix casting materials 指未加增强材料的树脂固化体系浇注于模具内固化成型得到的产物。浇铸体的性能与其复合材料性能密切相关。因此，新型复合材料的研究，首先是新基体的研究。当基体配方已设计后，就要通过不同配方浇铸体性能的对比来筛选最佳配方。然后才能与增强材料复合进行复合材料研究。这期间一项重要工作就是要制作出合格的浇铸体，其关键技术就是排除气泡。只有合格的试样才能得到真实可靠的浇铸体性能，才能得到所预期的复合材料性能。基体拉伸强度决定复合材料的横向拉伸性能和压缩性能；韧性影响复合材料的 CAI；断裂伸长率影响复合材料的纵向拉伸强度；玻璃化转变温度（T_g）决定复合料的耐热级别等。另外复合材料的吸湿、耐环境性能也都由相应的树脂基体性能主导。

树脂基体体积含量 resin matrix volume content 树脂基复合材料中树脂基体体积所占的百分比。

树脂基体质量含量 resin matrix mass content 又称含胶量。树脂基复合材料中树脂基体质量所占的百分比。

树脂基纤维层合板 resin matrix fiber laminates 以树脂为基体，纤维或织物为增强体的复合材料层合板。为树脂基复合材料层合板的一种，见树脂基复合材料层合板（397 页）。

树脂基纸层合板 resin matrix paper laminates 由树脂浸渍的纸张经叠加、压制而成的层合板。常用的纸张有硫酸纸、亚硫酸盐或它们的混合物与棉纤维或木浆制成的纸张等。常用的树脂有酚醛、脲甲醛和三聚氰胺甲醛等树脂。由于所用的纸、树脂不同，板的性能差异很大，用途也不一。如装饰、家具、照明设备以及电气、建筑等一般工业。

树脂浇铸体 resin casting body 见树脂基体浇铸体（398 页）。

树脂胶液 resin solution 树脂中加入稀释剂、固化剂、促进剂和/或其他添加剂的液态混合物。

树脂浸渍纸贴面板 resin impregnated paper overlaying panel 树脂浸渍纸覆盖在人造板表面，经热压使浸渍纸与基材人造板胶合而成的具有坚硬膜的板材。常用的树脂有低压三聚氰胺树脂、酚醛树脂等。基材一般为刨花板、中密度纤维板。它与装饰板贴面人造板的区别在于，它的贴面的形成同基材人造的板胶合是一次完成的，而后者须先制成装饰板再同人造板贴合。

树脂流动度 flow（resin） 见预浸料树脂流动度（509 页）。

树脂流动模型 resin flow model 树脂基复合材料固化模型的一种，在对固化过程中树脂流出量的机理进行物理解释的基础上，推导出来的能描述树脂流出量与固化温度、时间和固化压力的关系的数学表达式。用它可以估算各种固化温度、时间和固化压力条件下的树脂流出量，为实际选择固化温度、时间和固化压力提供参考数据。

树脂流纹 resin streak 在层压塑料表面上由于局部树脂过多而造成的长而窄的表面缺陷。

树脂膜渗透成型 见树脂膜熔渗成型（399 页）。

树脂膜熔渗成型 resin film infusion；RFI 又称树脂膜渗透成型。它是一种采用单面模具和真空袋的液体成型工艺。具体过程是：首先将树脂膜或树脂块铺放于模具上，再在其上放置干纤维预型体并进行工艺组合，用真空袋薄膜封于模具上。然后将模具置于烘箱或热压罐中加热并抽真空，随着温度的升高，树脂软化熔融成低黏度流体。在真空和/或外压力作用下，树脂沿厚度方向由下向上爬升（流动），逐步渗透预型体，完成树脂的转移。继续升温固化成为复合材料制品。其工艺组合如 400 页图所示。与 RTM 工艺相比，RFI 不需要专用设备，不需要那样复杂的模具，不需要专用的树脂基体，不要求树脂有足够低的黏度，可以是高黏度树脂、半固体、固体或粉末树脂，只要在一定温度下能流动浸润纤维即可，因此普通预浸料的树脂都可满足 RFI 工艺的要求。另外，RFI 工艺将 RTM 的树脂平面流动变成了沿预型体的厚度方向流动，缩短了树脂渗渍纤维的路径，给树脂浸渍纤维提供了更有利条件。和预浸料/热压罐成型工艺相比，RFI 工艺不需要制备预浸料，没有冷冻运输储存的问题，没有剪裁下料的问题，节约工时经费，提高材料利用率，并可以缩短制造周期，降低成本。但对于同一种树脂基体，RFI 需要比热压罐成型工艺更高的压力，且制件尺寸精度难以控制。RFI 成型技术除了能缩短复合材料的成型周期，也能大大提高复合材料的抗损伤能力，如缝合/RFI 复合材料与层合板复合材料相比，其拉伸强度下降约 8%，拉伸模量下降 5%，压缩强度降低 2%左右，压缩模量降低约 3%，但它们的Ⅰ型层间断裂韧性 G_{IC} 提高了 10 倍以上，Ⅱ型层间断裂韧性 G_{IIC} 提高了 25%，冲击后压缩强度 CAI 约为原来的 2 倍。

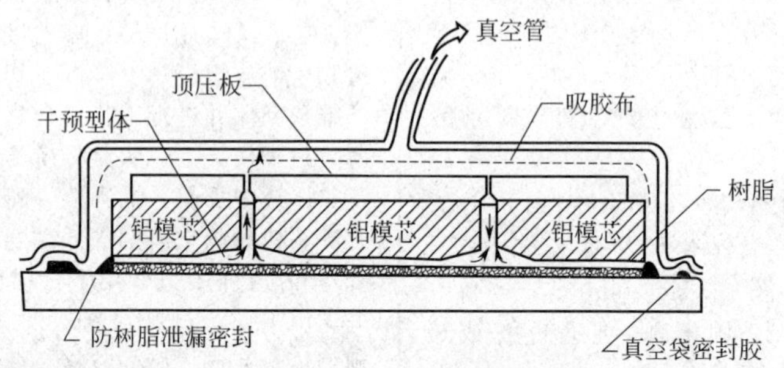

树脂黏度-温度曲线 viscosity-temperature curve of resin 简称黏-温曲线。描述复合材料热固性树脂基体在同一温度条件下黏度与时间关系的曲线，如下图所示。树脂基体的黏度不仅取决于其本身的化学结构和组成，也与外界温度有关。树脂基体的黏度特性是反映其工艺性能好坏的重要参数。通常室温下黏度小的树脂基体对纤维的浸润性好，预浸料也便于铺叠。黏度随温度变化有一个过程，开始升温阶段，黏度随温度的升高而变小，树脂流动性好，分子间的交联作用开始形成并逐渐发展，升温到一定程度也就是交联到一定程度后，分子链段运动受到急剧约束，黏度急剧变大，树脂开始进入凝胶状态。一般认为此时是复合材料制件成型的最好施加压力的时机。树脂基体的黏度-温度曲线是了解该基体的工艺特性，正确选择成型工艺参数（温度、压力和加压时间）的重要依据。

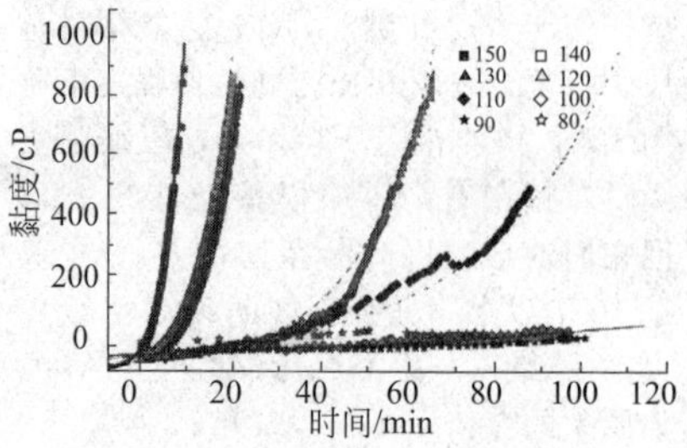

树脂批次 resin batch 用相同配比和工艺参数生产，而且性能完全相同的一批树脂。

树脂人造大理石 resin artificial marble 又称塑料大理石。以不饱和聚酯树脂为胶黏剂，与颜料、石英砂、大理石或方解石粉等搅拌混合，浇铸成型，经固化、脱模、烘干、抛光等工序制成。这种方法使用的树脂的黏度低，流动性好，易成型，可在室温下固化。其制品光泽好、颜色浅、色相丰富并可人为控制，是现代建筑和装饰普遍采用的一种代石材料。

树脂水分含量 water content in resin 树脂中所含水分的百分量。通常以试样原质量和试样失水后的质量之差与原质量之比的百分数表示。常用的测试方法有干燥恒重法、汽化测压法和卡尔·费休滴定法。

树脂体系 resin system 指树脂和配料的混合物。配料指为满足工艺和产品质量要求需要的固化剂、催化剂、引发剂、稀释剂、增韧剂、阻燃剂等。

树脂稀释剂 resin diluent 为降低树脂体系黏度，改善其工艺性而加入的与树脂混溶性好的液体。分活性稀释剂和非活性稀释剂。

树脂型胶黏剂 resin adhesive 以天然树脂（沙明胶、松香）或合成树脂

(如酚醛、环氧、聚丙烯酸酯、聚乙酸乙烯酯等树脂）为基料配制成的胶黏剂的总称。合成树脂胶黏剂品种繁多，性能优异，可按要求设计，是用途最广、最为重要的一类胶黏剂。

树脂选择 resins selectivity for FRP 树脂的选择应考虑以下要求：①其基体能在使用温度范围内正常工作；②其基体具有一定的力学性能；③其基体的断裂伸长率大于纤维的断裂伸长率，否则，在受力过程中，基体将先于纤维断裂破坏，影响纤维充分发挥增强作用；④其基体具有满足使用要求的物理、化学性能，主要是吸湿性、耐介质、耐候性、阻燃性、低烟和低毒性等；⑤具有适宜的工艺性，主要指黏性、凝胶时间、挥发分含量、预浸料储存期和使用寿命，固化压力、温度和时间，以及固化后产品收缩率等。可供聚合物基复合材料选用的树脂有热塑性和热固性两类热固性树脂，是应用得最多的品种。包括环氧树脂、双马来酰亚胺树脂、聚酰亚胺树脂、氰酸酯树脂、酚醛树脂和不饱和聚酯树脂等。其中环氧树脂品种最多，可与多种固化剂、促进剂配伍成性能各异的固化体系（即基体）。该体系具有较高的力学性能，工艺性好，成本低，一般能在－40～130℃范围内长期工作，高温型使用温度能达到150℃，所构成的复合材料基本上能满足结构材料的要求。双马来酰亚胺树脂基体耐温性比环氧树脂好，工艺性与环氧树脂近似，固化反应温度220～250℃，使用温度范围为180～230℃，能满足高性能军用复合材料的要求。耐高温的树脂基体还有：①聚酰亚胺树脂基体，其复合材料的长期使用温度为200～259℃；②加成聚酰亚胺树脂（如PMR-15）基体，其复合材料的长期使用温度范围为310～320℃。玻璃纤维复合材料的基体一般选用不饱和聚酯或环氧树脂。芳纶复合材料的基体主要是环氧树脂，内部装饰件采用酚醛树脂，因为酚醛树脂具有良好的耐火性、自熄性、低烟性和低毒性。

树脂淤积 resin-pocket 又称树脂袋。指在树脂基复合材料中局部区域明显存在的树脂聚积现象。是一种缺陷，在切边或模制面的可以看见，而在结构内部的则看不到。

树脂淤积层 pregel 树脂基复合材料表面缺陷，即在树脂基复合材料表面偶尔出现的多余的固化树脂外层。不应与胶衣相混。

树脂注塑成型 resin injection molding; RIM 先将增强纤维或其织物放入模具中，再注入树脂胶液，经固化成型增强塑料制品的方法。

数均相对分子质量 number-average molecular weight; M_n 表征高聚物分子大小的量。按分子数目统计平分，实际上等于所有分子的总分子量除以分子数。

数理统计 mathematical statistics 数学的一门分科。以概率论为基础，运用统计学的方法研究随机现象中局部（子样）与整体（母体）之间以及各有关因素之间的规律性关系。

数值变换 transformation 是把一个数学函数用于所有数值而实现的计量单位变换。例如，给定数据 x，则 $y=x+1$，x^2，$1/x$，$\log x$ 以及 $\cos x$ 都是 x 的函数的变换。

刷胶 brush coating 用毛刷将胶黏剂涂布在表面的一种手工涂布法。适用于溶剂挥发速度较慢的胶液。

衰减技术　decay technique　通过研究超声波多次回波的振幅来评定材料质量或黏合质量的方法。（无损检测）

衰减系数　attenuation coefficient　用来确定声波传播单位距离时振幅减小量的系数。（无损检测）

双参数威布尔分布（统计术语）　Weibull distribution（two-parameters）　一种概率分布，随机取自该母体的一个观测值，落入值 a 和 b（$0<a<b<\infty$）之间的概率由下式给出：

$$\exp\left[-\left(\frac{a}{\alpha}\right)^{\beta}\right]-\exp\left[-\left(\frac{b}{a}\right)^{\beta}\right]$$

式中，α 称为尺度参数；β 称为形状参数。

双层叠置模　two-level mold　一种双层合板模，这种模具的模腔配置在两层合板中以减小夹持力。用来制造大面积的部件。

双层石墨烯　bilayer or double graphene　参见石墨烯分类（387 页）。

双搭接接头　double lap joint　一个黏合体的两个侧面分别与另两个黏合体的各一个面相胶接所形成的接头。该接头由三个黏合体构成。

双发两用技术　double transceiver technique　使用两个探头，每一个探头既是超声能量发射器又是超声能接受器。（无损检测）

双酚 A　bisphenol A　即二酚基丙烷 $(CH_3)_2C(C_6H_4OH)_2$。用于生产环氧、聚碳酸酯及酚醛等树脂的中间体。由于它可以通过缩合反应即由两个（双）酚分子与一个丙酮分子（A）缩聚形成而得名。

双酚 A 二环氧甘油醚　diglycidyl ether of bisphenol A　见双酚 A 型环氧树脂（403 页）。

双酚 A 二缩水甘油醚型乙烯基酯树脂　diglycidyl ether of bisphenol A type vinyl ester resin　由双酚 A 二缩水甘油醚与丙烯酸或甲基丙烯酸反应而得到的浅黄色固体或半固体树脂。可用不饱和聚酯通用固化剂固化。它兼有环氧树脂的耐蚀性、可挠性和粘接性，又具有不饱和聚酯成型工艺好的优点。较双酚 A 不饱和聚酯有更好的耐酸（除铬酸外）、碱、热水等耐腐蚀性和更低的固化收缩率。适用于手糊成型冷固化耐腐蚀玻璃钢，制作大型塔槽和玻璃纤维含量大的缠绕制品，以及防腐工程用涂料和胶黏剂。在电器、交通运输、结构件等方面也有广泛应用。

双酚 A 环氧乙烯酯不饱和聚酯　双酚 A 二缩水甘油醚型乙烯基酯树脂的简称。

双酚 A 型苯并噁嗪　bisphenol A benzoxazine　是最常见的标准型苯并噁嗪。由双酚 A、多聚甲醛、苯胺脱水缩合制成。室温下为黄色固体，熔点 70℃左右，加热至 120℃可以自流平，固化条件是 300～800s/210℃，固化后玻璃化转变温度 $T_g \geqslant 170$℃，长期使用温度 180～200℃，V-1 阻燃级别，吸湿率＜0.2%，洛氏硬度 120，适用于复合材料的树脂基体。

双酚 A 型不饱和聚酯树脂　bisphenol A based unsaturated polyester resin；BPA；DGEPA　双酚 A 与环氧氯丙烷或环氧乙烷的加成物与顺（反）丁烯二酸（酐）、丙二醇的缩聚物。特点是固化物耐各种有机溶剂、酸、含氧酸及低浓度碱，尤其在高温下耐蚀性优良，而且综合性能良好。用量约占耐蚀玻璃钢的 70%。主要用于制造玻璃钢制件，广泛用于电镀、造纸、石油化工设备以及耐温的结构件。

双酚A型环氧树脂 bisphenol A based epoxy resin；DGEBA 又称E-型环氧树脂。含二酚基丙烷结构的缩水甘油醚型环氧树脂，为通用型环氧树脂。由二酚基丙烷（双酚A）和环氧氯丙烷在氢氧化钠存在下缩聚而成。随分子量或聚合度 n 的不同，树脂可呈无色、黄色至琥珀色的透明液体或固体。平均分子量在300～700之间，$n<2$，软化点在50℃以下者称为低分子量环氧树脂（或软树脂）；$n>2$，软化点在60℃以上者称为高分子量环氧树脂。易溶于酮类、酯类、芳烃等溶剂，不溶于水、醇和乙醚。常用脂肪族或芳香族多元胺及其改性物、低分子聚酰胺、咪唑类化合物、酸酐等作固化剂。固化树脂具有优良的粘接性能、电气绝缘性、耐化学品性、耐热性和物理力学性能。固化收缩率（<2%）低，尺寸稳定性好。固化物的性能与配方的固化剂等组分及其配伍有关，而且相差很大。其中以芳胺作固化剂的综合性能最为突出。这种树脂是应用最广的一类环氧树脂，分子量高的树脂主要用作防护涂料和绝缘涂料，分子量低的多用于胶黏剂、包封料、泡沫塑料及复合材料基体等。国产双酚A型环氧树脂如下表所示。

型号	企业型号	环氧当量/(g/mol)	环氧值/(mol/100g)	黏度(25℃)/Pa·s	软化点/℃	无机氯值/(mol/100g)	有机氯值/(mol/100g)	挥发份/%	色泽/号≤
E-56D		176～181	0.55～0.57	5～7	—	—	0.003	0.5	1
E-54	616	179～192	0.52～0.56	5～10	—	0.001	0.02	1.5	2
E-52D		185～196	0.51～0.54	1.1～1.4	—	0.001	0.01	1	2
E-51	618	185～208	0.48～0.54	≤2.5	—	0.001	0.02	2	2
E-44B		222～238	0.42～0.45	—	14～22	0.001	0.015	1	6
E-44	6101	213～244	0.41～0.47	—	12～20	0.001	0.02	1	6
E-42	634	222～263	0.38～0.45	—	21～27	0.001	0.02	1	8
E-39D		245～265	0.38～0.41	—	24～28	0.001	0.01	0.5	3
E-39		250～270	0.37～0.40	—	24～28	0.005	0.01	1	6
E-35	637	250～330	0.30～0.40	—	20～35	0.005	0.01	1	6
E-33D		294～313	0.32～0.34	—	39～47	0.001	0.02	0.2	3
E-31	638	260～430	0.23～0.38	—	40～55	0.001	0.02	1	6
E-21		455～500	0.20～0.22	—	60～70	0.005	0.004	0.5	3

双酚F型苯并噁嗪 bisphenol F benzoxazine 是一种韧性苯并噁嗪。由双酚F、多聚甲醛、苯胺脱水缩合制成。室温下呈黄色固体，熔点60℃左右，加热至120℃可以自流平，固化条件是200～700s/210℃，固化后玻璃化转变温度 $T_g\geqslant170$℃，V-1阻燃级别，韧性优于双酚A型苯并噁嗪。吸湿率<0.2%，洛氏硬度120。可用作复合材料的基体树脂。

双酚F型环氧树脂 bisphenol F based epoxy resin；bisphenol F type epoxy resin；BPF；DGEPF 含二酚基甲烷（双酚F）结构的低黏度缩水甘油醚型环氧树脂。由双酚F与环氧氯丙烷在碱存在下缩合反应制得。其突出的特点是黏度（25℃下约 3Pa·s）低，仅为双酚 A 型环氧树脂的 1/4～1/3。低温储存不结晶。环氧当量 180g/mol，相对密度（d_4^{20}）1.18。耐化学药品性优于双酚 A 型环氧树脂的，但耐热性稍低。主要用于制作耐腐蚀贮罐、管道、工业地板、桥面、涂料、结构胶黏剂及电工涂料等。

双酚 S 型环氧树脂 bisphenol S based epoxy resin；bisphenol S type epoxy resin；BPS；DGEPS 含二羟基二苯砜（双酚 S）结构的双缩水甘油醚型环氧树脂。由双酚 S 和过量环氧氯丙烷在碱性条件下缩合得到的一种耐高温环氧树脂。有结晶和无定形两种：结晶双酚 S 环氧树脂熔点 167℃，环氧值 0.54mol/100g；无定形的熔点 94℃，环氧值 0.33eq/100g。固化剂为胺类、酸酐、咪唑等。与双酚 A 环氧树脂相比，其分子中的砜基（$—SO_2—$）取代了双酚 A 环氧树脂中的异丙基，提高了热稳定性，改善了粘接力，增加了环氧基的开环活性。所以固化温度较双酚 A 环氧树脂低，更耐化学试剂，具有更高的粘接强度。固化产物具有较高的热变形温度、好的热稳定性，可制成胶膜，作为耐高温胶，也可用于双酚 A 环氧树脂的改性。

双复吸波材料 absorber materials with electric and magnetic conductivity 同时具有导电和导磁双重性能的吸波材料。在宽阔的频带范围内，吸波材料要达到好的吸波性能，只有采用既导电又导磁的双复特性的吸波材料，才能使吸波材料的吸收频带展宽，尤其是厘米波段的低频段和厘米波段展宽至毫米波段的吸波材料。制作工艺是：研制既具有导电性又具有导磁性的吸收剂，然后将吸收剂与黏合剂充分混合均匀，再通过层与层的阻抗匹配喷涂成双复吸波材料。

双股聚合物 double stranded polymer 见梯形聚合物（440 页）。

1,1-双(过氧化叔丁基)环己烷 1,1-bis(*tert*-butyl peroxy)cyclohexane 本品可作为聚乙烯、不饱和聚酯、硅橡胶等的交联剂。分子量 260，理论活性氧量 10.6%。

双(2,3-环氧环戊基)醚 bis(2,3-epoxy cyclopentyl) ether 又称二氧化双环戊烯基醚。国产牌号 W-95，美国商品名 300#-400# 树脂。环氧值 0.93～1.0mol/100g。有三种异构体：顺式异构体、反式异构体，二者共称 300# 树脂，室温下为固体；顺反式异构体称 400# 树脂，室温下为液体，黏度 30～50mPa·s（25℃）。常用芳香胺作固化剂，有机酸的亚锡盐可催化反应。由于其主链为脂环，且之间是醚键相连，加之结构对称性好，因此在具有高耐热性的同时又有一定韧性。固化物具有高强度（拉伸强度 110MPa）、高耐热性（热变形温度＞200℃）及高伸长率（6%～7%），被称为三高树脂，是复合材料的一种高性能树脂基体材料。主要用于耐高温浇注料、层压材料、胶黏剂等，尤其适用于长丝缠绕复合材料结构。其缺点是该树脂生产过程中污染比较严重。

双金属复合材料 duplex metal-composites 通过铸造、扎制及爆炸焊接工艺使两种不同的金属材料结合为一体制成的兼有两种金属性能特点的金属基复合材料。

双经 double ends 单经织物中有两根经纱并列织入，织物表面经纱重叠。

双晶探头 double crystal probe 在一个壳体中包含两个分开的芯片的探头，一个起发射器作用，一个起接收器的作用。(无损检测)

双联模板 duplicate plate 在压制或传递模具中，两块形状完全相同并组装有阳模或阴模的活动板。两板在成型过程中交替使用，借以提高效率。

双马来酰亚胺 bismaleimide 参见双马来酰亚胺树脂（405页）。

双马来酰亚胺改性氰酸树脂 参见双马来酰亚胺三嗪树脂（405页）。

双马来酰亚胺复合材料 bismaleimide composites 参见双马来酰亚胺树脂基复合材料（405页）。

双马来酰亚胺三嗪树脂 bismaleimide triazine resin；BT resin 又称BT树脂，双马来酰亚胺改性氰酸树脂。由三嗪树脂（T组分）和双马来酰亚胺（B组分）构成。未固化树脂分为固态、半固态、甲乙酮溶液和粉末等。加热自行固化，无须催化剂和固化剂。注塑产品，热变形温度290℃，长期使用温度170～210℃，固化温度175～250℃，加工性良好，可用于碳纤维、聚酰亚胺纤维为增强体的复合材料。用于航空、精密仪器、机床、X射线设备和汽车结构等。

双马来酰亚胺树脂 bismaleimide resin；BMI 由马来酸酐与芳香二胺经缩合反应得到的热固性树脂。是一种可通过加成反应来固化的聚酰亚胺。分子量小，分子两端含有不饱和双键，打开后可进行诸多反应，形成均聚物、共聚物、三聚物等双马来酰亚胺树脂系列。该树脂具有较高的反应活性，固化产物具有高的机械强度和刚度；热稳定性处于环氧树脂与聚酰亚胺树脂之间，湿热老化性能优于环氧树脂，干态玻璃化转变温度 $T_g=221\sim315$℃，耐焰性好，燃烧时烟少毒低；固化时无低分子物排出。不足之处是工艺性不如环氧树脂，预浸料铺覆性、黏性差，储存期短，固化温度（185℃固化，200～230℃后处理）高，固化时间长，固化物脆性大、断裂应变低。用于高性能复合材料基体时需要改性，其碳纤维复合材料作为耐高温和耐湿热结构材料已用于飞机主承力结构。

双马来酰亚胺树脂基复合材料 bismaleimide resin matrix composites 以双马来酰亚胺树脂为基体的复合材料。是先进复合材料的一种。耐温性优于环氧树脂基复合材料。常用的增强纤维有碳纤维、石墨纤维、混杂纤维及少量玻璃纤维。可在180～200℃下长期使用；固化时无低分子挥发物排出，成型中预浸料黏度变化小。缺点是预浸料工艺性较差，固化温度高，固化产物脆性大。成型工艺有接触成型（手糊）、缠绕成型、低压（袋压、热压罐）成型和层压成型。已用于航空、航天飞行器的主承力结构。参见双马来酰亚胺树脂（405页）。

双面加热 sandwich heating 热塑性片材在成型之前将其两面同时进行加热的一种方法。

双面涂胶量 double spread 指胶黏剂涂于胶接接头的两个被粘物上的量。参见涂胶量（446页）。

双面压敏胶带 two face pressure sensitive adhesive tape 基材两边都涂有胶黏剂，并覆以双面防粘纸的压敏胶带。主要用于粘接固定，例如汽车内外饰件的固定、复合材料工艺组合时辅助材料的固定等。

双膜成型技术 double diaphragm

forming technique 在复合材料平面积层真空成型工艺中，为了保证铺层内纤维处于均匀拉伸状态所采取的一种张紧技术。先将平面铺层夹在由两层柔性薄膜形成的真空袋内，然后通过抽真空将薄膜同时紧拉到一起。再用低热使树脂软化帮助成型。固化后把长尺寸的制件切割成较短尺寸零件。这种工艺较各零件在其自己单独模具（尤其是曲面）上铺贴的方法节省了成本。参见平面积层-真空成型工艺（330 页）。

双(β-羟乙基)-γ-氨丙基三乙氧基甲硅烷 bis(beta-hydroxyethyl)-gamma-aminopropyltriethoxy silane 一种硅烷偶联剂，用于纤维增强环氧树脂及许多热塑性增强塑料，如聚氯乙烯、聚碳酸酯、锦纶、聚丙烯及聚砜等。

双氰胺 dicyandiamide 见氰基胍（343 页）。

双-(γ-三乙氧基硅烷丙基)四硫化物 bis-(γ-triethoxysilylpropyl) tetrasulfide 商品名 KH-845-4，又称 Si-69（德国）、A-1289（美国）。分子量 538.96。无色或浅黄色透明液体，相对密度（d_4^{20}）1.074，沸点>250℃。溶于低级醇、甲苯、氯代烃、乙腈等，不溶于水。无毒。适用于环氧树脂、聚氨酯、丁苯橡胶、丁腈橡胶、氯丁橡胶、丁基橡胶、氯丁基橡胶等，可提高物理力学性能，特别是耐磨性能可提高 4～5 倍。还可以用作硫化剂、交联剂、催化剂、防水剂等。也适用于白炭黑、玻璃纤维、滑石粉、云母粉等含硅物质的表面处理。

双探头技术 double crystal technique 用一个探头发射超声能量，而用第二个探头接收超声波能量的技术。（无损检测）

双纬 double picks 织物上纬纱多一根或平纹织物纬向组织中缺少一纬或半纬，使织物表面呈现不应有的两根纬纱并列在一起。

双向层合板 bidirectional laminate 一种在层合板平面内铺放不同方向纤维的复合材料层合板，如正交层合板。

双异丙甘醇水杨酸酯 di-isopropylene glycol salicylate 水杨酸的双异丙甘醇单酯。在塑料中用作紫外线吸收剂。

双折射率 birefringence 指（纤维的）两个主折射率之差；或者，指在材料给定点上其光程差与厚度之比。

双真空袋工艺 double vecuum bag；DVB VBO 工艺是在真空压力下的烘箱中成型复合材料，真空压力不利于预浸料中挥发物和空气的排放，成型的复合材料往往空隙含量较高。解决这一问题的措施除了控制树脂基体的流变性，使用半浸渍预浸料外，另一种办法是改进固化工艺，采用双真空袋（如 407 页图所示）工艺，使挥发物和空气更容易排出，提高复合材料质量。其作用是预浸料固化过程中，在 B 阶段（即低温升温-保持阶段）期间，全真空（760mmHg）施加到外袋上，而内袋中设置稍低的真空度（711mmHg），由于外面的大气压力，外袋紧缩到带孔刚性模的上表面。因内、外袋之间的真空度不同，内袋气球般地鼓起，贴到带孔刚性模具的下表面，不产生下压紧力，而在复合材料上仍然是真空。因此，在 DVB 过程中，复合材料坯件不会被大气压力通过内袋压缩，并且保持松散。在整个 B 阶段，挥发物可以通过来自内袋真空泵真空抽吸力自由排出。在 B 阶段结束时，外袋打开，而内袋真空度增大到 760mmHg，外袋从模具松开，内袋以一个大气压的压力紧压在层压板衬板上，直至固化程序（升温、保温）执行完毕。

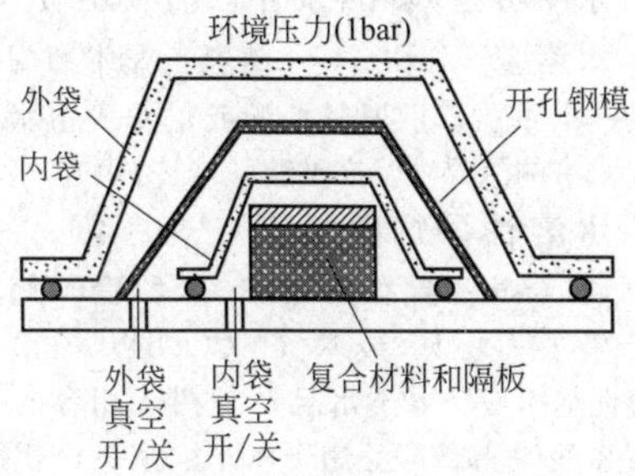

双轴 biaxial 作用有两个互相垂直的应力或应变分量的轴。

双轴编织 braid biaxial 具有两个纱线系统的编织物，其中一个纱线系统沿着$+\theta$的方向，而另一个纱线系统沿着$-\theta$的方向，角度由编织轴开始计算。

双轴缠绕 biaxial winding; winding biaxial 长丝缠绕的一种类型，其螺旋带按顺序逐条靠紧排列，不出现纤维的交叉叠加。

双轴拉伸 biaxial stretching 为使热塑性薄膜或板材等的分子重新定向，在玻璃化转变温度以上所作的双向拉伸过程。

双轴载荷 biaxial load 在层合板平面内至少有两个不同方向受力的受载情况；压力容器受有内压作用并且端部无约束的受载情况。

双注射模塑 double-shot molding 使用连续模塑操作以生产双色塑料制件的一种方法。

双柱塞压机 double ram press 用于注射可传递模塑的压机，该压机具有两套独立的同类（液压的或机械压力）的或不同类的压力系统，分别产生注射力或传递力与夹紧力。

双组分表面活化胶黏剂 见分涂胶黏剂（106页）。

双组分复合纤维增强体 biconstituent fibre reinforcements 由两种或两种以上高聚物制成的，以截面为并列、皮芯或掺入分散（又称天星型）形式的复合纤维增强材料。

双组分环氧树脂胶黏剂 two-component epoxy resin adhesive 以双组分供应的环氧树脂胶黏剂。使用前按规定比例配合。通常是基料（环氧树脂）为一组分，固化剂系统为另一组分。特点是比单组分储存期长，便于运输。用于汽车、拖拉机、飞机、火箭及修配，机器制造及修配，电子装配以及文物的修复和保护等。

双组分胶黏剂 two-component adhesive; adhesive two-component 以两个组分包装供应的胶黏剂。通常在使用前按比例混合，而且多为室温固化。参见双组分环氧树脂胶黏剂（407页）。

双组分聚氨酯胶黏剂 two-component polyurethane adhesive 以聚氨酯为基料的双组分胶黏剂。使用前按规定比例配合。其甲、乙组分由端羟基聚氨酯和多异氰酸酯或其改性物组成；或由端异氰酸酯预聚体和含羟基或氨基化合物组成。可用于胶接金属、木材、橡胶、织物、塑料等。

双组分聚氨酯涂料 two-component polyurethane coating 为保证涂料在储存和运输中的稳定性，将涂料中的树脂部分和固化剂部分分别包装供应，即形成双组分涂料。通常甲组分含异氰酸基，乙组分含羟基。广泛用作木器漆、耐腐蚀漆、地板漆以及飞机、汽车、铁路机车车辆的涂装等。

双组分室温硫化硅橡胶 two-component RTV silicone rubber 双组分包装，混合后在室温下自行硫化的硅橡胶复配物。主要组分为 α,ω-二羟基聚二有机硅氧烷、填料（白炭黑、炭黑、钛白粉）、交联剂（有机硅聚酯、聚硅酸酯、氨基硅氧烷等）、催化剂（二月桂酸二丁基锡、辛酸锡、辛酸亚锡）等。典型配方双组分室温硫化硅橡胶可在－60～250℃温度范围内保持弹性，有优良的电气性能和化学稳定性。耐水、耐臭氧、耐大气老化。用于各种电子、电器组件的防护涂覆或灌封等。

水分分布 moisture distribution 参见潮湿分布（51 页）。

水基胶黏剂 water based adhesive 以水为溶剂或分散介质，通过水的蒸发而凝聚固化的胶黏剂。包括水溶液型胶黏剂和乳液（乳胶）型胶黏剂。

（水）胶 gums 能溶于水产生黏稠或黏质性溶液的物质。因此，水溶性聚合物如聚乙烯吡咯烷酮（PVP）、聚乙烯醇（PVA）、聚氧化乙烯、聚丙烯酸和聚丙烯酰胺都被认为是（水）胶。

水冷套 water collar 围绕模具的套环，以便冷却水能在其中的通道内循环。

水泥 cement 一种水凝性胶凝材料。可按用途、组成、化学成分、性质分为各种类型，如一般用途水泥和特种水泥、硅酸盐水泥和铝酸盐水泥、钙水泥和钡水泥、膨胀水泥和快硬水泥等。

水泥基复合材料 cement matrix composites 以硅酸盐水泥为基体，以耐碱玻璃纤维、通用合成纤维、各种陶瓷纤维、碳纤维和芳纶等高性能纤维、金属丝以及天然植物和矿物纤维为增强体，加入填料、化学助剂和水经复合制成的复合材料。按所用的增强体分类。性能比一般混凝土均有所提高。

水平分型面 horizontal parting line 又称水平分型线。与压机或注塑机工作台面平行的模具的分型面。

水平分型线 见水平分型面（408 页）。

水溶胶 hydrosol 塑料工业中通用的一个术语，指聚氯乙烯或尼龙等树脂在水中的悬浮液。亦见胶乳（212 页）。

水溶性丙烯酸树脂 water soluble acrylic resin 含有酰氨基（—$CONH_2$）、羟基（—OH）、羧基（—COOH）等水溶性基团，易溶于水且易与树脂相容的丙烯酸树脂。广泛用于汽车、家具、铝制品、建筑板材等产品的底漆以及铝板表面防护膜等。

水溶性树脂 water soluble resins 可以溶解在水里的树脂。一般是分子中含有酰氨基（—$CONH_2$）、羟基（—OH）、羧基（—COOH）等亲水基团的线型高分子材料。例如，羟烷基纤维素和羟基纤维素的衍生物、羧甲基纤维素、聚乙烯醇、聚丙烯酸、聚甲基丙烯酸等。一般用作涂料、胶黏剂、织物处理剂、高分子凝聚剂等。参见水溶性丙烯酸树脂（408 页）。

水下胶黏剂 underwater adhesive 能在水下或潮湿界面进行固化胶接，并能在水下或潮湿环境中使用的特种胶黏剂。由树脂、吸水填料和能在水中固化的固化剂组成。常用的树脂有环氧树脂、聚氨酯、丙烯酸酯。吸水填料有氧化钙、氯化钙、石膏、氧化镁。水中固化剂有酮亚胺、醛亚胺、改性胺类等。可用于水下工程、建筑、码头、船舶等领域的水库、水坝、水管、水池等的粘接和堵漏。

顺反异构体 见几何异构体（193 页）。

顺式丁烯二（酸）酐 见马来酐（295 页）。

顺纹层合板 parallel laminate 一

种织物层合板，在层合板中各层的排布位置与其在织物卷里原来的排布位置相同。

瞬干胶 见氰基丙烯酸酯胶黏剂（343 页）。

瞬间变形 immediate set 取掉引起变形的载荷后立刻测量的变形。

丝束 tow；bundle；end 由多根加捻或未加捻的基本平行对齐的连续原丝经浸润剂或胶黏剂集合而成的一股粗纱。用于描写在同一时间内生产的解捻碳纤维或石墨纤维的数目。丝束号数通常以“XK”表示。例如 3K 的丝束表示其含有 3000 根单丝；14K 的丝束表示其含有 14000 根单丝，以此类推。此表示法，一般用于碳纤维和石墨纤维，芳纶和玻璃纤维有时也用。

丝束数 见股数（153 页）。

丝嘴 见导丝头（70 页）。

斯托达德溶剂 stoddard solvent 含有 44% 环烷烃、39.8% 链烷烃、16.2%芳烃的一种石油馏分，用作聚氯乙烯有机溶胶的稀释剂。

撕裂强度 tear strength 有切痕或特殊形状的试样被撕裂时的最大负荷除以试样原厚度，用 N/m 表示。

撕松机 loose machine 把预混合的纤维状模塑料分散成蓬松状态的设备。

四次回波法 quadruple traverse technique 超声波被物体表面连续反射四次之后指向物体内的一个区域。（无损检测）

四氢邻苯二甲酸酐 tetrahydrophthalic anhydride；THPA 白色片状结晶，熔点 100℃，不升华，熔点比邻苯二甲酸酐低，使用寿命 100℃/2h，单独使用少，多用于其他酸酐的改性，如作为六氢邻苯二甲酸酐的共熔固化剂。一般用量 75～85 份。固化条件 100～200℃/(3～1)h，固化物力学性能、电性能良好，热变形温度 122℃。毒性较低。若经异构化处理，则可得到在室温下为液态的酸酐。

四辛氧基钛二[二(十三烷基)]亚磷酸酯 tetraoctyloxytitanium di(ditridecylphosphite) 商品名 KR-46B。本品为配位体型钛酸偶联剂，适用于聚乙烯、聚醋酸乙烯酯、醇酸树脂、环氧树脂、不饱和聚酯等树脂的填充体系，有提高填充量、降低黏性、改善散热性、颜料分散性和耐酸性等效果。

四辛氧基钛二(二月桂基亚磷酸酯) tetraoctyloxytitanium di(dilaurylphosphite) 商品名 KR-46。配位体型钛酸酯偶联剂，特性和用途与 KR-46B 类似。

四亚乙基五胺 tetraethylene pentamine；TEPA；TPA 淡褐色黏稠液体。溶于水和乙醇，可作为环氧树脂固化剂。活性较低，反应速度慢，容易使用，寿命约 30～40min。主要用于浇铸、层压、黏合和涂料等方面。一般用量 7～14 份。固化条件是常温～100℃/(4d～30min)。有一定毒性，对大白鼠的经口 LD_{50} 为 3.99g/kg 体重。

四综缎纹织物 four harness santin 缎纹织物的一种。织法采用 3：1 的过纱方式。即一根填充纱（纬纱）从三根经纱上面经过，再从下一根经纱下面经过。具有良好的铺覆性。在纺织行业界常被称作“假绸子”“金丝薄缎”等。

松弛 relaxation 构件在恒定温度下，总变形保持不变而应力随时间的延长逐渐降低的现象。

松弛时间 relaxation time 在保持恒定形变下，应力减小至起始值的规定分数所需要的时间。

松垂度 catenary 一种在一特定长度的纱束内由于张力不相等引起绞股长度发生差异的量度。在一张紧的水平纱束内一些绞股下垂较其他绞股为低的倾向。

松经 slack end; loose end 织物表面经纱松浮。

松紧边 见荷叶边（166页）。

松密度 bulk density 松散状（颗粒状、结节状等）模塑物料的密度，以质量与体积的比（如 g/cm^3）表示。

松纬纱 loose filling yarn; loose pick yarn 一种不平整的纬纱。通常在织物的周边上出现，是由于张力不足引起的。

松脂 rosin 又称树脂。一种特殊的天然树脂，如松树分泌的黏稠脂状物。

塑化 plastify 仅用加热使热塑性树脂或配料软化。不应与增塑或塑炼相混，参见增塑（作用）（521页）、塑炼（410页）。

塑炼 plasticate; mastication 借热和/或机械功使热塑性塑料软化为具有可塑性的均匀熔体的过程。

塑料 plastic（s） 以有机高分子化合物为主要成分，配以硬化剂、增塑剂、稳定剂、填料和其他添加剂构成的一类材料。该材料在某一加工温度下可流动成型，但其成品形态为韧性或刚性固体，一般不包括弹性体、纤维、涂料、胶黏剂。根据受热后形态的变化可分为热塑性塑料和热固性塑料；根据用途可分为通用塑料、工程塑料和特种塑料。塑料一般具有轻质、绝缘、耐腐蚀、耐摩擦、易加工等特点，可作为结构材料和绝缘材料。是汽车、飞机、船舶、电机、机械、化工、建筑和日用品的主要材料。塑料、树脂和聚合物在某些情况下是同义词，但树脂和聚合物两词多指聚合物形成后的原生态材料，而塑料则是在聚合物中加入增塑剂、稳定剂、填料等助剂的配方材料。

ABS塑料 ABS plastics 见丙烯腈-丁二烯-苯乙烯塑料（15页）。

塑料成型加工 plastic processing 将聚合物（有时加入各种助剂、添加剂或改性剂）转变成实用材料或制品的过程。其基本任务是研究这些转变方法及所得的产品质量与材料的流变行为、各种加工条件参数、设备结构等各种因素的关系。

塑料成型模 mold for plastics 在塑料成型工艺中，赋予塑料件构型的模具。

塑料大理石 见树脂人造大理石（400页）。

塑料单丝 plastic monofilament 无限定长度的塑料单根丝。

塑料的涂漆 painting on plastics 在塑料制品的表层涂上漆。它不仅可以改善外观，而且还可以改善制品表面性能的缺点。例如，涂上漆可以改进电性能、耐水性、耐溶剂性、耐化学品性和耐磨耗性。

塑料电镀 electroplating on plastics 是在塑料基体上通过金属化学处理的方法沉积一层薄的金属层，然后在此薄的导电层上再进行电镀加工的方法。其产物具有美丽的金属外观，质量轻、强度高、硬度大、耐候性好、耐热性佳、耐腐蚀性优良、耐水性好。ABS树脂广泛用作电镀的制件。工业上用作电镀的其他塑料，包括醋酸纤维素、聚丙烯、聚砜、聚碳酸酯、聚苯醚、锦纶以及硬聚氯乙烯。亦见上金（377页）。

塑料管 plastic pipe（s） 由塑料

制成一定长度的空心圆筒形制品，其厚度与直径之比一般很小。

塑料焊接 plastics welding 两块或多块塑料件在邻接面用（或不用）焊料借加热熔融连接的方法。

塑料合金 plastics alloy 指聚合物或共聚物与其他聚合物或弹性体的掺合物。见聚合物合金（244 页）。

塑料机械加工 machining for plastics 通常用于金属的机械加工，也适用于塑料，但工具与速度稍有变动。在这类加工中有模冲、镗、钻、磨、铣、刨、车、砂磨、锯切、修刨、攻丝、铣齿等。

塑料模具 plastics tooling 用塑料，通常为叠层或浇铸材料制造的模具。

塑模承套 die block 又称塑模夹圈。挤出塑模上承托芯棒及口模的部件。

塑模的凸模 force 伸入模腔并对树脂施压使之流动的模塞。

塑模环套 die adaptor 挤出塑模上承托模体的部件。

塑模夹圈 见塑模承套（411 页）。

塑性 plasticity 材料在应力作用下发生永久变形的性质。参见永久变形（502 页）。

塑性变形 plastic deformation 负荷下的物体当负荷去除后不能恢复其原状的外形改变。

塑性记忆 plastic memory 在一定温度下经热拉的热塑性材料重新受热时回复到其未热拉的形状的趋势。参见记忆（195 页）。

塑性理论 见塑性力学（411 页）。

塑性力学 theory of plasticity 又称塑性理论。固体力学的一个分支。研究受力物体应力超过屈服点后的应力应变分布规律的一门科学。与弹性力学不同的是塑性力学中的应力-应变不成比例关系（非线性），常需结合试验进行分析研究。

塑性流动 plastic flow 塑料在持续热力或冷力作用下的变形，塑料在模塑时半固体的流动。

塑性凝胶 plastigel 与塑料溶胶相似的乙烯基模塑料，但含有足够量的胶凝剂和/或填料以形成油灰状的稠度。塑性凝胶在室温下可模塑及保持成形状态，然后经加热与冷却以使之永久定形。

塑性区尺寸 plastic zone size 带裂纹构件受载时，裂纹造成应力集中，因而接近裂纹尖端处应力增高，增至屈服应力便发生塑性变形。塑性变形区域的大小称为塑性区尺寸。

塑性体 bingham body 一种类似于牛顿流体行为的物质，即剪切速率与剪切力为线性关系，但亦有塑变值。

酸蚀 acid etching 在胶接前对被粘物表面进行处理的一种方法。将被粘物置于一定种类或浓度的酸与氧化剂的溶液中，在规定的温度下浸蚀一定时间，水洗干燥后再进行粘接。

酸值 acid value 树脂、增塑剂、溶剂中游离酸含量的量度。用中和一克物质中的游离酸所需 KOH（或 NaOH）的毫克数表示。

随机加载 random loading 在疲劳试验中，所加载荷是时间的随机函数。它是模拟实际使用中实测随机载荷编制许多有一定次序的程序段，随机地施加各程序段。此种加载方法比较真实地体现了实际受载历程，是一种较完善的加载方式。

随机取样　random sampling　在总体中每个个体被抽取为试样的概率相等的取样方法。

随机误差　random error　数据变异中，由未知或不可控的因素造成，并且独立而不可预见地影响着每一观察值的那一部分。

随机影响　random effect　由于某个外部（通常不可控）因素有特定量级的改变，测量值出现的变化。

随炉试件　processing control coupon；traveller　从与制件的材料、工艺相同并在同炉固化成型的层合板制取的试件。该试样的性能（如固化度、纤维体积含量、空隙含量、层间剪切强度、弯曲强度等）作为对该炉制件采用的工艺综合评述的依据。

碎料　macerate　作为模塑树脂填料用的切碎或撕破的织物。

损耗角　loss angle　介电损耗值的反正切值。见介电损耗角（220 页）。

损耗角正切　loss tangent；tangent of loss angle　见介电损耗因子（D）(221 页)。

损耗系数　loss modulus　复数动态模量的虚数部分。它描述材料产生形变时能量散失（转变）为热的衰减现象。是一个阻尼减幅项，等于贮能模量与损耗角正切的乘积。

损耗因数　loss factor　介电材料的功率因子与介电常数的乘积。

损耗指数　loss index　介电材料的损耗指数等于介电损耗角正切与（相对）介电常数之积。

损伤　damage　复合材料制件在制造（加工、生产、装配或处理）或使用过程中引起的结构异常。纤维复合材料的损伤可分解为四种基本类型。即纤维-基体界面脱粘、基体开裂、纤维断裂和分层等。参见脱粘（448 页）、开胶（262 页）、未粘住（454 页）、分层（104 页）和断裂（85 页）。

损伤关键件　damage critical parts　指那些由于本身裂纹损伤出现会引起结构破坏，从而导致结构无法正常工作或出现人身灾难性损伤的部件或组件。

损伤类别　category of damage　基于剩余强度能力、要求的载荷水平、可检性、检测间隔、损伤威胁，以及产生损伤的事件是否明显可查，定义了 5 类损伤。

损伤容限　damage tolerance　指材料或结构在规定的使用期内，抵抗由缺陷、裂纹，或其他损伤而导致破坏的能力。①在结构和结构材料中，损伤尺寸和类型与（对特定的载荷条件，结构或结构材料能工作的）性能参数（如强度或刚度）水平关系之间的度量；②在结构系统中，存在特定或规定损伤水平时，这样的体系在指定的性能参数（如幅值、时间长度和载荷类型）下运行而不破坏的能力。

损伤容限控制　damage tolerance control　应用设计、材料与加工控制、制造技术及质量保证措施，防止在制造、试验及使用寿命期内因缺陷和/或损伤的出现或扩展而造成结构的提前破坏。

损伤阻抗　damage resistance　复合材料在与损伤事件相关的力、能量或其他参数作用下所产生损伤尺寸、类型、严重程度的表征。讨论：对于给定的损伤尺寸或类型，损伤阻抗随力、能量或其他参数增加而增加；反之，对给定的施加的力、能量或其他参数，损伤阻抗随损伤的减小而增加。具有高损伤阻抗的材料或结构由于给定的事件会产生较小的物理损伤；具有高损伤容限的材料或结构可能会产生不同程度的损伤，但会具有很高的剩余功能。损伤阻抗的材料或结构可以是，也可以不是损伤容限的。

榫接 joggle 将一物体上的小凸出物楔入另一物体的相应凹槽中（防止横向移动）使两物体连接在一起的方法。

榫头 joggles 又称楔头。榫接接头中嵌入凹槽中的凸出部分；有时指使复合模模片正确定位的楔合嵌件。

梭织物 见机织物（186 页）。

羧基 carboxylic 羧酸分子中的官能团。以—COOH 表示。是由羰基 $-\overset{\overset{\displaystyle O}{\|}}{C}-$ 和羟基（—OH）组成的一价原子团。例如乙酸 CH_3COOH 和苯甲酸 C_6H_5COOH。

羧基丁腈橡胶 carboxylic nitrile rubber；XNBR 相对密度（d_4^{20}）0.98～0.99。与丁腈橡胶（NBR）相比，引入了羧基，增大 NBR 与 PVC 和酚醛树脂的相容性，赋予高强度，具有良好的粘接性和耐老化性，改进耐磨性和撕裂强度，进一步提高耐油性。拉伸强度 51.5MPa，断裂伸长率 310%～380%，撕裂强度 51.0～55.9kN/m。用作酚醛树脂和环氧树脂的增韧剂，可获得良好的力学性能和耐热性能，并满足耐高温、高韧性要求。由下表可知，羧基丁腈橡胶用量以 20 份为宜。

用量/质量份	剪切强度/MPa		剥离强度(20℃)/(kN/m)
	20℃	300℃	
0	12.0	8.9	0.5
10	19.5	9.1	1.5
20	23.2	9.1	2.6
30	25.5	7.0	2.8

缩合剂 condensation agent 一种具有催化作用的化合物，是完成缩聚反应必需的一种辅助物料。

缩痕 sink mark 由于浇口封住后的局部内收缩，或由于注料量短缺而在注塑制品表面产生的浅坑或陷窝。

缩减量 decrement 轻微衰减波列的相连两个周期的振幅峰值之比。（无损检测）

缩聚 condensation polymerization 两个或两个以上聚合物分子结合时，从中析出水或其他某一简单物质的一种聚合方法。用此方法制得的树脂（缩合树脂）例子有：酚醛树脂、醇酸树脂、环氧树脂和脲醛树脂等。

缩聚树脂 condensation resin 由缩聚反应而生成的树脂。两个官能团的分子缩聚成线型高分子；两个以上官能团的分子则一般缩聚成体型或网状高分子。其种类很多，如醇酸树脂、酚醛树脂、脲醛树脂、聚酯树脂、聚酰胺树脂、聚缩醛树脂及聚苯撑氧（聚苯醚）树脂等。

缩聚物 condensation polymer 由缩聚制得的聚合物。参见缩聚树脂（413 页）。

缩聚作用 polycondensation 见缩聚（413 页）。

缩醛树脂 acetal resins 用醛类通过羟基官能团加聚产生的热塑性塑料树脂。该树脂具有高的强度和刚度，同时也具有良好的疲劳寿命、回弹性、低湿敏性、高抗溶剂性、耐化学品性和良好的电性能。

缩醛塑料 acetal plastics 主链是以缩醛或缩醛为主的聚合物为基材的塑料。参见缩醛树脂（413 页）。

缩水甘油醚树脂 glycidyl ether resins 见环氧树脂（174 页）。

γ-缩水甘油醚氧丙基三甲氧基硅烷 γ-glycidoxypropyltrimethoxysilane

商品名 KH-560、A-187（美国）。又称含环氧基的硅烷偶联剂。无色透明液体。分子量 236.34，相对密度（d_4^{20}）1.06～1.07，沸点 290℃。溶于乙醇、甲醇、丙酮、醋酸乙酯、溶剂汽油等多种有机溶剂。在 pH 为 3.0～4.5 的水中完全溶解。适用于环氧树脂、酚醛树脂、不饱和聚酯等热固性树脂，也适用聚氯乙烯、聚碳酸酯、ABS 树脂、聚酰胺等热塑性树脂。用作粘接促进剂，对铝合金表面进行硅烷化处理，2% KH-560 在弱酸水溶液（甲醇、水、冰醋酸，pH＝5）中的硅醇基团在铝合金氧化物表面吸附性最优，采用环氧胶黏剂粘接能形成共价键结合，可极大提高粘接耐久性；在酚醛-丁腈胶黏剂中加入 5% KH-560，能吸收胶液中和粘接界面的水分，改善工艺性能，提高粘接强度和耐老化性能。

缩水甘油酯环氧树脂 glycidyl ester epoxy resin 分子里含脂环或芳香环和缩水甘油酯基的环氧树脂。可用胺类固化剂冷固化，或用酸酐（加热可加速）固化。固化物耐紫外线，韧性好，耐表面漏电稳定性及耐电弧性优于双酚 A 型环氧树脂。可单独或与通用型环氧树脂共混，用于室内外用电器绝缘材料。

缩窝 shrinkage pool 制件表面由于制件充分固化之前的不均匀收缩所造成的不规则微凹部分。

锁定角 locking angle 织物在不发生皱褶的情况下所能达到的最大面内剪切变形角度。

锁模力 locking force 见合模力（166 页）。

锁模圈 locking ring 又称锁模楔。注射或传递模塑模具中用以锁紧瓣合模具或活动芯模的部件。其作用是防止物料压力对模具活动部件引起的移位。

锁模楔 见锁模圈（414 页）。

T

台板 platens 压机上用于固定全部模具组件的金属平板。

台肩阳模 landed force 台肩落于正压塑模模台上的阳模。

太阳能选择吸收涂料 coatings for selective absorption of solar energy 具有对可见光波段反射率近于零、对红外光波段反射率近于 1 的光谱特性，能对太阳能选择吸收的一种功能涂料。适用于温度要求不高（＜80℃）的太阳能集热器上涂装。

钛酸钾晶须增强铝基复合材料 potassium titanate whisker reinforced al-matrix composites 以钛酸钾晶须为增强体的铝基复合材料。钛酸钾晶须成本低廉，价格低于硼酸铝晶须，复合材料抗磨损性能较差，机械加工易于进行。钛酸钾晶须易与铝合金发生界面反应。经改进，进行 T6 处理后，复合材料的性能有所提高。

钛-石墨纤维增强环氧树脂层合板 laminates of titanium-graphite in an epoxy resin；TiGr 参见超混杂复合材料（49 页）。

钛酸钾晶须增强体 potassium titanate whisker reinforcements 化学式为 $K_2O \cdot nTiO_2$（$n=2,4,6,8$）的单斜晶系晶须状增强材料。制备方法有烧结法、熔融法、溶剂法和水热法。

钛酸钾纤维增强体 potassium titanate fiber reinforcements 由钛酸钾（$K_2O \cdot 6TiO_2$）为原料制得的一种多

晶无机纤维。制法有水热合成法、熔融培育法和烧成法。该纤维具有较好的耐热、隔热和介电性能。适合作防热和高温用绝缘功能和结构复合材料的增强体。

钛酸酯偶联剂 titanate coupling agent 一类新型偶联剂。主要成分为各种钛酸酯类的化合物。结构独特，通式为 $(RO)_m Ti(OX—R'—Y)_n$，其中RO为烷氧基，可与无机物表面羟基或质子反应；m 是 RO 的数目，一般是 $1 \leqslant m \leqslant 4$；OX 为连接基团，与钛原子直接相连；X为苯基、羟基、巯基、焦磷酰氧基、亚磷酸基等；R′为有机骨架部分，通常为异十八烷基、辛基、丁基、异丙苯酰基等；Y 为乙烯基、羟基、氨基、丙烯基、环氧基、巯基等；n 为官能团的数量，一般 $m+n \leqslant 6$。按其化学结构和与无机物表面的偶联机理分为单氧型、螯合型和配位型三大类。①单氧型钛酸酯的单烷氧基可与填充剂表面上羟基氢原子反应形成化学键，由于较易水解，特别适合不含游离水、只含单分子层吸附水或表面有羟基（或羧基）的无机填料，如氧化锌、碳酸钙、氢氧化铝、三氧化二锑等。②螯合型钛酸酯偶联剂。因有较好的水解稳定性和螯合基团，因此适用于高湿填料和含水聚合物体系，如沉淀白炭黑、超细硅酸铝、滑石粉、水处理玻璃纤维、炭黑等。③配位型钛酸酯偶联剂可避免四价钛酸酯在环氧树脂中与羟基反应，在聚氨酯中与聚醚或异氰酸酯反应及在聚酯中的酯交换等引起的副反应。适用于多种填料体系。钛酸酯偶联剂具有多功能性，既是偶联剂，又兼有润湿剂、分散剂、粘接促进剂、交联剂、固化催化剂、防锈剂、阻燃剂等多种功效。更能紧密地将无机填料和有机聚合物连接起来，充分发挥钛酸酯分子的作用。使用量少，效果却好。钛酸酯偶联剂一般作为增黏促进剂，对于热塑性聚合物与干燥填充剂都有良好的偶联效果。在粗粒子填料中的偶联效果差于细粒子。应尽量避免与含有表面活性的助剂（如硬脂酸、氧化锌）并用，因为它们会影响钛酸酯在界面的偶联作用。如果一定要用表面活性助剂，只能在偶联剂、填料与聚合物充分混合后再加入。多数钛酸酯都与酯类增塑剂发生酯化反应，因此增塑剂应在偶联之后加入。钛酸酯偶联剂的偶联效果受填料的水分、形状、化学组成、比表面积、酸碱性及其使用方法的影响：①单烷氧基钛酸酯对于干燥的填料体系效果最好；②高湿填料应选用磷酸酯基钛酸酯偶联剂；③对于比表面积大的湿填料，螯合型钛酸酯偶联剂是最佳选择；④通常钛酸酯偶联剂对碳酸钙、硫酸钡、钛白粉的改性效果最好，对云母粉、石英粉、玻璃粉、氧化镁有一定效果，对滑石粉、炭黑、木粉效果小，对石墨粉没有效果；⑤螯合型钛酸酯偶联剂处理无机填料有湿混合法和干混合法。湿混合法是用乙醇、汽油等溶剂将钛酸酯偶联剂配成溶液，再与填料混合均匀，然后晾干或烘干。对于螯合型偶联剂也可用水作溶剂。干混合法就是将钛酸酯偶联剂直接加入填料中混合均匀。为使偶联剂均匀包覆填料表面，一般按 1∶1 加入稀释剂（如柏油等）。不同类型和品种的偶联剂联合使用，会产生协同效应，例如用螯合型钛酸酯处理经硅烷偶联剂处理过的玻璃纤维，其偶联效果更好。常用的钛酸酯偶联剂见416页表。

化学名称	结构式	牌号	应用范围
三异硬脂酰基钛酸异丙酯	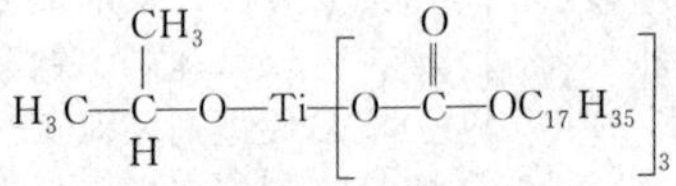 $H_3C-CH(CH_3)-O-Ti\left[O-C(=O)-OC_{17}H_{35}\right]_3$	KR TTS	聚烯烃、环氧、聚氨酯、碳酸钙、二氧化钛、石墨、滑石
三(4-十二烷基苯磺酰基)钛酸异丙酯	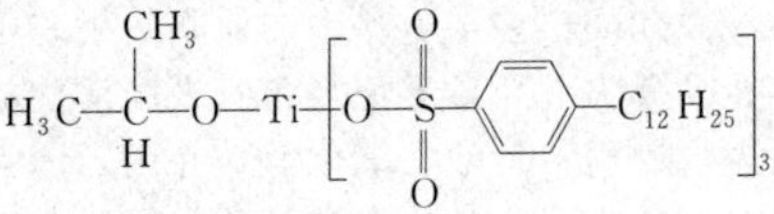 $H_3C-CH(CH_3)-O-Ti\left[O-S(=O)_2-C_6H_4-C_{12}H_{25}\right]_3$	KR 9S	PP、PE、EVA、PAA、聚酯、炭黑、滑石、高岭土
三(二辛基焦磷酰基)钛酸异丙酯	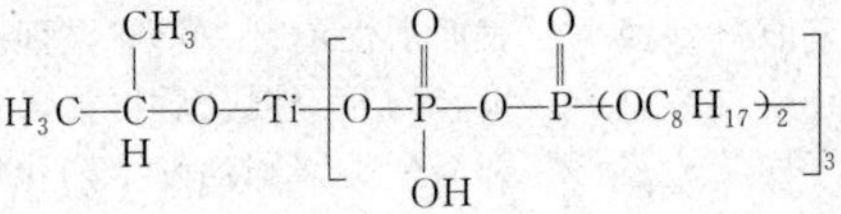 $H_3C-CH(CH_3)-O-Ti\left[O-P(=O)(OH)-O-P(=O)(OC_8H_{17})_2\right]_3$	KR 38S	聚烯烃、PA、环氧、PVC、PET、碳酸钡、炭黑、石棉粉、TiO_2
二(二辛基焦磷酰基)氧化乙酰肽	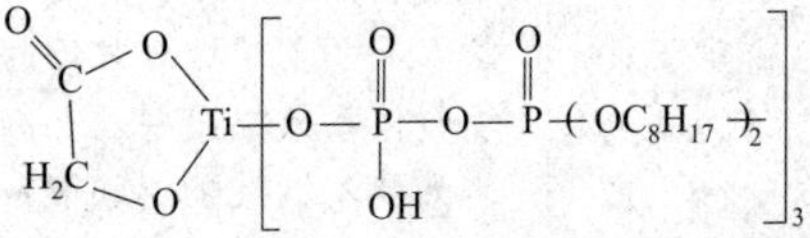 $(O=C-O-,\ H_2C-O-)Ti\left[O-P(=O)(OH)-O-P(=O)(OC_8H_{17})_2\right]_3$	KR 138S	聚烯烃、环氧、PA、PVC、PET、碳酸钙、石棉粉、玻璃纤维、玻璃粉、TiO_2、云母、水泥、炭黑、石墨、SiO_2、碳酸钡、滑石粉
二(二辛基磷酰基)钛酸亚乙酯	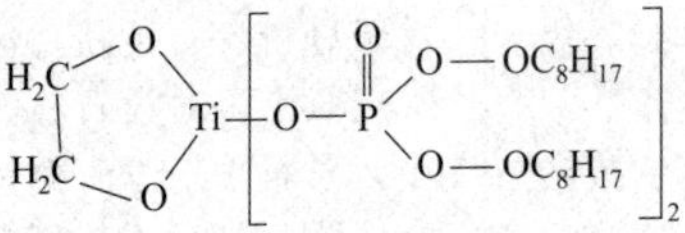 $(H_2C-O-,\ H_2C-O-)Ti\left[O-P(=O)(O-OC_8H_{17})_2\right]_2$	KR 212	PET、PE、PP、PS、云母、TiO_2、玻璃粉、高岭土、石棉、金刚砂、瓷粉、水泥、铁粉、MoS_2
二(二辛基焦磷酰基)钛酸亚乙酯	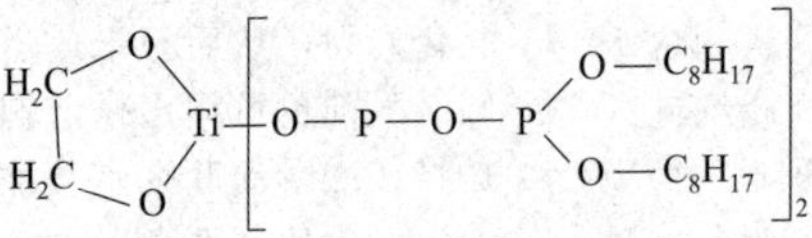 $(H_2C-O-,\ H_2C-O-)Ti\left[O-P-O-P(O-C_8H_{17})_2\right]_2$	KR 238S	PAA、ABS、PAN、丁腈橡胶、氧化铝、氧化镁、Fe_2O_3、Sb_2O_3、Cr_2O_3、ZnO、$CaCO_3$、$BaCO_3$、硅酸铝、硅酸锆
二(甲基丙烯酰基)-异硬脂酰基钛酸异丙酯	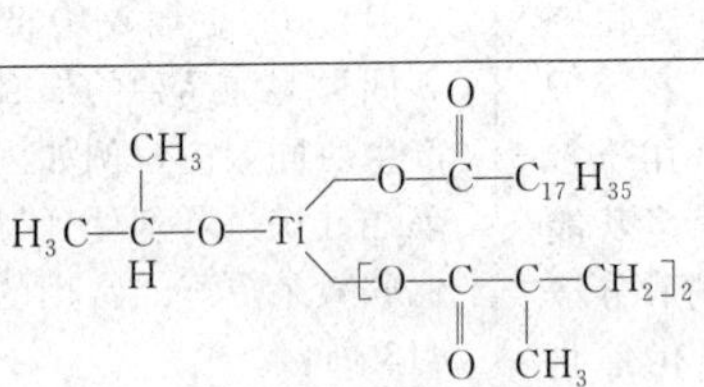 $H_3C-CH(CH_3)-O-Ti(O-C(=O)-C_{17}H_{35})\left[O-C(=O)-C(CH_3)-CH_2\right]_2$	KR 7	PE、PP、聚酯，适于大多数填料

续表

化学名称	结构式	牌号	应用范围
钛酸四异丙酯二(亚磷酸二月桂酯)	$[(H_3C)_2CH—O]_4Ti[O—PH(O—(CH_2)_{11}CH_3)_2]_2$	KR 36S	适合大多数高分子材料和大多数填料，尤其适于水溶性高分子及潮湿填料
三(二苯基丙烷基)-异丙基钛酸酯	$(CH_3)_2CH—O—Ti[O—C_6H_4—C(CH_3)_2—C_6H_5]_3$	KR 34S	PE、PP、环氧、PET、SiO_2、$BaCO_3$、滑石、石墨

TM-3 钛酸酯偶联剂 见异丙氧基三(磷酸二辛酯)钛酸酯 (496 页)。

弹塑性断裂力学 elastic plastic fracture mechanics 断裂力学分支，研究含裂纹物体内有塑性变形时的断裂现象。

弹性 elasticity 除去导致变形的载荷后，材料回复其原尺寸或形状的能力。当变形与所加载荷成正比时，该材料被认为是虎克弹性体或理想弹性体。

弹性变形 elastic deformation 受力物体的全部变形中，在去除应力后能迅速回复的那部分变形。

弹性关系 elastic relation 完全可逆的单轴应力-应变关系，加载与卸除过程遵循相同的路径，不存在迟滞或残余应变。尽管可能有非线性的弹性关系，但对于复合材料而言，这种关系基本上是线性的。

弹性回复 elastic recovery 显示材料弹性特征的分数。理想弹性材料的弹性回复为1；理想塑性材料的弹性回复为0。

弹性记忆 elastic memory 热塑性塑料置于超过热变形温度环境中受热后，能回复到原有形状之能力。已经热成型为新形状的片材，如果充分加热，则会回复到原来的平片状。

弹性极限 elastic limit 在应力除去后不遗留任何永久变形的条件下，材料能承受的最大应力。单位 MPa。弹性极限为拉伸曲线图（见“比例极限”词条附图）中 b 点所对应的应力，通常用 σ_e 表示：

$$\sigma_e = \frac{P_e}{F_0}$$

式中 P_e——拉伸曲线图中 b 点所对应的载荷，N；

F_0——试样的原截面积，mm^2。

弹性理论 见弹性力学 (417 页)。

弹性力学 theory of elasticity 又称弹性理论。固体力学的一个分支。研究弹性物体在力、温度等外部因素作用下所产生的应力及变形。

弹性模 elastomeric tools 用硅橡胶材料制作的一种利用其热膨胀对固化过程中的制件施加压力的软模。在闭式热膨胀法成型工艺中，弹性模通过自身的膨胀产生压力并把压力施加到制件上；在开式膨胀法成型工艺中，弹性模把外界压力（如热压罐压力）传递给制件。参见弹性模热膨胀成型 (418 页)。

弹性模量 modulus of elasticity; elastic modulus 在比例极限内，材料

所受应力（如拉伸、压缩、弯曲、扭曲、剪切等）与材料产生的相应应变之比，符号 E。$E=\sigma/\varepsilon$。式中，σ 为在弹性变形范围内的应力，MPa；ε 为在应力作用下产生的应变，即相对变形量（$\Delta l/l$），无量纲。参见刚度（136 页）。

弹性模热膨胀成型　elastomer thermo-expansion molding　用弹性模膨胀时对固化中的制件施加压力的成型方法。弹性模用线膨胀系数大的耐热性好的硅橡胶制成。弹性模内部常埋入金属加强件，以提高模具的整体刚度及便于脱模。须与金属模具配合使用。有开模法和闭模法两种形式：开模法是弹性模的一面或几面呈自由状态，主要用来传递压力，多与热压罐配合使用实行共固化；闭模法是弹性模的所有面被限制，多为单独成型制件时使用。本方法多用于复杂形状制件的共固化成型，也常用来成型含有孔、槽等形状的制件以及帽型件、角型件、工字梁等型材等。参见弹性模（417 页）。

弹性熔融挤压机　extruder elastic melt　挤压机的一种类型。此类挤压机中原料由一固定板与一旋转板之间的固定空隙加入，借摩擦热熔融并向旋转中心作螺旋线流动，挤出物沿旋转中心通过塑模被挤出。只有具有一定黏弹性的橡胶类聚合物适合用此法加工。

弹性体　elastomer　室温下能反复拉伸至原有长度两倍以上，且当应力解除后能迅速回到接近其原长度或形状的材料。

弹性系数　coefficient of elasticity　见弹性模量（417 页）。

弹性主方向　principal direction　复合材料层合板中沿纤维的方向（纵向，0°方向）和垂直纤维的方向（横向，90°方向）或双向织物层合板中经向纤维的方向（纵向）和纬向纤维的方向（横向）。常用 l 向和 t 向表示。

毯式曲线　carpet plot　又称卡比特曲线。描述复合材料层合板模量、强度随 0°层、90°层、±45°铺层取任意搭配比例而变化的函数关系的曲线。

探头标线　probe index　切线波或表面波探头上出射的声束轴线所通过的点。

探头楔块　probe shoe　为了改善声接触而在探头和被检材料之间插入的固体成型件。(无损检测)

炭黑　carbon black　外观为纯黑色的由碳原子组成的细粒或粉状物。是常用的填充剂，有显著的补强作用。颜色的深浅、粒子的细度、密度的大小均随所用原料和制造方法不同而有差异。槽法炭黑偏于酸性，炉法炭黑偏于碱性。炭黑具有较高的绝热能力，广泛用于聚氯乙烯、酚醛、聚烯烃及其他一些树脂作填料和颜料。在聚乙烯中，炭黑起交联作用。

碳布　carbon cloth　由预氧化的聚丙烯腈纤维织物经炭化或由碳纤维纺织而成的二维增织物。参见织物增强体。

碳氟树脂　fluorocarbon resins　化学性质类似聚烯烃，其氢原子全被氟原子取代的热塑性树脂。碳氟树脂由仅含氟与碳的单体制成。碳氟树脂族中主要几种为聚四氟乙烯、氟化乙烯丙烯和聚六氟丙烯。

碳化　carbonization　含碳聚合物在一定条件下（温度为 1000～1500℃的惰性气氛中）脱去其中氢、氧等原子，形成无定形碳的一种热裂解过程。

碳化硅　silicon carbide；SiC　一种复合材料增强材料。有晶须、颗粒、粉末或纤维等几种形式。它用作金属基复合材料的增强体。具有高强度和高模量的特点，密度与铝相等，相对成本也低。用晶须或颗粒状碳化硅作增强体制得的复合材料具有各向同性特点，且易于机械加工。

碳化硅晶片增强陶瓷基复合材料 silicon carbide platelet reinforced ceramic matrix composites 以碳化硅晶片为增强体，以陶瓷为基体的复合材料。其特点是韧性好、强度高、各向同性、物理化学性能稳定、价格便宜。

碳化硅晶片增强体 silicon carbide platelet reinforcements 作为增强体用的片状 SiC 单晶体。

碳化硅晶须 silicon carbide whisker 为绿色或黄绿色的短丝。其 SiC 含量 99.9% 以上；直径为 0.1～2.0μm，粗晶须的直径可达 3～5μm，长度几十到几百微米，密度 3.2g/cm^3；熔点 2690℃；拉伸模量 400～700GPa，拉伸强度 3～14 GPa，比强度 6.4cm（接近理论计算值 6.9cm）；热膨胀系数 4.7×10^{-6}℃$^{-1}$。典型制造方法是：将 SiO_2 和炭粉按一定比例，添加适量催化剂（Fe、Co、Ni 等）和空间控制剂，经充分混合后装入坩埚，然后在 1450～1600℃ 氮气流中处理，反应（$SiO_2 + 3C = SiC + 2CO$）得到的产物即 SiC 晶须。碳化硅晶须作为陶瓷基和铝合金基复合材料的增强体得到广泛应用，如增强 Al_2O_3、Si_3N_4 制成的陶瓷切削刀具，加工含镍不锈钢（如因瓦合金），其寿命为普通硬质合金钢刀具的十倍。

碳化硅晶须增强玻璃陶瓷基复合材料 silicon carbide whisker reinforced glass ceramic-matrix composites 以玻璃陶瓷为基体，以碳化硅晶须为增强体的复合材料。该材料的特点是低膨胀、各向同性、较强的抗热冲击能力、较高的可靠性、低廉的价格及工艺过程简单等。已在汽车部件、金属成型、切削工具等方面得到广泛应用。参见碳化硅晶须（419 页）。

碳化硅晶须增强氮化硅陶瓷基复合材料 silicon carbide whisker reinforced silicon nitride ceramic-matrix composites 将碳化硅（SiC）晶须加到氮化硅（Si_3N_4）陶瓷中所制成的复合材料。该材料韧性好，具有各向同性，可靠性高。在热机用陶瓷部件和各种需要耐高温的高强度部件等工程材料领域具有广阔前景，在刀具刃具方面的应用潜力巨大。

碳化硅晶须增强金属间化合物基复合材料 silicon carbide whisker reinforced intermetallic compound-matrix composites 以金属间化合物（金属与金属或金属与类金属之间形成的化合物）为基体，以碳化硅晶须为增强体的复合材料。主要作为高温结构材料，可用于航天飞行器上的推进系统以及发动机零部件。

碳化硅晶须增强铝基复合材料 silicon carbide whisker reinforced Al-matrix composites 以碳化硅晶须为增强体，以铝为基体的金属基复合材料。这种材料主要特点是：比强度、比模量高，具有较好的中高温强度（使用温度可达 300℃，耐磨损、抗疲劳、耐特殊环境（如放射线、高真空等）、热膨胀小，具有良好的导电、导热性能，近似的各向同性和较高的横向性能等。主要缺点是塑性、断裂韧性较差，价格昂贵。主要用途限于航空、航天、军事领域等。

碳化硅晶须增强生物活性玻璃陶瓷复合材料 bioactive glass-ceramic-composites reinforced by SiC whisker 以碳化硅晶须为增强体，以生物活性玻璃为基体而构成的一种生物玻璃基复合材料。这种复合材料在与人体密质骨抗弯强度相当的应力作用下寿命可超过50年，是预测寿命最长的生物陶瓷材料。

碳化硅晶须增强石英玻璃基复合材料 silicon carbide whisker reinforced quartz glass-matrix composites 以石英玻璃为基体，以碳化硅晶须为增强体的复合材料。具有机械强度高、耐热性好、热膨胀小、各向同性等特点。

碳化硅晶须增强碳化硅陶瓷基复合材料 silicon carbide whisker reinforced silicon carbide ceramic-matrix composites 以碳化硅晶须为增强体，以碳化硅陶瓷为基体的新型陶瓷材料。由于碳化硅晶须是纤维状单晶体，具有较高的强度，并可获得比普通碳化硅陶瓷更好的韧性。因此，其复合材料具有优越的高温性能和耐磨性，使用温度可达1400℃。可用于燃气轮机叶片等高温部件及耐磨件等方面，是一种重要的高温结构材料。

碳化硅晶须增强 PSZ 陶瓷基复合材料 silicon carbide whisker reinforced PSZ ceramic-matrix composites 以部分稳定氧化锆（PSZ）陶瓷为基体，以碳化硅晶须为增强体的复合材料。

碳化硅晶须增强 Sialon 陶瓷基复合材料 silicon carbide whisker reinforced Sialon ceramic-matrix composites 以 Sialon 陶瓷为基体，以碳化硅晶须为增强体的复合材料。是一种新型高温材料，具有高强度、高硬度、高断裂韧性等特性。可以用于1350℃以上使用的燃气涡轮转子和涡轮定叶片及各种陶瓷发动机部件、陶瓷刀具、轴承等。

碳化硅晶须增强 TZP 陶瓷基复合材料 silicon carbide whisker reinforced TZP ceramic-matrix composites 以四方氧化锆多晶体（TZP）陶瓷为基体，以碳化硅晶须为增强体的复合材料。参见碳化硅晶须增强氧化锆陶瓷基复合材料（420页）。

碳化硅晶须增强 ZTA 陶瓷基复合材料 silicon carbide whisker reinforced ZTA ceramic-matrix composites 以氧化锆增韧氧化铝（ZTA）陶瓷为基体，以碳化硅晶须为增强体的复合材料。用碳化硅晶须增强 ZTA 陶瓷，可使其在室温和高温下都具有优良的力学性能，并且由于相变增韧与晶须增韧协同作用，ZTA 的室温力学性能可进一步提高。

碳化硅晶须增强体 silicon carbide whisker reinforcements 用稻壳或炭黑、SiO_2 为原料制备的晶须增强材料。其晶体为共价键晶体，立方晶型，SiC 含量≥99%。主要用作增强陶瓷基和铝合金基复合材料。参见碳化硅晶须（419页）。

碳化硅晶须增强氧化锆陶瓷基复合材料 silicon carbide whisker reinforced zirconia ceramic-matrix composites 以氧化锆陶瓷为基体，以碳化硅晶须为增强体的复合材料。氧化锆陶瓷因具有高化学稳定性、高熔点、良好的高温电导而被广泛用作耐火材料、快离子导体、高温发热体等。四方氧化锆多晶体（TZP）和部分稳定二氧化锆（PSZ）具有优良的室温强度和断裂韧性。但由于在高温下相变增韧机制失效，使得 TZP 和 PSZ 的高温性能严重失效。用碳化硅（SiC）晶须增强可提高 TZP 和 PSZ 的弹性模量、硬度以及高温强度和断裂韧性，从而拓宽氧化锆陶瓷的应用范围。可用于耐磨部件及发动机部件等。

碳化硅晶须增强氧化铝陶瓷基复合材料 silicon carbide whisker reinforced alumina ceramic-matrix composites 以氧化铝陶瓷为基体，以碳化硅晶须为增强体的复合材料。氧化铝具有燃点高（2050℃）、硬度大（莫氏硬度 9）和化学稳定性好等优点，是用途最广的陶瓷材料之一。但其强度和断裂韧性较低。以碳化硅晶须增强氧化铝是最有效地提高氧化铝强度和断裂韧性的方法之一。碳化硅晶须增强氧化铝陶瓷基复合材料在刀具、陶瓷发动机和航空航天领域有着良好的应用前景。

碳化硅颗粒增强铝基复合材料 silicon carbide particle reinforced Al-matrix composites 以碳化硅（SiC）颗粒为增强体，以铝合金为基体的金属基复合材料。是金属基复合材料中可以大批量生产和应用的主要品种。通过不同的铝合金和不同含量的碳化硅可以制成多种碳化硅颗粒增强铝基复合材料。碳化硅颗粒的加入可明显提高铝合金弹性模量、屈服强度、耐磨性和高温性能，明显减小热膨胀。碳化硅颗粒增强铝基复合材料除了具有上述特点外还具有良好的导热、导电性。主要用于航空、航天、汽车、电子等工业制作各种零部件，如结构件、蒙皮、惯性陀螺支架、照相机支架、刹车轮、集成电路封装件等。

碳化硅颗粒增强镁基复合材料 silicon carbide particle reinforced Mg-matrix composites 以碳化硅颗粒为增强体，以镁合金为基体的金属基复合材料。镁合金中加入 3～20μm 的碳化硅颗粒可明显提高镁合金的强度、模量、硬度、耐磨耐热性能。这种复合材料具有高的比强度、比模量及耐磨性，可用来制造齿轮、泵盖和武器零件等。

碳化硅颗粒增强体 silicon carbide particle reinforcements 通过固相法、溶胶法、凝胶法或化学法等方法所制得的 SiC 粉体，主要用作增强镁或铝等金属基复合材料。

碳化硅纤维 silicon carbide fiber 以硅元素和碳元素为主要成分，以共价键结合的无机高分子连续纤维。一是由聚碳硅烷为前驱体，经熔融纺丝、不熔性处理、烧结得到的碳化硅长纤维。二是由聚碳硅烷通过化学气相沉积法，将 SiC 沉积（CVD）在碳纤维表面，得到的复合碳纤维。前驱体碳纤维，直径 10～14μm，密度 2.5～3.1g/cm^3，拉伸强度 2.8～3.0GPa，拉伸模量 200～420GPa。可在空气中 1200～1800℃下长期使用。可用作金属基、非金属基等高性能复合材料的增强体。用于航空、航天、核能、汽车、冶金机械和运动器材等领域。

CVD 碳化硅纤维 CVD silicon carbide fiber 无机纤维的一种，是碳化硅复合纤维。其制造方法是采用 CVD 工艺在钨丝或碳单丝载体上热解沉积碳化硅而制备的连续复合（SiC/C）单丝。具有高强度、高模量、高热稳定性和耐氧化性、低密度和低热膨胀系数。SiC（W 芯或 C 芯）纤维，直径 100～140μm，密度 3.0～3.46g/cm^3，拉伸强度 2.41～4.48GPa，拉伸模量 351～448GPa。用作铝和镁等金属基复合材料的增强体。参见先驱体法碳化硅纤维

（463页）。

碳化硅纤维增强Basialon玻璃基复合材料 silicon carbide fiber reinforced Basialon glass-matrix composites 以Basialon玻璃为基体，以碳化硅纤维为增强体的复合材料。该复合材料的纤维与基体的界面粘接牢固，断裂截面无纤维拔出，属脆性材料的断裂形貌。尚处于探索阶段。

碳化硅纤维增强玻璃基复合材料 silicon carbide fiber reinforced glass-ceramic matrix composites 以玻璃为基体，以碳化硅纤维为增强体的复合材料。其结构特征、断裂行为与碳化硅纤维增强LAS玻璃陶瓷基复合材料基本相同。拟用于航空航天工业。

碳化硅纤维增强LAS玻璃陶瓷基复合材料 silicon carbide fiber reinforced LAS glass-matrix composites 以LAS陶瓷为基体，以碳化硅纤维为增强体的复合材料。该复合材料具有轻质高强、高韧性、耐高温、耐腐蚀、绝缘性好及抗热冲击等优良性能，而且还具有制造温度低、使用温度高等优点。拟用于航天、国防和热机等高技术领域。

碳化硅纤维增强氮化硅基复合材料 silicon carbide fiber reinforced silicon nitride-matrix composites 以氮化硅陶瓷为基体，以碳化硅纤维为增强体，在适当条件下复合而成的材料。该复合材料除保持单相氮化硅陶瓷的高强度、高模量和良好的抗热震性外，还具有优良的冲击韧度、断裂韧性和抗蠕变性。可望在各种发动机、燃气轮机、火箭喷嘴等方面得到应用。

碳化硅纤维增强氮化铝基复合材料 silicon carbide fiber reinforced aluminum nitride-matrix composites 以氮化铝陶瓷为基体，以碳化硅纤维为增强体，在适当条件下复合而成的材料。该复合材料具有良好的力学性能（强度）和韧性、较低的密度和膨胀、较高的热导率。可望在热交换器、热机等方面取得应用。

CVD碳化硅纤维增强金属间化合物复合材料 CVD method SiC fiber reinforced intermetallic compound matrix composites 以CVD碳化硅连续纤维为增强体，以金属间化合物为基体的金属基复合材料。这种复合材料比碳化硅连续纤维增强体的铝基和钛基复合材料有更高的使用温度（可达700℃以上），同时兼有很好的比强度和比模量。其室温断裂韧性可达110～150MPa·$m^{1/2}$，主要用于航空、航天飞行器的主承力结构。

CVD碳化硅纤维增强铝基复合材料 CVD method SiC fiber reinforced Al-matrix composites 以CVD碳化硅连续纤维为增强体，以铝或铝合金为基体的金属基复合材料。这种材料有很高的比强度和比刚度，单向板的纵向拉伸强度为1250～1600MPa，模量可达210～240GPa。

CVD碳化硅纤维增强钛基复合材料 CVD method SiC fiber reinforced Ti-matrix composites 以CVD碳化硅连续纤维为增强体，以钛合金为基体的金属基复合材料。该材料比碳化硅连续纤维增强铝基复合材料有更高的使用温度（可达600℃），并具有优异的抗腐蚀性能和力学性能（单向板的室温纵向拉伸强度可达1690MPa，拉伸模量可达240GPa），主要用于航空、航天飞行器的主承力结构。

碳化硅纤维增强碳化硅陶瓷基复合材料 silicon carbide fiber reinforced silicon carbon-ceramic matrix composites 以碳化硅陶瓷为基体，以碳化硅纤维为增强体，在一定工艺条件下复合而成的材料。碳化硅纤维的加入大大改善了碳化硅陶瓷的韧性。此材料具有良好的力学性能和耐高温、耐热冲击及热循环性能，是一种有前途的耐高温材料。可在飞机防热瓦和涡轮发动机、汽车发动机、喷气发动机、燃气轮机的各种部件，火箭喷管和装甲板等方面得到应用。

碳化硅纤维增强 MAS 玻璃-陶瓷基复合材料 silicon carbide fiber reinforced MAS glass-ceramic matrix composites 以 MAS（$MgO-Al_2O_3-SiO_2$）玻璃陶瓷为基体，以碳化硅纤维为增强体的复合材料。其常温性能、结构特征、断裂行为与碳化硅纤维增强 LAS 玻璃陶瓷基复合材料基本相同。而高温性能优于 LAS 玻璃陶瓷基复合材料。可用作耐热、耐氧化、耐水及化学侵蚀等高温结构材料。参见碳化硅纤维增强 LAS 玻璃陶瓷基复合材料（422 页）。

碳化硅纤维增强氧化铝基复合材料 silicon carbide fiber reinforced alumina-matrix composites 以碳化硅纤维为增强体，以氧化铝陶瓷为基体，在适当工艺条件下复合而成的材料。该材料具有良好的强度、优良的断裂韧性和高温抗氧化性。可望用于燃气轮机和空间结构等。

碳化硅纤维增强体 silicon carbide fibre reinforcements 常用于增强金属基、陶瓷基复合材料的一种陶瓷纤维，主要有先驱体法碳化硅纤维和化学气相沉积（CVD）法碳化硅纤维。

碳化硅芯片增强陶瓷基复合材料 silicon carbide platelet reinforced ceramic matrix composites 以碳化硅芯片为增强体，以陶瓷为基体的复合材料。特点是韧性好、强度高、各向同性、物理化学性能稳定、价格便宜。

碳化硼晶须 boron carbide whisker 将无水固体（B_2O_3）在氢和天然气或诸如 CH_4、C_2H_6、C_3H_8、C_4H_{10} 等小分子量烃类流体中加热至 1000℃左右，在气-气反应中产生的 B_4C 晶体须状材料。其直径 0.05～0.25μm，长度一般在 1.27～10.16cm。用作耐高温的金属基或树脂基复合材料的增强体。

碳化硼颗粒 boron carbide particle 分子式为 B_4C，具有三角晶系菱形结构的颗粒。密度为 2.52g/cm^3，为所有超硬材料中最低。碳化硼具有高强度（比强度 9.9×10^6cm）、高弹性模量（比模量 20.9×10^9cm）和高化学稳定性（抗氧化可达 1100～1400℃）、极高的硬度（仅次于金刚石和立方氧化硼）。因此，把它作为颗粒增强体加入陶瓷中，可得到轻质耐磨的陶瓷基复合材料。加到氧化铝或碳化硅陶瓷中，可提高材料的断裂韧性，同时也使强度有所提高。

碳化硼颗粒增强铝基复合材料 boron carbide particle reinforced Al-matrix composites 以铝或铝合金为基体，以碳化硼（B_4C）颗粒为增强体的复合材料。适用于要求耐热性和耐磨性好的部件。由于硼的热中子吸收截面高，吸收中子的能量范围较宽，铝又有良好的导热性、抗腐蚀性，所以该复合材料又是很好的功能复合材料。

碳化硼颗粒增强镁基复合材料 boron carbide particle reinforced Mg-matrix composites 以碳化硼颗粒增强镁合金的金属基复合材料。其性能与基体镁相比均有明显提高。如颗粒含量为25%的复合材料的屈服强度和弹性模量比镁合金高一倍。主要用于航空、航天、先进武器等结构。

碳化硼颗粒增强体 boron carbide particle reinforcements 加入陶瓷中，可制备出轻质耐磨复合材料的针状或片状 B_4C 颗粒。参见碳化硼颗粒（423 页）。

碳化硼纤维 boron carbide fiber 陶瓷纤维的一种。是以碳化硼（B_4C）为皮，钨丝为芯的无机复合纤维。是一种耐热（在 2200℃ 下强度仅略有下降）、高强度、高模量无机纤维。工业生产的纤维直径为 100μm，密度 2.63g/cm^3，强度 2.68GPa，初始模量 412GPa 。主要用作复合材料的增强体。

碳化钛颗粒增强铝基复合材料 titanium carbide particle reinforced Al-matrix composites 以碳化钛颗粒增强铝合金的金属基复合材料。与碳化硅颗粒增强铝基复合材料相比，有包括力学性能和物理性能在内的许多相似之处，主要区别是，碳化钛颗粒的增强效果较好，综合性能较高。但碳化钛颗粒与铝基体的界面化学反应较严重。

碳化钛颗粒增强钛基复合材料 titanium carbide particle reinforced Ti-matrix composites 以钛或钛合金为基体，以碳化钛颗粒为增强体的金属基复合材料。该材料具有高的弹性模量和良好的耐磨性。

碳化钛颗粒增强体 titanium carbide particle reinforcements 一种常用的陶瓷基复合材料的增强体。加入基体后可以显著提高基体的韧性，得到具有良好的耐磨性的复合材料。例如在 Si_3N_4 陶瓷基体中加入 20%（体积分数）的 TiC 颗粒增强体，可使基体材料的韧性提高 50%。是制造切削刀具的上好材料。

碳化钛陶瓷 titanium carbide ceramic 以碳化钛为主晶相的陶瓷。化学式为 TiC，属面心立方结构。熔点为 3160℃，理论密度 4.938g/cm^3，显微硬度 3200kg/mm^2，弹性模量 322GPa，热导率 0.17J/cm・s・c，不溶于硫酸和盐酸。为超硬材料，也常和 TiN、WC 或 Al_2O_3 等原材料制成各类复合材料。用于各种工具、刀具和模具。

碳化钨颗粒 tungsten carbide particle 具有六方晶系的颗粒，其结构有两种变体，六方结构的 WC 和 W_2C。密度为 15.63g/cm^3。

碳化物纤维增强体 carbide fiber reinforcements 陶瓷纤维品种之一，是碳化硅、碳化硼、碳化钛等含有碳素的难熔纤维的总称。此类纤维具有高强度、高模量、低断裂伸长率，耐热，高温下抗氧化性好以及耐化学腐蚀等特性。主要用作高聚物、金属、陶瓷等结构的复合材料的增强体，亦可用于功能复合材料的烧蚀与防热等。

碳基复合材料 carbon matrix composites 以碳纤维（织物）、碳化硅等陶瓷纤维（织物）为增强体，以碳为基体的复合材料。有 CVI 法和 CVD 法两种制备方法。在航天航空技术中广泛应用的是碳/碳复合材料，如洲际导弹的鼻锥、火箭发动机喷管和喉衬、航天飞机鼻锥和飞机的新型刹车片等。碳/碳复合材料不耐氧化，所以有时需要加抗氧化层。

碳晶须 carbon whisker 又称纳米碳纤维。参见石墨晶须（385 页）。

碳纳米管 carbon nanotube；CNT 又称巴基管、纳米碳管。是一种管状纳米级石墨晶体。由单层或多层类似石墨结构的六边形网络围绕同心轴按一定的螺旋角度卷绕而形成的无缝纳米级直径的中空管状材料。卷曲的角度不同，其结构和性能各异。是典型的富勒(Fullerenes)变体。碳纳米管分单壁(层)碳纳米管、多壁(层)碳纳米管两类，如下图所示。另外，碳纳米管根

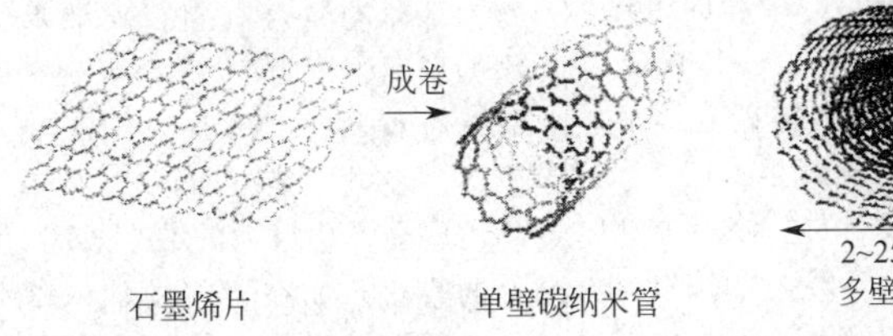

石墨烯片 单壁碳纳米管 多壁碳纳米管

据碳六边形沿轴向的不同取向分为扶手椅形、锯齿形和螺旋形三种类型，如下图所示。碳纳米管形状多样，管直径在几纳米至几十纳米之间，管壁厚度仅有几纳米，长径比 100～1000。其制备方法主要有：电弧放电法、激光烧蚀法、化学气相沉积法、固相热解法、辉光放电法、气体燃烧法以及聚合反应合成法等。CNT 与多种聚合物有相容性，分散性尚可，可用作胶黏剂的增强剂或复合材料的增韧剂。例如，在环氧树脂中

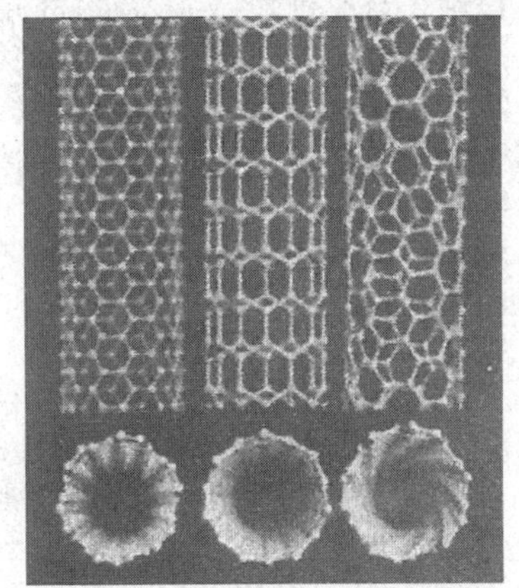
扶手椅形 锯齿形 螺旋形

加入 1%～5%的碳纳米管的混合物固化体的硬度比无碳纳米管提高了 3 倍，室温下热导率增加了 125%。但因 CNT 具有较大的比表面积和长径比，易于发生团聚，难以很好地分散，降低了增强效果。对此可采用混酸（硫酸：硝酸=3：1）氧化法对 CNT 进行表面处理，以引入活性基团，并与超声波分散法相结合，实现更好的分散，提高增强体系的力学性能。已在纳米电路、超高级材料、超级电容器电极等领域进行应用研究。其主要用途之一是作为聚合物复合材料的增强剂。参见碳纳米管的特性（425 页）。

碳纳米管的特性 properties of carbon nanotube 由于碳纳米管（CNTs）中碳原子采取 sp^2 杂化，相比 sp^3 杂化，sp^2 杂化中 s 轨道成分比较大，使碳纳米管具有高模量和高强度。另一方面，CNTs 具有超过基本要求 50 倍的长径比（$L/D=1000:1$）优势，使得其产生诸多的特异性能：①非常突出的力学性能，拉伸强度达到 50～200GPa，是钢的 100 倍，比常规石墨纤维高一个数量级；弹性模量可达 1.1TPa，与金刚石的弹性模量相当，约为钢的 5 倍；

单层壁碳纳米管的拉伸强度约 800GPa。可制得具有更高比强度、比模量及抗疲劳性能的复合材料。CNTs 是迄今可制备的具有最高比强度的材料。②兼有良好的韧性和卓越的弹性，如在 1011MPa 的水压下，碳纳米管被压扁卸压后立即回弹至原状。③极高的耐热性，碳纳米管的熔点 3652～3697℃，是已知材料中最高。④多样的电学性能，随着管径和管壁的螺旋角不同，可以是半导体、导体、良导体（电导率可达铜的 1 万倍）、超导体等。⑤良好的传热性能，CNTs 具有非常大的长径比，因而其沿着长度方向的热交换性能很高，垂直方向的热交换性能较低。因此通过取向设计，碳纳米管可以复合成高各向异性的热传导材料；碳纳米管具有较高的热导率，可作为高热导率复合材料的良好功能体。⑥碳纳米管还具有光学等其他良好的性能。⑦不同结构碳纳米管的性能不同。如下表所示。

增强材料	拉伸强度/GPa	拉伸弹性模量/GPa	断裂伸长率/%
SWCNTs	13～53	1000	16.0
扶手椅形 SWCNTs	126.2	940	23.1
锯齿形 SWCNTs	94.5	940	5.6～17.5
螺旋形 SWCNTs	92.0	—	—
MWCNTs	150	800～900	—
T1000G（中模量）	6.37	294	2.2
M60J（高模量）	3.92	588	0.7
Kevlar	3.5	150	2.05
不锈钢	0.65～1.0	200	50

除上述优良特性外，CNTs 还具有与高分子材料相似且更稳定的结构，是迄今最为理想的聚合物基复合材料的增强体。参见碳纤维（427 页）、碳纳米管（425 页）。

碳纳米管复合材料　carbon nanotube composites；TNTC　以碳纳米管为增强体的复合材料。主要是指以聚合物为基体的复合材料。碳纳米管-聚合物的层间强度为 500MPa，比碳纤维-环氧复合材料（50～100MPa）高一个数量级。在电性能方面，CNTs 作为聚合物填料会产生巨大的纳米效应，得到奇异的收获。如在塑料中加入 2%～3% 的多壁碳纳米管，使电导率从 10^{-12}s/m 提高到 10^{2}s/m，提高了 14 个数量级。参见碳纳米管的特性（425 页）。

碳纳米管膜　carbon nanotube film　由碳纳米管构成的膜。碳纳米管膜具有极其独特的结构以及在光、热、电、磁、力学、化学方面的奇异特性，在平板显示器、探针、传感器、高性能复合材料、催化剂材料、纳米电子器件及贮能等领域有巨大的应用前景。采用等离子体增强化学气相沉积法，可生长大面积的碳纳米管膜。

碳纳米管增强体　carbon nanotube reinforcements　单层或多层石墨片按一定的螺旋围绕中心角卷曲而成的无缝纳米级直径的石墨管状增强材料。参见碳纳米管（425 页）。

碳酸二乙酯　diethyl carbonate　纤维素类及其他多种树脂的一种溶剂。

碳酸钙晶须增强体　calcium carbonate whisker reinforcements　用复分解法、$Ca(HCO_3)_2$ 法、尿素水解法、$Ca(OH)_2$-CO_2 法等方法制得的针状碳酸钙晶须增强材料，长径比一般为 20～30，晶型是亚稳相的文石型。

碳酸镁　magnesium carbonate　一

种低密度的白色粉末，用作酚醛树脂的填料或改性剂。

碳/碳防热复合材料 carbon/carbon ablative composites 由碳纤维增强材料与碳基体组成，具有防热功能的复合材料。

碳/碳复合材料 carbon/carbon composites；C/C 见碳纤维增强碳复合材料（432页）。

碳/碳复合材料低压浸渍碳化工艺 low-press maceration carbonating for carbon/carbon composites 置于压力罐内的基质碳在较低压力（1.5～5MPa）状态下，浸渍和碳化步骤一次完成，而制成一定密度碳/碳复合材料的过程。

碳/碳复合材料 CVD 工艺 process for carbon/carbon composites；CVD 在渗碳室内，由不同编织方法织成的碳基骨架与碳活性基气体接触，在骨架中的碳纤维表面沉积的这种气体成分逐步填充于纤维间的空隙而得到较为致密的碳/碳复合材料。

碳/碳复合材料 CVI 工艺 process for carbon/carbon composites；CVI 使高温热解气通过多孔碳织物内部，并与碳发生反应生成碳/碳和碳化物复合材料。其原理是有机硅烷气体在高温下发生热解，这种热气通过多孔的碳织物内部时，产生化学反应而生成固态的碳和 SiC。

碳/碳复合材料抗氧化处理 treatment of oxidation resistance on surface of carbon /carbon composites 在碳/碳复合材料表面涂一层保护层以防止材料在高温条件下与空气中的 O_2、H_2O、CO_2 等发生化学反应而气化，从而提高材料的抗氧化能力。例如，表面涂有 SiC 涂层并加以 TEOC 处理的碳基材料，可在航天飞机鼻锥部件上 1600℃ 左右重复使用。

碳/碳复合材料热等静压碳化工艺 HIP carbonating for carbon/carbon composites 利用热等静压设备的温度程控和惰性气体压力，使碳基复合材料中的沉积碳和浸渍剂在高温高压下完成碳化过程的一种工艺方法。

碳/碳复合材料石墨化度 graphitization degree of C/C composites 在含有石墨晶体及各种过渡态碳的碳/碳复合材料中，石墨晶体所占的百分比。

碳微球增强体 carbon microballoon reinforcements 用沥青直接或经过热改性后熔融吹入水中或喷雾成小球制成。或通过其他方法制造。直径为 40～400μm。具有烧结性，可不加填料直接烧成各向同性的碳球。易于与树脂复合制成具有导电功能的复合材料。另外若将磺基化合物插入碳微球中间相层中，可使中间相碳微球的电阻下降 $10^{-2}\Omega\cdot cm$。空心碳/石墨微球，一般尺寸 5～150μm，壁厚 12μm，密度 0.2～0.22g/cm^3。广泛用作树脂填料和增强体。

碳纤维 carbon fiber；CF 由不完全石墨结晶沿纤维轴向排列的一种多晶的、碳元素含量不低于 90% 的无机高分子纤维。密度在 15～20g/cm^3 之间，是当今先进复合材料应用最成熟、用量最多的增强材料。可用聚丙烯腈纤维、黏胶纤维、沥青纤维、酚醛纤维、聚乙烯醇纤维以及有机耐高温纤维等原丝为先驱体，通过在惰性环境中加热（1315℃）除去碳以外的其他一切元素制得。碳纤维再在高温（2500～3000℃）、惰性气体保护和在张力状态下进行石墨化，得到含碳量在99%以上、具有层状六方晶格的石墨结构纤维。生产工艺流程如下图所示。制取法主要有先驱体（原丝）

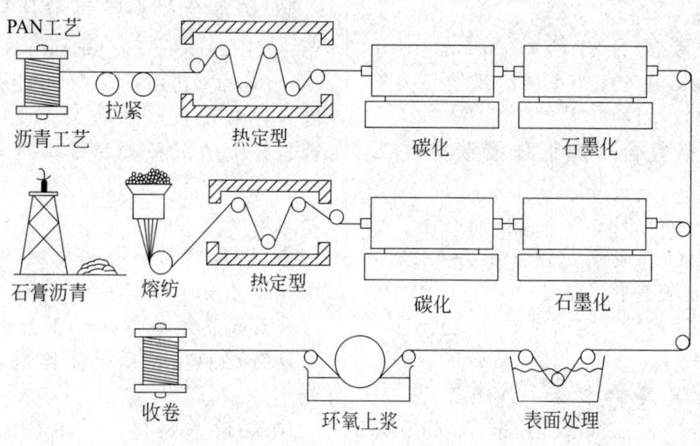

法、离心纺丝法、熔喷法和化学气相沉积法。碳纤维具有低密度、高强度、高模量、高热导、低膨胀、耐高温、抗疲劳、低电阻、耐腐蚀、耐辐射等特性。缺点是性脆、抗冲击性和高温抗氧化性较差，与铝直接接触产生电化学腐蚀。碳纤维和石墨纤维的强度取决于所用的先驱体类型、生产工艺条件，如纤维张力和温度、纤维的瑕疵和缺陷等。纤维瑕疵包括内部微孔和夹杂，表面沟槽、划痕和黏附残丝，以及条痕和凹陷等不良特征。这些瑕疵对纤维拉伸强度有相当大的影响，但对模量、导热和热膨胀几乎无影响。碳纤维和石墨纤维的热膨胀系数一般为微小负数，而且随模量 E 的提高而负膨胀更加显著。这给高模量和超高模量纤维的应用带来一个负面后果：纤维与基体之间的热膨胀系数差异更大，从而导致在复合材料制造期间或暴露外界环境时基体微裂纹的产生可能性会增大。按其结构可分为碳纤维（含碳量93%～95%）和石墨纤维（含碳量>99%）。现有的不同种类碳纤维的强度范围和模量范围很大，针对这一特点，碳纤维可分为四类，如429页表所示。根据用途分为受力结构用CF、耐焰用CF、导电用CF、润滑用CF、耐磨用CF。与树脂、金属、陶瓷、水泥等基体材料复合形成各种复合材料、功能材料。碳纤维和石墨纤维适用于高效结构。大量用于航空、航天、火车、汽车、化工、能源、体育用品、医疗器材等领域，并取得了显著的技术经济效益。

纤维等级	型号	拉伸弹性模量/GPa	拉伸强度/MPa	断裂伸长率/%	密度/(g/cm³)	单丝直径/μm
标准模量碳纤维(拉伸弹性模量≤265GPa)	T300	230	3530	0.7		
	T700J	235	4900	2.1		
	AS4	241	4000			
	中神 SYT45	230	4000	1.9	1.79	7
	拓展 GQ3522	238	3800	1.6	1.78	7
	HTA	238	3950			
中模量碳纤维(拉伸弹性模量＜265～320GPa)	T800	294	5940			
	M30S	294	5490			
	T40	290	5650			
	中神 SYT55S	295	5900	2.0	1.79	5
	恒神 HF40S	284～304	≥5880	1.7/2.1	1.8	
	拓展 GZ5526	300	5500	1.8	1.8	5.2
	IM9	310	5300			
高模量碳纤维(拉伸弹性模量＜320～440GPa)	中神 SYM35	335	5000	1.5	1.76	5
	M40J	377	4410			
	HR40	381	4800			
	UMS2526	396	4560			
	拓展 GZ3040	400	3200	0.8	1.81	6.8
超高模量碳纤维(拉伸弹性模量＞440GPa)	HS40	441	4400			
	M50JB-6000	475	4120			
	M55JB-6000	540	4020			
	M60JB-6000	588	3820			

碳纤维表面处理 surface treatment of carbon fiber 在一定条件下使碳纤维表面的物理和化学状态发生变化的工艺过程。其目的是：①克服碳纤维表面的惰性，使碳纤维表面受到一定程度的刻蚀，引入羟基、羧基等化学基团，从而强化纤维与基体的粘接力。常用的主要有气相氧化法、液相氧化法、阳极电解氧化法、介电氧化表面处理、等离子表面处理等。②改变碳纤维表面物理化学状态，避免纤维与基体界面间发生削弱强度的副反应，协调复合材料界面兼容性。如电解氧化表面处理、热解碳涂层表面处理等。碳纤维经此表面处理后，拉伸强度和拉伸模量基本不下降，与树脂构成的复合材料的层间剪切强度可得到不同程度的提高。参考碳纤维等离子表面处理、碳纤维电解氧化表面处理、碳纤维液相氧化表面处理。

碳纤维表面性能试验 surface characterizing of carbon fiber 检验碳纤维的表面化学成分及表面结合能的试验方法。通常用光电子能谱仪（ESCA）进行。此试验对研究碳纤维复合材料的界面特性很有用。

碳纤维单丝强度试验 single filament strength testing of carbon fiber 测量碳纤维单丝强度的试验方法。将一根碳纤维单丝用特制的胶在纸制的方框上制成试样，试验时将其两头一同夹到试验机上，然后将纸框两边剪断，再开动机器施加拉伸载荷，直至单丝拉断，此时的载荷除以单丝的截面积即得单丝强度。由于纤维很细，试验的结果分散性很大，因此需要进行多组试验，取其平均值作为试验结果。

碳纤维等离子表面处理 surface treatment of carbon fiber by plasma 用不同条件下产生的等离子体，对碳纤维进行腐蚀、氧化，使其表面物理和化学状态发生变化。处理后碳纤维表面产生腐蚀的沟槽并形成化学基团。依据产生等离子的条件不同可分为冷等离子表面处理和电晕放电等离子表面处理两种。表面处理后，拉伸强度不下降，复合材料层间剪切强度提高70%。

碳纤维电解氧化表面处理 surface treatment of carbon fibre by electrolytic oxidation 又称碳纤维阳极氧化表面处理。以碳纤维作阳极，在不同的电解质溶液中，于一定电流密度下，靠电解产生的新生态氧对碳纤维表面进行氧化和腐蚀，使其表面物理和化学状态发生变化的处理技术；也可用镍板或石墨作阴极。电解液一般为氢氧化钠、硝酸、硫酸、铵盐溶液等。处理后，碳纤维表面被氧化腐蚀，比表面积增大，化学基团含量增加。因此，其环氧树脂基复合材料的层间剪切强度可提高60%以上。

碳纤维复合材料 carbon fiber composites；CFCs 由碳纤维或其制品增强树脂、金属、陶瓷、碳等基体所形成的材料。目前技术成熟、使用量最大的为碳纤维增强树脂基复合材料和碳/碳复合材料。

碳纤维铝层压复合材料 carbon fiber reinforced aluminium laminates；CRALL 由经表面处理并涂底胶的薄(0.3mm)铝合金板和碳纤维预浸料交替叠铺在一起，经加温加压固化而成的一种层压材料。该材料具有高比强度、高阻尼性能和极好的抗疲劳性能。与玻璃纤维增强铝GRALL同属超混杂复合材料。

碳纤维气相氧化表面处理 surface treatment of carbon fiber by gas phase oxidation 以氧化性气体为处理介质，与碳纤维表面的不饱和碳原子作用，使碳纤维表面发生物理和化学变化，从而提高碳纤维与基体的界面结合强度的处理技术。根据处理介质不同，通常分为臭氧氧化法、空气氧化法和混合气体法。处理后碳纤维强度基本不下降，比表面积略有增加，表面化学基团显著增加，与环氧树脂制成的复合材料的层间剪切强度可提高47%左右。

碳纤维热解碳涂层表面处理 surface treatment of carbon fiber by pyrolytic carbon coating 即利用CVD法在高温下将烷烃、碳化物等热解后沉积到碳纤维表面形成膜状或晶须。这种方法能够提高碳纤维的比表面积，改变碳纤维形态结构。处理后，其复合材料的层间剪切强度可提高近一倍。

碳纤维束浆料 size for carbon fiber tow 用于浸渍碳纤维束使其在使用过程中免受损伤和提高与树脂基体结合力的一种材料。

碳纤维丝束强度试验 tow strength testing for carbon fiber 测量碳纤维丝束拉伸强度的试验方法。取一段丝束，浸胶后做成预浸带，再固化成具有一定强度和刚度的试样。将试样牢固地固定到试验机的夹头上，然后施加拉伸载荷直至试样断裂，记录断裂时的载荷，由此算出碳纤维丝束的强度。需要注意的是，所用的胶黏剂的断裂伸长率应比碳纤维要大得多，试样的用胶量应尽可能低，丝束中的每一根纤维必须牢牢地粘接在一起（以使每一根纤维均匀承载）。

碳纤维阳极氧化表面处理 参见碳纤维电解氧化表面处理（430 页）。

碳纤维先驱体 carbon fiber precursor 俗称碳纤维原丝。采用高温分解工艺生产碳纤维所用的纤维材料。聚丙烯腈纤维、人造纤维、沥青纤维等是常用的碳纤维先驱体。

碳纤维液相氧化表面处理 surface treatment for carbon fiber by liquid phase oxidation 使用氧化性溶液改变碳纤维表面物理化学特性的方法。目的和其他表面处理方法一样，是为了提高碳纤维表面的活性，增加碳纤维与基体的粘接力，提高复合材料的层间剪切强度。经这种方法处理的碳纤维的拉伸强度略有下降，但其复合材料的层间剪切强度提高的幅度却比气相氧化法高一倍以上。

碳/氧化硅防热复合材料 carbon/silica ablativecomposites 以碳纤维为增强体、以氧化硅为基体的具有烧蚀防热功能的复合材料。

碳纤维增强玻璃基复合材料 carbon fiber reinforced glasscomposites 以玻璃为基体，以碳纤维为增强体的复合材料。基体主要选用硼硅玻璃。具有高强度、高模量、低密度等优点。

碳纤维增强玻璃陶瓷基复合材料 carbon fiber reinforced glass-ceramic composites 以玻璃陶瓷为基体，以碳纤维为增强体的复合材料。基体主要选用 LAS 玻璃陶瓷。具有高强度、高模量、低密度、良好的抗热震性和冲击韧度等优点。

碳纤维增强氮化硅基复合材料 carbon fiber reinforced silicon nitride matrix composites 以碳（石墨）纤维为增强体，以氮化硅陶瓷为基体的复合材料。该材料具有良好的力学性能和抗热冲击、抗蠕变性能。可用于航空航天工业。

碳纤维增强聚合物基复合材料 carbon fiber reinforced polymercomposites; CFRP 以碳纤维或石墨纤维或其制品为增强体的聚合物基复合材料。是先进复合材料的典型代表，具有模量高、强度高、热稳定性好等优异特点。详见碳纤维增强树脂基复合材料（432 页）。

碳纤维增强铝基复合材料 carbon fiber reinforced Al-matrix composites 以铝或铝合金为基体，以高性能碳纤维为增强体的铝基复合材料。这种材料具有比强度和比模量高、导电性和导热性好、耐高温、耐磨、热膨胀小等优异的综合性能。是航天技术的理想材料。在卫星天线、太阳能电池板、仪器构架、照相镜筒等上应用效果颇佳。制造方法有 CVD Ti-B 涂层液态金属浸渍热压法、真空压力金属浸渍法、真空压力铸造法等。

碳纤维增强镁基复合材料 carbon fiber reinforced Mg-matrix composites 以镁或镁合金为基体，以各种碳纤维或石墨纤维为增强体的一种具有高比强度、高比模量和良好热稳定性的金属基复合材料。其性能取决于碳纤维的类型、含量、分布和与基体界面的结合状态。就比模量和热稳定性而言，石墨纤维增强镁基复合材料是各种材料中最高的一种。当石墨纤维含量达到50%左右，其复合材料热膨胀为零。此种复合材料是航天领域理想的结构材料，用于卫星天线骨架、支撑架、反射面以及空间站构架，而且结构效率极高。成型方法有长丝缠绕及精密铸造、真空压力浸渍、真空热压、挤压铸造和热挤压等。缺点是制造工艺复杂、成本高。

碳纤维增强铅基复合材料 carbon fiber reinforced Pb-matrix composites 以碳纤维为增强体，以铅为基体的一种金属基复合材料。主要用于核工程，如核潜艇的大型蓄电池极板等。

碳纤维增强石英玻璃基复合材料 carbon fiber reinforced quartz glass-matrix composites 以石英玻璃为基体，以碳纤维为增强体的复合材料。例碳纤维与石英玻璃有较好的物理和化学兼容性，两者复合可获得高性能的复合材料。例如，弯曲强度（600MPa）为石英玻璃的11倍，断裂功（$7.9\times10^3J/m^2$）较石英玻璃增加了两个数量级，以及极好的抗热震性和较小的热导率。可制成防热材料，在航天技术中已有具体应用。缺点是制造工艺复杂、成本高。

碳纤维增强树脂复合材料 carbon fiber reinforced resin composites 见碳纤维增强树脂基复合材料（432页）。

碳纤维增强树脂基复合材料 carbon fiber reinforced resin matrix composites；CFRP 以碳纤维及其制品为增强体，以树脂为基体的复合材料。是先进复合材料中应用最早、最广、最成熟，用量最大的一大类型。所用的碳纤维以PAN基的居多，主要是高强度和高模量型纤维。常用的树脂有环氧、酚醛、双马来酰亚胺、氰酸酯，以及聚醚醚酮、聚醚酰亚胺等。其综合性能好，比模量较芳纶（如Kevlar纤维）树脂基复合材料、玻璃纤维树脂基复合材料的高。抗压强度、抗蠕变性能高于芳纶复合材料。吸湿率比芳纶复合材料低。另外，碳纤维树脂基复合材料还具有自润滑性、减摩和磨损率低、导电和导热性能良好、热膨胀小和耐化学品性能优良等特点。缺点是层间强度低、价格贵。抗冲击性能不如芳纶复合材料。主要成型工艺有热压罐成型、真空袋成型、压力袋成型、模压成型、缠绕成型、膨胀模成型、树脂转移成型、拉挤成型以及自动铺带、纤维自动铺放工艺等。CFRP以其明显的高强度、高模量、低密度的优势，大量地应用于航空、航天结构，如飞机机翼、机身、尾翼、各种活动面以及导弹弹翼、火箭壳体、卫星天线、太阳能栅板等，并取得了良好的技术、经济效益。在建筑桥梁、运动器材、医疗器械及自润滑耐磨机械零件等方面也得到大量应用。

碳纤维增强塑料 carbon fiber reinforced plastics；CFRP 见碳纤维增强树脂基复合材料（432页）。

碳纤维增强碳复合材料 carbon fiber reinforced carbon composites 又称碳/碳复合材料。以碳纤维或石墨纤维（或其织物）为增强体，以碳或石墨为基体的复合材料。碳元素含量高于99%。具有优良的强度和刚度，低密度。高温性能稳定，在惰性气体保护下具有优良的热和化学稳定性，强度可以保持到2000℃以上。对热应力不敏感，抗烧蚀性能好。耐腐蚀、热冲击，耐酸、碱、盐，耐摩擦磨损性能好。可以制成一维到多维复杂形状。其缺点是制备技术复杂、制造周期长、成本高。碳/碳复合材料的主要优缺点见下表。

碳/碳复合材料的主要优缺点

优点	缺点
高温形态稳定	非轴向力学性能差
升华温度高	破坏应变低
烧蚀凹陷低	空洞含量高
平行于增强方向具有高强度和高刚度	孔分布不均匀
高温条件下强度和刚度可保持不变	纤维与基体粘接差
抗热应力	热导率高
抗热冲击	抗氧化性能差
力学性能为假塑性	抗颗粒侵蚀性差
抗裂纹传播	成本高
非脆性破坏	周期长,还原性差
衰减脉冲	设计:设计与工程性能受限制
化学惰性	缺乏破坏准则
质量轻	设计方法复杂
抗辐射	环境特性曲线复杂
性能可调整	各向异性
原材料为非战略物资	尚无较好的非破坏检验方法
易制造和加工	使用经验不足
	连接困难

碳/碳复合材料对其增强纤维和基体树脂的要求是：(1) 对碳纤维的基本要求是具有高强度、高模量和较高的断裂伸长，碱金属等杂质含量愈低愈好。如对于耐烧蚀用途的碳/碳复合材料，要求碳纤维的钠等碱金属含量在 10×10^{-6} 以下。这是因为：①碱金属是碳的氧化催化剂；②当用于飞机或火箭等飞行器的耐热或烧蚀部件时，在飞行过程中会由于热烧蚀而在尾部形成钠离子流，易被敌方探测和跟踪。(2) 对基体树脂的要求是：具有残碳量高、有黏性、流变性好以及与碳纤维具有良好的物理兼容性（指热膨胀系数和固化或碳化过程中的收缩行为）等。常用的浸渍树脂有呋喃树脂、酚醛树脂、糠酮树脂等热固性树脂和石油沥青、煤焦油沥青等。沥青是含有多种稠环芳烃的混合物，其残碳量高，在热处理过程中形成易石墨化的中间相，且具有优异的力学性能。在浸渍过程中随着温度的升高，呈现出流变特性，黏度下降，润湿性得到改变，接触角 θ 减小，易于孔壁粘接。因此沥青被认为是目前用浸渍工艺制备高性价比碳/碳复合材料的上好基体材料。碳/碳复合材料的制备方法很多（如下图所示）。其中主要有两种，一种是用树脂

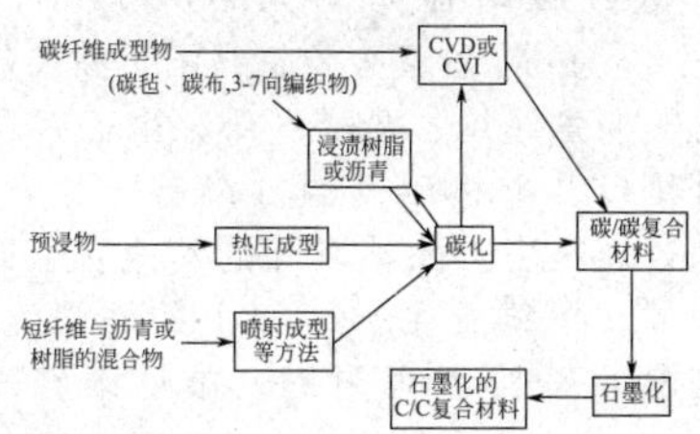

或沥青等有机物浸渍编织好的碳纤维预制品，将树脂热解成碳，此过程反复多次直到空隙率达到要求。然后在高温（>2000℃）下使碳转变成石墨；另一种是化学气相渗入法（CVI）。在诸多制备方法中，主要工序是预型体制备、浸渍、碳化、致密化、石墨化和抗氧化涂层等。其中预制体制备是碳/碳复合材料制备工艺的重要环节。因为在此期间构成复合材料的骨架，不仅决定碳纤维的体积分数和纤维方向，还决定空隙的几何形状和分布，以及最终决定复合材料的致密度及其性能。碳纤维增强碳

复合材料已在航天、航空领域得到了长足发展，广泛用于火箭发动机喷嘴、航天器和航天飞机烧蚀防热部件、航空发动机的热端部件、飞机及赛车的刹车装置、热组件和热机械紧固件等。参见碳/碳复合材料低压浸渍碳化工艺（427页）、碳/碳复合材料 CVI 工艺（427页）、多维编织碳/碳复合材料（89页）。

碳纤维增强碳化硅基复合材料 carbon fiber reinforced silicon carbide matrix composites 以碳（石墨）纤维为增强体，碳化硅陶瓷为基体，在一定工艺下复合在一起制成的材料。该材料具有轻质、高强度、高韧性、抗热冲击和在真空状况或惰性气氛下可使用到1200℃以上等特点。适用于航空航天工业。

碳纤维增强体 carbon fibre reinforcements 以聚丙烯腈纤维、黏胶纤维、沥青纤维、酚醛纤维、聚乙烯醇纤维以及有机耐高温纤维等为原丝，通过加热法去除碳以外的其他元素制得的，含碳量在90%以上的高强度、高模量纤维增强材料。参见碳纤维（427页）。

碳纤维增强铜基复合材料 carbon fiber reinforced Cu-matrix composites 以铜为基体，以碳纤维为增强体的金属基复合材料。此类复合材料具有很好的导热性，高的比强度、比模量，很小的热膨胀以及耐磨、耐烧蚀等。是高性能的导热、导电功能材料。主要用于大电流电器、电刷、电触头和集成电路的封装零件。

碳纤维增强锌基复合材料 carbon fiber reinforced Zn-matrix composites 以锌或锌合金为基体，以碳纤维为增强体的金属基复合材料。在锌合金中加入碳纤维形成的复合材料与基体锌相比，明显提高了强度、模量、耐热性和耐磨性，减小了密度和膨胀系数，并赋予新的用途。

碳纤维增强医用高分子复合材料 biomedical polymer composites reinforced by carbon fiber 碳纤维作为增强体与医用高分子材料复合形成的一类生物医学材料。该材料是最早发现的一类模拟自然组织结构的医用复合材料，主要用于骨水泥、人工关节臼和接骨板等。

碳纤维增强银基复合材料 carbon fiber reinforced Ag-matrix composites 以银或银合金为基体，以连续或短切碳纤维为增强体的金属基复合材料。此种复合材料保持了银的良好导电导热性，又由于高强度、高模量碳纤维的加入提高了材料的室温和高温强度、弹性模量以及耐烧蚀性。是新一代的触点材料和大电流密度的电刷材料。其制造方法是将碳纤维与银粉混合或将碳纤维镀银并按一定方式排列，然后热压成板材或通过挤压成棒材。

碳毡增强碳复合材料 carbon-felt reinforced carboncomposites 以碳、石墨毡为增强体，以树脂碳或气相沉积碳、石墨为基体的全碳素复合材料。一般用作热屏或烧蚀材料。参见碳纤维增强碳复合材料（432页）。

搪塑 slush molding 是模塑中空制品的一种方法。模塑时将塑料糊倒入开口的中空模内，直至达到规定的容量。模具在装料前或装料后应进行加热，以便使物料在模具内壁变成凝胶。当凝胶达到预定厚度时，倒出过量的液体物料，并再进行加热使之熔融，冷却后即可自模内剥出制品。

陶瓷 ceramics 以无机非金属天然矿物或化工产品为原料，经材料处理、混炼、成型、干燥、烧结等工序制成的无机非金属材料或制品。它和金属、有机高分子材料并列为当代三大固体材料。陶瓷具有耐高温、耐磨、耐腐蚀、抗氧化、电绝缘、强度大、硬度高等优良性能，但质地脆。近代把陶瓷分为传统陶瓷和先进陶瓷两类。传统陶瓷是陶器和瓷器的总称；先进陶瓷是具有远胜过传统陶瓷性能的新一代陶瓷，如具有特异性能的结构陶瓷、功能陶瓷和生物陶瓷等。先进陶瓷在微观结构上，晶粒、晶界处于微米级水平。在性能上与传统陶瓷截然不同，具有压电、铁电、导电、半导体、磁性、湿敏、气敏、压敏、高强度、高硬度、高韧性等特异功能。已用于通信技术、电子计算机、激光技术、能源技术、海洋开发、生物工程等现代技术领域。新出现的纳米陶瓷已引起陶瓷工艺、陶瓷科学、材料性能及其使用效能等方面的变革性进展。

陶瓷基复合材料 ceramic matrix composites；CMC 以陶瓷材料为基体，以陶瓷、碳纤维和难熔金属的纤维、晶须、芯片和颗粒为增强体，通过适当的复合工艺所制成的材料。陶瓷基复合材料由于加入了增强材料，明显改善了原陶瓷基体的本质脆性，可避免突发性破坏，提高工程可靠性。其分类方法有两种：①按增强体的形态分，如纤维增强陶瓷基复合材料、晶须增强陶瓷基复合材料、颗粒增强陶瓷基复合材料等；②按使用温度分，如高温（1000～1400℃）陶瓷基复合材料和低温（1000℃以下）陶瓷（如玻璃和玻璃陶瓷）基复合材料等。常用的陶瓷基体有氧化物（如氧化锆和氧化铅）、碳化物（如碳化硅）和氮化物（氮化硅）等。成型方法有两类。一类是针对短纤维、晶须、芯片等增强体，基本上采用传统的陶瓷成型法即热压烧结工艺；另一类针对连续纤维增强体，有泥浆浸渍后热压烧结法和化学气相渗入法（CVI）。可用于高温发动机的耐热部件、航天器的热防护和高温热交换器等。

陶瓷基复合材料 CVD 工艺 CVD process for ceramic matrix composites 使用 CVD 技术，在颗粒、纤维、晶须以及其他具有开口气孔的增强骨架上沉积所需陶瓷基质制备陶瓷基复合材料的方法。先将增强颗粒、纤维或晶须做成所需的预型体，然后将其置于对应沉积温度下，通入源气，利用源气的扩散作用或使其穿过预型体，源气在沉积温度下热解或反应生成所需的陶瓷基质并沉积在预型体上。该方法可以制造复杂形状的烧结体。与传统的方法相比，制备温度低，无外加压力，对纤维和晶须的化学和机械性能损伤小，有利于保持和发挥其高强度特性。

陶瓷基复合材料 CVI 工艺 CVI process for ceramic matrix composites 该工艺是 CVD 工艺的改进。与 CVD 工艺相比，CVI 工艺的特点在于：它存在温度梯度和压力梯度。预型体的一侧处于高温区沉积温度下，另一侧被水冷却而保持较低温度。压力梯度是指源气在出口处保持的压力较进口处的低。源气从低温侧进入，到达高温一侧后，发生热分解或化学反应沉积出所需基质。随着沉积时间延长，高温侧致密度提高，热导率增加，高温区向低温侧移动，直到各个预型体中空穴被填满，最终获得高致密度的复合材料。此方法由于采用了温度梯度和压力梯度，克服了CVD法容易填塞开口气孔，难于获取大尺寸、高密度材料的缺点。同理，即使在较大流量时，也保持了进气侧开口气孔的畅通而能获得高沉积速率和高致密度。快速高致密和可成型大尺寸部件，是CVI优于CVD的特点。应用此法可获得高强、高韧、高临界应变的复合材料。

陶瓷基复合材料的制备工艺 fabrication process for ceramic matrix composites　不同的陶瓷基复合材料系统采用不同的制备工艺。颗粒弥散强化陶瓷基复合材料常采用机械混合或化学混合的方法得到均匀的混合材料，再经成型后通过热压、无压烧结或热等静压烧结得到致密的复合材料；晶须补强陶瓷基复合材料，首先把晶须放入分散介质中用机械方法使其分散，然后加入陶瓷粉料，经搅拌使晶须与陶瓷粉均匀混合，烘干后进行热压或热等静压烧结；纤维补强陶瓷基复合材料采用混合成型方法，有两种：一种方法是把通过陶瓷浆料的纤维经缠绕成型，另一种方法是把浸过陶瓷浆料的纤维铺设成型，然后采用热压法进行烧结；对于纤维补强氮化硅和碳化硅基复合材料常采用化学气相渗入（CVI）和化学气相沉积(CVD)的制备方法。

陶瓷基复合材料电泳沉积（成型）工艺 electrophoretic deposition process for ceramic matrix composites　即陶瓷粉体和增强体（晶须或短纤维）的悬浮溶液分散体在直流电场作用下，荷电质点向电极迁移并在电极上沉积成一定形状的坯体，经干燥、烧结后获得产品。此工艺简单，应用范围广，特别适于薄壁异型管（筒）状制品的成型。还可以用于层状复合材料、倾斜功能材料及其他陶瓷的成型或金属制品的表面陶瓷涂层。

陶瓷基复合材料固相反应烧结 solid reaction sintering for ceramic matrix composites　通过固相化学反应，由反应物素坯直接得到复合材料烧结体的一种烧结工艺方法。是以生成物烧结体与反应物素坯间的化学位之差为动力，在进行固相化学反应的同时完成材料的烧结。利用固相化学反应烧结可以在比基体烧结温度低得多的温度下，用无压烧结，不加或少加烧结剂，而得到复合材料的烧结体，且避免了增强纤维、晶须、颗粒的损伤。

陶瓷基复合材料聚合物先驱体热解工艺 polymer procusor thermolysis process for ceramic matrix composites　通过聚合物先驱体（通常是有机硅聚合物先驱体）进行热解，直接获取块体状陶瓷材料的方法。具有烧制温度低、成型容易、工艺重复性高等优点。常用的方法有两种，一种是制备纤维复合材料，即先将纤维编织成所需形状，然后浸渍上聚合物先驱体、热解，再浸渍、热解，如此循环。另一种是用聚合物先驱体与陶瓷粉体直接混合，模压成型，再进行热解获得所需材料。

陶瓷基复合材料料浆浸渍热压成型工艺 slurry maceration hot-press process for ceramic matrix composites　将纤维置于制备好的陶瓷粉体浆料（通常用蒸馏水加陶瓷粉体加胶黏剂经搅拌或球磨制成）中，使纤维周围都黏一层浆料，然后将含有料浆的纤维排成一定结构的坯体，经干燥、排胶，而后热压烧结成块体状陶瓷材料的产品方法。此工艺广泛用于陶瓷基复合材料的制造。其优点是不损伤增强体、不需成型模具、工艺简单。缺点是增强体与基体的比例难以精确控制、增强体在基体中分布不太均匀。

陶瓷基复合材料热等静压烧结工艺 hot isostatic-pressing process sintering for ceramic matrix composites 通过气体介质将高温高压同时均匀地作用于材料全部表面，使之固结的一种烧结工艺。此工艺获得的陶瓷基复合材料可基本上消除内部空隙，接近理论密度，因而大大改善了制品的性能。此工艺包括有包封烧结和无包封烧结两种。与无压烧结相比，其致密化速度和程度大大提高，材料性能更好。与热压烧结相比，性能基本相似，但热等静压是均匀地将压力作用于材料各个面，因而材料具有各向同性，且韦伯模数要高得多。

陶瓷基复合材料热压烧结 hot-press sintering for ceramic matrix composites 同时加热加压使松散的陶瓷基复合材料组分原材料混合物致密化，沿纵向（单轴）加压，成型陶瓷基复合材料的工艺方法。其重要参数包括热压温度、保温时间、压力、气氛和升降温速率等。是制造陶瓷基复合材料的主要烧结工艺之一。与无压烧结相比，其特点为烧结温度低、保温时间短、基体晶粒细以及产品致密、性能高等。

陶瓷基复合材料溶胶-凝胶工艺 sol-gel process for ceramic matrix composites 将含有多组分的溶液，在一定条件下，进行凝胶化处理，获得多组分的复合相的凝胶体，经烧结后可获得所需组分的陶瓷基复合材料。可广泛应用于颗粒-基质相、颗粒-纤维-基质相等的陶瓷基复合材料的制备。缺点是工艺复杂，不适合某些非氧化物陶瓷基复合材料的制备。

陶瓷基复合材料无压烧结工艺 pressureless sintering process for ceramic matrix composites 将具有一定形状的素坯在高温下经过一系列物理化学过程变为致密、坚硬、体积稳定的具有一定性能的固结体的过程。特点是工艺简单，设备容易制造，成本低，易于制造复杂形状制品，适合批量生产。但用此法制造的复合材料的致密度较热压法、热等静压法制造的产品的致密度低。

陶瓷基复合材料压力渗透成型工艺 press filtration process of ceramic matrix composites 利用压滤原理，使浆料中水分在毛细管力和外加压力下通过微孔模具渗滤，而浆料中的颗粒在模具控制下，形成具有一定形状、密度的素坯。此工艺综合注浆和注射工艺的优点，可以避免晶须或纤维在成型过程中发生团聚和重力再团聚现象，没有排除胶黏剂过程，素坯形成过程无收缩变形，工艺简单、生产周期短等，特别适合形状复杂零件的成型。

陶瓷基复合材料原位生长工艺 in-situ growth process for ceramic matrix composites 在陶瓷基复合材料制备时，利用化学反应在原位生长补强组元（晶须或高长径比晶体）来补强陶瓷基体的工艺过程。此工艺的优点是可使用廉价原料、环境污染小、工艺简单。缺点是难以制备完全致密的复合材料。

陶瓷基复合材料直接氧化（Lanxide）工艺 directed oxidation（Lanxide process）for ceramic matrix composites 利用熔融金属直接与氧化剂发生氧化反应而制备陶瓷基复合材料的工艺过程。即在金属中掺杂少量添加剂，然后在空气或其他氧化气氛中加热金属至熔融状态，熔融金属与气相氧化剂反应，于金属融体的上方形成一层以该金属氧化物为基体并含有一定金属的反应物。生成的这种金属氧化物/金属复合材料称之为Lanxide材料。此工艺简单，成本低廉，所得材料性能优异。广泛用于航空、航天及兵器等领域复合材料构件的制造。

陶瓷基复合材料注射成型 injection molding for ceramic matrix composites 将陶瓷原料和增强体（晶须、短纤维或颗粒）在添加有机载体（胶黏剂、增韧剂、分散剂和表面活性剂等有机物）的情况下配制成热塑性坯料，以高速而强力地注射进模具内成型。脱模后加热排除有机物即获成型坯体。该方法的特点是能制备形状复杂、尺寸精密的产品。

陶瓷基复合材料自蔓燃高温合成工艺 self-propagating high temperature synthesis (SHS) for ceramic matrix composites 利用高放热反应的能量使化学反应自发地持续下去，从而实现材料的合成与制备。其特点是粉末合成和致密化两个步骤合为一步进行，快速节能，已广泛用于碳化物、硼化物、氮化物金属间化合物等陶瓷基复合材料的制备。是一种理想的生产陶瓷基复合材料的方法。

陶瓷胶黏剂 ceramic adhesive 以无机化合物（如金属氧化物等）为基料，固化后具有陶瓷结构的胶黏剂。

陶瓷-金属复合材料 ceramic-metal composites 金属或合金基体中陶瓷相呈连续或接近连续的三维骨架结构分布的复合材料。

陶瓷晶须 ceramic whisker 又称晶体纤维。是以 Al_2O_3、SiC、B_4C、AlN、Si_3N_4 等一类材料制成的直径在几微米以下，长径比在100以上的单晶体纤维。粗的为针状，细的为软汗毛状。这类材料具有高强度、高模量、耐热性及低密度等特性，可作为增强材料。以SiC晶须为例，由于晶体结构高度规整，其强度高达27GPa以上、弹性模量高达500GPa以上，质地坚韧，而且在电学、磁学、铁磁性、介电性、传导性，甚至超导性等方面都发生了显著变化。陶瓷晶须大致分为非氧化物和氧化物两类，前者如SiC、Si_3N_4，具有高达1600℃以上的熔点，耐温性极好，多用于增强陶瓷基和金属基复合材料；后者如 $CaSO_4$，具有较高的熔点（1000～1600℃）和耐热性，用作树脂基和铝基复合材料增强体。常以松散的纤维、织物或毡的形式提供使用。新开发的晶须有硼酸铝、钛酸钾晶须等。

陶瓷纤维 ceramic fibers 系指以耐火氧化物、碳化物（如 Al_2O_3、BeO、MgO、$MgO \cdot Al_2O_3$、ThO_2 及SiC）制成的增强纤维。陶瓷纤维经过化学蒸气沉积、熔融拉丝、纺丝并挤出而制成。其主要优点是高强度和高模量。

陶土 bolus alba 见高岭土（139页）。

套接接头 dowel joint; joint, dowel 两被粘物的胶接部位形成销轴或套状结构的接头（如棒材与管材、管材与管材）。

套接接头压剪强度 compressive shear strength of dowel joint 在轴向力的作用下，套接接头破坏时单位胶接面所能承受的压剪力。用 N/mm^2 (MPa) 表示。

特 见特克斯（439页）。

特德拉 Tedlar 一种聚氟乙烯(polyvinyl fluoride)薄膜的商品名。可作为复合材料模塑工艺的脱模布。与液体脱模剂、特氟龙（Teflon™）膜、硅橡胶的功能类似。薄膜的一面涂覆有不干胶，可直接贴到模具上，工作面与工件或其他辅助材料不粘，用完后可去除掉。在飞机内装饰方面也有广泛用途。

特氟龙 Teflon™ 杜邦公司四氟乙烯（TFE）和氟化乙丙烯（FEP）聚合物产品的商品名。

特克斯 tex 用于表示纤维和纱线的线密度的单位。简称特。以“特克斯制”表示纤维和纱线细度的名称。定义为：1000m 长度上均匀 1g 质量的线密度，即 1 特克斯 = 1 克/千米。特克斯的千分之一、十分之一和一千倍，分别为毫特（mtex)、分特（dtex）和千特(ktex)。

特性黏度 inherent viscosity; intrinsic viscosity 聚合物在稀溶液黏度测定中，特性黏度是相对黏度的自然对数与每 100mL 溶剂中以克表示的聚合物浓度的比值。

特性黏合 specific adhesion 两表面由产生内聚力的同类价键力黏合在一起的黏合，这种黏合和由胶黏剂通过啮合作用把黏合件黏合在一起的机械黏合不同。

特性黏数 intrinsic viscosity number 聚合物溶液的黏数在无限稀释情况下的极限值，用 [η] 表示。

$$[\eta]=\lim_{c\to 0}\frac{(\eta-\eta_0)}{\eta_0 c}$$

式中 η——聚合物溶液的黏度；

η_0——纯溶剂的黏度；

c——聚合物溶液的浓度。

梯度复合材料 gradient composites; GDC 通过连续改变两种材料的结构、组成、密度等要素，使其内部界面减小乃至消失，从而获得的其性质和功能相应于组成和结构的变化而呈现梯度变化的非均质材料。这种材料是针对超耐热材料而提出来的。隔热性耐热材料是在耐热金属材料表面涂覆一层耐高温陶瓷，在高温下由于两者热膨胀的差异很大而在界面处产生很大的热应力，可能导致两者剥离破坏。在两者之间通过连续控制内部组成和细微结构的变化，消除两者间界面，缓和热应力，使整体材料耐热性和力学性能均得到提高。该材料在航天、核能、电子、化学、电磁、生物等领域都有着一定的潜在用途。参见梯度功能材料（439 页）。

梯度功能材料 functionally gradient materials 又称倾斜功能材料。根据要求灵活使用两种具有不同功能的材料，通过连续平滑地改变其结构、组成、密度等因素，使之结合处的界面消失，从而获得功能相对应于组织变化而变化的非均质材料，最终达到减小结合部位的热应力的目的，从而获得所预期的功能。制备方法分物理法和化学法两类，前者有等离子喷镀、离子镀、烧结、热等静压烧结（HIP）等；后者有化学气相沉积（CVD)、电沉积、涂刷等。可望用于核领域、生物领域、传感器领域、发动机及民用各方面。

梯度功能复合材料 functionally gradient composites 由两种或两种以上性质不同的材料互相结合成一体，由一种材料到另一种材料的成分和结构都是连续变化的，在材料梯度变化方向上，某些功能也呈梯度变化，各材料之间没有明显界面的材料。参见梯度功能材料（439 页）。

梯度金属/陶瓷复合材料 gradient metal/ceramiccomposites 金属组分与陶瓷组分逐渐梯变而形成的复合材料。该材料的一侧是高硬度、高强度并具有很好耐温性的陶瓷层，另一侧是容易加工和焊接的金属，其中间部位有一个组分逐渐过渡的区域和过渡层。这个过渡层的存在可以大大缓和金属与陶瓷之间的热应力，利于解决金属与陶瓷的难结合问题。但是，由于陶瓷与金属之间的耐温性差异大（陶瓷的烧结温度 1500℃），金属在高温下难以与陶瓷共存，这种梯度材料的制备较困难。制备方法除粉末冶金外，发展中的工艺方法有逐渐加热烧结法、金属压渗法、自蔓燃烧结法（SHS）等。

梯形聚合物 ladder polymer 又称双股聚合物。由双股主链构成梯形结构的一种聚合物。

体积电阻 volume resistance 作用在两电极（电极和试样连接或嵌入试样中）上的直流电压与流经试样体积通过两极间那一部分电流的比值。

体积电阻率 volume resistivity 平行材料中电流方向的电位梯度与电流密度之比，用 Ω·cm 表示。

体积分数 volume fraction 材料中某一组分的体积所占总体积的分数。

体积模量（*B*） bulk modulus (*B*) 静水压力 P 与体积应变之比。可表示为：$B=P/(\Delta V/V_0)=PV_0/\Delta V$。式中，$V_0$ 为原来体积；ΔV 为由于加压力产生的体积变化。

体积系数 bulk factor 一定量模塑料的体积与它成为模制品后的体积之比。也等于模塑制品的材料密度与成型前的模塑料表观密度之比。参见表观密度（13 页）。

天然胶黏剂 natural glue 以天然高分子化合物（如淀粉、植物蛋白质，动物的皮、骨、腱及天然橡胶等）为原料制成的胶黏剂。

天然填料 natural filler 以降低成本并改进复合材料物理性能为目的而填入基体内的惰性小颗粒物质。如黏土、硅酸盐、滑石、碳酸盐、石棉灰、贝壳粉、木屑等。

天然纤维 natural fiber 自然界生长或形成的适于纺织用的纤维。如动物纤维、植物纤维、矿物纤维。

天然纤维增强水泥复合材料 natural fiber reinforced cementcomposites 由某些天然矿物纤维或植物纤维与水泥净浆或砂浆所组成的复合材料。前者以石棉水泥为代表，后者以木纤维增强水泥为代表。

天然橡胶 natural rubber 由橡胶类植物液汁经加工制成的一种弹性材料，分为栽培橡胶和野生橡胶。其化学成分主要是顺式 1,4-聚异戊二烯，平均分子量约 30 万，密度 0.94g/cm^3，玻璃化转变温度 −70℃ 左右。具有良好的综合性能，如较高的弹性和强度、耐挠曲性、良好的耐磨性和优良的加工性能等。但是老化性能差，耐碱性差，硫化时易过硫化。用途很广，如制造轮胎外胎、胶鞋、胶带、胶管及绝缘材料等。

天然增强体 natural reinforcements 存在于自然界的增强体。可分为无机类和有机类两类。无机类如石棉等。石棉常用于热固性树脂层压复合材料的增强材料；有机类为以天然高分子纤维等为主要成分的植物纤维，包括亚麻、花麻、黄麻、马尼拉麻、苎麻和棉花以及丝等，用作树脂基复合材料的增强体。

天线反射器的制造　manufacturing forantenna reflector　天线是在无线电收发系统中，向空间发射或从空间接收电磁波的装置。天线反射器是天线的重要组成部分。其型面精度（RMS）影响卫星的功效，而天线反射器的RMS与入射电子波的波长（λ）有关。高精度天线反射器要求满足RMS≤λ/100，即厘米波天线要求RMS为10^{-1}mm量级；毫米波天线要求RMS为10^{-2}mm量级。决定复合材料反射器型面精度的首要因素是成型模的型面精度。二者的型面精度应满足如下关系：$RMS_M/RMS_P \leqslant 1/3$（下标M表示模具；下标P表示产品）。因此，制造高精度反射器必须先制造出更高精度的成型模具。模具制造：模具材料在产品成型温度下的热膨胀系数不大于产品成型时材料的膨胀系数。模具制造宜采用机械加工→［检测→打磨］$_{反复}$→直至RMS达到要求的加工模式；产品制造：要综合产品结构重量、结构稳定性、使用环境、型面精度、成型工艺以及成本等因素选择增强纤维、基体和芯材及成型工艺。例如本世纪初西安航兴应用技术有限公司研制的FY3气象卫星天线反射器，采用高强度CF增强中温固化基体（$T_g > T_c$）的准各向同性面板，有孔蜂窝为夹芯，中温固化成型的夹层结构天线反射器（m^2级）的RMS达到0.0525～0.0667mm。且已在轨安全运行13年。其制造工艺流程如下图所示。参见夹层结构（198页）、蜂窝芯（112页）。

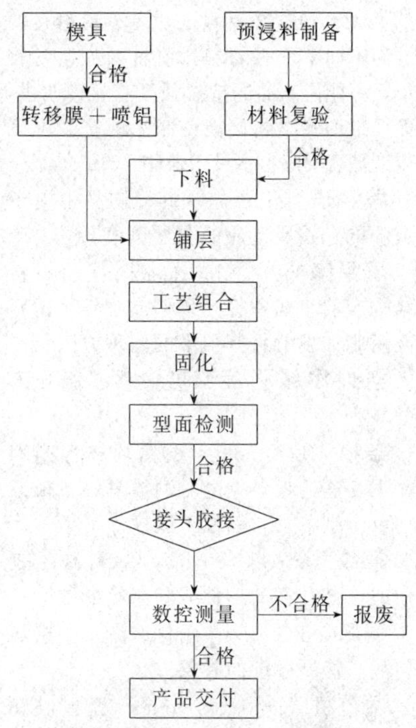

添加剂　additive　为了提高产品某些性能或降低成本而加入聚合物中的物质。如防老剂、抗氧剂、抗震剂、阻燃剂、增塑剂、增韧剂等。

填充层　filler ply　通常为在夹层侧面添加的局部片状填充料。该层并不延伸到蜂窝表面的任何部位。例如夹层切割面的封边层。与补强层不同。

填充胶黏剂　adhesive，gap-filling；gap filling adhesive　在固化时收缩小，用于填充间隙，起密封作用的胶黏剂。

填充纱　fill　即纬纱，织物中与经线垂直的增强纱。

填料　filler；extender；aggregate　为改善性能或降低成本而加入树脂基体中有相对惰性的物质。改善性能包括基本强度、硬度、刚度、韧性、耐久性，热、电性能，加工性等；成本包括加工成本和整个材料的成本。填料在两方面不同于增强材料：填料颗粒通常较小，不能使制品的抗拉强度有显著改进，而纤维增强材料则能使制品的抗拉强度得到显著提高。参见增强体（519 页）。

填料斑 filler specks 制品中由于填料的存在所造成的明显斑痕。

填平修补 filling repair 复合材料结构表面小面积轻度划伤或刮伤用树脂或树脂加填料将其填平的修理方法。

条件屈服强度 见偏移屈服强度（328 页）。

条模 bar mold 模槽均成行排列在不相连的板条上的一种模具，各板条均可个别移去，以便于脱模。

条纹 streak；striae 塑料制品表面或内部存在的形似线状条纹的缺陷。

调厚 doctor 在底材上涂布一层均匀的、控制厚度的涂层。

调胶机 adhesive mixer 配制胶黏剂时，使各组分混合在一起并调制均匀的装置。

调节环 die blades 又称活动模板。在挤出模制中连接在机头夹环上确定模口大小的调形构件。该调形构件可调节通过的薄膜或片材以使生产的厚度均一。

调节聚合 telomerization 单体在调聚剂存在下进行的一种聚合。参见调聚剂（442 页）。

调聚剂 telogen 能控制聚合物分子量的物质。由调聚剂分子生成游离基的链转移作用，使聚合物的分子量得到调节。参见调聚物（442 页）。

调聚物 telomer 一种通常为低分子量的加成聚合物，其链长由提供自由基的链转移剂来终止。

跳花 group float 三根及以上的经纱或纬纱各不按组织规则上下，并列跳过多根纬纱或经纱，在织物经向或纬向呈现不规则的浮纱。

贴袋面 bag side 真空袋压成型工艺中，制件贴近真空袋的那一面。

贴胶涂层 web coating 见挤出涂层（194 页）。

贴面材料 overlay sheet 用作装饰层压塑料贴面板的玻璃纤维或合成纤维的无纺织纤维布。其功用为提供较高的光洁度，掩盖层压材料的纤维纹理，并显示印于里层的装饰花纹图案。

贴面层 veil 细长纤维的一种薄织物，用作复合材料的最外层以改善表面性质。参见面纱毡（298 页）、覆面毡（132 页）。

贴模变形成型 drape forming 一种变形成型方法。即将热塑性、热固性预浸料或粘接的增强体薄板夹持在一可运动的框架上并加热，再把夹持的薄板从阳模的最高点从上向下敷贴到模具上，然后施加真空压力使薄板继续变形以至定型。参见双膜成型技术（405 页）。

贴模面 mould surface 零件成型时与模具型面接触的面。零件贴模面数量与成型工艺、模具结构相关。参见贴袋面（442 页）。

铁磁性 ferro-magnetic 比真空具有大得多的磁导率并随磁通密度变化而改变的特性。

铁氧体 ferrite 又称磁性陶瓷。由三氧化二铁和其他金属氧化物（氧化镍、氧化锌、氧化镁等）配置烧结而成，是一种非金属磁性材料。按晶格类型分为尖晶石型、磁铅矿型和石榴石型三类。按物性和用途分有硬磁、软磁、矩磁、旋磁和压磁五类。广泛用于永久磁铁、高频磁芯、矩形磁回线铁心材料等。软磁铁氧体是以 Fe_2O_3 为主成分的亚铁磁氧化物，由于电阻率高，可忽视涡流损耗，直到高频范围均具有高磁导率；永久铁氧体主要有钡铁氧体和锶铁氧体，理论磁能积可达到 $39.8kJ/m^3$ 以上。

铁氧体磁粉 ferrite magnetic powder 由 α-Fe_2O_3 加入金属氧化物所得具有磁性的颗粒。与氧化物烧成后可制成 MnZn、NiZn、CuZn 软磁铁氧体磁粉；与钴、钡、锶等的氧化物可烧成硬磁铁氧体磁体。用环氧树脂粘接的铁氧体磁体，最大磁能积为 $32\sim72kJ/m^3$。软磁铁氧体磁粉用于复印机载体，α-Fe_2O_3 还原后得到的针状金属磁粉用于制作金属磁带或微波吸收材料等。

铁氧体吸波材料 ferrite radar absorbing materials 利用铁氧体的磁损耗对电磁波吸收的原理制成的一类材料。为了提高铁氧体的使用频率以及应用方便，常把铁氧体粉末与氯丁橡胶、泡沫塑料、水泥等制成平板状。常用的铁氧体有锰锌铁氧体、镍锌铁氧体、六角晶系平面铁氧体等。通过选择合适的铁氧体类型、密度以及沿厚度方向的分布，可使其在较宽带内有较好的吸波性能。在吸波性能相同情况下，它要比介质型吸波材料薄得多。这类吸波材料对镜面入射波有很好的吸波性能，对消除雷达入射波引起的表面电流也很有效。可用于制作无回波墙壁、微波匹配负载以及特殊军事技术中。

烃类塑料 hydrocarbon plastics 以只含碳和氢的聚合物为基材的塑料。

通大气 venting 在用热压罐固化成型中，关掉真空源，使真空袋与大气相通；在树脂传递模塑工艺中，关掉真空源使模具与大气相通。

通气带 breather string 由玻璃纤维组成的条带，用于提供工件透气材料到边缘透气材料的真空通道。

通纱缎 harness satin 一种缎纹织物的构型。例如“8-通纱”缎的含义是一根经纱从七根纬纱上通过并从第八根纬纱下边穿过。该织物具有一般缎纹织物的特点，强度高，铺覆性好，适合于形状较复杂的产品。

通用不饱和聚酯树脂 general unsaturated polyester resin 丙二醇、乙二醇等二元醇与邻苯二甲酸（酐）、顺丁烯二甲酸（酐）等二元酸（酐）缩聚制得的聚酯，加入苯乙烯、阻聚剂等获得的黏稠状液体树脂。以苯乙烯为交联剂在引发-促进剂的作用下，可在室温固化。制品特点是刚性较好。主要用于浇铸、模塑和玻璃纤维复合材料，制造汽车和小艇外壳、容器及各种构件、电气绝缘浇铸制品等。

同步互穿网络 simultaneous interpenetrating network; SIN IPN 的合成是把两个组分的单体或预聚体、引发剂、交联剂等均匀混合，在一定条件下引发聚合，两个组分独立地互不干扰地同时聚合和交联，因此必须选用不同反应历程的单体。例如，一个组分是加聚反应，另一个组分是缩聚反应。SIN 可分为：①两个组分同时起凝，如环氧树脂/丙烯酸酯类 SIN；②预聚物混合后分别聚合，如丁基橡胶/聚丙烯酸甲酯 SIN；③在两种聚合物间引入若干接枝点-接枝 SIN，如在环氧树脂/聚丙烯酸酯 SIN 中加入少量甲基丙烯酸甲酯缩水甘油酯，在 SIN 形成期间，甲基丙烯酸甲酯缩水甘油酯与两种原料反应，在一定位置上产生接枝点。

同分异构（的） isomeric 参见同分异构体（443 页）。

同分异构体 isomers 简称异构

体。有相同的分子式，但有不同结构和性质的现象称为同分异构。能发生同分异构现象的化合物叫作同分异构体。

同时联用技术　simultaneous techniques　在程序温度下，对一个试样同时采用两种或多种分析技术。(热分析)

同素异构现象　allotropy　一种物质，特别是一种元素以两种或多种形式(作为晶体)存在的现象。

同质异晶　allomorph　同一种化学成分的物质，在不同的外界条件（温度、压力、结晶时介质成分等）下，形成的两种或两种以上在结构上、形态上和物理性质上完全不同的晶体。如石墨（六方晶系）和金刚石（等轴晶系）、方解石（三方晶系）和霰石（斜方晶系）等。它们的性质不完全相同，在一定条件下可以互相转化。

酮　ketone　塑料中广泛使用的一类溶剂，其特点是在其碳氢化合物结构中有一个或一个以上的羰基。例如丁酮、丙酮等。

筒子架　bobbin　一种带有凸缘或无凸缘，用于缠绕无捻纱、粗纱或有捻纱的圆筒状或略带锥形的桶体。

筒子纱（线）　chase　经络筒机等加工接长，卷绕在圆锥形或截头圆锥形筒子上的纱线。作商品纱或织造用。

透波复合材料　wave transparent composites　具有低介电常数和介电损耗的增强材料与基体构成具有透电磁波功能的复合材料。其透波功能要求体现为 ε_f、$\tan\delta_f$ 两参数。ε_f 越小，电厚度公差越宽，$\tan\delta_f$ 越小，损耗越小，透电磁波性能越好。该两参数与复合材料的组分材料（纤维、基体）的介电性能（ε_i、$\tan\delta_i$）及其含量相关。理论上可以用下式计算：

$$\log\varepsilon_f = \sum_{i=1}^{n}(V_i/V_f)\lg\varepsilon_i$$

$$\tan\delta_f = \sum_{i=1}^{n}(V_i/V_f)\tan\delta_i$$

式中　ε_f——复合材料的介电常数；

ε_i——单一材料的介电常数；

$\tan\delta_f$——复合材料的介电损耗；

$\tan\delta_i$——单一材料的介电损耗；

V_f——复合材料的体积；

V_i——单一材料的体积；

$i=1，2，3\cdots，n$。

透波功能复合材料　radar transparent functional composite　复合材料。具有透过电磁波功能，适合于制造雷达罩（板）的复合材料。简称透波功能复合材料。它要求树脂基体具有低介电常数、介电损耗角 $\tan\delta$ 和高强度、高模量、高韧性及耐环境特性等。早期使用的树脂基体有酚醛树脂、环氧树脂、不饱和树脂等。这些树脂由于树脂分子结构及配方的局限性，很难再降低介电常数、介电损耗角 $\tan\delta$ 值。而热塑性树脂的性能虽然优于上述热固性树脂，但其加工困难，只适用于制造小尺寸、大批量的雷达罩。用于透波功能复合材料的新型高性能树脂主要是改性双马来酰亚胺树脂（BMI）、间苯二甲酸二烯丙基酯树脂（DAIP）和氰酸酯树脂(CE)。其中 CE 的介电常数（10GHz：$\varepsilon=2.6\sim3.2$）和正切损耗（10GHz：$\tan\delta=0.002\sim0.08$）。CE 具有吸湿性低、电性能对温度不敏感、力学性能好、工艺简单等优点。其复合材料的介电常数和正切损耗从 X 波段到 W 波段的频率范围内基本保持不变。而 EP、MBI 的这些参数则随着频率的增加变化明显。这说明氰酸酯树脂的介电性能具有明显的宽带特性。其复合材料是未来透波功能复合材料发展的重要方向。

参见透波复合材料（444 页）、氰酸酯树脂（343 页）。

透度计 penetrameter 用来评价射线照片中图像的情况，推断射线底片总质量的器件。(无损检测)

透光复合材料 light transparent composites 参见透光功能复合材料（445 页）。

透光功能复合材料 light transparent functional composites 以玻璃纤维和透明树脂复合而成的具有透光功能的复合材料。为了提高透光率，首先要选透光性好的玻璃纤维或其织物和固化后透光率高的树脂，其次要求固化树脂的折射率和玻璃纤维的要基本一致。同时要综合考虑强度、耐旋光性能、耐水性、耐磨性和防燃自熄性等。所用的聚合物基体主要有不饱和聚酯和丙烯酸类树脂。前者用量大，价格便宜，但因其折射率不能与无碱玻璃的相匹配，性能较差。而后者则无此缺点，并能透过紫外线，但价格较高。此类复合材料主要用于建筑采光、农用暖房、工业设备防尘、照明灯具等。

透光率 light transmittance 透过透明或半透明体的光通量与其入射光通量的百分率。

透明氟树脂 transparent fluorocarbon resin 由仅含氟和碳的特殊单体成环聚合成的透明聚合物。其分子结构中完全不含氢，为无定形结构，高透明和热塑性。具有高透光率、低吸水率、憎水憎油和优异的耐化学药品性能。其折射率（1.34）、相对介电常数（室温 60Hz～1MHz，2.1～2.2）、介电损耗角正切（60Hz，7×10^{-4}）是现有树脂中较低的。耐酸、碱、酮类、醚类、非质子性溶液及含氯溶剂。仅溶于特种全氟烃类溶剂。

透明时间 clearing time 定影的第一阶段所需要的时间，在这段时间内，胶片的乳白色消失。(无损检测)

透明性 transparency 物体透过可见光并散射较少的性质。

透 X 射线复合材料 X-ray transparent composites 具有优良的 X 射线穿透功能的复合材料。

透气薄膜 breathable film 由于其整体存在开口微孔能使气体至少稍微透过或穿过的一种薄膜。

透气布 breather cloth; vent cloth 参见透气材料（445 页）。

透气材料 breather 一种辅助材料。用于复合材料固化成型时排出气体、保持气体通畅的松软材料，如纤维织物或布料。在装袋工艺组合时，放在复合材料坯件与真空袋薄膜之间及其周缘需要通气的地方，以便形成连续的气体通道，便于在固化期间排出真空袋内预浸料铺层内的空气、潮气及挥发物等。透气材料既可用合成材料毡，也可用玻璃布。在铺放时不可与预浸料坯件直接接触，以免树脂进入其中堵塞气路。其耐温性应高于成型固化温度，耐压性能不低于成型压力，在使用温度下具有一定的断裂伸长率。在布置透气材料时需注意以下两点：①如果采用干玻璃布，最后接触真空袋的那一层不得采用比 7781# 玻璃布更粗松的织物，因为更粗松的织物（如 1000#-玻璃布）在固化期间真空袋会被吸入织物的纹路而被刺破；②透气材料不仅要覆盖整个复合材料坯件的上方，而且还要延伸至与真空通道连接的地方。

透射缺陷 transmission 层合板或其他复合材料结构内层的异常、缺陷或构型明显地传到表面的一种状态。亦即层合板结构内部的破坏、缺陷和构型条纹的一种可视传递。

透湿气量 moisture vapor transmission 在特定温度与相对湿度下水蒸气透过材料的速率。

凸台 boss 在塑料件上为增加强度、便利装配时校正、配备机件等而设计的突起部。

突进现象 pop-in 又称爆进现象。一种短促的裂纹快速扩展过程。多发生在由中等强度材料制成的中等厚度的含裂纹试件中。

涂布机 spreader 在材料表面上定量涂布胶黏剂或涂料等液体（或熔体）高分子材料的机械。

涂层 coating 出于防护、绝缘、装饰等目的，涂布于金属、织物、塑料等基体上的涂料薄层。

涂胶辊 doctor roll 以不同的表面速度反向旋转所产生的揩抹作用来调节涂胶量的辊筒。

涂胶量 spread 涂于被粘物单位胶接面积上的胶黏剂量。有单、双面涂胶量之分。参见单面涂胶量（65 页）、双面涂胶量（405 页）。

涂胶器械 applicator 将胶黏剂涂布在被粘物表面上的工具或装置。如刮胶板、涂胶辊、喷胶枪等。

涂胶枪 glue gun 在压力作用下，将胶黏剂喷涂或注射到黏合体表面的工具。

涂浸织物 coated fabrics 用树脂溶液分散体、热熔体或粉末浸渍过和/或涂过的织物。此术语有时指用压延方法将预制薄膜施加于织物，不过这类制品称为层叠件更为确切。

涂料 paint 分布于物体表面并能形成强附着力的坚韧的连续薄膜的物料的总称。多数为含有或不含颜料的黏液，也可以是粉末。其成膜物质是有机高分子化合物，如酚醛树脂、聚酯树脂、脲醛树脂、三聚氰胺树脂、纤维素树脂、丙烯酸树脂、乙烯基树脂、醇酸树脂和环氧树脂等；还可含其他添加剂，如颜料、改性剂、溶剂等。形成的涂层能使物体与环境大体上隔绝，起到对物体的装饰、保护或其他特殊作用。

团状模塑料 bulk moulding compound；BMC 一种由树脂、短切纤维、填料（或不加）及各种添加剂经充分混合而成的团状复合物。是复合材料模制产品的中间材料，可以注射成型或热压成型。其特点是制造工艺简单，可按制品要求特性调整无机填料的种类和含量。适用于形状复杂、多孔的制品，且外观光洁，成本低。但强度较低。参见片状模塑料（329 页）。

推板 ejector plate；ejection plate 支承推出和复位零件，直接传递机床推出力的板件。

推板导套 ejector guide pillar；ejector bushing 参与推板导柱滑配合，用于推出机构导向的圆套形零件。

推板导柱 ejector guide pin 参见推板导套（446 页）。

推顶柱 ejector rod 启模时驱动推顶杆组件的柱杆。

推杆 ejector pin 用于推出塑料件或浇注系统凝料的杆件。

推杆固定板 ejector retainer plate 用以固定推出和复位零件以及推板导套的板件。

推件环（盘） stripper ring；stripper disk 起局部或整体推出塑料件作用的环形或盘形零件。

推块 ejector pad 在型腔内起部

分成型作用并在开模时把塑件从型腔内推出的块状零件。

推流道板 runner stripper plate 随着开模运动，推出浇注系统凝料的板件。

退化 degradation 材料性能（如强度、模量、膨胀系数）的趋弱变化，它可能是制造偏差或重复载荷和/或环境影响所致。

退火 annealing 为了消除塑料制品的内应力或控制结晶过程，将制品加热到适当的温度并保持一定时间，而后慢慢冷却的过程。

拖纱 flying thread 未剪除、拖在织物表面的纱头。

脱管机 extraction device 使增强塑料管与管芯脱离的设备。

脱浆 desizing 采用加热或溶剂清洗等方法去除纤维表面上的浆料的过程。也指布织完后去除润滑剂的过程。

脱静电 destaticization 减少塑料积聚静电荷倾向的处理过程。

脱模 ejection；demolding；knock-out 由模具中取出模制件的过程。所需要的力叫作脱模力；所用的装置叫作脱模器。按照不同的脱模机构脱模可分为顶针脱模、顶套（管）脱模、顶板脱模、自动脱模、气压脱模、液压脱模、上部脱模、下部脱模等。

脱模板 stripper-plate 自芯杆或阳模上剥脱模件的板。脱模板由塑模开启动作所驱动。

脱模布 release cloth 置于模具与零件毛坯之间防止零件（树脂）与模具粘连的片状材料。它是复合材料成型工艺中常用的一种辅助材料。常见的脱模布是涂覆聚四氟乙烯的玻璃布（用于平面模具）和一边涂压敏胶的聚四氟乙烯玻璃布（用于曲面模具）。

脱模（后）收缩 mold shrinkage；MS 制件成型后并冷却到室温时在模具上测量的制件尺寸与制件脱模并放置24小时后制件尺寸的相对变化量。

脱模剂 release agent；mold release agent；parting agent 为使模制件与模具易于分离，而涂在模具工作表面或加入树脂中的润滑或防黏物质。理想的脱模剂应该是使用简便、安全、不迁移、脱模效果好、易于清除且不会给制品带来不良影响、价格便宜等。涂在模具工作表面的叫作外脱模剂；加入树脂中的叫作内脱模剂。外脱模剂可分为液态（如硅油、聚乙烯醇溶液等）、膏状（硅脂、油膏、石蜡等）和薄膜状（如聚酯薄膜、聚乙烯薄膜、玻璃纸等）材料。选用脱模剂时应先综合考虑以下因素：模具材料、树脂类型、固化温度、产品外形构造、生产周期及经济效益等，然后再选定。(1) 外脱模剂。①聚乙烯醇溶液，配方（质量份）：低聚合度聚乙烯醇5～8，蒸馏水60～65，乙醇35～60，洗衣粉少量。还可加入0.01%～0.05%消泡剂（如辛醇和磷酸三丁酯等）。加入4%的甘油可提高弹性。加入0.50%～0.75%的苯甲酸钠或乙酰丙酸等可防止金属模生锈。为便于检查成膜均匀性，可加入适量钛青蓝酒精溶液。使用温度120℃。②5%的聚苯乙烯甲苯溶液，使用温度100℃。③5%的过氯乙烯丙酮甲苯（1∶1）溶液，使用温度120℃。④过氯乙烯溶液，配方（质量份）：过氯乙烯4，丙酮14，二甲苯20，邻苯二甲酸二丁酯1，蓖麻油1，使用温度150℃。⑤硅油、硅脂及含氟悬浮液，使用温度200℃。⑥石蜡类脱模剂，使用温度<80℃，用于室温固化。也可混合使用如：201油膏+聚乙烯醇溶液，使用温度150℃。⑦201油

膏+玻璃纸，使用温度 160℃。(2) 内脱模剂。环氧树脂的内脱模剂有两大类。一类是硬脂酸金属盐类；另一类是脂蜡类。它们在室温下与环氧树脂兼容性不大，而在高温下兼容性提高，掺入树脂中，加工后由于温度降低大部分逸出制品的表面，在制件-模具界面起到润滑作用，因而提高了脱模性。几种硬脂酸金属盐脱模剂的润滑性见下表。

名称	金属含量/%	脂肪酸根/%	熔点/℃	润滑性值①
硬脂酸钡	19.5	80.5	220 以上	27.4
硬脂酸钙	6.6	93.4	145～155	35.7
硬脂酸镁	4.7	95.3	117～125	39.3
硬脂酸镉	16.5	83.5	104～110	54.7
硬脂酸锌	10.3	89.7	120	59.2
	26.8	73.2	105	59.3

① 润滑性值单位为 g/(kg・m・min)，即单位时间内每单位力矩的挤出量。以 PVC 加工测定的配方［PVC/CaBa 皂/硬脂肪酸=100/3/0.5（质量分数）］的润滑性值为 100。

脂蜡的主要成分为褐煤蜡、巴西蜡、棕榈蜡和石蜡等。这类蜡中含有 1～2 个极性基，又含有两个非极性的长链烷基，所以具有内部润滑和外部润滑双重作用。几种脂蜡脱模剂的技术指标见下表。参见聚乙烯醇（257 页）。

名称	技术指标
褐煤蜡	软化点 80～82℃，黏度(100℃)5～35 Pa・s
部分皂化褐煤酸酯	软化点≤100℃，黏度(100℃)≤300Pa・s

注：上述两种内脱模剂加入环氧树脂的量一般控制在 0.5～1.5 份。

脱模距 stripper distance 分模后，取出塑件和主、分流道凝料所需的距离。

脱模力 ejection force 使制件从模内脱出所需要的力。这种力由各种脱模器械，高压气体、高压液体装置等来提供。

脱模器 stripping fork 通常为黄铜或层压片材制成的一种用于使制件与模具分离的工具。

脱模塞 ejection ram 为操纵脱模销而设置固定于压板上的小型液压塞。

脱模温度 ejection temperature 模塑制品从模中脱出时不产生明显变形的最高温度。

脱模斜度 draf tangle 又称拔模斜度。为使制品容易脱模在模具侧壁上所增加的向外倾斜的角度。

脱气 degassing 利用真空负压排除树脂中的气泡和挥发分的过程。

脱氢 dehydrogenation 化合物在高温和催化剂或脱氢剂的存在下，从分子中相近的两原子上脱去氢的过程。

脱氢醋酸 dehydroacetic acid; DHA 无色晶体，用作增塑剂、防霉剂及杀菌剂。

脱水 dehydration 通过普通的干燥加热或吸收、吸附、化学反应、水蒸气冷凝或离心力或液压等方法，从物质中除去水分。

脱水收缩 syneresis 少量液体由于持续凝胶而渗出。

脱粘 debond 由于夹杂物、不正确的胶接工艺或应变不一致、层间应力引起的损伤，所导致的胶接面或基体界面的分离。参见开胶（262 页）、分层（104 页）和未粘住（454 页）。

脱脂 degrease 清除被粘物表面的油污。通常用碱液、有机溶剂等化学药品以及超声波的方法进行处理。

椭圆面 ovaloid 长丝缠绕中绕制

的圆筒封头对称于极轴的盘旋缠绕面。

椭圆形开孔 elliptic opening 形状可由椭圆来描述的开孔。

W

外部片修补 external patch repair 在损伤结构的外部，通过胶接、铆接或螺接的形式将未固化或预固化的复合材料补片或金属补片固定在损伤处的一种修理方法。

外推始点 extrapolated onset; onset 在峰的前沿最大斜率点的切线与外推基线的交点。见差热曲线词条附图中的 G 点（41 页）。

外增塑剂 external plasticizer 外加于树脂或配料中的增塑剂，与在聚合过程中配入树脂的内增塑剂相反。参见内增塑剂（314 页）。

弯-扭耦合 bending-twisting coupling 由弯矩引起扭转变形、扭矩引起弯曲变形的力学行为。是纤维复合材料层压结构所特有的一种性能特征。

弯曲 bending 在力的作用，材料（板材、管材、棒材等）在局部产生内外不等变形的现象。在弯曲时，材料的不同部位应力状态不同：材料几何中心以内受压应力，以外受拉应力，中心面则受剪应力。

弯曲胶层强度 flexure adhesive layer strengths 夹层结构在弯曲载荷作用下胶层破坏时胶层所承受的最大剪切应力。单位为 MPa。

弯曲-拉伸耦合 bending-stretching coupling 由于拉伸引起弯曲变形，或由于弯曲引起中面拉伸的力学行为。是纤维复合材料层压结构所特有的一种性能特征。

弯曲力矩 bending moment 改变梁或板曲率的应力偶。

弯曲面板强度 flexure facing strength 夹层结构在弯曲载荷作用下面板破坏时面板所承受的最大应力。单位为 MPa。

弯曲模量 flexural modulus; modulus in flexure 在弯曲试验的弹性范围内，试样拉伸侧表面拉应力与应变之比，用符号 E_b 表示。它表示材料抵抗弹性弯曲变形的能力。单位为 GPa。在矩形试样三点弯曲试验中弯曲模量值由式 $E_b = PL^3/(4bh^3\delta)$ 计算。式中，P 为载荷增量，N；L 为支点间距，mm；b 为试样宽度，mm；h 为试样厚度，mm；δ 为挠度增量，mm。

弯曲破断模量 modulus of rupture, in bending 在弯曲试验中，载荷加到弯曲破坏时，梁的极端纤维内的最大拉伸应力或压缩应力值（无论哪个引起破坏）。该值由弯曲公式计算：

$$F_b = \frac{MC}{I}$$

式中 M——由最大载荷与初始力臂计算得到的最大弯矩；

C——从中性轴到破坏的最外层纤维之间的初始距离；

I——梁截面关于其中性轴的初始惯性矩。

弯曲强度 flexural strength; bending strength 材料在弯曲负荷作用下破坏或达到规定挠度时，试样拉伸侧表面的最大正应力。它表征材料抵抗弯曲破坏的能力，又称抗弯强度。通常以符号 σ_b 表示。工程上用弯曲试验中试样破坏时的最大弯矩 M_b 与弯曲截面系数 W 之比来表示，即 $\sigma_b = M_b/W$，单位为 MPa。对于圆柱截面试样，$W = 2d^3/32$，d 为试样直径，mm。对于矩形试样，$W = bh^2/6$，式中，b 为试样的宽度，mm；h 为试样的厚度，mm。由于在弯曲载荷作用下，试样承受拉、压、剪及局部挤压应力，所以弯曲强度能比较全面地反映材料的综合性能。由于材料的承载能力与其质量密切相关，试样加工容易，测试和计算简单，因此在复合材料科研、生产过程中，常用弯曲强度作为评定复合材料产品质量的一项重要指针。因为弯曲试验中试样拉伸侧应力状态与拉伸试样相似，所以正常情况下，层压复合材料的拉伸强度值应与其弯曲强度值相接近。对于脆性材料（如 CFRP）常用弯曲试验测定抗弯强度（即断裂强度）。但对于塑性材料则不能，因为其塑性大，弯曲试验不能使试样弯曲断裂。

弯曲试验 bending testing 测量复合材料单向层合板弯曲性能的试验方法。由于复合材料弯曲时的应力状态比较复杂，既有拉应力、压应力，又有剪应力和局部挤压应力，所以它能比较全面地反映材料的综合性能。又由于弯曲试样容易加工，测试、计算简单，所以它是复合材料性能测试用得最多的一种试验。分三点弯曲和四点弯曲。支撑试样的两支点间的距离（L）称为跨距。在试样上只有一个加载点（$L/2$ 处）的为三点弯曲；有两个加载点（$L/3$ 处）的为四点弯曲。试验时以一定的速度施加弯曲载荷，测量弯曲变形，测定弯曲挠度、弯曲弹性模量及载荷-挠度曲线，直至试样破坏。试验要求试样以纤维断裂的形式发生破坏，凡层间破坏或不在试样中间 1/3 范围内破坏的试样，不能算作弯曲破坏，测得的数据无效。试样破坏形式和测量值与跨距 L 和试样厚度 h 有关，通常用跨厚比（L/h）来规范应选用的跨距（如 GFRP：$L/h\geqslant 16$；CFRP：$L/h\geqslant 32$），以避免产生层间剪切破坏，保证试样产生合理破坏形式和数据的有效性。

弯曲芯子剪切强度 flexure core shear strength 夹层结构在弯曲载荷作用下芯子破坏时芯子所承受的最大剪切应力。单位为 MPa。

弯曲性能 flexural property 指材料在承受弯曲负荷作用时的性能，包括弯曲应力、弯曲强度、定挠度弯曲应力、弯曲破坏应力、弯曲屈服强度等。在测量时有两种加载方法：三点式加载方法和四点式加载方法。在生产中常用弯曲性能来评定材料的弯曲强度和塑性变形的大小，是质量控制的重要参见指针。参见弯曲试验（450 页）。

弯销 dog-leg cam 矩形或方形截面的弯杆零件。其作用是随着模具的开闭，使滑块做抽芯、复位动作。

弯折 crimp 纤维或织物的波形弯曲。它决定纤维在低压力下的黏着力。

丸冲修整 blast finishing 称喷砂修整。清除模制品溢边及（或）使其表面发暗的方法，即使用小钢丸、碎杏核及核桃壳或塑料小球作冲击介体以足够击碎溢边的力量喷冲模制品。当需要清除的溢边料在室温脆性不高时，模制品可冷却到具有足够脆性的温度。喷砂整修机械主要为高速转轮，介体由其中心加入，以高速喷冲模制品。

完全组织 weave repeat 织物中经纬纱浮沉交错规律具有一个循环的组织。

万能胶 见环氧树脂胶黏剂（176 页）。

网络分析 netting analysis 在进行复合材料结构设计时，忽略基体材料的力学性能，而只涉及连续纤维的力学性能（刚度、张力、断裂伸长率）的薄膜理论。是一种简易的设计分析方法。

网络理论 network theory 研究网络一般规律及其计算方法的理论。是图论在网络分析中的具体应用。网络是用点之间的连线表示研究对象的相互关系，并标上相应数量指标的图。

网状结构 network structure 原子或分子通过主价键而形成的一种立体网状排列。

网状聚氨酯泡沫塑料 reticulated polyurethane foam 几乎完全没有泡孔壁的聚氨酯泡沫塑料。网状聚氨酯泡沫塑料比成网前泡沫机械强度高、断裂伸长率大、透气性和吸声性能好，但密度、刚度及承载能力低。用作过滤、吸声材料及床垫等。

网状聚合物 network polymer 高分子链之间通过化学键交联成一个网型大分子得到的聚合物。如固化的热固性树脂（环氧、酚醛、不饱和聚酯等）和硫化的橡胶等都是网状聚合物。由于网状高分子链间已通过化学键连接了起来，所以它具有不溶不熔的特性。高分子的交联度不同，性能也不同。如交联度小的橡胶弹性较好，交联度大的橡胶弹性就差，交联度再增加，机械强度和硬度都将增加，最终失去弹性。

往复螺杆注射成型 reciprocating screw injection molding 在注射成型中用螺杆代替柱塞，由螺杆前进给予注射压力的成型方法。在这种模塑方法中，挤出螺杆受位于其后面的液压缸驱动而做轴向移动。和一般的挤出机一样，当液压缸回缩时，塑料被螺杆推进并塑化，直至一次注射集料形成。然后螺杆停止转动，液压缸即把集料推入注射塑模。这种方法的优点是，不像一般的注射成型那样，在整个注射周期中需要保持极高的锁模压力。

微波 microwave 波长为分米到亚微米的电磁波，相应频率为 1～100MHz。微波与物体作用时可产生反射、透射、衍射、干涉等现象，以及引起物体介电常数、损耗角正切值的相对变化。通过测量微波基本参数的变化，可以实现对材料的检验。微波具有很强的穿透力，可以透过绝缘材料，可用于通信、加热和非金属材料的无损检验，但不能穿透金属和导电性能好的材料。

微波固化 microwave curing 通过微波作用产生热能而引发复合材料树脂体系产生交联反应的过程。

微波加热 micro-wave heating 与介电加热类似的加热法，频率范围在 10^9～10^{10} Hz 之间。微波加热已用于加热模塑粉、真空袋固化、热压釜模塑以及锦纶覆盖固化等方面。

微波检验 microwave inspection 利用微波能以聚焦，穿透介电材料并被反射、散射或衰减等效应进行无损检验的方法。此方法可用于探测介质材料及其制品中的缺陷（胶接件、复合材料的脱胶、分层等）、厚度、密度、水分、固化程度以及材料的组织均匀性和取向性等。微波检验有穿透法、反射法和散射法等。（无损检测）

微波烧结 microwave sintering 利用交变电磁场对材料的极化作用，使材料内部的偶极子反复调转，产生更强的振动和摩擦使材料快速升温，将其加热至烧结温度实现致密化的快速烧结技术。

微波吸收材料 microwave absorbing materials 参见雷达隐身材料（280 页）。

微波吸收涂层 microwave absorbing coating 见吸波涂层（459 页）。

微薄木贴面板 micro-thin board 把珍贵木材的刨切薄层胶黏在基材上面而制成的一种复合装饰材料。常用的珍贵木材有柚木、水曲柳、樱桃木、胡桃木、柞木、橡木等。刨切薄层的厚度为0.2～0.5mm。常用的基材有胶合板、纤维板、刨花板等。该面板具有花纹自然、美丽、真实感和立体感强等特点。用作高级建筑内墙、门窗、家具、家电壳体的装饰面材等。

微观 micro 属细观范畴，但习惯上称微观。描述复合材料组元与其性能的关系，即基体、增强体和界面，以及它们对复合材料性能的影响。

微观-宏观 mic-mac 在复合材料的设计中细观力学和宏观力学的综合。由于宏观分析只是为工程结构设计提供了数据和依据，不从理论上说明材料具有这些力学性能的原因，不能确切地判断在材料设计和制备时影响材料性能的因素，不能了解复合材料断裂过程中各组分材料的性能对裂纹的引发、扩展和失稳扩展的影响和抑制作用，不能提供设计材料和开发新材料的理论基础，不能实现设计材料的目的。因此，为了获得高性能复合材料，不仅应对复合材料的力学性能进行宏观力学和宏观断裂力学的分析，而且还应进行细观力学和细观断裂力学的分析。为了通过材料设计使之达到预定的宏观性能，必须从细观上了解各组分材料的结构和性能在复合材料的平均力学性能中起什么作用，掌握组分材料的形态、性能、含量、配置等对复合材料中裂纹的引发、扩展及失稳扩展的影响及规律，为工程结构设计和破损安全特性提供可靠的判据，也为材料的设计、制造、加工及新材料的研制提供理论依据。也就是要进行细观力学和宏观断裂力学分析。

微观结构 microstructure 通过显微镜可以看到的物质结构。

微观力学 micro-mechanics 一种研究复合材料力学性能特征的方法。以能代表复合材料基本性能的细观结构体积单元为研究对象，研究复合材料的组分材料的性能、几何形状、分布、含量和界面性能与复合材料基本力学性能之间的关系。

微胶囊胶黏剂 见胶囊型胶黏剂 (211页)。

微晶 crystallite; microcrytal 每颗晶粒只有几千个或几万个晶胞并置而成的晶体，从一个晶轴的方向来说，这个晶体只重复了几十个周期。微晶的比表面积大，表面吸附性能、表面活性相当突出。

微晶玻璃 microcrytalv glass 见玻璃陶瓷 (19页)。

微晶玻璃基复合材料 见玻璃陶瓷基复合材料 (19页)。

微晶的 microcrystalline 由微管晶体组成的微小结晶。

微晶硅 microcrystalline silicone; μc-Si 又称纳米晶。晶粒尺度在10nm左右的多晶硅材料。它的性质既不同于大晶粒的多晶硅，又不同于非晶硅。它的带隙可达2.4eV（晶体硅为1.12eV）；电子和空穴迁移率都分别高于非晶硅两个数量级以上；光吸收系数在相应的波长范围内，介于晶体与非晶体之间。

微孔 cell 在多孔塑料术语中，指由发泡剂产生的、气体机械发泡产生的或由挥发性组分的蒸发而产生的单一微孔。

微孔塑料 cellular plastics 见泡沫塑料 (322页)。

微孔萎塌 cell collapse 泡沫塑料

表面呈现塌陷或凹坑。在显微镜下观看其截面，内部微孔塌陷成一堆折叠纸状的缺陷。这种情况是发泡气体过速地渗过微孔壁或由于增塑作用而减弱微孔壁所致。

微裂纹 microcrack; micro cracking 当局部热应力超过基体强度时，在复合材料中形成的细微裂纹。由于多数微裂纹并不穿透增强纤维，故在织物层合板中的微裂纹通常仅限于单层厚度范围内。

微球 micro-spheres; microballoon 微小的中空塑料球或玻璃球，用于制造像复合泡沫体那样的轻质塑料混合物。直径约 0.25μm 的微球有时用于胶黏剂中，以控制胶层厚度。当被粘物压在一起时，微球能保持 0.25μm 的胶层厚度（正常情况下用微球含量为 1%）。另外，玻璃微球也常用作塑料、树脂的填料或增强材料，以改进其性能。

微球增强体 microballoon reiforcement; micro-spheres reiforcement 尺度在 0.01mm 至数毫米的球粒增强材料。可分为空心微球和实心微球两类。它们是表面完整的球粒，形状均匀一致，不刻蚀金属，具有高的破裂强度，耐压强度高、热稳定性高而且惰性大，是树脂基体的理想填料和增强材料。

微商 derivative 又称导数。在程序温度下，物理量对温度或时间的变化率。

微商热重法 derivative thermogravimetry; DTG 又称导数热重法。取得 TG 曲线对温度（或时间）的一阶微商的技术。

微商热重曲线 derivative thermogravimetric curve; DTG-curve 又称导数热重曲线。由微商热重法得到的记录曲线（DTG 曲线）的纵坐标为质量变化率（dm/dt 或 dm/dT）。

微丝 fibrillar 纤维状的分子聚集物。

微应变 microstrain 在标距长度内，与材料原子间距同量级的应变。

韦伯参数 Weibull parameters 常用于复合材料静强度和疲劳强度的统计学测量。形状参数 α 和离散系数成正比；标量参数 β 和平均值成正比。

韦伯模数 Weibull modulus 韦伯概率分布函数中的一个参数。通常用 m 表示。

维卡软化点试验 Vicat softening point test 评价热塑性塑料高温变形趋势的一种试验方法。该法是在等速升温条件下，用一根带有规定负荷、截面积为 $1mm^2$ 的平顶针放在试样上，当平顶针刺入试样 1mm 时的温度即为该试样所测的维卡软化温度。

维氏硬度 Vicker's hardness 在一定负荷作用下，将一顶角为 136°的正四棱锥形金刚石压头压入试件表面，保持一定时间，卸掉负荷，测量压痕两对角线的长度，取其算术平均值的平方除负荷所得的商，作为维氏硬度值。计算公式如下：

$$HV=0.1819\frac{P}{d^2}$$

式中 HV——维氏硬度，MPa；

P——负荷，N；

d——压痕对角线长度，mm。

伪各向同性 pseudo-isotropic 在 1、2 方向具有相同的刚度，即 $E_1=E_2$，但 $G\neq E/2(1+\upsilon)$。如（0/90）铺层的层合板属伪各向同性的。

伪弹性 pseudoelasticity; PE 指

应力与应变的关系表现出明显的非线性弹性。这种非线性弹性与相变密切相关的弹性现象产生于马氏体相变。即试样被加载时，发生线性弹性变形之后，随应力增加产生非线性变形，卸除时，非线性弹性变形可以部分或完全恢复的现象。

伪装材料 见隐身材料（498 页）。

伪装涂层 见隐身涂层（499 页）。

纬浮点 见纬组织点（454 页）。

纬密 weft density 又称纬纱密度。织物沿经向单位长度内的纬纱根数，一般以根/10cm 表示。

纬纱 filling yarn；filling；weft；woof；pick 又称纬线。垂直穿过经纱，并且往复横穿织物宽度的单根纱线。

纬纱密度 见纬密（454 页）。

纬缩 shrunken weft；looped weft 纬纱扭结织入织物，在织物上起圈、起辫。

纬线 见纬纱（454 页）。

纬向 weft-wise 织物的宽度方向，即纬纱方向。

纬斜 bias filling；bias weft 织物上纬纱倾斜，不与经纱垂直。

纬组织点 weft interlacing point 又称纬浮点。机织物中，纬纱浮于经纱之上的交叉点。

未完全固化强度 见本体强度（7 页）。

未粘住 unbond 在两胶接件黏合体胶接界面发生胶接作用失效的地方，或两层预浸料在零件固化中彼此没粘接的地方。参见开胶（262 页）、脱粘（448 页）、分层（104 页）。

位错断裂韧性试验 见Ⅱ-断裂韧性试验（86 页）。

位移 displacement 物体或结构上任一点离开其原有位置的距离。

位移角 displacement angle 在长丝缠绕中，于绕体中分在线绕带每绕一整圈的迁移距离。

温度场 temperature field 在某一瞬时物体上各点温度的总称。按其与坐标的关系可分为三维、二维、一维温度场。

温度梯度 temperature gradient 沿等温面法线方向温度对距离的变化率。

稳定化 stabilization 在碳纤维制造中，碳化前生产出难熔纤维母体的工艺过程。

稳定剂 stabilizer 有助于胶黏剂在配制、储存和使用期间保持其性能稳定的助剂；在逐步聚合过程中或聚合反应暂停阶段可控制单体尺寸或聚合物分子量的化学试剂。

涡流检验 eddy current inspection 利用电磁感应原理，对金属及其制品的物理、组织结构和冶金等状态进行检验和区分的方法。它只能用来检测导电材料的缺陷和损伤，因此，涡流检测法只能检测纤维能导电的树脂基复合材料，例如，碳纤维树脂基复合材料纤维的断裂损伤，复合材料表面的损伤和近表面的内部损伤。还可以检测复合材料夹层结构的厚度。本检测方法的最大优点是便于现场检测，对纤维断裂比较敏感，检测灵敏度高。该检测方法分为高频涡流检测和低频涡流检测。高频涡流用于检测复合材料构件表面或近表面的纤维断裂和裂纹；低频涡流用于检测复合材料表面以下部分的裂纹。（无损检测）

涡流声检验 eddy-sonic inspection 根据电磁学、声学原理产生的涡流声振来进行检测的无损检验方法。（无损检测）

乌利当胶 urethane 见聚氨酯胶黏剂（234 页）。

乌洛托品 见六亚甲基四胺（292 页）。

钨丝增强铀金属基复合材料 tungsten filament reinforced U-matrix composites 以钨丝增强贫铀基体的复合材料，特点是密度较大、强度较高、高温性能及耐冲击性能较好，主要用作穿甲弹的弹芯材料。

污染物 contaminant 不纯净的或外来的物质，出现在材料或环境中会影响一项或多项材料性能。特别是胶黏剂对此敏感。

无衬胶膜 见无载体胶膜（457 页）。

无定形 amorphous 具有不规则的形状，即无一定形状（指微观结构）。

无纺布 见无纺布增强体（455 页）。

无纺布增强体 见非织造织物（104 页）。

无纺织物 见非织造织物（104 页）。

无规（缠绕）图案 random pattern 无固定图案的一种绕缠。如果重复图案需要大量绕线以重复某一图案，则此无规图案是近似的；一种绕丝是以不均匀图案布置的缠绕。

无规共聚物 random copolymer 含有两种无规链长（包括单个分子）单体单元结构交替的一种共聚物。一般是由两种单体在自由基型引发剂存在下共聚而成的，如：… AABABBBAAABBAA…。

无规立构聚合物 atactic polymer 当原子主链伸展排列于同一平面上，聚合物分子中的取代基或原子若是杂乱地排列于原子主链的上下，则此聚合物称为无规立构聚合物。

无机层状材料增强体 inorganic layered material reinforcements 具有层状结构的天然硅酸盐黏土矿物如蒙脱土、滑石、沸石等，这种层状材料可以用聚合物进行插层，构成低维纳米复合材料（层片厚度为纳米级）。

无机非金属纤维增强体 non-metallic inorganic fiber reinforcements 简称无机纤维增强体。系指由无机物制成的纤维状物质。按原料来源可分为天然纤维（如石棉）和人造无机纤维两类。按形态分为连续长纤维和短纤维：连续长纤维主要有玻璃纤维、硼纤维、碳（石墨）纤维、碳化硅纤维、氧化硅纤维、氧化铝纤维及氮化硅纤维等；短纤维主要有晶须及棉绒状纤维（玻璃棉、氧化铝棉）等。用作树脂、金属及陶瓷基体的增强体。是结构复合材料（要求增强纤维高强度、高模量、低密度）、高温复合材料（要求增强体耐高温）等先进复合材料增强体的当选材料。

无机胶黏剂 inorganic adhesive 以无机化合物为基料的胶黏剂。具有不燃烧、耐高温、耐久性好的特点，而且资源丰富，不污染环境，施工方便，为有机胶黏剂所无法比拟。其化学组分主要是无机盐和氧化物。品种较多，按固化机理可分为：①气干型，如水玻璃等；②水固型，如石膏、水泥等；③热熔型，如低熔点合金、玻璃、玻璃陶瓷等；④化学反应型，如硅酸盐、磷酸盐、硼酸盐等。可用于金属、玻璃及陶瓷的粘接，在机械、建筑、医疗、铸造、宇航、核电站等领域获得了广泛应用。工程上比较重要的是磷酸-氧化铜和硅酸盐无机胶黏剂。

无机聚合物 inorganic polymer 主链上为除碳以外的其他元素（Si、B、P、S、N、O 以及各种金属元素）的高聚物。例如玻璃就是以硅酸盐为单位重复为环状或链状而成的无机高聚物。无机聚合物的构型有线型长链、梯形、片状三向网状。其中只有线型的可用作复合材料的基体，因为其他构型的基本上处于难溶不熔状态。

无机聚合物复合材料 inorganic polymer matrix composites 以无机高聚物为基体，以陶瓷、碳等耐热纤维和晶体为增强体的复合材料。其中一些具有某些特殊功能，如以 $(SN)_x$ 为基体的复合材料，在室温下为橡胶态且有导电功能；以（SiC）纤维增强 $(SiCOAlO)_n$ 的复合材料可以在 70℃下发生缩合反应进行复合成型，在 1200℃ 以下保持稳定，弯曲强度为 190MPa，弹性模量为 40～60GPa。

无碱玻璃纤维 见 E-玻璃纤维（21 页）。

无机纤维增强体 inorganic fiber reinforcements 见无机非金属纤维增强体（455 页）。

无扩展方法 no-growth approach 一种要求验证带有明确定义缺陷的结构，能承受适当重复载荷，并在结构寿命期间没有有害缺陷扩展的方法。

无裂纹寿命 crack-free life 见初始裂纹寿命（55 页）。

无流道模具 runnerless mould 用于注射成型的一种模具。模具中不设置分流道而由注塑机延伸式喷嘴直接将熔融料分注到各个模腔中成型；分流道与模腔彼此间用绝热材料隔离的一种注塑模具。成型时，各分流道温度均维持在塑料软化温度以上（热塑性塑料所用的热流道模具），或都维持在塑料固化温度以下（热固性塑料所用的冷流道模具）。

无捻粗纱 roving 由多股平行原丝（合股无捻粗纱）或平行单丝（直接无捻粗纱）不加捻络合的集束体。连续粗纱用于缠绕件；短切粗纱用于增强塑料的模塑件或注射模塑；而粗纱组成的毡或布用于层压材料。

无捻粗纱织物 woven rovings 俗称方格布。由无捻粗纱织成的一种布。

无捻丝 twistess filament；zero-twist filament 没有捻回的长丝。

无缺口强度 unnotched strength 没有缺口的层压板的强度。

无溶剂胶黏剂 solventless adhesive 不含溶剂的呈液状、糊状、固态的胶黏剂。

无声反射材料 见抗声呐功能复合材料（265 页）。

无水乙醇 alcohol absolute 经过干燥不含水的乙醇。通常指乙醇含量超过 99.9%的乙醇。参见乙醇（494 页）。

无损检测 nondestructive test；NDT 在不损伤或破坏材料的情况下，为检验内部缺陷所进行的试验。目前，有效用于复合材料结构无损伤检测的方法主要有：目视、敲击、超声波、X 射线、涡流、声谐振、激光全息检测和红外线照相检测。各种无损检测的可检测缺陷和损伤一览见下表。

检测方法	缺陷种类							
	脱胶	分层	凹坑	裂纹	空隙	湿气	灼伤	雷击
目视法检测	√①	√①	√	√	√		√	√
敲击法检测	√②	√②						
X 射线法检测	√①	√①		√①		√		
超声透射法检测	√	√						

续表

检测方法	缺陷种类							
	脱胶	分层	凹坑	裂纹	空隙	湿气	灼伤	雷击
超声脉冲反射法检测		√						
超声波脱胶检测	√	√						
红外线照相法检测	√③	√③				√		
激光全息检测	√③	√③		√④				
涡流检测				√④				

注：①看到表面的缺陷；②薄壁结构（<3层）；③正在研究发展的方法；④不推荐的方法。

无损检验 nondestructive inspection；NDI 在不永久改变检验对象或其性能的情况下，检验材料、零件、组件特征质量或找出结构内部缺陷的检验方法。如超声波、射线照相检验等。参见无损检测（456页）。

无损评定 nondestructive evaluation；NDE 通过对无损检验（NDI）的结果数据分析来判断检验对象是否满足于功能要求或可否被接受的工作。

无纬布 weft-free cloth 纬向由胶黏剂连接的相互平行排列的经纱组成的没有纬纱的预浸料片。这种预浸料用于复合材料，能够在纤维方向提供最高的强度和刚度，充分发挥纤维的增强作用。无纬布与单向带预浸料有微小区别，单向带预浸料有少量纬线，铺覆性因而有所改善。

无压反应法 pressureless metal infiltration；PRIME 又称浸渗反应法。是将增强相预制块置于基体液中，基体液一方面在可控气氛的作用下渗入预制块，另一方面又与可控气氛发生化学反应，生成新的增强相，并弥散分布于基体中。该方法与VLS和DIMOX方法不同，VLS是可控气氛直接或经分解后与基体液反应生成增强相；DIMOX是基体液暴露于大气中与空气中的氧结合生成增强相的；而本方法则是基体液在可控气氛的作用下进入增强预制块的同时还与其发生反应产生新的增强相，从而生成复相增强的复合材料。例如，在Al-Mg合金液中置入增强相Al_2O_3压坯，并通入可控气氛N_2，合金液在N_2的作用下渗入增强相的压坯中，同时与N_2作用生成AlN新增强相，从而制成Al_2O_3和AlN复相增强的铝基复合材料。

无压浸渗法 pressureless infiltration 金属液在没有外加压力和高真空环境下，自发渗入纤维、晶须或颗粒构成的多孔堆积体或预制体间隙中，凝固后获得致密复合材料的一种工艺方法。

无压烧结工艺 pressureless sintering process 将具有一定形状的陶瓷素坯，在没有外加压力的情况下，在高温下靠系统本身自由能变化，得到具有一定性能的固结体的过程。

无载体胶膜 film-unsupported adhesive film 又称无衬胶膜。没有载体支持的膜状胶黏剂。如安全玻璃中间夹的聚乙烯醇缩丁醛薄膜。

无皱褶织物　non-crimp fabric; NCF　又称非弯折织物。为多轴向经编物的一种针织结构形式。视为利用针织线圈将多层平行铺设的纤维束捆绑而形成的一种三维实心针织结构。即织物由经纱（0°）、纬纱（90°）和偏轴纱（$\pm\theta$）分层铺设，层与层之间不形成交织，由少量的经编线圈在厚度方向将纱线固定，从而形成一个整体的结构。多轴向经编织物如下图所示。该织物在设计选定的方向都有所需的强度。纤维铺放时没有皱褶，因而纤维强度和模量损失较小。所以其复合材料不仅具有较高的层间强度和抗冲击能力，而且强度和模量也有提高。是复合材料领域极具应用潜力的一种多轴向经编织物。

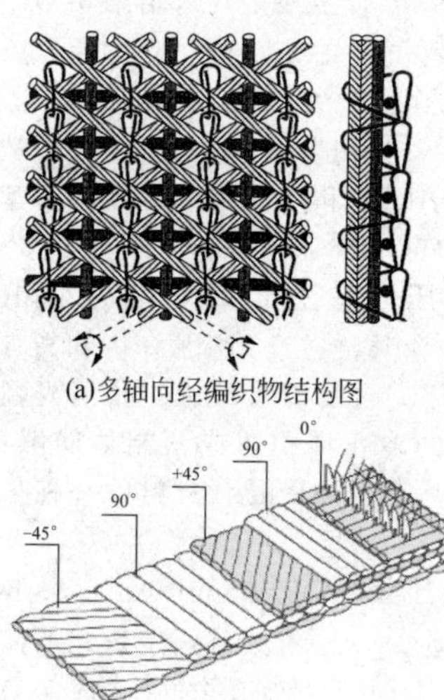

(a)多轴向经编织物结构图

(b)多轴向无皱褶材料的组成

物理力　见分子间力（106页）。

物理催化剂　physical catalyst　能够增进或改变化学反应的物理因素，如辐射能。

物理强度　physical strength　又称机械强度。见力学性能（283页）。

物体到胶片的距离　object-to-film distance; OFD　从材料的靠近射线管或放射源的一面到胶片表面的距离，包括材料厚度在内。（无损检测）

误差　error　在实际观测和计算中，由于观测条件的限制和采用近似计算，往往得不到所求量的真实大小的准确数值，而只能得到近似值，真实值与近似值之间的差值即为“误差”。

误差系数　error coefficient（K）　对某一量进行多次测量，得一组测量值，其最大值与最小值之差为误差变化的范围，称“范围误差”或“极差”。范围误差 L 与测量值的算术平均值 $\overline{X}$ 之比为误差系数：$K=L/\overline{X}$。

雾度　haze　透明或半透明塑料的内部或表面由光散射造成的云雾状或混浊的外观。以向前散射的光通量与透过光通量的百分率表示。（无损检测）

雾翳　fog　一种通用术语，用来说明除形成图像的射线的直线作用外，由于其他原因所造成的光学密度的增加。（无损检测）

X

西曼复合材料树脂渗渍模塑成型

Seeman's composites resin infusion molding process; SCRIMP　为美国西曼公司的一项专利技术。该技术实际上是真空辅助树脂传递模塑成型（VARTM）技术的发展型。它把RTM采用的双面闭合模改为单面硬模加真空袋，用计算机控制的树脂分配系统先使液体树脂固化体系迅速在长度方向渗透，然后在真空压力下沿厚度方向缓慢浸润，从而大大改善了渗渍效果，减少了缺陷发生，产品质量的稳定性得到有效保证，如459页图所示。得到制件的纤维含量高达70%～80%，空隙率低于1%，力学性能优良且重复性高。由于采用单面模具和真空压力固化，便于大尺寸、复杂结构的整体化，提高减重效果。与手糊成型相比，节约成本50%，降低环境污染。已在船艇、风机叶片、桥梁、海洋基础设施等方面得到广泛应用。

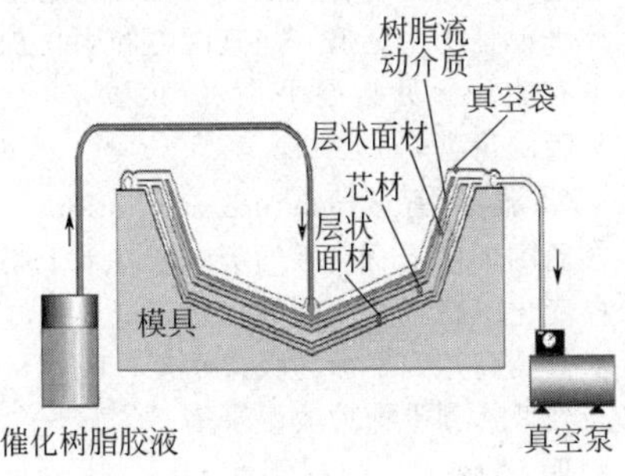

其工艺流程如下：①在单面不漏气的模具上铺放增强材料及芯材；②在增强材料上铺放真空系统（布、网、管、膜及密封）；③模腔内抽真空，排出增强材料体内气体；④在负压的作用下吸入定量树脂在增强材料内流动渗透，实现对纤维织物的渗渍；⑤在室温或加热条件下对树脂固化成型。

吸波涂层　absorption coating　以覆盖层形式施加在目标上的雷达隐身材料。通常由吸收剂、胶黏剂和其他添加剂构成。其中吸收剂具有吸收功能，用得最广的吸收剂是铁氧体，研究中的有碳化硅、超细金属粉和导电高分子材料等；胶黏剂的主要作用是保证涂层的力学性能和抗环境性能。其结构如右图所示。

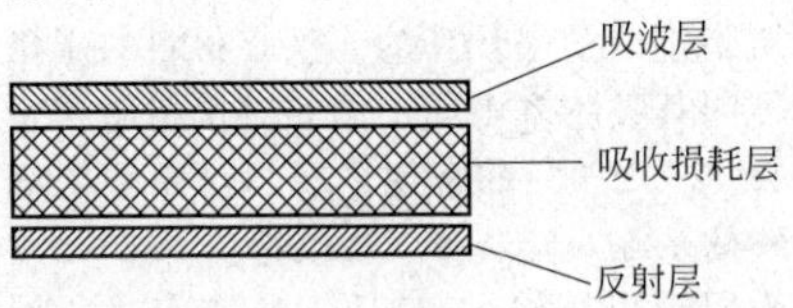

吸潮　见潮湿（51页）。

吸附　adsorption　一物质（如气体）在另一物质（如固体）表面或界面的浓集。分为物理吸附和化学吸附两类。物理吸附是以分子间力相互吸附的，在一般情况下吸附热较小，如活性炭的吸附气体。被吸附的气体很容易地（特别是温度升高时）从固体表面逐出，并不改变其性状，所以物理吸附是可逆过程。化学吸附是以类似于化学键力相互吸附的，在一般情况下吸附热较大。由于其活化能高，被吸附的气体往往需要在很高的温度下才能被逐出，且释出的物质往往已经发生了化学变化，不再具有原来的性状，所以化学吸附是不可逆过程。吸附在防毒、脱色、脱臭、催化等方面具有重要作用。

吸胶　bleeding　在固化期间，从层压材料中吸储多余树脂的过程。

吸胶布　bleeder cloth　一种吸胶材料。在复合材料固化成型过程中，为了吸储多余树脂和排出气体，在靠近复合材料坯件上铺放的疏松的纤维或织物等多孔材料。固化后去掉。吸胶材料应具有一定拉伸强度和较大伸长率。常用的吸胶材料有合成纤维毡（如聚酯毡）、干玻璃布（如120#-玻璃布、7781#-玻璃布、1000#-玻璃布）、滤纸等。吸胶材料织纹的粗细影响制品的表面粗糙度，如用细纹的120#-玻璃布贴近层板表面铺放，所得产品要比采用粗纹的7781#-玻璃布的产品表面光滑；吸胶材料的用量是根据层板的厚度和预期的树脂排出量来计算的。吸胶材料的规格不同其吸胶率不同。例如对于树脂含量为42%±3%的常规预浸料，用一层细纹的120#-玻璃布（吸胶率为0.3），改为用较粗布纹的7781#-玻璃布，一层等于2层120#-玻璃布；用更粗布纹的1000#-玻璃布，一层等于3层120#-玻璃布。吸胶材料用量的计算参见装封真空袋（541页）。

吸胶材料 bleeder 参见吸胶布（459页）。

吸热的 endothermic 指靠吸热完成的反应，为放热的反义词。

吸热峰 endothermic peak 试样温度低于参比物温度的峰，即在差热曲线上 ΔT 为负值的峰。（如下图中1峰）。

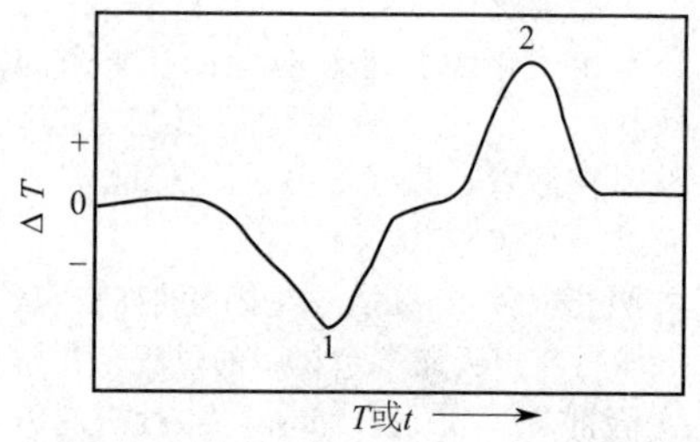

吸湿 moisture absorption 复合材料在环境条件下吸进水分的一种行为。它仅指摄取空气中的水蒸气，应与吸水性相区别。吸水系指浸没水中吸取水分。吸湿会使材料性能发生变化。如吸湿的环氧树脂的玻璃化转变温度降低等。

吸湿的 hygroscopic 能够吸收并保持空气中湿气的倾向。对于易吸湿的树脂，应在使用前进行干燥以驱除吸入的湿气。

吸湿量 moisture content 又称吸湿率。复合材料在给定环境条件下所含水分的量度。用质量百分数表示。即：

$$\text{吸湿量}(\%)=\frac{w-w_0}{w}\times 100\%$$

式中 w——试样的湿重；

w_0——试样的干重。

水分对树脂基复合材料的性能影响很大。会使复合材料的玻璃化转变温度、强度、刚度和尺寸稳定性降低。是复合材料设计时必须考虑的因素。复合材料吸湿量达到某一值不再吸湿时的吸湿量称为最大吸湿量。该值对于某种树脂基体来说是一个定值，与其配方和固化程度有关。参见吸湿平衡（460页）、饱和吸湿量（6页）。

吸湿平衡 moisture equilibrium 在周围环境下材料平均吸湿量基本上不再变化时材料所达到的状态。试样吸湿从低到高达到平衡为吸湿平衡；吸湿从高到低达到平衡为放湿平衡。

吸湿性 hydroscopic property 材料在空气中吸收或放出水汽的能力。参见吸湿（460页）。

吸湿滞后性 hydroscopic hysteresis 同一空气条件下，材料吸湿平衡回潮率比放湿平衡回潮率小的性能。

吸收 absorption 固体或液体接受和保存另外物质并均匀分布于其内部结构的作用。这种作用可能是物理的，也可能是化学的，往往是可逆的过程。如海绵吸收水、石灰水吸收二氧化碳等；一种物质渗入另一种物质中；被粘物的毛细效应将液态胶黏剂吸入该被粘物质中；辐射场中样品对能量的耗散过程等。

吸水率 water absorptivity 树脂或树脂基复合材料制件浸在水中某一规

定时间所吸收的水量与其自身干重的比率，是材料吸水性的量度。吸水后能引起溶胀、溶解、浸沥、增塑和/或水解。其结果能造成变色、变脆、丧失力学性能和电性能，降低耐热性和耐气候性以及产生应力开裂等。但任一聚合物吸水多少不一定是有害程度的标志。

吸水性　water absorbability; water imbibition　材料吸收水分的能力。一般用试样的吸水量与试样质量的百分比表示。参见吸水率（460 页）。

吸油量　oil absorption　一定质量颜（填）料的颗粒绝对表面被油完全浸湿时所需油的数量。

析晶　devitrification　在玻璃熔体中形成结晶体（晶粒）的物理过程。一般在玻璃熔体冷却时发生，结晶体使玻璃变得不透明、易碎，形成玻璃纤维缺陷。

烯丙基树脂　allyl resins　用含有烯丙基的单体制得的树脂。该类树脂中最重要的是邻苯二甲酸二烯丙酯（DAP）、异苯二甲酸二烯丙酯（DAIP）等。该树脂固化后具有良好的耐温性、抗溶剂性、电气性能和耐化学品性。

烯丙基塑料　allyl plastics　以烯丙基树脂为基材的塑料。参见烯丙基树脂（461 页）。

烯烃　olefin　通式为 C_nH_{2n} 的一类不饱和烃，在相应的链烷烃词干后加上“ene”或“ylene”来命名。例如，乙烯、丙烯和戊烯等。

稀密档　thick and thin places　又称厚薄段。织物上纬纱密一段稀一段，形成明显的厚薄片段。

稀密路　weft crankiness; cloudiness　又称云织。织物片段内纬纱稀密不匀，形成稀密线路，貌似云斑的表面状况。

稀弄　missing pick crack　由于缺纬或纬纱排列不匀，布面纬向形成一条明显空路。

稀纱布　scrim　又称稀松织物。由连续纱线制成的一种低成本大网眼结构增强织物。具有经纬双向强度。在复合材料中，主要用于 B-阶段单向预浸料，改善其操作性能，增加横向强度和弯曲性能，降低高温（大约 260℃）成型时材料宽度的收缩。也用作胶接技术用胶膜的载体。对于纤维复合材料，其用材多是碳纤维、玻璃纤维和有机纤维，而对于高强度碳纤维单向预浸料，最好选用玻璃纤维。其结构形式，通常是不同纤维的平纹或缎纹织物。对于高强度碳纤维单向预浸料，采用平纹织物最合适。稀纱布的径向密度和纬向密度是不同的，经向密度小（与增强纤维方向一致），纬向密度大（与单向预浸料的纬向一致）。通常纬向和经向密度之比为 1.2～3.5 是合适的。稀纱布的材料不同，其厚度和单位面积纤维质量（FAW）也有差别，如下表所示。

稀纱布	厚度/mm		FAW/(g/m^2)	
	范围	最佳	范围	最佳
无机纤维	0.01～0.10	0.02～0.05	10～80	15～40
有机纤维	0.02～0.15	0.03～0.10	10～90	20～60

稀释剂　diluent; thinner　为了降低树脂的黏度，改善其工艺性能而加入的与树脂混溶性良好的液体物质。分为活性稀释剂和非活性稀释剂。

稀释容限　solvent tolerance　在不发生沉淀或浑浊的情况下，用特定溶剂对树脂的浓溶液进行稀释的限度。通常以刚出现浑浊时溶液中树脂的百分含量表示。

稀松织物 woven scrim 经纱和纬纱间隔较宽、带网孔的玻璃布。

稀纬 light filling bar 又称薄段。局部纬密较规定的少，导致织物表面呈现稀薄横档。

系统工程 systems engineering 以大型复杂系统作为研究对象，对系统的规划、研究、设计、制造、试验、定形、使用更新的全过程进行组织和管理，从整体上最充分地发挥各环节、各部门在人力、物力、财力上的潜力，经济有效地实现系统预定的目标。

系统可靠性 system reliability 系统在规定时期内，按规定的时间和给定的条件，完成规定功能的成功率。

系统误差 systematic error 测量误差的一种，是数值固定或按一定规律变化的误差。按其特点可分为恒值误差和变值误差。系统误差说明测量结果偏离实际值的程度。它决定测量的准确度，系统误差越小测量结果越准确。系统误差带有规律性，原则上可以修正或消除。

细度 fineness 纤维、单丝、纱线的粗细程度，可用单位长度的质量、单位质量的长度以及直径、宽度、横截面等表示。常用的表示细度的名称有支数、旦数、特（号）数等。

细观 见微观（452 页）。

细观力学 micromechanics 在复合材料中，分别考虑增强体和基体的性能以及界面的情况，研究它们的相互关系并进行力学分析的方法。参见复合材料细观力学（125 页）。

细节件 detail 又称典型结构。一种复杂结构上的非通用构件，如特殊设计的复杂连接件、机械接头、桁条端部、较大的检查口等较复杂结构件的薄弱部件。参见部件（26 页）、组合件（551 页）。

隙裂 fissure 多孔塑料成品上的裂隙、剥离或撕裂。

下脚料 scrap 加工时出现的不属于初制成品的一切多余产物。此类产物包括溢边、流道赘物、浇口溢料、型坯余料以及废品。热固性模塑操作的废料通常不能再用；大部分热塑性模塑操作的废料常可回收再用。

下模 lower mould; lower half 在压缩模和压注模中，安装在压机下工作台面上的那一半模具。

下模座 lower clamping plate 使下模固定在压机下工作台面上的板件。

下偏差 lower limit of tolerance 允许小于性能指标标准数值的差数。

下压式压机 downstroke press 主活塞位于可动板的上面，靠主活塞向下运动施加压力的压机。是常用压机的一种主要类型。

先进复合材料 advanced composites; ACM 又称高性能复合材料。强度、模量等力学性能相当或超过铝合金或者具有特定功能的复合材料。NASA 通常把比强度和比模量分别大于 4×10^6 cm 和 4×10^8 cm 的复合材料称为先进复合材料。先进复合材料的分类方法如下：①按增强材料的不同分为高性能纤维复合材料、纳米粒子复合材料、纳米晶须复合材料。②按基体的不同分为树脂基复合材料、金属基复合材料、陶瓷基复合材料。先进树脂基复合材料又可以分为高性能热固性树脂基复合材料和热塑性树脂基复合材料。典型的热固性树脂有环氧(EP)、双马来酰亚胺(BMI)、酚醛(PF)、氰酸酯(CE)、PMR聚酰亚胺(PI)树脂等。③按用途不同，可分为结构复合材料和功能复合材料两类。用于主承力结构或次承力结构的称为结构复合材料。例如，碳纤维、芳纶、硼纤维、陶瓷纤维和晶须等高性能增强体与高性能树脂、金属、陶瓷和碳(石墨)等基体复合形成的复合材料；功能复合材料是指具有耐烧蚀、耐高温、防热、吸波、抗辐射、导电、高摩擦或低摩擦系数等特殊性能的复合材料。如机敏和智能复合材料、梯度复合材料、电磁复合材料、吸波隐身复合材料、阻尼复合材料、阻燃复合材料、耐烧蚀复合材料以及结构-功能一体化复合材料等。先进复合材料主要用于用量少而要求高的航空、航天、电子信息、生物工程、先进武器、交通运输等高技术领域。参见复合材料(116页)。

先进陶瓷 advanced ceramics; ACS 又称高性能陶瓷、精细陶瓷(fine ceramic)、新兴陶瓷(new ceramic)、高技术陶瓷(high-technology ceramic)。指性能远超过传统陶瓷的新一代陶瓷。广义的先进陶瓷包括人工单晶、非晶态陶瓷及其复合材料、半导体、耐火材料和水泥。先进陶瓷按功能和用途可分为：①功能陶瓷或电子陶瓷，指利用其电、磁、声、光、热、弹性等性质或其耦合效应，以实现某种使用功能的先进陶瓷；②结构陶瓷或工程陶瓷，指发挥其机械、热、化学等功能的用于各种结构部件的先进陶瓷；③生物陶瓷，指发挥其生物和化学等功能的先进陶瓷，如人造骨、人造关节、固定酶载体等。先进陶瓷的发展趋势有三个：①由单相、高纯度材料向多相复合陶瓷方向发展；②从微米级尺度向纳米级尺度方向发展；③陶瓷材料的剪裁和设计。

先驱体 precursor 俗称原丝。在一定条件下转化成新物质的原物质。例如碳(或石墨)纤维是用人造丝、聚丙烯腈纤维经过牵引、预氧化、碳化(或石墨化)制成，则人造丝、聚丙烯腈纤维分别为碳或石墨纤维的先驱体或母体。参见先驱体法无机纤维增强体(464页)、先驱体法碳化硅纤维(463页)。

先驱体法碳化硅纤维增强铝基复合材料 precursor method silicon carbide fiber reinforced Al-matrix composites 以先驱体法碳化硅纤维为增强体，以铝为基体的复合材料。复合材料纤维体积含量一般为40%，单向增强时纵向拉伸强度为700～1000MPa，模量95～120GPa，密度2.6g/cm^3。已工业化生产的先驱体法碳化硅纤维有：不含钛的碳化硅纤维(商品名为Nicalon)和含钛的碳化硅纤维(商品名为Tytanno)。其复合材料的主要制造方法为各种液态渗透工艺。

先驱体法碳化硅纤维 precursor silicon carbide fibre 碳化硅纤维的一种。是将有机硅聚合物通过熔融纺丝裂解转化而成的SiC纤维材料。由聚碳硅烷为前驱体，通过熔融纺丝热解工艺制备的β-碳化硅细晶粒组成的连续纤维。具有高强度、高模量、高热稳定性和耐氧化性、低密度及低热膨胀系数。直径10～14μm，密度2.5～3.1g/cm^3，拉伸强度2.8～3.0GPa，拉伸模量200～420GPa。可在空气中

1200～1800℃下长期使用。主要用作耐高温材料和增强材料。参见碳化硅纤维（421 页）、化学气相沉积碳化硅复合纤维（171 页）。

先驱体法无机纤维增强体 precursor inorganic fiber reinforcements 用聚合物先驱体经一系列处理制得的纤维增强体。如碳纤维、碳化硅纤维、氮化硅纤维及含钛碳化硅纤维等高性能无机纤维。

纤维 fiber 为有序集合起来的一根或多根高长径比（＞100：1）的单丝。具有一定的强度、必要的柔韧度和某些其他性能（如耐热性能、可染色性能等）。也是长丝（filament）的同义词。其典型直径为 0.10～0.13mm。多数情况下，长丝是从熔融浴中拉拔、纺丝或沉积到基材上而形成的。纤维可以是连续的或者是特别短的（不连续的），通常不小于 3.2mm（1/8in，1in＝2.54cm）。参见单丝（65 页）、纱（375 页）、单丝纱（65 页）。

FP 纤维 FP fiber 多晶铝纤维（Al_2O_3）。一种用于高温（1370～1650℃）复合材料的陶瓷纤维。

PBO 纤维 见聚苯并噁唑纤维（235 页）。

SiC 纤维 见碳化硅纤维（421 页）。

UHMWPE 纤维 见超高分子量聚乙烯纤维（48 页）。

纤维拔出试验 filament pullout test 测量纤维和基体粘接性能的一种试验方法。通常采用直径为 1～4mm 的玻璃棒从树脂圆片中拔出来测取粘接强度。

纤维编织预型体 见机织织物预型体（186 页）。

纤维表面处理 fiber surface treatment；fiber finishing 为提高纤维与基体的结合力或保护纤维性能而采取的改善纤维表面物理或化学性质的措施。参见玻璃纤维表面处理（22 页）、碳纤维表面处理（429 页）、上浆（376 页）。

纤维表面能 fiber surface energy 纤维单位面积表面具有的表面自由能的总和。

纤维玻璃 fiber glass 即玻璃纤维。

纤维缠绕成型 见长丝缠绕成型（46 页）。

纤维长径比 radio of length to diameter of fiber 纤维长度（l_f）与其等效直径（d_f）之比（l_f/d_f）。

纤维冲乱 fiber wash 树脂冲模过程中增强纤维的局部移动。对于树脂传递模塑（RTM）工艺，通常在纤维体积含量较低或树脂注射压力加大的情况下发生；树脂膜熔渗（RFI）工艺，通常在流量较大的情况下发生。

纤维断裂 fiber breaking 纤维层合板复合材料的一种失效模式，是指纤维增强体在外力作用下发生断裂，最后导致复合材料失效。纤维断裂主要归因于其本身强度或存在的缺陷。先进复合材料中的碳纤维、硼纤维在纵向拉伸载荷作用下，其断裂通常先于基体破坏的发生，裂纹的形成是纤维断裂通过界面向基体扩展的结果。复合材料最后的破坏很大程度上取决于基体的性能与界面结合的情况。如韧性好，则可延迟这一破坏发生的时间。

纤维断裂应变混杂效应系数 hybrid effect coefficient of fiber fracture strain 混杂纤维复合材料的断裂应变相对于低断裂应变纤维复合材料断裂应变的增加百分数。

纤维方向 fiber orientation 纤维

轴向相对于规定参考系纵轴的夹角。纤维的方向影响复合材料的性能。

纤维分布 fiber distribution 指纤维增强体在复合材料中的聚集和排列状况。复合材料中的纤维可以是连续的，也可以是短切的，还可以是混杂的。可有一个或多个取向，短切纤维可以是二维或三维的随机分布。连续长纤维单向层合板中的纤维不规则分布或取向不好对其层合板强度和弹性模量等性能都会有影响。纤维中缺陷的大小及分布，也对复合材料的性能有影响。纤维分布的质量与成型工艺的质量密切相关。

纤维浮出 fiber wash 织物或非织物纤维偏离增强体的基本方向；纤维在固化期间随着树脂的吸出被带出。

纤维复合材料 fiber composites; FCs 以纤维为增强体的复合材料。其中纤维相分布在连续的基体中。纤维相可能是宏观的、微观的或亚微观的，但它必须保持其物理相本质，以至于可把它从基体中重新分离出来。常用的（宏观）纤维分金属和非金属两大类，以非金属类用量最大，常用的有碳纤维、芳纶、硼纤维、陶瓷纤维等。基体可以是有机物也可以是无机物；可以是金属也可以是非金属（聚合物）。以金属为基体的叫作纤维增强金属基复合材料；以聚合物为基体的叫作纤维增强聚合物基复合材料。参见复合材料（116 页）。

［注：把“纤维复合材料”作“纤维增强复合材料”的称谓不妥。因为复合材料本身就是由“增强（基体）”形成的，已蕴含“增强”，若如是称谓，就有重复“增强”之嫌。］

纤维构型 fiber pattern 在层合板或模压制品的表面上看得见的纤维的方向、分布状态等；玻璃布内纤维的粗细及织法等。

纤维含量 fiber content 复合材料中含有的纤维数量。通常以其在复合材料中的体积分数或质量百分数来表示（V_f）。复合材料的性能与纤维含量相关，如“层间剪切强度”附图所示。通常在 $V_f=60\%$附近，ILSS 值最高。ILSS 表示基体与纤维粘接的牢固程度，是复合材料其他性能的基础，所以复合材料的其他力学性能随 V_f 变化的规律也应该与 ILSS 类同，也就是说，在 $V_f=60\%$时，复合材料会有均衡、良好的力学性能。而“60%（0.60）”恰与“优选法”的优值“0.618”相差无几。

纤维架桥 fiber bridging 参见架桥（201 页）、铺层架桥（333 页）。

纤维-基体界面 fiber-matrix interface 参见复合材料界面（121 页）。

纤维计数 fiber count 特定截面的复合材料中，每层单位宽度内纤维的根数。

纤维间滑动 interfiber slip; inter-yarn slip; intertow slip 一些织物可以通过纤维间的滑动来变形，从而使织物可以实现局部伸长。尽管在制造复杂几何形状的零件时这是一个基本的变形现象，但只有在剪切变形达到极限时滑动才显现出来。

纤维间交角 interfiber angle; in-teryarn angle; intertow angle 织物受剪切后经向纱和纬向纱交叉形成的小于 90°的角度。

纤维结 fiber nap 长丝缠绕成的结点，如棉结、毛粒等。

纤维截面 cross-section of fiber 按纤维轴垂直方向，用锋利刀刃或切片机切断纤维后所得的平整横断面。纤维品种不同，其截面也不同。

纤维浸润性 fiber wettability 纤维增强材料被树脂胶液润湿的能力。

纤维可压缩性 cmpressibility of fiber 是表征纤维铺层在厚度方向压力作用下在该方向上的变形能力。

纤维-颗粒混杂增强陶瓷基复合材料 fiber (whisker) -particles hybrid reinforced ceramic matrix composites 以陶瓷（ZrO_2、$3Al_2O_3 \cdot 2SiO_2$、Al_2O_3）为基体，引入纤维、颗粒作为复合增强体的复合材料。增强体可以是不同形态的同一物种的组合，也可以是不同形态的不同物种的组合。这种复合材料兼有晶须补强和颗粒弥散化的机制，其性能比基体成倍增加。其制备的关键在于晶须、颗粒的预处理，以便达到它们在基体中的均匀分布，获得优良的性能。

纤维离析 fiber bunching 在纤维增强塑料中，纤维束由于黏合不牢而产生的起毛、剥离、脱层等现象。

纤维临界长度 critical length of filament; critical length of fiber 复合材料承载中，应力由基体向纤维传递，纤维达到最大允许应力时的最小长度。

纤维密度 fiber density 纤维单位体积（不包括空隙、空腔等）的质量，常以 g/cm^3 为单位。

纤维平均长度 mean fiber length 纤维长度分布中，按质量或根数计算的平均长度。

纤维铺放技术 fiber placement 参见自动丝束铺放技术。

纤维屈曲 fiber buckling 织物局部受到面内压力引起预型体纤维的纵向起伏弯曲形。这种情况最可能在织物达到滑移-剪切极限时发生。参见屈曲（346 页）。

纤维伸长 fiber xtension 纤维被拉伸变形的量，一般指织物变形成型时的纤维拉伸变形量。对于大多数增强体来讲这个变形可能被忽略，因为织物的剪切刚度比纤维刚度低许多个数量级。

纤维伸直度 fiber straightness 在纱条或纱线中纤维的伸直及排列平行的程度。

纤维束强度 bundle strength 对有或没有有机基体的平行纤维进行试验获得的强度。通常用纤维束试验来代替繁杂的单丝试验。

纤维素胶黏剂 cellulose adhesive 以纤维素衍生物为基料配制成的胶黏剂。

纤维素塑料 cellulosic plastics 以纤维素衍生物为基材的塑料。

纤维特征参数 fiber characteristic parameter 为纤维的体积含量（V_f）和纤维长径比（l_f/d_f）的乘积。即纤维特征参数 $\lambda_f = V_f(l_f/d_f)$。

纤维体积含量 fiber volume content; fiber content by volume; fiber content 纤维复合材料中纤维体积的含量。用试样中纤维所占体积与试样体积的百分比表示。目前使用的复合材料一般具有 45%～70%的纤维体积含量。纤维体积含量与基体特性、纤维种类、形态、织构、方向、加压时机和压力/真空度有关。

纤维体系 fiber system 构成先进复合材料的纤维组分中，纤维材料的类型及排列方式。例如平行的长纤维或纤维纱、机织物、随机取向的短纤维带、随机纤维毡、晶须等。

纤维弯钩 fiber hook 纱线中纤维未伸直，纤维端呈弯钩状。

纤维弯曲刚度 flexural rigidity (Fiber) ①测量单股丝束或纤维刚度的一种量度；②把一试样弯曲至一单位曲率半径所需要的力偶。

纤维弯曲应变 fiber strain in flexure 当一均质弹性材料梁进行两点简支梁的中点加载弯曲试验时，发生在跨距中点外部（试样外侧）纤维的最大应变。

纤维弯曲应力 fiber stress in flexure 当一均质弹性材料梁进行两点简支梁的中点加载弯曲试验时，发生在跨距中点外部纤维内的最大应力。

纤维线型 fiber pattern 层合板表面的可见纤维分布；纤维织物中纤维的尺寸和织法。

纤维预型体 fiber perform 通常采用定形剂、缠绕或纺织手段等预成型技术制造的，具有良好性能和所需构型的纤维复合材料增强体。

纤维增强混凝土 fiber reinforced concrete 以普通混凝土为基体，掺入均匀分布的纤维制成的特种混凝土。具有较高抗拉强度和抗压强度以及较高的冲击韧性和断裂能。所用纤维材料有钢丝、玻璃纤维和高分子合成纤维。用于飞机跑道、断面较薄的轻结构和压力管道等处。参见纤维增强水泥复合材料（467页）。

纤维增强金属层合板 fiber reinforced metal laminates; FML 用胶黏剂把两层或更多层金属薄板和夹在薄板之间的增强纤维胶接在一起制成的层合板。所用的金属薄板多数为铝合金、铝锂合金、铜锂合金、铝锌合金以及钛合金、钢等金属薄板。所用纤维多为芳纶、玻璃纤维或碳纤维。所用的胶黏剂，可是热固性的，也可是热塑性的。这种层合板具有抗疲劳和抗损伤性能好、耐环境和耐雷击性能优异、阻尼性及成型加工性能好的特点。用于航空航天结构、磁浮列车、防弹装甲、汽车、舰船等。典型的产品有芳纶增强铝层合板（ARALL）、玻璃纤维-铝合金层合板（GLARE）和石墨纤维增强钛层合板（TiGr）。这种层合板具有很高的强度、优异的断裂韧性。

纤维增强金属基复合材料 fiber reinforced metal matrix composites 金属或合金基体用连续长纤维或金属丝为增强体的复合材料。是一种具有很高的比强度和比刚度，多用作结构的复合材料。常用的基体有铝、钛、镁、铜及其合金、高温合金，以及金属间化合物等。常用的连续纤维有碳纤维、硼纤维、先驱体法碳化硅纤维、CVD碳化硅纤维、氧化铝纤维以及不锈钢丝、高强度钢丝和钨丝等。其耐温性能随基体不同而异：铝基复合材料工作温度350～400℃，钛基复合材料工作温度600～750℃，高温合金基工作温度可在1100℃以上。制造工艺主要有热压扩散结合、液压渗透等。主要用途是航空、航天飞行器和发动机、军工产品等某些受力和耐热构件。缺点是工艺复杂、成本较高。

纤维增强水泥复合材料 fiber reinforced cement composites 以水泥为基体，以纤维为增强体的复合材料的总称。复合材料比未增强的水泥的拉伸强度、弯曲强度、冲击韧度及韧性都有不同程度提高。所用纤维可分为金属的、无机的和有机的三类。可以是一种材质的纤维，也可以是两种或多种材质的纤维。按所用水泥基体的组成，又可分为纤维增强水泥和纤维增强混凝土两类。前者用水泥净浆作基体，增强体可以是短纤维，也可以是长纤维或两者兼之。主要品种有石棉增强水泥、玻璃纤维增强水泥、碳纤维增强水泥等。后者是用混凝土作基体，用短纤维作增强体，多数情况用作现场浇注的特种混凝土，其主要品种有钢纤维增强混凝土和聚丙烯纤维增强混凝土。

纤维增强塑料 fiber reinforced plastics；FRP 以纤维为增强体、聚合物为基体的复合材料。分为纤维增强热固性塑料和纤维增强热塑性塑料两大类。参见聚合物基复合材料（244 页）。

纤维增强陶瓷基复合材料 fiber reinforced ceramic matrix composites 由钢丝、碳纤维、碳化硅纤维等纤维为增强体，同陶瓷通过一定复合工艺结合在一起组成的材料的总称。具有高强度、高韧性和优异的热和化学稳定性，是一类新型结构材料。按增强体不同可分为金属纤维增强陶瓷基复合材料、玻璃纤维增强陶瓷基复合材料和陶瓷纤维增强陶瓷基复合材料三大类；按基体可分为水泥基复合材料、玻璃基复合材料、陶瓷基复合材料三大类。陶瓷基复合材料又可分为非氧化物基复合材料和氧化物基复合材料。非氧化物包括碳化物、硼化物、氮化物等。制造方法很多，如热压法、反应烧结法、熔融渗透法、聚合物热解法、CVI 法等。

纤维增强体 fiber reinforcement 掺混到聚合物或金属材料中可改善其物理和/或力学性能的纤维状惰性材料。纤维增强材料必须与要增强的材料有良好的浸润性及粘接性能，才能获得良好增强效果。纤维增强材料品种很多，性能各异。典型的纤维增强材料有玻璃纤维、碳（石墨）纤维、芳纶、超高分子量聚乙烯（UHMWPE）纤维、硼纤维、陶瓷纤维、连续玄武岩纤维（CBF）、聚对苯撑苯并二噁唑（PBO）、碳化硅纤维、石棉、剑麻等。常用的纤维增强材料的综合性能概况见下表。

纤维	成本	密度	刚度	强度	韧性	耐热性	抗冲击
E-玻璃纤维	低	高	差	中	良	良	良
S-玻璃纤维	低	中	中	良	良	优	良
芳纶	中	低	良	良	优	差	优
碳纤维	高	低	优	优	差	良	差
硼纤维	高	高	优	优	差	优	良
陶瓷纤维	高	高	优	优	差	优	差
碳化硅纤维	高	高	优	优	差	优	差

纤维增强体长径比 fiber reinforcements aspect ratio 短纤维复合材料中纤维的长度 L 与其直径 d_f 之比 L/d_f，称为纤维增强体长径比。

纤维增强体临界长度 fiber reinforcements critical length 短纤维复合材料通过界面而由基体传递到纤维上的正应力的大小，是随离开纤维端部的距离增大而增大的。假设界面的剪应力沿纤维长度是不变的常数，则当纤维中的正应力刚好达到纤维的屈服应力时的纤维长度，称为纤维增强体临界长度。它是一个衡量短纤维复合材料中增强纤维是否起到增强作用的参数。

纤维毡 mat 由短切或不短切的连续纤维的单丝或原丝，定向或不定向地结合在一起形成的平面结构制品。

纤维针织预型体 knitting preform 采用针织的方法，预先将纤维针织成所需复合材料的形状的增强体。

纤维直径 fiber diameter 指单根纤丝的直径，通常以 μm 表示。复合材料常用的增强纤维中，碳纤维的直径为 7～8μm；Kevlar-49 的直径（长轴）为 7μm；硼纤维的直径为 50～300μm；玻璃纤维的规格比较多：高级纤维直径为 3～9μm，中级纤维直径为 10～30μm，粗纤维的直径大于 30μm。对于同一种纤维来说，直径越小，缺陷就越少，性能就越高。

纤维质量含量 fiber mass content 复合材料中纤维质量所占的百分比。

纤维质量应力 mass stress（fibers） 即每单位长度单位质量的应力。

弦线模量 modulus，chord 应力应变曲线上任意两点之间所引弦线的斜率。

显微射线照相术 micro radiography 材料剖面的射线照相术，在这种技术中，产生的图像是放大的，通过放大来揭示微观组织。（无损检测）

显像密度计 densitometer 一种用来测量胶片、底版或照相纸的透射和反射黑度的仪器。（无损检测）

显影不足 under-development 显影作用低于在特定的射线照片中产生最佳结果所需要的作用。显影不足可能是显影时间太短、显影温度太低或者使用浓度变低了的显影液等原因引起的。（无损检测）

显影过度 over-development 显影作用超过在特定的射线照片中产生最佳结果所需要的作用。它可能是显影时间过长或显影温度过高引起的，结果在照片上产生过大的粒度、雾翳和低衬度。（无损检测）

显著性 significant 如果某检验统计值的概率最大值小于或等于某个被称为检验显著性水平的预定值，则从统计学意义上讲该检验统计值是显著的。（统计术语）

现场缠绕成型 on-site winding 在特大型纤维复合材料制品（如房屋、储罐、连续长管等）制作时使用的在现场进行缠绕成型的方法。

现场发泡 foam-in-place；foaming-in-place 指在工件现场发泡，与将工件移至发泡机发泡不同。

现场介电显示 in situ dielectric sensing 用叉指型平板电极和传统的平形板电极装置现场检测模具中树脂充电偶极子运动能力变化，并建立与材料宏观工艺性能变化相关性的检测方法。

限位板 steps 嵌入两半模具之间的金属片，用于控制压力模制件的厚度。这种方法的缺点是会使制件受压减小，故而产生空隙。

限位钉 stop pin；stop button 对推出机构起支承和调整作用并防止其在复位时受异物障碍的零件。

限位块 stop block 起承压作用并调整、限制凸模行程的块状零件；限制滑块抽芯后最终位置的块状零件。

限制载荷 limit load 又称使用载荷，结构在使用中允许承受的最大载荷。在该载荷作用下结构不应产生影响总体正常工作的变形，卸除后不应遗留有害的残余变形。

线 thread 由两股以上的纱或丝，经一次或多次合并加捻而成的纱条。按合并股数分，有双股线、三股线及复捻多股线等。其用途除用于机织、针织外，还用于缝纫、刺绣、制绳等。

线密度 linear density 纤维、纱线单位长度的质量。相当于用直接制（定长制）表示的细度。

线膨胀 linear expansion 由温度梯度或温度变化引起的试样或部件长度尺寸的变化。参见线热膨胀系数(470 页)。

线热膨胀系数 coefficient of linear thermal expansion 温度每变化 1℃ 材料长度变化的百分率。

线烧蚀率 linear ablating 在烧蚀过程中，单位时间内材料沿法线方向后退的距离。

线型不饱和聚酯 linear unsaturated polyesters 参见不饱和聚酯树脂(25 页)。

线型酚醛环氧树脂 novolac epoxy resin 又称环氧化线型酚醛树脂。分子中含有线型酚醛树脂结构的多官能缩水甘油醚型环氧树脂。平均每分子含环氧基 2.5～5.5 个，随分子量不同，其性状呈高黏稠液体至固体。环氧当量 172～200g/mol。兼有酚醛树脂和环氧树脂的优点。可被胺类、酸酐、咪唑及其衍生物固化，开环活性比双酚 A 环氧树脂大。固化树脂的耐热性和耐化学品性比二官能双酚 A 环氧树脂更为优良。如用 DDS 固化，其固化产物的热变形温度可达 220℃，而双酚 A 环氧树脂固化产物的为 190℃。线型酚醛环氧树脂多用于高温使用情况下的胶黏剂、结构件、电气层压材料、涂料、包封及灌封料。典型用途是制作长丝缠绕成型管材、贮槽、防腐涂层及其他化工设备。

线型酚醛树脂 novolak; novolacs 在酸性催化剂存在下，由过量苯酚与甲醛缩聚制得的一种热塑性酚醛树脂。这种树脂只有加入能提供次甲基的化合物（如六次甲基四胺或甲醛）和加热后才能固化成热固性材料。

线型聚合物 linear polymer 分子呈链状连接的聚合物，仅有少数支化或侧链，或无支化或侧链。

线型无定形聚合物 linear-amorphous polymer 相对结晶型高分子而言，即使在任何严格条件下也不可能结晶的高分子。实际上，以结晶性很低的聚合物居多。由自由基聚合得到的聚苯乙烯、聚乙烯醇、聚甲基丙烯酸甲酯等属于这类聚合物。

线性缠绕 linear winding 导丝头沿芯模轴线方向的运动速度与芯模的旋转速度成线性关系的螺旋缠绕。

线性关系 linear relation 变量的直线关系，即对于一个输入变量，输出变量是唯一的和线性的比例。

线性累积损伤理论 linear accumulative damage theory 是估算构件安全寿命的一种理论。这种理论假定：构件在某给定应力水平造成的疲劳损伤与该应力水平所施加的循环数 n_i 和在同一应力水平发生破坏所经受的总循环数 N_i 之比成比例。这个损伤 n_i/N_i，一般称为“循环比”或“累积损伤比”。如果同一应力水平下继续施加重复载荷，直到出现破坏，循环比将等于1，即$\sum(n_i/N_i)=1$。

线织物　full thread woven fabric　经纬全部用线织成的织物。

相对磁导率　permeability (relative)　一种材料或介质的相对磁导率。它等于在介质中产生的磁通密度与相同的磁化力在真空中所产生的磁通密度之比。(无损检测)

相对分子质量　relative molecular mass; molecular weight　也称分子量。物质的分子或特定单位的平均质量与核素^{12}C原子质量的1/12之比，符号为Mr。无量纲。为分子中各原子量之和。

相对分子质量分布　molecular weight distribution　旧称分子量分布。组成聚合物中不同分子量聚合物的相对量。此相对量按一定的概率函数分布，通常以分子量分布曲线表示。

相对介电常数　relative dielectric constant　以绝缘材料为介质与以真空为介质制成同尺寸电容器的电容量之比。标准大气压下，空气的相对介电常数等于1.00053。因此，实际上以空气为介质的电容器可用作测定相对介电常数的基准，并能达到足够的精确度。

相对密度　relative density　在规定温度下，物质的绝对密度和3.98℃时水的绝对密度(水密度的最大值)之比。亦见密度、表观密度和比重；含空隙材料的密度与同种材料无空隙状态下的理论密度之比，以百分数表示。它表示材料达到理论密度的程度。相对密度愈大，空隙愈少，材料密度愈接近无空隙料的最大值。

相对黏度　relative viscosity　过去常误称为比黏度，甚至误简称为黏度。其定义为流体的动力黏度与同温度下水的动力黏度之比。为无量纲量。有时它也指聚合物溶液的动力黏度与同温度下纯溶剂的动力黏度之比。

相对湿度　relative humidity; RH　表示空气中水汽含量的多少或大气潮湿程度的一种指标。其值为空气中实际水汽压与当时同温度下饱和水汽压之百分比，是一无因次量，表明空气湿度距离饱和的程度。

相对误差　relative error　绝对误差与某一约定值(被测量的实际值、仪器的满量程值或仪器的读数)之比。通常用百分数表示。

相互影响系数　见单层剪切耦合系数(61页)。

相互作用　interaction　同耦合一样。例如由于横向应力的存在影响了纵向拉伸强度，在纵向屈曲应力和横向或剪切应力之间存在相似的相互作用。一般地说，复合材料的相互作用的影响大于常规各向同性材料。分析应用时应考虑所有可预料到的应力。

相容性试剂　compatibility ragengt　简称兼容剂，又称增容剂、界面剂。能改善聚合物共混时不同聚合物间兼容性的接枝或嵌段共聚物，其中的一部分链段与共混物中的一个高分子组分有相同的结构或有好的兼容性，分子的另一部分链段与共混物中的另一个高分子组分有相同的结构或有好的兼容性。加入兼容剂使共混物中的两相界面能降低、粘接性增加并使分散性变好。如由A、B两种结构单元组成的共聚物AB就是聚合物A与聚合物B的相容性试剂。

香蕉水　banana liquid　硝酸纤维素溶于醋酸戊酯或类似溶剂的一种

溶液。

镶件 insert (for molding) ①在模压成型过程中，埋入或随后压入复合材料或塑件中的金属或其他材料零件；②当成型零件（凹模、凸模或型芯）易损或难以整体加工部件时，与主体件分离制造并嵌在主体件上的局部成型零件。

镶嵌共聚物 见嵌段共聚物（339页）。

相 phase 具有相同成分及相同物理、化学性质的均匀物质部分。只含有一个相的系统称为单相系；含有多个相的系统称为复相系。各个相之间必定有明显的分界面。例如空气是一个相；水和冰是两个相；水、冰和蒸汽是三个相；复合材料是三相的。

相变 phase transformation 在外界施加的约束条件（如温度、压强、磁场强度等）改变时，引起的系统中相的数目或相的性质发生的变化。凡是具有等同的规定其性质的强度参数（密度、化学反应、成分、磁有序度等）的均匀区域构成一个相。两个相可以是两个不同的聚集状态（如气、液、固等态），也可以是在相同聚集状态下的不同晶体结构（如 α-SiO_2、β-SiO_2）或具有不同的有序参数的状态（如铁磁态、顺磁态等）。

相变材料 phase-change materials; PCM 相态随着温度变化而改变，并能提供潜热的物质。

相界 interphase 一个系统（固/液、液/液、液/气）中的两个相之间的过渡区，在固/液系统中，指这样一个剪切区，通过这个过渡区，两个接触面的物理性质或化学性质可以作相互的移动；对于胶接和复合材料而言，为基体树脂或聚合物与黏附体之间的边界域，在此区域，聚合物分子高度取向于黏附体，它在基体胶黏剂本身和黏附体之间或在纤维与层合板基体之间，主要起传递载荷的作用。

相敏检测器 phase sensitive detector 一种装置，在这种装置中，输出信号的振幅是输入信号的相位的函数。（无损检测）

相速度 phase velocity 正弦行进波的相速度。相位不变的任何点（在传播方向上）的速度与波有关。（无损检测）

相位差 phase difference 由两个具有相同频率的周期变化量的相似点上计算的相位的差。（无损检测）

相位角 phase angle 如果角度用弧度表示，相位乘以 2π；如果角度用度表示，相位乘以 360°。这样得到的角度叫相位角。参见介电相位角（221页）。

像质指示器灵敏度 image quality indicator sensitivity 在射线照片中能检测出来的像质指示器厚度的最小变化，表示为物体厚度的百分数，假定物体为规定的均匀材料。（无损检测）

橡胶 rubber 一类玻璃化转变温度低于室温的交联聚合物固体。其特点是具有高的弹性变形和伸长率。

橡胶态 rubber state 又称高弹态。高聚物所处的受载时变形可达 500%～1000%、卸除后变形回复迅速的状态。在此状态下的长链线形聚合物可部分缠结，所以有流动性。高弹态是聚合物特有的力学状态。

橡胶态转变 rubber transition 见玻璃态转变（19页）。

橡胶型胶黏剂 rubber adhesive

由天然橡胶或合成橡胶（如丁腈橡胶、氯丁橡胶、硅橡胶等）为黏料制成的胶黏剂。

肖氏硬度 Shore hardness 用一定质量的标准冲头，从一定高度上自由落于试件表面，根据冲头的回跳高度来衡量试件的硬度，以符号 HS 表示。回跳高度高，硬度值大，反之则小。

消耗性材料 expendable materials 零件制造过程中使用、用后即废弃的工艺材料。如脱模布、透气布、吸胶布、可剥布、隔离膜、密封胶带、真空袋等辅助材料。

消耗性模具 expendable tooling 零件制造完成后用化学或机械方法除去并废弃的模具，一般用于结构下陷处的镶嵌模。

消泡剂 anti-forming agent; defoamer 降低溶液或乳浊液表面张力，从而抑制形成泡沫或消除已形成的泡沫的一种添加剂。

消声瓦 见抗声呐功能复合材料（265 页）。

销接 pegging 蜂窝芯块拼接的一种方式。即将第三块芯子插到被连接的两块芯子中间，使两者连（拼）接到一起的蜂窝芯块拼接方式。

楔紧块 wedge lock 见楔块（473 页）。

楔块 heel block 带有楔角，用于合模时楔紧滑块的零件。

楔头 见榫头（413 页）。

协方差 covariance 为方差概念对两个随机变数的推广。一个随机变数 X 的均值为 $\overline{X}_a$，另一个随机变数 Y 的均值为 $\overline{Y}_a$，这两个随机变数各与其均值之差的乘积的统计平均值，为它们的协方差。协方差的数学表达式为：

$$K_{XY}=\overline{(X-\overline{X}_a)(Y-\overline{Y}_a)}$$

一般说来 K_{XY} 的值为正或负时，说明这两个随机变量是相关的。如果 $K_{XY}=0$，则 X 和 Y 是不相关的。

协同作用 synergism 两种添加剂并用其效果比以每种添加剂单用时所预期的效果要更好一些的一种现象。例如，塑料的某些稳定剂，当协同使用时具有互相增强的效果，因此叫作协同稳定剂。

斜槽导板 finger guide plate 具有斜导槽，用以使滑块随槽做抽芯和复位运动的板状零件。

斜滑块 angled-lift splits 利用斜面的配合而产生滑动，往往兼有成型、推出和抽芯作用的拼块。

斜交层合板 参见角铺层层合板（213 页）。

斜接接头 scarf joint; joint, start 两被粘物的胶接面为非 90°的对应断面，且该两断面胶接后成为具有同一平面的接头。

斜切 bias cut 按编织的图纹 45°方向切割物料。

斜入射 oblique incidence 声波以与入射点的法线成任意的角度（除 0°或斜入射以外）入射到表面上。（无损检测）

斜探头 angle probe 一种接触式探头，这种探头发射的声束主波瓣的传播方向与通过探头放置点而与入射表面相切的平面的垂线成 0°和 90°以外的任意角度。（无损检测）

斜纹纹路 twill line 斜纹组织纹路形成的斜线。向左斜的称左斜纹，一般用“↖”或“S”表示；向右斜的称右斜纹，一般用“↗”或“Z”表示。

斜纹织物 twills 这种织物经纬交织点比平纹少，织物比较柔软、有光泽，弹性较好，渗透性好，但强力较差。在单位面积上可布置更多的纱线，同时又不损失织物的稳定性；与缎纹织物相比，其强力较高而渗透性略差。斜纹组织织造方便，用普通织机即可织造，因此，一般过滤材料及增强材料多采用这种织物。参见斜纹组织（474 页）。

斜纹组织 twill fabric；twill weave 在一个组织结构中经纱和纬纱按某种规律相互交织，从而使其交织点呈斜向排列的机织物结构。一个完全的组织内，至少要有经纬纱各三根。仅一面呈明显斜纹的称单面斜纹，正反两面都呈明显斜纹的称双面斜纹。

斜销 finger cam；angle pin 倾斜于分型面装配，随着模具的开闭，使滑块在模内产生相对运动的圆柱零件。

芯层 interlayer；core 层压制件中的中间薄板；模塑中用作传热介质循环的流道。

芯格 cell 蜂窝芯子的最小完整单元。

芯模 mandrel 缠绕成型纤维复合材料时用的型芯；在其他成型中指模具或口模的中心部件。

芯模材料和结构形式的选择 selective on mandrel material and structure 可用于制作芯模的材料很多，制作方法及结构形式也多种多样。但是，要使某种材料及结构形式同时满足产品对芯模的要求是很困难的。因此需要材料与其结构形式合理搭配，相得益彰，以满足产品对模具的要求。常用的芯模有：①隔板式石膏空心芯模。由芯轴、预制石膏封头、预制石膏板、空心筒及石膏面层组合而成。其优点是重量轻，设备简单，成型工艺简单，材料来源广，价格低廉，易脱模和拆除，能满足较高精度要求。缺点是：重复使用次数少，加热固化时，石膏脱水对产品质量有一定影响。使用范围：固化温度＜250℃。用于精度要求较高的大中型制品、内型较为复杂的制品。②金属组合芯模。优点是：可以反复使用；固化温度限制少，固化时芯模温度场均匀，有利于提高产品质量；制品表面致密光滑。缺点是：装配复杂，拆模须格外小心。适合于不收口管形、环形制品。③聚乙烯醇-砂子组合模。其配料比按：聚乙烯醇 1g、砂子 1g、水 10mL。芯模封头曲线用样板刀来保证。烘干制度必须根据表面砂层厚度而定。但烘干温度不得超过 160℃，否则聚乙烯醇开始脱水导致制品成型后芯模难以用水溶解，脱模困难。优点：结构简单、尺寸灵活、强度和刚度较好、脱模较易。缺点：精度较差，面层制作较困难。这种芯模适用于固化温度＜150℃的中小型制件。④金属-玻璃钢芯模。芯模的支撑用金属制作，型面用玻璃钢制成。然后装配而成。适用于强度和精度要求不高的产品。⑤石膏-砂子芯模。配比为石膏∶砂子＝1∶8，加水 20％混合搅拌均匀注入模具，待水分干燥后得到坚硬的芯模。产品制成后，灌入水搅拌，即可将石膏和砂子清除。

芯模设计因子 mandrel design factor 芯模设计必须根据产品在整个成型过程的要求、制件工艺及脱模方式、经济性和可行性而定。基本要点如下：

①有足够的强度和刚度，能够承受诸如自重、缠绕张力、固化压力、固化热应力及机械加工中的载荷，保证产品结构的尺寸稳定性满足要求；②精度要求，对于缠绕尺寸要求严格，具有回转曲面的产品，芯模对轴线的同心度、直线段对母线的不直度以及各椭圆的椭圆度等，都必须满足产品对芯模的精度要求；③芯模的材料要来源广，价格便宜，制造工艺简单，生产周期短；④脱模拆除顺利，清除干净，不影响或较小影响产品质量。参考芯模材料和结构形式的选择。

芯轴 mandrel 诸如在铺贴与长丝缠绕之类的加工过程中用作零件生产基准的模板、夹具或阳模。

芯子 core 夹层结构中夹在两面板（蒙皮）之间的轻质材料。其作用是使面板稳定，传递面板之间的剪切应力，给夹层结构提供最大的剪切刚度。

芯子凹陷 core depression 蜂窝芯子的一种缺陷。指芯子中的局部压痕或凿痕。其成因有三种：①如果蜂窝芯的耐压强度不够，当结构受到过大压缩载荷时，导致蒙皮和蜂窝芯发生“垂直方向”弯曲所形成的凹坑；②当蜂窝夹层结构件受到过大弯矩作用时，使结构件产生压缩变形所形成的凹坑；③外来物的冲撞，如维修工具跌落、飞机飞行中鸟击等导致结构变形形成的凹坑。参见蜂窝夹层结构凹坑（110 页）。

芯子分离 core separation 蜂窝芯子的一种缺陷。指芯子节点胶接处局部或全部开裂。参见开胶（262 页）。

芯子拼接 core splicing 通过对接、嵌接或胶接的方法将各段芯子连接到一起的操作过程。参见销接（473 页）。

芯子压坏 core crush 指芯子倒塌、扭曲或缩陷之类的蜂窝芯子缺陷。参见蜂窝夹层凹坑（110 页）。

芯子移动 core movement 蜂窝芯子的一种缺陷。由于芯格和/或芯子组件的变形所引起的芯子超出公差的横向迁移。

锌钡白 lithopone 又称立德粉。混合硫酸钡、硫化锌溶液与氧化锌溶液，将沉淀物过滤、洗涤并干燥而制得的一种白色粉末。在塑料中用作填料与颜料。

锌钡硫化物（白） zinc sulfide white 见锌钡白（475 页）。

新兴陶瓷 new ceramic 见先进陶瓷（463 页）。

信噪比 signal-to-noise ratio 材料中的缺陷所产生的信号振幅与平均的本底噪声信号的振幅之比。（无损检测）

行星式螺杆挤出机 extruder, planetary screw 若干个卫星式螺杆（通常为六根）安装于一较长的中心螺杆周围而组成的多螺杆挤出机。中心螺杆伸出于卫星螺杆的部分起到像单螺杆挤出机中的压出螺杆作用，而卫星螺杆允许挤出物中挥发物逸向料斗底部。这种装置主要用于加工聚氯乙烯干合料之类的模塑粉。

行星式缠绕机 planetary type winding mashine 见立式缠绕机（283 页）。

形态 morphology 指聚合物的聚集态结构的形式，如无定形态、结晶态、玻璃态、高弹态、黏流态等。

“0”形缠绕 0-winding 见纵向缠绕（548 页）。

DCPD 型苯并噁嗪 DCPD-phenol

benzoxazine 又名双环戊二烯型苯并噁嗪。是一种低介电型苯并噁嗪。由双环戊二烯、多聚甲醛、苯胺水缩合制得的一种酚醛树脂。室温下呈黄色固体，熔点 90℃左右，加热至 120℃可以自流平。固化条件是 1000～3000s/210℃，固化后的玻璃化转变温度 $T_g \geqslant 150$℃，V-1 阻燃级别，介电常数 $D_k < 3.0$，介电损耗 $D_f < 0.0095$。优异的介电性能得到通信类覆铜板行业的青睐。

DOPO 型苯并噁嗪 DOPO-phenol benzoxazine 是一种阻燃型苯并噁嗪。由 9,10-二氢-9-氧杂-10-磷杂菲-10-氧化物、苯并噁嗪、多聚甲醛、苯酚脱水缩合制成。室温下呈黄色固体。熔点 90℃左右，加热至 120℃可以自流平，固化后的玻璃化转变温度 $T_g \geqslant 150$℃。V-0 阻燃级别，磷含量>9%，具有较低的烟密度。不含卤素，可单独作为阻燃基体树脂使用，也可以作为环氧树脂的含磷固化剂，用于无氯阻燃体系的复合材料和覆铜板领域。

MDA 型苯并噁嗪 MDA-phenol benzoxazine 是高耐温型苯并噁嗪。由二氨基二苯甲烷、多聚甲醛、苯酚脱水缩聚制成。室温下呈棕黄色固体，熔点 90℃左右，加热至 120℃可以自流平，固化条件是 200～600s/210℃，固化后的玻璃化转变温度 $T_g \geqslant 200$℃，长期使用温度 200～220℃。V-1 阻燃级别，氮气氛残炭量>50%（800℃）。适用于高温环境下使用产品。

E-型环氧树脂 见双酚 A 型环氧树脂（403 页）。

A-B 型混杂 见层内-层间复合混杂（40 页）。

C-型混杂 见夹芯混杂复合材料（199 页）。

T-型接头 T-type joint 两个被粘物主表面呈 T 型的胶接接头。

型腔 cavity (of mould) 合模时，用来填充塑料成型塑件的空间（即模具型腔）；有时也指凹模中成型塑件的内腔（即凹模型腔）。

A-型扫描显示 A-scope presentation 一种直角坐标阴极射线管显示形式。在这种显示中，沿一个坐标轴的位移表示脉冲振幅，沿另一个坐标轴的位移表示时间。（无损检测）

B-型扫描显示 B-scope presentation 一种直角坐标阴极射线管显示形式。沿一个坐标轴的位移表示超声脉冲的传播时间，沿另一个坐标轴的位移表示探头的移动（一般为直线型）。在这种显示中，反射脉冲在黑色的背景上呈现为发亮的标记，或者相反。（无损检测）

C-型扫描显示 C-scope presentation 对材料进行逐行扫描（不相交的线）时得到的缺陷数据的行扫描显示，缺陷依照探测时刻探头的位置显示出来。并在阴极射线管荧光屏上显示或记录在纸带或胶片上。这种显示是一种二维显示。

型芯 core 成型塑料件内表面的凸状零件。

型芯固定板 core-retainer plate 用于固定型芯的板状零件。

性能转换的对称性 symmetry in transformed properties 正交各向异性材料的转换刚度和柔度分量具有偶数和奇数的对称性。对角线分量是偶数，即分量 11、22 和 66 总是正的且相对于 0°和 90°轴对称。对于刚度矩阵泊松耦合分量是正的，对于柔度矩阵泊松耦合分量是负的，余下的分量

16 和 26 是奇数的，即它们的值可正也可负。

修边 trimming；deflashing 指复合材料制件或塑料制件的去毛刺或飞边的过程。可用砂纸手工打磨或采用砂轮打磨等专用工具进行。

修补 repair 又称修理。指对有内部缺陷或外部损伤的复合材料制件进行修复的过程。内部缺陷一般是在制造过程中出现，而外部损伤一般是在装配或使用过程中形成。分为室内修补和外场现场修补；冷修补和热修补；预浸料和铺层修补；非补强修补和补强修补。冷修补采用室温固化树脂体系，热修补采用加热固化的树脂体系；非补强修补适合于表面的小的缺陷或损伤，而大的损伤则需采用补强修补。修补方法的具体选择要按照修补规范进行。复合材料结构修补的一般流程如下图所示。

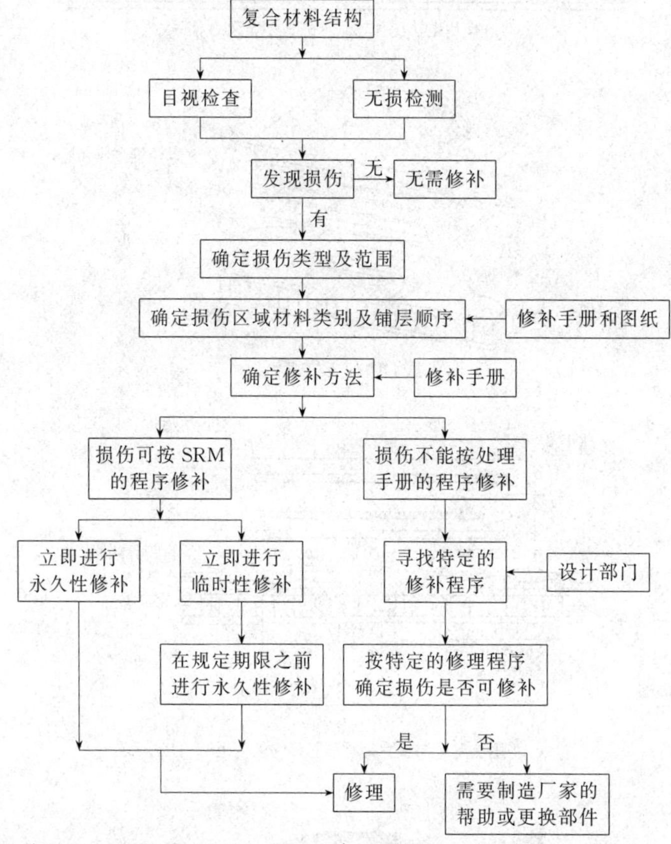

典型的修补的工艺组合见 478 页图，分别为使用电热毯加热修补的典型装封、湿铺层修补的装封工艺组合、采用电热毯加热固化蜂窝芯塞和 VaRTM 法制备复合材补片。

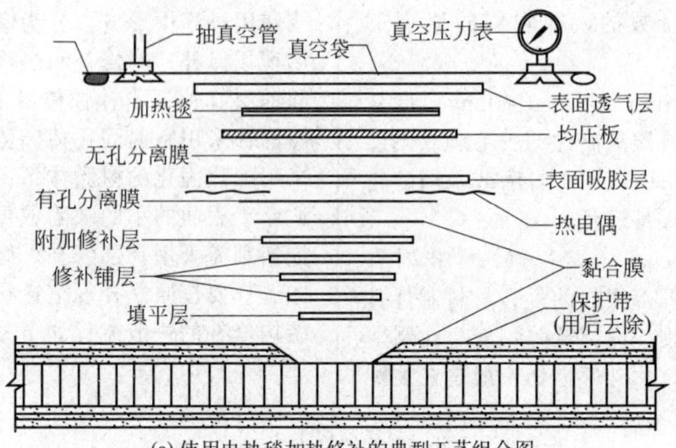

(a) 使用电热毯加热修补的典型工艺组合图

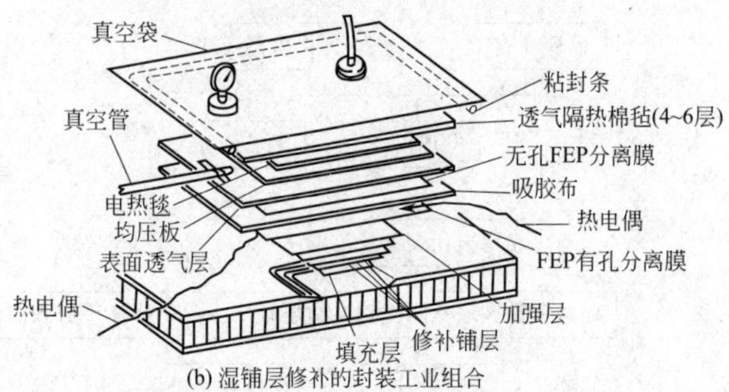

(b) 湿铺层修补的封装工业组合

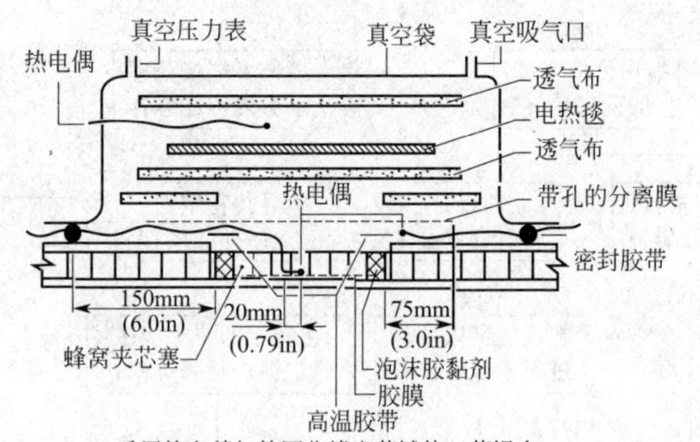

(c) 采用热电毯加热固化蜂窝芯铺的工艺组合

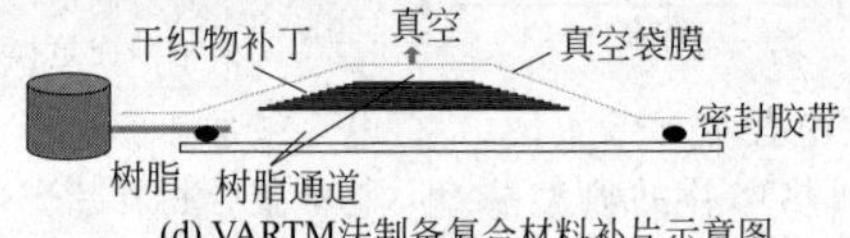

(d) VARTM法制备复合材料补片示意图

修理 见修补（477 页）。

修理容限 repair tolerance 复合材料制件的缺陷或损伤是否需要和能否修理的定量界限。

修饰 finishing 零件模塑成型后的下一道工序，如去除浇口余料、飞边，修剪、锉边、磨光、倒角或改善制品外观的操作等。

修正强度 corrected strength 将不在标准温湿度条件下测得的强度数据，按规定的修正系数计算的相当于标准温湿度条件下的强度。

许用损伤 allowable damage 不影响结构性能或完整性的轻微损伤，如擦伤、划槽、刻痕、刮痕、裂纹、小洞、分层、脱粘、潮气以及化学浸蚀。界定结构件可允许损伤的标准可在相应机型修理手册中查到，根据具体情况确定是否修理。如果该损伤会扩展，会使结构的剩余强度下降，从而降低设计寿命，就必须在规定的时间内进行修复。

许用应力 allowable stress 在各种工作条件下，为保证构件正常使用所允许的最大应力。通常以材料的强度极限除以一个大于 1.0 的安全系数即得材料的许用应力。以单向拉伸为例：

$$[\sigma]=\frac{\sigma_b}{K}$$

式中 $[\sigma]$——许用应力，MPa；
σ_b——材料的强度极限，MPa；
K——安全系数。

许用值 allowable 在概率基础上（如分别具有 99%概率和 95%置信度与 90% 概率和 95%置信度的 *A*-基准或 *B*-基准值），由层压板或单层级的试验资料确定的材料值。导出这些值要求的资料量由所需的统计意义（或基准）决定。许用值包括材料许用值和设计许用值两种。参见材料许用值（28 页）、设计许用值（377 页）。

序列缠绕 sequential winding 见双轴缠绕（407 页）。

玄武岩纤维 basalt fiber；CBF 以玄武岩熔体为主制成的纤维或丝状物。以天然玄武岩矿石为原料，通过矿石粉碎、熔融、喷丝、上浆、收卷等工序制成的（具有三维结构）连续纤维或丝状物。生产流程如下图所示。主要由

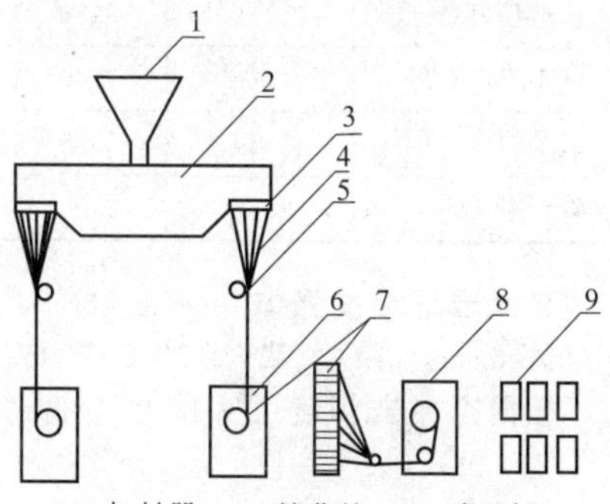

1—加料器；2—熔化炉；3—喷丝板；
4—纤维；5—上浆设备；6—缠绕机；
7—纱筒；8—初纱；9—粗纱

SiO_2、Al_2O_3、Fe_2O_3、CaO、MgO、K_2O 及 TiO_2 等多种氧化物组成。一般呈灰黑色、细粒致密状。玄武岩纤维分为无捻粗纱、有捻纱、短切纱、膨体纱等品种。玄武岩纤维与碳纤维、芳纶、超高分子量聚乙烯（UHMWPE）纤维、玻璃纤维相比（见 450 页表），除了具有高强度（合金钢的 2.5 倍）、高模量的特点外，还具有高耐温性（使用温度 −260～650℃，短时使用温度 700℃，一次使用温度 1000℃，绝不燃烧）、耐光性极佳，抗氧化、抗辐射、绝热隔音、过滤性好，抗压缩强度、剪切强度高，适应于各种环境下使用等优异性能。且性价比高，与偶联剂有很好

的协同作用，生态学相容性好，与金属、橡胶、塑料等都有很好的相容性。不致癌、不含毒物质。对水、盐、酸、碱有好的稳定性。另外其原料来源丰富（占地壳的 1/3）、价格低廉（不到纤维生产成本的 5%）。尤其是与树脂基体的界面强度很高，因而对树脂和塑料具有很高的增强效果。从而为获得高性能复合材料奠定了基础。可作为满足国民经济基础产业发展需求的基础材料和高技术纤维。在航空航天、国防军工、建筑结构、交通运输等领域具有广阔应用前途。

项目	密度 /(g/cm^3)	拉伸强度 /MPa	弹性模量 /GPa	断裂伸长率 /%	最高使用温度/℃
玄武岩纤维	2.6～2.8	4000～4300	84～87	3.2	700
E-玻璃纤维	2.5～2.6	3450～3800	72～76	4.7	550
UHMWPE 纤维	0.936	3500～4000	90～171	3.25	110
凯芙拉-49	1.44	2578～3034	124～131	2.3	250
碳纤维-HS	1.75	2500～3500	230～240	1.5	500

玄武岩纤维增强体 basalt fibre reinforcements 参见玄武岩纤维（479 页）。

悬臂梁冲击韧度 见 IZOD 冲击韧度（54 页）。

悬臂梁冲击试验 见 IZOD 冲击试验（54 页）。

悬浮聚合 suspension polymerization 又称珠状聚合、珍珠聚合、成珠聚合。单体以小液滴状态悬浮在水中进行的聚合。悬浮聚合体系由单体、引发剂、水、分散剂等四个基本组分组成。悬浮聚合产物的粒子的直径为 0.01～5mm，一般为 0.05～2mm，粒径大小视搅拌强度、分散剂性质和用量而定，可得粒状和粉状产物。悬浮均相聚合产品可制成透明的珠状，故曾称作珠状聚合。悬浮沉淀聚合产品则呈不透明的粉状物。

悬浮聚合物 suspension polymer 单体以小液滴状态悬浮在水中进行聚合所得产物。

悬浮体 suspension 又称悬浊液。固体微粒在液体介质中的分散体系。

悬浊液 见悬浮体（480 页）。

旋管 spiral 在玻璃纤维成型中，用以往复横绕丝束于成型管上的装置。

旋转波 rotational wave 见剪切波（203 页）。

旋转成型 rotational molding 类似于旋转铸塑的一种成型方法，不同的是其所用的物料不是液体，而是烧结性干粉料。其过程是把粉料装入模具中而使它绕两个互相垂直的轴旋转、受热并均匀地在模具内壁上熔结成为一体，而后再经冷却就能从模具中取得空心制品。参见旋转铸塑（480 页）。

旋转扫描 swivel scan 用来研究已发现的缺陷的形式的剪切波技术。将探头放在离缺陷一恒定的距离上，对着缺陷，围绕缺陷将探头转动 360°。（无损检测）

旋转铸塑 rotational casting 用液态物料成型中空制品的一种方法。该法是将液态物料装在密闭的模具中而使它以较低速度绕单轴或多轴旋转，这样，物料能借重力而分布在模具的内壁上，在通过加热或冷却达到固化或硬化后，即可从模具中取得制品。绕单轴旋转的用于生产圆筒形制品，绕双轴或靠振动运动的则用于生产密闭制品。参见旋转成型（480 页）。

选择分离聚合物膜复合材料 selectively separative polymeric composites 具有对化学物质选择分离的一种功能复合材料，是由具有选择分离功能的高聚物膜和膜支持层构成的复合材料。

选择滤光功能复合材料 selective light filtering functionalcomposites 以透明的聚合物、玻璃、单晶体和多晶陶瓷为基体，并将各种原料均匀地分散其中，形成的可见光波选择吸收，从而达到滤光目的的复合材料。

循环成本 recurring cost 在项目全生命周期内重复的成本，如项目执行过程中发生的材料成本、劳动力成本、制造成本等。

循环应变硬化指数 cyclicn strain hardening exponent 简称循环硬化指数。材料抗循环塑性变形的能力。是低循环疲劳性能中的一项指标。

循环应力 cyclic stress 随时间周期变化的应力。一个周期内的应力-时间函数称为一个应力循环。应力循环由应力分量、波形、频率确定。

循环应力-应变曲线 cyclic stress-strain curve 材料低循环疲劳的一种特性。它是由不同应变范围得出的几个稳定的应力-应变曲线的顶点连接起来的光滑曲线，反映材料承受低循环疲劳时应力-应变性质。

循环应变硬化和循环软化 cyclic strain hardening and softening 为材料承受反复循环载荷的一种性能。当控制恒定应变进行低循环疲劳时，如应力随循环数的增加而增加，随后达到一个稳定值，称为循环硬化；如应力随循环数的增加而减小，随后达到一个稳定值，称为循环软化。

循环硬化指数 见循环应变硬化指数（481 页）。

Y

轧光机 见压延机（485 页）。

压板开距 daylight 动压板和定压板开启时的最大间距，在层压机中指相邻的两块压板间开启时的最大间距。

压变性 dilatancy 某些胶体体系所具有的在加压或挤压时会增稠或变硬的性质。参见触变性（56 页）。

压差 RTM 见压差树脂传递成型（481 页）。

压差树脂传递成型 differential pressure resin transfer moulding 一种单面模具树脂传递成型工艺。工件上覆盖真空袋或软膜，袋内真空或压力用来传递树脂，袋外压力由热压罐提供。

压电材料 piezoelectric materials 一种具有压电效应的材料。压电材料的性能常数主要有介电常数、压电常数、温度系数、介质损耗、机械质量因子、机电耦合系数等。可分为四类：①压电单晶材料，如水晶、硼酸锂晶体、锗酸锂晶体等；②压电薄膜材料，如氧化锌薄膜、硫化镉薄膜、氮化铝薄膜等；③压电陶瓷材料，如钛酸钡陶瓷、钛酸铅陶瓷、锆钛酸铅陶瓷等；④压电高分子材料，如聚偏氟乙烯（FVDE）、聚偏氯乙烯（PVDC）、偏氟乙烯与三氟乙烯共聚物（VDF-TrFE）等。主要用于制作压电器件，如谐振器、振荡器、滤波器、变压器、机电陀螺等。广泛用于通信、导航、广播、精密测量、计量、水声、探伤、医疗及能量转换等。

压电复合材料 piezoelectriccomposites 以橡胶、环氧树脂、压电高分子材料（如PVDF）为基体材料，以锆钛酸铅（PZT）、钛酸铅、偏铌酸铅等压电陶瓷粉末为功能体复合而成的具有压电性质的复合材料。与单质压电材料相比，压电复合材料具有许多优良性能。如更高的水声换能优值q（$q=d_h g_h$），能制作更灵敏的主动声呐和水听器。这种材料相对密度小，与水声阻抗匹配得很好，因而也减小了水在界面上的反射。压电复合材料能承受由于压力涨落而引起的机械力的冲击，具有柔性，易做成所需的形状。主要用于主动声呐、水声探测器和医用超声传感器等。参见压电材料（481页）、压电聚合物材料（482页）。

压电高分子材料 见压电聚合物材料（482页）。

压电聚合物材料 piezoelectric polymer materials 又称压电高分子材料。具有压电效应的一类高分子材料。天然高分子材料如骨、聚氨基酸、DNA、硬橡皮等；合成高分子如聚氯乙烯、聚ω-氨基十一酰胺等；强介电高分子如聚偏氟乙烯（PVDF）、偏氟乙烯与三氟乙烯共聚物（VDF-TrFE）因自发极化而具有压电性。压电高分子易成型加工，相对密度小、柔韧、抗冲击、耐水、耐酸碱、价廉，但耐水性不如陶瓷压电材料。其中VDF-TrFE已用于电声器件喇叭、耳机麦克风、电话、超声传感器、水声探测器、音压传感器、加速传感器、血压传感器及声场测定组件。参见压电材料（481页）、压电效应（482页）。

压电效应 piezoelectrical effect 对某些介质施加机械应力使其发生形变时，其内部极化状态发生改变，引起介质表面带电，表面所带电荷的密度与应力成正比，此现象称为正压电效应；若在介质上施加电场，介质产生变形，所产生的应变与电场强度成正比，此现象称为逆压电效应。正压电效应和逆压电效应统称为压电效应。具有压电效应的材料称为压电材料；具有压电效应的晶体称为压晶体管；具有压电效应的陶瓷称为压电陶瓷；具有压电效应的高分子称为压电高分子。

压辊压力 press roll pressure 布带缠绕过程中，通过压辊施加于缠绕毛坯的法向压力。

压机 press 利用压板对塑料在成型中进行加压的机械的通称。

压机模压成型 press molding 将装有复合材料坯件的模具放在热压机上加热、加压制成复合材料制件的工艺方法。参见压缩模塑（485页）。

压紧边 pinch-off 模腔周边凸起的部分，它可以减少周边的间隙并压紧其间的预型体，保证预型体在模腔中的位置。

压力 pressure 物体所承受的与表面垂直的作用力或载荷。

压力标准 pressure levels 以下三种压力水平确定了压力容器的设计：①最大工作压力（MEOP），在压力容器使用期内，预期的最大工作压力值。②验收压力值，为使容器被认可必须证实其能承受的压力值。该压力值一般均高于最大工作压力值，高出的程度取决于应用情况：对低压或中压应用，约高出5%；对于高压应用，通常需相差50%。③爆破值（burst level），使结构破坏（以所需可靠性）所需要的最小压力值。对低压或中压应用，该值应高出最大工作压力值约25%，高压应用时约应高出100%。

压力袋 pressure bag 把按制件结构和成型工艺要求裁剪的（硅）橡胶膜密封固定到气室备用压力支撑盖板（压力备板）上所形成的可充气的袋子（如下左图）。该袋子在工艺组合时覆盖于坯件的上方。在固化时可给袋内注入压缩空气或氮气给制件施压。也可注入高压蒸汽，同时加压、加热。参见真空袋（523页）。

压力袋压成型 pressure bag molding 一种增强塑料成型工艺。将特制橡胶囊的压力支撑盖板（压力背板）固定到模具上，橡皮囊在复合材料坯件表面上方形成一气压室（压力袋）。成型时，气室中的压缩气体通过橡皮囊将压力作用到制件上，实现对复合材料的加压（蒸汽可以对树脂加热，加速固化），排除层板坯件中的空气和多余的树脂，使之密实，并改善产品非贴膜面的光洁度。气室压力一般为0.2～0.3MPa。其原理如下右图所示。压力袋压成型适应于需要大于0.1MPa压力，而压力又不必太大的结构件。如薄蒙皮、蜂窝夹层结构的成型，尤其是固化时有低分子物逸出的树脂（如酚醛树脂）基复合材料。本方法不适用于阳模成型。总的来说，压力袋压成型法作为一种操作简单、生产效率高的低成本先进复合材料成型技术，已广泛用于航空航天、交通运输、国防工程、体育休闲、能源环境等领域。参见压力袋（483页）、真空袋压成型（523页）、热压罐成型（360页）。

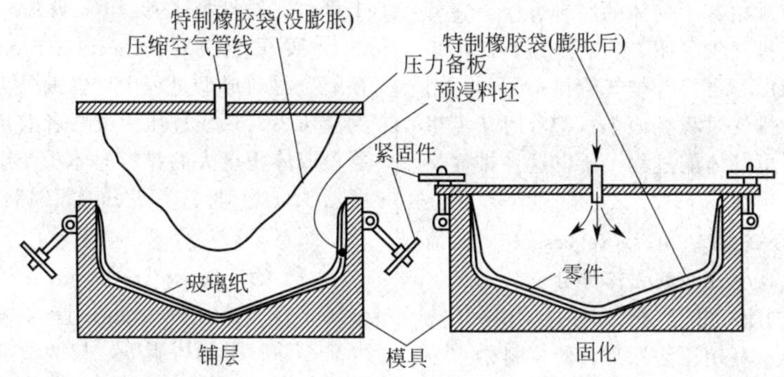

压力垫 pressure intensifier 又称增压垫。由增强橡胶或硅橡胶制成的片状或块状柔性辅助工装。在真空袋和热压罐-真空袋压成型工艺中，通常叠层在阳角侧因自然高压而变薄，在阴角侧因自然低压而变厚（如右图所示）。这些异常，除了通过材料选择、模具设计做相应补偿外，还可以采用压力垫加以克服。如在角顶内、外处加压力垫，避免架桥，分散压力，防止壁厚变化。

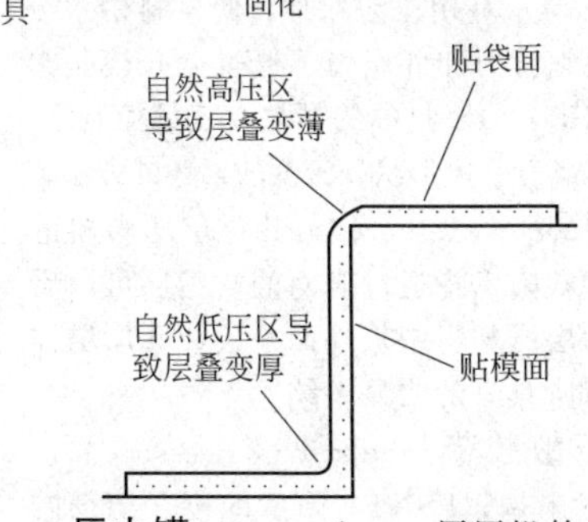

压力罐 press clava 用压机的台板密封敞口容器的端头而制成的类似于热压罐的容器，用以防止增压介质和固化

内部层合板所需热能的损失。

压力浸渗法 pressure infiltration 在压力作用下使液态金属渗入增强体间隙中，得到复合材料制品的一种工艺方法。

压力浸渍碳化 pressure-impregnation-carbonization；PIC 碳-碳复合材料的压实过程。包括沥青浸渍和在高温均压条件下碳化。这种工艺在热压机设备上进行。

压力抛光 press polishing 用来赋予高光洁度的修饰方法，此法能改善乙烯基类、纤维素和其他热固性塑料板的透明度和力学性能。板材以高光洁度的金属薄板进行热压。

压力排气 burping 制作预型体过程中排出其中气体的一种方法。通常是先将排气管关闭，然后加压，保持短暂时间后，再打开排气管排出气体。由于这种排气过程类似于打饱嗝时从嘴里排出胃里气体的过程，所以这种排气又叫嗝式排气。

压力容器 pressure vessel 火箭上容纳高压介质的壳体部分。

压力渗滤工艺 press filtration process 利用压滤原理，使浆料中水分在毛细管力和外压力下通过微孔模具渗滤出来，而浆料中的颗粒在模具控制下，形成具有一定形状、密度的素坯的方法。

压裂 pressure break 层压塑料的一种缺陷。指透过表面的树脂层可以看见的层压塑料中较外面一层或几层增强材料所具有的明显裂纹。

压敏胶带 adhesive，pressure-sensitive tape；PSAT 带状的不含溶剂的黏弹性材料。按其主要成分可分为橡胶型和树脂型两类。其基材通常采用纸、塑料薄膜以及玻璃布等。胶黏剂除主要成分外，还要加入增黏剂、增塑剂、填料、硫化剂、防老剂、溶剂等辅助成分配合而成。这种干态胶在室温下具有长期黏性，仅靠手指压力就可以很牢固地黏住各种不同的接触表面。黏合作业简单易行，初黏力强，使用方便，封缄牢固。广泛用于封缄、包装和捆扎。

压敏胶黏剂 pressure-sensitive adhesive 参见压敏胶带（484 页）。

压实 compaction；densification 热固性复合材料制备工艺中的一道工序。通过用临时真空袋抽真空驱除截留在铺层中的空气，使之密实的操作。在预浸料压缩时通常施加真空压力；预型体在放入 RTM 模具之前通常要压实到最终厚度。此工序也可在升高温度情况下进行。参见预压实（512 页）。

压实工艺 densification process 在复合材料成型过程中，借助外力（如真空压力、热压罐压力或二者兼用）使蓬松或体积庞大的材料的体积变小、密度增大的作业。参见压实（484 页）、预压实（512 页）。

压塑粉 powder compacts；compacts 又称模塑粉。由树脂（一般为聚氯乙烯、酚醛树脂等）与增塑剂、固化剂及其他配合组分的干型混合料压制而成的干而易碎的粒状模塑料。

压碎强度 crushing strength 在相互连接的零构件中，使接触面产生严重塑性变形从而丧失工作能力的限定挤压应力。

压缩比 compression ratio 在压制成型中，为复合材料的体积（V_2）与其所用的料坯的体积（V_1）之比（V_2/V_1）。

压缩波 compressional wave 一种形式的波动。在这种波动中，材料中每

一点上的质点位移平行于波动的传播方向。(无损检测)

压缩空气脱膜 compressed-air ejection 借压缩空气喷射的压力把模制品从塑模中脱出。

压缩模 compression mold 借助加热加压，使直接放入型腔内的塑料熔融并固化成型所用的模具。

压缩模量 (E_c) compressive modulus (E_c); modulus in compression 在比例极限之内，压缩应力 (σ_c) 与压缩应变 (ε_c) 之比，单位为 GPa。

$$E_c=\sigma_c/\varepsilon_c$$

压缩模塑 见模压成型 (302 页)。

压缩模塑压力 见模压成型压力 (303 页)。

压缩强度 compressive strength; strength in compressing 材料破裂 (脆性材料) 或产生屈服 (非脆性材料) 时所受的最大压缩应力，其值等于压缩失效应力与试样初始截面面积之比。单位为 MPa。

压缩试验 compression testing 测量复合材料压缩性能的试验方法，主要是指测量纤维层压复合材料的压缩性能。测量项目包括压缩强度、压缩弹性模量、压缩泊松比、压缩断裂应变及压缩应力-应变曲线。对于单向层合板压缩试验应在 0°和 90°两个方向进行，分别求出这两个方向上的压缩强度、模量和泊松比。这些性能数据在层合板设计时是必不可少的，同时也是复合材料性能评价和成型工艺质量控制的重要依据。进行压缩试验要比拉伸试验困难得多，试验时要保证试样夹具的同轴性，试样上下及压面的平行度、试样受压时不失稳，端头不压坏，试样标距间不屈曲，才能得到准确可靠的数据。采用小标距、试样两端夹持部分贴加强片的方法较好地解决了上述问题。

压缩系数 bulk factor 纤维预型体压实前后每一单位体积的体积变化；体积模数的倒数。

压缩形变 compression set 由压缩应力产生的一种永久形变。

压缩性 compressibility 由于压力改变所产生的每一单位体积的体积变化的特性。

压缩应力 compressive stress 在压缩试验中，试件或构件单位原截面面积承受的压缩载荷。

压涂 calender coating 将诸如纸张和织物之类的基片与塑料薄膜一并通过压延辊进行涂层的方法。

压延 calendering 将热塑性塑料通过一系列加热的压辊，而使其连续成型为薄膜或片材的一种成型方法。

压延辊 bowl 压延机的一套冷铸辊，它是构成这类机器的主要部件。

压延机 calender 配置有多个加热轧辊的压延机械。根据轧辊排列方式不同，分为直列形、倾斜行、L 形、逆 L 形、Z 形、倾斜 Z 形等形式。

压印硬度 indentation hardness 根据用压印工具在固定负荷下压成凹印的大小，或使压印计透入到预定深度所需的负荷加以测定的材料硬度。

压注模 见传递模 (56 页)。

亚临界裂纹扩展 subcritical crack propagation 指裂纹在快速失稳扩展前的一段较缓慢的扩展过程。

烟密度 smoke density 复合材料在规定条件下燃烧时产生的烟雾量。一般采用最大比光密度来表示。

延伸成型 stretch forming 受热的热塑性片材在塑模上拉伸随后加以冷却的塑料片材成型技术。见热成型 (348 页)。

延伸率 elongation; percentage, elongation; percentage of elongation 见断裂伸长率（86 页）。

延性 ductility 材料在断裂前所能经受的塑性应变数。塑性材料通常在应力-应变曲线上有较明显的屈服现象。

延性颗粒弥散强化氧化物陶瓷 ductile particle dispersion strengthened oxide ceramic 在氧化物陶瓷基体中引入第二相延性颗粒（Mo、Co、Ni 等）所构成的一种弥散强化陶瓷复合材料。可采用金属直接氧化（lanxide）工艺和粉末冶金工艺两种方法制备。采用延性颗粒增韧，可使陶瓷基体的韧性增加1～9 倍。这类复合材料可用于耐磨部件以及航空航天领域。

延性颗粒弥散强化陶瓷增韧机理 toughening mechanism of ductile particle dispersion strengthened ceramic 增韧机理主要有：裂纹分支、裂纹偏转和钉扎等。当加入刚性颗粒的热膨胀系数小于陶瓷基体时，材料在冷却时收缩不一致使基体受到拉应力作用，应力较大时会在基体中产生众多的微裂纹。当主裂纹扩展到这些微裂纹区时，许多微裂纹同时扩展，这样通过裂纹分支分散了断裂能量，不使某一裂纹达到临界尺寸，从而增加材料的断裂韧性。

延性颗粒增强体 ductile particle reinforcements 以增加基体材料的韧性为目的，加入陶瓷、玻璃、微晶玻璃等脆性基体中的金属颗粒。

研磨纤维 milled fiber 用锤磨机研磨连续玻璃线而制得的碎玻璃纤维。用作胶黏剂的防裂增强填料。

衍射斑纹 diffraction mottle 由于入射射线束中某些波长的衍射而产生的重叠在图像上的斑纹或图案。衍射是由射线所通过的材料的晶粒尺寸和方向而引起的。

厌氧胶 见厌氧胶黏剂（486 页）。

厌氧胶黏剂 anaerobic adhesive; adhesive, anaerobic 又称嫌氧胶。一类微量氧能引发其单体聚合，大量氧存在时则抑制其单体聚合的胶黏剂。在室温氧气存在下为单组分液体或膏状物，可长期保存，隔绝空气时由于表面催化作用很快固化形成牢固胶接层。以丙烯酸双酯或某些特殊丙烯酸酯为基料配合而成。通常单体占 90%，引发剂占 5%，促进剂占 0.5%～5%，稳定剂（对苯二酚）占 0.01%。特点是：用量少、使用方便、收缩率低、耐冲击振动、无溶剂、低毒、耐化学品；胶接强度可调，渗透性好，储存稳定，使用期长。不适用大缝隙多孔材料的胶接。主要用于机械制造和安装的固定、平面法兰耐压密封及多孔金属真空浸渍密封等。

厌氧结构胶黏剂 anaerobic structural adhesive 具有较高的强度，可用于结构件的胶接的厌氧胶黏剂。单组分，无使用期和混胶问题，低毒，固化速度快。需要时可用底胶或加热促进固化。主要用于组装平面、结构件胶接，也可用于汽车玻璃与金属、扩音器磁铁、轻武器零件等产品的胶接。

验收 acceptance examination; control reception 收货单位对产品按规定质量、数量检验相符后予以接收。

验硬器 scleroscope 测量冲击弹性的一种仪器，用一带有平锥型触点的柱塞从一规定高度落于试样上，然后记下回跳的高度。

验证 proof 在最大工作载荷或压力下对组件或系统进行试验。

验证压力 proof pressure 受压组件在承压状态不产生有害变形或损伤时的试验压力。验证压力试验用来给出满意的工艺和质量的依据。

阳极 anode 电池及电子器件中吸收电子的一极，如 X 射线管的正电极，它上面带有发射 X 射线的靶。（无损检测）

阳极化 见阳极氧化（487 页）。

阳极氧化 anodic oxidation 简称阳极化。为保护金属表面或改变表面性能（如提高硬度、适于胶接等），以待处理金属作阳极，在电解液中进行电化学处理的过程。当通过直流电时，作为阳极的金属失去电子与电解的氧离子结合生成氧化物薄膜。采用阳极氧化处理的材料主要有铝及铝合金、铝镁合金、铝铜合金等，此外，不锈钢、镁、钛、铅、铌、锆等也经常采用阳极氧化来生成氧化物保护薄膜。航空、航天工业常用的阳极氧化的方法主要有硫酸阳极化、铬酸阳极化、磷酸阳极化以及黑色阳极氧化等。

阳极氧化涂层 anodic oxidation coatings 金属或金属合金通过阳极氧化工艺在其表面上所生成的氧化物薄膜。阳极氧化涂层可改变金属表面的多种性能，如抗腐蚀、硬度、耐磨、光学、热辐射、绝缘、着色等性能，因而被广泛地用作保护、装饰、耐磨、反光、吸光、辐射、热控、绝缘等功能涂层，以及胶接、喷漆和电镀底层。参见阳极氧化（487 页）。

阳离子 cation 失去电子变成带正电荷的原子、分子或基团。

阳模 punch；force 模腔为凸形的模具。压缩模中，承受或传递压机压力，与阴模有配合段，直接接触塑料，成型塑件内表面或上下端面的零件，溢式压缩模的阳模与阴模无配合段。一般是用来形成制品的内表面。

阳模板 force plate 带有塑模柱塞或模塞以及导杆或导套的模板，因阳模板通常钻有供蒸汽或水管线出入的孔，所以又称为蒸汽板。

杨氏模量 Young's modulus 在拉力作用下的弹性模量。即在比例极限内，拉伸应力与相应的应变之比值，用符号 E 表示，单位为 MPa，其数值由 $E=\sigma/\varepsilon$ 计算，式中，σ 为正应力（N）；ε 为正应变（mm）。E 是表征材料抵抗弹性正应变的能力，为材料力学性能中最稳定的指标之一，反映材料内部原子间结合力的大小，它对材料的成分和组成的变化不敏感，对温度变化敏感。在各向同性材料中，各方向的模量值相等，而在各向异性材料中，各方向的模量值则不同。

氧氮杂四氢化萘 见苯并噁嗪（7 页）。

氧化 oxidation ①在一般情况下，泛指有电子转移的化学反应；②在碳/石墨纤维的制造工艺中，先驱体聚合物（聚丙烯腈、沥青等）纤维同氧气反应，在热牵引中生成稳定结构的步骤。

氧化锆晶须 zirconia whisker 化学分子式为 ZrO_2 的纤细单晶体。由四氯化锆和氧在 1250～1350℃高温下发生气相反应，以莫来石为基质，沿基质［010］方向或垂直于［104］晶面生长而成。因为晶须生长过程中伴有片状晶体和颗粒生成，所以需要净化提纯。

氧化锆晶须增强体 zirconia whisker reinforcements 参见氧化锆晶须（487 页）。

氧化锆陶瓷 zirconia ceramic 以 ZrO_2 为主成分的陶瓷。有三种晶型：

单斜相、四方相及立方相。ZrO_2 陶瓷是高温阴离子导电体，用作高温发热体。使用温度可达 2000℃以上。ZrO_2 陶瓷坩埚用于冶炼金属和合金。稳定的 ZrO_2 作氧浓差电池及磁流体发动机组的高温电极材料。

氧化锆纤维 zirconia fiber 又称多晶氧化锆纤维。以氧化锆为主要原料制成的一种高熔点无机氧化物纤维。属多晶纤维。一般纤维直径 4～6μm，密度 5.6～5.9g/cm³，氧化锆含量 99.6%，熔点 2593℃，耐热性极好，最高使用温度可达 2482℃；拉伸强度 350～700MPa，模量 126～154GPa；抗氧化性能好，纤维在大气中可用到 2500℃，而且保持纤维的完整状态；热导率低，化学稳定性好；还富有抗冲击性、可燃性等特点。主要用于耐烧蚀隔热功能复合材料等。缺点是塑性差，与金属的黏附能力差。

氧化锆纤维增强体 zirconia fiber reinforcement 参见氧化锆纤维（488 页）。

氧化锆相变增韧陶瓷 zirconia phase transformation toughening ceramic 一种用氧化锆马氏体相变［即由四方相（t）向单斜相（m）相转变］来改善脆性的陶瓷。氧化锆发生马氏体相变时伴随着体积和形状的变化，能吸收能量，减缓裂纹尖端的应力集中，阻止裂纹扩展，提高陶瓷的韧性。增韧机制有应力诱导相变增韧、裂纹弯曲增韧及微裂纹增韧。氧化锆相变增韧陶瓷有三种类型：部分稳定氧化锆陶瓷（PSZ）、四方氧化锆多晶陶瓷（TZP）及氧化锆增韧陶瓷。

氧化锆增韧氮化硅陶瓷 zirconia toughening silicone nitride ceramic 由四方或单斜形态的氧化锆颗粒弥散分布于氮化硅陶瓷中构成的一种复合陶瓷。氮化硅陶瓷具有高强度、高模量、高硬度、耐高温、耐磨损和优良的耐腐蚀性，但其脆性大。在氮化硅（Si_3N_4）中引入氧化锆（ZrO_2）后，可以大大改善 Si_3N_4 的脆性，形成氧化锆增韧氮化硅陶瓷。该材料具有许多优良性能，可用于制作刀具、发动机、热机零部件等。

氧化锆增韧生物活性玻璃陶瓷复合材料 bioactive glass-ceramiccomposites toughened by zirconia 由四方相的氧化锆颗粒弥散分布于磷灰石-硅灰石微晶玻璃陶瓷中构成的一种复合生物陶瓷材料。在应力作用下，弥散分布的四方相的氧化锆颗粒使裂纹扩散转向、分支和/或增殖，从而消耗大量能量，起到抑制裂纹扩展的作用，使复合陶瓷的强度和韧性大大提高。在 ZrO_2 体积含量为 20%～60%的范围内，其抗弯强度和断裂韧性较不含 ZrO_2 的陶瓷可提高 2～3 倍。是迄今为止强度最高、韧性最好的生物陶瓷，是一种有可能用于承力的生物活性复合陶瓷材料。

氧化锆增韧氧化铝陶瓷 zirconia toughened aluminia ceramics; ZTA 四方氧化锆、多晶体氧化锆弥散分布于氧化铝陶瓷中，利用氧化锆由四方相向单斜相的转变效应增进氧化铝陶瓷的韧性。主要增韧机理是应力诱导相变增韧机制。ZTA 陶瓷的强度和韧性都远高于纯氧化铝陶瓷，而且比其他先进陶瓷的成本低，因此具有较宽广的应用范围。主要用于各种部件，如柱塞、球阀等。

氧化硅晶须增强体 silica whisker reinforcements 将金属硅细粉经氧、水蒸气或过氧化氢气体，使之渗入多孔氧化铝陶瓷基板内，经烧结生长而成的

SiO_2 晶须增强材料。

氧化还原 redox redox 为氧化还原（oxidation-reduction）一词的缩略语。例如，氧化还原催化剂（redox catalyst）即参与氧化还原反应的催化剂。用这种反应所制得的聚合物，有时叫氧化还原聚合物（redox polymers）。

氧化铝晶板 alumina platelet 指结构完整，晶粒宽厚比大于 5 的氧化铝片状单晶体。主要用于增强氧化锆陶瓷构成复合材料。该晶板加入低韧性的陶瓷中，可使材料的断裂韧性提高，但强度降低；加入 TZP 高韧性的陶瓷中，材料的韧性降低，但强度提高。是氧化物陶瓷的良好增强体。

氧化铝晶板增强体 alumina platelet reinforcements 参见氧化铝晶板（489 页）。

氧化铝晶须 alumina whisker 分子式为 Al_2O_3，直径为 3～80μm，长可达 20mm 的单晶短纤维。其物相为 α-Al_2O_3 刚玉单晶体和 α-Al_2O_3 单晶体变体。长径比约为 1000，密度 3.99g/cm^3，熔点为 2050℃，比强度 6.47cm。具有高强度、高模量和高温性能稳定的特点。用于增强金属和非金属材料，所得到的复合材料强度高、重量轻、耐高温，是一种日益受到重视的增强材料。

氧化铝晶须增强玻璃陶瓷基复合材料 alumina whisker reinforced glass-ceramiccomposites 以玻璃陶瓷为基体，以氧化铝晶须为增强体的复合材料。氧化铝晶须具有高强度、高热膨胀系数等特点，玻璃陶瓷可以通过选择成分、控制析晶获得较高的强度；通过调整膨胀系数，解决氧化铝晶须与其热失配问题。因此氧化铝晶须增强玻璃陶瓷基复合材料是一种较为理想的复合材料，但其使用温度较低。

氧化铝晶须增强石英玻璃基复合材料 alumina whisker reinforced quartz glasscomposites 以氧化铝晶须为增强体，以石英玻璃为基体的复合材料。复合材料的强度在很大程度上取决于晶须的强度，因此具有较高拉伸强度的氧化铝晶须是较为理想的增强体。又因石英玻璃的强度在玻璃中属最高，故此复合材料具有较高的强度。但由于氧化铝晶须具有较高的热膨胀系数，与石英玻璃的热失配问题也就十分突出，影响了复合材料的性能及使用。

氧化铝晶须增强体 alumina whisker reinforcements 用于增强金属和非金属材料的 Al_2O_3 晶须，有 α-Al_2O_3 刚玉单晶体和 α-Al_2O_3 单晶体两种变体。增强的复合材料具有强度高、重量轻和耐高温的特点。参见氧化铝晶须（489 页）。

氧化铝晶须增强氧化锆陶瓷基复合材料 alumina whisker reinforced zirconia-ceramic composites 以氧化锆陶瓷为基体，以氧化铝晶须为增强体的复合材料。氧化铝晶须具有高强度、高模量和高温抗氧化能力等优良的综合性能；氧化锆陶瓷由于相变增韧而具有优越的常温力学性能，但在高温下性能急剧下降，影响了它在高温下的应用。然而，由于氧化铝晶须与氧化锆具有良好的化学兼容性，而且热膨胀系数相近，二者匹配可相得益彰，不仅能保证室温力学性能，同时还能提高复合材料的高温力学性能。

氧化铝颗粒 alumina particle 分子式为 Al_2O_3，具有六方晶系刚玉结构的一种颗粒，密度为 3.95～4.1g/cm^3。通常加入金属基体中用作增强体。

氧化铝颗粒增强铝基复合材料 alumina particle reinforced Al-matrix composites 以氧化铝颗粒为增强体，以铝合金为基体的金属基复合材料。其性能由所选用的基体合金和颗粒含量决定。主要用铸造搅拌法、粉末冶金法和共喷沉积法制造成锭坯，再经过挤压、轧制、旋压、锻造成各种型材、管材、板材。用于航空航天、汽车等领域。

氧化铝颗粒增强体 alumina particle reinforcements 用于改善基体性能的颗粒状氧化铝材料。氧化铝颗粒与基体有很好的化学兼容性，几乎不发生界面化学反应，可用于增强铝、镁或钛合金等构成金属基复合材料。其复合材料的弹性模量比基体材料或普通 Ni 基合金要高出 20%～30%。目前氧化铝颗粒增强铝、镁或钛合金可用于制备内燃机引擎。

氧化铝纤维 alumina fiber 又称多晶氧化铝纤维。一种主要成分为氧化铝的多晶无机纤维状材料，直径约 20μm。品种有 α-Al_2O_3 纤维和 γ-Al_2O_3 纤维。该纤维具有高强度、高模量、耐热性好和电绝缘性优良的特点。在空气中使用温度分别为 1100℃ 和 1400℃。主要用作结构复合材料的增强体。也可用于电磁、耐热等功能复合材料。

氧化铝纤维增强玻璃陶瓷基复合材料 alumina fiber reinforced glass-ceramic composites 以氧化铝纤维为增强体，以玻璃陶瓷为基体的复合材料。基体可选用 LAS 或 MAS 玻璃陶瓷。这种复合材料的纤维与基体的界面粘接强度大，其断裂行为与脆性材料基本相同，因此力学性能较差。但有极佳的绝缘性能和抗环境侵蚀性能，高温性能较好，如 LAS 或 MAS 基复合材料在 1000℃以上仍可保持接近室温的力学性能。制造工艺为泥浆浸渗-热压法。

氧化铝纤维增强金属间化合物复合材料 alumina fiber reinforced intermetallic compound composites 以氧化铝（Al_2O_3）纤维为增强体，以金属间化合物为基体的复合材料。其耐温性好，可望成为 1100～1300℃ 温区使用的高温结构材料。

氧化铝纤维增强镁基复合材料 alumina fiber reinforced Mg-matrix composites 以镁合金为基体，以氧化铝纤维为增强体的复合材料。所用的氧化铝纤维有 FP 纤维（Al_2O_3 99.5%）、Sumika 纤维（Al_2O_3 85%，SiO_2 15%）、Saffile 纤维（Al_2O_3 96%～97%）以及 3M 纤维、PRD166 纤维等。此种复合材料具有重量轻、强度高、模量高、耐热性能好、高阻尼和低热膨胀系数等特点。可用于航天、航空、汽车等工业。如做成具有高阻尼性能的直升机齿轮轴壳体、汽车发动机零件等。

氧化铝纤维增强体 alumina fiber reinforcements 参见氧化铝纤维（490 页）。

氧化镁晶须 magnesia whisker 利用超细磨后的多晶氧化镁粉料，在 1722.53MPa 压力下和 900℃ 温度下烧结 5 分钟，继而在 1000℃ 下煅烧以扩展晶粒生长而得到。用作复合材料的增强体。

氧化镁晶须增强体 magnesia whisker reinforcements 参见氧化镁晶须（490 页）。

氧化铍晶须 beryllium oxide whisker 一种白色单晶体。熔点 2570℃，密度 1.85g/cm^3，拉伸强度 13.0～13.9MPa，弹性模量 350～700GPa。常以气相法制得。用作复合材料增强体。

氧化双(三正丁基锡)　bis(tri-*n*-butyltin) oxide　由氯化三丁基锡水解衍生的一种液体，用作控制船用塑料中大部分真菌、细菌及海洋有机体的生长的药剂。

氧化锌晶须　zinc oxide whisker　一种无机盐的晶须，为呈立体四针状的单晶体。四根针均从正四面体向三维方向展开，每根针长度 3～300μm，根部直径 0.5～14μm，每相邻两根针间的夹角近似为 109°。其所具有的独特的空间构型和良好的单晶性，决定了氧化锌晶须的特殊性质和用途。主要用于增强金属、树脂、陶瓷等基体构成复合材料，明显提高基体的力学性能，如强度和模量等；也可以应用于涂料、过滤材料、催化剂载体、电磁屏蔽和半导体等。

氧化锌晶须增强体　zinc oxide whisker reinforcements　参见氧化锌晶须 (491 页)。

氧化乙烯　见环氧乙烷 (179 页)。

样板　template　用作定向切割和铺放铺层的型板。

样本　sample　又称样品。在工程领域，用来代表材料或制品整体的一小部分材料或制品；在统计学中一个样本就是取自指定母体的一组测量值。

样本标准偏差　sample standard deviation　即样本方差的平方根。(统计术语)

样本方差　sample variance　参见标准偏差。等于样本中观测值与样本平均值之差的平方和除以 $(n-1)$。n 为观测值的个数。(统计术语)

样本平均值　sample mean　样本中所有测量值的算术平均值。样本平均值是对母体均值的一个估计量。(统计术语)

***k* 样本数据**　*k*-sample data　从 *k* 样本中取样时，由这些观测值所构成的数据集。(统计术语)

***k* 样本统计量**　*k*-sample statistics　表示 *k* 样本统计量，用于检验 *k* 批资料具有相同分布的假设。(统计术语)

样本中位数　sample median　将观测值从小到大排序，当样本大小 n 为奇数时，居中的观测值即为样本中位数；当样本大小 n 为偶数时，中间两个观测值的平均值为样本中位数；如果母体关于其平均值是对称的，则样本中位数也就是母体平均值的一个估计量。(统计术语)

样品　见样本 (491 页)。

液晶　liquid crystal　某些有机物在一定温度范围或在溶剂中呈现出介于固态与液态之间的有序流体。既具有液体的流动性，又具有晶体的光学各向异性。是介于液体与晶体之间的一种介晶态，是除气、液、固三种基本相态外的第四种热力学稳定的相态。液晶分热致液晶（通过降温得到的液晶）和溶致液晶（通过溶剂得到的液晶）两大类。前者又分近晶型、向列型和胆甾型三种。向列型液晶已用于电子工业作为显示材料，还用于分析化学（气相色谱、核磁共振）；胆甾型液晶可用于温度显示、无损检测、医疗诊断等；溶致液晶对仿生学和生命起源的研究有重要作用。

液晶检测　liquid crystal inspection　利用胆甾相液晶的温度效应或溶剂效应检测材料或零件的缺陷。可用于材料探伤与工艺检测，如检验材料和工件的表面裂纹、蜂窝胶接结构的缺陷、多层电路各层间的短路等。(无损

检测）

液晶聚合物 liquid crystal polymer；LCP 一种新型的热塑性高分子材料。它在一定条件下能形成液晶相，而且很容易得到玻璃态的液晶相。它既有液体的可变性，又具有晶体的双折射等各向异性特征。由于液晶态分子排列的有序性和加工过程中分子高度取向，它具有十分优异的综合性能，如高强度、高模量等力学性能，高耐热性、极小的线膨胀系数和高的尺寸稳定性。可用于制备自增强塑料、高强度高模量纤维（如 Kevlar 纤维）、光导纤维的二次复层等。侧链液晶高分子材料可作为信息显示、光存储和光致变色等功能材料。

液晶聚合物原位复合材料 liquid crystalline polymer in-situcomposites 采用热致液晶高分子作为组分，通过原位成纤增强的聚合物基复合材料。参见液晶聚合物（492 页）。

液晶显示 liquid crystal display；LCD 液晶分子在电场作用下会发生运动，从而改变对环境光的反射。当液晶夹在两个平板状且互相平行的电极中间时，如果每个平板电极都做成条状电极，且两组电极又互相垂直时，再配以适当的驱动电路进行选址，则可实现显示，即液晶显示。按照液晶的种类液晶显示可分为扭曲型液晶显示、超扭曲型液晶显示、铁电液晶显示等；如果把液晶显示与具有存储性能的薄膜晶体管集成在一起，可形成有源矩阵显示；若附以背照明光源和滤色片则可实现全彩色显示。液晶显示技术对显示现象产品结构的变化将产生深刻影响，并将促进微电子工业和光电信息技术的发展。

液晶显示材料 liquid crystal display materials；LCD materials 具有显示功能的液晶材料。如侧链液晶高分子材料。显示用液晶材料一般是低分子热致液晶。有丝状相、螺旋相及层状相。利用液晶电光效应把电信号转换成可见信号的器件称为液晶显示器件。广泛用于电视机、计算机、计算器、手机、手表、仪表等的显示器。

液态补偿剂 liquid shim 在尺寸匹配要求精确的装配中，用来定位次组件的材料，例如，在装配中置于所需的结构中后，灌入缝隙的环氧胶黏剂。

液态胶黏剂 见胶液（212 页）。

液体成型工艺 参见复合材料液体成型（127 页）。

液体丁腈橡胶 liquid nitrile rubber 由低分子量（1500～4000）的丁二烯和丙烯腈乳液无规线型共聚而得的共聚物。为稀油状到黏稠状的液体。按结构可分为不含活性官能团的和含活性官能团的两种，含活性官能团的如羟基、巯基、氨基等液体丁腈橡胶。活性官能团可在主链上无规分布，也可分布在链端（如端羧基、端环氧基）。可用硫黄直接硫化。具有良好的耐油性和粘接性。可与丁腈橡胶以任何比例互溶，也可与酚醛树脂、环氧树脂相溶。主要用于耐油橡胶的增韧剂、软化剂以及环氧树脂的增韧剂。液体丁腈橡胶作为环氧树脂的增韧剂，室温固化时几乎无增韧效果，粘接强度反而下降，只有中高温固化体系，增韧与粘接效果才较明显。端羧基液体丁腈橡胶增韧环氧树脂，固化前相溶，固化后分相，形成“海岛结构”，既能吸收能量，又不明显降低耐热性。

液体金属浸渍 liquid metal infiltration 金属纤维在金属熔融浴中浸渍而得到金属基复合材料的工艺，如石墨纤维浸渍在熔融的铝中。

液体模塑工艺 liquid moulding process 液态树脂在压力或真空作用下注入模具中干预型体并固化成型复合材料结构件的制造工艺。如树脂传递模塑（RTM）、树脂膜熔渗（RFI）、真空树脂渗透（VARI）、差压树脂传递模塑（差压 RTM）等。参见复合材料液体成型（127 页）。

液相浸渍碳化工艺 liquid impregnating carbonization process 在一定压力和温度下，将液态有机浸渍剂渗透到预制增强体的空隙中，并使其碳化来制备复合材料的方法。

液相烧结 liquid sintering 二元系或多元系合金在烧结时，烧结温度超过某一元素的熔点，使之形成液相的烧结工艺。按液相存在时间的长短，可分为长存液相烧结和瞬时液相烧结。

液相温度 liquids temperature 熔融玻璃与其初结晶相出现平衡时的最高温度。

液压釜 hydroclave 以液体为介质，能够通过加热、加压和内部抽真空等方法完成热固性树脂基复合材料固化成型的设备。

液压机 hydraulic press 成型压力由液体产生的压机。

曳滞电流 drag currents 由一次线圈和被试验材料之间的相对应运动所感应的额外的涡电流。(无损检测)

一步混料法 one step mixing 混料时，将各组分一次加入并混合的方法。

一次底波 bottom echo（first） 从物体的放置探头的表面对经过的界面反射的、经过最短的声程返回表面的脉冲能量。(无损检测)

一次固化成型 one-shot curing 见整体共固化成型（527 页）。

一次注料模塑 one-shot molding 聚氨酯泡沫塑料的一种成型方法。首先将反应物，通常是异氰酸酯、多元醇和催化剂分别注入混合喷头中，然后再从喷头将混合好的反应物注入模中成型。多元醇和催化剂有时可以同其他添加剂混合在一起注入，但异氰酸酯必须单独注入混合喷头中。

一级转化 first-order transition; transition first order 指聚合物的结晶和熔融状态之间的转化。这种情况通常是可逆的。

一氯乙烯 monochloroethylene 参见聚氯乙烯（250 页）。

衣散油 isano oil 由同名的非洲树提取的脂性油，用作丙烯酸树脂的阻燃剂。当加热到 200℃时它快速聚合并可能爆炸。

医用高分子材料 见生物医学高分子材料（381 页）。

医用胶黏剂 medical adhesive 用于医疗领域的特种胶黏剂。对人体无毒、无剧烈炎症反应，不致癌，能粘接水润湿的表面，粘接力强，能快速粘接，有良好的耐组织液性能。分为软组织胶黏剂和硬组织胶黏剂两大类。常用的软组织胶黏剂有 α-氰基丙烯酸酯体系、明胶体系、有机硅体系和聚甲基丙烯酸羟乙酯体系。主要的硬组织胶黏剂有甲基丙烯酸酯体系、聚氨酯体系、环氧体系、磷酸锌水泥。

移动式压注模 portable transfer mould 将成型中的辅助作业如开模、卸件、装料、合模等移到压机工作台面外进行的压注模。

乙撑脲树脂 ethylene urea resin 氨基树脂的一种类型。参见氨基树脂（3 页）。

乙醇　ethanol；ethyl alcohol　C_2H_5OH，又称酒精。无色透明液体，密度 0.7893g/cm^3。沸点 78.5℃。溶于苯。与水、乙醚、丙酮、乙酸、氯仿可以任意比例混合。能溶解松香、色素、樟脑、酚醛树脂等多种物质。工业乙醇含乙醇 95%，密度 0.816g/cm^3，沸点 78℃。

乙二醇单丁醚　ethylene glycol monobutyl ether　一种无色液体，用作纤维素、酚醛、醇酸与环氧树脂的溶剂。

乙二醇单丁醚醋酸酯　ethylene glycol monobutyl ether acetate　一种带有水果香味的无色液体，用作硝酸纤维素、环氧树脂的高沸点溶剂，以及作聚醋酸乙烯胶乳的成膜助剂。

2-乙基-4-甲基咪唑　2-ethyl-4-methylimidazole；2E4MZ；2.4MZ　分子量 110.02。浅黄色过冷液体或白色晶体。熔点 43～45℃。呈弱碱性。黏度＞4Pa·s。用作环氧树脂固化剂，参考用量 2～7 份。固化条件 60℃/2h＋70℃/4h 或 70℃/1h＋150℃/4h。固化产物热变形温度 150～170℃。固化的环氧树脂的耐氧化性、耐药品性，特别是耐酸性都优于间苯二胺固化剂。固化产物热变形温度随其用量增加或/和固化温度的提高而提高；还具有良好的固化促进作用，它可大幅度降低氰基胍、有机酰肼、酸酐和 DDS 的固化温度。但适用期缩短，仅有几天的时间，耐水性和耐热性也有所降低。

乙阶酚醛树脂　resitol　又称酚醛树脂 B。由苯酚和甲醛制备酚醛树脂时，反应中间阶段所得的树脂。是处于部分固化状态的热固性树脂。其特点是在醇、酮中难溶，加热软化。

乙酸（醋酸）纤维素泡沫塑料　cellulose acetate foam　以乙酸纤维素为基料的硬质泡沫塑料。密度 96～128kg/m^3，拉伸强度 1.17MPa，压缩强度 0.86～1.03MPa，相对介电常数 1.12，介电损耗角正切 2×10^{-3}～3×10^{-3}。使用温度－57～117℃。为将混有发泡剂（丙酮与乙二醇的混合液）、成核剂的乙酸纤维素挤出发泡而得。用作飞机雷达罩、阻水器、水陆两用坦克浮筒以及救生艇、浮标等漂浮材料。

乙酸乙酯　见醋酸乙酯（58 页）。

乙烯醇塑料　vinyl alcohol plastics　参见聚乙烯醇（257 页）。

乙烯基　vinyl　不饱和基团 $CH_2═CH—$。是所有乙烯类塑料的基础。参见乙烯基树脂（495 页）。

乙烯基泡沫塑料　vinyl foams　以乙烯基化合物为基材发泡得到的产物。制备的方法很多。但常用的是化学起泡。例如将 1%～2%偶氮双甲酰发泡剂配入乙烯基化合物或分散体中，发泡剂保持惰性，直到为加工的热所分解而释放出气体。

乙烯基氰　vinyl cyanide　又称丙烯腈（acrylonitrile）。

乙烯基三(β-甲氧乙氧基)硅烷　vinyl tris(β-methoxyethoxy) silane　商品名为 KH-921、WD-20、A-172（美国）。本品为含乙烯基的硅烷类偶联剂。分子量 280.38。无色至草黄色体。相对密度（d_4^{20}）1.0356。闪点 66℃。溶于甲醇、水、乙醇、丙酮，可调制成 pH 值为 4.5 的透明水溶液。适用于不饱和聚酯、环氧树脂、丙烯酸树脂、乙丙橡胶和过氧化交联的乙丙橡胶等。可提高制品的力学性能、电性能和耐水性。也用于处理氯乙烯和交联聚乙烯的填充剂，可以改善两者的亲和性。参考用量1份。

乙烯基三氯硅烷 vinyltrichlorosilane 商品名A-150。本品为含氯和乙烯基的硅烷偶联剂。无色透明液体。相对分子量161.46，相对密度1.265，沸点91℃。溶于有机溶剂，易水解、醇解。水解激烈。为了降低水解速度，调制水溶液时可使用水与丙酮或甲苯的混合溶剂。适用于玻璃纤维的表面处理，可改善纤维与聚酯、环氧树脂、丙烯酸树脂等的黏合性。

乙烯基三叔丁基过氧硅烷 silane coupling agent；VTPS 分子量322.47。无色透明液体，相对密度0.9576。分解温度147.5℃（爆炸）。沸点78℃。易分解。是一种不稳定的过氧硅烷，使用时不得单独加热到100℃以上，遇水易分解。适用于不饱和聚酯、硅橡胶、聚烯烃等胶黏剂。也用作引发剂。尤其用于橡胶-金属高温硫化粘接的增黏有特效，并有化学键形成，加入2份VTPS能使硅橡胶与铝或不锈钢硫化粘接的剪切强度由低于0.4MPa提高到5MPa以上。

乙烯基三乙酰氧基硅烷 vinyltriacetoxysilane 商品名SH6075。含乙烯基硅烷偶联剂。可溶于水、乙醇，用它处理的玻璃纤维适用于聚酯层压塑料，层压制品的抗压强度和弯曲强度良好。用量少，效果好。

乙烯基三乙氧基硅烷 vinyltriethoxysilane 商品名EB-151、A-151（美国）。一含乙烯基的硅烷偶联剂。无色透明液体。相对分子量190.32，相对密度（d_4^{20}）0.894，沸点160.5℃。溶于甲醇、乙醇、丙酮、异丙酮、甲苯、醋酸乙酯等有机类溶剂。不溶于中性水。适用于不饱和聚酯、丙烯酸树脂、聚丙烯、聚乙烯、聚氯乙烯等树脂，以及乙丙橡胶、硅橡胶、硅树脂、聚酰亚胺等。

乙烯基树脂 vinyl resin 由含有乙烯基的单体聚合而成的树脂。多属具有热塑性。包括聚氯乙烯、聚乙酸乙烯酯、聚苯乙烯、聚偏氯乙烯、聚乙烯醇、聚四氟乙烯等，以及它们的共聚物。主要用于制备塑料、胶黏剂和合成橡胶等。

乙烯型塑料 ethenoid plastics 由具有可聚双键的单体，例如乙烯单体制成的塑料。热固性乙烯型树脂由能像双键聚合那样产生交联结构的单体或线型聚合物制成。

乙酰胺 acetamide 为乙酸酰胺化反应生成的有机化合物。是大多数无机和有机化合物的优良溶剂。有机合成工业用于制备增塑剂、稳定剂、抗酸剂等。

3-乙酰-6-甲基吡喃二酮-2 见脱氢醋酸（448页）。

乙酰值 acetyl value 中和1g乙酰化化合物水解时释出的乙酸所需要的KOH毫克数。

已固化 precured；cured 固化体系交联反应进行到形成网状结构，得到不溶不融产物的终了阶段。参见预固化（506页）。

蚁醛 见甲醛（200页）。

异丙基苯 cumene 烷基芳烃族中一种挥发性液体，用作溶剂和生产苯酚、丙酮与α-甲基苯乙烯的中间体；也用作丙烯酸类树脂与聚酯树脂的催化剂。

异丙基三油酰基钛酸酯 titanate coupling agent 商品名OL-T951。分子量951.33。深红色黏稠液体。相对密度

(d_4^{20}) 0.975～0.985。黏度 396mPa·s。闪点 180℃。基本无毒。适用于氯丁橡胶、丁腈橡胶等密封胶用碳酸钙等填充料的处理，可提高强度和热变形温度。

异丙氧基三(焦磷酸二辛酯)钛酸酯 titanate coupling agent 商品名为 NDZ-201。分子量 1311.13。无色或浅黄色半透明黏稠液体。相对密度 (d_4^{20}) 1.050。闪点（开环）150℃。分解温度 210℃。pH 值 2。溶于石油醚、丙酮等有机溶剂。不溶于水，不易水解。无毒。NDZ-201 具有吸收游离水的作用，对于含湿量较高的填充剂偶联效果好。适用于聚酰胺、聚氯乙烯、环氧树脂、三聚氰胺甲醛树脂以及石英粉、氧化铝、钛白粉、碳酸钙等填充剂，具有偶联、分散、防沉、阻燃等效能。参考用量为填充剂用量的 0.3%～2%。以其处理后的氧化铝，加入胺类固化的环氧胶黏剂中，呈现良好的触变性；一般填料用它处理，在环氧胶黏剂中有明显的防沉效果；用 0.5% NDZ-201 处理二氧化硅填料，加入低分子聚酰胺固化的环氧树脂胶黏剂中，其防锈效果与硅铬酸铅 M50 相同，远优于未处理二氧化硅填充环氧树脂的防腐效果。

异丙氧基三(磷酸二辛酯)钛酸酯 titanate coupling agent 商品名为 TM-3、NDZ-102、TC-2、TC-3、LD-22、KR-12（美国）。属于单烷氧基磷酸酯。分子量 1071.19。无色或微黄色黏稠液体。相对密度 1.030～1.035。黏度 3200mPa·s。凝固点＜－1℃。闪点（开环）≥105℃。分解温度 260℃。溶于石油醚、丙酮等有机溶剂。不溶于水，较易水解。能与增塑剂 DOP 反应。热稳定性和水解稳定性良好。有一定阻燃性。无毒。适用于聚甲醛、聚乙烯、PVC、环氧树脂、不饱和聚酯、聚苯乙烯、钛白粉、氧化铁红等，尤其对钛白粉的分散特别好。在低分子聚酰胺树脂体系中添加钛白粉和填料质量 0.9%的 TM-3 钛酸酯偶联剂，能明显提高粘接力和韧性。参考用量为填料总量的 0.5%～1.5%。还用作分散防沉剂。

异丙氧基三(十二烷基苯磺酰基)钛酸酯 titanate coupling agent 商品名为 NDZ-109。浅黄色或红褐色黏稠液体。相对密度 (d_4^{20}) 1.09 。黏度 (25℃) 8000mPa·s。分解温度 290℃。闪点 93℃。溶于异丙醇、甲苯、矿物油。不溶于水，水解稳定性和热稳定性良好，但易与增塑剂 DOP 发生酯交换反应。无毒。适用于环氧树脂、三聚氰胺甲醛树脂、聚酯树脂、聚苯乙烯树脂与滑石粉、炭黑的填充体系。可提高填充量、触变性和强度。参考用量为填料量的 1.0%～1.5% 。还可用作触变剂和催化剂。

异丙氧基三(异硬脂酰基)钛酸酯 triisostearic isopropyl titanate ester 商品名为 NDZ-101、TC-TTS、TTS。分子量 956.38。红棕色油状液体，相对密度 (d_4^{20}) 0.9897。凝固点－20.6℃。黏度 164.5mPa·s。分解温度 260℃。pH 值为 3～4。闪点（开环）179℃。溶于异丙醇、石油醚、甲苯、DOP。不溶于水，遇水分解。无毒。用于环氧树脂、聚氨酯树脂、聚乙（丙）烯树脂、PVC 树脂等，适用于碳酸钙、二氧化钛、水合氧化铝、磁粉等干燥填料。参考用量为填料总重的 0.5%～1.0% 。

异佛尔酮 isophorone 乙烯基树脂和纤维素树脂的一种有效溶剂。对于几乎所有常见的热固性和热塑性树脂都具有相当的溶解能力。

异构聚合物 tritactic polymers 全规立构和间规立构聚合物，分子中存在不饱和双键，因而两者均有顺式或反式的构型。

异构体 见同分异构体（443 页）。

异经织物 different warps fabric 用不同原料或不同支数、不同捻向的纱线作经，织成的织物。

异氰酸酯 isocyanates 生产氨基甲酸酯泡沫体和聚合物的关键组分。工业上是用二元胺和光气反应制成。最常用的是甲苯二异氰酸酯（TDI），是一种由 2,4-和 2,6-甲苯二异氰酸酯异构体按 80∶20 比例组成的混合物。

异氰酸酯发生物 isocyanate generator 加热时能分解成异氰酸酯的一种化合物。例如某些类型的酚可以和异氰酸酯化合形成在室温下稳定的氨基甲酸酯。这种氨基甲酸酯可以和酚掺和在一起无限期保存。加热时，氨基甲酸酯形成聚氨酯树脂。

异氰酸酯泡沫体 isocyanate foams 见氨酯泡沫体（3 页）。

异氰酸酯塑料 isocyanate plastics 用二或多异氰酸酯与二元醇、多元醇或含多个活泼氢的有机化合物制得的含有游离异氰酸酯的聚合物为基材的塑料。

异支线 different count yarn 用两种及两种以上不同支数的纱捻制成的线。

抑制剂 inhibitor 能够减慢或抑制不希望发生的化学反应的物质。抑制剂用于某些单体和树脂以延长储存期限。当用于减慢塑料为热和/或光降解时，抑制剂与稳定剂的功能相似。

易流动性 soft flow 在传统模塑情况下自由流动可填满一相当长流动距离的深模所有空间的材料习性。

易燃性 见可燃性（268 页）。

易熔合金 fusible alloy 又称低熔点合金。是以低熔点金属锡、铅、铋为基的合金的总称。常用的合金化元素还有镉、铟、汞等。其熔点依合金的成分不同而有很大变化（38～231.9℃）。易熔合金具有熔点低、硬度小、拉伸强度低（90MPa）的特点。主要用于电器设备和蒸汽设备的限温材料，如熔断丝、易熔塞等，另外在复合材料成型模具方面也有重要用途，如 Bi-Pb-Cd 合金，由于其凝固时无明显的体积变化，制件尺寸不受温度和压力变化的影响，因此它是精密铸造和复杂形状复合材料构件成型模具的关键材料。

逸出气分析 evolved gas analysis; EGA 在程序温度下，测量从物质中释放出的挥发性产物的性质和/或数量与温度的关系的技术。

逸出气检测 evolved gas detection 参见逸出气分析（497 页）。

溢出效应 spillover effect 是指某一个组织在进行某项活动或安排时，不但会产生预期的效果，而且会对组织以外的人或社会产生额外的影响。溢出效应可分为知识溢出效应、技术溢出效应和经济溢出效应等。

溢胶 squeeze-out 对装配件加压后，从胶层中挤出的胶液。

溢料槽 flash groove; spew groove 压制模具中，为使过剩塑料溢出而在模具上特意开设的浅沟槽。

溢料脊 flash ridge 溢料式模具合模面上沿模腔周边设计的凸起平台。闭模时多余物料由此溢出。

溢料间隙 flash clearance 阴模与阳模之间能使过剩物料溢出的间隙。溢料间隙过大会造成模塑料过度溢出和纤维取向等问题；过小，则不利于气体的排出，也不利于保证加料的均匀性。

溢料浇口 flash gate 注塑模上浅而长的长方形浇口。

溢料面 land 模具提供分离或切开模制品溢料的部分。

溢料线 flash line; spew line 参见分型面（106 页）。

溢流槽 overflow groove 模具上容许物料自由溢流的小槽，可容纳溢出的过剩物料，以减少飞边的产生。

溢式模具 flash mould 在压缩模塑时，允许过量物料在闭模时溢出的模具。

翼刀 wing fence 在后掠机翼上翼面，顺气流方向设置的具有一定高度的挡板。它可阻碍后掠机翼上的气流沿横向流动，从而防止翼梢气流首先分离。

翼盒 wing box 由机翼的前、后梁和翼肋及上下壁板围成的盒形件，能同时承受弯矩、扭矩、剪力。是机翼结构的主要受力部分。

翼肋 wing rib 简称肋。翼面横向维持机翼外形的构件。分为普通肋和加强肋。前者主要为维持翼剖面形状，并将蒙皮上的气动载荷传递到纵向结构上。后者除有普通翼肋的功用之外，还作为机翼结构的局部加强件，用来传递较大的集中载荷。

翼梁 wing spar 翼面中主要承受弯矩和剪力的纵向构件。

因次稳定性 dimensional stability 见尺寸稳定性（53 页）。

因瓦合金 invar 见低膨胀合金（73 页）。

Q-因子 Q-factor 在工作频率下，一个线圈的绕组的电抗和电阻的数值比。（无损检测）

阴模 cavity block; female mold 赋形部分为凹字形的模具。压缩模中，承受压机压力，与阳模有配合段。一般是用来形成制品的外表面。

阴燃 afterglow 耐燃试验中，火源撤离，火焰消失后，试样仍有余燃的情况。

阴影技术 shadow technique 一种检验技术，在这种技术中，用缺陷产生的声影来揭示材料中的缺陷，例如在使用穿透技术时。（无损检测）

阴影区 shadow zone 物体中的一个区域，在此区域中由于物体的几何形状或者由于物体中的缺陷使在一定方向上传播的超声波不能达到。（无损检测）

音频 audio frequency 在 20～20000Hz 范围内的任何频率。

洇色 bleeding 着色剂由塑料制品内部扩散到表面并转移到与之接触的材料的表面上所造成的变色污染缺陷。

殷钢 invar 见低膨胀合金（73 页）。

引发剂 initiator 促使单体分子活化成自由基来引发聚合反应的物质。常用的引发剂为有机过氧化物及有机重氮化合物等。

隐身材料 stealth materials 又称伪装材料。用于减弱武器特征信号，达到隐身技术要求的特殊功能材料。分为雷达隐身材料、红外隐身材料、可见光隐身材料、紫外隐身材料、激光隐身材料、声呐隐身材料、多功能隐身材料等。隐身材料应用的方式有隐身涂层和隐身结构两种。应用中很少采用单一材质的隐身材料，通常是多种材质的复合和多相结构。

隐身复合材料 stealthy composites

能够减少军事目标的雷达特征、红外特征、光电特征或目视特征等，达到隐身目的的功能复合材料。

隐身技术 stealth technology 通过降低武器的信号特征使其难以被发现、识别、攻击的技术。主要是通过武器系统的结构设计改进和采用隐身材料来实现的。其研究内容包括：RCS减缩技术、红外信号减缩技术、声隐身技术、电磁信号控制技术、尾迹控制技术、消碎等。隐身技术是电子战的重要组成部分，是一项跨学科系统工程，涉及飞行器、军用舰艇、作战车辆等兵器的设计、材料、电子、红外、声、光等多种学科。

隐身结构 stealth structure 将隐身材料做成活动式伪装网或伪装罩，或兼有隐身和承载双功能的结构。隐身技术主要是通过武器系统的结构设计改进和采用隐身材料来减弱特征信号的。结构设计的改进常常会造成其他性能的弱化，使结构隐身的作用受到一定限制，因此需要采用隐身材料与其互补。

隐身涂层 invisible coating 又称伪装涂层。能使被涂目标与它所处背景有尽可能接近的反射、透过、吸收（或发射）电磁波或声波特性的一类涂层。其种类很多，有防紫外侦察隐身涂层、防红外侦察隐身涂层、防激光侦察隐身涂层、防雷达侦察隐身涂层以及吸声涂层等。由胶黏剂（有机类和无机类）、填料、改性剂和稀释剂等组分组成。其中填料为赋予隐身功能的关键材料，视不同的隐身对象而要求不同的特性参数。除主要应用于军事伪装外，在高层建筑、微波炉等民用领域也有广阔应用前景。

印刷线路板 printed wiring board 用化学方法加工完整导电线路。在刚性平板基材（层压塑料）上形成。其用途是作为电流互相连接以及线路中各物理组件互相连接的信道。

印窝 dimple 见缩痕（413页）。

荧光检验 fluoroscopy 在荧光屏上产生一个可见图像（例如用X射线），通过直接观察对材料进行检验。（无损检测）

荧光屏标记 screen marker 在预测的时间间隔上发生的一个接一个的小电脉冲，显示在时基扫描线上，提供一个与时基线性关系不大的时基刻度。（无损检测）

荧屏不清晰度 screen unsharpness 由于使用增感屏或荧光观察屏而引起的不清晰度。它可能是由于荧光屏晶粒对光线的散射以及屏和胶片之间接触不良而产生的。（无损检测）

英热单位 british thermal unit; BTU 使1磅水在其密度最大时升高1华氏度所需的热量。

英制支数 english count 以英制计量，用间接制（定重制）表示纱线细度的名称，简称英支。为1磅纱线所具有一定“单位长度”的数值。

应变 strain 物体受外力、温度变化的影响或其他因素作用时，微小单元体内所发生的相对变形。物体中某点任何方向上的微小线段在变形后长度改变量同线段原长度的比值的极限称为该点在线段方向上的线应变，通常以ε表示。微小单元体两相互垂直平面，在变形后所夹角度的改变量（$\Delta\alpha$）叫作剪应变，常以γ表示。物体内任一微小单元体变形后体积的改变量同原单元体体积的比值称为体积应变。

应变不变量 strain invariant 应变分量的标量组合。

应变规 strain gages 小的金属栅

条组件，能附着于复合材料制件表面以测量直接位于每根栅条下的复合材料所产生的形变。形变引起金属栅条电阻的变化与形变量成正比，其差数由一灵敏的电流计测出。

应变集中 strain concentration 由于零件截面变化引起局部应变增大并产生塑性变形的现象。应变集中程度，通常用最大的局部应变与名义上的平均应变的比值，即应变集中系数 K_ε 来衡量。

应变胶黏剂 strain adhesive; strain gage adhesive 能把应变片粘接到试件上，而且能准确传递应变的特种胶黏剂。这种胶黏剂有较好的粘接性能、一定的线膨胀系数、低固化收缩率，不蠕变、无滞后等。

应变门槛值 threshold strain 应变值的水平。在低于该值的情况下，复合材料结构不会因存在缺陷或（和）损伤而出现灾难性破坏。

应变软化 strain softening 聚合物拉伸至屈服点，当进一步增加应变时，聚合物材料负载能力下降的现象。应变软化由几何软化和本征屈服降联合构成。几何软化是由于硬化程度不足以补偿拉伸引起的试样横向收缩而导致截面减小所引起的；本征屈服降是指试样在屈服点后真应力降的现象。

应变松弛 strain relaxation 参见蠕变（367 页）。

应变速率 strain rate 亦称应变率。单位时间内的应变改变量。用 $d\varepsilon/dt$ 或 $\dot{\varepsilon}$ 表示，单位为 s^{-1}。

应变硬化 strain hardening 亦称加工硬化。塑性变形阻力（继续变形所需要的外应力）随变形量的增大而增加的现象。

应变硬化指数 strain hardening exponent 亦称硬化指数。为材料抗塑性变形能力的指标，通常用符号 n 表示。它等于双对数坐标上真实应力-塑性应变直线的斜率。此值与真实应力成正比。

应力 stress 物体受外力、温度变化或其他因素作用而变化时，在它的内部任一截面上将出现抵抗变形、力图恢复原状的内力。在单位面积上作用的这种内力称为应力，通常用 S 表示。S 称为总应力，它可分为垂直于所截取平面和平行于所截取平面的两个分量，前者称为正应力，常以 σ 表示，后者叫剪应力，常以 τ 表示。正引力引起长度或体积变化，剪应力引起形状变化。

应力驰豫 stress relaxation 在弹性范围内，应力和应变呈多值关系时，导致应力超前应变并随时间的延伸而减小的现象。它是滞弹性现象的一种表现形式。对于滞弹性体，应变对应力的响应是线性的，但这种响应不是瞬时达到的，而是在加载或卸载后，经过一段时间才能达到胡克定律所对应的值（平均值），表现为应变落后于应力。如果瞬时施加一个弹性应变，并保持恒定，这时应力将从其初始值开始下降，经过足够长的时间后达到平均值，这就是应力驰豫。

应力腐蚀 stress corrosion 在腐蚀环境中应力作用区所发生的腐蚀。如仅为环境条件则不会引起腐蚀。

应力腐蚀开裂 stress corrosion cracking 在腐蚀介质和外载荷联合作用下，物体内由形成裂纹到最后断裂的整个过程。

应力腐蚀门槛强度因子 stress corrosion threshold intensity factor 受

载的含裂纹构件，在腐蚀介质中，经过足够长的时间，试件不发生应力腐蚀断裂的极限应力强度因子，以 K_{iscc} 表示。一种材料在特定的腐蚀介质中，其 K_{iscc} 是一个常数，可通过试验测出。

应力环 见诺尔环（320 页）。

应力集中 stress concentration 受载荷零件或试样由于截面变化或开孔引起局部应力增大的现象。应力集中的程度通常用最大局部应力与名义上的平均应力的比值，即理论应力集中系数来衡量。在复合材料中，以细观力学而言，应力集中在纤维-树脂界面出现。以宏观力学而言，应力集中出现在缺口、铺层终点和接头等处。

应力集中系数 stress concentration factor 应力集中区（如孔周围）的最大应力与同样应变区没有应力集中时的应力之比。

应力开裂 stress cracking 聚合物材料受载后一段时间，由于材料的短时拉伸应力所引起的外部或内部破裂或龟裂。产生破坏的时间可能为从几分钟到几年。开裂的原因有成型应力、后加工收缩或翘曲以及坏的环境因素等。

应力裂纹 stress cracks 长时间或反复施加低于塑料的拉应力而引起塑料外部或内部产生的裂纹。引起开裂的应力可以是内部应力或外部应力，也可以是这些应力的合力。应力裂纹扩展的速度随塑料所处的环境而变化。

应力破裂 stress rupture 试样在特定温度下经受一定时期的恒定负荷作用而突然完全破裂。可借张力法、弯曲法、双轴向法或静压法施加负荷。

应力强度因子 stress intensity factor 表示含裂纹物体在外力作用下裂纹尖端附近应力场强度的参数。通常以 K_{I} 表示。它与外载荷、物体几何形状、裂纹尺寸有关。

应力强度因子门槛值 threshold stress intensity factor 循环载入下的应力强度因子幅值低于某一界限值时，预先存在着的裂纹不扩展，此界限值称为应力强度因子门槛值。它是表征材质疲劳裂纹扩展特性的参量之一。

应力时效 stress aging 指在应力作用下进行时效的过程。即在时效前或时效过程中施以一定应力使产生一定变形，以改善合金性能。用于钢和有色金属。

应力松弛 stress release 试样在保持恒定应变条件下，由于弹性变形不断转变为塑性变形，导致变形回复力（回弹应力）随时间延长而衰减的现象。此现象多出现于弹簧、螺栓以及其他压力配合件。橡皮筋变松就是典型的例子。应力松弛现象随着温度的升高而愈加明显。

应力-应变关系 stress-strain relation 表示材料承受应力时与相应应变之间的对应关系的曲线。对于多向层合板的关系均为各向同性关系的简单推广，可概括为包括面内应力-应变和弯曲应力-应变关系。参见应力-应变曲线（501 页）。

应力-应变曲线 stress-strain curve 在材料试验中，以纵坐标表示应力、横坐标表示应变所作的应力与应变的关系图。

应力/应变主方向 stress or strain ptincipal direction 是一个特殊的坐标取向，在该方向上剪应力/剪应变为零。对于二维应力状态，该方向上的正应力/正应变为最大值或最小值。

应力皱损 stress wrinkles 由于

腹板张力不均一、胶黏剂固化迟缓、黏附体选择吸收，或由于黏附体与胶黏剂中物料的反应而引起层压材料表面的扭变。

硬币检验 coin test 用一硬币轻敲层合板不同点，从其声音的变化来判断有无缺陷存在的检验方法。有经验的人员可以得出令人惊奇的精确检验结果。

硬磁铁氧体 permanent magnetic ferrite 又称永磁铁氧体。去掉磁场后仍能对外长久显示较强磁性的铁氧体。

硬度 hardness 塑料材料对压印、刮痕的抵抗能力。根据试验方法不同，有巴氏（Barcol）硬度、布氏（Brinell）硬度、洛氏（Rockwell）硬度、邵氏（Shore）硬度、莫氏（Mohs）硬度、刮痕（scratch）硬度和维氏（Vickers）硬度等。

硬度计 hardness tester 用于测定材料硬度的一种仪器。通过测量用金刚石尖在材料表面的刻痕或将表面压凹所需的压力来确定材料的硬度。

硬度试验 hardness testing 测定材料硬度的一种试验方法。常用的试验方法有两种：①压入法，用于测试巴氏（Barcol）硬度、布氏（Brinell）硬度等；②弹跳法，用于测试邵氏（Shore）硬度、里氏硬度等。前者测定硬度必须将被测工件放在硬度计的样品台上，施加一定载荷将压头压入试样表面，卸除后测量压痕面积或深度，然后按相应公式计算出硬度值。

硬化 hardening; set-up ①胶黏剂通过干燥、结晶等物理过程而变硬的现象；②胶黏剂通过化学反应变硬的现象。参见固化（153 页）。

硬化剂 hardener 加到树脂或塑料组分中参加、促进或控制固化反应的物质或混合物；加入聚合物中能控制固化膜硬度的物质。

硬化指数 见应变硬化指数（500 页）。

硬脂酸丁酯 butyl stearate 塑模润滑剂及增塑剂，可与天然及合成橡胶、氯化橡胶和乙基纤维素配伍。它可以很低浓度作为无毒的助增塑剂和润滑剂用于乙烯基塑料中。在生产聚苯乙烯时，将其加入乳液聚合体系以使树脂具有良好流动性质。

硬质泡沫塑料 rigid foamed plastics 无柔韧性，压缩硬度大，应力达到一定值方产生变形，解除应力后不能恢复原状的泡沫塑料。

硬质塑料 rigid plastics; plastic, rigid 参照塑料的拉伸试验法（原 GB 1040—79，已废止）测定，拉伸弹性模量大于 686.3MPa 的塑料。

永磁功能复合材料 permanent magnetic ferrite functional composites 具有永磁（硬磁）功能的复合材料。基本上是由磁性物质和橡胶或塑料等高聚物复合而成的功能复合材料，其中磁性物质可以是永磁铁氧体、钐钴磁性体和铁铬钴强磁性粉体。其特点是可以一次成型得到高精度尺寸而形状复杂的磁性零件，同时能自动化成型生产且能耗低。此复合材料密度低（比烧结磁体低 0.7 倍），柔韧性好，并可通过调节其中磁性体组分比例来改变磁特性，其矫顽力通常与烧结磁体相同。

永磁铁氧体 见硬磁铁氧体（502 页）。

永久变形 permanent set 材料在除去使其产生变形的应力之后剩余的固定变形。

优选法 optimum seeking method 又称 0.618 优选法。以较少的试验次数

寻找合理配方或合适工艺条件等参数的一种科学方法。所依据的是数学上寻找某一函数极值的一种计算方法。

游离酚 free phenol 合成酚醛树脂时未参与反应的酚，其含量为树脂指标之一；指酚醛树脂固化后所含有的未结合酚，游离酚的含量可表明固化程度。

游离基 见自由基（547 页）。

游离基聚合 见自由基聚合（547 页）。

有规聚合物 tactic polymer 又称有规立构聚合物。主链链节的不对称原子（通常指碳原子）所连接的两种侧基，在主链平面的上下方呈有序空间排列的聚合物。

有机玻璃 organic glass 玻璃状有机透明塑料。泛指聚丙烯酸甲酯、聚碳酸酯、聚苯乙烯。但通常专指聚甲基丙烯酸甲酯（PMMA）。其主要成分是PMMA，另有增韧剂邻苯二甲酸二丁酯或二辛酯、紫外光吸收剂等。

有机超导体 organic super conductor 有机分子晶体在一定压力和低温条件下电阻表现为零时称为有机超导体。超导体有两个基本现象：一是从有限电阻状态向零电阻状态的过渡；二是外磁场不能穿透超导体内（迈斯纳效应)。此外在临界温度 T_c 时还会出现其他性质如比热容、热电动势、霍尔效应和红外吸收等的突变。

有机导体 organic conductor 具有金属导电性的有机电荷转移复合物。

有机硅 silicone 主链由硅氧键连接带有含碳侧基的聚合物树脂或塑料。

有机硅改性丙烯酸酯树脂 silicone modified acrylate resin 由含活性基团的有机硅与丙烯酸酯溶于有机溶剂，在加热或催化剂作用下形成的三维结构的共聚物。产品具有优良的力学性能。用作耐热、耐候涂料和建筑物外墙高档涂料、汽车面漆等。

有机硅改性酚醛树脂 silicone modified phenolic resin 含活性基团的有机硅-酚醛的共聚物。属热固性树脂。具有良好的耐热性和粘接强度，耐烧蚀与消融隔热性良好。用作高温胶黏剂、航天飞行器表面消融隔热涂层，与玻璃纤维、石英的层压塑料具有良好的电性能和机械强度。用于电器、电机行业。

有机硅改性环氧树脂 silicone modified epoxy resin 由含活性基团的有机硅与环氧树脂溶于有机溶剂，在加热或催化剂作用下形成的三维结构的共聚物。其漆膜电绝缘性优异，耐热性好。用作 H 级电机、电器、变压器线圈浸渍漆和电子组件、水下装置表面保护涂料等。

有机硅改性聚氨酯树脂 silicone modified polyurethane resin 用有机硅树脂改性的聚氨酯树脂。由含活性羟基的有机硅树脂溶液和甲苯二异氰酸酯-三甲羟基丙烷反应物的溶液组成。不易龟裂、不易变色、耐化学品，耐候性好，对基材粘接性好。用作飞机蒙皮底漆、面漆和船舶、车辆及其他金属设备防护涂料。

有机硅改性聚酯树脂 silicone modified polyester resin 由含活性基团的有机硅与聚酯树脂溶于有机溶剂，在加热或催化剂作用下形成的三维结构的共聚物。具有良好的电绝缘性。用作 H 级电机、变压器线圈浸渍漆。用铝粉作填料制成耐 500℃漆，用作发动机外壳、锅炉、烟囱等的表面涂层。

有机硅改性有机树脂 silicone modified organic resin 有机硅与有机树脂的聚合物或共聚物。改性树脂具有有机硅的耐热性、电绝缘性、憎水、防潮、耐候、耐冷热交变性和有机树脂的机械强度高，对金属及其他材料粘接性好，耐溶剂、干燥固化快的特性。化学改性是将有机硅树脂（或中间体）与有机树脂（或中间体）按一定配比，选用适宜的催化剂和温度，反应一定时间所得的产物；共混改性工艺简单，将两种树脂按一定配比，用机械办法或选用合适溶剂混合均匀即得。改性树脂有有机硅-环氧树脂、有机硅-聚酯树脂、有机硅-丙烯酸树脂、有机硅-醇酸树脂、有机硅-聚氨酯树脂、有机硅-酚醛树脂等。可制成清漆、瓷漆、胶黏剂、涂料、模塑料、层压材料等。在机械、电子、电器、化工、航空、交通运输、建筑等领域得到应用。

有机硅建筑密封胶 见建筑用有机硅密封胶（205 页）。

有机硅胶黏剂 silicone adhesive 以聚有机硅氧烷为基料的胶黏剂。可分为有机硅树脂胶黏剂和有机硅橡胶胶黏剂两类。有机硅树脂胶黏剂是以硅树脂（如聚甲基苯基硅氧烷）为基料加入某些无机填料（如云母、石棉等）和有机溶剂（如甲苯、二甲苯）混合而成。固化时，因放出小分子，需加热加压。固化物的突出特点是耐高温，能在 400℃下长期工作，瞬时可承受 1000℃。此外，还具有优良的耐低温性、耐水性、耐腐蚀性、耐辐射性、电绝缘性和耐候性。用于金属、陶瓷、玻璃等的胶接和密封。但由于固化温度太高、胶接强度又较低，使用受到限制，需进行改进。用聚酯、环氧、酚醛等改性的胶黏剂耐热性稍有降低，但粘接强度明显提高，而且还可以降低固化温度，所以更有实用价值。分为高温、室温和低温固化三类。其中室温固化型由含端羧基的聚硅氧烷加入填料、交联剂及其他添加剂组成。操作简便、使用方便、胶接强度高，具有耐高温、耐低温、绝缘、防水、耐候等优异性能。在宇宙飞船、电子电器组件、建筑、医疗卫生等方面得到广泛应用。

有机硅模塑料 silicone molding compound 参见有机硅树脂基复合材料（504 页）。

有机硅泡沫塑料 silicone foams 以液体硅树脂为基料，使树脂与催化剂及发泡剂混合，将混合体倒入模中，在室温条件下保持 10 小时并在升温条件下保持较短时间以进行固化而制成的泡沫塑料。硅氧多孔海绵是将未硫化的硅氧橡胶与发泡剂混合并在硫化温度下加热而制成。

有机硅树脂 silicone resins 主链由硅氧原子交替组成而硅原子上带有有机基团的聚合物。固化前分子含有活性基团，在热或催化剂作用下可交联成网状立体结构。通式为 $(RSiO_{1.5})_x(RSiO_{1.5})_y$，式中 R 代表 CH_3、C_6H_5、$CH_2=CH$ 等，x、y 表示聚合度。R/Si 值小，容易干燥，涂膜硬，热失重小，但韧性差，涂膜脆；CH_3 含量高，涂膜软，易干燥，耐高温、耐潮、防水、防锈，绝缘性高。有机硅树脂可用于制造清漆、瓷漆、浸渍剂、胶黏剂、脱模剂和防水处理剂等。已在电子电器、航空航天、机械运输、石油化工、塑料橡胶、食品加工等行业中广泛用作耐热、耐候、耐烧灼、耐化学品等涂料。用途较多的是甲基苯基硅树脂。

有机硅树脂基复合材料 silicone resinmatrix composites 以有机硅树脂为基体，以填料填充或以纤维（或其织物）为增强体的复合材料。其特点是具有优良的耐热性、电绝缘性与耐电弧性，且受湿度影响极小，但力学性能较差。主要有四种形式：①有机硅玻璃漆布，主要用作绝缘包扎材料。②有机硅层压塑料，长期使用温度 250℃。主要用作 H 级电机绝缘材料、高速飞机的雷达天线罩、高温继电器外壳等。③有机硅云母片，主要用作 H 级电机绝缘材料。④有机硅模压塑料，以有机硅树脂为黏料，添加石英、白炭黑、玻璃纤维等，经滚压、粉碎制成模压料，在 150℃下模压或注塑成型为制品。其中以石棉填充的模压制品可在 250℃下长期使用，瞬时工作温度可达 650℃；以铝粉填充的可耐 500～800℃。已广泛用于航空航天及电子电器等工业领域。参见有机硅树脂（504 页）。

有机硅塑料 silicone plastics 以有机硅树脂为基材的塑料。参见有机硅树脂（504 页）。

有机硅脱模剂 silicone release agent 又称硅氧烷脱模剂。可用于塑料或增强塑料成型时脱模的二甲基（或乙氧基）硅油的二次加工产品。具有优异的不粘性、耐热和抗氧化性。化学性能稳定，不易挥发，对模具不腐蚀、不污染，表面光洁，无毒无味，可多次使用。通常有四类：①硅油型，为直接使用的黏度为 350～1000mm^2/s 的硅油。②溶液型，浓度为 0.5%～2%的四氯化碳或多氯乙烷、甲苯溶液。适合 60～110℃使用。③乳液，与硅油、乳化剂、水混合而成的乳状液，含油量一般为 30%。适合 120℃以上使用。④硅脂，与超细二氧化硅混炼而成的膏状物。耐热性好，适用于面积大、形状简单的场合。

A-1100 有机硅烷偶联剂 见 γ-氨丙基三乙氧基硅烷（2 页）。

A-1120 有机硅烷偶联剂 见 *N*-β-(氨乙基)-γ-氨丙基三甲氧基甲硅烷（3 页）。

A-150 有机硅烷偶联剂 见乙烯基三氯硅烷（495 页）。

A-151 有机硅烷偶联剂 见乙烯基三乙氧基硅烷（495 页）。

A-172 有机硅烷偶联剂 见乙烯基三(β-甲氧乙氧基)硅烷（494 页）。

KBM602 有机硅烷偶联剂 见 *N*-β-(氨乙基)-γ-氨丙基甲基二甲氧基硅烷（3 页）。

KH-550 有机硅烷偶联剂 见 γ-氨丙基三乙氧基硅烷（2 页）。

KH-560 有机硅烷偶联剂 见 γ-缩水甘油醚氧丙基三甲氧基硅烷（413 页）。

KH-570 有机硅烷偶联剂 见 γ-(甲基丙烯酰氧基)丙基三甲氧基硅烷（200 页）。

KH-921 有机硅烷偶联剂 见乙烯基三(β-甲氧乙氧基)硅烷（494 页）。

KM41 间位芳胺共聚纤维的商品名。

有机过氧化物 organic peroxides; peroxides, organic 至少含有一对氧原子，而且该对氧原子是以单键连接的有机化合物。遇热分解。它同过氧化氢相似，即 H_2O_2 中的一个或两个氢原子均被有机官能团取代。当它们分解时即形成游离基，游离基能引发聚合反应和交联。分解速度是可以控制的，当向体系中加入促进剂时，即可提高分解速度；当加入抑制剂时，即可阻滞分解作用。有机过氧化物用于热固性树脂的固化体系中，亦可用于很多热塑性塑料聚合反应的混合物中。

有机胶黏剂 organic adhesive 以有机化合物为基料制成的胶黏剂。

有机物 organic 含于动植物体内的物质或由自然界的或人工合成的烃类

化学品所构成的物质。

有机纤维　organic fiber　由有机聚合物制成的纤维或利用天然高分子化合物经化学处理而制成的纤维。如芳纶、聚酯纤维、聚醚醚酮纤维、聚苯并咪唑纤维、聚乙烯纤维、粘胶纤维、竹纤维、剑麻纤维以及黄麻纤维等。

有机纤维增强塑料　organic fiber reinforced plastics　以有机纤维为增强体，以聚合物为基体的复合材料。

有机纤维增强体　organic fibre reinforcements　参见有机纤维（506 页）。

有捻纱　yarn　加捻的（天然或人造）纤维、丝束的组成物，构成的有捻纱，用来编织或者交织成纺织材料（带、布等织物）。

有效电阻　resistance, effective　通有交流电的电路的有效电阻，等于与电流同相的端电压分量除以电流。

鱼雷型组合体　torpedo; torpedo body assembly　设置在热流道模浇口套或二级喷嘴内，起分流和加热作用的鱼雷形状的组合体。包括鱼雷头、鱼雷体和管式加热器。

鱼眼　fish-eye　一种未完全掺混入周围材料的微小球状物质。在透明或半透明材料中特别明显。

宇航工业程控碳纤维-粉末预成型工艺　programmable powdered preform process for carbon for aerospace industry　也称 P4A 工艺，一种用于宇航产品的碳粉末预成型工艺。这种工艺通过计算机控制的机器人和高速短切纤维喷枪给计算机提供的回馈信息，从而实现工艺过程的实时控制。短切纤维长度（0.5～5.0mm），在预型体制备期间，通过喷嘴端部的导流板，使高达90％的短切纤维按预期方向排列。这些纤维和粉末黏料一起，定向分布于具有特定形状孔的预成型网栅上，并通过真空系统定位。可在制件表面（一面或两个面）加用胶膜，以提高表面光洁度。随后通过加热加压使预型体致密至预期厚度。在致密过程中粉末黏料熔融流动，进而实现预成型的加工处理。虽然这种工艺无法制造出性能可与连续纤维复合材料比肩的产品，但却有潜力在降低成本的同时获得值得注目的力学性能。

羽毛纱　fluffy yarn　小段纱线中连续出现纤维端突出于纱线外的羽毛状纱头。

预成型　preforming　把模塑料预先加工成便于放入模腔的一定形状的料坯，或将短切纤维用中间胶黏剂，或长纤维通过针织、编织等方法制成形状（构型）近似于最终产品的坯件的操作过程。

预成型件　见预型体（511 页）。

预成型胶黏剂　preform binder　短切纤维预型物中所用的树脂。通常在预型物形成的过程中固化，使预型物保持其形状并且能够加工。

预成型体　见预型体（511 页）。

预干燥　predrying　在树脂或模塑料模塑之前将其进行干燥。对某些易吸湿的模塑料，特别是在潮湿空气中储存之后，需要进行该项处理。

预固化　precuring; precure　将复合材料坯件在规定温度和压力下预先进行一定程度的固化过程；在夹持装配完成或加压前，胶黏剂或合成树脂已部分或全部凝固的状态。

预混料　premix; gunk　又称料团。复合材料成型前预先制备的由树脂、催化剂、强材料、填料及其他配料组成的混合料。

预混料预压实 precompacting for premix 用预混料压制复合材料制件时，将预混料装于模具后，升温前先施加一定的压力使预混料尽可能密实的过程。

预混模塑 premix molding 一种以预混料为原料的对模模塑成型方法。

预浸粗纱 preimpregnated roving 见预浸纱（510 页）。

预浸带 prepreg tape；tape，impregenated 单向带浸渍树脂后形成的一种带状预浸料。预浸单向带以径向纤维为主，含有低于 10% 的纬向纤维。主要用于缠绕成型和某些需要单向补强构件的层压成型。

预浸带缠绕成型 tape winding 将预浸带按一定规律缠绕到芯模上成型纤维复合材料制品的方法。按照带层与芯模母线或轴线的相对方向大致可以分为三种缠绕成型形式：平行缠绕、重叠缠绕和倾斜缠绕。

预浸机 preimpregnator 用于纤维或织物浸渍树脂体系制备预浸料的机器。

预浸料 pre-impregenated materials；prepreg 已浸渍树脂基体的纤维或织物，可储存备用的半成品。是制造连续纤维复合材料制品的重要中间材料。其形式可以是薄片、条带或丝束。对于热固性基体，已预聚到可控的黏度（B 阶段）。预浸料的品种规格很多，按纤维排布形式可分为预浸纱（无纬布）、单向预浸料、织物预浸料；按基体特性可分为热固性树脂预浸料和热塑性树脂预浸料。热固性树脂预浸料又以树脂固化温度不同分为 120℃ 固化的中温固化预浸料和 177℃及其以上温度固化的高温固化预浸料；按树脂含量可分为吸胶型预浸料（树脂重量含量 37%～42%）和零吸胶或接近零吸胶型预浸料（树脂重量含量 31%～36%）；按制备方法可分为溶液法预浸料、热熔法预浸料和粉末法预浸料。通常预浸料表面覆盖一层隔离纸，以防止预浸料被污染及预浸纱横向开裂以及为下料时剪裁划线提供方便。预浸料的技术指标主要有：厚度、树脂含量、挥发物含量、树脂流动性及适用期等。对于制作高性能复合材料的热固性预浸料通常需放置在 −18℃ 下储存。典型预浸料配方有：①648[#] 环氧树脂/ BF3-MEA＝100/3；②环氧树脂(Araldite-F)/DDS/BF3 · MEA＝100/30/1；③ E-44 环氧树脂/NA 酸酐/二甲基苯胺/丙酮＝100/68/1.8/100；④E-54（预聚）/DDS/ BF3 · MEA＝100/25/1；⑤ E-44 环氧树脂/酚醛树脂/三乙醇胺/硬脂酸锌/甲苯＝60/40/0.48/1/40；⑥ （E-54＋JF-45）/DDS/BF3 · MEA＝100/25/1；⑦双酚 A 型环氧树脂/正钛酸丁酯/甲酚甲醛树脂(60%)/正硅酸乙酯/丙酮/乙醇＝34.4/2.1/38/2.3/11.5/11.5。参见预浸纱（510 页）、预浸带（507 页）、织物预浸料（530 页）、净树脂预浸料（232 页）。

预浸料单层厚度 lamina thickness of prepreg 单一层片预浸料的厚度。

预浸料（带）缠绕 见干法缠绕（134 页）。

预浸料挥发分含量 volatile content of prepreg 预浸料中易挥发物质的质量占预浸料总质量的百分比。挥发分含量是影响复合材料制件质量（品质）的重要参数。挥发分含量太大，固化成型中不易被排尽，易在制件中形成空腔，引起复合材料性能下降。预浸料的挥发分包括：残留的溶剂、裹入的空气以及固化成型时反应可能产生的低分子物。

预浸料挥发分含量试验 volatile content testing of prepreg 测量预浸料挥发分含量的试验。一般要选同种材料三个不同批次进行试验。从预浸料上截取规定尺寸、规定数量的试样，用分析天平称量并记录质量后，将试样挂在烘箱中，用与其树脂基体相同的固化温度和时间处理试样，然后取出试样再称重。试验后试样的质量损失与原始质量之比即为预浸料的挥发分含量。用百分数表示。

预浸料力学寿命 mechanical life of prepreg 参见机械寿命（186 页）。

预浸料模塑 prepreg molding 除纤维毡用热固性树脂预浸渍外，它与对模成型过程相似，参见对模成型。

预浸料黏性 viscosity of prepreg 预浸料的黏着能力，或预浸料叠层后彼此脱落的难易程度。预浸料的黏性取决于树脂的特性、树脂含量、挥发分含量、储存过程中基体的自固化程度以及环境温度等。预浸料的黏性必须适中，理想的预浸料黏性应该是，在室温下层与层之间能顺利地黏合，又能顺利地分开。过大过小都不利于铺叠：黏性大，易粘连，影响操作；黏性小，层间黏着力低，铺覆性差。

预浸料凝胶时间 gel time of prepreg 在特定温度条件下，预浸料中树脂基体胶液形成凝胶所需要的时间。为热固性树脂预浸料的一个重要参数，是确定复合材料固化成型加压时机的重要依据。

预浸料凝胶时间试验 gel time testing of prepreg 测定预浸料凝胶时间的试验。将一定尺寸的试样置于已预热到规定温度的两片金属片或玻璃板上，通过金属片或玻璃板对试样施加一定压力，用探体观察流到金属片或玻璃板边缘的树脂状态变化，从试验开始至树脂不能再拉丝的时间，即为预浸料凝胶时间。

预浸料批次 batch of prepreg 同一批次的增强材料（纤维、织物等）经连续浸渍同一批树脂胶而制成的预浸料。

预浸料坯 lay；blanket 已完成铺叠并组装在一起放入模具内或放到模具上待模制的纤维或织物预浸料叠。

预浸料铺层 prepreg laying-up 又称预浸料铺贴。把裁剪好的预浸料片逐层贴合成复合材料制件毛坯的操作过程。有手工铺叠和自动化铺叠。手工铺叠时，首先要去掉预浸料片上的保护膜，然后按规定的铺层次序和方向依次铺放，每铺开一层应用辊子将其压实。在拐角处的铺层，需要进行特殊处理，避免架桥。对于厚壁制件的多层预铺叠，可采用分段（3～5 层）压实的方法。严格实施设计铺层（方向、顺序和数量），确保铺层无误。避免污染和夹杂是保证质量的重要环节。新发展的自动化与程序化的铺叠技术，不仅解脱了手工铺叠的烦琐劳动，而且避免了人为污染和损伤，提高了铺层质量。如其铺层精度可达 1.6mm，纤维取向精度在 0.1°之内，而手工铺层要达到 0.5°精度都十分困难。自动化铺放设备效率很高，是手工铺叠的数十倍，适用于大批量生产。但每天消耗 200kg 预浸料才能显出效益。

预浸料铺层成型工艺 prepreg lay processes 将各独立的铺层按要求的方向和层数铺放到模具上并进行固化的复合材料成型方法。即当铺层达到要求厚度后进行工艺组合并抽真空，然后放进烘箱或热压罐，在温度和压力下进行固化的过程。如下图所示。

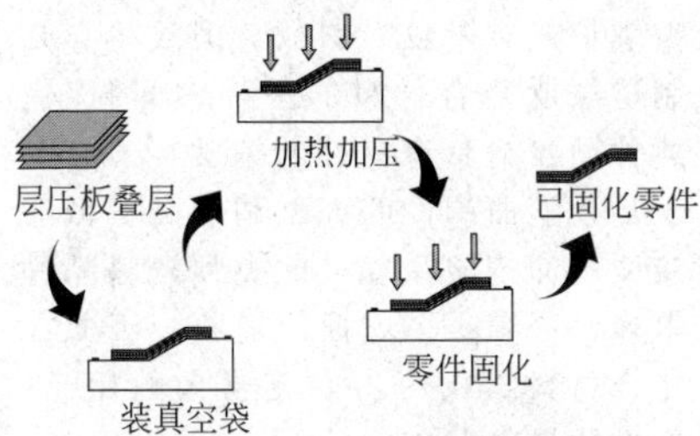

预浸料铺贴 见预浸料铺层（508 页）。

预浸料切割下料 prepreg cutting 按照复合材料零件尺寸和外形的要求，将预浸料裁剪成所需各铺层料片的过程。分手工裁剪和机械裁剪。手工裁剪适合于生产量小的复合材料制件。手工裁剪或切割时，应戴保护膜操作，按样板依样裁剪。裁剪好的料片应按零件的设计铺层顺序编号叠放在一起，待用。对于批量生产的复合材料结构件宜采用机械裁剪法，机械化裁剪有激光、往复刀片、超声和高压水射流方法等。其中超声法具有效率高、无污染、低成本的特点，得到了推广应用。无论采用哪种下料方法，从冰箱取出的预浸料卷均须在密封状态下恢复至室温后才能启封使用。

预浸料使用期 operating life of prepreg 在规定环境下，满足工艺性能要求以及保证复合材料制件质量所需预浸料的工作时间。即预浸料从低温储存环境取出后，在净化间下料、铺叠、封装等操作所经历的时间，在此时间段内仍保持预浸料所应有的黏性等工艺性能，保证复合材料制件的质量。与预浸料储存期不同的是，储存期指的是预浸料在规定的环境（通常是低温）存放的时间，而使用期则是预浸料在冷冻箱外的可使用的时间。参见储存期（55 页）、机械寿命（186 页）。

预浸料使用寿命 prepreg work life 见预浸料使用期（509 页）。

预浸料树脂含量 resin content of prepreg 预浸料的重要指标之一。指预浸料中树脂基体的质量占预浸料质量的百分比。是作为选择工艺参数，决定吸胶与否的判据或吸胶材料用量的依据。

预浸料树脂含量试验 resin content testing for prepreg 通常是采用同种材料三个不同批次的预浸料试样进行试验，试验前要对其进行加热处理以除去挥发分。常用的方法是溶剂法，即用溶剂将树脂从已除去挥发分的预浸料中洗去，然后烘干增强材料、称重，最后从预浸料质量中减去增强材料的质量即得预浸料的树脂含量。

预浸料树脂流出量试验 resin flow testing for prepreg 测定预浸料树脂流出量的试验方法。一般要选用同种材料三个不同批次的预浸料试样进行试验。将两层或三层同样尺寸的试样叠在一起，上下表面用脱模布盖住，在一定压力下固化，固化后取出试样，将压出的树脂称重，即为树脂流出量。参见预浸料树脂流动度（509 页）。

预浸料树脂流动度 resin flow of prepreg 简称树脂流动度。在规定的温度、压力条件下，预浸料中树脂体系流动性大小的量度。为预浸料在规定的温度和压力下加热一定时间，所挤出的树脂量占预浸料的质量百分数。它表征成型时树脂的流动特性。流动度小，在固化过程中树脂难以向纤维中渗透，层间结合不良；流动度过大，在固化期间会出现严重流胶，使树脂含量减少，冲乱纤维方向，降低复合材料性能。合适的流动度，在成型过程中可以驱赶层与层之间的空气，降低空隙率，保证树脂的均匀性，提高复合材料的性能。

预浸料外置时间 prepreg out time 预浸料在冷藏室以外环境条件下放置的（累计）时间。是相对于冷藏时间而言的一个概念。

预浸料纤维面密度 fiber specific weight of prepreg 单位面积预浸料中所含纤维的质量，常以 g/m^2 表示。它影响复合材料制件的纤维体积含量和厚度，是结构设计和工艺质量控制的重要依据之一。

预浸料储存期 shelf life of prepreg 在规定环境条件下，预浸料在满足有关制件质量要求时所能存放的时间。树脂基复合材料预浸料，特别是热固性树脂预浸料的储存期，对复合材料制件的工艺特性及质量有重要影响。预浸料在储存过程中将发生低分子物的挥发、某些化学的和物理的变化，使预浸料的黏性降低，影响预浸料的铺覆性、工艺特性及复合材料的质量。参见储存期（55 页）、机械寿命（186 页）。

预浸纱 preimpregnated yarn 已浸渍树脂基体的纤维无捻粗纱。多根预浸纱单向紧密并排即为无纬带，主要用于缠绕高压容器、火箭发动机壳体、化工储罐及电气化工业产品等。参见纱（375 页）。

预浸丝束 preimpregnated tow 已浸渍树脂基体并经烘干处理的纤维束。主要用于缠绕成型。多根预浸丝束单向紧密并排即为无纬布。作为层压复合材料的一种中间材料。参见丝束（409 页）、无纬布（457 页）。

预浸织物 preimpregnated fabric 已浸有树脂基体的纤维织物。织物的编织形式有平纹、斜纹、缎纹等。是制造层压复合材料的一种中间材料。此种预浸料具有良好的铺敷性。有利于复杂型面构件的成型和提高机械连接接头的挤压强度。此类预浸料品种繁多，可满足多方面的需要，因此在复合材料结构中占有相当大的比重。参见预浸料（507 页）。

预浸渍 preimpregnation 在使用或装箱向用户发运之前，将树脂与增强材料混合达到部分固化的操作。所得产品称预浸料。参见浸渍（229 页）、预浸料（507 页）。

预聚物 prepolymer 聚合度介于单体与最终聚合物之间的一种相对分子质量较低（1500 以下，分子长度 $<5nm$）的聚合物。通常指制备最终聚合物前一阶段的聚合物。这种聚合物在成型过程中能进一步聚合。又称低聚物、齐聚物、多聚体。

预聚物模塑 prepolymer molding 在聚氨酯泡沫塑料工业中，这一术语是指这样一种体系：一部分多元醇先同异氰酸酯起反应，生成黏度适合于泵送或计量的预聚物。预聚物供给模制品制造商再掺加预混的多元醇、催化剂、发泡剂等作为第二次预混。当两个预混组分混在一起时，开始发泡，随即形成泡沫体。

预模塑 premolding 为使层压的短切的纤维零件在搬运和最后固化同其他零件组装时的几何形状稳定，对叠铺料坯在模具里进行的在中等温度下的部分固化。参见预成型（506 页）。

预铺层 preplied 基体处于 B-阶段状态的预浸料叠加在一起形成的多层预浸料卷或板。

预热 preheating 为了改善模塑

料的加工性能和缩短成型周期等的需要，把模塑料在成型前先行加热的做法。

预热辊 preheat roll 在挤出涂层中，在压力辊和展开辊之间装的一加热辊，以便在涂层之前把底片加热。

预热料斗 preheating hopper 具有热空气循环装置的挤出机加料斗，使模塑料在到达挤出机螺杆之前先行预热。

预塑炼 preplasticization 在注射模塑中，模塑粉先在一个分隔室中进行熔化，然后把熔体移入注射料筒的工艺方法。

预吸胶 pre-bleeding 在固化成型之前，在一定的温度条件下，利用真空压力使复合材料坯件中的多余树脂排出的一种工艺过程。参见预压实（512 页）。

预型体 preform 又称预成型件、预成型体。在进入模具及注入树脂以前就预先制成的具有预期制品形状、结构细节的纤维织物体。主要类型包括：机织织物、经编织物、缝合织物、三维编织织物、非编织纤维毡。可供使用的先进纺织产品很多，下图中示出了一部分。采用纺织预型体与预浸料铺层工艺相比，可以提高层间剪切强度，改善损伤阻抗。无需冷藏储存和冷藏运输，并简化后续工艺的可操作性，减少了在超净间里的工作时间，最终产品只需在模具中通过液态工艺一次固化完成成型，降低了复合材料制造成本。预型体结构的缺点在于其中的纤维存有相当大的磨损和弯折，纤维趋向会发生改变，纤维体积含量较低（50%～55%），易导致树脂堆积区，会在冷却过程中产生微裂纹。下表列出了不同织造工艺制作的预型体的优缺点。

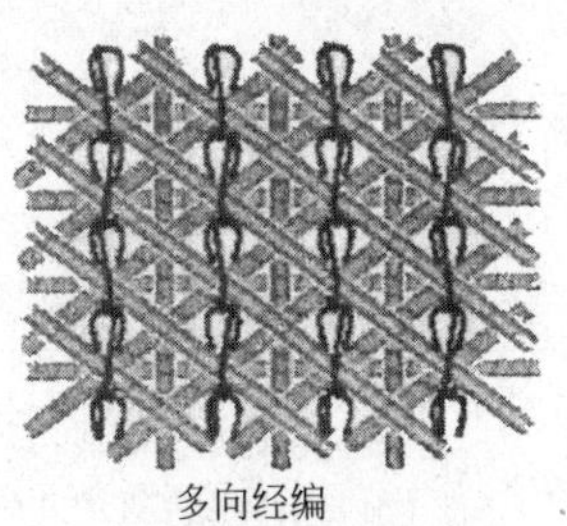
多向经编
(缝合或未缝合)

2维3向编织
(缝合或未缝合)

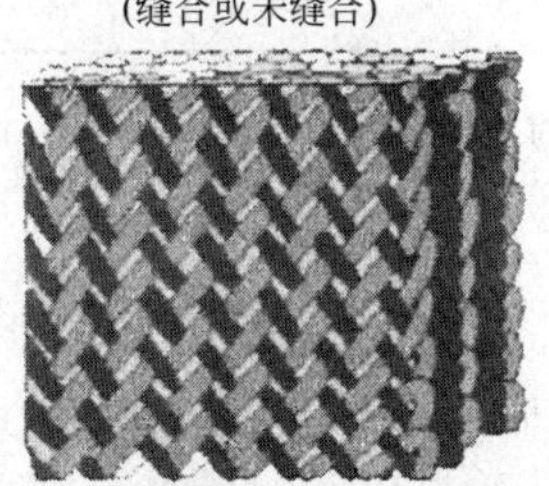
3维编织

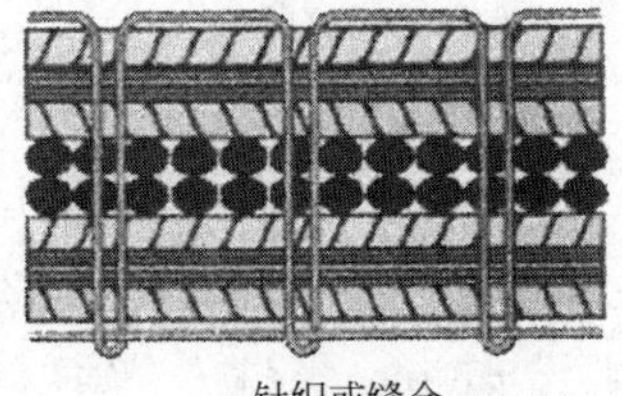
针织或缝合

织造工艺	优点	缺点
低弯折单向织物	面内性能高； 剪裁性好； 预型体制作高度自动化	横向和面外性能低； 稳定性差； 铺层劳动密集
2维机织物	面内性能好； 铺敷性好，适应大面积产品； 预型体制作高度自动化； 可整体编织多种型材	偏轴性能可设计性有限； 面外性能低
3维机织物	面内和面外性能中等； 预型体制作工艺自动化； 织造型材的可能性有限； 偏轴性能均衡性好；	偏轴性能剪裁性有限； 铺敷性差； 预型体制作过程缓慢；
2维编织预型体	预型体制造工艺自动化； 对复杂曲面件适应性强； 铺覆性良好	面外性能低
3维编织预型体	面内和面外性能均衡性好； 制作工艺自动化； 对复杂型面适应性好	预型体制作过程缓慢； 产品尺寸受限于设备能力
多轴向经纱针织	面内性能的均衡剪裁性好； 制作高度自动化； 大面积铺层适应性好	面外性能低
缝纫	面内性能好，面外强度高； 制作高度自动化，组合性好，产品的损伤容限突出	面内性能略有降低； 对复杂曲面制件的适应性差

预压（料）锭 preform 在压缩模塑中，为了改善制品质量和提高模塑效率等需要，将粉料、粒料或纤维状模塑料预先压成一定形状的坯料，通称预压锭。

预压时间 dwell time 又称停留时间。多阶固化工艺中的一个中间步骤，为达到所需要的分级程度，排除料坯中的气体和控制树脂的流动，树脂基体在低于固化温度的某一温度下保持足够的特定的时间间隔。

预压实 debulking；densification 在铺层过程中，通过给预浸料叠施加压力和/或真空压力，驱赶裹入其中的气体和挥发分，使预浸料叠的厚度降低，进一步密实的过程。通常在室温或稍高温（如 65℃）下进行，典型的操作是层叠在真空袋压力下保持 5～15min。预压实处理通常与制件的几何形状和厚度有关，但每铺 3～5 层做一次的预压实普遍采用。一般情况下，叠层压得越密实，空隙的成核点就越少。虽然预压实处理多在室温和真空袋压力下进行，但如果对于采用精度要求严格的对模成型，就要要求层叠的体积系数趋近于最终产品的尺寸，因此需要在热压罐内进行加热预压实处理，有效降低层叠的体积系数，以适应与对模的匹配。尽管层叠压得越密实，空隙的成核点就会越少，对产品质量就越有利，但即使一个制件一次预压实处理也会带来不少麻烦，大幅度增加铺层成本。参见压实（484 页）。

预氧化聚丙烯腈纤维增强体 preoxidezed polyacrylonitrile fibre reinforcements 将丙烯腈等单体经溶液或沉淀共聚合成聚合物（其中丙烯腈含量大于 85%），再经湿法或干法纺丝得到的聚合物纤维经预氧化处理后得到的增强材料。

预氧毡碳化 carbonization of preoxide-felt 将预氧毡置于碳化炉中，在抽真空或惰性气体保护下，使预氧毡在高温下热解，形成二维有序的环化碳的过程。

预张力（预加张力） pre-tension 对纺织材料进行强力、疲劳、弹性等试验时，为使试样伸直（而不是伸长）对试样预先加的一定张力。

预制料片 preply 准备用于制造层压产品，尚处于原材料阶段的复合材料单层片料。该片料在制造前通常与其他铺层材料叠加在一起。它由埋置于构成此片料产品所需要的部分或全部基体中的纤维体系组成。有机基体的预制料片叫作预浸料片；金属基预制料片称为原始带、火焰喷涂带和强化单分子层等。

预装配 prefit 为使装配件中的零件紧密配合，在粘接前进行的检验性装配。以获得合适的胶层；机械装配结构有时也进行预装配，以调整需要的间隙。

元件 element 复杂结构中的典型承力单元，如蒙皮、桁条、剪切板、夹层结构和各种连接形式的小接头。见结构元件（219 页）。

元阳模 hob 又称母模。制造模具的模具。尤指制造阴模（模子）所用的阳模。如将其压入柔性钢材内以形成模具（阴模）的模具。见母模（306 页）。

原材料质量控制 raw material quality control 对复合材料所用的材料技术指标的检验及质量问题的处理。增强纤维的检验项目包括纤维丝束拉伸强度和模量、断裂伸长、密度、线密度、捻度、上浆量及其离散系数等，除此之外还应检查每批纤维的表面状态，因为这直接影响纤维和树脂基体的结合力。检查方法除用显微镜观察外，还可将纤维、树脂制成定向复合材料，然后测定层间剪切强度和纵向压缩强度以作判定；基体树脂的检验项目包括官能团指标（如环氧树脂的环氧值）、色泽、挥发分、密度、溶解度、黏度、熔点或软化点等。通常采用下列方法鉴定基体各组分的化学组成：①凝胶渗透色谱法（GPC）分离分子尺度不同的有机物质，如高分子物质及其添加剂、固化剂等低分子物质，高分子物质的分子量分布等。②高压液相色谱法（HPLC）分离和鉴别复杂的树脂混合物。可精密地分离和鉴别固化剂、不同程度自行固化的树脂和树脂本身。③红外光谱法（IR）为最通用的定性、定量鉴定有机官能团和特征结构的快速分析方法。④近红外光谱法（NIR）适于鉴定环氧、聚酯、丙烯酸酯等树脂。⑤原子吸收光谱法（AA）测定硼元素，以鉴定固化体系中三氟化硼一类的催化剂。⑥傅里叶变换红外光谱法（FTS-IR）定量鉴定树脂固化过程中结构的微量变化，如环氧树脂固化过程中环氧基逐渐减少，羟基、醚键逐渐增加，以及检测氧化或其他有害反应的发生。⑦元素分析法，可用来测定硫、磷等元素，以鉴定二氨基二苯砜一类含硫的环氧树脂固化剂。⑧核磁共振图谱法（NMR）用于区别结构极为近似的用其他方法不易区别的化学结构。如果所用的材料是以预浸料的形式供应，则应按照预浸料的技术条件进行逐项检验。除用上述方法测定其化学组成外，还可用各种热分析技术来检验树脂在受热状态时的物理化学特征，借以测定树脂和预浸料基体的化学组成，来确定预浸料最佳固化条件或复合材料的热性能和力学性能。可用的热分析方法有差热分析法（DTA）、差示扫描量热法（DSC）、热重分析法（TGA）、热机械分析法（TMA）和动态力学热分析法（DMA）。参考附录 11。

原地发泡　in-situ foaming　将能够发泡的塑料（在发泡之前）放到预期发泡地方的发泡技术。例如将能发泡的塑料放到砖砌工件的空腔中用以隔热。放置以后，混合液体发泡充填空腔。亦见泡沫塑料（322 页）。

原纱　raw yarn　供捻线、制绳、织造等加工用的纱。

原丝　strand　与玻璃纤维有关的一个术语。通常指作为一个单元使用的多根单丝经过浸润、集束或合股而成的一束或一组未加捻的连续长丝。原丝包括纱条、落纱、粗纱、纱线等。有时单根纤维或单根长丝也称为原丝。也是丝束的同义词。另外，现在把碳纤维的先驱体也叫作原丝。

原丝拉伸试验　strand tensile test　树脂浸渍的单根纤维原丝的拉伸试验。

原丝束集性　strand integrity　构成原丝或粗纱的各单丝由于上浆而黏拢的程度。

原丝数　strand count　一绞合纱内所含的原丝数，或一粗纱内所含的原丝数。

原位复合材料　in-situ composites　多组分体系通过化学反应或物理作用形成新的增强相的复合材料。见原位生长复合材料（514 页）。

原位金属基复合材料　in-situ metal matrix composites　增强体是由复合材料制备过程中元素间的反应而在基体中生成的弥散分布沉淀相，而不是外部添加物的金属基复合材料。参见原位金属间化合物基复合材料（514 页）。

原位金属间化合物基复合材料　in-situ intermetallic compound matrix composites　增强体是由复合材料制备过程中元素间的反应而在基体中生成的弥散分布沉淀相，而不是外部添加物的金属间化合物基复合材料。见原位生长金属间化合物基复合材料（515 页）。

原位生长复合材料　in-situ composites 多组分体系通过化学反应或物理作用在其中生成新的增强相所形成的复合材料。其特点是，增强体是在加工过程中形成的，并非在加工前就有增强体和基体两种原材料。此类复合材料包括高聚物（树脂）基、金属基和陶瓷基原位复合材料。这些复合材料比原基体（如树脂、陶瓷等）明显提高了力学性能，尤以韧性更为显著。

原位生长金属间化合物基复合材料 in-situ intermetallic compound matrix composites 增强体由复合材料制备过程元素间的反应在基体中生成弥散分布的沉淀相而不是由外部添加混入基体的金属间化合物基复合材料。制备方法有两种，一种称为 XD^{TM} 法，实质是一种反应烧结法。制备时形成陶瓷相的两种元素粉末和基体金属粉末均匀混合后加热到高于基体金属粉末熔点，在此条件下形成陶瓷相的两种元素发生放热反应使温度升高而生成所需的陶瓷增强相；另一种方法是自蔓延高温燃烧合成法（SHS)，在自蔓延高温燃烧合成反应过程中采用外部高温热源点燃混合粉末，压坯后强烈的放热反应以燃烧波形式高速蔓延，形成陶瓷相弥散分布的金属间化合物基复合材料烧结体。见原位金属间化合物基复合材料（514 页）。

原位生长铝基复合材料 in-situ Al-matrix composites 在铝与铝合金中通过元素之间或元素与化合物之间发生放热反应生成增强体的复合材料。原位生长增强体没有表面污染，与基体有良好的界面兼容性，两者之间没有过渡层，一般也没有严格的取向关系。这种原位生长铝基复合材料的强度和弹性模量较传统外加增强体复合材料有较大程度的提高，同时可保持较好的韧性，并具有良好的耐温性和疲劳性能。在铝与铝合金中已原位生长了碳化物、硼化物、氮化物等增强体。制备工艺分为气-液相反应和固-液相反应。

原位生长钛基复合材料 in-situ Ti-matrix composites 增强体硼化钛、碳化钛通过复合材料制备过程中元素间的放热反应在钛基体中生成陶瓷沉积相，而不是在制备过程中加入基体中去的钛基复合材料。增强体与基体间具有良好的界面结合，不存在陶瓷增强体与基体间的浸润性问题。原位生长制备工艺可以得到增强相含量很高的钛基复合材料。如 TiC/Ti 基复合材料中的 TiC（增强相）含量可达 50%。

原位生长陶瓷基复合材料 in-situ growth of ceramic matrix composites 直接由高温化学反应或相变过程，在主晶相基体中生成具有特殊的形态、相互交织、均匀分布的新相物质为补强剂的新型陶瓷复合材料。其内部结构均匀、紧密，界面物理化学兼容性好，结合力强，热稳定性好。按照新生相生长的类型分为原位生长微晶补强陶瓷基复合材料、原位生长芯片或晶粒补强陶瓷基复合材料和高温相变析出体自补强陶瓷基复合材料。这种特殊结构的陶瓷基复合材料的室温和高温力学性能均优于同组分的其他类型复合材料。这类复合材料在耐高温、耐磨、耐腐蚀等领域均可获得应用。

原位树脂基复合材料 in-situ resin matrix composites 热致液晶（一般为向列型）高聚物与非液晶热塑性树脂的共聚物。前者起增强体的作用。向列型热致液晶高聚物是一类由刚性高分子链组成的，在一定温度范围内呈向列型的热致液晶高聚物。液晶中高分子链自发高度取向的微区称为畴。未受应力作用时，液晶中无数的畴任意取向，受应力作用时，畴很容易沿应力方向取向排列。这种热致液晶高聚物与非液晶热塑性树脂进行熔体加工时，其中的液晶高聚物在拉伸与剪切应力作用下取向排列，冷却时“原位”形成微纤，因此称为原位复合材料。与玻璃纤维、碳纤维复合材料相比，其优点是不仅不增加树脂体系的黏度，而且使黏度成倍下降，加工性好；不存在增强体与基体之间的热膨胀系数不匹配而造成的界面粘接不良问题，增强效果显著。它为低成本制备兼具高强度、高模量、高韧性和优良热稳定性的复合材料提供了潜在可能性，是一类颇具潜力的新兴复合材料。

圆周缠绕 circumferential winding 长丝缠绕复合材料工艺中，长丝垂直于轴（90°或水平缠绕）的一种缠绕方法。

圆柱形角反射体 cylindrical corner reflector 将一个平面在垂直的角度上加工成的圆柱形的反射表面。

远场 far field 超声波中强度与距离的平方成反比的区域。（无损检测）

约定幅宽 concluded width 生产厂和加工、销售单位商定的织物幅宽。

约束比 constraint ratio 又称约束系数。由于温度循环，自由膨胀或收缩受到阻碍，在试样内产生的应变幅值 $\Delta\varepsilon$ 与未受约束时的热应变 $\alpha \cdot \Delta T$ 的比值定义为约束比 K：$K=\Delta\varepsilon/(\alpha \cdot \Delta T)$。式中，$\alpha$ 为线膨胀系数；ΔT 为温度差。

月桂酸丁酯 butyl laurate $C_{11}H_{23}COOC_4H_9$。用于纤维素塑料、聚苯乙烯基树脂的一种增塑剂。

云母 mica 不同组成的片状硅酸盐矿物，或由氟硅酸钾与氧化铝合成而得。作为填料用在热固性树脂中时赋予树脂良好的导电性能与耐热性。

云织 见稀密路（461 页）。

匀压板 caul plate；caul 又称均压板。尺寸、形面与复合材料制件相同，表面光滑、无缺陷的金属或增强橡胶薄板。在复合材料固化（或固结）期间用来均匀传递法向压力和温度，同时赋予制件光滑表面外形。对于夹层结构，还具有限制蜂窝补强层在制造过程中移动的作用。其厚度薄至 1.52mm，厚达 3.18mm。匀压板可以是刚性的，也可以是半刚性的。刚性匀压板由较厚的金属或复合材料构成，用于复杂零件或尺寸控制要求严格的共固化件。多数刚性匀压板具有类似于压缩成型、树脂传递模塑所用匹配模板结构的效果；半刚性匀压板是最通用的类型，由实质上是柔性材料的薄金属板、复合材料或玻璃纤维增强橡胶、硅橡胶制成。半刚性匀压板可以减少由于真空袋在零件周围绷得过紧出现的架桥，因而产生更好的压力分配效果。匀压板在工艺组合中的摆放位置对于制件表面质量具有重要意义。需要注意以下几个问题：①匀压板既可以放在吸胶层之上（见 517 页图），也

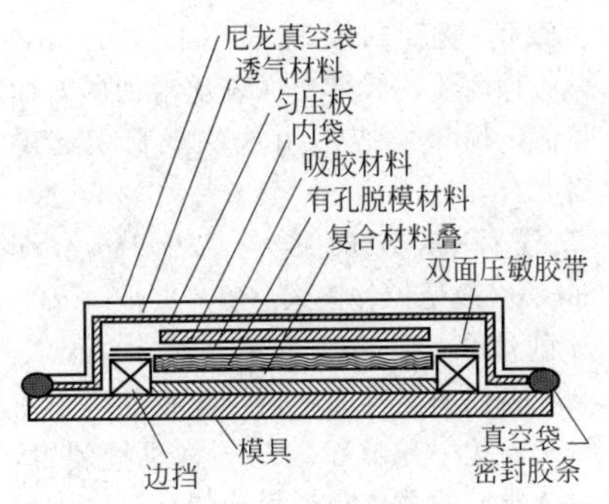

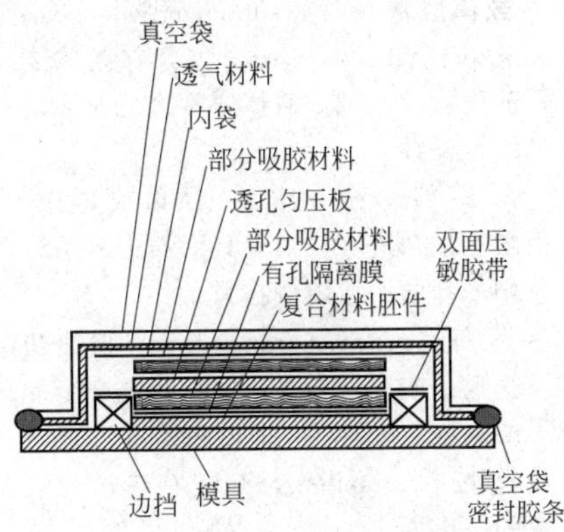

可以放在吸胶层之中（见上图）。一般来说，匀压板距叠坯件表面越远，其生成光滑表面的效应会因吸胶层增厚伴生的软垫效应而随之减弱；放在吸胶层之中的匀压板，应靠近层叠表面处以使表面更光滑。但为了在固化期间能使树脂通过匀压板进入板上边的吸胶层，需在匀压板上制一系列小孔（φ1.52～2.29mm），这样匀压板不直接与叠坯件表面接触，避免匀压板上的小孔在制件表面留下印记。②匀压板尺寸应与制件四周边挡的内缘尺寸相匹配，如匀压板摆放不当或其尺寸过盈，在固化过程中有可能在边挡顶部形成“架桥”或“骑墙”现象，导致在零件边缘出现低压区，产生气泡。③匀压板过厚，刚性过强，也会在固化期间造成局部架桥和低压区。④如果匀压板由非抗黏性材料（如金属）制成，则在每次使用前务必涂刷脱模剂。

允许偏离角 allowable slip angle 长丝缠绕过程中，不发生滑移的非测地线与测地线之间的夹角。

运动黏度 kinematic viscosity 见比密黏度（10页）。

Z

杂波 grass 在A型超声扫描显示中，阴极射线管荧光屏上杂乱分布的信号。在这种情况下，必须对缺陷信号和杂波加以鉴别。（无损检测）

杂环化合物 heterocyclic compounds 分子中的原子作环状排列，并且环上有两种或两种以上化学元素的化合物。

杂环环氧树脂 heterocyclic epoxy resin 分子中含有杂环骨架的环氧树脂。工业中几种主要品种有三嗪基环氧树脂和海因环氧树脂等。三嗪基环氧树脂产品如XB2615，为白色粉末，环氧当量105g/mol，熔点为120℃。固化物有卓越的耐热性和耐候性，热变形温度达210～220℃。同带羧基的聚酯树脂组合，可作耐候性和耐腐蚀性优良的粉末涂料。海因环氧树脂产品如XB2869，为黄色透明液体，环氧当量155g/mol，对纤维、填料浸润性好。用非芳香族酸酐固化，固化产物具有优良的耐紫外线性和抗湿态漏电起痕性。用于轮胎帘子布胶黏剂、户外电气绝缘材料等。

杂聚物 见杂链高聚物（518页）。

杂链高聚物 heterochain polymer 又称杂聚物。高分子的主链由碳原子和氧、氮、硫、磷、硅等两种以上元素所构成的物质。包括纤维素、蛋白质、聚酯、聚醚、聚酰胺、聚氨酯、聚脲、环氧聚合物等。如有机硅橡胶、氨基甲酸酯弹性体、聚苯硫醚、聚醚醚酮等。

杂链纤维 heterochain fiber 由杂链高聚物制成的纤维。其品种很多，主要的品种可分为：①聚酰胺纤维，如脂肪族聚酰胺纤维、含芳香环的脂肪族聚酰胺纤维、全芳香族聚酰胺纤维。②聚酯纤维，如聚对苯二甲酸乙二酯纤维（涤纶）、改性共聚酯纤维、芳香族聚酯纤维。③聚氨酯弹性体纤维。④杂环纤维，如聚苯并咪唑纤维、聚酰胺-酰亚胺纤维、聚酰亚胺纤维。⑤聚醚酯纤维。⑥聚甲醛纤维。⑦聚对苯硫醚纤维。其中聚酰亚胺纤维是最重要的纤维品种，它不仅是普通的民用纤维，而且和其他杂链纤维一样，是国防、航空、航天、交通运输、工业企业等部门的重要材料。

灾难性破坏 catastrophic failures 机械的和不可预见的热或电引起的自然破坏。

再生料 reworked material 塑料成型加工中的边角料或其他来源的废塑料，经过适当处理而使其能再用于制造质量较低的制品的物料。

再生塑料 reworked plastics 以再生料为基材的塑料。

在行固化 advancing 正在进行中的使树脂形成网状结构的化学反应。

载荷 load 力或广义的力。通常指外界作用在结构或组件上的力。

载荷放大系数 见寿命放大系数（393页）。

载荷-挠度曲线 load-deflection curve 一种曲线，其纵坐标表示增加的弯曲载荷，横坐标表示由这些载荷引起的挠度。

载荷-伸长曲线 load-elongation curve 参见拉伸曲线（278页）。

载体 carrier 载体胶膜中用以支撑胶黏剂的稀纱布；通过织物的编织动作来输送一包有捻纱的一种机械装置，一个典型的载体包括筒子架纺锤、迹径跟随器和拉紧进给装置。

载体胶膜 film-supported adhesive; adhesive, film-supported 含有载体支撑的膜状胶黏剂。载体通常为尼龙或玻璃纤维稀纱布。

早冷料 cold slug 注射成型中，由喷嘴最初进入注射模具而被进料系统急剧冷却的一段熔融物料。

造粒 dicing; granulating 把热塑性塑料条或片材切成粒料以待进一步加工的过程。

造粒机 pelletizer 带有热切粒装置的挤出机。

增白剂 见增亮剂（519页）。

增比黏度 specific viscosity 已知浓度的聚合物溶液的增比黏度等于同一溶液的相对黏度减1。它表示黏度的增加可由聚合物溶质所导致。

增稠剂 thickener; thickening agents 能使树脂胶液的稠度在要求的时间内增加到满足工艺要求并保持相对稳定，从而改善其工艺性能的物质。在涂料和油漆中广泛用来防止它在使用过程中流动或流挂。常用的增稠剂有：皂土、吸油性很高的碳酸钙、黏土、氧化镁、肥皂、硬脂酸盐和特种有机石蜡；在玻璃纤维增强塑料中加入，能使不饱和聚酯树脂黏度迅速增加，在玻璃纤维增强塑料中加入，能使不饱和聚酯的黏度迅速增加，并保持相对的稳定，改善成型加工性能，是制备片状模塑料的一种主要增稠添加剂，常用的增稠剂也是钙、镁金属氧化物和氢氧化物，用量一般为聚酯树脂的1%～3%。不同的是，这里增稠剂能与聚酯树脂反应，导致树脂黏度增加，与涂料使用增稠剂的作用机理不同。

增亮剂 brightener; brightening agent 又称增白剂。能吸收不可见的紫外光，并将其转变成蓝光或可见光的一种添加剂。它的作用是改进塑料制品的外观，使其微黄色消失，白色制品白而发亮，彩色制品亮度增加。因为大多数塑料制品吸收日光中的蓝色光，使其看起来略呈黄色，而加入增亮剂则可使塑料制品反射出更多的可见光，使其显得白而鲜艳。选用增亮剂时主要考虑其增白效果、耐旋光性及其与塑料的兼容性。已经商品化的增亮剂有：双苯并噁唑、芘三嗪、双(苯乙烯基)联二苯、苯乙烯基-双苯并噁唑等。

增黏剂 tackifier 用于增加胶膜黏性、胶黏剂黏性范围的一种物质。加到合成树脂或弹性胶黏剂中可以增进沉积于其上的黏合薄膜的初始黏性和延长黏性的持续时间。一般是低分子量的物质，如用于橡胶型压敏胶的增黏剂有松香、松香甘油酯（138树脂）、松香季戊醇酯、萜烯及改性树脂、C_5 和 C_6 石油树脂等。参见增稠剂（518页）。

增强材料 reinforcing material 见增强体（519页）。

增强反应注射成型 reinforced reaction injection molding; RRIM 含有增强体物料的反应注射成型。参见反应注射成型（97页）。

增强剂 参见增强体（519页）。

增强模塑料 reinforced molding compound 即短切纤维预浸料。由树脂浸渍短切纤维经过烘干而制成。品种有片状模塑料（SMC）、团状模塑料（DMC）、散状模塑料（BMC）以及厚模塑料（TMC）、高强度模塑料（HMC）等。与预混料不同。

增强热塑性塑料 reinforced thermoplastics; RTP 基体为热塑性树脂的一类复合材料。可作为基体的热塑性树脂有尼龙、聚碳酸酯、缩醛树脂、聚醚醚酮和聚醚酰亚胺等。参见热塑性聚合物（357页）。

增强树脂基复合材料 见增强塑料（519页）。

增强塑料 reinforced plastics 即增强树脂基复合材料。含有增强材料而某些力学性能比原树脂有较大提高的一类塑料。是复合材料中发展最早、最成熟、应用最广的一类。包括增强热固性塑料（reinforced thermosetting plastics）和增强热塑性塑料（reinforced thermoplastics）两大类。

增强体 reinforcements 也称增强材料。粘接于基体中，可显著改善基体力学性能的坚固材料。但它不是填料的同义词。是复合材料的主要承载组元。常见的有长纤维、短切纤维、晶须、颗粒等。按几何形状可分为零维的颗粒状、一维的纤维状、二维的片状和三维的立体结构。按其属性则可分为无机和有机两种。主要的增强体是纤维及其织物，如玻璃纤维、碳纤维、芳胺纤维、硼纤维、陶瓷纤维、金属纤维。石棉、剑麻是早期用作复合材料的廉价增强材料。增强体必须与基体形成良好的粘接才能充分发挥其增强作用，为此，常对增强体进行表面处理或施加偶联剂。参见填料（441 页）。

增强纤维表面处理 surface treatment for reinforcements 为了改善增强纤维与基体的黏合力，在一定条件下使增强体表面的物理和化学状态发生变化的工艺过程。对碳纤维可用氧化法、涂层法、净化法、溶液还原法及冷等离子法处理；对芳纶可用等离子体、表面化学法、表面高聚物涂层等方法处理；对玻璃纤维可用偶联剂处理。

增强纤维浆料 size for fibre reinforcements 用以改善玻璃纤维、碳纤维等增强纤维材料表面性能、加工性能及复合材料性能浆纱时用的一类有机化合物。

增强纤维选择 reinforce-fibers selectivity 有多种纤维可作为复合材料的增强材料。选用时首先要确定纤维的类别，其次是确定纤维的品种和规格。选择纤维类别，是根据结构的功能选取能满足一定的力学、物理、化学性能的纤维。①若结构要求有良好的透波、吸波性能，则可选取 E 或 S 玻璃纤维、芳纶、氧化铝纤维；②若要求有高的刚度，可选用高模量碳纤维（石墨纤维）；③若结构要求有高的抗冲击性能，可选用玻璃纤维、芳纶；④若结构要求有很好的低温工作性能，则可选用低温下不脆化的碳纤维；⑤若结构尺寸要求不随温度变化，则可选用芳纶，因其热膨胀系数可为负值，可设计成零膨胀的复合材料；⑥若结构要求既有较大强度又有较大刚度时，可选用比强度和比刚度均高的碳纤维。参见材料选择原则（28 页）、高性能纤维（141 页）。

增强型浸润剂 size for reinforcing 由黏合剂、润滑剂、乳化剂和浸润剂等组成，并在拉丝过程中被覆于纤维表面以满足拉丝工艺的要求而有利于纤维和基体之间的粘接性能（在复合材料成型过程中不必除去）的一种混合液体。

增强颜料 reinforcing pigments 兼具改善最终产品性能的颜料。例如炭黑。

增韧剂 flexibilizer; toughening agent 为了降低树脂固化后的脆性，提高冲击韧度和伸长率而加入树脂中的既能降低脆性、增加韧性，而又不影响固化物其他主要性能的物质。增韧剂一般都含有活性基团，能与树脂发生化学反应，固化后不完全相溶，有时还要分相，获得较理想增韧效果，且不降低热变形温度或下降很少，而抗冲击性能又有明显改善。环氧树脂增韧剂大致分为：①液体橡胶。如端羧基液体丁腈橡胶、液体丁腈橡胶、端环氧基液体丁腈橡胶、端羟基丁苯液体橡胶、液体聚丁二烯等。②固体橡胶。如丁腈橡胶（NBR）、羧基丁腈橡胶、氢化丁腈橡胶、丁苯橡胶（SBR）、SBS、环氧化 SBS。③热塑性树脂。如聚乙烯醇缩醛、聚砜（PSF）、聚醚砜（PES）、聚酰亚胺（PI）、聚醚酰亚胺（PEI）、聚醚醚酮（PEEK）、聚苯醚（PPE; PPO）等。④无机纳米材料。如纳米碳酸钙、纳米二氧化硅、纳米二氧化钛、纳米氧化锌等。⑤晶须。如硫酸钙晶须、氧化锌晶须、碳酸钙晶须等。⑥柔性大分子固化剂。如 T99 多功能环氧固化剂、端氨基聚双酚 A 醚二苯酮。增韧剂增韧效果取决于它与增韧材料的兼容性（即界面粘接性）以及其本身的分散性（即颗粒的大小与分布），前者由增韧剂本身决定，后者则受加工条件的影响，如为了避免纳米材料在树脂中分散时发生吸附团聚，提高分散相的稳定性，采取加入粒子表面活性剂，并采用超声波分散（见下表）等措施制成溶液。增韧剂用量取决于材料要求增韧的程度及增韧剂本身的特性。用量要适当，用量太少，效果不明显；用量过多，反而使效果下降。

纳米 SiO_2/E-44	冲击强度/(kJ/m²)	拉伸强度/MPa	断裂伸长率/%
0/100	8.5	39.0	21.7
1/100	9.5(9.4)	39.6(39.2)	21.8(21.0)
2/100	15.3(10.9)	43.0(40.7)	22.6(22.0)
3/100	19.0(10.3)	50.8(40.9)	25.6(21.2)
4/100	16.8(9.3)	44.0(40.2)	23.6(20.0)
5/100	10.2(7.9)	38.7(37.9)	21.0(19.3)

注：括号内数据为未经超声波处理的数据。

增容剂 见兼容性试剂（203 页）。

增塑剂 plasticizer 为改善塑料塑性和提高柔性而加入塑料中的一种低挥发性物质。加入增塑剂后会降低塑料的软化温度、熔融温度和弹性模量。

增塑剂的迁移 migration of plasticizer 热塑性塑料制品由于邻近介质的增塑剂浓度较低而高浓度区的增塑剂被吸附到低浓度区的现象。如增塑剂自热塑性塑料制品内部渗出至其表面，在表面上形成一层脂状或油状薄膜。

增塑-胶黏剂 plasticizer-adhesives 一类添加剂，能部分代替增塑剂，能增进塑料涂层与底材的粘接。例如聚合单体 DAP（邻苯二甲酸二烯丙酯）或氰尿酸三烯丙酯加于聚氯乙烯塑料溶胶中以增进其与金属的粘接。

增塑（作用） plasticize 通过添加增塑剂或对聚合物进行改性，而使塑料材料变得柔软和/或便于加工的一种过程。

增压垫 pressure intensifier 见压力垫（483 页）。

增压法 augmented pressure method 产生正的模塑压力的方法。所产生的压力超过大气压（0.105MPa 或 762mmHg 真空压力）。

增压系数 build-up factor 到达一点的总射线强度与到达同一点的一次射线强度之比。(无损检测)

增益控制器 gain control 仪器上能够调整接收信号放大率的控制器。(无损检测)

憎水的 hydrophobic 对水无亲合性。不与水结合或混合。

栅条铺层 rib laminae 一种用于制作格栅夹芯单独组件的单层片。

窄幅织物 braid, flat 一种窄的斜线机织带，其中每根纱线是连续的，自身不缠结，但与体系中的其他纱隔根相绕。

毡 felt; mat 不经纺、织或编等加工，借机械、化学、热或水分作用使纤石棉、棉纤、玻璃等纤维联结在一起而成的纤维片料。

毡坯 blank 由纤维毡叠加而成的组合体。

毡片胶黏剂 mat binder 涂敷于纤维上并在毡片制造过程中固化的树脂。它使纤维固定在适当位置并使毡片保持一定的形状。

毡状增强体 felt reinforcements 短纤维或连续纤维通过无序平面分布，并用胶黏剂粘接在一起制成的用作增强材料的毡状无纺材料。包括整体毡增强体、整体预氧毡增强体、连续纤维毡增强体、短切原丝毡增强体、表面毡增强体等。

粘接 adhesion; adhesive bonding 又称胶接。两个表面之间依靠化学键力、物理力或二者兼有的力固定在一起的状态。粘接原理的理论很多：①机械理论，认为胶黏剂能渗透到粘接体表面的空隙中，固化时通过镶嵌而粘接；②吸附理论，认为粘接力是由黏合剂和粘接体分子之间的吸附作用而产生的；③扩散理论，认为胶黏剂与粘接体分子之间不仅要有相互接触，而且还必须相互扩散才能牢固粘接；④静电理论，认为胶黏剂与粘接体分子之间有双电子层存在，双电子层的静电吸引产生粘接力；⑤分子理论，认为胶黏剂与粘接体只要能达到分子接触，分子间的相互接触、化学键或双电子层相互吸引均可产生粘接力。事实上粘接的形成并非只是其中的一种因素所致，而是多种因素综合作用的结果。参见内聚强度（314页）、特性黏合（439页）。

粘接强度　adhesion strength　见胶接强度（210页）。

粘接剂　见胶黏剂（211页）。

粘接体　见黏合体（316页）。

粘模　sticking to mould　在模塑成型中，制品表面和模具发生粘接的现象及由此所造成的制品缺陷。

绽裂　frayed　复合材料在机械加工时边缘出现的纤维破断或疏松的现象。

张开断裂韧性试验　见Ⅰ-断裂韧性试验（85页）。

折长　folding length　又称折幅。成匹织物每一折叠的长度。

折叠　fold　织物自身重叠并被树脂粘接在一起进入层合板中造成厚度增加的永久性隆起的状态。

针刺毡　needled mat　短切粗纱在针织机里勾连在一起所形成的毡。可带或不带衬底材料。

针孔　pin hole　穿透已固化零件表面的微细小孔，多发生在薄层合板共固化制成的产品中。

针织　knitting　将单根纱或多根纱绕环相互联锁形成织物的一种织造方法。产品包括二维织物、三维织物等。

针织物　见针织织物（522页）。

针织织物　knitted fabric; knitting fabric　简称针织物。用针织机将纱线弯曲成线圈，纵串横联而成的织物。按线圈的连接特征，可分为纬编针织物、经编针织物两大类。经编针织物的组织特点是它的横向线圈系列由沿织物纵向（经向）平行排列的经纱组同时弯曲相互串套而成，且每根经纱在横向逐次形成一个或多个线圈；纬编针织物的组织特点是它的横向（纬向）线圈由同一根纱线按照顺序弯曲成圈而成。针织物的重要优点是：①在各方向具有较大的伸长，非常适用于高拉伸模压复合材料；②多向、多层针织物可提供较厚的针织物，同时可用非织造物作底衬；③具有较高的面内剪切性能；④可提供较宽的织物和高的生产率，制成不同形状的预型体，减少裁剪。其缺点是：①厚度不够，只能达到纱线直径的3～5倍；②纤维覆盖率比较低，提高需要消耗大量纤维；③成圈结构对某些纤维的织造有一定困难。不论是经编还是纬编，针织物都具有繁多的织物组织。下图中所示为基本的经编和纬编组织。

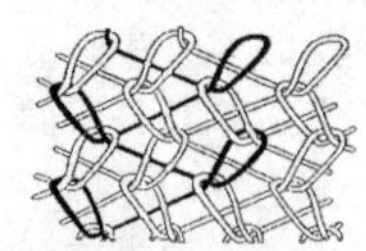
(a) 经编组织结构

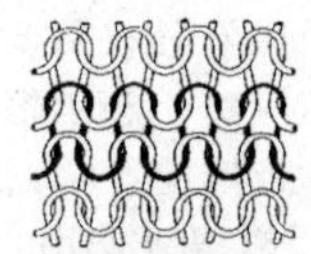
(b) 纬编组织结构

真空变形成型　vacuum deformation forming　又称覆膜变形成型。薄板变形成型的一种。将塑性薄板夹在模具边缘固定的框架上并密封，对薄板和模具加热并抽真空，薄板在真空压力作用下逐步敷贴到模具上，经冷却即得到预期形状的制品。参见真空成型（523 页）。

真空成型 vacuum forming 在成型时仅利用抽真空产生的负压对制品加压的方法。这是一种早期的复合材料成型方法。因其成本低，随着人们对降低复合材料成本的重视，重新得到广泛关注和深入研究。迄今，它已派生出了多种新的成型方法。如气助真空成型、包模真空成型、平面积层真空成型、真空变形成型等。这些方法多用于热塑性塑料加工及其复合材料的二次成型。也可用于热固性复合材料的固化成型。

真空袋 vacuum bag 在复合材料制造过程中通过抽真空给其内坯件提供薄膜压力的气密袋子。真空袋压力有助于多余树脂和空气的排出，减少层合结构内的空隙，使纤维排列更紧凑、层合板更密实，夹层结构形成更好的层间胶接。通常由厚度为 3～5mil（$1mil = 2.54 \times 10^{-2}mm$）的尼龙 6 或尼龙 66 薄膜，用丁基橡胶或铬酸盐橡胶带密封于模具的周边而成。尼龙真空袋的工作温度为 190.6℃；固化温度高于 190.6℃，可以采用聚酰亚胺薄膜（耐温 342.3℃），采用硅橡胶作真空袋密封胶条；如果固化温度更高，就要选用金属箔作袋材（如铝）和配用机械密封系统。

真空袋模塑 见真空袋压成型（523 页）。

真空袋树脂渗透成型 vacuum bag resin infusion；VBRI 在真空袋内将树脂吸入干态预型体制作复合材料制品的工艺方法。

真空袋压成型 vacuum bag molding 又称真空袋模塑。通过抽真空的方式使袋内复合材料坯件受到均匀压力，固化成型复合材料制件的工艺方法。其工艺过程是：把铺好的坯件密闭在真空袋与模具之间，然后抽真空形成负压，大气压力通过真空袋对坯件加压。其原理在于真空袋制造一个负压区，使溶解于坯件树脂中的气泡随同多余的树脂排出模具。延长加压时间可使制件更加密实，产生更高的层间粘接力。工作原理见下图。本法所需设备简单，主要设备是烘箱、成型模具以及真空系统，投资较少、易于操作。由于真空压力最高只有 0.1MPa，目前多用于厚度<2mm 的复合材料板材以及蜂窝夹层结构的成型。该成型方法是一正在深度研究开发的低成本复合材料制造技术。参见装封真空袋（541 页）、袋压成型（61 页）、热压罐外固化成型（361 页）。

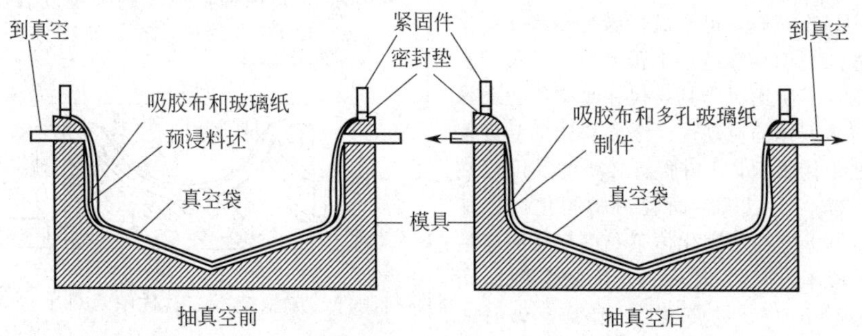

真空袋组合 vacuum bag assemblies 见装封真空袋（541 页）。

真空辅助树脂传递模塑 vacuum assistant resin transfer molding；VARTM

该工艺是通过抽真空辅助树脂渗入预型体中固化成型复合材料制品的方法。已在直升机机身、整体机翼壁板、B787 襟翼副翼、A400 货舱舱门等产品上应用。其工艺组合如下图所示。此种工艺方法，

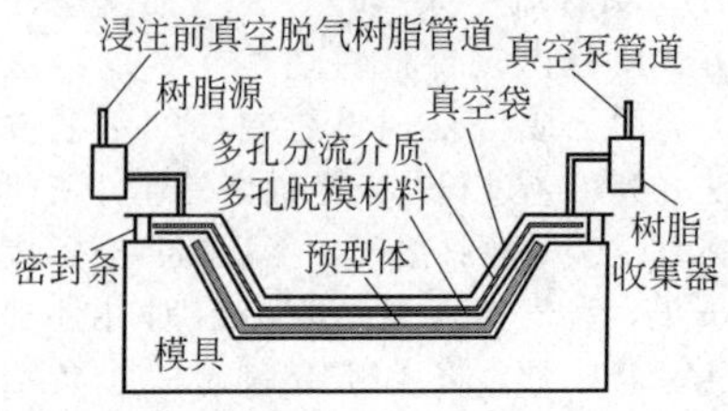

由于抽真空，不仅提高了树脂充模的压力，而且可排除模具和预型体中的气体，同时提高预型体中树脂宏观流动速度和在纤维束间的微观速度，有利于树脂浸透纤维并产生良好的浸润，提高产品质量。与传统 RTM 工艺相比，典型 VARTM 工艺的突出优点是工装简单，只有一个单面模和一个真空袋，降低了模具成本；由于不用热压罐，不受热压罐的限制，因而适合制造大尺寸、结构复杂的制件；由于采用压力低，便于在铺层中植入低密度泡沫体制夹层结构；由于该工艺通常在预型体的上方铺放多孔分流介质，可帮助树脂沿预型体厚度方向流动，浸透整个预型体。其关键在于：①所用树脂具备仅在真空压力下渗透预型体的流动性。需要树脂的黏度要低于传统 RTM 树脂。必要的黏度应在 0.1Pa·s 以下，而且树脂固化后性能良好。②树脂固化体系黏度变化在渗透阶段不超过 0.3Pa·s。③树脂浸润角小于 8°。④真空度不低于 −97kPa。⑤有合适的渗透介质。⑥真空系统良好的密封性。⑦合理的流道设计。真空辅助成型工艺流程见下图。

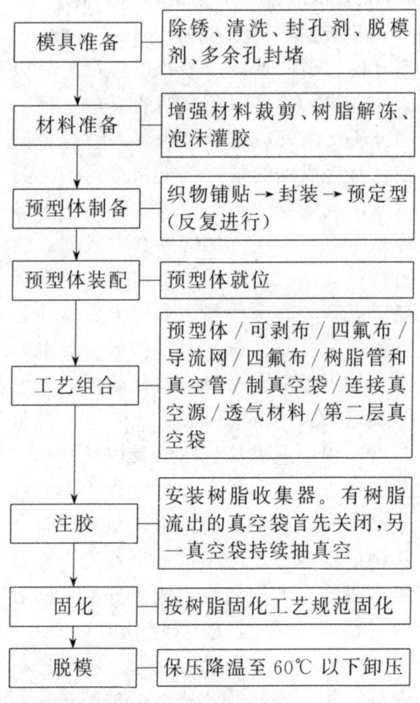

真空辅助树脂注入成型 vacuum assistant resin injection；VARI 在真空压力下排除纤维增强体中的气体，通过树脂的流动、渗透，实现纤维或织物的渗渍，在线固化成型的工艺方法（见下图）。它是一种低成本的大型复合材

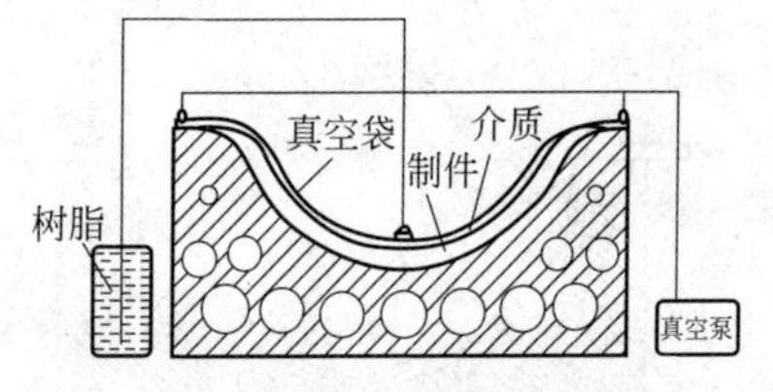

料制件的成型技术，其优缺点见下表。

优点	缺点
1. 原材料及使用费降低。增强材料在线完成浸渍，在线固化，不存在预浸料制备、运输、冷藏、报废等人力物力消耗，与预浸料/热压罐工艺相比，原材料及使用费降低 30%～50%。 2. 与 RTM 工艺相比，只需要单面刚性模、真空压力，生产成本低；与模压工艺相比，工作压力、温度、对模具要求均没有前者高。 3. 和以往的传统复合材料成型工艺相比，更适合成型大厚度、大尺寸的制件。可采用整体成型大型复杂形状的部件，节约二次胶接/分段制造带来的麻烦。与开模成型工艺相比，可节约 50%以上的劳动力。 4. 产品结构缺陷少、表面均匀光滑、尺寸精度高、质量稳定。 5. 环保性好，因是闭模工艺，树脂固化始终在真空袋内进行，限制了挥发分外逸，几乎无污染。 6. 比人工铺层工艺，产品人为因素影响小，质量稳定。 7. 纤维含量高。GFRP 制品纤维重量含量可达 85%，CFRP 纤维体积分数可达 58%。 8. 产品空隙率低，容易做到小于 1%	1. 预型体制备和装配困难； 2. 模具设计必须建立在良好的流动模拟分析基础上； 3. 模具密封要求高； 4. 需要专用的低黏度树脂体系； 5. 充模过程不可见，工艺控制困难； 6. 应用范围不及预浸料铺层-热压罐工艺宽

该工艺有很大的灵活性，是大尺寸、大厚度复合材料制件十分有效的成型方法，已在 F-22、F-35、C17、B787（外副翼加筋壁板）、A380、A400（上货舱门）、A350 等飞机上大面积应用，并取得了显著的技术经济效益。VARI 工艺对树脂体系的要求与 RTM 很相似，通常 RTM 树脂可直接应用。但本工艺是仅借助于真空使树脂在高密度的增强材料预成型体中流动、浸润和渗透，且通常应用于大型结构，树脂浸润时间需要很长（数小时），因此对材料的要求更高：①对原材料体系要求严格，如增强材料具有耐树脂流动冲刷性、好的浸润性。②要求同时具有黏度低、中低温固化、反应活性高、放热峰值低特点的树脂固化体系。③树脂/纤维流动浸润过程的可控性和预见性差，工艺过程设计和优化困难。④预型体制作要求高难。VARI 需要解决的关键问题：①树脂流动的控制以及白斑的防止；②树脂/纤维比例的一致性的控制；③具有低黏度、中温以下固化、良好力学性能的树脂体系，黏度在 0.1～0.3Pa・s 范围，且在浸渗过程中不得高于 0.3Pa・s（见下表）；④树脂对纤维的浸润角<8°；⑤足够的真空抽力使叠压实致密；⑥合理的工艺组合，利于气泡排除与压碎；⑦有合适的渗透层；⑧合理设计流道，利于树脂的均匀分配。参见 树脂传递模塑成型（394 页）、真空辅助树脂传递模塑（524 页） 。

项目	测试条件	树脂	
		BA9912[①]	CYCOM823RTM[②]
密度/(g/cm^3)	25℃	1.27	1.23
玻璃化转变温度(T_g)/℃		187	135
剪切模量/GPa	25℃		1.13
拉伸强度/MPa	25℃	74.2	80
拉伸模量/GPa	25℃	3.36	2.9

续表

项目		测试条件	树脂	
			BA9912[①]	CYCOM823RTM[②]
断裂伸长率/%		25℃	2.79	8.8
弯曲强度/MPa		25℃	109	144
弯曲模量/GPa		25℃	3.73	3.4
黏度/Pa·s		RT	0.27	0.250
		最低	0.020	0.020
固化条件/(℃/h)			120/4	125/1
应用温度/℃	干态		120	110
	湿态		82	90

① 北京航空制造工程研究院树脂基体。
② Cytec公司树脂基体。

真空浇铸 vacuum casting 用于浇铸热固性树脂液以防止截留气泡的一种方法。即把塑模放在一个真空室内，从外部料斗将树脂注满，然后解除真空。

真空浸渍工艺 vacuum-immersed treatment 在真空下加热由增强材料构成的预型件和熔化金属基体合金达到预计的温度，通入高压惰性气体使熔融的金属液体渗入增强体预制件中，制成金属基复合材料坯件或零件。这种方法适用于连续纤维、短纤维、颗粒、晶须等形态增强材料的金属基复合材料零件。该方法设备简单，工艺参数易于控制，可以制造形状复杂、尺寸精确的金属基复合材料制件，是一种适应性强、生产成本低、操作灵活方便的金属基复合材料制备方法。

真空密封胶带 vacuum bag sealant tape 一种复合材料成型过程中用的工艺辅助材料。主要用于真空袋薄膜与模具之间的密封，具有良好的粘接密封性，同时又可与模具剥离。分150℃、176℃、200℃等不同使用温度的等级。

真空热压 vacuum hot pressing; VHP 在高温和渗透压力及低于大气压的条件下加工材料（特殊粉料）的方法。

真空树脂传递模塑 vacuum resin transfer molding; VRTM 一种派生的RTM成型工艺。它的主要特征是RTM模具一头为进胶口，另一头出胶孔上接连真空源。在树脂注入模腔前首先将进胶口封严而出胶口的真空不断地抽吸，抽去夹杂在纤维层中的空气和附在纤维表面的水汽，从而降低空隙含量，使预型体纤维更紧密，纤维体积含量大幅度提高。真空形成负压，使树脂顺真空通路沿预型体各层面流动，达到充分浸渍纤维，并使纤维/树脂分布均匀。参见树脂传递模塑（394页）、真空辅助树脂传递模塑（524页）。

真空箱 autovac 用加热、真空或其他方法成型热塑性塑料零件时所用的一种箱体设备。

真空压力浸渍工艺 vacuum pressure infiltration; VPI 在真空和压力的共同作用下将液态金属强迫渗入增强纤维间隙，凝固后制成复合材料的一种工艺方法。

真空压实 compaction 在铺贴预浸料过程中，通过用临时真空袋抽真空，排除截留在叠层里的空气，使层与层紧密贴实的作业。参考热压实（363页）。

真应变 true strain 为观测时的标距与物体受轴向力作用的原始标距的比率的自然对数。

真应力 true stress 用观察时的真实截面（不用原来的截面）计算的轴向应力。用于拉伸和压缩试验。

蒸发速度 vaporizing velocity 旧称挥发速度。蒸发是指液体表面发生的气化现象。蒸发速度是指单位时间内单位面积上蒸发出来的水蒸气的质量。单位为 $g/(cm^2 \cdot s)$（成分）。决定蒸发速度的根本因素是溶剂在该温度下的蒸气压，其次是溶剂的相对分子质量。一般用溶剂的沸点高低来判断。影响蒸发速度快慢有五个原因：①液体的温度越高，蒸发越快；②液体的表面积越大，蒸发越快；③液体表面上方空气流动的速度越快，蒸发越快；④气压越低，蒸发量越大；⑤空气的湿度越小，蒸发量越大。反之则反。

蒸汽板 steam plate 见阳模板（487页）。

蒸气压 vapor pressure 为饱和蒸气压的简称。在一定温度下，液体与其蒸气达到平衡时的平衡压力，它仅因液体的性质和温度而改变，此平衡压力称为该液体在该温度下的饱和蒸气压。

整流罩 fairing; cowling 使机体外表面光滑，以减少飞行阻力的流线整形结构。

整体比重 bulk specific gravity 计算固体体积时，包括可渗透空隙和不可渗透空隙两者的一种多孔固体的比重。

整体层合板 monolithic laminate 参见层合板（31页）。

整体复合材料结构 integral composites structure 通过一次制造过程形成的由各个结构单元组成的单个复杂复合材料结构（如肋、长桁和蒙皮组成的垂直安定面）。如共固化、一次固化以及树脂传递模塑工艺常用来制造的复合材料整体结构。与铆接结构相比，整体结构零件、连接件数量少，减重效果明显，结构效率高。但模具复杂、精度要求高，制造费用高。参见整体共固化成型（527页）。

整体固化成型 见整体共固化成型（527页）。

整体共固化成型 integrally cocure; unitized cocure; one-shot 又称联合共固化、一次固化、整体固化成型。指复合材料坯件的各部件在其本身固化的同时又互相胶接成为一整体结构的成型方法（见下图）。这种成型方法的优点在于：

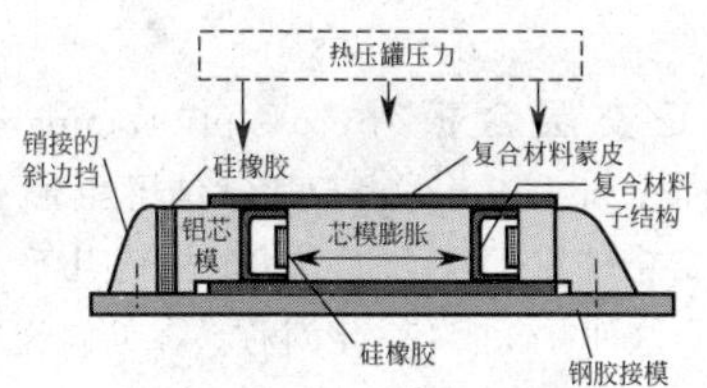

注：硅橡胶在需要时使用。

制件的零件、紧固件数量少，装配中零件配合问题也少，总体成本有所降低。美中不足的是模具精度要求高，其成本较高，铺贴复杂对操作人员的技能要求高。但总的来说，这种工艺方法综合技术经济效益突出，所以在军机、民机的主次受力件上得到应用，如下图所示。参见共固化（150页）、二次胶接（91页）。

整体加热 integrally heated 模具的自加热。可以是电加热，也可以是油加热。大多数液压釜的工装是整体加热。

整体预氧毡加工 process for integral peroxide-felt 将聚丙烯腈预氧纤维切丝、梳理、预刺成网胎、针刺等工艺制成整体毡的过程。

正方编织物 braid，square 其纱构型为一个正方形图案的编织物。

正方对称 square-symmetry 相对于两个互相垂直的轴具有相等的刚度或强度性能。例如一种具有正方编织的织物。

正割模量 secant modulus 从原点到非线性应力-应变曲线上某一点间画出的正割线汇出的理想化了的杨氏模量。

正交层合板 cross-ply laminate; crosswise laminate 仅由0°铺层和90°铺层交错铺设的层合板。其泊松比几乎为零。这种层合板不一定对称。参见斜交层合板（473页）、正交各向异性（528页）。

正交各向异性 orthotropy 具有三个相互垂直的弹性对称平面的特性。单向铺层、织物、正交铺层和斜交铺层层板都是正交各向异性的。

正交各向异性板理论 orthotropic plate theory 一种均匀正交各向异性板的理论。

正交各向异性材料 orthotropic material 一种材料，所关心的给定点性能在材料中具有三个相互垂直的对称平面，这些平面共同定义了主材料坐标体系。

正交各向异性层合板 orthotropic laminate 具有正交各向异性力学性能特征的各种层合板的统称。单向层合板、正交层合板、均衡的斜交层合板以及编织布预浸料压制的层合板都是正交各向异性层合板。这种层合板在平面应力状态下存在着两个互相垂直的对称面。层合板平面内相对于内对称面对称方向上各坐标点的力学性能相同。正交各向异性是纤维复合材料一种独有的性能特征。

正交各向异性的 orthotropic 具有三个互相垂直的弹性对称平面。

正交各向异性铺层 orthotropic layer 具有三个垂直的对称平面的铺层。

正交铺层层合板 coss-ply laminate 只由0°和90°铺层组成的层压板。这种板不一定是对称的。

正交铺层的 cross-laminated 使若干层材料的纹理方向与其他各层材料纹理方向成直角的铺贴。

正六边形蜂窝芯子 hexagonal honeycomb core 格子为正六边形的蜂窝芯子。

正品率 percentage of a-class goods 符合规定质量要求的产品数对生产总数的百分率。

正切模量 tangent modulus 在静态应力-应变曲线上任一预定点的斜率，以单位形变的单位面积上的力表示。此乃该点在剪切拉伸或压缩方面的正切模量。

正切应力 tangential stress 沿开口切向的法向应力。

正态分布（统计术语） normal distribution 一种双参数（μ，σ）的概

率分布族，观测值落入 a 和 b 之间的概率，由下列分布曲线在 a 和 b 所围面积给出：

$$F(x)=\frac{1}{\sigma\sqrt{2\pi}}\exp\left[-\frac{(x-\mu)^2}{2\sigma^2}\right]$$

正弦波形夹芯 sinusoid corrugated core 正弦波形状的夹层板芯。

正向偏斜 positively skewed 如果是一个不对称分布，且最长的尾端位于右侧，则称该分布是正向偏斜。（统计术语）

正应力 normal stress; stress, normal 垂直于所截取平面的应力。

正则化 normalization 将纤维控制性能的原始测试值，按单一（规定）的纤维体积含量进行修正的数学方法。

正则化应力 normalized stress 把测量的应力值乘以试件纤维体积与规定纤维体积之比，修正后得到的相对规定纤维体积含量的应力值；可以用实验测量纤维体积，也可以用试件厚度与纤维面积重量间接计算得到这个比值。

正轴 on-axis 与原材料主轴相重合的坐标轴。参见材料主方向（29页）、偏轴（328页）。

正轴刚度 on-axis stiffness of laminate 层合板正轴方向抵抗变形的能力。为施加于正轴应力与产生正轴应变之比，即单位正轴应变所对应的施加正轴应力。根据正轴应力-应变关系得到的正轴刚度矩阵为对称矩阵，而且没有拉-剪交叉刚度（$Q_{16}=Q_{26}=0$），与正轴柔度矩阵为互逆矩阵。用正轴工程常数来表示正轴刚度。

正轴工程常数 on-axis engineering constant 用单轴拉伸、单轴压缩和纯剪切试验直接测得的单层板弹性主方法的杨氏模量（弹性模量）E_L、E_T 以及主泊松比 υ_{TL} 和剪切弹性模量 G_{TL}（次泊松比 υ_{LT} 一般由 $E_L:E_T=\upsilon_{TL}:\upsilon_{LT}$ 关系式确定）。每个工程常数都带有下标，指明性能的方向。参见拉伸试验（279页）、偏轴工程常数（328页）。

正轴柔度 on-axis compliance 单位正轴应力下产生正轴应变（变形）大小的量度。根据应力-应变曲线关系得到，正轴柔度矩阵为对称矩阵，而且没有拉-剪交叉柔度（$S_{16}=S_{26}=0$），与正轴刚度矩阵为互逆矩阵。参见偏轴柔度（328页）。

正轴应力-应变关系 on-axis stress-strain relation 由正轴应变计算正轴应力或由正轴应力计算正轴应变的关系式。由单轴试验确定。一般假设为线性关系。参见偏轴应力-应变关系（328页）。

支承板 backing plate; support plate 防止成型零件（凹模、凸模、型芯或镶件）和导向零件轴向移动并承受成型压力的板件。

支承柱 support pillar 为增强模具的高度而设置在动模支承板和动模座板之间，起支撑作用的圆柱形零件。

支持条件 见边界条件（11页）。

支化 branching 由既有链的一个活性点上生长出新链，新链的方向异于原链。支化的产生系链转移过程的结果或由于双官能团单体的聚合。在聚合物性质上支化是一个重要因素。

支化聚合物 branched polymer 在聚合过程中由于支化反应而生成的带

有支链的聚合物。

支架 ejector housing; mold base leg 使动模能固定在压机或注塑机上的L形垫块。

支数 count; yarn number 以“支数制”表示纤维、纱线粗细程度的名称。为一定质量的纤维或纱线具有的长度。有公制支数及英制支数等。支数愈高，表示纤维愈细。

枝杈弯 参见射水切割（379页）。

织边 selvage; selvedge 织物中平行于经线的边缘。

织布 weave 将经纱和纬纱在织布机或其他机械上，按设计的织物组织和结构编制成织物的过程。未经处理的织物俗称坯布。

织纹 见织物组织（531页）。

织纹横断面 weave cross section diagram 织物经向或纬向的剖视图，用以分析表示经纬纱上下交错位置的变化情况。

织物 fabric 俗称布。以纱线、长丝等为材料，运用各种织造及其他方法制成的纱线相互交错排列构成的平面材料。如机织物、针织物、编织物、无纺织物等。有时专指机织物。广义的织物还包括毡（felt）和非织造布无纺织物（non woven fabric）。

织物变形 fabric deformation 织物在受到面内剪切、拉伸、压缩和面外弯曲力作用后形状的变化。变形的机理包括纤维间剪切、纤维间滑移、层间滑移、纤维屈曲和拉伸等。

xyz 织物 stereo-braied fabric 又称立体编织物。

织物幅宽 fabric width 织物横向两边最外缘经纱之间的距离。

织物覆盖系数 见织物总紧度（531页）。

织物复合材料 fabric-composites 以织物为增强基体的复合材料。织物包括纤维的机织物、针织物或编织物组合体。参见纤维复合材料（465页）。

织物经纬密度 fabric count 织物经向及纬向单位长度的纱线根数。

织物经向面 fabric warp face 织造织物的一个面，该面含有极多的走向平行于布边的纱。

织物批次 fabric batch 用相同型号的经纬纱，用同一种织机和相同操作规范织成的织物。

织物纬向面 fabric fill face 织造织物的一个面，该面含有极多的走向垂直于布边的纱。

织物预浸料 fabric prepreg 由织物浸渍树脂胶液得到的预浸料。

织物增强聚合物基复合材料 fabric reinforced polymercomposites 以纤维织物为增强材料、聚合物（树脂）为基体形成的复合材料。

织物增强体 fabric reinforcements 纤维复合材料增强体的一类结构形式。包括纺织织物增强体和非纺织织物增强体。（1）纺织织物增强体主要包括：①机织物增强体。分平纹、斜纹和缎纹等组织。②编织物增强体。通常制成带状或管状，铺覆性优于机织物增强体。③针织物增强体。可制成布、带、管等多种形式，由于纤维反复弯曲，强度损失大。没有明显方向性。适用于芳纶等韧性好的纤维。上述三类增强体提供的是二维增强。（2）非纺织织物增强体，如无纬布，仅用相互平行的经向纱组成，纤维之间通过胶黏剂相互连接成片。能够在纤维方向提供最高的强度。

织物重量 fabric weight 织物单位长度、单位面积或单位体积的重量。

织物总紧度 fabric cover factor 又称织物覆盖系数。织物结构参数之一。为织物在规定面积内，经纬纱所覆盖面积对规定面积的百分率。表示织物中纱线间空隙大小的参数。分织物经向覆盖系数、织物纬向覆盖系数、织物面积覆盖系数。

织物组织 weave 又称织纹。机织物经、纬纱相互浮沉交织的规律。织物的组织形式分为基本组织、变化组织、联合组织、提花组织以及由多于两个系统纱线组成的复杂组织。基本组织包括平纹、斜纹、缎纹三种。根据需要，可将基本组织加以改变或由若干基本组织联合组成其他组织。织物组织不仅影响织物的外表，而且也影响织物的性能。参见二维机织物（94 页）、二维编织物（93 页）、二维针织物（94 页）。

织造 weaving 把准备好的经纬纱线在织机上形成一定组织、一定幅宽织物的加工过程。

TAC-900 脂环胺固化剂 TAC-cycloaliphatic amine curing 其主要成分为甲基环戊二胺。分子量 114.19。无色透明液体。相对密度（d_4^{20}）0.86～0.92。凝固点 18℃。沸点 198℃。黏度（25℃）6mPa·s。活性氢当量 28.5。胺值 880～920mg KOH/g。低毒。用作环氧树脂胶黏剂固化剂，参考用量 5～15 份，适用期 30～60min。固化条件 RT/(1～6)d。但脂环反应活性低，室温固化反应不完全，需要加热固化或添加诸如叔胺或亚磷酸三苯酯、水杨酸、甲酚等促进剂加速固化。固化的环氧胶黏剂具有较好的耐热性和韧性，玻璃化转变温度 T_g 接近芳胺固化物，而断裂伸长率提高 1 倍，且颜色浅，光泽好。

脂环族环氧树脂 cycloaliphaticepoxy resin 分子中含有脂环，环氧基直接连接在脂环上的环氧树脂。商品化脂环族环氧树脂的性质见下表。这类树脂由于环氧基直接连接在脂环上，结构紧密，因此固化产物热变形温度高，在 150～200℃范围内热稳定性良好。耐化学试剂，电性能和大气老化性能突出。这类树脂的特点是黏度小，工艺性好；环氧当量小，交联密度大，耐热性好，但多数韧性差；固化收缩小，拉伸强度高；电性能、耐紫外线及耐候性也好。与双酚 A 脂肪族环氧树脂相比，对脂肪族胺类反应活性很低，几乎不被咪唑及三级胺固化，主要用芳香胺（DDM、DDS）作固化剂。国内产品牌号有 6206、6201、6207、W-95 等。其中 W-95（二氧化双环戊烯基醚，300#-400#）树脂性能突出、全面，被誉为三高（高强度、高伸长率、高热变形温度）树脂，比同类（芳胺）固化剂固化的双酚 A 环氧树脂强度高 50%，伸长率高 1 倍。缺点是二氧化双环戊烯基醚树脂在生产时有致癌物产生。参见双酚 A 型环氧树脂（403 页）、双马来酰亚胺树脂（405 页）、氰酸酯树脂（343 页）。

化学名称	分子结构式及外观	国内型号	国外型号	环氧当量/g·mol^{-1}	黏度/Pa·s	熔点/℃	主要用途
二氧化乙烯基环己烯	无色或淡黄色透明液体	6206 206	Unox 206 ERL-4206	74～78	0.0078(20℃)	—	活性稀释剂
二甲基代二氧化乙烯基环己烯	无色或淡黄色透明液体	6269 269	Unox 269 ERL-4269	84～86	0.0084(20℃)	—	活性稀释剂，灌封料，玻璃钢，胶黏剂
3,4-环氧基环己烷甲酸-3′,4′-环氧基环己烷甲酯	无色或淡黄色透明液体	6221 221	ERL-4221 Unox 221	131～143	0.35～0.45 (25℃)	−20	缠绕，灌封，胶黏剂，涂料
3,4-环氧基-6-甲基环己烷甲酸-3′,4′-环氧基-6-甲基环己烷甲酯	无色或淡黄色透明液体	H-71 201 6201	Unox 201 ERL-4201	152～156	1.81(25℃)	—	浇注料，胶黏剂，涂料，缠绕及层压复合材料
二氧化双环戊二烯	白色结晶粉末	R-122 207 6207	Unox 207 ERL-4207	82～85	1.0左右(与顺酐混溶后的黏度)	>184	缠绕制品及耐高温胶黏剂，浇注料，涂料，模塑料
二氧化双环戊基醚	300 白色结晶 400 无色至浅蓝色液体	W-95 6300-6400 300-400	ERRA-0300 ERLA-0400 ERR-4205 ERLA-4205	≤105	— 0.038	55 —	层压和缠绕成型的高强度耐热结构复合材料

直导套 guide bushing, straight; straight bushing 不带轴向定位台阶的导套。

直导销 见直导套（533 页）。

直浇口 direct gate; sprue gate 截面与流道截面相同的浇口。

直角机头 cross head 参见角机头（213 页）。

直绞 plain reeling 成平行、人字形卷绕的纱线绞。

直接氧化工艺 directed oxidation 利用熔融金属直接和氧化剂发生氧化反应而制备复合材料的方法。该方法具有工艺简单，无需气氛保护，反应过程时间短、成本低、直接铸造成型，易于产业化的优点。但增强相的生成量不易控制，分布的均匀性欠佳。

直压式合模装置 见全液压合模装置（346 页）。

HLB 值 见亲油亲水基平衡值（342 页）。

pH 值 pH value 表示溶液酸、碱程度的数值。pH＝7 时表示溶液为中性，pH＞7 表示溶液为碱性，pH＜7 表示溶液为酸性。

植物纤维增强体 plant fibre reinforcements 又称天然纤维增强体。由植物的籽、茎、皮、叶等获得的天然纤维增强材料。由棉籽获得的有棉纤维增强材料；由皮获得的有苎麻、亚麻、黄麻、罗布麻、大麻等纤维增强材料；由叶获得的有蕉麻、剑麻等纤维增强材料；由茎秆获得的有木材、竹、芦苇、稻麦秆、高粱秆等纤维增强材料。目前已经把麻、竹纤维大量用作木材、玻璃纤维的替代品来增强聚合物基体，与合成纤维相比，植物纤维具有廉价质轻，比强度、比模量高等优良特性。最关键的是天然纤维属可再生能源，可自然降解，不会给环境构成污染。随着技术的提高，应用领域已从航空航天、国防军工扩展到建筑、土木工程、交通运输、船舶工程、化工腐蚀、电子电气、体育与娱乐用品、医疗器械与仿生制品等领域。如竹纤维、麻纤维/聚乳酸复合材料。

止裂 crack arrest 对已经发生快速扩展的裂纹在一定条件下停止扩展的现象。

止裂扩展方法 arrested growth approach 一种要求验证带有明确定义缺陷的结构能承受适当重复载荷，同时其缺陷扩展或是通过机械止裂或是在达到临界尺寸（剩余静强度降低到限制载荷）前终止的方法，它与适当的检测间隔和损伤可检性相关。

酯 ester 由酸与醇反应或由烃基取代酸中可取代氢原子而生成的化合物。许多酯类化合物都具有水果香味。用于生产水果香精；也用作溶剂。

制造 fabricating; fabrication 以焊接、热封、胶接、切削以及用机械连接等加工方法装配或改制塑料、复合材料预制品（如模压件、杆件、管件、板件、拉挤件），或用其他方法把零件固定在一起或装到其他零件上的二次加工。

制造发展成本 cost to increase manufacturing readiness level 用于提高制造技能和技术水平所增加的总费用。

制造缺陷 manufacturing defect 在制造期间出现，并能引起强度、刚度和尺寸稳定性不同程度退化的异常或缺陷。预期在飞机零件寿命期内，由质量控制、制造验收准则允许的这些缺陷（或允许的制造变异性）会满足合理的结构要求。在损伤威胁评估中应把制造质量控制中漏检的其他制造缺陷包括在内，并在其被检出和修理前必须满足损伤容限要求。

质量 ①mass 代替原“重量”的称谓。量度物体惯性大小的物理量。数值上等于物体所受外力和它获得的加速度的比值。有时也指物体中所含物质的量。质量是常数，不因高度或纬度变化而改变。②quality 产品或工作的优劣程度，如产品质量、工程质量、服务质量等。

质量保证 quality assurance 为使顾客各级管理者确信某一产品或服务能够满足规定的质量要求，在质量体系内所必须进行的全部有计划、有系统的活动。

质量方针 quality policy 由本单位的最高管理者正式批准或颁布的质量宗旨和方向。

质量分析 gravimetric analysis 定量分析方法的一种。以测量反应生成物的质量来测定物质含量。

质量改进 quality improvement 为了本单位和顾客双方的利益，在单位内和整个质量环中，为提高各项活动和过程的效果和效率所采取的措施。

质量管理 quality management 确定质量方针、目标和责任，并通过质量体系中的质量策划、质量控制、质量保证和质量改进来使其实现的所有管理职能的全部活动。

质量环 quality loop 从识别需要直到评定这些需要是否得到满足的各个阶段中，影响质量的相互作用的活动的概念模式。

质量监督 quality surveillance 为确保满足规定的要求，对实体状态进行连续的监视和验证，并对记录分析进行的观察和监控。

质量控制 quality control 为满足质量要求所采取的作业技术和活动。

质量评价 quality evaluation 对某实体具备满足规定要求能力的程度所作的系统审查。

质量热容 见比热容（10 页）。

质量审核 quality audit 为确定质量活动及有关结果是否符合计划安排，以及这些安排是否被有效贯彻并能达到预期的目标所作的系统的、独立的检查。

质量体系 quality system 为实施质量管理，由组织结构、职责、程序、过程和资源构成的有机体。

致弹剂 elasticizer 为赋予树脂弹性的一种添加剂。例如氯化聚乙烯及乙烯、丙烯的氯化共聚物与聚氯乙烯组合物掺合使其具有弹性。

蛭石 vermiculite 一种粒状含水云母。当加热到高温时，水使其体积膨胀6～20 倍。在塑料中与树脂混合作为填料，可提供相当高的压缩强度。

智能材料 intelligent materials 模仿生命系统同时具有感知和驱动双重功能的材料。亦即不仅能够感知外界环境或内部状态发生的变化，而且通过材料自身的或外界的某种回馈机制，能够适时地将材料的一种或多种性质改变，做出所期望的某种响应的材料。感知、回馈、响应是智能材料的三大要素。大致可分为被动智能材料、主动智能材料两大类。前者由于具有诸如选择性、自诊断、变型性、自恢复、自修复、开关性等功能，不需要外加的辅助就能有效地反映出对外界环境的变化并作出回应。主动智能材料则要求有一外加回馈系统来发挥它的感知和驱动功能。具有智慧性的材料有变色玻璃、形状记忆合金、增韧氧化锆陶瓷、正温度系数热敏陶瓷等。已研究的智慧材料有自诊断断裂的飞机机翼、控制湍流和噪声的机翼蒙皮、自愈合裂纹的混凝土、人工肌肉和皮肤、自调整血糖浓度的胰细胞等。已在航空、航天、舰艇、汽车、建筑、机器人、仿生、医药等领域显示出潜在应用前景。参见机敏材料（185页）。

智能复合材料 intelligentcomposites 为机敏复合材料的高级形式。它与机敏复合材料仅有层次上的区别。在机敏复合材料自诊断、自我调整和自愈合的基础上增加了自决策功能，体现具有智能的高级形式。亦即在外部信息处理系统中增加了人工智能的软件系统，随时对信息进行分析评估，根据实时情况给出最佳控制条件，发出指令传达到执行材料使之动作，使执行材料的动作达到优化状态，其作用原理如下图所示。它是材料学、电子学、信息学、生命科学等多学科和技术交叉的产物。参见机敏复合材料（185页）。

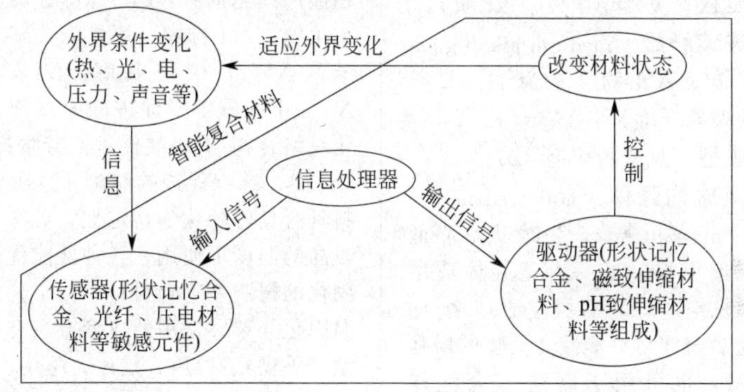

滞后环 见滞后回线（535页）。

滞后回线 hysteresis loop 又称滞后环。描写应力与相应的位移（或变形）在加载与卸除的过程中有不同变化的闭合曲线。这种滞后回线存在于触变流体和膨胀流体（如塑料溶胶）的黏度曲线中，以及存在于拉伸试验的应力-应变曲线中。

滞后相位角 lagging phase angle 当参照波的参照点发生在所考虑的波之前时，两个波之间的角度叫作滞后相位角，可以用度或弧度表示。

滞后效应 hysteresis 应变量B随变量A变化的场合下，由于应变量B跟不上变量A的变化，因此对于相等量的A值却有不同的B值。这种现象称为滞后现象。例如高聚物在交变应力作用下，形变落后于应力变化的现象。

滞弹性 ①anelasticity 某些特定材料所显示的一种特性，此种材料的应变不仅是其应力的函数，而且与加载的速度有关；②viscous elasticity 材料恢复到原尺寸所需时间比规定时间还多5%的一种弹性。

置信区间 confidence interval 置信区间按下列三者之一进行定义：

(1) $p\{a<\theta\}\leqslant 1-a$

(2) $p\{\theta<b\}\leqslant 1-a$

(3) $p\{a<\theta<b\}\leqslant 1-a$

式中，$1-a$ 称为置信系数；称类型

(1) 或 (2) 的描述为单侧置信区间；而类型 (3) 的描述为双侧置信区间。对于 (1) 式，a 为下置信限；对于 (2) 式，b 为上置信限。置信区间内包括参数 θ 的概率，至少为 $1-a$。

置信系数　confidence coefficient　参见置信区间（535 页）。

中间相　mesosphere　指用沥青母料生产碳结构的中间相，在微观上是液体结晶形式，当升温到 400℃时，即开始凝聚、固化，并生成伸长序列区。加热到 2000℃以上时，就产生石墨结构。

中间压板　见浮动压板（116 页）。

中碱玻璃纤维　medium-alkali glass fiber　碱金属氧化物含量为 11.5%～12.5%的玻璃纤维。

中空成型　见吹塑成型（57 页）。

中空微球增强体　hollowed micro-balloon reinforcements　为球状空心低密度，粒度可控制的一种增强体或填料。有无机空心球和有机空心球之分。主要作为热固性与热塑性高聚物的增强体或填料；也可用于制造组合泡沫塑料。

中密度纤维板　medium density fiberboard　以木材纤维或其他植物纤维为原料，使用酚醛树脂或其他胶黏剂制成的密度在 0.5～0.8g/cm^3 的板材。

中面　middle plane　将一块板在厚度方向平分成两半的平面。

中强度中模量聚丙烯腈纤维　middlestrength middlemodulus polyarylonitrile fiber　指强度和模量介于纺织用腈纶和高强度、高模量聚丙烯腈纤维之间的品种。该纤维的主要用途是代替石棉作水泥的增强材料。

中位数　median　指样本中位数和母体中位数。

中温固化胶黏剂　intermediate temperature setting adhesive　在 31～99℃范围内固化的胶黏剂。（注：此处界定的温度范围与中温固化树脂基复合材料的不同。）

中温固化树脂基复合材料　intermediate temperature curing resin matrix composites　在 80～130℃下固化的树脂基复合材料。常用的树脂有不饱和聚酯和环氧树脂。前者的固化是在中温下可分解的引发剂的作用下进行的。后者主要是双酚 A 型环氧树脂固化体系，相应的固化剂有：2,4-咪唑、咪唑及其衍生物；2,4-咪唑、取代脲（N-对氯代苯基-N',N'-二甲基脲、N-苯基-N',N'-二甲基脲等）促进的氰基胍；三氟化硼络合物/有机酸促进的芳胺；DMP-30、2,4-咪唑促进的酸酐。这种复合材料具有良好的化学稳定性，可在中温或较高的温度下使用，各种性能优于室温固化的树脂基复合材料，而工艺又较高温固化简单。常用的成型方法有接触成型（手糊）、模压、层压、缠绕、拉挤、反应性注射等。适于制造具有较高使用温度的结构制件，广泛用于航空航天、机械、船舶、化工等领域。参见 HD58 基体（190 页）。

中性面　neutral plane　构件变形时不受伸缩的平面。

终值断裂载荷　load at rupture　拉伸试验中，试样在最大载荷时未完全断裂，继续伸长，载荷降低，至试验终止时的载荷。见 537 页图 (a) 中 c 点的载荷。对于脆性材料，537 页图中 b、c 两点重合，终值断裂载荷即为断裂载荷，则终值断裂伸长等于断裂伸长，终值断裂功等于断裂功 [537 页图(b) 和 (c)]。

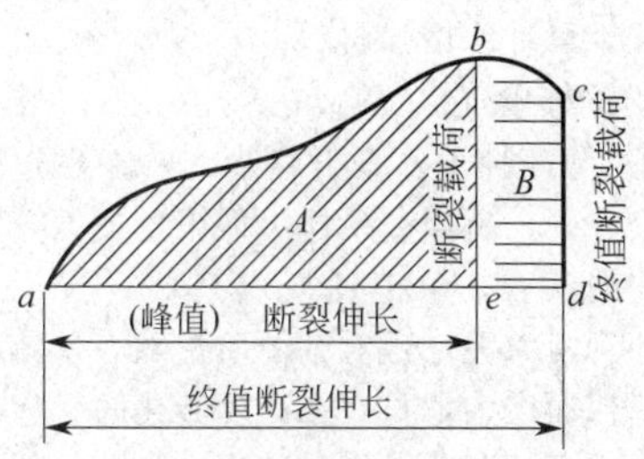

(a)韧性材料的载荷-变形关系
$A+B$—［终值］断裂功；
ad—［终值断裂伸长］

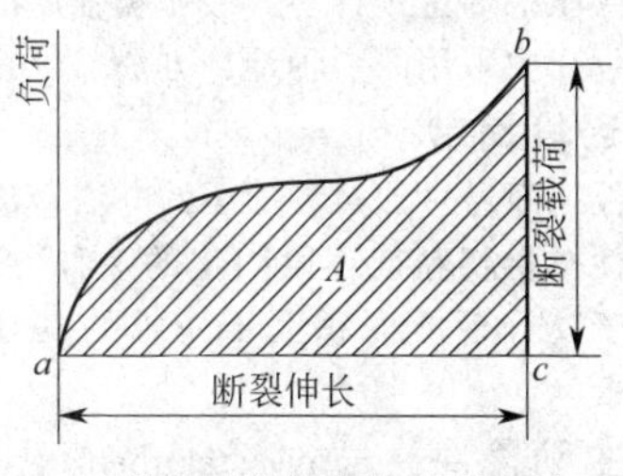

(b)脆性材料的载荷-变形关系
A—［值］断裂功；
ac—［峰值］断裂伸长

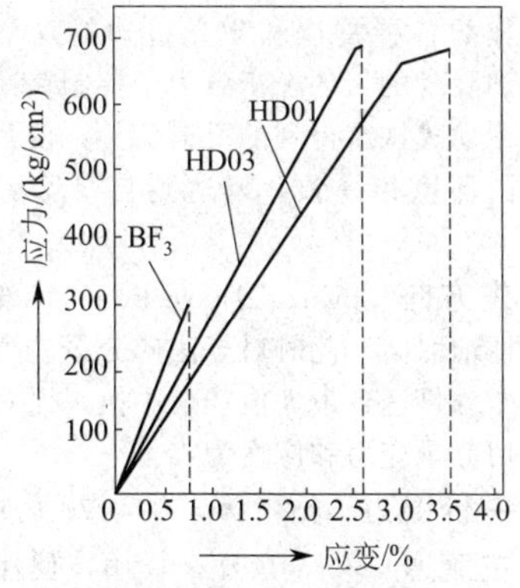

(c)不同基体浇铸的应力-应变曲线及其断裂功

终止温度（T_f） final temperature 在热分析中质量变化累积达到最大值时的温度。

众数长度 见主体长度（539页）。

重均分子量 weight-average molecular weight 聚合物以重量统计平均的分子量值。

重力闭合 gravity closing 下压式压机仅靠活塞及其附件的重力完成闭模的方法。

周期 cycle 指在模塑操作中，周期为某一循环的特定点至下一循环的同一特定点所经历的时间。

周期产额 lift（in molding） 成型机在一个模塑周期中所生产的成套制品。生产率可以用每小时周期产额的总数表示。

周期浸润腐蚀试验 alternate immersion test 将样品周期性地浸入溶液中以评定其相对耐蚀性的腐蚀试验方法。

周期性取样 periodic sampling 按一定周期从总体中抽取试样的取样方法。

周向应力 hoop stress 简称周应力。内压或外压时，圆筒形状材料中出现的环形应力。

周应力 见周向应力（537页）。

周转期 handling life 材料在铺层结束前于低温箱以外的总时间。与机械寿命不同。参见机械寿命（186页）。

X轴 X-axis 在复合材料层合板中，在层合板平面内取0°线为基准，用于标识各单层角度的基准轴线。

Y轴 Y-axis 在复合材料层合板中，在层合板平面内与X轴相垂直的轴线。

Z轴 Z-axis 在复合材料层合板中，与层合板平面相垂直的基准轴线。

轴对称性 axisymmetry 物理量相对于某参考轴呈对称分布的特性。具有此特性的材料叫作横向各向同性材料。

轴向缠绕 axial winding 一种增强塑料缠绕方法。此方法的绕丝方向与旋转轴（0°螺旋角）平行或成一个小的角度。参见纵向缠绕（548 页）。

轴向应变 axial strain；strain，axial 平行于试样纵轴的面内线应变。

肘节式合模装置 见连杆式合模装置（285 页）。

肘节作用 toggle action 一种借加力于肘节接头产生压力的机构。采用封闭压力法加压。

皱褶 wrinkle；puckers 复合材料的一种表面缺陷。由压入表面的一层或多层辅助或外来材料（或去除后）所形成的折痕或皱纹；预浸料上分离膜或脱膜纸局部隆起的条状气泡。

骤冷 chill 用循环水冷却模具；用空气吹或将模制品浸入水中进行冷却。

珠光剂 pearlscent agent 能赋予塑料制品珍珠般晶莹闪光的物质。即能使光产生反射和折射，是一种无色透明、折射率高、具有定向性的片状结晶，晶片表面光滑。分天然和合成两类。天然珠光剂即带鱼磷粉；合成珠光剂包括碱式磷酸铅、碱式碳酸铋、氯氧化铋（珍珠白）、酸式砷酸铅和 TiO_2-云母片等。加入 PMMA、HDPE、PS、PC、Nylon 以及不饱和聚酯中分别制得珠光有机玻璃和珠光塑料。

珠光体 pearlite 参见珠光剂（538 页）。

珠状聚合 见悬浮聚合（480 页）。

珠状聚合物 bead polymer 一种小球状的聚合物。见悬浮聚合物（480 页）。

竹纤维增强体 bamboo fibre reinforcements 从竹子中提取出来的一种纤维素纤维增强材料。

逐步聚合 step-growth polymerization 两种主要聚合机理之一。在逐步聚合中，是通过单体、低聚物或低分子物的联合，由消耗反应基而进行反应的。因为平均相对分子质量随着单体的消耗而增大，只有在高度转化时，才会形成高相对分子质量的聚合物。

逐层失效 successive ply failure 随着载荷的增加，多向层合板中最先一层失效后发生的单层连续失效。是用经典层压板理论预计多向层压板强度的计算过程中采用的一种计算方法。

逐段黏合 progressive gluing 在压板期间通过加热和加压的办法，使热固性树脂胶黏剂逐段固化的一种方法。用于胶合板或面积大于压板的其他层合板。

主动隐身 active stealthening 针对主动探测技术所采用的隐身技术。如果通过对目标发出的电磁波束，按接收到的回波信号来探测和识别目标，则称为主动式探测（如在米波至毫米波范围工作的各种雷达和激光雷达的探测）。主动隐身的目的在于致力于控制和减弱由主动式探测得到的反射信号，使其与周围环境相一致，以达到自身隐蔽的目的。

主方向 principal direction 特殊的坐标轴取向。此时对于法向分量应力和应变分量达到最大值和最小值，而对于剪切分量应力和应变为零。

主价键力 见化学键力（170 页）。

主流道 sprue 注塑模中，使注塑机喷嘴与型腔（单型腔模）或与分流道连接的这一段进料通道；压注模中，使加料腔与型腔（单型腔模）或与分流道连接的这一段进料通道。

主铺层 main ply 构成复合材料制件的主要铺层组合。

主体长度 modal length 又称众数长度。纤维长度分布中，占质量或根数最多的一种长度。

主要结构 primary structure 如果该构件遭到严重损伤而失效，会严重干扰飞机的正常操纵的构件。

主增塑剂 primary plasticizer 在合理的混溶限度内，凡可与树脂完全混溶，且可用作单独增塑的一种增塑剂，并能产生具有足够持久性的组合物，使其在一般使用条件下，在整个使用期间均能保持指定的性能。

煮沸试验 boiling test 将胶接或复合材料试样按规定的时间在沸水中浸渍规定时间后，测定其胶接强度或复合材料性能的试验。

苎麻纤维增强体 ramie fibre reinforcements 取自苎麻麻茎初生韧皮部的纤维素纤维。

助催化剂 cocatalysts 自身是弱催化剂，但能大大增加某一催化剂的活性，降低固化温度的化学药品。如HBA可使EP/DDS/BF_3MEA固化体系的固化温度降低40℃。

助剂 auxiliary agent 化工产品在研发、生产和应用工艺过程中所用的辅助原料。又称配合剂或添加剂。它可以赋予产品特殊性能，是胶黏剂工业中不可或缺的重要原料。也是胶黏剂和密封剂的关键组分。它不仅能够显著提高产品的性能，改善工艺性能和使用性能，而且还能扩大应用范围，延长储存期、使用寿命，降低成本，消除污染，带来可观的技术、经济和社会效益。实际上，很多新产品的开发成功，都离不开助剂的贡献。例如，将纳米二氧化硅或纳米碳酸钙用作环氧树脂胶黏剂的改性剂，可以获得既增强又增韧还不降低耐热性的效果；SBS、SIS在溶解或熔融之后均无粘接性，但是，加入适量的增黏树脂（萜烯树脂、松香、石油树脂）便可制得万能胶、覆膜胶、压敏胶、热熔压敏胶、密封胶等；若将2%～5%的有机硅烷偶联剂加入环氧胶黏剂、聚氨酯胶黏剂、氯丁胶黏剂之中，其粘接强度、耐水性、耐热性和耐久性都有大幅度提高；当于溶剂型氯丁胶黏剂加入少量异氰酸酯进行适度交联，则可明显提高粘接强度、耐水性、耐热性以及耐久性等。助剂分为合成用助剂和加工用助剂两类。前者如引发剂、催化剂、促进剂、溶剂等。后者如固化剂、硫化剂、促进剂、溶剂、增塑剂、增黏剂、增韧剂、偶联剂、填料、稠化剂、阻燃剂、防老剂等。

助黏剂 adhesion promoter 基材在涂盖之前施加的一层涂层，用以改进塑料与涂件的黏合。

助压型框 drape assist frame 热成型中，用细金属丝等将几个阳模绑在一起而构成。此型框悬于待加工片材的上方，成型时，此框架下落使片材延伸进入模腔。这样可防止片材在塑模高凸面上起皱，并能更准确地确定模具的间隙。

贮存期 shelf life; storage life 液体树脂、罐装胶黏剂或预浸料在规定贮存条件下，材料保持其使用寿命并符合相应规范规定要求的可贮存时间。

注射拉挤成型 injection pultrusion 又称反应注射拉挤成型、连续树脂传递模塑，如540页图所示。树脂胶液在增强纤维进入模具后加压注入浸渍区，连续纤维在牵引设备的拉引下，通过成型模边浸渍、边加热、边固化制备复合材料型材的工艺。这种方法从根本上消除了苯乙烯的散发问题。但重要的是，要在注射点严格控制模具的温度，以防止树脂的过早凝胶化。但这种方法使模具设计复杂化，其模具比传统的更长、更复杂，导致模具的设计、制造成本更加昂贵。

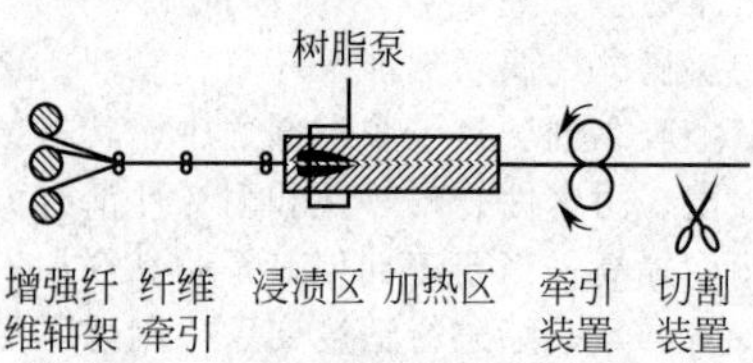

注射量 shot 一个注射成型周期中注入模具中的塑料质量。

注射能力 shot capacity 一台注塑机每个周期注入模内塑料的最大量。在柱塞式注塑机中以质量计，而在螺杆式注塑机中往往以体积计。

注射缺料 short shot 注射料没有完全填充模腔所造成的制品结构尺寸不足。

注射修理 injection repair 层合板内部分层或夹层结构面板与芯材脱粘时，用注射器将低黏度树脂体系注入损伤处使其重新粘在一起的修理过程。

注塑成型 injection molding 又称注塑、注射成型。使热塑性或热固性模塑料先在热机筒中均匀塑化，而后由柱塞或移动螺杆推挤到闭合模具的模腔中成型的一种方法。

注塑（成型）机 injection molding machine 注塑成型用的机械。由塑化装置、注射装置、合模装置和传动机构等组成。

（注塑机）空循环时间 dry-cycle time 在不加料的情况下，注塑机空转一个周期所需最少的操作时间。

注塑模 injection mold 由注塑机的螺杆或活塞，使料筒内塑化熔融的塑料，经喷嘴、浇注系统注入型腔，固化成型所用的模具。

注塑模制压力 injection molding pressure 见注塑压力（540页）。

注塑速率 injection rate 注塑机单位时间内的最大注射量。指柱塞或螺杆的横截面积与其前进速度的积，以 cm^3/s 表示。

注塑压力 injection pressure 在注塑成型和传递模塑中，模塑料注入模腔时加在柱塞作用面的压力，以 MPa 表示。

驻点温度 stagnation temperature 当气流流过飞行器表面并完全被阻滞（气流速度降为零处），该气流的最高温度称为驻点温度。它是表征飞行器结构承受气动加热严重程度的特征量。

驻极体 electrets 经电极处理后一面带正电荷一面带负电荷的聚合材料圆盘，很像永久磁体。驻极体可由聚甲基丙烯酸甲酯、聚苯乙烯、锦纶与聚丙烯等聚合物材料在强电磁场的作用下加热与冷却而制成。

驻留时间 dwell time 在长丝缠绕工艺中，缠绕过程中缠绕机构停止运动而芯轴继续旋转至适宜点以开始新的绕程的时间；热固性树脂在阶梯升温固化过程中某阶梯温度持续的时长。

柱塞 force plunger 在注塑模中，传递机床压力，使加料腔内的塑料注入浇注系统和型腔的圆柱形零件。

柱塞挤出 ram extrusion 靠柱塞压力使物料由机筒通过口模的挤出方法。

铸塑浆 casting syrups 参见浇铸树脂（207页）。

铸造树脂 foundry resins 在铸造操作中用作砂子胶黏剂的热固性树脂。

最常应用的类型为固化后不溶解的水溶性酚醛树脂，以及在酸性催化剂作用下固化的冷固化糠醇树脂。

爪形织物 crowfeet 一种 3∶1 的过纱交织的织物，因其纹路与乌鸦的脚印相像而得名，实为四综缎纹织物。即一根填充纱（纬纱）从三根经纱上面经过，再从下一根经纱下面经过。这种织物正反两面看起来不同。铺覆性好。参见四综缎纹织物（409 页）。

转变温度 transition temperature 聚合物由黏流态或橡胶态变到硬和较脆状态或相反转变时的温度。参见玻璃化转变温度（17 页）。

转鼓 drum tumbler 塑料粒与浓色体混合和/或将其再研磨的一种装置。材料被置入筒状转鼓中，转鼓颠倒翻滚或绕一斜轴旋转一定时间以使所有组分完全掺合为止。

转换 transformation 复合材料力学术语。由于坐标转换或简单地参考坐标轴的旋转引起的刚度、强度、湿热膨胀、应力、应变和其他的变化。其转换遵循严格的数学方程。复合材料的研究大量地依靠此转换方程来正确地描述材料的方向相关性。莫尔圆是转换方程的几何表示法。与每一个转换有关的是几个不变数，其为有用的设计参数。

转移膜 transition film 在模具上成膜并能将载物同时转移到制件上的树脂薄膜。如在制造复合材料构件时，在铺层前把聚乙烯醇溶液涂到模具上，并在其干燥后在模具上所形成的聚乙烯醇膜上喷涂预期要转移的材料（如铝）所形成的复合膜。接着在其上铺放预浸料层。此组合在固化成型过程中转移到复合材料制件的工作表面。转移膜的作用是作为载体把预期转移的载物（如喷铝层）转移到制件上，该膜一般不留在产品上，制件脱模后应将其去掉，把载物留在产品上。

转折区 knuckle area 在长丝缠绕的部件里，两个不同几何形状截面之间的过渡面，如圆柱形压力容器的边缘接缝。

装袋 bagging 参见装封真空袋（541 页）。

装袋程序 bagging procedure 参见装封真空袋（541 页）。

装封真空袋 vacuum bagging; vacuum bag assemblies 也称真空袋工艺组合。复合材料坯件积层完成后与工艺辅助材料组合并装入真空袋内的作业。包括复合材料坯件就位、辅助材料铺放、辅助工装运用、真空袋制作等工序。典型的工艺组合有两种，包括热压罐成型装袋工艺组合和热压罐外成型装袋工艺组合。(1) 热压罐成型装袋工艺组合如下图所示。为了防止树脂从周边

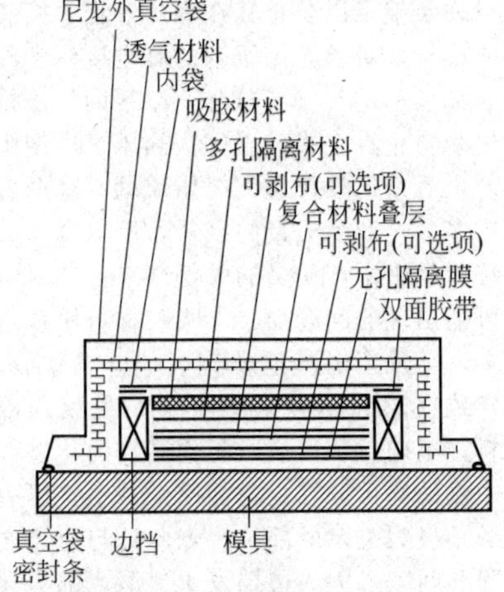

流失（水平流动），在紧靠预浸料坯件四周边缘放置金属或软木边挡，以防止坯件和边挡之间出现间隙导致树脂聚集。边挡用双面胶带或聚四氟乙烯销固

定到成型模上。如果固化后复合材料表面需要胶接或喷漆，可直接在坯件表面铺放一层可剥布。并在其上铺放一层有孔隔离层，允许树脂和空气通过而不使吸胶材料与坯件表面粘连。再在多孔隔离层上铺放吸胶材料，以便在固化期间吸储需去除的树脂。然后在吸胶层上面覆盖内袋，用双面胶带将内袋固定到边挡上，并在内袋上刺出一些微孔，允许气体通过进入透气材料，同时将吸出的树脂滞留于吸胶层中。再在内袋上面依次铺放透气层、真空袋，构成袋内的气体通道，维持热压罐和真空袋下的压力差。透气材料应覆盖整个坯件并延伸通过真空界面，保证气路畅通，以便空气和挥发物在固化过程中从预浸料坯件中排出。最后真空袋与模具通过耐热橡胶密封带粘到模具上。装封过程中，应该采取措施，避免真空袋和被装封的材料在阴角内产生架桥。如通过打“狗耳褶”（见“架桥”词条附图）来增加真空袋余量，以防止其在固化过程中撕裂或架桥，对模具上所有的真空接口和凸起部位用透气材料包缠，以帮助气体排出和防止真空袋破裂等。热压罐成型中产生复杂的热传递和树脂流动，隐藏着诸多影响产品质量的因素，所以真空袋装封是决定产质量的关键环节。装封时可能出现的问题如：①吸胶材料用量过多，会发生树脂过度流失，造成缺胶，导致空隙和孔隙。②对于零吸胶预浸料，正确封装内袋以免树脂在固化过程中流失的重要性更为突出。其中叠层边缘是极为关键的部位，如此处与边挡之间的间隙过大或边挡发生泄漏，都会导致树脂过度流失，从而使叠层边缘厚度低于期望值。③内袋密封不好，使树脂流入透气系统，影响气路畅通。④匀压板滑移，架到边挡顶部形成架桥，导致边沿低压区，引起分层。⑤在固化期间外真空袋发生架桥或破裂，会使坯件所受压力部分或全部消失。如果发生在树脂凝胶固化前，必将形成大量空隙和砂眼。(2) 热压罐外固化工艺的真空袋工艺组合。铺层、组合方法和辅助材料基本上与热压罐预浸料固化的相同，但是，①使用边缘透气系统，以加强从预浸料坯中抽出空气和挥发物；②真空的质量成为关键工艺参数，复合材料的空隙含量与真空度线性相关，真空度越高，空隙含量越低；③对真空泄漏率要求更高。在固化加热之前检查，在 10min 内，真空损失不得超过 0.068bar（$1\text{bar}=10^5\text{Pa}$）。参见热压罐成型（360页）、热压罐外固化（361页）、空隙（269页）。

装封开始前需要先做的两项准备工作：

(1) 根据设计铺层及制件厚度确定复合材料制件的纤维体积含量（V_f）。

$$V_f = N m_{pf}/10\rho_f t$$

式中　V_f——复合材料制件纤维体积含量，%；

N——复合材料制件层数；

t——复合材料制件厚度，mm；

ρ_f——增强纤维密度，g/cm^3；

m_{pf}——预浸料单位面积纤维质量，g/m^2。

(2) 根据设计、材料的已知参数算出所需吸胶材料的用量（N_b）。

$$N_b = [m_p - SNm_{pf}(1+\rho_r/\rho_f V_f - \rho_r/\rho_f)]/Sm_b$$

式中　N_b——吸胶布层数；

m_p——制件坯料质量，g；

S——制件面积，cm^2；

N——制件设计层数；

m_{pf}——预浸料单位面积纤维质量，g/cm^2；

m_b——单位面积吸胶材料吸胶量，g/cm^2；

ρ_r——树脂密度，g/cm^3；

ρ_f——纤维密度，g/cm^3；

V_f——复合材料设计纤维体积含量，%。

装甲功能复合材料 armored functionalcomposites 具有防弹性能的一类高聚物复合材料。这类复合材料与金属、陶瓷及其他材料，经优化组合可构成最大限度地耐所有类型的射弹（炮弹、子弹、火箭弹等），以及榴弹、手榴弹、地雷、动能穿甲弹等爆炸产生的碎片，称为复合装甲（见下图）。按增强纤维类型可分为玻璃纤维、聚芳香酰胺纤维（芳纶）复合材料，高强度高模量直链聚乙烯纤维或聚丙烯纤维复合材料、碳纤维及混杂纤维复合材料等。在这种复合装甲中，高聚物复合材料用作吸收能量或分散能量的材料层（成为夹层）和支撑作用的背层。

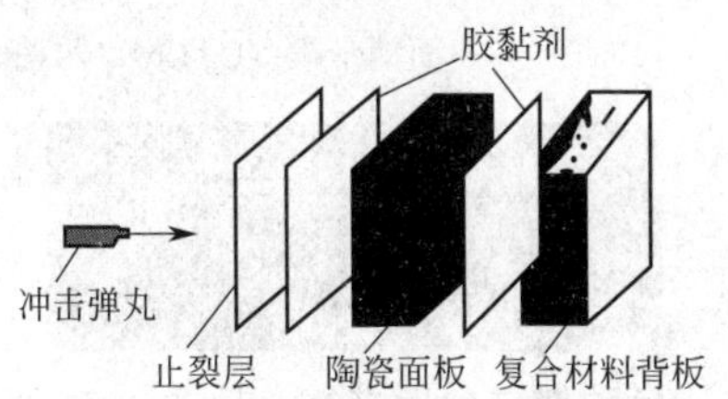

装料空间 loading space 压缩塑模中或传递塑模的料钵中容纳尚未压缩的模塑料的空间。

装料温度 mold loading temperature 又称装模温度。向模具内装入模塑料时模具的最佳温度。

装模板 clamping plate 一种固定模具并用以使模具紧固于压机上的模板。

装模温度 见装料温度（543 页）。

装配夹具 assembly jig 用来对进入装配的各零件或装配件定位并予以夹紧，以保证产品装配质量的装置。

装配胶黏剂 adhesive, assembly 用于将诸构件胶接在一起的胶黏剂，例如在木器制作、模具制造、金属件装配时所使用的胶黏剂。

状态调节 conditioning 为了使材料在随后的加工和试验中结果稳定和再现性好，将材料在规定的标准环境中保持一定时间的措施。

锥形定位件 mold bases locating elements 合模时，利用相应配合的锥面，使动、定模精确定位的组件。

准各向同性 quasi-isotropic 在各个方向上具有基本上相同的（在面内所有方向上相同的）拉伸刚度。$E_1=E_2$ 且 $G=E/2(1+\nu)$。例如铺层为 $(0/\pm60)_s$ 和 $(0/\pm45/90)_s$ 的层合板。

准各向同性层合板 quasi-isotropy laminate 一种均衡和对称的层合板，在给定点，所关心的性能在层合板平面内呈现各向同性行为。板内只含有两个独立的面内弹性常数（模量、泊松比）。通常的准各向同性层合板为 $(0/\pm60)_s$ 和 $(0/\pm45/90)_s$。在平面应力状态下，这种层合板的力学响应类似于各向同性材料，但不能完全等同于各向同性，例如在垂直于平面方向上的性能就不同于面内的性能，只能用“准”各向同性来描述这类层合板的特性。可由多种铺层结构得到准各向同性层合板。凡是有铺层数（m）相同的各铺层组，且 $m\geqslant3$，各铺层组方向间隔 π/m 角度的任何对称层合板，都是准各向同性层合板。例如，$[0/\pm60]_s$ 层合板，$m=3$，铺层组铺设方向间隔为 60°，这种层合板称 $\pi/3$ 层合板；$[0/\pm45/90]_s$，$m=4$，方向间隔为 45°，称 $\pi/4$ 层合板；$[0/\pm30/$

$\pm 60/90]_s$，$m=6$，铺层组方向间隔为30°，称 π/6 层合板。准各向同性层合板在面内坐标轴旋转时，任意方向上的性能都是相同的。参见准各向同性（543页）、对称层合板（87页）、均衡层合板（261页）、均衡对称层合板（261页）、反对称层合板（96页）、非对称层合板（103页）、对称非均衡层合板（87页）、均衡非对称层合板（261页）。

讨论：通常准各向同性层合板指其弹性性能，对这情况，层合板在 K 个指向包含相等数量的相同层，铺层的角度为 $180i/k$（$i=0, 1, \cdots, k-1$），$k \geqslant 3$。其他材料性能可能服从不同的法则。例如，在 $k \geqslant 2$ 时导热性变为准各向同性，而强度特性一般不能是真正准各向同性的，只是近似于此。

准确度 accuracy 测量值或计算值与认可标准或规定值之间的接近程度。准确度中包括了操作的系统误差。

浊点 cloud point 缩聚时第一次出现浑浊的温度，这是反应混合物冷却时由于水的分离所形成。

着色剂 colorant 使塑料着色的染料或颜料及其助剂的总称。

子层合板 sub-laminate 层合板内一个可多次重复的多向铺层组。

子层合板屈服 sucking of sub-laminate 在轴压或轴压-剪切载荷作用下，层合板分层部位局部突然出现侧向面外位移的失效。参见屈曲（346页）。

紫外线 ultraviolet 可见光谱中紫色端的不可见辐射区。紫外光的波长小于可见光，从而使它们的光子有更多的能量，足以引发某些化学反应使很多塑料发生降解。

紫外线固化 ultraviolet curing 利用紫外光引发树脂基体中的相应基团产生交联反应的过程。

紫外线稳定剂 ultraviolet stabilizer；UV stabilizer 掺入热塑性树脂中能选择地吸收紫外光的任何化学物质。

自动模具 automatic mold 一种用于注射成型或压缩成型的模具。它能迅速完成包括注射在内的整个生产周期而不需人员协助。

自动铺带技术 automated tape-laying；ATL 一种利用自动铺带机将一定宽度的单向预浸料按照预定程序逐层自动铺放到模具上的铺层技术。由自动铺带机完成。利用多轴龙门式机械臂来完成铺带位置自动控制。核心部件铺带头（见下图）中装有预浸带输送及切割系统，根据待铺放工件的边缘轮廓自动完成预浸带特定形状的切割，待预浸带加热后，在压辊的作用下铺放到模具表面。自动铺带技术具有高效率（达10～40kg/h，是手工铺层的数十倍）、高质量、高可靠性、低成本的特点，主要用于平面、小曲率曲面，尤其是大型复合材料结构件的制造。按适应铺放结构件的几何特征分为平面铺带机（FTLM6）和曲面铺带机（CTLM）两种。

自动铺放丝束技术 见自动丝束铺放技术（544页）。

自动扫描 automatic scanning 用非手工方法使声波在被检物体内规则地运动。（无损检测）

自动丝束铺放技术 automated tow placement；ATP 又称自动铺放丝束技术。一种利用自动纤维铺放机将预浸纱按照预定程序自动铺放到模具上去的铺层技术。具体来讲，是将数根预浸纱用多轴铺放头，按照设计要求所确定的铺层、方向和厚度在压辊下集为一条预浸带后铺放到芯模表面、加热软化预浸纱并压实定型。整个过程由计算机测控、协调系统完成。在铺放过程中，铺放头可以切断和协调任何一根预浸纱，以改变预浸带的宽度，消除相邻层之间的重叠或漏铺。每根预浸纱都按它自己的速率铺放到模具表面，柔性压辊使每根预浸纱单独与部件表面相贴合，可把预浸纱铺到部件内凹的表面。压辊和一个加热增黏器构成一个整体，把预浸纱碾压到铺层表面，与先前的铺层表面黏合起来，并排出气泡。使用纤维铺放技术制造复合材料结构，不仅可以降低重量、节约材料、减少零部件数目、缩短工艺流程、缩短装配时间，还可以提高产品质量。该铺放技术已在军机、民机以及火箭上得到大量应用（发动机舱、机身段、压力容器、火箭整流罩等）。波音公司的V-22飞机复合材料整体后机身采用自动丝束铺放技术后与原来铝合金结构相比，减少了34%紧固件和53%的装配工作量，废料率降低了90%。参见自动丝束铺放技术的特点(545页)。下图所示为纤维自动铺放工艺原理。

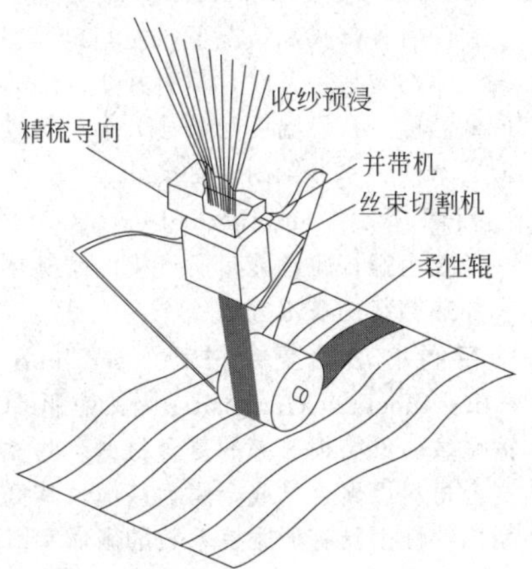

自动丝束铺放技术的特点 characteristics of a utomate tow placement 自动丝束铺放技术是一种自动化、低成本、高质量生产复合材料构件的工艺。它不同于长丝缠绕和自动铺带技术，具有一般成型技术所不具备的以下优点。① 采用机械手系统和多组预浸纱束，具有增减纱束根数的功能；废料极少，不需要隔离纸就可以完成局部加厚、混杂、加筋、铺层递减和开口铺层补强来满足多种设计要求。②成型压力由压辊提供，压力均匀稳定。③各预浸纱独立输送，不受自动铺带机中自然路径轨迹的限制，铺放轨迹自由度大，可以成型凹曲面。带宽可变，可以实现连续角度铺放，适应大曲率复杂构件成型又具有接近自动铺带的效率。④对制品的适应性极强，可以精确控制外形表面光洁度。⑤高度自动化，落纱铺层方向准确，可实现快捷制造，形成批量生产；产品质量稳定，可靠性高，可以真正实现低成本、高性能。⑥采用CAD/XAM及模拟技术可以实现复合材料设计-成型一体化和数字化。⑦可以实现制品在线形位测量、原位重复成型和二次加工，降低产品报废率和辅助材料消耗。⑧可以作为平台实施和其他技术联用，开发新的高效、低耗、低成本复合材料制造技术，如与热塑性复合材料直接固结技术、与电子固化技术结合，替代热压罐成型技术，可以大幅度降低制造时间、材料和能源消耗，从而降低制造成本。

自动修复塑料 automend 一种在受热后会自动修复裂痕的新型塑料。这种塑料韧性强，透光性好，在室温下十分坚固，具有类似于环氧树脂的物理特性。在120℃环境中，在没有任何催化剂或其他化学材料情况下，可以自我修复裂痕若干次。修复部位的强度达到原来的60%，而且电磁波可以完全透过。这种塑料在军事和科学领域具有广阔应用前途，如制造飞机雷达罩、自修复大镜片和冷热交替频繁的电子装置等。

自动压机 automatic press 一种用于压缩成型的液压机或注塑机。借助机械、电气、液体控制，或由这些方法的任何组合连续作业。

自固化 self-curing 参见自固化环氧树脂（546页）。

自固化环氧树脂 self-cure epoxy resin 分子结构中除含环氧基外，还含有能起固化作用的基团（如羟甲基、仲胺基和酸酐基等）的环氧树脂。固化时不需要另加固化剂，在一定温度下树脂自身结构中的固化基团和环氧基交联反应，形成固化物。代表品种有羟甲基化双酚A二缩水甘油醚、*N*,*N*-二(对羟基苄基)乙二胺缩水甘油醚和环氧化四氢邻苯二甲酸酐。

自毁 self-destruct 没有外加应力条件下由于温度和吸湿所引起的破坏。

自检 self inspection 由操作者本人按照规定对其所完成工作的检验。

自结皮泡沫 self-skinning foam 聚氨酯泡沫在泡沫芯上固化产生的一坚韧的外表皮。

自硫化 self-vulcanization；self-curing 在室温条件下，由胶料内部组分发生化学反应而导致的硫化。自硫化的关键问题在于选用临界温度很低的超速促进剂（二硫代氨基甲酸盐）。

自蔓延高温燃烧合成工艺 self-propagating high temperature synthesis；SHS 具有较大生成热的化合物材料，其反应均可在点火后激烈进行并放出热量以燃烧波形式蔓延完成高温合成进程。该方法是苏联科学家于1976年提出的，现已广泛用于陶瓷基复合材料的制备。

自捻纱 self-twist yarn 纤维纱条（一般为两根）受到罗拉假捻作用捻搓，形成正、反捻向周期性交替变换纺成的纱。

自然老化 natural aging 材料在自然环境条件下所产生的老化。

自燃点 spontaneous ignition point；self-ignition point 可燃性物质在没有接触明火就能引起着火的最低温度。自燃点越低，着火的危险性越大。同一物质的自燃点随压力、浓度、散热等条件及测试方法不同而异。参见自燃温度（546页）。

自燃温度 self-ignition temperature 在没有外部火焰情况下，使塑料温度缓慢而均匀地上升时，塑料开始自燃的最低温度。自燃温度与试样大小、热量损失条件、水分等因素有关。

自热挤出 autothermal extrusion 一种仅由螺杆驱动能量所产生的摩擦热来加热塑料的挤出方法。

自润滑功能复合材料 self-lubricating functionalcomposites 具有低摩擦系数、低磨损速率的复合材料。此类复合材料以聚合物或金属为基体，其低摩擦特性由具有低摩擦系数的固体润滑剂组分提供。常用的固体润滑剂有石墨、二硫化钼等层状结构物质，如聚四氟乙烯、聚乙烯等聚合物，银、铅等软金属及某些耐高温的氟化物。石英砂、玻璃纤维、碳纤维、青铜粉等耐磨组分赋予自润滑功能复合材料低的磨损速率和长的工作寿命。参见自润滑聚合物(547 页)。

自润滑聚合物 self-lubricating polymer 指固体聚合物材料与其他固体材料接触，并相对运动时摩擦系数低，有自行润滑性能的聚合物。如尼龙 6、尼龙 66、聚四氟乙烯、超高相对分子质量聚乙烯、聚丙烯、聚甲醛、聚碳酸酯、聚砜、聚酰亚胺以及由其构成的复合材料。可代替铜及其合金用于低负荷低速度的耐摩擦材料及不允许润滑油污染或油脂无法润滑的环境。高聚物的结晶度、结晶状态对其摩擦系数有较大的影响。设计、装配间隙、速度、负荷、温度、湿度、杂质、散热情况及添加减摩剂二硫化钼、石墨等会影响聚合物自润滑的效果及其使用寿命。

自适应结构 adaptive structures 具有感知外界情况和自身状态并有采取相应行动和措施能力的结构。

自适应控制系统 adaptive control systems 一种能通过对控制器特性的校正来自动补偿过程特性的动态变化，使控制系统始终运行在最佳状态的系统。

自熄性 self-extinguishing 指撤除火源后材料自行停止燃烧的能力。自熄性材料有聚氯乙烯、氯乙烯-醋酸乙烯共聚物、聚偏二氯乙烯、锦纶与酪朊塑料等。参见阻燃剂(550 页)。

自熄性树脂 self-extinguishing resin 具有自熄性的树脂。即有火焰时燃烧，火焰去除后就自行停止燃烧的树脂。

自由壁 free-wall 指蜂窝芯块中不与其他芯子连接的那部分蜂窝壁。

自由基 free radical 又称游离基。化合物分子在外界条件（如光、热等）的影响下，于共价键处分裂成带不成对电子的原子或原子团。自由基不能稳定存在，易自行结合成稳定分子或与其他物质起反应生成新的游离基。

自由基聚合 free-radical polymerization; free-radical-initiated polymerization 又称游离基聚合。在引发剂或热、光、辐射线等的作用下，单体活化成带单独电子的自由基所引发的反应。聚合反应的进行为单体分子链式加成于增长链分子之自由基端。最常用的引发剂为有机或无机过氧化物、偶氮化合物。自由基聚合受自由基浓度、单体浓度、引发体系、系统各组分所含杂质、介质和聚合温度的影响。主要的聚合方法如本体、悬浮、乳液与溶液聚合均为典型的自由基聚合。分为均聚合和共聚合两类。

自由落镖试验 free falling dart test 使具有半球型头的镖落在夹持架中所夹持的薄膜试样上，以测定热塑性薄膜冲击韧度的一种方法。

自由能 free energy 热力学上的一个重要状态函数，是表征物质系统在等温过程中最多可能做若干功的物理量。可分为两种：①亥姆霍兹自由能。它等于物质系统的内能（U）减去其热力学温度（T）和熵（S）的乘积。一般以 F 表示，即 $F=U-TS$。它在物理学中简称自由能，而在化学中常称为“功函”。②吉布斯自由能。它等于物质系统的焓（H）减去其热力学温度（T）和熵（S）的乘积。一般以 G 表示，即 $G=H-TS$。它在物理学中常称为“热力势”，而在化学中又称“吉布斯自由焓”或简称自由能。

自由膨胀 free expansion 没有外应力作用的热或湿膨胀。

自由振动 free vibration 受到某种干扰的弹性物体，当干扰力消失以后，由物体本身的弹性、惯性和阻尼相互作用产生的振动。

自增强陶瓷基复合材料 self-reinforced ceramic matrix composites 陶瓷材料在制备过程中，自身生成一定数量起增强作用的晶须随之形成的材料。参见陶瓷基复合材料原位生长工艺。

自粘纸 self-adhesive paper 也叫不干胶纸（压敏胶黏剂）。一种具有独特印刷性和自粘性的涂布加工纸。

综穿错 wrong draw 经纱未按组织构图穿综，形成织物上经向排列明显的一条或几条线状不匀。

总回弹性 proof resilience 把一个弹性体从伸长率为零拉伸至断裂点所需要的张力功。

总寿命 total life 试件自开始加载至完全断开的疲劳寿命。包括初始裂纹寿命和裂纹扩展寿命两个阶段；飞机结构自投入使用至退役的寿命。

总衰减 total attenuation 任何形式的超声波在材料中传播时，随着距离的增加，由于吸收、散射和声束的扩散的综合效应而引起的一种特别形式的强度的减小。(无损检测)

纵横比 aspect ratio ①对于基本上为二维矩形状的结构（如壁板），指其长向尺寸与短向尺寸之比。但在压缩加载下，有时是指其沿载荷方向的尺寸与横向尺寸之比。②对于纤维，是指不连续纤维的长度/直径比或一束平行纤维的长度/束径比。

纵横剪切强度 longitudinal-transverse shear strength 当剪切应力沿单向纤维复合材料的纤维方向和垂直于纤维方向作用时测得的面内剪切模量。如采用±45 铺层层板的拉伸试验测得的强度（见下图）。参见面内剪切试验（298 页）。

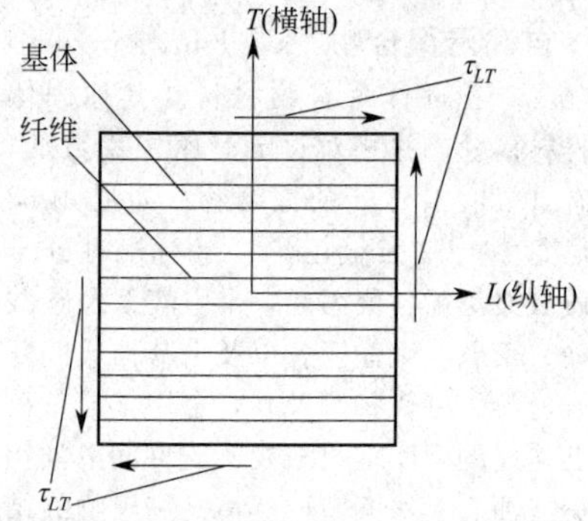

纵横剪切弹性模量 longitudinal-transverse shear modulus of elasticity 当剪应力沿单向纤维复合材料的纤维方向和垂直于纤维方向作用时，测得的面内剪切弹性模量。如采用±45 铺层层板的拉伸试验测得的模量。

纵横泊松比 longitudinal-transverse poisson's ratio 单向纤维复合材料，在比例极限内，承受纤维方向的正应力时，垂直于纤维方向的应变与相应的纤维方向的应变之比的绝对值。

纵梁 longitudinal beam 沿航向布置的承弯或承纵向集中力的构件。

纵向 lengthwise direction 与试样的断面和所加载荷有关的术语。对于棒状或管状材料，纵向就是长轴方向；对于其他形状的材料，纵向也可以是强度较高的方向；两个方向强度相等的材料，纵向可为任意指定的方向。

纵向缠绕 longitudinal winding

又称极线缠绕（plar winding）、平面缠绕（planar winding）、“0”形缠绕（0-winding）（见下图）。绕丝以与芯模两端极孔相切的方向或与芯模轴线小于15°连续缠绕到芯模上的方法。缠绕时，绕丝头在固定平面内做匀速圆周运动，芯模绕自己纵轴缓慢地旋转，绕丝头转一周，芯模转一个（或不到一个）纱片宽度所需要的角度（α）。这种缠方法，适合于干法缠绕短而粗、两端极孔大小不等的纤维复合材料容器。

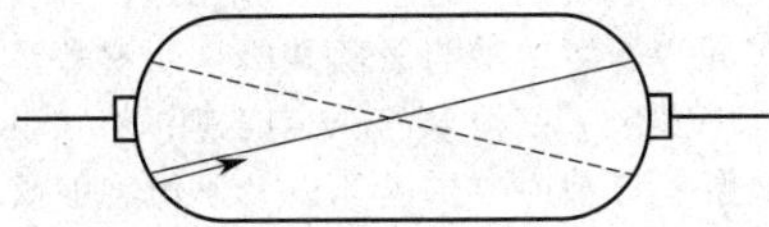

纵向强度 longitudinal strength 主要指沿单向纤维复合材料的纤维方向的强度。如纵向拉伸强度和压缩强度。纵向性能与复合材料组分材料性能及其界面性能密切相关。纵向拉伸强度主要取决于纤维的就位强度，而就位强度不仅与纤维在制造过程中的机械损伤和化学损伤有关，还与纤维和基体热膨胀失配导致的不均衡承载有关。因此，减小纤维损伤对提高复合材料强度十分关键。高温热处理和预疲劳可以显著提高复合材料强度，因为高温热处理对纤维的机械损伤和化学损伤有愈合作用，而预疲劳可以改善纤维与基体的热膨胀失配。纵向拉伸性能要求复合材料的增强纤维有高的强度和模量（主要因素）；基体的延伸率和韧性要大；界面的强度高，但不应过高；纤维体积含量 V_f 高，但不应超过70%；孔隙等缺陷少。纵向压缩性能对组分材料的要求：基体的强度和模量大（主要因素）；界面强度高，但不应太高；纤维弯曲少。纵向强度有时也用以指结构航向的承载能力。

纵向弹性模量 longitudinal modulus of elasticity；longitudinal modulus 沿单向纤维复合材料纤维方向的弹性模量。如纵向杨氏模量和剪切模量。

足球烯 见富勒烯（132页）。

阻聚 inhibition 能使乙烯基类单体自由基聚合完全终止的作用。阻聚的原理有两种：一是阻聚剂的分子与链自由基反应，形成非自由基物质；二是形成不能引发的低活性自由基，这两种情况都抑制了聚合反应的正常进行。

阻聚剂 inhitor；retarder 能迅速与自由基作用而延迟或终止化学反应的物质。常用的有多元酚、多元胺、芳香族硝基化合物、氮的氧化物等。常用于延长储存期和适用期。

阻抗 impedance 电路中电动势的有效值与由它所产生的电流的有效值之比。阻抗有电阻分量和电抗分量，它决定了与所施加的交流电压有关的电流振幅和相位。（无损检测）

阻抗分析 impedance analysis 对二次线圈的电阻和电抗的变化进行研究，由此能够推断出被试验材料中的状态。（无损检测）

阻抗图 impedance diagrams 用图表示一个线圈的电阻和电抗分量与频率、电导率、磁导率或被检材料尺寸的函数关系。（无损检测）

阻尼 damping 结构在动态条件下引起的滞后现象或能量损失的物理因素。

阻尼功能复合材料 damping functionalcomposites 起到能把振动吸收并转变成其他形式能量（如热能）而耗散，从而减小机械振动和降低噪声的一种复合材料。此种复合材料基本上有高聚物基体型和金属板夹层型两种形式。

前者系在橡胶、塑料等基体中加入各种适当的填料（颗粒、纤维）复合成型，在受到振动时，由于高聚物基体与填料的界面发生摩擦以及高聚物基体内的摩擦，消耗了振动能，从而达到阻尼的目的；后者在钢板或铝板间夹有很薄的黏弹性高聚物，这样的复合材料强度由金属夹板保证，而阻尼性能则由黏弹性高聚物的高内耗和金属夹板的约束来提供，因此即使在较高温度下也能保证良好的阻尼减振作用。

阻尼特性 damping behavior 树脂基复合材料在承受动态载荷时，其自由振动的振幅随着时间延续而逐渐减小的行为特征。以力学损耗系数 tgδ（$=e''/e'$，e'为贮能模量，e''为损耗模量）来量度。损耗系数越大，复合材料的阻尼特性越好。

阻尼系数 damping coefficient 同变形位相相差 90°的作用力与变形速度之比。

阻黏剂 abherent 涂于一表面的一种涂层或薄膜，用以防止或减少与另一表面紧密接触时发生粘连。用于塑料薄膜的称为防黏剂。用于塑模、压辊的称为脱模剂。

阻燃复合材料 flame retardant-composites 燃烧难、燃烧时发烟少、产生有害气体少的高聚物基复合材料。由高聚物与阻燃剂、难燃或不燃物组成。参见阻燃剂（550 页）。

阻燃环氧树脂 flame retardant epoxy resin 分子结构里含卤素（Br、Cl）、磷、氮等阻燃性元素原子的环氧树脂。重要品种有溴化双酚 A 型环氧树脂和溴化线型酚醛环氧树脂。用于要求阻燃的电气领域，如印刷电路板、电视机回扫变压器与点火线圈的灌封、粉末涂料等。但溴化物燃烧时会产生二噁英强毒性化合物，因而含溴材料已有被禁用之势。

阻燃剂 flame retardants; fire retardant 抑制或能明显推迟火焰蔓延的物质。阻燃剂通常作为添加剂于配料时加入，但有时施加于成品表面。某些增塑剂，特别是磷酸酯类与氯化石蜡类亦用作阻燃剂。无机阻燃剂包括三氧化二锑、磷酸二氢铵、氰基胍、逸散油、硼酸锌、硼酸与氨基磺酸铵。另一类称为反应型阻燃剂，包括含溴多元醇、含磷多元醇、氯菌酸与氯菌酸酐、四溴邻苯二甲酸酐、四溴双酚 A、四氯邻苯二甲酸酐、氯菌酸二烯丙酯以及不饱和的磷化氯酚等。

阻燃树脂 flame resistance rensin 又称难燃树脂。另见阻燃塑料（550 页）。

阻燃塑料 flame retardant plastic 遇火焰不燃烧或燃烧很慢，且离开火焰即熄灭的塑料。包括两类，一类系高分子本身含有难燃结构，如聚氯乙烯、氟树脂等；另一类系聚烯烃、环氧树脂、不饱和聚酯等在树脂中加入阻燃剂获得耐燃性。但无论是哪一类，其难燃性都来自卤素。例如，聚氯乙烯、聚偏二氯乙烯、氟树脂具有阻燃结构。而聚烯烃类、聚苯乙烯、聚氨酯、环氧等工业树脂则需要加入溴化物阻燃剂。阻燃性的大小，常用氧指数（OI,%）划分，氧指数在 22%以下的塑料无阻燃性；氧指数在 22%～27%之间为难燃材料，具有自熄性；在 27%以上的为高难燃材料，阻燃性好。常用塑料的氧指数在 15%～90%范围内，聚丙烯 17.64%，溴化阻燃聚丙烯＞27%，聚氯乙烯 45%～49%等。

阻燃性 burning resistance; flame resistance 材料接触火焰时抵制燃烧

或离开火焰时阻碍继续燃烧的能力。

阻燃性不饱和聚酯树脂 fire-retardant unsaturated polyester resin 结构中含有阻燃性基团的不饱和聚酯树脂。分反应型和添加型两类。前者在分子中含有阻燃性基团，在缩聚反应时加入。这种不饱和聚酯有良好的自熄性，较高的热变形温度、介电性能和耐蚀性能；添加型阻燃性不饱和聚酯自熄性好，但机械强度、耐热、耐候、耐蚀性低于反应型的。阻燃性不饱和聚酯的极限氧指数（OI）因品种而异，在30%～40%。参见阻燃剂（550页）。

阻止扩展方法 arrested growth approach 一种要求验证带有明确定义缺陷的结构能承受适当重复载荷，同时通过机械方法阻止损伤扩展或是在达到临界尺寸（剩余静强度降低到限制载荷）前终止损伤扩展的方法，它与适当的检测间隔和损伤可检性相关。参见无扩展方法（456页）、缓慢扩展方法（179页）。

组分材料 constituent materials 组成胶黏剂、复合材料的各个单独材料。例如胶黏剂中的环氧树脂、固化剂为环氧树脂胶黏剂的组分材料；碳纤维、环氧树脂和固化剂等是碳纤维增强环氧树脂基复合材料的组分材料。见复合材料组分（130页）。

组分种类 constituent class 同属性的化学类或族的一组纤维或基体，如石墨为同属的纤维类，环氧为同属的基体类。

组合件 subcomponent 又称次部件。能够代表一段完整结构全部特征的较大的三维结构，如梁段、盒段、壁板、翼肋、框架、带框的机身壁板等。参考部件、细节件。

组合泡沫塑料成型 syntactic foam molding 不用发泡剂而制取高强度泡沫塑料的加工方法。将树脂、催化剂和特种中空微球在搅拌器中均匀混合后，浇铸在模具中固化，可以得到具有特殊力学性能或电性能的泡沫塑料。所用微球的直径为20～200μm或0.05～2mm，制球材料如酚醛树脂、脲甲醛树脂、玻璃或硅石等。基料可以是环氧树脂、聚酯等。微球的体积含量为60%。玻璃微球填充环氧树脂：密度0.24～1.1g/cm^3，压缩模量1.4～3.5GPa，压缩强度35～175MPa，弯曲强度28～150 MPa。这种泡沫塑料多用于减振材料和浮子等特殊场合。

组织点 interlacing point 机织物中，经纱线和纬纱线相互浮沉的交叉点。

组织胶黏剂 tissue adhesive 以生物组织为粘接对象的胶黏剂。要求与生物兼容性好、室温下快速固化、发热小、无毒；可润湿并对组织黏合力强；可随伤口愈合而被逐步吸收；临床使用方便，可消毒灭菌。分为软组织胶黏剂和硬组织胶黏剂，常用的品种有α-氰基丙烯酸酯类、丙烯酸类、环氧树脂胶黏剂、聚氨酯胶黏剂等。

最大开距 maximum daylight; open daylight 注塑机在压机的动、定工作台或上、下工作台之间可分开的最大距离。

最大疲劳应力 maximum fatigue stress 一个循环内具有最大代数值的应力。

最大应变失效判据 maximum strain failure criteria 与复合材料最大应力失效判据非常相似，但认为复合材料单向层的破坏因素是正轴应变而不是正轴应力。破坏条件：纵向和横向拉伸应变分别小于纵向和横向的拉伸强度与它们相应的弹性模量之比值，纵向和横向的压缩应变分别小于纵向和横向的压缩强度与它们相应的弹性模量之比值，剪切应变小于剪切强度与剪切模量之比值。上述条件中，只要有一个不能满足，即发生相应的破坏。与最大应力失效判据的区别在于本判据包括了泊松比项。

最大应变准则 maximum strain criterion 以最大应变作为破坏依据的破坏准则。参见最大应变失效判据（552 页）。

最大应力失效判据 maximum stress failure criteria 认为复合材料单向层合板的破坏因素是正轴应力。正轴应力必须小于其相应的强度，否则即发生破坏。破坏条件：纵向和横向拉伸应力分别小于纵向和横向的拉伸强度，纵向和横向的压缩应力分别小于纵向和横向的压缩强度，剪切应力小于剪切强度。上述条件中，只要有一个不能满足，即发生相应的破坏。

最大应力准则 maximum stress criterion 以最大应力作为材料破坏依据的破坏准则。

最低成膜温度 minimum filming temperature；MFT 合成乳液体系形成连续胶膜的最低温度。

最低工艺黏度 minimum processing viscosity 树脂体系在规定的升温速度条件下测得的黏度-温度曲线上的黏度最低值。

最高允许浓度 maximum allowable concentration；MAC 为预防化学物质引起人身急性或慢性中毒，规定的空气中所含的有毒气体或粉尘不应超过的数值。通常以 mg/m^3 或 ppm 表示。二者的换算关系为：mg/m^3 = ppm×（毒物相对分子质量/22.45），式中，22.45 为 25℃、101.3kPa 时 1mol 气体体积。

最后一层失效 last ply failure；LPF 用经典层压板理论预计多向层压板强度的估算过程中采用的假设。在载荷作用下，指多向复合材料层合板中最后一层达到失效应力水平时所产生的失效。通过逐层分析，可以用强度比方程求出最后一层失效时的应力水平。

最佳层合板 optimum laminate 单位质量或费用具有最高刚度或强度的层合板。

最先一层失效 first ply failure；FPF 用经典层压板理论预计多向层压板强度的估算过程中采用的假设。在载荷作用下，多向层合板中第一个出现失效的单层，标志层合板失效起始。与其相应的最先一层失效载荷通常作为层合板设计的最大允许载荷。最先一层失效可以通过对层合板的逐层强度分析得出。

最小基础结构 minimum base structure 见单元体（67 页）。

最小假设初始损伤尺寸 minimum assumed initial damage size 分析和验证结构剩余强度与损伤扩展特性时，假设的最小初始损伤尺寸。

最小假设使用中损伤尺寸 minimum assumed in-service damage size 在每一次使用检查后，假设结构中存在的最小损伤尺寸。

最小结构单元 minimum base unit 见单元体（67 页）。

最小疲劳应力 minimum fatigue stress 一个循环内具有最小代数值的应力。

最小允许不修理使用期 minimum period of unrepaired service 结构

中存在最小假设初始损伤尺寸或最小假设使用中损伤尺寸的损伤，且允许不加修复而任其扩张的使用期限。

最优层合板 optimum laminate 单位质量或费用具有最高刚度或最高强度的层合板。

坐标系 coordinate system 为确定空间一点的位置，按规定方法选取的有次序的一组数据，称为“坐标”。规定某问题坐标的方法，就是该问题所用的坐标系。常用的坐标系有：笛卡尔直角坐标系、平面极坐标系、柱面坐标系和球面坐标系等。中学物理学中，为直角坐标系，或称为正交坐标系。

附录1 复合材料工程相关缩略语

A

A. I. C. American Institute of Chemists 美国化学家协会

A-1100 γ-aminopropyltriethoxysilane γ-氨丙基三乙氧基硅烷

A-1120 *N*-β-(aminoethyl)-γ-aminopropyl trimethoxysilane *N*-β-氨乙基-γ-氨丙基三甲氧基甲硅烷

A-150 vinyltrichlorosilane 乙烯基三氯硅烷

A-151 vinyltriethoxysilane 乙烯基三乙氧基硅烷

A-172 vinyl tris(β-methoxyethoxy) silane 乙烯基三(β-甲氧乙氧基)硅烷

A-174 γ-methacryloxypropyl trimethoxy silane γ-(甲基丙烯酰氧基)丙基三甲氧基硅烷

A-186 β-(3,4-epoxycyclohexy) ethyltrimethoxysilane β-(3,4-环氧己基)乙基三甲氧基硅烷

A-187 γ-glycidoxypropyltrimethoxysilane γ-缩水甘油醚氧丙基三甲氧基硅烷；γ-(2,3-环氧丙氧基)丙基三甲氧基硅烷

A-189 γ-mercaptopropyltrimethoxysilane γ-巯基丙基三甲氧基硅烷

AA acrylamide 丙烯酰胺

AA activation analysis 活化分析，激化分析

AA atomic absorption 原子吸收法

AAA atomic absorption analysis 原子吸收分析

AAC acoustical absorption coefficient 吸声系数

AAC atomic absorption coefficient 原子吸收系数

AAIT atomic absorption inhibition titration 原子吸收抑制滴定法

AAS acrylate-acrylonitrile-styrene resin 丙烯酸酯-丙烯腈-苯乙烯树脂

AAS American Academy of Sciences 美国科学院

AAS American Astronautical Society 美国宇宙航行学会

AAT accelerated ageing test 加速老化试验

ABD apparent bulk density 表观松密度

ABFA azobisfomamide 偶氮二甲酰胺

ABIN azobisisobutyronitrile 偶氮二异丁腈

ABL bottle ABL 瓶

ABM automatic batch mixing 自动分批混合

ABN azodiis obutyronitrile 偶氮二异丁腈

ABP absolute boiling point 绝对沸点

ABR acrylate-butadiene rubber 丙烯酸酯-丁二烯橡胶

ABR acrylonitrile-butadiene rubber 丁腈橡胶

ABRSV RES abrasive-resistant 抗磨蚀剂

ABS acrylonitrile-butadiene-styrene resin 丙烯腈-丁二烯-苯乙烯共聚树脂

AC　adanced composites　先进复合材料

AC　advisory circular　咨询通报

AC　azo-dicarbonamide　偶氮二酰胺

ACB　asbestos-cement board　石棉水泥板

ACC　Automotive Composites Consortium　汽车复合材料学会

ACG　Advanced Composites Group　先进复合材料集团

ACGF　aluminum coated glass fabric　涂铝玻璃纤维物

ACM　advanced composites material　先进复合材料

ACO　aircraft certification office　飞机认证办公室

ACR　acrylic copolymer styrene resin　丙烯酸酯类共聚物苯乙烯树脂

ACs　advanced ceramics　先进陶瓷；高性能陶瓷；精细陶瓷

ACs　advanced composites　先进复合材料

ACS　acrylonitrile-chlorinated polyethylene-styrene terpolymer　丙烯腈-氯化聚乙烯-苯乙烯三元共聚物

ACS　American Chemical Society　美国化学学会

ACS-NF　non-inflammable ACS　不燃性 ACS 树脂

AD　average deviation　平均偏差

ADA　acetodimethylamide　二甲基乙酰胺

AD　ASTIA documents　（美）军事技术情报局文献；AD 报告

ADC　azo-dicarbonamide　偶氮二酰胺

ADF　acetone decoated fibres　丙酮脱胶纤维

ADH　adhere　黏合；粘接

ADH　adhesive　胶黏剂；黏合剂

ADC　Association Des Directeurs des Centres Europeens des Plastiques　欧洲塑料中心管理协会

ADK　Anderson-Darling *k* 样本统计量

ADL　allowable damage limit　允许损伤极限

ADSORB　adsorbent　吸附剂

ADT　adiabatic decomposition temperature　绝热分解温度

AE　absolute error　绝对误差

AE　acoustic emission　声发射体

AEEA　ainoethylethanolamine　氨乙基乙醇胺

AEI　advanced engineering interphase　工程进度界面

AEM　analytical electron microscopy　分析型电子显微镜

AEP　*N*-aminoethylpiperazine　*N*-氨乙基哌嗪

AER　anion exchange resin　阴离子交换树脂

AES　acrylonitrile-EPDM-styrene resin　丙烯腈-三元乙丙橡胶-苯乙烯树脂

AES　auger electron spectroscopy　俄歇电子能谱术

AET　aminoethylisothiuronium　氨基乙基异硫脲

A-FE　augmented finite elements　增广有限元

AFM　atomic force microscope　原子力显微镜

AFM　atomic force microscopy　原子力显微学

AFP　automated fiber placement　自动纤维铺放技术

AFP systems　自动纤维铺放系统

AFRP　aramide fiber reinforced plastics　芳胺纤维增强塑料；芳纶增强塑料

AGATE advanced general aviation transport experiment 先进通用航空运输试验

AH aromatic hydrocarbon 芳（香）烃

AI amide-imide polymer 聚酰胺-酰亚胺

AIA Aerospace Industries Association 航宇工业协会

AIAA Aircraft Industries Association of America 美国飞机工业协会

AIAA American Institute of Aeronautics & Astronautics 美国航空与航天学会

AIBN azobisisobutyronitrile 偶氮二异丁腈

AICE American Institute of Chemical Engineers 美国化学工程师协会

AIREBO adaptive intermolecular reactive empirical bond-order 自适应分子间反应经验约束指令

AIT autogenous ignition temperature 自动着火温度

AJ assembly jig 组装磨具；装配夹具；型架

ALC alcohol 酒精

ALC analytical liquid chromatograph 分析液相色谱

ALLOW allowance 容差；公差

ALY alloy 合金

AMA Adhesives Manufacturers' Association （美）胶黏剂制造者协会

AMB ambient 周围的；环境的

AMC average moisture content 平均含湿量

AMMA acrylonitrile-methylmethacrylate copolymer 丙烯腈-甲基丙烯酸甲酯共聚物

AMP automated materials placement 自动材料铺放

AMS aeronautical material specification （美）航空材料规范

AMS aerospace material specification （美）航天材料规范

AN acid number（＝acid value） 酸值

AN acrylonitrile 丙烯腈

ANDZ anodize 阳极化；阳极化处理

ANL anneal 退火

ANOVA analysis of variance 变异分析

ANOVA analysis of variance 变异性分析

ANS American national standards 美国国家标准

ANSI American National Standards Institute 美国国家标准协会

ANSYS finite element software ANSYS 有限元软件包

ANT antenna 天线

AO acousto-optic 声光学

AP access panel 口盖；观测板；检测板

AP American patent 美国专利

AP analytically pure 分析纯

AP atmospheric pressure 大气压

APA aromatic polyamide 芳香族聚酰胺

APB atactic polybutylene-1 无规1-聚丁烯

APB-133 1,3′-bis(3-aminophenoxy) benzene 1,3′-双(3-氨基苯氧基)苯

APC aromatic polymer composites 芳香族聚合物基复合材料

APME Association of Plastics Manufacturers in Europe 欧洲塑料制造商协会

APP ammonium polyphosphate 多聚磷酸铵

APP atactic polypropylene 无规聚

丙烯

APS　3-aminopropyltrimethoxysilane　3-氨基丙基三甲氧基硅烷

APSRT　automated processing of standard reinforcement textiles　标准强化纺织制品的自动化加工

Apyeil　阿纶尔（商品名，同 Nomex）

AQL　acceptable quality level　合格质量标准

AR　as received　按标准

AR　analytical reagent　分析试剂

ARALL　aramid reinforced aluminum laminates　芳纶增强铝层合板

Aramid　aromatic polyamide　聚芳酰胺

ARC　Ames Research Center　艾姆斯研究中心

ARC　antireflecting coating　防反射涂层

ARFL　Air Force Research Laboratory　（美）空军研究实验室

ARL　（US）Army Research Laboratory　（美）陆军研究所

ARM　armature（altn abbr）　装甲

AS　acrylonitrile-styrene copolymer　丙烯腈-苯乙烯共聚物

AS　aeronautical standards　（美）航空标准

AS　American standard　美国标准

ASA　acrylic ester-styrene-acrylonitrile resin　丙烯酸酯-苯乙烯-丙烯腈树脂

ASA　acrylonitrile-styrene-acrylate resin　丙烯腈-苯乙烯-丙烯酸酯树脂

ASA　American Standards Association　美国标准协会

ASE　amplified spontaneous emission　放大自放射

ASGB　Aeronautical Society of Great Britain　英国航空学会

ASM　American Society for Metal　美国金属学会

ASNT　American Society of Non-destructive Testing　美国无损检测学会

ASP　antifriction self-lubricating plastics　减摩自润滑塑料

ASQC　American Society for Quality Control　美国质量管理学会

ASSY　assembly　装配件

ASTM　American Society for Testing & Materials　美国材料试验学会

ASTM　American standard test method　美国标准试验方法

ASTM　American standards for testing materials　美国材料试验标准

ASUSSR　Academy of Science USSR　苏联科学院

ASYM　asymmetric　不对称的

AT　ambient temperature　环境温度

ATBN　amine terminated butadiene acrylonitrile rubber　端氨基丁腈橡胶

ATC　automatic temperature control　自动温度控制

ATD　advanced technology development　先进技术开发

ATD　average temperature difference　平均温差

ATH　particularly aluminum hydroxide　特殊铝氢氧化物

ATL　automated tape laying　自动铺带技术

ATM　accelerated testing methodology　加速试验方法

ATM　atmosphere　大气

ATP　automated tape placement　自动铺带技术

ATP　automated tow placement　自动铺放丝束技术

AT-PP ambient temperature-positive pressure cure 环境温度恒压固化

ATS absolute temperature scale 绝对温标

AT-V ambient temperature-vacuum cure 环境温度真空固化

AV acid value 酸值

AVG average 平均

AW atomic weight 原子量

AYPEX process AYPEX三维编织技术

AZIN azobisisobutyronitrile 偶氮二异丁腈

AZO azodicarbonamides 偶氮二甲酰胺

B

B bonded 胶接的

B boron fiber 硼纤维

BA butyl acetate 乙酸丁酯

BA butyl acrylate 丙烯酸丁酯

BBC bio-based composites 生物复合材料

BBM bio-based monomers 生物单体

BBP butyl benzyl phthalate 邻苯二甲酸丁苄酯

BC bacterial cellulose 细菌纤维素

BCHP butyl cyclohexyl phthalate 邻苯二甲酸丁基环己酯

BD bulk density 松密度；体积密度

BDF bulk data format 大数据格式化

BDMA benzyldimethylamine 苄基二甲胺

BDP butyl decyl phthalate 邻苯二甲酸丁癸酯

BDS butadiene-styrene block copolymer 丁二烯-苯乙烯嵌段共聚物

BECy bisphenol E cyanate ester 双酚E氰酸酯树脂

BEM blade element momentum 桨叶动量

BESA British Engineering Standards Association 英国工程标准协会

BF basalt fiber 玄武岩纤维

BF_3-400 boron trifluoride monoethylamine；BF_3-monoethylamine 三氟化硼单乙胺

BFD back face deformation 后面变形

BF_3-MEA boron trifluoride monoethylamine；BF_3-monoethylamine 三氟化硼单乙胺

BFRP boron fiber reinforced plastics 硼纤维增强塑料

BH Brinell hardness 布氏硬度

BIW body-in-white 白色体

BLKGD blanking die 下料模

BLT bolt 螺栓

BLWT blowout 放气

BM bending moment 弯矩

BMA butyl methacrylate 甲基丙烯酸丁酯

BMC bulk molding compound 团状模塑料

BMDM 4,4-bismaleimidodiphenylmethane 4,4-双马来酰亚胺苯基甲烷

BMI bismaleimide 双马来酰亚胺

BND bonded 胶接的；连接的

BNDG bonding 胶接；连接

BNSH burnish 抛光

BO butylene oxide 环氧丁烷

BO dibenzoyl peroxide 过氧化二苯甲酰

BOA benzyl octyl adipate 己二酸苄辛酯

BONY bi-oriented nylon 双向拉伸尼龙

BOPP biaxially oriented polypropylene 双轴定向聚丙烯

BP boron plastics 硼化塑料

b. p. boiling point 沸点

B. P. British patent 英国专利

BPA bisphenol A 双酚 A（型环氧树脂）

BPBG butylphthalyl butyl glycolate 丁基邻苯二甲酰基羟乙酸丁酯

BPF bisphenol F 双酚 F（型环氧树脂）

BPF British Plastics Federation 英国塑料联合会

BPO benzoyl peroxide 过氧化苯甲酰

BPP bisphenol P 双酚 P

BPs Buckypapers 巴克纸

BPS bisphenol S 双酚 S（型环氧树脂）

BR butadiene rubber 丁二烯橡胶

BR butyl rubber 丁基橡胶

BRD braid 编织物

BRD braided 编织的

BRST STR bursting strength 脆裂强度

BRTHR breather 透气材料

BS bag-side 袋边

BS British standards 英国标准

BS Bureau of Standards 标准局（美）

BSC butadiene-styrene copolymer 丁二烯-苯乙烯共聚物

BSE backscattered electrons 背反射电子

BSS British standard specification 英国标准规范

BT bismaleimide-triazine resin 双马来酰亚胺-三嗪树脂

BTDA 3，3′，4，4′-benzophenonetetracarboxylic dianhydride 3，3′，4，4′-二苯酮四羧酸二酐

BTU British thermal unit 英（国）热单位

Buna-N nitrile rubber 丁腈橡胶

BV breakdown voltage 击穿电压

BVID barely visible impact damage 目视勉强可见冲击损伤

BZ benzoxazine 苯并噁嗪

C

C centigrade 摄氏温度

CA cellulose acetate 醋酸纤维素

CA Chemical Abstracts （美）化学文摘

CA compressed air 压缩空气

CAB cellulose acetate butyrate 乙酸丁酸纤维素

CAD computer-aided design 计算机辅助设计

CAE computer-aided engineering 计算机辅助工程

CAI composite affordability initiative 复合材料可负担性倡议

CAI compression after impact 冲击后的压缩；冲击后压缩强度

CAL calibrate 校验；测定

cal calorie 卡（路里）

CALL carbon fiber aluminium laminate 碳纤维增强铝层合板

CAM camber 弯度

CAM computer-aided manufacturing 计算机辅助制造

CAP cellulose acetate propionate 乙酸丙酸纤维素

CAP chlorinated atactic polypropylene 氯化无规聚丙烯

CAPP computer-aided process planning 计算机辅助生产规划

CAPRI controlled atmospheric pressure resin infusion process 可控气压力树脂渗渍工艺

CARB carburize 渗碳

CARC chemical agent resistant coating 耐化学试剂涂层

CAS China Association for Standardization 中国标准化协会

CASE computer-aided system evaluation 计算机辅助系统评价

CAT computer-aided testing 计算机辅助测试

CATH cathode 阴极

CB carbon black 炭黑

CBA chemical blowing agent 化学发泡剂

CBAL counterbalance 补偿配重

CBC chemically bonded ceramics 化学结合陶瓷

CBD carbide 碳化物

CBD compressed bulk density 压实松密度

CBF continuous basalt fiber 连续玄武岩纤维

CBLA classic ballistic limit analysis 经典弹道有限元分析

CBM condition-based maintenance 状态维修

CBS curved beam strength 弯曲强度

CC carbon-carbon composite 碳-碳复合材料

CC centrifugal casting 离心浇铸

CC coefficient of correction 校正系数

CC compliance calibration 符合校准

CC critical condition 临界条件

CC cubic centimeter 立方厘米

CCA cellular cellulose acetate 微孔醋酸纤维素

CCA composites cylinder assemblage 复合材料圆柱组合

CCAR China Civil Aviation Regulations 中国民用航空规章

CCH continuity check 连续性检查

CCM composite crew module 复合材料乘务舱

CCM-AIP computational composite mechanics and impact physics 复合材料计算力学和冲击物理学

CCRP carbon fabric reinforced plastics 碳织物增强塑料

CD center distance 中心距

CDC catholic dip coating 通用浸渍涂层

CDM continuum damage mechanics 连续损伤力学

CDP climbing drum peel 滚筒剥离

CDT critical damage threshold 临界损伤门槛值

CE calibration error 校准误差

CEC cation exchange capacity 阳离子放电能力

CEF copper expanded foil 延展铜箔

CeFRC ceramic fiber reinforced cement 陶瓷纤维增强水泥基复合材料

CER cation exchange resin 阳离子交换树脂

CER ceramic 陶瓷的

CF carbon fiber 碳纤维

CF correction factor 校正系数

CF cresol-formaldehyde 甲酚-甲醛树脂

C. F. C carbon fibercomposites 碳纤维复合材料

CFCCs continuous fiber reinforced ceramic composites 连续纤维增强陶瓷基复合材料

CFCs carbon fibercomposites 碳纤维复合材料

CFD computational fluid dynamics 计算流体动力学

CFI composite failure index 复合材料失效指数

CFM chemical force microscopy 化学力显微镜

CFM cubic foot (feet) per minute

立方英尺/分

CFMMC continuous-fiber metal matrix composites 连续纤维增强金属基复合材料

Cf/PI carbon fiber reinforced polyimide resins 碳纤维增强聚酰亚胺树脂基复合材料

CF/PPS carbon fiber/polyphenylene sulfides 碳纤维/聚苯硫醚复合材料

CFR Code of Federal Regulations 联邦规章法典

CFRE carbon-fiber-reinforced epoxy 碳纤维增强环氧树脂基复合材料

CFRP carbon-fiber reinforced plastics 碳纤维增强塑料

CFRTP carbon-fiber reinforced thermoplastics 碳纤维增强热塑性塑料

C. F. S. cohesion-friction-strain (test) 内聚力-摩擦力-应变（试验）

CFS cubic foot (feet) per second 立方英尺/秒

CFTCs continuous fiber thermoplastic composites 连续纤维热塑性复合材料

CFVE carbon fiber /vinyl ester 碳纤维/乙烯基酯树脂基复合材料

CG coarse grained 粗粒的

CH chain 链

CHEM chemical 化学的

CHGR charger 装料机

CHNG change 更改

CHP chromatographically pure 色谱纯

CHPDA cyclohexyl propylene diamine 环己基丙烯二胺

CI color index 比色指数

CI concentration index 浓度指数

C. I. cost and insurance 成本加保险价格

CIB continuous intrusion blowing 连续注入吹塑法

CIM computer-integrated manufacturing 计算机整体制造

CIMRL cost to increase manufacturing readiness level 提高制造水平的成本

CIMS cine-radiography 电影射线照相术

CIP cold isostatic pressing 冷等静压

CIP chlorinated isotactic polypropylene 氯化等规聚丙烯

CITRL cost to increase technology readiness level 提高技术水准的成本

CL char layer 烧焦层

CL class 等级

CLASS classification 分类；类型

CLC combined loading compression 联合载荷压缩

CLI crosslinking indicator 交联指示剂

CLOS closure 隔板

CLPE crosslinking polyethylene 交联聚乙烯

CLR color 颜色

CLRRs concentric anisotropic capacitor-loaded ring resonators 装载同心各向异性电容器的环形谐振器

CLS classify 分类

CLS composite laminate structures 复合材料层板结构

CLS crack lap shear 裂纹搭接剪切

CLT classical lamination theory 经典层板理论

CLTE coefficient of linear thermal expansion 线热膨胀系数

CM chemical milling 化铣（化学铣切）

CM continuous mixer 连续混炼机

CM continuous mixing 连续混炼

CMC carboxymethyl cellulose 羧甲基纤维素

CMCs ceramic matrix composites 陶瓷基复合材料

CME coefficient of moisture expansion 湿膨胀系数

CMM closed mold molding 闭合模模塑

CMM coordinate measurement machine 坐标测量机床

CMPD compound 化合物

CMPNT component 构件；零组件

CMPSN composition 成分；组成

CMPST composites 复合材料

CMPTR computer 计算机

CN cellulose nitrate 硝酸纤维素

CNCV concave 凹度

CNDCT conductivity 导电性

CNDCT conductor 导体

CNDS condensate 冷凝

CNF-NRAM carbon nanofibers-nanocomposite rocket ablative materials 碳纳米纤维-纳米复合材料火箭烧蚀材料

CNFP carbon nanofiber paper 碳纳米纤维纸

CNFP-based SMP composites carbon nanofiber paper-based shape memory polymers composites 以碳纳米纤维纸为载体的形状记忆聚合物复合材料

CNFs carbon nanofibers 碳纳米纤维

CNF/SPE composite carbon nanofibers/solid polymer electrolyte composite 碳纳米纤维/固态聚合物电解质复合材料

CNR cellular neoprene rubber 泡沫氯丁橡胶

CNSLD consolidate 压实；固结

CNT carbon nano tubes 碳纳米管

CNT center-notch tensile specimen 中心切口拉伸试样

CNT-phenolic composites carbon nano tubes-phenolic composites 碳纳米管-酚醛树脂基复合材料

CNT-phenolic mixtures carbon nano tubes-phenolic mixtures 碳纳米管-酚醛树脂混合物

CNT-phenolic nanocomposites carbon nano tubes-phenolic nanocomposites 碳纳米管-酚醛树脂纳米复合材料

CNTs carbon nanotubes 单壁纳米碳管

COAD cooling outer aft duct 外冷却尾管

COD chemicaloxygen demand 化学需氧量

COD coding 编码

COD crack opening displacement 裂纹张开位移

co-DEP co-deposits polymeric fibers 共镀层聚合物纤维

co-DEP performs co-deposits polymeric fibers performs 共镀层聚合物纤维预型体

COE cost-of-energy 能量成本

COEF coefficient 系数

CoEx composites for exploration 研究用复合材料

COM common 普通的；共享的

COMB combustion 燃烧

COMBL combustible 易燃的

COML commercial 商业的

CoNap cobalt naphthalene 钴萘

CONC concentrate 浓缩

Conex 康涅克斯（商品名，同 Nomex）

CONF confidential 专利的；机密的

CONF conformance 符合

CONJ　conjunction　连接
CONN　connection　联结；连接
CONST　constant　常数；恒定的
CONSTR　construction　结构
CONT　contents　内容；目录
CONT　continue　继续
CONTA　control assembly　控制组装件
CONTAM　contaminated　污染的
CONTD　continued　连续的
CONTR　contract　合同
COOL　coolant　冷却剂
COP　control optimization program　最佳控制程序
COPVs　composite overwrapped pressure vessels　外加复合材料缠绕层的压力容器
CORP　corporation　公司
CORR　correct　正确的
COS　concept overall scoring　概念综合评价
COT　cotter pin　开口销
COT　cotton　棉；棉织品
COTS　commercial-off-the-shelf　流行商品
COT WEB　cotton webbing　棉织物
COV　coefficient of variation　离散系数
COV　cover　盖；罩；蒙皮
COWL　cowling　整流罩；壳；盖
CP　cellulose propionate　丙酸纤维素
CP　chemical pure　化学纯
CP　complete penetration　完全渗透
CP　constant pressure　恒压
CP　Creative Pultrusions Inc.　创新拉挤有限公司
CP　cross-ply　角铺层
CPI　combined prepreg and infusion　预浸料与胶膜熔渗结合工艺
CPI　condensation-reaction polyimide　缩聚反应聚酰亚胺
CPLD　coupled　耦合的
CPLG　coupling　耦合；连接；接头
CPLR　coupler　耦合器
CPRS　compress　压缩
cP　centipois　厘泊
CPT　cured ply thickness　固化后单层厚度
COUNCH　counterpunch　反面冲孔
CPVC　chlorinated polyvinyl chloride　氯化聚氯乙烯；过氯乙烯树脂
CR　coincidence region　重合范围
CR　contact reaction　接触反应成型
CR　polychloroprene rubber　氯丁橡胶
CRALL　carbon fiber reinforced aluminium laminate　碳纤维增强铝基层合板
CRE　constant rate of extension　等速伸长
CRE　corrosion-resistant　抗腐蚀
CRES　corrosion-resistant steel　耐腐蚀钢
CRG　Cornerstone Research Group's　基础研究集团的
CRL　constant rate of load　等速载入
CRPL　chromium plate　镀铬
CRSN　corrosion　腐蚀
CRSVR　crossover　截面
CRTM　continuous resin transfer molding　连续树脂传递模塑成型；反应注射拉挤
CS　carbon steel　碳钢
CS　center section　中心截面
CS　corrugated sandwich　波纹夹层
CS　crush strength　压坏强度
C-scan　C-扫描
C-SiC　carbon-silicone carbide　碳硅碳化物
CSK　countersink　埋头孔；埋头窝

CSKH countersunk head 埋头
CSL console 托架
C-stage C-阶段
CSM continuous stiffness measurement 连续刚度测量
CSR core-shell rubber 芯-壳橡胶
CSR-modified EPON 828 core-shell rubber-modified EPON 828 芯-壳橡胶改性828环氧树脂
CSS corrugated sandwich structure 波纹夹层结构
cSt centistoke 厘沲
CT X-ray computer tomography 计算机X射线体层照相术；计算机X射线断层扫描
CTA cold temperature ambient 低温环境
CTBN carboxyl terminated butadiene acrylonitrile rubber 端羧基丁腈橡胶
CTD coated 镀层的
CTD cold temperature dry 低温干态
CTE coefficient of thermal expansion 热膨胀系数
CTFE chlorotrifluoroethylene 三氟氯乙烯
CTL composite tape laying 复合材料自动铺带技术
CTLM curved tape-laying machine 曲面铺带机
CTLST catalyst 催化剂
CTN carton 纸箱子
CTR center 中心
CTR contour 外形；轮廓
CTR cutter 刀具
CTWT counter weight 配重
CU cubic 立方（体）的
Cu/W copper/tungsten 铜钨合金
CV coefficient of variation 离散系数；变异系数
CV cyclic voltammetry 循环伏安测量法
CVCM controlled volatility condensable material 可控挥发分冷凝材料
CVCM collected volatile condensed material 收集挥发物用冷凝材料
CVD chemical vapor deposition 化学气相沉积
CVD-grown-MWCNT chemical vapor deposition-grown-multiwalled carbon nanotube 化学气相沉淀法生长的多壁碳纳米管
CVI chemical vapor infiltration 化学气相渗入（工艺）
CW coating weight 涂布量
CW continuous wave 连续波
CYL cylinder 圆柱体
CYTEC Engineered Materials 氰胺技术工程公司工程材料部
C17Z 2-heptadecylimidazole 2-十七烷基咪唑

D

D, d day 天
D, d degree 度
DADPS diamino diphenyl sulfone 二氨基二苯砜
DAIP polydiallyl isophthalate 聚间苯二甲酸二烯丙酯
DAIP diallyl isophthalate 异苯二甲酸二烯丙酯（间苯二甲酸二烯丙酯）
DAM diallyl maleate 顺丁烯二酸二烯丙酯
DAP polydiallyl orthophtalate 聚邻苯二甲酸二烯丙酯
DAP diallyl phthalate 邻苯二甲酸二烯丙酯
DAPE 4,4′-diaminodiphenyl ether 4,

4′-二氨基二苯醚

DAR designated airworthiness representative 指定适航代表

DBAPA dibutylamino propylamine 二丁氨基丙胺

DBEP dibutoxyethyl phthalate 邻苯二甲酸二丁氧基乙酯

DBO *N*,*N*-di-*n*-butyl oleamide *N*,*N*-二正丁基油酰胺

DBP dibutyl phthalate 邻苯二甲酸二丁酯

DBP Deutsches Bundes patent 德国专利

DBP di-*n*-butyl phthalate 邻苯二甲酸二正丁酯

DBS di-*n*-butyl sebacate 癸二酸二正丁酯

DBSH 4,4′-oxidize benzene sulfonyl hydrazide 4,4′-氧化苯磺酰肼

DBTDL dibutyltin dilaurate 二月桂酸二丁基锡

DBTL dibutyltin laurate 月桂酸二丁基锡

DC diffuse constant 扩散常数

DCB double cantilever beam specimen 双悬臂梁试样

DCDM dicyandiamide 氰基胍；双氰胺

DCHEM dry chemical 化学干燥

DCHP dicyclohexyl phthalate 邻苯二甲酸二环己酯

DCMA dichloromaleic anhydride 二氯马来酸酐

DCP dicapryl phthalate 邻苯二甲酸二辛酯

DCP dicumyl peroxide 过氧化异丙苯

DCPD dicyclopentadiene 双戊二烯

DCS dioctyl sebacate 癸二酸二仲辛酯

DDA dynamic dielectric analysis 动态电介质分析

DDA didecyl adipate 己二酸二癸酯

DDM diamino diphenyl methane 二氨基二苯基甲烷；甲撑二苯胺

DDP didecyl phthalate 邻苯二甲酸二癸酯

DDS diamino diphenyl sulfone 二氨基二苯砜

DDSA dodecenyl succinic anhydride 正十二烷基丁二酸酐；十二烯基代丁二酸酐

DDTA derivative differential thermal analysis 微商差热分析

DEAPA diethylamino propylamine 二乙氨基丙胺

3-DEAPA 3-diethylamino propylamine 3-二乙氨基丙胺

DEF defective 缺陷

DEF definition 定义

DEL delineation 描绘；图解

DENS density 密度

DEP deposit 沉淀

DEP diethyl phthalate 邻苯二甲酸二乙酯

DES designation 规定；命名

DET detail 细节

DET detailed visual inspection 详细目视检测

DETA diethylene triamine 二乙撑三胺；二乙基三胺

DETN detemination 确定；测量

DEVL developed length 展开长度

DEVN deviation 偏差；分部

DF drive fit 紧配合

DFL deflating 放气

DFT draft 草图

DFT drafting 制图

DFT droplet ejecting technology 微滴喷射技术

DFTR deflector 导流板

DGB drill guide block 钻孔导块

DGEBA diglycidyl ether of bisphenol A 双酚A环氧甘油醚；双酚A环氧树脂

DGEBF diglycidyl ether of bisphenol F 双酚F环氧甘油醚；双酚F环氧树脂

DGEBS diglycidyl ether of bisphenol S 双酚S环氧甘油醚；双酚S环氧树脂

DGEPS bisphenol S type epoxy resin 双酚S型环氧树脂

DGH drill guide housihg 钻孔导座

DGR degrease 脱脂

DH design handbook 设计手册

DHA dehydroacetic acid 脱氢醋酸

DHD drop hammer die 落锤模

DHP diheptyl phthalate 邻苯二甲酸二庚酯

DHXP dihexyl phthalate 邻苯二甲酸二己酯

DI deicing 去冰

DIA diameter 直径

DIAG diagram 图

DIAGR diagrammatic 图示

DIBP diisobutyl phthalate 邻苯二甲酸二异丁酯

DICY dicyandiamide 氰基胍；双氰胺

DIDA diisodecyl adipate 己二酸二异癸酯

DIDP diisodecyl phthalate 邻苯二甲酸二异癸酯

DIEL dielectric 介电的

DIMOX direct melt oxidition 直接熔体氧化法

DINA diisononyl adipate 己二酸二异壬酯

DINP diisononyl phthalate 邻苯二甲酸二异壬酯

DIOA diisooctyl adipate 己二酸二异辛酯

DIOP diisooctyl phthalate 邻苯二甲酸二异辛酯

DIOS diisooctyl sebacate 癸二酸二异辛酯

DIOZ diisooctyl azelate 壬二酸二异辛酯

DIPA diisopropyl azodiformate 偶氮二碳酸二异丙酯

DIR direction 方向

DISM dismantle 分解

DIST distance 距离

DISTN distortion 变形

DITDP diisotridecyl phthalate 邻苯二甲酸二异十三酯

DIV divsion 分部

DLINDG dial indicating 刻度指示

DLL design limit load 设计限制载荷

DLTDP dilauryl thiodipropionate 硫代二丙酸二月桂酯

DLVY delivery 交付

DMA differential mechanical analysis 微分机械分析

DMA dynamic mechanical analysis 动态力学热分析

DMA dynamic thermomechanometry 动态力学热分析

DMA dynamic-mechanical thermo-analysis 动态力学热分析

DMAC dimethyl acetamide 二甲乙酰胺

DMAPA dimethylaminopropylamine 二甲氨基丙胺

DMC dimethyl chlorendate 氯菌酸二甲酯

DMC dough moulding compound 团状模塑料

DMD diamond 金刚石

DMF dimethylformamide 二甲基甲酰胺

DMIR designated manufacturing inspection representative 指定制造检查代表

DMP dimethyl phthalate 邻苯二甲酸二甲酯

DMS dynamic mechanical spectroscopy 动态力谱学

DMS dimethyl sulfoxide 二甲基亚砜

DMT dimethyl terephthalate 对苯二甲酸二甲酯

DNA dinonyl adipate 己二酸二壬酯

DNP dinonyl phthalate 邻苯二甲酸二壬酯

DNPT *N*，*N*′-dinitroso-pentamethylene tetramine *N*,*N*′-二亚硝基五亚甲基四胺

DNS dinonyl sebacate 癸二酸二壬酯

DNTA dinitrosoterephthalamide 二亚硝基对酞酰胺

DOA dioctyladipate 己二酸二辛酯

DOCP di-iso-octyl capryl phthalate 邻苯二甲酸二异辛基辛酸酯

DOD Department of Defense 国防部

DOIP di(2-ethylhexyl)isophthalate 间苯二甲酸二(2-乙基己)酯

DOM di(2-ethylhexyl)maleate 顺丁烯二酸二(2-乙基己)酯

DOM dioctyl maleate 马来酸二辛酯

DOP di(2-ethylhexyl)phthalate 邻苯二甲酸二(2-乙基己)酯

DOP dioctyl phthalate 邻苯二甲酸二辛酯

DOTH di-*n*-octyl tetrahydrophthalate 四氢邻苯二甲酸二辛酯

DOTP dioctyl terephthalate 对苯二甲酸二辛酯

DOTP di-*n*-octyl tetrahydrophthalate 四氢邻苯二甲酸二辛酯

DOZ di(2-ethylhexyl)azelate 壬二酸二(2-乙基己)酯

DP degree of polymerization 聚合度

DP data processing 数据处理

DP dew point 露点

DP difference in pressure 压力差

3DP three dimension printing and gluing 三维打印黏结成型，又称喷墨粉打印（inkjet powder printing，IPP）、黏合喷射（binder jetting，BJ）

DPA diphenylamine 二苯胺

DPC data processing center 数据处理中心

DPC dry type unsaturated polyester molding compound 干型不饱和聚酯模塑料

DPCF diphenyl cresyl phosphate 磷酸二苯甲苯酯

DPG damping 阻尼

DPH diamond pyramid hardness 维氏硬度

DPHN diamond pyramid hardness number 维氏硬度值

DPMA diphenylmaleic anhydride 二苯基马来酸酐

DPN diamond pyramid number 维氏硬度值

DPP diphenyl phthalate 邻苯二甲酸二苯酯

DPT cured per ply thickness 固化后每层厚度

DPT *N*,*N*′-dinitroso-pentamethylene tetramine *N*,*N*′-二亚硝基五亚甲基四胺

DS detal sander 细节打磨机

DSC differential scanning calorimetry 差示扫描量热法

DSC curve　差示扫描量热曲线
DSCC　desiccant　干燥剂
DSGN　design　设计
DSNTZ　desensitizing　降低灵敏度
DT　decay time　衰变期
DT　dynamic tear　动态撕裂
DTA　differential thermal analysis　差热分析
DTA　diethylenetriamine　二乙撑三胺；二乙烯三胺
DTDP　ditridecyl phthalate　邻苯二甲酸双十三酯
DTG　derivative thermogravimetry　微商热重法
DTG-curve　derivative thermogravimetric curve　微商热重曲线
2-D　two-dimensional　二维的
3-D　three-dimensional　三维的
3-D　braid carbon/carbon composites　三维编织碳/碳复合材料
DTA　differential thermal curve　差热曲线
DTRC　David Taylor Research Center　David Taylor 研究中心
DTUFL　distortion temperature under flexual load　弯曲负荷下热变形温度
DTUL　deflectiontemperature under load　载荷下热变形温度
DTUL　deflection temperature under load　负荷扭变温度；热变形温度
DUL　design ultimate load　设计极限载荷
DVB　double vacuum bag　双真空袋
DVC　device　装置
DW　distilled water　蒸馏水
DWG　drawing　图纸
DWT　dead weight　静负载
DWT　drop weight test　落重试验
DWTT　drop weight teard test　落锤撕裂试验
DYANA　dynamic analyzer　动态分析器
DYNMT　dynamometer　测力计
DYNSYS　dynamic system simulator　动态系统模拟器

E

2E4MI　2-ethyl-4-methylimidazole　2-乙基-4-甲基咪唑
E　elongation　伸长（率）
EA　polyethylacrylate　聚丙烯酸乙酯
EBM　Electro-beam melting　电子束熔化成型
EBO　ethylene bisoleamide　亚乙基双油酸酰胺
EBS　ethylene bis-stear amide　亚乙基双硬脂酰胺
EC　effective concentration　有效浓度
EC　elasticity coefficient　弹性系数
EC　electric (al) conductivity　电导率
EC　electro deposition coating　电积附涂布
EC　electronic computer　电子计算机；计算机
EC　ethyl acetate　乙酸乙酯；醋酸乙酯
EC　ethyl cellulose　乙基纤维素
EC-GLC　electron capture-gas liquid chromatography　电子捕获-气液色谱法
ECH-Eo　epichlorohydrin-ethylene oxide copolymer　环氧氯丙烷-环氧乙炔共聚物
ECI　eddy current inspection　涡流检测
ECN　phenol (ortho-cresol)-formaldehyde epoxy resin　邻甲酚甲醛环氧树脂
EDA　electronic differential analyzer　电子微分分析器

EDA ethylene diamine 乙二胺

EDC ethylene dichloride 二氯乙烷

EEA ethylene-acrylate copolymer 乙烯-丙烯共聚物

EEA ethylene-ethyl acrylate copolymer 乙烯-丙烯酸乙酯共聚物

EEW epoxide equivalent weight 环氧当量

EGA evolved gas analysis 逸出气体分析

EGD evolved gas detection 逸出气体检测

EHMWPE extra-high molecular weight polyethylene 超高分子量聚乙烯

EIBA ethylene glycol isobutyl acrylate 乙二醇丙烯酸异丁酯

ELCTLT electrolyte 电解质

ELEM element 组件；元素

ELONG elongation 拉长；伸长率

EM electron microscope 电子显微镜

EMA ethylene-methyl acrylate 乙烯-丙烯酸甲酯共聚物

EMAA ethylene-methyl acrylic acid 乙烯-丙烯酸甲酯

EMM epoxy molar mass 环氧相对分子量

EMS electron microscope 电子显微镜

EMS emission spectrography 发射光谱

2,4-MZ 2-ethyl-4-methylimidazole 2-乙基-4-甲基咪唑

ENCAP encapsulate 封装

ENF end notched flexure 端部缺口弯曲

ENGR engineer 工程师

ENGRG engineering 工程

ENVIR environment 环境

ENVIR environmental 环境的；周围的

EO engineering order 工程指令

EO ethylene oxide 环氧乙烷

EOL end-of-life 寿命结束

EP epoxide 环氧化物

EP epoxy resin 环氧树脂

EP ethylene-propylene copolymer 乙烯-丙烯共聚物

EP European patent 欧洲专利

EPC ethylene-propylene copolymer 乙烯-丙烯共聚物

EPDE ethylene-propylene-diene elastomer 乙烯-丙烯-二烯弹性体

EPN phenol-formaldehyde epoxy resin 苯酚甲醛环氧树脂

EPR ethylene-propylene rubber 乙丙橡胶

EPS expanded polystyrene 发泡聚苯乙烯

EQ equation 等式；方程

EQL equally 同等的

ERM elastic reservoir molding 弹性气囊成型

ERT extropolated rise time （发泡）外推起发时间

ESB extrusion-stretching-blowing 挤拉吹（成型）

ESBM extrusion stretch blow molding 挤拉成型

ESBO epoxidized soya bean oil 环氧大豆油

ESC environmental stress cracking 环境应力开裂

ESCA electron spectroscopy for chemical analysis 化学分析用电子光谱学

ESCR environmental stress cracking resistance 耐环境应力开裂性

ESO epoxidized soya bean oil 环氧大豆油

ESR electron spin resonance 电子自旋共振、顺磁共振

ETA diethylene triamine 二亚乙基三胺

ETD elevated temperature dry 高温干态

ETO ethylene oxide 环氧乙烷

ETOP engineering technical operating procedure 工程技术操作程序

ETW elevated temperature wet 高温湿态

EVAC engineering vacuum core 工程真空通道

EVAL ethylene-vinyl alcohol 乙烯-乙烯醇共聚物

EWO engineering work order 工程工作指令

EXH exhaust 排气

EXP expansion 膨胀

EXP experiment 实验

EXP experimental 实验的

EXP exposed 暴露的

EXPNT exponent 样品

EXT extension 延长

EXT exterior 外部的

EXTD extrude 挤压（成型）

EXTG extracting 提炼

EXTRN extrusion 挤压（型材）

F

F1 poly（vinyl fluoride） 聚氟乙烯

FA furfuryl acetone resin 糠醛丙酮树脂

FAA furan-acrylic acid 呋喃-丙烯酸

FAA Federal Aviation Administration （美）联邦航空管理局

FAB fabricate 制造

FAD fracture analysis diagram 断口分析图

FAI first article inspection 首件检验

FAIR fairing 整流罩

FALT fatigue alternating stress 疲劳交变应力

FASTRAC fast remotely actuated channeling 快速长程促流通道

FAW fiber areal weight 纤维面积重量

FBR fiber 纤维

FC furnace cool 炉冷

FCM fibercomposite material 纤维复合材料

FCs fiber composites 纤维复合材料

FD fatal dose 致死剂量

FD-50 median fatal dose 半致死剂量

FDM fused deposition modeling 熔融沉积成型

Fenelon 菲尼纶，同 Nomex

FEP fluorinated ethylene propylene 氟化乙丙烯

FFF fused filament fabrication 熔丝制造

FGRP fiber glass reinforced plastics 玻璃纤维增强塑料

FGRTP fiber glass reinforced thermoplastics 玻璃纤维增强热塑性塑料

FHC filled hole compression 充填孔压缩

FHT filled hoie tension 充填孔拉伸

FIAD flame ionization analyzer & detector 火焰离子分析检测器

Fick's eguation 菲克方程；水分迁移扩散方程

FIG figure 图

FIL filament 长纤维

FIL fillet 整流片；胶梗

FIP formed in place 现场成型

FIR far infrared 远红外线

FL flat 平的

FL fluid 流度；液体
FL floor 地板
FLR filler 填料
FM flexural modulus 弯曲模量
FM frequency modulation 调频
FMECA failure modes effects criticality analysis 破坏模式影响的危险度分析
FML fiber reinforced metal laminates 纤维增强金属层合板
FMS flexible manufacturing system 柔性制造系统
FOD foreign object damage 外来物损伤
FORG forging 锻造；锻件
FP face plate 面板
FP firing point 燃点
FP flash point 闪点
FP freezing point 冰点
FP French patent 法国专利
FPM feet per minute 英尺/分
FPRF fire proof 防火
FPS feet per second 英尺/秒
FPTA fine particle thermal analysis 细粒热分析
FPUR flexible polyurethane rubber 挠性聚氨酯橡胶
FR failure rate 故障率
FR frame 框架
FR flame retardants 阻燃剂
FRC fiber reinforced cement 纤维增强水泥
FRC fiber reinforced concrete 纤维增强混凝土
FRM fiber reinforced metal 纤维增强金属基复合材料
FRM foam reservoir molding 槽式泡沫塑料成型法
FRMR former 样板；以前的
FRP fiber reinforced plastics 纤维增强塑料
FRP fiber (glass) reinforced plastics （玻璃）纤维增强塑料
FRP flap refrence plane 襟翼基准平面
FRPC fiber reinforced polycarbonate 纤维增强聚碳酸酯
FRPE fiber reinforced polyethylene 纤维增强聚乙烯
FRPI Federation of Rubber and Plastics Industry 塑料橡胶工业协会
FRPP fiber reinforced polypropylene 纤维增强聚丙烯
FRPS fiber reinforced polystyrene 纤维增强聚苯乙烯
FRS fiber reinforced superalloy 纤维增强超级合金
FRTP fiber (glass) reinforced thermoplastics （玻璃）纤维增强热塑性塑料
FRWK frame work 骨架；构架
FS factor of safety 安全系数
FS Federal Specification & Standards （美）联邦规范和标准
FS Federal Specification 联邦规范
FS foamed polystyrene 发泡聚苯乙烯
FS full size 全尺寸；实物尺寸
FSA flame sprayed aluminum coatings 火焰喷涂铝层
FSD fracture safe design 断裂安全设计
FSTNR fastener 紧固件
FT firing temperature 点火温度
FT flame temperature 火焰温度
FT flight test 飞行试验
FT funetuonal test 功能试验
FT flow temperature 流动温度
FT foot (feet) 英尺

ft lb foot pound force 英尺-磅力

FTD fitted 装配的

FTK fuel tank 燃油箱

FTIR Fourier transform infrared spectroscopy 傅里叶变换红外光谱（法）

FT LM flat tape-laying machine 平面铺带机

FTMS Fourier transform mass spectroscopy 傅里叶变换质谱（法）

FTMs flat tap laying machines 平带铺放机

FTNMR Fourier transform nuclear magnetic resonance 傅里叶变换核磁共振（法）

FTP transition-plastic fracture 塑性断裂转变

FTS Fourier transform spectrometry 傅里叶变换光谱（法）

FTT flash ignition temperature 骤燃温度

FTT fracture transition temperature 断口转变温度

FUR furnace 炉子

FUV far ultra-violet 远紫外线

FV fiber Volume fraction 纤维体积百分数

FV front view 正视图

FWA fluorescent whitening agent 荧光增白剂

FWIS falling weight impact strength 落重冲击韧度

FWC finite width correction factor 有限宽修正系数

G

GA glutaric anhydride 戊二酸酐

GAL gallons 加仑

GALV galvanize 电镀

GAS gasoline 汽油

GB guo biao（Chinese standards）（中国）国家标准

GC gas chromatography 气相色谱法

GC graft copolymer 接枝共聚物

GC-MS gas chromatography-mass spectrometer 气相色谱-质谱联用仪

GD gradient 梯度

GDP glow discharge polymer 辉光放电聚合物

GE graft efficiency 接枝效率

GE gram equivalent 摩尔质量

GF glass fiber 玻璃纤维

GF-ABS glassfiber reinforced ABS resin 玻璃纤维增强 ABS 树脂

GF-AS glassfiber reinforced AS resin 玻璃纤维增强 AS 树脂

GF-PA glass fiber reinforced polyamide resin 玻璃纤维增强聚酰胺树脂

GF-PC glass fiber reinforced polycarbonate 玻璃纤维增强聚碳酸酯

GF-PE glass fiber reinforced polyethylene 玻璃纤维增强聚乙烯

GF-PP glass fiber reinforced polypropylene 玻璃纤维增强聚丙烯

GF-PS glass fiber reinforced polystyrene 玻璃纤维增强聚苯乙烯

GFRABS glass fiber reinforced ABS 玻璃纤维增强 ABS

GFRAS glass fiber reinforced acrylonitrile-styrene 玻璃纤维增强丙烯腈-苯乙烯树脂

GFRP glass fiber reinforced plastics 玻璃纤维增强塑料

GFRP glass fiber reinforced polymer 玻璃纤维增强聚合物

GFRP graphite fiber reinforced plastics 石墨纤维增强塑料

GFRPC glass fiber reinforced polycarbonate 玻璃纤维增强聚碳酸酯

GFRPE glass fiber reinforced polyethylene 玻璃纤维增强聚乙烯

GFRPS glass fiber reinforced polystyrene 玻璃纤维增强聚苯乙烯

GFRR glass fiber reinforced resin matrix composites 玻璃纤维增强树脂基复合材料

GFRT glass fiber reinforced thermoset matrix composites 玻璃纤维增强热固性树脂基复合材料

GFRTP glass fiber reinforced thermoplastics 玻璃纤维强热塑性塑料

GF-SAN glass fiber reinforced SAN resin 玻璃纤维增强苯乙烯-丙烯腈共聚物

GFS-AS short glass fiber reinforced AS resin 短玻璃纤维增强丙烯腈-苯乙烯树脂

GFS-PA short glass fiber reinforced polyamide 短玻璃纤维增强聚酰胺

GFS-PC short glass fiber reinforced polycarbonate 短玻璃纤维增强聚碳酸酯

GFS-PE short glass fiber reinforced polyethylene 短玻璃纤维增强聚乙烯

GFS-PP short glass fiber reinforced polypropylene 短玻璃纤维增强聚丙烯

GFS-PS short glass fiber reinforced polystyrene 短玻璃纤维增强聚苯乙烯

GFTP glass (fiber) filled thermoplastics 玻璃（纤维）填充热塑性塑料

G-G ground-to-ground 地对地

GL glass 玻璃纤维

GLARE glass-al reinforced laminates 玻璃纤维-铝增强层合板

GLC gas-liquid chromatography 气液色谱法

GLC-MS gas-liquid chromatography-mass spectrometry 气液色谱-质谱联合法

GLSC gas-liquid-solid chromatography 气-液-固色谱法

GMC granular molding compound 粒状模塑料

GMS glycerol monostearate 甘油单硬脂酸酯

GMT glass-mat reinforced thermoplastics 玻璃毡增强热塑性塑料

GMW gram molecular weight 摩尔质量

GP German patent 西德专利

GP graft polymer 接枝聚合物

GPC gel permeation chromatography 凝胶渗透色谱法

GPH graphite 石墨

GPPS general purpose polystyrene 通用聚苯乙烯

GPS general polystyrene 通用聚苯乙烯

GR grade 等级

GR grain 粒度

GR graphite 石墨；石墨纤维

GRA gray 灰色

GRAD gradient 梯度；斜率

GRALL fiber glass reinforced aluminum laminates 玻璃纤维增强铝层合板

GRC glass fiber reinforced cement-composites 玻璃纤维增强水泥复合材料

GRL grille 格栅

GRP glass (fiber) reinforced plastics 玻璃（纤维）增强塑料

GRS gamma radiation spectrometer γ 线辐射谱仪

GRWT gross weight 总重；毛重

GSC gas-solid chromatography 气固

色谱法

GSCS generalized self consistent scheme 广义自兼容方案

GTP group transfer polymerization 反应基转位聚合（作用）

GTT glass transition temperature 玻璃化（转变）温度；T_g

GVI general visual inspection 一般目视检测

GWT gross weight 总重；毛重

GY gray 灰色

GYP gypsum 石膏

H

H, h hour 小时

HAR high aspect ratio 高纵横比；（纤维）高长径比；（飞机）高展弦比

HARD hardening 淬火；硬化

HB horizontal burn rating 水平燃烧速率

HBA hydroxybutyric acid 羟基丁酸

HBC hot bond consol 加热胶接支架

HBD high bulk density 高体积密度

H-Br. Brinell hardness 布氏硬度

HC heating cabinet 加热箱

HDBK handbook 手册

HDCA 3,3′-dichloro-4,4′-diamino-diphenylmethane 3,3′-二氯-4,4′-二氨基二苯基甲烷

HDCB hinge double cantilever beam 铰链式双悬臂梁

HDI hexamethylene diisocyanate 六亚甲基二异氰酸酯

HDN harden 硬化

HDNS hardness 硬度

HDPE high density polyethylene 高密度聚乙烯

HDT heat deflection temperature 热变形温度

HEC hydroxyethyl cellulose 羟乙基纤维素

HEMA hydroxyethyl methylacrylate 甲基丙烯酸羟乙酯

HET chlorendic anhydride 氯菌酸酐

Hexa hexamethylenetetramine 六次甲基四胺；乌洛托品

HF high frequency 高频（率）

HH handhold 手孔

HHPA hexahydrophthalic anhydride 六氢邻苯二甲酸酐

HIHUM high humidity 高湿度

HIMP high impact 高冲击力

HINT high intensity 高强度

HIP hot isostatic pressing 热均衡压缩

HIPS high impact polystyrene 高抗冲聚苯乙烯

HLB hydrophile-lipophile-balance value 亲油亲水基平衡值

HLC hybrid laminated composites 混杂层压复合材料

HLC high (speed) liquid chromatography 高速液相色谱法

HLD half lethal dose 半致死（剂）量

HLDPE high pressure low density polyethylene 高压低密度聚乙烯

HLMI high load melt index 高载荷熔体指数

HM high modulus 高模量

HM high modulus fiber 高模量纤维

HMC high (strength) molding compound 高强度模塑料

HMD humidity 湿度；湿气

HMDI hexamethylene diisocyanate 六亚甲基二异氰酸酯

HMP hexamethyl phosphoramide 六甲基磷酸酰胺

HMPSA hot-melt-pressure-sensitive adhesives 热熔压敏胶黏剂

HMWPE high molecular weight polyethylene 高分子量聚乙烯

HNDT holographic nondestructive testing 全息摄影无损检测

HNYCMB honeycomb 蜂窝（结构）

HPFRCC high performance fiber reinforced cement matrix composites 高性能纤维增强水泥基复合材料

HPIC high performance ion chromatography 高效离子色谱法

HPIM high pressure injection molding 高压注塑成型（法）

HPLC high performance liquid chromatography 高效液相色谱法

HPMA hydroxypropyl methacrylate 甲基丙烯酸羟丙酯

HPPE high pressure polyethylene 高压聚乙烯

HPT hexamethyl phosphoric triamide 六甲基磷酸三酰胺

HPTLC high performance thin layer chromatography 高效薄层色谱法

HPVC hard PVC 硬质聚氯乙烯

HR hour 小时

HR humidity relative 相对湿度

HR Rockwell hardness 洛氏硬度

HR-ABS heat-resistant ABS resin 耐热型 ABS 树脂

HRAL hybrid reinforced aluminum laminates 混杂纤维增强铝层合板

HREM high resolution electronic microscope 高分辨率电子显微镜

HRIR high resolution infrared radiometer 高分辨能力红外辐射计

HRMC hybrid reinforced metal matrix composites 混杂增强金属基复合材料

HRMS high resolution mass spectrometer 高分辨能力质谱仪

HRP heat resistant paint 耐热涂料

HRP heat resistant plastics 耐热塑料

HS high strain 高应变

HS Shore hardness 肖氏硬度

HSS high-speed steel 高速钢

HSSMC high-strength sheet molding compound 高强度片状模塑料

HT hardness tester 硬度试验机

HT heat treatment 热处理

HT heat 加热；热量

HT highest tensile strength fiber 高拉伸强度纤维

HT heat treat 热处理

HTBA high temperature blowing agent 高温发泡剂

HTM high temperature 高温

HTS high-tensile strength 高拉伸强度

HTT heat treatment temperature 热处理温度

HYB hybrid 混杂；混杂复合材料

HYDM hydrometer （液体）比重计

HYDR hydraulic 液压的

HYPERB hyperbola 双曲线

I

IATM International Association of Testing Materials 国际材料试验协会

IB isobutene 异丁烯

IC integrated circuit 集成电路

IC ion chromatography 离子色谱法

ICAP inductively coupled plasma emission 电感耦合等离子体发射

ICCM International Conference on Composite Materials 国际复合材料会议

ICI Imperial Chemical Industries Ltd. （英）帝国化学工业有限公司

ICM injection-compression molding

注射-压缩成型法

ICP-AES inductively couple plasma-atom spectrum 电感耦合等离子体-原子吸收光谱

ICTA International Confederation for Thermal Analysis 国际热分析联合会

IE impact energy 冲击能

IE impact strength 冲击韧度

IEEE Institute of Electrical & Electronics Engineers （美）电气和电子工程师学会

IER ion exchange resin 离子交换树脂

IGA isothermogravimetric analysis 等温质量分析

IGC inverse gas chromatography 反气相色谱法

IGC isothermal gas chromatography 等温气相色谱法

IGLC inverse gas-liquid chromatography 逆气液色谱法

IIEC ion exchange chromatography 离子交换色谱法

IIR isobutylene-isoprene rubber 异丁烯异戊二烯橡胶

IITRI Illinois Institute of Technology Research Institute 伊利诺斯理工研究所

ILD indentation load deformation （泡沫塑料）压陷负荷挠度

ILLUS illustrate 说明；图解

ILSS interlaminar shear strength 层间剪切强度

ILSS internal laminate shearing stress 层内剪切应力

IM injection machine 注塑机

IM injection molding 注塑

IM intermediate modulus 中模量

IM intermediate modulus fiber 中模量纤维

IMP impact 冲击

IMPD impedance 阻抗

IMPRG impregnate 浸渍；灌注

IMRS immersion 浸泡

in inch 英寸

in. lb inch pound 英寸-磅

INCLS inclosure 罩壳

IM initial modulus 初始模量

INJ injection 注射

INJ inject 注射；注入

INSOL insoluble 不可溶的

INSP inspect；inspection 检验

INSTL install；installation 安装

INSTR instruction 指令；说明

INSTR instrument 仪表

INSUL insulate；insulation 绝缘

IPB illustrated parts breakdown 图示零件明细表

IPB isotactic polybutene-1 等规聚丁烯-1

IPD isophorone diamine 异佛尔酮二胺

IPN interpenetrating polymer network 互穿网络聚合物

IPNC interpenetrating resin network matrix composites 互穿网络树脂基复合材料

IPNs interpenetrating polymer networks 互穿网络聚合物

IPP isotactic polypropylene 等规聚丙烯

IPS impact polystyrene 耐冲击聚苯乙烯

IPS isotactic polystyrene 等规聚苯乙烯

IR infrared absorption spectroscopy 红外吸收光谱法

IR　infrared ray　红外线

IR　infrared spectroscopy　红外光谱学

IR　isoprene rubber　异戊二烯橡胶

IRH　infrared heater　红外（线）加热器

IRPF　International Rubber and Plastics Federation　国际橡胶塑料联合会

IRPI　infrared polymerization index　红外线聚合指数

IRS　infrared spectroscopy　红外线光谱学

IS-Am-DPA　4-isopropylamine-diphenylamine　4-异丙胺二苯胺

ISB　injection-stretching-blowing　注拉吹（成型）

ISO　International Organization for Standardization；International Standards Organization　国际标准化组织

ISP　infrared spectrophotometer　红外分光光度计

ISP　instant set polymer　（快）速固（化）聚合物

ISRUF　integral skin rigid urethane foam　连皮硬聚氨酯泡沫塑料

ISS　interlaminar shear strength　层间剪切强度

ISS　ion scattering spectroscopy　（低速）离子散射光谱学

ISSN　international standard serial book number　国际标准连续出版物编号

ITI　infrared thermography inspection　红外线照相检测

ITLC　instantaneous thin layer chromatography　瞬时薄层色谱法

J

J　joiner　接合物

JANNAF　Joint Army，Navy，NASA and Air Force　陆军、海军、NASA与空军联合体

JAP. P.　Japanese patent　日本专利

JC　joint compound　密封剂

JFRCC　jut fiber reinforced cement matrix composites　黄麻纤维增强水泥基复合材料

JICST　Japanese Information Center of Science & Technology　日本科学技术情报中心

JIS　Japanese industrial standard　日本工业标准

JOG　joggle　榫接

JP　Japanese patent　日本专利

JPIA　Japanese Plastics Industry Association　日本塑料工业协会

JPIC　Japan Patent Information Center　日本专利情报中心

JPIF　Japanese Plastics Industry Federation　日本塑料工业联合会

JUFA　Japan Polyurethane Foam Association　日本聚氨酯泡沫塑料协会

JURA　Japan Polyurethane Raw Material Association　日本聚氨酯原料协会

K

K　Kelvin absolute scale　开氏（绝对）温标

KC　key characteristics　关键特性

KC　Kevlar composites　凯芙拉复合材料

K. V. I.　kinetic viscosity index　运动黏度指数

KBM602　N-β-(aminoethyl)-γ-aminopropyl methyldimethoxysilane　N-β-(氨乙基)-γ-氨丙基甲基二甲氧基硅烷

kg　kilogram　千克；公斤

KHN Knoop hardness number 努普硬度值

km kilometer 千米

KM41 meta-aromatic copolyamide fiber 间位芳胺共聚纤维

KMPS kilometers per second 千米/秒

Korex high performance aramid paper reinforced phenolic 高性能芳纶纸增强酚醛树脂，商品名考瑞克斯

kps kilopoises 千泊（黏度单位）

kR-138S titanium di(dioctylpyrophosphato)oxyacetate 二(二辛基焦磷酰氧基)氧代醋酸钛

KR-201 di-isostearoyl ethylene titanate 二异硬脂酰钛酸乙二酯

KR-212 di(dioctylphosphato)ethylene titanate 二(二辛基磷酰氧)基钛酸乙二酯

KR-41B tetraisopropyl di(dioctylphosphito)titanate 二(亚磷酸二辛酯基)钛酸四异丙酯

KR-46 tetraoctyloxytitanium di(dilaurylphosphite) 四辛氧基钛二(二月桂基亚磷酸酯)

KR-46B tetraoctyloxytitanium di(ditridecylphosphite) 四辛氧基钛二[二(十三烷基)亚磷酸酯]

KS key structure 关键结构件；关键件

KSI kips per square inch 每平方英寸千磅

KV Kevlar 凯芙拉（聚对苯二甲酰对苯二胺纤维的商品名）

kV kilovolt 千伏

kVA kilovolt ampere 千伏安

kW kilowatt 千瓦

kW·h kilowatt hour 千瓦·小时

KWY keyway 键槽；销座

L

L latent heat per mol 每克分子潜热；每克分子溶解热

L long 长度

LAM laminate 层合板；层压板；层板

LASER light amplification by stimulated emission of radiation 激光

LATL lateral 横向的；侧向的

lb pound 磅

LBL label 标签

LC lethal concentration 致死浓度

LC liquid chromatography 液相色谱法

LC liquid crystal 液晶

LC liquid chromatography 液相色谱法

LCD liquid crystal display 液晶显示

LCM liquid curing medium (or medium) 液态固化剂

LCM liquid composites molding 复合材料液体成型

LCP liquid crystal polymer 液晶聚合物

LCP long chain polymer 长链聚合物

LD lethal dose 致死剂量

LD low density 低密度

L/D length/diameter ratio 长径比

LD_{50} 50% lethal dose, median lethal dose 半致死量

LDPE low density polyethylene 低密度聚乙烯

LEX longitudinal expansion 纵向膨胀

LFD least fatal dose 最小致死量

LFS limited flame spread 有限火焰蔓延

LFT long fiber thermoplastics 长纤

维增强热塑性塑料

LG length 长度

LG long 长的

LGE large 大的

LGF long glass fiber 长玻璃纤维

LHI laser holographic inspection 激光全息照相检测

LIM limit 极限

LIM liquid injection molding 液态注射成型

LIN linear 线性的；直线的

Linac linear electron accelerator 电子直线加速器

LIPN latex IPN 乳胶互穿网络聚合物

LIQ liquid 液体；流体

LKG leakage 渗透

LKGE linkage 键合；联动装置

LLC liquid-liquid chromatography 液-液色谱法

LLDPE linear low density polyethylene 线型低密度聚乙烯

LMP low molecular polymer 低分子聚合物

LMWPE low molecular weight polyethylene 低分子量聚乙烯

LN logarithm (natural) 自然对数

LN lot number 批号

LNG lining 衬料

LOM laminated object manufacturing 层合实体制造技术

LONG longitudinal 纵向的

LP laminated plastics 层压塑料

LP low polymer weight 低聚物分子量

LPFE last ply failure envelope 最后一层破坏包线

LPF last ply failure of laminate 最终失效

LPT laminate plate theory 层合板理论

LSM lonton scandinavian metallurgical 混合盐反应法

LSS laminate stacking sequence 层合板铺层顺序

LT_{50} mean lethal temperature 半致死温度

LTI-ABS low temperature impact ABS 耐低温冲击型 ABS 树脂

LTVB low temperature curing/vacuum bag prepreg 低温真空袋固化预浸料成型

M

M molding 模塑成型

M mole 摩尔量

MA *cis*-butenedioic anhydride 顺丁烯二酸酐；顺酐；马来酸酐

MA methacrylate 甲基丙烯酸酯

MA methylaniline 甲基苯胺

MA microanalysis 微量分析

MAA maleic anhydride 马来酸酐

MAC maximum allowable concentration 最高允许浓度

MACH machine 机床

MAN methacrylonitrile 甲基丙烯腈

MAR microanalytical reagent 微量分析试剂

MARC magnetic abrasion resistant coating 耐磨磁性涂层

MAS microanalytical standards 微量分析标准

MASK masking 屏蔽

MAT matrix 矩阵；基体

MATH mathematical (mathematics) 数学

MATL material 材料

MAX maximum 最大

MAX CAP　maximum capacity　最大容量

MB　2-mercaptobenzimidazole　2-硫醇基苯并咪唑

MBR　member　元件；结构要素

MBS　methyl methacrylate-butadiene-styrene copolymer　甲基丙烯酸甲酯-丁二烯-苯乙烯共聚物

MBV　minimum breakdown voltage　最小击穿电压

MC　critical molecular weight　临界分子量

MC　mean molecular weight of chain segments between cross-links　交联间链段的平均分子量

MC　methyl cellulose　甲基纤维素

MC　moisture content　湿含量

MC　monomer casting　单体铸塑

MCER　Monsanto capillary extrusion rheometer　孟山都毛细管挤出流变仪

MCnylon　monomer casting nylon　单体浇铸尼龙

MCP　methyl cyclopropanone　甲基环丙酮

MCPU　microcellular polyurethane　微孔聚氨酯泡沫塑料

MD　maximum dose　最大剂量

MD　mean deviation　平均偏差

MDA　methane diamine　甲烷二胺

MDA　methylene dianiline　亚甲基二苯胺；二苯氨基甲烷；同 DDM（diaminodiphenylmethane）

MDD　maximum design damage　最大设计损伤

MDEA　methyldiethanol amine　甲基二乙醇胺

MDF　matrix degradation factor　基体减缩系数

MDI　diphenyl methane 4,4′-diisocyanate　二苯基甲烷-4,4′-二异氰酸酯

MDIS　p,p'-diphenyl methane diisocyanate　对,对′-二苯(基)甲烷二异氰酸酯

MDL　middle　中间的

MDL　module　模量

MDM　medium　介质

MDN　median　中央的

MDPE　medium density polyethylene　中密度聚乙烯

MDRL　mandrel　芯棒；芯模

MEA　moisture evaluation analyzer　湿含量评定分析仪

MEA　moisture evaluation analysis　湿含量评定分析

MECH　mechanical　机械的

MED　minimum effective dose　最小有效剂量

MEK　methyl ethyl ketone　甲乙酮；丁酮

MEKP　methyl ethyl ketone peroxide　过氧化甲乙酮

MEM　meltedand extrusion moldeling　融化挤压成型

MET　metal　金属

MET　metallurgical　冶金的

MF　medium frequency　中频

MF　melamine formaldehyde resin　三聚氰胺-甲醛树脂

MF　microfilm　微缩胶卷

MFD　minimum fatal dose　最小致死剂量

MFEC　multifunctional epoxycomposites　多官能度环氧树脂基复合材料

MFER　multifunctional epoxy resin　多官能度环氧树脂

MFG INFO　manufacturing information　制造数据

MFI melt flow index 熔体流动指数
MFLRD male flared 扩外口的
MFR manufacture 制造
MFR melt flow rate 熔体流动速率
MFRP metal fiber reinforced plastics 金属纤维增强塑料
MFT minimum filming temperature 最低成膜温度
MGF metallized glass fiber 镀金属玻璃纤维
MGFRC metallic glass fiber reinforced cementitious composites 金属玻璃纤维增强水泥基复合材料
M-glass M-玻璃
MHF medium high frequency 中高频
MHHPA methyl hexahydro phthalic anhydride 甲基六氢苯二甲酸酐
MHR mole per hundred parts of resin 每百份树脂的摩尔质量
MI melt index 熔体指数
mi mile 英里
MI-ABS medium impact ABS 中（耐）冲击型ABS树脂
MIBK methyl isobutyl ketone 甲基异丁基甲酮
MIBPA methyl imino bisptopylamine 乙基亚氨基二丙基胺
μc-Si microcrystalline silicone 微晶硅
MICR microscope 显微镜
MIDO manufacturing inspection district office 制造检验区域办公室
MIL military specification （美）军用规格
MIL military 军事的；军用的
MIL-STD military standards （美）军用标准
MIN minimum 最小
MIN minute 分
MINTR miniature 缩影
MIP microwave induced plasma 微波感应等离子体
MIPK methyl isopropenyl ketone 甲基异丙烯基甲酮
MIT miter 斜接面；斜接缝
MK mark 标记
MKD marked 记号
ML material list 材料清单
ML mold line 模线
ML multi-layer 多层
MLC maximum lethal concentration 最大致死浓度
MLC minimum lethal concentration 最小致死浓度
MLD maximum lethal dose 最大致死剂量
MLD median lethal dose 平均致死剂量
MLD minimum lethal dose 最小致死剂量
MLD molded 模制的
MLDG molding 模压；模塑
MLG main landing gear 主起落架
mm millimeter 毫米
MMA methyl methacrylate 甲基丙烯酸甲酯
MMA-MA methyl methacrylate-methyl acrylate copolymer 甲基丙烯酸甲酯-丙烯酸甲酯共聚物
MMAS methyl methacrylate-styrene copolymer 甲基丙烯酸甲酯-苯乙烯共聚物
MMB mixed mode bending 混合型弯曲
MMC metal matrix composites 金属基复合材料
MMCs metal matrix composites 金属基复合材料
MMRIM mat molding reactive injec-

tion molding 毡片模塑反应注射成型

MMW medium molecular weight 中相对分子量

MMWPE medium molecular weight polyethylene 中分子量聚乙烯

Mn number-average molecular weight 数均分子量

MNA methyl nadic anhydride 甲基纳迪克酸酐

MNL manual 手册

MNR maximum normed residual 最大赋范残数

MOD modification 变更

MOD modify 改型

MOD modulus 模量

MOL material operational limit 材料工作温度极限；材料最高工作温度

MOL WT molecular weight 分子量

MON monitor 控制器

MORT Morse taper 莫氏锥度

MOS metal oxide semiconductor 金属氧化物半导体

MOS metal-oxide-silicon 金属-氧化物-硅

MP melting point 熔点

M&P materials and processes 材料与工艺

MPA multi-purpose additive 万能添加剂

MPC maximum permissible concentration 最高允许浓度

MPCS methyl pentachloro-stearate 五氯硬脂酸甲酯

MPD maximum permissible dose 最大允许剂量

MPD metaphenylene diamine 间苯二胺；间二氨基苯

MPF melamine/phenol-formaldehyde resin 三聚氰胺-酚醛树脂

MPM metallic particle molding 金属颗粒成型

MPPO modified polyphenylene oxide 改性聚苯醚

MPS meters per second 米/秒

MRB Maintenance Review Board 维修审查委员会

MRB Material Review Board 器材审查委员会

MRC moisture recording controller 湿度记录控制器

MRR monomer reactivity ratios 单体竞聚率

MS margin of safety 安全余度

MS mass spectrometer 质谱仪

MS mass spectrometry 质谱（分析）法

MS methacrylate-styrene copolymer 甲基丙烯酸酯-苯乙烯共聚物

MS milling synthesis 球磨合成法

MS military standards （美）军用标准

MS mold shrinkage 脱模（后）收缩

M. S margin of safety；safety margin 安全裕度

MSA mass spectrometric analysis 质谱分析

MSD mass spectrometric detection 质谱检定法

MSDS material safety data sheet 材料安全数据单

MSTC mastic 胶膏

MT maximum torque 最大应力矩；最大扭矩

MT mount 安装

MTA mass（spectrometric）thermal analysis 质谱热分析法

MTD *m*-toluylene diamine 间甲苯二胺

MTG mounting 安装；装配

MTHPA methyltetrahydrophthalic an-

hydride 甲基四氢邻苯二甲酸酐
MTR meter 米；测量计
MRB Material Review Board 材料审查部
MU mockup 模拟结构
MV mean value 平均值
MV medium viscosity 中等黏度
Mv viscometric average molecular weight 黏均分子量
MVP moisture vapo permeability 湿气渗透率
MVT moisture vapor transmission 透湿性
MVTC mechanical vibration temperature conversion 机械振动温度变换
MVTR moisture vapor transmission rate 透湿率
Mw weight-average molecular weight 重均分子量
MW molecular weight 分子量
MWD molecular weight distribution 分子量分布
MWNTs mulity wall carbon nanotubes 多壁纳米碳管
MX *m*-xylene 间二甲苯
***m*-XDA** *m*-xylene diamine 苯二甲胺；间苯二甲胺
MXT mixture 混合物
MYS microyied strength 微屈服强度
2-MZ 2-methylimididazole 2-甲基咪唑

N

NA not applicable 不采用；不适用
NA nadic anhydride 纳迪克酸酐
NAA neutron activated analysis 中子活化分析
NACA National Advisory Committee for Aeronautics （美）国家航空咨询委员会
N-AEP *N*-aminoethyl piperazine *N*-氨乙基哌嗪
NAPD National Association of Plastics Distributors （美国）国家塑料销售商协会
NAS National Academy of Sciences （美）国家科学院
NAS National Aerospace Standards （美）国家航空航天标准
NAS National Aircraft Standards （美）国家航空标准
NASA National Aeronautical and Space Administration （美）国家航空航天局
NAT natural 天然的
NB non-break （冲击试验）不断裂
NB non-burning（by this test） （本试验）不燃烧
NBC nylon block copolymer 尼龙嵌段共聚物
NBL nacelle buttock line 短舱纵剖线
NBR nitrile-butadiene rubber 丁腈橡胶
NBS National Bureau of Standards （美）国家标准局
NC nanoceramic 纳米陶瓷
NC nanocrystalline；nanometer crystal 纳米晶体；纳米晶
NC nanometer composites；nanocomposites 纳米复合材料
NC no change 无更改
NC numerical control 数控
NCC nanometer ceramic matrix composites 纳米陶瓷基复合材料
NCCM national conference on composite materials 国家复合材料会议
NCF non-crimp fabric 无皱褶织物
NCU nozzle control unit 喷嘴控制装置
ND-42 anilinomethyltriethoxysilane

南京大学开发的一种偶联剂——苯胺甲基三乙氧基硅烷的商业名称

NDE nondestructive evaluation 非破坏性鉴定；无损检测

NDI nondestructive inspection 非破坏性检验；无损检验

NDT nil-ductility transition temperature 零延性转变温度

NDT non-destructive testing 非破坏性试验；无损试验

NEC necessary 必要的

NFR non flame-retardant 非阻燃性（的）

NFRC nylon fiber reinforced cement 尼龙纤维增强水泥基复合材料

NFRC nature fiber reinforced cement 天然纤维增强水泥基复合材料

NHDP *n*-hexyl；*n*-decyl phthalate 邻苯二甲酸正己正癸酯

NIR acrylonitrile-isoprene rubber 丙烯腈-异戊二烯橡胶

NIRA near infrared reflectance analysis 近红外反射分析法

NIST National Institute of Standards and Technology （美）国家标准与技术学会

NLG nose landing gear 前起落架

nm nanometer 纳米

NM nonmetallic 非金属的

Nm^3 normal cubic meter 标准立方米

NMC nodular molding compound 球状模塑料

NMDR nuclear magnetic double resonance 核磁双共振

NMR nuclear magnetic resonance 核磁共振

NO normal 正常的

NO normalize 正常化；归一化

NODP *n*-octyl，*n*-decyl phthalate 邻苯二甲酸正辛正癸酯

Nol ring 诺尔环

NOM nominal 名义上的

NOMEN nomenclature 术语

Nomex aramid paper 芳纶纸，商品名诺梅克斯

NONFLMB nonflammable 非自燃的；阻燃的

NONSTD nonstandard 非标准

NOZ nozzle 喷嘴

NP nanophase materials 纳米固体材料

NP nanoplastic 纳米塑料

NP nickel plated 镀镍的

NP nominal pressure 名义压力

NP neopentyl glycol 新戊二醇

NPR nuclear paramagnetic resonance 核顺磁共振

NPRN neoprene 氯丁橡胶

NPT normal pipe thread 标准管螺纹

NPT normal pressure and temperature 标准压力与温度

NR natural rubber 天然橡胶

NR-150 polyimide NR-150聚酰亚胺

NRD non repairable damage 不可修复损伤

NS nanoscience 纳米科学

NS notch strength 切口强度

NSA National Standard Association （美）全国标准协会

NSR notch strength ratio 缺口强度比

NST nanostructured thin materials 纳米薄膜材料

NST no strength temperature 失强温度

NT nanotechnology 纳米技术

NT normal temperature 常温

NTFC interface 界面

NTP　normal temperature and pressure　标准温度与压力

NTS　notched tensile strength　缺口抗拉强度

NTWK　network　网络；网状的

NTWT　net weight　净重

NVM　nonvolatile matter　不挥发性物质

NWL　nacelle water line　短舱水平线

NYL　nylon　尼龙

O

OAT　operating ambient temperature　操作环境温度

OAT　outside air temperature　室外气温

OBH　oil bath heater　油浴加热器

OBP　octyl benzyl phthalate　邻苯二甲酸辛苄酯

OBSH　p,p'-oxybis (benzene sulfonyl hydrazide)　p,p'-二磺酰肼苯醚

OCP　octyl capryl phthalate　邻苯二甲酸仲异辛酯

OD　outside diameter　外径

OD　outside dimension　外部尺寸

ODA　isooctyl decyl adipate　己二酸异辛癸酯

ODP　isooctyl decyl phthalate　邻苯二甲酸异辛癸酯

ODP　octyl decyl phthalate　邻苯二甲酸辛癸酯

ODP　octyl diphenyl phosphite　亚磷酸辛二苯酯

ODPP　octyl diphenyl phosphate　磷酸辛二苯酯

OEM　optical electron microscope　光学电子显微镜

OEM　original equipment manufacturer　初始设备制造商

OF　outside face　外表面

OFD　object-to-film distance　物体到胶片的距离

OFT　outfit　备件

OHC　open hole compression strength　开孔压缩强度

OHM　ohmmeter　欧姆计

OHT　open hole tension strength　开孔拉伸强度

OIDP　*n*-octyl isodecyl phthalate　邻苯二甲酸正辛异癸酯

OL-T 951　isopropyl trioleoyl titanate　三油酰基钛酸异丙酯

OL-T999　见 TTS

ONY　oriented nylon　双向拉伸尼龙

OOA　out-of-autoclave molding　热压罐外固化

OP　osmotic pressure　渗透压

OPN　operation　工序；作业

OPNL　operational　操作台

OPP　opposed　相反的；对面的

OPP　oriented polypropylene　双向拉伸聚丙烯

OPS　*p*-octylphenyl salicylate　对辛基苯基水杨酸酯

OPT　optimum　最佳的

OPTL　optional　任选的

OQ　oil quench　油淬

OR　outside radius　外半径

ORC　oxidation resistant coating　耐氧化涂层

ORD　order　指令

ORIENT　orientation　方向

ORIG　origin　原点

ORN　orange　橙黄色

ORT　oxidation reduction titration　氧化还原滴定法

OSC　organosilicone chemicals　有机硅化合物

OSC oscillator 振荡器

OSL observed significance level 观测显著水平

OT operating temperature 操作温度

OT operating time 操作时间

OTR operating temperature range 操作温度范围

OTR oxygen transmission rate 透氧率

OUT outside 外侧

OVLD overload 超载

OXY oxygen 氧

P

P poly(acrylic acid) 聚丙烯酸

P pressure 压力

P probe 探头；探测器

P4 programmable powdered preform process 程控粉末预成型工艺

PA polyamide 聚酰胺；尼龙

PA phthalic anhydride 邻苯二甲酸酐；苯酐

PA polyacetal 聚缩醛

PA polyacrolein 聚丙烯醛

PA poly acrylate 聚丙烯酸酯

PA polyamide 聚酰胺

PA polyarylate 聚芳酯

PA pressure angle 压力角

PAA polyacry acid 聚丙烯酸

PAA polyacryl amide 聚丙烯酰胺

PAA polyarylacetylene 聚芳基乙炔

PABM polyamide-bismaleimide 聚酰胺-双马来酰亚胺

PABMI polyaminobismaleimide 聚氨基双马来酰亚胺

PAE phthalic acid ester 邻苯二甲酸酯

PAE polyarylester 聚芳酯

PAEK polyaryletherketone 聚芳醚酮

PAI polyamide-imide 聚酰胺-酰亚胺

PAK polyester alkyd resins 聚酯醇酸树脂

PAM plasma arc machining 等离子电弧加工

PAN polyacrylonitrile 聚丙烯腈

PAN-base carbon fiber 聚丙烯腈碳纤维

PAPA polyazelaic polyanhydride 聚壬二酐

PAPI polyaryl polyisocyanate 聚芳基聚异氰酸酯

PAPI polymethylene polyphenyl isocyanate 聚亚甲基聚苯基异氰酸酯

PAR polyarylate 聚芳酯

PAS polyarylsulfone 聚芳砜

PASF polyarylsulfone 聚芳砜

PASU polyarylsulfone 聚芳砜

PAT/t. patent 专利权；专利品

PAT polyaminotriazole 聚氨基三唑

Pat. patent 专利

PATPEND patent pending 未定专利

PB polybutadiene 聚丁二烯

PB polybutylene 聚丁烯

PB Publication Board Reports （美）PB报告

PB push button 按钮

PBA physical blowing agent 物理发泡剂

PBAN polybutadiene-acrylonitrile 聚丁二烯-丙烯腈

PBD pressboard 压板

PBI Plastics Bottle Institute of SPI （北美塑料工业协会）塑料瓶协会

PBI polybenzimidazole 聚苯并咪唑

PBMA poly-*n*-butyl methacrylate 聚甲基丙烯酸正丁酯

PBO polybenzoxazole 聚苯并噁唑；聚对亚苯基苯并双噁唑；聚对苯撑苯并二噁唑

PBO poly (*p*-phenylenebenzobisoxazole) fiber 聚对亚苯基苯并双噁唑纤维

PBR polybutadiene rubber 聚丁二烯橡胶

PBS polybutadiene-styrene 聚丁二烯-苯乙烯

PBT polybenzothiazole 聚苯并噻唑

PBT polybenzotriazole 聚苯并三唑

PBT/PBTP polybutylene terephthalate 聚对苯二甲酸丁二醇酯

PBW parts by weight 质量（重量）份数

PBZT poly (*p*-phenylenebenzobisthiazole) fiber 聚对亚苯基苯并双噻唑纤维

PC paper chromatogrphy 纸上色谱法

PC piece 片；零件；坯料

PC pitch circle （齿轮）节圆

PC point of curve 曲线点

PC polycarbonate 聚碳酸酯

PC polycarbonate resins 聚碳酸酯树脂

PC polychloroprene 聚氯丁烯；氯丁橡胶

PC physical configuration 物理状态平衡

PC production certificate 生产许可证

PCA polycresyl acrylate 聚丙烯酸甲苯酯

PCB printed circuit board 印刷线路板

PCB polychlorinated biphenyls 多氯化联苯

PCD paper chromatographic distribution 纸上色谱分布

PCD polycarbonimide 聚碳酰亚胺

PCD process control document 过程控制文件

PCD polycrystalline diamond 多晶体金刚石

PCE paper chromatoelectr phoresis 纸上色谱电泳法

PCL polycaprolactam 聚己内酰胺；尼龙-6

PCM phase-change mterials 相变材料

PCN polymer clay nanocomposites 聚合物/黏土纳米复合材料

PCPD polycyclopentadiene 聚环戊二烯；聚茂

PCR polychloroprene 聚氯丁二烯；氯丁橡胶

PCT percent 百分数

PCTFE polychlorotrifluoroethylene 聚三氟氯乙烯

PD preliminary design 初步设计

PD pitch diameter （齿轮）直径

PD polymerization degree 聚合度

PDA phenylenediamine 间苯二胺

PDAIP poly(diallyl isophthalate) 聚间苯二甲酸二烯丙酯

PDAP poly(diallyl phthalate) 聚邻苯二甲酸二烯丙酯

PDR Preliminary design review 初步设计审查

PE polyethylene 聚乙烯

PE pseudoelasticity 伪弹性

PEA polyethyl acrylate 聚丙烯酸乙酯

PEC chlorinated polyethylene 氯化聚乙烯

PEC polyester carbonate 聚酯碳酸酯

PEEK polyether ether ketone 聚醚醚酮

PEEKK polyether ether ketone ketone 聚醚醚酮酮

PEF polyethylene foam 聚乙烯泡沫

PEG polyethylene glycol 聚乙二醇

PEI polyetherimide 聚醚酰亚胺

PEK polyether ketone 聚醚酮
PEKK polyether ketone ketone 聚醚酮酮
PEMA polyethyl methacrylate 聚甲基丙烯酸乙酯
PEO poly(ethylene oxide) 聚氧化乙烯；聚环氧乙烷
PERF perforate 穿孔
PERP perpendicular 垂直的
PERSP perspective 透视图
PES polyether sulphone 聚苯醚砜；聚醚砜
PES photoelectron spectroscopy 光电子光谱学
PES polyester 聚酯
PET polyethylene terephthalate fiber 聚对苯二甲酸乙二醇酯纤维；涤纶
PET polyethylene terephthalate resin 聚对苯二甲酸乙二醇酯树脂
PETN pentaerythritol tetranitrate 四硝基季戊四醇
PETP polyethylene terephthalate 聚对苯二甲酸乙二醇酯
PETRO petroleum 石油
PU polyurethane 聚氨基甲酸乙酯；聚氨酯
PEUI pulse echo ultrasonic inspection 超声脉冲反射检测
PF phenol-formaldehyde resin 苯酚-甲醛树脂；酚醛树脂
PFA perfluoroethylene 全氟乙烯
PFA perfluoroalkoxy ether resin 全氟烷氧醚树脂
PFRC polyethylene fiber reinforced cement or concrete 聚乙烯纤维增强水泥基复合材料
PG propylene glycol 丙二醇
PGC pyrolysis gas chromatography 裂解气相色谱法
PGMT pigment 颜料
pH hydrogen ion concentration pH值
PH phase 相位
PHB poly(beta-hydroxybutyric acid) 聚β-羟基丁酸
PHEN phenolic 酚醛树脂；酚醛塑料
PHM phase meter 相位计
PHOTO photograph 照片
PHR preheater 预热器
PHR (phr) parts per hundred resin 每百份树脂（所含）份数
PHYS physical 物理的
PI polyimide 聚酰亚胺
PI polyisoprene 聚异戊二烯
PI principal inspector 主管检验员
P/I production illustration 生产说明
PIA Plastics Institute of America 美国塑料协会
PIB polyisobutylene 聚异丁烯
PIBI polyisobutylene isoprene 聚异丁烯-异戊二烯
PIC pressure-impregnation-carbonization 压力浸渍碳化
PIC polyethylene-insulated conductor 聚乙烯绝缘导体
PIC polyisocyanurate 聚异氰脲酸酯
PIQ polyimidazoquinazoline 聚咪唑并喹唑啉
PIR polyisocyanurate 聚异氰脲酸酯
PIRA Plastics Industry Research Association （英国）塑料工业研究会
PIX picture 图片；插图（X＝1，2，3，…，n）
PK peak 峰值
PL parts list 零件表
PL place 安放位置
PL plate 板材
PL proportional limit 比例极限
PLA polymerized lactic acid 聚乳酸

PLAT platinum 铂；白金

PLD pay 有效载荷

PLD plated 电镀的

PLK plank 厚板

PLM polarized light microscopy 偏光显微镜

PLN plane 平面

PLOT plotting 测绘

PLP plastics lined pipe 塑料内衬管

PLRT polarity 极性

PLS polymer/layered silicate 聚合物/层状硅酸盐纳米复合材料

PLS pulse 脉冲

PLSTC plastic 塑料（的）

PLYWD plywood 胶合板

PLZN polarization 极化强度；偏振化

PMA polymethacrylate 聚甲基丙烯酸酯

PMA pyromellitic acid 均苯四酸

PMA pyromellitic acid dianhydride 均苯四酸二酐

PMAC polymethoxy acetal 聚甲氧基缩醛

PMAN polymethacrylonitrile 聚甲基丙烯腈

PMC premix molding compound 预混模塑料

PMCA poly(methyl-alpha-chloroacrylate) 聚 α-氯代丙烯酸甲酯

PMCs polymer matrix composites 聚合物基复合材料

PMI polyimide 聚酰亚胺

PMI polymethacrylimide 聚甲基丙烯酰亚胺

PMMA polymethyl methacrylate 聚甲基丙烯酸甲酯

PMP poly(4-methyl-pentene-1) 聚(4-甲基-1-戊烯)

PMR polymerization monomer reactants in situ 聚合单体现场反应物

PMR polymer matrix reinforced 加强的聚合物基体

PMR-15 美国 NASA Lewis 研究中心开发的一种聚酰亚胺

PMR polyimide PMR 型聚酰亚胺；反应型聚酰亚胺

PMR proton magnetic resonance 质子磁共振

PMT polymer melting temperature 聚合物熔化温度

2P4MZ 2-phenyl-4-methylimidazole 2-苯基-4-甲基咪唑

PN part number 零件号

PNCs polymer nanocomposites 聚合物纳米复合材料

PNL panel 壁板；仪表盘

PNT paint 涂料

PO polyolefine 聚烯烃

POB polyoxybenzylene 聚氧苯甲酯

POF plastics optical fiber 塑料光纤

POL polish 抛光

POM polyoxymethylene 聚甲醛

POP polyphosphate 聚磷酸酯

POS positive 正的

PP pressureproof 防压

PP polypropylene 聚丙烯

PPA polymer permeation analyzer 聚合物渗透分析器

PPA polypropylene glycol adipate 聚己二酸丙二醇酯

PPC chlorinated polypropylene 氯化聚丙烯

PPC paper partition chromatography 纸上分区色谱法

PPC polyphthalate carbonate 聚邻苯二甲酸碳酸酯

PPE polyphenyl ether 聚苯醚

PPE polyphenylene ether 聚亚苯

基醚

PPFR polypropylene fiber reinforced cement or concrete 聚丙烯纤维增强水泥基复合材料

PPH parts per hundred parts of resin 每百份树脂中的份数

PPI polymeric polyisocyanate 高分子量聚异氰酸酯

PPM parts per million 百万分率

PPMS polyparamethyl styrene 聚对甲基苯乙烯

PPO polyphenylene oxide 聚苯氧；聚苯醚

PPO/PPOX polypropylene oxide 聚环氧丙烷

PPQ polyquinoxaline 聚喹噁啉

PPS polyphenylene sulfide 聚苯硫醚；聚亚苯基硫醚；聚硫醚

PPS polypropylene sebacate 聚癸二酸丙二酯

PPSF polyphenylene sulfide sulfone 聚苯硫醚砜

PPSU polyphenylene sulfone 聚苯砜

PPTA poly(*p*-phenylene terephthalamide) fiber 聚对苯二甲酰对苯二胺纤维

***p*-PTPA** poly(*p*-phenylene terephthalamide)resin 聚对苯二甲酰对苯二胺树脂

PPX poly-*p*-xylene 聚对二甲苯

PQ polyquinoxaline 聚喹噁啉

PRB parabola 抛物线；抛物面

PRBD paraboloid 抛物（线）体；抛物面

PRC pierce 渗透；冲孔

PRC point of reverse curve 反曲线（起）点

PRCN precision 精度

PRCS process 工艺；过程

PREFAB prefabricated 预制的

PREFMD preformed 预成型的

PRESS pressure 压力

PRFM performance 性能

PRFT press fit 压配合

PRGM program 程序

PRI primary 最初的

PRIME pressureless metal infiltration 浸渗反应法；无压渗透法

PRL parallel 平行的

PRLX parallax （几何）倾斜线

PRM prime 基本的；首要的

PRMR primer 底漆

PRMTR parameter 参数

PRNG purging 清除；净化；排气

PROD production 生产

PROJ project 工程项目

PROP propeller 螺旋桨

PROPN proportion 比例；部分

PRPHL peripheral 周围的；圆周的

PRPLN propulsion 推力

PRSD pressed 受压的

PRSRZ pressurize 增压

PRV pressure reducing valve 减压阀

PS permanent set 永久变形

PS polystyrene 聚苯乙烯

PS primary structure 主结构件

PS process specification (number) 工艺说明书

PS procurement specification 采购规范

PS product standards （美）产品标准

PS proof strength 屈服强度

PSA pressure sensitive adhesives 压敏胶

PSAN poly(styrene acrylonitrile) 聚苯乙烯-丙烯腈

PSAT pressure-sensitive adhesive tape 压敏胶带

PSB polybutadiene-styrene 苯乙烯-

丁二烯共聚物

PSB polystyrene bead 粒状聚苯乙烯

PSF polysulfone 聚砜

PSI pounds per square inch 每平方英寸磅数

PSL pressure seal 压力密封

PSPA Polysebacic polyanhydride 聚癸二酸多酐

PST point of spiral tangent 螺旋正切点

PSU polysulfone 聚砜

PSVTN preservation 油封；保藏

PSVTV preservative 防腐剂

PT part 部件；零件

PT pneumatic tube 气压管

PT point 点

PTC positive temperature coefficient 实际温度系数

PTDQ polymerized trimethyl dihydroxy quinoline 聚三甲基二羟基喹啉

PTES polythiether sulfone 聚硫醚砜

PTFCE polytrifluorochloroethylene 聚三氟氯乙烯

PTFE polytetrafluoroethylene 聚四氟乙烯

PTHF polytetrahydrofuran 聚四氢呋喃

PTMT polytetramethylene terephthalate 聚对苯二甲酸丁二醇酯

Ptop point to point 点到点

PTSC part-through-surface-crack 穿透表面裂纹

PU pick up 传感器；敏感元件

PU polyurethane 聚氨基甲酸酯；聚氨酯

PUB publication 出版；出版物

PUR polyurethane resin 聚氨酯树脂

PV plan view 平面图

PV plastic viscosity 塑性黏度

PV polyvinyl isobutyl ether 聚乙烯基异丁基醚

PV pore volume 孔隙度

PV pressure-velocity (value) PV 值；压力-速度值

PVA polyvinyl acetate 聚乙酸乙烯酯

PVA polyvinyl alcohols 聚乙烯醇

PVAC polyvinyl acetate 聚乙酸乙烯酯

PVAL polyvinyl alcohols 聚乙烯醇

PVB polyvinyl butyral 聚乙烯醇缩丁醛

PVC polyvinyl chloride 聚氯乙烯

PVCA polyvinyl chloride acetate 氯乙烯-乙酸乙烯酯共聚物

PVCC poly(vinyl chloride) chlorinated 氯化聚氯乙烯

PVD physical vapour deposition 物理气相沉积

PVDC poly(vinylidene chloride) 聚偏氯乙烯

PVDF poly(vinylidene fluoride) 聚偏氟乙烯

PVF polyvinyl fluoride 聚氟乙烯

PVF polyvinyl formal 聚乙烯醇缩甲醛

PVFM polyvinyl formal 聚乙烯醇缩甲醛

PVI polyvinyl isobutyl ether 聚乙烯基异丁基醚

PVK polyvinyl carbazole 聚乙烯基咔唑

PVM polyvinyl methyl ether 聚乙烯基甲基醚

PVOH polyvinyl alcohol 聚乙烯醇

PVP polyvinyl pyrrolidone 聚乙烯基吡咯烷酮

PVT constant pressure、volume and temperature 恒压、恒容和恒温

PW pulse width 脉冲宽度

PWD powder 粉末

PX *p*-xylene 对二甲苯

Q

QA quality assurance 质量保证

QASAR quality assurance systems analysis review 质量保证系统分析

QC quality control 质量控制

QCD quality control department 质量保证部

QDRNT quadrant 象限

QF quartz fiber 石英纤维

QMC quick mold changing 快速换模

QPL qualified products list 合格产品列表

QRS quality requirements sheet 质量要求单

QTY quantity 数量

QTZ quartz 石英

QUAL qualitative 定性的；质量上的

QUAL quality 质量

QZ-8-5456 γ-amidinothiopropyltrihydroxysilane γ-脒基硫代丙基三羟基硅烷

R

R radius 半径

R ratio 比例

R red 红色（的）

R&D research and development 研究与发展

RA reduction of area 断面收缩（率）

RA Rockwell hardness A scale 洛氏硬度A标度

RAD radiate 辐射

RAPRA Rubber and Plastics Research Association （英国）橡胶与塑料研究协会

RB Rockwell hardness B scale 洛氏硬度B标度

RBR rubber 橡胶

RC resin content 树脂含量

RC rate of change 变化率

RC Rockwell hardness C scale 洛氏硬度C标度

RCM rapid cycle molding 快速循环模塑

RCP radiation curable polymer 可辐射固化聚合物

RCPTN reception 接收

RCTN reaction 反应

RD repairable damage 可修复损伤

RD research and development 研究与开发

RD round 圆的

RDCR reducer 还原剂

RDD readily detectable damage 易检损伤

RDL radial 径向的

RDS rheological dynamic spectroscopy 流变动态波谱学

REACTVT reactivate 再生

REASSEM reassembly 重新装配

RECHRG recharger 加料器

RECIRC recirculate 再循环

RECT rectangle 矩形

REF DES reference designation 识别标记

REF reference 参见；基准

REFL reference line 基线

REFLD reflected 反射的

REFR refrigerate 冷冻

REINF reinforce 增强；加强

REINF reinforcements 增强材料；增强体

REJ reject 拒收

REL release 释放；脱模

RELBL reliability 可靠性

REM COV removable cover 可卸口盖

REM removable 可拆卸的

REPL replace 代替

REPRO reproduce 复制

REQN requisition 通知单

REQT requirement 要求

RES research 研究

RES resistance 电阻；阻力

RESIL resilient 有弹性的

RETR retractable 可收缩的

REV revise 修订

REV revision 修订

RF radio frequency 射频

RF resistance factor 阻力系数

RF resorcinol-formaldehyde resin 间苯二酚甲醛树脂

RFGT refrigerant 冷冻剂

RFI radio frequency interference 射频干扰

RFI resin film infusion 树脂膜熔渗成型

RGA residual gas analyzer 残留气体分析仪

RGA residual gas analysis 残余气体分析

RGC radio gas chromatography 放射气相色谱法

RGD rigid 刚性的

RGLR regular 规则的

RGLT regulating 规定的；调节

RH relative humidity 相对湿度

RH Rockwell hardness 洛氏硬度

RHN Rockwell hardness number 洛氏硬度值

RIM reaction injection molding 反应注射成型

RIM-IPN reaction injection molding-IPN；reaction injection molding-interpenetrating network 反应注塑互穿网络

RKT rocket 火箭

RLP reactive liquid polymer 反应性液态聚合物

RLSE release 释放；脱模

RM raw material 原材料

RM router motor 镂铣机

RMC resilience molding compound 刚性回弹模塑料

RMM radome moisture meter 雷达罩湿度检测仪

RMS root mean square 均方根

RMS root mean square error 均方根误差；均方根差

RMW relative molecular weight 相对分子量

RND round 圆的

RNDM random 随机抽样

RNG range 范围

ROS random orbital sander 随机轨道磨光机

RP reinforced plastics 增强塑料

RPM（rpm） revolutions per minute 转/分钟

RPMP reinforced plastics mortar pipe 增强塑料灰浆管

RPP reinforced pyrolysed plastics 增强热解塑料

RPR repair 修理；修补

RPVC rigid poly（vinyl chloride） 硬聚氯乙烯

RR reduction ratio 压缩比

RRIM reinforced reaction injection molding 增强反应注射成型

RSD relative standard deviation 相对标准偏差

RSV reduced specific viscosity 比浓

黏度

RT retention time 保持时间

RT room temperature 室温

RTA room temperature ambience 室温环境

RTA room temperature atmosphere 室温大气

RTANG right angle 直角

RTD room temperature dry 室温干态

RTG rating 额定值

RTLC radio thin layer chromatography 放射性薄层色谱法

RTM resin transfer molding 树脂传递模塑；树脂压铸

RTP reinforced thermoplastics 增强热塑性塑料

RTRP reinforced thermosetting resin pipe 增强热固性树脂管材

RTSP reinforced thermosetting plastics 增强热固性塑料

RTV room temperature vulcanization 室温硫化

RTW room temperature wet 室温湿态

RUB rubber 橡胶

RV rear view 后视图

RV relief valve 安全阀

RVCM residual vinyl chloride monomer 残留氯乙烯单体

RVD relative vapour density 相对蒸气密度

RVP relative vapour pressure 相对蒸气压

RWND rewind 重新缠绕

RWS relative weight strength 相对质量强度

S

9s isopropyl tri(dodecylbenzenesulfonyl)titanate 三(十二烷基苯磺酰基)钛酸异丙酯

26s isopropyl 4-aminobenzensulfonyl di(dodecylbenzenesulfonyl) titanate 4-氨基苯磺酰基二(十二烷基苯磺酰基)钛酸异丙酯

SA stearamide 硬脂酰胺

SA styrene-acrylonitrile copolymer 苯乙烯-丙烯腈共聚物

SA surface area 表面积

SAA surface acting agent 表面活性剂

SACMA Suppliers of Advanced Composite Materials Association 先进复合材料供货商协会

SAF safety 安全

SAF super abrasion furnace black 超耐磨炉法炭黑

AEA acrylate engineering adhesive 丙烯酸酯工程胶黏剂

SALS small angle light scattering 小角光散射

SAM surface to air missile 地对空导弹

SAMPE Society for the Advancement of Material & Processing Engineering (美) 材料与加工工程促进协会

SAMPE Society of Aerospace Material & Processing Engineers (美) 宇航材料与加工工程师协会

SAN styrene-acrylonitrile copolymer 苯乙烯-丙烯腈共聚物

SAS statistic analysis system 统计分析系统

SAS sodium alkane sulfonate 烷基磺酸钠

SAT saturate 饱和的

SATL satellite 卫星

SB slow burning 缓燃

SB stretching blowing 拉伸吹胀（成型）

SB styrene-butadiene copolymer 苯乙烯-丁二烯共聚物

SBH sodium borohydride 氢硼化钠

SBR styrene-butadiene rubber 丁苯橡胶

SBS short beam shear 短梁剪切

SBS styrene-butadiene-styrene (elastomer) 苯乙烯-丁二烯-苯乙烯（弹性体）

SBSTR substrate 衬底

SC spacecraft 航天飞行器

SCC stress corrosion cracking 应力腐蚀开裂

SCH socket head 插头

SCHEM schematic 图解的；简图

SCNG scanning 扫描

SCNR scanner 扫描装置

SCP steam cure process 蒸汽固化工艺

SCR screw 螺钉

SCR styrene chloroprene rubber 苯乙烯氯丁橡胶

SCRIMP Seeman's composites resin injection molding process Seeman's 复合材料树脂注射模塑成型

SCRP Special Committee for Reinforced Plastics （美国）增强塑料专业委员会

SD sanding disk 打磨盘（片）

SD slow degradation 缓慢降解

SD spectral distribution 光谱分布；频谱分布

SD standard deviation 标准偏差

SDBS sodium dodecylbenzene sulfonate 十二烷基苯磺酸钠

SDH sebacic dihydrazide 癸二酸二酰肼

SDI special detailed inspection 特殊详细检测

SDP saw dust plastics 木屑塑料

SE self-extinguishing 自熄性

SE shielding efficiency 屏蔽效率

SE standard error 标准误差

SEC secondary 第二级的；次要的

SECT section 截面

SEM scanning electron microscope 扫描电子显微镜

SEM scanning electron microscopy 扫描电子显微技术

SENS sensitivity 灵敏度

SEP separator 分离器

SEQ sequence 顺序

SF slip fit 滑动配合

SF spot face 定位面

SF structural foam 结构泡沫

SF styrene foam 苯乙烯泡沫

SFC supercritical fluid chromatography 超临界液体色谱法

SFP strapless forming process 无边料（余量）成型法

SFP structural foam plastics 结构泡沫塑料

SFRP synthetic fiber reinforced plastics 合成纤维增强塑料

SG specific gravity 比重

SG structural glass 结构玻璃

SGP starch graft polymer 淀粉接枝聚合物

SH sheet 板材

SH-6050 γ-(polyethyleneamino) propyltrimethoxysilane γ-(多乙撑氨基)丙基三甲氧基硅烷

SH6075 vinyltriacetoxysilane 乙烯基

三乙酰氧基硅烷

SHF super-high frequency 超高频

SHL shellac 漆片；虫胶

SHORAN short range navigation 短程导航

SHS selective heat sintering 选择性热烧结成型

SHS self-propagating high temperature synthesis 自蔓延高温燃烧合成法

SI silicones resin 聚硅氧烷（旧称硅酮）树脂；有机硅树脂

SI international system of units 国际单位制

SIF single face 单面

SIFCON slurry infiltrated fiber reinforced concrete 流浆浸渍纤维混凝土

SIMS secondary ion mass spectroscopy 次级离子质谱（法）

SIN simultaneous interpenetrating network 同步互穿网络

SIPN sequential IPN 分步互穿网络

SIPN sequential interpenetrating polymer networks 有序互穿网络聚合物结构

SIPN simultaneous interpenetrating polymer networks 同步互穿网络聚合物

SIR styrene-isoprene rubber 苯乙烯-异戊二烯橡胶

SIS styrene-isoprene-styrene 苯乙烯-异戊二烯-苯乙烯（弹性体）

SIT self-ignition temperature 自燃温度

SIT spontaneous ignition temperature 自燃温度

SK sketch 草图

SLA stereo lithography appearance 立体光固化成型

SLBL soluble 可溶的

SLd sealed 密封的

SLFLKG self-locking 自锁的

SLFSE self-sealing 自密封的

SLS selective laser sintering 选择性激光烧结

SLVT solvent 溶剂

SM strategic missile 战略导弹

SM styrene monomer 苯乙烯单体

SMA styrene-maleic anhydride copolymer 苯乙烯-马来酸酐共聚物

SMA styrene-methyl acrylate 苯乙烯-丙烯酸甲酯共聚物

SMC sheet molding compound 片状模塑料

SMPLG sampling 抽样

SMS styrene/α-methyl styrene copolymer 苯乙烯/α-甲基苯乙烯共聚物

SNR signal-to-noise ratio 信噪比

SNR sonar 声呐

SNSR sensor 传感器

SOI smoke obscuration index 遮烟指数

SOL solid 固体

SOLN solution 溶液

SON smoke obscuration number 遮烟值

SONB sonobuoy 声呐

SP single-pole 单极

SP solubility parameter 溶解度参数

SP solution pressure 溶解压力

SP space 空间；间隙

SP standard pressure 标准压力

SPC statistical process control 统计过程控制

SPCR spacer 垫片

SPE Society of Plastics Engineers （美）塑料工程师学会

SPEC specification 技术规范说明书；规范

SPEC specimen 试件

SPF superplastic forming 超塑成型
SPF solid phase forming 固相成型
SPF spectrophotofluorometer 荧光分光亮度计
SPG spooling 绕线筒
SPGR specific gravity 比重
SPHER spherical 球形的
SPHT specific heat 比热
SPI Society of Plastics Industry （美）塑料工业协会
SPLC splice 拼接；熔接
SPNR spanner 扳手
SPPF solid phase pressure forming 固相压力成型
SPRDR spreader 撒料器
SPYR sprayer 喷雾器
SQC standard quality control 标准质量控制
SQRT square root 平方根
SR solid rocket 固体火箭
SR speed recorder 速度记录仪
SR split ring 开环的
SR styrene rubber 苯乙烯橡胶
SR synthetic rubber 合成橡胶
SRAM short range attack missile 短程攻击导弹
SRF strength reduction factor 强度降低因数
SRIM structural reaction injection molding 结构反应注射成型
SRPR scraper 刮刀
SS secondary structure 次要结构件
SS single stage 单级
SS subsystem 子系统
SS step sanding 阶梯打磨
SSB slow burning 缓燃
SSM surface to surface missile 地对地导弹
SSPVC suspension polyvinyl chloride 悬浮法聚氯乙烯（树脂）
SST self-sealing tape 自封胶黏带
SST stainless steel 不锈钢
SST step by step test 逐步（升压）试验
SSTO-rocket single-stage-to-orbit rocket 单级入轨火箭
ST standard temperature 标准温度
STA simultaneous thermal analysis 同步热分析
STAB stabilizer 安定面
STCH stitch 缝合
STD standard 标准
STDZN standardization 标准化
STEB standard test and evaluation bottle 标准试验和评定容器
STEM scanning transmission electron microscopy 扫描透射电镜法
STF shear thickening fluid 剪切增稠液
1-STG first stage 第一级（阶段）
2-STG second stage 第二阶段
STIF stiffener 加强肋；加强构件
STL steel 钢
STM scanning tunneling microscope 隧道扫描显微镜
STOR storage 储藏
STP stamp 印章；冲压
STP standard temperature and pressure 标准温度和压力
STPR static pressure 静压
STPR stripper （冲孔）模板；脱模机
STR strength 强度
STR stripping 剥去
STRL structural 结构的
STRP strapped 搭接的
STRUCT structure 结构；构造
STT spectroturbidimetric titration 浊度光谱滴定
STWG stowage 储藏

SUB submarine 潜水艇
SUBASSY subassembly 子组件
SUBSTR substructure 子结构
SUM summing 综合；总结
SUM surface-to-underwater missile 地对海导弹
SUP solid urethane plastics 硬聚氨酯塑料
SUPSD supersede 代替
SURF surface 表面
SV safety valve 安全阀
SV saponification value 皂化值
SVB singel vecuum bag 单真空袋
SVI smoke volatility index 烟雾挥发度指数
SW short wave 短波
SW specific weight 比重（密度）
SW switch 开关
SWCNT single-walled carbon nanotubes 单壁碳纳米管
SWG stubs wire gage 标准线规
SWP solvent welding plastics pipe 溶剂粘接塑料管材
SWP steam working pressure 蒸汽工作压力
SY-3 aluminium honeycomb core material SY-3耐久铝蜂窝芯材
SYM symbol 符号
SYMM symmetrical 对称的
SYNTH synthetic 合成的
SYS system 系统；体系

T

T-50 phenyl alkyl sulfonate 烷基磺酸苯酯；石油酯
TA thermal analysis 热分析
TAC triallyl cyanurate 氰脲酸三烯丙酯
TAN tangent 切线；正切
TAP thermal analysis program 热分析程序
TAP triallyl phosphate 磷酸三烯丙酯
TBA torsional braid analysis 扭辫分析
TBIC *tert*-butyl peroxy isopropyl carbonate 过氧化叔丁基碳酸异丙酯
TBP tri-*n*-butyl phosphate 磷酸三正丁酯
TBS *tert*-butyl phenyl salicylate 水杨酸叔丁基苯酯
TC thermocouple 热电偶
TCP tricresyl phosphate 磷酸三（甲苯酯）
TD transverse direction 横向
TDA thermo differential analysis 差热分析
TDCB tapered double cantilever beam specimen 锥形双悬臂梁试样
TDI tolylene diisocyanate 甲苯二异氰酸酯
TEA thermal emanation analysis 放射性热分析
TEA triethanolamine 三乙醇胺
TEA triethylamine 三乙胺
TEC thermal expansion coefficient 热膨胀系数
TEDD total energy dart drop 落锤总能量
Tedlar 聚氟乙烯（polyvinyl fluoride，PVF）的商品名
TEL Teflon（insul） 聚四氟乙烯
TEM temper 回火
TEM thermal expansion mold 热膨胀模
TEM transmission electron microscope 透射电子显微镜；发射电子显微镜
TEMP temperature 温度

TEPA　tetraethylene pentamine　四亚乙基五胺

TER　tertiary　第三级；叔的

Terlon　特尔纶，同 Kevlar

TERM　terminal　终端

TERTM　termal expansion resin transfer molding　热膨胀树脂传递模塑

TETA　triethylene tetramine　三亚乙基四胺

T_f　final temperature　终止温度

TFCE　trifluorochloroethylene　三氟氯乙烯

TFE　tetrafluoroethylene　四氟乙烯

TFM　transverse flexural modulus　横向弯曲模量

TFS　ultimate transverse (90°) flexural strength　横向弯曲强度

TG curve　thermogravimetric curve　热重曲线；TG 曲线

T_g　glass transition temperature　玻璃化转变温度

TG　thermogravimetry　热重法

TGA　thermogravimetric analysis　热重分析法

THERM　thermometer　温度计

THERMO　thermostat　恒温器

THF　tetrahydrofuran　四氢呋喃

THKNS　thickness　厚度

THPA　tetrahydrophthalic anhydride　四氢邻苯酸酐

Ti　initial temperature　起始温度

TI　thixotropic index　触变指数

TIC　temperature of initial combustion　开始燃烧温度

TID　temperature of initial decomposition　开始分解温度

TiGr　laminates of titanium and graphite in an epoxy resin　石墨纤维增强钛层合板

TINTM　triisononyl trimellitate　偏苯三酸三异壬酯

TIPN　thermoplastic interpenetrating polymer network　热塑性互穿网络聚合物；物理交联 IPN；共混 IPN

TK　tank　油箱；坦克

TKR　tanker　加油飞机

TLC　thin layer chromatography　薄层色谱法

TLE　thin layer electrophoresis　薄层电泳

TM　tactical missile　战术导弹

TM　technical manual　技术手册

TMA　thermomechanical analysis　热机械分析

TMA　trimellitic acid　偏苯三酸

TMA　trimellitic anhydride　偏苯三酸酐

TMC　thick molding compound　厚片模塑料

TMD　trimethylhexamethylenediamine　三甲基六亚甲二胺；三甲基六甲撑二胺

TMHD　trimethylhexamethylene diamine　三甲基六甲撑二胺；三甲基六亚甲二胺

TML　total mass loss　总质量损失

TMM　thermomagnetometry　热磁分析

TMP　trimethyl phosphate　磷酸三甲酯

TN　train　火车

TNR　thinner　稀释剂

TNSL　tensile　拉伸；张力

TNSN　tension　张力

TNTC　carbon nanotube composites　碳纳米管复合材料

TO　technical order　技术指令

TOA　thermo optical analysis　热光分析

TOB trioctyl borate 正硼酸三辛酯

TOF tri(2-ethylhexyl) phosphate 磷酸三(2-乙基己酯)

TOF trioctyl phosphate 磷酸三辛酯

TOL tolerance 公差

TOP trioctyl phosphate 磷酸三辛酯

TOPM tetraoctyl pyromellitate 均苯四甲酸四辛酯

TOS thermal oxidative stability 热氧化稳定性

TOT total 总数

TOTM tri(2-ethylhexyl) trimellitate 偏苯三酸三(2-乙基己酯)

TOTM trioctyl trimellitate 偏苯三酸三辛酯

TP test pressure 试验压力

TP thermoplastics 热塑性塑料

TPA terephthalic acid 对苯二甲酸；对酞酸

TPA tetraethylene pentamine 四亚乙基五胺

TPA thermo particulate analysis 热微粒分析

TPB tert-butyl peroxy benzoate 过氧化苯甲酸叔丁酯

TPE thermoplastic elastomer 热塑性弹性体

TPF triphenyl phosphate 磷酸三苯酯

TPI thermoplastic polyimide 热塑性聚酰亚胺

TPI turns per inch 每英寸圈数；捻度

TPP triphenyl phosphate 磷酸三苯酯

TPP triphenyl phosphite 亚磷酸三苯酯

TPS toughened polystyrene 增韧聚苯乙烯

TPSF thermoplastic structural foam 热塑性结构泡沫塑料

TPT tetraisopropyl titanate 钛酸四异丙酯

TPU thermoplastic polyurethane 热塑性聚氨酯弹性体

TPUR thermoplastic polyurethane rubber 热塑性聚氨酯橡胶

TQ thermal quench 热淬冷

TQC total quality control 全面质量管理

TRANSV transverse 横梁；横向的

TRAP trapezoid 梯形

TRC temperature recording controller 温度记录控制器

TRNR trainer 教练机

TRQ torque 扭矩

TRSN torsion 扭转

TS tensile strength 拉伸强度；抗拉强度

TS taper sanding 倾斜打磨

TS thermosetting 热固性塑料

TSA thermal stress/strain analysis 热应力/应变分析

TSC thermal stress cracking 热应力开裂

TSF thermoplastic structural foam 热塑性结构泡沫塑料

TSPI thermoset polyimide 热固性聚酰亚胺

TSO technical standard order 技术标准单

TSTR tester 试验（检测）仪器

TTA total thermal analysis 总热分析

TTA triethylene tetramine 三亚乙基四胺；三乙烯撑四胺

TTI tap test inpection 敲击检测

TTOP-12 isopropyl tri(dioctylphosphato)titanate 三(二辛基磷酰氧基)钛酸异丙酯

TTOPP-38S isopropyl tri(dioctylpyrophosphato)titanate 三(二辛基焦磷酰氧基)钛酸异丙酯

TTP tritolyl phosphate 磷酸三甲酯

TTS isopropyl triisostearoyl titanate 三异硬脂酰基钛酸异丙酯

TTS triisostearic isopropyl titanate ester 异丙基三异硬脂酰基钛酸酯

TTT time-temperature-transformation diagram 时间-温度-转变图；TTT图

TTU though transmission ultrasonic inspection 超声透射法

TVA thermal volatilization analysis 热挥发（作用）分析

TVM transverse microcrack 横向微裂纹

TW total weight 总重

Twaron 特瓦纶，同 Kevlar

TWS technical work statement 技术工作说明

TXTL textile 纺织的

TYP typical 典型的

TYS tensile yield strength 拉伸屈服强度

U

UD unidirectional 单向

UDC unidirectional fiber composites 单向纤维复合材料

UF ultrasonic frequency 超声波频率

UF urea formaldehyde 脲醛树脂

UF urethane foam 氨酯泡沫体

UFS longitudinal（0℃）ultimate flexural strength 纵向弯曲强度

UHF ultra-high frequency 超高频

UHMW ultra-high molecular weight 超高分子量

UHMWHDPE ultra-high molecular weight high density polyethylene 超高分子量高密度聚乙烯

UHMWPE ultra-high molecular weight polyethylene 超高分子量聚乙烯

UHPCCs ultra-high performance cementitious composites 超高性能水泥基复合材料

UHT ultra-high temperature 超高温

UI ultrasonic inspection 超声波检测

ULD ultrasonic leak detector 超声波检漏仪

ULT ultimate 最终的；极限

UMF urea-melamine-formaldehyde resin 脲-三聚氰胺-甲醛树脂

UN union 连接

UNCTD uncoated 未涂层的

UP unsaturated polyester 不饱和聚酯

UPVC unplasticized poly(vinyl chloride) 未增塑聚氯乙烯

USA ultraviolet spectral analysis 紫外线光谱分析

USAS USA Standards 美国标准

USC ultrasonic cleaning 超声波清洗

USP United States Patent 美国专利

USPO United States Patent Office 美国专利局

USS United States Standards 美国标准

UTE universal test equipment 通用试验设备

UTS ultimate tensile strength 极限拉伸强度

UV ultra-violet；ultraviolet 紫外线；紫外线的

UVS ultraviolet spectrometer 紫外线光谱分析器

UWT unit weight 单位质量

V

VA vinyl acetate 乙酸乙烯酯

VAC vacuum 真空；真空装置

VAE vinyl acetate-ethylene 乙酸乙烯-乙烯共聚物

VAM vinyl acetate monomer 乙酸乙烯单体

VARI vacuum assistant resin infusion 真空辅助树脂渗入成型

VARI vacuum assistant resin injection 真空辅助树脂注射成型

VARTM vacuum assistant resin transfer molding 真空辅助树脂传递模塑

VBO vacuum-bag-only 真空袋（固化）

VBO vacuum bag oven 真空袋烘箱（固化）

VC vinyl chloride 氯乙烯

VC/E vinyl chloride/ethylene 氯乙烯-乙烯共聚物

VC/E/MA vinyl chloride/ethylene/methyl acrylate 氯乙烯-乙烯-丙烯酸甲酯共聚物

VC/E/VAC vinyl chloride/ethylene/vinyl acetate 氯乙烯-乙烯-乙酸乙烯酯共聚物

VC/MA vinyl chloride/methyl acrylic acid 氯乙烯-甲基丙烯酸共聚物

VC/MMA vinyl chloride/methyl methacrylate 氯乙烯-甲基丙烯酸甲酯共聚物

VC/OA vinyl chloride/octyl acrylate 氯乙烯-丙烯酸辛酯共聚物

VC/VA vinyl chloride/vinyl acetate 氯乙烯-乙酸乙烯酯共聚物

VC/VDC vinyl chloride/vinylidene chloride 氯乙烯-偏氯乙烯共聚物

VCM vinyl chloride monomer 氯乙烯单体

VCM volatile combustible matter 挥发性可燃物质

VCP vinyl chloride/propylene 氯乙烯-丙烯共聚物

VDC vinylidene chloride 偏氯乙烯

VDCF vapor disposition carbon fiber 气相生长碳纤维

VFHT vacuum film handling technique 真空薄膜处理技术

VHF very high frequency 甚高频

VHN Vickers hardness number 维氏硬度值

VHP vacuum hot pressing 真空热压

VI viscosity index 黏度指数

VI visual inspection 目视

VID visible impact damage 目视可见冲击损伤

VLF very low frequency 甚低频

VLS vapor liquid synthesis 气液合成法；气液反应法

VNB V-notched beam V缺口梁

VOL volume 体积；容量

VP vapour pressure 蒸汽压力

VP vinyl pyrrolidone 乙烯基吡咯烷酮

VPC vapor phase chromatography 气相色谱法

VPE vulcanized polyethylene 交联聚乙烯

VPH Vickers pyramid hardness 维氏（角锥）硬度

VPI vacuum pressure infiltration 真空压力浸渍工艺

VPN Vickers pyramid hardness number 维氏（角锥）硬度值

VRIM vacuum resin infusion molding 真空树脂渗渍成型

VRTM vacuum assistant resin transfer molding 真空辅助树脂传递模塑

VS versus 与……比较；与……的关系

VSP Vicat softening point 维卡软化点

VST Vicat softening temperature 维卡软化温度

VTC viscosity-temperature coefficient 黏度-温度系数

W

W waste 废料

W white 白色

W wide 宽

WA walk around 巡回检测

WARHD warhead 弹头

WAXD wide angle X-ray diffraction 广角X射线衍射

WAXS wide angle X-ray scattering 广角X射线散射

3WAY three way 三通道

WB wide band 宽带

WD width 宽度

WD wood 木材

WDG winding 缠绕

WEA weather 气候

WENT ventilator 通风装置

WFR wafer 垫片；薄膜

WG wedge 楔形

WHT white 白色

WL wavelength 波长

WM wattmeter 瓦特计

WMC weight molar concentration 质量克分子浓度

WND wound 缠绕的

WOL predecessor of compact specimen 压实试样原坯

WP working pressure 工作压力

WPC wood plasticscomposites 木材塑料复合材料

WPE weight per epoxy equivalent 环氧当量

WPI World Patent Index （英）世界专利索引

WRC wet resin content 湿树脂含量

WRN warning 警告

WRO work release order 发布工作指令

WRPG warping 挠曲

WRS wet resin solids 湿树脂固体量

WSHR washer 垫圈

WSP working steam pressure 工作蒸气压

WT weight 质量

wt% weight percent 质量（重量）百分率

WTR water 水

WTRPRF waterproof 防水

WTRTT watertight 不漏水的

W/V weight per volume 质量/体积；单位体积质量

WVP water vapor permeability 水蒸气渗透性；透湿性

WVT water vapor transmission 水蒸气渗透；透湿

WVTR water vapor transmission rate 水蒸气渗透速率；透湿率

WWP working water pressure 工作水压

X

XF xylene-formaldehyde resin 二甲苯-甲醛树脂

XLHDPE crosslinking high density polyethylene 交联高密度聚乙烯

XLPE crosslinking polyethylene 交联聚乙烯

XLPP crosslinkable polypropylene 交联聚丙烯

XMA X-ray microscopic analysis X射线显微分析

XMC crossing molding compound 交叉型模塑料

XPS expandable polystyrene 可发(泡)性聚苯乙烯；多孔聚苯乙烯

XPS X-ray photoelectron spectroscopy X射线光电子能谱法

XRD X-ray diffractometry X射线衍射法

XRFS X-ray fluorescence spectrometry X射线荧光光谱法

XRRD X-ray resonance diffraction X射线共振衍射

XSECT cross section 横截面

Y

Y yellow 黄色；黄的

YD 2,5-dimethyl-2,5-bis(*tert*-butylperoxy)hexyne-3 2,5-二甲基-2,5-双(叔丁过氧化)-3-己炔

YI yellowness index 黄度指数

YP yield point 屈服点

YP yield pressure 屈服压力

YR year 年

YS yield strength 屈服强度

YS yield stress 屈服应力

Z

Z zone 区域；区段

ZD zero defects 无缺陷

ZST zero strength time 零强度时间；失强时间

ZTA Zirconia toughened aluminia ceramics 氧化锆增韧氧化铝陶瓷

附录 2　力学性能的符号

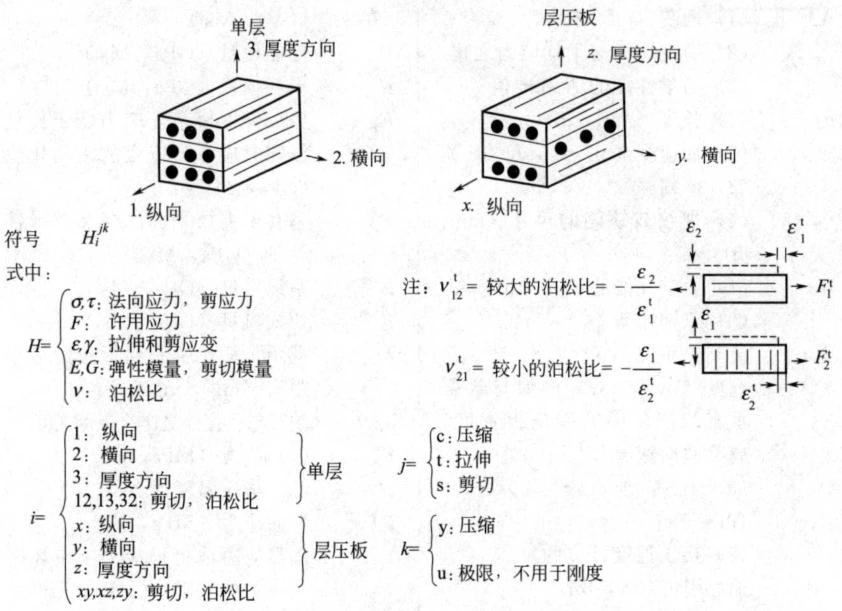

例子　F_2^{tu}＝单层极限横向拉伸许用应力

E_2^{c}＝厚度方向层压板压缩弹性模量

- 当作为上标或下标时，符号 f 和 m 分别表示纤维和基体。
- 表示应力类型的符号（如 cy—压缩屈服）总在上标位置。
- 方向标示符（如 x，y，z，1，2，3 等）总是用于下标位置。
- 铺层序号的顺序标示符（如 1，2，3 等）用于上标位置，且必须用括号括起来，以区别于数学的幂指数。
- 其他标示符，只要明确清楚，可用于下标位置，也可用于上标位置。
- 由上述规则导出的复合符号（例如基本符号加标示符），如下面列出的特定形式所示。

附录 3　通用符号

A　（1）面积（m^2，in^2）
（2）交变应力与平均应力之比
（3）力学性能的 A 基准值

a　（1）长度（mm，in）
（2）加速度（m/sec^2，ft/sec^2）
（3）振幅
（4）裂纹或缺陷的尺寸（mm，in）

B　（1）力学性能的 B 基准值
（2）双轴比率

Btu　英制热单位

b　宽度（mm，in），例如与载荷垂直的挤压面或受压板宽度，或梁截面宽度

C　（1）比热［kJ/(kg · ℃)，Btu/(lb · ℉)］
（2）摄氏温度计（的）

CF　地心引力（N，lbf）

CPF　正交铺层系数

CPT　固化的单层厚度（mm，in）

CG　（1）质心；“重心”
（2）面积或体积质心

CL　中心线

c　柱屈曲的根部固定系数

$\bar{c}$　蜂窝夹芯高度（mm，in）

cpm　每分钟周数

D　（1）直径（mm，in）
（2）孔或紧固件的直径（mm，in）
（3）板的刚度（N · m，lbf · in）

d　表示微分的算子

E　拉伸弹性模量，应力低于比例极限时应力与应变的平均比值（GPa，Msi）

E'　储能模量（GPa，Msi）

E''　损耗模量（GPa，Msi）

E_c　压缩弹性模量，应力低于比例极限时应力与应变的平均比值（GPa，Msi）

E'_c　垂直于夹层平面的蜂窝芯弹性模量（GPa，Msi）

E^{sec}　割线模量（GPa，Msi）

E^{tan}　切线模量（GPa，Msi）

e　端距，从孔中心到板边的最小距离（mm，in）

e/D　端距与孔直径之比（挤压强度）

F　（1）应力（MPa，ksi）
（2）华氏温度计

F^b　弯曲应力（MPa，ksi）

F^{ccr}　压损应力或折损应力（破坏时柱应力的上限）（MPa，ksi）

F^{su}　纯剪极限应力（此值表示该横截面的平均剪应力）（MPa，ksi）

FAW　单位面积的纤维重量（g/m^2，lb/in^2）

FV　纤维的体积分数（%），指复合材料或预浸料中所含纤维的体积分数

f　（1）内（或计算）应力（MPa，ksi）
（2）在有裂纹的毛截面上作用的应力（MPa，ksi）
（3）蠕变应力（MPa，ksi）

f^c　压缩内应力（或计算压缩应力）（MPa，ksi）

f_c　断裂时的最大应力（MPa，

ksi）

f_c （1）断裂时的最大应力（MPa，ksi）

（2）毛应力限（筛选弹性断裂数据用）（MPa，ksi）

ft 英尺

G 刚性模量、剪切模量（MPa，Msi）

GPa 千兆帕斯卡（gigapascal）

g （1）克

（2）重力加速度（m/s^2，ft/s^2）

H/C 蜂窝（夹芯）

h 高度（mm，in），如梁截面高度

h 小时

I 面积惯性矩（mm^4，in^4）

i 梁的中性面（由于弯曲）斜度，弧度

in 英寸

J （1）扭转常数（$=I_p$，对圆管）（m^4，in^4）

（2）焦耳

K （1）绝对温标，开氏温标

（2）应力强度因子（MPa/m，ksi/in）

（3）导热系数［W/(m·℃)，Btu/(ft^2·hr·in·℉)］

（4）修正系数

（5）介电常数，电容率

K_{app} 表观平面应变断裂韧性或剩余强度（MPa/m，ksi/in）

K_c 平面应变断裂韧性，对裂纹扩展失稳点断裂韧性的度量（MPa/m，ksi/in）

K_{Ic} 平面应变断裂韧性（MPa/m，ksi/in）

K_N 按经验计算的疲劳缺口因子

K_s 板或圆筒的剪切屈曲系数

K_t （1）理论的弹性应力集中因子

（2）蜂窝夹芯板的 t_w/c

K_v 电介质强度，绝缘强度（KV/mm，V/mil）

K_x，K_y 板或圆筒的压缩屈曲系数

k 单位应力的应变

L 圆筒、梁或柱的长度（mm，in）

L' 柱的有效长度（mm，in）

lb 磅

M 外力矩或力偶（N·m，in·lbf）

Mg 百万克（兆克）

MPa 兆帕斯卡（s）

MS 军用标准

M. S. 安全裕度

MW 分子量

MWD 分子量分布

m （1）质量（kg，lb）

（2）半波数

（3）米

（4）斜率

N （1）破坏时的疲劳循环数

（2）层压板中的单层数

（3）板的面内分布力（lbf/in）

（4）牛顿

（5）归一化

NA 中性轴

n （1）在一个集内的次数

（2）半波数或全波数

（3）经受的疲劳循环数

P （1）作用的载荷（N，lbf）

（2）暴露参数

（3）概率

（4）比电阻、电阻系数（Ω）

P^u 试验的极限载荷（N，lb/每个紧固件）

P^y 试验屈服限载荷（N，lb/每个紧固件）

p 法向压力（Pa，psi）

psi 磅/平方英寸

Q 横截面的静面积矩（mm^3，in^3）

q 剪流（N/m，lbf/in）

R (1) 循环载荷中最小与最大载荷之代数比
(2) 减缩比
RA 面积的减缩
R. H. 相对湿度
RMS 均方根
RT 室温
r (1) 半径 (mm, in)
(2) 根部半径 (mm, in)
(3) 减缩比 (回归分析)
S (1) 剪力 (N, lbf)
(2) 疲劳中的名义应力 (MPa, ksi)
(3) 力学性能的S-基准值
S_a 疲劳中的应力幅值 (MPa, ksi)
S_e 疲劳限 (MPa, ksi)
S_m 疲劳中的平均应力 (MPa, ksi)
S_{max} 应力循环中应力的最大代数值 (MPa, ksi)
S_{min} 应力循环中应力的最小代数值 (MPa, ksi)
S_R 应力循环中最小与最大应力的代数差值 (MPa, ksi)
S. F. 安全系数
s (1) 弧长 (mm, in)
(2) 蜂窝夹层芯格尺寸 (mm, in)
T (1) 温度 (℃, ℉)
(2) 作用的扭矩 (N·m, in·lbf)
T_d 热解温度 (℃, ℉)
T_F 暴露的温度 (℃, ℉)
T_g 玻璃化转变温度 (℃, ℉)
T_m 熔融温度 (℃, ℉)
t (1) 厚度 (mm, in)
(2) 暴露时间 (s)
(3) 持续时间 (s)
V (1) 体积 (mm^3, in^3)
(2) 剪力 (N, lbf)
W (1) 重量 (N, lbf)
(2) 宽度 (mm, in)
(3) 瓦特
x 沿一个坐标轴的距离
Y 关联构件几何学特性与裂纹尺寸的无量纲系数
y (1) 受弯梁弹性变形曲线的挠度 (mm, in)
(2) 由中性轴到给定点的距离
(3) 沿一个坐标轴的距离
Z 截面模量, I/y (mm^3, in^3)
α 热膨胀系数 (m/m/℃, in/in/℉)
γ 剪应变 (m/m, in/in)
Δ 差分 (用于数量符号之前)
δ 伸长量或挠度 (mm, in)
ε 应变 (m/m, in/in)
ε^e 弹性应变 (m/m, in/in)
ε^p 塑性应变 (m/m, in/in)
μ 渗透性
η 塑性折减因子
$[\eta]$ 本征黏度
$\dot{\eta}^*$ 动态复黏度
ν 泊松比
ρ (1) 密度 (kg/m^3, lb/in^3)
(2) 回转半径 (mm, in)
ρ'_c 蜂窝夹芯密度 (kg/m^3, lb/in^3)
Σ 总计、总和
σ 标准差
σ_{ij}, τ_{ij} 外法线朝 i 的平面上沿 j 方向的应力 (i, j=1, 2, 3 或 x, y, z)
T 作用剪应力 (MPa, ksi)
ω 角速度 (rad/s)
∞ 无限大

附录 4　复合材料组分性能的符号

E^{f}　纤维材料弹性模量（MPa，ksi）

E^{m}　基体材料弹性模量（MPa，ksi）

E_{x}^{g}　预浸玻璃稀纱布沿纤维方向或沿织物经向的弹性模量（MPa，ksi）

E_{y}^{g}　预浸玻璃稀纱布在垂直于纤维方向或织物经向的弹性模量（MPa，ksi）

G^{f}　纤维材料剪切模量（MPa，ksi）

G^{m}　基体材料剪切模量（MPa，ksi）

G_{xy}^{g}　预浸玻璃稀纱布剪切模量（MPa，ksi）

G'_{cx}　夹芯沿 x 轴的剪切模量（MPa，ksi）

G'_{cy}　夹芯沿 y 轴的剪切模量（MPa，ksi）

l　纤维长度（mm，in）

α^{f}　纤维的热膨胀系数［m/(m·℃)，in/(in·℉)］

α^{m}　基体的热膨胀系数［m/(m·℃)，in/(in·℉)］

α_{x}^{g}　预浸玻璃稀纱布沿纤维方向或织物经向的热膨胀系数［m/(m·℃)，in/(in·℉)］

α_{y}^{g}　预浸玻璃稀纱布垂直纤维方向或织物经向的热膨胀系数［m/(m·℃)，in/(in·℉)］

ν^{f}　纤维的泊松比

ν^{m}　基体的泊松比

ν_{xy}^{g}　由纵向（经向）伸长引起横向（纬向）收缩时玻璃稀纱布的泊松比

ν_{yx}^{g}　由横向（经向）伸长引起纵向（纬向）收缩时玻璃稀纱布的泊松比

σ　作用于某点的轴向应力，用于细观力学分析（MPa，ksi）

τ　作用于某点的剪切应力，用于细观力学分析（MPa，ksi）

附录5 单层(级)及层压板的常用符号

符号	含义
$\boldsymbol{A}_{ij}\ (i,j=1,2,6)$	(面内)拉伸刚度(N/m,lbf/in)
$\boldsymbol{B}_{ij}\ (i,j=1,2,6)$	耦合矩阵(N,lbf)
$\boldsymbol{C}_{ij}\ (i,j=1,2,6)$	刚度矩阵元素(Pa,psi)
$\boldsymbol{D}_x,\boldsymbol{D}_y$	弯曲刚度(N·m,lbf·in)
$\boldsymbol{D}_{xy}$	扭转刚度(N·m,lbf·in)
$\boldsymbol{D}_{ij}\ (i,j=1,2,6)$	弯曲刚度(N·m,lbf·in)
$\boldsymbol{E}_1$	平行于纤维或经向的单层弹性模量(MPa,Msi)
$\boldsymbol{E}_2$	垂直于纤维或经向的单层弹性模量(MPa,Msi)
$\boldsymbol{E}_x$	沿参考轴 x 的层压板弹性模量(MPa,Msi)
$\boldsymbol{E}_y$	沿参考轴 y 的层压板弹性模量(MPa,Msi)
$\boldsymbol{G}_{12}$	在12平面内的单层剪切模量(MPa,Msi)
$\boldsymbol{G}_{xy}$	在参考平面 xy 内的层压板剪切模量(MPa,Msi)
$\boldsymbol{h}_i$	第 i 铺层或单层的厚度(mm,in)
$\boldsymbol{M}_x,\boldsymbol{M}_y,\boldsymbol{M}_{xy}$	(板壳分析中的)弯矩及扭矩分量(N·m/m,in·lbf/in)
$\boldsymbol{n}_\mathrm{f}$	每个单层在单位长度上的纤维数
$\boldsymbol{Q}_x,\boldsymbol{Q}_y$	分别垂直于 x 及 y 轴的板截面,与 z 平行的剪力(N/m,lbf/in)
$\boldsymbol{Q}_{ij}\ (i,j=1,2,6)$	折算刚度矩阵(Pa,psi)
$\boldsymbol{u}_x,\boldsymbol{u}_y,\boldsymbol{u}_z$	位移向量的分量(mm,in)
$\boldsymbol{u}_x^0,\boldsymbol{u}_y^0,\boldsymbol{u}_z^0$	层压板中面的位移向量分量(mm,in)
$\boldsymbol{V}_\mathrm{V}$	空隙含量(用体积百分数表示)
$\boldsymbol{V}_\mathrm{f}$	纤维含量或纤维体积(用体积百分数表示)
$\boldsymbol{V}_\mathrm{g}$	玻璃稀纱布含量(用体积百分数表示)
$\boldsymbol{V}_\mathrm{m}$	基体含量(用体积百分数表示)
$\boldsymbol{V}_x,\boldsymbol{V}_y$	边缘剪力或支承剪力(N/m,lbf/in)
$\boldsymbol{W}_\mathrm{f}$	纤维含量(用质量百分数表示)
$\boldsymbol{W}_\mathrm{g}$	玻璃稀纱布含量(用质量百分数表示)
$\boldsymbol{W}_\mathrm{m}$	基体含量(用质量百分数表示)
$\boldsymbol{W}_\mathrm{s}$	单位表面积的层压板质量(N/m^2,lbf/in^2)
$\boldsymbol{\alpha}_1$	沿1轴的单层热膨胀系数[m/(m·℃),

in/(in·℉)]

$\boldsymbol{\alpha}_2$　沿 2 轴的单层热膨胀系数[m/(m·℃)，in/(in·℉)]

$\boldsymbol{\alpha}_x$　层压板沿广义参考轴 x 的热膨胀系数[m/(m·℃)，in/(in·℉)]

$\boldsymbol{\alpha}_y$　层压板沿广义参考轴 y 的热膨胀系数[m/(m·℃)，in/(in·℉)]

$\boldsymbol{\alpha}_{xy}$　层压板的热膨胀剪切畸变系数[m/(m·℃)，in/(in·℉)]

$\boldsymbol{\theta}$　单层在层压板中的方位角，即 1 轴与 x 轴间的夹角(°)

$\boldsymbol{\lambda}_{xy}$　等于 ν_{xy} 与 ν_{yx} 之积

$\boldsymbol{\nu}_{12}$　由 1 方向伸长引起 2 方向收缩的泊松比*

$\boldsymbol{\nu}_{21}$　由 2 方向伸长引起 1 方向收缩的泊松比*

$\boldsymbol{\nu}_{xy}$　由 x 方向伸长引起 y 方向收缩的泊松比*

$\boldsymbol{\nu}_{yx}$　由 y 方向伸长引起 x 方向收缩的泊松比*

$\boldsymbol{\rho}_c$　单层的密度（kg/m^3，lbf/in^3）

$\overline{\boldsymbol{\rho}}_c$　层压板的密度（kg/m^3，lbf/in^3）

$\boldsymbol{\phi}$　(1)广义角坐标(°)
(2)偏轴加载中，x 轴与载荷方向之间的夹角(°)

* 因为使用了不同的定义，在对比不同来源的泊松比以前，应当检查其定义。

附录6 统计学符号

A A基准值
a 分布下限
ADC ADK临界值
ADK *k* 样本 Anderson-Darling 统计量
B B基准值
b 分布上限
C 临界值
CV 离散系数
e 误差，残差
F *F* 统计量
$F(x)$ 累积分布函数
$f(x)$ 概率密度函数
F_0 标准正态分布函数
IQ 信息分位数函数
J 每批样本个数
k 批数
k_A （1）单侧容限系数，A基准值
（2）Hanson-Koopmans 系数，A基准值
k_B （1）单侧容限系数，B基准值
（2）Hanson-Koopmans 系数，B基准值
MNR 最大赋范残差检验统计量
MSB 批间均方值
MSE 批内均方值
n 一批数据的观测值个数
n' 有效样本大小
$\tilde{n}$ 可比重复性必需的样本数
n^* 在计算单因素ANOVA基准值的合计统计量程序中，“有效批的大小”的定义式$\left(n'=\frac{n-n^*}{k-1}\right)$中的一个参数，其定义式为：$n^*=\sum_{i=1}^{k}\frac{n_i^2}{n}$
n_i 第 *i* 批中的观测值个数
OSL 观测的显著性水平
$p(s)$ 确定性条件
Q 分位数函数
$\hat{Q}$ 分位数函数估计量
r 观察值序号
RME 相对误差大小
s 样本标准差
s^2 样本方差
s_L 对数标准差
s_y 回归直线误差的标准差估计值
SSB 批间平方和
SSE 批内平方和
SST 总平方和
T 容限系数
t *t* 分布分位数
T_i 第 *i* 个温度条件
$t_{\gamma,0.95t(\delta)}$ 偏心参数为 δ，自由度为 γ 时偏心 *t* 分布的0.95分位数
TIQ 截断的信息分位数函数
u （1）批间与批内均方值之比
（2）批次
V_A Weibull分布单侧容限系数，A基准值
V_B Weibull分布单侧容限系数，B基准值
w_{ij} 转换的数据
$\bar{x}$ 样本平均值，总体平均值

$\boldsymbol{x}_i$　样本中第 i 个观测值

$\tilde{\boldsymbol{x}}_i$　x 值的中值

$\boldsymbol{x}_{ij}$　第 i 批中第 j 个观测值

$\boldsymbol{x}_{ijk}$　在第 i 个条件下第 j 批中第 k 个观测值

$\boldsymbol{x}_{\mathrm{L}}$　对数平均值

$\boldsymbol{x}_{(r)}$　升序排列的第 r 个观测值；序号为 r 的观测值

$\boldsymbol{z}_{0.10}$　潜在母体分布的 10 百分位点

$\boldsymbol{z}_{(i)}$　排序后的独立值

$\boldsymbol{z}_{\mathrm{p(s)},\mathrm{u}}$　回归常数

$\boldsymbol{\alpha}$　（1）显著性水平
（2）Weibull 分布的尺度参数

$\hat{\boldsymbol{\alpha}}$　尺度参数 α 的估计值

$\boldsymbol{\beta}$　Weibull 分布的形状参数

$\hat{\boldsymbol{\beta}}$　形状参数 β 的估计值

$\boldsymbol{\beta}_i$　回归参数

$\hat{\boldsymbol{\beta}}_i$　β_i 的最小二乘估计值

$\boldsymbol{\gamma}$　自由度数

$\boldsymbol{\delta}$　偏心参数

$\boldsymbol{\theta}_i$　回归参数

$\boldsymbol{\mu}$　母体平均值

$\boldsymbol{\mu}_i$　第 i 个条件下的平均值

$\boldsymbol{\rho}$　同一批内两个测量值的相关系数

$\boldsymbol{\sigma}$　母体标准差

$\boldsymbol{\sigma}^2$　母体方差

$\boldsymbol{\sigma}_{\mathrm{b}}^2$　母体批间方差

$\boldsymbol{\sigma}_{\mathrm{e}}^2$　母体批内方差

附录 7　上、下标记号

（一）下标记号：

1,2,3　单层的自然直角坐标（1 是纤维方向或经向）

A　轴

a　（1）胶黏的
（2）交变的

app　表观的

byp　旁路的

c　（1）复合材料体系，特定的纤维/基体组合。复合材料作为一个整体，区别于单一的组分，又当与上标撇号（′）连用时，指夹层芯子
（2）临界的

cf　离心力

e　疲劳或耐久性

eff　有效的

eq　等效的

f　纤维

g　玻璃稀纱布

H　圈

i　顺序中的第 i 位置

L　横向

m　（1）基体
（2）平均

max　最大

min　最小

n　（1）序列中的第 n 个（最后）位置
（2）标准的、法向的

p　极的、极性的

s　对称

st　加筋条

T　横向

t　在 t 时刻的参量值

x*,*y*,*z　广义坐标系

Σ　总和，或求和

o　初始点数据或参考数据

( )　表示括号内的项相应于特定温度的格式。RT—室温（21℃，70℉）

（二）上标记号：

b　弯曲

br　挤压

c　（1）压缩
（2）蠕变

cc　压缩折曲

cr　压缩屈曲

e　弹性

f　纤维

g　玻璃稀纱布

is　层间剪切

(*i*)　第 i 铺层或单层

lim　限制，用指限制载荷

m　基体

ohc　开孔压缩

oht　开孔拉伸

p　塑性

pl　比例极限

rup　断裂

s　剪切

scr　剪切屈曲

sec　割线（模量）

so　偏轴剪切

T　温度或热

t　拉伸

tan　切线（模量）

u　极限的

y　屈服

′　二次（模量），与下标 c 连用时指蜂窝夹芯的性能

CAI　冲击后压缩

附录 8　有关由英制单位向 SI 单位制换算

表 8-1　SI 基本单位

量的名称	单位名称	单位符号
长度	米	m
质量	千克(公斤)	kg
时间	秒	s
电流	安[培]	A
热力学温度	开[尔文]	K
物质的量	摩 [尔]	mol
发光强度	坎[德拉]	cd

表 8-2　SI 词头

因数	词头名称		符号	因数	词头名称		符号
	英文	中文			英文	中文	
10^{15}	peta	拍[它]	P	10^{-1}	deci	分	d
10^{12}	tera	太[拉]	T	10^{-2}	centi	厘	c
10^{9}	giga	吉[咖]	G	10^{-3}	milli	毫	m
10^{6}	mega	兆	M	10^{-6}	micro	微	μ
10^{3}	kilo	千	K	10^{-9}	nano	纳[诺]	n
10^{2}	hecto	百	h	10^{-12}	pico	皮[可]	p
10^{1}	deca	十	da	10^{-15}	femto	飞[母托]	f

表 8-3　英制与 SI 制换算因子

由	换算为	乘以
$Btu/(in^2 \cdot s)$	W/m^2	1.634246×10^6
$Btu \cdot in/(s \cdot ft^2 \cdot ℉)$	$W/(m \cdot K)$	5.192204×10^2
华氏度(℉)	摄氏度(℃)	$T_c = (T_F - 32)/1.8$
华氏度(℉)	开尔文(K)	$T_K = (T_F + 459.67)/1.8$
ft	m	3.048000×10^{-1}

续表

由	换算为	乘以
ft^2	m^2	9.290304×10^{-2}
ft/sec	m/s	3.048000×10^{-1}
ft/s^2	m/s^2	3.048000×10^{-1}
in	m	2.540000×10^{-2}
in^2	m^2	6.451600×10^{-4}
in^3	m^3	1.638706×10^{-5}
kgf	牛顿(N)	9.806650
kgf/m^2	帕斯卡(Pa)	9.806650
kip(1000 lbf)	牛顿(N)	4.448222×10^{3}
ksi(kip/in^2)	MPa	6.894757
lbf · in	N · m	1.129848×10^{-1}
lbf · ft	N · m	1.355818
lbf/in^2(psi)	帕斯卡(Pa)	6.894757×10^{3}
lb/in^3	kg/m^3	2.767990×10^{4}
Msi(106psi)	GPa	6.894757
磅力(lbf)	牛顿(N)	4.48222
磅质量(lb)	千克(kg)	4.535924×10^{-1}
Torr(托)	帕斯卡(Pa)	1.33322×10^{2}

附录 9　树脂基体开发研究路线图

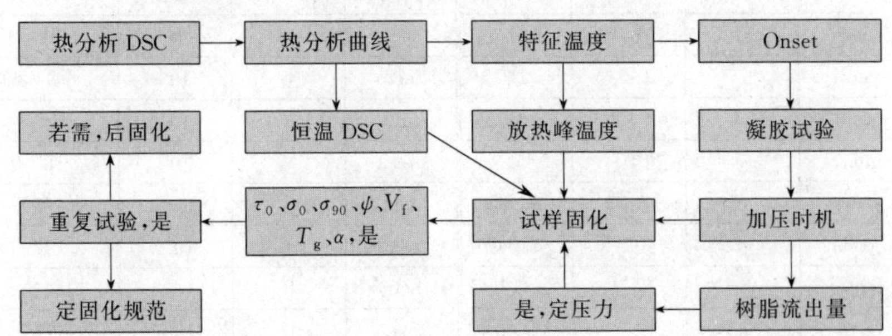

注：(1) 先用"优选法""正交设计法"等方法设计出基体候选配方，然后按上图对各候选配方进行固化工艺参数筛选，随后对各候选配方基体的复合材料性能进行对比。最后综合考虑，选出满足要求的配方。 (2) ①τ_0——层间剪切强度，MPa；②σ_0——0°弯曲强度，MPa；③σ_{90}——90°弯曲强度，MPa；④ψ——空隙率,%；⑤V_f——纤维体积含量,%；⑥T_g——玻璃化转变温度,℃；⑦α——固化度,%；⑧0—0°方向性能；⑨90—90°方向性能。

附录 10 国际单位制中表示十进位制倍数的词头及符号

英文词头	英文符号	因数	中文词头	英文词头	英文符号	因数	中文词头
deci	d	10^{-1}	分	deca	da	10	十
centi	c	10^{-2}	厘	hecto	h	10^{2}	百
milli	m	10^{-3}	毫	kilo	k	10^{3}	千
micro	μ	10^{-6}	微	mega	M	10^{6}	兆
nano	n	10^{-9}	纳(诺)	giga	G	10^{9}	吉(咖)
pico	p	10^{-12}	皮(可)	tera	T	10^{12}	太(拉)
femto	f	10^{-15}	飞(母托)	peta	P	10^{15}	拍(它)
atto	a	10^{-18}	阿(托)	exa	E	10^{18}	艾(可萨)
zepto	z	10^{-21}	仄(普托)	zetta	Z	10^{21}	泽(它)
yocto	y	10^{-24}	幺(科托)	yotta	Y	10^{24}	尧(它)

举例（以 metre 米为例）

1terametre	太（拉）米	＝1Tm	$=10^{12}$ m
1gigametre	吉（咖）米	＝1Gm	$=10^{9}$ m
1megametre	兆米［百万］米	＝1Mm	$=10^{6}$ m
1hectokilometre	十万米	＝1hkm	$=10^{5}$ m
1myriametre	万米	＝1mam	$=10^{4}$ m
1kilometre	千米［公里］	＝1km	$=10^{3}$ m
1hectometre	百米	＝1hm	$=10^{2}$ m
1decaometre	十米	＝1dam	＝10m
1metre	米	＝1m	＝1m
1decimetre	分米	＝1dm	$=10^{-1}$ m
1centimetre	厘米	＝1cm	$=10^{-2}$ m
1millimetre	毫米	＝1mm	$=10^{-3}$ m
1decimillimetre	丝米	＝1dmm	$=10^{-4}$ m
1centimillimetre	忽米	＝1cmm	$=10^{-5}$ m
1mtcrometre	微米	＝1μm	$=10^{-6}$ m
1nano（nanometre）	纳米	＝1nm	$=10^{-9}$ m
1picometre	皮米	＝1pm	$=10^{-12}$ m

1nano（nanometre）纳米＝1nm$=10^{-9}$ m$=10^{-7}$ cm$=10^{-6}$ mm$=10^{-3}$ μm

1angstrom unit 埃＝1Å$=10^{-10}$ m$=10^{-8}$ cm$=10^{-7}$ mm$=10^{-4}$ μm

附录 11　树脂基复合材料生产过程的质量控制

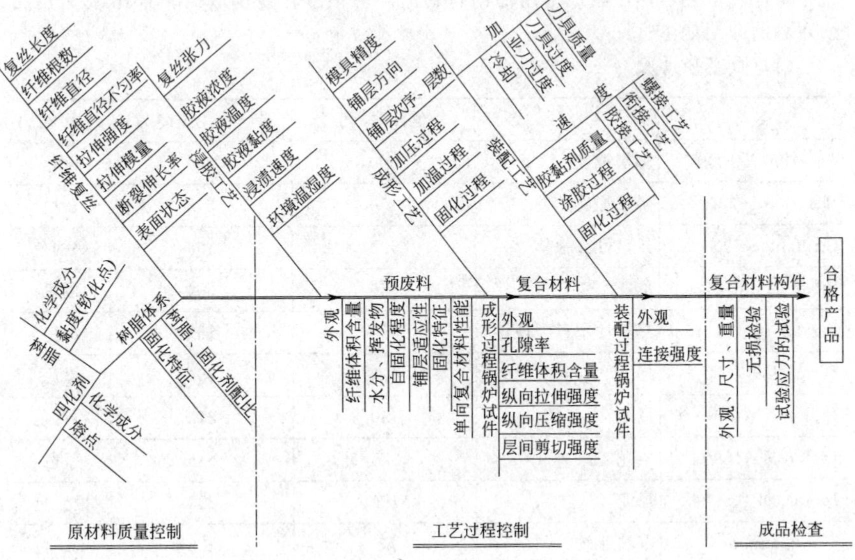

附录12 树脂基复合材料结构成型用辅助材料

生产真空袋、热压罐成型用辅助材料的厂家很多，现仅以 Air Tech 公司产品系列为例介绍如下。

（1）真空袋薄膜

名称	材料	延伸率/%	最高使用温度/℃	颜色
Securlon L-1000	多层尼龙	500	204	紫色
Securlon L-2000	多层尼龙	450	218	蓝色
Stretchlon 700	热塑性弹性体	500	195	奶油色
Stretchlon 850	尼龙	450	204	橙色
Stretchlon HT-350	热塑性塑料弹性体	>550	162	灰色
Wrightlon 7400	尼龙	400	204	绿色
Ipplon KM1300	尼龙	450	212	粉红色
Ipplon WN1500	尼龙	375	246	蓝色
Ipplon DP1000	尼龙	450	212	橙红色
Thermalimide	聚酰亚胺	85	426	琥珀色
Airdraw2	聚酰胺复合物	450	121	粉红色

（2）真空袋密封胶带

一种有黏性的挤出橡胶带。适用于各种成型模具，可把真空袋薄膜牢固粘接于模具上，形成真空袋，保证热压罐成型过程中真空袋的气密性要求。固化成型后易于从模具上去除，且不留残渣。具体产品如下：

GS-213，米黄色，使用温度 204℃。规格 3mm×12mm×7.5m。

AT-200Y，黄色，使用温度 204℃。规格 3mm×12mm×7.5m。

GS-43MR，米黄色，使用温度 232℃。规格 3mm×12mm×7.5m。

GS-213-3，浅绿色，使用温度 232℃。规格 3mm×12mm×7.5m。

A-800-3G，浅绿色，使用温度 427℃。规格 3mm×12mm×7.5m。

（3）隔离（脱模）薄膜

其功能是将复合材料制件与其他材料或污染物隔离，为下道工序（胶接或喷漆）提供清洁的表面。

下列品种中凡含有“P”英文字母的表示薄膜上含有透孔，且仅单向透漏。孔径约 0.045mm：

A4000R、A4000RP3、A4000RPS、A4000RP4，红色；

A4000、A4000P3、A4000P4、A4000P5，无色；

Wrightlon4500，用于平面结构；

Wrightlon4600，使用温度202℃，可用于热压机模压件脱模；

Wrightlon5900，为氟碳化合物，适用温度285℃，白色透明。

(4) 压敏胶带

均为无游离硅型。载体材料有尼龙、聚酯、玻璃布、聚四氟乙烯和聚酰亚胺(Kapton)。其作用为零件定位，包括零件件间的定位和零件与模具的定位，以及真空袋与模具的固定。主要品种有：

Flashbreaker 1 和 Flashbreaker 1R (浅绿色)，25.4μm 厚聚酯，为通用型。

Flashbreaker 3 (深蓝色) 和 Flashbreaker 2R (浅红色)，50.8μm 厚聚酯，具有较高的拉伸强度，使用温度200℃。

Tooltec，玻璃纤维织物涂覆聚四氟乙烯，使用温度316℃。

Airhold 10 CBS，用于蜂窝加工时对工件的固定，为耐高温的双面胶带。

Flashguard，0.1mm 厚玻璃纤维织物涂覆非硅型胶黏剂，白色，适用温度176℃。

Flashbreaker，0.14mm 厚的聚酯薄膜涂覆全固化的硅胶黏剂，使用时无硅转移污染问题。属耐高温型。

Flashlease2，50.8μm 氟碳化物薄膜涂覆已完全固化的硅胶黏剂。白色，最大延伸率275%，适用温度202℃。使用时无硅转移污染问题。

TefleaseMG2 和 MG2R，酱红色，用于 Airpad 的脱模，适用温度285℃。

Tefltec CS5 和 Tefltec CR5，适用于曲面，并可于285℃温度下工作。断裂伸长率300%，灰褐色。

Airkap1，橘黄色。用于聚酰亚胺层合板成型真空袋的装封。最高使用温度368℃，伸长率20%。

(5) 抗静电耐腐蚀薄膜

Wrightlon AS300，具有自熄性，良好的抗磨损性，延伸率200%，为抗静电热稳定尼龙薄膜，工作温度202℃。橘色。

Wrightlon AS1400，聚乙烯抗静电薄膜，延伸率大于500%，粉红色。

(6) 液体脱模剂

ReleaseAll 100-ReleaseAll 50，相当于 Frekote33-34-44 和 Ram225，其基本组分为硅树脂。适合于喷刷和浸渍，其涂层可多次使用。

ReleaseAll 300、302、25、20、19、13 均为非硅树脂。

(7) 脱模织物

① 带孔透气：

- Release Ease 234 TFP，涂聚四氟乙烯的玻璃布。
- Release Ease 234 TFP-1，薄面柔软，适合于曲面。
- Bleeder LeaseC，涂 ReleaseAll 100 的玻璃布。

② 可剥布：

- Bleeder LeaseA，涂 ReleaseAll 100 的尼龙布，最高使用温度232℃，绿色，

单位面积质量 80g/m^2。

● Bleeder LeaseB，涂 ReleaseAll 100 的尼龙布。最高使用温度 223℃，绿色，单位面积质量 60g/m^2。

● Bleeder LeaseE，涂 ReleaseAll 100 的玻璃布。最高使用温度 427℃，绿色，单位面积质量 126g/m^2。

● Release PlyA，无涂脱模剂的尼龙布，最高使用温度 232℃，米白色，单位面积质量 62g/m^2。

● Release PlyB，无涂脱模剂的尼龙布，最高使用温度 232℃，白色，单位面积质量 80g/m^2。

● Release PlyC，经电晕处理的无涂脱模剂的聚酯布；最高使用温度 204℃，白色。

● Release PlyF，经电晕处理的无涂脱模剂的聚酯布，最高使用温度 204℃，白色，单位面积质量 95g/m^2。

● Release PlyG，经电晕处理的无涂脱模剂的聚酯布，最高使用温度 204℃，白色，单位面积质量 92g/m^2。

● 无孔脱模织物。

● Release Ease 234 TFNP，涂聚四氟乙烯的玻璃布。

● Release Ease 236 TFNP，涂覆超厚聚四氟乙烯的玻璃布。

③ Tooltec，涂覆超厚聚四氟乙烯的玻璃布，并在单面涂覆压敏胶，作为永久性模具保护和脱模层。

(8) 透气材料和吸胶材料

● Airweave FR，一种轻质廉价的吸附材料，尤其适合用作预吸胶材料。

● Airweave S，一种轻质柔韧合成纤维。既可用作透气材料，又可作为吸胶材料。

● Airweave SS FR，可伸长的透气材料。

● Airweave N-10，可取代玻璃纤维织物的可伸长的透气毡。不易架桥，不损伤真空袋。耐压 0.8MPa，耐温 202℃。

● Airweave N-4，材质同 Airweave N-10，但厚度较薄，耐压不如前者，适于 0.4MPa 以下压力的成型。

英文索引

作者简介

张明轩，河南省孟津人。某大型航空企业研究员，主任工程师。曾受聘为中国复合材料学会咨询与开发委员会委员、航空科学基金申请项目同行评议专业专家。

基于70工程、民机碳纤维复合材料发展的需求，20世纪70年代初开始碳纤维复合材料研究。至1993年相继研制成高、中温固化的HD03、HD58等树脂基体。其性能全面、国内领先，T_g 高于其固化温度，与T300构成复合材料的比强度、比模量为“先进复合材料”门槛值的2倍多。1985年起，先后在H7减速板、导弹弹翼，K8全复合材料垂尾，Y7垂尾前缘、调整片、翼尖及腹鳍，察打机机身、机翼大梁及尾撑，卫星反射器、热反射镜、伸展天线、SAR天线板、舰船雷达天线、多种地面天线，运载火箭球头罩、仪器舱及体育用品等产品上得到了成功应用。并取得了良好的技术外溢效益，不乏国际、国家大奖。20世纪90年代主持研制的民机（Y7）全复合材料垂尾（垂尾安定面4224×1335），1996年试飞成功，通过了适航认证，具有里程碑意义。21世纪初研制成的高精度CFRP卫星天线反射器，2008年起成功用于FY3-A、B、C、D星，助力“实现了我国气象云图从公里级分辨率到百米级分辨率的转变…等四大技术突破”，成为我国“从气象大国迈向气象强国”的标志。

获省、部级科技成果奖四项；国际交流、国家学术会议论文10余篇；著作有：《先进复合材料设计手册》（英译本），技术校对，航空工业科技情报研究所，1984；《英汉复合材料工程词典》，编著，航空工业出版社，1994；《英汉-汉英复合材料与胶接技术词汇》，合编，兵器工业出版社，1997；《复合材料工程辞典》，主编，化学工业出版社，2009。